新疆棉作理论
与现代植棉技术

主　编　田笑明
副主编　李雪源　吕　新　李保成　陈冠文

科学出版社

北京

内 容 简 介

全书共九章。第一章概述了新疆棉花生产发展的简史、战略地位、棉区布局、主要种植制度、科技进步、存在的问题与发展展望；第二、三章详细介绍了新疆棉花品种资源、遗传育种、生物技术应用研究成果；第四、五章重点论述了新疆棉花高产栽培理论基础、高产栽培技术，结合高产创建应用实例论述了新疆棉花获得高产的条件特征；第六至八章对棉花病虫草害及其防控、棉花自然灾害及其防控、棉花田间精准监测技术等分章作了论述；第九章详细介绍了新疆植棉全程机械化各工作环节的农机装备及技术要求。书后附现代植棉有关的 8 个技术规程。

本书作为系统论述新疆棉作理论与现代植棉技术的专著，对从事棉花科学技术研究的学者、技术工作者、农业管理干部和从事相关研究的高校研究生有很好的参考价值。

图书在版编目（CIP）数据

新疆棉作理论与现代植棉技术/田笑明主编. —北京：科学出版社，2016.9
ISBN 978-7-03-050013-7

Ⅰ.①新… Ⅱ.①田… Ⅲ.①棉花–栽培技术–新疆 Ⅳ.①S562

中国版本图书馆 CIP 数据核字(2016)第 225555 号

责任编辑：王 静 李 迪 / 责任校对：赵桂芬 李 影
责任印制：肖 兴 / 封面设计：北京铭轩堂广告设计有限公司

科 学 出 版 社 出版
北京东黄城根北街 16 号
邮政编码：100717
http://www.sciencep.com

中国科学院印刷厂 印刷
科学出版社发行 各地新华书店经销

*

2016 年 9 月第 一 版 开本：787×1092 1/16
2016 年 9 月第一次印刷 印张：42 1/4
字数：1 000 000
定价：368.00 元

（如有印装质量问题，我社负责调换）

《新疆棉作理论与现代植棉技术》编辑委员会

主　　编：田笑明

副 主 编：李雪源　吕　新　李保成　陈冠文

编写人员：（按汉语拼音排序）

主　　审：喻树迅　毛树春　田长彦　田笑明

序

新疆植棉历史悠久，是我国最古老的棉区，生态条件得天独厚，也是我国最适宜的棉区。改革开放后，在国家和新疆维吾尔自治区的科学布局、战略谋划、全力支持下，新疆棉区焕发出旺盛的活力。棉花生产不断取得突破性发展，生产能力显著增强，面积、总产、单产已连续22年居全国第一。新疆棉花总产在全国占比由改革开放初的3.03%，发展到20世纪90年代的30%，到2012年已达到51%以上，成为我国最大、最有竞争力的棉区。随着棉花生产的发展，新疆棉花加工业、纺织服装产业发展迅速，纺织服装加工业粗具规模，棉纺能力达到770万锭，正在构建"接二（产）连三（产）"的棉花产业经济。

新疆棉花生产在我国和世界棉花产业发展中具有举足轻重的作用，肩负着我国棉花生产安全、满足棉纺工业需求、促进新疆经济发展、保持边疆稳定、实现棉农增收、保障粮食供给的重任，所以做大做强新疆棉花生产，巩固新疆棉花生产可持续，并在"一带一路"战略中发挥桥头堡作用，可助力世界经济发展。

新疆棉花生产的发展离不开科技进步。从最早外国专家预言的北纬45°棉区不能植棉，到该区已成为我国重要的优质棉生产基地；皮棉平均单产从新中国成立初的10.73kg/亩[①]，到2014年的124kg/亩左右，2009年李雪源团队在3.33hm^{2}面积上创造籽棉325kg/亩的高产纪录；从最早生产纤维短、强力低的草棉，到目前可生产多纤维类型的中绒、中长绒、长绒、彩色、有机棉；从普通粗放种植，到形成的"矮、密、早、膜"模式化栽培；从开沟施肥、大水漫灌，到膜下滴灌水肥一体化；从传统的人畜整地播种，到整地、铺膜、精量播种及采收全程机械化，科技为新疆棉花生产发展提供了强大的技术支撑，棉花生产科技贡献率已由20世纪八九十年代的38%提高到目前的58%。

目前我国农业发展面临许多困境，正处于转型时期，农业生产发展需要转方式、调结构，需要发展现代农业。新形势下，特别是根据新疆需求，适合机械化种收、加工各环节的新理论、新技术、新方法，如机采棉需要的品种纤维长度（mm）、强力均应在30 cN/tex以上，棉花株型、果枝角度、脱叶剂的敏感度都需要研究，以求选出新品种和配套栽培的新方法，以适应新形势下棉花生产的需求。新疆棉花生产发展更需要有理论、技术支撑的创新驱动。特别是正在研究示范推广的以标准化、精准化、机械化、智能化、信息化为特征的现代植棉技术成绩辉煌，前景广阔，并进一步为实现快乐植棉发挥更大作用，成为新疆棉花生产进一步发展的重要动力。

在我国棉花生产发展的转型时期，由田笑明研究员等编著的《新疆棉作理论与现代植棉技术》一书，为新疆棉花生产转型发展，走环境友好、提质增效、可持续发展之路提供了强大的理论和技术支持。该书在阐述新疆植棉历史、生产布局、生态条件、耕作制度的基础上，核心内容围绕棉花高产、优质、高效，阐述了新疆棉花高产机理、平衡

---

① 1亩≈666.7m^2

施肥、高效节水、科学化学调控、病虫防治、农机农艺结合等植棉技术的原理和应用。对育种技术、种质资源创制、品种演变的发展进行了系统总结，揭示了新疆棉花生产的发展规律、理论基础和技术体系，展望了新疆棉花生产和技术进步的发展方向。这些都是新疆棉作继续发展和创新的基础，也是宝贵的技术资料和精神财富。

《新疆棉作理论与现代植棉技术》堪称棉业界一部好书，反映出新疆棉花科技工作者科技创新的智慧，是新疆棉业研究的一部比较权威的著作。该书不仅集纳了众多科研工作者的智慧、技术成果、实践经验，而且体现了创新务实的科学体系和思想，对指导棉花产业发展具有重要的学术价值和实用价值，是从事棉业科研、教学、推广人员的工具书，是生产管理人员的参考书。

作为一名棉花科技工作者，我非常关注新疆棉花科技事业的发展。接到书稿，认真审阅，感触颇深，非常高兴将此书推荐给广大读者。《新疆棉作理论与现代植棉技术》的出版，是新疆棉花科技工作者对我国棉花科技的贡献。也借此书出版，祝愿新疆必由产棉大省迈向产棉强省！

中国工程院院士

中国棉花学会理事长

2015 年 11 月 6 日

前　言

　　中国新疆具有独特的自然生态条件，植棉最为古老，远在 1500 年前已经开始植棉用棉；新疆现代植棉又最为年轻，在国家的大力支持下，20 世纪 90 年代以来，新疆棉花生产发展很快，棉花种植面积、总产量、单产和调出量 4 项指标连续 22 年跃居全国首位，成为全国最大的优质棉生产和出口基地，形成与黄河、长江流域棉区三足鼎立的优化布局，为新疆各族人民、中国棉花生产和国民经济发展做出了巨大贡献。

　　新疆棉花生产的迅速发展离不开科学技术的进步。从国家"九五"（1996～2000 年）计划开始，在连续 5 个五年计划的支持下，新疆棉花科技工作者以解决棉花生产理论与实际问题为导向，开展了新疆棉花发展战略研究、棉花遗传与育种研究、棉花高产栽培理论与技术研究、棉花高产保障技术研究、全程机械化装备研制与技术研究等多学科的协同创新，取得了丰硕的科技创新成果。总结这些成果的专题著作主要有刘晏良（2006 年）主编的《棉花发展战略研究》、姚源松（2004 年）主编的《新疆棉花高产优质高效理论与实践》、田笑明（2000 年）主编的《宽膜植棉早熟高产理论与实践》、田长彦（2008 年）主编的《新疆棉花养分资源综合管理》、马富裕（2002 年）主编的《棉花膜下滴灌技术理论与实践》、陈冠文（2009 年）主编的《新疆超高产棉花苗情诊断与调控技术》、毛树春（2013 年）主编的《中国棉花栽培学》等；近 10 年来，新疆棉花遗传育种创新团队、棉花高产优质栽培理论与高产技术创建创新团队、数字农业与精准农业创新团队等的年轻科技工作者，又取得大量基础理论与应用实践研究的最新成果。在这些成果积淀的基础上，才有本著的"水到渠成"。

　　2012 年 6 月，在浙江杭州西子湖畔，中国棉花学会召开理事长会议，田笑明研究员（时任学会副理事长）向理事长喻树迅院士提出组织编撰专著，总结近 10 年新疆绿洲植棉的理论与实践的想法，立刻得到喻院士的首肯和鼓励。回新疆后，田笑明研究员开始进行编撰前的准备工作。8 月 22 日召开了编写提纲讨论会，讨论了 5 位专家分别独立拟写的编写提纲，统一了意见，由田笑明研究员归纳细化编写提纲。12 月 15 日召开了编辑委员会会议，确定了编写提纲和撰写要求；讨论了编写计划、进度、撰写分工，正式启动了《新疆棉作理论与现代植棉技术》的编撰工作。参加本著作撰写的棉花科技专家有 40 多人，主要是新疆农业科学院、新疆农垦科学院、石河子大学、塔里木大学等单位具有高级技术和教学职称的专家。编写期间，召开了两次编写进展研讨会。2015 年 7 月召开了两次专家审稿讨论会，力求保证书稿质量。

　　本书共 9 章。第一章全面概述了新疆棉花生产发展的简史、战略地位、棉区布局、主要种植制度、科技进步、存在问题与发展展望；第二、三章详细介绍了新疆棉花品种资源、遗传育种研究、生物技术应用研究成果；第四、五章重点论述了新疆棉花高产栽培理论基础、高产栽培技术，结合高产创建应用实例论述了新疆棉花获得高产的条件特征；第六至八章对新疆棉花获得高产的重要技术保障，如棉花病虫草害及其防控、棉花自然灾害及其防控、棉花田间精准监测技术等分章作了论述；第九章详细介绍了新疆植棉全程机械化各工作环节的农机装备及技术要求。书后附现代植棉有关的8个技术规程。本书的特色在于体系完整、逻辑性强；内容丰富、数据可靠、信息量大；既有基本理论，又突出生产应用，理论与实践紧密结合。作为全面系统论述新疆现代植棉技术的学术专著，对从事棉花科学技术研究的学者、技术工作者、农业管理干部和从事相关研究的高校研究生有重要的参考价值。

本书的编撰者由老中青专家组成，尤以中青年科研、教学骨干为主。他（她）们多在一线从事繁重的科研教学工作。怀着对新疆棉花事业发展的历史责任感，总结先辈和自己从事棉花科学技术研究的科技成就，义不容辞地承担专业所长章节的撰写，付出了辛勤汗水。中青年科技工作者是新疆棉花科技进步的接力者和希望所在。

本书的撰写组织工作始终在新疆生产建设兵团（新疆兵团）棉花学会、兵团绿洲生态农业重点实验室（科技部共建）协同下进行。两个学术共同体分别在兵团科学技术协会（简称兵团科协）和兵团科学技术局申请自然科学著作和软科学研究立项，获得资助批准，使得撰写工作免除后顾之忧，得以顺利进行。特别感谢兵团科协和兵团科学技术局的鼎力支持；感谢兵团棉花学会和绿洲生态农业重点实验室在人力、物力、会议条件等各方面的援助。

本书的编撰工作始终得到中国棉花学会理事长喻树迅院士的关心。编撰期间，喻院士每年组织国内知名棉花专家来新疆考察指导棉花生产，编写组部分成员有幸参加调研活动，获益匪浅。喻院士有关"快乐植棉"的理念，有关新疆棉花产业科技攻关要在新品种选育和建立适合国情的高产新型机采棉技术体系两大方面获得重大突破的观点，为新疆棉花科技工作持续发展指明了路径。喻院士欣然答应为本书主审，并作序点评，对我们是极大的鞭策。

新版《中国棉花栽培学》主编毛树春研究员对本著的编写提出了许多建设性意见，并参加了第一章概论"新疆棉花可持续发展展望"等部分内容的撰写。毛树春研究员和中国科学院新疆生态与地理研究所田长彦研究员作为本书聘请的审稿专家，一丝不苟地认真审阅全书，逐章提出审改意见，为本书的修改完善做出了积极的贡献。

新疆兵团农业局胡建国、毕显杰提供了兵团高产创建资料，石河子大学图书馆张利帮助收集整理国内主产棉省多年统计年鉴资料，石河子大学科技处韩燕作了许多协调服务工作，其热情、周到、细致的工作作风，给每位编委留下美好深刻的印象。科学出版社王静和李迪编辑对本书给予了热情关注、精心策划、细心指导。在本著付梓之际，我们对上述单位、主审专家和默默付出的同志，表达诚挚感谢！

尽管本书编者十分努力，致力为读者贡献一部有所建树、有力度的学术著作。但终因学术水平有限，书中难免存在不足之处，恳请读者不吝赐教，批评指正，以便再版时修改。

主编 田笑明

2015 年 10 月 30 日

目　　录

第一章　概论 ··· 1

　第一节　新疆棉花生产发展简史 ··· 1

　第二节　新疆棉花发展战略地位 ··· 2

　　一、优化国家粮棉布局的战略作用 ··· 2

　　二、增加棉农收入促进区域发展 ·· 4

　　三、促进国家棉纺工业战略调整 ·· 5

　　四、在"一带一路"建设中发挥重要作用 ······································ 6

　第三节　新疆棉花种植区域划分 ··· 8

　　一、棉花产区分布 ··· 8

　　二、棉花种植区域生态划分 ·· 9

　　三、棉花品质区划 ·· 15

　第四节　新疆棉区主要种植制度 ··· 20

　第五节　新疆棉花发展中科技进步作用与主要经验 ······························ 20

　　一、科技进步对棉花发展的作用 ·· 20

　　二、棉花发展的主要经验 ··· 26

　第六节　新疆棉花生产的主要问题 ··· 29

　　一、水资源严重不足制约棉花生产发展 ··· 29

　　二、棉田长期连作土壤质量下降 ·· 30

　　三、棉花种质资源匮乏、创新能力不足制约突破性品种选育 ················ 33

　　四、农业基础生产条件仍然薄弱使棉花种植优势尚未充分发挥 ·············· 34

　　五、植棉全程机械化普及率低致使植棉生产成本居高不下 ··················· 35

　　六、棉花生产规模化程度低制约现代植棉业发展 ····························· 36

　第七节　新疆棉花可持续发展展望 ··· 38

　　一、棉花生产发展目标 ··· 38

　　二、现代植棉业的可持续发展 ·· 41

　　三、现代植棉关键技术 ··· 44

　　参考文献 ··· 47

第二章　棉花种质资源与生物技术应用 ··· 50

　第一节　新疆棉花种质资源现状 ··· 50

　　一、棉花种质资源分类 ··· 50

　　二、新疆棉花种质资源发展历程 ·· 51

　　三、棉花种质资源收集与保存 ·· 53

　第二节　棉花种质资源整理鉴定与评价 ·· 56

　　　　一、棉花种质资源整理 ·· 56
　　　　二、种质资源综合农艺性状的鉴定评价 ······································ 59
　　　　三、优质种质资源筛选鉴定 ·· 65
　　第三节　种质资源利用 ··· 72
　　第四节　棉花种质资源创制 ··· 74
　　　　一、生物技术应用 ··· 74
　　　　二、创制棉花三系及远缘杂交种质 ··· 87
　　　　三、应用航天诱变创制种质 ·· 87
　　　　四、新疆棉花种质资源创新方向 ·· 89
　　第五节　种质资源工作存在的问题和展望 ·· 90
　　　　一、种质资源工作存在的问题 ·· 90
　　　　二、种质资源工作展望 ·· 90
　　参考文献 ··· 91

第三章　新疆棉花遗传育种 ·· 95
　　第一节　棉花育种目标 ··· 95
　　　　一、棉花育种主要目标 ·· 95
　　　　二、棉花育种保证目标 ·· 96
　　　　三、棉花育种附加目标 ·· 97
　　　　四、新疆宜棉生态区育种目标 ·· 98
　　第二节　棉花主要性状遗传 ··· 101
　　　　一、棉花产量与品质性状遗传 ··· 101
　　　　二、棉花早熟性状遗传 ··· 105
　　　　三、棉花抗病性状遗传 ··· 107
　　　　四、棉花雄性不育性状遗传 ·· 109
　　　　五、棉花其他性状遗传 ··· 111
　　第三节　棉花主要育种方法 ··· 114
　　　　一、引种 ··· 114
　　　　二、系统育种 ·· 117
　　　　三、棉花杂交育种 ·· 122
　　　　四、其他育种方法 ·· 133
　　第四节　新疆棉花更换及重要品种简介 ·· 134
　　　　一、新疆棉花品种更换及系谱 ··· 134
　　　　二、新疆棉花品种性状演进及聚类 ·· 139
　　　　三、新疆主要自育棉花品种简介 ··· 144
　　第五节　棉花良种繁育技术和种子精准加工技术 ······························ 169
　　　　一、棉花良种繁育技术 ··· 169
　　　　二、棉花种子精准加工技术 ·· 175
　　参考文献 ·· 179

第四章　新疆棉花高产栽培理论 ··· 182
　第一节　新疆棉花高产生态学基础 ·· 182
　　一、新疆棉区气候资源 ·· 182
　　二、新疆棉区土壤资源 ·· 191
　　三、地膜覆盖棉田生态系统 ·· 206
　　四、膜下滴灌棉田生态环境效应 ·· 219
　　五、新疆棉花高能同步期及其应用 ··· 223
　第二节　新疆棉花高产生物学基础 ·· 225
　　一、棉花营养器官生长规律 ·· 225
　　二、高产棉花生殖器官发育规律 ·· 232
　　三、高产棉花器官同伸关系 ·· 242
　　四、棉花生育中心有序转移与有序抑制规律 ··································· 245
　　五、高产棉花群体冠层结构特征 ·· 247
　第三节　新疆棉花高产生理学基础 ·· 256
　　一、高产棉花光合生理 ·· 256
　　二、高产棉花水分生理 ·· 269
　　三、高产棉花营养生理 ·· 279
　　四、高产棉花干物质积累与分配基本规律 ······································ 286
　第四节　新疆棉花栽培理论技术体系 ··· 290
　　一、棉花栽培的理论基础 ··· 291
　　二、新疆棉花高产栽培理论概要 ·· 291
　　三、新疆现代植棉高产栽培理论技术体系 ······································ 298
　参考文献 ··· 300
第五章　新疆棉花高产栽培技术 ··· 308
　第一节　棉花"矮、密、早、膜"栽培模式 ··· 308
　　一、新疆棉花栽培技术发展历程 ·· 308
　　二、"矮、密、早、膜"栽培技术概要 ·· 309
　第二节　棉花播种技术 ··· 312
　　一、播前准备 ··· 312
　　二、播种技术 ··· 317
　　三、播后出苗前管理 ··· 321
　第三节　棉花膜下滴灌技术 ·· 322
　　一、棉花膜下滴灌技术发展简介 ·· 322
　　二、滴灌棉田土壤水分特征参数 ·· 323
　　三、棉花膜下滴灌灌溉制度 ·· 325
　　四、棉花膜下滴灌系统设计要点 ·· 333
　第四节　精准施肥技术 ··· 338
　　一、新疆棉花施肥存在的问题 ··· 338

二、滴灌水肥一体化主要技术 340
三、精准施肥技术应用 344
第五节 棉花化学调控技术 359
一、化学调控技术特征与功能 359
二、植物生长调节剂使用技术 360
三、棉花化学控顶技术 364
四、催熟剂与脱叶剂使用技术 365
第六节 其他调控技术 368
一、膜调技术 368
二、生物调控技术 369
三、整型调控技术 370
第七节 棉花苗情诊断技术 371
一、苗情诊断内容及其指标体系 371
二、棉花各生育期的苗情诊断技术 372
第八节 棉花高产创建与配套技术 385
一、高产创建发展与问题 385
二、棉花高产创建的依据 386
三、高产棉田基本特征 387
四、棉花高产典型及主要经验 391
参考文献 398

第六章 新疆棉花病虫草害及其防控 404
第一节 新疆棉区主要病害与防控 404
一、棉花枯萎病 404
二、棉花黄萎病 409
三、棉苗烂根病 414
四、棉铃病害 418
第二节 新疆棉区主要虫害与防控 421
一、棉铃虫 421
二、棉蚜 429
三、棉叶螨 435
四、双斑长蹠萤叶甲 444
五、蓟马类 447
六、棉盲蝽 448
七、烟粉虱 452
第三节 新疆棉田主要草害与防控 454
一、新疆棉区杂草发生特点 454
二、新疆棉田主要杂草 455
三、棉田杂草综合防治措施 458
参考文献 460

第七章　新疆棉花自然灾害及其防控 467
  第一节　冷害灾害及其防控 467
    一、冷害定义及其分类 467
    二、棉花冷害发生规律和危害 468
    三、棉花冷害诊断与防控 469
  第二节　霜冻灾害及其防控 470
    一、霜冻的定义及其分类 470
    二、霜冻指标及其发生特点 471
    三、霜冻危害及防救 473
  第三节　冰雹灾害及其防控 474
    一、冰雹形成的主要条件和发生特点 474
    二、冰雹危害 475
    三、冰雹灾害的防救 476
  第四节　干旱灾害及其防控 479
    一、干旱的定义及其分类 479
    二、新疆干旱成因与特点 480
    三、棉花干旱的危害和防御 481
  第五节　新疆土壤盐渍化灾害及其防控 481
    一、盐土分类和危害机理 481
    二、盐渍土发生特点 483
    三、棉花盐害防御和治理 485
  第六节　风沙灾害及其防御救治 486
    一、风沙灾害的发生 486
    二、风沙危害 488
    三、风沙防御与救灾 489
  第七节　雨害灾害及其防御救治 491
    一、雨害发生特点与危害 491
    二、雨害的防御和救治 492
  参考文献 493
第八章　新疆棉花田间精准监测技术 495
  第一节　滴灌棉田土壤水分监测和诊断技术 495
    一、新疆棉区土壤水分监测技术发展状况 495
    二、膜下滴灌棉田土壤墒情监测点布局 496
    三、棉区土壤墒情预报与水分综合管理系统构建 498
    四、系统应用评价 503
    五、新疆棉区土壤水分监测技术发展趋势 505
  第二节　滴灌棉田养分监测诊断技术 506
    一、棉花营养诊断技术发展与现状 506
    二、基于 GreenSeeker 的棉花养分监测与营养诊断技术 508

　　　三、棉花养分快速监测应用效果及评价 ·············· 515
　　第三节　新疆棉区病虫害监测技术 ·············· 516
　　　一、棉区病虫害监测发展与现状 ·············· 516
　　　二、棉区病虫害监测方法及应用 ·············· 516
　　第四节　新疆棉区棉花生长信息及产量遥感监测技术 ·············· 526
　　　一、新疆棉区棉花生长信息及产量遥感监测技术现状 ·············· 526
　　　二、新疆棉区棉花生长信息遥感监测 ·············· 527
　　参考文献 ·············· 537

第九章　新疆棉花全程机械化装备及技术 ·············· 542
　　第一节　播前土地整理机械与技术 ·············· 542
　　　一、棉秆粉碎还田机械 ·············· 542
　　　二、土壤耕翻机械 ·············· 544
　　　三、整地机械 ·············· 549
　　　四、深松机械 ·············· 556
　　　五、残膜回收机械 ·············· 557
　　第二节　精准播种机械与技术 ·············· 559
　　　一、精量铺管铺膜播种机械 ·············· 560
　　　二、自动导航播种技术 ·············· 570
　　第三节　中耕施肥机械与技术 ·············· 572
　　　一、中耕作业技术要求 ·············· 573
　　　二、3ZF 系列中耕施肥机 ·············· 573
　　　三、中耕施肥机主要部件和安装 ·············· 574
　　第四节　植保机械与技术 ·············· 577
　　　一、植保机械和农业技术要求 ·············· 577
　　　二、喷雾机的类型 ·············· 577
　　　三、喷雾机械主要工作部件 ·············· 578
　　　四、主要产品 ·············· 581
　　　五、航空喷药技术 ·············· 583
　　第五节　棉花机械收获及其配套技术 ·············· 585
　　　一、滚筒式水平摘锭采棉机结构 ·············· 585
　　　二、约翰迪尔、凯斯和贵航平水水平摘锭采棉机 ·············· 586
　　　三、采棉机田间火灾预警技术 ·············· 599
　　第六节　机采棉花打模、运输装备及技术 ·············· 601
　　　一、棉模贮运技术的应用条件 ·············· 601
　　　二、棉模籽棉要求 ·············· 602
　　　三、打模籽棉田间运输 ·············· 602
　　　四、卸花地点选择和准备 ·············· 603
　　　五、棉模压制 ·············· 603
　　　六、棉模雨布选择 ·············· 604

七、棉模系绳选择 ……………………………………………………………604

八、棉模监管 ……………………………………………………………………604

九、棉模记录 ……………………………………………………………………605

第七节　机采棉花清理加工工艺 ……………………………………………605

一、山东天鹅棉机清理加工工艺 ……………………………………………605

二、河北邯郸金狮棉机清理加工工艺 ………………………………………607

三、MMIS-I 型棉包条形码信息管理系统 …………………………………608

四、机采棉清理加工管理主要经验 …………………………………………609

第八节　棉花收获机械化技术经济分析 ……………………………………611

参考文献 …………………………………………………………………………612

附录　新疆棉花种植技术规程 ……………………………………………614

一、细绒棉高产优质高效栽培技术规程 ……………………………………614

二、细绒棉滴灌种植技术规程 ………………………………………………619

三、机采细绒棉种植作业技术规程 …………………………………………624

四、中长细绒棉种植技术规程 ………………………………………………629

五、采棉机作业质量 …………………………………………………………633

六、长绒棉栽培技术规程 ……………………………………………………637

七、棉花主要病虫害综合防治技术规程 ……………………………………643

八、棉花品种抗性鉴定方法 …………………………………………………651

第一章　概　　论

新疆位于中国西北边陲，跨东经 73°40′～96°23′，北纬 34°25′～49°10′，总面积 166 万 km²，占我国国土面积 1/6 以上。横亘新疆中部的天山把新疆分为南、北、东三部分，天山南坡及以南为南疆，天山北坡及以北为北疆，天山以东的哈密和吐鲁番地区习惯称为东疆。新疆隶属西北内陆棉区，有着悠久的植棉历史，具有适于植棉的自然环境条件、独特的内陆干旱绿洲灌溉资源和农业特点。作为中国三大主要植棉区之一，在国家三足鼎立的棉花发展战略格局中，新疆棉花生产肩负着维护国家棉花稳定供给和棉纺产业发展的战略重任。20 世纪 90 年代以来，在国家持续支持下，全疆植棉业经过 3 次大的技术变革，取得了长足进步，已发展成为中国棉花总产"二分天下有其一"的特大优质棉生产基地，支撑着全国棉花生产的"半壁江山"，现代植棉业的架构基本形成。

第一节　新疆棉花生产发展简史

棉花不是中国原产。在旧大陆有亚洲棉（*Gossypium arboreum*）和草棉（*G. herbaceum*）两个栽培种。经考古证明，亚洲棉在印度广泛种植，后来又一路向东传播到东南亚各国及中国。在中国，首先在华南种植，然后北上至长江流域、黄河流域。草棉原产于非洲，最先传播到阿拉伯一些地区种植，然后传入中亚细亚（广义的）的伊朗、巴基斯坦，再传入新疆。因此，华南和新疆是我国两个植棉最早的地区。

新疆使用棉织品的历史一般认为最迟在公元 2 世纪末或 3 世纪初。1959 年，在民丰县北大沙漠中发掘的东汉墓，出土了作餐布用的两块蓝白印花布、白布裤和手帕、粉扑等棉织品和棉絮制品。1976 年，该县尼雅遗址的东汉墓又出土了蜡染棉布。这些文物距今约 1800 年，是我国现存最古的棉布实物材料。而新疆植棉的历史，一般认为不少于1500 年。据大约著于公元 6 世纪的《梁书·西北诸戎传》记载，在南北朝时期，即距今1500 年前～1400 年前，现今的吐鲁番、和田一带植棉业已较普遍，并用于纺织印染，棉织品的使用也较普遍。唐、元、清等朝代植棉业延续不断，并有相当规模。在巴楚县托库孜萨来古城遗址晚唐地层内不仅发现棉布，而且发现了棉籽实物，其籽粒小、纤维短、色黄。据考证，这就是当时种植的一年生草棉，即非洲棉。至 1949 年全疆植棉面积为 3.106×10³hm²，仅占全国棉花面积的 1.2%，总产量为 0.5 万 t，单产 160.95kg/hm²，主要在吐鲁番和南疆一带零星种植，北疆地区不种植棉花。

新中国成立后，新疆生产建设兵团于 1950 年开始在北疆试种棉花成功，1953 年又在南疆试种了长绒棉，开创了北疆棉区棉花生产和长绒棉的生产。1990 年以来又开辟了特早熟棉区，棉花种植面积和产量逐年上升。从种植区域和气候生态类型看，新疆已初步形成了北疆早熟棉区、南疆早中熟棉区和东疆中晚熟棉区的区域分布格局（田长彦，2008）。

新疆虽有悠久的植棉历史，但直到 20 世纪 90 年代棉花生产才获得快速发展。表现为 20 世纪 80 年代以前的 3 个 10 年，新疆植棉面积和总产仅占全国的 3%左右，是一个植棉面积不大、总产不多、产量地位很一般的省份（表 1.1）。"八五"时期（1991～1995 年），在自治区党委和政府"一黑一白"战略的推动下，把"新疆建成国家级优质商品棉生产基地"的方案经反复论证被国家批准纳入国民经济"九五"计划。在 80 年代中期到 90 年代中期的 10 年时间里，棉花生产呈现快速发展的态势，面积和总产占全国的比重分别上升为 13.7%和 19.61%，在全国的地位快速提升。国家从"九五"计划开始实施新疆优质棉生产基地建设计划，按照新疆提出的"九五"（1996～2000 年）做大、"十五"（2001～2005 年）做优、"十一五"（2006～2010 年）做强、"十二五"（2011～2015 年）做精的建设思路，连续 20 年对新疆优质棉基地进行大力支持（表 1.1），全疆棉花种植面积从 1990 年的 43.52 万 hm^2 增至 2014 年的 242.13 万 hm^2，棉花种植面积占全国比例从 7.79%增长到 57.38%，同期全疆棉花总产量由 46.88 万 t 迅速增至 451.00 万 t，占全国比例从 10.40%提高到 73.21%，成为我国唯一能保持棉花长期持续增长的最重要棉区。

表 1.1 新疆棉花面积、总产及占全国的比重

年份	新疆棉花播种面积/万 hm^2	全国棉花种植面积/万 hm^2	新疆棉花面积占全国棉花面积的比重/%	新疆棉花总产量/万 t	全国棉花总产量/万 t	新疆棉花总产量占全国棉花总产量的比重/%
1950	0.36	37.86	0.95	0.60	69.20	0.87
1955	0.74	57.73	1.28	2.70	151.80	1.78
1960	1.59	52.25	3.04	3.50	106.30	3.29
1965	1.59	50.03	3.18	7.70	209.80	3.67
1970	1.55	49.97	3.10	6.50	227.70	2.85
1975	1.48	49.56	2.99	4.70	238.10	1.97
1980	18.12	492.00	3.68	7.92	270.00	2.93
1985	25.35	514.10	4.93	18.78	413.70	4.54
1990	43.52	558.80	7.79	46.88	450.78	10.40
1995	74.29	542.20	13.70	93.50	476.75	19.61
2000	101.24	404.12	25.05	150.00	441.73	33.96
2005	116.25	506.20	22.97	195.70	571.40	34.25
2010	143.82	484.90	29.66	240.79	596.10	40.39
2012	172.08	470.00	36.61	353.95	684.00	51.75
2013	171.82	435.00	39.50	351.75	631.00	55.74
2014	242.13	422.00	57.38	451.00	616.00	73.21

注：表中数据来源于历年国家统计年鉴和新疆统计年鉴

第二节　新疆棉花发展战略地位

一、优化国家粮棉布局的战略作用

棉花是大田主要经济作物和大宗农产品，是纺织工业的主要原料，也是重要的食用植物油脂，棉花是关系国计民生的重要战略物资。在全国棉花生产整体布局中，主要植棉产区按积温的多寡、纬度的高低、降水量多少等自然生态条件由南而北、从东向西逐步形成了黄河流域棉区、长江流域棉区和以新疆为主的西北内陆棉区为支撑的"三足鼎

立"格局。其中长江中下游、黄淮海平原为粮棉的重叠产区，是水稻、小麦、玉米等粮食作物的生产大区，历年粮食产量占全国粮食总产的比重超过 50%（表 1.2）。2012 年，内地两大棉区（11 省）棉花面积和产量分别占全国的 58.4% 和 46.5%（表 1.3），粮食面积和产量分别占全国的 52.38% 和 52.40%。其中，黄河流域棉区粮食面积和产量分别约占全国的 29% 和 27%；长江流域棉区粮食面积和产量分别约占全国的 23.3% 和 25.4%，新疆在国家粮食生产布局中未列入粮食主产区。2013 年新疆棉花产量占全国的 55.74%，成为中国最大的商品棉生产基地，有力地保障着国家棉花供给。2012 年新疆棉花皮棉单产水平 2056.8kg/hm^2，比长江流域和黄河流域棉区平均单产 1158.5kg/hm^2 高出 75% 以上。表 1.3 数据反映出"九五"计划以来内地两大棉区植棉面积、产量减少，新疆植棉面积、产量增加的趋势。根据对三大棉区粮食生产综合比较优势分析，内地两大棉区主要产棉大省粮食生产的综合比较优势为 0.8794~1.1700，均大于新疆的 0.7923，具有发展粮食生产的优势。新疆棉花皮棉产量在稳占全国棉花总产 50% 的基础上（按 2004~2013 年 10 年平均值 668 万 t 计算），再承接生产 50 万 t 棉花达到总产 385 万 t，约需增加 25 万 hm^2 棉田，将会减轻长江流域及黄河流域棉区的棉花生产压力（刘宴良，2006）。

表 1.2　两大棉区粮食面积、产量及占全国的比重

项目	1995 年		2000 年		2005 年		2010 年		2012 年	
	面积/万 hm^2	产量/万 t	面积/万 hm^2	产量/万 t	面积/万 hm^2	产量/万 t	面积/万 hm^2	产量/万 t	面积/万 hm^2	产量/万 t
全国	11 006.0	46 500.0	10 846.0	46 251.0	10 427.0	48 401.0	10 987.0	54 641.0	11 127.0	58 957.0
黄河流域棉区（五省）	3 025.5	12 278.0	3 027.4	12 671.0	2 916.3	13 216.0	3 003.1	14 999.0	3 231.1	15 916.0
占全国的比重/%	27.50	26.40	27.91	27.40	27.97	27.31	27.33	27.45	29.04	27.00
长江流域棉区（六省）	2 915.5	15 557.0	2 775.6	13 505.0	2 506.9	13 141.0	2 569.0	14 204.0	2 597.4	14 978.0
占全国的比重/%	26.50	33.46	25.60	29.20	24.04	27.15	23.38	26.00	23.34	25.41
两大棉区合计占全国的比重/%	54.00	59.86	53.51	56.60	52.01	54.46	50.71	53.45	52.38	52.41

注：表中数据根据国家统计公报和各省统计年鉴整理。黄河流域棉区（主产省）：河北、河南、山东、山西、陕西。长江流域棉区（主产省）：湖北、湖南、江苏、江西、安徽、浙江

表 1.3　两大棉区和新疆棉区棉花面积、产量及占全国的比重

项目	1995 年		2000 年		2005 年		2010 年		2012 年	
	面积/万 hm^2	产量/万 t	面积/万 hm^2	产量/万 t	面积/万 hm^2	产量/万 t	面积/万 hm^2	产量/万 t	面积/万 hm^2	产量/万 t
全国	542.2	477.0	404.1	441.7	506.2	571.4	484.9	596.1	470.0	684.0
黄河流域棉区（五省）	233.3	177.9	170.2	166.6	238.2	228.1	192.5	187.9	160.9	163.3
占全国的比重/%	43.0	37.3	42.1	37.7	47.1	39.9	39.7	31.5	34.2	23.9
长江流域棉区（六省）	189.2	185.4	124.38	116.1	135.5	130.2	133.6	143.6	113.6	154.7
占全国的比重/%	34.9	38.9	30.8	26.3	26.7	22.8	27.6	24.1	24.2	22.6
两大棉区合计占全国的比重/%	77.9	76.2	72.9	64.0	73.8	62.7	67.3	55.6	58.4	46.5
新疆棉区	74.3	99.4	101.2	150	116.3	195.7	146.1	247.9	172.1	353.9
占全国的比重/%	13.7	20.8	25.0	34.0	23.0	34.2	30.1	41.6	36.6	51.7

注：表中数据根据国家统计公报和各省统计年鉴整理

作为一个世界人口大国，保障粮食安全始终是国家社会经济发展面临的重大战略问题。在新的历史阶段，为了确保国家粮食安全和保障棉花产业可持续发展，中国农业科学院办公室（2014）提出我国棉花产业"东移、西进、北上"的战略调整布局，预计未来 10～15 年，我国将形成包括北方盐碱地、华北西北旱地、新疆干旱盐碱地和沿海滩涂地在内的新的棉花带。把保障粮食安全建设的重点集中到粮食主产区，尤其是扩大中部粮棉主产区的粮食生产，有利于长期保证国家粮食安全。随着新疆棉花在国内棉花产业发展中地位的稳固提高，新疆棉花生产继续优化结构、提升品质，将对国家粮食安全和棉花稳定供给发挥重要的战略作用。

二、增加棉农收入促进区域发展

迄今全疆 86 个县（市）中有 62 个县（市）植棉，新疆生产建设兵团有 11 个师、120 个团场植棉，遍及南疆、北疆和东疆三大棉区。棉花种植业已成为新疆农业经济的第一大支柱产业。据统计，2011 年新疆棉花产值为 516 亿元，分别占种植业和农业总产值的 36% 和 26%。全疆 50% 左右的农户（其中 70% 以上是少数民族）从事棉花生产活动。根据农业部农村经济研究中心调查，2010 年新疆维吾尔自治区农户棉花收入占家庭现金收入的比重达到 57%。在新疆典型调查农户中，植棉收入占家庭经营收入的比重达70% 以上；新疆生产建设兵团棉花产值占农业总产值的 55%，职工家庭收入、团场农业利润的 50% 以上与棉花产业有关。

新疆主产棉区农户收入构成主要可以分为两种类型：①粮、棉、果、畜均衡发展型。南疆的轮台县和北疆的玛纳斯县均属此类。以轮台县为例，2002 年轮台县农民人均收入为 2789 元，其中：农业收入 1939.02 元/人，约占人均收入总额的 70%。农业收入中棉花构成了收入的主要来源，约占人均收入的 35.8%，占农业收入的 51.4%。北疆玛纳斯县兰州湾镇，也是一个典型的粮、棉、果、畜均衡发展型棉区，全镇 22 个行政村，$6.13 \times 10^3 hm^2$ 耕地，1 万多农业人口，户均耕地 2.06hm^2，小麦、玉米等粮食作物占播种面积的 8%；棉花占播种面积的 62%；酿酒葡萄占 3.8%；加工番茄占 17.5%；蔬菜占 3.2%；饲料占 6.3%。北疆棉区地方多数属于此种类型。②以棉为主的植棉大县型。此类棉区主要集中在南疆阿克苏、喀什、巴音郭楞蒙古自治州（巴州）等塔里木盆地边缘沿叶尔羌河、塔里木河流域部分种植结构和经济结构比较单一的棉区。以巴州尉犁县为例，尉犁县位于塔里木盆地东北边缘的孔雀河和塔里木河下游地带，光热资源十分充足，又有塔里木河与孔雀河的来水灌溉，植棉条件得天独厚。2002 年全县总播种面积 2.23 万 hm^2，其中，棉田面积占 87.2%，年产棉花 3.6 万 t，占巴州棉花总产量的 37.3%，棉花是农民收入的主要来源（新疆维吾尔自治区计委成本队课题组，2004）。

2013 年新疆农村居民家庭人均纯收入为 7296.46 元，家庭经营性收入占 63.8%，而全国农村居民家庭人均纯收入是 8895.9 元，家庭经营性收入占 42.6%。全疆 90% 以上的贫困人口大都分布在南疆沿塔里木盆地周围。

新疆的南疆片区主要包括天山以南、昆仑山系以北的 5 个地州，分别是喀什地区、巴音郭楞蒙古自治州、克孜勒苏柯尔克孜自治州、和田地区和阿克苏地区，这里分布有国家优先建设的优质陆地棉区、长绒棉区和中长绒棉区。棉花总产量占全疆棉花总产量的 60%以上，主产县棉花收入已占农民人均纯收入的 50%～70%，棉花经营收入是棉区农户家庭收入的主要来源，植棉收入直接影响着棉区农户的生计。南疆棉区又是新疆棉花生产综合优势最强、最具竞争力的区域。从植棉单位面积纯收益来看（图 1.1），阿克苏、巴州、喀什三地区的植棉纯收益在 7000 元/hm² 以上，其他植棉区低于新疆的平均纯收益水平；新疆植棉纯收益率的平均水平为 28.52%，远远高于湖北、山东、河北、河南四省的平均水平。因此，发展棉花生产对推动新疆经济增长、提高农民收入水平、促进区域经济发展、维护边疆社会稳定具有重大的政治经济意义。

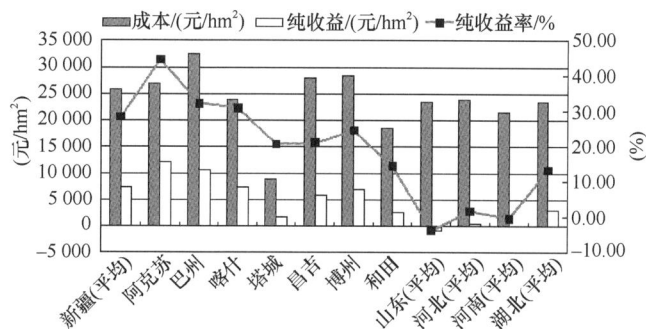

图 1.1　2011 年植棉主产区植棉效益（包艳丽等，2013）

三、促进国家棉纺工业战略调整

纺织工业是我国国民经济的传统支柱产业和重要的民生产业，也是国际竞争优势明显的产业。"十一五"期间全国纺织工业直接就业人口 1148 万人，年均增长 2.1%。纺织工业纤维加工总量占全球纤维产量的比重超过 50%，每年使用天然纤维近 900 万 t，其中国内供给率超过 70%，直接关系到至少 1 亿农民的生计。纺织品服装贸易额占全球纺织品服装贸易额的比重超过 30%。

我国纺织工业80%左右的产能集中在中东部地区，随着经济发展和资源环境约束加剧，东部地区转型升级和产业转移的步伐将加快。新疆是全国重要的棉花资源区，产量占全国的1/2。在国家西部大开发和国家区域发展战略的推动下，促使中西部地区承接纺织产业转移的条件日益完善。2015年1月国务院出台了《关于支持新疆纺织服装产业发展促进就业的指导意见》（以下简称《意见》）指出：新疆初步形成了以棉纺和黏胶纤维为主导的产业体系，具有棉花资源、土地、能源和援疆省市产业援疆等优势，发展纺织服装产业具有较好基础。但同时也面临着劳动力综合成本高、劳动生产率低、远离主销市场、运输成本高、配套产业发展滞后、技术人才缺乏等挑战，现有优势尚未转化为产业优势。《意见》明确了8个方面的重点任务。按照分阶段实施，提出了产业和就业发展目标：到2020年，实现新疆纺织服装产业整体实力和发展水平提升，就业规模显著扩大，基本建成国家重要棉纺产业基地、西北地区和丝绸之路经济带核心区服装服饰生产基地与向西出口集散中心。

为充分发挥棉花资源、能源、劳动力、民族文化、毗邻中亚口岸等优势，2013 年 7 月新疆出台了《发展纺织服装产业带动就业规划纲要（2014～2023 年）》，全力打造"三城七园一中心","三城"即阿克苏纺织工业城、库尔勒纺织服装工业城和石河子纺织工业城;"七园"即哈密、巴楚、阿拉尔、沙雅、玛纳斯、奎屯、霍尔果斯;"一中心"即乌鲁木齐市纺织品国际商贸中心。一批内地纺织企业纷纷落户新疆,浙江雅戈尔公司落户喀什、山东鲁泰落户阿瓦提县、浙江巨鹰公司落户阿克苏市、江苏华芳落户石河子,为推动内地向新疆纺织产业转移起到了积极的示范作用。近年来,陆续落户新疆的国内外知名企业还有浙江富丽达公司、浙江雄峰公司、浙江弘生公司、华孚控股有限公司、山东如意公司、香港溢达公司、香港互益公司、沙特阿吉兰公司、浙江洁丽雅集团、安徽华茂公司、河南新野公司等近 40 家(其中:全国纺织 500 强企业有 30 家左右),这些优强企业已成为推动行业发展及当地经济增长的生力军。截至 2010 年全疆(含兵团)拥有棉纺环锭 480 万锭,转杯纺 10.5 万头,分别比 2005 年增长 76.6%和 22.9%;生产各类纱线 41.58 万 t、浆粕 44 万 t、黏胶短纤 34.63 万 t,比 2005 年分别增产 22%、3.14 倍和 10.13 倍。大力发展纺织服装产业,是建设新疆丝绸之路经济带核心区的重要内容,对于优化新疆经济结构、增加就业岗位、加快推进新型城镇化进程、促进新疆社会稳定和长治久安具有重要意义。

四、在"一带一路"建设中发挥重要作用

"一带一路"即"丝绸之路经济带"和"海上丝绸之路",为中国国家战略。"一带一路"沿线涉及 67 个国家和地区,其中,东亚 13 国、西亚 18 国、南亚 8 国、中亚 5 国、独联体 7 国和中东欧 16 国。据毛树春(2015)研究(表 1.4),"一带一路"是全球棉花产业的集中带,棉花产业在全球位置呈"六、七、八、九"特征,即棉花收获面积和原棉总产占全球的六成多,原棉进口量占全球的七成多,棉花消费量和棉机织物产量占全球的八成多,棉纱线产量占全球的九成多。分析表明,"一带一路"棉花产业的结构完整,具有典型的劳动密集型特征,产品大多位于产业链的低端、中端位置上;除中国棉花以外,主要棉花生产国、加工国的劳动力价格较为便宜,原棉、棉纱线、棉机织物和服装的生产成本更低。

新疆与中亚、南亚开展合作交流具有地域优势。从东北至西南分别与哈萨克斯坦、吉尔吉斯斯坦、塔吉克斯坦等三国接壤,与土库曼斯坦、乌兹别克斯坦近邻,在地质条件、气候条件、地缘文化等方面存在相似性,在农业资源、技术优势等方面存在互补性,具备了与中亚五国开展国际合作交流的地域优势,双方发展农业经济合作前景广阔。

新疆在农业资源、技术方面等具有优势和互补性。在棉花优质品种的培育与推广、棉花的科学种植技术、节水技术应用与节水灌溉设备研制、棉花病虫害的综合防治技术、棉种加工设备与技术、轧花设备与技术、纺织工业技术、棉副产品综合利用技术等方面具有明显优势和很好的合作基础,有利于扩大与中亚、南亚国家进行农业合作。

新疆与中亚、南亚开展农业合作,不仅具有明显的地缘优势,还具有有利的口岸优势。目前,新疆拥有一类口岸 17 个,二类口岸 12 个,是全国口岸最多的省区之一。在 17 个一类口岸中,航空口岸 2 个,分别为乌鲁木齐航空口岸和喀什航空口岸,与中亚、南亚的陆路边境口岸 11 个,其中与中亚的哈萨克斯坦 7 个,与吉尔吉斯斯坦 2 个,与塔吉克斯坦 1 个,与巴基斯坦 1 个。与中亚五国运输线路最短的新疆霍尔果斯口岸与哈萨克斯坦最大城市阿拉木图仅 380km,其他口岸与相对应的较大城市也都在 200～500km(王钊英等,2009)。

表 1.4　近 5 个年度（2010/2011～2014/2015 年）"一带一路"棉花产能、贸易和消费及占全球的比例

项目	东亚 13 国	西亚 18 国	南亚 8 国	中亚 5 国	独联体 7 国	中东欧 16 国	"一带一路" 之和	全球 总计	中国
棉花收获面积（1000hm²）									
5 年平均	5 261	1 176	14 713	2 188	35	1	23 374	34 013	4 897
占全球比例/%	15.5	3.5	43.3	6.4	0.1	0.0	68.7	100.0	14.4
占"一带一路"比例/%	22.5	5.0	62.9	9.4	0.1	0.0	100.0		21.0
棉花产量（1000t）									
5 年平均	7 075	1 273	8 431	1 482	18	0	18 280	26 357	6 885
占全球比例/%	27	5	32	6	0.0	0.0	69.4	100.0	26.1
占"一带一路"比例/%	39	7	46	8	0.0	0.0	100		37.7
原棉出口量（1000t）									
5 年平均	237	388	1 703	1 000	5	0	3 333	8 858	53
占全球比例/%	2.7	4.4	19.2	11.3	0.1	0.0	37.6	100.0	0.6
占"一带一路"比例/%	7.1	11.6	51.1	30.0	0.1	0.0	100.0		1.6
原棉进口量（1000t）									
5 年平均	5 439	824	1 363	4	81	14	7 726	8 832	3 727
占全球比例/%	61.6	9.3	15.4	0.0	0.9	0.2	87.5	100.0	42.2
占"一带一路"比例/%	70.4	10.7	17.6	0.1	1.1	0.2	100.0		48.2
原棉消费量（1000t）									
5 年平均	10 307	1 762	7 872	476	102	15	20 533	23 728	8 599
占全球比例/%	43.4	7.4	33.2	2.0	0.4	0.1	86.5	100.0	36.2
占"一带一路"比例/%	50.2	8.6	38.3	2.3	0.5	0.1	100.0		41.9
棉纱线产量（1000t）									
5 年平均	33 935	1 457	6 693	329	124	12	42 550	45 481	32 471
占全球比例/%	74.6	3.2	14.7	0.7	0.3	0.0	93.6	100.0	71.4
占"一带一路"比例/%	79.8	3.4	15.7	0.8	0.3	0.0	100.0		76.3
棉机织物产量（1000t）									
5 年平均	5 618	463	7 809	82	189	17	14 179	16 344	5 392
占全球比例/%	34.4	2.8	47.8	0.5	1.2	0.1	86.8	100.0	33.0
占"一带一路"比例/%	39.6	3.3	55.1	0.6	1.3	0.1	100.0		38.0

注：由毛树春整理

数据来源：ICAC（国际棉花咨询委员会），Cotton：World Statistics. October，2014。2014～2015 年为估计数。棉机织物指梭织布

按照 2015 年 6 月国务院授权发布的《推动共建丝绸之路经济带和 21 世纪海上丝绸之路的愿景与行动》，即《愿景与行动》，我国棉花产业将不断融合"一带一路"，也要让出部分低端和中端原棉及其棉制品的市场份额。这有利于推动棉花产业上下游的融合和关联产业的协同发展，实现产业链的合理分工和布局优化，取得合作互赢和多赢的新局面。新疆作为我国向西开放的"桥头堡"，是我国农业国际合作中重要的前沿阵地，通过新型优质棉基地建设，加快棉花科技进步和科技兴棉，促进棉花产业的深度转型升级和提质增效，建成资源节约型、环境友好型和原棉优质型的现代植棉业样板，在建设"新丝绸之路经济带"中发挥重要的引领和示范作用。

第三节　新疆棉花种植区域划分

一、棉花产区分布

按自然地理位置，全疆划分为东疆、北疆和南疆 3 个棉花产区（图 1.2）。20 世纪 50 年代以前，新疆棉花种植区主要分布在东疆和南疆。1953 年在玛纳斯河流域屯垦的解放军第 22 兵团（以后的第七师和第八师）在先前试验植棉成功的基础上，开展了 2 万亩棉花大面积丰产取得成功，北疆逐渐开辟了大面积新棉区，从而形成了目前的棉花种植分布。

图 1.2　新疆棉花产区分布示意图

2012 年全疆棉花种植面积为 172.1 万 hm^2，3 个棉区（含生产建设兵团）植棉规模为 165.68 万 hm^2，占全疆棉花种植面积的 96.3%，其中南疆棉区种植面积占全疆棉花面积的 55.05%，产量占全疆棉花总产的 54.48%，平均单产 2035.85kg/hm^2；北疆棉区种植面积占全疆棉花面积的 38.2%，产量占全疆棉花总产的 40.54%，平均单产 2182.9kg/hm^2；东疆棉区面积占全疆棉花面积的 3.03%，产量占全疆棉花总产的 2.56%，平均单产 1735.63kg/hm^2；新疆兵团棉花种植面积占全疆棉花面积的 32.39%，产量占全疆总产的 40.03%，平均单产 2605.69kg/hm^2。地方植棉以南疆棉区为主，面积和产量分别占全疆的 48.82%和 38.63%。兵团植棉以北疆棉区为主，面积和产量分别占全疆的 19.58%和 23.41%（表 1.5）。从各棉区地方与兵团棉花单产水平的对比看出，兵团的单产水平普遍高于地方 23%以上，说明新疆棉花单产水平尚有很大的提升空间。

表 1.5 2012 年新疆棉花各产区面积及产量

区域	面积/万 hm²	占全疆植棉面积的比重/%	总产量/万 t	占全疆总产量的比重/%	单产/（kg/hm²）
全疆	172.10	100.00	353.95	100.00	2056.89
1.北疆棉区	65.74	38.20	143.50	40.54	2182.90
地方	32.05	18.62	60.65	17.14	1892.75
昌吉回族自治州（昌吉州）	11.79	6.52	20.26	5.72	1718.80
博尔塔拉蒙古自治州（博州）	6.38	2.67	13.80	3.89	2167.40
伊犁哈萨克自治州（伊犁州）	13.88	6.11	26.59	7.51	1915.70
兵团	33.69	19.58	82.85	23.41	2458.89
2.南疆棉区	94.73	55.05	192.85	54.48	2035.85
地方	73.67	42.82	136.73	38.63	1855.75
巴音郭楞蒙古自治州（巴州）	17.96	10.44	37.21	10.51	2071.36
阿克苏地区	31.53	18.32	57.67	16.29	1828.88
克孜勒苏柯尔克孜自治州（克州）	0.67	0.39	1.02	0.29	1529.23
喀什地区	21.41	12.44	36.98	10.45	1727.15
和田地区	2.10	1.22	3.85	1.09	1829.85
兵团	21.05	12.23	56.12	15.86	2666.28
3.东疆棉区	5.21	3.03	9.06	2.56	1735.63
地方	4.21	2.45	6.36	1.80	1508.18
吐鲁番地区	2.25	1.31	3.03	0.85	1344.27
哈密地区	1.96	1.14	3.33	0.94	1696.38
兵团	1.00	0.58	2.70	0.76	2691.92

注：表中数据根据 2013 年《新疆统计年鉴》和《新疆生产建设兵团统计年鉴》整理

二、棉花种植区域生态划分

（一）棉区生态特点

新疆棉区具有独特的内陆干旱绿洲灌溉农业特点，其自然生态特点分析如下。

1. 光温条件

新疆棉区地处亚欧大陆的中部，塔里木盆地、准噶尔盆地、吐鲁番盆地和哈密盆地周缘，总体上南疆为暖温带气候区，北疆为中温带气候区。棉区远离海洋，气候干燥，光照资源非常丰富，热量条件可完全满足早、中熟棉花生长发育所需。新疆棉区由于多在几大盆地周缘，受盆地沙漠增温影响，绝大部分棉区大于或等于10℃的有效积温在3450~4500℃，尤其在棉花花铃生长发育的关键时期气温较高、日温差较大、年日照时间长，有利于光合产物的生产、积累和纤维素的沉积，为新疆棉花高产优质创造了必不可少的自然环境条件（表1.6）。其中东疆吐鲁番盆地和南疆塔里木盆地西南缘是新疆热量资源最为丰富的植棉区，适宜种植长绒棉。例如，吐鲁番盆地西部保证率80%≥10℃的积温为5200℃，盆地东部鄯善为4324℃，适宜种植中熟长绒棉，其热量条件可保证年霜前花率在90%以上；塔里木盆地西南缘是新疆无霜期最长的地区，可达210~240d，保证率80%≥10℃的积温为3900~4300℃，形成了我国唯一种植早熟长绒棉的产区。

表 1.6 新疆棉区与全国主要棉区生态条件对比

生态因子	棉花对生态环境条件的要求	西北内陆新疆棉区			长江中下游棉区	黄淮海平原棉区
		东疆亚区	南疆亚区	北疆亚区		
年日照时数/h	2000	3000~3300	2600~3100	2600~3000	1200~2500	1900~2900
年平均日照率/%		60~75	60~75	60~75	30~55	50~65
气温年较差/℃		36.8~39.8	31.5~33.4	31.9~43.3	21.4~26.6	21.3~30.0
≥10℃积温/℃	3500	4000~5400	3800~4400	3100~4100	4600~6000	3800~4900
≥10℃积温持续有效日数/d	>150	200~210	190~210	160~180	200~294	196~230
≥15℃积温/℃		2500~4900	2500~4900	2500~4900	3500~5500	3500~4500
≥15℃持续日数/d	150~200	145~200	145~200	145~200	180~210	150~180
7月平均气温/℃	25~30	24~33	24~33	24~33	27~29	25~28
年降水量/mm	450~600	<39	25~98	100~280	1000~1600	500~1000
土壤类型	土质疏松、排水良好的冲积、洪积土	灌漠土、灌淤土、旱盐土、棕漠土、灰漠土			潮土、滨海盐土、黄棕壤、红壤土	潮土、潮盐土、滨海盐土

注：≥10℃积温持续有效日数近似于无霜期。根据毛树春和谭砚文（2013）、田长彦（2008）资料整理

2. 水资源条件

全疆年均水资源总量为 832 亿 m³，其中地表水资源 789 亿 m³。新疆棉区由被戈壁沙漠分割的多个山前冲积平原绿洲组成，虽然平原地带降水稀少，但盆地周围山区形成连绵的雪岭、林立的冰峰，降雪颇多，由于山区海拔相对较高、温度较低，从而在高山上形成常年积雪和冰川，据统计共有大小冰川 1.8 万多条，总面积 2.4 万多平方公里，占中国冰川面积的 42%。新疆河流水源的补给主要靠山地降水和天山、昆仑山、阿尔泰山三大山脉的积雪、冰川融水，有冰川调节的河流，径流比较稳定，但过分集中在夏季，春季水量小易形成春旱。当气温升高时，这些积雪和冰川融化形成河流径流，成为新疆棉区灌溉用水的主要来源。在棉花生长需水期，可根据棉花的生理需水规律，通过人工灌溉满足棉花的生长发育需要。新疆境内共有河流 570 多条（不包括山泉、大河支流），发源于山间的河流有 300 多条，南疆较大的河流有塔里木河（由叶尔羌河、和田河、阿克苏河三大支流汇合而成）、开都河、孔雀河，北疆有伊犁河、额尔齐斯河、玛纳斯河、奎屯河等 20 多条。新疆棉区的主要河流 1987~2000 年年均径流量及流域见表 1.7。

3. 土壤条件

按照全国第二次土壤普查的土壤分类系统，新疆棉区主要耕作土壤有 5 个土纲，10 个土类，25 个亚类，主要类型有灌漠土、灌淤土、盐化灌淤土、潮土、盐化潮土、灌耕林灌草甸土、盐化灌耕林灌草甸土、灌耕草甸土、盐化灌耕草甸土、灌耕风沙土、灌耕棕漠土、盐化灌耕棕漠土、灌耕灰漠土、盐化灌耕灰漠土等，其理化性质及分布见表 1.8。新疆棉区土壤质地分布有一定规律，呈现南粗北细趋势，即南疆棉区土壤质地相对北疆较粗，沙性土壤面积大，以轻壤土、中度黏土、沙质土为主，且土层深厚、土质疏松、土地平坦、宜棉地带广阔，适宜机耕和灌溉。

表 1.7 新疆棉区主要河流流量及流域

河流	年径流量/亿 m³	流域
塔里木河	398.30	南疆阿克苏地区、巴音郭楞蒙古自治州、兵团第一师和第二师
伊犁河	166.00	北疆伊犁州伊犁地区、兵团第四师
叶尔羌河（塔里木河支流）	66.29	南疆喀什地区、兵团第三师
阿克苏河（塔里木河支流）	70.00	南疆阿克苏地区、兵团第一师
开都河	36.96	南疆巴音郭楞蒙古自治州、兵团第二师
玉龙喀什河（和田河支流）	20.67	南疆和田地区、兵团第十四师
喀拉喀什河（和田河支流）	20.41	南疆和田地区、兵团第十四师
玛纳斯河	13.55	北疆昌吉州、塔城地区、兵团第八师
孔雀河	12.00	南疆巴音郭楞蒙古自治州、兵团第二师
克里雅河	6.84	南疆巴音郭楞蒙古自治州、兵团第二师
奎屯河	6.10	北疆伊犁州奎屯市、塔城地区、兵团第七师
博尔塔拉河	4.75	北疆博尔塔拉蒙古自治州、兵团第五师

注：表中数据根据迪丽努尔·阿吉等《新疆主要河流径流量变化的时空特征研究》整理

表 1.8 新疆棉区主要耕作土壤理化性质及分布

土壤类型	耕作层有机质/（g/kg）	全量/（g/kg）			全盐/（g/kg）	pH	主要分布区域
		N	P	K			
灌漠土	15.20	0.73	0.84	20.40		8.10	博州、昌吉州、东疆盆地、库尔勒
灌淤土	15.20	0.52	1.42	13.07		8.30	和田、喀什、阿克苏、巴州、昌吉州
盐化灌淤土	9.55	0.63	0.62	22.47	13.93	7.83	喀什、和田、阿克苏、巴州、吐鲁番、昌吉州
潮土	18.45	0.75	0.77	11.20		8.30	喀什、阿克苏、巴州、昌吉州、伊犁、塔城
盐化潮土	17.67	0.77	0.71	18.60	6.40	8.73	喀什、阿克苏、巴州、昌吉州、博州
灌耕林灌草甸土	15.45	0.86	1.39	25.27	1.03	7.43	塔里木河上游、叶尔羌河流域、玛纳斯河流域
盐化灌耕林灌草甸土	10.58	0.50	1.46	25.85	4.85	7.80	塔里木河上游、叶尔羌河流域、玛纳斯河流域
灌耕草甸土	20.73	1.08	1.37	19.67	3.33	8.20	南疆各地州，以兵团农垦团场分布较广
盐化灌耕草甸土	18.56	0.70	1.00	11.17	12.50	8.56	遍及全疆各地，主要分布在盆地内扇缘地带，冲积平原下游，南疆大于北疆
灌耕风沙土	7.32	0.42	0.55	20.40		8.50	广泛分布于全疆各地近绿洲边缘新耕地
灌耕棕漠土	13.90	0.69	0.63	17.40		8.40	南疆五地州和吐鲁番、哈密
盐化灌耕棕漠土	5.00	0.28	0.54	18.10	18.12	8.40	南疆五地州和吐鲁番、哈密
灌耕灰漠土	14.70	1.04	0.68	21.20	0.76	8.13	北疆准噶尔盆地新老绿洲
盐化灌耕灰漠土	4.15	0.41	0.55			8.06	8.80	北疆昌吉州、乌苏、沙湾、精河，兵团第六师、第七师、第八师

注：根据姚源松（2004）资料整理。表中数据是土壤 0～70cm 深度土样的平均值

全国耕地土壤有机质含量六级分级标准为：>40g/kg 为一级，30～40g/kg 为二级，20～30g/kg 为三级，10～20g/kg 为四级，6～10g/kg 为五级，<6g/kg 为六级。根据这一标准，新疆棉区耕地土壤有机质含量在四级或五级中，属于中低产土壤范围。土壤有机质含量的分布也呈现南低北高趋势，如和田棉区耕地土壤有机质含量加权平均为 8.19g/kg，阿克苏棉区为 11.14g/kg，昌吉棉区为 13.50g/kg，博州棉区为 15.4g/kg。因此，全疆棉区大多数耕地土壤培肥地力的重点任务是提高土壤有机质含量，这在南疆棉区尤为重要（姚源松，2004）。

4. 自然与病虫灾害

新疆绿洲生态基本特点：春季大风沙尘、强寒潮侵袭频繁，还伴有盐碱危害；夏季极端高温热害，干旱与洪涝灾害并发；秋季低温早临和早霜冻，还伴有降雨；常年有冰雹发生危害。与我国其他棉区相比，新疆棉区光、热、水资源年际变化较小，从而确保了棉花生产所需资源环境的稳定性。新疆棉区冬季严寒，有相当部分棉区的最低气温可达−20℃以下，不利于病虫越冬繁衍，因而病虫害较内地轻。另外，新疆棉区分布在被戈壁沙漠分割的多个平原绿洲内，这些戈壁沙漠成为天然的隔离屏障，可阻止病虫害在不同绿洲蔓延而大暴发。棉区调查表明，"黄萎病、枯萎病"两病，"棉铃虫、棉蚜虫、棉叶螨"三虫是新疆棉区的主要病虫害，尤其是老棉区，连作年限长的棉田发生危害较重，由于采取种植抗病虫品种和利用天敌的生物防治、化学点片防治有机结合的综合防治体系，新疆棉区总体上没有出现病虫害常年大面积严重失控状况，从而有利于减少植保防治费用，提高棉花产量和品质。

总体来看，新疆棉区对各类自然灾害均有科学的防灾与减灾措施。在早春常发生的倒春寒灾害，可通过适时地膜覆盖栽培技术解决；对棉花生长前期的风沙袭击灾害，通过强化新疆绿洲生态建设和棉田播种后压防风土带加以解决；对夏季冰雹灾害可通过区域人工联合消雹作业减轻危害；棉田病虫灾害，通过长期贯彻"增益控害、综合防治"方针和种植抗病虫品种等措施加以解决；新疆棉花后期降温早，可通过选择早熟品种、适时早播、早打顶等促早栽培措施加以解决，因而对灾害的可防控性强（田长彦，2008）。

（二）棉区熟性区划

我国有关专家和单位曾先后多次对新疆棉区进行过区划。20世纪50年代中国农业科学院棉花研究所组织专家将河西走廊和新疆划为西北内陆棉区。20世纪70年代末又将该棉区划分为东疆、南疆及河西走廊−北疆3个亚区。20世纪90年代初中国科学院新疆资源开发综合考察队将新疆棉区划分为最适宜棉区、适宜棉区、次宜棉区和不适宜棉区。1980年中国棉花学会将种植面积最大、发展前景看好的西北内陆棉区划分为东疆、南疆、北疆和河西走廊4个亚区，这对于认识新疆植棉条件和指导棉花生产起了积极作用。

棉花熟性区划是以品种的熟性类型作为连接点，要反映棉区的生态条件与品种适应性之间的相互关系。为了实现良种选育区域化、引种科学化、分区制订科学植棉技术规程、因地制宜指导棉花生产，新疆棉花学会棉区划分课题组分析了全疆62个气象台站1961～1998年38年的气象资料，选用≥10℃积温、无霜冻期及7月平均气温为区划指标。根据2013年版《中国棉花栽培学》棉花区域划分"同一性"原则，结合品种熟性对新疆3个棉花亚区作二级区划，将新疆棉区划分为东疆中熟、早中熟棉亚区，南疆早中熟棉亚区，北疆早熟棉亚区和特早熟棉亚区等4个亚区。其中，将南疆早中熟棉亚区又划分为两个次亚区，即叶尔羌河、塔里木河流域次亚区，简称叶塔次亚区；塔里木盆地北、东南缘次亚区，简称塔北次亚区。其主要生态条件及生产特点见表1.9。

1. 东疆中熟、早中熟棉亚区

本亚区2012年棉花种植面积和总产分别占全疆棉花的3%和2.56%。主要包括东疆托克逊、吐鲁番、鄯善及哈密山南平原地区，兵团第十三师所属团场。保证率为80%的≥10℃的积温，盆地西部为5200℃，积温最少的年份也达5100℃，盆地东部鄯善为4324℃，最少年份也达4070℃，是新疆热量资源最为丰富的植棉区。在本区种植中熟陆地棉、中熟海岛棉，其热量条件可保证年霜前花率在90%以上，纤维长度、纤维断裂比强度（比强度）均能达到或超过国家标准。不利条件是春季常有风沙侵袭，对保苗不利，夏季高温酷热，最热月份平均气温40℃以上的酷热天气持续天数长，绝对最高温度达到49.6℃，年降水量不足36mm，经常有干热风危害，造成大量棉花蕾铃脱落。该亚区的哈密盆地，易受冷空气和大风的影响，夏季气温较高，干热风多，秋季降温快，对棉花中后期生长不利，适宜种植早中熟陆地棉。主要病虫害是棉铃虫、棉蚜、枯萎病和叶斑病。

本亚区又是国家葡萄、瓜果基地，其经济效益比棉花高，故该地区扩大棉花面积潜力不大，但应保持一定面积，以满足纺织业对长绒棉的用棉需求。

表1.9 新疆棉区不同亚区主要生态条件及生产特点

	项目	东疆中熟、早中熟棉亚区	南疆早中熟棉亚区		北疆早熟棉亚区	北疆特早熟棉亚区
			叶塔次亚区	塔北次亚区		
主要生态特点	无霜期/d	≥200	206～239	186～216	175～220	175～189
	≥10℃积温/℃	4500～5400	4147～4658	3823～4366	3500～4100	3190～3550
	≥15℃积温/℃	4110～4980	3547～3999	3730～3844	3000～3200	2500～3000
	≥28℃日最高积温/℃	5000～5700	3521～3837	2915～4686	3200～3700	2600～3200
	7月平均温度/℃	29.0～32.3	24.6～27.4	23.6～28.6	25.5～27.8	23.0～25.6
	全年日照时数/h	3000～3500	2700～3000	2700～3000	2700～2800	2850
	日照率/%	67～80	61～71	61～71	59～64	64
棉花生长特点	适宜品种	中熟、早中熟陆地棉，中熟海岛棉	早中熟陆地棉，早熟海岛棉	早中熟陆地棉	早熟陆地棉	特早熟陆地棉
	栽培特点	稀植、大棵	高密度、矮化	高密度、矮化	高密度、矮化	超高密度、矮化
	主要病虫害	棉铃虫、棉蚜、枯萎病、叶斑病	棉铃虫、棉蚜、棉叶螨、枯萎病、黄萎病	棉铃虫、棉蚜、棉叶螨、枯萎病、黄萎病	棉铃虫、棉蚜、棉叶螨、枯萎病、黄萎病	棉铃虫、棉蚜、棉叶螨

2. 南疆早中熟棉亚区

南疆早中熟棉亚区是全疆最大的棉区，2012年棉田面积为94.7万 hm²，占全疆棉田面积的55%，总产192.85万 t，占全疆总产的54.5%。该区分布广，生产条件差异大，根据热量条件又被划分成两个次亚区。

（1）叶塔次亚区。本区集中在叶尔羌河、阿克苏河、喀什噶尔河流域和塔里木河上中游流域，地处塔里木盆地边缘的西北部及西南部海拔1400m以下的平原地区。包括沙雅、阿拉尔、阿瓦提、阿克苏南部、巴楚、伽师、喀什、岳普湖、麦盖提、莎车、英吉沙、泽普、叶城、皮山、墨玉、和田、洛浦、于田等地，兵团第一师1团～3团、9团～16团，第三师42团～53团等。本区保证率80%≥10℃的积温为3900～4300℃，保证率90%的积温超过3800℃，积温最少年份也大于3600℃。无霜期可达206～239d，棉花的霜前花率较高。因此，本区种植早熟海岛棉和早中熟陆地棉（生育期125～135d）。本区热量虽比中熟棉亚区少300～800℃，但生育期中有害高温显著减少，棉花品质优，高产纪录不断涌现，是新疆棉花生产潜力最大的棉区。本区主要的不利气象条件是春季棉花苗期的风、雨频发引起盐碱危害。病害主要是枯萎病和黄萎病，非抗病品种不宜种植；虫害主要是棉铃虫和棉蚜，应以生物防治为主，综合治理。该次亚区的皮山、墨玉、和田、洛浦、策勒等地，由于浮尘天气多，光照强度减弱，影响棉花的光合作用，单产略低于同棉区的其他地区。

（2）塔北次亚区。本区包括塔里木盆地边缘北部、东部、东南部，包括新和、库车、轮台、尉犁、若羌等县；兵团第二师 28 团～36 团。本区热量条件较丰富，保证率 80%≥10℃积温为 3650～4000℃，保证率 90%的积温为 3550℃以上，都不如叶塔次亚区，以种植早中熟陆地棉和早熟陆地棉品种为宜。不利的自然条件是水资源较紧张，棉花生产不宜盲目扩大。病害主要有黄萎病、枯萎病，棉铃虫、棉蚜为害也较重。

3. 北疆早熟棉亚区

北疆早熟棉亚区是全疆第二大棉区。2012 年棉田面积 65.7 万 hm²，占全疆棉田面积的 38.2%，总产 143.5 万 t，占全疆总产的 40.5%。

本区位于天山北坡，准噶尔盆地西南缘，古尔班通古特沙漠以南，分布于玛纳斯河流域、奎屯河流域、博尔塔拉河下游的绿洲平原，海拔 400m 以下的地区。包括博乐市东部、精河、乌苏、奎屯、沙湾、石河子、玛纳斯、克拉玛依等县市；兵团第五师、第七师、第八师的大多数团场，第六师西线的新湖总场、芳草湖总场等团场。本区保证率 80%≥10℃积温为 3400～3500℃，积温最少年份也可达 3000～3100℃，最热月平均温度 25.5～27.8℃，无霜期 175～220d，年降水量 150～200mm，相对湿度 50%～60%，是我国纬度最北、典型的早熟陆地棉区，也是新疆主要的优质棉产区。主栽品种均为自育的新陆早系列品种（生育期 115～125d），品种良种化程度高。该亚区病虫害主要是黄萎病、枯萎病、棉蚜和棉叶螨。该区热量条件、无霜期年际变幅较大，适宜种植品种的首选条件是早熟性，同时要重视优质、抗病、丰产等性状。

4. 北疆特早熟棉亚区

本区主要集中在准噶尔盆地西南至东南部，海拔 400～550m 的狭长地带。包括精河、乌苏、沙湾、石河子、玛纳斯等县市乌伊公路以南的乡镇，呼图壁县、昌吉市、五家渠市，共青团、六运湖、红旗等团场。本区保证率 80%≥10℃积温为 3200～3400℃，无霜期 175～189d，最热月平均温度为 23.0～25.6℃。其他零星植棉地区，包括克拉玛依市以北的乌尔禾至夏孜盖地区（第十师 184 团），伊犁河谷下游含霍城县和察布查尔县部分乡及兵团第四师的 62 团～64 团。本区适宜种植特早熟陆地棉品种（生育期 100～115d）。一切技术措施突出"早"字，采用密度更高、更矮化的栽培措施。

新疆地域广袤，气候差异大，要根据棉花农业气候积温指标和最热月的平均气温来界定棉花种植区域和品种配置。种植棉花的下限是≥10℃积温为 3150℃，考虑到棉花花期需要一定的热量强度，用最热月 7 月平均气温作为辅助指标，即 7 月平均气温不足 24℃地区，即便≥10℃积温能满足棉花生长需求也不宜种植棉花。包括南疆的焉耆盆地、拜城盆地，北疆的伊犁河谷西部的伊宁、霍城、察布查尔，昌吉州的米泉、阜康、吉木萨尔，这些地区积温虽能达到植棉要求，但夏季月份温度强度不够，7 月平均气温低于 24℃，早熟性指标不够，使棉花花铃期延长，霜前花率较低，产量不高，应限制棉花种植。

种植海岛棉要求霜前花率大于80%，所需热量条件≥15℃的活动积温，才能保证棉花纤维获得足够的成熟度。例如，早熟长绒棉≥15℃活动积温3600~3750℃，生育期130~140d，主要在南疆阿克苏棉区；中熟长绒棉≥15℃活动积温3750~4000℃，生育期140~150d，主要在南疆阿拉尔垦区；晚熟长绒棉≥15℃活动积温4100~4800℃，生育期145~160d，主要在东疆吐鲁番盆地。低于此积温值的地区不能种植海岛棉。

三、棉花品质区划

优良的棉花纤维品质要求纤维长度、比强度、马克隆值相互匹配。品质区划是以品种的品质类型作为连接点，要反映棉区的生态条件与品种品质之间的相互关系。新疆棉区跨越幅度较大，独特的三山夹两盆的地貌形成各植棉绿洲多样化的气候特征，被划分为中熟棉、早中熟棉、早熟棉和特早熟棉4个生态亚区，具有生产各种棉花纤维品质类型的优势。研究不同熟性棉花品种在新疆不同生态区纤维品质指标的变化规律，对新疆优质棉花适宜种植区域进行划分，有利于将新疆丰富多样的自然资源转变为多类型优质专用棉花产品。

（一）棉区棉纤维品质分布特征

韩春丽（2005）选用北疆早熟棉区的新陆早10号、新陆早13号、新陆早16号（中长绒、早中熟类型）和南疆早中熟棉区的新陆中15号、中棉所35等5个品种，两年统一在南疆、北疆、东疆共23个地点种植。研究不同生态棉区纤维长度、比强度、马克隆值和整齐度4个品质性状的变化（表1.10）。

表1.10 不同生态棉区5个品种纤维品质性状的变化

品种	品质性状	性状值	南疆早中熟棉区（10个地点）	北疆早熟棉区（11个地点）	东疆棉区（2个地点）	23个地点均值和CV
新陆早10号	纤维长度/mm	平均值	27.96	29.08	26.86	28.40
		CV/%	3.25	0.35	1.24	3.31
	比强度/（cN/tex）	平均值	28.34	28.75	31.08	28.77
		CV/%	4.91	2.34	4.21	4.45
	马克隆值	平均值	4.74	4.53	4.82	4.67
		CV/%	3.59	3.98	7.34	5.12
	整齐度/%	平均值	86.36	87.49	85.47	86.83
		CV/%	0.98	1.04	0.12	1.24
新陆早13号	纤维长度/mm	平均值	28.58	29.42	27.09	28.85
		CV/%	2.03	1.28	0.29	2.86
	比强度/（cN/tex）	平均值	29.23	29.73	30.89	29.61
		CV/%	4.95	1.20	0.65	3.60
	马克隆值	平均值	4.62	4.34	5.08	4.54
		CV/%	4.70	6.78	1.53	7.87
	整齐度/%	平均值	86.50	87.63	83.69	86.79
		CV/%	1.26	0.82	0.86	1.63

品种	品质性状	性状值	南疆早中熟棉区（10 个地点）	北疆早熟棉区（11 个地点）	东疆棉区（2 个地点）	23 个地点均值和 CV
新陆早 16 号	纤维长度/mm	平均值	32.48	31.99	31.75	32.18
		CV/%	4.46	2.03	3.31	3.37
	比强度/（cN/tex）	平均值	31.61	31.58	34.12	31.81
		CV/%	2.96	2.76	2.33	3.53
	马克隆值	平均值	4.07	3.78	4.37	3.96
		CV/%	9.99	6.47	2.59	9.22
	整齐度/%	平均值	87.99	88.23	86.59	87.98
		CV/%	1.46	1.03	1.22	1.30
新陆中 15 号	纤维长度/mm	平均值	31.86	31.35	30.05	31.46
		CV/%	2.89	1.59	0.07	2.69
	比强度/（cN/tex）	平均值	31.84	32.76	34.85	32.54
		CV/%	3.01	2.79	0.47	3.75
	马克隆值	平均值	4.23	3.93	4.51	4.11
		CV/%	8.72	7.91	1.25	9.02
	整齐度/%	平均值	88.05	87.33	87.00	87.61
		CV/%	1.27	0.96	1.48	1.18
中棉所 35	纤维长度/mm	平均值	31.20	30.90	29.80	30.93
		CV/%	2.22	1.37	1.05	2.12
	比强度/（cN/tex）	平均值	28.91	28.55	30.81	28.90
		CV/%	3.55	2.54	2.12	3.60
	马克隆值	平均值	4.39	3.95	4.96	4.24
		CV/%	7.31	7.92	1.43	10.38
	整齐度/%	平均值	87.65	87.46	85.68	87.39
		CV/%	0.73	0.70	0.07	0.91

注：表中数据根据韩春丽 2005 年《新疆棉区棉花纤维品质生态分布规律的初步研究》论文整理

南疆点：麦盖提、疏附、沙井子、阿拉尔、阿瓦提、巴楚、沙雅、库车、库尔勒、尉犁

北疆点：玛纳斯、石河子、下野地、莫索湾、安集海、奎屯、车排子、博乐、精河、阜康、霍城

东疆点：吐鲁番、哈密

CV 为变异系数

1. 纤维长度

5 个品种在不同生态区纤维长度表现为：早熟品种（新陆早 10 号、新陆早 13 号）纤维长度北疆＞南疆＞东疆棉区；早中熟品种（新陆早 16 号、新陆中 15 号、中棉所 35）纤维长度南疆＞北疆＞东疆棉区。东疆棉区 5 个品种纤维长度均表现较低。北疆棉区棉纤维长度变异系数较小（0.35%～2.03%），长度分布较为集中。南疆棉区棉纤维长度变异系数较大（2.03%～4.46%）。

2. 比强度

5 个品种在不同生态区比强度表现为：东疆棉区＞北疆和南疆棉区。新陆早 10 号、新陆早 13 号和新陆中 15 号 3 个品种比强度表现为北疆＞南疆，新陆早 16 号和中棉所 35 两个品种比强度表现为南疆＞北疆。总体看，东疆棉区比强度最高，北疆棉区比强度相对较高，棉区比强度变异系数较小（1.20%～2.79%），南疆棉区比强度变异系数较大

（2.96%～4.95%）。

3. 马克隆值

马克隆值是反映棉纤维细度、成熟度的综合指标。从 5 个品种马克隆值在各个试验点的表现来看，北疆棉区马克隆值（3.78～4.53）优于南疆棉区（4.07～4.74），东疆棉区马克隆值最高（4.37～5.08）。马克隆值在地点和品种之间的变化幅度均较大，地点之间变异系数为 5.12%～10.38%，品种之间变异系数为 1.25%～9.99%。北疆玛纳斯河流域的莫索湾、下野地、安集海等地马克隆值较优，石河子较高（4.36）。南疆棉区沙井子、阿拉尔、库车、库尔勒、尉犁马克隆值较优，麦盖提、巴楚、沙雅等地马克隆值普遍较高（4.51～4.58），阿瓦提马克隆值最高（5.05）。

4. 纤维整齐度

不同类型品种纤维整齐度在不同生态棉区表现不同，新陆早 10 号、新陆早 13 号、新陆早 16 号 3 个品种一致表现为北疆＞南疆＞东疆，新陆中 15 号和中棉所 35 两个品种一致表现为南疆＞北疆＞东疆。5 个品种在 23 个试点纤维整齐度的平均值为 87.32%，地点间的变异系数为 0.91%～1.63%，品种间的变异系数为 0.07%～1.48%，可见不同品种纤维整齐度对环境反应的敏感程度差异较小。

余渝（2005）选用北疆早熟棉区的 6 个品种，南疆早中熟棉区的 10 个品种，两年分两组在南疆、北疆共 14 个地点种植，获得与韩春丽基本一致的结果：①早熟棉亚区棉花品种绒长比早中熟棉亚区品种短，高峰值出现在 28.0～29.0mm，早中熟棉亚区品种高峰值出现在 29.0～30.0mm。②早熟棉亚区棉花比强度高于早中熟棉亚区，主要分布在 27.0～32.0cN/tex，早中熟棉亚区陆地棉比强度主要分布在 24.0～29.0cN/tex，早熟棉亚区比强度＞31cN/tex 占 31.7%，而早中熟棉亚区仅占 13.1%，早中熟棉亚区棉花比强度小于 28.0cN/tex 占 57.3%，而早熟棉亚区为 27.4%。③早熟棉亚区两年马克隆值处于 A 级的分别为 30.3%和 30.8%，早中熟棉亚区分别为 45.7%和 18.9%，年度间早中熟棉亚区马克隆值变幅明显高于早熟棉亚区。④早熟棉亚区棉花整齐度高于早中熟棉亚区，早熟棉亚区棉花整齐度（%）＞84.0 以上的占 67.8%，而早中熟棉亚区仅占 42.4%。

李雪源等（2003）在南疆、北疆分别选用 9 个品种和 10 个品种，各 7 个试点，研究纤维长度、比强度、马克隆值和整齐度 4 个性状的变化。研究认为，南疆棉区与北疆棉区生态品质差异主要表现为南疆棉区纤维细度优于北疆，北疆比强度、整齐度优于南疆。南疆棉区生态品质多样性多于北疆棉区，南疆不同棉区间生态品质差异大于北疆。

2002～2010 年近 10 多年比较（表 1.11）发现早熟陆地棉纤维长度 30.1～30.6mm，比 20 世纪 90 年代延长 1.2～1.7mm；比强度 29.4～31.5cN/tex，比 90 年代提高 4.1～6.2cN/tex。早中熟陆地棉纤维长度 30.4～30.6mm，比 90 年代延长 0.2～0.4mm；比强度 30.3～31.3cN/tex，比 90 年代提高 4.3～5.3cN/tex。可见，新疆棉区对比强度遗传改良效果最为显著，纤维长度次之，其中南疆较为显著，马克隆值变大并偏离最适值 3.7～4.2。

上述研究结果总的趋势基本一致，丰富了研究者对新疆棉区棉纤维品质生态分布的认识，有利于提高棉花品质育种工作的针对性，有利于优质棉生产的优化布局。

表 1.11　西北内陆棉区棉花品种区试纤维品质指标比较

品种类型	纤维长度/mm	比强度/（cN/tex）	马克隆值	品种（系）/个
20 世纪 90 年代				
早熟陆地棉（北疆）	28.9（27.7～30.0）±1.1	25.3（20.3～32.6）±4.2	4.0（3.4～5.0）±0.5	21
早中熟陆地棉（南疆）	30.2（28.4～34.0）±1.7	26.0（21.3～33.5）±3.9	4.1（3.5～5.0）±0.5	26
2002～2005 年				
早熟陆地棉（北疆）	30.1（28.1～33.0）±1.1	29.4（24.2～36.0）±2.5	4.2（3.5～5.0）±0.3	34
早中熟陆地棉（南疆）	30.4（28.5～33.0）±1.3	30.3（26.4～37.0）±2.6	4.1（3.5～5.0）±0.4	37
2006～2010 年				
早熟陆地棉（北疆）	30.6（28.8～32.2）±1.7	31.5（30.1～32.7）±1.1	4.5（4.1～4.9）±0.3	42
早中熟陆地棉（南疆）	30.6（28.7～35.4）±1.3	31.3（28.1～35.4）±2.4	4.4（3.5～5.1）±0.4	57
2011～2013 年				
国家区域试验对照品种（北疆）	28.2（27.9～28.7）	26.8（26.1～27.2）	4.5（4.3～4.8）	新陆早 36 号
国家区域试验对照品种（南疆）	29.4（29.3～29.9）	28.7（27.3～30.2）	4.8（4.6～5.0）	中棉所 49

注：数据来源于毛树春、谭砚文的《WTO 与中国棉花》，北京：中国农业出版社，2013，91

全国农业技术推广服务中心. 中国棉花品种新动态 2011～2013. 北京：中国农业出版社，2012～2014

李雪源等（2003）认为，与新疆棉花纤维品质生态分布密切相关的主要生态因子依次是 7 月平均温度、日均气温＞25℃持续天数及有效积温。其中 7 月平均气温＞25℃，持续天数 40d 左右的棉区纤维品质较优，纤维长度、比强度较高。但如果这类棉区积温过高、＞25℃持续天数过长会造成棉纤维偏粗。建议可依据 7 月平均温度高低、＞25℃持续天数和品种座铃时间的吻合同步程度决定本地区生产棉花的品质定位。

（二）优质棉花适宜种植区域

相同的棉花品种在新疆棉区不同生态区种植，其纤维长度、比强度、马克隆值等指标存在明显的差异，这种差异正是各生态区自然条件对棉纤维形成过程影响的综合体现。新疆棉区植棉面积大，具有生态多样性和品质多样性的特点，适宜不同品质类型的原棉生产。依据对纤维各项品质指标及各地气象因子的聚类分析和灰色关联分析的结果（韩春丽等，2005；余渝，2005；李雪源等，2003），以及不同品种在新疆不同生态棉区纤维品质的变化情况，初步对优质棉花适宜种植地点进行划分。

1. 南疆棉区

麦盖提、莎车、巴楚、沙井子四地，铃期平均温度 24～25℃，有利于棉纤维生长。纤维长度、比强度、整齐度、马克隆值等纤维品质指标间配合较好，纤维综合品质较优。种植纤维强度高、绒长、马克隆值适中的品种可为棉纺织企业提供纺高支纱的优质原棉。

南疆塔里木河流域、孔雀河流域、库车河流域的沙雅、阿拉尔、库车、库尔勒，从品质各项指标分析来看，单项品质指标各有所长，但品质各项指标间协调性较差。在这些棉区中，因地制宜地选择综合品质较好的品种是提高纤维品质的关键。

早中熟棉亚区各垦区可根据各地情况选择合适的长绒棉品种。长绒棉优质区为麦盖提垦区、小海子垦区，次优质区为沙井子垦区、库尔勒垦区和塔里木垦区，低品质区为阿拉尔垦区。小海子垦区适合生产优质长绒棉；哈密垦区不适合种植长绒棉（余渝，

2005）。

　　2010～2013 年新疆长绒棉种植面积分别为 11.63 万 hm^2、8.67 万 hm^2、4.0 万 hm^2、3.73 万 hm^2。2014 年全疆长绒棉种植面积约 5.83 万 hm^2，比上年增加 56.2%。其中地方种植面积约 5.79 万 hm^2，占全区长绒棉总面积的 99%，兵团第一师种植面积仅 400hm^2。长绒棉种植主要集中在阿克苏棉区，此外喀什地区及库尔勒地区有极少量种植（表 1.12）。

表 1.12　2014 年新疆长绒棉种植区域面积（崔建平等，2014）

地区	地点	种植面积/hm^2	长绒棉面积占比/%
阿克苏	阿瓦提县	44 666	76.7
	阿克苏市周边	10 000	17.2
	哈拉塔勒镇	2 000	3.4
	沙雅县	1 000	1.7
	兵团第一师	400	0.7
喀什及库尔勒	各县合计	233	0.4

2. 北疆棉区

　　玛纳斯河流域、奎屯河流域及博尔塔拉河流域的石河子、安集海、下野地、玛纳斯、奎屯、车排子、精河、博乐等地，地理纬度较为接近，处于同一绿洲农业带上，气象条件差别较小，同类型早熟棉品种品质较为集中，纤维长度和比强度变异较小，稳定性较好，纤维综合品质较优，适合种植纺织中高支纱的优质原棉。这个棉区品质改良的重点是继续提高棉花比强度和绒长。

3. 东疆棉区

　　吐鲁番盆地和哈密盆地，气候条件独特，光热资源极为丰富，该区在陆地棉棉铃生长发育期温度过高，铃期日平均温度常高于 30℃左右、日照时数 12h 左右、相对湿度 35%左右，陆地棉在该区表现为比强度居高，长度和整齐度较低，马克隆值偏高。根据不同品种品质特性，结合该生态区的特殊气候条件，可种植专用高强力纤维棉花品种。

　　李雪源等（2003）认为，解决生态因子对品质的影响必须针对本植棉区存在的品质生态问题选用相应的品种，如对于低比强度生态区尽量选用早熟高比强度品种，对于马克隆值偏高的棉区尽量选用低马克隆值品种等。在决定不同棉区棉花生产品质中，虽然生态环境可以显著提高品质，但关键要有遗传品质好的品种。只有遗传品质好的品种加上优良的生态条件才能充分发挥自然资源优势，取得最佳的棉花生产品质。因此，在品质结构上可以形成各生态区品质类型单一化、全疆多样化的生产布局，使生产出来的棉花能够最大限度地满足纺织工业和国内外市场的多种需求。

　　新疆棉区自然资源的多样性决定了纤维品种生态分布的多样性，适宜生产不同纤维类型的棉花。根据新疆植棉优势，自治区积极进行棉花品种品质结构调整，现已形成中绒棉、长绒棉、中长绒棉、彩色棉、超级长绒棉等多种纤维类型的棉花生产格局，形成我国最大的优质棉生产基地，唯一的长绒棉生产基地和最大的彩色棉生产基地（2013年种植彩色棉 1.6 万 hm^2，总产 2 万 t）。

第四节　新疆棉区主要种植制度

棉区种植制度是指以植棉为主的作物组成、配置、熟制和种植方式（轮作、连作、间作、套种、混作和单作等）。合理的棉区种植制度能充分利用当地的生态资源保护生物多样性，为棉花生长营造较好的生态环境，进而提高光能利用率、土地利用率和劳动生产率，形成农业生态环境良性循环。

新疆绿洲农业种植制度演进由最早追求粮食增长为中心逐渐演变为以粮为主、经济作物为辅，再过渡到20世纪90年代的粮、经并重，又进一步发展到目前粮、经、林果并重发展的新格局。

新疆棉花、粮食作物与绿肥（苜蓿）实行划区轮作始于20世纪50年代中期。一般轮作周期为6年左右，轮作方式采用春（冬）小麦/苜蓿-苜蓿（2年）-棉花（3年），或玉米/苜蓿（2年）-棉花（3年）。20世纪90年代以来，在国家大力发展新疆棉花的宏观背景下，棉花种植规模和总产不断刷新纪录，苜蓿种植面积大幅度减少。主产植棉县（团场）的棉花面积占耕地面积80%以上，轮作倒茬棉田比例普遍不足1/4。主产区大部分种植棉花的农田已连作10年，有些条田超过20年以上，棉花长期大面积连作现象十分普遍。随着棉花连作年限的延长，土壤速效钾呈下降趋势，土壤中积累的残膜数量增多，土壤中的微生物总量呈减少趋势，而且土壤微生物种群结构朝着不利于作物养分吸收的方向发展，即土壤微生物区系从"细菌型"向"真菌型"转化。因此，主要棉区逐步恢复粮、棉、绿肥轮作制，即小麦收获后，种植一茬绿肥，冬天翻压后，来年种植棉花。据测定，翻压绿肥油葵后，可增加土壤有机质含量0.1%～0.54%，翻耕后种棉花第一年增产10%～30%。在北疆棉区，麦收后尚有>10℃积温近2000℃，适宜复播油菜、油葵、草木犀。粮棉轮作方式在南疆棉区主要为冬小麦‖复播玉米-棉花（3年以上），北疆棉区为春小麦‖绿肥-棉花（3年以上），或冬小麦‖绿肥-棉花（3年以上）-玉米，或棉花（2～3年）-春小麦。南疆重盐碱，为"两萎病"重病区，也实行棉花-水稻轮作，该轮作方案是：水稻-棉花-棉花-棉花，以及水稻-小麦-棉花-棉花4年轮作，通过种稻洗盐，抑制黄萎病。东疆吐鲁番盆地因夏季高温多干热风，不宜种植玉米，实行小麦复种高粱后与棉花倒茬，还实行瓜棉或菜棉套（间）作。

随着新疆"粮、棉、果、畜"四大基地建设发展，逐步总结出以粮、棉、林果为主体的"插花"种植模式，特别是近年在南疆主产棉区大规模发展林果，构建棉区大区域内粮、棉、生态林、园艺林果等的"生态型"间作格局，主要有果棉间作、瓜棉间作、棉枣间作、棉花与茴香间作。小区域内棉田四周间作种植油菜、玉米、苜蓿生态带，棉田合理轮作制度的优化，可以保证农业种植业结构、农业生态结构的平衡和可持续发展（毛树春和谭砚文，2013）。

第五节　新疆棉花发展中科技进步作用与主要经验

一、科技进步对棉花发展的作用

自1993年以来，新疆植棉面积、总产、单产和调出量连续22年位居全国第一位，已成为我国最大和最具潜力的棉花生产基地。新疆棉花生产发展史就是一部科技进步史，持续的科技创新是促进新疆棉花生产迅速崛起的持久动力。从 20 世纪 80 年代初开始，新疆棉花生产实现了 3 次重大的技术进步，形成了具有明显地域特色的植棉技术体系和理论，为棉花快速发展提供了强大的技术支撑。

1950 年，中国人民解放军第一兵团第二军第五师赴阿克苏垦区等地，当年开荒植棉 1793hm^2，平均单产 172.5kg/hm^2。同年，驻守北疆的第二十二兵团第九军第二十五师、第二十六师奉命开赴沙湾县境内的炮台、小拐等地开荒生产，首次在北纬 45°10′、东经 85°03′成功试种了棉花。1951 年，从苏联引进了 C3173 等棉花良种，在南疆、北疆垦区种植，使植棉面积迅速扩大。1953 年，第二军第五师阿克苏垦区沙井子农业试验站从农业部引进长绒棉品种来德福阿金，当年试种成功，证明南疆塔里木盆地可以种植长绒棉。1951～1953 年从苏联进口棉花播种机 603 台架。从 1953 年开始，在苏联专家迪托夫的指导下，南、北疆垦区全面推广苏联先进的植棉技术，采用 60cm 等行距，每亩保苗 6000～8000 株，运用施基肥、选种浸种、药剂拌种、间苗定苗、沟畦灌溉、整枝打杈等新技术。1955 年新疆兵团成立后的第一年，种植棉花 9673hm^2，平均皮棉单产 610kg/hm^2，比当年全国单产高 132%。

在广泛从国内外引种试种的同时，科技人员开始进行棉花育种工作。1959～1968 年，第一师农科所陈顺理等选育成功海岛棉军海 1 号。1960～1968 年，第二师塔里木良种繁育试验站杨树新等采用多父本混合花粉杂交培育出军棉 1 号，逐渐替换了苏联品种 108 夫、C1470，该品种成为南疆早中熟陆地棉区的主栽品种。1969～1976 年，第八师下野地试验站刘汉珠等选育出新陆早 1 号，替代了苏联品种 KK1543，成为北疆地区的主栽品种，不仅使棉花纤维长度普遍提高到 29mm，而且使产量大幅度提高，解决了新疆棉花早熟、丰产、优质问题（姚源松，2004）。20 世纪 70 年代后推广 60cm+30cm 宽窄行播种方法，棉花密度增加到 15.0 万株/hm^2 左右。1980 年，石河子农科所、石河子农学院、第八师 121 团、下野地良种繁育场率先进行棉花地膜覆盖试验，平均单产皮棉 1989.7kg/hm^2，比对照增产 85% 以上。次年，地膜覆盖植棉在南、北疆垦区开始推广。

上述工作为新疆植棉第一次技术革命"矮、密、早、膜"栽培技术模式的形成做了积淀，可称为第一次技术革命的前奏。

（一）第一次技术革命："矮、密、早、膜"栽培技术模式（1980～1995 年）

针对新疆春季气温低而进入 9 月中旬后温度下降较快，有效积温不如黄河流域棉区，更不如长江中下游棉区的气候特点，新疆棉花科技工作者研究开发出"以地膜覆盖为基础，以缩节胺化学调控为手段，以'矮、密、早'为核心，以病虫害综合防治为保障"独特的植棉栽培技术模式。该技术核心是，每公顷种植密度增加至 18 万～22.5 万株，通过增加单位面积的密度，增加单位面积总铃数；株高控制在 60～80cm，生育期控制在 120～145d，实施矮化早熟栽培。总结了地膜覆盖"增温、保墒、增光、抑盐、灭草"的五大生态效应和"早熟、增铃、优质"三大生物学效应。"矮、密、早、膜"栽培技术模式是新疆棉区充分利用地域的光、热、水、土资源实现棉花高产高效优质目标的科学体系。这种"大群体、小个体、高效益"栽培模式极大地丰富了我国棉花栽培学的理论与实践。该技术模式是对露地直播、低密度植棉的一次革命。据全疆 1982～1985 年 4

年 71 点次试验数据统计，地膜植棉效益超过以往任何生产技术措施。其增产幅度北疆平均为 61.8%，南疆平均为 44%，东疆平均为 12.4%，盐碱地平均增产 69.5%。该技术模式从 20 世纪 90 年代开始在全疆迅速普及推广，大幅度提高了棉花单产水平，实现了棉花生产跳跃式快速发展。

"矮、密、早、膜"农艺技术的创新，对农机装备的创新提出了需求。1981～1983 年，第一师、第三师、第七师、第八师等近 10 个团场先后研制出 12 种型号适于膜下条播和膜上穴播的联合铺膜播种机，能够一次完成整地、铺膜、压膜、打孔、播种、覆土等多功能机械作业要求，为大面积推广"矮、密、早、膜"栽培技术体系铺平了道路。

20 世纪 90 年代，在"矮、密、早、膜"栽培技术体系基础上又一个重大革新是开发了棉花"宽膜、高密度、优质、高产高效"综合配套植棉技术，它是将地膜覆盖面由窄膜（60～70cm）发展到宽膜（145～150cm）和加宽膜（160cm），膜上点播取代膜下条播，并与各棉区生态条件和生产条件相适应的种植方式、施肥技术、灌溉技术、化学调控（化调）技术等多项技术相结合形成的综合技术体系。

1995 年，南疆第一师、第二师先后研制出宽膜铺膜播种机中间行的覆土装置，改一膜 5 行等行距为一膜 4 行宽窄行种植方式，每公顷种植密度增加至 21 万～24 万株，成为中低产田快速变为中高产田的主要技术措施之一。1995 年以后，宽膜植棉技术迅速推广到南、北疆棉区。自 1997 年始，兵团 31.5 万 hm^2 的棉花单产稳定突破 1500kg/hm^2。1999 年新疆地膜覆盖植棉面积占棉花种植面积的 98.7%，其中高密度矮化宽膜覆盖植棉面积 55.9 万 hm^2，占棉花种植面积的 56%，当年新疆平均皮棉单产达到 1359.6kg/hm^2，稳居全国各植棉省区之首（姚源松，2004）。

20 世纪 80 年代，以地膜覆盖为中心的棉花机械化技术开始推广。90 年代中后期，植棉机械化技术不断创新，得到了迅猛发展。肥料深施机、联合整地机、平地机、棉秆还田机、新型喷雾机、棉秆收获机、残膜回收机等一大批关键性作业机械在棉花生产中发挥了重要作用。

20 世纪 90 年代中期，由于棉花面积迅速扩大，棉花连作面积大，区内外引调种频繁，80 年代以前选育的品种大多不抗病等，全疆棉花枯萎病、黄萎病危害日益严重。在推广"宽膜、高密度、优质、高产高效"综合配套植棉技术的同时，新疆科技工作者采取引进与自育结合的办法，引进中棉所 12、中棉所 19、中棉所 36，选育出新陆早 10 号、新陆早 12 号、新陆中 14 号、新陆中 26 号、新海 18 号等抗枯萎病、黄萎病棉花品种，有效解决了 90 年代中期新疆自育品种不抗枯萎病、黄萎病的问题（李雪源等，2009）。北疆早熟棉区选育的新陆早 6 号、新陆早 7 号、新陆早 8 号（1997 年审定）逐步取代新陆早 1 号成为主栽品种。南疆早中熟棉区以中棉所 17（1992 年引入）、中棉所 19（1993 年引入）、中棉所 12（1994 年引入）、中棉所 35（1996 年引入）、豫棉 15 号（1995 年引入）逐步取代军棉 1 号成为主栽品种。南疆早熟长绒棉以新海 14 号、新海 13 号（1995 年和 1998 年审定）为主更换了军海 1 号、新海 3 号、新海 11 号。这次品种更换对新疆棉花稳健快速发展起了重要作用。

20 世纪 80 年代中期到 90 年代初，全疆推广了以"五个一"培肥工程为主要内容的施肥技术，重点在培肥土壤上下工夫。实行"五肥齐抓"（指厩肥、绿肥、油渣、秸秆、化肥）培肥地力。90 年代末开始的棉花测土平衡施肥技术，成为棉花增产的一项重要措施，在新疆棉区大面积推广应用。

新疆棉区的农田基础设施建设也取得了重大成就。20 世纪 80 年代初，新疆棉区的农田水利设施条件比较落后，大型水利枢纽不健全。80 年代中期以后，南、北疆修建了大型的水利枢纽、水库 100 多座，并开始修建农田水利设施。90 年代初以后开始大力建设农田水利设施，主要是农田各级防渗渠道的修建。80 年代开始，新疆棉区开始了防风林工程建设，90 年代后期，主要棉区防风林带体系基本建设完成，棉花的生产条件得到显著改善。

（二）第二次技术革命：膜下滴灌水肥一体技术体系（1996～2003 年）

当第一次技术革命的成果在全疆推广方兴未艾时，水土资源有限性与棉花生产快速发展的矛盾凸显，促使新疆的科技工作者在棉花节水灌溉技术上继续创新。1980～1987 年新疆生产建设兵团农业第八师在该师 121 团、143 团农场进行滴灌试验，积累了许多宝贵的经验。1996 年，第八师水利局等单位在充分调查研究的基础上，使用北京绿源公司生产的滴灌器材，在 121 团 1.67hm^2 弃耕地上进行棉花膜下滴灌技术试验，获得成功。1997 年又在该师 3 个团场进行试验验证再获成功。1998～2000 年，兵团组织石河子大学、新疆农垦科学院、第八师水利局、第一师沙井子试验站等单位分工协作，对棉花膜下滴灌技术的应用问题，如滴灌灌溉制度、滴灌施肥技术、滴灌高产机理、滴灌综合效益、滴灌系统器材国产化等进行了 3 年广泛深入的研究，得到一系列研究成果，从而使棉花膜下滴灌的综合管理技术日趋成熟，为日后全面推广应用打下了坚实的基础。

棉花膜下滴灌技术是将滴灌技术和地膜覆盖植棉技术有机结合，形成高效节水、增产的农业技术体系，是对传统地面灌溉的一次革命，为绿洲农业发展优质高产、高效节水农业开拓了一条新路。该技术体系的要点是将滴灌管铺设于地膜下，通过滴灌枢纽系统把肥料溶于水中，按照作物不同生育期的生长需要，通过滴灌管道系统均匀、定时、定量地浸润作物根系发育区域，为作物及时提供水分和养分。滴灌技术和地膜栽培技术的有机结合，充分发挥了这两项技术的节水、增产、增效的优势，能够更大限度地提高地膜的增温保墒效应和提高光能利用率，能够更大限度地高效节水，提高水分和养分利用效率。据试验，氮肥（尿素）利用率提高 18～25 个百分点，磷肥利用率提高 5～8 个百分点，输水利用率高达 97%，节水 40%～50%（王荣栋等，2007）。

棉花膜下滴灌水肥一体技术的创新，对农机装备和节水装备的创新提出新需求。1999～2003 年，新疆农垦科学院陈学庚（2013 年当选中国工程院院士）等通过对滴灌管铺设技术、种孔防错位技术、排种电子监控技术、膜上打孔精量穴播技术的深入研究，首创设计出一次联合作业可完成畦面整形、开膜沟、滴灌管铺设、铺地膜、膜边覆土、打孔播种、种孔盖土、种行镇压等 9 道程序的棉花气吸式铺管铺膜精量播种机。该机的研制成功为新疆大面积推广应用膜下滴灌技术提供了有力的农机装备保障。2001～2003 年，新疆天业集团在引进国外设备的基础上，通过消化吸收和再创新，实现了滴灌器材生产设备全部国产化。开发了一次性可回收边缝式迷宫滴灌带、自动反冲洗新型过滤器和大流量补偿式滴头，独辟蹊径地把过滤与滴头改进结合起来。自主研制了先进的废旧滴灌带回收设备，大幅度降低滴灌器材的生产成本，打破了国外滴灌产品价格垄断，使滴灌系统造价从 2.25 万元/hm² 降低为 0.6 万元/hm² 以下。解决了滴灌技术让农民 "用得起"、河水利用滴灌技术、废旧滴灌带回收再利用三大难题，从而使滴灌技术能成功地大面积应用在大田作物上，令国内外为之惊叹！

棉花膜下滴灌技术在兵团南、北疆各植棉区迅速推广，由 1996 年的 1.67hm² 发展到 2006 年的 37.3 万 hm²，皮棉单产比 1997 年提高 37% 以上，达到 2071kg/hm²。90 年代中后期到 21 世纪初，全疆开始了节水灌溉水利工程建设，主要是农田机井、高压泵房、滴灌农田系统设施等方面的建设。以膜下滴灌为代表的棉花灌溉技术，逐渐取代大水漫灌、沟灌等传统灌溉方式，膜下滴灌技术可明显提高产量 10%～30%、节约肥水30%～50%，水产比提高 50%，缓解了制约新疆棉花生产发展的水的问题，极大地提高了植棉效益。截至 2012 年，全疆农业高效节水灌溉面积突破 230 万 hm²，2013 年新疆棉田膜下滴灌面积 128.2 万 hm²，占棉田面积的 54.4%，其中兵团基本实现棉田全面积膜下滴灌。2014 年新疆地方棉田滴灌面积扩大到 184 万 hm²，节水灌溉技术位居全国各省（自治区、直辖市）首位，成为我国乃至世界最大的农业高效节水灌溉集中区。

在棉花膜下滴灌技术研究示范推广的同时，1996～1998 年兵团启动实施了机采棉收获关键技术项目，分 7 个子课题：美国新型采棉机试验；机采棉清理加工线设备与工艺试验；机采棉农艺配套和脱叶催熟剂试验；机采棉标准研究；人工快速采收及机械清棉试验等，在第一师 1 团、8 团试验取得成功。

（三）第三次技术革命：现代植棉全程机械化技术体系（2004 年至今）

1997 年兵团棉花单产突破 1500kg/hm² 以后连续 3 年单产徘徊在这个水平（1998 年，1647kg/hm²；1999 年，1606.6kg/hm²；2000 年，1690kg/hm²）。虽然与内地棉区相比，兵团棉花的单产处于国内领先水平，但与发达国家美国、澳大利亚、以色列相比，劳动生产率还很低，棉花抵御国际市场价格风险的竞争力较弱。面对中国入世后市场竞争的严峻挑战，1999 年兵团主管农业的胡兆章副司令员提出了精准农业技术在棉花上的研究与应用的重大课题，以提升现代农业装备水平和科学管理水平，加快农业现代化进程，增强新疆棉花在国内国际市场上的竞争力。

20 世纪 80 年代初精准农业技术在国际农业领域被倡导且得到了迅速发展。90 年代精准农业技术在国内有些示范性探索，在新疆棉区应用则是一项空白。精准农业强调系统集成的思想，以全程机械化、信息化为特征，作业精准化为核心，要求实现三方面的精准：①定位的精准，精准确定播种、灌溉、施肥的部位；②定量的精准，精准确定种、水、肥、药的施用量；③定时的精准，精准确定实施作业的时间。从而达到增产、增效、节本、资源合理利用、可持续发展的目的。兵团实现精准农业技术所采取的途径是根据精准农业技术的原则、密切结合前两次技术革命的成果进行系统集成。即以精准灌溉和精准施肥为核心，以精准监测为保证，以精准播种为接口，前接精准种子，后接精准收获，将六项精准技术与其相关的农机装备，以相互关联的完整性和系统性作用于棉花生产全过程（图 1.3）。精准农业技术与膜下滴灌高产高效栽培模式结合，形成了具有核心技术支撑、关键技术配套、技术含量高、可控性强、实现全程机械化的植棉生产方式。一穴一籽的精量播种也为引进和选育的杂交棉品种推广创造了条件。棉花单产大幅度提高是新疆棉花科技进步的重要标志，也是全国棉区成功西移的重要标准。2003 年兵团开始全面推广精准植棉技术，南、北疆棉区一批单产皮棉 3000～4000kg/hm² 超高产创建典型不断产生。2013 年，兵团种植 58.8 万 hm² 棉花，单产皮棉 2497.5kg/hm²，较 2000 年增长 47.8%，使棉花生产力水平在较短时间内实现了跨越式发展（图 1.4）。目前，兵团精准植棉技术正向着全程信息化阶段发展。

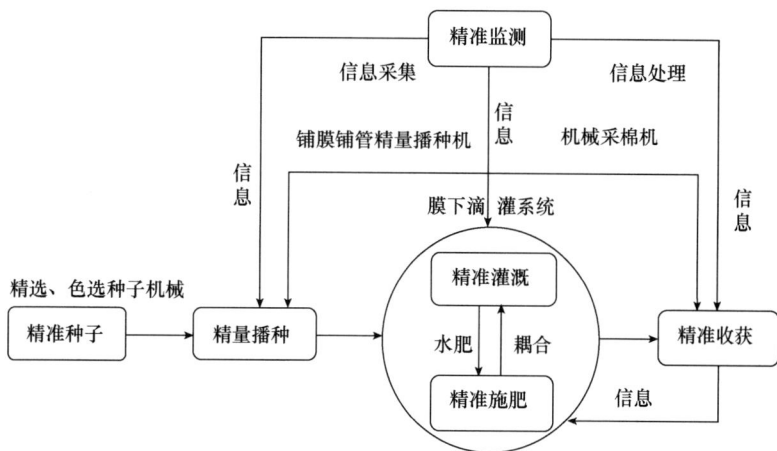

图 1.3 棉花精准农业六项核心技术的集成示意图（田笑明，2005a）

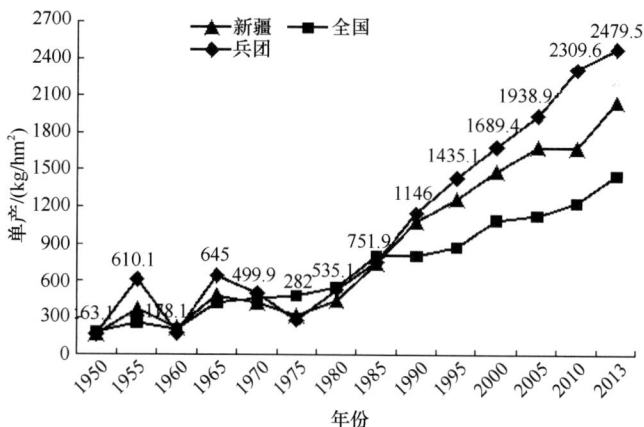

图 1.4 1950～2013 年全国、新疆、兵团棉花单产的变化

此时期，现代生物技术和信息技术在新疆棉业领域的应用也取得了可喜成绩。新疆自"九五"以来不少单位陆续开展植物细胞工程及基因转化的初期工作；"十五"则在"九五"的基础上大力开展转基因育种和分子标记辅助育种工作，展开了生物技术在农作物育种中的应用研究。新疆农业科学院培育了新疆第一个转基因抗虫棉品种新陆棉 1号，同时开展了新疆特异种质基因的分子标记及辅助选择育种研究，建立起了标记选择技术，为开展高产、优质、抗病棉花新品种辅助育种奠定了基础。

在新疆棉花科技进步中，优良品种、农艺技术与农机装备形成了三股创新力量交叉影响的螺旋关系，相互作用、相互适应、相互依存、螺旋式地前进。进步的力量来自三者的内在动力，也来自它们之间的相互作用和影响。三股螺旋在创新中相互作用，不刻意强调谁是主体，协调演奏科技创新支撑棉花发展的交响乐章，成为新疆植棉科技进步中最显著的特点。表 1.13 列出 3 次技术革命中新疆棉花科技进步获国家、省部级奖的重大成果，可以生动地说明以上特点。

表 1.13　新疆棉花科技进步重大科技成果获奖项目

获奖年份	获奖项目	授奖部门获奖等级
1978	军海 1 号长绒棉品种的选育	自治区科学大会优秀科技成果奖
1983	2BME 滚筒式地膜穴播机	农牧渔业部科技进步奖一等奖
1983	新陆早 1 号棉花品种的推广	兵团科技进步奖一等奖
1983	棉花地膜机械的推广应用	农牧渔业部科技进步奖一等奖
1984	地膜植棉播种机的研制与推广	农牧渔业部科技进步奖一等奖
1988	中熟陆地棉军棉 1 号推广	自治区科技进步奖一等奖
1987	地膜植棉新技术大面积推广	兵团科技进步奖特等奖
1987	聚乙烯地膜及地膜覆盖栽培技术	国家科技进步奖一等奖
1995	地膜植棉播种机的研制与推广	国家科技进步奖一等奖
1996	优质长绒棉新海 13 号的选育	兵团科技进步奖一等奖
1999	新疆棉花高产栽培理论与技术研究	兵团科技进步奖一等奖
2000	棉花大面积高产综合配套技术研究开发与示范	自治区科技进步奖一等奖
2001	兵团棉花机械化收获综合配套技术研究与示范	兵团科技进步奖一等奖
2003	棉花高密度、优质高产高效综合配套技术研究与大面积推广	兵团科技进步奖一等奖
2004	兵团精准农业技术体系的建立及在棉花上的大面积应用	兵团科技进步奖一等奖
2004	微滴灌高效固体复合肥的研究与开发	兵团科技进步奖一等奖
2005	新陆早 13 号的选育与推广	兵团科技进步奖一等奖
2005	干旱区棉花膜下滴灌综合配套技术研究与示范	国家科技进步奖二等奖
2008	棉花精量铺膜播种机具的研究与推广	国家科技进步奖二等奖
2009	西部干旱地区节水技术及产品开发与推广	国家科技进步奖二等奖
2010	早熟陆地棉"新陆早 33 号"选育及推广	兵团科技进步奖一等奖
2010	机采棉综合技术集成的研究与推广	兵团科技进步奖一等奖
2010	新疆"净土工程"棉花耕前地面残膜回收机械化技术体系研究与示范	自治区科技进步奖一等奖
2011	早熟高产陆地棉新品种新陆早 36 号选育与推广	兵团科技进步奖一等奖
2012	棉花高效生产精准技术及产品开发与示范	兵团科技进步奖一等奖
2012	新疆长期膜下滴灌农田土壤盐分演变及调控研究	兵团科技进步奖一等奖
2012	杂交棉新品种选育及配套技术研究与示范推广	兵团科技进步奖一等奖
2012	棉花抗逆功能基因挖掘与分子标记在棉花遗传改良中的应用	自治区科技进步奖一等奖
2013	新疆棉花持续高产高效生产技术体系研究与推广应用	自治区科技进步奖一等奖
2014	滴灌水肥一体化专用肥料及配套技术的研发与应用	国家科技进步奖二等奖
2015	早熟陆地棉新陆早 45 号选育与推广	兵团科技进步奖一等奖
2015	新疆棉花大面积高产栽培技术的集成与应用	国家科技进步奖二等奖

二、棉花发展的主要经验

总结新疆 60 多年棉花生产发展的主要经验，可归纳为，一靠国家正确决策，持续投入建设；二靠科技进步，不断实现创新；三靠政策扶持，保障生产发展；四靠完善产业链，促进优势资源转换。这 4 条经验有内在逻辑关系，也是新疆棉花发展历史的客观概括。实践证明，新疆棉花得以跨越式发展，四位一体不可或缺。

（一）正确决策、国家支持是新疆棉花发展的有力保证

"八五"期间，新疆提出了以"一白一黑"产业为重点的优势资源转换战略。为了保证国家掌握稳定的棉花资源，同时也考虑发挥地区优势，国务院决定调整全国棉花生产布局，实施棉花西移战略，启动了新疆优质棉基地建设。棉花种植业（一白）作为实施优势资源转换战略的重中之重，得到国家连续 4 个五年计划的持续支持，有重点分步骤地解决制约新疆棉花发展的重大问题，四期项目总投资 117.22 亿元，其中国家投资 35 亿元（表 1.14）。前三期投资完成新增耕地 26.85 万 hm²，改造中低产田 35.98 万 hm²，兴建水库 17 座，打井 5480 眼，渠系防渗 6.05 万 km，建设水电站 6 座，建设种子田 4.06 万 hm²，三级种子体系配套 120 个，建设育种平台及中心 4 座，生产示范节水灌溉工程 22.46 万 hm²，建设 90 个病虫害监测站点和 106 个技术服务站点，建设 10 个专用肥厂和 3 个棉花质量检测体系（雷海等，2011）。建设了育种家、原种和商品种三级良种繁育体系；建立了我国最大的农作物省际灾害预警网络系统并配套建设了植保体系站点；完善和加强了土肥和农技服务的基础设施；积极开展了节水灌溉和高密度高产栽培的示范推广，对棉田全程机械化进行了试点示范建设。通过国家优质棉基地建设，明显改善了新疆棉花生产的基础条件，棉花育种和高产栽培技术水平大幅度提高，促进了棉花高产优质高效，新疆植棉面积、总产和单产连续 22 年位居全国第一，成为我国最大的棉花生产基地，稳定确立了新疆优质棉产业的战略地位。

表 1.14 国家支持新疆优质棉基地建设项目

时期	主要建设项目	总投资/亿元	国家投资/亿元
1995~2000 年	土地开发、水利工程、供电工程、棉花良种繁育体系、科技服务体系	72.47	10.00
2001~2005 年	品种优化工程、无公害植保工程、节水灌溉与科学施肥工程、技术服务体系、质量监测体系、植棉全程机械化工程	16.38	7.50
2006~2010 年	种子工程、高标准棉田建设、技术服务综合体系建设、机采棉及育苗移栽技术示范	14.24	7.50
2011~2015 年	良繁田及品种创新能力提升建设、标准棉田建设和机采棉配套设施	14.13	10.00

（二）坚持实施科教兴棉战略是新疆棉花生产保持领先的动力

新疆大力实施科教兴棉战略，棉花科技不断创新，同时培养造就了三支队伍，为棉花生产发展提供了强大动力。一是造就了一支以中青年为主，具有创新精神和研发能力，直接服务于棉花生产的科技攻关队伍。这支队伍以解决生产实际问题为导向，产、学、研相结合，实现了区内外科研、教学专业技术人员与生产者之间的广泛交流与合作，解决了一个又一个技术难题，形成了具有鲜明特点的新疆棉花栽培技术体系和与之相适应的早熟抗病系列棉品种等一批技术成果，丰富发展了我国棉花栽培理论。二是造就了一支能深入农村（团场）面向农民开展科技培训，并善于组织棉花优质高产攻关示范的科技服务队伍。通过科技培训，3 次技术革命形成的重大科技成果广泛推广普及，迅速转化为现实生产力。例如，新疆兵团棉花良种推广率达到 98%，精量播种和高新节水推

广率超过 90%，机械采棉面积 38.7 万 hm²，涌现出一大批高产、超高产棉田，而且棉花高产纪录被不断刷新。三是造就了一支懂棉花生产的组织管理队伍，增强了新疆优质棉生产管理水平。建立了棉花产业的市场信息服务体系，加强科研、生产和流通部门在市场经济下的应变能力。提供农业生产的产前、产后信息服务，使棉花生产经营主体及时了解市场信息；利用微观生产管理及专家决策系统，实现生产管理标准化和规范化；利用宏观决策辅助管理系统，提供农业宏观管理技术服务，定期发布棉花市场信息，定期发布棉花、棉纺织品的供求形势分析和价格走势预测信息，指导棉农和棉花企业合理安排棉花生产，提高了宏观管理和调控效率。

（三）政策扶持是增强新疆棉花竞争力的重要保障

中国正式加入 WTO 后，新疆棉花产业步入市场化竞争发展的新阶段，坚持多予少取的支持政策是增强新疆棉花竞争力的重要保障。一是良种推广补贴政策。中央棉花良种推广补贴于 2007 年开始实施，2009 年实现全覆盖，地方补贴面积 100 多万 hm²，补贴资金 2.27 亿元。项目实施效果比较好，每个县确定 2 或 3 个品种进行补贴，促进了棉花品种区域布局，有效控制了品种"多、乱、杂"现象。二是高新节水补贴政策。国家在"十一五"期间，通过优质棉基地建设项，重点实施了以膜下滴灌技术为主的高标准节水灌溉工程。自治区地方完成投资 5.83 亿元（国家补助资金 2.57 亿元），共完成各类节水工程 82 项，新增节水灌溉面积达 9.07 万 hm²。自治区财政 2009 年补贴资金 2 亿元（13.33 万 hm²，每公顷 1500 元），2010 年补贴 6 亿元（20 万 hm²，每公顷 3000 元），实现地方棉田高效节水灌溉 46.7 万 hm² 左右，推动了新疆节水农业的发展。三是农机具购置补贴政策。2005 年，中央开始安排新疆农机购置补贴专项金 1000 万元，2006 年达到 1800 万元，2007 年为 6200 万元，2008 年达 2 亿元，2009 年 5 亿元，2010 年 8 亿元。棉花生产机械化水平提高很快，除棉花打顶和采摘外，已基本实现机械化。四是政策性保险补贴。2007 年，国家安排新疆实施棉花政策性保险试点，棉花承保面积 65.6 万 hm²，保费率 7%，保额 6000 元/hm²，承保比例达到 36.8%，参加棉花保险农户达到 66 万户。2008 年棉花政策性保险在新疆全面铺开，其中中央财政补贴承担 35%，自治区财政补贴承担 25%，地、县、龙头企业、户共同承担 40%，有效缓解了地方政府财政救灾资金压力，为受灾棉农及时恢复生产生活秩序、规避植棉风险发挥了主要作用。五是"以出顶进"政策。使加工贸易企业购买新疆棉花，按国际市场价格供货，价格能大大低于国内市场，等于或略低于国际市场。通过国家政策的扶持和退税等政策措施，提高新疆棉花的竞争力。这对加快新疆棉花销售，解决新疆棉花积压，保证新疆棉花基地建设，保护新疆棉农利益，促进新疆经济发展，维护国家边疆稳定起到了重要作用。

（四）完善产业集群是实现新疆棉花资源优势转化为经济优势的必然途径

新疆建设成为全国最大的优质棉原料基地和具有较强竞争优势的现代化纺织工业基地，必然要打造完善的棉花产业集群，真正实现优势资源转换战略。棉花有很强的产业联动性。棉花产业集群是以棉花种植业强大优势为基础的前向、后向和横向产业延伸的关联化和相关性产业空间上集聚形成的产业群体。以棉花种植业为中心后向关联的行业有良种、农膜、农药、化肥、植保及播种机械、滴灌设备、加工机械制造与维修等产前准备环节；前向关联产业有轧花清棉、纺织印染、服装制造、油脂工业、饲料工业、医药工业、建材工业、精细化工，以及围绕着棉花产供销展开的政策法规服务、教育科技服务、市场信息服务、资金信贷服务、仓储运输服务和内外贸易营销等，横跨第一、第二、第三产业。聚集在新疆棉花产业周围的各个环节相互联系、相互制约、相互传递着各种市场信号，从不同角度共同支撑着新疆优质棉产业的生存与发展。

总体来看，新疆棉花大规模生产基地主要分布在农业生产条件较好的北疆石河子和南疆阿克苏地区。新疆棉纺织企业区域布局主要依托优势棉花生产基地，分布在沿天山北坡经济带及南疆阿克苏、库尔勒地区，新疆棉花资源的集聚化发展是实现棉花产业集群发展的基础和保障。根据 2011 年《新疆统计年鉴》数据，截至 2010 年，新疆规模以上纺织企业共 108 家，其中兵团 41 家，地方 67 家。新疆已经形成了乌昌地区、库尉地区、阿克苏-阿拉尔地区、石河子-奎屯地区和喀什五大棉花产业聚集区域，这五大区域的棉纺织生产规模已占到新疆棉纺织生产总能力的 91% 以上。但是，新疆的棉纺织企业中 98% 为纺纱企业，织布、针织等深加工企业仅有几家，印染、毛纺、麻纺、服装等产业发展非常缓慢，同时与纺织配套的产业发展滞后，产业之间的互补性、关联性差，依存度不高，全行业抵御市场风险能力不强（朱金鹤，2012）。因此，新疆维吾尔自治区人民政府决定，将重点推进石河子、阿克苏两大纺织工业园区的建设，以纺织工业园区建设为中心，形成前向、后向产业紧密联系的产业集群。目前，正进一步优化投资环境，提供更有力的政策支持，吸引国内的优秀纺织企业及相关配套企业在园区聚集，逐渐形成原料基地—籽棉加工—纺纱织布—家纺服装—仓储物流—市场销售—出口创汇一条完整的产业链，可以预期新疆棉花产业正在发生着质的变化。

第六节　新疆棉花生产的主要问题

经过几十年的不懈奋斗，新疆发展成为我国最大的优质棉生产基地，棉花整体科技应用水平和生产水平处于全国领先地位，取得了举世瞩目的科技成就，为我国棉花生产做出了突出贡献。但是新疆棉花生产一直以来依赖的生态环境十分脆弱，特别是水资源不足的压力、技术创新不足的压力、单产潜力发挥难的压力、品质优势不足的压力、生态环境恶化的压力、植棉效益下滑的压力等多种不利因素，成为影响新疆棉花生产发展的主要问题。集中表现为：棉花生产发展与水资源严重不足的矛盾；棉花长期连作与残留地膜污染造成的土壤质量下降；棉花种质资源匮乏与创新能力不足影响突破性品种选育；农业基础生产条件依然薄弱，棉花大面积高产优势尚未充分发挥；植棉全程机械化尚未在全疆普及致使生产成本居高不下；棉花生产规模化经营程度和组织管理水平不高等。

一、水资源严重不足制约棉花生产发展

新疆农业生产全靠灌溉，水资源是农业生产最大的限制因子。一是水资源严重不足。全疆年均水资源总量为 832 亿 m^3，其中，地表水资源 789 亿 m^3，与地表水不重复的地下水量为 43 亿 m^3。地表水年均径流量 884 亿 m^3，地表水可引用量 482 亿 m^3。全疆（含兵团）总用水量已达 510 亿 m^3，农业总用水 484.5 亿 m^3，占总用水量的 95%。新疆河

流水量高度集中在夏季（6～8 月），北疆占 40%～50%，南疆占 60%～80%，水资源时空分布不均，呈现出春旱、夏洪、秋缺、冬枯。水资源地理分布与棉花种植集中产区配置不一致，天气原因使每年融雪型洪水来水时间早晚不一，来水量总量分配不均、棉花集中产区的缺水问题更加突出。二是棉花生产对水资源消耗量大。棉花生产占新疆灌溉面积的 1/3（37.5%～33.8%）。新疆棉花面积约 200 万 hm^2（3000 万亩左右），滴灌棉田 133 万 hm^2（地方 1200 万亩，兵团 800 万亩），非滴灌棉田 66.67 万 hm^2（1000 万亩）。根据新疆维吾尔自治区农业灌溉用水定额指标（2012 年），全疆地膜棉田灌溉用水定额平均为 5010m^3/hm^2，按每立方米水可生产出 1.07kg 籽棉、0.43kg 左右皮棉计算，生产出 400 多万 t 皮棉，必须保障棉花生育期灌溉需水 100 亿 m^3，加上 33.6 亿 m^3 的输送水、洗盐，全疆棉田总灌溉用水量 133.6 亿 m^3，占农业用水总量的 27.6%。《新疆 2011—2020 年现代农业建设规划》提出，农业用水比例由目前的 95%左右，调减到 93%，农业用水总量由目前的 484.5 亿 m^3，降到 474.3 亿 m^3。加之新疆必须有 400 亿 m^3 生态水的底线，使农业用水量更加紧张（李雪源等，2014）。三是灌溉面积逐年增加。据 2013 年《新疆维吾尔自治区统计年报》，2012 年新疆（含兵团）总灌溉面积 431.17 万 hm^2，比 2011 年总灌溉面积增加 12.72 万 hm^2，比 2010 年增加 28.04 万 hm^2；2012 年有效灌溉面积 428 万 hm^2，比 2011 年增加 140.3 万 hm^2，其中果园有效灌溉面积增加 3.3 万 hm^2。灌溉面积逐年增加与水资源总量的有限性，加剧了棉花生产用水的紧张。四是工业等非农业用水量明显增加。随着新疆工业化、城镇化迅速发展（四大石化基地建设、纺织工业基地建设、城镇化建设），预计到 2020 年新疆工业需水总量将达 12.92 亿 m^3，与 2010 年相比将净增 6.85 亿 m^3，城镇化用水将净增 4.16 亿 m^3，生态用水将净增 59.32 亿 m^3（栾芳芳和夏建新，2012）。新疆农业节水潜力仍需要进一步挖掘，才能满足工业等非农业用水的需求。五是水资源浪费依然严重。新疆灌区综合灌溉水利用系数仅 0.498（2011年），水资源在配额过程中大量流失、蒸发、渗漏。具体分析综合灌溉水利用系数大小为东疆片区（0.682）＞北疆片区（0.581）＞南疆片区（0.479），说明南疆片区灌溉水利用系数现状较北疆和东疆片区尚有较大的提升空间（周和平等，2013）。

二、棉田长期连作土壤质量下降

新疆棉花生产规模大，植棉时间长，种植比例高，主要植棉地区棉花种植面积占耕地总面积的比例达到 60%～70%，个别地区高达 80%以上。至 21 世纪初，大部分种植棉花的农田已连作 15 年，有些条田超过 20 年以上，棉花长期大面积连作现象十分普遍。进入 21 世纪以来，虽然新疆棉花的单产水平和总产量总体仍保持逐年增加的趋势，但随着棉花种植年限的延长，长期连作棉田化肥使用量大，导致土壤理化性质变差、土壤板结严重、有机质含量严重不足。据第三次土壤普查，新疆大部分棉田土壤有机质含量较低，北疆为 1.29%～1.35%，南疆仅为 0.85%～0.89%，属中低水平。目前枯萎病、黄萎病重发，棉蓟马、盲蝽、棉叶螨等次生害虫也均成为主要害虫；残留地膜污染土壤严重，植棉成本增加，比较优势下降等问题引发的土壤障碍逐渐显现。因此，持续提高新疆棉田的土壤质量、保证棉花生产安全、实现绿洲农业的可持续发展，成为新疆棉花生产中迫切需要解决的重要问题之一。

张旺锋研究团队（2006～2011 年）选择不同连作年限（1 年、5 年、20 年、30 年）、不同耕作措施的棉田（长期连作棉田出现障碍后进行稻棉轮作和深翻）以 0～20cm、20～40cm、40～60cm 土壤分层，系统分析不同连作年限和耕作措施条件下土壤有机质、N、P、K 及微量元素变化规律，土壤细菌群落多样性，微生物量和酶活性的变化特征，取得以下主要研究结果。

1. 长期连作棉田土壤养分变化

棉花长期连作且持续实施秸秆还田条件下，土壤有机质在剖面 0～40cm 逐年累积，随连作年限增加呈增加趋势；0～40cm 土层 N、P 养分呈增加趋势，20～40cm 土层 K 养分呈直线下降趋势；长期连作棉田土壤中 K、Mo、Cu 和 Zn 等营养元素缺乏的风险性大。深度翻耕有较强的均匀化土层养分的作用，明显提升了中部土层中的养分含量，稻棉轮作能明显提升耕作层微量元素的有效性。

2. 长期连作棉田土壤微生物多样性变化

土壤细菌呈现先增加后减少的趋势，连作 10～15 年细菌数量占可培养土壤微生物总量的比例最高；土壤真菌随连作年限的增加呈增加趋势；微生物总量减少，由细菌性向真菌性转变。随棉花连作年限的增加，土壤中细菌种类趋于单一，真菌多样性也降低。土壤微生物区系组成结构发生变化，多样性减少，棉田土壤功能下降，土壤生物活性呈衰减趋势。未发生黄萎病的连作棉田土壤中的微生物数量和多样性指数均高于发病棉田。深翻和水旱轮作可以有效提高有益微生物的数量和种群，降低真菌的数量。

研究了秸秆还田的重要生态效益。分析棉田土壤剖面有机质含量变化与连作年限的关系，提出新疆棉花长期连作且实施秸秆还田对绿洲棉田表层土壤有机质含量有提高作用，揭示了绿洲农业生产对干旱区土壤有机碳储量的影响。棉田连作 10～15 年后，衡量土壤质量的多项指标包括有机质、土壤酶活性等由劣变优，棉花秸秆还田技术起到关键作用。结合土壤深度翻耕和水旱轮作等措施均可用于改善棉田土壤微生物环境，并有效缓解棉花长期连作引发的不利影响，是克服连作障碍的重要措施之一。

3. 长期连作棉田土壤残膜污染

残膜污染已经成为影响新疆棉区农田生态环境的最重要问题。新疆地区地膜投入量平均为 $61.4kg/hm^2$，农田覆膜比例高达 84.8%。棉田耕层中平均残膜量为 $265.3kg/hm^2$，是全国平均水平的 4.5 倍，最高达 $381.1kg/hm^2$（何文清等，2009）。刘建国等（2010）通过田间调查和长期连作定点微区试验相结合，研究了长期连作棉田连续使用地膜后，地膜在土壤中的累积、空间分布和形态变化，以及残膜对土壤物理性状、棉花根系生长及产量的影响（图 1.5，表 1.15）。结果表明，随着地膜使用年限增加，土壤中残膜平均每年以 $11.2kg/hm^2$ 速率增加，长期连作棉田残膜主要分布在 0～30cm 土层，占到了 85%，随连作年限增加，15～30cm 土层残膜量逐渐增加，残膜破碎度提高，在耕作层以下随着根层深度的增加，残膜量减少；大于 $50cm^2$ 残膜在土壤中平均占 30%，10～$50cm^2$ 占 36.5%，小于 $10cm^2$ 占 33.4%。土壤孔隙度、田间持水量随着地膜残留量的增加而增加，而土壤容重下降。残膜在土壤中积累，对棉花产业的可持续发展构成严重威胁。

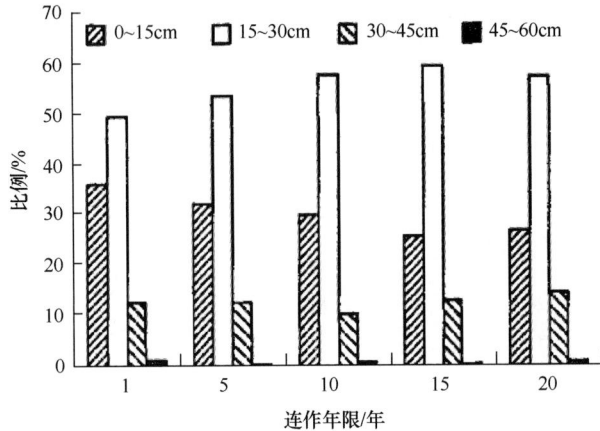

图 1.5　不同连作年限土壤耕层残膜分布（刘建国等，2010）

表 1.15　不同大小残膜在连作棉田土壤中的分布（刘建国等，2010）

残膜面积/cm²	比例/%					
	1 年	5 年	10 年	15 年	20 年	平均
>100	21.0	12.6	7.1	7.0	4.8	10.5
50～100	28.6	24.8	16.6	14.4	13.6	19.6
10～50	35.7	39.2	41.4	35.4	30.8	36.5
<10	14.7	23.4	34.9	43.2	53.5	33.4

2013 年，针对新疆棉田日益严重的残膜污染问题，中国工程院喻树迅院士组织中国农业科学院棉花研究所、华中农业大学、河北农业大学、南京农业大学、石河子大学、新疆农垦科学院等专家开展专题调研，提出了综合治理"白色污染"的建议。

（1）适当提高地膜厚度标准。地膜厚度决定了地膜回收的难易。国际上地膜厚度的标准要求是 0.012mm，美国、日本等国农用地膜厚度为 0.015～0.020mm。我国标准规定地膜厚度为 0.008mm，但为了降低成本，实际地膜厚度往往在 0.006mm 左右，导致地膜强度低、易破碎、难回收。因此，减少地膜残留污染，要从源头严格控制，把地膜厚度标准提高到 0.012mm，利于揭膜和回收。

（2）机械回收与人工回收相结合，加大残膜回收和治理力度。目前国内残膜回收机型种类多样，如生育中期揭膜机械、秋后回收机械、耕层捡拾机械和播前回收机械等。但是机型不够成熟，应加快研制成熟使用的地膜回收机具。机械回收结合人工捡拾，将会使残膜的回收程度提高。实行废旧膜折算更换新膜，减轻棉农负担，加大残膜回收和治理力度。

（3）开展替代地膜技术研究，探索根除残膜污染的新途径。从农艺替代技术方面入手，研究和探索替代地膜覆盖、根除残膜污染的新途径。一是选用更早熟的棉花品种，实行露地栽培。早熟超早熟棉花新品种选育的突破可为新疆棉花实行露地栽培，进而彻底摆脱地膜污染提供新途径。露地栽培还可以省膜降耗。二是研究早熟棉露地栽培配套技术。设立"棉花露地栽培根除残膜污染丰产高效技术集成研究与示范"重点科技专项，加强技术集成研究，提出新的栽培技术模式。三是继续探索育苗移栽替代途径的可行性。目前全疆已普及滴灌植棉，内地工厂化育苗和机械化移栽的核心技术成熟，当前需要攻克育苗成本偏高的问题。四是加快新型降解膜的研发与应用。

（4）合理处理回收残膜，实现再利用行业的发展。发展废膜再加工企业，经过加工处理，使废膜变成再生原料，实现循环再生利用。直接再生利用是指对残膜废品的分洗、清洗、破碎及塑化等；复合再生利用是把残膜转化为高附加值的复合材料，如塑料粉煤复合材料、塑料混凝土、塑料钢铁等。政府应大力支持相关行业的发展。

（5）加强行政监管，强力控制残膜污染。广泛宣传地膜残留对土壤、生态环境及农作物的危害，让人们充分意识到地膜残留对土地危害的长远性、严重性和重塑的困难性，提高农民群众的环境保护意识和回收地膜残留的自觉性。同时，应出台相关的地膜残留治理奖惩办法，进一步加强行政监管，强力控制残膜污染。

三、棉花种质资源匮乏、创新能力不足制约突破性品种选育

新疆棉花品种基础种质的演变经历了二倍体草棉到四倍体陆地棉，由苏棉（苏联）生态型遗传成分向以苏棉生态型遗传成分为主的新疆生态型遗传成分演变，再由新疆生态型遗传成分到新疆与黄河生态型遗传成分（美棉）并存的演变过程。截至 2013 年新疆已审定命名新陆早、新陆中系列品种分别达 63 个和 69 个。但自育品种遗传系谱中涉及不同生态型、不同遗传组分的亲本数较少，表现为遗传系谱简单，品种间亲缘关系较近，遗传基础明显狭窄。

李雪源研究团队（2005～2014 年）利用 SSR 标记对 94 份新疆自育陆地棉品种的基因组进行分析，并与品种系谱分析相结合，研究新疆陆地棉品种的遗传多样性。结果表明，94 份品种间成对遗传相似系数为 0.3846～0.9835，71.9%的品种相似系数在 0.601～0.800，反映出新疆陆地棉品种间的遗传相似性相对较高。采用类平均法聚类分析，在阈值为 0.63 时，将 94 份品种划分为 2 个类群，第一类群中新陆早系列品种有 36 个，新陆中系列品种有 33 个。这 69 个品种中，早期选育的品种与前苏棉品种塔什干 2 号、611波、KK1543、108 夫等有很强的亲缘关系，中后期选育的品种则更多地表现出美棉和黄河生态型遗传背景。第二类群包括 25 个品种，其中新陆早系列品种有 13 个，新陆中系列品种有 12 个，第二类群中更多品种含有前苏棉生态类型的血统。分子聚类结果与品种本身遗传系谱背景和演变趋势吻合度较高，符合品种的真实特性。自育品种在分子水平上差异不大，说明新疆陆地棉品种间遗传关系相对简单，总体上遗传多样性不够丰富。新疆棉花自育品种在具备新疆生态型特点基础上，具有较强的前苏棉生态系统的遗传组分。从形态上表现为铃大、衣分低、籽指大、早熟、个体小、果枝短、蕾铃脱落率高。这些特点有其优势也有其不足，特别是随着生产的发展，衣分低、蕾铃脱落率高、蕾铃时空分布过于狭窄的遗传组分特点，制约棉花产量的进一步提高，需要努力拓宽品种选育的遗传基础。种质资源的不丰富导致了自育品种遗传基础的来源受限，从而使得选育的品种遗传组分差异较小，品种相似度较高，突破性品种较少。种质资源创新已经成为新疆提高棉花综合竞争力的重大关键科技问题。

另外，由于长期的集中连作和棉种的大引大调，病虫害已成为新疆棉花生产可持

续发展的严重隐患。棉花枯萎病、黄萎病在全疆棉区普遍发生，并呈加重的趋势，使得原有品种难以抵抗高致病力病原菌的侵害而表现出感病现象。新疆棉区的棉铃虫、棉蚜、棉叶螨等虫害发生也不断加重，有些年份棉铃虫、棉蚜、棉叶螨等虫害呈现出大范围暴发态势，给棉花生产造成巨大威胁。从目前育成应用棉花品种的综合性状来看，不仅品质、产量性状尚需进一步改良，其抗病（虫）性、抗逆性等性状更应得到很好的提高。

国际植物基因组计划近年来取得了巨大的进展，产生了一系列的理论与方法。这些方法对作物种质资源的深入研究，特别是基因的鉴定与发掘产生了巨大的推动作用。新疆亟待加强高效的分子育种体系建设，在以生物技术为代表的转基因技术、TILLING 技术、基因编辑技术、染色体片段渗入技术和分子标记辅助选择技术的应用方面，要以种质资源创新为重点，努力拓宽棉花遗传基础材料的来源，发掘抗黄萎病、枯萎病、耐旱及耐盐碱的新功能基因。新疆的光照条件丰富，在棉花超高产育种中，筛选、研究和利用高光合速率种质，结合株型、叶形、冠层等有关性状的改良，改进光合器官的同化能力，提高光能利用率，也是重要的研究方向。

四、农业基础生产条件仍然薄弱使棉花种植优势尚未充分发挥

新疆作为我国乃至世界上的棉花高产区，光温生产潜力优势十分明显。徐文修等（2007）利用新疆维吾尔自治区气象局和兵团有关团场气象站近 40 年（1951～1990 年）的月平均气温、旬平均气温、总辐射、直接辐射、散射辐射和日照时数的资料，估算了新疆主要棉区棉花生育期内光合有效辐射的光温生产潜力（表 1.16）。从新疆光热资源角度来说，棉花生产力水平并不是很高，只是全区棉花平均光温生产潜力的 30.5%，也就是说还有 69.5% 的光温生产潜力未发挥出来。

表 1.16　各主要棉区棉花光温生产潜力分布估算表

棉区	光合生产潜力/（kg/hm²）	光温生产潜力/（kg/hm²）	现实生产力/（kg/hm²）	增产潜力/%
东疆中熟棉亚区	13 621.7	5 502.6	1 259.7	336.8
南疆早中熟棉亚区	13 355.9	5 151.9	1 517.2	201.8
北疆早熟棉亚区	12 583.1	4 905.3	1 619.7	202.9
北疆特早熟棉亚区	12 746.0	4 391.2	1 497.4	193.3
平均	13 076.7	4 987.8	1 473.5	232.7

尽管新疆光资源极为丰富，但是由于受热量资源的影响，光合生产潜力平均损失了61.9%，即各棉花亚区光温生产潜力只发挥了光合生产潜力的 34.5%～40.4%。新疆棉田是灌溉农业，理论认为灌溉水完全可以满足棉花生长发育的需要，这就预示着光温生产潜力就是棉花生产可以实现的最高产量水平。

2012 年新疆棉花单产达到 2056.89kg/hm²，较全国棉花单产提高了 29.3%。从各棉区地方与兵团棉花单产水平的对比看出（表 1.5），同样拥有新疆丰富的光照资源和推广"矮、密、早、膜"栽培模式，主栽种植的品种基本相同的条件下，兵团的单产水平普

遍高于地方23%以上，达到2494.1kg/hm²，这也仅实现了平均光温生产潜力的50%。买买提·莫明等（2010）对32个品种的产量研究表明，目前育成的高产棉花品种皮棉产量达2200kg/hm²左右，在气候和栽培措施均适宜的条件下可达到3000kg/hm²的高产水平。新疆棉花生产涌现出一大批超高产棉田，而且棉花高产纪录被不断刷新。例如，1999年新疆策勒县0.35hm²，试验地生产皮棉3750kg/hm²，获当时世界棉花小面积单产之冠；2004年新疆生产建设兵团第二师33团7.67hm²棉田，单产皮棉达3552kg/m²；2006年兵团第八师149团19连职工李森合种植的标杂A1杂交棉花新品种，以皮棉单产4191kg/hm²打破了全国纪录；新疆农业科学院经济作物研究所于2009年、2010年连续2年在兵团第一师16团开展超高产棉花创建活动，2009年创下了4hm²滴灌棉田单产皮棉4900kg/hm²的世界最高单产纪录，2010年也达到每公顷产籽棉10.59t的超高产水平。这些超高产实例，揭示了新疆棉花生产具有很大的增产潜力。

制约新疆棉花生产潜力充分发挥的主要因素，一是农业基础生产条件依然薄弱。新疆棉区土壤盐渍化面积约占总耕地面积的33%，其中重盐渍化土壤占8%左右。膜下滴灌等节水技术虽然已得到大面积应用，但由于一次性投入大、水资源管理制度不合理等，新疆地方棉区高标准滴灌节水技术的应用率还较低。常规沟畦灌占全疆棉花种植面积的50%左右，土地平整质量不高，大水漫灌的现象普遍存在。农业基础条件较差的状况不仅影响重大技术的应用效果、增产难度加大，而且给推行集约化经营、提高劳动生产率也带来巨大困难。二是社会化农业技术服务体系需继续加强。优质棉基地建设加强了农业技术推广站、植物病虫害测报体系，但总体上还不能满足新疆棉花产业发展的需求。主要是农业信息化技术应用水平低，难以实现信息资源共享，尤其是病虫害的测报基本以各自为主，没有形成测报、决策信息网络体系。气象信息网络建设、人工增雨和防雹减灾等基础设施仍需加强。

针对制约因素，要在宜棉区实施以良繁田、高标准棉田、中低产田改造、良种产业化和产业配套体系为重点的棉花产业建设项目。高标准的农田是提高棉花综合生产能力的基础，按相对独立的绿洲区，统一对土地、水利、电力、林网、道路等进行整体科学的规划，并建立科学合理的投融资机制保障投入，扎实推进高标准农田建设；加强抗病（虫）品种选育创新能力和繁育基地生产能力建设；建立和完善适合新疆少数民族地区的技术推广服务体系，围绕大面积推广滴灌节水和高效生产，加大技术推广、服务和培训力度，是保障新疆棉花优质、高产、高效的关键措施。大力改善农业基础条件和提高保障水平，为稳定棉花种植面积、发挥棉花增产潜力、继续提高单产、增加总产夯实基础。

五、植棉全程机械化普及率低致使植棉生产成本居高不下

新疆棉花生产全程机械化环节依次包括：土地准备、精量播种、水肥滴灌、中耕植保、棉花打顶、脱叶催熟、机械采收、籽棉转运、清理加工等环节。配套的农业机械有：秸秆还田机、残膜回收机、耕翻整地机、铺膜铺管精量播种机、滴灌系统、中耕机、打顶机、高地隙喷雾机、采棉机、田间籽棉运转车、打模设备、开模设备、清理加工设备等。各个环节之间是既独立又相关的串联关系，任何一个环节的农机配备不合理，都会

导致全程机械化生产过程受阻。其中，机械化收获和后续加工环节仍是制约棉花生产实现全程机械化的瓶颈。

棉花机械化收获作业是提高劳动生产率，降低生产成本的有效途径。据新疆维吾尔自治区发展和改革委员会（新疆发改委）调查，2013 年全区棉花生产平均每亩总成本达 2115.25 元，较上年增加 325.19 元，增长 18.17%，是 2000 年的 3.6 倍。每亩净利润为 530.27 元，较上年减少 143.99 元，下降 21.36%。其中，人工成本费用 1018.36 元，较上年增加 318.86 元，增长 45.58%，占总成本的 48.1%。部分地区平均每千克棉花人工拾花费达到 2.4～2.8 元，亩均拾花费最高达 900 元左右。欧兴江和刘晨（2013）以沙湾县为例比较了机械采棉与手工采棉的效益。2012 年按照沙湾县的籽棉平均单产 360kg/亩计算，手工采摘籽棉的价格平均为 2.5 元/kg（含吃住、交通费），而机械化采摘的价格为 240 元（头遍 180 元，复采 60 元），仅采摘费用一项，机械化采摘比人工采摘可节省 660 元/亩。棉花生产成本中人工采摘成本逐年提高已成为制约今后棉花生产发展和棉农增收的主要因素之一，机械化采摘的作业效率是人工采摘的 800～1000 倍，可以大大提高采摘效率，降低成本。

在植棉全程机械化的实现方面，2014 年新疆兵团棉花生产机械化率达 92%，拥有采棉机 1750 台，机械收获面积 43 万 hm^2，占兵团植棉面积的 75%。率先在国内实现大面积棉花种植、采收、清理加工全程机械化。新疆地方棉花生产机械化率约为 80%，2009 年机械采棉实现了零的突破。到 2012 年，采棉机数量达到 194 台，机械化收获面积达到 4 万 hm^2 左右，机械收获面积占地方植棉面积的 3%。加快推进棉花机械化采收，实现棉花生产全程机械化，成为新疆棉花产业可持续发展的重大战略问题。

棉花全程机械化推广是一项系统工程，必须统筹兼顾各方面，扎实推进。一是政府牵头建立工作协调领导小组，协调解决推进棉花机械化采收中的重大关切问题。二是发展农民棉花生产专业合作社，提高棉农的组织化程度，促进标准化、规模化生产。农业技术服务部门加强种子、种植、田管、脱叶等技术服务，确保机采棉生产技术措施到位。三是以新疆兵团棉花全程机械化团场为示范学习基地，开展机采棉标准化生产示范和系统培训，促进机械化采收技术的推广应用。四是加强机采棉作业的组织管理。农机专业合作组织与农民棉花生产专业合作社采取订单机械化生产服务，提高机械化生产的组织服务水平。五是加快现有棉花加工企业的技术改造和技术培训，优化机采棉清理加工工艺，提高企业经营管理水平。六是协调好种植方、农机方和加工企业三方的利益。实行机械化采收，种植方减少了生产成本，农机方取得经济效益，加工企业需增添清理设备和烘干设备，增加了生产投入和加工成本，要探索多方共赢的效益合理再分配办法，保障机采棉技术的推广。

六、棉花生产规模化程度低制约现代植棉业发展

新疆维吾尔自治区计委成本队课题组（2004）曾按照新疆农村居民 2002 年实际收入水平、全国农村居民平均收入水平、我国中部较发达地区农村居民平均收入水平，以及我国东部沿海经济发达地区农村居民平均收入水平等标准分别测算出新疆棉农相应的棉花种植规模临界值（表 1.17）。

表 1.17 新疆棉农各种目标收入的临界植棉规模测算表

项目	棉花收入所占比例/%	单位	达到新疆农村居民平均收入水平的植棉规模	达到全国农村居民平均收入水平的植棉规模	达到中等发达地区平均收入水平的植棉规模	达到沿海发达地区平均收入水平的植棉规模
年人均纯收入		元/人	1 863.30	2 475.60	3 000.00	5 000.00
年户均纯收入		元/户	9 558.73	12 699.83	15 390.00	25 650.00
以棉为主植棉大县棉农户均临界植棉规模	100	亩/户	23.30	31.00	37.50	62.60
	80	亩/户	18.60	24.80	30.00	50.00
	70	亩/户	16.30	21.70	26.30	43.80
粮、棉、果、畜均衡发展型棉区棉农户均临界植棉规模	60	亩/户	14.00	18.60	22.50	37.50
	50	亩/户	11.70	15.50	18.80	31.30
	40	亩/户	9.30	12.40	15.00	25.00
	30	亩/户	7.00	9.30	11.30	18.80

注：根据 2003 年《新疆统计年鉴》提供的抽样调查数据：①新疆农村居民家庭平均每户常住人口为 5.13 人；②2002 年新疆农村居民人均纯收入为 1863.26 元/年；③户均经营耕地面积 18.15 亩；④根据自治区计委成本队历年《新疆农产品成本收益汇总资料》提供的资料；⑤主要计算参数，1995～2002 年新疆陆地棉亩减税纯收入为 410.06 元/亩

测算分析结果表明，在市场价格和年景水平正常的前提下：①以棉花收入为主的棉农，达到全疆农村居民年人均收入水平的户均最低临界植棉规模为 16～23 亩，而家庭收入完全依靠植棉的棉农，最低植棉面积不应少于 23 亩；在粮、棉、果、畜均衡发展型的棉区，保证农户达到全疆平均收入标准的最低临界植棉规模为 7～14 亩。②家庭收入完全依赖棉花收入的棉农，只要保证植棉面积不低于 31 亩，就可以达到全国农村居民的平均收入水平。棉花收入占家庭收入 70%～80% 的农户，户均最低植棉规模应当为 22～25 亩；而在粮、棉、果、畜均衡发展型棉区，保证农户达到全国农村居民平均收入标准的最低临界植棉规模为 9～19 亩。③家庭收入完全依赖棉花收入的棉农，只要保证植棉面积不低于 37.5 亩，年均收入就可以达到中部较发达地区农村居民人均 3000 元的较高收入水平；户均种植面积不低于 62 亩，就有可能达到东部经济发达地区农村居民人均 5000 元的高收入水平。而棉花收入占家庭收入 70%～80% 的农户，种植棉花面积不低于 26 亩，就有望达到全国农村居民年均 3000 元/人的收入水平，只要保证棉花种植面积不低于 37 亩，就有望达到全国农村居民年均 5000 元/人的高收入水平。④在粮、棉、果、畜均衡发展型的棉区，在农户的收入来源较广的情况下，只要保证种植棉花面积不低于 11～22 亩，就有望达到全国农村居民年均 3000 元/人的收入水平，只要保证棉花种植面积不低于 19～37 亩，就有望达到全国农村居民年均 5000 元/人的高收入水平。

据 2013 年《新疆统计年鉴》资料，全疆 412.5 万 hm² 耕地承包给 233.5 万农户，户均 1.8hm²，棉区棉农户均约 1.2hm²（18 亩），低于表 1.17 测算的 22 亩的临界规模（按棉花收入占家庭收入的 70% 测算），按地力等级还分散为 3～6 块。新疆兵团棉区户均植棉 6hm² 左右，棉花生产力水平较高，与其生产组织化、规模化程度较高有着密切关系。新疆棉区家庭小规模分散经营生产的方式，不利于植棉先进农业装备的应用，许多高产、高效植棉技术很难落实到位，致使棉花生产成本增加，经济效益下行，降低了棉花整体竞争实力，极大地制约了生产力的发展。

保证新疆棉农达到全国农村居民平均收入标准的最低临界植棉规模，会随着新疆和

全国农民人均收入的变化而相应发生变化(2014年全国和新疆农村居民人均可支配收入分别为10 489元和8742元),但总趋势是临界植棉规模只会扩大不会降低。所以,规模化种植是新疆植棉业现代化的发展方向。

棉花生产规模化、专业化的主要出路在于发展合作经济,包括农户之间自愿、有偿的土地流转。农民专业合作社已成为继农村家庭承包经营以来的又一次重大改革、创新和突破。自2006年以来,新疆维吾尔自治区把加快发展农民专业合作社作为建设现代农业、提高农业市场竞争力、促进农民增收的重要举措,逐年增加扶持资金投入,使农民专业合作社的发展呈现出数量不断增加、产业覆盖范围不断扩大、内在功能不断拓展、增收作用不断增强的良好局面。提高棉农组织化程度,重点发展已被实践证明行之有效的、受广大农民欢迎的"四大合作社模式",即"土地联营型、合作租赁型、产业带动型、专业服务型"等模式,逐步推进棉花的生产、加工、销售、服务结合,形成协调发展的棉花产业体系。因此,要加大政府对农民专业合作组织的政策扶持力度,加强农民专业合作社自身建设。坚持典型示范引路、强化指导培训服务:一是向农村人员普及合作经济基本常识,使其中的一部分人能够成为农民专业合作社的领头人;二是培训县乡镇合作经济管理部门的工作人员,提高农村经济合作社的指导管理水平;三是培训农民专业合作社的负责人,使现有农民专业合作社逐步规范运作。

第七节　新疆棉花可持续发展展望

未来新疆棉花要坚持以可持续发展和生产方式现代化转型为指导思想,以建设现代植棉业强省(区)为目标,以产量、质量和效益的协调发展为重点任务,以再构水土平衡、生态和谐、结构合理、服务完善的支撑体系为战略举措,最终实现资源节约型、环境友好型、收益基本合理和生产可持续的现代植棉业。

一、棉花生产发展目标

(一)棉花总产目标

根据新疆水资源承载力与棉花种植面积大致平衡的构想,设计2020年和2030年全疆目标植棉面积200万 hm^2 左右,皮棉总产目标400万 t,总产占全国的"半壁江山"将是新疆棉花的适宜定位,所超比例不宜过大。又据中国工程院2013年的初步研究结果[①],满足全国居民纺织品需求的国产棉2020年需700万 t,2030年需750万 t,这样新疆所产原棉占全国的比例分别为54.3%和53.3%左右。据国家统计局数据,2011年和2012年新疆总产占全国的比例分别达到51.8%和53.9%。而2012年和2013年纤维质量"包包"检验数量分别达到441.6万 t和468.6万 t,全疆产量则分别占全国统计总量的64.6%和74.3%。据《新疆统计年报》2014年棉花实际种植面积在242.13万 hm^2(3632万亩),总产451万 t。如此大的棉花生产规模与水资源承载力脆弱间的矛盾将使优质棉花生产不可能持续。因此,未来要对新疆棉花面积和总量进行控制,保持长江、黄河与

---

① 中国工程院咨询项目课题名称"我国经济作物产业可持续发展战略研究"。项目组预测需求量:2020年纺织品消费19~20kg/人,2030年23~24kg/人。研究提出新疆植棉面积占40%,总产占50.0%

西北内陆面积"三足鼎立"的合理布局，新疆与内地产量各占一半的态势，对保障人口大国原棉的稳定供给与规避市场和气候风险具有重要的战略意义（毛树春，2014）。

（二）发掘棉花单产潜力保障总产

从20世纪50~80年代的30年时间里，新疆棉花单产年均增长率为3.3%；从80年代到21世纪前10年的30年时间，年均增长率为4.6%，这是新疆60年以来单产增长最快的时期。从1999年的1360kg/hm^{2}增长到2013年的2048kg/hm^2，这15年的年均增长率为2.77%，可见单产增长的速率在下降。以最近10年（2004~2014年）平均单产1772kg/hm^{2}为基数，按单产皮棉年增长速率2020年2.2%和2030年1.3%进行测算，2020年单产水平达到2065kg/hm^2，2030年达到2175kg/hm^2；再以总产400万t为目标，只需种植棉花面积184万~193万hm^2（2900万亩左右），可比目前实际播种面积减少约67万hm^2（1000万亩）。

（三）主攻棉花生产均衡增产

过去10年（2000~2009年）平均，兵团皮棉单产水平1902kg/hm^2，比同期地方1592kg/hm^{2}高19.5%；近4年（2010~2013年）兵团平均单产2436kg/hm^2，比地方1892kg/hm^{2}高28.8%。差异即潜力。据中国棉花生产监测预警数据，最近10多年气候变化对北疆棉区整体有利，区域单产水平大幅提高，近10年籽棉单产提升到了6000~7500kg/hm^{2}高水平，比20世纪90年代长期徘徊在3750~4500kg/hm^{2}的中产水平，增幅高达60%以上。在南疆，李雪源团队在第一师16团棉花超高产创建工程中，连续4年创籽棉12 000kg/hm^{2}的高水平。实现全疆单产的增长目标，要大幅度提高地方棉花生产的中产水平，用7年左右时间开展66.67万hm^{2}棉花高产创建工程建设，其中33.33万hm^{2}棉田皮棉单产达到2700kg/hm^2，33.33万hm^{2}皮棉单产达2250kg/hm^2，并且兵团棉花产量稳定占400万t总产的40%左右，方可实现大面积的均衡增产。

（四）全方位提高原棉质量

全方位提高原棉质量是建设植棉业强省的必然要求，也是农业新转型和纺织业所必需的。广义的棉花质量，包括遗传品质、生产品质和初级加工品质，要有效解决机采棉"质降价低"问题。一是提升遗传品质。要求纤维长度、细度和比强度品质指标相协调，根据机采棉的新需求，纤维长度和比强度达到"双三零"水平，即纤维长度不短于30mm，比强度提高1~2cN/tex，超过30cN/tex。二是改善生产品质。重点是降低霜后花率，提高可纺棉的比重，提升采收质量，有效控制残膜"三丝"混入籽棉。三是提升初级加工水平，包括纤维长度损失最小，杂质、色泽影响最小。机采棉清花工艺要最大限度地减少损害。四是调整纤维类型结构，提升优质专业棉比例，包括海岛棉、陆地中长绒棉、彩色棉和有机棉占总量的比例。

（五）促进棉农增收

新疆棉花是典型的技术密集、物质密集和资金密集型的经济作物，棉花是棉区农民务农的主要经济来源，促进棉农增收是棉花生产的基本目标。据中国棉花生产监测预警数据（表1.18），2012年和2013年西北内陆棉区总成本分别为1995.60元/亩和2077.00

表 1.18 2012～2013 年全国和新疆棉花主产品产值、成本和收益比较（毛树春，2015a）

项目	年份	全国	长江流域	黄河流域	西北内陆
籽棉产量/（kg/亩）	2011	254.80	216.20	205.60	326.80
	2012	273.10	231.10	224.40	376.60
	2013	253.40	213.80	221.90	317.80
皮棉产量/（kg/亩）	2011	95.10	9.50	76.30	123.50
	2012	101.90	85.00	83.20	142.30
	2013	93.30	75.30	82.30	118.70
籽棉售价/（元/kg）	2011	7.83	7.83	7.60	8.35
	2012	8.03	7.92	8.02	8.14
	2013	8.23	7.58	8.18	8.67
主产品产值/（元/亩）	2011	1995.10	1692.80	1564.80	2728.80
	2012	2194.50	1831.10	1800.60	2957.30
	2013	2085.50	1619.90	1815.60	2754.20
总成本/（元/亩）	2011	1503.60	1412.20	1169.50	1883.00
	2012	1596.60	1586.10	1253.40	1995.60
	2013	1603.50	1606.40	1201.10	2077.00
物质投入/（元/亩）	2011	584.70	451.20	486.50	768.00
	2012	614.80	533.00	507.80	798.30
	2013	619.50	534.40	498.40	825.10
人工投入/（元/亩）	2011	782.10	847.20	585.00	923.00
	2012	853.10	921.40	657.40	1017.30
	2013	868.30	944.50	637.70	1074.50
用工数量/（个/亩）	2011	15.70	16.00	16.60	14.90
	2012	15.90	16.90	17.60	13.40
	2013	15.00	15.90	15.60	13.90
固定成本/元	2011	62.50	24.10	28.00	135.00
	2012	64.20	24.70	35.20	130.00
	2013	62.80	31.70	27.10	136.60
间接成本/元	2011	74.40	89.70	70.00	57.00
	2012	64.50	106.90	53.00	50.00
	2013	53.00	95.80	37.90	40.90
纯收益/（元/亩）	2011	491.50	280.60	395.30	845.80
	2012	597.90	245.00	547.20	961.70
	2013	482.00	13.50	677.20	677.20
每千克皮棉成本/元	2011	15.80	17.80	15.30	15.30
	2012	15.70	18.70	15.10	14.50
	2013	17.20	21.30	14.60	17.50
补贴：100%样本户获得补贴	2011	19.50	27.50	17.40	15.00
	2012	21.20	29.10	20.90	15.00
	2013	20.10	28.50	18.20	15.00

注：1.西北内陆棉区包括新疆、甘肃河西走廊和内蒙古西部。2.2013 年长江中游因气候不利导致大幅减产
数据来源：中国棉花生产监测预警数据

元/亩，分别高于全国平均水平的 25.0% 和 29.5%，高于长江流域棉区的 25.8% 和 29.3%，高于黄河流域棉区的 59.2% 和 72.9%。新疆还是棉花的高产出和高收益产区，植棉能获得较高回报。2012 年和 2013 年西北内陆棉区纯收益分别为 961.70 元/亩和 677.20 元/亩，分别高于全国平均水平的 60.8% 和 40.5%，高于长江流域棉区的 292.5% 和 4916.3%，高于黄河流域棉区的 75.7% 和 0%。

根据新疆棉花高投入特征，要保障植棉者的基本收益，棉花主产品产值在 37 500 元/hm²（2500 元/亩）水平上下。产值是单产和价格的乘积，只有两者兼顾才能保障基本收益目标的实现。在技术措施上，进一步提高单产，促进均衡高产，科学合理地投入物质和劳动力；在市场调控和政策支持上，当产值低于这一临界水平时，需采取必要的补贴措施。

（六）基本实现棉花生产全程机械化和田间信息化管理

以高密度高产高效栽培技术为平台，以自动控制水肥一体滴灌技术和田间生态因子动态监测信息技术为核心，集成精量播种技术、病虫害综合防治技术、化学调控和免打顶技术、机采棉技术、籽棉转运和清理加工技术，并与这些技术所要求的现代农业机械装备相配套。农业部关于《开展主要农作物生产全程机械化推进行动的意见》（2015）提出：新疆生产建设兵团重点以适应规模化生产的 365～373hp[①]（马力）级大型带车载打垛功能的采棉机为核心的全程机械化生产模式为主，重点开展加装卫星导航系统的精量播种机械、高效精准施药机械集成示范，推广机械打顶（化学打顶）技术和示范残膜回收及秸秆处理机械技术。新疆地方重点以适应一定规模化生产的 290hp 以上的中、大型自走式采棉机和配套的棉模设备为核心的全程机械化生产模式为主，重点开展加装卫星导航系统的精量播种机械、高效精准施药机械集成示范，推进机械打顶（化学打顶）技术和残膜回收及秸秆处理机械技术的应用，进一步完善机采棉种植模式。到 2030 年新疆植棉机械化水平将达到 80% 以上（兵团达 95% 以上）。若以全疆目标植棉面积 187 万 hm² 预测，机械采棉面积将达到 50% 以上，棉花高效节水面积达到 80% 以上（150 万 hm²）。在保持棉花有较高土地生产率的同时，大幅度提高植棉劳动生产率和资源利用率，进而实现经营管理的现代化，缩小与发达植棉国家的差距。

二、现代植棉业的可持续发展

（一）建设"六化一体"的棉花生产模式

新疆棉花生产正处于转型期，环境的转变、发展方式的转变将成为棉花生产能力提升的助推器。目前，规模化经营、机械化生产、水利化保障、社会化服务的生产发展模式正在推进，自动化控制、信息化管理的生产发展模式正在试验示范。新疆兵团现代农业生产实践经验表明，棉花生产模式建立在规模化、机械化、水利化、自动化、信息化、社会化基础上，实现"快乐植棉"的愿景并不遥远。新疆将大力推进精准植棉集成技术，积极推进土地流转，使棉花生产向适度规模化转变，壮大发挥农业合作社等社会化服务

① 1hp=745.700W

的组织，同时建立高效的棉花产业集群、营造开放的市场环境、制定优惠的棉花生产扶持政策，则现代植棉业将具更好的发展环境。

（二）建设可持续发展良性循环的绿洲生态植棉产业

高效节水灌溉是新疆农业现代化的基础和前提。根据新疆水资源的承载力和 3 次产业发展对水资源的需求，要坚定不移地加快高效节水工程等基础设施建设。到 2020 年标准化的基本农田比重达 60%以上，高效节水灌溉面积占农业灌溉面积比重达 60%以上（310 万 hm²），农业综合灌溉水利用系数从 2011 年的 0.487 提高到 0.57。调减棉花实际种植面积 65 万 hm²（约 1000 万亩），建立绿洲耕地用养结合的现代农作制度。随着区域经济结构的不断调整优化，预计新疆棉区中粮、棉、果、畜均衡发展型棉区的比例将进一步扩大，这对不断提高棉区农户收入、降低分散棉花产业风险有一定好处。因此，应从制度上安排对植棉区种植饲草、饲料或其他轮作作物给予一定补贴，既可为棉田源源不断地提供有机肥培肥地力，又可以带动棉田科学轮作，从农药、化肥、生长调节剂的科学施用，土壤残膜污染防治，作物结构优化等方面确保棉区生态良性循环。基本建成农业灌溉现代水权制度，强化水资源综合管理，提高水资源利用效率，为绿洲生态和谐、环境友好提供制度保障。

（三）建设现代绿洲棉花生产保障体系

1. 完善棉花目标价格体系

该政策旨在解决棉农收益不稳、预见性差，以及和国内外棉花市场联动性弱、棉花价差不合理、影响纺织企业竞争力的双重问题。国家按照市场供求和农民的种植成本加基本收益确定目标价格，每年播种前公布，当市场价格低于目标价格即对植棉者直接进行差价补贴。完善目标价格运作机制，有利于引导棉花生产、流通、消费，促进产业上下游协调发展；有利于引导种植者预期产量收益，来调整种植意向或采用先进技术提高棉花单产，避免价格波动对棉农收益的影响；有利于引导棉花种植向优势区域集中，助推种植结构优化调整。

2. 完善农业保险制度

农业保险旨在解决因灾歉收、因灾亏损和因灾致贫问题，符合 WTO 的绿箱政策，有利于提高防灾和减后补救能力，保持棉花生产的稳定。新疆棉花保险始终是农业保险的龙头险种，2011 年业务规模 9.58 亿元，承保面积 142.86 万 hm²，分别占当年农业保险业务总规模与种植业总承保面积的 63%和 51%（新疆维吾尔自治区专题调研组，2012）。从欧美等国农产品市场调控政策发展实践看，目标价格等"黄箱"政策逐步向保险制度等"绿箱"政策转变已成为发展趋势。完善农业保险制度，一要以完善补贴机制为核心，提高中央财政保费补贴比例和组建政策性农业再保险公司，通过这两种机制，既可有效减轻地（州）县财政配套比例及农户缴费压力，又可以降低保险机构以不低于市场利润率水平来承保农业的风险。二要提升新疆农业保险保障服务能力与信息化水平，利用互联网时代的大数据技术，增强农业保险服务的科技含量。三要增强棉农的风险意识，将农业保险和农业信贷结合起来，探索实施"政府+信贷+保险+农业产业化组织"的"四位一体"模式，更好地发挥农业保险在棉花生产向"六化一体"模式转变的"助推器"作用。

3. 完善棉花生产的金融支持体系

在新疆棉花产业链的生产环节，农村信用社、农业银行和中国农业发展银行是信贷资金供应的主渠道。农村信用合作社（农信社）在棉花种植领域贷款份额中占主导，农行主要支持对象是农牧团场，农发行在收购流通环节中发挥着主渠道作用（刘纯琪，2013）。要发挥商业性金融与政策性金融的合力作用，通过运用差额准备金制度，引导区域金融加大对棉花生产环节的信贷投入，同时将部分财政支农资金以利息补偿和风险补偿的形式，对支农信贷经营中的损失予以补贴，发挥财政支农资金的乘数效用；要重点支持具有辐射带动作用和产业集群效应的产业化龙头企业，通过贷款链条，促使棉花购销企业与深加工企业间建立稳定互利的购销合作关系，共同抵御市场风险；要加大信贷支持物流体系建设力度，推动棉花现代物流建设；要通过发放棉花良种繁育、预购贷款、棉花生产基地建设、机采棉设施中长期贷款，积极引导新疆棉花产业向"六化一体"方向发展。

4. 建设棉花生产的公益性、社会化服务体系

发展农业社会化服务体系是发展现代农业的客观要求。棉花生产社会化服务是由棉花生产经营主体把生产过程中的某些环节和项目，交由政府公共服务部门、农业合作经济组织和社会其他服务机构组成的组织体系来完成。因此，一要大力培育专业化的植棉合作社和公益性的专业服务机构，提供科技服务、信息服务、经营决策服务、政策法律服务等。二要发展托管性植棉全程机械化作业服务公司，提供"全程托管"、"统防统治"等劳务服务。三要加强农业互联网建设，提供产前信息化、产中科学化和产后市场化服务，形成快速反应的信息采集、加工、诊断和发布体系，解决棉花信息化服务"最后一公里"问题。

5. 发展新疆纺织服装产业，促进资源转化

有关研究表明（刘英杰等，2011），中国棉花产业链利润率链中种植生产占 6%、初加工占 8%、纺织占 38%、服装制造占 18%、销售占 30%。产业链上游利润微薄，中下游环节如纺织、服装制造和销售的附加值较高。新疆棉花产业链上游生产和初加工环节比重较大，下游加工、纺织和服装制造比重过低，原棉不能在产地有效转化，需要大批量外运，不仅增加了运输成本，而且减弱了整体竞争力。棉花资源优势并未充分转变成经济效益和产业优势，在很大程度上影响了棉花种植业的健康发展。加快发展新疆纺织服装产业，成为保证新疆现代植棉业可持续发展的必然选择。

2014 年 7 月，新疆出台《新疆发展纺织服装产业带动就业规划纲要（2014—2023年）》，除设立 200 亿元左右的纺织服装产业发展专项资金，推出税收、补贴、低电价等十大特殊优惠政策，扶持纺织服装业发展。国务院办公厅[2015] 2 号文件《关于支持新疆发展纺织服装产业发展促进就业的指导意见》确定了发展的阶段性目标：第一阶段，2015~2017 年，棉纺产能达到 1200 万纱锭（含气流纺），棉花就地转化率为 20%；黏

胶产能 87 万 t；服装服饰产能达到 1.6 亿件（套）。全产业链就业容量达到 30 万人左右。第二阶段，2018～2020 年，棉纺产能达到 1800 万纱锭（含气流纺），棉花就地转化率保持在 26% 左右；黏胶产能控制在 90 万 t 以内；服装服饰产能达到 5 亿件（套）。全产业链就业容量为 50 万～60 万人。相关服务业获得长足发展，就业岗位明显增加。到 2014 年年底，19 个援疆省市约有 50 家棉纺织企业进军新疆，纺织设备位居全国领先水平。新疆纺织服装产业带动就业和促进现代植棉业发展的新局面必将到来！

三、现代植棉关键技术

新疆现代植棉业要继续大力推广精准植棉全程机械化技术体系，更加突出优质高产、绿色轻简、节本高效的目标。喻树迅院士（2014 年）指出，新疆棉花产业科技攻关最重要的问题是在新品种选育和建立适合国情的高产新型机采棉技术体系两大方面获得重大突破；研发病虫害的监测和综合防治技术，减少生物灾害损失；研发灾害预警技术，提升防灾减灾能力；提升植棉业的装备技术水平等，只有这样才能继续提高新疆棉花的竞争力，促进产业可持续发展。

（一）加强种质资源创新，加快常规棉和杂交棉新品种选育

未来新疆棉花可持续生产对棉花品种提出了新要求：一是常规新品种选育取得新突破。以高光合性能和高水肥利用率为选择目标，选育增产 10% 以上的棉花新品种，包括抗枯萎病、耐黄萎病、早熟、优质和高产性状的聚合和统一。明确全疆不同地区黄萎病菌的致病性，开展抗病资源的评价和利用研究，建设高标准抗病育种病圃，结合生物技术选择适宜的抗病育种方法，迄今与抗性相关的分子标记有 40 多个可加以利用。二是杂种优势的利用取得新突破。包括陆地棉×陆地棉杂种优势群的研究，选育群间骨干亲本自交系，突破优势组合瓶颈和简化制种难点；从陆地棉×海岛棉远缘杂交中创造新的优势组合，并经过不断纯化形成性状优异的亲本资源。三是研究杂种 F_2 代的科学利用问题。对 F_2 代利用开展研究和区域试验比较，正确指导 F_2 代生产利用。四是机采棉品种要选育高产、高品质新品种，要求纤维长度和比强度达到"双三零"以上水平，长度、比强度、细度和整齐度相配套，且吐絮相对集中，早熟性好，含絮松紧度适中，脱叶性良好，以降低机采的损耗。

（二）建立适合国情的高产机采棉栽培技术新体系

1. 深入研究新疆棉花高产和品质形成的科学原理

（1）研究高产棉花光能流和物质流生理学原理。科学阐明高产棉花产量和品质形成规律，系统总结提炼出不同熟性品种适宜高产的群体结构和叶面积指数（LAI），提出不同产量水平、不同生长时期的 LAI 适宜指标，并转化成高产棉花看苗诊断指标，为科学植棉和技术创新提供理论指导。

（2）研究开发轻简化、机械化管理技术措施。解决高产和省工节本问题，满足少数民族小规模植棉农户的技术需求；研究开发植棉全程机械化+信息化技术，满足兵团和规模化植棉合作社及农户的技术需求。

2. 优化机采棉提质高效技术路线

近几年机采棉推广进程加快，据中国棉花生产监测预警数据（表 1.19），2013 年全疆机采棉面积 436.7 万 hm²，增长 20.6%，其中兵团占 75.3%，2014 年机采棉面积进一步扩大，增长 67.8%。这与人工成本高涨，国家棉花临时收储政策支撑有关。根据机采棉暴露的棉花纤维品质不同程度降低的新问题，结合新疆棉花高产这一国情，按照"两利相衡取其重"的原则对机采棉进行经济学和农艺学的全面评价，经过严格的手采和机采对比试验，取得美国摘锭式采棉机从所采籽棉到皮棉的产量、品质、品级的损失量化指标，再到科学决策产量和质量的取舍问题，以此为基础来确定适合国情的高产机采棉技术路线，明确品种、技术和装备的主攻方向，还应从更高层面设计研制适合国情的高产新型采棉机，以及清花和轧花配套装备等，目的是提高机采棉的市场竞争力。

表 1.19　2001～2014 年新疆机采棉进展（毛树春，2015b）

项目	机采种植模式/ （×10³hm²）	机采面积/ （×10³hm²）	累计采棉机 保有量/台	累计机采棉加工 生产线/条
2001～2006 年累计	1153.0	260.0	306	60
2007 年	147.0	69.0	315	66
2008 年	200.0	78.0	426	81
2009 年	167.0	116.0	604	94
2010 年	280.0	171.0	708	114
2011 年	333.0	257.0	1008	159
2012 年	533.3	362.0	1508	198
2013 年	800.0	436.7	1700	210
2014 年	1000.0	733.3	2200	330
2015 年比 2013 年增	25.0%	67.8%	7.1%	13.8%

数据来源：中国棉花生产监测预警数据

深化机采棉全程机械化栽培技术研究。第一，比较研究常规品种、杂交组合，以及其与株行距配置方式、单行配置与宽窄双行配置、精量播种方式、植株高度等对产量和早熟性的影响问题，即传统"密、矮、早"技术存在的问题和改进途径。第二，研究机采棉田的水肥运筹与产量、早熟性关系。第三，研究脱叶剂和催熟剂、脱叶时间、催熟和落叶效果。第四，检测机采效果，包括残膜含量、杂质含量、采净率和色泽等。第五，检测机采及其清花对长度、比强度、整齐度、色泽及商品品级的影响。

（三）研究开发病虫害监测和综合防治技术，减轻生物灾害损失

以绿洲生态系统为背景条件，建立农业"增益控害"和生物多样性的植保技术体系，进一步研究完善农业防治、生物防治、物理防治和化学防治相结合的综合防治技术体系。"两萎"重病棉田应强制推行轮作种植和土地用养结合措施，提升综合防治水平，最大限度地遏制"两萎病"的蔓延和流行；控制棉蚜、红蜘蛛和棉铃虫的周期性大暴发。

（四）研究开发自然灾害监测预警技术，提升防灾减灾能力

在气候异常条件下，低温、冻害、大风沙尘、洪涝、初霜早临和冰雹等灾害频发，影响面积大，危害大。应对初霜早临主要采用促进早发早熟栽培技术，应对冻害和低温要积极研究主动的前期防御措施。积极推广兵团第八师四级防风固沙生态保护体系：荒漠防风固沙林-防风阻沙基干林-农田防护林-人居绿化防护林，由于林地增加和林木覆盖度的提高，明显改善了局部的环境和气候，形成有效的防风固沙屏障，从而降低风速，减少风的沙尘含量，减轻了自然灾害的危害程度（新疆维吾尔自治区环境保护厅，2012）。新疆人工防雹机制十分成功，要进一步加强上、中、下游多普勒雷达无缝衔接的科学监测，兵团和地方联防，有效减轻冰雹危害。

（五）研究开发棉花地膜覆盖栽培新材料、新技术，加快残膜污染治理

地膜覆盖导致严重污染，致使西北和黄河局部的棉花生产不可持续，到了非治不可的地步。继续大力推广农用薄膜和残膜回收技术的同时，要在解决地膜覆盖污染上产生革命性的产品和技术，在寻找接替地膜材料或物质和技术方面取得重大突破。主要技术思路：一是寻找地膜新材料或地膜降解材料，进行研制和开发；二是地膜覆盖技术替代研究，寻找接替地膜的技术途径、方法和措施，使用技术既保持地膜覆盖的功能，又不对土壤、环境和生态产生污染。三是研究滴灌条件下无地膜覆盖高产栽培技术。

（六）加强土壤培肥，持续提高地力

棉田土壤养分是棉花赖以生长的物质基础。根据新疆农业科学院土肥研究所对新疆化肥（纯养分）总用量与粮食总产量、棉花总产量的相关分析，相关系数分别为 0.891 和 0.565，新疆棉花单产与单位面积施肥量之间的相关显著性低于粮食单产。随着有机肥施用量的减少，化肥的施用量有偏高的倾向，化肥的肥料效益在下降（张炎等，2006）。这不仅造成棉花生产成本增加，棉田地力下降，还会导致严重的环境污染。因此，要持续在棉区积极贯彻"用养结合"的方针，全面落实农业部 2015 年颁布的《到 2020 年化肥使用量零增长行动方案》，实施"增"（增施有机肥）、"提"（提高水分和养分利用率）、"改"（改良土壤）、"防"（防止土壤退化）、"轮"（轮作倒茬）等主导措施，重点推广有机培肥、测土配方施肥、水肥一体化、秸秆还田、土壤深翻（松）、轮作倒茬等提高地力的主导技术，力争到 2020 年，棉田基础地力提高 0.5 个等级以上，土壤有机质含量提高 0.2 个百分点。

（七）快速提升植棉业的装备技术水平

新疆棉花生产成本中劳动力成本逐年提高，严重影响棉花竞争力和植棉效益。植棉全程机械化作业是提高劳动生产率、降低生产成本的有效途径。用现代化装备武装农业是现代化农业的重要内容，也是实现农业技术现代化的物质载体。新疆植棉技术装备科技进步的经验证明，创新是植棉技术装备不断提升的关键。一是优化棉田作业全程机械化技术。推广GPS导航精量播种技术、棉花化学调节封顶技术、基于物联网的机械化采棉和棉模储运机械。二是优化棉花滴灌自动化技术。全面采用滴灌设备进行精准灌溉和施肥，实现灌溉-施肥自动化。三是田间管理信息化。用视屏农业管理系统，棉花生长遥感技术，棉田水、肥自动监测和决策系统，植保专家决策支持系统等计算机管理技术，实现棉栽培的科学化管理。四是农机装备智能化。积极开发棉花全程机械化关键装备

的智能控制系统，用智能控制系统装备棉田作业机械，实现棉花田间机械作业的精准化（田笑明，2005b）。

（撰稿：田笑明；补充撰稿：毛树春；主审：毛树春）

参 考 文 献

艾先涛，李雪源，秦文斌，等. 2005. 新疆陆地棉育种遗传组分拓展研究. 分子植物育种, 3(4): 575-578.

艾先涛，李雪源，沙红，等. 2010. 南疆自育陆地棉品种遗传多样性研究. 棉花学报, 22(6): 603-610.

艾先涛，梁亚军，李雪源，等. 2014. 新疆自育陆地棉品种SSR遗传多样性分析. 作物学报, 40(2): 369-379.

包艳丽，王晓伟，黄永亮. 2013. 新疆棉花主产区生产比较优势分析. 新疆农垦经济, (11): 18-21.

布娲鹣·阿布拉. 2008. 中亚五国农业及与中国农业的互补性分析. 农业经济问题, (3): 10-109.

崔建平，孔庆平，田立文，等. 2014. 新疆长绒棉2014年种植情况及市场分析. 棉花科学, 36(5): 30-32.

崔建平，田立文，郭仁松，等. 2013. 深翻耕作对新疆连作滴灌棉田的增产效果. 中国棉花, 40(11): 25-27.

邓福军，陈冠文，余渝，等. 2010. 兵团棉业科技进步30年. 新疆农垦科技, (6): 3-7.

迪丽努尔·阿吉，艾克巴尔. 2009. 新疆主要河流径流量变化的时空特征研究. 干旱区资源与环境, 23(11): 100-104.

樊亚利. 2009. 新疆棉花产业60年发展回顾展望. 新疆财经, (5): 18-23.

方言. 2011. 充分发挥新疆棉花基地的战略作用打造新疆现代棉花产业. 中国经贸导刊, (2): 30-33.

高培元，黄玲娣. 1999. 新疆棉花优势资源转化为经济优势的影响因素及对策选择. 新疆财经, (2): 3-7.

高旭梅，刘娟，张旺锋，等. 2011. 耕作措施对新疆绿洲长期连作棉田土壤微生物、酶活性的影响. 石河子大学学报, 29(2): 145-152.

工业和信息化部. 2012a. 纺织工业十二五发展规划. 北京.

工业和信息化部. 2012b. 新疆承接内地纺织产业转移情况汇报. 北京.

国家发展改革委，外交部，商务部. 推动共建丝绸之路经济带和21世纪海上丝绸之路的愿景与行动. http://www.xinhuanet.com/gangao/2015-06/08/c_127890670.htm[2015-9-5].

国家发展和改革委员会、工业和信息化部. 2014.《关于支持新疆发展纺织服装产业发展促进就业的指导意见》. 北京.

国务院办公厅. 2009. 纺织工业调整和振兴规划. 北京.

国务院办公厅[2015] 2号《关于支持新疆发展纺织服装产业发展促进就业的指导意见》. 北京.

韩春丽. 2005. 新疆棉区棉纤维品质生态分布规律的初步研究. 石河子: 石河子大学硕士学位论文.

韩春丽，刘娟，张旺锋，等. 2010. 新疆绿洲连作棉田土壤微量元素含量的时空变化研究. 土壤学报, 47(6): 1194-1199.

韩春丽，赵瑞海，勾玲，等. 2005. 新疆不同棉花品种纤维品质变化及与气象因子关系的研究. 新疆农业科学, 42(2): 83-88.

何文清，严昌荣，刘爽，等. 2009. 典型棉区地膜应用及污染现状的研究. 农业环境科学学报, 28(8): 1618-1622.

黄滋康. 2002. 中国棉花生态区划. 棉花学报, 14(3): 85-190.

孔庆平. 2010. 制约新疆棉花生产发展的关键因素分析与应对策略探讨. 新疆农业科学, 47(S2): 3-5.

雷海，王京梁，辛涛，等. 2011. 新疆棉花综合生产能力分析. 中国棉花, 38(7): 5-8.

李全胜，黄一超. 2010. 论新疆农业经纪人问题. 新疆师范大学学报(哲学社会科学版), 31(3): 63-68.

李雪源，秦文斌，孙国清，等. 2003. 新疆棉区纤维品质生态分布研究. 新疆农业大学学报, 26(4): 20-27.

李雪源，吐尔逊江，莫明，等. 2005. 新疆棉区生态品质布局策略的思考. 新疆农业大学学报, 28: 8-10.

李雪源，王俊铎，梁亚军，等. 2014. 新疆棉花生产形势与任务. 中国棉花学会2014年年会论文汇编:

21-25.

李雪源, 郑巨云, 王俊铎, 等. 2009. 中国棉业科技进步30年——新疆篇. 中国棉花, 36(增刊): 24-29.

梁志宏, 王勇. 2012. 我国农田地膜残留危害及防治研究综述. 中国棉花, 39(1): 3-8.

刘纯琪. 2013. 支持新疆棉花产业发展的思考. 金融发展评论, (3): 125-132.

刘建国, 李彦斌, 张伟, 等. 2010. 绿洲棉田长期连作下残膜分布及对棉花生长的影响. 农业环境科学学报, 29(2): 246-250.

刘李峰, 张晴, 张照新. 2006. 中国三大棉区区位优势及发展战略研究. 世界农业, (12): 19-21.

刘宴良. 2006. 棉花发展战略研究. 北京: 中国统计出版社: 65-144.

刘英杰, 董伟, 陈胜辉. 2011. 新疆棉花产业发展影响因素分析及相关政策建议. 中国农学通报, 27(32): 114-117.

栾芳芳, 夏建新. 2012. 新疆跨越式发展中水资源承载力分析. 中国农村水利水电, (12): 55-58.

买买提·莫明, 李雪源, 艾先涛, 等. 2010. 新疆棉花超高产育种技术初探. 中国棉花, 37(4): 5-7.

买买提·莫明, 李雪源, 艾先涛, 等. 2012. 新疆超高产棉田的特征分析. 棉花科学, 34(5): 31-35.

毛树春. 2007. 中国棉花生产景气报告2006. 北京: 中国农业出版社: 278-293.

毛树春. 2014. 中国棉花景气报告2013. 北京: 中国农业出版: 96-98, 281-286.

毛树春. 2015a. 目标价格保障农民收益预期利于国产棉恢复竞争力. 中国棉麻产业经济研究, (1): 6-8.

毛树春. 2015b. 中国棉花景气报告2014. 北京: 中国农业出版: 101-112.

毛树春, 李亚兵, 冯璐, 等. 2014. 新疆棉花生产发展问题研究. 农业展望, 10(11): 43-51.

毛树春, 李亚兵, 支晓宇, 等. 2015. "一带一路"棉花产业研究. 农业展望, (11): 48-52.

毛树春, 谭砚文. 2013. WTO与中国棉花十年. 北京: 中国农业出版社: 32-43, 59-67.

尼合迈提·霍嘉. 2008. 论新疆建设和发展农民专业合作经济组织的意义. 新疆社科论坛, (2): 10-12.

欧兴江, 刘晨. 2013. 关于加快新疆棉花机械化采收进程的探讨. 新疆农机化, (1): 22-25.

桑长青. 2008. 新疆棉花气候分区和未来气候变暖对其可能的影响. 全国农业气象学术年会论文集: 107-111.

田长彦. 2008. 新疆棉花养分资源综合管理. 北京: 科学出版社: 132-137.

田笑明. 2005a. 兵团精准农业技术体系的建立及在棉花上的大面积应用. 中国棉花专辑: 9-12.

田笑明. 2005b. 兵团棉花"十一五"发展战略思考. 新疆农业大学学报, 28: 1-2.

田笑明, 陈冠文, 李国英. 2000. 宽膜植棉早熟高产理论与实践. 北京: 中国农业出版社.

吐尔逊江, 李雪源, 艾先涛, 等. 2007. 新疆陆地棉品种基础种质变化分析与创新. 新疆农业科学, 44(4): 394-401.

汪若海. 1980. 新疆古代植棉历史点滴. 新疆农业科学, (3): 16-17.

王荣栋, 曹连莆, 张旺锋. 2007. 作物高产理论与实践. 北京: 中国农业出版社: 68-69.

王钊英, 郭文超, 赵立新. 2009. 中国新疆与中亚五国发展农业经济合作潜力分析. 世界农业, (3): 37-40.

王志坚, 徐红. 2011. 新疆机采棉的调研与发展建议. 中国棉花, 38(6): 10-13.

新疆生产建设兵团史志编纂委员会. 2009. 新疆生产建设兵团农业志. 五家渠市: 新疆生产建设兵团出版社: 235-255.

新疆生产建设兵团统计局. 2013. 新疆生产建设兵团统计年鉴. 北京: 中国统计出版社.

新疆生产建设兵团统计局, 国家统计局兵团调查总队. 2013. 新疆生产建设兵团统计年鉴2013. 北京: 中国统计出版社: 23-25.

新疆生产建设兵团统计年鉴编辑委员会. 1997. 新疆生产建设兵团统计年鉴1996. 北京: 中国统计出版社: 16.

新疆维吾尔自治区发改委调查组. 2013. 我区2013年棉花成本收益调查简析. 新疆.

新疆维吾尔自治区环境保护厅. 2012. 沙海半岛田园风光好——新疆兵团农八师150团构筑四级防风固沙生态保护体系. http://www.xjepb.gov.cn [2012-10-31].

新疆维吾尔自治区计委成本队课题组. 2004. 规模化种植: 新疆植棉业高产高效与现代化的方向. 价格

理论与实践, (7): 29-30.

新疆维吾尔自治区水利厅水管总站. 2012. 新疆维吾尔自治区农业灌溉用水定额指标(试行). 新水水管
　　[2012]4号.

新疆维吾尔自治区统计局. 2005. 新疆统计年鉴2005. 北京: 中国统计出版社: 20-21.

新疆维吾尔自治区统计局. 2008. 新疆统计年鉴2008. 北京: 中国统计出版社: 10-11.

新疆维吾尔自治区统计局. 2011. 新疆统计年鉴2011. 北京: 中国统计出版社.

新疆维吾尔自治区统计局. 2013. 新疆统计年鉴2013. 北京: 中国统计出版社: 360.

新疆维吾尔自治区专题调研组. 2012. 新疆农业保险事业发展情况调研报告. http://www.xjnb.gov.cn
　　[2012-6-28].

徐文修, 牛新湘, 边秀举. 2007. 新疆棉花光温生产潜力估算与分析. 棉花学报, 19(6): 455-460.

姚源松. 2001. 新疆棉花区划新论. 中国棉花, 28(1): 2-5.

姚源松. 2004. 新疆棉花高产优质高效理论与实践. 乌鲁木齐: 新疆科技卫生出版社: 21-33.

于绍杰. 1993. 中国植棉史考证. 中国农史, 12(2): 28-34.

余渝. 2005. 新疆兵团棉花品质现状与品质生态区划研究. 北京: 中国农业大学硕士学位论文.

余渝, 邓福军, 田笑明, 等. 2003. 新疆兵团陆地棉品质现状研究. 中国棉花, 20(7): 2-4.

张佳喜, 蒋永新, 刘晨. 2012. 新疆棉花全程机械化的实施现状. 中国农机化, (3): 33-35.

张杰, 王力, 赵新民. 2012. 新疆棉花良种补贴效果调查研究. 石河子大学学报(哲学社会科学版), 26(6):
　　13-19.

张鹏忠, 王新江, 托乎提. 2008. 新疆棉花产业发展现状、存在问题及对策建议. 新疆农业科学, 45(S2):
　　174-176.

张炎, 史军辉, 罗光华, 等. 2006. 新疆农田土壤养分与化肥施用现状及评价. 新疆农业科学, 43(5):
　　375-379.

赵岩, 周亚立, 刘向新. 2013. 新疆生产建设兵团棉花生产机械化现状分析与展望. 中国农机化学报,
　　34(6): 14-16.

中国农业部. 2015. 《到2020年化肥使用量零增长行动方案》. 农农发[2015]2号.

中国农业部. 2015. 《关于开展主要农作物生产全程机械化推进行动的意见》. 农机发[2015]1号.

中国农业科学院办公室. 2014. 顺应棉区战略转移 保障棉花产业可持续发展. http://www.caas.net.cn.
　　[2014-5-09].

中国农业科学院棉花研究所, 2013. 中国棉花栽培学. 上海: 上海科学技术出版社: 69-100, 358-360.

周和平, 张明义, 周琪, 等. 2013. 新疆地区农业灌溉水利用系数分析. 农业工程学报, 29(22): 100-106.

朱金鹤, 李放. 2012. 新疆棉花产业集群发展及其对区域产业结构的影响. 石河子大学学报(哲学社会科
　　学版), 26(1): 1-6.

第二章　棉花种质资源与生物技术应用

种质资源是棉花生产、遗传改良及生物技术发展不可缺少的重要物质基础，是提升国家棉花产业竞争力的宝贵财富，也是研究棉属分类、进化和性状遗传的基础材料。种质资源工作得到国内外各产棉国的高度重视。我国农作物品种资源工作的方针是：广泛征集，妥善保存，深入研究，积极创新，充分利用，为农作物育种服务，为加快农业现代化服务。这一方针充分体现了棉花种质资源的重要性，为棉花种质资源研究指明了方向。

第一节　新疆棉花种质资源现状

一、棉花种质资源分类

种质资源（germplasm resource）亦称遗传资源（genetic resource）或基因资源（gene resource）。它是多种多样遗传材料的总称。包括野生资源、地理种系、地方品种、选育品种、品系、遗传材料及其近缘种的植物、种子、无性繁殖器官、花粉、单个细胞，甚至特定功能或用途的基因。种质资源按其来源划分，可分为栽培品种（包括农家品种和选育品种）、陆地棉种系、野生棉种及棉属近缘植物。

农家品种（地方品种）：我国历史上种植的敦煌草棉（非洲棉）、甘肃中棉（亚洲棉）、产于中美洲墨西哥高地及加勒比海地区的陆地棉，以及产于埃及的海岛棉品种阿许莫尼等，尽管这些农家品种表现产量低、不抗病或有其他缺点，但有很大的潜在利用价值。

选育品种：不论是过时品种，还是生产上正在推广的品种，都是集适应性、丰产性和抗病性于一体的优良品种，是最便于利用的种质资源。选育品种还包括育种单位选育的优良品系、突变体、多倍体、非整倍体、种间和属间杂种，以及自然发生、人工诱变产生的各种特殊的遗传材料，如窄卷叶、雄性不育、芽黄、无色蜜腺等。这些种质材料对于开拓棉花育种基础理论和应用研究具有重要价值。

陆地棉种系：Hutchinson（1951年）根据陆地棉种系在中美洲起源中心的分布和性状特点划分以下7个，即莫利尔棉、李奇蒙德氏棉、鲍莫尔氏棉、尖斑棉、尤卡坦棉、马利加兰特棉、阔叶棉。

野生棉种：棉属共有51个种，野生种有46个，其中二倍体种43个，四倍体种3个（毛棉、达尔文氏棉、黄褐棉）。

棉花种质资源按亲缘关系可分为四类种质库（潘家驹，1998），其中第一、第二、第三类种质库是根据其与陆地棉杂交难易程度来划分的。

第一类种质库（AD染色体组棉种）：包括陆地棉、海岛棉、四倍体野生种等，它们可以与陆地棉直接杂交。

第二类种质库（A、D、B、F等染色体组棉种）：包括所有与栽培种具有的A和D

染色体组亲缘相近的棉种，如草棉、亚洲棉，B、D、F 染色体组的野生棉种。利用这些棉种，通过染色体加倍、体外胚胎培养的方法，可获得具有抗病虫、抗逆特性的新种质。扩大这类种质库的开发和利用是种质创新的重要途径。

第三类种质库（C、E、G、K 等染色体组野生棉种）：主要是与栽培种血缘较远、暂时难以利用的一些野生种。生物技术开拓了对这类种质棉种利用的可能性。

第四类种质库：可向棉种转移的一切外源动植物基因，如 Bt、*CpTI* 等基因。

新疆棉花种质资源主要分为本地种质资源、引进种质资源和自主创制的种质资源。

本地种质资源：包括当地农家品种和本地选育的棉花品种。

引进种质资源：是指引进的国外和区外品种、品系、遗传材料等。它们中有些性状是本地种质资源所不具备的，如优良的纤维品质和抗性，新发现的遗传性状等，如 PD 棉种质系。

创制种质资源：利用已有棉花资源、自然资源，通过现代生物技术创制的各类新种质材料。

二、新疆棉花种质资源发展历程

新疆棉花种质资源从无到有，从小到大，大致经历了 4 个阶段。

（1）20 世纪五六十年代引种陆地棉更换草棉，实现生产种质从二倍体到四倍体的革命。新疆最早种植的是从阿拉伯经伊朗、巴勒斯坦引入新疆的草棉。草棉是二倍体棉种，纤维短、铃重小、衣分低、产量低。后经自然变异形成了当地农家土种，但产量仍然低、品质差。到 20 世纪三四十年代从苏联引进了陆地棉品种，如库尔勒光籽、喀什黑籽、莎车土棉、刀狼棉、喀什巴克鸡脚棉、若羌绿籽等，以及斯列德尔、那乌罗斯基（苏联自美国购进定名后引进新疆）等，这些品种与草棉相比，虽然产量、品质有一定提高，但仍然表现铃小、衣分低、绒短、中晚熟、品质差的特点。直到 20 世纪五六十年代，新疆陆续从国外和当时种植水平较高的长江流域棉区大量引进陆地棉和海岛棉品种，经过筛选，有十几个品种得以在生产上大面积种植，如苏联的 C3173、KK1543、C1470、C4744 和美国岱字棉，苏联的海岛棉 901 依、5476 依、8763 依、5904 依、C6022 等。陆地棉是异源四倍体棉种，棉铃大（4～6g）、衣分高（33%～43%）、纤维长（22～33mm）、比强度高（23～35cN/tex）。这一时期主要是陆地棉种引入后的简单直接种植利用，生产上陆地棉试种成功，可以说实现了棉花生产种质从二倍体到四倍体的革命。

（2）20 世纪 60～80 年代引进及初步鉴定筛选利用时期。60～80 年代是新疆棉花种质资源研究工作的起始期。1964 年新疆巴州农业科学研究所和新疆农业科学院（简称新疆农科院）吐鲁番长绒棉研究所被确定为国家棉花品种资源的保存单位。这一时期，新疆陆续从苏联和当时种植水平较高的长江流域棉区大量引进陆地棉品种进行鉴定试种，长绒棉种质一方面是从国内云南、广东、江苏等地引入，另一方面是从苏联引入，如苏联的海岛棉 8704 依、9122 依、5230 夫等近百个品种资源，极大地丰富了新疆长绒棉种质资源库。这一时期虽然只是初步的鉴定筛选和试种，但由于党和政府的高度重视和老一辈科技工作者的艰苦努力，不仅筛选试种成功，同时也收集保存了较多的种质资源材料，揭开了新疆棉花种质资源研究工作的序幕。

（3）20世纪八九十年代后期的积累和发展时期。这一时期随着棉花生产对品种要求的不断提高，种质资源研究开始步入较系统和较全面地收集、引进、鉴定、研究、利用阶段。伴随着棉花新品种的不断引进和自育品种选育工作的开展，种质资源材料逐渐丰富并进行了有关的研究鉴定利用。根据统计，到1985年，收集、保存的棉花种质资源材料1000余份，其中陆地棉700余份，长绒棉300余份，另外还有部分中棉、草棉、野生棉等，它们分别被保存在库尔勒的巴州地区农科所、吐鲁番的新疆农科院长绒棉研究所和新疆农科院种质资源所。经过对种质资源主要性状的研究，新疆农科院编写了《新疆棉花种质资源志》（初稿），收入棉花种质资源300余份，并且根据新疆特定的生态条件，以及这种种质资源所表现的熟性、株型、衣分、铃重、绒长、强力、抗病性等特性，将陆地棉分为20个类型，海岛棉分为22个类型，通过综合评价，推荐了一批综合性状较好的种质资源材料供育种利用。

根据统计，这一时期在系统选育和杂交选育中应用较成功的亲本约有49个，如苏联C字系统品种C4727、C6022、C1470、C1581、C406、C4575，KK系统品种KK1543，美国斯字棉系统品种斯字棉5A、爱字无毒棉、比马棉、奈尔210，苏联的依字系统品种8763依、9122依、5476依等。20世纪七八十年代从埃及、美国、苏联引入吉扎45、吉扎47、吉扎69、吉扎70、比马棉种、铁尔默孜14、C6037等品种。在生产上曾种植过一定面积的棉花品种，引进国内外品种直接利用的有15个，如C3173、C4744、C6022、C1470、KK1543、108夫、910依、2依3、5476依、8763依、5904依等；自育品种25个，如陆地棉61-72、66-241、新陆早1号、新陆早2号、巴棉172、大铃棉、新陆201、墨玉1371、巴州6017、军棉1号、新陆中1号、新陆中2号、新陆中3号、新陆早3号、海岛棉品种胜利1号、新海绵、军海1号、新海5号、新海6号、新海7号、新海8号、新海9号、新海10号、新海11号、新海12号等。这一时期是种质资源的充实、保存、逐步研究并大量利用阶段，较好地发挥了种质资源的作用，如代表性自育品种军棉1号即以C1470为母本，以五一大铃棉、3521、147夫、早落叶、2依3、新海棉等多类型等量混合花粉杂交选育而成。

（4）20世纪90年代末至今的快速发展时期。90年代随着新疆植棉地位的提高，生产和市场对棉花育种目标提出了更多更高的要求，现有品种越来越不能适应生产和市场要求，必须加快高产优质抗病虫品种选育力度。种质资源研究的不足成为制约棉花品种选育效率提高的关键。在国家和新疆维吾尔自治区的高度重视下，"十五"至"十二五"时期，通过各类项目、不同渠道、多种技术手段，发挥地缘优势，开展了"种质资源评价鉴定利用攻关"、"国外种质资源的搜集"、"863种质创制"、"高产优质抗逆功能基因的挖掘"、"自育品种遗传多样性及在棉花遗传改良种的应用"等方面的研究，使新疆棉花种质资源的收集、整理、保存、评价、鉴定、利用、创制、数据库建设等工作进入了较全面的发展时期，显著丰富充实了新疆棉花种质资源的数量和类型。在研究思路、方法手段、材料收集鉴定、基因挖掘、创新利用、国家中长期库保存、科研单位交流发放等方面体现了新疆棉花种质资源价值和地缘优势，不仅为丰富充实国家棉花种质资源做出了贡献，而且提高了相应的研究水平，使新疆的棉花种质资源研究工作更加系统化、科学化，达到了一个新的水平，为新疆多类型棉品种选育及综合生产能力的提升提供了强有力的技术支撑。

三、棉花种质资源收集与保存

我国棉花种质资源的搜集始于 20 世纪 20 年代初，当时生产上种植的品种主要是亚洲棉（中棉），搜集也是以亚洲棉品种为主。中华人民共和国成立后，党和政府十分重视农作物（含棉花）种质资源的搜集，采取了有力措施，进行了一系列的搜集（包括征集、考察和引种）和保护，2000 年我国棉花种质资源仅次于苏联、印度，居世界第三位，为棉花育种储备了雄厚的物质基础。到 2005 年种质资源保存数量排前四位的是苏联（10 000 份）、印度（8784 份）、美国（8668 份）、中国（7873 份）。中国农业科学院棉花研究所对 7873 份资源材料的植物特征、生物学特征、农艺经济性状、耐旱性、耐盐性、纤维品质、抗病虫性等 60 多项性状进行同步研究鉴定，输入数据库，综合评选出若干优异种质供利用。获得了大量优异种质资源和遗传工具材料，创造和筛选出了具有优质、高产、抗病虫、抗逆等优异性状的棉花新种质；研究了不同突变体的遗传和分子生物学特性，鉴定了与棉纤维发育相关的基因，初步明确了我国棉花基础种质、野生棉渐渗系、彩色棉等种质的遗传多样性，巩固和完善了我国棉花种质资源研究和利用的基础。

新疆棉花种质资源收集始于 20 世纪 50 年代。起先从国内的长江棉区引进岱字棉，从云南、广东、江苏等引入海岛棉，从苏联、美国、埃及引进陆地棉和海岛棉，到陆续开展了从内地和国外的大量考察引种收集工作。种质资源的保存最先是西北内陆棉区由新疆巴州地区农业科学研究所（农科所）收集保存有关新疆棉区和苏联陆地棉品种资源，吐鲁番地区农科所收集保存国内外海岛棉资源，到后来因工作需要等，发展为多家科研单位均有保存收集的状况。据不完全统计，目前新疆收集、保存棉花种质资源 6224 份，其中陆地棉 5020 份，海岛棉 492 份，亚洲棉 348 份，非洲棉 14 份，陆地棉半野生种系 350 份。各资源保存单位对收集的资源根据需要进行了不同程度的生物学特征、农艺经济性状、耐旱性、耐盐性、纤维品质、抗病虫性等方面的鉴定，输入数据库，综合评选出若干优异种质供育种、生产利用。

值得一提的是，新疆在棉花资源保存方面具有热量条件好、光照充足、日照时间长、干旱少雨、相对湿度低、昼夜温差大等得天独厚的优势条件，为棉花种质资源的保存创造了良好条件。在新疆一般的砖木结构库房内，就能达到长期贮藏种子所需的低温、低湿条件要求，保证种子经过较长时间贮藏，仍有较高的发芽率和生活力。据新疆农业科学院品种资源室在乌鲁木齐地区对几种农作物品种资源材料进行连续自然保存研究结果，棉花种子以布袋或铁皮箱等简单设备，贮藏在一般库房内，9 年后苏联品种 611-6 种子发芽率为 92%，C3173 为 96.6%，贮藏效果完全可以达到国家中期库以上的水平。据巴州农科所试验，不需附加任何设施，在南疆棉区的短期库只需普通房，在布袋挂藏 20 年以上，发芽率仍保持 90% 以上，这是全国任何地区无法比拟的。开展棉花种质资源研究的主要是 2 个国家棉花种质资源保存单位和新疆农业科学院经济作物研究所。目前新疆种质资源（含同名重复）保存的基本情况如下。

1. 巴州农业科学研究所（农科所）

巴州农科所自 1954 年建所以来，一直不间断地进行棉花品种资源的收集、研究、保存和利用工作。1964 年被确定为国家棉花品种资源的保存单位（全国共有 7 个，分别在河南、辽宁、山西、江苏、湖北、新疆巴州、新疆吐鲁番）。巴州农科所在棉花品种资源研究、繁殖及高效低耗的保存效果等方面具备其他研究保存单位无可比拟的优势。经过 50 多年的研究积累，现已成为西北地区保存数量最多的单位。到目前为止，共保存棉花资源 1870 份，其中陆地棉资源 1447 份（其中彩棉 40 份），约占国家保存总量的1/5，海岛棉品种 390 份，亚洲棉 24 份（其中彩棉 3 份），草棉 9 份（其中彩棉 2 份）。2000 年建立了计算机资源管理系统、彩色植株图片库。2009 年重建了棉花品种资源保存库、种植圃、晒花场、考种室和轧花房。

20 世纪 70 年代以来，新疆维吾尔自治区选育的近 20 个品种都是直接利用巴州农科所所提供的资源作为杂交亲本培育的，如推广面积最大的品种军棉 1 号、军海 1 号等，还有一些资源直接用于生产，如 C3173、C1470、108 夫、冀 91-19（新陆中 8 号）等。值得一提的是，在"九五"期间（1998～2000 年），该所承担完成新疆维吾尔自治区科技攻关项目"部分棉花种质资源农艺、经济性状研究和繁种保存"，征集新种质 169 份，保存总数达 1689 份，并鉴定选出冀 91-19（后定名为新陆中 11 号）、BD18-2 为抗黄萎病优质抗原，棕 1-64 为优质彩色陆地棉；2002～2003 年参加完成了国家科技部基础性项目"农作物种质资源搜集、保存与整理"子项目"棉花种质资源搜集、保存与整理"（项目编号 2001JCXGZ-16），搜集新种质 91 份，完成 50 份新种质材料的农艺、经济性状鉴定，每份提交自交种 200g，入国家资源库保存。

2. 新疆农业科学院吐鲁番长绒棉研究所

新疆农科院吐鲁番农科所（新疆农科院吐鲁番长绒棉研究所）1964 年被确定为国家棉花品种资源的保存单位。现有棉花种质资源 1113 余份，其中国内种质资源 398 份，国外种质资源 184 份；海岛棉 318 份、陆地棉 191 份、亚洲棉 14 份、非洲棉 8 份。1993年选择 200 份资源材料进行耐盐性（盐池）鉴定；2008 年选择 200 份资源材料进行耐高温（花粉、叶片）鉴定；2009 年选择 350 份资源材料进行抗枯萎病、抗黄萎病、耐旱、耐盐等的鉴定；2012～2013 年选择 200 份资源材料进行耐旱、耐高温鉴定。与中国农业科学院棉花研究所长期进行种质资源交流、繁种、供种。吐鲁番所 530 余份种质资源提交中国农科院棉花研究所，并进行国内统一编目。与区内科研院所种质资源交流，提供新疆农科院种质资源所种质资源 200 份、新疆农业大学 155 份等。

3. 新疆农业科学院经济作物研究所

新疆农业科学院经济作物研究所搜集保存有各类型种质资源材料1400余份，其中陆地棉1000余份、海岛棉350余份、彩色棉20多份、其他材料50余份。20世纪80年代以来搜集引进的种质资源材料550余份。2011年以来系统收集了160余个新疆自育陆地棉品种，并不断完善。2014年收集了480余份国家核心种质库资源。这些种质资源材料的大部分（1000余份），结合所承担的国家"九五"棉花种质资源攻关项目及农科院的种质资源相关项目，对早熟性、农艺性状、纤维品质、抗逆性等40个项目性状进行了全面系统的鉴定和测试分析。对其中的180份各具特色的新种质资源材料，还以200g 精选自交种的形式进入国家库长期保存。部分优良种质材料性状指标作为新疆棉花种质资源性状优良性标准被国家数据库收录。

4. 新疆农垦科学院棉花研究所

新疆农垦科学院棉花所种质资源库现有各类棉花种质资源材料 800 余份，筛选出的优异基因资源 170 余份，每年通过系统选育、杂交选育、回交选育等方法创制各类新材料及新品系 50 余份。通过资源创新，选育出的早熟陆地棉品种有新陆早 22 号、新陆早 32 号、新陆早 33 号、新陆早 40 号、新陆早 42 号、新陆早 44 号、新陆早 45 号、新陆早 51 号、新陆早 53 号、新陆早 60 号等品种；长绒棉品种有新海 22 号；彩色棉品种有新彩棉 8 号、新彩棉 18 号、新彩棉 27 号等。

5. 新疆生产建设兵团第一师农科所

第一师农科所现有各类棉花种质资源 1000 余份，其中海岛棉种质资源 400 余份，陆地棉、彩色棉、核不育等种质资源 600 余份。通过种质资源的研究利用，系统选育出海岛棉品种胜利 1 号、军海 1 号、新海 8 号、新海 14 号，杂交选育出海岛棉品种新海 13 号、新海 15 号、新海 17 号、新海 18 号、新海 21 号、新海 23 号、新海 25 号、新海 27 号、新海 29 号、新海 32 号、新海 36 号、新海 37 号、新海 41 号、新海 42 号、新海 47 号。杂交选育出陆地棉品种新陆中 7 号、新陆中 14 号、新陆中 48 号、新陆中 60 号，杂交棉品种新杂棉 2 号、新陆中 43 号，彩色棉品种新彩棉 15 号。利用种质资源每年配置杂交组合 200 余个，种植各代育种材料 3000 余份，品系 150 余份。

6. 新疆生产建设兵团第三师农科所

第三师农科所目前共收集近 1500 余份育种材料，建立了计算机种质管理系统、植株彩色图片库，为棉花育种储备了丰富的亲本材料。近年来筛选适合机采棉种质资源 5 份、高强纤维种质 28 份（比强度在 34.0cN/tex 以上）、低酚棉种质 6 份。创制 10 个有特色的常规陆地棉品系及 2 个海岛棉品系，另外积累了 50 余份具备各种优异性状或特异性状的低代材料。其中，常规品系农 3-09jb1、农 3-09099 为早中熟品种，耐黄萎病，综合性状好，尤其是纤维品质好，比强度 30.2cN/tex 以上，马克隆值 4.5 左右。

7. 新疆生产建设兵团第五师农科所

第五师农科所多年来一直注重棉花品种资源的收集与保存，对目前拥有的 1000 多份种质资源进行整理、登记、编号入库。主要采用低温干燥避光保存，每隔 5～10 年田间种植以保存种子活力。目前保存种质包括从新陆早、新陆中和新海棉系列的新疆审定品种、从新疆内外引进的品种（系）及自育优质抗病材料等。2014 年该所从中国农科院种质资源库中期库引种，包括海岛棉 6 份、鸡脚叶 1 份、红叶棉 2 份、高抗盐 5 份、高抗旱 5 份、抗黄萎病 5 份及其他早熟优质材料。从新疆农垦科学院、石河子农科院交换种质 27 份；提交中国农科院种质资源库中期库 10 份；与第八师农科中心交换种质 12 份；提供 4 份种质给湖北省农业技术推广总站，提供 7 份给种业公司。

8. 新疆生产建设兵团第七师农科所

新疆兵团第七师农科所于 1965 年建立，当时就开展了棉花育种的相关研究工作。

目前保存各类棉花种质资源 500 余份。真正引进和鉴定、筛选工作始于 20 世纪 80 年代，主要从中国农业科学院棉花研究所（中棉所）、中国农科院植保所、山西棉花研究所、河南、河北（河北省农科院棉花所、石家庄市农科院、邯郸市农科院、河北农业大学）、辽宁省农科院、石河子大学等单位引进棉花种质资源。主要用于育种的材料有贝尔斯诺、中棉所 12、中棉所 17、晋棉 14、辽 17、中 6331、邯抗 49、ZM-1、中植棉系列等。

9. 新疆生产建设兵团石河子农科院棉花所

保存种质包括从新陆早系列审定品种、从新疆内外引进的品种（系）及自育优质抗病材料 1000 余份，包括鸡脚叶、扭曲苞叶、芽黄、红叶、海岛棉等特异种质。目前已选育出的早熟陆地棉品种有新陆早 2 号、新陆早 5 号、新陆早 7 号、新陆早 8 号、新陆早 10 号、新陆早 14 号、新陆早 19 号、新陆早 36 号、新陆早 43 号、新陆早 46 号、新陆早 56 号、新陆早 61 号、新陆早 62 号和敦棉 431 等品种；彩色棉品种有新彩棉 10 号、新彩棉 13 号、新彩棉 23 号等。

第二节 棉花种质资源整理鉴定与评价

一、棉花种质资源整理

（一）不同时期的基础种质

1. 早期种质资源

新疆从最早种植草棉开始，经过有组织和无组织地引进、搜集、自育等过程，已整理保存了一批种质资源。一些种质资源经过长期的自然和人工选择，形成了各具特色的以县名命名的地方品种，如库尔勒光籽、喀什黑籽、莎车土棉、哈尔巴克鸡脚棉、刀狼棉、若羌黄绒、若羌绿籽等，但未形成基础种质。20 世纪 30 年代开始，从苏联引进的品种有 8517、史来德尔 1306（以下简称 1306）、纳夫罗斯基、36M2 等，在生产上大面积推广应用。由于这些品种不抗病，加之棉田连作，造成了黄萎病的大发展。在这样的条件下，8517、2034、1306、36M2 等品种成为苏联早期基础种质。以 8517 为基础种质，新疆选育出了新陆 202、1306、24221（1306×108 夫）。1306 衍生出 52 个品种；1298（915×1306）-关农 1 号（金字棉），其在新疆选育了 3 个品种，内地选育了 163 个品种。之后苏联育种家利用杂交手段开展抗病育种，先后育成了抗枯萎性较强的 C-460、18819；40 年代中期实现了第 3 次换种，C-460、18819 也成为苏联第二期基础种质。1947～1960 年先后推广早熟抗枯萎性较强的 137-ф、C-450-550、149ф152-ф、153-ф、塔什干 4 号、塔什干 6 号、175 夫，以及耐枯萎的 108 夫等品种，这些陆地棉品种的遗传特性主要来源于美国爱字棉、库字棉 COOK、快车棉 express、韦勃棉 webber 等，特别是爱字棉系统的绒长优质的纤维特性及墨西哥棉（*G.hirsutum* ssp. *mexicanum*）高度抗枯萎特性等都是通过驯化、杂交选育而成。

2. 第一期基础种质

1950～1955 年，新疆从苏联引进早熟品种 C3173，在北疆玛纳斯河流域一带推广种植，南疆各地推广的中熟品种有史来德尔 1306，吐鲁番地区推广了大铃、高衣分品种 8517。上述品种的推广，代替了原来的土种棉和草棉等混杂种。1956～1960 年，北疆地区以 611 波代替了 C3173，同时推广了 KK1543；吐鲁番和南疆各地用 108 夫代替了史来德尔 1306 和 8517 等品种。611 波、108 夫同时也成为新疆第一期的基础种质；以 2 个品种为基础种质，新疆衍生出 25 个品种，也成为新疆当时的主栽品种，分别推广到南、北疆的各棉区，内地以 611 波、108 夫为基础种质分别衍生出了 9 个和 52 个品种。

3. 第二期基础种质

1960 年以后北疆地区用 KK1543 逐步取代了 611 波；和田地区用 18819 逐步取代 108 夫；库尔勒地区推广 C1470；吐鲁番、阿克苏和库车等地推广 C4744。这个时期新疆自育品种推广开始替换苏联引进的品种，北疆地区选育出早熟陆地棉品种 61-72、66-241、64-5、铁-5 等，1978 年又成功育成新陆早 1 号，成为北疆棉区的主栽品种，南疆地区选育了中熟陆地棉新品种新陆 201、新陆 202、巴州 172、莎车 27-1、大铃棉、墨玉 1871，军棉 1 号的选育成功改变了新疆历史上引进品种占主导地位的局面。C1470 和 KK1543 成为新疆棉区第二期基础种质，其在新疆分别衍生出 21 个、12 个品种，KK1543 在甘肃、山西较大面积种植过，作为基础种质衍生出 15 个品种。

4. 第三期基础种质

20 世纪 90 年代开始一批自育品种和引进品种逐渐取代军棉 1 号。这次更换主要基于优质和抗病性问题，更换表现为引进与自育并进，也是常说的"多乱杂"时期。包括自育新陆中 1～7 号，引进品种中棉所 12、中棉所 19，以及豫棉、冀棉等品种。70 年代以来，北疆自育品种一直成为北疆的主栽品种，而且产量不断提高，原因是北疆 70 年代就开始利用中棉系列和美棉系列品种作为亲本拓展的遗传组分。塔什干系列，美国贝尔斯诺，中棉系列的中棉所 4、中棉所 12、中棉所 17、中棉所 19 等成为第三期基础种质，用这些基础种质分别衍生出了 6 个、6 个、10 个棉花新品种（表 2.1）。

（二）建立棉花种质资源数据库

根据《棉花种质资源描述规范和数据标准》，利用信息化、智能化技术，新疆农科院品种资源研究所和巴州农科所开展了种质资源的数据库建设，用以规范种质资源的管理和发放。新疆农科院农作物品种资源研究所在新疆维吾尔自治区重大专项课题"新疆植物种质资源整理、整合及共享"资助下，建立了新疆农作物种质资源数据库，实现了农作物种质资源实物共享与信息共享。艾先涛等建立了 4580 份新疆自育陆地棉品种资源数据库（来源、遗传系谱、生育期、株高、长势、结铃性、节位、果枝数、单株结铃数、单铃重、籽指、衣分、霜前花率、病情指数、抗虫性、平均长度、比强度、马克隆值、伸长率、反射率黄度、整齐度、纺纱均匀性指数等指标）。郑巨云等建立了 200 余份新疆历史棉花品种数据库，涉及的性状 37 个，其中质量性状：主茎绒毛、茎秆色素腺体、株型、果枝与主茎夹角、花铃期叶片颜色、叶片裂缺、花冠大小、花冠基部红斑、柱头高度、铃型、铃大小、铃柄长度。数量性状：生育期、株高、果枝始节、结铃性、果枝数、单株结铃数、铃重、籽指、衣分、霜前花率、病情指数、抗虫性、平均长度、比强度、马克隆值、伸长率、反射率、黄度、整齐度、纺纱均匀性指数。系谱背景：品种来源、类型、选育时间、选育单位、审定年份、亲缘关系背景等，收集品种资源数据信息 6400 余个。

表 2.1 新疆棉花品种的基础种质和衍生的品种

时期	基础种质	来源	衍生的品种
早期种质资源	C-8517 1306（什乃得尔） 36M2（纳夫罗斯基） 司 450	从 0278 中系统选育而成 前苏联从美国引进爱字棉来源 前苏联从美国引进爱字棉来源 前苏联引进的资源	C-460、C-1581、KK-1083、新陆 202 од-1、AH-Z、24221、1298-关农 1 号（金字棉） C-460、108 夫、巴州 6017、C-1470、辽棉 5 号 军棉 1 号、新陆 202、墨玉 1 号、C-1470
第一期基础种质	611 波	12827×1838	铁-5、72-2、区单、新陆早 1 号、新陆早 2 号、新陆早 8 号、敦棉 1 号
	108 夫	顾克 17687×爱字 36M-2	C-1622、C-4769、149 夫、152 夫、24221、莎陆 1 号、墨玉 1 号、巴州 5628、巴州 172、L-76-I-12、大铃棉、新陆中 3 号、新陆中 5 号、新陆中 12 号、莎车 27-1
第二期基础种质	KK1543	C42×KK352（C-47×C-450-455）	车 61-72、区单、车 66-241、7433、新陆 101、80-2056W、车排子无毒棉、新陆早 3 号、新陆早 4 号、新陆 202、新陆中 4 号、新陆中 9 号
	C-1470	C-450×18819	莎陆 1 号、军棉 1 号、新陆 202、野西 437、巴州 6017、巴州 5427、新陆中 1 号、新陆中 3 号、新陆中 4 号、新陆中 9 号、ц1-79-4、辽棉 5 号、C4768、383-B.C.、80437
	2 依 3	亚纳维奇 01610 中系统选育而成	C-4727、莎车 27-1、塔什干 1 号、军棉 1 号、新陆 202、新陆中 4 号、新陆中 9 号
第三期基础种质	塔什干 2	C-4727×墨西哥野生棉	塔什干 2 号、85-174、新陆早 6 号、新陆早 7 号、新陆早 14 号、克孜尔-拉瓦提
	贝尔斯诺	从美国引进的高品质材料	新陆早 6 号、新陆早 9 号、新陆早 16 号、新陆早 20 号、新陆早 22 号、新陆中 19 号
	中棉系列	中棉所 4、中棉所 12、中棉所 17、中棉所 19	新陆早 2 号、新陆早 9 号、新陆早 10 号、新陆早 13 号、新陆早 15 号、新陆早 19 号、新陆中 1 号、新陆中 7 号、新陆中 16 号、新陆早 17 号

为做好数据库管理，尹俊伟等（2013 年）开发了"新疆早熟陆地棉种质资源数据库管理系统"。该系统包含有一个或多个有关新疆早熟陆地棉性状的文字和数字的数据表，建立纤维品质数据表、种子品质性状表和抗性品质数据表等。棉花育种工作者可以根据目前新疆棉花育种水平筛选出优良性状或特定性状的早熟陆地棉种质。吕新、师维军（2013 年）开发了"棉花种质资源管理信息系统"（Cottonmis 2003 标准版）。该系统具有数据浏览、信息查询、报表标签预览打印、数据录入编辑等常用功能。种质资源数据库的建立，有利于棉花种质资源的集中管理和信息共享，有利于种质资源数据的查询和进一步的育种亲本分析，有利于种质资源的交换、更新、创新，更好地为育种和生产部门服务。

（三）编制棉花种质资源志

20 世纪 90 年代末，巴州农科所棉花种质资源课题组对当时保存的棉花资源 1500 余份（其中陆地棉资源 1286 份）分年、分批进行繁殖更新并进行了综合农艺经济性状的调查鉴定，已有 3 年以上的数据资料，包括 1518 份资源的生物学性状数据、1689 份资源的农艺性状数据、1549 份资源的纤维品质测试数据、1102 份资源的彩色植株照片。为编《棉花种质资源志》做了大量基础性工作。

新疆农科院经作所（1989～1990 年）对早期 300 余份重点种质资源进行了研究、总结，编写了《新疆棉花种质资源志》（油印本），收入棉花种质资源 300 余份，并且根据新疆特定生态条件及这种种质资源所表现的熟性、株型、衣分、铃重、绒长、强力、抗病性等特性，将陆地棉分为 20 个类型，海岛棉分为 22 个类型，通过综合评价，推荐了一批综合性状较好的种质资源材料供育种利用。

黄兹康（2007 年）的《中国棉花品种及其系谱》、周盛汉（2000 年）的《中国棉花品种系谱图》、杜雄明（1978～2007 年）的《中国棉花品种志》均总结收录了新疆棉花品种资源及其遗传系谱，分析记录了新疆棉花品种资源的主要农艺性状。

二、种质资源综合农艺性状的鉴定评价

（一）新疆棉花品种资源鉴定评价

1. 棉花品种资源生育期的评价

棉花品种资源按生育期可分为特早熟、早熟、早中熟、中熟、中晚熟、晚熟几个类别。以适应南疆、北疆和东疆的宜棉区、次宜棉区、风险棉区对棉花品种熟性的要求。

特早熟和早熟陆地棉资源材料，在新疆从出苗至吐絮一般需 117～125d。这类品种资源多来自苏联和国内的辽宁省，如苏联的 611-6、KK-1543、C-1317 等，辽宁省的辽棉 5 号、朝阳棉 1 号，以及新疆自育品种新陆早 1 号、农垦 5 号、66-241 等。

早中熟品种的生育期为 125～135d，如苏联的 C-5001、C-6013、9041-M、莫什零号、5595B 等，以及自育的胜利 1 号、吐海 1 号、墨玉 83-90 和云南省的云南 4 号、跃零 2 号等。

中熟棉花品种的生育期一般不超过 145d。新疆中熟陆地棉和长绒棉资源材料较多，除苏联的大多数品种外，还有美国的斯字棉 7A、岱字光叶棉、派马斯特 101、111、奈尔 10A 等和新疆自育的大多数材料。

中晚熟和晚熟品种资源的生育期一般为 145～160d。这类品种的大多数资源主要是来自美国、埃及等非洲国家和国内各省区。

2. 棉花品种资源农艺性状的评价

（1）单铃重。陆地棉品种资源单铃重以 6.1～7.0g 为主，占资源总数的 43.2%，5.1～6.0g 占 24.7%，7.1～8.0g 大铃型占 18.5%。从材料来源看，苏联的材料铃重多在 5～7g，占苏联材料总数的 62.2%。由美国引进的品种多为大铃型，6.0～7.0g 的占 85.7%，其中 7.1～8.0g 的占 33.3%，并有达到 8.4g 的。国内各省区引进的品种以 5.1～7.0g 占多数，达 82%。新疆自育品种以 5.1～7.0g 为主，占 67.7%，7.1～8.0g 和 8.1g 以上的分别占 20.6% 和 11.7%。

海岛棉品种资源的单铃重以 2.0～2.6g 为主，占资源总数的 51.6%。其次是 3g 以上的，占 35.2%。从来源看，苏联引进的品种中 2.0～2.6g 和 3.0g 以上的均各占其总数的 45.7%。来自埃及的品种中 78.6% 为 2.6～2.9g。

（2）衣分。陆地棉品种资源衣分以 36%～39% 为主，其中从美国引进的品种高衣分

类型较多，衣分率 36%～39% 的占 57.1%，衣分率 40% 以上的占 14.3%。新疆自育品种中衣分率 36%～39% 的占 58.8%，40% 以上的占 20.6%。而来自苏联的品种衣分率相对来说比较低，其中衣分率 35% 以下的占 49.5%，衣分率 36%～39% 的占 46.4%。

海岛棉品种资源的衣分率可分为：低衣分类型 27% 以下，占资源总数的 30.8%。一般类型（30%～31%），占资源总数的 28.3%。特高衣分类型 32% 以上，占资源总数的 3.3%。从来源看，苏联的品种和新疆自育品种中高衣分类型较多，分别占各自总数的 28.9% 和 37.1%。

（3）棉纤维长度。新疆保存的陆地棉品种资源中，主体长度 27mm 左右的占多数，为资源总数的 61.3%，29～31mm 的占 37.8%。按来源分析，苏联的品种纤维长度多在 27mm 以下，占其总数的 72%，从美国来的品种，其纤维长度则以 29mm 以上的为多，占 59.5%。国内各省区的品种中 27mm 以下的占 56.7%，29mm 以上的占 43.3%，自育材料中 29mm 以上的占 55.9%，27mm 以下的占 44.1%。

海岛棉品种资源的纤维长度多数为 35～37mm，占资源总数的 54.4%，38～40mm 长度的占 25.6%。此外，还有 18.4% 的品种资源的绒长在 34mm 以下。这些资源材料中，来自苏联的有 66.7% 的长度为 35～37mm，25% 的为 34mm 以下。来自埃及的有 80% 的资源绒长为 35～37mm。而自育的品种纤维长度主要为 38～40mm，占自育品种总数的 65.7%，还有 5.7% 的资源材料纤维绒长达 41mm 以上。

（4）纤维单强。新疆陆地棉品种资源的纤维单强按 3.1～3.5g、3.6～4.0g 和 4.1g 以上 3 个档次分，各占比例依次为 21.8%、27.3% 和 24.8%。引自美国的品种资源中纤维单强在 4.1g 以上的较多，占总数的 31%，并有单强达 5.34g 的材料。自育材料的纤维单强较好，3.6～4.0g 的占 42.4%，4.1g 以上的占 36.4%。来自苏联的品种资源纤维单强 3.6～4.0g 的占 25%，4.1g 以上的占 23.9%，其余在 3.5g 以下。

海岛棉资源的纤维单强主要在 4.1～4.5g，占 37.9%，4.6～5.0g 占 31.5%。4.0g 以下和 5.0g 以上的分别占 14.5% 和 16.1%。从来源看，引自苏联和埃及的品种，纤维单强较高。例如，苏联的品种资源中有 20.8% 的纤维单强在 5.1g 以上，埃及的有 28.6% 的纤维单强在 5.1g 以上，其中最高达 6.1g。自育品种中纤维单强 4.1～4.5g 的占 40%，4.0g 以下的占 28.6%，4.6～5.0g 的占 25.7%。

3. 棉花品种资源抗病性的评价

史大刚等（1986～1990 年）对巴州农科所与吐鲁番棉花所提供的 299 份陆地棉品种进行抗枯萎病、黄萎病鉴定，结果认为：除塔什干 1 号等少数品种表现耐病外，其余均为感病品种，未鉴定筛选出抗病种质。缪卫国和田逢秀（1994）对在乌鲁木齐与石河子地区征集到的 138 份种质资源进行苗期抗枯萎病和全生育期抗黄萎病鉴定，结果仅鉴定出少数耐枯萎病、黄萎类型。棉花品种资源对枯萎病的抗病性：2000 年前新疆培育的品种大多都不抗病。2000 年后，逐渐培育出一批抗或耐枯萎病的陆地棉品种，使枯萎病害得到了一定的控制。而海岛棉品种资源基本不抗枯萎病，大多为感病和高感品种。

李国英团队在枯萎病重病田或病圃中对部分陆地棉和海岛棉品种资源材料的鉴定表明，大部分供试材料为感病和高感品种，但经过定向加压筛选，都可在几年内使其抗病性得到较好提高。在黄萎病病田或病圃中对部分陆地棉和海岛棉品种材料鉴定表明，供试的大部分陆地棉品种和种质资源表现感病或者高度感病，但已出现一些抗性品种和材料。供试海岛棉普遍表现为抗病或者高抗。

4. 北疆自育陆地棉品种资源的评价

新疆农科院经作所艾先涛等（2011～2013 年）根据北疆不同年代选育的自育品种的表型性状差异和选育年份，将北疆 38 个自育品种划分为 3 个时期。第一时期（1981～1990 年）审定自育的品种有 3 份，占自育品种总数的 7.9%，第二时期（1991～2000 年）自育的品种 9 份，占总数的 23.7%。第三时期（2001～2008 年）自育的品种 26 份，占总数的 68.4%。随着时间的推移，选育审定的品种数量在不断增加。

（1）表型性状变化。3 个时期的自育品种生育期性状（130d、125d、126d）整体逐渐缩短，表明自育品种的熟性与北疆的气候逐渐适应，单株果枝个数（8.8 个、8.4 个、9.3 个）总体逐渐增加，子叶节高度（5.2cm、5.8cm、6.3cm）和株高（52.6cm、62.4cm、78.9cm）性状有明显增加趋势，这些性状的变化与产量遗传改良有很大关系，说明育种者在品种熟性、株高等性状选择策略上的变化。

（2）产量性状变化。3 个时期产量变化最为明显，自育品种铃重（5.4g、6.4g、6.9g）明显增加，第一时期的铃重最小，第三时期铃重最大，平均达到 6.9g，变幅为 5.4～8.4g，这与第三时期品种类型的不断丰富有关。籽指（10.7g、11.0g、11.6g）随铃重变化也呈明显上升趋势。单株铃数（5.4 个、6.4 个、6.1 个）呈现总体增加的趋势，从 3 个时期的变异系数（25.73%、26.15%、24.32%）不难看出，铃数的变化与品种自身特性和栽培条件有密切关系，变化幅度较大。衣分（38.4%、40.7%、39.0%）性状也呈现总体增加的趋势，其中第三时期变幅最大，为 35.2%～45.2%。整体来看，自育品种产量性状变化明显，且随着育种年代推移品种的产量不断提高，影响产量的单株铃数、铃重和衣分等关键性状不断提高和优化。

38 个自育品种的产量性状分布差异。单株铃数在 3.3～4.5 个的品种占 15.8%，单株铃数在 4.7～7.2 个的品种占 68.4%，仅有 15.8%的品种的单株铃数在 7.8～9.7 个。说明自育品种单株成铃数依然较低，脱落较高，这是限制品种产量遗传增益的重要因子之一，需要进一步加以改良。同时也说明北疆自育品种在产量性状上还有很大的提升空间，尤其对于目前新疆高产、超高产育种来说，单株成铃潜力依然可以挖掘。铃重也是构成产量的重要因子。从分布来看，50%的品种铃重在 6.5～7.1g，尤其是 2000 年以后自育的品种大都集中在这个区间，铃重较第一时期选育的品种明显增加，说明育种者对铃重性状的选择在不断加强，籽指的变化也印证了这一点。衣分变幅较大，从最低 35.2%提升到 45.2%，说明育种者对该性状的选择在加强。从分布来看，大部分自育品种的衣分在 40%左右，高衣分品种的数量较低，不足 10 个品种，还有很大的提升空间。

（3）品质性状变化。3 个时期自育品种的纤维绒长（29.4mm、29.4mm、31.6mm）、比强度（27.8cN/tex、28.6cN/tex、31.3cN/tex）、整齐度（84.0%、84.4%、85.2%）品质性状呈现稳步提高的趋势；尤其是第三时期变化明显，纤维长度和比强度的变幅分别为 27.7～34.6mm 和 26～37.2cN/tex。马克隆值平均值（4.9、4.5、4.2）呈现下降趋势，总体变化日趋合理，并向着满足市场合理需求的方向发展。伸长率整体变化不大。总体来看，第三时期品质性状优于第二时期，第二时期品质性状优于第一时期，说明育种者在不断加大品质育种的力度。

38 个品种品质性状分布差异。有 50%的自育品种纤维绒长在 28.9～30.8mm，有 21.1%的品种（8 个）达到了高品质中长绒棉的标准，绒长在 33.4～34.6mm，比强度在 32～37.2cN/tex，如新陆早 16 号、新陆早 20 号、新陆早 24 号、新陆早 27 号、新陆早 29 号、新陆早 39 号等，这些品种都是在 2000 年以后选育审定的，说明北疆棉花育种者对品质育种的力度在加大。马克隆值是细度与成熟度的综合反映，从分布来看，18.4%的品种马克隆值集中在 3.7～4.0，36.8%的品种马克隆值集中在 4.1～4.5，31.6%的品种马克隆值在 4.6～5.0，说明北疆自育品种马克隆值指标整体依然欠合理，并有马克隆值增大、纤维加粗的趋势。比强度变化范围较大，为 26～37.2cN/tex，相差 11.2cN/tex。42.1%的品种比强度在 27.4～29.6cN/tex，36.8%的品种比强度在 30～32.5cN/tex。综合来看，北疆自育品种纤维品质性状整体较为协调，育成的品种资源材料中，一些品种比强度、整齐度及马克隆值基本都能满足育种、生产和纺织工业要求，但缺乏超长高比强的品种材料。特别是机采棉品种的纤维品质还需提升。

5. 南疆自育陆地棉品种资源的评价

根据南疆不同年代自育品种的表型性状差异和选育年份，将所选 33 个自育品种划分为 3 个时期。第一时期包括 1991 年以前自育的 4 份品种，占自育品种总数的 12.1%，第二时期包括 2001 年以前自育的 9 份品种，占总数的 27.3%。第三时期包括 2001 年以后自育的 20 份品种，占总数的 60.6%。

（1）表型性状变化。3 个时期自育品种的生育期（144d、137d、136d）和果枝个数（9.2 个、8.4 个、7.8 个）明显降低，子叶节高（5.8cm、6.0cm、6.2cm）、株高性状上总体有增加趋势，这些变化与目前新疆高密度栽培种植模式的不断变化有很大关系，导致育种者在熟性、株高等性状选择策略上的变化。

（2）产量性状变化。3 个时期产量变化最为明显，自育品种铃重（7.8g、6.6g、6.3g）明显降低，第一时期铃重最大，平均达到 7.8g，变幅为 6.1～8.6g，第三时期铃重最小。籽指（12.6g、12.1g、11.0g）随铃重变化也呈下降趋势。单株铃数（4.7 个、5.2 个、7.0 个）和衣分（35.1%、35.6%、38.9%）两个性状均明显递增。

33 个自育品种产量性状分布差异。51.5%的品种单株铃数在 4.9～6.7 个，有 21.2%的品种单株铃数在 3～4.8 个，明显偏低。这说明自育品种单株成铃依然较低，脱落率较高，在产量性状上还有很大的提升空间。铃重也是重要的产量因子之一，从分布来看，72.8%的品种铃重在 5.4～7.1g，尤其是 2001 年以后自育的品种大都集中在这个区间，从变化趋势看，第三时期自育品种的铃重较第一、第二时期自育品种有所降低。衣分变幅较大，从最低 32.3%提升到 43.2%，2001 年以后自育的品种衣分提高明显。但高衣分品种的数量仍然较低，不足 10 个品种。籽指变化较为明显，33 个品种中有 13 个品种籽指在 10.9～11.7g，占总数的 39.4%，27.3%的品种籽指在 10～10.8g。

（3）品质性状变化。3 个时期自育品种的纤维绒长（31mm、31.6mm、31.9mm）、比强度（30.6cN/tex、30.9cN/tex、31.7cN/tex）品质性状稳步提高，马克隆值平均值（4.3、4.0、4.2）变化不大，从变幅可以看出，马克隆值总体变化逐渐趋于合理。纤维整齐度和伸长率变化最小。总体来看，第三时期品质性状优于第二时期，第二时期品质性状优于第一时期。

33 个品种品质性状分布差异。自育的品种大部分纤维绒长超过了 30mm，72.8%的品种纤维绒长在 30.1～33.6mm，甚至还有高品质的中长绒棉，绒长为 33.7～35.4mm。例如，新疆农科院经作所选育的新陆中 9 号就是一个优质中长绒棉品种，这表明新疆育种者一直很重视品质育种，品质育种优势较为明显。从分布来看，42.4%的品种马克隆值集中在 3.9～4.1，符合马克隆值 A 级指标范围（3.7～4.2），说明南疆自育品种整体马克隆值指标较为合理。比强度变化范围较大，为 27.3～39.2cN/tex，变异系数 8.8%。综合来看，南疆自育品种纤维品质性状整体较为协调，能够满足纺织工业的要求，仍有一定的提升空间。

（二）种质资源遗传多样性评价

20 世纪 90 年代以来，我国在很多作物中开展了遗传资源多样性的研究。目前分子标记正逐渐成为分析生物遗传多样性的有力工具。分子标记（molecular marker）是以个体间遗传物质内核苷酸序列变异为基础的遗传标记，是 DNA 水平遗传多态性的直接反映。与其他几种遗传标记——形态学标记、生物化学标记、细胞学标记相比，DNA 分子标记具有的优越性为大多数分子标记共显性，对隐性性状的选择十分便利；基因组变异极其丰富，分子标记的数量几乎是无限的；在生物发育的不同阶段，不同组织的 DNA 都可用于标记分析；分子标记揭示 DNA 的变异；表现为中性，不影响目标性状的表达，与不良性状无连锁；检测手段简单、迅速。随着分子生物学技术的发展，DNA 分子标记技术已有数十种，广泛应用于作物遗传育种、基因组作图、基因定位、物种亲缘关系鉴别、基因库构建、基因克隆等方面。利用分子标记进行棉花种质资源的遗传多样性分析，可为育种工作者提供丰富的品种遗传多样性信息，为合理选配杂交亲本，加快育种进程、提高育种效率提供理论依据。

1. 陆地棉品种遗传多样性

艾先涛等（2011）对北疆 38 个自育审定品种的表型性状遗传多样性进行全面分析后发现：13 个表型性状中果枝个数的遗传多样性指数最高，达到了 2.0777，其次为马克隆值、籽指和单铃重。遗传多样性指数最低的是伸长率，仅为 0.8673。

通过聚类研究发现：①具有相近表型性状、相似遗传背景、相同选育单位和相同类型的品种均被较好地聚类在一起，聚类结果较符合品种本身的真实特性和遗传背景演变趋势。②北疆自育品种一直成为主栽品种，究其遗传原因在于合理拓展美棉成分、黄河流域中棉系列及特早熟棉区辽棉系列的遗传组分，这使得北疆自育品种的遗传基础不断拓展和丰富，产量不断提高，为新疆棉花育种打破遗传组分狭窄问题提供了启示、依据和拓展方向。薛艳等（2010）对北疆 42 个新陆早系列品种聚类分析发现，品种在 DNA 水平上彼此间的差异并不是很大，绝大多数供试品种的亲缘关系比较近，遗传基础比较狭窄。

以南疆自育的 33 个新陆中品种为研究对象，通过遗传多样性研究发现：13 个表型性状中株高的遗传多样性指数最高，达到了 1.4749，其次为整齐度和果枝个数。遗传多样性指数最低的是铃重，仅为 1.2847。随着新疆栽培模式的变化，自育品种株型由紧凑型向松散型转变，果枝由短果枝向Ⅰ型和Ⅱ型中长果枝类型转变，蕾铃分布由内围铃向外围扩展，蕾铃空间结构更加合理。自育品种之间存在一定差异，但总体上差异不大，这主要是由于南疆自育品种遗传基础狭窄的问题未彻底改变，目前遗传基础的狭窄与品种本身材料来源狭窄有关，这一点与前人对中国陆地棉种质资源的遗传基础狭窄的研究结论一致。因此，在自育品种的选育过程中，应注重材料遗传背景尽量综合、复杂和深厚，多集纳含有岱字棉、斯字棉、金字棉、爱字棉等的美棉成分。同时，新疆棉花育种还要合理保持继承原有苏棉生态型品种大铃、早熟、絮色洁白等的遗传基础特点，以适应新疆特殊的棉花栽培种植模式。

艾先涛等（2014）利用SSR（简单重复序列）标记对94份新疆自育陆地棉品种的遗传多样性进行了研究分析，结果表明：从分布于棉花全基因组的206对SSR标记中筛选出54对具有稳定多态性的引物，共检测出153个多态性位点，每对引物的等位变异为2~6个，平均为2.93个；基因型多样性（H'）为0.0439~0.7149，平均为0.4491；引物多态信息量（PIC）为0.0430~0.6640，平均为0.3831。表明SSR标记在品种间可以反映较丰富的遗传多样性信息。94份品种间成对遗传相似系数为0.3846~0.9835，71.9%的品种相似系数在0.601~0.800，反映出新疆陆地棉品种间的遗传相似性相对较高。根据UPGMA聚类分析，在阈值为0.63时，将94份品种划分为2个类群，说明新疆陆地棉品种间遗传关系相对简单，品种的遗传基础相对狭窄，品种遗传组分差异较小，总体上遗传多样性不够丰富；分子聚类结果与品种本身遗传系谱背景和演变趋势吻合度较高，符合品种的真实特性。研究表明，自育品种在分子水平上差异不大，需要努力拓宽品种选育的遗传基础。聂新辉等（2014年）以新疆截至2012年审定的51个新陆早常规棉花品种（杂交棉品种除外）为材料，利用SSR标记进行遗传多样性分析。实验从5000对SSR引物中筛选出多态性高、稳定性好且明确定位在棉花26条染色体上（每条染色体上选择2或3对）的核心引物75对。SSR扩增检测到的多态性基因型位点数共计226个，每个标记检测到的基因型位点数在2~12个，平均为3.01个；引物多态信息量（PIC）值介于0.0799~0.8752，平均值为0.6624。聚类分析表明：51个新陆早棉花品种遗传相似系数变化范围为0.4269~0.9873，平均值为0.7071，表明新陆早棉花品种之间遗传多样性较狭窄；遗传相似系数矩阵和聚类分析将51个新陆早品种分为四大类型，与原品种选育系谱高度吻合。

薛艳等（2010）以新疆自1978年以来审定命名的42个早熟棉品种为材料，利用SSR分子标记对新疆早熟棉品种进行研究。从2300对SSR引物中筛选出了52对具有稳定多态性的引物，每对引物可检测到3~24个多态性片段，共检测到506个，平均9.7个，片段大小介于100~2000bp。对所得到的52个SSR指纹图谱进行组合和综合分析，用其中2对就可将所有供试品种区分开来，获得各个品种的特异性指纹。

2. 海岛棉品种遗传多样性

谢元元等（2013）研究新疆不同时间选育的和从苏联、中国内地、美国引种的127份海岛棉种质资源，选择了207对SSR引物，从207对SSR引物中筛选出49对多态性较高的引物，SSR分子标记数据计算得出遗传多样性指数大小，其排列为苏联品种＞新疆自育品种＞内地品种＞创新种质＞美国品种＞其他海岛棉品种，通过表型性状分析发现：所搜集到的 127 份海岛棉种质资源表型性状丰富，16 个表型性状中铃数的多样性指数最大，达到 2.6，其次为株高和始节位数；遗传多样性指数最小的为植株腺体，为 0.25。SSR 分析显示较多的海岛棉种质聚为一类，表明所搜集的海岛棉种质遗传基础比较狭窄，主成分分析结果表明新疆自育所审定的前期品种以军海 1 号为中心，后期通过不断地引种与种质创新所培育出的品种亲缘关系在逐渐加大。群体结构分析计算可以得出 127 份海岛棉种质资源可以被划分为 4 个亚群，进一步证实了所搜集的海岛棉种质资源群体结构比较单一、遗传背景较为狭窄。

杜雄明团队对来自于不同国家和地区的 56 份海岛棉（33 份来自于苏联，5 份来自埃及，1 份来自美国，1 份来自阿尔巴尼亚，7 份来自中国云南、江苏等地，9 份来自中国新疆）进行遗传多样性分析，结果表明：56 份海岛棉品种两两间的相似系数为 0.585～0.926，主要集中在 0.6～0.8，占整个数据的 97%，平均遗传相似系数为 0.7。从整体上看，56 份海岛棉的相似系数较高。从聚类图可以看出，以遗传距离 0.69 为标准，56 份海岛棉品种可以分为四类。第一类主要是 2010 年从俄罗斯引进的以前苏联海岛棉为主的 27 份品种，其中来自埃及的吉扎 77 和美国的派字棉及中 239 都归到了这一类。第二类稍复杂，但主要是来自中国新疆的 6 份海岛棉和来自埃及吉扎的 4 份海岛棉及国内其他地方的广海 63-5、长 605、L-3398、8040-2、跃 51-19，美国的比马 S-4，阿尔巴尼亚的洛塞雅和来自俄罗斯的 2 个海岛棉品种归到了一类。第三类包括 8 个品种，主要是来自苏联的 6 个品种和来自新疆的巴 3116 和河北的冀 B91-45。第四类只有一个来自苏联的 L-8007。综合说明新疆海岛棉品种遗传基础较为狭窄。

3. 彩色棉品种遗传多样性

尤春源等（2014）以新疆截至 2012 年审定的 23 份新彩棉品种为材料，利用 SSR 标记进行遗传多样性分析。从 5000 对 SSR 引物中，挑选出多态性高、稳定性好、均匀分布在棉花 26 条染色体上的 52 对引物，在 23 份新彩棉品种中筛选出核心引物 47 对，SSR 扩增检测到多态性基因型位点数共 16 个，每个标记检测到的基因型位点数为 2～7 个，平均为 3.45 个；引物多态信息量（PIC）值介于 0.4537～0.8686，平均值为 0.7096。聚类分析表明，23 个新彩棉品种遗传相似系数为 0.3781～0.9298，平均为 0.5511，表明新彩棉品种之间存在着丰富的遗传多样性。

王利祥等（2012）根据新疆棕色棉的生长发育特性，进行了遗传特性分析。利用棉花数据库里的 SSR 标记，聚类分析表明新疆的棕色棉品种同新疆的陆地棉品种亲缘关系较近，与内地的陆地棉亲缘关系较远，与海岛棉关系最远。利用 SSR 标记，首次将纤维色素基因 *Lc1* 定位于第 7 染色体上的 NAU2862 和 NAU1043 两个标记之间，距离分别为 7.8cM 和 3.8cM；将纤维色素基因 *Lc2* 定位在第 6 染色体上的 NAU5433 和 NAU2968 两个标记之间，距离分别为 4.4cM 和 7.4cM。

三、优质种质资源筛选鉴定

（一）陆地棉优质种质资源

李蒙恩（1985～1987 年）对引进的 19 个美国 PD 种质系在石河子进行了田间鉴定，

结果表明：①PD 种质系的早熟性明显晚于对照新陆早 1 号。②PD 种质系的铃重、衣分、衣指均高于对照新陆早 1 号。PD 种质系的铃重为 5.37～6.48g，均高于对照品种新陆早 1 号 4.27g 铃重。有 5 个 PD 种质材料的衣分＞40%，显著高于新陆早 1 号。③PD 种质系内在纤维品质突出。纤维 2.5%跨长在 29.9～30.9mm 的有 6 个材料，2.5%跨长在 31.0～32.9mm 的有 7 个材料，2.5%跨长＞33.0mm 的有 3 个材料。大部分材料具备高强力特点。④19 个 PD 种质系的株型以紧凑和较紧凑为主，有 1 个 PD695 为松散型。美国 PD 种质系具有铃大、衣分高、强力强、纤维成熟度细度好的特点，是一套具有较好利用价值的优质种质资源。

巴州农科所从保存的 1400 余份陆地棉资源筛选出了 63 份高品质陆地棉种质资源，其中纤维长度＞31mm 且稳定的材料 27 份，比强度≥32cN/tex 且稳定的 17 份。通过田间鉴定和数据调查研究发现，巴州 5628、巴州 6501、中长绒 2000-1、贝尔斯诺、Acala1517-70、霍皮卡尔等材料属于大铃优质棉，其纤维的品质最好，纤维品质"长、强、细"最佳。上半部平均长度、比强度、马克隆值平均为 31.42mm、32.74cN/tex、4.08，单铃重也最高，平均达到了 7.63g，衣分较低，平均只有 37.04%。早熟优质的资源材料有新库 852525-1、新库 86593、GK8-2、新库 8825120、新陆早 21 号、新陆中 8 号。这些材料中生育期最短为 139d，上半部平均长度和比强度分别为 30.65mm 和 32.16cN/tex，衣分较高为 40.22%，果枝节距也较短，平均为 5.58cm，株型紧凑。从产量性状来看，新库 88209、新陆中 8 号、新陆中 22 号、ND9807 等材料衣分最高，平均为 42.11%，上半部平均长度 30.32mm，比强度 31cN/tex，马克隆值 4.06，均能够达到 2 级棉的标准（表2.2）。经过鉴定分析，最终预测推断最合适作为亲本的品种（系）12 个，分别是贝尔斯诺、Acala1517-77、Acala1517-70、巴州 5628、SI2、霍皮卡尔、MO-78-34、117169-6、新陆中 9 号、巴州 6501、长绒 67-12 和新培育品系。

（二）海岛棉优质种质资源

巴州农科所（2004～2006 年）承担的"海岛棉纤维品质稳定性研究"项目运用了基因型分组对资源进行了分类评价，针对 200 余份海岛棉资源的 22 项生物学性状，19 项农艺、经济学性状，8 项纤维品质性状进行了鉴定和稳定性评价，并取得较好的结果，为种质资源的研究提供了初步的评价方法，同时结合因子分析对种质资源纤维品质性状进行鉴定并预测出适合生产的育种亲本。

通过农艺经济及品质性状的综合分析，选出了稳定优异的品种 31 个，即石河子 V4-2、阿垦 4256、新海 13 号、新海 14 号、冀 92-137、吉扎 79、喀垦 Y9-2、新库 90233、吉扎 29、A6009、新库 90085、阿垦 785-3、新海 15 号、新库 90086、3404、新海 20 号、新海 3 号、新海 21 号、阿垦 324、吉扎 76、阿垦 86452-1、比马 S2、C-6022-21、吉扎 75、6249-B、新库 90099、比马 S1、比马①、西北海岛棉、比马 6、新库 90006。这些品种中，新疆自育品种多表现为生育期较短，生长稳健。美国比马、埃及吉扎系列的品种生育期表现较长，但在衣分、比强度方面表现出普遍的优势。

（三）抗枯萎病和黄萎病种质资源

对国内外引进的棉花抗病种质资源进行鉴定与筛选是抗病育种工作的基础。对此新疆各科研单位与农业院校十分重视并作了大量试验研究。

表 2.2 63 份优质（异）陆地棉主要纤维性状及其稳定性

类别	种质名称	上半部平均长度		比强度		马克隆值		衣分	
		平均值/mm	CV/%	平均值/(cN/tex)	CV/%	平均值	CV/%	平均值/%	CV/%
优质	岱字棉 55	31.16	3.83	33.60	1.66	3.71	5.39	33.44	3.20
	贝尔斯诺	34.02	3.28	33.20	8.35	3.90	10.08	33.51	4.56
	新培育品系	33.66	3.99	33.20	1.68	3.76	3.85	39.51	5.78
	巴州 6501	31.20	3.35	32.20	9.33	3.95	20.85	40.07	2.81
	冀 92-70	33.36	4.19	31.80	5.10	3.51	10.54	35.11	5.58
上半部纤维长度较长	长绒 67-12	32.45	2.31	28.20	1.43	3.61	15.43	33.09	7.40
	冀 92-79	32.25	2.14	29.80	7.36	3.82	17.19	40.14	4.16
	冀棉 22 号	32.79	1.72	30.60	3.90	3.53	20.63	40.00	6.75
	巴州 5628	32.08	2.49	31.70	4.66	4.25	13.82	37.59	3.31
	毅行 2 号	31.14	4.94	31.70	3.00	4.10	10.13	39.55	2.82
	中棉所 49	31.11	3.12	31.20	6.29	4.39	12.52	43.63	1.52
	南 6	31.06	5.11	31.20	5.07	4.59	10.47	44.50	4.33
	99-293	31.61	2.21	31.10	4.57	4.25	6.08	43.60	4.26
	新库 87317	31.57	2.80	30.80	2.44	3.68	13.89	36.31	5.15
	库克 C-310-104	31.13	1.31	30.80	1.50	4.01	7.88	38.64	2.47
	DPL-SOZ #6	31.40	2.52	30.80	1.35	3.88	10.65	34.48	4.85
	鲁棉 9 号	31.76	2.05	30.70	2.12	3.88	10.94	40.87	1.42
	新陆中 8 号	31.92	4.36	30.70	3.52	3.95	16.45	41.62	4.63
	L-14	31.73	2.45	30.50	5.94	3.86	10.72	36.52	1.90
	苏联 K202	31.52	1.63	30.50	4.96	3.19	6.17	36.27	1.78
	GK8-2	31.78	1.03	30.50	3.99	3.81	14.87	40.96	3.07
	SI2	31.29	1.07	30.40	4.80	3.47	12.64	31.36	4.01
	140 系	31.08	1.08	29.90	6.08	3.93	16.66	38.58	1.36
	兰布来特 L-X-28	31.61	5.15	29.60	4.59	3.61	7.79	36.09	7.89
	MO-78-34	31.55	1.60	29.40	6.66	4.58	10.27	39.62	2.14
	莘棉 5 号	31.86	5.53	29.40	5.24	4.00	5.22	32.77	2.06
	HC-B4-75	30.56	4.01	29.60	7.15	4.32	10.63	37.71	3.45
比强度较好	新陆早 21 号	29.78	1.12	34.00	9.13	4.15	5.68	44.18	1.72
	Acala1517-77	30.27	1.73	34.00	1.11	4.02	10.39	37.31	2.43
	Acala1517-70	30.64	1.78	33.60	1.24	4.11	10.25	37.74	0.50
	新库 8825120	29.86	1.06	33.10	5.40	3.73	13.61	38.10	5.28
	新库 852525-1	30.87	3.48	33.00	3.70	4.49	7.73	44.82	5.85
	霍皮卡尔	30.97	3.74	33.00	0.30	3.81	9.52	39.90	2.54
	夏费特	30.70	4.16	32.60	8.30	4.06	10.49	44.88	2.47
	lineF（HY330）	30.74	2.01	32.50	6.58	4.15	11.71	38.06	3.17
	D256	30.52	1.23	32.40	6.03	4.28	17.00	40.35	1.73
	新陆中 34 号	30.20	1.82	32.40	5.18	4.66	4.73	38.88	1.11
	中长绒 2000-1	30.65	2.62	32.30	4.21	4.32	3.89	41.07	1.05
	D194	29.02	0.06	32.20	3.11	4.54	9.82	44.20	1.76

续表

类别	种质名称	上半部平均长度		比强度		马克隆值		衣分	
		平均值/mm	CV/%	平均值/ (cN/tex)	CV/%	平均值	CV/%	平均值/%	CV/%
细度较佳	Acala1517-2	30.54	5.48	31.30	12.38	4.20	16.19	39.99	3.23
	SicalaV1	30.38	3.97	31.70	2.10	4.19	13.79	38.80	3.99
	Coker 5110	30.24	6.25	29.30	7.00	4.19	10.89	37.77	3.43
	新陆中 22 号	30.87	1.47	30.40	1.81	4.15	9.08	45.21	1.79
	ND9807	29.79	2.63	31.70	2.05	4.05	11.68	42.61	0.89
	117169-6	30.89	0.72	30.00	7.99	4.04	24.21	37.01	6.93
	97（145）	30.45	4.82	30.90	6.89	4.02	9.75	43.78	2.78
	美 B	30.50	5.89	31.60	7.13	4.00	12.33	39.91	2.88
	9901	29.41	2.24	31.10	6.31	3.94	7.15	37.84	4.43
	K-1	30.55	6.33	30.60	3.09	3.93	8.15	43.57	4.30
	NS029	29.81	5.23	30.60	8.14	3.92	12.00	38.13	1.34
	新库 88209	30.70	2.49	30.60	4.81	3.86	22.65	40.47	3.01
	HC4-75	30.68	3.31	31.20	1.95	3.85	8.10	38.23	3.31
	t-22	30.95	3.07	31.40	4.06	3.81	5.25	36.26	2.64
	新高抗 5 号	30.49	4.55	30.20	7.97	3.79	14.77	37.26	1.41
	新库 86593	29.57	0.46	31.70	3.90	3.77	11.93	36.57	3.37
衣分较高	文⑤	29.61	4.17	29.90	8.54	4.4	15.55	43.75	3.37
	C-83165	29.98	2.02	31.00	0.91	4.39	7.88	43.13	2.94
	新陆中 18 号	30.65	3.09	31.20	9.13	4.35	4.94	43.27	2.27
	新陆中 16 号	29.33	3.48	30.50	10.16	4.30	9.20	42.41	4.67
	9736	30.51	1.57	31.90	6.4	4.35	13.02	43.6	2.71
CK	新陆中 9 号	32.22	2.43	32.30	8.51	3.96	7.66	34.48	1.35

王孝法等（2000）于 1996～1998 年在第七师车排子试验站，对从国内外新引进和新选育的品种（系）共 71 份，在自然感病的枯萎病病圃进行抗病性鉴定，从中筛选出中 12、中 27、鲁 19、豫早 95-408 等 13 个高抗品种（病情指数 0.79～4.27）；辽 10、辽 15、中 17、中 19、豫早 516 等 14 个抗病品种（病情指数 5.51～9.69），并以引进品种为抗源配置抗病组合 100 多个，已初步建成抗病基础群体。

张莉等（1998）在石河子大学农学院植病温室内，采用 1995 年 9 月从 145 团四分场棉花枯萎病重田采集并分离纯化的枯萎病病菌菌源，对兵团种子公司提供的从中国农科院棉花所等单位引进的中棉所 12、中棉所 16、辽棉 10 号、辽棉 15 号等 11 个品种（系），经苗期、蕾期、生长中期鉴定与收花期剖秆检查结果发现，供试品种（系）中以中棉所 17、中棉所 19、中 164、86-4 等 5 个抗性最强，发病株率 10%～26.9%，病情指数 5.0～13.3。

刘政（2006）连续 3 年（2003～2005 年）鉴定了陆地棉抗枯萎病性状，筛选出一批抗病种质资源材料，2003 年鉴定的 75 份材料中：免疫材料有 1 份（中棉所 35）；高抗材料有 18 份（TH99-5、T 杂 3、渝棉 1 号、重 51504、299、石 K7、97-27、渝棉 2 号、9456D、早探、石 K5、K31、X-8、N-2-1、朱 B13、欧 0 号、172-26、108-94）；抗病材料有 18 份（851、93089、毛 1、欧 037、欧 330、108-93、天九 64、炮台 1 号、天九 63、108-92、108-93、98-60、THN575、系 9、K1、E3-8-12、81-3、冀 648），高抗和抗枯萎病种质占 50%。

2004 年鉴定的 34 份材料中无免疫和高抗材料；抗病材料有 4 份（石 K5、南 1、天九直 2、56 优），占 11.8%。2005 年鉴定的 19 份材料中：免疫材料有 1 份（中棉所 35）；高抗材料有 5 份（4422、2-2、99-6、302、青岛 1 号）；抗病材料有 3 份（1249、新陆早 13 号、青岛 2 号），三者占 47.4%。鉴定材料大部分由兵团种子站提供，且多为近年来兵团各育种单位新育成的材料。

张丽萍等（2006）对 10 份海岛棉资源材料进行了抗黄萎病鉴定，未发现对黄萎病免疫品种。其中高抗材料有 8 个：新海 14 号、新海 16 号、新海 18 号、新海 21 号、吐海 2 号、吉扎 70、海 7124、85F。抗病材料有 2 个：新海 23 号、8763u。值得指出的是有些品种虽属抗病性品种，但黄萎病发病也较普遍，只是集中在一二级，如新海 16 号、新海 23 号、8763u 和 85F。

王俊铎等引进鉴定国内外抗病虫材料 70 余份，在第一师 16 团枯黄萎混生自然重病田进行抗病鉴定，从中筛选出抗黄萎病材料 K-202（黄萎病病情指数 0.72）、川 737、川 2802、陕 401、中植 372、中植 Bt-18、86-6、豫棉 8 号等，并配置丰产、优质、抗病虫杂交组合 400 多个，为抗病育种奠定了基础。

王莉等（2005）对收集保存的 218 个品种资源的黄萎病抗性进行了初步鉴定，筛选出 55 个综合性状较好的品种继续鉴定，采用基因分组法优选出 7 个高抗黄萎病并且稳定的品种资源（黄萎病病情指数<5.0 且变异系数<30.0%），如阿垦 4256、阿垦 44251、库垦 H8660、新库 90085、新库 90091、吉扎 29、新海 3 号，为抗病育种提供了依据。

中国农业科学院棉花所、植物保护研究所等单位，对包括陆地棉、海岛棉、亚洲棉在内的 3713 份棉花品种资源进行抗黄萎病鉴定：在 151 份海岛棉中，表现高抗的 114 份，占 75.5%；抗病的 32 份，占 21.2%；两项合计为 96.7%。陆地棉中，表现高抗和抗病的各占 0.67% 和 1.64%，合计为 2.31%。说明海岛棉对黄萎病多数为高抗和抗病，而陆地棉对黄萎病多数为感病类型。对 3412 份棉花品种及资源进行抗枯萎病鉴定：表现为高抗的材料 97 份，占 2.8%，其中多数为亚洲棉；抗病类型 83 份，占 2.4%；两项合计为 5.2%。鉴定结果表明，多数海岛棉对枯萎病表现为感病类型。为充分利用海岛棉抗黄萎病资源、陆地棉抗枯萎病资源提供了依据。

（四）抗逆和特殊种质资源

巴州农科所通过大面积的田间药害试验，筛选出对 2,4-D 除草剂有耐抗性的特异性陆地棉资源，分别是 DPX109、DPX114、DPX120、DPX106，为抗除草剂转基因棉育种作了前期的铺垫。

郭继坤等（2007）鉴定了 76 份棉花种质资源材料的抗旱性，以沙子含水量 3% 为干旱指标，土壤水分降为 3% 时，浇饱和水使苗恢复，如此反复 3 次。测定活苗数并计算成活苗率和相对成活苗率。结果发现：各品种的相对成活苗率差别较大，高抗品种为 1193B，相对成活苗率为 91.17%；抗旱品种为山东 8，相对成活苗率为 78.53%；对干旱敏感品种 56 个，位次前 5 位的品种为 9811-36、9810-3、21025-2、中棉所 45 和 21021-8，相对成活苗率<14.00%。对 76 份棉花种质资源材料的耐盐碱性鉴定发现：在 0.4% NaCl 溶液胁迫下，品种间差异高度显著，高抗品种 3 个，分别为 9811-36、石干 1 号和 98，其相对发芽率为 100%～137.50%；耐盐品种 6 个，分别为 1221、KD51006-7、太 0405、河南无名、冀农省早 441 和新植 3 号，其相对发芽率为 75%～85.71%；对盐敏感品种 18 个，其中对盐敏感位次前 10 位的品种为 KD52028、鲁棉 22、新植 1 号、荆州 D95、冀农省早 95-1、鲁棉 18、邯郸 472、鲁棉 19、1138-3 和 N305，其相对发芽率仅为 25%～45.00%。

周生峰（2013）采用田间干旱胁迫的方法，在不同时期对相关农艺性状进行研究分析，对以新陆早系列品种为主的 15 个北疆棉花品种资源的抗旱性作了初步评价和研究。以干旱胁迫处理组产量和对照组产量之比计算抗旱系数，根据抗旱系数的大小，对 15 份供试棉花材料的抗旱性进行排序。新陆早 12 号、新陆早 33 号抗旱系数大于 1，抗旱性较高；塔什干 7 号、新陆早 1 号、新陆早 48 号等品种抗旱系数接近 1，适应性较好，而 KK1543、塔什干 1 号、18-3 等品种抗旱系数小于 0.15，抗旱性较差。根据抗旱系数的大小，15 份棉花材料抗旱性大小的排序为：新陆早 33 号＞新陆早 12 号＞新陆早 48 号＞新陆早 7 号＞新陆早 1 号＞塔什干 7 号＞新陆早 31 号＞新陆早 6 号＞新陆早 9 号＞新陆早 13 号＞新陆早 36 号＞KK1543＞新陆早 26 号＞18-3＞塔什干 1 号。

新疆农科院经作所等单位鉴定筛选出：生育期≤105d 的特早熟材料、2.5%跨长≥34mm 的陆地长绒材料、衣分≥47%的高衣分材料，铃重≥8.0g 的大铃材料。鉴定筛选出一批具有特殊利用价值的种质资源材料，如无腺体、无蜜腺、鸡脚叶、超鸡脚叶、柳叶材料，可用于标记的红叶、芽黄、红花材料，以及用于纤维发育研究的无纤维光籽材料、彩色纤维材料等。生产上种植的鸡脚叶标杂棉就是利用了特殊种质。

（五）分子标记辅助选择特异种质资源

分子标记辅助选择（marker assisted selection，MAS）是随着现代分子生物学技术的迅速发展而产生的新技术，它可以从分子水平上快速准确地分析个体的遗传组成，从而实现对基因型直接选择进行分子育种。目前，MAS 技术应用主要集中在基因聚合（gene pyramiding）、基因渗入（gene transgression）、根据育种计划构建近等基因系等方面。新疆在利用分子标记辅助选择技术进行细胞质雄性不育恢复系研究方面取得了一定进展。

新疆农科院经作所陆地棉课题组建立了棉花分子标记辅助育种技术体系，对新疆棉花优良纤维品质基因进行标记定位，发现了 6 个与纤维品质性状紧密连锁的主效基因 QTL 位点，建立了 4 个连锁群，并利用 6 个优良纤维品质基因 QTL 位点的标记检测辅助于聚合回交、杂交、系统选育、转基因等育种技术，培育出优质、高产、抗病棉花新品种（系）2 个：新陆中 42 号和 338；创制了含有优良纤维品质标记（纤维长度>33mm，比强度>35cN/tex）的新材料 20 余份。

利用已有的高品质陆地棉优势群体材料，经过多年优中选优，在枯萎病和黄萎病病圃抗病改良与筛选中，结合分子标记辅助选择等手段创制了一批高比强、超绒长材料。创制材料不仅比强度高、绒长好，可与美棉 PD 种质系相媲美，而且其他主要性状也较优良，大多数高抗枯萎病、抗或者耐黄萎病，铃重比较大，利用价值较高。经农业部品质检测中心品质检测结果显示，比强度大于 37cN/tex 以上的创新高比强度材料 7 份，其中代号为 38-7 的品系比强度达到 40cN/tex，高于目前主栽推广品种的比强度 10cN/tex 左右（表 2.3）。筛选出了一批高绒长材料，绒长大于 35mm 的材料 9 份，大于 34mm 的材料 17 份。其中绒长最长的代号为 T22-1 材料，达到 37.1mm。分子标记辅助选择选育的高品质资源材料 9 份。其中代号为 EB-61 材料的单铃重 6.9g、衣分 40.3%、纤维绒长 34.5mm、比强度 35cN/tex、马克隆值为 4.0，EB-38 材料的单铃重 6.2g、衣分 39.8%，纤维绒长 34.4mm、比强度 37cN/tex、马克隆值为 4.2。早熟棉育种课题组利用复合杂交方法用新陆早 24 号、新陆早 31 号、新陆早 16 号和自育品系进行 3 轮交配，现已到 11 代，育成 1 个较稳定新品系（绒长 35.1mm，比强度 41.8cN/tex，马克隆值 3.8），为今后陆地棉品质育种进一步改良、取得突破性进展提供了有力的保障。

表 2.3　新疆陆地高品质资源创新材料

材料	单铃重/g	衣分/%	绒长/mm	整齐度	比强度/（cN/tex）	马克隆值	主要特点	主要缺陷
38-7	7.8	34.7	34.0	86.9	40	4.5	铃大、株型较松散	衣分
38-10	7.2	33.4	34.6	85.9	38	4.8	铃大、株型较松散	衣分
38-2	8.9	33.5	34.5	87.5	37	4.8	铃大、株型较松散	衣分
1382-1	6.8	36.4	34.1	85.6	35	4.4	铃大、株型好	结铃性
9-2065	7.3	38.3	31.8	87.3	45.1	4.5	铃大	不抗病
8-1	7.3	38.9	34.0	85.5	36	4.0	铃大	形态、抗性
518-1	8.0	39.9	34.5	87.2	34	4.4	铃大	形态、晚熟
T22-2	8.2	28.8	35.1	85.7	35	4.1	铃大、结铃性强	抗性一般、叶片大
15-4	6.2	34.6	34.6	86.2	37	3.9	结铃性强	抗性一般、叶片大
T39-1	7.6	37.5	34.0	86.2	35	4.6	铃大、结铃性强	抗性一般
T12	7.9	26.8	37.0	86.4	32	2.5	抗病、铃大	植株高大、脱落率高
T22-1	7.3	29.7	37.1	87.8	39	4.1	铃大、结铃性强	抗性一般、叶片大
T33-1	8.6	32.3	36.7	87.3	37	3.9	抗病、铃大、结铃性强	叶片大、倒伏、晚熟
459-3	6.9	32.0	35.2	87.6	34	3.4	早熟、形态好、铃大	抗性一般
435-3	7.3	39.5	32.9	86.0	34	4.1	铃大、形态好	抗性一般
33	8.2	31.4	36.5	85.6	33	3.5	抗病、铃大、结铃性强	叶片大、倒伏、晚熟
390	7.7	33.5	36.9	85.2	34	4.5	抗性好、铃大	吐絮不畅、晚熟
EB-61	6.9	40.3	34.5	85.7	35	4.0	形态好、熟性	抗性一般
EB-31	7.3	36.5	33.6	86.2	34	4.0	铃大、形态好	抗性一般
EB-27	5.4	39.4	35.3	85.0	32	3.6	结铃性强、形态好	铃小、抗性一般
EB-18	5.1	41.0	33.7	85.6	33	4.4	形态、熟性好	抗性一般、铃小
EB-16	6.1	43.6	33.5	85.9	33	4.0	结铃性强、形态好	抗性一般
EB-34	7.5	35.3	35.3	87.1	34	4.0	铃大	抗性一般
EB-59	6.6	44.6	35.0	85.2	32	3.9	结铃性强、形态好	抗性一般
EB-38	6.2	39.8	34.4	84.3	37	4.2	结铃性强、形态好	抗性一般

新疆农业大学进行了棉花纤维长度的分子标记辅助选择研究。该研究以海岛棉苏 K202 和陆地棉富依德 998 的杂交所得到的第二轮选择群体为研究对象，使用已经定位的与绒长相关的 QTL 位点的 SSR 标记对群体材料进行 PCR 扩增。同时使用筛选出的

SRAP 引物组合对其遗传背景进行了选择，结合田间记录及纤维检测的结果，筛选出具有目标基因的单株。

王娟等（2013）借助分子标记方法将细胞质雄性不育恢复系（CMS）383R 与综合性状优良的早熟品系（轮回亲本）回交产生的 BC3 群体，利用与 CMS 恢复基因 Rf_1 紧密连锁的 2 个 EST-SSR 标记进行分子检测，并展开分子标记辅助选择。研究表明基因型为隐性纯合（$rfrf$）的植株不含有恢复基因；杂合型（$Rfrf$）和纯合型（$RfRf$）植株为快速培育含有恢复基因的早熟品系提供了基础。尤春源等（2013）对中国、以色列和美国引进的 3 套棉花细胞质雄性不育系及相应恢复系，通过构建的 3 套 BC1 育性 BSA-DNA 池，定位出来源于不同国家的棉花细胞质雄性不育恢复基因的分子标记，初步获得 3 套来源于不同国家的细胞质雄性不育恢复基因的分子标记图谱。美国引进的细胞质雄性不育恢复基因的定位图谱 [图 2.1（a）、（b）]：含有 Rf_1、Rf_2 两个恢复基因。Rf_1 定位连锁群包含 9 个标记，图谱总长 38.7cM，Rf_1 位于 BNL3535 与 CIR179 之间，两标记间距 5.3cM；Rf_2 定位连锁群包含 6 个标记，图谱总长 20.5cM，Rf_2 位于 STS659 与 BNL1045 之间，两标记间距 4.8cM。国内引进的细胞质雄性不育恢复基因的定位图谱 [图 2.1（c）]：含有一个 Rf 恢复基因，Rf 定位连锁群包含 7 个标记，图谱总长 27cM，Rf 位于 CIR222 与 BNL632 之间，两标记间距 6.7cM。以色列引进的细胞质雄性不育恢复基因的定位图谱 [图 2.1（d）]：含有一个 Rf_1 恢复基因，Rf_1 定位连锁群包含 6 个标记，图谱总长 37.2cM，Rf_1 位于 STS147 与 CIR179 之间，两标记间 4.3cM。

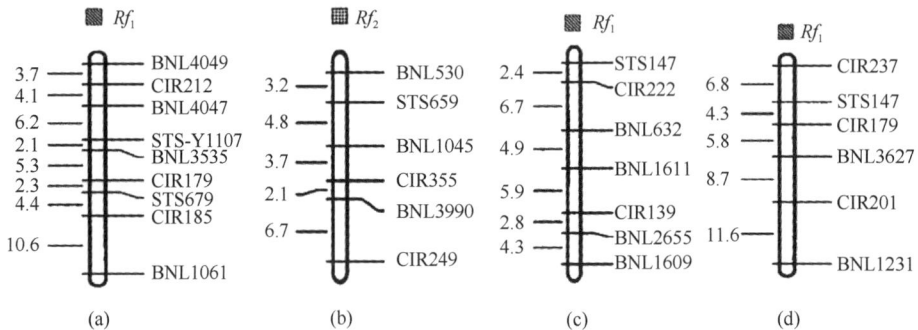

图 2.1　不同国家引进的细胞质雄性不育恢复基因的定位图谱（尤春源等，2013）

（a）、（b）美国；（c）中国；（d）以色列

第三节　种质资源利用

利用是种质资源工作的根本目的。种质资源的利用主要分为直接利用和间接利用，即有些种质资源通过鉴定评价，综合性状表现优良，可直接在生产上推广应用。有些种质资源虽具备较好的优点，但也具有明显的缺点，难以直接利用，需要通过杂交、回交转育等手段达到间接利用的目的。

（一）种质资源在生产中的利用

历史上，新疆许多引进的棉花种质资源通过比较鉴定，在生产上得以大面积推广应用，极大地促进了棉花生产发展。20 世纪 50 年代开始，新疆先后从苏联引入一大批棉花品种，鉴定后直接在生产上试种和繁殖推广利用的品种有 15 个。陆地棉有 C3173、611 波、KK1543、C1470、108 夫、C4744、18819 等品种。长绒棉有 910-衣、2 衣 3、5476-衣、8763-衣、5904-衣、C6022 等。其中 611 波、KK1543、108 夫、C1470 应用时间最长，推广面积最大。20 世纪 90 年代新疆棉区枯萎病开始大暴发，自育品种不抗病，从内地引进的中棉系列、豫棉系列、冀棉系列品种资源，经筛选鉴定和区试，直接筛选出中棉所 35（原资源中 9409）、中棉所 49（原资源中 287）在南疆棉区推广应用，中棉所 35、中棉所 49 成为南疆棉区的主栽品种。

（二）种质资源在育种中的利用

通过综合评价，一批综合性状较好的种质资源作为育种亲本被广泛利用，衍生出许多棉花品种，为新疆棉花育种提供了强有力的物质基础。据统计，在系统选育和杂交育种中应用较成功的亲本约有 49 个，如苏联司字系统品种 C4727、C6022、C1470、C1581、C460、C4575，衣字系统品种 8763 衣、9122 衣、5476 衣，KK 系统品种 KK1543，美国斯字棉系统品种斯字棉 5A、爱字无毒棉、比马棉。22 个自育品种作为亲本，如陆地棉61-72、66-241、新陆早 1 号、巴州 172、大铃棉、新陆 201、墨玉 1371、巴州 6017、军棉 1 号、新陆中 2 号、新陆中 3 号、新陆中 4 号、新陆早 1 号、新陆早 3 号、海岛棉品种胜利 1 号、新海棉、军海 1 号、新海 5 号、新海 9 号、新海 12 号等。

1. 利用大铃、早熟、优质资源选育早熟、优质、高产品种

20 世纪 70 年代末，新疆兵团第二师农科所以 C-1470×（五一大铃+C-3521+早落叶+2 依 3+C-1470）多父本杂交，成功选育出早熟、高产品种军棉 1 号，1985 年推广面积30 万 hm^2。新疆生产建设兵团第七师下野地试验站（后交农八师）于 1969 年从铁 5 棉（斯字 5AA×611 波）的 722 选系中，系统选育出了特早熟、高产棉花品种新陆早 1 号，结束了新疆北疆推广引进品种的局面，到 1990 年普及到北疆和河西走廊 16 万 hm^2。

新疆农科院经作所、新疆农业大学、兵团第七师农科所等单位利用贝尔斯诺、新陆中 4 号等优质种质资源选育出 7 个优质中长绒棉品种，填补了我国没有中长绒棉品种的空白，棉花纤维品质均达到中长绒棉标准，科技查新表明，新陆中 9 号为我国第一个中长绒棉品种，其长、强、细指标匹配合理（表 2.4）。

表 2.4 中长绒品种系谱及纤维品质特征

品种	系谱	绒长/mm	整齐度	比强度/（cN/tex）	马克隆值	气纱品质
新陆中 8 号	{C8017×［宁 6133+（910 依×陆）］F4}×冀邯 5×陆海野生棉	32.70	45.40	22.30	3.8	2030
新陆中 9 号	岱字 45×［（KK1543×2 依 3）×（C-1470×C-460）］→新陆中 4 号系统选育	32.00～34.00	87.80	24.00～27.00	3.8	2162
新陆中 13 号	ND45×海岛棉 3287	31.50	49.30	23.80	4.2	2079
新陆中 15 号	ND25×海岛棉 3287	32.20	46.89	24.90	3.9	2143
新陆中 19 号	新 900 品系×贝尔斯诺	32.60	48.90	25.60	3.6	2177
新陆早 16 号	早熟鸡脚棉×美国优质棉贝尔斯诺	33.60	46.40	24.60	3.7	2237
新陆早 24 号	7074×C-6524	32.98	84.80	33.82	3.4	

2. 利用抗病资源选育抗病品种

20 世纪 80 年代，棉花枯萎病、黄萎病蔓延严重，影响了棉花产量和品质，也给农民造成了很大的经济损失。新疆农业科学院莎车试验站以 108 夫与 C-1470 杂交，然后用 108 夫回交，之后与 137 夫杂交，再与抗病资源材料陕 401 回交 2 次，于 1989 年育成了南疆第一个抗枯萎病棉花新品种新陆中 3 号。1998 年以来新陆早 9 号（抗枯萎病）、新陆早 10 号（抗枯萎病）、新陆早 11 号（抗枯萎病，耐黄萎病）、新陆早 12 号（高抗枯萎病、黄萎病）的成功种植，有效地抑制了枯萎病、黄萎病对北疆棉田的危害。

3. 利用低酚种质资源选育低酚棉品种

根据棉籽营养品质与棉纤维品质性状间的相关性，可把棉籽油分、蛋白质含量作为相关辅助间接选择性状。新疆巴州农科所从[（巴州6017×上海无毒棉）×巴6017]组合后代中选择，于1988年育成新陆中1号，棉酚含量0.0063%。亲本巴州6017为（C-1470×C-1581）的杂交后代，上海无毒棉为（兰布莱特 G15×方强选系）的杂种后代。巴州农科所利用亲本 Acala1517培育出的低酚陆地棉新品种巴州6328于2009年通过新疆维吾尔自治区作物品种审定委员会的审定，被定名为新陆中41号。

4. 利用海岛棉种质资源培育海岛棉品种

20 世纪 60 年代，新疆长绒棉进入自育阶段。由于苏联的海岛棉经过大面积栽培，出现了大量新的变异，给育种工作提供了良好材料。1959 年沙井子试验场从 2 依 3 棉田选择天然变异的优株，经连续选择，于 1959 年育成早熟、丰产、零式果枝品种胜利 1 号。

1963 年新疆兵团第一师农科所自 9122 依的繁殖群体中选出天然变异单株，经连续选择于 1967 年育成早熟、丰产、零式果枝品种军海 1 号，纤维品质较好。

海岛棉杂交类型主要是国内品种×国外品种。以 8763 依作父本和母本育出的品种分别是吐海 1 号、吐海 2 号；以 8763 依为亲本育出的有新海 4 号、新海 5 号。以 C-6022 育成的品种有新海 2 号、新海 12 号。来自中亚埃及型海岛棉 9122 依及以军海 1 号为种质育成的品种最多，共有 15 个。

第四节　棉花种质资源创制

一、生物技术应用

种质资源创制是丰富棉花遗传基因库、实现育种突破的关键。它是以现有种质资源为基础，利用各种技术手段和自然环境，人为地使品种和材料朝着人们期望的具有较高经济利用价值的目标进化。新疆科技工作者通过生物技术、航天诱变技术、远缘杂交等多种技术途径开展了种质资源的创新研究，创制了一批早熟、高产、优质、抗逆的种质资源。一些资源已在棉花品种遗传改良中应用。

目前，新疆应用现代生物技术在棉花种质资源的创新上处于初始阶段，取得了可喜成绩。省级科研单位和高校开展棉花细胞工程、遗传转化和分子标记辅助育种工作，已经培育了 2 个转基因抗虫棉品种新陆棉 1 号、新桑塔 6 号；创造和培育出了包括突变体、近等基因系、染色体渐渗系、染色体变异体、同核异质系、加倍单倍体等在内的棉花特异种质资源，应用于棉花遗传研究、图谱构建、基因定位和功能基因组研究。今后棉花种质资源研究和发展的关键是发掘新基因源、提高转基因效率以创造更多更有价值的特异种质资源，而应用生物技术是最有利的工具。

（一）棉花细胞工程

棉花细胞工程是遗传学、转基因工程、生理生化、棉花发育过程中的基因表达和调控，以及功能基因组学等研究的主要途径和手段。新疆棉花体细胞胚胎发生获得再生植株的研究取得了很大进展，多个棉种的再生体系被建立起来，且在棉花细胞分化和胚胎发生的机理、细胞的基因表达调控、杂种优势的固定和遗传转化等方面取得了重要研究成果。

棉花细胞工程包括茎尖培养、体细胞胚胎发生、原生质体培养及融合、体细胞变异筛选等方面。

1. 茎尖培养

在棉花组织培养中，根的分化极其常见，而芽的诱导则十分困难。目前在栽培棉种中，茎尖及茎尖分生组织可以通过其芽分化途径再生出植株。茎尖培养时使用的是有较强分生能力的分生组织，其再生相对容易，培养方法简单，繁殖迅速，且能有效地用于基因转化，最为重要的是茎尖的遗传性比较稳定，易保持植株的优良性状。

（1）棉花器官发生。棉花器官发生主要以棉花茎尖培养为主，是指以几十微米的茎尖分生组织、几毫米到几十毫米的茎尖或更大的芽（腋芽）、幼嫩的茎段和小块茎等为外植体进行的无菌离体培养，使营养器官以芽的方式不断增殖和生长。茎尖培养有别于体细胞培养脱分化和再分化，不存在基因型限制，也不会发生染色体异常引起的后代变异等问题。棉花茎尖培养根据取材部位不同可分为主茎顶端茎尖培养和腋芽顶端茎尖培养；根据幼苗来源可分为普通苗茎尖培养和无菌苗茎尖培养；根据茎尖所取长度的不同可分为一般茎尖培养（0.3～3.0cm）和微茎尖培养（0.5～1.0mm）。

（2）棉花茎尖培养的历史和进展。Renfroe 和 Smith（1986）成功地利用茎尖分生组织获得再生植株。我国棉花茎尖培养首次获得再生植株是通过田间陆地棉的成株茎尖培养获得的，随后通过棉花茎尖培养而批量成苗（王月芳等，1986；溪元龄等，1987）。贾景日等（1988）分别对陆地棉、海岛棉、中棉再生的培养基进行了研究，为棉花茎尖组织培养奠定了基础，随后棉花茎尖组织培养及再生体系的建立不断被报道。

棉花丛生芽的诱导开始于 20 世纪 80 年代，Bajaj 和 Gill（1986）通过陆地棉的茎尖进行离体培养，成功得到了长势良好的丛生芽。此外，用休眠的侧芽做外植体，可成功诱导丛生芽形成（Morre et al.，1998），这为茎尖培养时再生率的提高和茎尖作转化受体提供了良好的基础。将茎尖分生组织培养和农杆菌介导的遗传转化相结合开辟了一条省时、简便、高效、直接的棉花遗传转化体系（Gould et al.，1991；翁琴等，2007；雷江荣等，2010）。国内外许多学者通过不同的培养基、糖源、激素种类及配比等方面对茎尖的再生及转化进行了研究，同时对不同棉属的不同种进行了茎尖的再生离体培养，并获得一定的成功。新疆农垦科学院周小凤等（2009）通过不同激素的配比对海岛棉茎尖的萌发及丛生芽的诱导进行研究，结果表明细胞分裂素 6-BA 对茎尖的萌发及丛生芽的诱导具有促进作用。魏延宏等（2014a）对多个新疆海岛棉进行丛生芽诱导，单个茎尖可以获得 3 或 4 个丛生芽（图 2.2）。

图 2.2　棉花不同时期及不同数目的丛生芽
（a）丛生芽初期；（b）2 个丛生芽；（c）3 个丛生芽；（d）4 个丛生芽

2. 体细胞胚胎发生

近年来，多个新疆陆地棉品种和多个海岛棉品种通过体细胞胚胎发生方式获得了再生植株，为建立新疆棉花高效遗传转化体系奠定了基础。

周小凤等（2007）以 15 个新疆主栽优良品种（系）及两个对照品种为研究对象，利用下胚轴做外植体进行胚胎发生能力的比较研究，筛选出了 5 个胚胎容易发生的品种：新陆早 12 号、新陆早 17 号、新陆早 22 号、新陆早 32 号和新陆早 33 号，其中新陆早 32 号和新陆早 33 号能在 3 个月左右分化，且分化率较高（图 2.3）。此后，陈天子等（2011）以新疆 4 个主栽棉花品种新陆中 20 号、新陆早 24 号、新陆早 33 号和 03298 为材料，通过不同浓度的激素组合成功地诱导获得了体细胞胚并进一步发育成苗。薛金教等（2010）选取新疆自育海岛棉品种新海 15 号的胚珠为外植体，利用组织培养的方法进行再生体系的建立。周晶等（2010）以新疆陆地棉主栽品种新陆早 19 号和新陆早 23 号下胚轴为外植体，获得了胚性愈伤组织和再生植株。焦天奇等（2012）以新陆早 33 号为对照研究新疆主栽品种新陆早 42 号的体细胞胚胎发生，成功建立了新陆早 42 号的再生体系。朱华国等（2013）以绿色棉新彩棉 7 号的子叶、下胚轴为外植体，用 MSB 基本培养基附加不同激素组合，诱导愈伤组织及调控分化，通过体细胞胚胎发生方式获得再生植株。此外，新疆农业大学贺雅婷等（2008）以新疆自育海岛棉品种新海 16 号无菌苗下胚轴为外植体材料，进行愈伤组织诱导、分化及再生植株的初步研究，筛选出适合于海岛棉体细胞胚胎再生的培养体系，并通过体细胞胚胎发生途径获得了海岛棉再生植株。

（二）棉花基因工程

转基因植物技术及其产品是当今世界农业生物技术研究与产业化开发的重点和热点。已有大量的转基因作物从实验室走进了大田，而转基因棉花则是至今转基因作物中商业化运作最为成功的作物之一。

图 2.3　新陆早系列品种体细胞胚胎发生和植株再生（周小凤等，2007）

（a）下胚轴接种到愈伤诱导培养基上；（b）泥状灰色愈伤组织；（c）绿色硬块状愈伤组织局部出现胚性愈伤；（d）灰白色愈伤局部出现胚性愈伤；（e）绿色疏松状愈伤组织局部出现胚性愈伤；（f）体细胞胚胎发生；（g）胚状体在低盐培养基上萌发；（h）植株再生；（i）试管苗移栽

　　1999 年在新疆开展转基因棉花品种联试是新疆转基因棉花育种开始的重要标志。"十五"期间新疆棉花育种攻关要求利用生物技术与传统育种技术相结合，在育种目标中首次提出四抗（抗枯萎病、黄萎病，抗棉铃虫、蚜虫）的育种目标。研究主要定位在品种选育，在遗传转化手段上主要采取花粉管通道法、农杆菌介导技术和聚合杂交转化方法（郑巨云等，2010）。近年来，在新疆兵团种质资源创新专项的支持下，围绕建立新疆棉花高效遗传转化技术平台为目标，通过筛选高频率再生新疆棉花品种建立农杆菌介导的遗传转化技术，筛选高效茎尖培养条件建立基因枪和农杆菌侵染茎尖转化方法，筛选大田转化条件建立田间蘸染花柱头法，最终实现转基因方法不受基因型限制的目的，将转基因技术深入应用到棉花育种中。

1. 转基因技术

1）花粉管通道法

　　花粉管通道法是我国学者周光宇于 20 世纪 80 年代初提出的。该方法的基本原理是，在授粉后向子房注射目的基因的 DNA 溶液，利用植物在受精过程中所形成的花粉管通道，将目的基因导入受精卵细胞，进而被整合到受体细胞的基因组 DNA 中，随着受精卵的发育而成为携带目的基因的新个体。花粉管通道法操作简单，且对实验设备和操作场所没有特殊的要求；同时该方法不受基因型的限制，与通过组织培养方式获得再生植株的途径相比，在节省时间和降低人力、物力投入等方面较有优势（侯文胜等，2003）。使用此方法的关键是要掌握好操作的时间，要在授粉后的恰当时间内进行，如果授粉时间过短，则花粉管不能生长到达子房处；时间过长，花粉管在到达子房一段时间后，所形成的通道将会闭合，使目的基因不能进入子房内。但由于此方法受人为熟练因素和环境因素影响较大，且获得的转基因后代遗传不稳定给后续的研究和应用带来了不便，造成花粉管通道法应用受限。

马盾等（2005）总结出一套适合于新疆的实用操作方法，具体如下。

（1）幼铃及果台选择。选择花色正常，棉铃变异较小的植株。从受体材料花由白色变为粉红色（一般为开花后 20h）后开始转导。田间操作时在受体材料开花后，一般从第 2 果台到第 6 果台开花期间进行转导，此时的气候、土壤等环境条件最佳，转导时间一般为 10～15d，每注射一个棉铃，对此棉铃就要作一个标记，标记的颜色要鲜亮，便于田间寻找记载，如果转导不同外源基因，应采用不同颜色标记。

（2）剥花方式。将花冠连同雄蕊、柱头、花柱一起摘除，仅剩裸露完整的幼铃和苞叶，花柱要从幼铃顶部切断，使伸入幼铃的花柱与幼铃顶端平齐。具体操作方法为双手协调进行，一只手在下端将幼铃固定，另一只手抓紧花冠，包括其中的雄蕊、柱头、花柱，左右轻晃，慢慢地拔起，切勿损坏幼铃、苞叶或留下伤痕，如有损伤（幼铃顶端最易损坏）应放弃此铃的注射。

（3）注射器（微量进样器）的选择。针头应尽量细，与进入幼铃的花柱相比，针头的粗细应是其 1/3～1/2 为宜，针头长度在 3cm 左右，针管上的刻度明显，可全方位观察，针管容量以 50μL 为宜。适合于室外操作，针管的长度应在 8cm 左右，注射器总长不超过 15cm，便于操作，将质粒准确无误地注射进幼铃而不损伤子房、子房壁、子房座等，是注射技术的关键。

（4）注射方式及注射速度。双手协调进行，一只手在下面握稳幼铃，另一只手持注射器，将针头顺花柱的方向和方位扎入幼铃 0.2～0.3cm，然后向外退出 0.05cm，在针头前形成一定空间，容纳质粒，注意针头不能损伤子房壁、子房室、子房座及扎入过深。针头扎入 0.2cm（1 级损伤）时，棉铃脱落较少，当针头扎入 0.3cm（2 级损伤）、0.4cm（3 级损伤）、0.5cm（4 级损伤）时棉铃脱落显著提高，影响转基因棉铃的座铃率。

（5）注射时间的确定。新疆地区种植的棉花一般是在早晨 8：00～10：00（北京时间）开花最多，花粉粒落到柱头上就会萌发产生花粉管，伸入柱头，通过花柱和子房壁，最后经珠孔进入胚囊发生受精作用，在开花后 20～36h 完成整个受精过程，因此，转导注射时间一般在开花 20h 后（花朵颜色变成粉红色-略深粉红色）进行，一旦花色发紫或花萎蔫则不宜操作。值得注意的是花粉管形成和受精过程与气温、光照有着密切关系。

上述方法使外源 DNA 通过花粉管通道导入技术得到了不断提高，注射棉铃未落铃率平均达到 25%以上，最高达到 50%以上。

2）基因枪法

基因枪是由美国康奈尔大学的 Sanford 等在1987年发明、制造的，以火药爆炸产生的冲击波为推动力，把遗传物质或其他物质附着于高速微弹直接射入细胞、组织和细胞器中。在作物育种方面，利用基因枪转化法现已成功得到了棉花、玉米、大豆、小麦、水稻等多种作物的转基因材料（Finer and McMullen，1990）。该方法的缺陷在于转化过程中盲目性大，转化效率较低，在棉花中的转化率仅为1%左右，如何提高转化率是急需解决的问题之一。

马玲玲等（2014）以新海 13 号为受体材料，利用基因枪法对其茎尖进行了遗传转化研究。结果如下。

（1）微载体的选择。导入的微载体会不同程度地损伤茎尖分生组织。结果表明：钨粉对海岛棉茎尖的分生组织损伤很大，不适合用于海岛棉茎尖转化。1.0μm 的金粉颗粒更利于海岛棉茎尖的恢复，适合用于海岛棉茎尖的转化。

（2）DNA 包裹浓度对转化效率的影响（图 2.4）。DNA 包裹浓度对茎尖阳性幼芽率产生了一定的影响，微载体上包裹的 DNA 越多，阳性幼芽率越高，然而 DNA 包裹浓度太高，不利于微载体颗粒的分散。因此，选择 1.5μg/μL 的质粒 DNA 包裹 1.0μm 金粉微载体为宜。

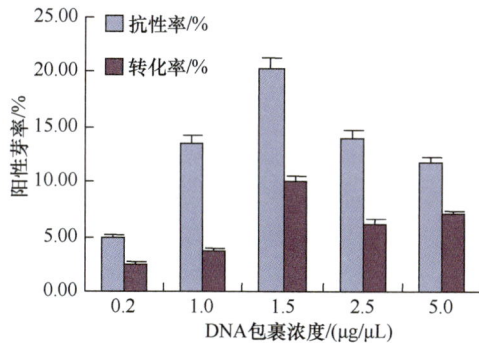

图 2.4　DNA 包裹浓度对阳性幼芽率的影响（马玲玲等，2014）

（3）前渗处理时间对阳性幼芽率的影响（图 2.5）。受体材料的生理状态是影响外源基因表达的一个主要因素。前渗处理的时间决定受体材料的生理状态，茎尖分生组织的细胞处于"感受态"时进行转化，可以有效提高茎尖的阳性幼芽率。结果表明，12h 时阳性幼芽率最高达到了 8.64%。因此，新海 13 号茎尖的前渗处理时间选择 12h。

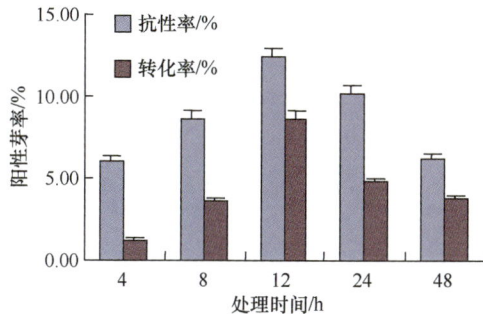

图 2.5　不同前渗处理时间对阳性幼芽率的影响（马玲玲等，2014）

（4）轰击压力和轰击距离对茎尖转化效率的影响（表 2.5）。当微载体确定时，轰击的效果主要取决于轰击距离和轰击压力两个主要因素。研究试验说明，轰击参数为

1100psi[①]/6cm 或者 1350psi/9cm 时，1.0μm 的金粉微载体进入茎尖分生组织的速度恰当，可以准确将外源 DNA 带入分生组织的细胞核，产生转化细胞，且阳性幼芽率较高。

表 2.5　不同轰击压力和轰击距离下的阳性幼芽率（马玲玲等，2014）

轰击压力/psi	轰击距离/cm		
	6	9	10
900	6.24%	—	—
1100	10.14%	7.84%	—
1350	4.69%	8.79%	5.42%

注："—"表示无处理

上述研究结果表明适宜的基因枪转化方法如下：取消毒后的棉花种仁接于 MSB 培养基中，取苗龄为 5d 的无菌苗，切取 1cm 左右含分生组织的茎尖，将制备好的茎尖分生组织竖直放于培养皿中，在轰击压力为 1100psi、轰击距离为 6cm、真空度为 711mmHg[②]的条件下轰击；筛选体系为轰击后在不含卡那霉素的生芽培养基中恢复 24h，将其转移至 MSB 筛选培养基（卡那霉素 120mg/L）进行直接筛选，可以获得抗性植株。

3）农杆菌介导的遗传转化

农杆菌介导法是目前使用最广的植物遗传转化方法，针对它的相关研究最多、机制最清楚、技术方法也最成熟。在众多的转化方法中，农杆菌介导法以其费用低、目的基因拷贝数低、重复性好、基因沉默现象少、转育周期短及能转化较大片段等优点而备受科学工作者的青睐，多年来发展迅速。

新疆农业大学以中棉所 35 为转化受体品种，采用农杆菌介导法将来自水稻白叶枯病菌的 hpalxoo 基因全长 hpalxoo 和其缺失片段 CD 转化棉花茎尖外植体及下胚轴外植体。通过对影响组织培养和转化相关因素的研究，建立起了适宜农杆菌介导的茎尖、下胚轴遗传转化体系。还以 4 个新疆棉花栽培品种为试验材料，建立了棉花上胚轴离体培养再生植株体系。

新疆农业科学院微生物所与经作所发明了棉花离体培养直接多芽发生再生植株的上胚轴外植体（epicotyl explant）和利用此外植体获得完整再生植株的培养方法，并获得授权发明专利（ZL200610149143.4）。本发明利用上胚轴外植体及去顶芽的上胚轴外植体，建立了直接诱导多芽发生、伸长和生根的不依赖基因型、简单、快速的棉花离体培养再生植株技术，通过培养基配方和碳源的优化筛选，使外植体的褐化程度降到最轻，一个外植体最大发生芽数≥3，再生芽生根率在 90%以上，获得具有完整根、茎、叶、的再生植株仅需 3～4 个月，畸形苗率低，为生产上应用棉花品种进行基因工程遗传改良奠定了基础。

（1）以下胚轴为受体材料的农杆菌介导的遗传转化。利用农杆菌介导的遗传转化方法对新疆棉花品种进行转化的研究不多，多集中在几个已经报道能够通过体细胞胚胎发生获得再生植株的品种。李鹏飞等（2013）以新陆早 33 号为受体材料，对其遗传转化过程进行了较为系统的研究。

---

① 1psi=0.155cm^{-2}
② 1mmHg=1.333 22×10^{2}Pa

　　无菌苗的光照培养对抗性愈伤组织诱导的影响见表 2.6。经光照培养的无菌苗的下胚轴段出愈率和愈伤组织的生长情况均好于暗处理的培养方式，经 3d 正常光照和 3d 黑暗条件下培养的无菌苗健壮程度有了较大的提高，转化效果最好。

表 2.6　光照培养对抗性愈伤组织诱导情况的影响（李鹏飞等，2013）

光照（d）/黑暗（d）	下胚轴状态	处理下胚轴数	抗性愈伤组织数	出愈率/%	抗性愈伤组织单重/mg
0/6	白色，细长，柔嫩	167	103	61.7	123±41c
3/3	白绿色，长度适中，较粗壮	246	158	64.2	235±13a
6/0	绿色，较短，较细，硬度大	154	107	69.5	204±22b

注：不同小写字母表示差异显著；下同

　　共培养时间对抗性愈伤组织诱导的影响。前人研究表明，20℃是进行共培养的最佳温度，农杆菌的活性会受到适当抑制，使其不会过度生长，同时又保证了外源基因的顺利整合，但共培养时间长短会影响转化效果。由表 2.7 可知，共培养时间为 48h 最好，出愈率最高且不容易出现农杆菌过度生长状况；当共培养时间为 36h，出愈下胚轴数目明显下降，出愈率最低。而当共培养时间为 60h，相比于 48h 处理，下胚轴出愈数目同样有所下降，且发生少量农杆菌过度生长污染的现象。

表 2.7　共培养时间对出愈情况的影响（李鹏飞等，2013）

共培养时间/h	接种数	出愈数	出愈率/%	抗性愈伤组织单重/mg	农杆菌过度生长数
36	116	53	45.7	101±17c	0
48	167	103	61.7	123±41a	0
60	134	74	55.2	113±23b	3

　　头孢霉素（Cef）浓度对抗性愈伤组织诱导的影响。将下胚轴段接种于含有不同浓度 Cef 的筛选培养基（MBY1）中筛选培养 30d 后，统计相关数据，比较不同的 Cef 对愈伤组织诱导情况的影响，统计结果见表 2.8。

表 2.8　抗生素浓度对出愈情况的影响（李鹏飞等，2013）

抗生素浓度/（mg/L）	接种数	出愈数	出愈率/%	抗性愈伤组织单重/mg	农杆菌过度生长数
200	128	56	38.1	99±18b	33
400	167	103	61.7	123±41a	0
600	126	78	61.9	124±16a	0
800	145	74	51.0	119±26b	0

　　由表 2.8 可知，当筛选培养基中添加 Cef 的浓度为 200mg/L 时不能有效杀灭外植体上的农杆菌；当 Cef 浓度加至 400mg/L、600mg/L、800mg/L 时均无农杆菌污染的现象发生，且在浓度为 400mg/L 和 600mg/L 时，下胚轴在出愈和愈伤增殖两方面情况较为接近；而当 Cef 浓度为 800mg/L 时出愈下胚轴切段数目和愈伤增殖情况均有小幅下降。此外，随着培养时间的延长和继代次数的增加，Cef 浓度为 400mg/L 时培养基中的下胚轴段上仍有农杆菌过度生长的情况发生，因此将培养基中 Cef 的浓度调整为 600mg/L 更为合理。

　　KNO_3 浓度对胚性愈伤增殖和生长状态的影响。适当增加培养基中 KNO_3 用量能够调整胚性愈伤组织的生长状态，同时对胚状体分化具有极大的促进作用。实验结果表明，当 KNO_3 浓度为 1.9g/L（CK）时，愈伤组织增殖速度较快，且保持了相对松软的结构，但愈伤颜色较暗，观察期内未见胚状体分化；当 KNO_3 浓度为 3.8g/L 时愈伤组织增殖速度最快，显著高于各处理，同时获得的愈伤组织状态也最好，在观察期内可以发现极少数的球形胚；随着 KNO_3 浓度的进一步升高，胚性愈伤组织的增殖速度显著下降，未观察到胚状体形成（表 2.9，图 2.6）。

表 2.9 不同浓度 KNO_3 对胚性愈伤的影响（李鹏飞等，2013）

KNO_3 浓度/（g/L）	愈伤组织颜色，质地	愈伤组织生长量/（mg/d）	胚状体发生情况
1.9	白色或灰白色，松软，团块状	145±9b	无
3.8	浅黄色或黄色，松软，团块状	168±9a	极少
5.7	浅黄色，松散，稍硬，颗粒状	120±8c	无
7.6	浅黄色或白色，松散，较硬，颗粒状	82±7d	无

注：愈伤组织生长量 =（愈伤组织总重量−愈伤组织原重量）/接种愈伤组织重量/培养天数

图 2.6　KNO_3 浓度对胚性愈伤组织的影响（李鹏飞等，2013）
（a）KNO_3 浓度为 1.9g/L；（b）KNO_3 浓度为 3.8g/L 时生长的胚性愈伤组织；（c）KNO_3 浓度为 5.7g/L 时生长的胚性愈伤组织；（d）KNO_3 浓度为 7.6g/L 时生长的胚性愈伤组织

继代周期对抗性胚性愈伤组织生长情况的影响。实验结果表明，当生长周期为 11d 时愈伤组织的生长速度最快，显著高于其他两个处理，愈伤组织的生长状态也最好，无褐化现象发生，同时有少量的胚状体分化；当生长周期为 7d 时，愈伤组织生长速率十分缓慢，且状态一般，无褐化现象发生，也无胚状体分化；而生长周期为 15d 时，已有少部分愈伤组织发生褐化和老化，同时也影响了愈伤增殖和胚状体的分化；当培养周期延长至 20d 以上时，褐化现象已经非常严重，愈伤组织已基本变为灰白色或褐色，零星的胚状体白化，死亡（表 2.10）。

表 2.10　继代周期对愈伤组织的影响（李鹏飞等，2013）

继代周期/d	愈伤组织颜色，质地	愈伤组织生长量/（mg/d）	褐化程度
7	浅黄色，松软，团块状	96±5c	无
11	黄色或绿色，松软，团块状	193±13a	无
15	暗黄色或黄色，松软，团块状	168±9b	部分

凝固剂浓度对胚状体形成的影响。当凝固剂浓度为 4.0g/L 时，分化形成的胚状体的数目最多，且明显高于其他处理，胚状体在与培养基接触的胚性愈伤组织团块中部形成，只有表层的部分愈伤组织受到轻度胁迫处理的伤害，继代时剔除即可；当凝固剂浓度为 2.5g/L 时，胚性愈伤组织表面湿润，增殖情况最好，但未见胚状体分化；垫有滤纸的处理也能促进胚状体形成，但会造成愈伤组织较严重的褐化，形成的胚状体在后继培养中往往不能顺利萌发，同时玻璃化现象较严重。综合比较来看，在胚状体诱导阶段使用 Phytagel（植物凝胶）浓度为 4.0g/L 最好（图 2.7）。

图 2.7　不同处理条件对胚状体分化的影响（李鹏飞等，2013）

（a）Phytagel 浓度为 2.5g/L 条件下的愈伤组织；（b）Phytagel 浓度为 4.0g/L 条件下的愈伤组织；（c）垫有滤纸条件下的愈伤组织

子叶胚生根和后继发育的调控。实验以 1/2 MS 培养基作为生根培养基，获得的转化植株中有 80% 以上为畸形苗，且绝大多数为茎生长点缺失，但是其中有相当一部分畸形苗经培养后能够转变为正常植株。一般来说要使畸形苗转变为正常苗首先要有足够长的培养周期，且中途不宜更换培养基，其次畸形苗的根系要足够健壮。要满足上述两点最为关键的就是要抑制培养过程中的褐化现象。研究表明，在生根培养基中加入 1.0g/L 左右的活性炭能有效改善褐化现象，在不更换培养基的前提下，使培养时间得以延长，帮助再生苗获得健壮的根系，进而得到正常植株（图 2.8）。

（2）以茎尖为受体材料的农杆菌介导的遗传转化。为解决海岛棉通过体细胞胚胎发生方式获得再生植株困难，限制以下胚轴为受体介导的遗传转化，魏延宏等（2014）以新疆海岛棉新海 13 号、新海 14 号和新海 16 号的茎尖为受体材料，利用农杆菌菌液侵染进行遗传转化。

茎尖的卡那霉素敏感性检测。在农杆菌介导转化之前对茎尖的抗卡那霉素检测非常重要，通过卡那霉素的初步筛选，能够减轻后期卡那霉素抗性植株（转化植株）的分子检测。通过设置不同的卡那霉素浓度分别在 30d 和 60d 进行正常苗统计，选择适宜的卡那霉素筛选条件。结果显示 Km 浓度为 150mg/L 及筛选时间为 60d 作为抗性苗的筛选标准为最适宜条件。

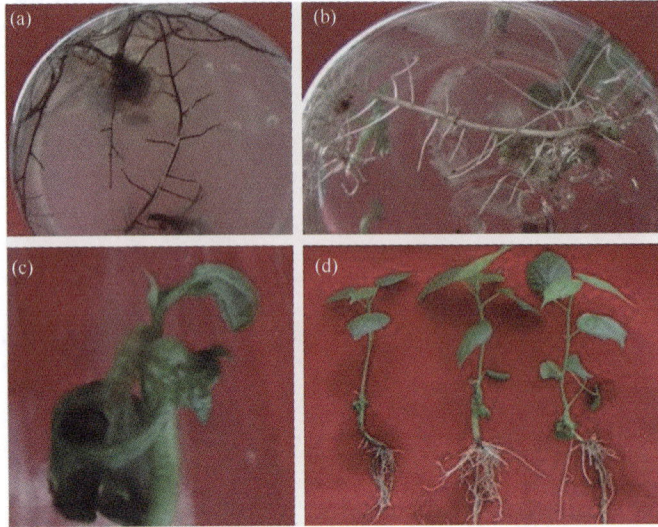

图 2.8　再生植株的培养（李鹏飞等，2013）

（a）以琼脂粉为凝固剂的再生苗根系；（b）以 Phytagel 为凝固剂的再生苗根系；（c）畸形苗经培养转变为正常植株；
（d）健壮的再生植株

　　不同苗龄的茎尖对出芽率及抗性率的影响。不同苗龄的无菌苗影响茎尖的制备质量及实验速度，适龄的茎尖可以缩短取材的时间及提高茎尖的制备质量，从而影响后期茎尖的出芽率及抗性率（表 2.11）。

表 2.11　不同苗龄的茎尖出芽率及抗性率（魏延宏等，2014）

苗龄/d	品种	转化数/个	出芽率/%	抗性率/%
2	新海 13 号	33	78	62
	新海 14 号	43	80	59
	新海 16 号	42	76	40
3	新海 13 号	36	100	43
	新海 14 号	32	94	40
	新海 16 号	39	100	36
4	新海 13 号	42	100	72
	新海 14 号	32	100	65
	新海 16 号	36	94	56
5	新海 13 号	30	72	41
	新海 14 号	41	62	46
	新海 16 号	41	60	32

　　茎尖的不同处理方式对出芽率及抗性率的影响。为了提高转化后外植体的出芽率及抗性率，实验探索了不同茎尖处理方式对出芽率及抗性率的影响，表明针刺处理更有利于出芽和转化（表 2.12）。

　　菌液浓度对茎尖转化的影响。设置了 3 个不同菌液浓度，分析菌液浓度对不同品种海岛棉的出芽率及抗性率的影响，在农杆菌侵染茎尖过程中选择菌液浓度（OD_{600}）为 0.5 较好（表 2.13）。

表 2.12　茎尖的不同处理方式对出芽率和抗性率的影响（魏延宏等，2014）　　（%）

处理方式	新海 14 号	
	出芽率	抗性率
未处理（CK）	76	19
针刺处理	82	40
十字切口	78	20

表 2.13　菌液浓度对出芽率及抗性率的影响（魏延宏等，2014）　　（%）

菌液浓度	出芽率/抗性率			合计
	新海 13 号	新海 14 号	新海 16 号	
OD_{600}（0.3）	90/30	83/23	90/52	88/35
OD_{600}（0.5）	95/34	95/41	97/64	96/46
OD_{600}（0.8）	85/13	78/18	88/45	83/25

　　侵染时间对茎尖转化的影响。设置了 4 个时间梯度测定不同品种的最佳侵染时间。实验表明，茎尖转化时，采用 10min 侵染时间较合适（表 2.14）。

表 2.14　侵染时间对出芽率及抗性率的影响（魏延宏等，2014）　　（%）

侵染时间/min	出芽率/抗性率			合计
	新海 13 号	新海 14 号	新海 16 号	
5	85/24	98/20	87/14	90/19
10	93/43	100/54	86/68	88/55
15	95/39	90/27	91/22	92/29
20	80/14	85/20	81/18	82/17

　　抗性植株的驯化移栽。在本实验过程中选择根系较发达的转化植株直接移栽，而根系较弱的转化植株用嫁接的方法。

　　共培养时间对茎尖转化的影响。本实验设置 24h、48h、72h、96h　4 个共培养时间，结果发现，实验选择共培养时间 48～72h 较合适（表 2.15）。

表 2.15　共培养时间对出芽率和抗性率的影响（魏延宏等，2014）　　（%）

共培养时间/h	出芽率/抗性率			合计
	新海 13 号	新海 14 号	新海 16 号	
24	96/25	95/20	99/18	96/21
48	90/43	87/43	94/37	90/41
72	95/40	90/39	86/54	90/44
96	80/30	83/28	80/55	81/37

　　上述研究结果表明，以生长 4d 的无菌苗茎尖为外植体，农杆菌菌液浓度 OD_{600} 为 0.5 时侵染 10min，共培养 48～72h，移至卡那霉素浓度为 150mg/L 的选择培养基进行筛选，25d 后转移到生根培养基培养，获得抗性苗；抗性苗长到 3～5cm 时驯化，嫁接或者直接盆栽，获得了抗性植株。

2. 创制转基因特异种质材料

（1）创制优质转基因材料。范玲与李雪源团队合作，应用北京大学朱玉贤实验室的最新研究成果，通过转基因提高棉花纤维伸长过程中显著上调的两个重要基因 *GhUGP1* 和 *GhUGP2* 的表达，获得了降低棉花纤维生理含糖、提高棉花纤维长度达 11%（30.78mm，受体 367 品系 27.72mm），提高比强度达 17.37%（30.63cN/tex，受体 367 系 26.10cN/tex）的株系 1 个和多种类型的后代材料。应用自主研究成果，通过转基因调节细胞壁交联结构，形成相关主效基因 GhCAD6 在棉纤维中表达，获得了长度较受体增加 1.66～3.21mm，比强度较受体增加 3.2～7.1cN/tex 的株系 5 个。两类转基因后代连续 3 代种植品质特征表现稳定，提高棉花纤维长度最高达 18.5%、比强度最高达 33.7%，但转基因后代材料较受体材料 367 明显表现植株高大，主茎节间伸长。同时，对该基因和相关代谢途径基因在棉花纤维品质形成中作用的研究也取得了较好的进展。在进一步研究和应用中，选择了南疆和北疆高产、综合性状好的品种和育种家的新材料 16 个作为这些基因的受体，目前已获得新的转基因种质材料 19 份，获得纯的转基因株系材料 7 份。

（2）创制抗逆转基因材料。石河子大学祝建波团队利用花粉管通道法获得 9 个转大肠杆菌过氧化氢酶 *KATG* 和过氧化氢酶 *KATE* 基因的转基因棉花纯系，3 个转 *HARDY* 基因棉花纯系，4 个转枯草菌果聚糖酶 *SacB* 基因的转基因棉花植株，该基因在棉花抗旱、抗寒试验中，表现了较好的抗旱、抗寒效果。利用花粉管通道法将耐寒、耐旱枯草菌果聚糖酶 *SacB* 基因、多抗（耐盐碱、耐旱、耐寒）过氧化氢酶 *KATG/KATE* 基因、耐旱 *HRD* 基因遗传转化到新陆中 9 号、565、367 中，经过田间卡方检测与实验室分子检测（RT-PCR 检测、Southern 杂交分析、Western 杂交分析）、耐盐碱、耐旱、耐寒性鉴定筛选，获得耐旱、耐盐碱新材料 10 份，在土壤含盐量 0.6%条件下存活率达 70%以上，抗寒材料 6 份，为转基因优质、抗逆棉花品种的选育提供了遗传资源材料。艾秀莲从新疆特殊生境植物雪莲中克隆了 *SiPEBP* 基因，经过几年对南、北疆品种和育种家的优良材料的转导，目前已获得转耐寒基因棉花新种质 18 个，获得转基因棉花纯合株系 15 个。实验证明转基因株系的抗寒能力显著提高。对培育幼苗经过–3℃处理 10h 后，对照受体幼苗存活率为 4%～7%，转基因株系为 48%～54%。大田低温（15d 内日均温度在 6.33～13.5℃）条件播种，对照受体的出苗率为 1.5%～5%，转基因株系为 65%～79%，低温处理过程中转基因株系中丙二醛和外渗电导率变化要明显低于在受体中的变化，转基因植株的细胞膜在低温过程中表现出了较高的稳定性。石河子大学农学院与新疆生产建设兵团第五师农科所合作，利用现代生物技术，创造抗枯萎病、黄萎病新种质。1994 年采用花粉管通道法，将供体辽棉 15 总 DNA 导入受体 90-2 中，后代经多年的抗黄萎病鉴定，筛选出抗黄萎病新品系 9456D。目前获得的转基因抗病棉对黄萎病等真菌性病害的抗性与预期还有差距。

（3）创制棉色素转基因材料。孙杰在天然彩色棉色素形成的分子机理和天然彩色棉色素形成相关基因的克隆及颜色形成机制研究方面取得了较好进展。克隆了 *GhF1*、*GhTub1*、*GhBCP1*、*GhAQP1* 等 7 个棉花纤维特异表达基因，克隆了 *3GT*、*C4H*、*LDOX*、*F3'5'H* 等 11 个彩色棉纤维特异表达基因，已经初步获得了转 *35S*＋*GhBCP1*、*35S*＋*GhF1* 转基因棉花材料。梁明伟等（2011）从新疆棕色棉中克隆了类黄酮色素合成的相关基因，

包括 *F3'H*、*F3'5'H*、*DFR* 基因，并检测了这些基因在棕色棉纤维发育过程中的时空表达特性。克隆了纤维发育过程中木质素合成相关基因莽草酸/奎宁酸羟基肉桂酰转移酶（shikimate /quinate hydroxycinnamoyl transferase，HCT），检测了该基因在纤维发育过程中的表达特性。

二、创制棉花三系及远缘杂交种质

三系，即不育系、保持系和恢复系，是利用棉花细胞质雄性不育进行的杂交种子生产（制种）体系。细胞质雄性不育是母性遗传的，其不育性可被保持系保持，也可被恢复系恢复。与棉花两系法比较，其优点是不育系繁殖方便，克服了两系法制种时要拔出50%左右可育株的缺陷，是棉花杂交种制种的重要方法之一。

（一）创制杂交棉三系材料

新疆生产建设兵团第一师农科所于1987年利用哈克尼西棉不育三系，转育出海岛型及陆地型不育系及保持系，均能被有哈克尼西棉细胞质的恢复系恢复，杂种 F_1 代育性恢复率100%，筛选出散粉正常的新恢复系，1987年完成海陆三系配套组合。1993年利用陆地棉不育系和海岛棉恢复系杂交，配成的海陆三系杂交品种（307H×36211R），产量比较试验比对照陆地棉品种军棉1号增产23.2%，纤维长度34mm，比强度32.9cN/tex，马克隆值3.6。新疆天然彩色棉研究所于1998年利用三系技术以白棉 H 型雄性不育系为母本，彩棉新品系彩174为父本杂交，连续7次回交，转育出彩色棉不育系6H，再与海岛棉恢复系 R1535 配置的彩杂-1杂交，选育出新彩棉9号，纤维长度30.7mm，比强度33.9cN/tex，马克隆值3.6，极显著地提高了彩色棉品质。三系材料的创制，为杂交棉育种提供了配套的种系。

（二）创制远缘杂交材料

利用远缘杂交创造抗逆、优质种质，国内外已有成功先例，但在新疆特殊气候环境下，在此方面研究的较少。新疆农科院经作所原遗传生理组（1983～1988 年）从国内引进 15 种野生棉，通过组织培养手段，保证了发芽、出苗，通过室内外结合及短日照处理，其中有 10 个野生棉开花结实，除用于杂交外，还收到种子。另外，改进了杂交方法，克服了远缘杂交不育的难关，使二倍体野生棉与四倍体长绒棉杂交成功，杂交结实率达72%。同时摸索出一套远缘杂种 F_1 染色体加倍技术，成功地获得了远缘杂种 F_1 种子。

三、应用航天诱变创制种质

航天诱变也属物理诱变的范畴。利用棉花种子在宇宙空间条件下，受到微重力和宇宙射线、高真空和交变磁场的影响，诱导某些性状发生遗传变异。新疆农科院利用航天诱变技术，创制了早熟、高衣分等变异材料（表 2.16）。

（一）航天诱变陆地棉种质

李雪源、孙国清（1999～2000 年）从航天搭载 15d 的 7 个棉花品种 SP1 群体中筛选出 16 个早熟变异单株，这些单株的早熟性明显比搭载群体和对照群体的早熟性提早 2～15d。对这些特异单株继续观察种植，其 SP2 的株行基本保持了变异后的特性，其他经济性状也呈现出一定规律性的变异。

表 2.16 航天育种试验田选特异单株结果

航载品种	入选单株	生育期/d		铃重/g		衣分/%		铃数/个		绒长/mm		比强度/（cN/tex）	
		单株	较 CK	单株	较 CK	单株	较 CK	单株	较 CK	单株	较 CK	单株	较 CK
新陆早 4 号	1-SP1	126	−15	5.3	−0.7	30.3	−4.5	7.0	+1.1	28.5	−1.9	20.4	−2.6
	1-SP2	130	−10	5.6	−0.7	33.1	−3.1	7.9	−0.5	29.1	−0.5	20.8	−0.9
	2-SP1	125	−14	5.2	−0.8	41.2	+6.4	0.0	−0.9	26.5	−3.9	19.3	−3.7
	2-SP2	130	−9	5.5	−0.2	39.8	+6.0	6.4	−0.1	27.3	−0.3	20.1	−1.8
	3-SP1	132	−9	3.9	−2.1	31.4	−3.4	9.0	+3.1	27.7	−2.0	20.4	−2.6
	3-SP2	135	−7	5.1	−0.7	34.2	−0.8	7.9	+1.3	28.0	+0.2	19.8	−0.2
	4-SP1	134	−7	6.4	+0.4	32.8	−2.0	5.0	−0.9	30.6	+0.2	23.4	+0.4
	4-SP2	138	−5	5.9	0.0	32.3	+1.7	6.2	−0.3	29.7	−0.2	21.8	+1.3
军棉 1 号	1-SP1	131	−12	6.4	−0.8	39.2	+4.2	6.0	+1.0	29.0	−2.8	18.6	−2.5
	1-SP2	133	−10	6.9	−0.3	40.1	+2.7	6.4	−0.3	30.1	−0.7	19.3	+0.2
新陆早 6 号	1-SP1	126	−13	5.1	−1.4	37.2	+1.8	11.0	+3.9	28.7	−1.1	19.7	+0.1
	1-SP2	130	−9	5.6	−0.6	37.6	+0.9	8.9	−0.7	28.3	−0.7	20.7	+1.1
新陆早 7 号	1-SP1	128	−2	4.0	−1.3	38.6	−1.2	10.0	+5.2	28.9	+0.2	18.6	+1.8
	1-SP2	132	−3	5.1	−0.3	38.3	−0.7	8.9	+3.7	29.0	−0.3	19.4	+0.7
	2-SP1	125	−5	6.1	+0.8	38.6	−1.2	4.0	−0.8	27.5	−1.2	17.0	+0.2
	2-SP2	129	−3	7.0	+0.5	37.3	0.0	5.3	−0.1	28.1	−0.6	18.0	+0.5
	3-SP1	128	−2	6.2	+0.9	35.1	−4.7	6.0	+1.2	28.7	0.0	19.8	+3.0
	3-SP2	131	−4	6.8	0.0	36.1	−2.1	6.7	+0.2	28.6	−0.2	21.7	+1.9
	4-SP1	128	−2	3.8	−1.5	40.0	+0.2	4.0	−0.8	27.2	−1.5	16.6	−0.2
	4-SP2	132	−1	5.0	−0.2	39.3	+0.6	5.9	0.0	27.7	−1.6	18.1	+0.1
C-6524（苏联）	1-SP1	130	−10	5.4	−0.7	26.4	−0.3	6.0	0.0	29.8	−1.2	22.6	+1.0
	1-SP2	133	−7	5.4	0.0	31.1	+0.1	7.1	−0.3	30.1	−0.7	22.9	+0.8
	2-SP1	130	−10	6.3	+0.2	23.3	−3.4	5.0	−1.0	30.2	−0.8	22.3	−0.2
	2-SP2	132	−9	5.8	+0.2	30.8	−1.4	5.8	+0.1	29.9	+0.4	23.1	+1.0
新海 12 号（海岛棉）	1-SP1	119	−14	2.2	−0.8	35.0	+0.7	7.0	−2.8	32.3	−2.0	26.4	−1.7
	1-SP2	123	−9	2.1	−0.1	34.9	+1.3	6.9	−1.0	32.8	−1.1	28.7	−2.1
	2-SP1	119	−14	2.5	−0.5	26.7	−7.6	6.0	−3.8				
	2-SP2	121	−11	2.3	0.0	30.1	−4.0	6.6	−1.9				
	3-SP1	121	−12	2.5	−0.5	30.2	−4.1	12.0	+2.2	34.1	−2.0	29.1	+0.1
	3-SP2	125	−6	2.3	−0.4	30.8	−0.6	9.7	+0.1	35.4	+0.1	31.2	0.0
	4-SP1	121	−12	2.6	−0.4	36.5	+2.2	10.0	+0.2	32.4	−1.9	23.6	−4.5
	4-SP2	126	−8	2.6	−0.6	33.9	+0.4	9.0	−0.8	33.8	−0.8	25.8	−5.0

注："+" 示增加，"−" 示减少

（二）航天诱变海岛棉种质

新疆巴州农科所利用"实践 8 号"育种卫星搭载海岛棉 B-3029 种子，通过太空综合环境因素诱发种子的基因变异，增加变异系数，改良海岛棉的部分性状，期望获得更丰富的育种资源。经过田间研究，选育出了综合性状表现优良的 3702、3706、3710、3715、3721 5 个新品系，改良创新出一批育种中间材料，并重点进行生育期观察、产量性状研究、品质测试和抗病性鉴定等。目前，有 7 个株系综合性状表现优异，另选育出近 10 个部分性状特别突出的育种中间材料，如超长绒长类型、超高衣分类型、超比强度类型、植株松散型等。其中有 5 个海岛棉株系生育期比对照提前了 3～5d；霜前皮棉产量比对照增产 10% 以上。

四、新疆棉花种质资源创新方向

新疆棉花生产日照时间长、光强度大、热量较丰富、空气干燥，为棉花生长创造了优越的自然条件。同时也存在诸多不利因素：①棉田多年连作，造成枯萎病、黄萎病愈发严重，蚜虫、红蜘蛛危害加剧，棉铃虫不定期暴发，病虫害造成棉花减产；②水资源短缺，干旱区缺水影响棉花的正常生长发育；③恶劣气候过程影响较大，棉花生育期内倒春寒、风沙、干热风、冰雹、低温冷害天气发生较频繁，气候因素造成棉花减产。防御上述不利因素要求品种具有较好的抗枯（黄）萎病性、抗虫性、抗逆性（干旱、盐碱、寒害等）。对此，常规育种技术遇到了瓶颈，难以取得重大突破。但是通过转基因技术与常规育种技术相结合，是提高棉花产量，并增强其抗病虫、抗逆境和改良纤维品质的重要方法和手段。

搭建生物技术平台，全面提升新疆转基因棉花研究水平，建立并完善无抗生素选择标记基因技术，外源基因定时、定向表达技术等，构建新型安全高效转化载体，建立新疆棉花高效遗传转化体系。将转基因技术与常规育种技术相结合，筛选具有育种价值的转基因新材料，重点培育超高产、优质、抗逆转基因棉花新种质。

（一）创新超高产种质资源

研究与超高产直接相关和间接相关的功能基因，如增强根系活力功能、高光合速率、养分高效利用、结铃性强、紧凑株型、高衣分等基因；间接调控基因，如乙烯调控基因、生理代谢调控基因等；与主栽品种改良相结合进一步提高单产，在区试中较对照增产20%以上，在大田生产中较主栽品种增产 10%以上，达到超高产水平。

（二）创新抗旱种质资源

针对干旱缺水制约新疆棉花生产的问题，研究新疆棉花耐旱性的物质基础及其调控机理，通过基因工程手段进行抗旱基因重组、功能验证获得抗旱基因，选择综合性状好的受体材料，通过遗传转化将抗旱基因整合到棉花 DNA 中，提高新疆棉花品种的抗旱性。抗旱指标达到：正常灌溉情况下，抗旱品种较对照节水 30%以上。

（三）创新抗盐碱种质资源

针对新疆耕地盐碱、次生盐碱化严重的问题，把引进抗盐碱基因和本地抗盐植物基因克隆筛选相结合，得到抗盐碱基因，利用转基因技术转导抗盐碱基因，从而使新疆棉花在优质、抗病虫害的基础上，抗盐碱能力得到提高，为新疆棉花产量的进一步提高打下基础。

（四）创新抗寒种质资源

针对新疆低温冷害、无霜期短、严重影响棉花产量和品质的问题，研究植物抗寒机理，克隆抗寒功能基因，应用常规育种与遗传工程相结合的方法培育抵御寒害、冻害和抗病虫的新种质。

（五）创新抗枯（黄）萎病种质资源

针对新疆棉区枯萎病、黄萎病发生愈来愈严重的问题，准确鉴定枯（黄）萎病生理小种，研究开发抗枯萎病、黄萎病强的功能基因，利用花粉管通道和农杆菌侵染技术转导抗病基因，通过品种间杂交、远缘杂交、聚合回交等方法聚合抗枯萎病、黄萎病基因，使新疆棉花的抗枯（黄）萎病能力有所提高，在病圃中枯萎病病情指数<10，黄萎病病情指数<20。

（六）创新抗虫种质资源

针对新疆棉蚜、红蜘蛛、盲蝽等次生害虫发生日益加剧的现象，开展广谱、高效抗虫功能基因研究，构建双价或多价抗虫植物表达载体，特异表达抗红蜘蛛、抗蚜虫的高效表达载体。在抗棉铃虫的基础上，能够抗蚜虫和红蜘蛛，培育出多抗品种，使新疆棉花受昆虫的危害有所减轻。

第五节　种质资源工作存在的问题和展望

一、种质资源工作存在的问题

（一）种质资源研究与育种结合不紧密

一是种质资源创制研究基础薄弱。与国内外研究相比，种质资源研究的基础、手段、内容、技术水平总体滞后。二是种质资源共享利用不足。优良的种质资源信息难以查询、发现、发放、利用。三是种质资源研究滞后。没有形成专业化的研究系统开展连续、深入、全面的研究，目前大部分研究工作停留在基本农艺性状方面。四是重育种轻资源研究现象突出。这些都造成种质资源的研究与育种结合不紧密。棉花育种研究的实践证明，优异的种质对育种水平的突破具有非常重要的作用，新疆棉花种质资源研究工作今后必须更好地适应和满足棉花生产、棉花育种科研工作的需要，与育种工作完全紧密结合在一起，为棉花育种工作服务，从种质资源角度解决育种研究及棉花生产中迫切急需解决的热点、难点问题。

（二）缺少有育种价值的种质资源

随着棉花生产发展和科技进步，育种目标多样化、多目标性状同步改良及定向化育种是今后的育种方向。这就必然要求遗传资源基础更加丰富。目前育成的品种同质化强，育种目标难以突破，究其原因之一是缺少符合育种目标、解决生产实际问题的有价值的种质资源。目前育种急缺 3 类种质：一是缺少适宜机采的吐絮集中、自然落叶、可显著降低含杂率的适应机械采收的种质资源。二是缺少抗旱耐盐碱、耐高温、耐低温冷害的抗逆资源。三是缺少蕾铃脱落率低、成铃率高、光合效率高、铃系质量好的高产资源。应加强有特殊应用价值基因资源的挖掘创制。

二、种质资源工作展望

新疆具有资源保存得天独厚的生态优势，孕育着丰富的植物资源，特别是近缘野生种和地方品种最为丰富。新疆在我国棉花生产中植棉地位突出，为棉花种质资源研究提供了广阔的应用前景，新疆棉花种质资源研究大有可为，特别是新疆棉花生产面临着水资源不足、土壤次生盐渍化严重、病虫草害、低温、高温、风灾等各种环境问题的制约，严重影响着棉花综合生产能力的提升、产业的竞争力和棉花生产的可持续发展。加强棉花种质资源的研究利用，发挥种质资源的作用对促进棉花生产极为重要。根据新疆棉花种质资源现状，应加强如下两个方面的工作。

（一）加强国内外棉花种质考察和收集

加大棉花种质资源的考察收集力度，丰富新疆棉花种质资源类型，并通过系统鉴定筛选出优良种质提供利用。特别是收集乌兹别克斯坦和俄罗斯优良海岛棉和陆地棉种质和材料；收集印度亚洲棉，特别是印度北方亚洲棉主栽区的品种，以及印度保存的草棉材料；收集巴基斯坦近 30 年选育的抗盐碱、抗高温、抗旱陆地棉材料；同时，收集近些年全国各地新审定的常规棉花品种。对收集的地方品种在南疆、北疆、东疆进行鉴定。

（二）加强对种质资源全面深入的研究

目前新疆各资源研究单位主要作了形态学、农艺性状、经济性状等方面的鉴定工作，尚未从生理生化、遗传机理等方面作深入研究，要重点加强。

（1）重要资源遗传完整性鉴定和分析。应从分子标记和基因多样性入手，大力开展棉花优异种质资源的遗传多样性、分子指纹高效鉴别体系的研究工作；从表观遗传的角度对新疆特色种质资源进行综合鉴定和分析；从基因表达差异和功能鉴别的角度，发掘和利用与抗黄萎病、优质、抗盐碱、耐高温等优异性状相关的基因。

（2）构建棉花种质资源核心库。新疆在棉花种质资源核心库的研究工作方面还很薄弱，应采用分子生物学手段研究品种的多样性和品种间的系统关系，以最少量的资源来替代大量的种质资源，构建出最能代表品种多样性的最小群体，真正改变一方面保存有大量种质资源，而另一方面又找不出优异亲本开展育种的尴尬局面。

（3）建立新疆棉花种质资源信息网络系统。国际植物遗传资源研究所（IPGRI）在全世界建立国际长期库网络后，将工作重点转向种质资源的鉴定、评价和交换。收集资源的多少并不是判断种质资源工作成就的唯一标准，鉴定评价利用资源，才能使其真正发挥作用。因此，新疆棉花种质资源研究需要建立基于信息共享的棉花种质管理数据库、种质特性评价数据库、种质交换数据库和棉花种质资源网站，实现棉花种质资源信息交流和共享，最终在种质资源研究的深度与广度上实现飞跃。

（撰稿：李雪源 艾先涛 朱华国 郑巨云 梁亚军 孙国清；审稿：李雪源 田笑明）

参 考 文 献

艾先涛, 李雪源, 莫明, 等. 2007. 优质多抗转基因棉花新陆棉 1 号. 中国棉花, (6): 27.
艾先涛, 李雪源, 秦文斌, 等. 2005. 新疆陆地棉育种遗传组分拓展研究.分子植物育种, 3(4): 575-578.
艾先涛, 李雪源, 沙红, 等. 2010. 南疆自育陆地棉品种遗传多样性研究.棉花学报, 22(6): 603-610.
艾先涛, 李雪源, 王俊铎, 等. 2011. 北疆陆地棉育成品种表型性状遗传多样性分析.分子植物育种, 9(1):

113-122.

艾先涛, 梁亚军, 沙红, 等. 2014. 新疆自育陆地棉品种 SSR 遗传多样性分析. 作物学报, 40(2): 369-379.

陈爱民, 胡保民, 王沛政, 等. 1999. 陆地棉数量性状的配合力与遗传力分析. 中国棉花, 26(12): 9-10.

陈天子, 吴慎杰, 李飞飞, 等. 2011. 新疆棉花 4 个主栽品种的体细胞胚胎发生及植株再生. 作物学报, 24(8): 80-86.

迟吉娜, 李喜焕, 王省芬, 等. 2004. 棉花体细胞胚胎发生和植株再生的影响因素. 棉花学报, 16(1): 55-61.

迟吉娜, 马峙英, 张桂寅. 2005. 中国棉花体细胞植株再生的基因型分析. 分子植物育种, 3(1): 75-82.

郭继坤. 2007. 陆地棉抗旱耐盐及产量、形态性状的 QTL 定位. 乌鲁木齐: 新疆农业大学硕士学位论文.

郭江平, 曾丽萍. 2005. 新疆新陆早系列品种系谱分析与育种方向. 植物遗传资源学报, 6(3): 335-338.

贺道华, 邢宏宜, 李婷婷, 等. 2010. 92 份棉花资源遗传多样性的 SSR 分析. 西北植物学报, 30(8): 1557-1564.

贺雅婷, 曲延英, 孔庆平, 等. 2008. 海岛棉愈伤组织诱导及分化的影响因素初探. 分子植物育种, 6(3): 597-602.

侯文胜, 郭三堆, 路明, 等. 2003. 利用花粉管通道法获得转雪花莲凝集素基因(sgna)小麦. 植物学通报, 20(2): 198-204.

黄滋康. 2007. 中国棉花品种及其系谱. 北京: 中国农业出版社.

贾景日, 徐荣旗, 刘金星, 等. 1988. 3 个棉种茎尖培养再生植株培养基的研究. 华北农学报, (4): 47-51.

焦改丽, 李俊峰, 李燕娥, 等. 2002. 利用新的外植体建立棉花高效转化系统的研究. 棉花学报, 4(1): 22-27.

焦天奇, 吴慎杰, 刘瑞娜, 等. 2012. 新陆早 42 号体细胞胚胎发生和植株再生. 棉花学报, 24(3): 238-243.

金仁龙, 朱姝, 张边江. 2011. 不同培养条件对苏棉12号茎尖组织培养的影响. 广东农业科学, 38(3): 38-39.

孔杰, 阿里甫, 孔庆平, 等. 2007. 海岛棉产量与品质性状的配合力及遗传分析. 新疆农业大学学报, 30(3): 1-5.

雷江荣, 王冬梅, 邵林, 等. 2010. 农杆菌法转化茎尖获得转 SNC1 基因棉花及其 T1 植株对棉花枯萎病的抗性. 分子植物育种, (2): 252-258.

李鹏飞, 朱华国, 程文翰, 等. 2013. 新陆早 33 号高效遗传转化体系研究. 新疆农业科学, 50(6): 981-987.

梁明伟, 刘海峰, 陆雪莹, 等. 2011. 棕色棉类黄酮 3'-羟化酶基因(F3'H)的克隆及色素合成途径中相关基因表达特性研究. 农业生物技术学报, 19(5): 808-814.

刘政, 李国英, 张丽萍, 等. 2006. 新疆长绒棉品种抗枯、黄萎病鉴定. 新疆农业科学, 43(32): 189-191.

吕复兵, 张献龙. 1999. 陆地棉原生质体培养与植株再生. 华北农学报, 14(1): 73-78.

马盾, 黄乐平, 黄全生, 等. 2005. 提高棉花花粉管通道法转化率的研究. 西北农业学报, 14(1): 10-12.

马玲玲, 魏延宏, 何兰兰, 等. 2014. 基因枪介导的海岛棉茎尖遗传转化体系的建立. 棉花学报, 26(3): 213-220.

缪卫国, 田逢秀. 1994. 棉花抗枯、黄萎病种质资源的鉴定. 新疆农业科学, (4): 153-154.

潘生. 1987. 民国时期新疆植棉概况. 新疆通志农业志资料汇编, 4: 27-50.

师维军. 2013. 棉花种质资源管理信息系统的建立与应用. 计算机与农业, (4): 7-9.

石玉真, 王淑芳, 刘爱英, 等. 2005. 棉花纤维强度分子标记辅助育种效果初报. 棉花学报, 17(6): 376-377.

田笑明, 陈冠文, 李国英. 2000. 宽膜植棉早熟高产理论与实践. 北京: 中国农业出版社.

吐尔逊江, 李雪源, 郭江平, 等. 2007. 新疆陆地棉品种基础种质变化分析与创新. 新疆农业科学, 44(4): 16-23.

汪静儿, 孙玉强, 燕树锋, 等. 2008. 陆地棉原生质体培养与植株再生技术研究. 棉花学报, 20(6): 403-407.

王娟, 董承光, 孔宪辉, 等. 2013. SSR 分子标记辅助选择棉花育性恢复基因 Rf1. 新疆农业科学, 50(4):

599-602.

王莉, 刘芳, 宋海勃. 2005. 不同海岛棉种质资源主要农艺经济性状鉴定与分析. 棉花学报, 17(3): 184-185.

王利祥, 刘海峰, 肖向文, 等. 2012. 新疆彩色棉花遗传特性分析. 安徽农业科学, (7): 102-105.

王省芬, 甄瑞, 马崎英, 等. 2007. 海岛棉品种抗黄萎病基因 SSR 标记的验证及克隆. 植物遗传资源学报, 8(2): 149-152.

王孝法, 胡锡宁, 林海, 等. 2000. 棉花抗枯萎病引种鉴定初报. 新疆农业科学, (S1): 30-33.

王月芳, 奚元龄. 1986. 陆地棉茎尖培养再生植株.江苏农业学报, (2): 13-16.

魏延宏, 马玲玲, 何兰兰, 等. 2014. 海岛棉丛生芽的诱导与再生. 新疆农业科学, 51(1): 23-28.

翁琴, 陈全家, 孔庆平, 等. 2007. 农杆菌介导的海岛棉茎尖再生体系及其遗传转化影响因子的研究. 新疆农业大学学报, 30(4): 63-67.

溪元龄, 魏振承, 王月芳. 1987. 棉花茎尖培养批量成苗. 江苏农业学报, (4): 1-6.

肖凡. 2009. 陆地棉纤维品质性状配合力及遗传分析. 黑龙江生态工程职业学院学报, 22(2): 43-45.

谢元元, 曲延英, 陈全家, 等. 2013. 新疆海岛棉育成品种表型性状的遗传多样性分析. 新疆农业科学, 50(12): 2165-2171.

薛金教, 顾冉冉, 袁英歌, 等. 2010. 新疆海岛棉新海 15 体细胞胚胎的发生及植株再生. 石河子大学学报, 28(3): 265-269.

薛艳, 张新宇, 沙红, 等. 2010. 新疆早熟棉品种 SSR 指纹图谱构建与品种鉴别.棉花学报, 22(4): 360-366.

尹俊伟, 魏亦农. 2013. 新疆早熟陆地棉种质资源数据库的构建. 农业与技术, 33(10): 165, 214.

尤春源, 聂新辉, 雷江荣, 等. 2013. 不同来源国家的三套棉花胞质雄性不育恢复基因的分子标记定位. 新疆农业科学, 50(6): 1003-1007.

尤春源, 聂新辉, 张胜, 等. 2014. 新疆彩色棉 23 个品种指纹图谱的构建及遗传多样性分析.棉花学报, 26(2): 161-170.

张莉, 李国英, 邱林, 等. 1998. 棉花品种抗枯萎病鉴定. 新疆农垦科技, (5): 21-22.

张丽萍. 2006. 新疆棉花黄萎病发病规律及品种抗性研究.石河子: 石河子大学硕士学位论文.

张献龙, 孙玉强, 吴家和, 等. 2004. 棉花细胞工程及新种质创造. 棉花学报, 16(6): 368-373.

郑巨云, 李雪源, 王俊铎, 等. 2010. 新疆转基因棉花育种展望. 中国棉花, 37(11): 2-4.

郑巨云, 王俊铎, 多立坤, 等. 2013. 陆地棉产量与纤维品质性状的遗传相关分析.新疆农业科学, 50(6): 995-1002.

周晶, 张芳转, 王静, 等.2010. 新疆棉花体细胞胚胎发生及植株再生. 种子, 30(4): 1-4.

周生峰. 2013. 新陆早系列品种的遗传抗旱性研究. 棉花科学, 35(1): 10-14.

周小凤, 金双侠, 李翔, 等. 2009. 新疆海岛棉的丛生芽诱导和茎尖遗传转化的研究. 棉花学报, 2(4): 324-329.

周小凤, 张碧瑶, 刘冠泽, 等. 2007. 新疆棉花高体细胞胚胎发生能力基因型的筛选. 分子植物育种, 5(6): 819-826.

朱华国, 王红娟, 李鹏飞, 等. 2013. 绿色棉体细胞胚胎发生及其植株再生. 棉花学报, 25(2): 110-114.

Bajaj Y P, Gill M S. 1986. Micropropagation and germplasm preservation of cotton (*Cossypium* spp.) through shot tip and meristem cuture. Indian Exp Biol, 24(9): 581-583.

Finer J, McMullen M D. 1990. Transformation of cotton (*Gossypium hirsutum* L.) via particle bombardment. Plant Cell Rep, 8: 586-589.

Ganesan M, Jayabalan N. 2004. Evaluation of haemoglobin(erythrogen): for improved somatic embryogenesis and plant regeneration in cotton (*Gossypium hirsutum* L. cv. SVPR 2). Plant Cell Rep, 23(4): 181-187.

Gould J, Banister S, Hasegawa O, et al. 1991. Regeneration of *Gossypium hirsutum* and *G. barbedebse* from shoot apex tissues for transformation. Plant Cell Rep, 10(1): 12-16.

Jin S X, Zhang X L, Liang S G, et al. 2005. Factors affecting transformation efficiency of embryogenic callus of upland cotton (*Gossypium hirsutum*) with *Agrobacterium tumefaeiens*. Plant Cell Tiss Organ Cult, 81(2): 229-237.

Kumria R, Sunnichan V G, Das D K, et al. 2003. High frequency somatic embryo production and maturation into normal plants in cotton (*Gossypium hirsutum*) through metabolic stress. Plant Cell Rep, 21(7): 635-639.

Morre J L, Permingeat H R, Romagnoli M V, et al. 1998, Multiple shots and plant regeneration from embryonic axe of cotton. Plant Cell Tis Org Cult, (54): 131-136.

Rajasekaran K, Sakhanokho H F, Zipf A, et al. 2004. Somatic embryo initiation and germination in diploid cotton (*Gossypium arboreum* L.). In Vitro Cell Dev Biol-Plant, 40(2): 177-181.

Renfroe M H, Smith R H. 1986. Cotton shoot tip culture. Proceedings-Beltwide Cotton Production Research Conferences: 78-79.

Sakhanokho H F, Zipt A, Rajasekaran K, et al. 2001. Induction of highly embryogenic calli and plant regeneration in upland (*Gossypium hirsutum* L.) and Pima (*Gossypium barbadense* L.) cottons. Crop Sci, 41(4): 1235-1240.

Shen X L, Zhang T Z, Guo W Z, et al. 2006. Mapping fiber and yield QTLs with main, epistatic and QTL environment interaction effects in recombinant inbred lines of upland cotton. Crop Sci, 46(1): 61-66.

Sun Y Q, Nie Y C, Guo X P, et al. 2006. Somatic hybrids between *Gossypium hirsutum* L.(4x)and *G. davidsonii* Kellog (2x) produced by protoplast fusion. Euphytica, 151(3): 393-400.

Sun Y Q, Zhang X L, Nie Y C, et al. 2005. Production of fertile somatic hybrids of *Gossypium hirsutum* + *G. bickii* and *G. hirsutum* + *G. stockii* via protoplast fusion. Plant Cell, Tissue and Organ Culture, 83(3): 303-310.

Wu J H, Zhang X L, Nie Y C, et al. 2004. Factors affecting somatic embryogenesis and plant regeneration from a range of recalcitrant genetypes of Chinese cotton. In Vitro Cell Dev Biol-Plant, 40(4): 371-375.

第三章　新疆棉花遗传育种

新疆发展成为中国最大的棉花生产基地，优良品种的选育与推广发挥了重要作用。20 世纪 70 年代，新疆棉花生产品种主要为苏联引进品种。自 80 年代第 4 次品种更换起，新疆结束了依靠国外品种的历史，迄今累计选育早熟、早中熟陆地棉，早熟、早中熟海岛棉、彩色棉、转基因抗虫棉及杂交棉等各类棉花品种 200 余个，棉花生产品种完全实现了新疆自育和国内引进，一些品种在生产中得到了大面积推广应用。40 多年来，新疆棉花产量育种遗传改良增益 5%～10%，产量和品质性状改良进一步优化，衣分提高 5%～10%，比强度 90 年代提高 4.3～5.3cN/tex，蕾铃脱落率降低，形成了新疆特色的早熟、大铃、株型紧凑（零式、I～II 型果枝）的高产育种路线，极大地提高了棉花产量和品质，有效抑制了棉花病虫害。目前棉花育种正向高效优质、早熟抗逆、适宜机采的方向发展（李雪源，2009）。

第一节　棉花育种目标

近年来，针对新疆地域特色和新疆棉花生产需求，棉花育种目标已由高产育种到抗病优质育种、由单一抗性到复合抗性筛选、由高产抗病到高产、优质、多抗和适宜于全程机械化管理等方面转变，创新能力也持续增强。为了在育种工作中做到主次分明，一般将棉花众多性状的育种目标划分成主要目标、保证目标和附加目标 3 类。

一、棉花育种主要目标

高产和优质是棉花育种的主要目标。新疆棉花生产具有高产的潜力和优势。2004～2013 年的 10 年间，皮棉单产从 1575kg/hm² 增加到 2055kg/hm²，年均递增 48kg/hm²，年均增长率 3%。新疆目前的棉花单产已位居世界主产棉国的前列，平均单产约为我国黄河流域棉区和长江流域棉区平均单产的 1.7 倍。近年来，新疆棉区优良棉花品种、精量播种技术、滴灌技术、水肥一体化技术、机械化采摘技术等先进技术的推广应用，为棉花单产效益的提高提供了有力支撑，单位面积产量与效益增加显著。在棉花品种选育中，高产与优质是相对的，遗传上常成负相关关系，但仍有协调改良的可能。棉花作为纺织工业的主要原料，对原料品质有一定的特殊要求，所以育种中必须在突出高产的同时重视品质改良。

（一）高产

高产是指单位面积皮棉产量，是育种任务的基本目标。影响单位面积皮棉产量的因素很多，直接相关的是单位面积铃数（单位面积株数×单株铃数）、单铃重和衣分。对这三因素的认识不同，直接影响育种目标的选择重心。品种的单铃重与衣分呈负相关，单位面积铃数与单铃重呈负相关，单铃重大的棉花品种一般单株结铃性较差、衣分偏低，因此三因素无法完满地协调统一到一个实际的高产品种中。在制订育种目标时，应根据地区条件，对新品种的要求及原始材料的特点有所侧重。在"矮、密、早"栽培条件下结铃性是棉花高产育种目标中应主要考虑的因素，单铃种子数对产量构成也起着相当的作用。当铃重不变时，籽指降低会增加单铃种子数；而较小的种子比大种子表面积大，提供更多使种子表皮细胞延伸成纤维的机会。

（二）优质

优质是指棉花的纤维长度、比强度、纤维细度，代表了棉纤维的主要性状。原棉作为纺织原料，用途很多。不同的纺织品要求原棉的品质不同，虽然海岛棉的纤维比陆地棉长、强、细，纤维品质优于陆地棉，但是单一的纤维品质类型不能满足多种需求的棉纺织品的品质要求。例如，80～120 支的高支纱，要求棉纤维长度在 35～37mm；而起绒织物如灯芯绒用纱，要求原棉干净，杂质含量低，纤维长度 25～27mm，细度稍粗，才易于显示灯芯绒的特色；牛仔布系列用纱是气流纺低支纱，转速快，工序复杂，机械打击多，对原棉长度要求不高，但强力要高，细度一般，成熟度要达到标准，弹性要好。所以说，优质棉的标准不是单一的，应根据棉纺织品对象的不同而制定不同的标准，这是确定棉花育种目标的基础和原则。新疆棉花在皮棉品级、纤维品质方面均优于全国水平，例如，新陆早 16 号、新陆早 24 号，新陆早 28 号，其绒长均大于 33mm、比强度大于 34cN/tex。如何实现机采和高产条件下提质保优是生产中亟待解决的问题。

二、棉花育种保证目标

保证目标包括早熟、抗病、抗虫、抗旱、抗渍、抗盐碱，以及其他地区性对环境胁迫的抗性等，是保证更好地实现主目标必须具备的一些目标性状。新疆棉花在种植面积、产量增加的同时，自然灾害发生频繁和生态危机也在加重，对棉花的生产安全造成了严重影响。近年来的春季沙尘暴的发生无论是次数还是发生强度都明显增加。2014 年春季发生了 3 次大范围的沙尘暴危害，据不完全统计全疆重播棉田面积达 30 万 hm^2，有些棉田甚至重播了 3 次，生产损失极为严重。同时，由于棉田集中多年连作，土壤肥力退化、病虫危害加重。棉花枯萎病、黄萎病在全疆棉区普遍发生，并呈加重发生的趋势，特别是黄萎病的发生和危害越来越严重。

随着植物与逆境（生物逆境和非生物逆境）互作研究的深入和植物分子生物学的发展，将常规育种与现代农业生物技术相结合，开展棉花抗逆分子育种，尽快选育出抗逆、优质、丰产、适宜于机采的综合性优良品种，对降低新疆棉花遭受黄萎病风险、保证棉花生产安全和新疆棉花产业的可持续发展具有重要意义。

（一）早熟

早熟是生育期性状，一般指从出苗到吐絮成熟 110～130d 的棉花品种。在新疆北疆早熟棉区和特早熟棉区，无霜期在 170d 左右，并且 9 月、10 月降温较快，棉花晚熟不但会影响产量，而且影响棉花的纤维品质。所以早熟性对于新疆早熟棉区和特早熟棉区尤为重要，在北疆早熟棉区，适应种植生育期在 125d 左右的棉花品种。

（二）抗病

自 20 世纪 80 年代开始至今，棉花的枯萎病、黄萎病迅速蔓延新疆各个棉区，造成棉花大面积减产，品质严重下降，危害愈来愈重。虽然某些化学药物和一些农业防治方法可以减轻一些危害，但从根本上还是要选育和推广棉花抗病性品种。新疆大部分棉区棉田枯萎病、黄萎病都有发生，各棉区生理小种又不同，所以在制订抗病育种目标时，要认真考虑两种主要病害兼抗问题，以及对多个生理小种的水平抗性问题。目前抗枯萎病育种效果明显，一些抗枯萎病棉花品种的推广应用降低了该病的危害。但抗黄萎病育种进展缓慢，尤其是抗落叶形（T-9）黄萎病难度较大。

新疆维吾尔自治区种子棉花审定委员会对棉花抗枯萎病、黄萎病的目标要求：抗枯萎病，病情指数<10；抗黄萎病，病情指数<20；耐黄萎病，病情指数<50。新疆常规抗病育种取得一定进展，如新陆早 17 号、新陆早 26 号、新陆早 37 号属抗黄萎病棉花品种。

（三）抗逆

新疆盐渍化土壤面积大、类型多、分布广，棉花耐盐碱育种工作十分重要，其重点是培育具有在盐胁迫条件下吸收水分和矿质元素能力强的品种。此外，新疆棉区自然灾害发生较频繁，每年春季的霜冻、冷害，以及生育中期的干热风等都造成重大的灾害损失；秋季降温快、枯霜期不稳定也经常对棉花生长造成危害，提高品种的抗逆性（耐寒、抗高温等）对减轻灾害损失、保证棉花正常生长具有重要作用。

三、棉花育种附加目标

附加目标性状是指一些对实现主目标虽不直接有关，但与棉花生产发展的特定要求有关的性状。例如，适应机械化收获的目标性状和与杂种优势利用有关的目标性状等。

（一）适应机械化采收

2014 年新疆棉花种植面积占全国棉花面积的比重已超过 50%，棉花总产量占我国产量的 73%。棉花采收需要大量的人力物力，随着采收劳动力成本的逐年增高，棉花的机械化采收已经十分迫切。这就要求在制订高产、优质、早熟、抗病等育种目标的同时，要认真考虑棉花机械化采收。机采棉是新疆棉花产业参与国际竞争、确保棉花生产持续快速发展的迫切需要，是解决棉花收获劳动力紧缺、降低棉农劳动生产强度、提高劳动生产率、加速实现棉花生产集约化、现代化经营的战略措施。而优良机采棉品种的培育是关键环节。

适合机械采收的棉花品种应具有以下性状：植株茎秆坚韧不倒伏，始果节位 5～6 节，果枝始节距离地面 20cm 以上，果枝Ⅰ～Ⅱ型，株型较紧凑；叶片大小适中，绒毛少或无，苞叶较小，叶倾角较小，对落叶剂较敏感或后期有自然落叶特性。结铃集中在内围，吐絮集中，含絮力适度，不夹壳，机械采收不易碰落；霜前花率 90% 以上；纤维品质：衣分≥40%，2.5% 跨长≥31mm，比强度≥30cN/tex，马克隆值 3.5～4.5；抗枯萎病（病情指数≤10），耐黄萎病（病情指数≤35）。

新疆在棉花机采性状选育方面取得重大突破，如新陆早 50 号在田间机械采收性能、纤维品质、机采含杂率、落叶剂敏感性方面优点突出，该品种已经大量种植，并作为机械采收的优选品种。

（二）利用杂种优势

棉花杂种优势明显，可较好地综合多抗性，比常规种具有较大的增产潜力和稳产特性。随着精量播种技术和滴灌技术的普及，杂交棉的种植面积迅速扩大。优质高产杂交棉选育除强优势组合外，就是研制简便高效的杂交棉制种技术。雄性不育性状、芽黄性状、长雄蕊性状、鸡脚叶性状等有利于提高杂交棉制种效率，在杂交棉育种中得到广泛应用。

（三）选育特色棉品种

选育特色棉品种是实现产品多元化、提高效益和棉产业竞争力的重要着力点。为适应纺织企业开发高档、多样化、高附加值纺织品及棉花综合利用开发等产业发展需求，应加大支持超级长绒棉、高强棉、彩色棉、低酚棉、有机棉等棉花品种选育，以满足市场多样化需求、提高产品竞争力。在彩色棉育种方面，目前彩棉品种主要是棕色和绿色两大色系，纤维色泽单调，产品颜色搭配空间狭小，与人们生活需要具有一定差距。在全国自育的 49 个品种中，基本上都是浅棕色和浅绿色，唯有新彩棉 5 号比其他棕色棉品种提高了 2 个色级，有效拓展了调色空间和应用范围。色彩的单一性将成为影响新疆彩色棉花生产持续发展的重要因素之一。从品种的推广应用看，生产中从棕色棉种植新彩棉 1 号、新彩棉 2 号、新彩棉 5 号、新彩棉 6 号、新彩棉 19 号，每个品种均具有良好的适应性及丰产稳产性，较好地满足了当时生产条件的需要。新疆彩棉产业在育成品种、科学种植及下游开发等方面处于国内领先地位，有专门从事彩棉产业开发的新疆天彩科技股份有限公司。低酚棉是指棉花体内棉酚的含量明显降低，达到国家规定的安全含量指标以下的棉花品种。低酚棉表现为植株无腺体，棉籽中棉酚含量<0.02%。低酚棉的副产品可直接综合开发利用，如养牲畜、降低棉油加工的成本等。新疆已选育审定了多个低酚棉品种，如新陆早 3 号和新陆中 6 号等。

四、新疆宜棉生态区育种目标

新疆棉区分布在东经 73°40′～96°23′，北纬 34°25′～49°10′，南北纵长 1150km，东西横跨 1630km 的广阔区域里。由于受太阳辐射、海拔等因素的影响，形成了不同的生态气候类型。大体分北疆早熟、南疆早中熟、东疆中熟等 3 个主要类型。新疆宜棉区的生态多样性要求培育多种生态类型的品种，且品种应具有广泛的适应性。

（一）南疆优质陆地棉和长绒棉区

南疆棉区属于暖温带，无霜期长，昼夜温差大，气候干燥，干旱少雨，春季多风，温度回升快，夏季温度较高，秋季降温慢，有利于棉花生长。适合优质中绒（29～31mm）、中长绒（31～34mm）、长绒（35～37mm）、超长绒（≥37mm）棉和彩色棉的生产。因此，育种目标的重点是选育适应于南疆种植的多类型早中熟陆地棉和海岛棉品种。

1. 早中熟高产、优质中绒陆地棉新品种选育

育种目标：早中熟品种以提高纤维强力、细度，抗枯萎、黄萎病性，抗蚜和抗棉铃虫性及耐旱（盐）性为重点。品种生育期为 135～145d，纤维长度 29～31mm，比强度 28～32cN/tex，马克隆值 3.6～4.9，色泽洁白；抗枯萎病（病情指数≤10），抗黄萎病（病情指数≤25），抗虫及耐旱（盐）性好，适应性广。霜前皮棉在高产田的产量达 2700kg/hm²，较现有主栽品种增产 5%～10%及以上。

2. 早中熟优质中长绒陆地棉新品种选育

育种目标：该类品种以优化纤维综合品质，提高纤维长度、强力和整齐度为核心，在加强品种的抗枯萎、黄萎病性，抗蚜和抗棉铃虫性及耐旱（盐）性的基础上，增加产量潜力。品种生育期在 140d 左右，纤维长度 31～34mm，比强度≥33cN/tex，马克隆值 3.5～4.7，色泽洁白；抗枯萎病（病情指数≤10），抗黄萎病（病情指数≤25），有较好的抗（耐）虫及耐旱（盐）性。霜前皮棉在高产田的产量达 2250kg/hm²，霜前皮棉产量比目前同类主栽品种增产 5%以上。

3. 早熟优质长绒、超长绒海岛棉新品种选育

育种目标：以抗枯萎病性、耐高温和旱（盐）性、提高适应性和增加产量潜力为核心，加强抗蚜和抗棉铃虫性的改良工作；纤维品质要以提高强力和整齐度为重点。育成品种生育期在 135～145d，纤维长度长绒型 35～37mm、超长绒型≥37mm，比强度≥42cN/tex，马克隆值 3.4～4.3，色泽洁白；抗（耐）枯萎病（病情指数≤20），有较好的抗逆性和适应性。霜前皮棉高产田产量达 1875kg/hm²，霜前皮棉产量比目前同类主栽品种增产 5%以上。

（二）北疆优质陆地棉区

北疆棉区属于中温带，无霜期短，昼夜温差大，气候干燥，干旱少雨，春季温度回升快，夏季温度较高，秋季降温快，适于棉花生长。适合优质中短绒（27～29mm）、中绒（29～31mm）、中长绒（31～34mm）棉和彩色棉的生产。因此，品种改良的重点是选育适应于北疆不同区域种植的耐旱、耐寒、耐盐碱多类型早熟和特早熟新陆早系列品种。

1. 早熟高产、优质中绒陆地棉新品种选育

育种目标：该类早熟品种以提高纤维强力和产量潜力为核心，以改良抗枯萎、黄萎病性，抗蚜性和耐寒性为重点。品种生育期为 120～130d，纤维长度 29～30mm，比强度 28～32cN/tex，马克隆值 3.6～4.7，色泽洁白；抗枯萎病（病情指数≤10），抗黄萎病（病情指数≤25），霜前皮棉在高产田的产量可达 2400kg/hm²，较现有主栽同类品种增产 5%～10%及以上。

2. 早熟优质中长绒陆地棉新品种选育

育种目标：该类早熟品种以提高纤维长度、强力和整齐度为核心，优化纤维综合品质，注重提高衣分，增加产量潜力；加强改良品种的抗枯萎、黄萎病性，抗蚜性和耐寒性。品种生育期为 120～130d，纤维长度 31～34mm，比强度≥33cN/tex，马克隆值 3.5～4.4，色泽洁白；抗枯萎病（病情指数≤10），抗黄萎病（病情指数≤25），霜前皮棉高产田产量达 2100kg/hm^2，霜前皮棉产量比目前主栽品种增产 5%以上。

3. 特早熟高产中短绒陆地棉新品种选育

育种目标：重点是提高早熟性和提高抗寒性，适于高密度矮化栽培。该类特早熟品种，生育期为 110～120d，纤维长度 27～28mm，比强度 28～32cN/tex，马克隆值 4.0～4.9，色泽洁白；抗枯萎病（病情指数≤10），抗黄萎病（病情指数≤25），霜前皮棉产量较中绒早熟品种增产 10%以上。

4. 早熟优质彩色棉新品种选育

育种目标：育成品种应为早熟偏晚类型，生育期为 120～135d，棕色棉绒长≥29mm，比强度≥29cN/tex，马克隆值 3.5～4.9，抗（耐）枯萎病和黄萎病，霜前皮棉产量不低于主栽白色棉品种的 90%。绿色棉绒长≥27mm，比强度≥26cN/tex，马克隆值≥3.0，抗枯萎病和黄萎病，霜前皮棉产量不低于主栽白色棉品种的 70%。

（三）东疆优质陆地棉和长绒棉区

东疆棉区属于暖温带，无霜期长，昼夜温差大，气候干燥，干旱少雨。该区是夏季最干燥、热量资源十分丰富的棉区，部分地区多风，不利于保苗。吐鲁番盆地火焰山以南适宜种植中熟长绒棉和陆地棉品种，火焰山以北是我国优质长绒棉生产基地。应重视选择抗或耐枯萎病、黄萎病，抗干热风，生育期适宜的中熟、早熟长绒棉和中熟或早中熟陆地棉品种种植。

1. 中熟优质中长绒陆地棉新品种选育

育种目标：该类品种注重改良品种的抗蚜和抗棉铃虫性，以优化纤维综合品质，提高纤维长度、强力和整齐度为核心，在提高品种耐高温性、耐旱（盐）性的基础上，改良产量潜力。品种生育期在 130d 左右（吐鲁番地区），纤维长度 32～34mm，比强度≥33cN/tex，马克隆值 3.5～4.7，色泽洁白；抗枯萎病（病情指数≤10），抗黄萎病（病情指数≤25），抗（耐）蚜虫、棉铃虫，耐高温和耐旱（盐）性较好。高产田霜前皮棉的产量达 2250kg/hm^2，霜前皮棉产量与目前主栽中绒类型品种持平。

2. 早中熟优质长绒海岛棉新品种选育

育种目标：该类品种以提高纤维长度、强力、细度为核心，以改良品种的抗枯萎病性、耐高温和耐旱（盐）性为重点，综合提高产量与品质。育成品种生育期在 130d 左右（吐鲁番地区），纤维长度 35～37mm，比强度≥42cN/tex，马克隆值 3.4～4.3，色泽洁白；抗枯萎病（病情指数≤10），抗逆性和适应性好。霜前皮棉高产田产量可达 1500kg/hm^2，霜前皮棉产量比目前同类主栽品种增产 5%以上。

第二节 棉花主要性状遗传

作为新品种选育工作的基础，研究和了解育种种质目标性状的遗传规律，对于实现育种目标十分重要。

一、棉花产量与品质性状遗传

（一）棉花产量性状遗传

在遗传育种中对遗传性状的选择进展最常见的是根据其遗传力高低和遗传变异系数大小来判定。田菁华（1983）将棉花主要性状根据其遗传力和变异系数的大小分为 4类：①遗传力和遗传变异系数皆大的性状，如第一果枝高度、霜前花率等，这类性状能根据其表现型在早期世代进行严选，容易达到育种目的。②遗传力虽高但变异系数不高的性状，如多个生长时期、衣分和纤维长度等，这类性状由于其群体遗传变幅较小，群体要足够大，在早期世代从严选择能见效，入选后较容易稳定下来。③遗传力与变异系数都不高的性状，如单铃数、单株果枝数、籽指、衣指和纤维整齐度等，这类性状需要较大的选择群体，在早期世代选择的尺度宜宽，且连续选择比较见效。④遗传力和变异系数皆居中的性状，如皮棉产量、株高和单铃重等，这类性状选择的世代尽量在中晚代，选择尺度应适当放松，群体规模较大，连续选择的效果较好。

棉花产量性状之间皆有相关关系，对遗传力低、不易直接选择的性状，可以通过间接选择与其密切相关的性状来提高选择效果。柳宾（2010）的研究表明，单株籽棉与单铃重、单株铃数、单株皮棉的遗传相关系数分别为 0.629、0.776、0.78，都为正相关且达到极显著水平；单株皮棉与单铃重和衣分相关系数为 0.34，呈显著的正相关，皮棉与籽指遗传相关系数为–0.16。在产量构成因素中，除了单铃重与衣分不存在负相关外，单株结铃数与单铃重和衣分相关性均为负相关。说明通过对单株结铃数、单铃重、衣分等的有效选择对提高皮棉产量可以取得好的效果。

董承光等（2014）对北疆高产型陆地棉品种新陆早 42 号与陆地棉遗传标准系 TM-1配置组合，对获得的 F_2 代进行产量相关性状分析指出，变异程度较低的性状如生育期、纤维长度、比强度等性状较稳定，适宜早代选择，而遗传变异程度较高的性状如皮棉产量、始果节高、单铃重等性状，适宜晚代选择。皮棉产量与株高、单铃重、衣分的相关系数和直接通径系数均为正值，且衣分、单铃重与皮棉产量的直接通径系数达到显著水平，表明对后代株高、单铃重、衣分的选择对提高皮棉产量是有效的。

国内外学者对棉花产量性状的遗传效应研究非常多，绝大多数公认的结果是产量性状主要受加性效应控制。朱军和季道藩（1987）的试验结果发现有关产量性状的遗传以加性效应为主。早熟棉农艺性状中籽棉、皮棉、单铃重、结铃数、衣分、2.5%跨长、比强度和伸长率等性状以显性效应遗传为主，其中结铃数和单铃重两个性状还同时受加性效应，以及加性上位性与环境互作效应的影响。新疆农科院郑巨云等（2013）利用完全双列杂交设计，分析了新疆 8 个早熟陆地棉品种产量因素的遗传效应。铃重与衣分的遗传分别以加性效应和显性效应为主，加性效应对衣分与铃重贡献高于显性效应，衣分受环境变异的影响最小，而单铃重、籽棉产量、有效铃受环境变异影响较大。

王沛政等（2008）用新陆中 10 号、中棉所 35、军棉 1 号和新陆早 7 号 4 个品种构建了 3 个 F_2 作图群体。3 个作图群体图谱覆盖了除 D4 和 D12 外棉花的所有染色体，筛选出的皮棉产量、单铃重、衣分、籽指、结铃数等性状在位置、效应一致的 QTL 认为是一个 QTL，共鉴定、筛选出 11 个产量构成因子 QTL。其中与籽指有关的 QTL 共 3 个，分别位于 A1、A5 和 A7 染色体上；与衣分有关的 QTL 3 个，分别位于 A7、A13 和连锁群 LG6 上；与铃重有关的 QTL 4 个，定位在 A7 上的有 3 个、D3 上 1 个；与皮棉产量有关的 QTL 1 个，定位在 D3 上。涉及单铃重、衣分和籽指等与产量性状相关的 QTL 大部分都分布在 A7 染色体上的同一区域。这些 QTL 有助于今后新疆陆地棉分子标记辅助选择育种。

（二）棉花品质性状遗传

国内学者吴振衡等（1985）、周雁声和梁诗锦（1986）的前期研究均认为纤维长度的遗传效应主要是受加性效应控制的，比强度是受加性效应和显性效应共同控制的，并存在显著的加性×加性的互作效应。

新疆科技工作者对棉花品质性状遗传作了深入研究。新疆农科院艾先涛等（2009）以新疆优质中长绒陆地棉新陆中 9 号改良稳定系 9-1696 为母本（P_1），中棉所 35 为父本（P_2），配置 F_1、F_2、B_1 和 B_2 群体，运用世代平均值的遗传分析方法和主-多基因混合遗传模型分离分析方法，研究棉花品质性状遗传效应。结果表明：纤维长度存在极显著的正向加性效应、显性效应、加×加上位性效应和极显著的负向加×显上位性效应；整齐度存在极显著的正向加性效应，加×加、显×显上位性效应和极显著的负向加×显上位性效应，显性效应不显著；比强度存在极显著的正向加性效应，加×加、加×显、显×显上位性效应，显性效应不显著。各纤维品质性状的广义遗传率：纤维长度为 60.19%、比强度为 51.46%、伸长率为 50%。说明优质中长绒棉的纤维长度、整齐度和比强度 3 个性状基因遗传率高，受环境影响小，有利于进行选择育种。

郑巨云等（2013）针对新疆特殊的生态条件和栽培模式，采用 4×4 完全双列杂交，对自育高产优质品种（系）产量因素与纤维品质性状进行遗传分析。在纤维品质性状中，纤维长度、比强度和马克隆值的遗传以加性效应为主，显性效应不明显，其中纤维长度与比强度的加性效应达到极显著水平。纤维长度与比强度的加性相关为极显著的正相关，与其显性效应没有相关性，说明育种中纤维长度和比强度性状比较容易聚合，通过定向选育可以得到同步提高；纤维长度与马克隆值的加性相关为负相关，整齐度与马克隆值、伸长率和比强度的加性效应无相关性，说明纤维长度的提高会降低纤维细度；马克隆值与伸长率、比强度的加性相关为负值，表明马克隆值的提高会影响伸长率与比强度，伸长率与比强度的加性相关为正相关，表明伸长率和比强度可以实现同步提高。

综合郑巨云和艾先涛用不同方法研究纤维品质性状间的遗传相关性可知（表 3.1），纤维长度与比强度、整齐度、伸长率间存在遗传正相关，与马克隆值有极显著的负相关；比强度与纤维长度、整齐度有极显著正相关，与伸长率和马克隆值负相关；马克隆值与整齐度正相关，与伸长率负相关；整齐度与纤维长度、比强度存在显著正相关。这个结果可作为棉花品质性状选择时参考。

表 3.1 陆地棉纤维品质性状间的遗传相关系数

性状	比强度	马克隆值	整齐度	伸长率
纤维长度	0.2471**	−0.5499**	0.4361**	0.2589**
	0.9780**	−0.8059	0.2872	0.3969
比强度		−0.1179	0.1842*	−0.2127*
		−0.7463	0.3323	0.2775
马克隆值			0.0474	−0.4865**
			0.3045	−0.2611
整齐度				0.1798
				0.4939

注：根据艾先涛（上方数据）、郑巨云（下方数据）研究结果整理

*表示 0.05 显著水平，**表示 0.01 显著水平

近几年新疆棉花育种工作者应用分子育种技术，开展了棉花品质性状 QTL 定位和利用海岛棉染色体片段置换系改良陆地棉纤维品质研究，取得可喜成果。

艾先涛等（2008）筛选出 12 对 SSR 引物分析了新疆优质中长绒棉新陆中 9 号与中棉所 35 杂交组合 F_2 和 B_1 群体的纤维长度、整齐度、比强度和伸长率 4 个纤维品质性状的 QTL，采用区间作图法（LOD＞2.0），在 F_2 群体中检测到 6 个与纤维品质性状连锁的 QTL 位点，其中，检测到纤维长度、纤维整齐度、伸长率各 1 个 QTL 位点，比强度检测到 3 个 QTL。在 B_1 群体中检测到 2 个 QTL，分别与比强度和纤维长度连锁。对陆地棉高品质纤维基因 QTL 连锁的分子标记进行筛选，可用于对纤维品质性状的分子标记辅助选择育种。

石河子农科院艾尼江（2010）用新陆早 8 号、新陆早 10 号与陆地棉标准系 TM-1 的 $F_{2:3}$ 群体进行了品质性状的 QTL 定位研究。指出：控制纤维强力的 2 个显著性 QTL，位于染色体 D1 上，增加纤维强力的等位基因均来自新陆早 8 号；控制马克隆值的 2 个显著性 QTL，位于染色体 D9 上，降低马克隆值的等位基因分别来自 TM-1 和新陆早 8 号；控制纤维整齐度的 1 个显著性 QTL，位于染色体 D9 上，来自 TM-1 的等位基因增加纤维整齐度 0.46%；控制短纤维指数的 1 个显著性 QTL，位于染色体 D1 上，来自新陆早 8 号的等位基因降低短纤维指数 0.33，该位点显性效应降低短纤维指数 0.11。

新疆农垦科学院宿俊杰（2013）报道了利用海岛棉染色体片段置换系改良新陆早 45 号纤维品质性状的研究，结果表明：定向选择含有控制纤维长度的海岛棉染色体片段的阳性植株整体的纤维品质性状指标要明显优于非阳性植株，尤其是纤维长度和比强度两个主要纤维品质性状指标均达到了极显著的水平；伸长率提高不明显，马克隆值和整齐度均有所降低，其中马克隆值的降低不显著，而整齐度的降低达到极显著水平；阳性植株的纤维长度与比强度呈显著正相关，与整齐度呈显著负相关。利用海岛棉染色体片段置换系结合 SSR 分子标记辅助选择可以有效地改良陆地棉纤维长度。在改良过程中，通过选择可使纤维长度、比强度同步提高。该研究可为利用海岛棉染色体片段置换系改良陆地棉纤维品质性状提供技术应用依据（表 3.2）。

表 3.2   BC$_2$F$_1$ 群体中阳性植株与非阳性植株纤维品质指标的分析比较

项目	阳性植株					非阳性植株				
	纤维长度/mm	比强度/（cN/tex）	马克隆值	伸长率/%	整齐度/%	纤维长度/mm	比强度/（cN/tex）	马克隆值	伸长率/%	整齐度/%
最大值	33.56	34.20	4.48	6.20	86.4	31.99	32.80	4.81	6.40	87.20
最小值	31.36	31.20	3.52	5.80	82.30	28.72	28.30	3.54	5.40	83.40
平均值	32.55**	32.73**	4.10	6.03	84.46**	30.65	31.21	4.26	5.93	85.81

**表示 0.01 显著水平

（三）产量与品质性状间的遗传关系

高产与优质性状的协调一直是棉花育种者十分关注的问题。曹新川（2004）、郑巨云等（2013）采用完全双列杂交设计，研究了新疆陆地棉亲本配置组合的产量性状与品质性状的遗传相关性，整理结果见表 3.3。比较一致的结果是：皮棉产量与纤维长度、比强度为弱负相关；铃重与纤维长度、比强度为显著或极显著的正相关，与马克隆值为负相关，高铃重和高纤维绒长、高比强度等性状比较容易聚合；衣分与纤维长度、比强度为显著负相关，与马克隆值为极显著正相关；有效铃与马克隆值为正相关。

表 3.3   棉花产量性状及纤维品质的遗传相关

性状	纤维长度	比强度	马克隆值
皮棉产量	−0.0752	−0.3239	−0.3657
	−0.3755	−0.0985	0.4587*
铃重	0.8640**	0.8725**	−0.6868
	0.5733*	0.5254*	−0.0929
衣分	−0.9215**	−0.9522**	0.8388
	−0.4462*	−0.2956	0.6345**
有效铃	0.7768	0.8459	0.7774
	−0.6082**	−0.3631	0.3777

注：根据郑巨云（上方数据）、曹新川（下方数据）研究结果整理
*表示 0.05 显著水平，**表示 0.01 显著水平

杨六六等（2009）采用 8×8 不完全双列杂交分析法，对黄河流域棉花品种产量因素、纤维品质性状的遗传效应及其遗传相关进行了研究分析，并将遗传相关分解为加性相关和显性相关。结果表明：棉花产量因素与品质性状之间的相关普遍表现为遗传相关大于表型相关，各性状之间的表型相关、遗传相关及加性相关类似，而显性相关则不同，且衣分与纤维长度和比强度的加性相关均为极显著的负相关；铃重与纤维长度加性相关为不显著的负相关，与比强度为显著的负相关，在显性相关方面铃重与二者相关不显著。

以上研究结果表明，铃重与纤维长度、比强度为显著的正相关，棉花产量因素与品质性状之间的相关普遍表现为遗传相关大于表型相关。给人们的育种启示是：在高产和品质育种中，适当提高铃重不仅有利于提高皮棉产量，也对纤维绒长、比强度的提高有促进作用，这可能是协调产量和品质性状的有效途径。

针对海岛棉育种，张西英等（2010）研究了新海 3 号×吉扎 82 的 181 个 F$_{2:3}$ 家系的 7 个产量性状和 7 个纤维品质性状的相互关系。结果表明：育种中选择高衣分的材料不仅可以提高皮棉产量，而且可以间接地增加纤维上半部平均长度、纤维伸长率、比强度，

降低马克隆值，有利于主要纤维品质性状的提高，但会降低纤维整齐度。产量各性状对皮棉产量的通径分析结果可知，无论是直接通经系数还是最后的净效应值，其作用均是单株铃数＞衣分＞单铃重，对单株铃数和衣分的选择，将有利于海岛棉产量的提高。品质性状的通径分析结果表明，比强度、整齐度和纤维长度是影响海岛棉纤维品质的最重要因素。

二、棉花早熟性状遗传

北部特早熟棉区、黄河夏播棉区及西北内陆棉区（新疆）是我国主要早熟陆地棉区域。从早熟陆地棉品种系谱中获得的信息表明：自 1919 年金字棉（king.s）引入我国后，一直把金字棉作为早熟棉品种改良的主要基因资源，多数主栽品种主要来源于美国"金字棉"系列。在新疆棉区早期引入 C3173、611 波、KK1543 等苏联陆地棉品种的基础上，又引入了金字棉，育成了新陆早系列早熟品种。

陆地棉早熟性与生育阶段（苗期、蕾期、铃期）长短、纵向和横向开花间隔时间、第一果枝节位、始花期、吐絮速率、霜前花率等农艺性状有关，是相互间关系复杂的综合性状。早熟陆地棉的育种目的是在一定的生态与耕作制度下有效地利用热量条件使品种产量最大化。

（一）早熟性状遗传

为了适应实际育种工作的需要，作为棉花早熟性的指示性状，应当具备：①与实际的早熟性（即与霜前花率）有较高、较显著的相关性；②有较高的遗传力；③能在棉花生育较早时期测定，鉴定方法比较简单，记载标准易于掌握。

中国农业科学院喻树迅等（2003，2007）研究了黄河流域短季棉早熟性遗传指出：苗期、铃期、第一果枝节位、株高与霜前花率的遗传力高，第一果枝节位与生育期、始蕾期、始花期、始铃期和产量性状均为遗传正相关，可作为测定早熟性的指标。第一果枝节位对霜前花率的直接效应和通过始蕾期对霜前花率的间接效应都很高，第一果枝节位低的品种早熟性好。

石河子农科院艾尼江等（2013）用新疆自育早熟棉花品种新陆早 8 号、新陆早 10 号和不同熟性的 6 个品种配置了 15 个双列杂交组合，应用主位点组遗传方法研究早熟性状的遗传组分和基因型效应。结果表明：亲本的始蕾期、花铃期、生育期等基因型效应均以加性效应为主，表现为遗传率较高；控制早熟性的有利等位基因多数来自早熟祖先 611 波和金字棉。在以 611 波、金字棉为遗传背景的早熟亲本新陆早 8 号、新陆早 10 号中，生育期由 2 或 3 个主位点组基因控制，主位点组基因型主要表现为显性纯合（++），能明显缩短各生育阶段的天数；早熟性相关性状的遗传以加性效应为主，尤其是现蕾期、花铃期加性效应对早熟性起主要作用。在由 43 个陆地棉品种材料构成的自然群体中通过关联分析检测到 54 个与这些早熟性相关性状极显著关联的位点。

上述研究表明，在新疆开展早熟陆地棉育种时，选择当地的早熟骨干亲本（如新陆早 8 号、新陆早 10 号等）与其他优质材料组合，以遗传率高、加性效应大的始蕾期、始花铃期等性状作为选育早熟陆地棉品种的指标，可以取得较好的选择效果。

（二）早熟性与产量性状的相关性

棉花早熟能否高产是育种家关注的重要问题。柳宾（2010）用鲁棉系列 4 个早熟品种和 5 个晚熟品种杂交，研究 20 个 F_1、F_2 及 9 个亲本早熟性状与产量性状的关系。在早熟性状和产量性状之间，单株皮棉产量与 5 个早熟性状（生育期、出苗—现蕾、现蕾—始花、始花—吐絮、始果节高）的遗传和表型相关均为负相关，但单株皮棉产量与出苗—现蕾及现蕾—始花相关系数不显著。单株籽棉产量除与现蕾—始花呈不显著的正相关外，与其他早熟性状均为负相关。生育期与 4 个产量性状的遗传和表型相关系数均为负相关。

艾尼江等（2010）选用新疆早熟陆地棉品种新陆早 8 号、新陆早 10 号作母本，与父本陆地棉标准系 TM-1 配置了杂交组合，研究 F_2、$F_{2:3}$ 家系及亲本早熟性相关性状与产量性状的关系。棉花熟性性状与产量及产量因子性状的简单相关系数见表 3.4。霜前皮棉产量与花铃期、生育期呈极显著负相关，而霜后皮棉产量与蕾期、花铃期、生育期呈极显著正相关，总皮棉产量与花铃期、生育期呈极显著负相关，单铃重和蕾期呈显著正相关，有效铃数同花铃期、生育期呈极显著负相关，霜前铃数除与蕾期不相关外，与其他 3 个生育阶段的天数均呈极显著负相关，衣分与所有生育阶段的天数不相关。研究表明，若以现蕾—花铃期为早熟性选择指标，可以较好地协调早熟与高产的矛盾。

表 3.4　棉花生育阶段与产量性状间的相关分析

性状	霜前皮棉	霜后皮棉	总皮棉产量	有效果枝	霜前铃数	有效铃数	铃重	衣分
苗期	−0.05	0.03	−0.18**	−0.90	−0.15*	−0.11	−0.06	0.02
蕾期	0.03	0.34**	−0.02	0.02	−0.07	0.10	0.16*	−0.11
花铃期	−0.30**	0.50**	−0.28**	0.20**	−0.43**	−0.19**	−0.02	−0.10
生育期	−0.25**	0.51**	−0.30**	0.10	−0.41**	−0.16**	0.02	−0.10

*表示 0.05 显著水平，**表示 0.01 显著水平

（三）早熟性与品质性状的相关性

棉花的早熟性与棉花纤维品质的关系也是育种家关心的问题。周有耀（1990）报道生育期与 2.5%跨长的相关系数为 0.2922、与比强度的相关系数为 0.3027；生育期越长，其绒长和比强度值越大。所以，在棉花育种时一定要注意早熟性和纤维长度、比强度的有机结合。喻树迅（2003）对黄河流域短季棉品种的研究指出：在纤维品质性状中，纤维长度、比强度、伸长率与生育期、始蕾期、始花期、铃期为遗传和表型正相关；纤维整齐度、马克隆值与生育期、蕾期、始花期、铃期为遗传和表型负相关；果枝始节与纤维长度、整齐度为负相关。柳宾（2010）研究鲁棉系列品种早熟性与品质性状关系指出：生育期与纤维品质相关性中只有纤维长度与伸长率相关性显著，说明总体上生育期对纤维品质的影响不大，早熟性状现蕾—始花、始花—吐絮与纤维品质相关的显著性均不明显，说明现蕾—始花、始花—吐絮长短对纤维品质的影响不明显。

艾尼江等（2010）用新疆早熟陆地棉品种新陆早 8 号、新陆早 10 号为亲本，研究早熟性相关性状与品质性状的关系，结果表明：花铃期、生育期与纤维长度、纺纱均匀性指数呈显著的正相关；花铃期与比强度呈正相关，生育期与纤维整齐度呈正相关，花

铃期、生育期与马克隆值、短纤维指数均呈负相关，伸长率、反射率与各生育阶段的天数不相关。

早熟性会影响棉花纤维长度、比强度、纺纱指数。因此，在对棉花品种早熟性和纤维品质协同提高的育种中，要综合考虑亲本早熟性状和品质性状间的关系，做到优点累加、优缺点互补，或采用生物技术等手段打破遗传负相关。

（四）新陆早品种熟性的遗传机理

石河子农科院艾尼江等（2013）采用陆地棉遗传标准系 TM-1 分别与新陆早 8 号、新陆早 10 号配置杂交组合，对分离世代熟性性状主位点组遗传分析结合进行 QTL 定位，检测到位于染色体 A2、A5、A6、D1、D7、D12 上的控制棉花全生育期的 QTL；位于 A2、A6、D1 上控制苗期的 QTL，位于 D7、D8 上控制蕾期的 QTL；位于 A2、A6、A7、D6、D7、D9 上控制花铃期的 QTL，以及位于 D6、D7 上控制霜前铃数的 QTL。初步揭示了新疆早熟陆地棉早熟性的遗传机理。

在新陆早 8 号×TM-1 组合的 $F_2 \sim F_{2:3}$ 中，检测到控制全生育期的 5 个 QTL，来自新陆早 8 号的有利等位基因共缩短全生育期 8.68d，但显性效应共增加全生育期 0.20d。检测到的蕾期和花铃期的 6 个 QTL，来自新陆早 8 号的有利等位基因分别减少蕾期和花铃期 1.33d、3.91d，其显性效应则延长蕾期 1.08d、缩短花铃期 2.20d。

在新陆早 10 号×TM-1 组合中，检测到控制全生育期的 8 个 QTL，来自新陆早 10 号的等位基因共缩短全生育期 11.86d，但显性效应共增加全生育期 25.61d。检测到的苗期、蕾期和花铃期的 13 个 QTL，来自新陆早 10 号的有利等位基因共缩短苗期、蕾期、花铃期 4.24d、1.87d 和 7.46d，而其显性效应分别延长苗期 4.12d、缩短蕾期 0.35d、增加花铃期 12.47d。

以上结果表明，新陆早 8 号组合的早熟性基因以加性效应为主，新陆早 10 号组合控制苗期、蕾期的早熟基因也以加性遗传为主，而控制花铃期和全生育期的 QTL 显性效应高于加性效应。由于新陆早 8 号和新陆早 10 号的早熟基因分别来自 611 波和金字棉，说明早熟性在这 2 个早熟祖先系列中是由不同基因控制的。金字棉是早熟陆地棉改良的骨干亲本，与新陆早 8 号的祖先亲本 611 波相比，新陆早 10 号早熟性状更为突出。说明具有金字棉遗传背景的早熟亲本携带较多的早熟优异等位基因，对早熟性相关性状的贡献率较大。这些来自于早熟亲本相关性状的基因位点，可用于早熟棉分子标记辅助育种。

三、棉花抗病性状遗传

棉花黄萎病和枯萎病是世界范围内流行的、对棉花生长最具损毁力的两种病害。20 世纪 90 年代中期，先是棉花枯萎病随后棉花黄萎病在全疆各地快速传播。目前，新疆主要棉区均普遍发生，成为棉花生产的主要障碍之一。由于枯萎病、黄萎病的病原菌危害棉株的维管束，至今尚缺乏有效的防治药剂。减轻棉花枯萎病和黄萎病损失最为经济、安全、有效的办法就是培育和推广抗病品种。

20 世纪 70 年代末，罗家龙等首次对我国保存的 3761 个棉花品种资源进行了室内抗枯萎病鉴定，结果表明，表现高抗枯萎病的品种 164 个，占总数的 4.4%，抗病品种 187 个，占 5.0%，两项合计占被鉴定材料的 9.4%。史大刚等于 1986~1990 年对 253 份海岛棉种质资源进行抗黄萎病鉴定，结果除 5 个耐病外，其余均为抗病或高抗；孙文姬等于 1983~1988 年在中国农业科学院植物保护研究所枯萎病、黄萎病病圃对 2072 份材料进行田间抗枯萎病、黄萎病鉴定，鉴定结果对枯萎、黄萎两种病表现为兼抗（耐）的材料有中 31、中 12、86-3、中 715、中 6331、中 5173、中 1316、86-2、陕 3563、陕 2303、冀合 356、冀植 17 和海 7124 等共 50 个。

棉花黄萎病抗性是显性遗传还是隐性遗传，是由单基因控制还是由多基因控制等，国内外均无统一看法。南京农业大学对黄萎病抗性遗传进行了多年研究，如删本科等在陆地棉的抗×感、抗×抗的杂交试验中，各组合对 VD2 菌系均为 3 抗：1 感；F_1 与抗病亲本回交时，多数组合为 1 抗：1 感；抗×抗的后代都是抗病的，因此认为对黄萎病的抗性为显性单基因遗传。潘家驹等于 1983~1991 年的研究结果表明，黄萎病抗性可能受显性单基因控制，但不能完全排除不同基因间互作的可能性。但王振山等的研究指出，棉花对黄萎病的抗性表现为数量遗传的特征，加性效应是主要的，其次是显性效应。蒋锋等于 2009 年用一个抗黄萎病陆地棉品系 60182 和感病品种军棉 1 号创制杂交组合获得 P_1、P_2、F_1、B_1、B_2 和 F_2 六世代，用主基因+多基因混合遗传模型和联合分析的方法对抗病和感病比例进行遗传分析，结果表明，陆地棉 60182 对单一黄萎病菌 BP2、VD8、T9 和三者的等浓度混合病菌的抗病性都受两对加性-显性-上位性主基因控制，主基因遗传率大于多基因遗传率。结合连锁遗传图谱，复合区间作图检测 QTL，确定 60182 在不同调查时期对 4 种黄萎病菌的抗性 QTL 都集中在 D7、D9 两条染色体上，形成两个明显的抗病 QTL 集中区，这一结果与两对主基因的遗传模式相吻合。

梁亚军等（2010）利用两个海岛棉和 5 个陆地棉按不完全双列杂交组合，在自然病圃中鉴定发现，抗病杂交组合选配以海陆杂交组合具有较高的特殊配合力，陆地棉黄萎病抗性相对病情指数广义遗传力为 97.39%，狭义遗传力为 52.17%，黄萎病抗性以加性效应为主，但是同时具有较高的显性效应。陈勋基（2008）以高抗枯萎病的陆地棉品系 98134 和海岛棉感病品种新海 14 号为亲本，构建 98134×新海 14 号的 F_2 及 $F_{2:3}$ 分离群体，检测到 4 个与棉花枯萎病相关的 QTL。孔祥瑞等（2010）采用分子标记辅助选择技术将与陆地棉黄萎病抗性相关的 18 个 SSR 标记用于大田辅助选择育种。李志坤等（2011）从 39 个与已报道的棉花抗黄萎病 QTL 连锁分子标记中筛选出 5 个 SSR 标记能够用于棉花抗黄萎病 QTL 的标记辅助选择。育种者通过分析与抗病性状紧密连锁的标记基因型或全基因组标记的基因型进行辅助选择，并制订相应的育种计划，有效地将室内的分子标记检测同田间品种选育结合在一起，将极大地加速抗病育种进程。

马存等（2002）总结中国棉花抗枯萎病、黄萎病育种 50 年的经验指出：不少育种单位从大量的抗枯萎病杂交后代抗性分析中看到，双亲均为感病的，其后代抗病性差；双亲抗性中等或一方感病，一方抗病，则后代多为耐病，少数超双亲；双亲均为抗病或一方抗病，一方耐病，则后代抗病性较强。这些遗传规律在当时的抗病育种选配杂交组合时，减少了很多盲目性。从抗枯萎病遗传专项研究结果看，多数抗病育种家认为，抗枯萎性呈不完全显性遗传。在抗感亲本的正反杂交中，用抗病品种作为母本的，子一代、二代的抗病性比用感病品种作为母本更优，表现出母本效应。

四、棉花雄性不育性状遗传

雄性不育是指植株不能产生正常的花药、花粉或雄配子，但它的雌蕊正常，能接受正常花粉而受精结实的现象。导致雄性不育的因素是多种多样的。因此，在分类上也因标准不同出现不同的分类系统。根据雄性不育的遗传机理和来源，可将雄性不育系大致分为 3 种类型：细胞核雄性不育系、核质互作型雄性不育系和光温敏雄性不育系。

1. 细胞核雄性不育系（GMS）

细胞核雄性不育系的不育性状大多由隐性核基因控制（$msms$），正常纯合可育株的基因型为 $MsMs$，其杂交 F_1 代基因型杂合，全部表现可育（$Msms$）。在棉花中，自 Justus 和 Leinweber 第一次鉴定了一个棉花细胞核雄性不育系以来，共发现 17 个不同类型的细胞核雄性不育系（蓝家祥等，2006），分为 2 个双隐性基因遗传、7 个单隐性基因遗传和 8 个单显性基因遗传的核不育系材料。其中，ms_1、ms_2、ms_3、ms_{13}、ms_{14}、ms_{15}、ms_{16} 表现为单基因遗传，ms_5ms_6、ms_8ms_9 表现为重叠隐性基因遗传。除了 MS_{11}、MS_{12}、ms_{13}、MS_{18}、MS_{19} 被发现于海岛棉外，其他的都被发现于陆地棉中（刘继华，1997）。

在利用细胞核雄性不育系进行杂交种生产的过程中，必须拔除 50%的可育株，留下不育株。在实际生产应用过程中，需要对繁种田苗期进行单株育性鉴定，并将可育株拔除。冯福祯发现了带芽黄标记性状的单隐性核不育系 81A（ms16）。张天真等认为芽黄性状和雄性不育可能都是由一对隐性基因所控制，且两者表现出紧密连锁或完全连锁或一因多效。潘家驹等对陆地棉芽黄基因在杂种棉上的应用进行了可行性研究，认为可用于克服细胞核雄性不育系，等到开花期才能鉴别出不育株和可育株的缺陷，提高制种产量与效率。因此，细胞核雄性不育杂交种应用前景的技术关键是在标记不育系的研究和简便制种技术方面取得突破。

2. 核质互作型雄性不育系（CMS）

核质互作型雄性不育系是指不育性状受到细胞质基因 S 和核基因（rf）共同控制的不育系。当植株的基因型为 S（$rfrf$）时表现不育，而当细胞质基因型为 N 或细胞核基因型为 $RfRf$ 和 $Rfrf$ 时植株表现可育。因此，不育性状 S（$rfrf$）可被保持系 N（$rfrf$）保持，同时又能被恢复系 N（$RfRf$）或 S（$RfRf$）恢复，F_1 代完全可育，生产利用杂种优势。

棉花三系的研究始于 20 世纪 60 年代，棉花核质互作雄性不育最早是通过远缘杂交的方法实现的。1961 年，Richmond 等利用亚洲棉变种×瑟伯氏棉的双二倍体与陆地棉进行杂交，发现后代会有不同程度的雄性不育现象出现。1962 年，美国学者 Meyer 首先育成了具有哈克尼西棉细胞质的不育系及其恢复系，且具有广泛的保持系。然而，大量关于哈克尼西棉细胞质效应的研究证实，哈克尼西棉细胞质杂种 F_1 代衣分、衣指、铃重降低，农艺性状较差，皮棉产量显著下降，这在一定程度上限制了其在农业生产上的应用。

我国对棉花三系的研究始于 1979 年。1987 年，新疆兵团第一师农科所杨亚东利用哈克尼西棉不育三系，转育出海岛型 44A 及陆地型 308A 的不育系及相应恢复系 3667，完成海陆杂种三系配套。经过育种家的多年探索，我国相继育成了不同类型的细胞质不育系（韩宗福等，2011），但是由于不育细胞质对后代产量的不利影响、恢复源狭窄及对不育系的恢复效果不能达到100%等，一直影响着棉花三系的应用。2002年，王学德等将谷胱甘肽S-转移酶（GST）基因导入恢复系DES-HAF277中，育成一个对CMS具有强恢复力的恢复系"浙大强恢"，与原恢复系相比，恢复度提高25.8%，但仍未达到100%的效果。

王学德等（1996）以哈克尼西棉细胞质不育系DES-HAMS277及其恢复系为对照，对我国自主培育或引进后回交转育的7个细胞质不育系进行育性恢复的遗传研究证实，不育系的育性恢复均受两对独立遗传的显性基因（Rf_1和Rf_2）控制，其中Rf_1为完全显性，Rf_2为部分显性，Rf_1对育性恢复的遗传效应大于Rf_2。遗传连锁分析表明，恢复基因Rf_1和Rf_2是非等位的，两者紧密连锁，其平均遗传距离为0.93cM，Rf_1用于恢复孢子不育，而Rf_2用于恢复配子不育。研究人员利用分子标记技术对恢复基因定位研究后认为Rf_1和Rf_2均位于D染色体组LGD08连锁群上。

石河子大学朱华国等（2014）以10个细胞质雄性不育系与6个恢复系采用不完全双列杂交设计，配置60个杂交组合，对F_1代的2个产量性状和4个纤维品质性状进行遗传效应分析，结果表明：产量、马克隆值、纤维长度、比强度和伸长率主要受到加性效应、显性效应和母体效应影响，效应值均达到了极显著水平，衣分主要受显性效应的影响；不同亲本主要性状的加性遗传效应、母体效应存在较大差异。相关性分析表明，各性状间的基因型和表现型遗传相关分量均达到了极显著水平，其中产量与纤维品质多为负相关，纤维品质性状中的纤维长度与比强度、马克隆值与纤维伸长率两对性状之间为正相关，其他品质性状之间均为负相关。产量和纤维品质主要受到加性效应、显性效应和母体效应的共同影响，而衣分仅受显性效应影响。该结果为开展新疆三系杂交棉育种选择优势组合提供了一定的理论依据。

3. 光温敏雄性不育系

光温敏雄性不育系是指不育性状由隐性核基因遗传（$msms$），同时育性受到光照周期和温度调控的不育系。它在可育的光、温条件下能够作为保持系自交繁殖不育系种子，在不育的光、温条件下能够作为不育系和恢复系杂交，创制杂交种，它的利用减少了制种程序、降低了制种成本。同时，由于光温敏雄性不育系的不育性状受隐性核基因控制，正常的可育株均可作为它的恢复系，且恢复率能达到100%，不存在不育细胞质对后代的不利影响，因此光温敏雄性不育系的发现使棉花杂种优势利用的研究有了新的方向。

宇文璞等（1990）报道了棉花温敏雄性不育现象。他在陆海杂种芽黄不育株与中棉所10杂交的后代中发现了温敏特性的芽黄A不育类型。邵圣才等（2012）从1991年开始棉花温敏雄性不育系的选育工作，育成稳定的温敏雄性不育两用系48043。湖南农业大学棉花研究所于1996年在大田种植的岱字棉中发现两株高温不育的雄性不育株，经过8年的研究，选育出遗传稳定、能一系两用的温敏雄性不育系特棉S-1，其育性转换的临界温度为27℃，材料在日平均温度高于此温度的条件下生长时表现不育，低于此温度的条件下生长时表现可育。但是由于温度的变化具有不稳定性，因此利用特棉S-1进行杂交种的生产还存在一定的风险，有待于进一步的改造和研究。

马建辉（2013）报道了通过航天诱变育种在中 040029 的诱变后代中得到了一株具有芽黄标记的棉花光敏雄性不育突变体，经过在河南安阳和海南三亚两地 4 年的回交和嫁接选育，获得了能稳定遗传的突变体材料中 9106，其芽黄和不育性状受一对共同的隐性基因控制，中 9106 在光照周期为 13～14.5h 的长日照条件下生长时表现不育，在光照周期为 11～12.5h、日平均温度≥21.5℃ 的短日照条件下生长时表现可育，能满足短日高温地区自交繁殖不育系，长日照地区进行杂交种生产的要求，从而能在棉花杂交种的生产过程中极大地减少制种程序、降低制种成本，加快棉花杂种优势的应用进程。

五、棉花其他性状遗传

（一）芽黄

芽黄性状是指棉花幼苗期最初几片真叶的叶绿素含量较少，呈现黄绿色，而后逐渐恢复正常绿色的性状。棉花在苗期表现芽黄性状，而且十分明显，容易鉴定，是指示性状遗传研究的较好材料，可应用于棉花杂交种种子的生产。恢复正常绿色的时间有迟有早，也有个别芽黄类型一直到成熟期叶片仍然保持黄绿颜色，决定芽黄性状的都是隐性基因。到目前共鉴定出 22 个芽黄基因，其中黄绿苗基因 yglyg2、avlav2、v5v6、v16v17 为重叠基因，其他为单隐性基因。v7、v21 被发现于海岛棉中，其他的则都被发现于陆地棉。v1、yglyg2 等芽黄性状表现较持久，有的比较短暂，如 v3、v9。

棉花种间或品种间杂交存在着杂种优势，通过连续回交将芽黄性状导入优良品种、品系，以其作为指示性状进行杂交制种，利用间苗技术按指示性状淘汰伪杂种，可以简化制种手续，是棉花杂种优势利用中经济、有效地生产杂种种子的途径之一。

（二）植株叶色

棉花植株和叶片多为绿色，但也有红色。棉花植株花青素表现于叶部组织，也表现于花瓣基部红心。遗传研究表明，红株对绿株为显性，红叶对绿叶和淡黄叶为显性，绿叶对黄叶为显性。美国对 13 种红色植株品种等位性研究的结果也说明，每一种红色株都受相同的主基因控制，而不同品种、品系间红色深浅的不同是修饰基因作用的结果。由于花青素遗传的复杂性，其基因的定位不容易准确。

在陆地棉中，有关色素基因已经鉴定了 3 个位点，即 R1、R2 和 Rd（中国农业科学院棉花研究所，2009），其中，R1 和 R2 具有部分同源性。R1 位于陆地棉 D 染色体组，第 16 号染色体，属第Ⅲ连锁群，表现为不完全显性，是控制茎叶色素的主要位点。带 R1 等位基因的 T586 全株红色，野生型 rlrl 为日光红植株。R2 位于陆地棉 A 染色体组，第 7 号染色体，属第Ⅰ连锁群，控制其花基斑表达。在陆地棉野生种系马丽加兰特棉上有红茎、红叶脉的等位基因。栽培陆地棉没有花瓣红心，基因符号为 r2r2。R2 基因表现为不完全显性，花瓣红心的大小和强度有广泛的变异，并受修饰基因 R2V 的影响，个别单株之间表现出该性状的不稳定性，可能由于环境因素的影响。Rd 是矮化红株基因，位于 D 染色体组，第 XIV 连锁群，McMichael 于 1942 年首先发现，精确的染色体位置仍不清楚，遗传上表现为不完全显性，能导致红色矮生植株，矮生性和红色是一因多效遗传，杂合基因型表现为中间型的色泽及株型。Rs 基因位于第 7 号染色体上，亚红叶棉虽然在叶绿素含量上不如绿叶棉高，但光合强度高于绿叶棉；其 F_1 代在叶绿素含量上没有超亲优势，但光合强度可能具有较高的超亲优势（狄佳春等，2006；宋振云等，2007）。

（三）彩色纤维

彩色棉又称有色棉，是指棉纤维具有某种天然色彩的棉花。由于彩色棉织物所利用的是棉纤维的天然色彩，省去了印染工序，因此也就减少了环境污染和对人体的不良影响。生活水平的提高使人们趋于追求回归自然，所以彩色棉织品在一定程度上受到高消费层次人群的欢迎。

一般认为彩棉颜色由一对基因控制，是不完全显性遗传。玛泽芳、孙逢吉等研究认为，亚洲棉纤维白色是隐性，棕色为显性，是一对简单性状遗传。Ware 的研究表明，棕色纤维由不完全显性基因控制。邱新棉等美国彩色棉与白色棉品种，配制正、反杂交组合，F_2 纤维颜色连续分布，符合孟德尔遗传 3：1 的分离规律，而棕色棉和绿色棉杂交，后代有棕色和绿色纤维，因此认为色素基因受一对显性基因控制，绿色对棕色为显性。Ware 用绿色品系与白色品系杂交，结果表明绿色纤维性状是由一对不完全显性主基因控制的，其基因符号为 Lg。通过对该连锁群上的另一些基因进行定位，Harland 用棕色埃及棉与白色海岛棉杂交，他认为棕色受一对主基因控制并伴随一些修饰因子；西蒙古良用褐色陆地棉和正常白色棉杂交，研究结果认为褐色纤维受 3 对基因控制，分别为 $Lc1$、$Lc2$ 和 $Lc3$。Kohel 对棕色纤维品系的基因进行统一标记，结果表明：品系 ACT、A36、TA35、LB 暗棕色纤维由主基因 $Lc1$ 控制，Morilli 的深棕色受 $Lc3$ 控制，因此控制棕色纤维的基因有如下几个：$Lc1$、$Lc2$、$Lc3$、$Lc4$、$Lc5$、$Lc6$，绿色基因 Lg 与皱脉基因 f 之间紧密连锁。

（四）光籽

在棉花种子表面纤维的进化演化过程中，棉花纤维既有长绒纤维（lint）又有短绒（fuzz），称为毛籽（full haired seed），有的棉花表面有长绒纤维而无短绒纤维，称为光籽（naked seed），有的棉花种子表面既无长绒纤维又无短绒纤维，称为裸籽（fuzzless，lintless seed）。长绒纤维（lint）和短绒（fuzz）覆盖，都是由胚珠外珠被表皮层单细胞发育而成。

Griffee 和 Ligon 于 1929 年报道了一种纤维极端缩短类型突变体，其种子上的纤维仅有 5～6mm，发育迟缓，形态异常，叶片和茎秆扭曲。Kohel 首次将符号 Li 赋予该突变体，遗传分析表明该突变体为显性单基因遗传。1984 年 Kohel 发现了另一种植株形态正常的极短纤维突变体，其纤维也为 6mm 左右。Narbuth 于 1990 年研究表明 Li-2 为单基因显性遗传，Du 等于 2001 年研究表明：XZ142w 的短绒与纤维的有无是由 4 对相互作用的基因控制的，均位于不同的染色体上，分别命名为 $N1$、$N2$、$Li3$、$Li4$。其中 $N1N1$ 控制短绒的有无，$N2N2$ 控制短绒的分化与发育，宋丽等（2010）研究发现隐性光籽突变体 $n2$ 与显性光籽突变体 $N1$ 均符合单基因遗传模型。这些都表明光籽性状的遗传非常复杂，不同基因型的光籽材料，其遗传模式存在着一定的差异，可能受一对或多对基因控制并且基因之间还存在互作。光籽棉材料与毛籽棉相比，有很大的优越性：光籽棉材料种子没有短绒，有利于轧花、清花；利于籽棉加工；免除播种前硫酸脱绒过程，减少种子损伤程度，也可减少硫酸对环境的污染；病菌附着少，减少病害发生。

（五）腺体

色素腺体是棉花特有的，有毒的棉酚储藏在色素腺体中，对棉花抵抗某些病虫害有重要作用，但是也限制了棉籽营养的利用，所以培育低酚棉是棉花育种的一个重要方向。

第一个被发现的无腺体性状的基因是 *gl1*，由 McMichael 于 1954 年在 Hopi 棉中获得。在该基因控制下胚轴、茎秆、叶柄和铃壳为无腺体表型，但是在子叶和真叶上仍有腺体存在。用该无腺体材料与正常有腺体棉花杂交，F_1 为有腺体，F_2 中出现了有腺体和无腺体 3∶1 的性状分离，从而确定这一无腺体性状为隐性单基因控制。1960 年，McMichael 又发现 *gl2* 和 *gl3* 基因，他用陆地棉和 Hopi 棉进行杂交，在分离后代中挑选了不含腺体的棉花新种质系，这些材料在表型上完全呈现无腺体，既包含了 *gl1* 控制的表型同时也使子叶和真叶中表现无腺体。普通有腺体材料与两个无腺体品系 23B 和 9-10 杂交进行遗传分析，发现 F_2 代有腺体植株和无腺体植株的分离比为 15∶1，由此得出全株无腺体表型受两对相互独立的隐性重叠基因控制，并命名为 *gl2* 和 *gl3*。之后研究认为四倍体棉花中，无色素腺体性状由隐性基因 *gl1*、*gl2*、*gl3* 控制，纯合双隐性 *gl2gl2gl3gl3* 就可使全株表现无腺体，*gh* 的作用则较弱。1962 年，Lee 以普通有腺体棉与全株无腺体材料进行杂交，发现 F_2 分离比并不符合 15∶1 的双基因模型，他将 F_2 中的子叶腺体表型分为 4 类，并对这 4 种表型材料分别进行后代测验，也发现不符合常规的分离比，于是推测可能有其他的微效基因位点，经过多代分析最终得到两个微效基因 *gl4* 和 *gl5*，它们仅对 *gl2* 和 *gl3* 起修饰作用，可以调节色素腺体的密度和数量。1965 年 Murray 用 *gl1* 纯合复标记品系 T582 分别与陆地棉 M-8 及海岛棉 Z-101 两个有腺体材料杂交，发现一个作用与 *gl1* 相似但是功能效果更弱的基因 *gl6*，它和 *gl1* 具有同源性。上述基因中，只有纯合双隐性基因型 *gl2gl2gl3gl3* 使棉花全株表现为无腺体表型，为主效基因，其他基因作用较弱或为修饰基因（潘家驹，1998）。

GL2e 是位于 *GL2* 位点上的部分显性突变基因，对 *GL3* 有上位性作用，显性无腺体基因 *GL2e* 可以有效地抑制色素腺体的形成，相比隐性基因控制的无腺体性状，显性无腺体性状可避免天然异交而发生分离，*GL2e* 在低酚棉育种中具有十分广阔的应用前景（程海亮，2014）。

（六）叶形

目前与棉花叶形相关的基因有23个，其中部分基因与叶片裂刻深度有关，如 L_2e、L_2o、L_2u、L_2e、L_2s。部分基因除了影响叶片形状还影响棉花发育。这些基因分布在棉花不同染色体和连锁群上，其中半数基因分布于Ⅶ和Ⅱ两个同源连锁群上，并与其他叶片性状相关基因连锁，第Ⅶ连锁群位于棉花1号染色体上，包括陆地棉条裂叶基因（L_lL）、栅栏组织异常基因（l_p1）、芽黄基因 *v5* 和 *v6* 共4个基因，第Ⅱ连锁群位于棉花15号染色体上，包括海岛棉亚鸡脚叶基因（L_2e）、陆地棉栅栏组织异常基因（l_p2）、条裂叶基因（L_lL）、鸡脚叶基因（L_2o）4个基因。A1和 D15为同源染色体，2个同源位点上的等位基因对叶片表型具有互作效应，如 A1位点上（L_lL）基因可以加强 D15位点上（L_2o）基因的作用。

与叶片裂刻深度相关的共 5 个基因，分别为来自陆地棉的正常阔叶基因（l_2）、鸡脚叶基因（L_2o）、亚鸡脚叶基因（L_2u）、超鸡脚叶基因（L_2s）和来自于海岛棉的亚鸡脚叶类似基因（L_2e），后 4 者属于深裂叶基因。鸡脚叶裂刻较深，叶片边缘有不规则突起。正常阔叶是栽培类型和野生类型中鸡脚叶类型的隐性突变，该类型叶裂较浅，叶缘平滑。超鸡脚叶是叶形发育的一种极端类型，来自野生陆地棉鸡脚叶的显性突变，该类型到成熟期只发育为单一叶片。亚鸡脚叶是鸡脚叶和正常阔叶的中间类型，是在野生陆地棉（AA）和人工合成四倍体棉（DD）中发现的，研究证明 L_2u 与其他 3 个基因为复等位基因，位于 D 基因组，L_2e 来自于海岛棉，与亚鸡脚叶表型十分相似，但是与其他 4 个基因的关系现在尚不清楚。4 种叶形叶裂深度依次为 $L_2s > L_2o > L_2u$（L_2e）$> l_2$，4 种表型也依次表现为不完全显性关系（姜辉等，2015）。

（七）苞叶

棉花在正常情况下有 3 张苞叶，一般呈心脏形，并紧被蕾铃。苞叶是包被在蕾铃外面的特殊的叶性器官，与棉花的蕾铃发育、病虫害防治、光合产物积累及纺纱品质有密切的关系，在野生棉中也有披针形的苞叶，迄今为止已发现苞叶的许多变异类型。1940 年在美国阿肯色州首次发现了窄卷苞叶突变株，该苞叶狭长、草质化、向外扭翻生长，使花朵和棉铃充分裸露。Green 等研究了窄卷苞叶的遗传方式，证明其由一对隐形基因控制（基因符号 fg），Thombre 在亚洲棉品种 AKH111 中也发现类似突变株。除窄卷苞叶外，目前报道的棉花苞叶变异类型还有异常数目苞叶、张开小苞叶、外凹苞叶、外翻苞叶、狭苞叶、狭卷苞叶、凋萎苞叶、自动脱落苞叶等。狭窄苞叶突变体的苞叶在吐絮期自然下卷外翻，避免了苞叶碎屑的附着，对提高原棉净度具有重要的利用价值（刘剑光等，2012）。

第三节　棉花主要育种方法

棉花优良新品种是增产、增效的核心技术，通过资源创新及建立起常规育种与分子育种相结合的先进品种改良技术体系，选育并推广适宜各生态区种植的高产优质、早熟抗逆的棉花品种，是保障新疆棉花可持续发展的重要技术支撑。自 20 世纪 50 年代以来，新疆棉花育种取得了非凡的成就。品种选育技术历经引种筛选、系统选育到杂交-回交技术、基因转化及分子标记辅助育种技术的发展过程。

一、引种

引种是指从外地和国外引进品种，经过简单的试验证明适合本地区栽培后，直接在生产上推广应用，可扩大良种的种植面积，延伸品种种植界限。引种是获得生产上迫切需要的新品种的迅速有效的途径，也是丰富植物育种种质资源的一条有效途径。

新疆大规模引种国内外棉花品种的工作始于 20 世纪 50 年代，一些引进品种曾被列为良繁对象和主栽品种。如 70 年代引入的 C3173、C1470、108 夫、KK1543、611 波、2 依 3、9122 依等品种；"九五"期间认定、引进后审定命名的新品种有 2 个，即新陆早 11 号（豫棉202）、新陆中 8 号（冀 91-19），认定的棉花品种为中棉所 16、中棉所 17、中棉所 19、中棉所 24、中棉所 35 和豫棉 15 号、石远 321，这些品种曾大面积种植，对新疆棉花生产的发展起了重要作用。70 年代还引进了美棉试种，对岱字棉、斯字棉、德字棉、坷字棉、金字棉等 40 多个美国品种和国内 200 多个地方品种进行种植和鉴定。鉴定结果表明，美棉品种对新疆自然条件适应性不好，而苏联棉品种却能较好地适应南疆干燥、炎热、气温变幅极大的大陆性气候。

为新品种选育提供亲本是引种的另一个重要作用。例如，用 C602 系选出的 A60-30、用 C1470 作母本与父本杂交选育的军棉 1 号、C1470 与 C1581 杂交，后代再与上海无毒棉杂交，并用 C1470 回交选育的新陆中 1 号等；用 KK 系统中的 KK-1543 系统选出的 61-72 和 66-241，用 66-241 为亲本与两个无毒棉品种杂交育成新陆早 3 号，以 KK-1543 为亲本杂交育出的新陆 101 和新陆中 4 号等；利用美国斯字棉系统的斯字棉 5A 作亲本与苏联的 611 波杂交育成农垦 5 号，从其姊妹系中选出新陆早 1 号，在斯字 5A 系谱杂交育出的还有新陆早 2 号等。

20 世纪 50 年代也是海岛棉的引种驯化时期。我国主要从中亚、埃及和美国等地引进海岛棉品种，在新疆吐鲁番盆地和塔里木盆地试种。从苏联中亚地区引进了 2 依 3、910 依、5476 依、8763 依、5904 依、司 6022 等品种多表现为植株高大松散、晚熟、产量低，这一时期品种驯化改良的重点是提高早熟性。因为中亚地区与新疆的自然生态条件相近，比埃及和美国品种表现出更好的适应性，一些早熟性、产量和纤维品质较好的品种可在生产上直接应用，有的还成为系统选育和杂交育种的骨干亲本。例如，利用苏联的品种 8763 依作亲本经不同品种杂交，分别选育出新海 4 号和新海 5 号。1956 年新疆从中亚引入长绒棉 2946-B，从中选育出了我国长绒棉的主要品种——新海棉。1959 年，新疆生产建设兵团第一师沙井子试验站，成功地从 2 依 3 天然变异株中系统选育出了长绒棉品种胜利 1 号。2008～2010 年中国农业科学院棉花研究所从俄罗斯、乌兹别克斯坦等国引进 191 份长绒棉，在新疆阿克苏中国农业科学院棉花研究所试验站种植展示，这些资源对我国长绒棉品种改良具有重要的价值。

（一）引种的基本原则

1. 确定引种目标

选育优良品种要有正确的育种目标，引入外来的品种也要有明确的目的。要根据国内外棉花市场的需求，结合当地的自然条件和农业耕作的需求，确定引入品种应具有哪些优良的特征特性和生产性能，考虑引进品种的丰产性、早熟性、抗逆性、纤维品质和种子营养品质，符合或基本符合要求的品种，成功的可能性较大。

2. 生态类型相似原则

棉花品种的生态型是在一定地区的自然、经济、栽培条件下，通过自然选择和人工选择而形成的，它们具有比较相似的主要性状。一定的生态类型对其分布地区的条件，一般具有最大的适应性。相似的自然、经济、栽培条件形成棉花相似的生态类型。而生态类型相似的一些棉花品种，往往具有相似的地区适应性。引入地区的气候因素尤其是温度状况能否满足引入品种正常生育的要求是引种的关键。

20 世纪 70 年代，对新疆引入的美棉和苏棉系列品种进行试验试种发现，苏棉品种更能适应南疆的生态条件，而南疆棉区不宜引种美棉。这是因为美国受温带阔叶林气候和亚热带森林气候、终年大西洋和墨西哥湾的海风影响，气候温暖，温差小，雨量充足，年降水在1000mm以上，棉花品种形成了能耐湿热、耐水肥、抗风暴的生态类型。相反，苏联棉花集中分布在中亚地区，此区年降水量很少，蒸发量极大，气候干燥，沙漠面积大，气温变化剧烈，年温差、日温差极大，是典型的干旱大陆性气候。在这种特定的自然条件下形成耐大气干旱、耐高温、抗气温剧变的生态类型。

20世纪90年代全球气候变暖，新疆棉区也受到影响，积温增加。从河南引进中棉所12、中棉所19等中熟品种到南疆，在一些年份表现增产，但南疆属于早中熟棉区，中棉所12等因熟性偏晚未能持续发展。随着棉花育种的发展，到20世纪末和21世纪初，中棉所早中熟系列品种如中棉所35、中棉所41、中棉所49等在南疆得到了大面积推广。

（二）引种的方法

为保证引种效果、减免浪费和损失，以及所带来的负面作用，引种工作必须按照一定的步骤，采用一定的方法和技术进行。坚持"既积极又慎重"的原则，采取"少量引种、多点试验、全面鉴定、逐步推广"的步骤，主要程序如下。

1. 引种信息收集和研究

根据当前生产和发展上对棉花品种的要求，制订明确的引种目标，然后根据引种原理，对当地的生态条件进行分析，明确自然气候和耕作制度对棉花品种性状上的要求，通过调查研究，了解引入的棉花品种选育历史、生态类型、对光温的反应，以及原产地的自然条件、耕作制度和病虫害等，再与本地区的自然、栽培条件比较，确定从哪些地方引种，引入什么品种。充分考虑两地环境条件的相似性，成功的可能性就大。

2. 检疫

引种是传播病虫害和杂草的一个重要途径，引种时要加强检疫，防止病虫杂草带入。凡带有检疫对象的材料，要及时进行药剂处理或先通过特设的检疫圃隔离种植，确定其没有检疫病虫后，再进行其他试验，对检疫对象应坚决采取根除措施。

3. 引种试验和品种审（认）定

在引种地区范围内选择几个有代表性的地点同时进行观察试验，综合各点的观察结果，评价引进品种的利用价值和推广前途。

选择观察试验中表现优良的引进品种，参加正规品种比较试验。经2～3年品种比较试验后，个别表现优良的品种被送去参加区域试验。通过区域试验认定的优良品种，方可进行生产示范、繁殖、推广。

（三）引种的基本规律

1. 由南向北引种

低纬度地区的品种引向高纬度地区时，遇日照变长、温度变低的环境，会出现生育期延长，生长发育过程也会受到抑制，后期遇低温还会严重影响棉花的产量和质量。而纬度越高，无霜期越短，使霜后花增多，出现问题也越多，常因积温不足不能正常成熟。所以，从低纬度向高纬度引种，要选引该地区早熟品种，以减轻生育期延长的影响。但纬度相差过大，不宜引种。

2. 由北向南引种

高纬度地区的品种引向低纬度地区时，遇日照变短、温度变高的环境，会出现生育期缩短，甚至生长发育不健全，严重影响棉花的产量和质量。所以，从高纬度向低纬度引种，要选引该地区较迟熟品种，以减轻生育期缩短的影响。但纬度相差过大，不宜引种。

3. 从不同海拔引种

纬度相近而海拔不同的地区引种，由于海拔越高温度越低（一般海拔每升高 100m，日平均气温约降低 0.6℃），无霜期越短，日照越长，并且光质也发生相应的变化。因此，从高海拔地区向低海拔地区引种，生育期缩短，应选引较迟熟品种；而从低海拔地区向高海拔地区引种，生育期延长，应选引较早熟品种，以减轻生育期变化的影响。

二、系统育种

在推广种植的品种群体中，选择优良的变异个体（单株）或单铃，通过后代鉴定、产量比较培育成新品种的方法，称为系统育种法。系统育种是简单易行、快速有效地改良现有品种的重要途径之一，是被国内外广泛应用的非常重要的育种手段。

（一）棉花系统育种的意义及特点

1. 系统育种的意义

系统育种是我国陆地棉品种改良的主要方法。在我国当前大面积推广的棉花良种中，各地不少主栽品种是系统选择育成的。黄滋康（2007）在《中国棉花品种及系谱》专著中，对用系统育种方法育成的品种作了详细叙述。例如，针对解决棉花早熟和抗病问题，辽宁从木浦 113-2（1919 年前后由朝鲜引入）中系统选育出关农 1 号，它是我国第一个自育的陆地棉早熟品种，成为我国选育早熟品种最早的基础种质。20 世纪六七十年代是新疆棉花品种系统选育时期。相继育成新海棉、军海 1 号、新海 3 号等早熟、丰产品种，从而替代了引进品种。品种株型更趋紧凑，属零式分枝类型，早熟性、适应性及产量性状均得到显著提高，纤维品质有一定程度的改进。新疆首个海岛棉品种军海 1 号是从苏联品种 9122 依中系统选育出的，累计种植面积 24.9 万 hm²，进而系统选育出新海 8 号、新海 10 号等。北疆的棉花主栽品种新陆早 33 号是在石选 87 中通过系统育种方法选育而成，该品种在新疆累计种植面积达 700 万～800 万 hm²。

系统育种在我国棉花改良中起着非常重要的作用，随着育种方法和技术逐渐多元化，系统育种育成的新品种所占的比率变小，但系统育种仍将在棉花育种中继续发挥应有的作用。例如，适应机械化收获品种的选育是农业现代化提出的一个新课题，这也往往有赖于系统选择提供原始材料。美国为培育适于机械化收花的棉花新品种，要求含絮紧，叶片无绒毛，并且要矮秆，这三者都是从系统育种中获得解决的。

很多实例充分说明，系统育种不仅对新品种的选育是行之有效的手段，而且对解决棉花现代育种中的多种目标也起着直接或间接的重要作用。

2. 系统育种的特点

系统育种便于基层结合良种繁育工作利用主栽品种存在的剩余变异或自然变异，"优中选优"、"连续选优"开展选育工作，方法简便。

其特点是：①立足于选，省去人工创造变异的环节；②纯合快，所选个体一般为同质结合；③推广应用快，只在原推广品种基础中选优，改进了部分性状，适应性强。

（二）系统育种的遗传基础

品种群体的自然变异

（1）自然杂交。棉花是常异花授粉作物，自然杂交是常见的。自然杂种处于亲本群体的包围之中，很可能发生回交。自然杂交的后代，由于通过充分的自由授粉和各种方式的杂交，又经过一定世代的自然选择的影响，杂合基因有充分的分离、重组、交换和互作的机会，这有利于理想的重组型的出现。

（2）基因突变。自然界引起生物突变的因素是多种多样的，如气象因素、高温、低温、宇宙射线、天然放射性物质及土壤中存在的一些其他化学物质和代谢产物等内外因子作用，对于植物都可能导致基因突变。品种推广后，种植面积越大，时间越长，发生突变的机会也就越多。

（3）品种剩余变异继续分离。棉花品种的稳定性是相对的，一些数量性状，如株高、成熟期、籽粒大小等受多基因控制，要使其纯合化需很长的世代，这些性状又受环境条件的影响较大，或多或少会继续分离。而品种群体内既有分离，又有重组。杂交育成的新品种，虽经多代自交和选择，仍存在相当部分的剩余变异。例如，一个具有 10对杂合基因的个体，进行 5 代自交后，仍有 27%的个体为杂合的。棉花的经济性状均为数量性状，选择潜力更大，因此，原来所谓稳定的材料，一旦在异常条件下，往往会出现分离。

（4）倍数性变异。正是对天然多倍体的研究，激发了人工多倍体育种。棉花本身就起源于天然异源多倍体，人工多倍体可以说是对自然多倍体的摹写。单倍体育种是现代育种中引人注目的新方法，而自然界产生单倍体有多种不同的方式，如孤性生殖、杂合体中染色体有选择的消失等。哈尔兰德于 1915 年在海岛棉生产大田里发现一棵"雄棉"，后经细胞学观察，证实是染色体数为 26 个的自然单倍体。陆地棉中也有双胚种子长出单倍体幼苗现象，不过频率要低得多。

（三）棉花系统育种基本环节

1. 制订合适的育种目标

育种目标要明确、量化、具体，制订目标时，要分析在当地条件下，品种要具备哪些基本优点才使它成为主栽品种或有希望的"接班"品种，存在哪些主要缺点有待改进。

只要保持或发扬了原品种的综合优良性状，又克服了其主要弱点，扬长避短选出来的新品种就能取代原品种的地位。

2. 优中选优

从优良品种中选择，由于基础较高，育成生产价值更高的品种的可能性较大。从我国棉花育种历史来看，用系统育种法育成的棉花品种绝大多数来自综合性状较优、对当地材料适应、生产上广泛栽培或即将推广的品种，包括地方品种、杂交育成的品种及引进的外地品种等，如岱字棉、斯字棉等是我国应用选择育种法育成众多新品种的主体材料。因为这些品种引入我国后广泛种植在不同的生态条件下，因各种因素会发生多种多样的变异，为选择提供了丰富的材料。杂交育成的新品种，因遗传基础较宽，剩余变异出现的频率高，也是选择育种的主要材料。例如，从种植在病地中的泗棉 2 号（泗 437×墨西哥 910）选出了高产、抗病的苏棉 4 号。从陕棉 5 号中选出的 86-1，其生育期比原品种缩短，衣分、纤维长度、纤维强力均有提高，在全国抗病区域试验中比陕 401 增产 18.9%。从中棉所 17 中选出的冀棉 22，纤维长度由原来的 31.4mm 提高到 33mm 等。对这些材料进行全面分析，选择具有原品种优点，并能克服其缺点的优异单株，实行优中选优，才有可能育成生产价值更高的新品种。

3. 准确把握性状改良目标，提高效率

首先要最大限度地保证鉴定条件的一致性，缩小个体间的环境差异。做好试验地的选择和培养，选择肥力中上等、地块均匀、前茬一致的地块。施肥均匀，基肥尽量用充分发酵的有机肥，追肥应定量、均匀，切忌氮肥过量造成贪青旺长；另外严格控制试验误差，合理设计田间试验并作相应的统计分析。此外，在试验实施过程中要对试验田块精细管理，保持试验的一致性。田间鉴定时应突出重点，讲求实效。在育种过程中，观察记录个体材料特点及各性状的优劣，以挑出最好的材料。如果目标主次不分，就会影响选择，所以记载要精要。

4. 多看精选

确定了目标和对象，就得根据既定目标选出符合需要的单株，并对后代进行认真考察，选拔优系，最后培育出新品种。以原有良种为基础，设想在某些方面向选育的目标转化，这种可能性是客观存在的。优良个体往往是通过偶然性表现出来的，因此，必须狠下工夫，多看精选，从大量可能的变异中寻找符合目标的个体。多看精选应贯穿于从单株选择到系统选拔的全过程。具体可归纳为"六选"。

（1）重视培育条件，定向选择。人们是通过表现型选拔优异的基因型，而表现型是基因型与环境条件的总和。因此，必须尽量缩小环境差异，避免为表面现象所迷惑，掩盖材料的真实生产力。培育条件除注意一致性、代表性外，有时还要根据特定的育种目标，设置相应的诱发条件，如抗病育种中病圃鉴定等。

（2）抓住主要矛盾，综合选择。首先要抓住原品种的主要缺点，下工夫改造。田间初选与室内决选都要突出重点，明确主攻目标，才能事半功倍。但这必须同时保持原品种的综合优良性状。群体遗传学的一个基本概念是综合性状高于一般群体平均数的个

体，比只有个别性状高度优异的个体具有更高的育种价值。换言之，与适应性有关的多基因系统往往和综合性状的优异表现相联系。生产实践告诉人们，稳产性好的品种都是综合性状比较协调的品种。

（3）着眼群体结构，株型选择。广义的株型，就是叶、茎、枝、蕾铃的综合配置方式。理想的高产株型，应该使群体最有效地利用光、温、水、气、肥等环境条件，保证高产稳产。即从群体着眼，从个体入手，才能选准。产量结构是表象，是光合产物的分配问题，不提高光能利用率，还是不能从根本上解决问题。因此，必须以株型育种为突破口，解决改善通风透光的主要矛盾。

（4）紧扣育种目标，从严选择。坚持高标准、严要求，凡不符合育种目标而又无其他特点的材料一概淘汰。有所取舍，避免背大包袱，便于集中力量选出优良的好材料。

（5）抓紧关键时期，及时选择。要抓紧有利时机，在性状表现最明显的时候及时进行选择，如抗枯萎病是棉花生产上的重大问题，而这必须在苗期及时鉴定。

（6）利用相关性状，间接选择。品种的性状不是孤立的，而是相互联系的。对某些易受环境影响或不易直接测定的性状，在实际选种时，往往按照性状相关的原理，以明显的质量性状或外部表现为标志，进行间接选择，如根系的活力，前期与幼苗长势、后期与是否早衰密切相关。当然任何相关性是相对的，应从多方面的联系去分析。

（四）棉花系统育种的方法和程序

1. 单株选择

棉花系统育种从选株开始到育成品种并推广，要经过一系列的试验过程（图 3.1）。

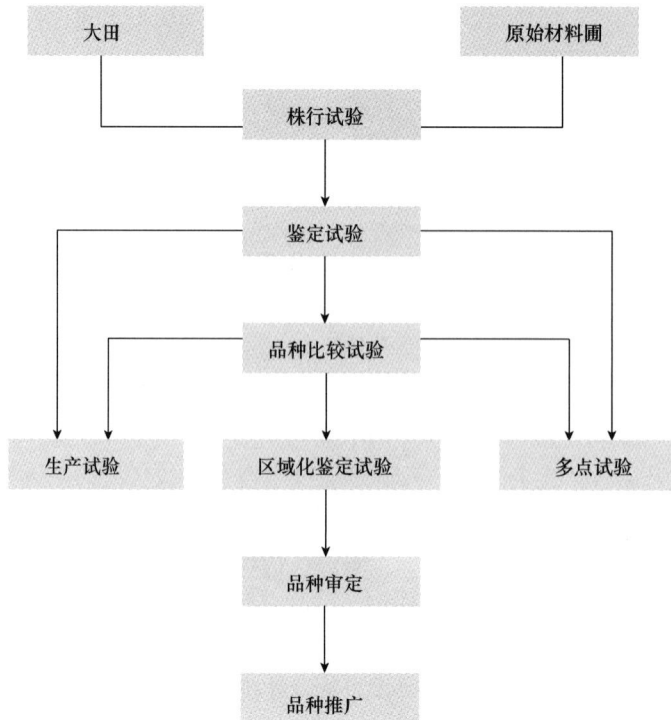

图 3.1　棉花系统育种的程序

（1）选择优良变异植株。在田间或原始材料圃中选择符合育种目标的优良变异单株，田间选株要挂牌标记，以便识别。再经过室内复选，淘汰性状表现不好的单株，当选的单株分别轧花保存，作为下年试验播种之用。

（2）株系试验。将上年入选的单株分别种植成株行（也可称系统），每隔 9 或 19 个株行种上原品种作为对照，后代鉴定是系统育种的关键。在选择关键时期，如各个生育期、发病严重期、成熟前期，观察鉴定各个单株后代（株系）的一致性和各种性状表现，严格选优。入选的优系再经过室内复选，保留几个、十几个、最多几十个优良株系。如果入选的株系在主要性状上表现整齐一致，则可称为品系，下年参加品系比较试验。个别表现优异但尚有分离的株系可继续选择，下一年仍参加株系试验，即采用多次单株选择，直到选出主要性状符合育种要求且表现整齐一致的品系。

（3）品系鉴定试验。以较大的小区面积鉴定品系的生产能力和适应性。各入选品系相邻种植，并设置 2 或 3 次重复以提高试验的精确性。试验条件应与大田生产接近，保证试验的代表性。

（4）品系比较试验。进行 2 年。根据田间观察评定和室内考种及品质检测，选出比对照显著优越的品系 1 或 2 个参加品种比较试验。表现优异的品系，在第二年品系比较试验的同时，应加速繁殖种子，以便进行生产试验。

（5）品种比较试验。对品系鉴定试验选出的优良品系进行最后的筛选和全面评价。在连续 2~3 年品种比较试验中，均比对照品种显著增产的为当选品种，即可申请参加国家组织的区域性试验。

（6）区域化试验。这是对各单位选送的品种，根据品种特性分区域进行鉴定，以便客观地鉴定新品种的推广价值和最适宜的推广区域，对品系鉴定、品种比较试验和区域化试验中表现优异的品系、品种可在各地接近大田生产条件下，同时进行大面积生产试验鉴定和栽培试验。审定合格后，定名推广。

在选择过程中，应注意以下技术环节。

（1）选择对象要恰当。系统育种的选择对象绝大多数来自生产上广泛栽培或即将推广的品种，这类品种综合性状好、产量高、品质好、适应性强。从取材的来源上看，地方品种、外引品种、杂交育成品种都各具特点，例如，地方品种适应性、抗逆性强，在条件严酷的地区可以利用；外引品种在与原产地不同的条件下容易产生变异。杂交育成的品种遗传稳定性低，变异性大。同时这些品种广泛种植在不同的生态地区，受各种自然条件的影响，会发生多种多样的变异，为选择提供了丰富的材料。

（2）选择目标要具体、明确，选择数量要恰当。选择优良变异单株应根据育种目标和原品种群体的基础情况，具体确定选择对象中哪些优良性状要保持稳定，哪些性状需要改进和提高。一般来说，应在综合性状优良的基础上，着重克服原品种存在的个别缺点，不应忽视综合性状而只突出单一性状的改良。

供选择的群体大小和选择数量，应视具体情况而定。因为系统育种是建立在自然变异的基础上，可遗传的优良自然变异的频率较小。一般来说，在改良品种时，群体愈大，选择数量愈多，成功的可能性愈大，但会相应增加育种的工作量。

（3）准确观察和鉴定。系统育种中的选株和系统鉴别要在均匀一致、生长正常的条件下进行，以避免环境因素的干扰，保证客观正确地鉴别优劣。系统育种的关键是在株行或穗行（系统）阶段。只有根据单株后裔的表现才能正确鉴别当选单株的优劣。因此，应在整个生育过程中，尤其是在关键时期和性状显现的有利时机进行观察、鉴定、比较。

2. 混合选择法

混合选择法又称表型选择法，是根据育种目标从天然群体或人工栽培群体中，根据一定的表型性状（如成熟期、株型、品质、产量性状、抗性等）选出具有相对一致性状的一些优良单株，混合采集种子，混合繁殖，与原品种和标准品种进行比较、鉴定的一种选择方法。

选择前仔细观察原品种情况，选择时考虑熟性、结铃性、株型、产量性状、抗性等，并结合品质、衣分性状，选出 500 个左右单株在第二年混种，当选择的群体表现优于原始群体或者对照品种时，即进入品种比较预备试验圃。

根据选择次数的多少分为一次混合选择法和多次混合选择法。在第一次混合选择的群体内继续进行两次以上的混合选择，直至性状表现比较一致、稳定，并优于对照品种为止。混合选择与单株选择也可交互进行来改良棉花品种。我国于 1920 年大量引入美棉脱字棉，原品种纯度低，受到生态条件的改变，种植后变异多，金陵大学和东南大学采用混合选择法，分别育成金大脱字棉和东大脱字棉，为推广陆地棉奠定了基础。新疆海岛棉品种新海棉和新海 3 号（混选 2 号）分别是从 5230 夫和军海 1 号中混选的。

（五）棉花系统育种方法的改进

1. 系统育种的局限性

系统育种是利用群体自然变异，而不是有目的地创造变异。同时，自然群体大，有利的变异概率低，也增加了寻找的困难。另外，仅针对品种个别性状上改进，综合性状上较难突破。所以，必须结合其他育种方法来弥补自然变异的不足，使系统育种能更有效地为选育棉花新品种服务。

2. 改进系统育种的方法

各种育种方法不是孤立的，而是相辅相成的。系统选择与其他育种方法相结合，可以取长补短，相得益彰。随着育种新技术的发展，新的遗传变异类型的创造，不断扩大基因库，为系统育种提供了丰富的选择材料，同时在方法上和技术上赋予新的手段，正在使系统育种发生革命性的变革。例如，"株型育种"概念的形成，使从育种目标的设计到单株选择的标准都补充了崭新的内容，各种现代鉴定技术的研究，大大提高了选择的准确性，各种加代方法及单倍体技术的应用，大大缩短了育种年限，如低光呼吸筛选技术的探索，也为系统育种展示了从形态育种发展到生理育种的现实可能性。系统育种只有从现代育种科学的宝库中不断吸取营养，武装自己，不断改进，才能永葆青春。

三、棉花杂交育种

棉花杂交育种是指不同种群、不同基因型个体间进行杂交，并在其杂种后代中通过选择而育成纯合品种的方法。杂交可以使双亲的基因重新组合，形成各种不同的类型，为选择提供丰富的材料；不同类型的亲本进行杂交可以获得性状的重新组合，杂交后代中可能出现双亲性状优良的组合，甚至出现超亲代的优良性状。育种过程就是从分离的后代群体中，通过人工选择、培育和比较鉴定，获得遗传相对稳定、有栽培利用价值的定型新品种。

新疆棉花育种自 20 世纪 80 年代开始转为以杂交育种为主的阶段。90 年代中后期陆续审定的杂交自育品种 9 个，其中早熟陆地棉新品种 6 个，分别是新陆早 4 号（以 66-241×沣 74-47W 的 F_1 为母本再与岱 70 复合杂交选育）、新陆早 6 号（以 85-174 为母本，美国高强长绒贝尔斯诺为父本杂交选育）、新陆早 7 号（自育优良品系 347-2 为母本，苏联品种塔什干 2 号为父本杂交选育）、新陆早 8 号、新陆早 9 号（以自育品系 5×贝尔斯诺的 F_1 为母本、中棉所 17 为父本复合杂交选育）、新陆早 10 号（以自育优良组合黑山棉×02 为母本，中 381 为父本杂交选育）；早中熟陆地棉新品种 2 个，分别为新陆中 6 号、新陆中 7 号（以自育品系 85-113 为母本、中棉所 12 为父本杂交选育）；海岛棉新品种 1 个，为新海 15 号（以 1120 为母本、A 杂交铃为父本杂交选育）。当前新疆生产上大面积推广的主栽品种，如新陆早 45 号、新陆早 49 号、新陆中 34 号、新陆中 35 号等主要是由该方法育成的。

2000～2014 年新疆共育成海岛棉品种 33 个，都是采用杂交育种方式选育而成的。育成的海岛棉新品种单铃重从 2.8g 左右提高到 3.3g，衣分从 28%提高到 33%，单株铃数从 7.1 个提高到 10.5 个，霜前皮棉产量在 1281～1710kg/hm²，得到较大幅度提升，比强度提高了 2～3cN/tex，品种抗病性均得到了较大改善，早熟性得到了根本改观。20 世纪 90 年代以后，中国选育出了纤维品质性状相对优异的海岛棉新品种，如新海 13 号、新海 15 号、新海 17 号、新海 18 号等，这些品种的纤维主体长度已达 35～36.8mm，比强度已达 33～36cN/tex（新海 24 号比强度高达 43cN/tex），长绒棉的主要纤维物理指标已经能够与世界上品质最优的超级长绒棉品种埃及 Giza70 等相媲美。特早熟长绒棉新海 22 号在北疆种植成功，填补了北疆不可种植长绒棉的空白，为新疆海岛棉产业发展提供了重要技术支撑。新疆海岛棉的育种研究和应用成果，代表了中国海岛棉研究与生产的水平。

（一）棉花杂交育种的遗传基础

杂交后的基因重组，将产生很多变异类型。其遗传学基础归纳为：①基因重组。使分散在不同亲本中控制不同有利性状的基因组合在一起，形成具有不同亲本优点的后代。②基因累加。通过基因效应的累加，从后代中选出受微效多基因控制的某些数量性状超过亲本的个体。③通过非等位基因之间的互作产生不同于双亲的新的优良性状，产生新类型。

杂交育种按其指导思想可分为两种类型，一种是组合育种，另一种是超亲育种。

组合育种是将分属于不同品种的、控制不同性状的优良基因随机结合后形成各种不同的基因组合，通过定向选择育成集双亲优点于一体的新品种。其遗传机理主要是基因重组和互作。例如，将分属于两个亲本的抗病性和丰产性结合育成既抗病又丰产的新品种。

超亲育种是将双亲中控制同一性状的不同微效基因积累于一个杂种个体中，形成在该性状上超过亲本的类型。其遗传机理主要在于基因累加和互作。超亲育种所涉及的性状多为数量上、品质上或生理上的性状，与之相关联的基因数目较多，每个基因的效应较小，因而对它们进行分析鉴别也较困难。

在杂交育种的初期阶段，大多以结合双亲不同优良性状为目的，即进行"组合育种"。当育种工作取得一定进展，育成品种在产量及重要数量性状上已达较高水平时，则往往寄期望于超亲类型的出现，即进行"超亲育种"。在实际工作中，两者常交叉或结合进行。

（二）亲本选配

根据育种目标选择携带不同有利基因的亲本，进行适当的组配，为杂交后代提供恰当而广泛的遗传基础，为杂交育种的成功创造必要条件，是杂交育种成败的关键。优良的杂交组合，可以选出多个优良品种。根据育种目标的要求，一般按照下列原则进行。

1. 双亲都具有较多的优点，没有突出的缺点，在主要性状上优缺点尽可能互补

这是选配亲本中的一条重要基本原则，其理论依据是基因的分离和自由组合。由于一个地区育种目标所要求的优良性状总是多方面的，如果双亲都是优点多，缺点少，则杂种后代通过基因重组，出现综合性状较好材料的概率就大，就有可能选出优良的品种。同时，作物的许多经济性状，如产量构成因素、成熟期等大多表现为数量遗传，杂种后代的表现和双亲平均值有密切的关系。

2. 亲本之一最好是能适应当地条件、综合性状较好的推广品种

品种对外界条件的适应性是影响丰产、稳产的重要因素。杂种后代能否适应当地条件和亲本的适应性关系很大。适应性好的亲本可以是农家种，也可以是国内改良种和国外品种。在自然条件比较严酷，受寒、旱、盐碱等影响较大的地区，当地农家种因经历长期的自然选择和人工选择，往往表现出比外来品种有较强的适应，在这种地区最好用农家品种作亲本。

3. 注意亲本间的遗传差异，选用生态类型差异较大、亲缘关系较远的亲本材料相互杂交

不同生态型、不同地理来源和不同亲缘关系的品种，由于亲本间的遗传基础差异大，杂交后代的分离比较广，易于选出性状超越亲本和适应性比较强的新品种。在许多作物的杂交育种实践中都得到了广泛的证明。一般情况下，利用外地不同生态类型的品种作为亲本，容易引进新种质，克服用当地推广品种作亲本的某些局限性或缺点，增加成功的机会。

4. 杂交亲本应具有较好的配合力

亲本本身优良性状多、缺点少，是选择亲本的重要依据，但并非所有优良品种都是优良的亲本。根据我国各地从事棉花杂交育种的经验，一般认为徐州 58、徐州 142 等品种的丰产性，邢台 6871 的高衣分，中棉所 7、乌干达 4 号等品种的优良纤维品质和强的生长势等性状对杂种后代影响的能力较大，即一般配合力高，用它们作为亲本之一，大都能获得较好的结果。

一般配合力的好坏与品种本身性状的好坏有一定关系，但两者并非一回事。即一个

优良的品种常常是好的亲本，在其后代中能分离出优良类型。但并非所有优良品种都是好的亲本，或好的亲本必是优良品种。有时一个本身表现并不突出的品种却是好的亲本，能育出优良品种，即这个亲本品种的配合力好。因此，选配亲本时，除注意本身的优缺点外，还要通过杂交育种实践，积累资料，以便选出配合力好的品种作为亲本。例如，我国棉花品种 52-128、57-681 等本身并非优良品种，也没有在生产上广泛应用，但用它们作为亲本枯萎病的抗源，与其他品种杂交，育成了不少高产、优质、抗病的优良品种。

为了有效地选配组合，一个育种单位可选定几个当地推广的良种作中心亲本，并针对不同性状配备几套常用亲本；同时有计划地通过杂交创造中间产品作为"未来"亲本，以便逐步实现预定的育种目标。

（三）棉花杂交育种技术

棉花杂交工作前，应对其花器构造、开花习性、授粉方式、花粉寿命、胚珠受精能力及持续时间等一系列问题有所了解。并对棉花的不同品种在当地条件下的具体表现有一定认识，才能有效地开展工作。

1. 花器特征

棉花为常异花授粉作物，花有花柄，花的外层有苞叶 3 片，中央有 5 个萼片连合成环状，围绕着花冠基部；花瓣 5 片，呈倒三角形旋转状排列。雄蕊有 60～100 枚甚至更多，其花丝基部连合成雄蕊管，并与花冠基部连接，包围在雌蕊的花柱外面。雌蕊位于花中央，柱头 3～5 裂。花朵开花前，各片花瓣相互覆盖，开花前一天下午，花冠迅速伸长，伸出苞叶之外，此时为棉花去雄的较佳时间。

棉花开花后，柱头被自然授粉（花粉囊破裂散粉或昆虫传粉）或人工授粉后，花粉萌发快速，形成花粉管，花粉管伸进柱头，经花柱到达子房，通过珠孔进入胚囊后，放出 2 个精细胞，一个与卵细胞结合受精，形成合子，将发育成胚；另一个与两个极核融合，产生三倍体的初生胚乳核，将发育成胚乳，称为双受精。

2. 杂交方法

选择棉花中的母本应是具备品种典型特征、生育稳健、无病虫害的植株，尽量选择中部果枝的第 1 节位的花朵，开花的前一天下午，进行去雄，柱头不残留花粉，用 4～5cm 腊管或塑料管套住，防止昆虫传粉。去雄的同时第二天将开花朵套袋或用线束法不让花冠开放，保证父本花粉纯净。人工授粉后，继续套上隔离物。为提高杂交成功率，可在人工授粉后，在杂交花花柄涂抹一定浓度赤霉素，并去除所在果枝的其他花或蕾。

3. 杂交方式

杂交方式是指一个杂交组合里要用多少亲本，以及各亲本间如何配置的问题。它是影响杂交育种成效的重要因素之一，并决定杂种后代的变异程度，杂交方式一般须根据育种目标和亲本的特点确定。

1）单交或成对杂交

两个品种进行杂交称为单交或成对杂交，以符号 A×B 或 A/B 表示。A 和 B 的遗传组成各占 50%，单交只进行一次杂交，简单易行，育种时间短，杂种后代群体的规模也相对较小。当 A、B 两个亲本的性状基本上能符合育种目标，优缺点可以相互补偿时，可以采用单交方式。育种实践证明，单交组合的两个亲本，如果亲缘关系接近，性状差异较小，杂种后代的分离不大，稳定较快。反之，则分离较大，稳定也较慢。例如，目前在新疆生产上大面积推广的新陆中 36 号（91-19×155）、新陆早 45 号（新陆早 13 号×8841）、新陆早 62 号（协作 92-36×中棉所 17）等棉花品种都是用单交法育成的。

两亲本杂交可以互为父、母本，因此又有正交和反交之分。如果称 A×B 为正交，则 B×A 为反交。育种实践证明，如果亲本主要性状的遗传不受细胞质控制，正交和反交性状差异一般不大，就没有必要同时进行正交和反交。习惯上常以对当地条件最适应的亲本作为母本，以便于杂交操作的进行。

2）复交

涉及 3 个或 3 个以上的亲本，要进行两次或两次以上的杂交。当单交杂种后代不完全符合育种目标，而在现有亲本中还找不到一个亲本能对其缺点完全补偿时；或某亲本有非常突出的优点，但缺点也很明显，一次杂交对其缺点难以完全克服时，均宜采用复交方式。

随着生产的发展，育种目标日益全面，复交方式已被广泛应用。在我国棉花育种中，20 世纪 70 年代复交育成的品种只有 7 个，占杂交育成品种总数的 18%；80 年代复交育成的品种有 24 个，占杂交育成品种数的 52%，现今 60%以上的棉花品种是由复交育成的。复合杂交年限长，所需处理的杂种群体大，故当两个杂交亲本的性状总体可满足育种要求时，多采用单交方式。

在应用复交时，怎样安排亲本的组合方式和亲本在各次杂交中的先后次序是很重要的问题。这需要育种者考虑各亲本的优缺点、性状互补的可能性，以及期望各亲本的遗传组成在杂交后代中所占的比重等而定。一般应该遵循的原则是：综合性状较好，适应性较强并有一定丰产性的亲本应安排在最后一次杂交，以便使其遗传组成在杂种遗传组成中占有较大的比重，从而增强杂种后代的优良性状。复交的方式如下。

（1）三交。就是 3 个品种间的杂交。例如，以单交的 F_1 杂种再与另一品种杂交，A/B//C 即（A×B）×C，A 和 B 的遗传比重各占 25%，C 的遗传比重占 50%。一般用综合性状优良的品种或具有重要目标性状的亲本作为最后一次杂交的亲本，以增加该亲本性状在杂种后代遗传组成中所占的比例。

（2）双交。是指两个单交的 F_1 再杂交，参加杂交的可以是 3 个或 4 个亲本。三亲本双交是指一个亲本先分别同其他两个亲本配成单交，再将这两个单交的 F_1 进行杂交，如 A/C//C/D 即（A×C）×（C×D），A 和 B 的遗传比重各占 25%，C 的遗传比重占 50%。

（3）四交。以三交杂种一代与第 4 个品种杂交则称四交，以[（A×B）×C]×D 或 A/B//C/3/D 表示，D 的遗传比重占 50%。

与单交相比，复交 F_2 代中出现理想基因型的频率要低得多，假设 A×B 单交组合有 m 对基因不同，C×D 单交组合有 n 对基因不同，它们产生的配子种类相应为 $2m$ 和 $2n$，这样从 A×B 的 F_1，以及 C×D 的 F_1 复交所得的双交 F_1，其所产生的配子种类应为 $2m×2n=2mn$。由此可知，在复交 F_2 群体中，基因型种类会急剧增加，出现优良类型的频率也相应变低。如果双亲的一个或两个亲本具有大量的不利性状时，为了使双交组合后代能出现较多的优良类型，最好在双交组合中至少应包括两个或两个以上综合农艺性状较好的亲本，才能取得较好的效果。

（4）聚合杂交。当育种目标所要求的性状增加，前述杂交方式难以培育出超过现有品种水平的新品种时，可采用不同形式的聚合杂交，如采用复交和有限回交相结合的方法把分散在不同亲本中的优良性状集中到重点改造的品种中，使其更加完善，并产生超亲的后代。

4. 杂种后代处理

通过正确地选配亲本，并运用适当的杂交方式获得杂种以后，应进一步根据育种目标，在良好而一致的试验条件下种植杂种种子，并保证有足够数量的杂种分离群体。在此基础上，按照不同世代特点，对杂种进行正确处理，以及严格的选择、鉴定和评比，最后育成符合育种目标的新品种。对某些特定性状，还需要给予相应的培育、选择和鉴定的条件。

在杂种后代的处理方法中，应用较广的有系谱法和混合法，其他还有从这两者派生出来的方法。

1）系谱法

这是国内外在棉花杂交育种中最常用的方法。自杂种第一次分离世代（单交 F_2、复交 F_1）开始连续进行单株选择，并予以编号记载，直至选获性状优良、表现一致且符合要求的单株后裔（系），按系统混合收获，升级进行品系比较试验，进而育成品种。这种方法要求对历代材料所属的杂交组合、单株、系统、系统群等均有按亲缘关系的编号和性状记录，使各代育种材料都有家谱可查，故称系谱法。我国推广的许多杂交育成的棉花品种，绝大多数是用此法育成的（图3.2）。

以单交组合为例叙述如下。

（1）杂种一代（F_1）。

种植方式：将杂种种子按杂交组合排列，点播以加大种子繁殖数量，同时便于拔除假杂种等操作的进行。相应播种对照品种及亲本以便比较。F_1 群体除了必须保证一定株数外，还应加强田间管理，以便获得较多的种子。

选择策略：用两个纯系品种杂交所得的 F_1 杂种在性状上是一致的，一般不选单株，主要根据育种目标淘汰有严重缺点的杂交组合，并参照亲本淘汰伪杂种。如果杂交亲本不纯，在 F_1 就发生性状分离时，也可以进行选株。

收获方法：按组合混合收集种子，写明行号或组合号。如需要选择单株，则按株单独收获，单独轧花，并注明单株号。每一当选组合所留的种子数量，应能保证 F_2 有2000株左右的群体。

（2）杂种二代（F_2）或复交一代。

种植方式：按照杂交组合点播。F_2 或复交一代群体应尽可能大些，原则是种植 F_2 植株数量必须确保获得育种目标所要求的基因重组和性状的概率要高。实际上群体的大小应该根据育种目标、亲本的遗传差异的大小、亲本数目多少、杂交方式、组合优劣、目标性状遗传的特点而定。如果育种目标要求面广，如对成熟期、抗病性、抗逆性、高产等性状都有要求，则群体应该大一些。亲本的遗传差异大，群体应该加大。采用复交的杂种比单交杂种大一些。F_1 评定为优良的组合，群体宜更大，而表现较差但还没有把握予以淘汰的组合群体可小，以便进一步观察，决定取舍。F_2 应注意株间距离一致，尽可能减少株间竞争，使每一单株的遗传潜力都能充分表现，加强选择的可靠性。

在田间均匀布置对照行，并播种亲本行，以便根据各杂种植株和最邻近的对照行的表现选择单株，并参照亲本性状在 F_2 的表现情况，了解亲本性状的遗传特点，为以后选配亲本积累经验。

F_2（复交 F_1）是性状开始分离的世代，一个组合内植株间在各种性状上虽然表现的很不相同，但以一个组合来说，棉花熟性、植株高矮、株型散紧、抗病性好坏等性状的总的趋势还是可以看得很清楚的。黄滋康（2007）指出：在棉花育种过程中，对 F_2 代群体的平均表现水平要有足够的重视。应把选择的重点放在 F_2 群体表现水平较高的组合上，以增加获得优良基因型个体的机会。所以，F_2 世代的工作重点是确定好的组合，淘汰不良组合，在好的组合中选择优良单株。F_2 所选单株的优劣在很大程度上决定其后代表现的好坏。因为来自同一 F_2 单株的后期世代的一些系统，大多具有大体相同的优点及相似的产量水平。F_2 单株是否选得准在很大程度上决定了育种工作的成败。因此 F_2（或复交一代）是选育新品种的关键世代。

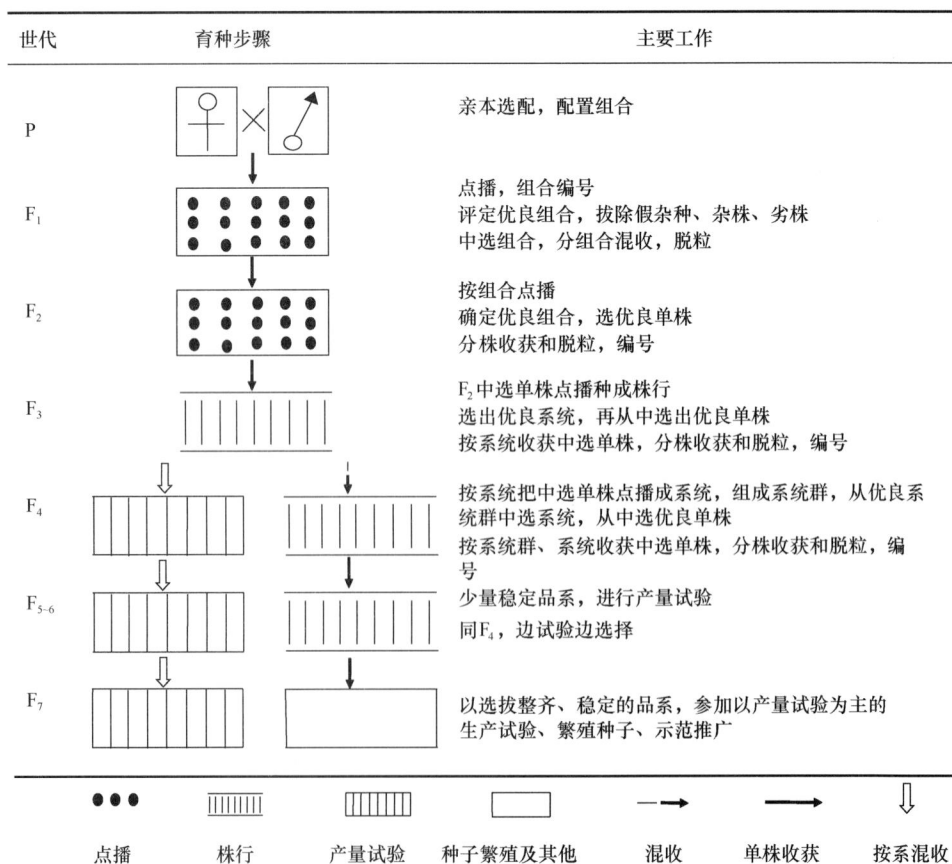

图 3.2　棉花杂交育种系谱法示意图

选择单株时，必须还要考虑不同性状遗传力的大小，一些受环境影响较小的性状，如棉花的株高、株型、衣分，以及抗病性等，在早期世代遗传力较大，可以在 F_1 进行选择；一些受环境影响较大的性状，如熟性、产量和纤维品质等，不宜作为 F_2 的主要选择依据，进行选择时只供参考。

由于 F_2 当选的单株是后继世代的基础，选择单株是否得当，影响后继世代的选择及其效果。选择过宽，会使试验规模过大而分散精力；选择过严，会不恰当地提高选择标准，以致过分缩小选择规模，丧失大量优良基因及其重组的机会而招致失败。

选择单株的数量也依育种目标、杂交方式、目标性状的遗传特点，以及杂交组合优劣程度而定，每个杂交组合选几株、几十株或几百株。在育种目标要求广和综合性状良好的组合中选株宜多。

收获方法：入选的棉花植株按组合分株收获，在田间可根据株型、抗病性等性状进行评选，棉花还须在室内考种，如测定单株籽棉的单铃重、衣分、衣指、籽指和纤维长度等性状。当选单株分株收获、轧花，并编写组合号、行号和株号。

（3）杂种三代（F_3）。

种植方式：按组合排列，将入选的 F_2 单株点播成行（株行），或称为从 F_3 代起按系统（株系）进行种植。在田间均匀分布对照品种行，以便比较和选择。每一个系统都要给予编号，并在生育期内记载生育状况及其他各种性状，在 F_3 以后各个世代的做法大致类似。

选择策略：F_3 一个株行内各株都来自同一 F_2 植株，从其血统上看，可称为系统（或株系），各系统（或株系）之间性状有差异，系统内仍有不同程度的分离，其分离程度因系统（或株系）而异，一般分离程度比 F_2 要轻。

F_3 各系统（株系）的主要性状表现趋势已较明显，所以是对 F_2 入选单株优劣进一步鉴定和选择的重要世代。F_3 的主要工作内容是从优良组合中确定优良系统，再从中选择优良单株。这一世代是以每个系统的整体表现为依据，从中选择单株，因而也是选择可靠性较大的世代。在 F_3 选择株系和单株时，可根据生育期、抗病性、抗逆性及产量性状的综合表现进行选择。各组合入选系统（株系）的数量主要根据组合优劣而定，一般入选的每一系统可选择 5～10 株或更多的单株。

收获方法：将入选的单株按系统分株收获，分株脱粒，并为入选的单株编号。F_4 及其以后世代依同样方法继续编号。

在 F_4 有时可出现个别系统，性状基本整齐一致，而且表现突出，这样的系统在选择优株以后，可将其余植株混合收获轧花，提前参加产量试验。对于那些落选被淘汰的某些系统，如果当中仍有优良的单株，仍可选留。

（4）杂种 4 代（F_4）及其以后世代。

种植方式：F_4 及其以后世代的种植方法同 F_3。

选择策略：来自同一 F_3 系统（即属于同一 F_2 单株的后代）的 F_4 诸系统称为系统群，系统群内各系统之间互为姊妹系。一般不同系统群间的差异较同一系统群内各系统间的差异大，而姊妹系间的丰产性、性状的总体表现等往往接近。因此，在杂种 4 代，应该首先选择优良系统群中的优良系统，并从中选拔优良单株。F_4 选择系统和选株所依据的性状要求应更加全面。

F_4 的工作重点可以开始转向选拔优良一致的系统（株系），第二年升入鉴定圃进行产量试验。参加产量试验的系统可改称品系（strain）。在升级品系中仍可继续选株，以便进一步观察性状分离的情况和综合性状表现。性状表现优良但尚在分离的系统，一般只进行选株，以便使其性状进一步纯化稳定。其中少数表现优异的系统，也可以提早升级，以便及早进行产量试验。

随世代推进，优良一致的品系出现的数目逐渐增多，工作重点也由以选株为主转移到以选拔优良品系升级为主。F_5 及其以后世代的工作与 F_4 相同。收获时，应将准备升级系统中的当选单株先按行收获，然后再按系统混收，如果系统群表现整齐和相对一致，也可按系统群混合收获，以保持相对多的异质性和获得较多的种子。这样有利于将材料分发到不同地点进行多点试验。如果某组合种植到 F_5 或 F_6 还没有出现优良品系，则可不再种植。

在应用系谱法处理杂种后代的整个过程中，为了提高选择的准确性和效果，要注意试验地的选择和培养。试验地不但要均匀一致，而且要有和育种目标相适应的地力水平。注意加强田间记载工作，积累资料，作为育种材料取舍的重要参考。

为了缩短育种进程，许多科研单位多采用异地加代繁殖的措施。棉花杂交育种，可以利用我国海南省亚热带冬季气温高的条件，进行冬繁加代。主要是将杂交种子，冬季在海南省种植 F_1，下一年在原试验地种植 F_2。特殊优良杂交材料也可以在不同世代繁育加代。

2）混合法

从杂种分离世代 F_2 开始各代都按组合取样混合种植，不予选择，直至一定世代才进行一次单株选择，进而选拔优良系统以育成品种。个体选择的具体世代因性状而异。由于所针对的性状主要是数量性状，故在杂种群体中该性状纯合率约达 80%，即 $F_5 \sim$ F_6 代进行个体选择（图 3.3）。

此法的优点是因杂种后裔并非分单株个别种植，不分系统，不分族群，无须详细记载，方法简单，节省人工和土地；由于杂种早代不进行选择，可保留许多有利基因以增加重组机会，也避免了早代选择的不可靠性；可同时处理较多的杂交组合，增加了成功机会；杂种群体在混合种植条件下可经受自然选择的压力，淘汰其中的劣者，增强了群体适应性。但这种方法有时也会因自然选择和基因型间竞争，使不良个体明显增多，而某些期望类型的个体比率则因竞争力差而减少，全部育种年限要比系谱法多 $1 \sim 2$ 年。

3）其他变通方法

在典型的系谱法和混合法之间又有各种变通方法，主要如下。

（1）改良系谱法。将 F_3 植株分别收获，稀植成 F_3 系统，在系统内选株，于 F_4 种成系统；同时将选株后 F_3 系统内的剩余植株混收，在 F_4 进行产量试验，用以比较系统间的优劣。又在产量高的相应稀植系统内选株，仍以剩余植株混收，供 F_5 进行产量试验。依次类推，直到评定出优良系统。此时相应的优良株系也趋于纯合，可以参加正式产量比较试验。这种方法虽可避免高产材料的丢失，但作法甚繁，工作量很大。

（2）混合-系谱法。将杂种材料混合种植，直到某一世代自然条件适于选择时，再根据适于选择的性状进行单株选择，然后按系谱法处理。

（3）衍生系统法。此法是在 F_2 或 F_3 群体内进行一次单株选择，繁殖成衍生系统（亚

世代	育种步骤	主要工作
P		亲本选配，配置组合
F_1		混合播种，混收，混脱粒
F_2		混合播种，混收，混脱粒
F_3		混合播种，混收，混脱粒
F_4		混合播种，混收，混脱粒
F_5		混合播种，开始选株单收，单脱粒
F_6		F_5入选单株，种成株行
F_7		产量试验，繁种

混播　　　株行　　　产量试验　　　混收　　　单株收获

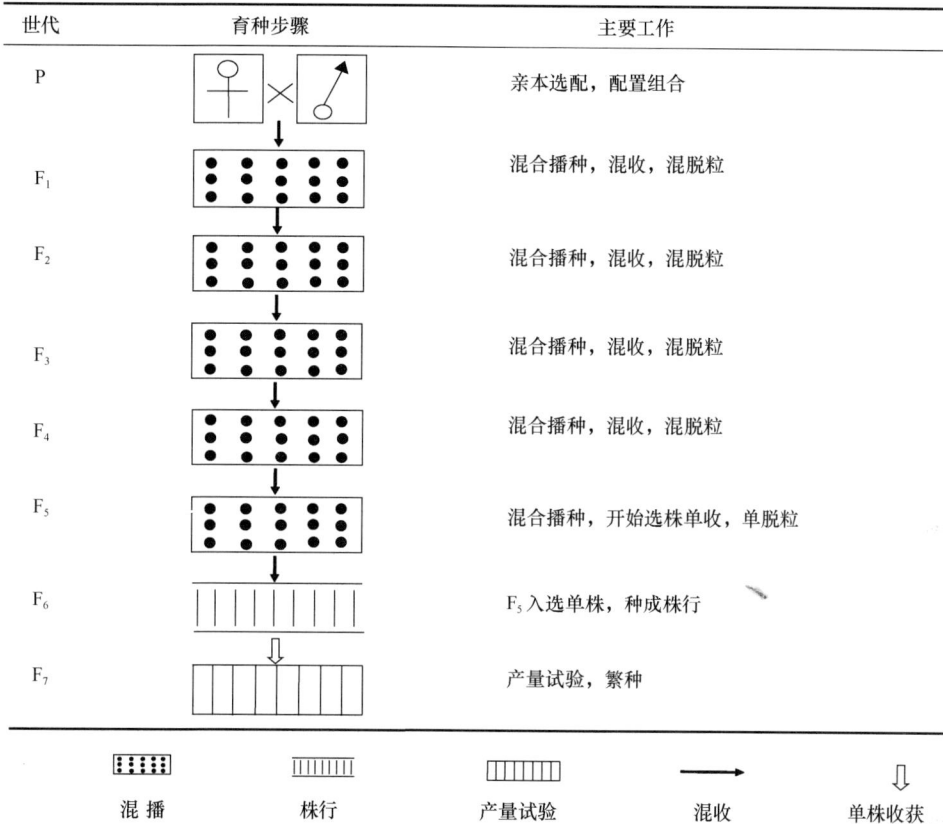

图 3.3　棉花杂交育种混合法图例

群体）的后代群体。以后各代均按衍生系统混合播种和收获，并同时进行产量测定，淘汰产量低的衍生系统，直至 F_6～F_{10} 才在优良衍生系统内选择单株，进而选择优系育成品种。此法可在早代选择遗传力高的性状并及早明确表现优良的衍生系统，有系谱法之长，又有混合法之便和保留优良基因之利。

（4）一粒传法，简称 SSD 法。从杂种分离世代开始，每代每株只收 1 粒种子混合种植，至 F_5 或 F_6 再行选择优系育成品种。各世代的群体始终保持同一规模，F_2 的每一植株均有后裔传至各世代，F_4 植株全部分别单收，于 F_5 种成系统，选择优良系统育成品种。SSD 法早期缺少家系间和家系内的选择，而且群体偏小，故多应用于综合性状较好而且分离不大的杂交组合。

由于杂交育种一般需 7～9 年才可育成优良品种，现代育种都采取加速世代的做法，如利用温室、异地、异季等条件加代，结合多点试验、稀播繁殖等措施，尽可能缩短育种年限。

（四）棉花杂种优势利用

杂种优势是指杂种一代在个体大小、生活繁殖力、环境适应性及抗性等方面超过亲本的一种遗传学现象。在 Shull 于 1908 年给出杂种优势的定义之前，杂种优势的利用就作为一种遗传改良手段被育种者所采用。20 世纪 30 年代美国率先在生产上推广杂交玉米，随后其他作物如水稻、高粱、油菜及蔬菜等在生产上相继利用杂种优势，揭开了作物杂种优势利用的新篇章。作物杂种优势大规模应用是 20 世纪作物育种中的一项重大成就，此举为作物产量大幅度提高做出了巨大贡献。

棉花杂种优势研究始于 20 世纪 20 年代，国内外多年研究表明，利用棉花杂种优势是提高棉花产量的有效途径之一，生产应用表明，杂交棉在产量上优势明显好于常规棉，一般比常规棉增产 10%～15%，并且营养生长优势强，抗逆性好。经过多年探索棉花杂种优势机理的研究，在杂种优势遗传、优势预测、分子机理等方面也取得了显著的进展，为棉花杂种优势理论研究积累了丰富的数据。不育系材料的选育和改良取得显著进展，高优势"二系"和"三系"杂交种相继问世。棉花不育系杂交种的应用，显著提高了棉花杂交制种效率，为进一步普及杂交棉推广应用提供了有力的保障。

1. 杂交棉应用现状

以人工制种为主，不育系制种为辅。目前我国生产应用的杂交种是通过人工去雄授粉杂交和不育系授粉杂交两个渠道生产，人工去雄生产的杂交种占杂交棉 90%以上。虽然不育系制种在成本上要显著优于人工杂交制种，但是我国棉花不育系研究相对较晚，特别是不育系优势组合筛选方面进展较慢。棉花核不育系研究和应用虽取得了一定的进展，生产上有一定的应用面积，但总体来讲，选育的组合优势不如人工去雄杂交制种组合；棉花细胞质不育系主要受恢复系的恢复源狭窄影响，强优势组合选配较困难，目前还没有一个强优势组合应用于生产。人工杂交制种，虽费工，成本较高，但较容易选育出强优势组合。从我国国情和不育系研究状况分析，人工杂交制种为主、不育系制种为辅的现状近段时间还会继续维持。

2. 杂交棉制种技术

一个具有广阔应用前景的抗虫杂交棉不仅具有较强综合性状优势，同时必须具备简化制种方式。简化制种、提高制种效率是棉花杂种优势利用中的重要一环，降低杂交种成本、扩大种源已是当前棉花杂种优势利用中必须解决的问题。简化制种必须和高优势组合选配结合起来加以研究，根据目前的研究结果，下列几种方法将具有发展前景。

（1）利用抗虫核不育系结合指示性状。采用昆虫辅助传粉利用无腺体、芽黄、鸡脚叶、红叶等指示性状制种。Quisenberry 等于 1968 年认为 ms2 不育性和叶片畸形性状是紧密连锁亦或一因多效的结果。冯福祯（1988）发现了带芽黄标记性状的单隐性核不育系 81A（ms16）。张天真等（1989）认为芽黄性状和雄性不育可能都是由一对隐性基因所控制，且两者表现出紧密连锁或完全连锁或一因多效。吕淑平和赵元明（2004）报道了与抗卡那霉素标记性状紧密连锁的核雄性不育系的创建。

新疆生产建设兵团第五师金博种业实施的杂交棉蜜蜂传粉制种技术，亩产籽棉204kg，亩产成品种子为80kg左右。据测算，通过人工授粉制种，每千克杂交种的成本为80元左右，而蜜蜂传粉制种，每千克杂交种成本为25元左右，比人工授粉节省69%的费用。金博种业通过棉花光温敏不育系的生物学特性和蜜蜂传粉杂交制种技术，有效节约了制种成本，提高了杂交棉制种产量，使杂交制种方式从繁重的手工劳动向精简化过渡，是一项低成本、高效率，又能获取综合效益的棉花杂交制种措施。

（2）改良细胞质不育系，选配高优势杂交组合。当前研究的哈克尼西棉细胞质不育系的恢复系恢复源狭窄，农艺性状较差，强优势组合选配存在一定困难。但经过多年研究，采用转基因和多代回交等手段，恢复系花粉量和农艺性状有了显著提高，并选育了一些优势组合，虽然不及人工杂交选配的组合，但可表明通过恢复系不断改良，选配强优势组合是有可能的。

（3）化学杀雄。昆虫传粉是简化制种的一种理想方法。美国 Chembred 公司利用新配制的化学杀雄剂进行棉花杀雄，采用人工放蜂传粉，生产杂交种获得成功，并在生产上有一定的应用面积。化学杀雄剂作为外界因素影响棉花的育性，应用起来具有较大的灵活性，它可用于任何一个已选育的高优势杂交组合。

（4）杂种二代利用。由于棉花是异源四倍体，二代分离不严重；另外，棉花收获期长、株型和熟性分离对产量不构成直接影响，所以棉花杂种二代仍具有一定的杂种优势。据研究，棉花杂种二代一般比对照增产 8%～10%。20 世纪 90 年代杂种二代在我国棉花杂种优势利用中占有重要的地位，推广面积一度占总杂交棉面积的 80% 以上。从育种角度看，只要在亲本选配上注意双亲的品质一致性，杂种二代仍可以保持较好的品质。

新疆棉区现已成为我国种植面积最大的地区，但由于新疆采用直播，用种量大，推广利用杂种一代成本过高。在新疆推广杂种二代已受到育种者的重视，已选育了一些杂种二代在新疆示范，表现出明显的产量优势。

（5）杂种优势固定。F_1 表现显著的杂种优势，而 F_2 代优势明显降低。生产上只能利用 F_1。无融合生殖和无性繁殖是杂种优势固定的最好方法，但这两种方法尚未在棉花上开展研究。

无融合生殖：不经过亲本交配，直接由母体体细胞产生种子的繁殖方法，种子保持母性细胞的遗传特性。我国的科学家注意到水稻无融合生殖在杂种优势利用上有着重大意义，并通过远缘杂交方法获得了无融合材料。但利用无融合生殖，首先必须筛选可利用的无融合基因，研究无融合生殖基因的遗传行为，为育种实践作指导。

无性繁殖：不经生殖细胞结合的受精过程，由母体的一部分直接产生子代的繁殖方法。子代与母体上的基因是完全相同的，保持母性细胞的遗传特性。在树木、蔬菜等上，常用营养器官的一部分和花芽、花药、雌配子体等材料进行无性繁殖。

四、其他育种方法

1. 远缘杂交育种法

利用远缘杂交育种，使很多陆地棉品种不具有的性状从野生种和陆地棉野生种系引进陆地棉，如从瑟伯氏棉引入纤维高比强度性状；从哈克尼西棉引入细胞质雄性不育及恢复育性性状等。

远缘杂交常会遇到杂交困难、杂种不育及后代性状异常分离等问题。克服杂交不亲和性的方法有：①用染色体数目多的种作母本，杂交易于成功；②在异种花粉中加入少量母本花粉，可以提高整个胚囊的受精能力；③外施激素法，在杂交花上喷施赤霉素（GA3）和萘乙酸（NAA）等生长素，对促进杂种胚的分化和发育及保铃有较好效果；④染色体加倍法，在染色体数不同的种间杂交时，先将染色体数目少的亲本用秋水仙碱处理，使染色体数加倍，可提高杂交结实率；⑤幼胚离体培养，将幼胚进行人工离体培养，为杂种胚提供营养，从而提高杂交的成功率。另外，还可以采用重复授粉和回交等方法。

2. 诱变育种

其原理是基因突变。就是利用各种物理和化学的因素诱发农作物产生异常变异的现象，同时经过选择一定育种程序育成新的品种，其中物理因素主要包括各种 X 射线、紫外线、中子、激光及电离辐射等；化学因素包括碱基类似物、硫酸二乙酯、亚硝酸、秋水仙碱等。

3. 生物技术的应用

生物技术是指在离体的条件下，对细胞或者分子水平进行遗传操作，对目标性状进行遗传改良。在组织培养过程中，主要包括胚珠、体细胞、花药及原生质体的培养；在进行外源基因导入受体细胞过程中，通过相应的整合，有效获得转基因的植株，这是比较快捷的途径。

为尽快选育出棉花新品种，在上述育种技术对策的基础上、在技术措施上还应做到：①生物技术与常规育种相结合，从育种方法和手段上提高选择的效果；②自育与引进相结合，解决一些自育工作中不能很好解决的技术问题，如抗病虫问题；③选育与南繁加代相结合，以加快育种进程；④选育与预先良繁相结合，可做到品种一经审定就有一定数量、质量优的种子投入生产。

第四节 新疆棉花更换及重要品种简介

新疆作为我国最重要的植棉大省区，棉花品种类型丰富，纤维类型多元，品种产量不断提高，品种抗病性不断增强，使新疆棉花品种遗传改良取得了重要进展。遗传改良的进展体现在，新疆自育品种株型结构塑造逐渐合理，果枝由短果枝向 I 型和 II 型中长果枝混合类型转变，蕾铃分布由内围铃向外围扩展，蕾铃空间结构更加合理；产量性状遗传改良进展显著，果枝台数总体逐渐增加，品种铃重明显增加，单株铃数和衣分也呈现总体增加的趋势；品质性状稳步提高，纤维长度和比强度逐渐增加，马克隆值呈现下降趋势，总体变化日趋合理，并向着满足市场合理需求的方向发展；自育品种的基础遗传组分呈现逐渐拓宽的趋势，基础遗传组分由较多的前苏棉遗传背景逐渐向美棉遗传组分和黄河生态型遗传组分拓展。

新疆棉花的遗传改良变化反映了新疆棉花育种取得的成就，这种变化经历了时间的厚重积累和生产的推广应用，为新疆棉花育种提供了很好的经验借鉴和现实指导作用，尤其是对新疆棉花品种选育更具有深远意义。

一、新疆棉花品种更换及系谱

近 50 年来新疆棉花生产品种经历了引进、自育、自育与引进并行，历经 6 或 7 次较大范围的品种更换的演变过程，产量水平不断提高，品质性状有所改善。20 世纪 70

年代以来新疆已审定自育棉花品种 218 个，其中，适应北疆早熟棉区种植的新陆早系列品种 67 个，适应南疆早中熟棉区种植的新陆中系列品种 76 个，新海系列海岛棉品种 48 个，新彩棉系列品种 27 个，国内棉区引进品种 20 多个，主要在南疆种植。无论是引进和自育品种都为新疆棉花生产恢复和发展做出了巨大的贡献。

（一）南疆早中熟棉区品种更换及系谱

南疆棉花已经历了 7 次大的棉花品种更换，南疆主栽品种的遗传组分发生了显著变化。这种变化也是南疆历史品种产量不断提高的遗传基础（表 3.5）。

表 3.5　新疆南疆历史主栽品种名称、选育单位及系谱

编号	名称	审定年限	选育单位	系谱来源
1	大铃棉	1962	喀什地区牌楼农场	108 夫定向选择大铃的自然变异株
2	墨玉 1 号	1969	新疆农业科学院经济作物研究所	（18819×108 夫）组合后代中选育
3	新陆 201	1979	新疆农业科学院经济作物研究所和巴州地区农科所	[（长绒 1 号×杂种 4 号）×司 4757] 组合后代中选育
4	军棉 1 号	1979	兵团第二师 34 团良种繁育站	司 1470×（五一大铃+147 大+司 1470+早落叶棉+司 3521+新海棉+2 依 3）
5	新陆中 1 号	1988	巴州地区农业科学研究所	（巴州 6017×上海无毒棉）×巴 6017
6	新陆中 2 号	1988	新疆农业科学院经济作物研究所	麦克奈 210×新陆 201
7	新陆中 3 号	1989	新疆农业科学院莎车试验站	{[（108 夫×C1470）×108 夫]×137 夫}陕 401
8	新陆中 4 号	1992	新疆农业科学院经济作物研究所	岱字棉 45 选×新陆 202
9	新陆中 5 号	1994	新疆农业科学院经济作物研究所	陕 721×108 夫
10	新陆中 6 号	1997	巴州地区农业科学研究所	巴州 6017×上海无毒棉
11	新陆中 7 号	1999	兵团第一师农科所	85-113×中棉所 12
12	中棉所 12	1989	中国农业科学院棉花研究所	乌干达 4 号×邢台 6871 多系混合育成
13	中棉所 17	1992	中国农业科学院棉花研究所	（7259×6651）×中棉所 10 复合杂交而成
14	中棉所 19	1993	中国农业科学院棉花研究所	[（7259×6651）×中 10]×（7263×6429）组合后代选育而成
15	豫棉 15 号	1997	河南农业科学院经济作物研究所	从夏棉商 85-1 的天然变异株定向选育的品系豫早 516-12
16	冀 668	1998	河北农林科学院棉花研究所	冀资 123×231
17	中棉所 35	1995	中国农业科学院棉花研究所	中 23021×（中棉所 12×川 1704）杂交后代，南繁加代于 1995 年 F$_{10}$ 代选育而成
18	中棉所 43	2003	中国农业科学院棉花研究所	石远 321×5716
19	中棉所 49	2004	中国农业科学院棉花研究所	中 9409×中 51504
20	新陆中 28	2006	个人选育	中 9409（中棉所 35）×父本邯 109

第一次（1950～1955 年）从苏联引进早熟品种史来德尔、8517 等代替了原来的土种棉和草棉等混杂种。这也是南疆历史上最早的品种更换，由四倍体陆地棉栽培种取代二倍体的草棉栽培种，这次种间品种的更换，使当时棉花品种的遗传组分发生了根本变化。使当时棉花产量、品质得到质的飞跃。

第二次（1956～1960 年）108 夫代替了史来德尔和 8517 等品种，108 夫同时也成为南疆第一期的基础种质（吐尔逊江等，2007）。

第三次（1961～1978 年）和田地区用 18819 逐步取代 108 夫；库尔勒地区推广 C-1470；吐鲁番、阿克苏和库车等地推广 C-4744。这一时期 C-1470 和 KK1543 成为新疆棉区第

二期的基础种质。在此期间，南疆地区选育了中熟陆地棉新品种新陆 201、新陆 202、巴州 172、莎车 27-1、大铃棉、墨玉 1871 等品种。

第四次（1979~1990 年）以军棉 1 号为代表的自育陆地棉品种取代苏联系列生态型品种 108 夫、C-1470、KK-1543 等。这次品种更换的遗传组分演变虽然仍以苏棉生态型品种遗传组分为主，但军棉 1 号遗传组分明显较原苏棉品种的遗传组分拓宽了许多。首先表现为军棉 1 号通过多父本杂交在遗传组分中较全面地集纳了多个苏棉品种和自育品种 C1470、C3521、大铃棉、2 依 3 等品种的遗传组分；其次是拓展输入了具有海岛棉遗传背景的新海棉遗传组分，同时输入了具有早熟特性的早落叶品种的遗传组分。这些遗传组分的拓展，使军棉 1 号稳产性、适应性、早熟性及纤维品质均得到明显提高。军棉 1 号的选育成功改变了新疆历史上引进品种占主导地位的局面（艾先涛等，2005）。

第五次（20 世纪 90 年代）一批自育品种和引进品种逐渐取代军棉 1 号。这次更换主要基于优质和抗病性问题，更换表现为引进与自育并进，也是常说的"多乱杂"时期。包括自育新陆中 1~7 号，引进品种中棉 12、中棉 19，以及豫棉、冀棉等品种。这次更换使新疆棉花历史上主栽品种的遗传组分呈现多样性，种植品种中有黄河生态型的遗传组分，也有新疆生态型的遗传组分（艾先涛等，2005）。最终更换的结果表明，新陆中系列自育品种在产量、抗性等方面不如引进品种，甚至难以取代军棉 1 号，暴露出自育品种遗传组分与黄河生态型品种遗传组分存在一定差异和不足。

第六次品种更换（20 世纪 90 年代末至 2004 年），引进的中棉所 35 等品种基本完全取代自育品种。新疆南疆棉花主栽品种的遗传组分基本以黄河生态型品种遗传组分为主，使南疆棉花产量得到明显提高。显示出黄河生态型遗传组分在新疆棉花育种中的作用。

第七次（2005 年以后至今）随着生产的变化，中棉所 35 逐渐不能适应日益严重的病虫害发生，品种自身也发生了退化。随后由中棉所 43、中棉所 49 及南疆自育的陆地棉品种逐渐取代了中棉所 35。

综上所述，新疆南疆历史品种遗传组分的演变经历了二倍体草棉到四倍体陆地棉，由苏棉生态型遗传组分到以苏棉生态型遗传组分为主的新疆生态型品种，再由新疆生态型遗传组分到新疆与黄河生态型遗传组分并存直至完全成为黄河生态型遗传组分的演变过程。遗传组分的演变，直接导致新疆棉花品种产量、抗性的全面提高。

从自育品种遗传系谱分析发现（艾先涛等，2005）：南疆自育品种遗传系谱中涉及不同生态型、不同遗传组分的亲本及有性杂交世代数较内地品种相对少。每个品种遗传系谱平均涉及 5 个左右不同亲本，涉及的亲本大多为同一基础遗传组分、生态型差异小的品种，有性杂交世代 4 代左右（包括回交世代）。一些品种又直接从自育品种中系统选出或将其作为亲本选育而成，表现为遗传系谱简单，品种间亲缘关系较近，遗传基础较为狭窄。自育品种遗传系谱中涉及的亲本大多为前苏棉生态型的品种，大多集中在某几个亲本上，所用亲本有限，如南疆棉区自育品种军棉 1 号及新陆中系列 1~9 号大都含有苏棉 C-1470、108 夫、KK1543 等亲缘（黄滋康，2007）（表 3.6）。甚至有些品种的回交亲本也为苏棉生态型，表明新疆自育品种的遗传组分具有较强苏棉生态系统的遗传组分，遗传组分结构表现极为单一，选育出的品种间遗传组分差异极小。从形态上明显表现出苏棉品种的遗传组分特点，即铃大（普遍在 6g 以上）、衣分低、籽指大、早熟、个体小、株型紧凑、果枝短、蕾铃脱落率高。这些特点有其优势也有其不足，特别是随着生产的发展，衣分低、蕾铃脱落率高、蕾铃空间分布过于狭窄的遗传组分特点不适应棉花产量进一步提高的问题明显暴露出来。这一特点也逐渐被育种者所认同，并逐步加以改善（表 3.6）。

表 3.6 南疆自育品种遗传组分状况

核心基础种质	来源	选育出的自育品种
C-1470	C-450×18819	军棉 1 号、新陆中 1 号、新陆中 3 号、新陆中 6 号、新陆中 11 号
108 夫	顾克 17687×爱字 36M-2	新陆中 3 号、新陆中 5 号、新陆中 12 号
KK1543	C42×KK352	新陆中 4 号、新陆中 9 号
贝尔斯诺、中棉系列麦克奈尔 210、岱字棉	从美国引进的高品质材料、中棉所 4、中棉所 12、中棉所 17、中棉所 19、	新陆中 2 号、新陆中 4 号、新陆中 7 号、新陆中 9 号、新陆中 14 号、新陆中 16 号、新陆中 17 号、新陆中 18 号、新陆中 19 号
海岛棉、野生棉		新陆中 8 号、新陆中 22 号
代号或来源不明		新陆中 10 号、新陆中 13 号、新陆中 15 号、新陆中 20 号、新陆中 21 号、新陆中 23 号

（二）北疆早熟棉区品种更换及系谱

从新中国成立初到现在 60 多年来，北疆（含特早熟棉区）棉花品种面积、总产和单产有了大幅度提高，产量的增加与新优良品种的推广应用有直接作用。在时间段上大体上经历了 7 次品种更换（表 3.7）。

第一次（1953 年）由苏联引进的品种 C-3173、C-1306 替换当地农家品种。

第二次（1955 年）主要由苏联引进的品种 611 波更换苏联引进的品种 C-3173。

表 3.7 新疆北疆历史主栽品种名称、选育单位及系谱

编号	名称	审定年限	选育单位	系谱来源
1	KK1543	1950	苏联克尔卡巴克试验站	司 42×KK352
2	车 61-72	1961	兵团第七师车排子试验站	从 KK1543 中系选育
3	农垦 5 号	1963	八一农学院与第八师莫二场良种队	（斯字 5A×611 波）杂交后代定向选育
4	车 66-241	1969	兵团第七师车排子试验站	从 61-72 中系选育
5	新陆早 1 号	1981	兵团第八师下野地试验站	（斯字 5A×611 波）的 722 选系中系统选育
6	新陆早 2 号	1988	石河子棉花研究所	69-2×中棉所 4
7	新陆早 3 号	1988	兵团第七师农业科学研究所	（车 66-241×爱字无毒棉）×荆无 4588
8	新陆早 4 号	1994	兵团第七师农业科学研究所	（车 66-241×澧 74-47W）×岱 70
9	新陆早 5 号	1994	石河子棉花研究所	（科遗 181×347-2）F$_1$×（83-2-3+陕 1155）
10	新陆早 6 号	1997	兵团第七师农业科学研究所	85-174×贝尔斯诺
11	新陆早 7 号	1997	石河子棉花研究所	自育优系 347-2×塔什干 2 号
12	新陆早 8 号	1997	石河子棉花研究所	（抗黄系 V.Wx×新陆早 1 号）F$_1$辐射诱变
13	新陆早 12 号	2000	引进	从辽宁经作所引入辽棉 95-25
14	新陆早 13 号	2002	兵团第七师农业科学研究所	自育 83-14×（中无 5601+1693）
15	新陆早 22 号	2005	新疆农垦科学院棉花研究所	本所材料 45-1×新陆早 6 号
16	新陆早 26 号	2006	新疆天合业	新陆早 8 号中系统选育
17	新陆早 33 号	2007	新疆农垦科学院棉花研究所	石选 87
18	新陆早 36 号	2007	石河子棉花研究所	1304×BD103
19	新陆早 45 号	2010	新疆农垦科学院棉花研究所	新陆早 13×9941
20	新陆早 48 号	2010	惠远种业	石选 87×优系 604

第三次（1958年）由KK1543更换611波，这之后先后有一批自育品种（系），如车61-72、66-241、区单、农垦5号等在生产上种植（孙杰和褚贵新，1999）。

第四次（1976年）北疆自育品种新陆早1号开始推广，由于这个品种的丰产性好、铃大小适中、吐絮集中、絮洁白，特别是早熟性好，面积逐渐扩大，成为北疆的主栽品种，至1983年几乎没有其他品种可以取代。1985年以后北疆部分棉区陆续种植了新陆早2号、新陆早3号，90年代初推广了新陆早4号、新陆早5号及一些品种（系），但面积都不大，时间也不长。

第五次（1996~2000年）由新陆早6号、新陆早7号、新陆早8号更换新陆早1号。新陆早6号产量高、衣分高（42.7%），新陆早7号早熟、抗枯萎病、耐黄萎病。

第六次（2000~2005年）抗病、高产的新陆早12号、新陆早13号逐渐成为主栽品种。新陆早12号在2002年推广面积达到25万hm²，新陆早13号在2004年推广面积达20万hm²（郭江平和曾丽萍，2005）。

第七次（2005年至今）自育品种新陆早33号、新陆早36号、新陆早45号、新陆早48号、新陆早50号等陆续大面积推广应用。

20世纪70年代以来，北疆自育品种一直成为北疆主栽品种，而且产量不断提高。究其遗传原因，在于北疆棉花育种较早地拓展了含有美棉成分的遗传组分，从一个侧面说明了合理拓展遗传组分的效果（孙杰和褚贵新，1999）。从品种遗传背景不难看出，北疆棉区自育品种（新陆早1~8号）大都带有苏棉KK1543、611波、塔什干2号等亲缘关系（艾先涛等，2005），品种遗传基础相对狭窄；在之后的育种过程中，北疆主栽品种逐渐呈现多元化趋势，既有自育品种也有引进品种，而自育品种遗传组分表现出了相对丰富等特点。尤其是在品种选育过程中输入了美棉血统（贝尔斯诺、岱字棉、爱字棉、金字棉等）（黄滋康，2007）、黄河流域中棉系列及特早熟棉区辽棉系列品种的遗传组分，这使得北疆自育品种的遗传基础不断拓展和丰富，产量不断提高，同时也为新疆棉花育种打破遗传组分狭窄问题提供了启示、依据和拓展方向（表3.8）。

表3.8 北疆自育品种遗传组分状况

核心基础种质	来源	选育出的自育品种
C6524	从乌兹别克斯坦引进	新陆早24号
611波	12827×1838	新陆早1号、新陆早2号、新陆早8号、新陆早26号
KK1543	C42×KK352	新陆早3号、新陆早4号、新陆早35号、新陆早39号
塔什干2号	C-4727×墨西哥野生棉	新陆早6号、新陆早7号、新陆早14号、新陆早22号、新陆早31号
贝尔斯诺	从美国引进的高品质材料	新陆早6号、新陆早9号、新陆早16号、新陆早20号、新陆早22号、新陆早25号、新陆早27号、新陆早28号、新陆早31号、新陆早39号
中棉所4、中棉所12、中棉所17、中棉所19、中棉所27、陕1155	中棉系列、陕棉系列	新陆早2号、新陆早5号、新陆早9号、新陆早10号、新陆早11号、新陆早13号、新陆早15号、新陆早19号、新陆早23号
从内地引进品种	河南、辽宁	新陆早12号、新陆早17号、新陆早18号、新陆早29号、新陆早30号、新陆早37号
拉玛干77	从乌兹别克斯坦引进	新陆早32号
岱字棉、爱字棉、金字棉	从国外引进	新陆早3号、新陆早4号、新陆早31号、新陆早39号
代号或来源不明		新陆早18号、新陆早21号、新陆早33号、新陆早34号、新陆早36号

二、新疆棉花品种性状演进及聚类

（一）南疆新陆中系列品种性状演进及聚类

1. 品种性状演进

艾先涛等（2010）对 33 份南疆自育品种 13 个表型性状的变异情况进行全面统计，分析发现：8 个主要农艺性状中，品种的单株铃数变异系数最大，达到31.71%；其次为铃重、果枝数和株高，分别为 13.30%、12.38%和 12.12%，变异系数最小的性状是生育期，仅为 4.39%。说明南疆历史自育品种在产量性状方面的变异较大。

对 5 个纤维品质性状分析研究发现，比强度变异系数最大，为 8.84%，变化范围为27.3~38.9cN/tex；其次为马克隆值和纤维绒长，变异范围分别为 3.6~4.7 和 28.3~36.8mm。变异系数最小的是整齐度和伸长率，分别仅为 1.16%和 1.84%。

根据自育品种自育年份，将所选 33 份自育品种划分为 3 个时期。第一时期为 1979~1990 年自育的品种，第二时期为 1991~2000 年自育的品种，第三时期为 2001 年以后自育的品种。

从表型性状变化来看，3 个时期自育品种生育期（144d、137d、136d）和果枝数（9.2个、8.4 个、7.8 个）明显降低，子叶节高（5.8cm、6.0cm、6.2cm）、株高性状上总体有所增加，这些变化与目前新疆的高密度栽培种植模式的不断变化有很大关系，导致育种者在熟性、株高等性状选择策略上的变化。

从产量性状变化来看，3 个时期产量变化最为明显，自育品种铃重（7.8g、6.6g、6.3g）明显降低，第一时期铃重最大，平均达到 7.8g，变幅为 6.1~8.6g，第三时期铃重最小。籽指（12.6g、12.1g、11.0g）随铃重变化也呈下降趋势。单株铃数（4.7 个、5.2 个、7.0个）和衣分（35.1%、35.6%、38.9%）两个性状均明显递增。

从品质性状变化来看，3 个时期自育品种纤维绒长（31mm、31.6mm、31.9mm）、比强度（30.6cN/tex、30.9cN/tex、31.7cN/tex）的品质性状稳步提高，马克隆值平均值（4.3、4.0、4.2）变化不大，从变幅可以看出，马克隆值总体变化逐渐趋于合理。纤维整齐度和伸长率变化最小。

总体来看，第三时期品质性状优于第二时期，第二时期品质性状优于第一时期。

2. 品种聚类分析

艾先涛等（2010）对 33 份新陆中系列品种开展了表型聚类研究，将南疆历史自育品种明显划分为两大类（1 和 2）。1 包括 12 份品种，2 包括 21 份品种（图 3.4）。

在阈值为 2.5 时，第一大类可以划分为 2 个亚类，第一个亚类（1-1）包括 10 个自育品种，第二个亚类（1-2）包括 2 个自育品种。在阈值为 2.4 时，第二大类又可以划分为 2 个亚类，第一个亚类（2-1）包括 9 个自育品种，第二个亚类（2-2）包括 12 个自育品种。各类群的主要表型性状统计结果见图 3.4，可以看出各类群的田间性状差异很大，各具代表性，很好地反映出了不同自育品种的特点。

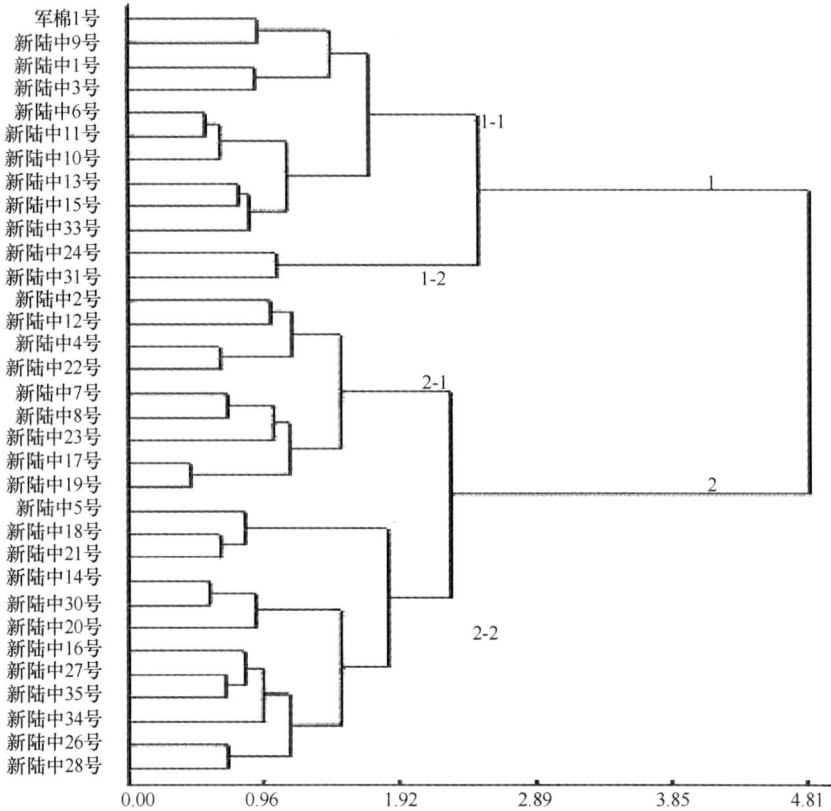

图 3.4　南疆历史自育品种主要农艺性状聚类树状图

从第一个类群整体遗传基础背景来看：12 个品种遗传基础相似，大都含有苏棉 C450、C1470、9122 依系统的遗传背景，尤其是军棉 1 号和新陆中 9 号均具备了 C450 的遗传组分，聚类在同一个分支；新陆中 1 号和新陆中 3 号聚在一个分支，共同拥有 C1470 的遗传背景。由同一个单位选的不同品种也聚类在同一个分支，如新陆中 6 号和新陆中 11 号由巴州农科所选育，新陆中 13 号和新陆中 15 号由新疆农业大学农学院选育，均被聚在一起；另外两个低酚棉品种新陆中 1 号和新陆中 6 号也聚类在第 1 个聚群的第一个亚群（1-1）里。这充分说明聚类结果的准确性，不仅将相同遗传背景的品种聚在一起，相同育种单位和相同类型的品种也聚类在一起，具有很好的说服性。

从第一个类群品种的田间表型性状来看：大部分品种田间表现较为一致，均表现出铃大、早熟、衣分低、籽指大、品质性状较好、果枝短、单株结铃较低、脱落率高等特点。

从第一个类群的两个亚群划分来看：第二个亚群（1-2）与第一个亚群（1-1）遗传背景相似，都含有苏联棉花遗传背景，因此在同一类群里。不同的是这两个品种新陆中 24 号和新陆中 31 号均为陆海杂交棉，又区别于第一个亚群，它们都具备相同的原苏棉 9122 依海岛棉的遗传基础，因此被聚类为第一聚群的另一个分支。两个品种表现出陆海杂交棉的特性，均表现为熟性偏晚、单株成铃多、铃重低、品质优的特点。

从第二个类群品种的田间表型性状来看：大部分品种比第一个类群品种的子叶节、株高、果枝个数均有所增高，铃重较前一类群有所降低，衣分提高，品质性状有所降低，表现为铃重适中、衣分高、籽指较小、株型松散、单株结铃较强等特点。

从第二个类群的两个亚群划分来看：在 2-1 亚群里，包含 9 个自育品种，其含有更多的美棉贝尔斯诺、岱字棉等遗传背景，如新陆中 2 号、新陆中 4 号、新陆中 19 号等。遗传背景相似的新陆中 8 号和新陆中 22 号也被聚类在 2-1 亚群里，新陆中 17 号和新陆中 19 号遗传距离最短；而 2-2 亚群里，包含 12 个品种，大都含有黄河流域棉区的中棉系列、冀棉系列遗传背景。因此有所区别而被划分成两个亚区。

综上所述，聚类分析结果较符合品种本身的真实特性，具有相近表型性状和相同遗传基础背景的自育品种材料聚在同一分支，符合自育材料本身的遗传背景。

（二）北疆新陆早系列品种性状演进及聚类

1. 品种性状演进

孙杰和褚贵新（1999）选择了新疆特早熟棉区自新中国成立以来不同时期 12 个有代表性的推广品种（系）及审定品种，分成 5 个时期进行主要农艺性状及品质性状演变趋势的研究。结果表明，随着品种的更换，棉花品种的增产潜力增大，新育成品种产量的遗传增益每年每公顷 9.3kg。产量的增加主要由于棉花品种衣分、衣指和结铃性的提高，棉花品种纤维长度以每时间段 0.2mm 的速度递增，比强度、整齐度和伸长率并没有多大提高，而且近期育成品种还明显下降。

褚贵新等（2002）对北疆特早熟棉区植棉 50 年以来的 12 个重要棉花品种棉铃发育特性的研究表明，随着棉花品种的更替，棉铃发育中各性状发生了如下变化：①棉花结铃性、衣分有明显提高，近期品种的衣分和单株结铃数分别比早期品种多 7% 和 2 个，而单铃重则有下降的趋势，由早期品种的 6.0g 降到近期品种的 5.5g；②棉花比强度随品种更替从 22.5cN/tex 降到 19.5cN/tex，绒长则提高了 3mm 左右，马克隆值普遍偏大。

田海燕等（2007）选择北疆特早熟棉区自 20 世纪 50 年代以来不同时期 5 个有代表性的推广品种（系）进行主要经济性状演变趋势的研究。结果表明：随着棉花品种的更换，在其产量构成的主要因素中，结铃数、衣分、衣指逐步提高，近期品种衣分比以往品种增加 7.5%～19.9%；在衣指提高的过程中，籽指随品种更替明显下降；单铃重表现出与单株结铃数相反的趋势，铃重逐渐减轻，从早期品种的 5.9g 下降到近期品种的 5.3g。在纤维品质构成因素中，纤维长度增加，近期育成品种纤维长度比以往品种增加 0.5～1.8mm；随着品种的更替，比强度、整齐度也有上升趋势；马克隆值普遍偏大，伸长率明显下降，近期育成棉花品种中伸长率较中期下降 11.6%。

相吉山等（2010）以北疆棉区近几十年来推广种植的 41 个早熟棉主栽品种为对象，以审定时间为尺度，纵向分析了 8 个主要性状的历史演化趋势。通过分析发现，"新陆早"系列品种的生育期没有明显的上升或下降的趋势，单铃重、衣分和皮棉产量呈现出提高的趋势，在 3 个品质性状中，只有纤维绒长表现出明显的增长趋势，比强度和马克隆值性状的变化不明显。

2. 品种聚类分析

艾先涛等（2011）对 38 份新陆早品种开展了表型聚类研究，其中遗传距离最大的两个品种是新陆早 1 号和新陆早 16 号（25.1085），这可能是由品种间遗传基础的不同造成的。欧氏遗传距离最小的两个品种是新陆早 6 号和新陆早 7 号（1.5998）。

从图 3.5 中可以看出，在阈值为 15.07 时，可将北疆历史自育品种明显地划分为两个类群，即 1 和 2；第一个类群包括 30 份品种，第二个类群包括 8 份品种。在阈值为 10.04 时，第一个类群又可划分为两个亚类群，即第一亚类群和第二亚类群，其中第一亚类群（1-1）包括 16 份品种，第二亚类群（1-2）包含 14 份品种。

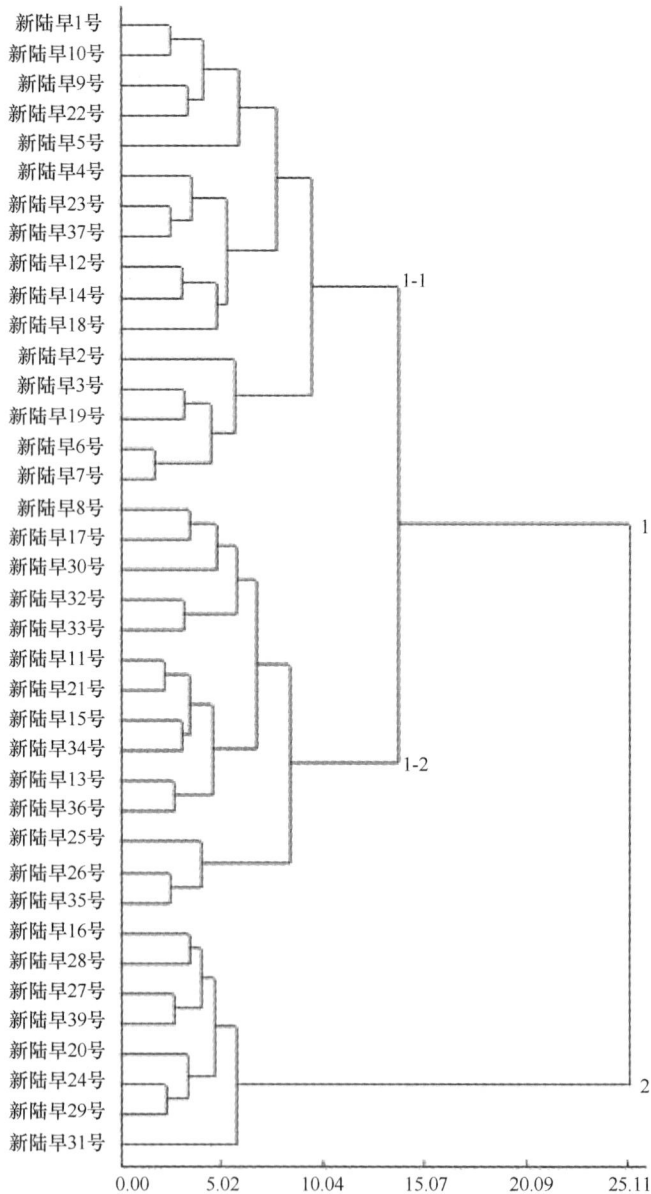

图 3.5 北疆历史自育品种主要农艺性状聚类树状图

在第一个类群中具有相似遗传背景、相同选育单位、相同类型的品种均被较好地聚类在一起。如由农七师农科所选育的两个低酚棉品种新陆早 3 号和新陆早 15 号聚类在第一大类。

在第一亚类群（1-1）中最早选育的新陆早 1 号和新陆早 2 号聚在第一亚类群，它们都具有苏联品种 611 波的遗传背景。新陆早 3 号和新陆早 4 号含有美棉爱字棉、岱 80 的遗传组分；新陆早 6 号、新陆早 7 号、新陆早 14 号和新陆早 22 号被聚在一起，它们共同拥有塔什干 2 号的遗传组分，从新陆早 6 号和新陆早 7 号的遗传距离最短也可以说明这一点。新陆早 6 号、新陆早 9 号和新陆早 22 号还具有美棉贝尔斯诺的遗传组分，新陆早 5 号、新陆早 9 号、新陆早 10 号、新陆早 19 号和新陆早 23 号具有中棉和陕棉的遗传背景；另外新陆早 12 号和新陆早 37 号还具有早熟棉辽棉的遗传背景。

第二亚类群（1-2）中 14 个自育品种被聚类在一起，从遗传基础上看，新陆早 8 号和新陆早 26 号共同拥有原苏棉品种 611 波的遗传背景。新陆早 11 号、新陆早 13 号、新陆早 15 号、新陆早 25 号和新陆早 35 号都含有中棉所系列（中棉所 12、中棉所 17 等）的遗传背景。但第二亚类群（1-2）与第一亚类群（1-1）相比有一个明显特点，第 2 亚类群品种遗传背景不够清晰。1-2 亚类群的品种生育期、子叶节高、衣分、籽指和马克隆值较 1-1 亚类群均有所降低，而株高、果枝个数、单株铃数、铃重、纤维绒长和比强度均有所优化提高，反映了育种者育种策略的不断变化和调整。

从第二个类群整体遗传基础背景来看：尽管不少品种仍含有苏棉遗传基础，但与第 1 类群遗传背景相比，第 2 类群遗传基础相对丰富并有所拓展，大都含有美棉生态类型和黄河生态型遗传组分，如具有贝尔斯诺、岱字棉、中棉所 4、中棉所 12、中棉所 17、中棉所 19 等遗传组分。因此区别于第 1 类群，8 个品种被聚类在第 2 类群中。

第二个类群作为一个独立类群具有明显的特征，即这一类群的品种（新陆早 16 号、新陆早 20 号、新陆早 27 号、新陆早 28 号、新陆早 31 号、新陆早 39 号）在遗传背景上大都含有美棉高品质资源贝尔斯诺的遗传组分，表现为品质优，纤维品质均达到中长绒棉的指标。

聂新辉等（2014）以新疆 2013 年前审定的 51 个新陆早常规棉花品种为材料开展分子聚类，在相似系数为 0.4619 处将 51 个新陆早棉花品种分为四大类，A 类包括新陆早 13 个棉花品种，B 类包括 29 个，C 类包括 2 个，D 类包括 7 个。其中 B 类在遗传相似系数 0.4778 处又可分为 2 个亚类，即 B1 与 B2，B1 包含 16 个品种，B2 包含 13 个品种。

A 类以石河子棉花研究所（新陆早 2 号、新陆早 5 号、新陆早 7 号、新陆早 8 号、新陆早 10 号、新陆早 19 号、新陆早 36 号、新陆早 46 号）和第七师农业科学研究所（新陆早 3 号、新陆早 4 号、新陆早 6 号）选育的品种为主，其亲本多含有苏联早熟陆地棉血缘。其中新陆早 1 号、新陆早 6 号、新陆早 7 号、新陆早 8 号、新陆早 36 号在北疆早熟棉区作为主栽品种推广面积较大。

B 类以第七师农业科学研究所（新陆早 9 号、新陆早 13 号、新陆早 15 号、新陆早 16 号、新陆早 23 号、新陆早 25 号、新陆早 31 号、新陆早 35 号、新陆早 37 号、新陆早 38 号、新陆早 39 号、新陆早 47 号和新陆早 49 号）及第五师农科所（新陆早 11 号、新陆早 12 号、新陆早 37 号、新陆早 54 号）选育品种为主，优质中长绒或抗病性较好的品种主要集中在 B 类中。其亲本多含有贝尔斯诺、爱子棉、中棉所 12、中棉所 17 及辽棉系列的资源，且通过审定的中长绒品种主要都聚类在 B2 亚类中（新陆早 24 号、新陆早 25 号、新陆早 28 号、新陆早 29 号、新陆早 30 号、新陆早 31 号、新陆早 35 号、新陆早 38 号、新陆早 39 号、新陆早 40 号、新陆早 47 号、新陆早 49 号）。其中新陆早

12 号和新陆早 13 号在北疆早熟棉区作为主栽品种推广。

C 类中包含新陆早 26 号、新陆早 27 号，其中新陆早 26 号在北疆早熟棉区推广面积较大。

D 类新陆早品种主要由新疆农垦科学院棉花研究所（新陆早 22 号、新陆早 32 号、新陆早 33 号、新陆早 42 号、新陆早 48 号、新陆早 51 号、新陆早 53 号）选育，其中新陆早 33 号和新陆早 48 号在北疆早熟棉区为主栽品种。新疆农垦科学院棉花研究所选育的新陆早 45 号的亲本之一来源于新陆早 13 号，在分子标记多样性聚类分析中，与新陆早 13 号聚为一类，和系谱描述高度吻合。

综合新陆早系列和新陆中系列品种聚类分析结果，具有相近表型性状和相同遗传基础的自育品种材料聚在同一类，符合自育材料本身的遗传背景演变趋势。在超亲育种亲本选配时，在类间选择优点互补亲本，避免同类遗传基础相近的亲本组合，并且有目的地从不同来源的优良种质中渐渗有利等位基因，丰富后代遗传变异基础，容易实现超亲育种目标。

三、新疆主要自育棉花品种简介

截至 2014 年新疆已审定命名新陆早、新陆中系列品种分别达 67 个和 76 个，海岛棉品种 48 个，彩色棉品种 27 个。这里仅介绍推广面积大、时间长或有明显特色、在生产中发挥了重要作用的自育棉花品种。

（一）早熟陆地棉品种

1. 新陆早 1 号（69-1）

【品种来源】 新陆早 1 号（69-1）由新疆生产建设兵团农七师下野地试验站从 722（T5CS5A×6110）系统选育而成。1978 年通过新疆维吾尔自治区农作物品种审定委员会审定命名（新审棉 1978 年 013 号），1990 年通过国家农作物品种审定委员会审定（GS 08007—1990）。

【特征特性】 生育期 117～124d，属特早熟陆地棉品种，霜前花率达 80% 以上。植株为塔形，株高 60～80cm。果枝类型 Ⅱ～Ⅲ 型，第一果枝着生在第 4～5 节，果枝节间长 4.5～8.5cm，平均果枝 10～12 个。结铃性强，棉铃卵圆形，4 或 5 室，铃色深绿，有褐色斑点，铃壳薄，吐絮畅而集中。单铃重 4.5～5.0g，衣分 33%～35%，衣指 5.6～5.9g，籽指 11.1g。适应性广，抗旱性强，耐瘠薄，苗期抗寒性弱，后期有早衰现象。

【产量表现】 1973～1975 年在新疆维吾尔自治区棉花区域试验中，皮棉产量比对照品种 KK1543 增产 10.0%～12.2%。1977～1979 年参加西北内陆棉花品种区域试验，平均皮棉产量 1125kg/hm^2，大田生产产量达到 1350～1500kg/hm^2。

【纤维品质】 纤维主体长度 29.5～30.5mm，细度 5900～6900m/g，单纤维强力 4.0～4.3g，断裂长度 24.0～27.0mm，比强度 22.3cN/tex，马克隆值 3.5，成熟系数 1.7，整齐度 90%。

【适应性】 适宜在北疆早熟棉区及甘肃河西走廊棉区种植。该品种是新疆到 1999 年为止使用年限最长（近 20 年）的主栽品种，也是覆盖面最广、推广面积最大的品种。

在甘肃省也曾是推广多年的主栽品种。1995 年推广面积为 30 万 hm²。从 1998 年起，被新陆早 6 号、新陆早 7 号、新陆早 8 号更换。

2. 新陆早 6 号（系 550）

【品种来源】新陆早 6 号（系 550）是新疆生产建设兵团农七师农科所以 85-174 品系为母本，美国贝尔斯诺品种为父本进行有性杂交，经多年定向选育而成。1994～1997 年参加西北内陆棉区北疆亚区第六轮棉花区域试验和生产试验。1997 年 11 月通过新疆维吾尔自治区农作物品种审定委员会审定命名（新审棉 1997 年 007 号）（图 3.6）。

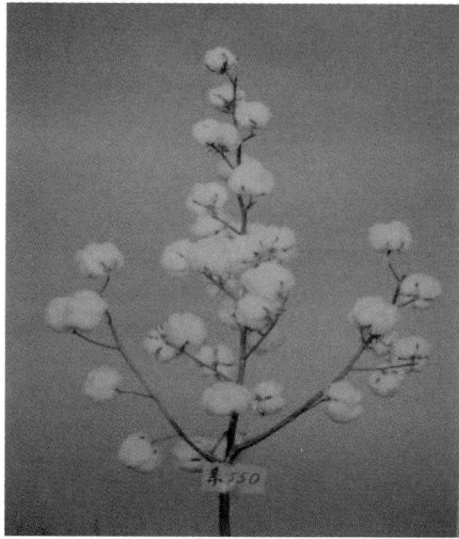

图 3.6　新陆早 6 号

【特征特性】生育期 125d，属早熟陆地棉品种，霜前花率达 90% 以上。植株 I 型果枝，株型紧凑，第一果枝节位 5～6 节。结铃率高，棉铃卵圆形，铃壳薄，含絮力强，吐絮畅，易采收。单铃重 5.5g，衣分 42.7%，衣指 7.7g，籽指 9.2g。苗期生长快，蕾花期生长稳健，后期不早衰，根系发达，抗逆性强。

【产量表现】1994～1996 年参加西北内陆棉区北疆亚区第六轮棉花区域试验，平均霜前皮棉产量 1507.08kg/hm²，比对照新陆早 1 号增产 22.8%。

【纤维品质】纤维主体长度 29.7mm，细度 6107m/g，单纤维强力 3.15g，比强度 19.0cN/tex，马克隆值 3.9，成熟系数 1.7，纤维含糖微量。

【抗病性】不抗枯萎病、黄萎病。

【适应性】适宜在北疆早熟棉区种植。1998 年推广面积最大达 10 万 hm²，成为当时的主栽品种。

3. 新陆早 7 号（822）

【品种来源】新陆早 7 号（822）是新疆石河子棉花研究所 1982 年以自育品系 347-2 为母本，塔什干 2 号为父本进行杂交，经过海南加代和本地多年连续定向选择培育而成。自 1991～1997 年先后参加了地区多点试验、自治区攻关联试、西北内陆棉区区域试验和生产试验。1997 年 11 月通过新疆维吾尔农作物品种审定委员会审定命名（新审棉 1997 年 008 号）（图 3.7）。

图 3.7 新陆早 7 号

【特征特性】生育期 125d，属早熟陆地棉类型，霜前花率 90%以上。植株塔形，Ⅰ～Ⅱ型果枝，株型紧凑，果枝始节为 4～5 节。开花集中，结铃性强，成铃率高。棉铃中等偏大，五室铃稍多。吐絮集中且畅快，含絮力适度，宜采期长。单铃重 5.4～6.2g，衣分 39.0%～41.4%，衣指 7.6g，籽指 10～11g。

【产量表现】1994～1996 年参加西北内陆棉区北疆亚区区域试验结果：霜前皮棉平均单产 1531.5kg/hm²，比对照品种增产 24.7%。1997 年生产试验结果：皮棉平均单产 2043.0kg/hm²，比对照品种增产 22.4%。

【纤维品质】纤维主体长度 28.2～30.3mm，比强度 20.0～22.5cN/tex，马克隆值 3.8～4.5。纤维含糖微量。

【抗病性】1997 年北疆石河子黄萎病圃剖秆鉴定结果：病情指数（简称病指）为 11.9，达到了抗黄萎病标准。

【适应性】在北疆棉区、南疆焉耆盆地、甘肃河西走廊和宁夏黄河河套地区的无枯萎病或轻到中度黄萎病地均宜种植。1999 年在北疆、甘肃河西走廊等棉区推广面积达 18 万 hm²，推广面积占棉区棉田的 60%左右，成为当时的主栽品种。

4. 新陆早 8 号（1304）

【品种来源】新陆早 8 号（1304）是新疆石河子棉花研究所 1982 年以抗黄萎病材料为母本，新陆早 1 号为父本进行有性杂交，F₁ 代种子进行辐射处理，后经多年的南繁北育，定向选择培育而成。1994～1997 年参加西北内陆棉区北疆亚区第六轮棉花区域试验和生产试验。1997 年 11 月通过新疆维吾尔自治区农作物品种审定委员会审定命名（新审棉 1997 年 014 号）（图 3.8）。

图 3.8　新陆早 8 号

【特征特性】生育期 125d，属早熟陆地棉类型，霜前花率 90%以上。植株呈塔形，
Ⅰ型分枝，果枝始节位 4～5 节，株型紧凑。叶片中等偏小，五裂缺刻深，皱褶明显，
叶色深绿，叶层分布合理，通风透光性好。棉铃卵圆形，中等偏大，开花结铃集中，结
铃性强，铃壳薄，吐絮畅快集中，棉絮洁白，含絮力适中，易摘拾，适宜机械采收。单
铃重 5.3～5.6g，衣分 38.3%～41.0%，衣指 6.7g，籽指 10.7g。出苗快而整齐，前期生长
稳健，中期生长发育快，后期不早衰。

【产量表现】1994～1996 年在西北内陆棉区北疆亚区第六轮棉花区域试验中，霜前
皮棉单产 1477.5kg/hm²，较对照品种增产 20.3%。1997 年生产试验中，霜前皮棉单产
2107.5kg/hm²，较对照品种增产 29.7%。

【纤维品质】区域试验棉样经新疆维吾尔自治区纤维检验局测定：纤维主体长度
28.0mm，比强度 20.2cN/tex，马克隆值 3.4，细度 6608.0m/g，成熟系数 1.5，含糖微量。
1997 年新疆维吾尔自治区七一棉纺厂试纺结果：纤维主体长度 29.8mm，细度 5761m/g，
成熟系数 1.98，马克隆值 4.2，短绒率 11.4%。

【抗病性】1997 年石河子棉花所病圃鉴定，剖秆调查黄萎病病指 13.5。属耐黄萎病
类型。

【适应性】适宜北疆棉区、南疆部分早熟棉区、甘肃河西走廊棉区等地种植。1999
年推广面积为 8.9 万 hm²，2000 年推广面积达 10 万 hm²，成为当时的主栽品种。"十一
五"期间该品种在甘肃河西走廊棉区仍有种植。

5. 新陆早 13 号（97-65）

【品种来源】新陆早 13 号（97-65）是新疆生产建设兵团农七师农科所 1989 年以自
育早熟、优质品系 83-14 为母本，抗病中 5601 和 1639 品系为混合父本进行有性杂交，
后代经过南繁北育及病圃定向选择培育而成。1999～2001 年参加西北内陆第八轮早熟棉
品种区域试验及生产试验。2002 年 1 月通过新疆维吾尔自治区农作物品种审定委员会审
定命名（新审棉 2002 年 024 号），2003 年通过国家农作物品种审定委员会审定（国审棉
2003001）（图 3.9）。

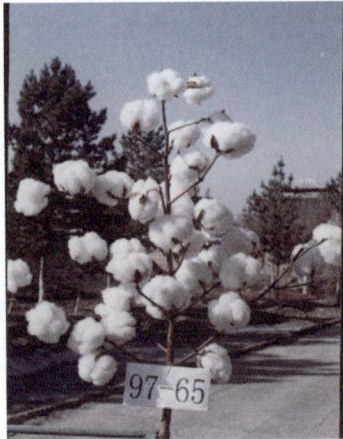

图 3.9　新陆早 13 号

【特征特性】生育期 121d，属特早熟品种，霜前花率 92% 以上。植株塔形，II 型果枝，较紧凑。叶片中等大小，裂刻较深，田间通透性好。棉铃卵圆形，结铃性强。开花吐絮集中，含絮好，易采摘。铃重 5.4～5.8g，衣分 40%～41%，衣指 7.0g，籽指 9.9g。植株生长势较强，后期不早衰。

【产量表现】1999～2000 年参加西北内陆棉区第八轮早熟棉区域试验，霜前皮棉单产 1720.1kg/hm²，比对照新陆早 7 号和中棉所 24 分别增产 11.5% 和 12.3%。2001 年参加生产试验，平均籽棉单产 4142.72kg/hm²、皮棉单产 1641.1kg/hm²，分别比对照新陆早 10 号增产 28.6% 和 14.3%，比中棉所 36 增产 19.4% 和 12.2%。

6. 新陆早 24 号（康地 51028）

【品种来源】新陆早 24 号（康地 51028）是新疆康地农业科技发展有限责任公司以中长绒棉品系 7047 为母本，C-6524 为父本进行杂交，经多年南繁北育选择培育而成。2003～2004 年参加西北内陆棉区北疆亚区区域试验和生产试验。2005 年 4 月通过新疆维吾尔自治区农作物品种审定委员会审定命名（新审棉 2005 年 061 号）（图 3.10）。

图 3.10　新陆早 24 号

【特征特性】生育期 129d 左右，属早熟中长绒陆地棉品种，霜前花率 85% 左右。植株呈塔形，Ⅱ型果枝，果枝始节 4～5 节。茎秆粗壮抗倒伏，叶中等偏大，叶色深绿，叶量少、适中，群体通风透光性好。结铃性强，铃大，铃长卵圆形，4 或 5 室。单铃重 7g 左右，衣分 40.4%，籽指 10.5g。开花吐絮集中，含絮好，好摘花。

【产量表现】2003～2004 年在西北内陆棉区北疆亚区区域试验中，籽棉、皮棉、霜前皮棉单产分别为 4365.0kg/hm²、1773.2kg/hm²、1530.2kg/hm²，分别比对照新陆早 10 号增产 11.5%、7.6% 和 0.4%。

【纤维品质】区域试验多点取样经农业部棉花品质监督检验测试中心纤维品质检测结果：纤维 2.5% 跨长 33.0mm，比强度 33.8cN/tex，整齐度 85.6%，马克隆值 3.4，伸长率 6.5%，反射率 77.4%，黄度 7.8，纺纱均匀性指数 172，纤维品质达到中长绒棉标准。

【抗病性】抗枯萎病，耐黄萎病。

【适应性】适宜在北疆早熟棉区种植。该品种是第一个在早熟棉区较大面积推广的抗枯萎病的早熟中长绒棉品种。

7. 新陆早 33 号（垦 4432）

【品种来源】新陆早 33 号（垦 4432）由新疆农垦科学院棉花研究所利用自育品系石选 87 天然重病地中的变异单株，经定向选择南繁北育培育而成。2004～2006 年参加西北内陆棉区早熟组棉花区域试验和生产试验。2007 年 2 月通过新疆维吾尔自治区农作物品种审定委员会审定命名（新审棉 2007 年 058 号），2007 年 11 月通过国家农作物品种审定委员会审定（国审棉 2007018）（图 3.11）。

图 3.11　新陆早 33 号

【特征特性】生育期 125d，属早熟陆地棉，霜前花率 90%。植株筒形，Ⅰ型分枝，果枝始节 5～6 节，始节高度 15～20cm，适宜机械采收。株型紧凑，茎秆粗壮坚硬。叶片中等偏大，叶色深绿，果枝叶量小，植株清秀，通透性好。结铃性强，棉铃卵圆形，铃中等偏大，吐絮畅，絮色洁白，含絮力适中，易摘拾。单铃重 5.9g，衣分 39.5%～40.1%，籽指 11.6～12.65g。中后期生长势较强，不早衰。

【产量表现】2004～2005 年西北内陆棉区早熟组棉花区域试验籽棉、皮棉、霜前皮棉产量分别为 5029.2kg/hm²、1984.5kg/hm² 和 1765.7kg/hm²，分别较对照增产（新陆早 13 号，下同）5.4%、3.8%和 4.9%，均位居 2 年参试品种（系）首位。2006 年生产试验籽棉、皮棉、霜前皮棉产量分别为 5163.0kg/hm²、2073.0kg/hm² 和 2073.0kg/hm²，分别较对照增产 6.1%、5.1%和 5.1%。

【纤维品质】区域试验及生产试验多点取样经农业部棉花品质监督检验测试中心测定：纤维上半部平均长度 30.2mm，比强度 30.6cN/tex，整齐度 85.3%，马克隆值 4.4，伸长率 6.7%，反射率 77.0%，黄度 7.2，纺纱均匀性指数 153.7。

【抗病性】区域试验抗病性鉴定结果（发病高峰期）：枯萎病病情指数 8.2，属抗枯萎病类型；黄萎病病情指数 21.9，属耐黄萎病类型。

【适应性】适应于北疆、南疆部分早熟棉区和甘肃河西走廊等棉区种植。2009 年在北疆、甘肃河西走廊等棉区推广 15 万 hm²，至 2012 年累计推广面积达 66 万 hm²，为该时期推广面积最大的早熟棉品种，也是当时机采棉的首选种植品种。

8. 新陆早 36 号（新石 K8）

【品种来源】新陆早 36 号（新石 K8）是新疆石河子棉花研究所 1997 年以自育早熟、丰产品系 1304 为母本，抗病品系 BD103 为父本，通过有性杂交，经多年南繁北育、病圃鉴定筛选定向选育而成。2005 年参加新疆维吾尔自治区早熟组棉花品种区域试验，2006 年同时参加生产试验。2007 年 2 月经新疆维吾尔自治区农作物品种审定委员会审定命名（新审棉 2007 年 61 号）（图 3.12）。

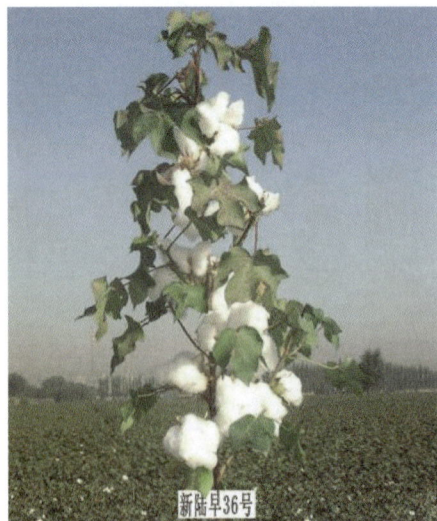

图 3.12　新陆早 36 号

【特征特性】生育期 120d，属特早熟陆地棉，霜前花率 98.7%。Ⅱ型果枝，株型较紧凑。棉铃卵圆形，中等大小，结铃性较好。吐絮集中，絮白，易采摘。单铃重 5.6g，衣分 41.5%，籽指 9.9g。早熟性突出，整个生育期长势稳健。

【产量表现】2005～2006 年新疆维吾尔自治区棉花区域试验（早熟组）结果：籽棉、皮棉和霜前皮棉产量分别为 5423.1kg/hm²、2254.4kg/hm² 和 2231.9kg/hm²，分别比对照新陆早 13 号增产 10.7%、11.6% 和 11.7%。2006 年生产试验结果：籽棉单产 5356.65kg/hm²，较对照增产 4.4%；皮棉单产 2263.1kg/hm²，较对照增产 5.0%。

【纤维品质】2005～2006 年经农业部棉花品质监督检验测试中心测试：纤维上半部平均长度 28.7mm，比强度 29.4cN/tex，马克隆值 4.4，伸长率 6.7，反射率 76.9%，黄度 8.0，整齐度 84%，纺纱均匀性指数 143。

【抗病性】区域试验抗病性鉴定结果（发病高峰期）：黄萎病病指 24.5，枯萎病病指 4.6，属高抗枯萎病耐黄萎病类型。

【适应性】适宜于北疆、甘肃河西走廊等棉区种植。2010 年在北疆、甘肃河西走廊等棉区推广 23 万 hm²，为该时期主栽品种之一。

9. 新陆早 45 号（西部 4 号）

【品种来源】新陆早 45 号（西部 4 号）由新疆农垦科学院棉花研究所与新疆西部种业有限公司共同合作选育。2003 年利用优选新陆早 13 号作为母本，9941 作为父本杂交，后代通过南繁加代、天然重病地中优选变异单株，经定向选择培育而成。2008～2009 年参加新疆维吾尔自治区早熟陆地棉品种区域试验和生产试验，2010 年 2 月通过新疆维吾尔自治区农作物品种审定委员会审定命名（新审棉 2010 年 37 号）（图 3.13）。

图 3.13　新陆早 45 号

【特征特性】生育期 128d 左右，属早熟陆地棉品种，霜前花率 96.2%。植株呈塔形，Ⅱ型果枝，果枝始节为 4 节。叶片中等大小，叶色灰绿。铃中等大小、卵圆形，吐絮畅，含絮力一般，易摘拾。单铃重 5.5g，衣分 40.4%，籽指 9.9g。茎秆绒毛多，生长稳健，长势较强。

【产量表现】2008～2009 年参加新疆维吾尔自治区早熟陆地棉区域试验，子棉、皮棉和霜前皮棉产量分别为 5614.9kg/hm²、2294.6kg/hm² 和 2205.9kg/hm²，分别较对照新陆早 13 号增产 8.9%、8.2% 和 7.6%。2009 年生产试验，籽棉、皮棉、霜前皮棉产量分别为 5554.2kg/hm^2、2242.9kg/hm^2 和 2157.3kg/hm^2，分别较对照增产 17.4%、17.2%和 15.2%。

【纤维品质】区域试验及生产试验多点取样经农业部棉花品质监督检验测试中心测定：纤维上半部平均长度 30.3mm，比强度 32.1cN/tex，整齐度 86.1%，马克隆值 4.1，伸长率 6.6%，反射率 78.4%，黄度 7.5，纺纱均匀性指数 165.3。

【抗病性】区域试验抗病性鉴定结果（发病高峰期）：枯萎病病指 0，属高抗枯萎病类型；黄萎病病指 50.6，属感黄萎病类型。

【适应性】适宜于北疆棉区种植。2013 年推广面积 17 万 hm^2。

10. 新陆早 48 号

【品种来源】新陆早 48 号（原代号惠远 710）由新疆惠远农业科技发展有限公司杂交育种，亲本：石选 87×优系 604；后代经多年南繁北育定向选择而成。2008～2009 年参加西北内陆棉区早熟品种区域试验。审定情况：2010 年由新疆维吾尔自治区农作物品种审定委员会审定通过。审定编号：新农审字（2010）第 40 号（图 3.14）。

图 3.14　新陆早 48 号

【特征特性】生育期 118d 左右，属特早熟陆地棉。植株筒形，Ⅰ型果枝，果枝始节为 5～6 节，株型紧凑。棉铃卵圆形，中等偏大，结铃性较强，吐絮畅，含絮力适中，絮色洁白，适宜机械采收。单铃重 5.8g，衣分 41.8%，籽指 11.5g。

【产量表现】2008～2009 年参加西北内陆棉区早熟品种区域试验，两年平均子棉、皮棉和霜前皮棉分别为 5647.5kg/hm^2、2287.5kg/hm^2 和 2244kg/hm^2，分别比对照新陆早 13 号增产 8.9%、14.4%和 15.1%。2010 年西北内陆棉区早熟品种生产试验，籽棉、皮棉、霜前皮棉分别为 5376kg/hm^2、2196kg/hm^2 和 2034kg/hm^2，分别比对照新陆早 36 号增产 5.6%、4.7%和 7.6%。

【纤维品质】经农业部棉花纤维品质监督检验测试中心检测（HVICC）纤维上半部平均长度 28.8mm，比强度 28.11cN/tex，马克隆值 4.3，断裂伸长率 7.0%，反射率 79.0%，黄度 7.2，整齐度 85.4%，纺纱均匀性指数 145。

【抗病性】抗枯萎病，耐黄萎病，不抗棉铃虫。

【适应性】适宜在北疆棉区、南疆早熟棉区及甘肃河西走廊棉区种植。2009～2010年，在农八师和玛纳斯县两地累计示范推广面积为 7.77 万 hm²。

（二）早中熟陆地棉品种

1. 军棉 1 号（12412）

【品种来源】军棉 1 号（原代号 12412）是新疆生产建设兵团农二师农业科学研究所于 1960 年以司 1467 为母本，以五一大铃、3521、147 夫、早落叶、2 依 3、新海棉、司 1470 等品种混合花粉为父本杂交，在 1968 年选育而成。1979 年通过新疆维吾尔自治区农作物品种审定委员会审定并命名。

【特征特性】生育期 131～133d，属早中熟陆地棉品种。植株呈塔形，果枝类型 I～Ⅱ型，第一果枝着生节位 4.1～4.2 节。茎秆坚实粗壮，绒毛较多。发叶性强，叶色淡绿，叶裂浅。花冠、苞叶均较大。铃卵圆形，铃嘴微尖，铃面油腺明显，吐絮畅，易采收。单铃重 7.3～8.6g，衣分 38.8%，衣指 8.3g，籽指 12.6～14.6g。

【产量表现】一般皮棉产量 1200～1500kg/hm²，最高可达 2700kg/hm²。1985～1987年，南疆陆地棉品种区域试验霜前皮棉比 108 夫增产 5.2%。

【纤维品质】纤维主体长度 30～32mm，细度 5515m/g，单纤维强力 3.9g，整齐度 82.5%～92.5%，断裂长度 25.1km。

【抗病性】耐瘠、耐旱和耐碱，但不抗枯萎病和黄萎病。

【适应性】适宜于新疆南疆早中熟棉区种植。自 1983 年推广以来，迅速成为南疆的主要栽培品种，1991 年种植面积 21 万 hm²。

2. 新陆中 1 号（巴 5442）

【品种来源】新疆维吾尔自治区巴州农业科学研究所从[（巴州 6017×上海无毒棉）×巴 6017]组合后代中选择，于 1988 年育成。亲本巴州 6017 为司 1470×司 1581 的杂交后代；上海无毒棉为兰布莱特 G15×方强选系的杂种后代选系；于 1988 年 4 月 5 日经新疆农作物品种审定委员会审定通过，定名为新陆中 1 号（图 3.15）。

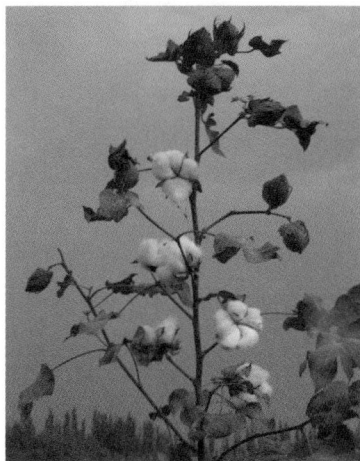

图 3.15　新陆中 1 号

【特征特性】生育期 151d，属早中熟品种类型。果枝 I 型，株型紧凑。铃圆形，铃重 6.6g，铃壳夹絮紧，吐絮不畅。籽指 13.0g，衣指 8.5g，衣分 39.5%，种子短绒灰绿色，种皮较薄，轧花时易被轧破。

属于无毒棉，棉酚含量 0.0063%。榨油后的棉仁饼含蛋白质是小麦的 3 倍，人体需要的 18 种氨基酸齐全，8 种必需氨基酸含量丰富，棉仁粉白色无异味，可与小麦粉混合食用或制成高级食品；棉枝、叶、茎秆也含有相当于小麦和精白米的蛋白质，经粉碎后可配合玉米、鼓糠、麦草，可作各类牲畜家禽的好饲料。

【产量表现】1985～1987 年西北内陆棉区南疆亚区区域试验霜前皮棉比对照军棉 1 号增产 2.8%。1990 年在巴州、喀什、和田三地州扩种 4000hm² 以上。

【纤维品质】区试中绒长 28.9mm，强力 4g，细度 6235m/g，断裂长度 24.9km，成熟系数 1.5。生产中该品种优质棉达 95%，衣分 40.5%，含糖 1.9 以下。

【适应性】适宜于新疆南疆早中熟棉区种植。具耐水肥、抗旱、抗盐碱、中下部结铃多、衣分高的特点。不抗枯萎病和黄萎病。大面积连片种植预防田间鼠害，必要时可用草原防鼠药剂防治，如敌鼠钠盐、杀鼠灵、杀鼠醚等均可取得明显效果。

3. 新陆中 5 号（原代号 87766）

【品种来源】新疆农业科学研究院经济作物研究所（农科院经作所）1976 年用陕西棉花所抗病品种陕 721 与 108 夫杂交，经多年连续选育而成；1994 年 11 月 16 日，新疆农作物品种审定委员会审定并命名（图 3.16）。

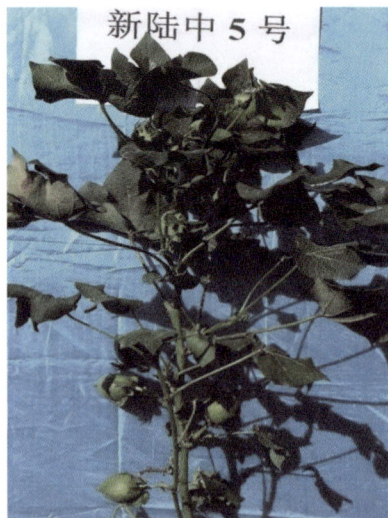

图 3.16 新陆中 5 号铃期

【特征特性】生育期 148～150d，属早中熟品种类型。果枝为 I-l 型，株型筒形。主茎粗壮，叶片大，茎叶绒毛少，苞叶小。平均单株结铃 8.8 个，成铃率 44.9%。絮雪白，黄尖少，吐絮畅而集中。铃椭圆端尖，铃重 6.09g，衣分 38.9%，衣指 6.99g，籽指 11.1g，不孕籽率 12%。种子短绒灰绿褐色。

【产量表现】1991～1993 年，分别在阿克苏、喀什、和田等地进行品种区域试验，霜前皮棉单产为 1539kg/hm^2，较对照军棉 1 号增产 12.12%。在上述地区进行的生产试验，皮棉单产为 1837kg/hm^2，比军棉 1 号增产 20.6%。

【纤维品质】绒长为 31.5mm，断裂长度为 23.7km，细度为 6109m/g，比强度为 23.7cN/tex，马克隆值为 3.9，成熟度为 1.82，纤维含糖量微、轻。

【适应性】属高耐枯萎病，耐黄萎病。适宜于新疆南疆早中熟棉区种植。

4. 新陆中 9 号（原代号 386-5）

【品种来源】新陆中 9 号（386-5）是新疆农科院经济作物研究所选育的高品质陆地型中长绒棉新品种。它是利用群体剩余遗传变异，从优质品种新陆中 4 号中系选育而成，突出特点是既具有普通陆地棉的丰产性，达到了普通陆地棉的产量水平，又具有中长绒棉优异的纤维品质，可单独适纺 60～80 支高支纱。2000 年 12 月 1 日通过新疆维吾尔自治区农作物品种审定委员会审定通过，命名为新陆中 9 号。

【特征特性】生育期 135d，属早中熟品种类型。株型呈筒形，果枝类型Ⅰ～Ⅱ型。叶片较大，叶色浅绿，绒毛少、苞叶大、花蕾大；铃重可达 7g 以上，铃大呈梨形，铃嘴尖有皱褶，棉铃在棉株上、中、下部分布较均匀且以内围铃为主，吐絮快而集中。衣分一般在 35%～38%，单株结铃 5.5～7.5 个，果枝数 11.2 个，籽指 12.7g，衣指 7.7g。棉苗前期生长势强，生长发育快，易壮苗早发，对水肥较敏感，蕾铃易脱落；该品种根系发达，叶片功能期长不早衰。

【产量表现】1994～1996 年参加了西北内陆棉区第六轮常规品种区试，其霜前皮棉产量较对照军棉 1 号增产 12.71%，丰产性表现较好。2000 年在新疆维吾尔自治区种子管理总站主持的生产试验中，两个生产试验点均表现增产，在尉犁县每公顷产皮棉 1570.6kg，较对照军棉 1 号增产 21.94%，在岳普湖县每公顷产皮棉 2484kg，较对照新岳 1 号增产 6%。

【纤维品质】新陆中 9 号为高品质陆地型中长绒棉新品种，其纤维品质明显优于普通的优质陆地棉，经多年多点次各类试验测试，其纤维 2.5%跨长 32～34mm，比强度 24.5～27.5cN/tex，马克隆值 3.6～4.4，气纱品质 2108～2217，细度 7008m/g，可纺 60～80 支甚至更多的高支纱或作为优质配棉使用。

【抗病性】具备良好的生态适应性，出苗快而整齐，苗期生长势较强，能够较好地抵御苗期恶劣的气候条件；抗（耐）枯萎病，感黄萎病。

【适应性】适宜在新疆南疆和东疆的无病、轻病区种植。

5. 新陆中 12 号（原代号新岳 1 号）

【品种来源】新陆中 12 号是从苏联品种 108 夫中系选育，经过 12 年定向培育而成。于 2000 年通过新疆维吾尔自治区农作物品种审定委员会审定通过，命名为新陆中 12 号（图 3.17）。

【特征特性】新陆中 12 号生育期 140d 左右。果枝Ⅰ型，植株紧凑，第一果枝着生节位 5～6 节。叶色深绿，叶面不平展，裂刻较深。铃大卵圆形，多 5 室。铃重 6.5～7.5g，衣分 38.5%～39.5%，籽指 11～12g。种子灰白色。

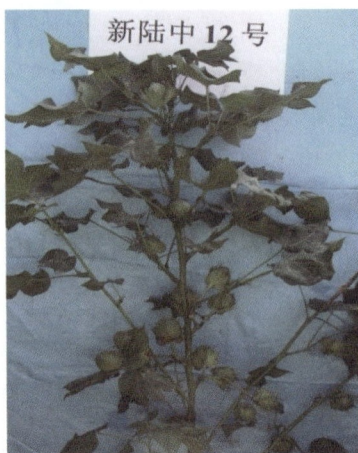

图 3.17　新陆中 12 号铃期

【产量表现】1996 年在喀什地区棉花区试中，皮棉单产 2295kg/hm^2，1997 年皮棉单产 2379kg/hm^2，1998 年皮棉单产 1173kg/hm^2。

【纤维品质】纤维色泽洁白，主体长度 29mm 以上，单纤维强力 3.8g 以上，马克隆值 3.8～4.6，纤维含糖量低。

【适应性】耐棉花枯（黄）萎病。适宜于新疆南疆早中熟棉区种植。

6. 新陆棉 1 号（国抗 62）（代号 2000-2）

【品种来源】由新疆农科院经济作物研究所与中国农科院生物技术研究所合作，以 GK12 为父本，1772 为母本（自育品系）通过花粉管通道转导 Bt 基因，经多年加代性状聚合、选择、鉴定、基因安全评价等研究，纯化培育的新疆第一个国审抗虫棉品种。2006 年 6 月通过国家农作物品种审定委员会审定命名为新陆棉 1 号，于 2005 年 12 月通过农业部农作物转基因安全评价，农基安证字（2005）第 084 号。2006 年国家农作物品种审定委员会审定通过，定名为 GK62（图 3.18）。

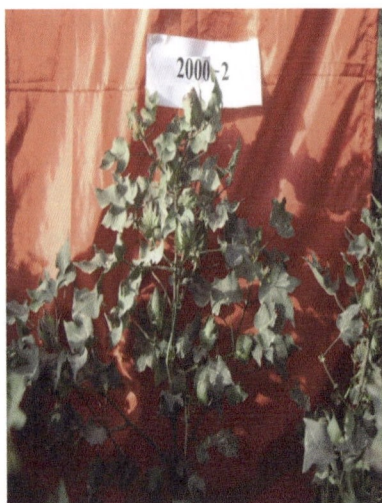

图 3.18　新陆棉 1 号铃期

【特征特性】全生育期 143d。植株塔形，Ⅱ型果枝，果枝始节 5.0 节，株型松散。叶片中等大小，叶色深绿，缺刻较深。铃卵圆形，铃嘴角尖，结铃性强。铃重可达 6.5g，衣分 41%～42%，单株结铃 7.96 个，果枝数 11 个，籽指 10.68g。全生育期生长稳健。

【产量表现】2004 年参加国家西北内陆区域试验，籽棉、皮棉、霜前皮棉产量分别为 4705.5kg/hm²、1921.5kg/hm² 和 1753.5kg/hm²，籽棉比对照中棉所 35 增产 5.1%，皮棉比对照增产 5%，霜前皮棉比对照增产 3.41%。在参试的 8 个品系中产量居第一位。2005 年籽棉、皮棉、霜前皮棉平均产量分别为 5003.7kg/hm²、2023kg/hm² 和 1808.25kg/hm²，籽棉比对照增产 5.89%，皮棉比对照增产 6.44%，霜前皮棉比对照增产 3.03%。霜前花率 88.92%。

【纤维品质】经农业部纤维品质检验检测中心测定，纤维绒长 32.0mm，整齐度 83.46%，比强度>31cN/tex，伸长率 6.87%，反射率 76.16%，马克隆值 4.2，纺纱均匀性指数 139。

【抗病性】经新疆维吾尔自治区植保站鉴定，黄萎病花铃期病指为 7.6，达到高抗；枯萎病花铃期病指为 16.7，达耐病水平。

【抗虫性】经中国农科院生物技术研究所鉴定：2000-2 的 Bt 蛋白含量在 558～820ng/g，均达到高抗虫性标准。

【适应性】新陆棉 1 号（国抗 62）是新疆第一个高产优质多抗棉花品种。适宜种植于南疆和东疆的早中熟棉区。

7. 新陆中 26 号（巴棉 3 号）

【品种来源】新陆中 26 号（原代号巴棉 3 号）是巴州富全新科种业棉花研究所从 17-79 品系中选出的 6603 品系，2006 年 2 月通过新疆维吾尔自治区农作物品种审定委员会审定命名（审定编号：新审棉 2006 年 61 号）（图 3.19）。

图 3.19　新陆中 26 号铃期

【特征特性】生育期 130d。植株塔形，Ⅰ～Ⅱ型分枝，果枝上举，果枝始节 4～5 节。茎秆硬、抗倒伏；叶片偏小、皱缩，通透性好，适宜密植；结铃性较强，铃卵圆、壳薄，单铃重 5.8g，籽指 10.6g，霜前花率 95.90%，衣分 44.58%。

【产量表现】2004～2005 年新疆维吾尔自治区区试和生产试验结果，皮棉产量 2081.25～2384.7kg/hm²，籽棉产量 4695～5385kg/hm²；在 2005 年，新陆中 26 号在兵团第二师 30 团棉花区试中单产籽棉 6470.6kg/hm²，位居第二；在 30 团大面积示范种植 200hm²，平均单产籽棉 5880kg/hm²，最高达到 7500kg/hm²。

【纤维品质】平均长度 29.57mm，整齐度 84.29%，比强度 27.62cN/tex，伸长率 7.09%，马克隆值 4.37，反射率 79.2%，黄度为 7.27，纺纱均匀性指数 139.2。

【抗病性】黄萎病病指 19.4，枯萎病病指 0.7，属高抗枯萎病，耐黄萎病。

【适应性】适宜于新疆早中熟棉区种植。

8. 新陆中 28 号（原代号华棉 1 号）

【品种来源】母本中 9409、父本邯 109。于 2006 年通过新疆维吾尔自治区农作物品种审定委员会审定通过，命名为新陆中 28 号（图 3.20）。

图 3.20　新陆中 28 号铃期

【特征特性】生育期 137d 左右，现蕾开花比中棉所 35 晚 2～3d，吐絮期比中棉所 35 晚 3～4d。株型比较紧凑，果枝始节高。单铃重 5.5～6.5g，铃重 5.9g，衣分 42%～44%。吐絮快而集中，吐絮畅而不散，含絮力适中，霜前花率比中棉所 35 高 3%以上，适于机械采收，采收率高达 96%以上。

【产量表现】新疆维吾尔自治区区试中 2003～2004 年两年平均籽棉增产 8.7%，皮棉增产 14.38%，霜前皮棉增产 11.63%，霜前花率 86.9%，铃重 6.2g，衣分 44%。2005 年生产试验中，籽棉总产 4793.85kg/hm²，比对照增产 2.81%，居第三位，皮棉 2081.7kg/hm²，比对照增产 6.27%，居第四位，霜前皮棉 1949.4kg/hm²，比对照增产 4.68%，居第三位，霜前花率 93.35%。

【纤维品质】纤维上半部平均长度 30.61mm，整齐度 84.39%，比强度 27.05cN/tex，伸长率 6.85%，马克隆值 4.5，反射率 76.8%，黄度 7.93，纺纱均匀性指数 131.29。加工品质好，无籽屑，棉结少，长度、强度和细度搭配合理，可纺优势细支纱。

【抗病性】高抗枯萎病，抗（耐）黄萎病。

【适应性】适宜于新疆南疆早中熟棉区种植。

9. 新陆中 36 号（K20-7）

【品种来源】新陆中 36 号是新疆石河子大学棉花研究所选育的早中熟陆地棉新品种。1995 年以自育抗枯耐黄 91-19 优系为母本，优质丰产抗黄萎病的 155 系为父本进行杂交，后经连续 3 年的南繁北育和定向选择，于 2003 年选育出 K20-7 优系。2005～2006 年参加新疆维吾尔自治区区域试验，2007 年参加生产试验，2008 年 3 月通过新疆维吾尔自治区审定命名为新陆中 36 号。新陆中 36 号在新疆早中熟棉区已得到大面积推广应用（图 3.21）。

图 3.21　新陆中 36 号

【特征特性】全生育期 134d，霜前花率 94.6%。II 型果枝，植株塔形，果枝始节 5.1节。叶片中等大小、叶量少，上举，植株清秀，适合机采棉的高密度种植方式。结铃性强，铃卵圆形，有铃尖，铃多为 4 或 5 室。铃重 5.72g，籽指 10.58g，衣分 43.85%。出苗快而整齐，苗期至蕾期、花铃期生长势强，吐絮畅而集中，纤维色泽洁白，含絮力适中，易摘拾。

【产量表现】2005～2006 年两年区域试验平均结果为：籽棉、皮棉和霜前皮棉产量分别为 4917kg/hm²、2155kg/hm² 和 2048kg/hm²，子棉比对照中棉所 35 减产 1.19%，皮棉、霜前皮棉分别比对照增产 3.37% 和 2.90%，霜前花率 94.62%。2007 年生产试验结果：籽棉、皮棉和霜前皮棉产量分别为 5678kg/hm²、2489kg/hm² 和 2365kg/hm²，分别比对照增产 9.31%、9.18% 和 10.74%，霜前花率 94.86%。

【纤维品质】2005～2006年纤维品质监督检验测试中心（HVICC）检测发现，2.5%跨长30.83mm，比强度29.83cN/tex，马克隆值4.2，断裂伸长率6.6%，反射率76.25%，黄度7.4，整齐度84.37%，纺纱均匀性指数151。

【抗病性】经 2007 年新疆维吾尔自治区棉花品种抗病鉴定：枯萎病病指 7.54，黄萎病病指 42.12，抗枯萎病，耐黄萎病。

【适应性】适宜于新疆早中熟棉区种植。2007～2009 年累计在巴州、阿克苏、喀什等地示范推广新陆中 36 号约 29 万 hm²。

（三）海岛棉品种

1. 军海 1 号

【品种来源】1963 年农一师农科所在 9122 品种繁殖田进行株选的过程中，发现了一株天然变异株，1964 年按铃行种植，各铃行中表现早熟、丰产、优质，且株型较稳定。1965～1967 年品系比较选育成功，1968 年开始大面积推广，1974 年本区各团种植面积近 5000hm²，之后几年又推广到南疆其他地区，种植面积达 8000hm²（图 3.22）。

图 3.22　军海 1 号

【特征特性】军海 1 号属零式株型，生育期初育成时为 160～155d，后缩短为 144～150d；铃柄和节间较短（为很紧凑的零式株型），茎叶绒毛极多，种子灰绿色，铃近似圆锥形，铃嘴特长而尖，纤维乳白色，铃重 3g 左右，衣分初育成时为 31%，后提高到 32%～33%，霜前花产量达 75% 以上。

【产量表现】1968 年大面积棉田（土壤肥力低）皮棉 375～450kg/hm²，丰产棉田皮棉 750kg/hm² 以上，小面积高产棉田皮棉 1500kg/hm² 以上。

【纤维品质】1967 年初育成时纤维主体长度为 40～41mm，细度 7510m/g，强力 4.4g，断裂长度 33.3km，优于进口的埃及长绒棉。

【抗病性】抗黄萎病，耐枯萎病。

【适应性】军海 1 号是 20 世纪 70 年代塔里木地区长绒棉生产的主栽品种。适宜在新疆长绒棉种植区种植。

2. 新海 3 号（混选 2 号）

【品种来源】本品种是原新疆军区生产建设兵团农科所（现新疆农垦科学院）与农一师农科所（现新疆生产建设兵团第一师农科所）于 1965 年从 9122 依繁殖地中选得的

天然变异株，1966 年由农三师农科所驻团结农场样板工作组引入，与农三师团结农场二队共同种植、观察、筛选、鉴定，1967 年分别在团结农场八队与二队继续进行观察鉴定，1968～1970 年由农三师 43 团继续评选鉴定和繁殖而系统育成。原代号为混选 2 号，1972年开始大面积示范。1978 年获得新疆维吾尔自治区首届科学大会授予长绒棉新品种优秀科技成果奖。1982 年新疆维吾尔自治区农作物审定委员会审定通过，命名为新海 3 号，确定为南疆长绒棉区的主要栽培品种。

【特征特性】全生育期为 142～146d。植株筒形，零式果枝，现蕾始节 3～4 节。茎秆粗壮，布满黑色油点，被灰白色绒毛，前期青绿稍显微红，中期下部嵌紫色条纹，吐絮时泛红。下部 3 或 4 片真叶为心脏形，中上部叶片逐渐 3～5 裂，呈掌状裂叶，叶裂较深。铃嘴较尖，铃色深绿光亮，褐色油点多而凹陷明显。铃壳较厚，吐絮畅。单铃籽棉重 2.5～3g，衣指 5.2～6.3g，衣分 30%～32%，籽指 12～14g。棉籽卵圆形，嘴尖，灰绿稀毛籽。

【产量表现】1979～1981 年参加新疆维吾尔自治区南疆长绒棉区域试验，3 年 7 点 17 次试验结果显示，比当地品种军海 1 号增产 15%。麦盖提垦区农三师 43 团场自 1972 年推广新海 3 号以来，长绒棉单产纪录不断被刷新，1976～1982 年，正常年份平均亩产一直保持百斤[①]皮棉以上，1～3 级花的绒长均在 37mm 以上，比例达 90%。1979 年种植面积已达 7000hm^2 以上，霜前花率占 80%，逐步取代了军海 1 号。

【纤维品质】分梳绒长 40mm 左右，纤维整齐度 82%，主体长度 38.2mm，成熟系数 1.80，细度 7483m/g，单纤维强力 4～4.5g，断裂长度 29～32.6km，可纺 160～200 支细纱，纤维品质达到或超过进口埃及长绒棉。

【抗病性】适应性广，抗逆力强，由于植株含毒量高而多毛，枯萎病、黄萎病、叶斑病、蚜虫等病虫危害轻。

【适应性】该品种具有优质、早熟、丰产、生长势强、适应性广、抗病虫、耐密植、不早衰、整枝省工、吐絮畅而集中、收摘花容易、色泽洁白晶亮、商品价值高等优点，适宜在新疆长绒棉种植区种植。

3. 新海 5 号（77-48）

【品种来源】新海 5 号（原代号 77-48）是由吐鲁番地区农科所和新疆农科院经作所以吐海 2 号为母本、吐海 1 号为父本杂交选育而成。1981 年进入区试，1984 年通过新疆维吾尔自治区农作物品种审定委员会审定并命名。

【特征特性】生育期 120～130d，属中晚熟海岛棉品种。植株呈塔形，属 I～II 型分枝，果枝类第一果枝着生节位 4～5 节。茎秆坚实粗壮。叶量中等，叶色淡绿，5 裂。铃卵圆稍尖，多为 3 室，铃面油腺明显，吐絮畅，易采收。单铃重 3.0～3.5g，衣分 32.3%，衣指 5.4g，籽指 11.5g，种子顶端被绿色短绒。

【产量表现】一般皮棉产量 1126.5kg/hm^2 左右。1981～1984 年区域试验霜前皮棉比对照吐海 2 号增产 7.4%。自 1984 年推广以来，迅速成为吐鲁番火焰山以南的主要栽培品种。

【纤维品质】纤维主体长度 38.34mm，细度 7509m/g，单纤维强力 4.58g，断裂长度

---

① 1 斤=500g

34.1km。

【适应性】抗枯萎病。适宜于新疆吐鲁番火焰山以南中晚熟棉区种植。

4. 新海 9 号（79-531）

【品种来源】新海 9 号（原代号 79-531）是由吐鲁番地区农科所和新疆农科院经作所 1976 年以 3761 为母本、72-69 为父本杂交，经单株选择于 1979 年定型。1985 年进入区试，1987 年通过新疆维吾尔自治区农作物品种审定委员会审定并命名。

【特征特性】生育期 109～130d，属早中熟海岛棉品种。植株圆筒形，零式果枝型。茎秆较硬，无绒毛。叶片较大，叶色深绿，绒毛少，叶量中等。铃卵圆形，铃面油点较大，吐絮畅，易采收。单铃重 3.5～4g，衣分 35%，衣指 5.7～6.3g，籽指 12～12.65g，种子半毛籽，短绒褐色。

【产量表现】一般皮棉产量 1100kg/hm^2 左右。1985～1987 年区域试验霜前皮棉比对照新海 5 号增产 0.9%～16.8%，比新海 2 号增产 20.2%。自 1987 年推广以来，迅速成为吐鲁番火焰山以北的主要栽培品种。

【纤维品质】纤维主体长度 36.09mm，细度 7069m/g，单纤维强力 4.42g，断裂长度 31.25km。

【适应性】抗枯萎病。适宜于新疆吐鲁番火焰山以北早中熟棉区种植。

5. 新海 14 号（86-430）

【品种来源】新海 14 号（原代号 86-430）是新疆生产建设兵团农一师农业科学研究所以 1120 为母本，44116 为父本杂交选育而成。1998 年通过新疆维吾尔自治区农作物品种审定委员会审定并命名（审定编号：新审棉 1998 年 009 号）。从审定至 2000 年在南疆阿克苏、库尔勒、喀什等地累计推广面积 8.97 万 hm^2，是近年来育成海岛棉品种中示范推广面积最大的品种（图 3.23）。

图 3.23 新海 14 号

【特征特性】生育期 143d，属中熟海岛棉品种。果枝类型零式，现蕾节位 2 或 3 节，中部常有 1 或 2 个有限果枝，果枝数 13～15 个，铃柄短，开展角度小，株型紧凑。叶片较大，深绿，茎叶绒毛较多。铃卵圆形，多为 3 室，铃壳较薄，吐絮畅，纤维色泽白，单铃重 2.7g，衣分 32.9%，籽指 12.4g。种子被灰绿色短绒。

【产量表现】1991～1993 年新疆维吾尔自治区第 5 轮长绒棉区试 3 年 13 点次，平均籽棉产量 3880.5kg/hm²，为对照的 140.3%；皮棉产量 1276.68kg/hm²，为对照的 149.86%；霜前皮棉产量 1194.0kg/hm²，为对照的 147.3%；南疆海岛棉品种区域试验结果霜前皮棉较对照新海棉 3 号增产 47.3%。

【纤维品质】纤维 2.5% 跨长 35.5mm，比强度 29.9cN/tex，马克隆值 3.8，反射率 77.2%，黄度 7.2。

【抗病性】耐低温，较抗蚜虫，抗黄萎病。

【适应性】适宜在南疆阿克苏、库尔勒、喀什及和田等长绒棉区种植。

6. 新海 21 号（96-107）

【品种来源】新海 21 号是新疆兵团农一师农科所于 1993 年经（新海 8 号×吉扎 75）的 F₂×（新海 10 号×A 杂交铃）的 F₂ 杂交南繁北育而成。2000 年参加新疆维吾尔自治区第 8 轮长绒棉区域试验，2002 年参加新疆维吾尔自治区生产试验。2003 年 2 月经新疆维吾尔自治区农作物品种审定委员会审定定名（图 3.24）。

图 3.24　新海 21 号

【特征特性】生育期 141d。零式果枝，株型筒形较紧凑。茎秆较粗。叶色较深。真叶叶裂 5 片，裂口较深，叶片较大，叶色深绿，叶绒毛一般。铃卵圆形，铃面有明显油腺点，铃嘴较尖，铃室多为 3 室。单铃重 3.1g，衣分 32.1%。吐絮畅而集中，好拾花，絮色洁白。种子较大，圆锥形，被灰绿色短绒。

【产量表现】新疆维吾尔自治区第 8 轮长绒棉品种区域试验 2000～2001 年平均：霜

前籽棉 4556.4kg/hm², 比对照新海 14 号增产 32.03%, 居第一位。霜前皮棉 1449.15kg/hm², 较对照增产 32.65%。大田一般皮棉单产 1650kg/hm² 以上, 高产田皮棉单产 2100kg/hm² 左右。

【纤维品质】经农业部棉花纤维检测中心对区试 2000～2001 年多点棉样分析: 2000～2001 年平均(1CC 校准): 2.5% 跨长 36.45mm, 整齐度 48.38%, 比强度 32.29cN/tex, 马克隆值 4.13, 光反射率 74.23%, 黄度 7.6。

【抗病性】2001 年新疆维吾尔自治区植保站鉴定抗黄萎病, 病情指数 13.5。2002 年鉴定耐黄萎病, 病情指数 30.2。不早衰, 抗叶斑病, 高抗疫霉病, 不抗枯萎病。

【适应性】适宜在阿克苏、库尔勒、喀什、和田等地无枯萎病区和轻病区种植。因其高产、稳产、适应性强、品质优异, 成为南疆长绒棉主栽品种, 已累计推广种植近 7 万 hm²。

7. 新海 36 号（207）

【品种来源】新疆阿拉尔农一师农科所和新疆塔里木河种业股份有限公司合作于 2001 年由 259 与 051 杂交, 后代材料在天然病圃经多年定向选择而成。2005～2006 年参加品种比较试验, 2007 年参加新疆维吾尔自治区南疆早熟组长绒棉预备试验, 2008～2009 年参加新疆维吾尔自治区南疆早熟组长绒棉区域试验, 2009 年参加新疆维吾尔自治区南疆早熟组长绒棉生产试验后审定命名（图 3.25）。

图 3.25　新海 36 号

【特征特性】生育期 146d。株型筒形, 零式果枝, 株型较紧凑, 果枝数 14.1 个。茎秆坚硬, 抗倒伏, 真叶为普通叶, 叶片小, 叶色深绿, 叶片 3 或 4 裂, 裂口深。铃长卵圆形, 铃面有明显的油腺点, 铃室多为 3 室, 铃重 2.8～3.2g, 衣分 31.6%, 籽指 12.5g。絮色洁白, 吐絮畅。种子圆锥形, 黑褐色, 光籽。

【产量表现】2008～2009 年两年平均: 籽棉产量、皮棉产量、霜前皮棉产量分别为

5256kg/hm^2、1653kg/hm^2、1545kg/hm^2，分别比对照增产 14.6%、10.1%、10.5%。霜前花率 93.23%。2009 年生产试验：籽棉产量、皮棉产量分别为 5885kg/hm^2、1881.3kg/hm^2，分别比对照增产 17.43%、11.33%，霜前皮棉产量 1707.75kg/hm^2，比对照增产 9.85%，分别位于第一位、第三位、第三位。

【纤维品质】上半部平均长度 38mm，整齐度 88.9%，比强度 44.5cN/tex，伸长率 5.1%，马克隆值 3.7，反射率 74.8%，黄度 7.0，气纺指标 232.7。

【抗病性】经新疆维吾尔自治区植保总站鉴定，枯萎病病情指数为 7.69，为抗病品种；黄萎病病情指数为 36.21，属耐病品种。田间生长势强，抗逆性较好，丰产稳产，适应性强。

【适应性】南疆阿克苏、库尔勒、喀什等地均可种植。

（四）彩色棉品种

1. 新彩棉 1 号（棕 9801）

【品种来源】新彩棉 1 号（棕）（原代号棕 9801）由新疆天彩科技股份有限公司于 1996 年从引进的棕色彩棉 BC-B01 品系中，经多年系统选育和南繁加代育成。2000 年 12 月，新疆农作物品种审定委员会审定通过并命名。该品种早熟、丰产、纤维品质好，对枯萎病具有一定抗性。审定后累计推广 3.3 万 hm^2（图 3.26）。

图 3.26　新彩棉 1 号

【特征特性】全生育期为 127～131d，属早熟类型品种。III 型果枝，株型为筒形，第一果枝着生节位为 6 节，高度为 19～20cm。叶片薄，发叶量轻。铃为椭圆形，铃嘴稍尖，多为 4 或 5 室。铃重为 5g，单株结铃为 6～8 个，衣分 32%～34%，衣指 5.3g，籽指 14.7g，种子被棕色短绒。絮棕色，吐絮集中。

【产量表现】该品种丰产性好，大面积推广平均皮棉产量 1290kg/hm^2 左右，最高的达 1500kg/hm^2 以上。

【纤维品质】据农业部棉花品质监督检验测试中心 HVI900 对区试棉样检测结果：

2.5%跨距长度 29.43mm，比强度 21.86cN/tex，马克隆值 3.4，整齐度 48.13%，伸长率7.6%。纤维品质、长度、强力均达到白色陆地棉的较优质品种标准。

【抗病性】该品种对枯萎病具有一定抗病性，但不抗黄萎病。

【适应性】适宜在新疆早熟棉区种植。

2. 新彩棉 3 号（绿 9803）

【品种来源】新彩棉 3 号（绿），原代号绿 9803，由新疆天彩科技股份有限公司于1996 年从引进的绿色彩棉 BC-G01 品系中，经多年系统选育、定向选择和南繁加代育成。2002 年 1 月，新疆农作物品种审定委员会审定通过并命名。该品种早中熟、纤维品质好、产量较高，不抗枯萎病、黄萎病，审定后累计推广近 3400hm^2（图 3.27）。

图 3.27　新彩棉 3 号

【特征特性】全生育期 129～135d，属早中熟类型品种。II～III型果枝，第一果枝着生节位为 5.11 节，株型较松散，呈塔形。叶片稍宽，掌状分裂，裂口稍深，发叶量中等。花瓣大，色乳白。铃为椭圆形，铃嘴稍尖，一般为 4 或 5 室，铃重为 4.63g，衣分 24.5%～26.6%，籽指 11.58g，不孕籽率 7%，单株结铃为 6.9 个。絮色为草绿色，吐絮集中。种子被绿色短绒。

【产量表现】该种产量较高，在一般栽培条件下，平均皮棉产量 675～825kg/hm^2。

【纤维品质】据农业部棉花品质监督检验测试中心 HVI900 对区试棉样检测：2.5%跨长 27.6～28.23mm，比强度 13.88～16.6cN/tex，马克隆值 2.52～2.8，整齐度 45.76%，伸长率 8%。

【抗病性】新疆维吾尔自治区植物检疫站枯萎病、黄萎病鉴定结果为感病。

【适应性】新疆南、北疆早熟棉区种植。

3. 新彩棉 9 号（彩杂-1）

【品种来源】天然彩色杂交棉组合彩杂-1 系于 1998 年利用棉花三系配套技术，以白棉 H 型雄性不育系为母本，以彩棉新品系彩 174 为父本，进行杂交，连续 7 代回交，转育出彩色棉雄性不育系 6H，再与海岛型恢复系海 R1535 配成杂交组合，选育出新疆第一个彩色杂交棉优势组合彩杂-1。2006 年 2 月 13 日，经新疆农作物品种审定委员会审定通过并命名为新彩棉 9 号（图 3.28）。

图 3.28　新彩棉 9 号

【特征特性】生育期 126d，属早熟陆地棉类型。III 型果枝，植株筒形，第一果枝节位 4.0 节，主茎粗壮，株型较松散。单株结铃性强，为对照新彩棉 1 号的 175.9%，铃重 4.52g，衣分 31.29%，籽指 12.58g。吐絮早、畅而集中，霜前花率 97.46%。整个生育期生长势极强。

【产量表现】该品种丰产性、稳产性突出。2004～2005 年新疆维吾尔自治区区试中，每公顷籽棉、皮棉、霜前皮棉分别为 4653.45kg、1455.3kg、1320.75kg，分别比对照新彩棉 1 号增加 133.66%、125.35、129.03%。

【纤维品质】经农业部棉花品质监督检验测试中心 2004～2005 年两年测定：纤维上半部平均长度 30.66mm，比强度 33.94cN/tex，马克隆值 3.57，整齐度 84.03%，伸长率 7.76%。

【抗病性】经新疆维吾尔自治区植保站按全国统一病情指数标准分别在南、北疆棉花枯萎病和黄萎病病圃进行抗病性鉴定，彩杂-1 在发病高峰期对枯萎病免疫，病情指数为 0。对黄萎病病情指数为 29.5，表现为耐病。

【适应性】是目前彩色棉品种中产量较高、品质较优的彩色杂交棉品种。适宜在新疆南、北疆棉区种植。

4. 新彩棉 19 号

【品种来源】新彩棉 19 号（原代号棕 643）是由中国彩棉（集团）股份有限公司于 2002 年以早熟高产的白色棉 S543 为母本，选用优良棕色棉品种新彩棉 1 号为父本配成杂交组合，对其后代分离群体经过多次南繁北育、定向选择与自交纯合选育而成的早熟、高产、优质的棕色棉新品种。经 2008～2009 连续两年的新疆维吾尔自治区彩色棉品种区域试验及 2010 年彩色棉品种生产试验，于 2011 年 7 月经新疆农作物品种审定委员会审定通过，并命名为新彩棉 19 号（审定编号：新审棉 2011 年 52 号）（图 3.29）。

图 3.29　新彩棉 19 号

【特征特性】生育期 128d 左右，属早熟陆地型彩色棉。植株较紧凑，塔形，主茎粗壮，Ⅱ型果枝。叶片中等大小，叶色深绿，缺刻较深，发叶量适中。花冠较大，棉铃卵圆形。生长势稳健，第一果枝着生节位 5.5 节，平均果枝数为 7.13 个，吐絮畅；单株结铃 5.36 个，铃重 5.33g，籽指 10.57g；霜前花率 95.53%，衣分 37.16%。

【产量表现】2008～2009 年新疆维吾尔自治区彩色棉品种区试试验表明，两年平均子棉、皮棉、霜前皮棉产量分别为 4372.35kg/hm²、1642.65kg/hm²、1563.15kg/hm²，分别为对照新彩棉 15 号的 99.48%、105.24%、105.08%。2010 年生产试验平均子棉、皮棉、霜前皮棉产量分别为 3753.15kg/hm²、1383kg/hm²、1184.25kg/hm²，分别为对照新彩棉 17 号的 115.46%、115.11%、106.19%，增产优势显著。

【纤维品质】经农业部棉花纤维品质监督检验测试中心 2008～2009 年区域试验及 2010 年生产试验连续 3 年的测试结果，纤维上半部平均长度 29.55mm，整齐度 83.79%，比强度 30.1cN/tex，伸长率 6.46%，马克隆值 4.01。

【抗病性】2008 年经新疆维吾尔自治区植物保护站按全国统一病情指数标准分别在南疆和北疆枯萎病、黄萎病病圃进行了抗病性鉴定，鉴定结果为耐枯萎病。

【适应性】该品种适宜在新疆南、北疆早熟棉区无黄萎病或轻病区种植。2012～2015年累计推广种植 61 000hm²。

第五节　棉花良种繁育技术和种子精准加工技术

一、棉花良种繁育技术

（一）棉花良种繁育的任务

繁育和推广良种是农业增产的重要措施之一。新选育的棉花品种经过区域化试验并确定推广地区后，做好良种繁育工作，直至该品种被更换为止。种子工作包括了选育良种、繁育良种、推广良种等几个相互紧密联系的环节，良种繁育是育种工作的继续，是种子工作中一个不可分割的重要组成部分。通过良种繁育，生产出大量新品种种子，可迅速扩大其种植面积，更换老品种。正确地进行良种繁育，保持品种的纯度和生产性能，可使优良品种较长时期地用于生产。试验证明，同一品种的更新种子比旧种子有时可提高产量 10%以上。若不重视良种繁育工作，则优良品种更换速度慢，已经推广的品种，又会迅速退化、变劣，就不可能发挥优良品种的应有作用。针对棉花种子生产环节多、遗传基础复杂、天然异交率较高、变异性较大、品种退化速度较快的特点，搞好良种繁育工作尤其重要。

良种繁育的首要任务就是迅速地大量繁殖被确定推广的优良品种种子，满足棉花生产对良种种子数量的需要，从而保证优良品种得以迅速推广，使科研成果转化为现实生产力。优良品种在大量繁殖和栽培过程中，往往由于种、收、运、脱、藏等方面的不当而造成机械混杂，或由于天然杂交而造成生物学混杂，也会由于环境条件的影响而发生变异等，以致降低纯度和种性。因此，良种繁育的又一个重要任务是，防止品种混杂、退化，保持品种的纯度和种性，延长品种的使用年限，有计划地生产大量优质种子，定期更新生产上混杂退化的同品种种子，使优良品种在生产上发挥其最大的增产作用。

（二）棉花品种退化现象与实质

种子是重要的生产资料之一。棉花作为纺织工业的主要原料，不仅要提高产量，还要保持纤维品质优良。棉花是常异交作物，遗传组成比较复杂，加之生产环节多（多次收花、轧花等），比自花授粉作物更容易造成品种混杂退化。

1. 棉花品种退化表现

品种退化的直接表现是纯度下降，群体中出现各种不符合品种典型性的个体。退化种的产量和质量指标将出现全面明显降低的趋势。通过长期的观察和研究，可从下列几个性状来反映品种退化的具体表现。

（1）株型。正常棉株呈原品种的塔形、筒形等自然株型，枝叶分布紧凑或疏朗，长势旺而不疯。退化棉株或高大松散，或矮小细弱，结铃少而小，脱落率比正常棉株高。

（2）铃形。退化棉株铃一般变小，单铃重下降，铃形常由卵圆变长，铃嘴变尖，有的出现异型铃,有的铃壳变厚,吐絮不畅。

(3)叶形。正常的棉株呈原品种的叶形、叶色和大小等自然叶形。退化棉株的叶形、叶色和大小往往改变,还有的叶发生多毛现象。

(4)籽形。退化棉株常出现异型种子。例如,常见有光籽、绿籽、稀毛绿籽、多毛大白籽等,其后代一般都有明显的退化。

(5)衣分。衣分下降是棉花品种退化的一个显著特征,一个衣分为40%左右的品种可降到35%左右甚至更低。因而衣分下降常是皮棉产量降低的重要因素。衣分过高也是退化表现。

(6)绒长。退化棉株的绒长普遍变短,变幅在1~2mm多见。纤维整齐度变差,往往比其他性状的退化出现得更早,可以看作棉种退化的信号。

(7)生育期。棉种退化在生育期上的表现,常常是霜前花比例减小,僵瓣花增加,也有一些棉株生长量变小,表现早熟。

以上棉花品种退化的种种表现,应该与环境条件引起的个体差异加以区别,品种退化是遗传型的改变,是不可逆的。而环境引起的差异,只要所处的条件基本恢复原样,后代的性状又可以呈现出典型性,所以不能把这两个概念混为一谈。

2. 品种退化的特点

(1)棉花退化具有普遍性。除了一些长期种植的农家品种以外,几乎所有的棉花优良品种都会发生品种退化现象,任何地区都难以避免。生产上经常出现这样一种情况,当一个推广品种被另一个新品种所替代的时候,常常不是因为新品种具有更多的优点,而是因为原来推广的品种丧失了本来具有的优良种性,因而品种更换往往达不到预期的增产效果。

(2)变异类型具有多样性。根据研究,同一品种不仅在同一地区出现的变异类型比较复杂与多样,而且在不同地区出现的类型大都有相似性。棉花品种内变异类型的多样性和在不同地区变异类型的相似性,说明棉花品种的遗传基础比较复杂。由于变异类型在形态特征、生育特性和经济性状等方面均与原品种有较大差异,因此品种内出现的变异越多,类型越复杂,对品种的稳定性影响越大。

(3)退化的速度快,对产量和品质的影响严重。一个优良的棉花品种,在不加选择的条件下,一般只有3~5年的青春时期,随即出现其株型、铃形不整齐,开花期不一,霜后花增多,产量和品质下降。

(4)多品种共存使退化加剧。不同的品种在同一地区插花种植,会发生严重的机械混杂和生物学混杂,使纯度迅速下降。所以人们常将品种的"多"、"乱"、"杂"三者连在一起。但是,一地一种也不能完全控制棉花品种退化的发生。

(5)棉株经济性状的退化大都呈连续性数量变异,难以准确地鉴别和选择。棉花品种退化首先是群体中个体间差异加大,并且不同程度地偏离了原来的品种典型性,由于数量性状的连续性变异,很难辨明杂株的类型和产生杂株的直接原因。棉花的许多性状对环境很敏感,棉花具个体差异,使得难以判断是遗传原因还是环境原因。因而在退化群体中进行再选择,要比水稻、小麦、大豆等自花授粉作物困难得多。

(6)棉花经济性状的退化与性状遗传力的高低密切相关。根据对棉花数量性状的长期研究，一般认为株高、生育期等性状的遗传力较高，多数属加性基因作用控制。单株果枝数、衣分、绒长、籽指等性状的遗传力次之，基因作用除了加性成分以外，常有部分显性存在。单铃籽棉重、单株结铃数等性状的遗传力较低，这里除了部分显性的基因作用影响之外，更多的还是由于基因数目的增多及对环境因素较高的敏感性。一般而言，凡遗传力较低的性状，常呈现较快的退化速度，退化的程度也往往较为严重。

3. 品种退化的原因

（1）自然变异和自然选择。生物的遗传是相对的，变异是绝对的，所以各种生物都会经常发生性状变异，而且，其中多数的变异都是不利的，因此在不加选择的情况下，优良品种会发生退化。人们对棉花产量和品质的要求与棉花自身对环境的适应常常是矛盾的，因此，自然选择会使棉花的经济性状变劣，退化现象更加严重。自然变异的发生和自然选择的作用，都是比较缓慢的，而棉种退化却相当迅速，一般棉花品种的原种，在繁殖了三四代以后，即出现明显的退化现象。较快的自然变异主要归因于基因型不纯合导致的表型变化。

（2）机械混杂和生物学混杂。棉花是常异花授粉作物，一般天然异交率在 10% 左右。在多个品种插花种植的情况下，很容易发生生物学混杂。混杂的后代会出现分离，连续不断地产生各种变异类型。留种过程中的机械混杂更是屡见不鲜。机械混杂的产生又进一步促成生物学混杂，不利影响更为严重。而且棉株中很多变异类型不易辨别，田间去杂去劣更为困难，纯度的下降更为迅速。机械混杂与生物学混杂是棉种退化的重要原因。

（3）品种的剩余遗传变异。棉花品种退化的另一重要因素是由于品种基因型纯合度不高而造成的分离重组现象。自然变异和混杂会进一步加剧个体的杂合性和后代的分离，所以助长了棉花退化的发生。有时严重的混杂可能是棉花品种退化的主导因素，但在不发生混杂的时候，棉花品种仍会因不同程度的杂合性而发生退化。

（三）原种生产方法

原种是棉花优良品种种子生产的基础。原种生产是周期性的，通常每年提供一次新原种种子，从而开始新的一次种子逐级扩大繁殖的过程。良种繁育的关键是保持优良品种原种的典型性。

1. 品种的典型性

品种的典型性是指一个品种所具有的标准特征特性，表现这些特征特性的有质量性状和数量性状。一般归纳为"四型"、"五性"和"二质"。"四型"包括株型、叶形、铃形、粒形；"五性"指丰产性、优质性、早熟性、一致性和抗逆性；"二质"为纤维品质和种子品质。

（1）丰产性。丰产性是指具有原品种的产量潜力，一般结铃多、铃大，皮棉产量高；退化的棉株皮棉产量明显下降。

（2）优质性。优质性是指具有原品种的优质纤维品质，特别是纤维的内在优异品质；退化的棉株纤维品质变劣，绒长变短，纤维整齐度变差，衣分下降。

（3）早熟性。早熟性是指具有原品种的正常熟期，吐絮早而集中，但不早衰；退化的棉株往往早熟早衰或晚熟。

（4）一致性。一致性是指具有原品种整齐一致的特征、特性；退化的棉株特征、特性均发生分离，表现得杂乱无章。

（5）抗逆性。抗逆性是指具有原品种对不良环境条件的抵抗能力，如抗倒、抗病等；退化的棉株抗逆性减弱或完全消失，也有个别呈现耐旱、耐寒特性。

良种繁育的重要手段是选择，种子生产的任务是保持品种的种性。在原种生产过程中，单株选择、株行株系鉴定都必须以原品种的典型性为准，如在田间选择鉴定时，株型、铃形、叶形必须符合原品种的特征。丰产性、早熟性和抗性的鉴定，主要是根据株行株系与原种（对照）进行比较来判断。对于一些数量性状，如铃重、纤维长度、比强度、细度、衣分、籽指等，由于受微效多基因的控制，个体间存在一定的差异，这种差异变化是呈连续性的，同时易受环境条件的影响。因此，通常把各个性状的平均数和变异幅度作为品种的特性。在选择鉴定时，一般采取以性状的平均数加减一个标准差为选留的范围。凡是在此范围以外的，不论纤维长或短，衣分高或低，棉铃轻或重等均被淘汰。根据这一典型性的概念进行选择和鉴定，使生产的原种基本保持原品种的特征特性而不致走样。

2. 棉花原种生产方法

（1）"三年三圃制"棉花原种生产技术。三年三圃法是从原种圃（或株系圃）中优选成百单株，种植一年株行圃（优选株行）、一年株系圃（优选株系）、一年原种圃，经三年三圃优选、比较、混系繁殖而成原种的方法。

首先在原种圃（或株系圃）选择单株。根据原品种的特征特性选择典型一致的单株。在成铃期，根据株型、铃形、叶形选株作标记；在吐絮后收花前，对标记单株手测纤维长度、强力、粗细，观察成熟早晚及吐絮情况，标明当选株号；收获后进行室内考种决选单株。

第一年（株行圃）：将从原种圃中决选的单株种成株行圃。每个单株种子种成一行，每穴 2 或 3 粒，定苗后保留一株。田间观察各株行的特征特性并记录，初选株行保留，其余株行淘汰。初选株行在吐絮时定量收棉铃，室内考种，根据测定产量和室内考种结果，决选出产量、品质等性状好的株行，分别轧花留种。

第二年（株系圃）：将上年决选的株行种子分别种成约 $60m^2$ 的小区。棉花生育期间观察记录，不符合原品种典型性或杂株率在 10%以上的株系被淘汰。对入选的株系，经室内考种后决选，决选系混收混轧、收藏。

第三年（原种圃）：将上年决选系的混合种子种于原种圃。苗期、花铃期发现杂株立即拔除，将霜前正常花混收，专机轧花后的种子即原种。

该方法的优点是便于鉴别和淘汰变异株、退化株，提高品种纯度，改良品种种性，延长品种使用年限。缺点是原种生产周期长，跟不上近年品种更新快的需求；技术性强，繁殖系数低；人力、物力、财力投入较大。

（2）"三年二圃制"棉花原种生产技术。三年二圃法是在株行圃（或原种田、混合繁殖田）中优选多个单株，种植一年株行圃（优选株行）、一年原种一圃（去杂去劣）、一年原种二圃（去杂去劣），经三年二圃（原种一圃、二圃合称为一个圃）优选、比较、去杂去劣而成原种的方法。

首先在株行圃（或原种田、混合繁殖田）中优选多个单株。根据品种的典型性，依据品种的株型、铃形、叶形等主要特征特性初选单株，决选单株比按 1∶1.5 进行选择，一个原种场决选的单株应不少于 600 个。在典型性基础上，结铃盛期考察株型、铃形、叶形等特征株并标记；吐絮后观察结铃、吐絮情况，淘汰检疫性病虫害单株。对入选的单株，经室内考种后决选。

第一年（株行圃）：决选株顺序排列，每 9 行设一原种对照。苗期观察整齐度、生长势、抗病性等，移补后缺苗 20%以上的株行被淘汰。花铃期观察一致性，观察株型、铃形、叶形、茎色、绒毛等。吐絮期鉴定丰产性、早熟性和室内考种。检查枯萎病、黄萎病。有杂株或特征特性显著差于邻近对照的株行即被淘汰。决选株行（不少于 250 行）混收混轧。

第二年（原种一圃）：决选株行种子混合穴播。花铃期及吐絮期 2 次纯度调查和去杂去劣。收花时 5 点取样，每点 50 铃，籽棉样作考种和纤维测定。霜前花混收，专机轧花后的种子种植原种二圃。

第三年（原种二圃）：原种一圃混收种子稀植点播扩繁。花铃期去杂。霜前籽棉留作原种。考种和纤维测定同原种一圃。

该方法的优点是省力、省工、省资金，在一定程度上保持品种的典型性和异质性。缺点是单株选择和株行鉴定技术要求高，易导致品种特征特性偏差。

（3）"自交混繁法"棉花原种生产技术。棉花属常异花授粉作物，自然条件下很难杜绝异花传粉，保持遗传纯合。自交混繁技术的实质是，始终通过自交保纯，自交系混合繁殖生产原种（图 3.30）。

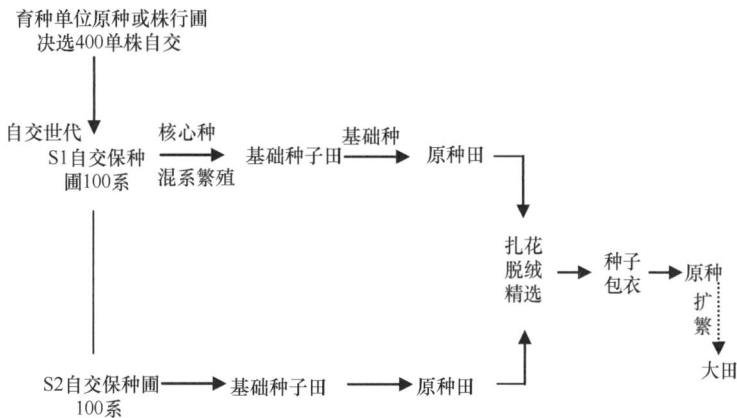

图 3.30 自交混繁法原种生产程序

第一年（保种圃）：从育种者（或保种圃）得到种子，种植 100 行。开花前留优去劣，按行选择棉株的中部内围花 1 或 2 朵扎住花冠自交，其余的开放授粉。收获时按行收自交铃种子，下年仍种于保种圃，其余种子混收（核心种），下年种于基础种子田。记载和考种项目同常规。保种圃种植要求隔离安全。

第二年（基础种子田）：严格隔离，去杂去劣。霜前花混收，专机轧花后为基础种子。

第三年（原种田）：严格隔离，基础种子稀植点播扩繁，去杂去劣。霜前花混收，专机轧花后为原种。

该方法的优点是省力、省工、省资金、操作简便、易于掌握。缺点是需要严格隔离。虽然采用"同心分层隔离"设计，但最外层仍要严格隔离。

（4）"改良众数混选法"棉花原种生产技术。首先是混合选组：选择棉株长势正常的品种繁殖田（生产原种后选择原种繁殖田）作为选组田，在棉花吐絮盛期，每隔一定株数（5~10株）选收一株，遇有异型株则不入选。每株收2个正常吐絮铃，每5株共10个铃混合为一组。测定各组的衣分、纤维长度、比强度和马克隆值，每个测定项目均以平均数正负一个标准差范围内为当选标准。选组的数量，根据下一年"组系比较圃"的规划面积和通过4个项目选择的最后入选比例而定。

第一年组系比较圃：上年入选的组，分组种植，每组行数一致。淘汰有明显异型株及长势弱、结铃差的组系，其余混合收花考种（包括衣分、衣指、籽指和纤维品质）。

第二年混系繁殖圃：种植上年组系混合种子，扩大繁殖。调查田间品种纯度，拔除明显的异型株，收花后进行考种并测定纺纱性能。

第三年原种繁殖圃：种植上年混系种子，进一步扩大繁殖，调查田间品种纯度，取样考种并测定纺纱性能，生产的种子即原种。

该方法的特点是改选择单株为混合选组；改标准线以上当选为众数当选；选组要求较严，以保证品种的典型性，后代要求较宽，以利于扩大繁殖。

（5）"种子贮藏法"或称"统保分繁法"棉花原种生产技术。种子贮藏法是将单株、株行、株系棉花种子或育种家种子贮存在自然条件或人工控制的恒温恒湿条件下，用时取出繁育制种，是种子贮藏与良种繁育相结合的方法。

新疆年降水少、空气相对湿度小，自然条件对长期贮藏棉种有利，北疆一般保存棉种生产品质的时间为4~5年，南疆保存时间还可更长。人工控制温湿条件下贮藏的种子保持较高发芽率的时间可达数年，甚至数十年。贮藏的种子基本条件是种子纯度高、发芽率高、水分低于12%。

该方法的优点是：保持品种种性的完整，简便易行。缺点是需要较稳定的温度和湿度自然条件，而人工控制的成本高。急于推广的新品种繁育不必贮藏单株、株行或株系。

3. 选留棉种技术

无论是哪种棉花原种生产技术，都应遵循"五选"、"四分"的科学选留棉种技术。其主要内容如下。

（1）片选（块选）。应选择地力均匀、栽培管理适当、品种纯度高、生育正常、生长发育整齐一致、无病虫害及四周无其他品种的棉田。

（2）株选。一般分两次进行，即花铃期和吐絮期。选择具有原品种特征特性的棉株，当选的棉株应挂毛线或纸牌。

（3）铃选。应选留"中喷大朵花"。靠近主茎的内围中部棉铃铃重、种子大、脂肪含量高、生理成熟好、发芽势强、发芽率高。

（4）瓣选。收摘后，在晒场上或室内进行，选择瓣大、籽粒质量好的铃瓣。

（5）粒选。选择具有原品种性状的饱满健壮籽粒。

（6）分收。分收是指在棉田收获时，按品种将选留作种的棉铃与商品棉铃分别、分次进行收获，严防混杂。田间分收棉花是"四分"的基础，直接关系到"四分"的成效，必须严格把握。

（7）分晒。分晒是指在场上晾晒时，按品种将选留作种的籽棉与商品籽棉分开晒花，避免混杂。

（8）分轧。在轧花时，按品种将选留作种的籽棉优先分轧，严防机械混杂。

（9）分存。将选留的棉种，按品种分别装袋。在口袋内、外都应挂标签，注明品种、产地、数量、等级等，并应分别存放，避免混杂，严防受潮和虫害。要固定专人保管，经常检查，发现问题，及时采取措施。

二、棉花种子精准加工技术

籽棉经轧花和剥绒后的棉籽表面附有短绒，采用表面附有短绒的棉籽（毛籽）播种，一是棉种不能进行有效的精选，不能采用药物处理技术和机械化精量播种技术；二是棉短绒常常带有较多的病菌，采用毛籽播种，会加速病菌的传播与蔓延；三是采用毛籽播种，用种量大，增加生产成本。而采用脱绒精选光籽播种，不仅可以节省种子，更重要的是大大提高了优良新品种（系）的繁殖系数，加速了优质、高产、抗病新品种的推广应用。

棉花种子加工的目的就是要在不改变良种原有品质的前提下，通过采用一系列物理、化学方法，去掉棉籽表面的短绒，然后进行精选及药物处理，从而提高种子的整体质量，改善其播种品质，使良种本身具有的优良生物学特性充分发挥出来。

（一）棉花种子脱绒技术

棉花种子脱绒处理是清除常规剥绒后残留在棉花种子上的短绒的过程。棉花种子脱绒方式分为机械脱绒和化学脱绒两大类。

1. 棉花种子机械脱绒

一般采用钢丝辊筒对棉花种子进行脱绒。棉花种子机械脱绒的特点是操作简单，维修和清理方便，加工成本低，生产过程只需电力，不需要其他辅料，但破损率偏高，部分种子有残绒，不利于机械播种。

2. 棉花种子化学脱绒

化学脱绒是以化学处理的方法除去残留在棉花种子上的短绒。棉花种子化学脱绒有棉花种子浓硫酸脱绒、棉花种子稀硫酸脱绒、棉花种子泡沫酸脱绒和棉花种子气体酸脱绒。

1）棉花种子浓硫酸脱绒

利用热浓硫酸（浓度为 98%）对毛棉籽上的短绒进行强烈脱水，将短绒炭化而脱绒。由于效率低，浓硫酸的消耗量非常大，脱绒废水中含有大量的硫酸和短绒污物，对环境造成严重的污染，这种脱绒方法已被限制使用，现仅在育种过程中少量种子脱绒时使用。

2）棉花种子稀硫酸脱绒

用浓度不大于10%的稀硫酸对带短绒的棉花种子进行脱绒的方法。包括过量式稀硫酸脱绒与计量式稀硫酸脱绒。

（1）过量式稀硫酸脱绒。这种方法脱绒必须配备离心机，脱绒时，将含短绒的棉种输入酸反应槽中，同时注入浓度为8%~10%的稀硫酸。在反应槽中边浸泡边搅拌，使棉种短绒全部浸上稀硫酸溶液。将浸泡后的棉种送入离心机中脱去多余的酸液（脱出的酸液回收、过滤后可重复使用）。从离心机中出来的棉种输入烘干机中烘干。棉种在烘干机中随着水分的蒸发，稀硫酸不断浓缩，棉绒逐步被水解炭化变脆。炭化短绒在烘干机转动中被摩擦脱落一部分。将此棉种再输入摩擦机，使酸解炭化后的棉纤维与种皮分离成为光籽（若棉种残酸高需经中和处理），然后进行精选、拌药、包衣、包装即为成品棉种。这种方法生产效率高，大大减少了废水对环境的污染，但成套设备（离心机）投资成本稍高。该方法适用于棉种加工量大的种子公司及加工企业。目前，新疆的商品种主要用此方法脱绒，也有专业公司生产脱绒成套设备。

（2）计量式稀硫酸脱绒。原理、工艺及设备与过量式稀硫酸脱绒基本相同，主要区别在于要求毛棉籽在贮种箱内，通过计量装置的控制，定量均匀地将酸注入处理机内，同时要求在稀硫酸中，加入适当的表面活性剂定量匹配地喷洒到毛棉籽上，稀硫酸喷洒的量为毛棉籽质量的15%~17%，这就使得毛棉籽的总水分在25%~27%，高于过量式稀硫酸脱绒法，使烘干能耗增大，同时产量受到限制，而且调整麻烦，脱绒质量也不佳，因此，这种脱绒方法仍然不够理想。

3）棉花种子泡沫酸脱绒

用硫酸和发泡剂制成的泡沫酸对带短绒的棉花种子进行脱绒的方法。泡沫酸脱绒法是当今最先进的脱绒工艺，泡沫酸脱绒法目前在我国应用较为普遍。该方法与稀硫酸脱绒的不同之处是在稀硫酸中加入了一种发泡剂（非离子表面活性剂）。在压缩空气的作用下，使之泡沫化，从而使稀硫酸的体积增加近40倍，大大增强了稀硫酸溶液的渗透性和与棉种的接触机会。而且由于棉籽是和泡沫化的硫酸接触，靠棉绒的毛细作用吸收酸液，因此，作用过程柔和，酸液不易渗入种子内部，从而有效地保证种子质量不受影响，另外省去了价格较高的离心机，降低了投资。

4）棉花种子气体酸脱绒

用无水盐酸蒸气作用于带短绒的棉花种子表面进行脱绒的方法，又称干酸脱绒。棉花种子气体酸脱绒方法在我国几乎没有应用。

（二）提高棉花种子加工质量的措施

棉种脱绒质量包括棉种的外观质量和棉种的内在质量。脱绒质量与种子原始水分、健籽率、破籽率、种子含绒量、稀硫酸供给量、热风温度和流量、干燥时间及种子最高温度等因素的控制有关。脱绒过程是否对种子的活力造成不利影响，种子的水分是否达到安全贮存标准，种子表面的残酸量、残留短绒是否达到要求等，需在以下棉种加工过程中严格控制。

种子棉的收获要分拾、分晒、分堆、分交、分轧。以棉株中部花留种为好，其他作为非种子进行处理。为保持种子有较好的成熟度和良好的品质，采摘时要求不拾生花、不拾虫花、不拾病区的花，采摘后的种子棉应晾晒，使棉籽的含水率控制在标准以内。

种子棉轧花时一定要选用轧花质量好、破籽率较低的轧花设备，因花配车，加强对设备的维护和保养，保证设备具有良好的技术性能，经常检查棉籽的破损情况，发现问题应及时排除，以保证棉籽在轧花过程中破籽率小于1%。

在毛籽剥绒过程中，一定要对设备进行认真的维护，保持良好的技术状态，轻剥一二道绒，棉种含绒量小于9%，破籽率小于5%。

清除毛籽中的杂质和游离短绒，对毛棉籽进行检验，达到质量指标后方可进行脱绒，在脱绒过程中，要严格按操作规程操作，保证种子温度不高于52℃，水分、残酸率、短绒指数达到质量指标。

种子在清选过程中除进行风筛选、重力选外，增加色选机能有效提高选种质量。

在精选包衣过程中，要严格按规程操作，使成品种子达到质量指标。

（三）棉花种子包衣技术

种子包衣技术发展的水平是衡量农业现代化水平的重要标志。目前发达国家普遍推广种子包衣技术。种衣剂（seed coating formulation）是以成膜物质为载体，经特殊加工工艺碾磨、搅拌，混合多种农药和营养物质制成的复配型农药。成品形态可以是水剂，也可以是粉剂。水剂种衣剂是将成膜物质、悬浮剂、农药、营养物质等经水磨混合均匀形成的悬浮液体。其生产工艺简单，产品可直接用于包衣，包衣效果也较好，在我国已被广泛应用。粉剂种衣剂是将成膜物质、农药、营养物质等经干磨混拌均匀形成的干粉。粉剂生产工艺复杂，大批量生产尚有一定难度。

种衣剂由活性和非活性成分两大部分组成。活性成分又称有效成分，它包括杀虫剂、杀菌剂、微量元素及植物生长调节剂等，其组成、种类、含量直接反映种衣剂的功效。杀虫剂和杀菌剂在种衣剂中占有较大比重，且具有保护、内吸、广谱、高效、低毒等特性。非活性成分指种衣剂中的配套化学助剂，包括成膜剂、悬浮剂、渗透剂、缓释剂、稳定剂、平滑剂、交联剂、消泡剂、防腐剂、防冻剂、着色剂等。非活性成分的组成与搭配直接影响种衣剂产品的质量和种子包衣质量。成膜剂是种衣剂中最重要的物质，能使种衣剂具有一定黏度，而均匀固化在种皮表面形成种衣。播种后，膜质种衣在土壤中潮解膨胀而缓慢溶解，以保证种衣剂中的活性物质逐步释放，参与棉花各生长发育阶段的生理生化过程，而不被淋溶。在增加后效的同时，又不会因养分、农药的聚集而产生药害，达到防治病虫害、促进生长、提高产量的目的。

种衣剂、种子包衣机在国内外均有生产。新疆播种用棉种大多由农场、棉农进行种衣剂处理，而种业公司销售的棉种一般未进行包衣处理。

（四）棉花种子质量检验

1. 棉花种子检验的内容

棉种检验要执行国家标准，包括 GB/T 3543.1～3543.7—1995《农作物种子检验规程》、GB 407.1—2008《农作物种子质量标准》、GB 3242—82《棉花原种生产技术操作规程》、NY 400-2000《硫酸脱绒与包衣棉花种子规程》等。

棉花种子检验包括品种品质与播种品质两部分。品种品质指品种纯度与品种的真实性，反映了一个品种固有的各种性状的遗传特性。播种品质指影响播种出苗并长成健壮幼苗的诸多因素，通常包括净度分析、健籽率测定、发芽试验、水分测定、质量测定、种子健康测定等。

棉花种子与其他作物种子检验相比具有特殊性，就加工程度可分为毛籽、光籽和包衣籽3种类型。

1）棉花毛籽检验

（1）扦样。扦样是种子取样或抽样，扦样是棉种检验的首要环节，扦样正确与否直接影响种子检验的结果。扦取的样品要有三方面的代表性含义：获得一个重量适当、有代表性的样品；与种子批有相同的组分；这些组分的比例与种子批组分的比例相同。

（2）净度分析、健籽率测定、发芽试验和水分测定。种子净度分析是指测定供检种子样品中各成分重量百分率，并鉴定样品混合物的特性。健籽率是指经净度检验后的净种子中除去嫩籽、小籽、瘦籽等成熟度差的棉籽，留下的健壮种子数占被检种子数的百分率。发芽试验是测定种子批的最大发芽潜力，以比较不同种子批的质量，并估算出田间播种价值。样品的水分是指按常规程序把种子样品烘干所失去的重量，用失去的重量占供检样品原始重量的百分率表示。

（3）棉花种子真实性与品种纯度检验。所谓种子真实性是指供检品种与文件记录（如标签等）是否相符。品种纯度是指品种在特征特性方面典型一致的程度，棉花品种纯度目前仍以田间检验为主，室内的种子形态与纤维整齐度测定可作参考。

（4）种子活力。种子活力是指在广泛的田间条件下，种子本身具有的决定其迅速而整齐出苗及正常发育的全部潜力的所有特性。

2）加工棉种的检验

加工棉种是指棉种的酸脱绒光籽及包衣种子。对棉种加工过程中棉种质量的控制，是保证酸脱绒棉种质量的关键。通过检测毛籽短绒率，脱绒籽的残绒率、残酸率、破籽率及水分含量等指标来控制棉种的质量。

短绒率：即毛籽表面附着的棉短绒的重量占毛籽总重的百分数。脱绒的本质是硫酸对于短绒的作用。酸、水、发泡剂的用量必须根据毛籽短绒率多少来决定，否则会影响整个加工脱绒质量。

残绒率：光籽表面残留的短绒重量占光籽总重量的百分数。

残酸率：脱绒后种子残酸量的高低会影响种子的生活力和种子的安全贮藏，过度的中和又会使种子表面含盐量过高，影响包衣剂的效果。残酸率是指硫酸脱绒经中和后仍留存于种子上的硫酸量，以占种子重的百分率计算。

包衣种子合格率：凡种子表面膜衣覆盖面积不小于80%者为合格包衣种子。

2. 棉花种子质量标准

棉花种子分为毛籽和光籽两种类型，按级别又分为原种和良种两级。原种是指用育种家种子繁殖的第一代至第三代或按原种生产技术规程生产的达到原种质量标准的种子。良种是指用常规原种繁殖的第一代至第三代和杂交种达到良种质量标准的种子。

以品种纯度指标为划分种子质量级别的依据（表3.9）。纯度达不到原种指标降为良种，达不到良种为不合格种。净度、发芽率、水分等指标中一项达不到指标的为不合格种子。

表 3.9 棉花种子质量标准（GB 4407.1—2008）

作物名称	种子类型	种子类别	品种纯度不低于/%	净度（净种子）不低于/%	发芽率不低于/%	水分不高于/%
棉花常规种	棉花毛籽	原种	99.0	97.0	70	12.0
		大田用种	95.0			
	棉花光籽	原种	99.0	99.0	80	12.0
		大田用种	95.0			
	棉花薄膜包衣籽	原种	99.0	99.0	80	12.0
		大田用种	95.0			
棉花杂交种亲本	棉花毛籽	原种	99.0	97.0	70	12.0
	棉花光籽	原种	99.0	99.0	80	12.0
	棉花包衣籽	原种	99.0	99.0	50	12.0
棉花杂交一代种	棉花毛籽	大田用种	95.0	97.0	70	12.0
	棉花光籽	大田用种	95.0	99.0	80	12.0
	棉花薄膜包衣籽	大田用种	95.0	99.0	80	12.0

（撰写人：李保成 田笑明 艾先涛 孙 杰 薛 飞 邰红忠 李吉莲；审稿：田笑明 孙 杰）

参 考 文 献

艾尼江, 刘任重, 赵图强, 等. 2013. 陆地棉早熟基因来源的遗传分析. 作物学报, 39(9): 1548-1561.

艾尼江, 朱新霞, 管荣展, 等. 2010. 棉花生育期的主位点遗传分析. 中国农业科学, 43(20): 4140-4148.

艾先涛, 李雪源, 莫明, 等. 2008. 新疆棉花纤维品质性状的 QTL 分析. 棉花学报, 20(6): 43-476.

艾先涛, 李雪源, 秦文斌, 等. 2005. 新疆陆地棉育种遗传组分拓展研究. 分子植物育种, 3(4): 575-578.

艾先涛, 李雪源, 沙红, 等. 2010. 南疆自育陆地棉品种遗传多样性研究. 棉花学报, 22(6): 603-610.

艾先涛, 李雪源, 王俊铎, 等. 2009. 新疆高品质陆地棉纤维品质性状遗传分析研究. 棉花学报, 21(2): 107-114.

艾先涛, 李雪源, 王俊铎, 等. 2011. 北疆陆地棉育成品种表型性状遗传多样性分析. 分子植物育种, 9(1): 113-122.

曹新川, 何良荣, 韩路, 等. 2004. 陆地棉产量性状与品质性状的加性和显性相关分析. 塔里木农垦大学学报, 16(4): 17-19.

陈勋基. 2008. 棉花枯萎病抗性的 QTL 定位及枯萎菌生物学分析. 乌鲁木齐: 新疆农业大学硕士学位论文.

程海亮. 2014. 棉花显性无腺体基因 Gle2 的精细定位与克隆. 北京: 中国农业科学院硕士学位论文.

褚贵新, 孙杰, 刁明, 等. 2002. 北疆特早熟棉区棉花品种更替过程中棉铃发育特性的研究. 棉花学报, (1): 17-21.

狄佳春, 殷剑美, 陈旭升, 等. 2006. 陆地棉亚红株突变体光合特性初步研究. 江苏农业科学, (2): 38-29.

刁明, 褚贵新, 李少昆, 等. 2002. 北疆 50 年来主栽棉花品种亲缘关系的研究. 中国农业科学, 35(12): 1456-1460.

董承光, 王娟, 周小凤, 等. 2014. 北疆早熟棉主要育种目标性状相关性研究. 西南农业学报, 27(5): 2255-2257.

冯福祯. 1988. 棉花雄性不育新种质系简介. 中国棉花, (3): 17-18.

郭江平, 曾丽萍. 2005. 新疆新陆早系列品种系谱分析与育种方向. 植物遗传资源学报, 6(3): 335-338.

韩宗福, 王景会, 申贵芳, 等. 2011. 棉花质核互作雄性不育与育性恢复基因的研究及利用现状. 中国农业大学学报, 16(3): 36-41.

黄骏麒. 1998. 中国棉作学. 北京: 中国农业科技出版社: 30-40.

黄滋康. 2007. 中国棉花品种及其系谱(修订本). 北京: 中国农业出版社.

姜辉, 王军胜, 王家宝, 等. 2015. 棉花叶形种质资源研究及应用进展. 棉花学报, 27(1): 92-97.

蒋峰, 赵军, 张天真, 等. 2009. 陆地棉抗黄萎病基因的分子标记定位. 中国科学 C 辑(生命科学), 39(9): 849-861.

孔祥瑞, 王红梅, 陈伟, 等. 2010. 陆地棉黄萎病抗性的分子标记辅助选择效果. 棉花学报, 22(6): 17-22.

蓝家祥, 詹先进, 张兴中, 等. 2006. 棉花核雄性不育系的培育与利用研究进展. 中国农学通报, 22(12): 152-156.

李瑞奇, 马峙英, 王省芬, 等. 2005. 转基因抗虫棉农艺性状和纤维品质的遗传多样性. 植物遗传资源学报, 6(2): 210-215.

李雪源, 郑巨云, 王俊铎, 等. 2009. 中国棉业科技进步 30 年——新疆篇. 中国棉花, 36(增刊): 24-29.

李志坤, 张艳, 马峙英, 等. 2011. 棉花抗黄萎病基因的分子标记辅助选择研究. 河北农业大学学报, 34(6): 1-4.

梁亚军, 曲延其, 李吉琴, 等. 2010. 棉花黄萎病的抗性遗传研究. 新疆农业科学, 47(9): 69-74.

刘继华, 刘英欣, 杨洪博, 等. 1997. 棉花杂种优势利用与雄性不育研究进展. 棉花学报, (7): 2-8.

刘剑光, 肖松华, 吴巧娟, 等. 2012. 棉花狭窄苞叶突变体的特征与特性. 江苏农业科学, (12): 122-123.

刘宴良. 2006. 棉花发展战略研究. 北京: 中国统计出版社: 268-271.

柳宾. 2010. 棉花早熟性、产量和纤维品质的遗传分析和 QTL 定位. 泰安: 山东农业大学硕士学位论文.

吕淑平, 赵元明. 2004. 具有标记性状的棉花核不育系的创建初探. 中国农学通报, (2): 10-16.

马存, 简桂良, 郑传临. 2002. 中国棉花抗黄、枯萎病育种 50 年. 中国农业科学, 35(5): 508-513.

马建辉. 2013. 牙黄标记棉花光敏雄性不育系的选育及花药发育机理研究. 杨凌: 西北农林科技大学博士学位论文.

聂新辉, 尤春源, 李晓方, 等. 2014. 新陆早棉花品种 DNA 指纹图谱的构建及遗传多样性分析. 作物学报, 40(12): 2104-2117.

潘家驹. 1998. 棉花育种学. 北京: 中国农业出版社: 8-16.

邵圣才, 文彬, 顾相蕊, 等. 2012. 棉花光敏雄性核不育两用系研究与利用. 棉花科学, 34(1): 14-16.

宋丽, 郭旺珍, 秦宏德, 等. 2010. 棉花光子基因 *N1* 和 *n2* 的遗传分析及染色体定位的分子证据. 南京农业大学学报, 33(1): 25-30.

宋振云, 杨志敏, 陈旭升. 2007. 陆地棉亚红株突变体基因的初步定位. 作物学报, 39(3): 167-169.

宿俊杰, 马麒, 陈红, 等. 2013. 利用海岛棉染色体片段置换系改良新陆早 45 号纤维品质性状的研究. 中国棉花学会 2013 年年会学术论文汇编: 133-140.

孙杰, 褚贵新. 1999. 新疆特早熟棉区棉花品种主要性状演变趋势研究. 中国棉花, 26(7): 14-16.

田海燕, 薛飞, 李艳军, 等. 2007. 北疆棉花品种主要经济性状演替规律研究. 西北农业学报, 16(5): 96-99.

田菁华. 1983. 早熟陆地棉主要性状的遗传力及遗传进度的研究. 遗传, 5(1): 15-16.

吐尔逊江, 李雪源, 秦文斌, 等. 2007. 新疆陆地棉品种基础种质变化分析与创新. 新疆农业科学, 44(4): 394-401.

王沛政, 秦丽, 苏丽, 等. 2008. 新疆陆地棉主栽品种部分产量性状的 QTL 标记与定位. 中国农业科学, 41(10): 2947-2956.

王学德, 张天真, 潘家驹. 1996. 棉花细胞质雄性不育系育性恢复的遗传基础. 中国农业科学, 29(5): 32-40.

吴振衡, 刘定俊, 莫惠栋. 1985. 陆地棉数量性状的遗传分析. 遗传学报, 12(5): 22-27.

相吉山, 谢宗铭, 田琴, 等. 2010. 北疆早熟棉"新陆早"系列品种主要性状演化分析. 新疆农业科学, 47(10): 1918-1923.

新疆维吾尔自治区种子管理站. 2011. 种子加工实用技术. 乌鲁木齐: 新疆科学技术出版社.

杨六六, 刘惠民, 曹美莲, 等. 2009. 棉花产量和纤维品质性状的遗传研究. 棉花学报, 21(3): 179-183.

姚源松. 2004. 新疆棉花高产优质高效理论与实践. 乌鲁木齐: 新疆科技卫生出版社: 267-270.

宇文璞, 宇文刚, 乔志卫. 1990. 棉花不育系对温度反应研究初报. 中国棉花, (2): 21-22.

喻树迅. 2003. 我国短季棉遗传改良成效评价及早熟不早衰的生化遗传机制研究. 杨凌: 西北农林科技大学博士学位论文.

喻树迅. 2007. 中国短季棉育种学. 北京: 科学出版社.

张天真, 潘家驹, 冯福祯. 1989. 一个有芽黄标记性状的棉花雄性不育系的遗传鉴定. 中国农业科学, (4): 19-22.

张西英, 朱永军, 李金荣, 等. 2010. 海岛棉产量性状与品质性状的典型相关及通径分析. 石河子大学学报(自然科学版), 28(3): 290-293.

赵伦一, 陈舜文, 徐世安. 1974. 陆地棉早熟性的指示性状的遗传力估计. 遗传学报, 1(1): 107-115.

郑巨云, 王俊铎, 艾先涛, 等. 2013. 陆地棉产量与纤维品质性状的遗传相关分析. 新疆农业科学, 50(6): 995-1002.

中国农业科学院棉花研究所. 2003. 棉花遗传育种学. 济南: 山东科学技术出版社.

中国农业科学院棉花研究所. 2009. 中国棉花品种志(1978～2007). 北京: 中国农业科学技术出版社.

周雁声, 梁诗锦. 1986. 陆地棉主要经济性状配合力和遗传力初步研究. 中国棉花, (2): 7-9.

周有耀. 1990. 棉花早熟性与纤维品质性状关系的研究. 中国棉花, (5): 15-16.

朱华国, 耿卫东, 孙杰, 等. 2014. 新疆棉花三系杂交种产量及品质性状的遗传分析. 新疆农业科学, 51(2): 213-219.

朱军, 季道藩. 1987. 陆地棉产量性状的双列分析. 浙江农业大学学报, 13(3): 56-63.

第四章　新疆棉花高产栽培理论

作物栽培技术的研究与应用离不开栽培理论的指导。20 世纪 80 年代以来，新疆棉花科技工作者开展了内容十分广泛的棉花栽培理论研究，逐渐形成具有新疆地域特色的棉花栽培理论，并有效地指导了新疆棉花高产实践。

第一节　新疆棉花高产生态学基础

一、新疆棉区气候资源

新疆深居内陆，远离海洋，高山环列，使得湿润的海洋气流难以进入，形成了独特的生态气候系统，属典型的温带大陆性干旱气候。新疆棉区属于干旱荒漠、半荒漠绿洲灌溉棉区。棉田多处于盆地和山脚边缘，并由若干戈壁、沙漠隔成许多生态条件各异的绿洲。棉花从低于海平面 154m 的吐鲁番到海拔 1424m 的于田县，从北纬 36°51′的于田县到北纬 46°17′的夏孜盖，从东经 75°59′的喀什市到东经 95°08′的淖毛湖农场均有种植。棉区南北跨度 1115km，东西跨度 1630km，属于若干不同生物气候类型。

（一）新疆棉区气候资源概况

新疆棉区年均天然降水量 155mm。区内山脉融雪形成众多河流，绿洲分布于盆地边缘和河流流域，绿洲总面积约占全区面积的 5%，具有典型的绿洲生态特点。由于天山对冷空气南侵的阻挡，天山成为新疆气候的分界线：天山的北部（北疆）属中温带，天山的南部（南疆）属暖温带。主要棉区分布在南、北疆的绿洲内。

南疆年平均气温 10～13℃，北疆平原低于 10℃。极端最高气温吐鲁番曾达 48.9℃，极端最低气温富蕴县可可托海曾达–51.5℃。日平均大于 10℃的年累积气温，南疆平原 4000℃以上，北疆平原大多不到 3500℃。南疆平原无霜期 200～220d，北疆平原大多不到 150d。年日照时数分布规律是：从北向南略减，北疆的阿勒泰 3001h，南疆的皮山 2574h；由西向东增加，西部的霍城 2828h，东部的星星峡 3549h；北疆由于山地阴雨天多，从平原至山区的年日照时数减少，南疆平原浮尘、沙尘暴天气较多，从平原至山区的年日照时数增加。

（二）新疆棉区与国内其他棉区气候资源比较

1. 气候资源比较

20 世纪七八十年代，新疆气象科技工作者和农业科技工作者经过大量的艰苦工作，对新疆棉花气候资源进行了详细的分析，并与国内其他棉区进行了比较（表 4.1）。

表 4.1　我国主要棉区气候资源比较

项目	长江流域棉区	黄河流域棉区	西北内陆（新疆）棉区
气候区	北亚热带	暖温带	温带及暖温带
	湿润区	亚湿润区	干旱、极干旱区
	东部季风区	东部季风区	西部大陆性气候区
≥10℃积温/（℃/d）	4600～6000	3800～4900	3100～5400
≥10℃持续期/d	200～294	196～230	160～215
≥15℃积温/（℃/d）	3500～5500	3500～4500	2500～4900
≥15℃持续期/d	180～210	150～180	145～200
4～10月平均气温/℃	>23.0	19～22	16～25
无霜期/d	>200	180～230	150～220
年降水量/mm	1000～1600	500～1000	30～280
年日照时数/h	4500～4800	1900～2900	2600～3400
年均日照率/%	30～55	50～65	60～75
年辐射量/（kJ/m^2）	460～532	460～652	550～650

资料来源：中国农业科学院棉花研究所主编：《中国棉花栽培学》，2013 版整理

从表 4.1 可以看出，新疆棉区除热量资源稍逊于内地棉区，与国内其他棉区相比，具有很适合棉花生长发育、优质高产的气象条件。

（1）长江流域棉区。长江流域棉区光照充足、热量丰富、水热同步，能满足棉花生产的水热需求；但春末夏初梅雨多，不利于棉苗生长；秋季常出现连阴雨，日照时数少，导致棉花吐絮不畅、烂铃多；夏季高温、高湿，病虫害较多且重，不利于开花成铃。

（2）黄河流域棉区。黄河流域棉区热量充足，无霜期适宜，日照好于长江流域棉区。但初夏多旱，伏雨较集中，且降水变率大，易导致花铃脱落。此外，气象要素的时空分布不均，降水的稳定性差，旱、涝、风、冻、雹等自然灾害频繁，对棉花的产量和品质都有不利影响。

（3）新疆棉区。与长江、黄河流域棉区相比，新疆具有发展棉花产业的气候资源比较优势。

光照充足。棉区 4～9 月日照时数为 1460～1980h；日照百分率为 60%～80%，比长江、黄河流域棉区高 10%～20%；年辐射量为 550～650kJ/m^2，比长江、黄河流域棉区多 90～110kJ/m^2。尤其是秋季晴好天气多，光照条件好，极为有利于形成棉絮洁白、富光泽的优质棉。

气候干燥。年降水量为 30～280mm，吐鲁番为 16mm；加上冬季严寒，棉田病虫害种类较少。

热量相对不足，但气温日较差大。新疆多数棉区≥10℃的活动积温为 3100～5400℃，≥15℃的持续日数为 145～200d。7 月平均气温可达 23～29℃。无霜期为 150～220d。虽然热量不如长江流域和黄河流域，但能满足早熟棉和早中熟棉的要求。且气温日较差大（多数棉区为 12～16℃），有利于加快棉花的干物质积累，提高经济系数，进而提高棉花的产量和品质。

冬季寒冷。可以杀死或抑制潜伏在土壤中过冬的大量害虫和病菌，病虫害较轻。

2. 极端气候影响棉花生产的稳产性

新疆的生态气候系统是一个高山冰川积雪与冷湿草甸、中山湿润森林与裸岩、低山灌草荒漠、平原绿洲荒漠与沙漠构成的立体型复杂生态气候，也是脆弱的生态气候区。复杂的地形和脆弱的生态环境系统造成多种气象灾害及其衍生灾害频发。低温冷害、冰雹、霜冻、风沙等极端气候所诱发的自然灾害，常常不同程度地影响棉花的生产，这是影响新疆棉花生产稳产性的重要原因。

3. 灌溉农业提高了气候资源的有效性

棉花是喜温、好光作物，适于在土壤水分充足的条件下生长，新疆棉区降雨少，土壤水分不足是棉花生产的制约因素。但是，新疆雪山面积大、灌溉水资源比较丰富。新中国成立以后，尤其是改革开放以后，以良好的农田水利设施为支撑的灌溉农业发展很快。棉区的灌溉条件使棉田土壤水分得到合理的调节和控制，加上集中在春、夏季的降水调节，有效地保证了棉花的生长发育和产量形成。新疆棉区这种光、热、水三大气候因子的巧妙匹配，很好地提高了气候资源的有效性。

（三）沙漠增温效应——新疆棉花高产生态机理

新疆主要棉区分布在南疆塔里木盆地和北疆准噶尔盆地周缘，暖季由于沙漠、戈壁的增温效应，使绿洲的热量资源比国内同纬度地区更优越。由于光、热、水的特殊组合，独具特色的新疆绿洲农业具备了建立优质、高产、高效农业的资源环境条件。新疆棉花品质好、产量高就是这种光、热、水资源特殊组合的体现。

1. 沙漠增温效应

1）沙漠增温原理

绿洲周围干燥的沙漠空气与湿润的绿洲空气的比热容不同，加之沙漠面积远远大于绿洲（约为 4∶1），在强烈日晒下沙漠很快被加热，通过空气对流、乱流及长波辐射作用使附近的空气迅速升温。据研究，荒漠日间的长波辐射为 $87.95W/m^2$，较绿洲高一倍。另外绿洲地区的绿色植被及湿润的土壤因比热容大，吸收的辐射热大量用于蒸发、蒸腾水分，升温慢，因而出现沙漠与绿洲间的温度差（势能差），进而形成两地间的空气对流：暖干平流在绿洲气团上面成暖锋形式滑入；绿洲气流又从地面滑入沙漠，形成局地热力环流，从而使绿洲气温随之升高，形成沙漠增温效应（赖先齐，2002）。

增温效应的实质是沙漠通过自身特殊的热性能，迅速地将太阳辐射能转变成热能，又以热能的形式转移到绿洲，提高绿洲的气温，使绿洲农区成为热量的集结处，表现出光、温、水、土资源的耦合。

2）棉区热量资源的空间分布特征（以石河子棉区为例）

石河子绿洲区域 40 年的气候资料分析结果显示，该区年平均温度 6.1～7.3℃，最冷月（1 月）平均气温–18.7～–15.9℃，最热月（7 月）平均气温 25.5～27.2℃。≥0℃积温 3962.9～4177.9℃，≥10℃活动积温在 3521.0～3785.3℃。由于海拔、经纬度及距沙漠远近，以及地形和下垫面的不同，造成地域间热量资源的明显差异。据研究，随着绿洲与沙漠距离的增加，沙漠增温效应逐渐减少，荒漠增温效应影响范围大致在 100km 左右。

在 100km 范围内，沙漠对绿洲的增温为 1～2℃，平均为 1.76℃。热量资源的空间分布，不同界限的积温分布均以北部的荒漠与平原地区最多，并由北向南逐渐减少，南部山区最低，其空间分布见图 4.1。

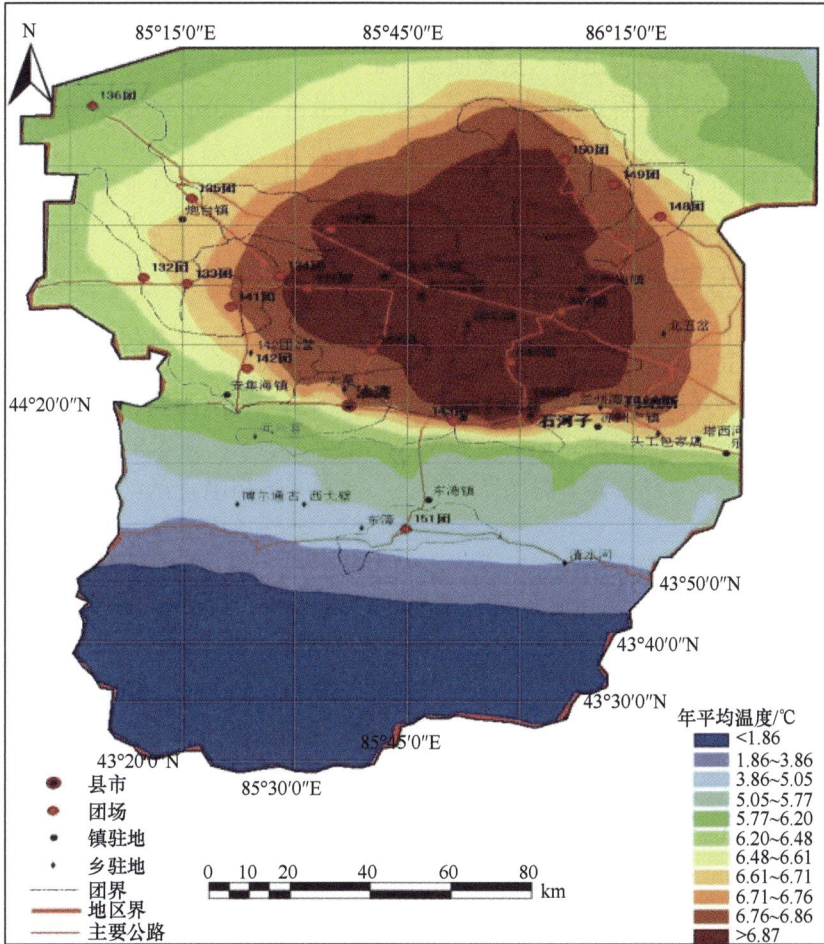

图 4.1　石河子垦区年平均温度分布图

3）新疆棉区与沙漠的地缘关系

新疆棉区生态系统属于我国干旱区三大地理系统（山地、绿洲、荒漠）之一的绿洲系统。它主要分布于新疆两大盆地：塔里木盆地、准噶尔盆地的周围。其中，中熟棉区的吐鲁番、鄯善、托克逊和早中熟棉区哈密、兵团第十三师的主要植棉团场分布在库鲁克塔格沙漠北缘；早中熟棉区的阿克苏、库尔勒、沙雅、莎车、巴楚、麦盖提、伽师、阿图什、英吉沙、和田、库车、轮台、尉犁等县市和兵团第一师、第二师、第三师的主要植棉团场分布在塔里木盆地的北部和西部；早熟棉区的博乐市、精河、乌苏、奎屯、沙湾、石河子、玛纳斯、克拉玛依等县市和兵团第五师、第七师、第六师、第八师的主要植棉团场等分布在准噶尔盆地西部和南部。

沙漠增温效应在暖季，距沙漠越近的区域受到沙漠增温效应的影响越强烈，热量资源相对更丰富，平均温度、有效积温较高。增温效应对绿洲区域棉花生育进程、干物质积累量、净光合速率和产量等有很大的影响。所以，新疆棉花的主要高产区都分布在两大盆地边缘。

4）沙漠增温效应对棉花生长发育的影响

棉花的生长发育主要受生物学特性及环境因素的影响，在环境因素中以温度的影响最大（赖先齐等，2003）。植物生理学研究表明，在植物发育的下限温度至适宜温度范围内，温度越高，发育速度越快。

北疆棉区主要分布于北纬43°～45°，本是不宜植棉区。但由于沙漠增温效应，这些棉区的热量条件优于同纬度的内地棉区，棉花的生育进程快，铃大，纤维品质好。现在这些棉区已成为早熟棉的优质、高产区。

以对古尔班通古特沙漠研究为例来说明沙漠增温效应对棉花生长发育的影响。

（1）沙漠增温效应对棉花生育进程的影响。赖先齐等（2003）对沙漠区、距沙漠20km区和距沙漠70km区棉花的生育进程及其相关指标的研究（表4.2）表明，出苗到开花期，沙漠区和距沙漠20km区间的平均温度差异很小，生育进程的差别也不大。开花期到铃期，沙漠区历时23d，比距沙漠20km区缩短约6d；吐絮期，沙漠区比距沙漠20km区提前8d左右。由此可见，距沙漠越近的区域温度越高，生育期越短。

表4.2 不同区域棉花生育进程

项目	播期	出苗	蕾期	花期	铃期	吐絮期	全生育期天数
沙漠区	4月23日	5月11日	6月5日	6月28日	7月21日	8月20日	121d
间隔天数/d		7	25	23	23	29	
平均气温/℃		21.6	20.9	26.2	27.2	23.9	
距沙漠20km区	4月23日	5月10日	6月5日	6月29日	7月27日	8月28日	127d
间隔天数/d		6	26	24	28	30	
平均气温/℃		21.7	20.9	26.4	26.5	23.4	
距沙漠70km区	4月23日	5月10日	6月7日	7月1日	7月31日	9月5日	135d
间隔天数/d		6	28	24	30	36	

从棉花的生育期看，沙漠区为121d，距沙漠20km区为127d，距沙漠70km区为135d。距沙漠越近的区域温度越高，全生育期越短。但区域间的生育期差异主要表现在开花期到吐絮期。

（2）沙漠增温效应对不同区域棉花干物质积累动态变化的影响。从图4.2、图4.3可看出，出苗后40d，距沙漠最近的区域干物质积累最快，积累量最多。3个区域差异明显。

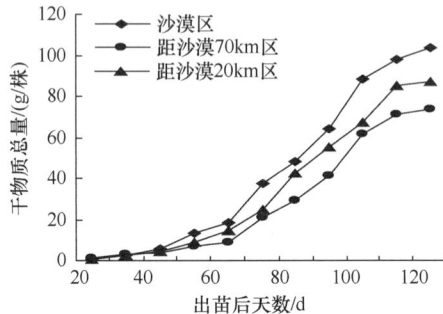

图4.2 不同区域干物质积累动态变化

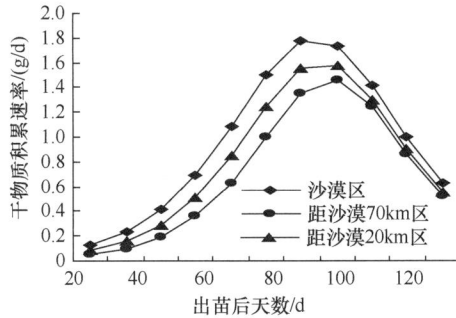

图 4.3　不同区域干物质增长速率

（3）沙漠增温效应对不同区域棉花叶面积指数（LAI）的影响。叶面积指数是决定群体光能利用率的主要指标，也是棉花高产群体结构的重要指标。从表 4.3 可以看出，在整个生育期内，沙漠区棉花的 LAI 从出苗 40d 以后就一直保持着高于其他两个区域的优势，较距沙漠 20km 区和距沙漠 70km 区的 LAI 平均值分别高 0.68 和 0.78。

表 4.3　不同区域棉花叶面积指数动态变化

区域	出苗后天数/d										
	20	30	40	50	60	70	80	90	100	110	120
沙漠区	0.13	0.30	0.89	2.27	3.03	3.56	4.14	4.35	4.16	3.84	3.23
距沙漠 20km 区	0.15	0.48	0.61	1.41	2.15	2.90	3.13	3.60	3.30	2.57	2.15
距沙漠 70km 区	0.13	0.62	0.74	1.05	1.60	2.50	2.84	3.35	3.13	2.92	2.46

棉花盛铃期前后，LAI 开始下降，沙漠区较其他两区的下降趋势缓慢，沙漠增温效应对后期温度的补偿作用，保证了后期棉花的成熟。

（4）沙漠增温效应对不同区域棉花净光合速率（Pn）的影响。2005 年 7 月 2 日和 8 月 2 日对棉花 Pn 的测定结果表明：10：00 以后，棉花 Pn 迅速增加；16：00 以后 Pn 开始下降，但沙漠区 Pn 的下降速度较其他两个地区缓和；2004 年 7 月 26 日测定结果表明，距沙漠越近的区域群体光合值越高。

对棉花 Pn 和生态因子平均值在区域间变化（午休除外）的相关分析结果（表 4.4）表明，不同时间 Pn 和光合有效辐射、气温的相关系数都达到极显著相关，表明区域间 Pn 的差异主要是由区域间光、温互作效应引起的。

表 4.4　棉花 Pn 与生态因子日平均值在区域间变化的相关分析

测定时间	指标	光合有效辐射	气温	相对湿度
2005 年 7 月 2 日	Pn	0.937**	0.991**	0.539
	Tr	0.978**	0.996**	0.592
2005 年 8 月 2 日	Pn	0.967**	0.995**	0.886*
	Tr	0.927**	0.966**	0.789

（5）沙漠增温效应对不同区域棉花根系活力、叶绿素含量、可溶性糖含量的影响。苗

期，由于天气因素不稳定，气温和地温也不高，沙漠增温效应对根系活力的影响不明显。初花期，3 个区域棉花根系活力分别为 0.5669mg/(g/h)、0.5110mg/(g/h)、0.3960mg/(g/h)，沙漠区比其他两个区域分别高出 0.0559mg/(g/h)、0.1709mg/(g/h)。但吐絮期时，由于后期气温降低，距沙漠近的区域降温较快，因此沙漠区的棉花根系活力是最小的（表4.5）。

表4.5　不同区域棉花根系活力的动态变化　　　　　［单位：mg/(g/h)]

区域	生育时期				
	苗期	现蕾	初花	花铃	盛铃
沙漠区	0.2700	0.4300	0.5669	0.4400	0.0600
距沙漠 20km 区	0.3160	0.3770	0.5110	0.3720	0.0550
距沙漠 70km 区	0.2840	0.3530	0.3960	0.2700	0.0861

苗期到现蕾期，3 个区域间棉花叶绿素含量的差异极小，进入生殖生长期以后，叶绿素含量的差异逐渐增大，盛花期至盛铃前期差异最大。盛花期时叶绿素总量 3 个区域分别为 0.049 100mg/cm^2、0.039 200mg/cm^2、0.036 300mg/cm^2，沙漠区比其他两个区域分别高 0.0099mg/cm^2、0.0128mg/cm^2；盛铃后期到吐絮期，距离沙漠越近的区域叶绿素含量下降越慢（表 4.6）。

表4.6　不同区域棉花叶绿素含量的动态变化　　　　　（单位：mg/cm^2）

区域	生育时期						
	苗期	现蕾	初花	盛花	花铃前期	盛铃后期	吐絮
沙漠区	0.004 702	0.042 700	0.040 111	0.049 100	0.068 700	0.113 370	0.107 280
距沙漠 20km 区	0.006 576	0.045 030	0.036 744	0.039 200	0.047 300	0.105 190	0.103 300
距沙漠 70km 区	0.004 156	0.046 070	0.035 707	0.036 300	0.045 000	0.100 092	0.088 800

研究表明，整个生殖生长阶段，随着距沙漠的距离增加，可溶性糖含量逐渐增加。这主要是由于距沙漠越近的区域温度越高，光合产物向纤维素的转化越快，而温度相对较低的区域棉花的可溶性糖积累后转化速度慢（表 4.7）。

表4.7　不同区域棉花蕾铃可溶性糖含量的动态变化　　　　　（单位：μg/g）

区域	生育时期				
	蕾期	盛花	铃期	盛铃	吐絮
沙漠区	29.679 657	44.056 320	10.907 978	7.847 378	9.381 000
距沙漠 20km 区	32.944 297	57.012 855	11.418 078	11.500 000	14.152 418
距沙漠 70km 区	30.699 857	56.120 000	16.213 018	14.886 758	16.500 000

沙漠增温效应有效地提高了棉花产量。由于沙漠增温效应提高了棉花个体和群体的光合性能，增加了棉花的干物质积累，从而有效地提高了棉花的产量。据 2003～2006年兵团农业局棉花超高产验收组统计，超高产棉田多数出现在靠近沙漠的团场，如第一师的 3 团、12 团、16 团，第二师的 32 团、33 团，第三师的 43 团、45 团，第五师的 83

团、89 团，第八师的 149 团、148 团、150 团等。其中，第二师的 32 团紧靠沙漠的一块棉田连续两年单产超过 3000kg/hm²。

　　5）沙漠增温效应打破了新疆植棉的禁区

　　新中国成立前，新疆有"自古北疆不种棉"之说，即把北纬 44°以上地区，视为植棉禁区。但新疆的科技人员经过多年探索，充分利用沙漠的增温效应与地膜覆盖的增温效应对棉花生育进程的影响，打破了新疆的植棉禁区，将棉区北移至北纬 46.2°，使之成为北半球纬度最高的棉区。

2. 光能利用率高，高温、富照重叠期长

　　光照和温度都是影响棉花生长发育的重要气象因素，在对棉花的生长发育产生影响时，它们之间具有互补和累加效应。因此，高温、富照重叠期长是新疆棉花优质高产的另一个重要原因。

　　（1）光能资源的时空分布特征（以石河子棉区为例）。石河子棉区全年太阳总辐射量在（52~55）×10⁸J/m²，6~9 月太阳总辐射量（25.9~28）×10⁸J/m²。日照全年分布不均，夏季 6~8 月日照是全年最多的，平均为 873.3~915.9h，7 月平均日照时数达 297.1~310.6h。

　　棉花生长的 4~9 月，日照时数一般在 1561.5~1822.2h，其空间分布不均，北多南少，石河子市以北的荒漠、平原地区日照时数均超过 1700h，而西南部的山区和山前农区较少，在 1550h 以下。其光能资源空间分布见图 4.4。

　　（2）光热资源的增产潜力大。新疆棉区属于典型的大陆性荒漠气候，具有冬冷夏热、温度的日较差大、光热充足、雨量较少、蒸发强烈的特点。以石河子棉区为例，该棉区棉花生长旺季的 6~9 月太阳总辐射量（25.9~28）×10⁸J/m²；棉花生长季节（4~9 月）的日照时数一般在 1561.5~1822.2h；≥0℃积温 3962.9~4177.9℃，≥10℃活动积温在 3521~3785.3℃。

　　按照石河子棉区的光热资源，在水、肥都能满足的条件下，当光能利用率达到 2% 时，棉花光温增产指数可达 25.0%，当光能利用率为 3% 时，棉花光温增产指数可达 50.0%，若光能利用率为 5% 时，棉花的光温增产指数可达到 70.0%。可见该地区光热资源的增产潜力很大。据徐文修等（2007）测算，新疆棉花的光合生产潜力可达 8140.78kg/hm²，王冀川（2000）指出，南疆的库车县各作物光合产量是现实产量的 5~8 倍。由此可见，新疆棉花的光合生产潜力还很大。

3. 水资源配合，提高气候资源的有效性

　　新疆棉区棉花生产的主要限制因子是水。因此，只有在水能满足的条件下，光热资源才能得到充分利用。新疆干旱少雨，但夏季也是新疆水资源最丰富的季节，灌溉用水是由热少而水多的山区引向光热资源丰富而水少的山前平原与盆地，加之荒漠对绿洲增温效应在夏季表现最强，这表明了新疆特殊的生态系统良好的水热耦合性。这种良好的水热耦合性极大地提高了气候资源的有效性，进而形成了新疆棉花生产的巨大潜力，同时，也为棉花的高产、优质、高效提供了有效的保证。

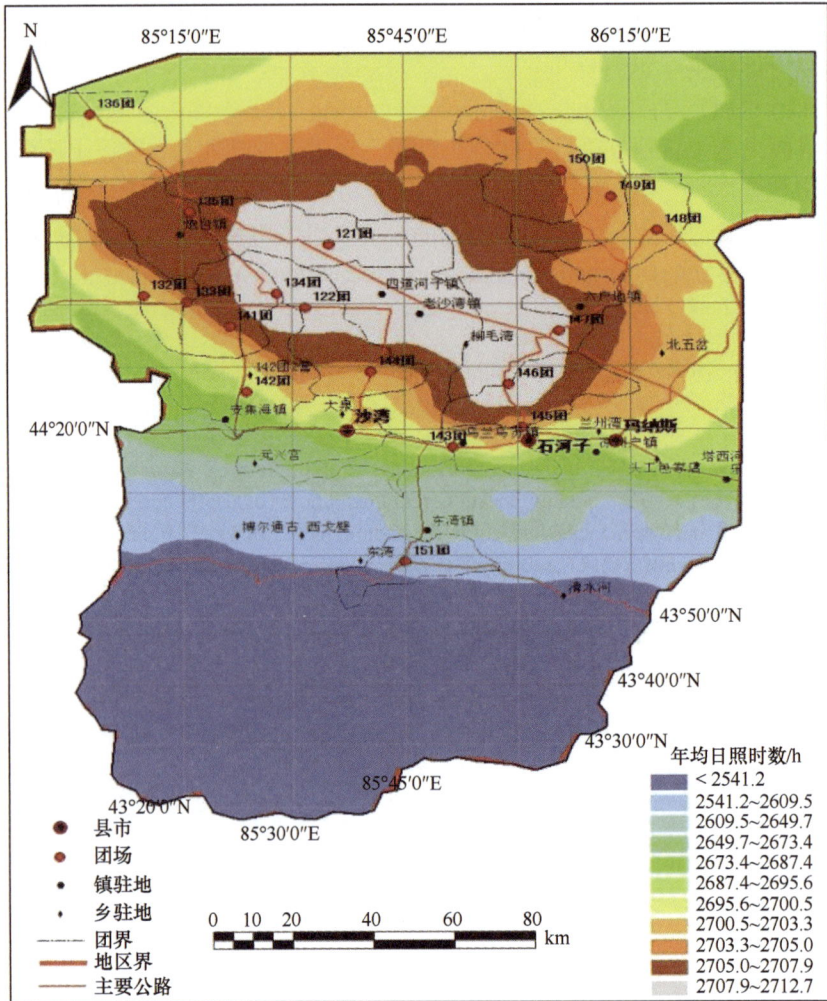

图 4.4　石河子垦区年均日照时数

4. 以 149 团为例分析棉花高产的气候生态原因

新疆生产建设兵团第八师 149 团 2005 年全团种植棉花 7700hm^2，平均单产皮棉 2437.5kg/hm^2，2700kg/hm^2 以上的面积占棉花总面积的 42.3%。其中，高产田单产皮棉 3549.2kg/hm^2，打破北疆 2004 年棉花高产纪录。2006 年种植棉花 8000hm^2，单产皮棉 2533.5kg/hm^2，2700kg/hm^2 以上的面积占棉花总面积的 54%。其中，高产田单产皮棉 4189.1kg/hm^2，创全疆棉花单产新高。2007 年种植棉花 8000hm^2，单产皮棉 2580.0kg/hm^2，2700kg/hm^2 以上的面积占棉花总面积的 68%。其中，高产田单产皮棉 4378.5kg/hm^2，再创全疆棉花单产新高。

（1）地缘优势。149 团位于天山北麓准噶尔盆地古尔班通古特沙漠南缘，暖季的沙漠增温效应在一定程度上补偿了该团棉花生长季节热量的不足，起到了除太阳外第二个热能源的作用。

（2）光能资源优势。149 团年太阳总辐射量在（52～55）×10^{8}J/m^2，棉花现蕾-吐絮的 6～9 月，太阳总辐射量（25.9～28）×10^{8}J/m^2。棉花播种-吐絮的 4～9 月，日照时数一般超过 1700h，棉花现蕾-盛铃的 6~8 月，日照达 873.3~915.9h。这为 149 团棉花高产提供了丰富的光能资源。

（3）热量资源分析。由于 149 团紧邻沙漠，荒漠的增温效应明显。该团≥0℃积温在 4108.4~4125.2℃；≥15℃活动积温在 3166~3184℃。热量资源充分满足了早熟棉对温度的要求。

二、新疆棉区土壤资源

新疆宜棉的土壤资源丰富，在悠久的植棉历史中又积累了宝贵的土壤改良经验。

（一）新疆发展棉花生产的土壤资源优势

1. 后备耕地资源丰富

新疆是我国后备耕地资源最为丰富的地区。据 2000~2002 年新疆耕地资源卫星遥感调查及信息数据库数据资料分析，新疆有后备宜耕土地资源总量 $1313.31×10^4 hm^2$，约占全区面积的 8%（赵振勇等，2010）。宜棉农区占全疆农区面积的 35%，棉区有后备土地资源 $334×10^4 hm^2$（田长彦和冯固，2008）。近年来，新疆水资源开发力度加大，特别是一些节水设施、节水技术及重大调水工程的推广和实施，必将扩大后备耕地资源的数量，为新疆发展棉花生产提供丰富的土壤资源。

2. 棉区土壤深厚，地形开阔平坦，利于农业机械化

新疆棉区土壤质地以壤土、中度黏土、沙质土为主。在塔里木河冲积平原和昆仑山北麓，土壤质地主要是砂壤土或轻壤土；在准噶尔盆地北部的两河流域，土壤质地主要是砂土或砂壤土。这些土壤土层深厚，通透性好，适于种植棉花。新疆棉区还具有热量条件较丰富、光照充足和绿洲灌溉农业的优越生产条件，为棉田土壤肥力的发挥创造了条件。新疆棉区主要分布在平原地区，地形开阔平坦，利于植棉机械化。

3. 棉秆还田为棉花生产创造良好的土壤营养条件

新疆棉区有机肥源不足，但通过长期实行棉花秸秆还田，对提高棉田土壤有效养分和促进棉田生态系统养分的良性循环起了积极的作用（刘建国等，2008）。新疆是我国最大的棉秆产区，据估算 2013 年新疆棉秆产量 1758.8 万 t，占全国棉秆总产量的 55.8%（左旭等，2015）。新疆棉区秸秆还田率达 95%，棉花秸秆还田量达 $6000~7500 kg/hm^2$，可增加土壤有机碳 $3127.29 kg/hm^2$、纯氮 $112.4 kg/hm^2$、磷（P_2O_5）$28.69 kg/hm^2$、钾（K_2O）$208.9 kg/hm^2$。在北疆棉秆全部还田，可归还 N 为 54.2%、P_2O_5 为 41.9%、K_2O 为 80.0%、Zn 为 55.2%、Mn 为 87.4%；南疆归还率则较低，相应 N 为 10.5%、P_2O_5 为 9.7%、K_2O 为 21.1%、Zn 为 17.1%、Mn 为 14.2%（郑重等，2000）。

长期实行棉花秸秆还田，对提高土壤有机质含量、品质，保持良好的土壤结构，增加棉田微生物数量，改善微生物种群结构和土壤酶活性也有显著效果（刘军等，2012）。胡敏酸是土壤腐殖质中最活跃的部分，对土壤结构的形成起到重要作用。土壤腐殖质中

胡敏酸（HA）和富里酸（FA）含量的比值（HA/FA）可反映土壤腐殖质的品质。长期棉秆还田能够提高连作棉田土壤胡敏酸和胡敏素的含量，增加富里酸含量并使之处于稳定水平，还能够显著提高 C_{HA}/C_{FA}（HA 碳量/FA 碳量）和 PQ 值［$C_{HA}/（C_{HA}+C_{FA}）$］（刘军等，2015），说明长期棉秆还田能够提高土壤腐殖质含量及改善土壤腐殖质品质，利于土壤良好结构的形成。

4. 盐碱土壤改良消除棉花生产土壤障碍

盐碱土壤是新疆棉花生产发展的主要限制因素之一。新疆棉区土壤盐渍化面积约占总耕地面积的33%，其中，南疆四地州盐渍化面积达到 61.5 万 hm^2，占耕地面积的43%。新中国成立以来，经过多年有效改良，许多盐碱土壤已被改良成高产、稳产棉田，从而为新疆棉花生产的发展提供了良好的土壤条件。例如，兵团第二师库尔勒垦区 29 团垦荒前是寸草不生的盐碱滩，被当地民众称为"兔子不拉屎的地方"，经过多年的综合改良之后，现在已成为棉花的高产团场。

5. 膜下滴灌协调棉花不同生育期土壤水热条件

新疆棉花普遍采用膜下滴灌技术，起到有效增温、保墒和节水的效果。由于滴灌灌水周期较短、灌水定额较小，每次灌水时的湿润土层深度都比较小（一般小于60cm），而且棉花根系也主要集中在0～60cm 深的土体内（张伟等，2008），可避免土壤水分的深层渗漏；覆膜也减少了土壤水分蒸发，因此土壤水分状况既满足了棉花的需求，又减少了灌水不当使棉花受到旱涝的危害，提高了水资源的利用效率。

覆膜可显著提高棉田土壤温度。膜下滴灌条件下棉花不同生育期的地温时空分布规律研究表明，出苗期15cm 深度处地温膜下高于膜间 4～5℃。土壤水分和温度存在耦合作用，土壤含水率高则热容量大，相应的温度变化幅度小。膜下滴灌起到有效的保温保墒作用，克服了土壤高含水率低地温或低含水率高地温的矛盾，可为棉花生长创造适宜的土壤水热条件（张治等，2011）。

（二）新疆棉区耕地土壤类型及其分布

新疆棉区分布南北、东西跨度大，海拔高低悬殊，又有独特的地形地貌与不同的成土条件，因而棉区耕地土壤类型也具有丰富的多样性。根据全国第二次土壤普查的土壤分类系统，新疆有 11 个土纲，32 个土类，88 个亚类。其中棉区主要耕种土壤，有 5 个土纲，10 个土类，25 个亚类（新疆维吾尔自治区农业厅和新疆维吾尔自治区土壤普查办公室，1996；新疆生产建设兵团土壤普查办公室，1993；姚源松，2004）。

1. 灌漠土

灌漠土又称灌耕土，是干旱荒漠及荒漠草原和草原地带经长期灌溉耕作熟化的一类人为土壤。主要分布在东疆哈密及吐鲁番盆地，北疆博尔塔拉、昌吉及南疆焉耆盆地、库尔勒一带清水灌溉的古老绿洲内。由于多引用泥沙含量不多的清水灌溉，土壤灌淤过程十分微弱，绝大部分也未发生次生盐化现象，这是与灌淤土的重要区别。

灌漠土按照灌耕熟化过程的发育分段和附加成土过程可分为灰灌漠土、暗灌漠土和盐化灌漠土 3 个亚类。

灌漠土剖面主要由深厚的熟化层和心土层构成。熟化层一般厚 40～60cm，少数高度熟化的可达 60～100cm。湿润时呈暗棕色、黑棕色或灰褐色。该层通常由耕作层、犁底层两个亚层组成。耕作层一般厚 20～30cm，粒状或团块状结构，根系密集，疏松多孔；犁底层厚 10cm 左右，片状或块状结构，较耕作层紧实，结构面或裂隙壁上常见由灌溉水经耕层淋洗下移的黏粒和腐殖质形成的暗色胶膜。

灌漠土 0～30cm 土层有机质平均为 15g/kg，高者达 20～30g/kg 及以上；全氮、全磷一般为 1g/kg，高者达 2g/kg 以上；碱解氮一般为 60mg/kg，高者达 90～120mg/kg 及以上；速效氮（NH_4^+-N，NO_3^--N）多为 20~40mg/kg，高者达 70mg/kg 以上；速效磷（P）多在 5mg/kg 以上，高者达 20～30mg/kg 及以上。

灌漠土是新疆古老绿洲中最肥沃的土壤，适宜种植粮、棉、油、糖及瓜果等多种作物。目前利用中应注意的问题：一是用养结合，只要合理利用，积极培肥，就能地尽其力，地越种越肥；二是大水漫灌的灌水方式易引起地下水位抬升，造成次生盐渍化，应大力发展节水灌溉；三是根据土壤肥力状况注意增施有机肥，合理施用化肥。

2. 灌淤土

灌淤土又称灌溉淤积土，主要发育在极端干旱的棕漠土带内，干旱的灰漠土带内也有少量分布。灌淤土在昆仑山北麓和天山南北麓各山前洪积扇的中下部、河流冲积平原上部及河流阶地上均有分布，是和田、喀什、克州、阿克苏、巴州、昌吉等地耕地中主要的人为土壤。

灌淤土按照主要成土过程和附加成土过程可分为灌淤土、潮灌淤土和盐化灌淤土 3 个亚类。其中，盐化灌淤土所处地形多在冲积扇下部、扇缘地带和平原水库周围。因在灌溉淤积过程中受到各种因素影响而使地下水位上升，加之地下径流不畅，矿化度较高，土壤发生次生盐渍化；或在盐化土壤上长期灌溉淤积，脱盐不彻底而形成。

灌淤土剖面可分为灌溉淤积层和埋藏层。灌淤层包括耕作层和心土层。灌淤层厚度在 50cm 以上，厚者可达几米，一般在 1m 左右，质地均一，层次分化不明显。灌溉后耕作层表面常见很薄的新近灌溉的淤积层。耕作层主要由新近的灌溉淤积物组成，质地多为壤质，以块状或碎块状结构为主，根系较多，也较疏松，持水性和透水性均较好。耕层以下为心土层，由相对较老的灌溉淤积物组成。由于灌淤土是在逐年灌淤、施肥、耕作的条件下形成的，灌淤层逐年增厚，因此犁底层不明显。

在灌淤土形成过程中，因受母质、耕作制度和培肥程度的影响，其养分含量由南向北、由东向西有增加趋势，靠近城镇、村落的肥力也较高。有机质平均为 10.14g/kg，全氮平均为 0.65g/kg、全磷平均为 0.59g/kg，碱解氮为 38.4mg/kg，速效磷（P）为 4mg/kg，速效钾为 229.6mg/kg。

灌淤土是新疆良好的土壤资源，分布区域地形平坦，土层深厚，光热资源丰富，若有水源保证，坚持培肥土壤，就能建成高产稳产农田。灌淤土适宜种植多种作物，尤其适宜种植长绒棉和陆地棉。但灌淤土因多处于荒漠境区内，土壤腐殖质积累作用十分微弱，又因长期用地养地失调，易造成地力下降，生产力降低。因此，保持和提高灌淤土生产能力的中心环节是不断增加土壤有机质，提高土壤养分供应的容量和强度。盐化灌淤土中较多的盐分也是限制农业生产的一个重要障碍因素，应注意进行改良。

3. 水稻土

水稻土在南、北疆均有分布，但区域局限性很大。北疆在玛纳斯河及乌鲁木齐平原区，南疆在阿克苏河、渭干河、克孜河、和田河等流域平原区内。水稻土所处的地形大多在河流的低阶地、河间洼地、扇缘泉水带，洪积扇扇缘也有小面积分布。以阿克苏、巴州、昌吉三地州面积最大，和田、喀什、克州也有分布。新疆水稻土的形成不仅与农作制度和作物组合中的稻作相一致，而且与土壤气候带相吻合，与地带性土壤、其他流域性土壤相联系。北疆水稻土区处在温带荒漠境边缘的灰漠土地带，南疆水稻土处在极端干旱的棕漠土地带。

水稻土是在长期水耕条件下人为耕作、灌溉、施肥形成的。含盐量少是水稻土水耕熟化的重要标志。水稻土可分为渗育水稻土、潴育水稻土、潜育水稻土和盐化水稻土 4 个亚类。

水稻土剖面可分为水耕熟化层和氧化还原层。水耕熟化层包括耕作层和犁底层，多为灰色，南疆呈棕灰色。耕作层为多块状结构，犁底层多碎片状、片状结构。犁底层容重较大，孔隙度偏小，具有托水作用。氧化还原层是水稻土的重要诊断层，由于季节性淹水灌溉，产生氧化还原交替和物质移动，还原层低价铁、锰向心土层迁移时氧化淀积形成较多的锈纹、锈斑，是该层的主要特征。

在水稻土形成过程中，因人为施肥、灌溉，使矿物质与腐殖质在土壤中不断累积，比起源于土壤和同一地区的其他耕作土壤肥力水平高。其有机质含量大多在 15～40g/kg。

水稻土利用中应注意的问题：一是搞好农田基本建设，完善稻区灌排系统，改善水稻土的水分状况和通透性能，将地下水位控制在 1～1.5m；二是实行水旱轮作，延长水稻土回旱时间；三是实行秋深翻，经日晒和冻融作用改善水稻土的理化性状。

4. 潮土

潮土多由草甸土、林灌草甸土、盐土、沼泽土等经开垦、改良、培肥而成，主要是在平原灌区河流沉积物上发育形成的土壤，受地下水活动和灌溉水的共同影响，土体经常保持湿润状态，群众称为二潮地、夜潮地、下潮地等。潮土可分为潮土、湿潮土、盐化潮土、灌淤潮土和脱潮土 5 个亚类。

潮土主要发育在天山南北的洪积冲积扇下部和扇缘地带、河谷低阶地与河漫滩、河流三角洲及湖滨平原等地区。其所处地貌单元有：昆仑山北麓山前平原、开都河冲积平原及博斯腾湖湖滨、伊犁河谷平原、奎屯河及玛纳斯河冲积平原等，这些地貌大都地势平坦，坡度平缓。南疆以喀什、阿克苏、巴州三地州面积最大，北疆以昌吉、伊犁、塔城分布面积较多。

潮土剖面层次分化明显，一般可分为耕作层、犁底层、心土层和底土层。耕作层厚 20～30cm，土色较暗，呈灰色或灰褐色，多为团粒结构和团块结构，有机质多为 11～20g/kg，熟化程度高的可达 30～40g/kg，明显高于地带性土壤。犁底层厚 7～10cm，多为片状和板状结构，熟化程度低的不甚明显。心土层厚 30～50cm，碎块状或块状结构，部分有淀积现象，可见碳酸钙淀积斑，有明显的锈纹、锈斑。底土层紧实，多为块状结构，土壤水分常达饱和状态，部分有潜育现象。地下水位 1～5m，土壤湿度自上而下递增。

潮土比较肥沃，具有土层深厚、质地适中、适耕性好、供肥稳足、土体湿润、抗旱力强等特点，适宜种植各种作物，尤其适宜种植棉花。但潮土地下水位普遍偏高，盐渍化普遍；土性阴冷，有效肥力低。利用中应注意：一是健全灌排系统，降低地下水位；二是深耕晒垡，改善土壤水分状况和通气性能；三是覆膜种植，提高地温；四是培肥地力，加速熟化。

5. 灌耕林灌草甸土及盐化灌耕林灌草甸土

林灌草甸土是漠境地区沿河岸分布的胡杨林、灌木林、草甸等乔灌草多层植被下发育的平原森林土壤。主要分布在塔里木河、叶尔羌河、和田河、孔雀河等流域，以塔里木河、叶尔羌河流域分布面积较大，玛纳斯河、奎屯河流域也有分布。林灌草甸土分林灌草甸土及盐化林灌草甸土两个亚类。盐化灌耕林灌草甸土常与风沙土呈交错分布。

该土域地势平坦，引水方便，排水有出路。地下水位一般为 1.2～5m，深的可达 5～6m，矿化度 1～10g/L，经多年的灌溉洗盐改良及耕种熟化，成为肥力较高的土壤。该土耕层有机质含量为 9.6～23.0g/kg，平均为 12.6g/kg，全氮为 0.51～1.15g/kg，平均为 0.75g/kg，碱解氮为 25～40mg/kg，平均为 32mg/kg，速效磷为 2～9mg/kg，平均为 8mg/kg，速效钾多在 200mg/kg 以上。

灌耕林灌草甸土和盐化灌耕林灌草甸土适宜粮棉种植，已成为粮棉生产基地。但这类土壤有机质含量低，普遍缺氮少磷，甚至局部地段还有盐斑。利用中应注意：一是增施有机肥，实行秸秆还田，提高土壤有机质含量，改善土壤结构，增强抗风蚀能力；二是根据土壤养分特点科学施肥，合理搭配氮、磷、钾和微量元素比例，为作物创造一个养分平衡协调供应的土壤环境；三是重视地下水位的定位观测，防止土壤向荒漠化或盐碱化发展；四是加强农田防护林建设，形成坚固的绿色长城；五是疏通排灌渠系，压盐洗碱，防止土壤返盐；六是实行渠系防渗和节水灌溉，减少地下水补给。

6. 灌耕草甸土及盐化灌耕草甸土

草甸土开垦后，经长期灌溉耕种形成灌耕草甸土或盐化灌耕草甸土。灌耕草甸土主要分布在冲积平原草甸土区域，也有在扇缘草甸土和河阶地草甸土开垦耕种的；盐化灌耕草甸土主要分布在盆地内的扇缘地带，干三角洲和冲积平原的下游，距河较远的地下水淡化带外缘低地。南、北疆均有分布，以兵团团场分布较广。

灌耕草甸土经多年耕种已形成熟化程度较高的耕作层，土壤肥力以自然肥力为主。新疆草甸土普遍具有盐化特征，地下水位 1～3m，矿化度 1～3g/L。该土耕层多为沙壤土或壤土，有机质含量为 12～30g/kg，全氮为 0.4～1.3g/kg，全磷为 0.5～0.8g/kg。一般北疆养分高于南疆，南疆盐分高于北疆。

灌耕草甸土和盐化灌耕草甸土适宜种植多种作物，尤其适宜种植棉花。但这类土壤地下水位比较高，土壤潮湿，土体较凉，存在盐渍化的问题。利用中应注意：一是疏通排灌渠系，洗盐压碱，降低地下水位；二是实行渠系防渗和节水灌溉，减少地下水补给；三是增施有机肥，实行秸秆还田，提高土壤肥力；四是实行伏耕晒垡和秋翻冻垡，改善土壤水分状况和通气性能，克服土壤冷性。

7. 灌耕风沙土

灌耕风沙土是在塔克拉玛干沙漠和古尔班通古特沙漠等边缘地区的绿洲边缘通过拉沙平土、平整土地、引洪灌淤、施肥耕作等形成的耕种土壤。由于土壤沙性重，耕作时间短而粗放，农业措施影响较轻，土壤发育弱，熟化程度低，肥力不高。全剖面质地较粗，土壤有机质和氮、磷、钾含量均较低。耕层有机质含量平均为 7.4g/kg，全氮为 0.42g/kg，全磷为 0.55g/kg，全钾为 20.4g/kg，碱解氮为 27.6mg/kg，速效磷为 3.5mg/kg，速效钾为 155.6mg/kg。

灌耕风沙土区，一般光热资源丰富，适宜种植多种作物，特别适宜种植地膜棉。但土壤瘠薄，肥力低，易受到风沙灾害是该区的主要问题。利用中应注意：一是加强农田防护林建设，防止风沙灾害；二是引洪灌淤，增加土壤黏粒含量，改善土壤理化性状；三是增施有机肥，实行秸秆还田，提高土壤肥力。

8. 灌耕棕漠土及盐化灌耕棕漠土

灌耕棕漠土是棕漠土开垦后经长期施肥、灌溉、耕种熟化形成的土壤。发生盐化的称为盐化灌耕棕漠土，各亚类常交错分布。主要分布在塔里木盆地南部和北部的山前倾斜平原、哈密倾斜平原及吐鲁番盆地，多处于砾质戈壁至细土平原的山前洪积扇中下部绿洲边缘地带。

灌耕棕漠土剖面形成了明显的耕作层。耕作层颜色深，多为粉砂质黏壤土，土壤肥力较棕漠土有所提高。耕层平均有机质含量 9.4g/kg，全氮 0.59g/kg，全磷 0.62g/kg，全钾 18.3g/kg，碱解氮 35.2mg/kg，速效磷 4.4mg/kg，速效钾 191.6mg/kg。盐化灌耕棕漠土除含盐外，其他特征基本相同。

灌耕棕漠土及盐化灌耕棕漠土适宜种植粮、棉、油等多种作物，但一般有机质及养分含量低，质地较粗，土层薄，有的盐分含量高。利用中应注意：一是增施有机肥，实行秸秆还田，提高土壤保肥供肥性能；二是引洪灌淤，加厚土层，增加土壤黏粒含量，改善土壤理化性状；三是疏通排灌渠系，实行渠系防渗和节水灌溉，调控地下水位。

9. 灌耕灰漠土及盐化灌耕灰漠土

灌耕灰漠土具有灌耕熟化附加成土过程并表现出一定熟化程度的耕作土壤。存在盐化的称为盐化灌耕灰漠土。广泛分布在天山北麓的山前平原及其以下的古老冲积平原上的新老绿洲内。成土母质多为黄土，也有少量由红土颗粒组成。

灌耕灰漠土剖面由耕作层、犁底层、心土层及底土层构成，土壤含盐量较低，地下水位较深，多在 10m 以下。耕层 20～25cm，有机质含量 10～15g/kg，全氮 0.9～1.2g/kg，全磷 0.50～0.70g/kg，全钾 15～20g/kg。犁底层 10～15cm，多呈紧实的板片状结构或大块状结构，不利于根系下扎和水分下渗。心土层 20～30cm，呈块状或棱块状结构。盐化灌耕灰漠土形态特征、理化性质与灌耕灰漠土相似。不同在于土壤含盐量多在 3～14g/kg，地下水位高，多在 2～4m，矿化度 1～20g/L，心土层和底土层有锈纹、锈斑。

灌耕灰漠土适宜种植粮、棉、油等多种作物。利用中应注意：一是深耕翻、加深耕作层、打破犁底层；二是增施有机肥，实行秸秆还田，提高土壤有机质含量；三是科学施肥，合理搭配氮、磷、钾和微量元素比例，不断提高土壤生产能力；四是对于盐化灌耕灰漠土，应注意疏通排灌渠系，实行渠系防渗和节水灌溉，调控地下水位。

（三）新疆棉田土壤养分状况

土壤养分是土壤肥力的重要组成，作物高产稳产的重要条件。土壤养分含量和供应状况直接影响着棉花生长发育和产量高低。土壤养分状况也是棉花合理施肥的直接依据。20 世纪 80 年代初全国第二次土壤普查结果评价新疆土壤缺氮、少磷、钾丰富。近 30 年来的新疆绿洲土地利用、种植制度、灌溉方式、施肥方式、施肥水平、棉花产量等都发生了显著的变化，必然对新疆棉田土壤养分状况产生深刻的影响，棉花施肥策略也应随之调整。

新疆农科院的研究人员通过研究首次制定了"系统研究法"和"新疆标准法"两套新疆棉田土壤主要养分含量分级标准（表 4.8），可作为判断新疆土壤养分丰缺情况的标准，对了解新疆棉田土壤养分状况及新疆棉花和其他作物测土配方施肥有着重要作用。

表 4.8　新疆棉田土壤主要养分含量分级指标（新疆标准法）（张炎等，2006）

养分	地点	极低	低	中	高
有机质/	北疆	<12	12～15	15～18	>18
(g/kg)	南疆	<8	8～12	12～16	>16
全氮/(g/kg)		<0.4	0.4～0.6	0.6～1.0	>1.0
碱解氮/(mg/kg)		<40	40～60	60～90	>90
有效磷/(mg/kg)		<7	7～13	13～30	>30
速效钾/(mg/kg)		<80	80～160	160～210	>210
有效硼/(mg/kg)		—	<0.4	0.4～0.8	>0.8
有效锌/(mg/kg)		—	<0.7	0.7～1.5	>1.5
有效铜/(mg/kg)		—	<0.2	0.2～1.0	>1.0
有效铁/(mg/kg)		—	<4.5	4.5～10	>10

新疆维吾尔自治区土壤肥料工作站通过测土配方施肥项目获得了自 2005 年以来数万个新疆棉田土壤养分数据，对其进行分析，对掌握新疆棉田耕地土壤养分现状有重要作用。

1. 土壤有机质

土壤有机质是土壤固相的重要组成部分，是作物所需各种养分的重要来源，且能够改善土壤的理化性状，因而是衡量土壤肥力高低的重要指标。全疆主要棉区 83.33× 10^4hm^2 棉田 73 928 个土壤样品分析结果表明（表 4.9），全疆平均棉田土壤有机质含量为 14.0g/kg，与第二次土壤普查时 12.7g/kg 相比提高了 1.3g/kg，稍有提高，但仍处于中低水平；土壤有机质含量变化各地表现并不一致，有升有降，总体表现出略有增加的趋势。各棉区有机质含量的大小顺序为：特早熟棉区＞早熟棉区＞中熟棉区＞早中熟棉区，南疆低于北疆（汤明尧和王磊，2014）。

表 4.9　新疆棉田土壤有机质含量状况

棉区	样本数/个	代表面积/（×10⁴hm²）	有机质/（g/kg）	丰缺状况
特早熟	11 637	13.33	16.1	中
早熟	16 541	17.33	14.4	低
早中熟叶塔	33 671	43.33	13.4	中低
早中熟塔哈	7 354	6.00	12.3	中低
中熟	4 725	3.33	14.0	中低
全疆	73 928	83.33	14.0	中低

注：数据来源于汤明尧，王骞. 新疆棉区耕地土壤养分现状分析. 新疆农业科技，2014（5）：43-45.分级标准参照新疆标准法

2. 土壤碱解氮

氮是作物的生命元素，参与植物体内各种代谢过程，对作物的生长发育及其产量品质影响深刻而复杂。土壤碱解氮是土壤氮供应的一个重要指标。通过对全疆主要棉区 76.67×10⁴hm² 棉田 75 474 个土壤样品分析结果表明（表 4.10），全疆平均棉田碱解氮为 61.8mg/kg，较第二次土壤普查时的 44.3mg/kg 提高了 17.5mg/kg，有较大提高，但仍处于中低水平。各棉区碱解氮含量的大小顺序为：特早熟棉区＞早中熟棉区＞早熟棉区＞中熟棉区（汤明尧和王骞，2014）。

表 4.10　新疆棉田土壤碱解氮含量状况

棉区	样本数/个	代表面积/（×10⁴hm²）	碱解氮/（mg/kg）	丰缺状况
特早熟	9 104	8.67	79.7	中
早熟	15 948	18.67	56.9	中低
早中熟叶塔	39 557	40.00	61.4	中低
早中熟塔哈	6 140	6.00	64.6	中低
中熟	4 725	3.33	43.6	低
全疆	75 474	76.67	61.8	中低

注：数据来源于汤明尧，王骞. 新疆棉区耕地土壤养分现状分析. 新疆农业科技，2014（5）：43-45.分级标准参照新疆标准法

3. 土壤有效磷

磷作为作物生长发育所必需的大量营养元素，在肥料三要素中仅次于氮。磷在土壤中移动性弱，施入土壤中的磷，当季作物只能吸收利用很少一部分，大部分与土壤中的 Ca^{2+}、Fe^{3+}、Al^{3+} 等离子结合形成了难溶性的缓效磷，而在土壤中累积并产生后效。通过对全疆主要棉区 70.00×10⁴hm² 棉田 70 393 个土壤样品分析结果表明（表 4.11），全疆平均棉田有效磷含量为 13.7mg/kg，较第二次土壤普查时的 4.78mg/kg 增加了 2 倍以上，普遍由极低达到了中等水平，土壤磷素极缺乏状态已明显改善，甚至部分棉田达到极高水平。各棉区有效磷含量的大小顺序为：塔哈棉区、特早熟棉区＞叶塔棉区＞早熟棉区＞中熟棉区（汤明尧和王骞，2014）。

表 4.11　新疆棉田土壤有效磷含量状况

棉区	样本数/个	代表面积/（×10⁴hm²）	有效磷/（mg/kg）	丰缺状况
特早熟	11 643	11.33	16.2	中
早熟	12 123	11.33	12.5	中
早中熟叶塔	38 799	40.00	13.2	中
早中熟塔哈	3 103	4.00	17.3	中
中熟	4 725	3.33	11.8	中
全疆	70 393	70.00	13.7	中

注：数据来源于汤明尧，王骞. 新疆棉区耕地土壤养分现状分析.新疆农业科技，2014（5）：43-45.分级标准参照新疆标准法

4. 土壤速效钾

钾对棉花的产量、品质起着重要作用。新疆历来被认为是钾丰富的地区，但喜钾作物棉花的大面积连年种植和产量水平的不断提高，从土壤中带走了较多的钾，加之有机肥用量不足，生产中钾肥用量少，土壤钾素含量已有明显下降。通过对全疆主要棉区79.33×10⁴hm² 棉田 83 527 个土壤样品分析结果表明（表 4.12），全疆平均棉田速效钾含量为 161.3mg/kg，较第二次土壤普查时的 239.3mg/kg 下降了 78.0mg/kg，土壤速效钾普遍有较大幅度亏缺，由高水平到了中等水平。调查区域速效钾含量低于 100mg/kg 的缺钾棉田为 11.87×10⁴hm²，约占调查区域总面积的 15%。土壤速效钾北疆较高，南疆属中低水平（汤明尧和王骞，2014）。

表 4.12　新疆棉田土壤速效钾含量状况

棉区	样本数/个	代表面积/（×10⁴hm²）	速效钾/（mg/kg）	丰缺状况
特早熟	9 104	11.33	171.6	中
早熟	21 043	18.00	160.9	中
早中熟叶塔	41 301	40.67	156.9	中
早中熟塔哈	7 354	6.00	168.3	中
中熟	4 725	3.33	168.4	中
全疆	83 527	79.33	161.3	中

注：数据来源于汤明尧，王骞. 新疆棉区耕地土壤养分现状分析.新疆农业科技，2014（5）：43-45. 分级标准参照新疆标准法

5. 土壤微量元素

虽然作物对微量元素需求量很小，但它们是一些激素或辅酶的重要组成部分，对作物的新陈代谢和生长发育起着调节作用。例如，某些微量元素缺乏也会引起棉花减产或品质下降。根据新疆农业生产现状，在一些地方有选择地进行了微量元素测定，对新疆棉区主要微量元素含量现状也有了解（表 4.13）。全疆平均棉田微量元素含量有效铁为 10.2mg/kg，有效锰为 5.2mg/kg，有效铜为 1.4mg/kg，有效锌为 0.9mg/kg，有效硼为 1.4mg/kg。总体上，新疆棉区微量元素锌、铜、硼较易缺乏（汤明尧和王骞，2014）。

表 4.13　新疆棉田土壤微量元素含量状况

棉区	样本数/个	代表面积/（×10⁴hm²）	平均/（mg/kg）
有效铁	5500	18.00	10.2
有效锰	5600	20.00	5.2
有效铜	5600	20.00	1.4
有效锌	5500	18.00	0.9
有效硼	2800	6.67	1.4

注：数据来源于汤明尧，王骞. 新疆棉区耕地土壤养分现状分析. 新疆农业科技，2014，（5）：43-45. 分级标准参照新疆标准法

　　总体来看，在诸多土壤养分因素中，土壤氮素仍然是新疆棉花高产的第一限制因子；土壤磷素是新疆棉花高产的第二限制因子；土壤钾素是新疆特别是南疆地区棉花高产的限制因子或潜在限制因子；土壤锌作为棉花高产的限制因子也具有一定的普遍性；土壤锰、硼作为棉花高产的潜在限制因子在各地表现不一，主要受土壤有效锰、硼含量的影响。新疆棉花高产的土壤养分限制因素大致为：N＞P＞K＞Zn＞Mn 和 B（张炎等，2005）。因而根据第二次土壤普查的总体结论，制定的"以合理增施氮、磷肥，并尤其以合理增施磷肥为主"的施肥策略应根据新疆棉田土壤养分变化情况进行有针对性的调整。对于新近开垦、种植时间短、施肥水平低、产量低的棉田，仍应坚持"合理增施氮、磷肥，以合理增施磷肥为主"的原则；对于开垦种植时间长、施肥水平高的高产棉田，应"稳氮、减磷、补钾，合理增锌等微量元素"。

（四）膜下滴灌棉田土壤水盐运移规律

　　次生盐渍化是个世界性的问题。在土壤次生盐渍化的成因中，自然因素是其发生的基础条件，人为因素是主要因素，即人类不科学、不合理的生产活动（张凤荣，2011）。

　　土壤次生盐渍化主要是由于灌溉水带入的盐分和地下水通过蒸发向土壤积累盐分所形成的，因此控制土面蒸发和地下水位抬升是防治土壤次生盐渍化的重要途径。20世纪 90 年代，新疆生产建设兵团将地膜栽培技术和滴灌技术相结合应用于棉花生产，形成了棉花膜下滴灌技术。截至 2014 年，新疆高效节水农田面积已发展到 278 万 hm²，其中膜下滴灌面积占 80% 以上。

　　在膜下滴灌条件下，农田蒸散发过程特征发生改变，土壤水分、盐分运移呈现新的特征。地膜覆盖改变了地表边界条件，阻断膜下的土面蒸发，抑制盐分上行，降低土表返盐。而滴灌一方面可将过多的盐分淋洗出主根区范围，形成淡化脱盐区；另一方面减少了深层渗漏水量，避免了因地下水位升高引起的土壤次生盐渍化问题。但是在干旱区强烈的蒸发需求下，长期小水量灌溉，导致灌溉水大部分被蒸散发消耗，而盐分淋洗水量不足，盐分会上移积聚于土壤表层及作物根区，有可能导致土壤次生盐渍化（Zhou et al.，2011）。因此，全面认识和掌握膜下滴灌棉田土壤水盐运移规律和动态变化特征，防止土壤次生盐渍化，对于促进新疆绿洲棉区健康可持续发展具有重要的科学意义。

1. 膜下滴灌棉田土壤水盐运移过程

　　在膜下滴灌条件下，伴随着水分的入渗，水流可将盐分带入湿润锋边缘，使土壤盐

分在三维空间内发生运移。滴灌持续滴水、脉冲式逐渐推进致使盐分集中到湿润锋边缘，并使盐分的侧向移动逐渐过渡到向下移动，形成一个平面整体向下洗盐；同时由于水分运动受到覆膜的影响，盐分迁移也受到影响（孙海燕，2008）。根据膜下棉田滴灌毛管的布设情况，可以将土壤剖面划分为 3 个水平区域，即膜间、窄行和宽行。膜下滴灌进行过程中，盐分运动可以用图 4.5 简单表示。

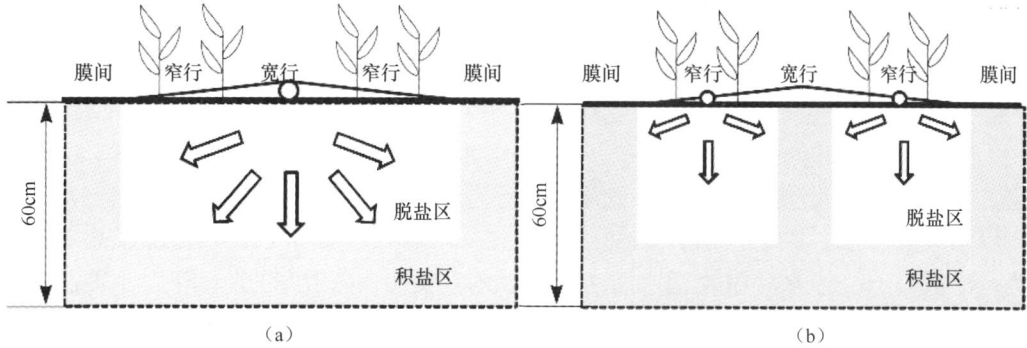

图 4.5　膜下滴灌盐分运移示意图（张治，2014）
(a) 一膜一管四行；(b) 一膜二管四行

在膜下滴灌条件下，灌水后滴灌毛管下部（窄行）的土壤盐分减少，而其他区间尤其是"膜间"盐分增加明显，水平方向土壤盐分的分布趋势表现为"膜间"＞"宽行"＞"窄行"（图 4.6）。

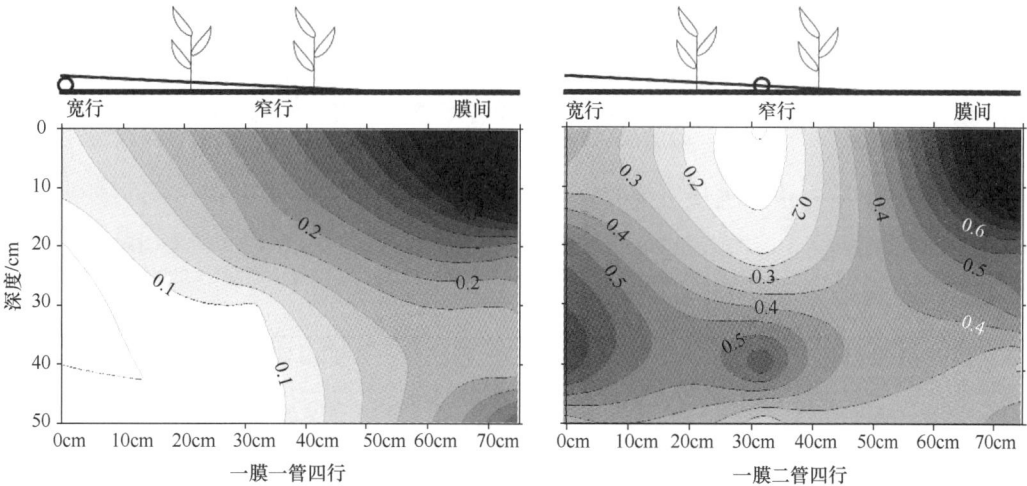

图 4.6　膜下滴灌棉田土壤剖面盐分典型分布等值线图（张治，2014）

膜下滴灌与沟灌、漫灌的田间对比试验表明（图 4.7）：在水平方向上，膜下滴灌土壤水盐在 0～50cm 尺度由"膜中"向"膜边"和"膜外"运移，且呈现在"膜边"与"膜外"积累的趋势，具有明显的"水盐定向迁移"机制。垂直方向上，盐分在 40～60cm 土壤形成一个积盐区，明显多于 0～20cm 土层；土壤盐分由下向上运移并趋于"膜边"和"膜外"区间迁移，且多出现在 0～20cm 层面。相比之下，沟灌、漫灌无此水盐运移特征（周和平等，2014）。

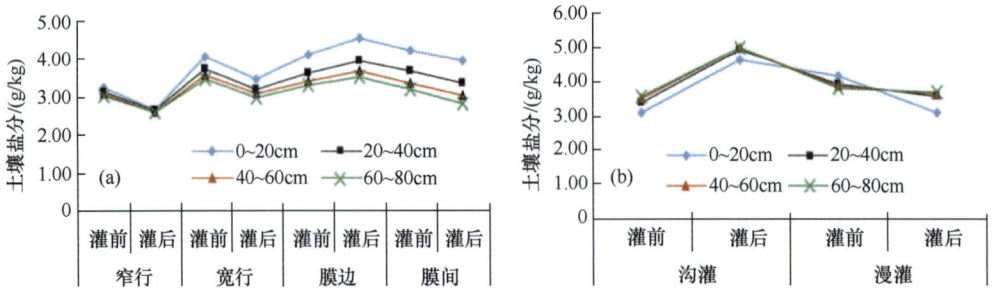

图 4.7　灌水前后膜下滴灌与沟灌、漫灌的水盐迁移变化（周和平等，2014）

膜下滴灌棉田在一次灌水结束后，随着时间的推移，盐分逐渐开始从土壤下层向上层、从膜内向膜间运动（图 4.8）。这主要是因为地膜覆盖抑制膜下土壤的土面蒸发，而土壤水分和盐分主要向膜间裸地土表集聚。在一个灌溉周期内（7d），土壤脱盐率表现为：灌水后 1d＞灌水后 3d＞灌水后 7d＞灌水前。说明在蒸散发的驱动下，土壤盐分随着水分逐渐向土壤表层运移，从而导致膜下土壤脱盐区不断缩小。

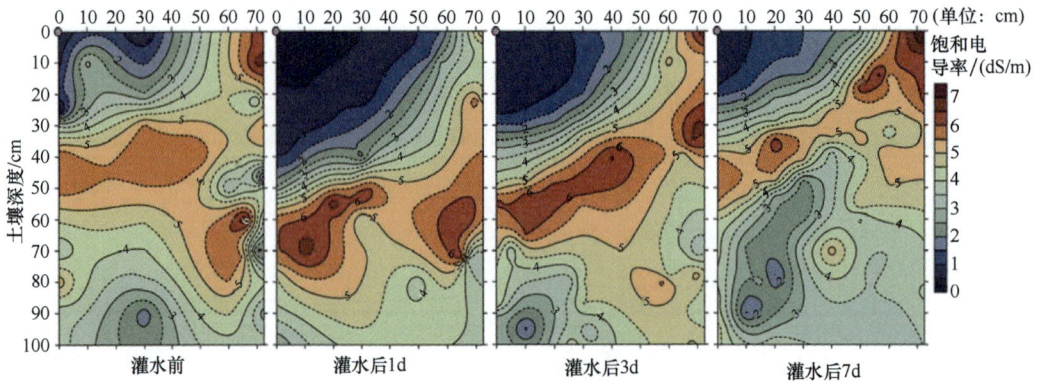

图 4.8　膜下滴灌棉田灌水前、后土壤盐分
饱和电导率，ECe 的空间分布（Danierhan et al.，2013）

2. 膜下滴灌棉田土壤盐分年度变化特征

膜下滴灌棉田土壤水盐动态变化受灌溉制度、灌溉系统设计参数、作物种植模式与栽培管理措施、土壤特性及气候条件等多种因素的综合影响。因此，膜下滴灌棉田土壤水盐动态变化特征在不同地区及同一地区不同地块间差异很大。

1）北疆棉区

（1）棉花生育期土壤盐分变化特征。北疆棉区膜下滴灌棉田普遍采取"干播湿出"的模式，即非生育期（棉花收获后至播种前）不进行灌溉，而在棉花播种后再滴灌"出苗水"。

在播种前，膜下滴灌棉田土壤盐分较高，且土壤盐分由土表向下呈现逐渐降低的分布特点；灌溉出苗水后，土壤盐分含量迅速下降；直至 5 月，土壤盐分分布的总体特征不变：膜内盐分聚集区继续向更深土层迁移，膜间盐分呈现上下双向运动聚集的分布特征（王振华等，2014）。5 月下旬，生育期灌溉前，土壤盐分有所增加，尤其是膜间 0～

20cm 土层盐分含量较高。随着生育期灌溉的开始，土壤盐分平均含量及最高含量从 6～8 月不断降低，盐分分布整体呈现上低下高、膜间表层较高的分布特征。8 月下旬生育期灌溉停止到收获期，表层土壤的含盐量又逐渐升高（崔静等，2013）。土壤垂直方向整体开始返盐，呈现出 S 形：表层含盐量高，20～40cm 最小，40～80cm 逐渐增加，80～100cm 盐分积累明显，100cm 以下有所降低（图 4.9）。

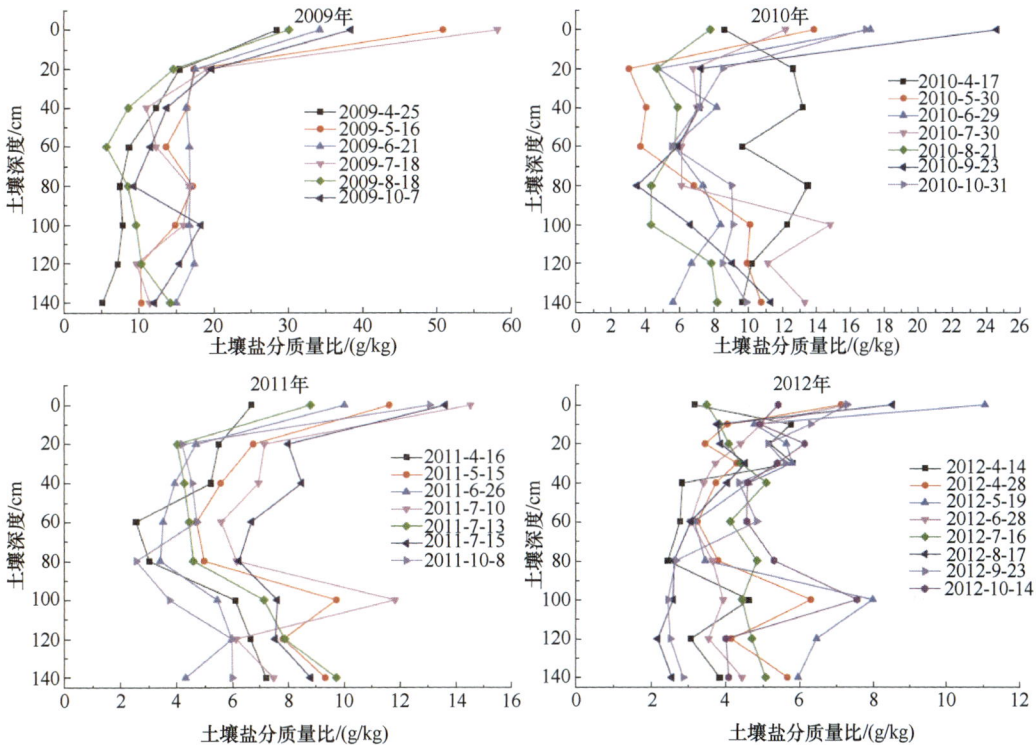

图 4.9　膜下滴灌棉田 2009~2012 年（年-月-日）生育期土壤盐分动态（王振华等，2014）

（2）非生育期土壤盐分变化特征。北疆棉区每年 10 月底至 11 月初进入冬季，一直持续到来年的 3 月底。进入冬季后，土壤在负温的影响下开始冻结。冻结期降雪（水）因气温持续处于负温而在地表积蓄，年均最大雪深可达 30cm 左右。每年 3 月底至 4 月初的春季进入消融期，积雪和冻结层开始融化。冻结期和消融期土壤（非生育期）水盐运移与未冻结土壤（生育期）存在较大差异，也直接影响生育期土壤盐分的迁移和分布。

冻结期：0～100cm 土壤冻结层的盐分分布较为均匀，而冻结层以下 100～120cm 含盐量呈增大趋势，120～150cm 含盐量在减小，120cm 处含盐量最大（图 4.10）。冻结过程中多数盐分随着土壤水的冻结而留在了冻结层，说明冬季盐分处于潜伏期。

消融期：冬季积雪在春天时融化，融雪水对表层土壤有较为强烈的淋洗作用，压盐效果明显。冻土层完全融通后，地表蒸发逐渐强烈，表层 0～10cm 土壤变成干硬状，冬季累积于冻结层中的盐分随着土壤水分的蒸发向土壤表层积聚，使含盐量急剧增加，盐分主要集中于 0～10cm 的土层中，春季的含盐量大于冬季，表层土壤呈现明显的积盐状态（图 4.10）。

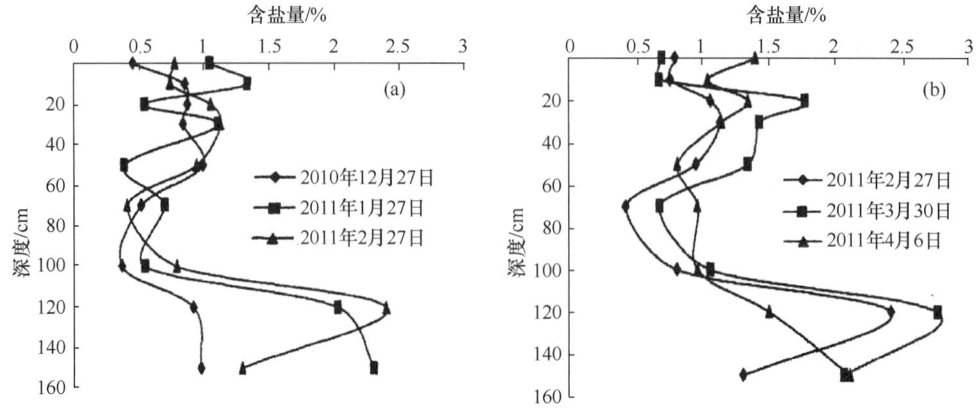

图 4.10 膜下滴灌棉田冻结期（a）和消融期（b）土壤盐分运移规律（马合木江·艾合买提等，2015）

2）南疆棉区

通过对南疆典型膜下滴灌棉田水盐动态在全年尺度上进行观测，根据土壤盐分变化规律和影响因素，将土壤盐分变化特征划分为 4 个阶段（张治，2014）。

（1）出苗期：播种后至滴灌前（4 月中旬至 6 月中旬）。该阶段冻融过程结束，土壤含水量较高，地下水位抬升。在较强的蒸发驱动下，土壤水和地下水向地表运移，造成盐分累积。

（2）滴灌期（6 月中旬至 8 月底）。灌水开始后土壤盐分受到淋洗，根区盐分出现一定程度的降低；但由于灌溉水量有限，随着灌溉的进行，累积逐渐与淋洗达到平衡，盐分在土壤湿润体边缘出现累积。滴灌期结束时，膜下土壤盐分出现降低，但膜间盐分发生累积，根区盐分总量有一定增加。

（3）收获期：滴灌结束至收获完成（9 月上旬至 11 月上旬）。灌溉刚停止阶段，由于地下水位较高，盐分出现短时间累积；收获期随着地下水位降低，土壤盐分明显下降。

（4）非生育期（11 月中旬至次年 4 月上旬）。冬季气温下降，水分向土表冻结层迁移，导致盐分从地下水和土壤深层向表层运移，盐分累积在地表；在次年春季的融化过程中，由于强烈的蒸发作用，造成土壤表层盐分不断增加。

南疆棉区降水稀少，蒸发强烈，尤其是冬季气温偏高，降雪少，大部分地区基本没有积雪。在膜下滴灌条件下，由于滴灌期灌水量有限，盐分淋洗不足，滴灌期盐分没有降低，因此全年盐分存在累积趋势（图 4.11）。南疆棉区膜下滴灌棉田为了压盐保墒，通常在非生育期（冬季或春季）对农田实行漫灌，淋洗根区土壤多余的盐分。春灌可以淋洗土壤盐分的 10%，除掉春灌的一个月，非生育期积盐约为 20%，因此，在春灌情况下，全年盐分出现–5%的变化趋势，即盐分降低 5%（图 4.12）。由于冬灌盐分淋洗效果优于春灌，因此，在冬灌条件下，盐分全年降低的比例将大于 5%（图 4.13）。

3. 膜下滴灌棉田土壤盐分多年动态

膜下滴灌棉田土壤盐分多年动态与农田灌溉水质、灌溉制度、水文地质条件及气候变化等密切相关。不合理的水盐调控（如灌溉制度）往往是导致膜下滴灌棉田土壤盐分积累的主导因素。Chen 等（2010）基于 ENVIRO-GRO 模型对 3 种灌溉水质下（矿化度

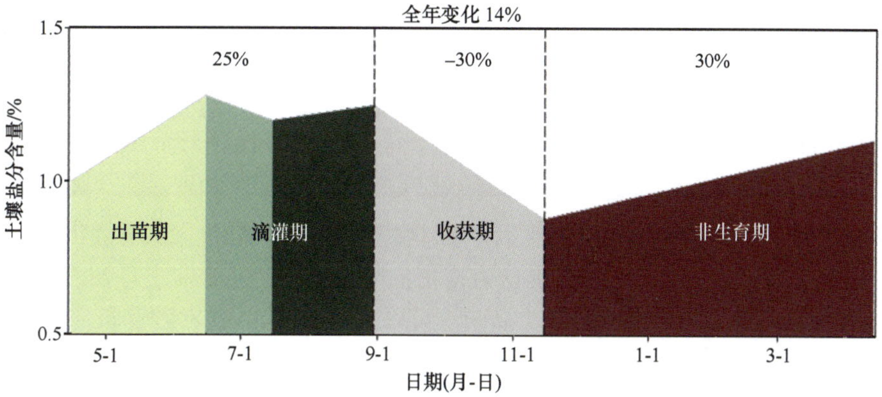

图 4.11　无冬春灌膜下滴灌棉田土壤盐分全年变化过程（张治，2014）

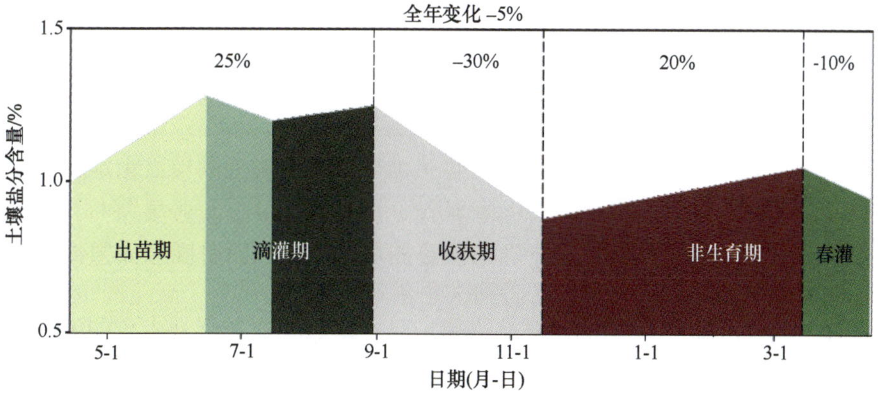

图 4.12　春灌条件下膜下滴灌棉田土壤盐分全年变化过程（张治，2014）

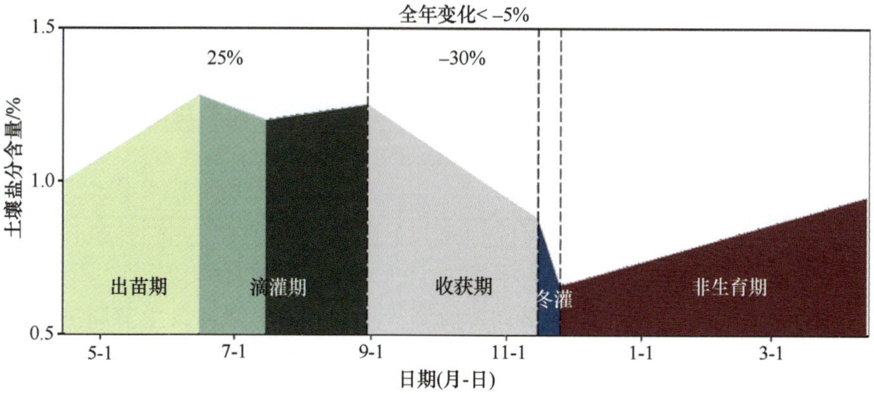

图 4.13　冬灌条件下膜下滴灌棉田土壤盐分全年变化过程（张治，2014）

分别为 0.21g/L、2.86g/L 和 5.19g/L）石河子地区膜下滴灌棉田（灌溉定额为 400mm）土壤盐分动态变化的模拟结果表明：保持现有灌溉制度不变的情况下，长期膜下滴灌 3 种灌溉水质棉田土壤盐分动态差异很大，但最终都会达到平衡。主要是因为随着土壤盐分的持续增加，达到一定盐度时，棉花的生长将会受到影响，蒸腾开始减少；多余的灌溉水会对根区土壤盐分产生淋洗，当灌溉水带入土壤的盐分与淋洗带走的盐分相等时，土壤盐分将会达到平衡。增加生育期灌溉定额或非生育期灌溉都会缩短农田土壤盐分达到平衡所需的时间及土壤盐分含量。淡水（0.21g/L）滴灌棉田 0～100cm 土壤平均盐度呈现初期迅速下降，然后有所增加，随后缓慢降低，15 年左右达到平衡，土壤含盐量基本稳定在较低的范围内。滴灌微咸水和咸水（2.86g/L 和 5.19g/L）的棉田 0～100cm 土壤平均盐度表现为前期迅速增加，随后增幅减缓，8～10 年达到平衡，土壤盐分不再增加。微咸水和咸水膜下滴灌棉田在非生育期（棉花收获后）进行一次漫灌淋洗，可以较好地控制土壤盐分。张治（2014）也认为南疆棉区膜下滴灌配合非生育期灌溉（冬灌或春灌），盐分将以每年 5%左右的淋洗降低，可以实现农业的可持续发展。

因此，膜下滴灌条件下，如果采用正确的灌溉制度和良好的水质，农田土壤盐分含量不会随滴灌技术使用年限的延长而增加，其盐分状态演变特点为：膜下滴灌技术使用初期，田间土壤盐分含量下降很快，随后下降幅度减小；滴灌技术使用到一定年限后，土壤含盐量基本稳定在一定范围内（李明思等，2012）。

三、地膜覆盖棉田生态系统

塑膜具有不透水、不透气、可透光、传热差等特点。将塑膜覆盖于地表后，阻碍了土体与大气间的水、热、气等物质和能量的交换，从而打破了露地栽培棉田生态系统，形成了新的地膜棉田生态系统。这个新的生态系统所具有的新功能就成为促进地膜棉早熟、高产的动力。这项技术为解决新疆棉区热量不足、无霜期短、高能同步期短而集中、自然灾害多等不利因素，提供了有效的技术保障，对新疆棉花生产的快速发展起了巨大的促进作用。

（一）地膜棉田生态系统的结构、功能与特征

系统科学理论指出，"结构决定功能"。棉田覆盖地膜后，改变了露地棉田生态系统的结构，从而改变了棉田与环境的物质、能量交换方式，使之更适合棉种的萌发和棉花的生长发育。陈冠文等（1998a）的研究指出，地膜棉田生态系统的结构与露地棉田有明显的不同，它是由 4 个子系统组成的半开放的生态系统。

1. 地膜棉田与露地棉田生态系统比较

1）两个生态系统的结构比较

露地棉田的生态系统是由土体层、植被层和近地大气层 3 个子系统组成。而塑膜覆盖后的棉田，由于在地面上覆盖了一层塑膜而将土体层和植被层隔开，并形成了一个虽然很薄但既不同于土体层，又不同于植被层，且有特殊功能的生态子系统——膜下层子系统。因此，地膜棉田是由土体层、膜下层、植被层、近地大气层 4 个子系统组成（图4.14）。

2）两个生态系统的物质、能量交换方式比较

露地棉田的生态系统是一个开放系统，其物质和能量的交换与传递基本上是一个连续的过程：即由高密度或高能量逐渐向低密度或低能量传递。例如，白天近地大气层空气温度较高时，热能通过子系统之间的能量交换而逐渐由近地大气层传递给植被层，由

植被层再传递给土体层，从而使地温增高。夜间，当大气层温度低于土体温度时，土体温度又会通过植被层传递给近地大气层。这种物质和能量的交换和传递方式，像一条环链，一环连着一环地连接下去。因此，把露地棉田的物质能量交换和传递方式称为直链式，即土体层⇐⇒植被层⇐⇒近地大气层。

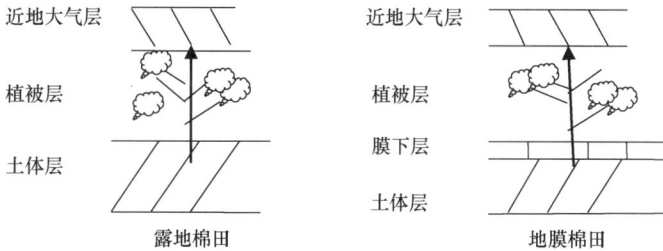

图 4.14 两种棉田生态系统结构比较

但是当地面上覆盖一层不透水、不透气、传热差的塑膜后，在覆膜范围内基本上改变了露地棉田原有的物质、能量交换方式，即在塑膜的下面，形成一个膜下层与土体层之间的物质、能量交换的小循环；在塑膜的上面形成一个植被层和近地大气层之间的物质、能量交换的小循环。在这两个小循环之间，除了有以少量的长波辐射进行的能量交换外，基本上不进行物质、能量交换。因此，把地膜棉田的物质、能量交换方式称为双环式：土体层⇐⇒膜下层⇐┈┈⇒植被层⇐⇒近地大气层。

正是地膜棉田这种特殊的物质、能量交换和传递方式促成了它的增温、保墒、提墒的特殊功能。应该说这就是地膜棉田生态系统最本质的特征。

2. 土体层子系统生态特征与主要功能

1）生态特征

同露地棉田一样，地膜棉田土体层的组成成分是土壤及其中的空气、水、生物（包括棉种、根系、微生物等）。但其生态特征中的地温、水分、空气和生物等已发生了量的变化。

（1）地温高，地积温多。据 1982～1984 年新疆莎车、墨玉、库车等地测定，4 月中旬到 5 月下旬 5cm 处的日均地温，地膜棉田比露地棉田高 2.50～3.29℃；4 月中旬至 6 月中旬 5cm 和 10cm 的地积温分别高 239℃和 162℃。

各地的研究还表明，随着地膜覆盖度的增加，地温越高，地积温也越多。1997 年，"九五"国家科技攻关棉花高产机理组在第一师 3 团从 4 月 9 日至 6 月 2 日连续测定不同覆膜处理 5～20cm 土层的地温，结果表明：随着覆膜宽度的增加，日平均地温和地积温随之增加；随着土层深度的增加，日平均地温和地积温随之减少（表 4.14）（姚源松，2004）。

（2）土壤含水量高且稳定。1984 年在库车测定 0～10cm、10～20cm 土层含水率，地膜棉田比露地棉田分别高 2.4%和 1.1%，田间日蒸发量少 3mm。文启凯等于 1982～1985 年 4 月 24 日～6 月 2 日对覆膜和露地棉田 0～60cm 土层的含水率测定结果表明，覆膜棉田比露地棉田的土壤含水率提高 9.8%，并使耕层土壤的田间持水量维持在 55%～70%（文启凯，1993）。石河子农业科学研究所 1980 年测定结果表明，地膜棉田的土壤含水率受环境干扰（如降雨等）较小，比较稳定（陈冠文等，1998a）。

表 4.14　不同地膜覆盖度的日平均地温和地积温

类别	土层深度	覆盖度				
		0.0%	47.1%	73.5%	85.3%	100.0%
日平均地温/℃	5cm	22.6	26.3	27.8	28.6	29.8
	10cm	21.3	24.4	25.8	26.7	28.0
	15cm	20.5	22.8	24.5	25.2	26.8
	20cm	19.2	21.6	23.5	24.2	24.6
地积温/℃	5cm	1244.8	1447.5	1529.4	1573.3	1638.9
	10cm	1170.2	1340.9	1415.7	1466.6	1537.7
	15cm	1128.4	1251.8	1347.3	1381.7	1472.2
	20cm	1056.1	1186.5	1290.7	1329.8	1365.3

（3）土壤微生物增多。土壤微生物数量与土壤水、热条件关系极为密切。地膜棉田土壤水、热状况比露地好，因而土壤微生物总量明显多于露地棉田（表 4.15）。

表 4.15　地膜棉田与露地棉田土壤微生物总量比较　　　　（单位：万个/g）

生育期	苗期	蕾期	花铃期	吐絮期
覆膜	600.34	134.50	1988.36	1360.22
露地	433.26	112.72	1126.36	1096.00
覆膜比露地	+167.08	+21.78	+862.00	+264.22

注：来自新疆农业大学资料

（4）土壤速效养分增多、有机质下降快。土壤中水、热状况的改善和土壤微生物的增多，加快了土壤有机质的分解和养分的转化，因而在棉花生育前期，土壤速效养分较高，但有机质下降较快（表 4.16）。

表 4.16　覆膜与露地棉田土壤养分比较

处理	氨态氮/（mg/kg）		硝态氮/（mg/kg）	6 月 11 日～10 月 15 日有机质减少/%
	6 月 11 日	10 月 15 日	6 月 11 日	
覆膜	66.2	36.3	42.8	0.54
露地	58.3	35.8	33.8	0.17
覆膜比露地	+7.9	+0.5	+9.0	+0.37

注：来自石河子农业科学研究所 1980 年资料

（5）CO_2 浓度高且相对稳定。据王坚和肖明（1991）的研究，地膜棉田土壤空气中的 CO_2 体积比露地棉田明显增加：7～8 月 CO_2 体积增高到 1.5%～2.0%，比露地棉田提高 0.5% 以上。山西农科院棉花所研究表明，作物生长季节覆膜棉田土壤中 CO_2 含量日均达 91.0～136.1mg/100cm³，比露地棉田高一倍以上，且昼夜之间保持相对稳定（文启凯，1993）。

（6）棉种萌发快、出苗早。土体中水、热等环境条件的改善，有利于棉种的吸水膨胀、物质转化、胚轴和胚根的伸长，因而萌发快，出苗早。一般情况下，地膜棉田比露地棉田出苗早 3～8d。

2）主要功能

地膜棉田同露地棉田土体层子系统的功能一样，除为棉花的生长发育提供必要的生态条件（如温度）外，主要是为棉花的生长发育提供水分、无机养分和氧气等必要的生存条件。如上所述，与露地棉田相比，地膜棉田土体层子系统所提供的生态条件和生存条件能更好地满足棉花生长发育的需求，因而能有效地提高棉花的产量和品质。

3. 膜下层子系统生态特征与主要功能

地膜棉田膜下层子系统的边界，下为土体表层，上为塑膜。主要组成成分是空气、气态水和棉株近地面的茎。

在地膜棉田生态系统中，覆膜后至揭膜前，膜下层主要与土体层进行物质（H_2O、CO_2 等）和能量（热能等）交换。由于塑膜的隔离，它与植被层只以长波辐射形式进行少量的能量交换，而几乎不进行物质交换。生育期揭膜后，膜下层消失，地膜棉田恢复为露地棉田。

1）膜下层的生态特征

（1）温度高。棉花苗期阶段，棉苗小，植被层通过对流与近地大气层频繁地交换热能。由于大气系统庞大，因此白天近地大气层升温慢，夜间降温较快；而膜下层空间小，白天遇热升温快，夜间由于地膜的隔离，减少了热量的散失，加上土体不断提供热量，因而降温较慢。这使它的日均温高于土体层、植被层而成为地膜棉田生态系统中的高温子系统（表4.17）（陈冠文等，1998a）。

表 4.17　膜下层、近地大气层与 5cm 土层日最高温度比较　　　（单位：℃）

测定日期（月-日）	4-21	4-22	4-23	4-24	4-25	4-26	平均
近地大气层	30.4	31.7	30.4	31.4	28.9	30.4	30.5
膜下层	54.5	52.5	53.0	54.0	44.0	52.0	51.7
5cm 土层	23.3	22.7	23.6	22.5	22.8	20.9	22.6

注：本表根据农七师 123 团气象站实测资料整理，近地大气层气温在百叶箱内测得，膜下层气温和 5cm 地温在宽膜棉田测得，膜面宽 1.2m

郑维和林修碧（1992）的研究也表明：出苗前，在辐射增温天气下，最热位置在地面；平流增温天气下，最热位置在地面与膜面之间。出苗后，辐射增温天气下，最热位置在膜下地面；平流增温天气下，最热位置为膜面与地面之间（表4.18）。

表 4.18　不同天气下最热温度分布　　　（单位：℃）

时期	天气	膜面上	叶面上	膜与地面间	膜下地面
出苗前	辐射	29.7		35.6	41.0
	平流	37.0		45.6	43.0
出苗后	辐射	39.4	46.9	43.7	47.2
	平流	49.5	52.2	52.7	48.8

（2）湿度大。棉田地膜覆盖后，土体层子系统深层的水分在温度梯度的作用下，不断以气态水形态扩散到膜下层，但由于地膜的隔离作用，不能扩散到近地大气层。因此，膜下层的水分常常达到饱和状态而在膜面下凝结成水珠。

2）膜下层的主要功能

（1）增温、保墒功能。白天，太阳光透过塑膜后，首先使膜下层空气升温；然后，膜下层的升温空气将热能传递给土体，使土体升温。同时太阳光也直接照射到地面，被地面吸收，转化成热能，使土体升温。另外，由于塑膜的隔离，阻止了膜下层空气与近地大气层的热量交换和气态水携带热量逃逸到大气中，而成为土体热能散失的缓冲带，间接地减少了土体热量的损失，起到了保温的作用。因此覆膜棉田的地温比露地高。又由于覆膜棉田土壤白天增温比露地快得多，因此地温的日变幅也比露地大。据各地测定：5cm 处土壤的日均温，地膜棉田比露地棉田高 2.5～4.0℃，其中 8h 时高 1.9～3.0℃，20h 时高 3℃以上，日变幅大 1℃左右。

（2）增光功能。由于塑膜及附着在膜面下的水珠可将部分光能反射到植被层，因此，增加了植被层的有效辐射量。据新疆农垦科学院 1997 年测定，地膜棉田苗期在离地面 0～120cm 高度的有效辐射量比露地棉田增加 31.2μmol/（m²·s），增加了 18.2%（陈冠文等，1998a）。

（3）保墒、提墒功能。棉田土壤水分散失途径主要有两条：一是通过土壤表面蒸发；二是通过棉株叶片蒸腾。当棉株较小时，地表蒸发是土壤水分的主要散失途径。塑膜覆盖后，有效地阻止了土体水分向大气蒸发，从而起到保墒作用。据新疆农业大学测定：苗期覆膜棉田日蒸发量为 1.47mm，比露地棉田少 0.91mm；蕾期覆膜棉田的日蒸发量为 2.86mm，比露地棉田少 0.26mm。

膜下层不仅阻止了土壤水分向大气蒸发，而且不断与土体进行水分交换：各层土体的水分在毛细管作用下上升到地表，又在热力作用下以气态水进入膜下层；膜下层的气态水释放热量后，又变成液态水，在重力作用下回到土体。从而提高了上层土壤的含水量，起到提墒作用。盛蕾期以后，由于棉株叶面蒸腾量迅速加大，膜下层的保墒、提墒功能逐渐减弱（表 4.19）。

表 4.19 覆膜与露地棉田 0～5cm 土层田间持水量比较　　　　　　　　（%）

测定日期（月-日）	4-17	4-25	5-21	6-6	平均	4-17～6-6
覆膜棉田	55.3	62.5	65.1	55.3	59.6	0.0
露地棉田	63.0	68.1	52.2	45.2	57.1	−17.8
覆膜比露地	−7.7	−5.6	+12.9	+10.1	+2.5	

注：来自石河子农业科学研究所 1980 年资料

4. 植被层子系统生态特征与主要功能

植被层子系统的边界，下至地膜的膜面，上至棉田群体的冠层顶部。它主要由棉花的茎、叶、蕾、花、铃和空气、气态水组成。

1）生态特征

棉花盛蕾期以后，一般棉田随着群体的快速发展，宽行基本封行，地膜的效应逐渐消失，甚至出现负效应。因此，地膜对植被层的生态效应主要在苗期—蕾期。这个时期，植被层的生态特征主要表现为有效辐射量增加，CO_2 浓度减少，棉株生长量大，生育进程快。

（1）植被层子系统不断"生长"。棉苗出土之前，植被层子系统为0；棉苗出土后，随着棉苗的生长，植被层厚度不断增加；棉花打顶后，植被层子系统基本定型。新疆棉区的植被层子系统最终厚度一般为 0~80cm。

（2）系统组成呈动态变化。随着棉花群体的发展，植被层子系统的组成成分呈动态变化特征：即随着棉花生育进程的发展，生物体的比例逐渐增大，空气和气态水的比例逐渐减少；一天内，空气的成分及其与气态水的比例也呈动态变化。以一天中 CO_2 浓度的变化为例，据新疆农垦科学院"碳素对棉花生长及产量影响机制的试验与示范"课题于 2006 年 6 月 6 日~7 月 26 日的测定结果（图 4.15），棉田冠层 CO_2 浓度的日变化呈"U"型曲线。早上 8：00 的 CO_2 浓度最高；8：00~10：00，CO_2 浓度急剧下降；10：00以后缓慢下降；20：00 又迅速回升。

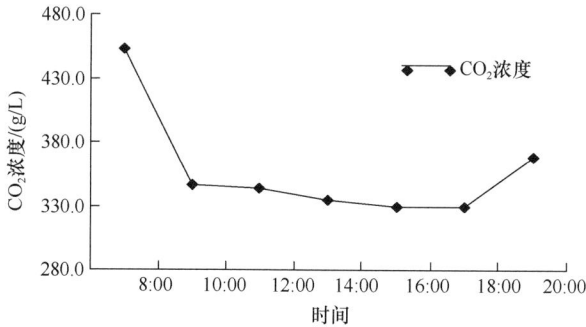

图 4.15　CO_2 浓度的日变化

（3）有效辐射量大。棉田塑膜覆盖后，由于地膜对阳光具有较强的反射能力，因而增加了植被层和近地大气层的有效辐射量。陈冠文等（2002）的研究表明，棉花苗期—蕾期，地面上 10~100cm，宽膜覆盖比露地反射的有效辐射量多 16.4~100.8μmol/（m²·s）。高度越低，有效辐射量增加越多（表 4.20）。辽宁棉麻研究所测定结果：当棉苗株高 5~6cm 时，地上 10cm 处的反射光，地膜覆盖较露地的高 147%，30cm 处高 95%；棉苗株高 10cm 时，地上 10cm 处的反射光，地膜覆盖较未覆盖的高 75%，30cm 处高 33%（中国农业科学院棉花研究所，2013）。由于地膜棉田近地大气层有效辐射量的增加，因而棉株叶片的光合速率明显大于露地棉田，其中晴天又大于阴天。叶片蒸腾速率两者差异不大（表 4.21）。

表 4.20　近地层有效辐射量测定结果　　　　　　　[单位：μmol/（m²·s）]

离地面高度	10cm	20cm	40cm	60cm	80cm	100cm	平均
覆盖大行	268.1	272.9	224.9	203.1	184.5	181.8	225.4
露地大行	167.3	181.6	174.9	177.1	164.2	165.4	171.8
差值	100.8	91.3	50.0	26.0	20.3	16.4	53.6

注：本表为新疆农垦科学院 1997 年的测定结果

表 4.21　地膜棉田与露地棉田叶片背面光合、蒸腾速率比较　　[单位：μmol/（m²·s）]

处理	5-22（多云）			5-23（晴）		
	宽膜	露地	差值	宽膜	露地	差值
光合速率	3.51	1.08	2.43	9.54	1.67	7.87
蒸腾速率	7.08	6.88	0.20	8.07	8.72	−0.65

注：本表为新疆农垦科学院 1997 年的测定结果。测定时棉株叶龄为 7 或 8 叶。测定叶片为倒 4 叶，叶片离地面高度 17cm。宽膜指植株伸向宽膜大行的叶片，露地指植株伸向露地大行的叶片

（4）CO_2 浓度较小，且时空分布有明显差异。棉田植被层子系统中的 CO_2 来源于土壤，同时又被作物的光合作用所消耗。露地棉田土壤是一个开放系统，它与植被层、近地大气层经常进行气体交换，因而能保持植被层和近地大气层中 CO_2 浓度的相对稳定。塑膜覆盖后，由于塑膜阻隔了土体层与植被层的气体交换，因而植被层和近地大气层中的 CO_2 浓度比露地低；且随着棉田群体的发展，作物光合面积的扩大，两种棉田植被层的 CO_2 浓度差距进一步加大。据新疆农垦科学院 1997 年 5 月对覆膜大行与露地大行近地大气层 CO_2 浓度的测定，露地大行近地大气层的 CO_2 浓度明显高于覆膜大行，但随着离地面高度的增加，差距迅速缩小（表 4.22）。

表 4.22　覆膜与露地棉田近地大气层 CO_2 浓度比较　　（单位：mL/m^3）

离地面高度	20cm	40cm	80cm	120cm	平均
覆盖大行	327	328	331	331	329.3
露地大行	338	339	344	337	339.5
覆膜比露地	−11	−11	−13	−6	−10.2

注：来自新疆农垦科学院 1997 年 5 月的测定资料

由于植被层中的 CO_2 浓度受土壤供给能力、作物光合作用消耗强度和近地大气层调节能力的影响，其时空分布有明显差异。陈冠文等 7 月 27 日（花铃期）的测定结果为一天内，植被层中的 CO_2 浓度的时间分布为早上浓度高，中午浓度低，天黑前又开始回升；空间分布为群体下部浓度最高，随着群体高度的增加和叶面积系数的增大，CO_2 浓度随之降低。以 8：00 和 15：30 两个时段最为明显，21：30 时段变化较小（表 4.23）。

表 4.23　棉田群体中 CO_2 浓度的时空分布　　（单位：mg/kg）

测定时段	群体高度						平均
	0～15cm	16～30cm	31～45cm	46～60cm	61～75cm	76～90cm	
8：00	605.3	599.8	518.5	511.2	481.0	467.7	530.6
15：30	379.7	389.2	408.7	373.5	288.6	299.3	356.5
21：30	367.2	376.9	359.9	350.7	348.0	352.4	359.2
平均	450.7	455.3	429.0	411.8	372.5	373.1	

注：来自新疆农垦科学院 1997 年 7 月 27 日测定

（5）植株生育进程快，生长量大。棉株生育进程快是地膜棉田植被层的生态特征之一。据石河子农业科学研究所 1980 年对地膜棉田与露地棉田的观察，地膜棉田棉株全生育期比露地棉株缩短 25d。其中，播种至出苗少 8d，出苗至现蕾少 9d，开花到吐絮少

8d（表 4.24）。陈冠文等对不同覆膜宽度棉田进行对比观察发现，宽膜（膜面宽 1.4m）比窄膜（膜面宽 0.65m）棉株全生育期少 12d。其中播种至现蕾少 4d，开花至吐絮少 8d。地膜棉田不仅比露地棉田生育进程快，而且生长量大，叶面积增加尤为明显。

表 4.24 覆膜与露地棉田生育期与叶面积比较

处理	生育期（月-日）						叶面积/(cm²/株)		
	播种	出苗	现蕾	开花	吐絮	全生育期	5 月 30 日	6 月 30 日	7 月 30 日
覆膜	4-24	5-3	6-4	7-2	8-28	127	93.1	1946.1	3714.7
露地	4-24	5-11	6-21	7-20	9-22	152	12.7	563.2	2399.7

2）主要功能

（1）为作物的光合作用和物质生产提供必要的物质和能量。植被层的重要组成是作物的茎、叶、花、果。作物通过茎、叶，利用植被层内的光和 CO_2 进行光合作用，生产有机物质以保证自身的生存和完成生命周期。

（2）为棉株的生存提供必要条件。一方面，植被层的空气为作物生存（呼吸）提供必要物质 O_2；另一方面，植被层还为作物的生长发育提供必需的环境条件：温度。

（3）为棉田生态系统的物质和能量交换提供通道。在棉田生态系统中，近地大气层和土体层所进行的物质和能量交换主要是通过植被层进行的。

5. 近地大气层子系统生态特征与主要功能

近地大气层子系统，其下界为作物群体的冠层或土体，但上面没有明确的边界。它只是庞大的大气系统中与土体层或植被层进行物质和能量交换比较频繁的极小部分。其组成主要是气体和少数的尘埃及微生物。

近地大气层的主要生态特征是温度和 CO_2 明显高于大气层；温度日变化大于植被层，而 CO_2 浓度的日变化则小于植被层。它只与植被层进行物质（主要是气体）和能量交换，而不进行物质生产。它受地膜栽培影响很小。其主要功能是源源不断地为植被层补充 CO_2 和 O_2，调节植被层的温度、湿度等生态环境。

（二）地膜覆盖栽培生态效应

覆膜棉田特殊的生态系统必将不断地与周围的环境进行物质和能量交换，进而产生一系列的生态效应，主要包括五个方面。

1. 增温、调温效应

1）地膜覆盖土壤增温、保温原理

（1）薄膜对传导及对流热量的阻隔作用。薄膜能阻止外部对流气体对膜下层气体的冲击，使膜下气层稳定存在。虽然这层膜下气层很薄，但它对于阻止地表热量通过传导方式逸散十分有效。这是薄膜具备保温功能的主要原因。

（2）薄膜对水分蒸发散热的阻隔作用。在无地膜覆盖时，土壤中水汽在吸收了热量以后会不断向大气层扩散，使土壤温度不断降低。覆盖地膜后，从地面蒸发的水汽积聚"膜下层"；积聚到一定程度时，又以液态水返回地表，因而不再带走地面热量，这对地温的保持起了重要作用。

（3）透过的日光对土壤的增温作用。由于塑膜是一层无色、透明的薄膜，虽然对有效辐射有一定的阻隔作用，但白天日光仍可透过地膜直接提高土壤温度。

2）地膜覆盖对土壤温度的影响

（1）增温效果。各地的研究和实践表明，在棉花生育前期地膜均有明显提高土壤温度、增加地积温的效果（表4.25）。但不同棉区、不同时段、不同土层的增温效果不同。总的趋势是热量条件差的棉区增温效果较多。

表4.25 新疆主要棉区地面覆盖的增温资料汇总表

棉区	时段 （月-日）	各土层平均日增温/℃			地积温增 加值/℃	参考文献
		5cm	10cm	平均		
南疆	4-20～5-10	4.4	3.1	3.75	75.0	朱德明等（2002）
	5-11～6-10	3.2	2.2	2.70	83.7	
北疆	4-1～6-30	3.56	3.28	3.42	307.8	康巍等（2007）

地膜宽度对土壤温度也有明显影响。朱德明等（2002）在阿克苏对不同宽度的地膜覆盖效果的研究结果：在试验范围内，膜幅越宽，覆盖度越大，土层增温效果越明显。4～5月5cm土壤温度窄膜、宽膜、超宽膜分别比露地增温2.0℃、5.0℃、5.8℃，其中超宽膜比窄膜增温3.8℃，比宽膜增温0.8℃；10cm地温3种膜比露地分别增温1.6℃、4.3℃和5.0℃，其中超宽膜比窄膜和宽膜分别增温3.4℃和0.7℃。进入6月，由于棉株的遮阴作用和膜面黏附的泥土降低了地膜的透光度，3种膜的增温效果从上旬开始出现负值（表4.26）。冯杨、叶玉霞、石新国等在北疆的试验也得到了相似的结果：4～6月5cm和10cm的地温，超宽膜均高于宽膜（表4.27）。

表4.26 不同宽度地膜覆盖土壤的增温效果（平均日地温） （单位：℃）

时间	5cm土层							10cm土层						
	露地	窄膜	增减	宽膜	增减	超宽膜	增减	露地	窄膜	增减	宽膜	增减	超宽膜	增减
3月15～31日	8.5	11.1	2.6	12.9	4.4	13.6	5.1	8.1	10.2	2.1	12.0	3.9	12.4	4.3
4～5月	19.9	21.9	2.0	24.9	5.0	25.7	5.8	19.5	21.1	1.6	23.8	4.3	24.5	5.0
6月	24.0	22.7	-1.3	22.5	-1.5	22.6	-1.4	23.4	22.8	-0.6	22.6	-0.8	22.9	-0.5

表4.27 不同铺膜宽度的日平均地温比较 （单位：℃）

膜宽类型	4月		5月		6月	
	5cm	10cm	5cm	10cm	5cm	10cm
宽膜	24.5	22.6	27.1	25.1	29.4	26.2
超宽膜	25.4	22.8	27.8	26.0	29.6	26.7
增减	+0.9	+0.2	+0.7	+0.9	+0.2	+0.5

（2）调温效果。许多研究表明，地膜覆盖在棉花各生育期对温度影响的性质不同：棉花生育前期，地膜的作用是增温；棉花旺盛生长期，地膜的作用是降温。新疆农技推广总站1982年对南疆4个试验点的测定结果显示，4月中旬至6月上旬5cm和10cm地

温，地膜棉田均高于露地棉田；6 月中旬开始出现负值（新疆农技推广总站，1983）。朱德明等（2002）在阿克苏的试验也得到相同的结果。刘建国等（2005）的研究也得到相似的结果。

（3）覆膜棉田"地积温"对"气积温"的补偿效应。棉株吸收的热能（温度）是包括地上和地下两部分器官所吸收热能之和。覆膜棉田的大气温度虽然与露地棉田相同；但其土壤温度较露地高了 2～4℃，甚至更高，这使覆膜棉田的棉株每天获得的总热能比露地棉田高。因此，棉花生育进程明显加快。陈奇恩等（1997）认为，这是"地积温"对"气积温"补偿的结果。陈冠文等（1998a，1998b）在库尔勒进行的宽、窄膜对比试验得出，棉花出苗—现蕾阶段，1℃地积温可补偿气积温 0.97℃（表 4.28）。

表 4.28　地积温对气积温的补偿效应

处理	出苗期（月-日）	现蕾期（月-日）	苗期地积温/℃	宽膜比窄膜/℃	苗期气积温/℃	宽膜比窄膜/℃	补偿效应
宽膜	5-1	5-28	439.3	+95.8	240.7	-92.6	0.97
窄膜	5-2	6-5	343.5		333.3		

2. 保墒、提墒、稳墒效应

棉田适宜的土壤水分含量对棉花生长发育至关重要。土壤中的水分常因蒸发而迅速损失，降低了土壤水分含量。因此，利用地膜覆盖减少土壤水分蒸发，经济有效地利用天然降水和灌溉水，对新疆棉区具有重要意义。

1）保墒效应

一般农田土壤的水汽梯度可由两方面引起：一是土壤水势梯度（含水量梯度），二是温度梯度。露地棉田由于表层土壤水分不断向大气蒸发，因此土壤水分由下层土壤向上运动的推动力主要是土壤水势梯度；覆膜后土壤表层水分蒸发受阻，土壤水分大部分在膜下循环，因而上下土层含水量梯度减少，从而抑制了土壤水分的上升运动，起到了保墒作用。

石河子农科所 1980 年于棉花苗期—蕾期的测定结果表明，覆膜土壤的田间持水量比露地高 17.8%。第二师农科所于 1995 年 4 月 28 日至 6 月 6 日的测定结果表明，宽膜棉田 0～25cm 土壤含水量为 30.8%，比窄膜棉田高 1.6%。第七师 128 团出苗期测定显示，宽膜棉田 0～20cm 土壤含水量比窄膜棉田高 3.2%（陈冠文和尤满仓，1998）。

2）提墒效应

地膜棉田，由于土壤热梯度差的存在，深层水分不断向上移动，又因土壤水分受地膜阻隔而不能散失于大气，就必然在膜下层形成"小循环"：即凝结（液化）→汽化→凝结→汽化，使土壤深层水分逐渐向上层集积，起了提墒作用。

第二师 29 团于 1999 年 5 月 5 日至 6 月 27 日的测定结果：宽膜覆盖处理 0～5cm 表层土壤含水量为 16.2%，比 5～25cm 耕层土壤含水量高 0.5%；窄膜处理 0～5cm 表层土壤含水量为 12.6%，比 5～25cm 耕层土壤含水量反而低了 0.8%。这表明，随着覆膜宽度的增加，地膜的提墒作用变大（表 4.29）。

表 4.29 宽、窄膜提墒效应比较

处理	宽膜					窄膜				
	5月5日	5月20日	6月6日	6月21日	增减	5月5日	5月20日	6月6日	6月21日	增减
表层/%	19.8	18.8	17.5	16.2	−3.6	17.1	16.5	13.9	12.6	−4.5
耕层/%	20.6	18.9	17.5	15.7	−4.9	17.3	16.7	14.6	13.4	−3.9

注：6月19日揭膜

3）稳墒效应

在露地栽培条件下，土壤水分干、湿交替频率快而且悬殊，往往使根系形成间歇性生长，不利于棉花高产。地膜覆盖减少了土壤水分波动的变幅，土壤墒情相对稳定。

塑膜隔断了土壤水分与大气交流的通道，特别是在前期膜内温差较大，土壤水分以气态的形式不断向上运动，触膜后水汽凝结成水滴保留在土壤表层，因而水分只能在膜内循环，起着保墒的作用。由表 4.30 可以看出，4月下旬至6月上旬，覆膜地土壤含水量均高于对照。6月上旬以后两者接近。

表 4.30 覆膜与不覆膜 0~20cm 土层湿度比较

处理	各观测日期土层湿度/（g/100g）						
	4月30日	5月10日	5月20日	5月30日	6月10日	6月20日	7月10日
覆膜	20.8	19.1	18.7	15.5	15.1	10.2	11.2
不覆膜	18.3	16.5	14.1	12.9	13.5	10.4	10.6
增减	2.5	2.6	4.6	2.6	1.6	−0.2	0.6

3. 增光效应

由于叶片相互遮阴，一般情况下棉田群体下层叶片的光照条件较差。但地膜覆盖之后，由于地膜自身及其膜下水珠对光有一定的反射作用，从而增加了近地面空间的光量，使植株尤其是下层叶片能获得较好的光照。

陈冠文等（2002）的研究结果表明，棉花苗期—蕾期植被层的光照强度，地膜棉田比露地棉田高，离地面越近差距越大。

4. 松土、增肥、抑盐效应

地膜覆盖改变了土体层与大气层的物质、能量交换方式和数量，因而对土壤的理化性状有较大的影响。

1）松土效应

地膜覆盖后，土壤表面受雨滴冲击较少，膜下的耕层土壤能较长时间保持整地时的疏松状态。同时地膜覆盖下的土壤，因受温差加大的影响，使水汽膨缩运动加剧：增温时，土壤颗粒间的水汽产生膨胀，使颗粒间孔隙变大；降温时，收缩后的空隙内又会充满水汽。如此反复膨胀与收缩，有利于土壤疏松，容重减轻，孔隙度增大。

兵团第二师、第七师和石河子农学院的试验表明，覆盖土壤的容重比露地降低了4.5%～10.3%。

文启凯（1993）的研究结果表明，覆膜土壤各级团聚体占土重的百分数均高于对照

（表 4.31）。这表明，覆膜有利于减轻土壤受风、水的侵蚀，改善土壤结构和土壤的水、肥、气、热状况。

表 4.31　覆膜对轻黏土土壤微团聚体的影响

处理	各级团聚体占土重/%					
	>5mm	3～5mm	1～3mm	0.5～1mm	0.25～0.5mm	<0.25mm
覆膜/%	10.50	15.30	17.64	21.75	21.85	14.66
露地/%	9.25	14.30	16.22	19.75	19.52	20.72

2）增肥效应

与露地棉田相比，覆膜棉田土壤养分变化有如下规律：土壤有机质下降较露地棉田快；棉花生育前期，土壤速效养分高于露地棉田；生育中后期，覆膜棉田与露地棉田土壤速效养分的高低决定了两者棉花长势和吸肥强度的差异，当两者棉花长势和吸肥强度的差异大于土壤速效养分供应量时，覆膜棉田的土壤速效养分可能低于露地棉田。

（1）对土壤有机质和速效氮的影响。朱和明等（1990）的研究结果表明，棉花收获期覆膜棉田耕层土壤有机质比露地棉田土壤低 0.46～0.63mg/g，而土壤速效氮有较大增加（表 4.32）。塔里木大学的研究也得到了相似的结果。

表 4.32　土壤有机质和速效养分测定结果

处理	有机质/%			速效氮/（mg/kg）		
	6 月 5 日	8 月 15 日	增减/%	6 月 5 日	8 月 15 日	增减/%
覆膜	3.680	3.164	−14	74.6	89.1	+19.4
露地	3.145	3.251	+3.4	63.4	72.4	+14.2

（2）对土壤速效磷的影响。地膜覆盖促进了土壤微生物活动，增加了土壤的 CO_2 浓度，使土壤酸度随之增加，难溶性磷的转化加快，从而增加土壤速效磷的供应量。据石河子农学院朱和明 1982 年的研究，棉花各生育期土壤速效磷含量覆膜棉田均高于露地棉田（表 4.33）（朱和明等，1990）。

表 4.33　棉田土壤耕层速效磷的变化　　　　　（单位：mg/kg）

处理	苗期	蕾期	花铃期	吐絮期	收获期	苗期比收获期增减/%
覆膜	41.9	32.4	40.3	19.3	20.1	−52.0
露地	21.4	13.4	12.3	16.7	18.0	−15.9
覆膜比露地增减/%	+95.79	+141.79	+227.64	+15.67	+11.67	

（3）对土壤速效钾的影响。朱和明等的研究结果：棉花苗期和蕾期，覆膜棉田的土壤速效钾分别比露地棉田高 15.4% 和 5.9%；但棉花进入生殖生长旺盛期后，由于对钾的吸收量大幅度增加，花铃期和吐絮期则覆膜棉田低于露地棉田（表 4.34）（朱和明等，1990）。

表 4.34　覆膜对土壤速效钾的影响　　　　　（单位：mg/kg）

处理	苗期	蕾期	花铃期	吐絮期
覆膜	300	360	260	270
露地	260	240	320	360
覆膜比露地增减/%	+15.4	+5.9	−18.8	−25.0

3）抑盐效应

土壤中水盐运动规律是"盐随水来，盐随水去"。棉田覆盖地膜后，阻隔了土壤水分的蒸发，使膜内土壤水分相对稳定，从而减少表土层盐分的积累。田笑明等（2000）的研究表明，从播种到现蕾，地膜覆盖棉田的土壤总盐和 Cl^- 分别增加 21.2%和 55.6%；而露地棉田则分别增加了 64.6%和 121.4%。地膜覆盖棉田的 HCO_3^- 减少了 4.2%，露地棉田反而增加了 75.0%（表 4.35）。阿克苏地区棉办 1981 年 6 月 6 日测定，覆膜土壤 0～10cm、10～20cm、20～30cm 土层的 HCO_3^- 含量比播种前分别增加 59.78%、66.45%和76.77%，而露地土壤却分别增加了 70.37%、75.53%和 78.4%。

表 4.35　覆膜对土壤含盐量的影响

测定项目	覆膜			露地		
	播前	6 月 6 日	增减/%	播前	6 月 6 日	增减/%
总盐/%	0.66	0.82	+24.2	0.48	0.79	+64.6
Cl^-/%	0.18	0.23	+27.8	0.28	0.62	+121.4
HCO_3^-/%	0.24	0.23	−4.2	0.12	0.21	+75.0

注：覆膜处理是取膜下土样

5. 增微生物、灭草效应

1）增微生物效应

土壤微生物是土壤生态系统中的重要组成成分，对土壤生化反应和速效养分的转化有积极的作用。但土壤微生物的生长、繁衍受土壤环境的影响很大。棉田覆膜后，地温升高，土壤水分多而稳定，十分有利于土壤微生物的生长和繁衍。八一农学院（现新疆农业大学）的资料表明，覆膜土壤的微生物明显多于露地土壤，其中花铃期的土壤微生物总量覆膜土壤比露地土壤高 1.77 倍。

朱和明等（1990）在棉花各生育期的测定结果为，覆膜土壤比露地土壤的细菌和放线菌增加明显，真菌大幅度减少，但三大类群微生物总量均有明显增加（表 4.36）。

表 4.36　棉花各生育期三大类群微生物数量　　　　　　（单位：万个/g 干土）

微生物	处理	苗期	蕾期	花铃期	吐絮期
细菌	覆膜	590.20	104.20	1954.00	1343.60
	露地	423.70	84.40	1092.00	1083.00
	覆膜比露地	+39.30%	+23.46%	+78.94%	+24.06%
放线菌	覆膜	4.90	25.19	32.30	
	露地	4.20	19.44	31.25	
	覆膜比露地	+16.67%	+29.58%	+3.36%	
真菌	覆膜	1.79	5.11	1.56	
	露地	2.91	8.88	3.11	
	覆膜比露地	−38.48%	−42.45%	−49.84%	
合计	覆膜	596.89	134.50	1988.36	1343.60
	露地	430.81	112.72	1126.36	1083.00
	覆膜比露地	+38.55%	+19.32%	+76.53%	+24.06%

2）灭草效应

地膜覆盖后，由于膜下高温和通气不良，多数杂草在发芽出土后被烧伤或死亡，对一年生杂草的防除效果尤为显著。农七师林祥军调查发现，宽膜的灭草效果比窄膜高35.0%。但地膜覆盖对马齿苋、刺儿菜、田旋花、芦苇等宿根杂草的抑制效果较差。

四、膜下滴灌棉田生态环境效应

滴灌属局部灌溉技术，它对作物生长发育需要的土壤水、肥、气、热等环境因子产生的影响显著区别于传统地面灌溉，它深刻地改变了土壤的物理性状、土壤肥力、作物根系生长发育等农田生态环境。

（一）膜下滴灌棉田小气候特征

1. 棉花冠层内的温光特征

棉花群体内的风、温、湿状况直接影响棉花植株的蒸腾效率、光合强度和冠层内的能量交换。因此，改善棉花群体小气候，为其正常的生长发育提供良好的生态环境，对提高其经济产量非常必要。

（1）两种灌溉方式棉田冠层内温度比较。研究发现，采用膜下滴灌和常规沟灌 2 种灌溉方式的试验棉田中，冠层内温度日变化均呈单峰曲线（图 4.16）：8：00～12：00快速升高，12：00～16：00 缓慢上升，峰值出现在 16：00，之后缓慢下降；花铃初期（7 月 9 日）和后期（7 月 29 日）膜下滴灌棉花冠层内日平均和最高温度均高于常规沟灌。在适宜温度范围内，冠层内较高的温度及前期高后期相对低的温度分布和变化条件有助于提高棉花产量和品质。

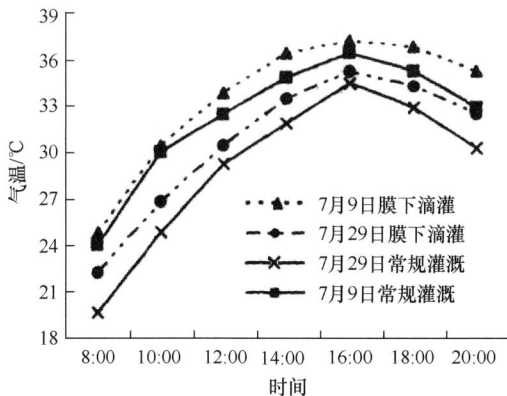

图 4.16　冠层内温度变化（塔依尔等，2006）

（2）两种灌溉方式棉田冠层内光照强度比较。膜下滴灌和常规沟灌棉田冠层内离地20cm 高处光照强度的变化曲线呈单峰曲线，峰值均出现在日太阳高度角最大、太阳辐射最强的 14：00 左右；但 7 月 9 日和 7 月 29 日膜下滴灌棉田冠层内光照强度峰值和日平均值均比同期常规沟灌棉田低，使得膜下滴灌条件下的棉花中下部叶片处在弱光环境中（图 4.17）。弱光条件有利于叶片蒸腾速率加快和叶绿素 b 的增加，中下部叶片较强的蒸腾速率有助于棉花对土壤水分和养分的吸收，而较高的叶绿素 b 含量有利于强烈吸收蓝紫光，使光合作用的有效积累增加（战吉守等，2005；朱延姝等，2005）。

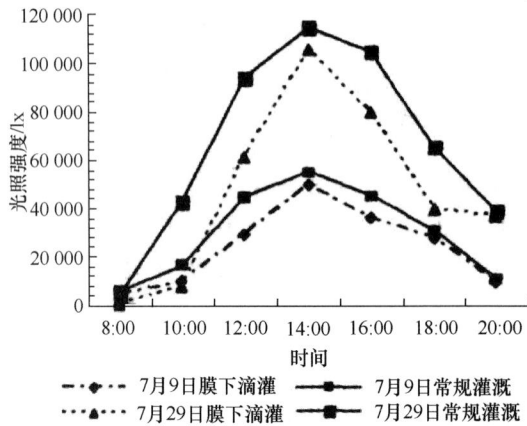

图 4.17　光照强度变化（塔依尔和胡晓琴，2006）

（3）两种灌溉方式棉田冠层内净辐射（Rn）比较。膜下滴灌和常规沟灌棉田冠层内 Rn 为正值，日变化呈单峰曲线，Rn 最大值出现在 14：00 左右；7 月 9 日膜下滴灌下 Rn 峰值和日平均值比同期常规灌溉分别高 121W/m^2 和 75.2W/m^2，7 月 29 日的分别高 137W/m^2 和 61.6W/m^2（图 4.18）。这说明膜下滴灌棉田比常规灌溉棉田冠层内有更丰富的可利用辐射能量。

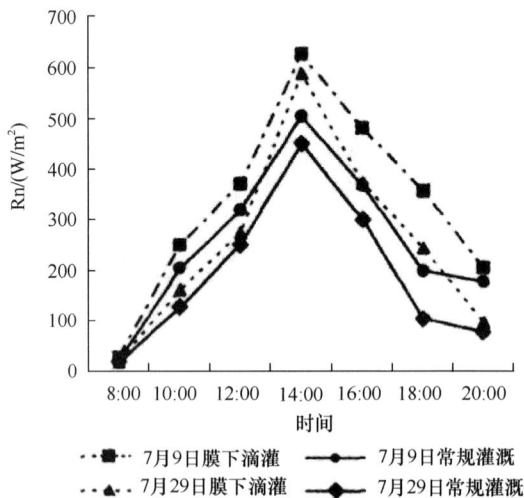

图 4.18　净辐射变化（塔依尔等，2006）

2. 膜下滴灌棉田小气候的生物学效应

（1）有利于棉花早出苗、出全苗。在新疆绿洲灌溉地区、春季气温回升快，风大，生产单位常因机力不足、保墒不及时等，难以做到一播全苗。膜下滴灌可以通过播后及时滴水，补充土壤水分，实现"一播全苗"。同时，采用干播湿出，播前土壤水分含量较低，低温回升快，可以提早播种。据调查，膜下滴灌棉田的出苗率一般都在 90%以上，而且出苗整齐。密度比普通灌溉每公顷平均多 13 305 株。

（2）膜下滴灌对棉花根系发育的影响。膜下滴灌直接把水分灌入作物根部，降低了湿润面积，减少了棵间蒸发，改变了农田土壤的水、气、热条件，使作物根系生长有良好的生态环境。同时，膜下滴灌的水分扩散几乎是靠毛细管作用，从一个饱和中心扩散到周围的干燥区，并在滴头和湿润前沿之间形成一个水势梯度和一个反向的空气梯度共同组成的较佳的根系发育区。

滴灌输水带置于两行棉花的中间，土壤水分呈以滴头为中心的椭圆形不均匀分布。水分的不均匀性导致根系在土壤中的不均匀分布。在土壤 0～30cm 深度，膜下滴灌棉花的根系占总根量的 86.68%，比常规滴灌棉花多 6.0%；在 10～20cm 深度的根量和占总根量的比例比常规灌溉棉花分别高 5.51kg/m^2 和 9.27%（表 4.37）。

表 4.37 不同灌溉模式棉花根系在土体重的垂直分布

土层深度/cm	根量/(g/m)		占总根量比例/%	
	常规灌溉	膜下滴灌	常规灌溉	膜下滴灌
0～10	42.61	34.17	51.93	45.65
10～20	16.25	21.76	19.8	29.07
20～30	7.34	8.16	8.95	11.96
30～40	4.86	3.79	5.92	5.06
40～50	3.33	2.64	4.06	3.53
50～60	2.85	2.38	3.47	3.18
60 以下	4.81	1.96	5.86	2.62
总计	82.05	74.86		

（3）促进棉花生长发育。膜下滴灌与常规灌溉相比，棉花生长更为均匀与稳健，叶片数、果枝数及花铃数在整个生育期一直占有优势。打顶后膜下滴灌棉花的株高比常规灌溉低 4.7cm，叶片数多 0.47 片，果枝数多 1.3 个，蕾铃脱落率比常规灌溉低 41.9%，伏前桃多 1.06 个，单株铃数多 0.324 个（表 4.38）。

表 4.38 膜下滴灌与常规灌溉对棉花生物学形态特征的影响

处理	株高	叶片数	果枝数/（个/株）	铃数/（个/株）	伏前桃/（个/株）
常规灌溉	65.25	12.47	9.22	5.26	3.28
膜下滴灌	60.55	12.94	10.52	6.12	4.34
差值	4.7	0.47	1.3	0.86	1.06

（二）膜下滴灌棉田土壤环境效应

1. 土壤温度效应

对棉花蕾期地温的测定表明，膜下滴灌棉田比揭膜沟灌棉田地表温度平均高 4.2～5.2℃，10.0cm 土层高 1.7～2.2℃（胡晓棠等，2002）。申孝军等对膜下滴灌棉田地表土壤温度日变化规律研究发现，早晨 8：00 地温处于最低值，在 14：00～16：00 时达到最高值，膜间 0cm 处的地温高于膜下平均地温（膜下宽行、膜下窄行和膜边内测 3 个点的平均值），但膜下滴灌棉田 5.0cm、10.0cm、15.0cm、20.0cm、40.0cm、60.0cm、80.0cm 处平均地温明显高于膜间。研究者认为，地膜覆盖抑制了表层土壤的热交换，在地膜和土壤之间形成了一个湿度较大的空气层，降低了太阳辐射对表层地温的作用；由于地膜大幅度阻止了表层土壤热量的散失，从而提高了地表以下土壤温度。在地膜覆盖条件下，土壤温度在纵向与水平方向上变化都具有明显的特征。纵向上最大变幅处是 5.0cm 处，其次是 10.0cm、15.0cm 处，深度 20.0cm、25.0cm 处变幅较接近。

地下滴灌、地表滴灌两种不同灌溉方式，对土壤温度影响较大的土层均为 0～40cm，对 40cm 以下土壤温度没有明显影响。进入 6 月中下旬灌溉时间后，5cm 处地温覆膜地下滴灌明显高于膜下地表滴灌（平均高出 0.8℃）。从最高温度（14:00～16:00）来看，一般地表 0cm 处的最高温度出现在 6 月中旬前后，膜下滴灌可以达到 59℃，覆膜地下滴灌最高达到 61℃（申孝军等，2010）。

西北农林科技大学的研究表明，膜下滴灌比无膜滴灌近地面大气温度高 2.5℃左右，而比沟畦灌近地面大气温度高 3.6℃左右。

2. 土壤气体效应

（1）土壤 CO_2 与 CH_4。土壤温度是土壤呼吸的主要驱动因子，也会影响 CH_4 的氧化过程。研究表明，覆膜的增温保湿作用及薄膜对土壤与大气间气体传输的自然阻隔作用使土壤 CO_2 浓度升高 10.4%～94.5%，CH_4 浓度降低 5.1%～47.4%。但在覆膜滴灌条件下，土壤湿润比越高，土壤中 CO_2 浓度越低，土壤中 CO_2 浓度与 CH_4 浓度呈显著负相关关系（陶丽佳等，2012，2013）。

（2）氧气供应。在滴灌条件下，尤其在重黏土上，灌水器在单位时间内的出水量往往会超过土壤的入渗速率，在滴头下方容易形成积水从而引发滴头下方土体缺氧。

3. 土壤肥力效应

据测试，地面灌灌水量 120mm，滴灌灌水量 15mm，灌后 24h 采土分析，计划湿润层 0～60cm 土壤养分剖面分布，速效氮、速效磷、速效钾，滴灌多高于地面灌（表 4.39）。地面灌土壤养分淋失量：速效氮 23.8%、速效磷 47.92%、速效钾 4.5%。从土壤养分剖面分布看，两种灌溉方式的速效氮、速效磷、速效钾在 0～20cm 土层差别不大，为 3～6mg/kg；20～40cm 土层相差较大，为 8～24mg/kg；40～60cm 速效氮、速效磷差别较大，为 23～27mg/kg，速效钾接近（张鑫和蔡焕杰，2002）。

表 4.39 地面灌与滴灌土壤养分剖面分布表

土层深度/cm	速效磷/（mg/kg）		速效氮/（mg/kg）		速效钾/（mg/kg）	
	地面灌	滴灌	地面灌	滴灌	地面灌	滴灌
0～10	66.79	72.90	21.75	15.83	50.50	48.10
10～20	66.99	71.41	24.95	19.90	40.60	43.10
20～40	36.54	60.29	10.55	38.23	30.60	38.20
40～60	45.26	62.82	4.41	17.46	31.70	29.10
0～60	49.56	65.04	12.77	24.52	35.95	37.63
滴灌与地面灌差值	15.48		11.75		1.68	

注：表中滴灌与地面灌的差值为加权平均值，为了便于比较，以滴灌土壤计划湿润层剖面养分为 100%

研究还表明，通过滴灌施肥可以有效提高 0～20cm 土层的碱解氮含量（宰松梅等，2011）。对于氮肥，吸附于土壤阴离子颗粒上的铵阳离子会被土壤细菌氧化成硝酸盐并在滴头下方含水量饱和土壤中溶解出来，随水移动到植物根部供植物利用，可大大降低被直接氧化成 N_2O 或 N_2 进入大气而造成浪费和环境污染的可能。

4. 土壤水分效应

不同根层土壤水分含量的测定表明，滴灌在全生育期内 0～60cm 土壤含水量小于普通灌溉。而 0～30cm 土层土壤在灌溉后 5d 测量含水量，表现为滴灌高于普通灌溉，这表明滴灌水分主要在表层运动，大量的有效水分集中在根部，可得到充分利用。

五、新疆棉花高能同步期及其应用

在棉花生产过程中，使棉花的生长发育与气候变化相协调，提高气候资源利用率是获得高产的重要途径。宋家祥（1984）多年研究结果表明，江苏棉区 7 月下旬至 8 月底是日照最丰富的季节，是棉花一生中的富照期，而棉花的花铃期是将太阳光能转化为生物能最多的时期，是棉花一生中的高能期。棉花获得高产的关键是使得高能期和富照期保持同步。

（一）新疆的季节高能期

光照是棉花进行光合作用的能量来源，温度是棉花生长发育的必要条件。因此，把植棉区一年中温度和日照都能充分满足棉花生长发育的时期称为季节高能期。

1. 新疆棉区以温度为指标的季节高能期

前人的研究资料表明，棉花开花期的适宜温度为 24～25℃；棉铃发育的适宜温度为 24～30℃。因此，季节高能期的温度指标为 24～30℃。

陈冠文等（2001）根据南疆（库尔勒）和北疆（奎屯）1955～1988 年的气象资料（表 4.40）认为，新疆棉区以温度为指标的季节高能期应为 6 月上中旬至 8 月中旬。

表 4.40　1955～1988 年库尔勒、奎屯的气象资料

	月	5			6			7			8			9		
	旬	上	中	下	上	中	下	上	中	下	上	中	下	上	中	下
库尔勒	气温/℃	19.7	20.4	22.4	24.1	25.0	25.5	25.8	26.5	26.6	26.6	25.6	23.8	21.7	20.0	17.4
	日照时间/h		8.8			9.2			9.4			9.3			8.7	
	日照率/%		61			61			63			68			72	
奎屯	气温/℃	17.4	18.8	20.9	22.5	24.2	25.3	25.8	26.1	25.9	24.9	24.6	22.2	20	18.0	14.8
	日照时间/h		9.2			9.3			10.3			9.9			8.6	
	日照率/%		63			63			69			71			70	

2. 新疆棉区以日照为指标的季节高能期

新疆气候干燥，夏季日照时间长，光照强度大，日照条件优于内地棉区。陈冠文等

（2001）参照内地资料（宋家祥，1984），将新疆棉区季节高能期的日照指标定为 8.5h/d。同时根据库尔勒、奎屯的日照时数资料（表 4.40）认为，新疆棉区以日照为指标的季节高能期应为 5 月上旬至 9 月中旬。

从气候条件看，新疆棉区光照充足，温度是棉花生长发育的限制因素。新疆棉区的富照期主要分布在 5～9 月，而高温期主要分布在 6～8 月。因此，新疆棉区的季节高能期集中在 6 月中旬至 8 月中旬。

（二）新疆棉花高能转化期

集中开花成铃期是棉花光能利用率最高，将光能转化为经济产量最多的时期。因此，这个时期称为高能转化期。陈冠文等（2001）结合自己在南、北疆的定株观察资料（表 4.41）认为，在新疆棉花"密、矮、早、膜"栽培模式的前提下，可以将单株开花≥0.2 个/d 作为新疆棉花高能转化期的指标。并指出：正常年份，南疆的高能转化期在 6 月 25 日至 7 月 30 日；北疆的高能转化期在 6 月 25 日至 7 月 25 日。

表 4.41　新疆棉区棉花单株开花数表　　　　　　[单位：朵/（株·d）]

月	6			7						8		年份	品种
日	20	25	30	5	10	15	20	25	30	5	10		
第二师农科所		0.3	0.3	0.5	0.6	0.4	0.4	0.3	0.1	0.1		1995	军棉 1 号
29 团		0.4	0.2	0.3	0.9	0.6	0.7	0.4	0.4	0.1		1997	冀棉 20
129 团	0.3	0.6	0.7	1.7	1.3	1.8	0.8	0.1	0.1			1997	新陆早 6 号
148 团			0.3	0.3	0.2	1.4	1.3	0.3	0.1	0.1	0.3	1996	新陆早 4 号

"棉花大面积超高产综合栽培技术研究与示范"项目组对南、北疆的定株观察资料分析结果（陈冠文等，2009）表明，南、北疆棉区 6 月 25 日前后，棉株上第一朵花与第二朵花开花期的间隔天数为 2～4d，即单株开花 0.25～0.50 朵/d；单株开花 0.2 朵/d 的终止期，北疆 81 团在 7 月 24～27 日（7 月 27 日至 8 月 3 日的开花数低于 0.2 朵/d），南疆 3 团在 7 月 29 日至 8 月 1 日（表 4.42）。这与表 4.41 的结果基本一致。

表 4.42　南、北疆棉株第一朵花开花期（月-日）

年份	单位	品种	主茎叶位										
			5	6	7	8	9	10	11	12	13	14	15
2005	81 团	81-3	6-26	6-29	7-2	7-5	7-8	7-11	7-15	7-19	7-24	7-27	8-3
2006	3 团	中棉所 35	6-24	6-28	7-1	7-4	7-8	7-12	7-15	7-20	7-24	7-29	8-1
2006	149 团	标杂 A1		6-25	6-27	6-29	7-1	7-4	7-8	7-11	7-14		

注：本表在引用时，作了删减

（三）新疆棉花高能同步期及其应用

棉花的高能同步期就是季节高能期与高能转化期相重叠的时期。上面的资料表明，新疆的季节高能期明显长于且涵盖了高能转化期。因此，新疆棉花的高能转化期就等同于新疆棉花的高能同步期。新疆棉区高能同步期表现"短而集中"的特点，充分利用这"短而集中"的高能同步期是棉花高产的关键。同步时间越早、时间越长，则产量越高，品质越好。实现"高能同步"是高产棉花合理生育进程的核心。生产中低产棉田多数是棉花迟发、晚熟或早衰，均是棉花生育进程与高能期不同步所致。

新疆棉区的高能转化期明显短于季节高能期的事实表明，高能同步期短是新疆棉花高产的重要限制因素；另外也表明，新疆棉区棉花生产的气候资源潜力还很大。因此，实施促早发、促早熟的"两促"栽培，使棉花的高能转化期向高能同步期两端延伸就成为挖掘新疆棉区光、热资料，实现棉花优质高产的重要途径。

1. 选用适宜本地温度条件的优良品种

新疆棉区由于热量资源相对不足，无霜期较短，北疆棉区尤其如此。因此，北疆宜选用高产优质的早熟品种，南疆宜选用高产优质的早中熟品种。

2. 推广促早发技术，向前延伸高能转化期

（1）优化地膜覆盖技术。采用超宽膜、双膜覆盖和扩大地膜采光面等技术，充分发挥地膜的增温、保墒效应，实现早播种、早出苗，壮苗早发。

（2）适期早播。根据当年 4 月的长期天气预报，科学安排播种期。通过适期早播，使棉花各生育阶段的生长发育和温度的变化保持同步，从而使棉花的花铃期尽可能处于最有效的温光条件下。

（3）早中耕、早化调、早定苗，促壮苗早发。通过子叶至一叶期化学调控，促进花芽分化，实现早现蕾、早开花。

3. 推广促早熟技术

（1）合理运筹肥水。科学施肥、灌水，促进棉株顺利实现营养生长向生殖生长的转化，保证棉花中后期稳长，防止后期早衰和贪青。

（2）适时打顶、整枝。根据当年的气象条件、棉田的种植密度和苗情，适时、适度地打顶、整枝，以改善棉田的通风透光条件，促早熟。

（3）科学实施化学调控技术。化学调控是保证棉株正常生长发育的重要技术。因此，根据棉花的长势长相科学地实施化学调控十分必要。

（4）灵活进行化学脱叶。化学脱叶是机采棉田的重要配套技术之一。适时适量地喷洒化学脱叶剂对提高机采棉花的单铃重和纤维品质有重要作用。

第二节　新疆棉花高产生物学基础

通常棉花的生物产量决定经济产量，而棉花生物产量高低取决于棉花器官的建成数量与发育速度。因此，了解棉花生长发育与产量形成规律及其与环境条件、栽培技术的关系，对棉花优质、高产、高效十分重要。

一、棉花营养器官生长规律

棉花的生长发育包括棉花营养器官生长和生殖器官发育两个方面。棉花的营养器官包括叶片、茎和根系三部分。

（一）叶片生长规律

1. 叶片分化

棉花的生长点首先分化出叶原基，然后逐渐伸长、扩展为定型叶片。据吴云康观察，在成熟棉籽中，胚芽顶端的生长点已分化出 2 个叶原基；棉籽发芽时，已分化 3 个叶原基；出苗—子叶展平时，主茎顶端生长点分化有 4 个叶原基（2 个叶原基突起，2 个叶原基分化）；在 1～5 叶期，主茎每增加一个叶龄，内部叶原基平均增加 2 个；6～11 叶期，主茎内叶原基总数为 8 或 9 个，其中叶原基突起 2 个，分化 2 个，成形叶 4 或 5 个；12～17 叶期，叶原基总数为 10 个，其中突起 2 个，分化 2 个，成形叶 6 个（陈奇恩，1997）。

2. 叶片生长

在棉花叶片的生长过程中，可先后出现 6 种类型叶片：主茎顶部展平叶（顶 1 叶）为新生叶，叶面积开始生长；顶 2 叶为生长加快叶，叶面积扩大速度加快；顶 3 叶为生长迅速叶，叶面积扩大速度最快；顶 4 叶为扩大速度减慢叶，叶面积扩大速度明显减慢；顶 5 叶为定长叶，叶片长度基本定型，叶宽仍在微量增加；顶 6 叶为定型叶，叶面积不再扩大。

3. 出叶速度和功能期

（1）主茎叶。陈冠文等（2009）多年多点的定株观察结果：①常规棉花品种主茎叶的出叶速度多为 3～5d，杂交棉（标杂 A1）主茎叶的出叶速度为 2.7～6.7d。其中，现蕾—初花期主茎叶出叶速度较苗期快，初花期的出叶速度最快；同一年份，南疆早中熟棉花的出叶速度慢于北疆早熟棉花（表 4.43）。由于年度间温度的差异，同一棉区、同一品种不同年份间也有一定差异（表 4.44）。②常规棉花品种主茎叶片功能期在 50～99d，南疆多数在 64～98.5d（33 团测定）；北疆多数在 50～88d（81 团测定）；开花前的主茎叶功能期表现随叶位上升而迅速增加，开花后的主茎叶功能期有缓慢减少的趋势。149

表 4.43　主茎叶的出叶速度和功能期表

团场	项目	主茎叶位														
		1	2	3	4	5	6	7	8	9	10	11	12	13	14	15
33 团	1			5-16	5-21	5-26	5-30	6-4	6-8	6-11	6-16	6-20	6-23	6-27		
	2				4.7	4.7	4.3	4.4	3.5	3.8	4.6	3.8	3.2	4.1		
	3			67	64	49.7	98.5	91.8	97.6	95	95.2	92.4	93.2	92.3		
81 团	1			5-13	5-20	5-25	5-28	6-2	6-6	6-11	6-13	6-17	6-21	6-28	7-3	7-5
	2			3.3	4	4.5	3.7	4.9	3.7	5.1	2.3	3.8	3.5	7.7	4.2	2.6
	3			54.2	54.2	49.5	50.4	54.9	55.9	66	77.3	83.1	87.8	81.2	71.3	53.8
149 团	1	5-8	5-12	5-16	5-21	5-24	5-28	5-31	6-3	6-7	6-13	6-20	6-23	6-25		
	2	4.2	4.4	3.9	4.6	3.8	3.4	3	3.5	3.9	5.8	6.7	2.9	2.7		
	3	48	49	63	63	64	63	62	61	61	61	67	73	91		

注：项目 1、2、3 分别代表展平期（月-日）、出叶速度（d）、功能期（d）；试验品种，33 团为 k-6，81 团为 81-3，149 团为标杂 A1

表 4.44　33 团不同年份主茎出叶速度比较 （单位：d）

年份	品种	主茎叶位										
		4	5	6	7	8	9	10	11	12	13	14
2005	k-6	4.2	4.6	4.2	4	4.5	4.6	4.1	5.1	4.4	3.8	5.7
2006	k-6	4.7	4.7	4.3	4.4	3.5	3.8	4.6	3.8	3.2	4.1	

团的杂交棉（标杂 A1）主茎叶功能期在 48～91d，多数叶片集中在 61～67d，较南疆常规棉时间短，但中下部主茎叶功能期较北疆常规棉的时间长。③南疆早中熟品种主茎叶的功能期长于北疆早熟品种，这说明早熟品种比早中熟品种叶片更新快，蕾期尤其明显。

（2）果枝叶。①常规棉品种第一果枝叶出叶速度在 0.5～7.6d，呈现出上下快、中间慢的趋势；第二果枝叶出叶速度在 2～11d，出叶速度普遍慢于第一果枝叶片。②常规棉品种棉花果枝叶功能期均比主茎叶功能期长，第二果枝叶功能期短于第一果枝叶。③南疆早中熟常规棉品种果枝叶的功能期长于北疆早熟品种。④杂交棉（标杂 A1）结铃性较强，果节位较多。其果枝叶出叶速度在 1.7～4.2d，较常规棉品种快；功能期在 55～76d，长于同叶位的主茎叶，但较常规品种短（表 4.45）（陈冠文等，2009）。

表 4.45　果枝叶出叶速度和功能期表 （单位：d）

团场	项目	主茎叶位										
		5	6	7	8	9	10	11	12	13	14	15
33 团	1			3.8	4.2	3.1	3.6	4.8	4.7	3	1	
	2			2.5	7.3	3.7	2.6	5.3	4.4	2	2.2	
	3			96.4	97.5	96.8	90.8	94.5	93.2	93.1	98	
	4			90.3	77.5	86.6	78.9	79.7	76.2	81.6	84.5	
81 团	1	0.5	1.9	2.8	4.6	4.2	5.5	7.6	1.7	5.4	5.5	
	2	5.3	3.3	3.7	9.5	8.2	1.6	5.5	3.1	7.0	11.0	
	3	53.9	58.8	76.2	100.3	92.7	82.1	70.0	81.5	91.1	67.5	74.0
	4	57.8	95.9	72.0	80.4	79.8	62.3	50.1	61.4	55.0	41.0	33.0
149 团	1		2.1	4.2	3	2.1	1.7	1.3	3.5			
	2	55	66	67	67	73	76	71	76			

注：项目 1、2、3、4 分别代表第一果枝叶出叶速度、第二果枝叶出叶速度、第一果枝叶功能期、第二果枝叶功能期。供试品种同表 4.43

4. 叶色变化动态

前人的研究表明，棉株一生的叶色变化呈"三黑三黄"规律。叶色由深转淡的两个关键时期都是生育中心的转移期：始蕾期、开花—盛花期。这是由于这两个时期叶片养分被运往当时的生育中心。这也表现了后来的生殖器官对营养器官的抑制效应。

5. 叶面积系数

余渝等（2001a）的研究表明，在新疆棉区半干旱生态环境和"矮、密、早、膜"的栽培技术条件下，棉田叶面积系数变化的基本规律是：苗期增长缓慢，初蕾期开始迅速增长，盛花期达到最大值，盛铃期开始缓慢下降，吐絮期迅速减少。但在不同年份、不同栽培条件下，叶面积系数变化值不同。

（1）年积温值高的年份，叶面积系数高峰值出现早，且前期增长快，后期下降慢。

（2）大叶形品种叶面积系数苗期增长比中叶形品种慢，蕾期增长快，叶面积最大值出现的时间早，持续时间长。

（3）不同密度棉田达到最大叶面积系数的时期接近，只是峰值不同：密度越大，棉田最大叶面积系数也越大。

（4）宽膜棉田叶面积系数前期增长快，后期下降比窄膜棉田也快。其叶面积系数的最大值比窄膜棉田高。

（5）缩节胺能有效抑制棉花叶面积系数的增加，在苗期叶面积系数相近的情况下，蕾期及以后各生育时期均随着缩节胺用量的加大，叶面积系数相应减少。

（6）最大叶面积系数。陈冠文和余渝（1999）根据各生育期棉田群体光补偿点平均值、晴天群体上空平均有效辐射量及各种天气出现的概率，计算出各生育期棉田群体光补偿点理论值。再用 $y=60.66x^{-1.522}$ 计算出各生育期最大叶面积系数指标：6～7月＜4.0，8月中旬以后＜2.8。

但随着品种的更新和种植方式的改变，最大叶面积系数指标已有所突破：如鸡脚叶形杂交棉标杂 A1，由于叶裂深、透光性好、叶片上举，种植密度在 15 万株/hm² 时，其叶面积系数最大值可达到 5.0。普通棉花在 21 万～27 万株/hm²，采用机采棉种植方式时，其叶面积系数最大值可达 4.1（表 4.46）。

表 4.46　149 团叶面积系数资料（2007 年）

生育期	三叶期	现蕾期	盛蕾期	开花期	盛花期	盛铃期	吐絮期
出苗后天数/d	12	43	55	65	78	108	120
常规棉	0.06	0.40	1.16	2.32	4.05	4.10	2.30
杂交棉	0.10	0.48	1.50	3.20	4.48	5.00	2.90

（二）主茎节间伸长

1. 伸长特点

一般情况下，每一节间从开始伸长到最快伸长期需 5～9d，到基本固定约需 13d；在同一天内，有 4 或 5 个节间同叶伸长，但各节间的伸长速度不同。其中，倒一节间为开始伸长节，倒二节间为伸长加快节，倒三节间为伸长最快节，倒四节间为伸长减慢节，倒五节间为基本定长节。

2. 节间长度

高产棉田常规棉的主茎节间长度在 1.6～7.3cm，主茎节间长度变化表现为中间长、两头短的特点：1～3 叶位节间较短，5～12 叶位节间长度普遍在 5～7cm，上部 3 或 4 个节间逐渐变短。杂交棉（标杂 A1）主茎节间长度在 1.5～5.9cm，普遍较常规棉品种短（表 4.47）（陈冠文等，2009）。

表 4.47 主茎节间长度表 （单位：cm）

团场	主茎叶位														
	1	2	3	4	5	6	7	8	9	10	11	12	13	14	15
33 团	1.6	1.8	2.5	4.8	5.6	5.8	5.2	5.0	6.1	6.7	6.7	7.1	6.1	3.1	1.9
81 团	1.8	3.4	2.8	5.1	4.6	6.8	6.7	7.3	6.7	6.3	7.3	7.1	4.1		
149 团	1.5	2	3.8	2.5	0.8	1.5	4	4.5	5.2	4.8	5.4	5.9	4.1		

注：供试品种同表 4.43

3. 主茎日增长量变化动态

陈冠文等于 1997 年和 2000 年在 29 团的定株、定期测定结果表明，现蕾期和开花期后的主茎日增长量都有一个明显下降的过程（表 4.48）（田笑明等，2000）。

表 4.48 主茎日增长量定期测定结果 （单位：cm/d）

年份	品种	膜型	主茎日增长量									
			5月8日	5月15日	5月22日	5月28日	6月5日	6月15日	6月21日	6月26日	7月3日	7月10日
1997	29-1	宽膜		0.65	1.00	1.58	0.94	0.94	1.23	0.41	0.59	0.18
		窄膜		0.47	0.91	1.09	0.50	0.47	0.18	0.12	0.20	0.06
2000	抗9	宽膜	0.66	1.21	1.20	1.70	1.07	1.12	0.78	0.90	0.16	

注：1997 年现蕾期 5 月 31 日，开花期 7 月 2 日；2000 年现蕾期 5 月 27 日，开花期 6 月 26 日

（三）根系生长规律

棉花是直根系作物。现蕾前根系是棉株生长的主要器官。河南农学院（1972～1973年）观察发现，出苗到现蕾，主根长为苗高的 3～5 倍（表 4.49）；现蕾后，主根生长速度减慢，侧根生长速度加快；开花时，根系主体已基本建成，直到吐絮，根系仍可缓慢生长（中国农业科学院棉花研究所，1983）。

表 4.49 棉花出苗—现蕾根系生长情况

生育期	苗龄/d	苗高/cm	主根长/cm	一级侧根数	二级侧根数	三级侧根数	四级侧根数
子叶	3	3.4	9.6	4			
	4	3.0	12.0	5			
一真叶	11	8.0	29.0	31	11		
二真叶	22	10.5	39.0	60	126	3	
一蕾	44	21.0	91.0	83	681	384	40

（四）栽培技术对营养器官生长的影响

1. 水分对棉花生长的影响

植物的生长受水分限制，在干旱条件下，植物在细胞、器官、个体和群体等各个水平上都会出现相应的变化。在器官和个体水平上，水分胁迫可显著降低膜下滴灌棉花的株高、比叶面积及最大叶面积，同时也减少叶面积的生长率、叶片数量及生物产量。研

究表明（图 4.19），限量滴灌条件下棉田土壤水分亏缺，叶面积指数降低，对光能的截获率降低。过量滴灌可能进一步发挥杂交棉生长势强的特性，造成棉株营养体过旺，群体叶源量较高，光合物质累积量虽较高，但分配到生殖器官中的同化物较少，产量下降。适量滴灌棉株长势稳健，LAI 上升快，且后期能保持较高的 LAI 水平，群体对光的截获率高，产量较高（韩秀锋等，2011）。

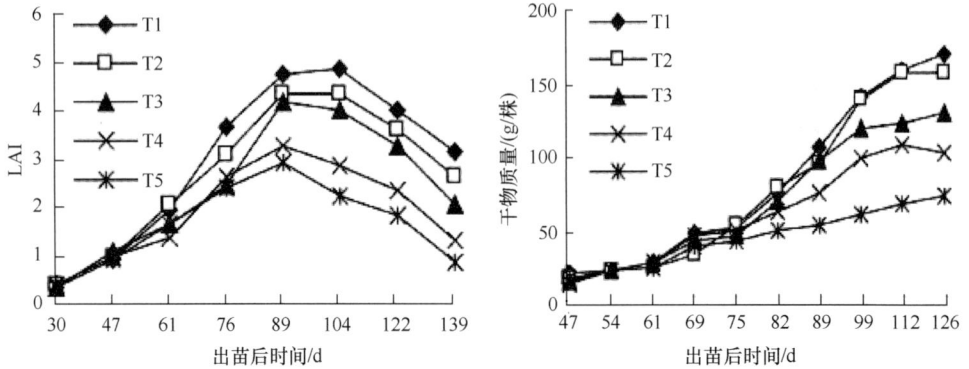

图 4.19　不同滴灌量处理下杂交棉群体 LAI 和地上部分干物质积累动态
T1. 过量灌溉；T2. 适度丰水；T3. 适量灌溉；T4. 轻度亏缺；T5. 严重亏缺

在正常灌溉情况下，7 月 30 日至 8 月 22 日期间铃干重增加了 217%。因此，棉花产量形成主要是在这个时期完成的。7 月 30 日至 8 月 22 日正常灌溉和水分亏缺处理下，整株棉花的生物量积累量分别为 45.29～47.50g 和 4.66～13.84g（表 4.50）。水分胁迫降低了叶片光合作用对棉株产量形成的贡献率，相反，非叶绿色器官光合作用对棉株产量形成的贡献率有所增加（Hu et al.，2014）。

表 4.50　不同水分处理下棉花各绿色器官的干物质积累量　　　　（单位：g/株）

部位	7 月 30 日		8 月 22 日	
	正常灌溉	水分亏缺	正常灌溉	水分亏缺
叶片	33.6	9.98	32.2	2.97
	74.20%	72.10%	67.80%	65.30%
茎秆	6.39	1.7	6.06	0.65
	14.10%	12.30%	12.80%	14.30%
苞叶	3.18	0.97	4.22	0.39
	7.00%	7.00%	8.90%	8.50%
铃壳	2.12	1.19	5	0.54
	4.70%	8.60%	10.50%	11.90%
合计	45.29	13.84	47.50	4.66

石河子大学的研究结果表明，不同灌溉方式棉田根系总量在各生育期的增长速度基本相同，但膜下滴灌棉田的根系生物量明显低于常规地面灌棉田（表 4.51）（马富裕和严以绥，2002）。

表 4.51　灌溉方式棉田根系生物量比较　　　（单位：g/m²）

出苗后天数	10d	30d	60d	90d	120d	150d	快速生长天数
生育期	苗期	苗期	蕾期	花铃期	吐絮期	吐絮期	
常规棉田	0.41	2.17	21.96	103.47	143.95	147.58	35
滴灌棉田	0.37	1.95	20.45	97.35	136.58	138.25	33

水分条件还影响生物量的分配。水分胁迫下生物量向根部的相对分配增加，功能根的数量和长度增加（杨传杰等，2012）。与常规灌溉和冬灌+滴灌相比，干播湿出棉花根量较少但须根量较大，根冠比较小，根系入土浅，生长发育提前，花铃期铃重、根系载铃量提高，表现较大增产优势。在有播前灌溉条件下，适当减少盛花前水氮供应、增加生育中后期水氮的分配比例，可显著提高棉花深层根系生长、增强根系活力、延缓植株衰老进程、提高光合产物向生殖器官分配的比例、增加铃重，是提高膜下滴灌棉花产量和水分利用效率的有效水氮运筹方式（罗宏海等，2013b）。因此，在水分比较适宜的条件下，膜下滴灌棉花根、冠趋向于协同生长，但在水分过多或过少的条件下，根、冠趋向于一定的竞争关系。

2. 化学调控的影响

缩节胺对 $n-2$、$n-1$ 和 n 节间的生长速度均有明显的抑制作用，抑制效应较大的时间为施药后 3～12d。施用缩节胺后 3d，$n-2$ 和 $n-1$ 节间的生长速度明显变慢，n 节间开始变慢；处理后 6d，3 个节间的生长速度都明显变慢，但以 $n-2$ 节间变化最大；到处理后 18d，处理与对照节间的生长速度接近（表 4.52）（陈玉娟和李新裕，2001）。

表 4.52　缩节胺对主茎可见节间生长速度的影响　　　（单位：d/cm）

节间位	$n-2$		$n-1$		n	
处理	清水	缩节胺	清水	缩节胺	清水	缩节胺
处理后 3d	1.6	4.1	2.9	3.3	5.2	5.5
处理后 6d	4.2	15	2.3	3.3	3.3	6.0
处理后 9d			2.5	10.0	1.5	2.9
处理后 12d					1.7	6.4
处理后 18d					10.9	10.3

注：生长速度，是以相邻观测期所间隔天数除以该阶段节间净增量，为节间增长 1cm 所需要的天数。缩节胺用量：30g/hm²

（五）气象条件对营养器官生长的影响

1. 温度的影响

（1）对出叶速度的影响。上海市农科院的研究指出，在棉花营养生长期间，主茎叶的出叶速度与平均气温呈负相关。气温在 20℃左右时，7d 出一片叶；20～22℃时，4～5d 出一片叶；23～25℃时，3～4d 出一片叶；26～29℃时，2～3d 出一片叶；超过 30℃时，1.5～2.0d 出一片叶。

（2）对主茎生长速度的影响。西北农学院（1979）报道，苗期在日平均温度 20℃以下时，主茎日生长量<0.5cm；20～27℃时，为 0.5～1.5cm；现蕾—初花期日平均温度在 15℃以下时，主茎日生长量为 0.5cm 左右；15～20℃时为 0.5～2.0cm；20～28℃时为 1.0～3.5cm。

（3）对根系生长的影响。前人的研究表明，苗期根层温度低于 14.5℃时，根系停止生长；在 24℃以上时，根系加快生长；27℃最适于根系生长；33℃以上的耕层温度对根系产生危害。华中农学院（现华中农业大学）1975 年的研究得到相似的结果，20℃时，根干重为 1.87g/株；25℃时，根干重增加至 4.54g/株；30℃时，根干重下降为 3.56g/株。

2. 光照的影响

低温弱光使棉花的主茎高度和叶长、叶宽相对扩展速度减缓。在低温弱光胁迫早期（前 3d），棉株的主茎相对生长量变化不大。随着处理时间的延长，被胁迫棉株主茎的相对生长量与对照棉株差异逐渐加大，处理的第 9d，二者差异就达到极限著水平。对照棉株随着发育进程的增加，叶长和叶宽的增长速度都呈增加的趋势，而且相同时间内棉叶宽度的增加速度快于叶长的增长速度。低温弱光胁迫的棉株，叶长和叶宽的相对生长速度表现为先升高后下降的趋势，且开始受到抑制的时间叶长早于叶宽；处理后第 3d，对照和被胁迫棉株的叶长相对生长量的差异就达到极显著水平；而两种处理间的叶宽在第 5d 才达到极显著水平（李志博等，2009）。

二、高产棉花生殖器官发育规律

棉花的生殖器官是棉花形成经济产量的器官，它包括相继发育而成的蕾、花、铃。

（一）蕾、花的发育规律

1. 花芽分化进程

棉花的花芽分化可分为花原基伸长、苞叶原基分化、花萼分化、花瓣分化、雄蕊分化及药隔胚珠形成 6 个时期。而现蕾时正处于雄蕊分化期。

现蕾后，花芽在果枝上纵向分化的顺序为：相邻两果枝，相同果节位，其花芽分化相差一个分化时期。例如，第一果枝第一果节位现蕾，而即将生出的第二果枝第一果节位的花芽则处于花瓣分化期。花芽在果枝上横向分化的顺序为：同一果枝相邻两果节位，其花芽分化进程相差 2 个分化时期。例如，第一果枝第一果节现蕾，第二果节则为花萼分化期。

2. 现蕾期与开花期

在"密、矮、早、膜"模式栽培条件下，全株第一果枝第一果节的现蕾期集中在 5 月底至 6 月底，开花期集中在 6 月下旬至 7 月中旬；全株第二果节的现蕾期集中在 6 月上旬至 7 月上旬，开花期集中在 7 月上旬至 8 月初；南疆第二蕾现蕾较北疆集中（表4.53）。进一步分析可以看出，多数第 n 果枝第一蕾的现蕾期、开花期与第 $n-3$ 果枝第二蕾很接近（陈冠文等，2009）。

表 4.53　棉花的现蕾、开花期（月–日）

团场	项目		主茎叶位											
			4	5	6	7	8	9	10	11	12	13	14	15
33 团	第1蕾	现蕾			6-3	6-8	6-10	6-13	6-16	6-20	6-24	6-27	6-28	
		开花			7-2	7-6	7-10	7-13	7-16	7-19	7-23	7-26	7-27	
	第2蕾	现蕾			6-12	6-17	6-20	6-23	6-27	7-1	7-3	7-5	7-5	
		开花			7-11	7-14	7-20	7-22	7-26	7-30	8-1	8-2		
81 团	第1蕾	现蕾	5-30	6-1	5-31	6-3	6-6	6-10	6-13	6-16	6-19	6-23	6-27	6-30
		开花	6-24	6-26	6-29	7-2	7-4	7-8	7-10	7-14	7-18	7-23	7-27	7-3
	第2蕾	现蕾	6-6	6-6	6-9	6-12	6-14	6-18	6-21	6-26	6-30	7-5	7-7	7-8
		开花		7-5	7-5	7-10	7-12	7-17	7-21	7-26	7-29	8-3	8-4	
149 团	第1蕾	现蕾			5-29	6-3	6-6	6-8	6-12	6-18	6-21	6-23		
		开花			6-24	6-26	6-29	7-2	7-7	7-12	7-18	7-19		
	第2蕾	现蕾			6-9	6-16	6-19	6-20	6-22	6-25	6-28	6-29		
		开花			7-3	7-7	7-11	7-14	7-16	7-18	7-20	7-24		

新疆棉区棉花早熟性主要表现在棉铃发育所需时间的长短上，花铃期越短的品种，早熟性相对比较明显。唐钱虎等（2009）的研究表明，不同熟期品种的现蕾至开花所需时间差异不大，平均为 24d；而从开花到吐絮所需时间则有明显差异：特早熟棉新陆早 10 号和新陆早 1 号所需时间分别为 52d 和 54d；早中熟棉中棉所 35 和冀棉 668 所需时间分别为 59d 和 60d，相差 5～8d。

（二）棉铃的发育规律

1. 铃的发育进程

唐钱虎等（2009）的研究结果表明，早熟品种新陆早 10 号上、中、下部位铃的发育所需要的时间几乎相当；新陆早 13 号铃的发育所需时间自下而上依次缩短，反映了该品种吐絮集中的特性；早中熟品种中棉所 35 和冀棉 668 上、中、下部位各铃的发育时间都比较长，但吐絮期延长的主要因素是中、上部铃发育比较缓慢。

（1）铃长、铃径变化动态。棉铃体积增长符合 logistic 生长曲线。

①棉铃长度。陈源等（2010）的研究表明，铃长主要在开花后 0～30d 快速增长，其中又以 0～10d 增长最快。高品质棉杂交种花后 0～10d 铃长生长优势明显。铃长的增长符合 logistic 生长曲线。②棉铃直径。陈源等（2010）的研究还表明，棉铃最大直径的变化也随铃龄的增加而增加。高品质棉铃直径快速增长期主要在开花后 0～20d，其中又以花后 0～10d 增长最快；常规品质棉铃直径增长在花后 30d 内。棉铃直径的增长也符合 logistic 生长曲线。

陈冠文等（2003）的研究结果，铃的长度和直径在花后 15d 呈直线增长，花后 25～30d 达到最大值。

（2）体积变化动态。陈源等（2010）的研究表明，棉铃的体积在受精后 20～30d 达到应有的大小。此阶段铃壁肉质状，表面绿色，分布有褐色油腺。不同时期所结棉铃在此阶段的体积增大速度及铃形大小都有较大差异。伏前桃、伏桃的体积增大比秋桃快；

秋桃增至最大体积所需时间比伏桃多 10d 左右，体积也小。高品质棉铃的体积显著高于常规品质棉；体积的快速增大主要在开花后 0～20d，其中高品质棉以花后 11～20d 增长最快，常规品质棉则以花后 0～10d 增长最快。棉铃体积增长也符合 logistic 生长曲线。

陈冠文等（2003）的研究表明，新疆棉铃的体积在开花后 35d 内为迅速增长期，第 35d 达到最大值。

张贵永等（2010）的研究结果：棉铃的生长发育过程基本上可分为两个阶段：第一阶段是从开花到花后 30d，该阶段棉铃体积不断增大；开花后 30d 至吐絮为第二阶段，该阶段棉铃体积处于稳定或缓慢增长阶段；开花后 10d 内，铃体增长最快，开花后 20d 棉铃基本定型，开花后 30d 铃长和直径趋于稳定或基本停止生长。

李新裕和陈玉娟（2000）的研究结果：棉铃体积在开花后 30d 内呈直线增长，开花后 35d 达到最终大小，吐絮前棉铃体积略有减少（表 4.54）。

表 4.54　不同株行距配置棉铃体积的变化　　　　　　（单位：cm³）

种植方式	开花后天数				
	10d	21d	35d	50d	65d
机采	7.76	23.00	27.56	28.72	
常规	9.22	26.98	29.44	29.46	27.98

注：本表引用时略有删减

2. 铃重的变化特点

（1）铃重变化动态。陈冠文等（2003）的研究表明棉铃干重在开花后 35d 内增长较快，以后增长较慢，直至吐絮。棉籽和棉纤维保持同步增长，其动态与棉铃干重一致。

张贵永等（2010）的研究结果：棉铃鲜重以开花后 10d 增加较快，增加速度每天为 0.6～0.9g；开花后 10～20d 棉铃鲜重增加最快，每天为 1.0～2.0g；开花 20d 后棉铃鲜重增加逐渐变慢，一般开花后 30d 可达到最大值，花后 30～40d 棉铃鲜重减轻幅度最大；此后棉铃干重不断增加，鲜重逐渐减少。棉铃含水率以开花后 10d 最大，可达 85%～87%。此后随时间的推迟而逐渐降低，裂铃时含水率降到 40%～60%。

陈源等（2010）的研究表明，铃重快速增长期都在开花后 11～30d，其中又以 11～20d 增长最快。铃重的增长符合 logistic 生长曲线。

李新裕和陈玉娟（2000）的研究结果：当棉铃达到最大体积时，籽棉只达到最终重量的 40%，而棉铃水分含量高达 84%以上；棉铃累积干物质所需时间为 60d 左右。开花后 30d 至裂铃期间，棉铃干物质的积累全部都在种子和纤维中；棉铃开裂时，铃壳干重占棉铃干重的 20%，籽棉干重占 80%。

（2）不同开花期棉铃干重比较。陈冠文等（2003）的研究表明：不同开花期的棉铃干重变化趋势相似，但 7 月 10 日开花的棉铃（棉株中部的伏桃）在开花 35d 后增长较快，其最终干重大于 6 月 25 日开花的伏前桃和 7 月 25 日开花的棉株中、上部的伏桃。

3. 棉籽、籽棉纤维增重过程

李新裕和陈玉娟（2000）的研究结果表明，棉籽在开花后 18～47d、籽棉在开花后 21～45d、纤维在开花后 24～43d 为其干物质累积进度"直线"增长期。棉籽、籽棉、纤维增重表现出有规律的先后顺序，彼此相差 3d；但干物质累积高峰期三者均在开花后 33d 左右；而到达干物质累积盛末期的时间则以纤维最早，籽棉居中，棉籽最迟，彼此相差 2d；从干物质的累积进度来看，以纤维最大，籽棉次之，棉籽最小（表 4.55）。

表 4.55　棉籽、籽棉和棉纤维的增重过程　（单位：d）

项目	增重始盛期	增重高峰期	增重盛末期
棉籽	18	33	47
籽棉	21	33	45
纤维	24	33	43

朱建军等（2004）的研究表明，到花后 50d 左右，棉籽干物质量达到最大值。其增长速度有两个高峰，一个高峰期在花后 15d 左右，另一个高峰期在花后 45d 左右。高产田棉籽干物质最大积累量明显高于低产田，其下部果枝棉籽干物质积累旺盛生长期较低产田要短 3～5d，而中上部棉籽干物质积累旺盛生长期较低产田要长 2～7d。此外，不同结铃部位棉籽干物质最大积累量以中部较高，下部和上部较低。

雷清泉等（2005）的试验结果表明，不同品种籽棉干重最大值出现在铃龄 42d，杂交棉单铃籽棉干重增加的速率和最大值均高于常规棉。

（三）吐絮期与吐絮速度

陈冠文等（2003）对南、北疆棉区棉株各叶位铃吐絮期和吐絮速度的统计结果表明，在宽膜覆盖条件下，高温年份（1997 年）棉铃吐絮期始于 8 月 16～22 日，正常年份始于 8 月下旬至 9 月初。同年份内，早熟品种比中晚熟品种吐絮早、吐絮速度快。北疆棉花的吐絮速度快于南疆（表 4.56）。

表 4.56　棉铃的吐絮期及吐絮速度

年份	品种	5	6	7	8	9	10	11	12	13	14	15	16	平均速度/d
1995	中棉所 19	9-13	9-21	9-29	10-2	10-11	10-9	10-16	10-17			10-29	10-30	4.32
	军棉 1 号	9-6	9-11	9-14	9-21	9-26	9-28	9-28	10-2	10-6				3.78
1997	29-1	8-22	8-21	8-22	8-29	8-25	8-30	9-1	9-8	9-14	9-26			3.89
1996	新陆早 6 号	9-1	8-30	9-4	9-9	9-14	9-15	9-20	9-20	9-22				2.91
1997	新陆早 6 号	8-16	8-16	8-19	8-21	8-24	8-25	8-27	9-1	9-5	9-8	9-12	9-16	2.84

（表头：各主茎叶位第一果节吐絮期（月-日））

张贵永等（2010）的研究结果：随着开花时间的推迟，铃期逐渐加长。开花时间每后推 10d，铃期（从开花至裂铃）拉长 7～8d。7 月中旬开花，铃期 50d 左右；8 月中旬开花，铃期 70d 左右；8 月下旬开花，铃期长达 80d 以上。

（四）纤维发育

1. 不同部位棉铃纤维干物质积累特点

朱建军等（2004）的研究表明，棉纤维干物质积累符合"S"型曲线增长规律：花后 20～40d，棉纤维干物质积累速率增长一直较快，其高峰期在花后 25～35d，50d 时仍有所增长。不同结铃部位棉纤维干物质积累高峰期，以下部和上部棉铃出现较早，中部出现较晚。棉纤维干物质最大积累量以中部为高，下部和上部较低。

2. 不同开花期棉纤维发育动态

陈冠文等（2003）的研究表明，6月25日至7月15日开花的棉铃，其纤维长度在开花后41d左右即接近定长；7月25日开花的棉铃，则要到46d左右才能接近定长。纤维长度以7月上旬开花的最长（表4.57）。棉纤维比强度在开花后56d左右达到定值。早开花的纤维比强度相对较高，尤以7月上旬开花的棉铃纤维比强度最优（表4.58）。

表4.57　不同开花期棉铃纤维长度变化动态　　　　（单位：cm）

年份	开花期	开花后天数							
		31d	36d	41d	46d	51d	56d	61d	66d
1997	6月25日	26.7	27.4	29.1	29.9	29.6	29.7	29.2	
	7月10日	28.0	27.4	28.3	29.3	28.4	30.7	28.2	30.1
	7月25日		28.3	26.7	26.3	28.6	28.1	28.9	
1998	7月5日			29.6	31.1	61.6	31.3	32.0	31.6
	7月15日			31.5	29.3	28.1	29.1	28.5	28.6
	7月25日	27.3	27.6	23.6	28.0	28.3	29.6		

表4.58　不同开花期棉铃纤维比强度变化动态　　　　（单位：cN/tex）

年份	开花期	开花后天数							
		31d	36d	41d	46d	51d	56d	61d	66d
1997	6月25日	9.8	17.2	17.7	17.4	19.3	19.0	18.3	
	7月10日	13.7	15.1	16.1	16.8	17.2	16.9	16.7	19.5
	7月25日		16.2	15.0	14.2	16.0	16.7	17.7	
1998	7月5日			16.4	18.2	17.7	19.6	21.3	18.9
	7月15日	16.9	16.9	15.2	17.6	18.2	17.4		
	7月25日	15.4	15.7	14.4	17.6	19.4	19.6		

（五）栽培技术对生殖器官发育的影响

科学研究和生产实践都表明，在棉花的生长发育过程中，栽培条件对生殖器官的发育有很大的影响。

1. 栽培条件对蕾、花发育的影响

（1）密度的影响。陈冠文等（2004）的研究表明，在合理密植的范围内，随着密度增加，现蕾速度随之加快，现蕾数增加，但现蕾成铃率下降；随着密度增加，开花速度减慢，开花数减少（表4.59）。

（2）化学调控的影响。大量的生产实践表明，对于壮苗棉田，只要缩节胺用量在合理范围，就可以加快蕾、铃的发育，增加单株现蕾数、结铃数。

表 4.59　密度对蕾、花发育的影响

密度/(万/亩)	现蕾速度（d/个）		开花速度（d/个）		现蕾数	开花数	现蕾成铃率/%	开花成铃率/%	亩铃数/(万/亩)
	纵向	横向	纵向	横向					
1.1	2.94	7.18	2.86	7.89	31.20	21.20	27.60	40.60	9.48
1.4	2.66	7.16	3.00	8.16	32.20	18.60	23.60	40.90	10.64

（3）覆膜宽度的影响。陈冠文等（2004）的研究表明，宽膜棉田的纵向现蕾速度和横向现蕾速度均快于窄膜（表 4.60），其最终的现蕾数和成铃数也高于窄膜棉田。

表 4.60　覆膜宽度对现蕾速度的影响　（单位：d）

膜型	南疆		北疆	
	纵向现蕾速度	横向现蕾速度	纵向现蕾速度	横向现蕾速度
宽膜	2.68	8.36	2.47	7.73
窄膜	3.66	12.21	3.13	7.54
宽膜比窄膜	−0.98	−3.85	−0.66	+0.19

（4）灌溉的影响。水分通过对棉花根系分布和地上部分的影响，最终影响产量及产量构成因子。充足甚至过量的水分有利于生物产量的形成，但降低经济系数。水分亏缺或过量会降低棉花单株铃数和单铃重，其中水分亏缺对棉花经济产量及构成因子的影响大于水分过量（闫映宇等，2009）。花铃前期水分亏缺（开花至开花后 10d 控水）会使棉花中、下部果枝蕾铃脱落率提高，引起中部成铃率下降，而中后期良好的水肥条件又使其上部果枝的成铃率提高。花铃中期水分亏缺（开花后 10~40d 控水），第 3~6 果枝成铃率骤然下降 25~45 个百分点，此时遭受干旱的棉田容易出现"中空"现象。花铃后期水分亏缺（开花 40d 以后控水）对棉花果枝成铃影响不大，产量降低不明显（图 4.20）（马富裕等，2002）。

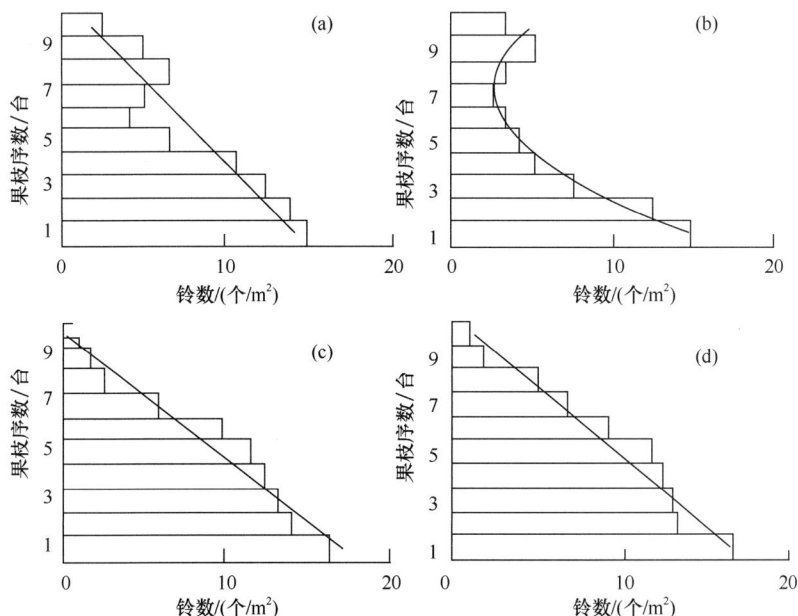

图 4.20　棉花花铃期水分亏缺对棉铃空间分布的影响
(a) 前期亏缺；(b) 中期亏缺；(c) 后期亏缺；(d) CK

2. 栽培条件对棉铃发育和纤维品质的影响

（1）施肥的影响。马溶慧等（2008）的研究表明：与适氮处理相比，零氮处理棉纤维的相对生长速率下降，纤维素快速累积持续期缩短，纤维比强度显著降低；高氮处理降低伏前桃、伏桃发育过程中光合产物向纤维分配的比例，其纤维比强度亦显著降低。

陈冠文等（2003）对农二师 29 团不同肥力水平（包括土壤肥力和施肥量）棉田进行定期、定株观察和取样，测定结果表明，高肥棉田无论是棉铃体积的增大或是棉铃干重的增加都快于中肥棉田（表 4.61）。

表 4.61　两种肥力棉田棉铃发育动态比较

肥力水平	开花期（月-日）	铃期/d	测定项目	测定日期（月-日）					
				8-6	8-16	8-26	9-5	9-15	9-25
高肥棉田	7-28	79.8	单铃体积/m³	3.9	20.5	25.0	27.4	25.4	29.2
			单铃干重/g	0.5	2.75	3.88	5.29	5.73	6.93
中肥棉田	7-28	75.8	单铃体积/m³	6.8	15.0	20.2	25.2	25.8	25.8
			单铃干重/g	0.85	2.09	3.47	4.87	5.70	6.38

注：品种为中棉所 19

（2）化学调控的影响。陈冠文等（2003）对不同缩节胺用量处理的定株观察结果表明，盛花期后缩节胺用量大的处理吐絮期提前，棉铃发育历期缩短，但吐絮速度减慢。在上述试验区逐果枝取样检测结果表明，适量化学调控（112.5g/hm²）的处理，纤维长度和比强度均优于重控（150.0g/hm²）处理。马克隆值差异不大（表 4.62）。

表 4.62　花铃期缩节胺用量对棉铃发育和纤维品质的影响

缩节胺用量/（g/亩）	吐絮期（月-日）	平均铃期/d	单铃吐絮速度/（d/个）	纤维长度/mm	纤维比强度/（cN/tex）	马克隆值
112.5	8-20	57.2	2.8	29.6	19.4	4.7
150.0	8-17	55.8	3.1	29.1	18.9	4.6

注：数值为 10 台果枝铃的平均值

（3）覆膜宽度的影响。陈冠文等（2003）定期取样测定结果表明，宽膜覆盖棉田的棉铃干重和体积的增长速度多数高于窄膜；宽膜覆盖棉田的棉铃体积增加最大期也早于窄膜（表 4.63）。

表 4.63　覆膜宽度对棉铃发育的影响

项目	宽膜						窄膜					
	10d	20d	30d	40d	50d	60d	10d	20d	30d	40d	50d	60d
单铃重/g	1.0	2.9	5.0	7.5	6.4	7.9	0.9	2.6	4.0	5.4	6.2	7.1
铃体积/m³	4.0	21.6	30.4	29.0	26.2		9.0	26.4	28.8	31.0	24.8	
籽棉干重/g		1.5	3.4	5.8	3.9	6.5		1.4	2.5	3.9	4.7	5.9
纤维干重/g		0.45	1.26	2.16	1.38	2.21		0.26	0.95	1.28	1.60	2.07

（4）种植密度的影响。1997 年，陈冠文等（2003）对不同密度处理棉纤维品质测定

结果表明，纤维长度随密度增加而增长；马克隆值则随密度增加而减小；纤维强力以 16.5 万株/hm² 最高（表 4.64）。

表 4.64　密度对纤维品质的影响（1997 年）

密度/（万株/hm²）	纤维长度/mm	比强度/（cN/tex）	马克隆值
12.0	28.6	18.3	4.7
16.5	29.1	18.9	4.6
21.0	29.5	18.6	4.1

（5）不同株行距配置对棉铃发育的影响。李新裕和陈玉娟（2000）的研究表明，开花后 61d 内，（66+10）cm 机采棉种植方式的棉铃鲜重、干重、体积均大于（30+60）cm 的大小行种植方式；其最终的棉铃鲜重、干重、体积等也大于大小行种植方式（表 4.65）。

表 4.65　不同株行距配置棉铃鲜重、体积、铃壳干重的变化

开花天数/d	鲜重/g		体积/m³		铃壳干重/g		棉籽干重/g		纤维干重/g		棉铃干重/g	
	机采	常规	机采	常规	机采	常规	机采	常规	机采	常规	机采	常规
10	7.24	8.69	7.76	9.22	0.66	0.84	0.31	0.34			0.97	1.18
21	21.00	24.99	23.00	26.98	1.29	1.58	1.07	1.11	0.33	0.46	2.68	3.16
30	28.49	27.88	29.82	29.28	1.81	1.85	1.40	1.40	1.19	1.12	4.24	4.23
40	23.19	24.23	24.74	25.42	1.44	1.54	1.54	1.60	2.02	1.96	5.09	5.21
50	26.69	27.79	28.72	29.46	1.69	1.79	2.41	2.40	2.97	2.84	7.00	7.02
61	24.86	22.66	28.56	24.72	1.65	1.44	3.18	3.22	3.21	2.93	8.04	7.70

（六）气象条件对生殖器官发育的影响

1. 温度对蕾、铃发育和纤维品质的影响

（1）对果枝始节高度的影响。果枝始节高度决定花芽分化的早晚。棉花花芽分化的最适温度是昼高夜低。据中国农业科学院棉花研究所 1983 年的研究结果，日温 28～32℃，夜温 20～22℃始果节位最低。

（2）对蕾花发育的影响。刘双俊和汤建国（2007）指出，棉花现蕾、结铃的适宜温度为 23～31℃。高于或低于这一温度范围，对棉花蕾铃脱落都有影响。气温高于 32.0℃或低于 16.5℃时，花粉正常，但雄蕊有些异常，不能授精；当日平均气温在 30℃，最高气温为 35℃时，蕾铃会大量脱落。

（3）对棉铃发育的影响。张贵永等（2010）的研究结果：①铃期长短主要取决于铃期的温度。7 月中旬开花，从开花到裂铃 50d 左右，该期平均气温 26℃左右；8 月中旬开花，从开花到裂铃 70d 左右，该期平均气温 20℃左右；花后 50～70d 平均气温 20～26℃，每降低 1℃，铃期会延长 3～4d。②棉铃重与温度不呈正相关。只要花后 50d 平均气温在 20～32℃，铃重都可达到 4g 以上，温度升高，铃重增加并不明显；如果花后 50d 平均气温低于 20℃，则铃重随温度的降低而直线下降。日平均气温 26℃左右时，纤维增重最大；日平均气温高于 34℃或低于 18℃时则纤维增重停止。

唐钱虎等（2009）的研究结果表明，特早熟品种第 1～8 果枝第 1 果节铃的发育所需积温由下而上呈明显下降趋势，中后期铃发育比较快。早中熟棉花品种全株铃的发育所需积温比早熟品种要多 80~100℃。

（4）对棉铃和纤维发育的影响。万燕等（2009）的研究结果表明，棉铃发育过程是多个气象因子综合作用的结果。将不同开花期、铃期 6 个气象因子与 6 个产量性状进行相关分析，除单铃籽棉经济系数外，单铃生物量、单铃籽棉重、单铃纤维重与铃期的日均温（T_d）、日最高温（T_{dmax}）、日最低温（T_{dmin}）、≥15℃有效积温（T_{ca}）、平均日有效太阳辐射量（Rd）均达极显著正相关；单铃纤维重与有效太阳辐射总量（Rd）呈显著正相关；衣分与铃期日均温、日最高温、日最低温和≥15℃有效积温呈显著正相关，与有效太阳辐射总量和平均日有效太阳辐射量呈极显著正相关。

马克隆值、比强度、纤维长度与日均温、日最高温、日最低温、≥15℃有效积温、平均日有效太阳辐射量均达到极显著正相关；纤维长度与有效太阳辐射量达到显著正相关；纤维伸长率与日均温、日最高温、日最低温达到极显著正相关，与≥15℃有效积温、平均日有效太阳辐射量均达显著正相关；纤维整齐度与各个气象因子之间的相关性未达到显著水平。

朱建军等（2004）的研究表明，棉铃干物质积累速率与铃期温度因素关系密切。其中铃壳干物质积累速率大小和积累高峰出现早晚明显受到日均气温、日最高温、日最低气温的影响；棉纤维、棉籽与≥15℃的有效积温相关性达到极显著水平；铃期相对湿度与纤维干物质最大积累量、纤维的旺盛生长特征值，以及纤维速度高峰值、棉籽时间特征值都有显著正相关关系。棉籽干物质最大积累量、旺盛生长特征值和时间特征值均与日最低气温呈显著正相关关系；而棉籽的速度高峰值与日均气温、日最高气温、日最低气温和≥15℃的有效积温均呈显著或极显著正相关关系。从整个籽棉发育来看，积温高低和温差大小对其干物质在旺盛生长期间的积累速度有明显影响。

2. 光照对棉铃发育和纤维品质的影响

1）光照对蕾铃的影响

过兴先等（1959）的遮光试验结果表明，棉株受光为夏季自然光的 1/5 时，落蕾比对照高 15.8%，落铃高 6.4%；棉株受光为夏季自然光的 1/10 时，落蕾比对照增加 40.3%，落铃增加 25.8%。中国科学院植物生理研究所的研究结果表明，棉株顶部受光只有自然光的 1/20 时，幼铃几乎全部落光。

2）光照对纤维品质的影响

马富裕等（2004）的研究有如下结论。

（1）随光照强度下降，棉铃最终生长量、相对增长速率、最大干物质积累速率都随之下降，棉铃干物质积累期延长，单铃棉籽数、铃壳重、棉籽重和纤维重降低。受光照强度下降影响最大的是粒重，其次是纤维重，对铃壳重影响最小。

（2）自然光照条件下，正常成熟的棉纤维重为 2.00~2.61g/铃，平均为 2.46g/铃，75%相对光强处理的纤维重比 CK 降低了 14.8%；50%相对光强处理的纤维重比 CK 平均下降了 46.4%。处理间差异均达到显著水平（$P < 0.05$）。

（3）纤维长度有随着光照强度下降而逐渐伸长的趋势。在自然光照条件下，CK 的纤维长度为（29.8±0.44）~（30.2±0.65）mm，平均为（29.9±0.57）mm。50%相对光强处理，纤维长度为 [（30.7±0.46）～（31.7±0.57）]mm，平均为（31.1±0.48）mm。

（4）纤维比强度有随光照强度下降而下降的趋势。在自然光照条件下，CK 的比强度为 [（27.88±0.78）～28.97±1.18] cN/tex，75%和50%相对光强处理的比强度分别比对照下降了 7.7%和 13.5%。

（5）马克隆值有随光照强度下降而显著下降的趋势（$P<0.001$）。在自然光照条件下，供试品种的纤维马克隆值为（4.28±0.53）～（4.63±0.59），平均为 4.45。而 75%相对光强和 50%相对光强处理的马克隆值分别比 CK 下降了 17.0%和 42.8%。

王庆材等（2006）的研究有如下结论。

（1）不同时期遮阴处理可使纤维的伸长期延长，以开花后 0～20d 遮阴处理影响最大。遮阴使纤维最终长度变短，鲁棉研 18、中棉所 41 开花后 0～20d 遮阴处理的纤维最终长度分别比 CK 短 1.67mm 和 1.34mm；开花后 21～40d 遮阴处理分别比 CK 短 0.42mm 和 0.97mm；开花后 41d 至吐絮遮阴处理对纤维长度无影响。上述结果表明，遮阴虽然延长纤维的伸长期，却使纤维最终长度变短。

（2）不同时期遮光对纤维断裂比强度有明显的影响。各时期遮光均降低了纤维最终零隔距断裂比强度。开花后 0～20d 遮光处理比 CK 降低 0.58cN/tex，开花后 21～40d 遮光处理比 CK 降低 1.28cN/tex，开花后 41d 至吐絮遮光处理比 CK 降低 0.75cN/tex，以开花后 21～40d 遮光处理降低幅度最大。

（3）遮光对纤维成熟度的影响。不同时期遮光对纤维成熟度都有影响，但以开花后 21～40d 遮光处理对纤维成熟度的影响最大，开花后 0～20d 遮光处理的影响次之，而开花后 41d 至吐絮遮光处理影响最小。

（4）遮阴对纤维马克隆值的影响。不同时期遮光都使纤维马克隆值降低，开花后 0～20d 遮光处理比 CK 降低 0.09；开花后 21～40d 遮光处理比 CK 降低 0.16；开花后 41d 至吐絮遮光处理比 CK 降低 0.05。以开花后 21～40d 遮光处理对纤维马克隆值的影响最大，开花后 41d 至吐絮遮光处理最小。

（5）温光互补作用对棉铃发育的影响。陈冠文等（2003）的研究结果表明，随着叶位的升高，各位铃所需积温逐渐减少；南疆的中熟品种中棉所 19 所需积温为 1581～1865℃，平均为 1763℃；北疆的早熟品种为 1305～1544℃，平均为 1430℃。南疆中棉所 19 所需日照时数在 594～660h，北疆新陆早 6 号所需日照时数在 484～553h。对棉株上、中、下部铃所处温光条件测定结果显示，第 16 主茎叶位铃的有效积温为 534.3℃，比第 7 主茎叶位铃少 161.9℃，即比第 7 主茎叶位铃的有效积温少了 23.3%；而第 16 叶位铃所接受的有效辐射量为 581.6μmol/（m²·s），为第 7 叶位铃的 4.95 倍。由此可见，上部铃以较多的有效辐射量对其积温不足的补偿作用和下部铃以较多的有效积温对其有效辐射量不足的补偿作用，是上部铃和下部铃分别在积温不足和有效辐射量不足的情况下能正常吐絮的重要原因（表 4.66）。

表 4.66　不同部位棉铃的温度、光照测定值

主茎叶位	7	9	11	12	13	14	15	16
≥15℃有效积温/℃	696.2	687.7	680.6	647.3	313.3	581.9	554.2	534.3
有效辐射量/[μmol/（m²·s）]	117.5	238.2	330.4	376.9	405.6	503.8	512.4	581.6

三、高产棉花器官同伸关系

（一）营养器官间的同伸关系

1. 主茎叶间的同伸关系

（1）叶片与叶原基的同伸关系。前人的研究表明：子叶展平期，主茎生长点有 4 个叶原基；1～5 叶期，叶原基总数为 $n+4$（n 为叶龄）；6～11 叶期，主茎内叶原基总数保持 9 个；12～17 叶期，主茎内叶原基总数保持 10 个。

（2）主茎叶与果枝叶的同伸关系。陈冠文等（2009）多年多点的观察结果表明：常规品种棉花主茎第 n 叶与主茎第 $n–2.6$～$n–2.1$ 叶的果枝第一果节叶同伸，主茎第 n 叶与主茎第 $n–5.5$～$n–4.4$ 叶的果枝第二果节叶同伸，且随现蕾叶位上升，蕾上叶数有逐渐减少的趋势（表 4.67）。

杂交棉（标杂 A1）主茎叶与同位果枝叶展平期的同伸关系随叶龄增加呈缩短趋势，且后期同位果枝叶展平期迅速加快。第 n 主茎叶与 $n–4.5$～$n–1.5$ 主茎叶的果枝第一果节叶同伸。杂交棉主茎叶与果枝叶的同伸叶龄范围大于常规棉（表 4.68）。

表 4.67　果枝叶与主茎叶的同伸关系（2005 年）（月–日）

团场	主茎叶位	5	6	7	8	9	10	11	12	13	14
81 团	主茎叶展平期	5-25	5-28	6-2	6-6	6-11	6-14	6-17	6-21	6-29	7-3
	第一果枝叶展平期	6-10	6-10	6-12	6-15	6-19	6-24	6-29	7-7	7-8	7-19
	同伸关系（叶）	$n–3.7$	$n–2.8$	$n–2.4$	$n–2.4$	$n–2.6$	$n–2.3$	$n–2.2$			
	第二果枝叶展平期	6-14	6-19	6-22	6-26	7-5	7-14	7-15	7-21	7-24	7-31
	同伸关系（叶）	$n–5.0$	$n–5.5$	$n–5.2$	$n–4.6$	$n–5.5$					
33 团	主茎叶展平期		5-30	6-3	6-8	6-12	6-17	6-22	6-26	7-1	7-6
	第一果枝叶展平期		6-10	6-13	6-17	6-21	6-26	7-5	7-11	7-16	7-20
	同伸关系（叶）		$n–2.3$	$n–2.2$	$n–2.1$	$n–2.1$	$n–1.8$	$n–2.8$			
	第二果枝叶展平期		6-28	7-1	7-2	7-9	7-16		7-21		
	同伸关系（叶）		$n–5.2$	$n–5.1$	$n–4.4$	$n–4.4$					

注：n 为主茎叶龄，叶片展平期为定点观察 10 株的平均值

表 4.68　杂交棉主茎叶与果枝叶的同伸关系（月–日）

项目	主茎叶位								
	5	6	7	8	9	10	11	12	13
主茎叶展平期	5-24	5-28	5-31	6-3	6-7	6-13	6-20	6-23	6-25
果枝叶展平期	6-10	6-12	6-16	6-19	6-21	6-23	6-24	6-28	
同伸关系（叶）	$n–4.5$	$n–3.8$	$n–3.6$	$n–2.7$	$n–2.3$	$n–2.0$	$n–1.5$		

注：n 为主茎叶龄

2. 叶片与节间的同伸关系

主茎节间与同位叶的生长速度存在较好的对应关系。陈冠文等的研究表明，节间的最快伸长期要晚于同位主茎叶的快速生长期。其同伸关系为：$n–1.5$ 叶～$n–0.5$ 叶（n 为主茎叶位）。

（二）叶片与生殖器官的同伸关系

1. 叶、蕾同伸关系

陈冠文等（2009）的研究结果表明：棉花现蕾初期，主茎叶展平期早于同位果枝第

一果节现蕾期，其相差天数随现蕾叶位的上升而逐渐减少；盛蕾期后开始出现负值（主茎叶展平期晚于同位果枝第一果节现蕾期），且随现蕾叶位的上升相差天数逐渐加大。多年多点的观察结果表明，主茎叶与第一蕾的同伸关系为 $n–2.3～n+1.2$（n 为主茎叶龄）。这与过去的研究结果基本一致（表 4.69）。

表 4.69 主茎叶与蕾的同伸关系（月/日）

主茎叶位	4	5	6	7	8	9	10	11	12	13	14
主茎叶展平期	5/20.6	5/25.1	5/28.8	6/2.7	6/6.4	6/11.5	6/13.8	6/17.6	6/21.1	6/28.8	7/3
第一蕾现蕾期	5/30	6/1.3	6/0.5	6/3.4	6/6.6	6/10.1	6/12.8	6/16.3	6/19	6/23.2	6/27
同伸关系（叶）	$n–2.3$	$n–1.7$	$n–0.6$	$n–0.2$	$n+0.1$	$n+0.3$	$n+0.3$	$n+0.4$	$n+0.4$	$n+0.7$	$n+1.2$
第二蕾现蕾期	6/6	6/6.6	6/9.0	6/11.8	6/14.3	6/18.7	6/21.2	6/26.2	6/30	7/5.1	7/7.5
同伸关系（叶）	$n–4.1$	$n–2.9$	$n–2.5$	$n–1.9$	$n–1.3$	$n–1.4$	$n–2.0$	$n–1.7$	$n–1.3$		

注：本表为 81 团（2005 年）定株观察结果。n 为主茎叶龄

2. 叶、花的同伸关系

陈冠文等（2009）的定株观察结果：①常规棉品种果枝第一朵花开花期与同位主茎叶的展平期相差 24～32d（6.7～7.6 个叶龄），两者的同伸关系为 $n–6.7～n–7.6$ 叶龄，且随开花的果枝位上升而逐渐减少。②标杂 A1 的两者间隔期较短，为 20～28d（约为 7.2 个叶龄），开花较集中（表 4.70）。

表 4.70 主茎叶与果枝第一朵花的同伸关系（月/日）

团	品种	项目	5	6	7	8	9	10	11	12	13	14	15
81 团（2005 年）	81-3	主茎叶展平期（月/日）	5-25	5-29	6-3	6-6	6-11	6-14	6-18	6-21	6-29	7-3	7-6
		第一朵花开花期（月/日）	6-26	6-29	7-2	7-5	7-8	7-11	7-15	7-19	7-24	7-27	8-3
		同位叶、花相差天数/d	32	31	29	29	27	27	27	28	25	24	28
		同位叶、花相差叶龄/叶	7.6	7.0	6.7	6.7							
3 团（2006 年）	中棉所35	主茎叶展平期（月/日）	5-22	5-26	5-29	6-2	6-7	6-12	6-17	6-21	6-27	7-2	7-5
		第一朵花开花期（月/日）	6-24	6-28	7-1	7-4	7-8	7-12	7-15	7-20	7-24	7-29	8-1
		同位叶、花相差天数/d	33	33	33	32	31	30	28	29	27	27	27
		同位叶、花相差叶龄/叶	7.5	7.2	6.7	6.6							
149 团（2006 年）	标杂 A1	主茎叶展平期（月/日）		5-28	6-1	6-4	6-7	6-11	6-18	6-21	6-24		
		第一朵花开花期（月/日）		6-25	6-27	6-29	7-1	7-4	7-8	7-11	7-14		
		同位叶、花相差天数/d		28	26	25	24	23	20	20	20		
		同位叶、花相差叶龄/叶		7.2									

注：同位叶、花相差叶龄是按两者对应日期估算的

（三）棉花器官同伸关系小结

1. 器官同伸关系表

根据上述资料，参考前人的研究成果，将棉花各器官的同伸关系汇总整理于表 4.71，供参考。

2. 器官同伸关系表达式

（1）主茎叶（n）与第一果枝叶的同伸关系：Mn＝n–3～n–2 叶龄（Mn 为果枝叶的展平期，n 为主茎叶龄）。

（2）主茎叶与主茎节间的同伸关系：n 叶与 n 叶着生的节间直接对应。

（3）叶、蕾的同伸关系：主茎叶与第一蕾的同伸关系，随现蕾果枝位上升而从负值渐变成正值，其数值在 n–2.3～n+1.2（即现蕾从晚于同位主茎叶到早于同位主茎叶）。

（4）叶、花的同伸关系：常规品种果枝第一朵花开花期与同位主茎叶的展平期相差 24～32d，两者的同伸关系为 n–7.6～n–6.6 叶龄（n 为主茎叶龄），且随开花的果枝位上升而逐渐下降。杂交棉果枝第一朵花开花期与同位主茎叶的展平期相差 5～7 个叶龄。但超高产棉田的叶、花同伸关系稍长于常规品种棉花。

表 4.71 综合反映了棉株器官间在各个叶龄期的同伸（对应）关系。例如，第 5 叶龄时，第 4 叶处于生长加快期，第 3 叶处于快速生长期，第 2 叶处于生长减慢期，第 1 叶处于叶长定长期；同时，第 5、4、3、2、1 节间也处在相应的生长期。又如，第 13 叶龄时，第 14 或 15 叶位的第 1 蕾、第 11 或 12 叶位的第 2 蕾达到现蕾标准，第 6 叶位的第 1 花

表 4.71 棉花器官同伸关系汇总表

生育期	主茎展平叶	主茎叶位				现蕾叶位		果枝叶叶位		开花叶位		主茎节间				
		生长加快叶	快速生长叶	生长减慢叶	定长叶	第1蕾	第2蕾	果枝叶1	果枝叶2	第1花	第2花	新生节	加快节	最快节	减慢节	基本定型
苗期	1											1				
	2	1										2	1			
	3	2	1									3	2	1		
	4	3	2	1								4	3	2	1	
	5	4	3	2	1							5	4	3	2	1
	6	5	4	3	2							6	5	4	3	2
	7	6	5	4	3							7	6	5	4	3
蕾期	8	7	6	5	4	6~7		6				8	7	6	5	4
	9	8	7	6	5	8~9	6~7	7				9	8	7	6	5
	10	9	8	7	6	10	8	8				10	9	8	7	6
	11	10	9	8	7	11~12	9		6			11	10	9	8	7
	12	11	10	9	8	13	10	9~10	7			12	11	10	9	8
花期	13	12	11	10	9	14~15	11~12	11	8	6		13	12	11	10	9
	14	13	12	11	10					6~7		14	13	12	11	10
	15	14	13	12	11		13	12	9	7~8	6~7	15	14	13	12	11

开花。同时，第 11 叶位果枝的第 1 果枝叶和第 8 果枝的第 2 果枝叶展平。其他叶龄期的同伸关系，依次类推。

四、棉花生育中心有序转移与有序抑制规律

陈冠文和余渝（2004）经过多年的研究认为，在棉花的生长发育过程中，存在"棉株生育中心有序抑制与有序转移规律"。这一规律是棉花在长期的系统发育过程中形成的。因此，应用好这一规律将有助于科学调控棉花的生长发育，提高棉花产量和减轻自然灾害对棉花生产的影响。

（一）棉花生育中心有序转移与有序抑制

1. 棉花生育中心有序转移

（1）棉花的生育中心。棉花的一生共有 4 个生育时期：苗期、蕾期、花铃期和吐絮期。每个生育时期都有一个生育中心，即棉株有机营养优先供给的器官，如苗期的根、茎、叶，蕾期的蕾，花铃期的花和铃。

（2）生育中心转移是渐进的过程。正常情况下，棉花生育中心的转移是有序的：后一生育中心逐步取代前一生育中心。即前一生育中心在自己的生长发育过程中，也孕育和培养着新的生育中心，并逐步让位给新的生育中心。例如，在蕾期，原来的生育中心——根、茎、叶逐渐转移到新的生育中心——蕾（表 4.72）。

表 4.72　生育中心的转移顺序

生育时期	出苗—现蕾	现蕾—开花	开花—吐絮
生育中心	根、茎、叶	根、茎、叶→蕾	蕾→花→铃

（3）生育中心异常转移现象。在棉花生产过程中，由于技术失误或自然灾害，棉株也会出现生育中心的异常转移：①转移加速。在棉花的某个生育阶段，常由于水肥不足导致生育中心的转移明显加快，进而出现早衰。②转移减慢。在棉花的某个生育阶段，如果水肥过多也可导致生育中心转移减慢，如苗、蕾期水肥偏大形成旺苗，使生育进程推迟；花铃期水肥偏大导致贪青晚熟等。③逆转。严重的自然灾害，如蕾期的雹灾、风灾和打顶后的雨灾、涝灾等灾害后出现的二次营养生长。其中，蕾期生育中心的逆转，如果利用得当，有利于减轻灾害对产量的影响。

2. 棉花生育中心的有序抑制

在棉花的生育进程中，当新的生育中心形成后，总会明显地抑制前一中心器官的数量和质量，这就是棉花生育中心的有序抑制规律。

（1）现蕾对主茎出叶速度的抑制效应。陈冠文等（2009）多年的观察结果表明，不同棉区、不同品种、不同年份和不同地膜宽度的棉株均表现为：现蕾后主茎出叶速度明显变慢（表 4.73）。

（2）开花对现蕾速度的抑制效应。陈冠文等（2009）多年的观察结果表明，不同棉区、不同品种、不同年份和不同覆膜宽度的棉株均表现为：第一个蕾开花后，开花时的

主茎倒一叶和倒二叶的现蕾速度明显变慢。例如，1995 年南疆的军棉 1 号第一个蕾开花时，其主茎倒一叶（12 叶）及倒二叶（13 叶）的现蕾速度比 11 叶慢 0.9～1.1d（表 4.74）。

表 4.73　现蕾对主茎出叶速度的影响　　　　（单位：d/叶）

年份	品种	膜型	主茎叶位的出叶速度					现蕾叶位	现蕾叶龄	观察地点
			6	7	8	9	10			
1994	军棉 1 号	窄膜	<u>2.4</u>	4.8	2.6	3.2	3.7	4～5	6～7	南疆
1995	军棉 1 号	窄膜	<u>2.7</u>	4.5	3.8	6.5	4.8	4～5	6～7	南疆
1997	29-1	宽膜	2.2	<u>2.6</u>	3.0	2.5	2.5	5～6	7～8	南疆
1997	新陆早 6 号	宽膜	4.8	<u>2.1</u>	4.4	5.0	2.5	5～6	7～8	北疆
1998	新陆早 6 号	宽膜	2.7	2.0	<u>2.8</u>	3.4	3.4	6～7	8～9	北疆

注：有下划线的为现蕾叶龄的出叶速度

表 4.74　开花对现蕾速度的影响　　　　（单位：d/个）

年份	品种	膜型	主茎叶位的现蕾速度						开花叶位	开花叶龄	观察地点
			11	12	13	14	15	16			
1995	军棉 1 号	窄膜	3.0	<u>3.9</u>	4.1	2.4			4～5	12	南疆
1995	29-1	窄膜	2.7	<u>5.3</u>	6.6	2.9	2.4	2.1	5～6	12～13	南疆
1996	新陆早 4 号	宽膜	2.0	1.6	<u>2.6</u>	3.8	3.4	3.5	5～6	13～14	北疆
1996	新陆早 4 号	窄膜	2.6	2.3	<u>3.3</u>	4.0	3.4	2.8	5～6	13～14	北疆
1998	新陆早 6 号	窄膜	2.9	2.4	<u>2.6</u>	2.9	1.5		5～6	13～14	北疆

注：有下划线的为开花叶龄的出叶速度

（二）棉花生育中心有序转移与有序抑制规律的应用

1. 应用综合调控技术保障棉花生育中心有序转移，防止早衰和贪青

（1）化学调控技术的应用。化学调控能有效地抑制营养生长，促进生殖生长。因此，应用化学调控技术可增强后一中心对前一中心的抑制，加快生育中心转移，促进早熟，防止贪青晚熟（表 4.75）。

（2）水肥的应用。水肥能促进营养生长，抑制生殖生长。因此，施用水肥可延缓生育中心转移，防止早衰（表 4.76）。

（3）整枝技术的应用。通过打顶和整枝，摘去棉株主茎和侧枝的生长点，可使棉株体内生长素浓度降低。因此，打顶和整枝具有抑制营养生长、促进生殖生长、增加中上部果枝成铃的作用（表 4.77）。

表 4.75　不同化学调控处理的吐絮期比较

化调处理			各主茎叶第一铃吐絮期（月/d）								
6 月 13 日	7 月 5 日	7 月 27 日	7	8	9	10	11	12	13	14	15
2.5g	3.5g	4.0g	8/20	8/20.4	8/23.4	8/23.3	8/24.2	8/29.6	9/6.0	9/8.0	9/16.2
2.8g	4.7g	6.5g	8/16	8/19.7	8/22.6	8/22.9	8/25.6	8/31.0	9/4.0	9/5.7	9/2.7
	比较/d		−4.0	−0.7	−0.8	−0.4	+0.6	+0.4	−2.0	−2.3	−3.5

表 4.76　不同施肥水平的开花期比较（月-日）

水肥处理	各主茎叶位开花期（月-日）										
	6	7	8	9	10	11	12	13	14	15	16
中肥	6-20	6-24	6-24	6-26	6-28	7-2	7-5	7-8	7-11	7-14	7-20
高肥	6-21	6-24	6-27	6-29	7-3	7-6	7-10	7-13	7-15	7-21	7-23
比较/d	+1	0	+3	+3	+5	+4	+5	+5	+4	+7	+3

表 4.77　整枝对中上部果枝成铃的影响

处理	各主茎叶位果枝成铃数/（个/株）					
	11	12	13	14	15	16
整枝	1.0	0.9	0.7	0.5	0.4	0.2
未整枝	1.0	0.7	0.5	0.3	0.2	0.0
比较	0.0	−0.2	−0.2	−0.2	−0.2	−0.2

2. 应用综合调控技术调节棉花生育中心有序转移，增加蕾、花、铃数量

通过综合调控技术抑制旺苗的营养生长，加快生育中心的有序转移，防止蕾铃滞育、脱落或贪青晚熟，实现优质高产。

通过综合调控技术促进早衰棉花的营养生长或生殖生长，延缓生育中心的有序转移，增加蕾、花、铃数量，提高棉花产量。

3. 应用棉花生育中心的逆转，减轻自然灾害对产量的影响

新疆棉区的棉花蕾期，常常发生雹灾、风灾等自然灾害。这些灾害往往造成棉花"断头"、"断枝"和"光杆"。在这种情况下，如果决策得当，加强棉田的水肥管理，使棉花生育中心逆转，形成"二次营养生长"，并充分利用新生果枝成铃，可以减轻自然灾害对产量的影响。

五、高产棉花群体冠层结构特征

作物冠层结构是指作物群体地上部分器官的数量和空间的排列方式。冠层结构特征显著影响作物冠层截获光合有效辐射的能力及其光合作用强度；通过综合栽培技术措施，优化作物冠层结构，可以提高作物光能利用率进而提高作物产量。

（一）高产棉花群体冠层结构指标

反映作物群体冠层结构的指标主要有叶面积指数、叶倾角、光截获率等，各指标间有着密切的关系。

1. 叶面积指数

叶面积指数（LAI）是衡量群体冠层结构是否合理的重要指标，在一定范围内，棉花产量与 LAI 呈正相关。高产棉田 LAI 生育前期增长快，盛铃期峰值高，生育后期缓慢下降。LAI 过大引起冠层中下部荫蔽，光照条件变劣，光合有效面积减小，群体光合速率降低而导致减产（李蒙春等，1999）。出苗后 20d 至现蕾期，高产棉田 LAI 比一般棉田分别高 25%～50%和 61.54%～69.23%，从现蕾期到始花期 LAI 急剧增加到 2.5 左右，至结铃盛期 LAI 达最高值（王克如等，2002）。在南疆棉区的研究表明，实现 3000kg/hm² 的超高产水平，LAI 最大值应在 4.35 左右。陈冠文等（2007）研究认为，杂交棉 3000kg/hm² 超高产田盛铃前期 LAI 可达 4.42，而一般中、高产田仅为 3.71～3.84。一般产量棉田由于群体冠层形成晚，在冠层形成初期 LAI 小，截取的光能少，是制约整个棉花光合生产体系光合效率的障碍因子。

综合新疆高产棉花 LAI 的研究，大多数研究者均认为棉花 LAI 最大值不宜超过 4.5。但随着棉花品种株型的改进、品种的更替，新疆棉花产量水平提高，棉田 LAI 的动态及峰值也发生变化。杜明伟等（2009a）研究表明，标杂 A1 在皮棉产量达到 3200kg/hm² 条件下棉田 LAI 峰值为 4.3～4.5；3500kg/hm² 以上的棉田 LAI 在盛铃期高达 4.9～5.2（图 4.21），初絮期仍维持在 3.3 左右，较 3200kg/hm² 左右的棉田高 4.1%，较 2250kg/hm² 棉田高 92.8%。而皮棉产量水平 2565kg/hm² 的 LAI 虽在盛铃期也达到 5.0～5.4，但生育后期下降过快，初絮期已降至 1.9。这可能是在新疆棉区常规棉花品种 LAI 超过 5.0 以后，叶片相互遮阴严重，中下部叶片受光不足，导致早衰、过早脱落，光合有效面积急剧减小，产量难以达到较高水平。

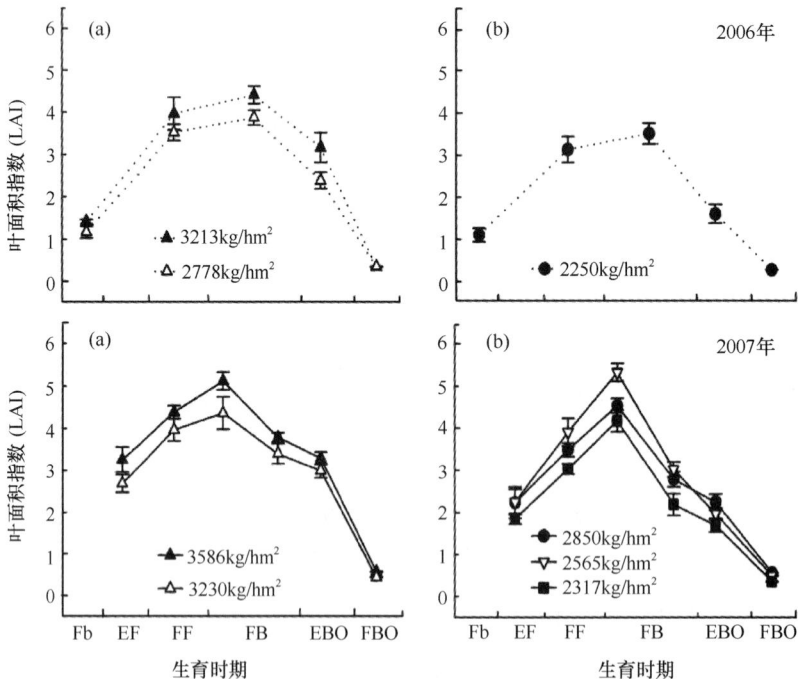

图 4.21　不同产量水平下棉花叶面积指数的生育期变化（杜明伟等，2009a）

Fb. 盛蕾期；EF. 初花期；FF. 盛花期；FB. 盛铃期；EBO. 初絮期；FBO. 盛絮期。（a）杂交棉品种；（b）常规棉品种

高产棉田不仅具有较高的 LAI 峰值，而且冠层叶面积配置合理，叶分布较均匀。合理的冠层结构有利于改善光分布，提高群体光能利用率，促进光合物质生产与合理分配。据研究（杜明伟等，2009b），不同产量水平棉花叶片均主要分布在上层，超高产杂交棉

上层叶占 40%～45%，中、下层比例分别为 30%～36% 和 19%～24%，而常规棉上层叶占 55%～60%，中、下层比例较低，分别占 20%～24% 和 10%～16%（表 4.78）。

表 4.78　盛铃期不同产量水平棉花叶面积指数垂直变化（杜明伟等，2009b）

品种（系）	产量水平/（kg/hm²）	冠层层次		
		顶 1/3 冠层	顶 2/3 冠层	全冠层
2007 年				
标杂 A1	3586	1.68±0.13b	3.04±0.11a	3.78±0.18a
	3230	1.62±0.11b	2.86±0.14b	3.39±0.17b
新陆早 26 号	2850	1.84±0.10a	2.40±0.19c	2.78±0.20c
万氏 217	2317	0.82±0.09c	1.72±0.10d	2.18±0.10d
2008 年				
石杂 2 号	4365	1.75±0.11a	3.26±0.12a	4.25±0.29a
	3893	1.67±0.19a	3.01±0.11b	4.03±0.23a
新陆早 33 号	3389	1.76±0.12a	2.97±0.15b	3.75±0.22a
新陆早 26 号	2906	1.87±0.11a	2.52±0.09c	2.95±0.31b

注：同一列相同冠层层次不同字母表示在 0.05 水平上差异显著

不同产量水平棉花冠层叶分布、光分布和冠层光合速率分布比例三者之间均存在极显著正相关关系（杜明伟等，2009b），相同冠层层次三者分布比例相近，且不同产量水平棉花的棉铃空间分布与三者均有显著的线性关系。产量水平较高的棉花，冠层中三者的分布相对较均匀，而且产量水平越高，棉铃空间分布与三者比例的吻合程度越高。由于棉铃的生长发育主要依赖邻近叶片的光合物质积累，棉铃空间分布与三者比例相近，有利于光合物质向棉铃的快速转运，从而实现高产（图 4.22）。

棉花 LAI 受多种栽培措施的影响，包括种植密度、田间配置方式和水肥管理状况等。种植密度过大或者过小，其 LAI 与适宜种植密度（16.5 万株/hm²）相比有较大差异，密度越大，LAI 增长越快且适宜最大叶面积指数出现日期相应提前；相反密度越小，LAI

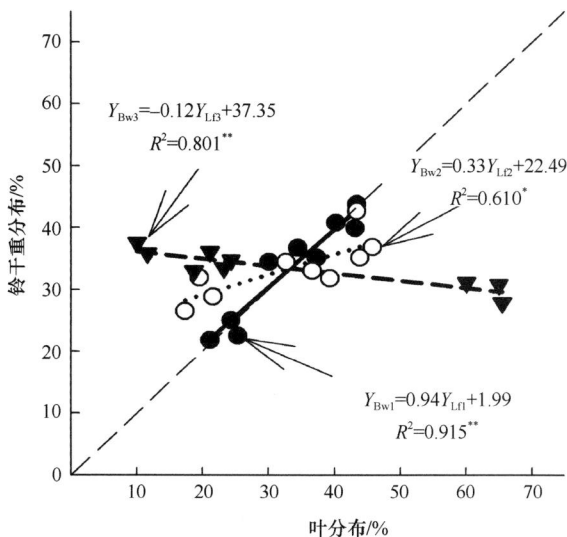

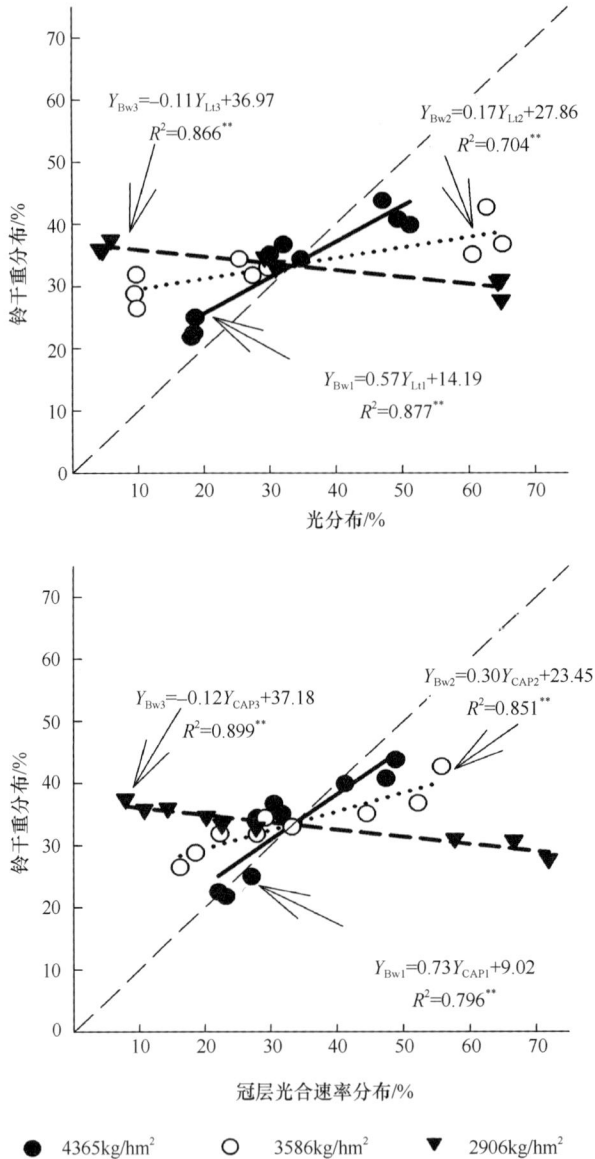

图 4.22 棉铃干物质空间分布与叶分布、光分布及冠层光合速率分布比例的关系（杜明伟等，2009b）

增长慢且适宜最大叶面积指数出现日期相应推迟。适当缩小行距，有利于增加单位面积上的群体数量，充分利用生育前中期土地和光能资源，叶面积指数增加；适当增加株距，有利于改善单株生育状况和后期通风透光条件，使植株上、中、下部的叶片始终处于良好的光合条件下，充分发挥后期单株生产力。在棉花盛蕾期开始水分处理时，不同滴水量处理条件下 LAI 的差异逐渐变大，适量滴灌条件下的 LAI 较限量滴灌处理增速明显，但吐絮盛期后下降较快（张旺锋等，2002）。

2. 叶倾角（MTA）

叶倾角为叶轴和水平面之间的夹角（$0° < \alpha < 90°$），叶倾角越大，叶片越呈直立状。叶倾角影响叶片接受太阳辐射的强度和叶片在冠层内的分布，反映叶片的受光状况。赵中

华等（1997）对棉花冠层结构与光分布的研究结果表明，叶倾角过小，意味着果枝与主茎夹角变大，上部叶片比例增加，则直接造成中、下层光照条件的恶化，不利于产量的形成。

吕新等（2001）对不同产量棉花群体冠层结构各指标的测定表明，棉花新陆早 8 号在 1800～2250kg/hm^2 高产条件下，棉花群体冠层的叶倾角随 LAI 的变化发生变化，在生育期间呈由小变大再减小的趋势。张旺锋等（2002）研究表明，盛蕾期棉株生长空间较大，叶倾角小，叶片分布平展，截光面积大，盛花期后随着 LAI 增大，叶倾角有增大的趋势，即叶片由平展变为直立，有利于群体透光，吐絮期随 LAI 减小，叶倾角变小，叶片又向平展型发展，但上部叶片仍表现直立，中下部叶片平展。在盛花期、吐絮初期棉叶与主茎的夹角小于盛铃期。

在棉花不同产量条件下，冠层不同层次叶倾角存在差异，从上到下总体表现减小的趋势（表 4.79）。同一类型品种相同层次高产棉花的叶倾角大于低产棉花，而不同类型品种棉花相比，杂交棉顶 2/3 冠层的叶倾角较常规棉品种小，全冠层则无显著差异。杂交棉标杂 A1 和石杂 2 号顶 2/3 冠层的叶面积指数高于常规高产棉花品种，虽然前者叶倾角较后者小，但冠层开度（透光率）显著高于后者，这可能是由于鸡脚叶形具有良好的透光性，使中上部冠层透光率增加，有利于改善下部叶层的光环境。

表 4.79　盛铃期不同产量水平棉花叶倾角及透光率的垂直变化（杜明伟等，2009b）

品种（系）	产量水平/ （kg/hm^2）	叶倾角			冠层开度		
		顶 1/3 冠层	顶 2/3 冠层	全冠层	顶 1/3 冠层	顶 2/3 冠层	全冠层
2007 年							
标杂 A1	3586	49.7±2.3b	44.3±1.9ab	43.5±1.2a	0.403±0.025b	0.164±0.009b	0.078±0.009c
	3230	45.3±1.8c	42.9±1.1b	42.6±1.7a	0.392±0.026b	0.158±0.012b	0.087±0.016bc
新陆早 26 号	2850	56.1±2.2a	46.8±1.2a	43.6±1.5a	0.287±0.019c	0.135±0.014c	0.092±0.014b
万氏 217	2317	50.2±2.3b	45.5±0.9ab	43.1±2.1a	0.501±0.015a	0.251±0.017a	0.163±0.019a
2008 年							
石杂 2 号	4365	51.8±2.6c	48.3±2.8ab	45.9±1.7a	0.481±0.024a	0.202±0.008a	0.086±0.012bc
	3893	50.2±1.4c	46.7±3.1b	45.1±1.3a	0.495±0.022a	0.206±0.011a	0.089±0.016b
新陆早 33 号	3389	61.2±1.5a	52.4±2.2a	47.2±1.5a	0.436±0.019b	0.175±0.012b	0.083±0.014c
新陆早 26 号	2906	56.7±2.7b	48.6±1.6ab	45.5±1.1a	0.396±0.010c	0.136±0.014c	0.095±0.013a

注：同一列相同冠层层次不同字母表示在 0.05 水平上差异显著

栽培措施对叶倾角有一定的影响，研究表明，随施氮量的增加，棉花平均叶簇倾角变小，叶片变大、变平，叶片发生这种变化，可截获更多的光能，增强群体光合作用（表 4.80）。但不同棉花品种对追施氮肥表现不同，过量追施氮肥，造成新陆早 6 号生长快，叶片倾斜角度变小，引起冠层内光照恶化，植株中下部的叶片光照不足，呼吸消耗上升，最终造成生育后期群体光合速率的急剧下降。

适量滴灌条件下，棉花平均叶倾斜角度变小，叶片有变平的趋势（表 4.81），这样可以使叶片截获更多的光能；但水分充足，棉花生长快，造成叶面积指数迅速增加，叶片倾斜角度的变小，将引起冠层内光照恶化，植株中下部的叶片由于光照不足，呼吸消耗上升，最终造成群体光合速率的降低。

表 4.80　不同施氮量对棉花平均叶簇倾斜角度（°）的影响（张旺锋等，2003）

测定时期	处理	新陆早6号		新陆早7号	
		窄行	宽行	窄行	宽行
盛花期	N0	37.55	50.03	40.02	55.07
	N1	34.23	45.01	38.95	45.07
	N2	32.02	46.01	37.57	43.05
	N3	33.55	40.23	38.57	40.25
盛铃期	N0	42.44	84.57	45.26	85.91
	N1	37.22	72.39	38.31	85.91
	N2	43.19	62.74	30.65	85.91
	N3	36.35	60.85	36.12	77.17
吐絮期	N0	49.05	56.96	53.50	85.50
	N1	47.42	49.10	44.57	85.91
	N2	44.57	45.52	39.23	85.91
	N3	35.35	45.69	54.78	71.73

注：N0 为 0kg/hm^2；N1 为 150kg/hm^2；N2 为 300kg/hm^2；N3 为 450kg/hm^2；后同

表 4.81　不同滴灌量对棉花平均叶倾角的影响（张旺锋等，2002）

测定时期	处理	平均叶倾角/（°）	
		新陆早 6 号	新陆早 8 号
盛蕾期	适量滴灌	26.48	28.01
	限量滴灌	24.25	28.51
盛花期	适量滴灌	36.48b	39.67
	限量滴灌	40.25a	43.01
盛铃前期	适量滴灌	37.99b	46.50B
	限量滴灌	40.01a	64.48A
盛铃后期	适量滴灌	32.73B	67.48
	适量滴灌	64.70A	60.85

注：表中不同的大写字母（A、B）和小写字母（a、b）分别代表 $P < 0.01$ 和 $P < 0.05$ 显著水平；后同

3. 光截获率

作物群体能够截获直接的光辐射和间接的散射辐射，上部叶片可接受直接的或散射的辐射，而冠层下部的叶片仅能接受小部分直接辐射。冠层光截获和光合能力不仅受 LAI 的影响（Wells，1986；Stewart et al.，2003），也受叶片展布模式的影响，叶倾角影响作物冠层内辐射的截获和分布。王延琴等（1999）的研究表明，适当增加密度，可有效提高封行前棉田的群体光截获量，提高光能利用率。光截获影响棉花群体光合速率，适当提高群体的光截获量能够提高光合能力、增加产量（Good and Bell，1980；Reta-Sanchez and Fowler，2002）。

研究表明，新疆高产棉花群体不同生育时期冠层散射光透过系数的变化表现为，盛蕾期透光性最强，盛花期开始减弱，盛铃后期下降到最低值，吐絮期有所增强。宽窄行

种植条件下，盛蕾期宽行、窄行间透光性差异不明显，从盛花期开始窄行透光率低于宽行，直至盛铃后期均较低，进入吐絮始期差异减小。冠层直射光透过系数的变化与当地纬度有关，纬度不同，太阳天顶角不同。以石河子（北纬 44°）为例，夏季太阳天顶角度 30°～40°，不同生育时期各光线顶角水平的冠层直射光透过系数变化趋势与散射光透过率相似，均表现为盛蕾期最强，盛花期开始减弱，盛铃后期降至最低值，吐絮期透过率又明显增强。经宽窄行比较，盛蕾期膜间宽行＞膜上宽行＞膜上窄行。盛花期窄行透过率明显低于宽行，一直维持到盛铃后期，吐絮期宽窄行透过率差异减小。不同产量水平棉田冠层直射光透过系数的变化表现为 2025～2250kg/hm² 直射光透过系数优于 1800kg/hm²，说明棉花各时期达到适宜的叶面积指数，保持群体冠层较好的透光性，棉田群体光合性能才能增强。

消光系数（K）反映群体叶面积对太阳直接辐射的削弱能力。新疆高产棉花群体冠层不同生育时期消光系数的变化表现为：从盛花期开始 K 值降低，为 0.8～0.9，盛铃期继续下降，但其下降幅度较小，至吐絮期消光系数有所增加。新疆高产棉田 K 值在盛花后减小，说明群体通风透光并没有因 LAI 快速增加而变劣，相反保持良好。宽窄行间的 K 值差异不大，产量差异也不显著。根据所测数据分析，高产棉花群体冠层各生育时期的消光系数，盛花期 0.85～0.90，盛铃期 0.7～0.8，吐絮期 0.80～0.95。

栽培措施中施肥、灌水等对群体光截获率有一定的影响。随施氮量的增加，棉花平均叶倾角变小，群体散射辐射透过系数和直射辐射透过系数降低，冠层截获光能增加。施氮量少或不施氮，棉花平均叶倾角变大，群体散射辐射透过系数和群体直射辐射透过系数升高，将造成漏光损失，群体光合速率也不高（表 4.82）。

与适量滴灌相比，限量滴灌条件下棉花叶片倾斜角度变大，群体散射辐射透过系数和群体直射辐射透过系数增加，造成漏光损失严重，降低了群体光合速率（表 4.83）。

表 4.82　不同施氮量对棉花群体散射辐射和直射辐射透过系数的影响（张旺锋等，2002）

测定时期	处理	新陆早 6 号				新陆早 7 号			
		散射辐射透过系数		直射辐射透过系数		散射辐射透过系数		直射辐射透过系数	
		窄行	宽行	窄行	宽行	窄行	宽行	窄行	宽行
盛花期	N0	0.328	0.458	0.250	0.450	0.295	0.423	0.460	0.555
	N1	0.268	0.415	0.205	0.385	0.227	0.440	0.270	0.515
	N2	0.209	0.426	0.195	0.340	0.205	0.432	0.210	0.460
	N3	0.202	0.430	0.195	0.300	0.181	0.420	0.170	0.350
盛铃期	N0	0.271	0.512	0.270	0.440	0.223	0.559	0.250	0.540
	N1	0.229	0.482	0.135	0.505	0.227	0.549	0.200	0.575
	N2	0.188	0.429	0.180	0.400	0.208	0.541	0.140	0.535
	N3	0.086	0.341	0.095	0.170	0.207	0.451	0.140	0.500
吐絮期	N0	0.305	0.462	0.285	0.475	0.374	0.450	0.345	0.475
	N1	0.241	0.341	0.175	0.320	0.333	0.480	0.305	0.495
	N2	0.309	0.247	0.215	0.175	0.242	0.510	0.315	0.415
	N3	0.234	0.226	0.160	0.170	0.228	0.297	0.205	0.275

表 4.83　不同滴灌量对棉花群体散射辐射和直射辐射透过系数的影响（张旺锋等，2002）

测定时期	处理	散射辐射透过系数		直射辐射透过系数	
		新陆早 6 号	新陆早 8 号	新陆早 6 号	新陆早 8 号
盛蕾期	适量滴灌	0.347	0.323	0.353	0.383
	限量滴灌	0.337	0.338	0.345	0.390
盛花期	适量滴灌	0.177b	0.155b	0.228	0.175b
	限量滴灌	0.264a	0.280a	0.275	0.320a
盛铃前期	适量滴灌	0.134b	0.243b	0.143b	0.225b
	限量滴灌	0.180b	0.345a	0.170a	0.303a
盛铃后期	适量滴灌	0.204B	0.308	0.188B	0.285b
	限量滴灌	0.318A	0.324	0.255A	0.305a

（二）冠层结构优化和调控措施

1. 高产棉花理想株型和群体结构的优化指标

改善作物冠层结构，使更多的光能到达植株基部叶片，增加冠层截获光的比例是作物品种改良和改进栽培技术的重要目标（Beadle，1997）。作物冠层结构状况影响群体光合速率，优化冠层结构是增强作物群体光合作用的重要途径（Long et al.，2006）。罗宏海（2005）的研究表明，每公顷产皮棉达 2550kg 棉花群体冠层结构主要特征因品种而异，株型紧凑及小叶形品种 LAI 在盛铃期为 3.92～4.04，盛花期至吐絮期应保持在 3.11～3.39；全生育期平均叶倾角在 40.76°～42.56°，盛铃期群体直射辐射和散射辐射透过系数分别为 0.120～0.130 和 0.129～0.153，吐絮期应分别为 0.156～0.180 和 0.175～0.197。株型较松散的大叶形品种，LAI 在盛铃期为 4.14～4.38，盛花期至吐絮期应保持在 3.32～3.54；全生育期平均叶倾角在 49.17°～53.31°，盛铃期群体直射辐射和散射辐射透过系数分别为 0.113～0.117 和 0.139～0.171，吐絮期应分别为 0.135～0.171 和 0.169～0.237。

群体冠层结构的优化与棉花株型关系密切，调节株型特征是构建高光效冠层结构的前提条件。冯国艺等（2012）的研究表明，单产皮棉 4000kg/hm² 超高产棉花吐絮前株高为 72.3～87.7cm，主茎平均节间长度为 7.15～7.20cm，冠层上部主茎平均节间长度为 7.89～8.38cm，较 3500kg/hm² 高产田长 21.3%～46.4%，较 3000kg/hm² 的一般高产田长 85.6%～116.6%；因此，超高产棉花中上部节间较长；超高产棉花盛花期至盛铃后期叶面积指数在冠层上、中、下 3 层的分布比例为 1:1:1，上部叶片的叶倾角为 48.8°～53.8°、中部 41.0°～49.3°、下部 30.1°～40.1°，叶片群体光合速率上、中、下层的分布比例为 1.5:1.5:1，冠层上、中、下层光吸收率的比例为 2:2:1，群体散射辐射和直射辐射透过系数分别为 0.20～0.55 和 0.22～0.56；至吐絮期，冠层上部的叶面积指数维持在 0.95～1.76，叶片群体光合速率为 8.1～13.2μmol/（m²·s），占叶片总群体光合速率的 45.9%～59.8%；植株上、中、下部结铃数的比例为 1.8:1.2:1，冠层上层铃数较多，铃库所占比例大。

2. 冠层结构优化的调控措施

冠层高效光合作用是作物获得高产的物质基础，但高光效必须和作物的其他高效生理功能、良好经济性状和抗逆性配合才能充分发挥其作用。在生产中通过合理栽培措施、调节叶倾角、塑造良好株型、改善冠层结构，对增加冠层有效光截获和群体光合性能，提高群体生产力具有重要意义。

（1）品种株型对冠层结构的调节作用。棉花株型是指棉株一般生长和结铃的形式。品种株型与冠层结构关系密切，良好的株型能有效改善群体结构和受光姿态，优化冠层光分布，增加光截获。杜明伟等（2009b）的研究表明，皮棉产量 3500kg/hm² 以上超高产棉花盛铃后期上层叶、中层叶、下层叶的群体光合速率分别占总光合的40.9%～46.7%、26.8%～29.6%、18.5%～21.5%，一般高产棉花的比例分别为 61.1%～72.3%、21.7%～25.9%、10.2%～15.3%。

但不同品种类型间存在差异：超高产杂交棉中、下层叶光合贡献率比较高，占总光合的 46.5%～50.2%；常规棉花品种中、下层叶光合贡献率较小，占总光合的 36.8%～39.9%。不同的冠层结构导致冠层各部位群体光合能力和光合贡献率差异明显。虽然 3500kg/hm² 以上杂交棉的上层叶群体光合能力低于 2850～3389kg/hm² 常规棉高产棉田，但前者光分布较均匀，中、下层叶光合能力较大，使总光合能力提高，达23.1～28.9μmol/(m²·s)，比 2850～3389kg/hm² 棉花高 22.9%～73.5%（图 4.23）。因此，选育株型良好的棉花品种，是培育高光效冠层结构的重要基础。

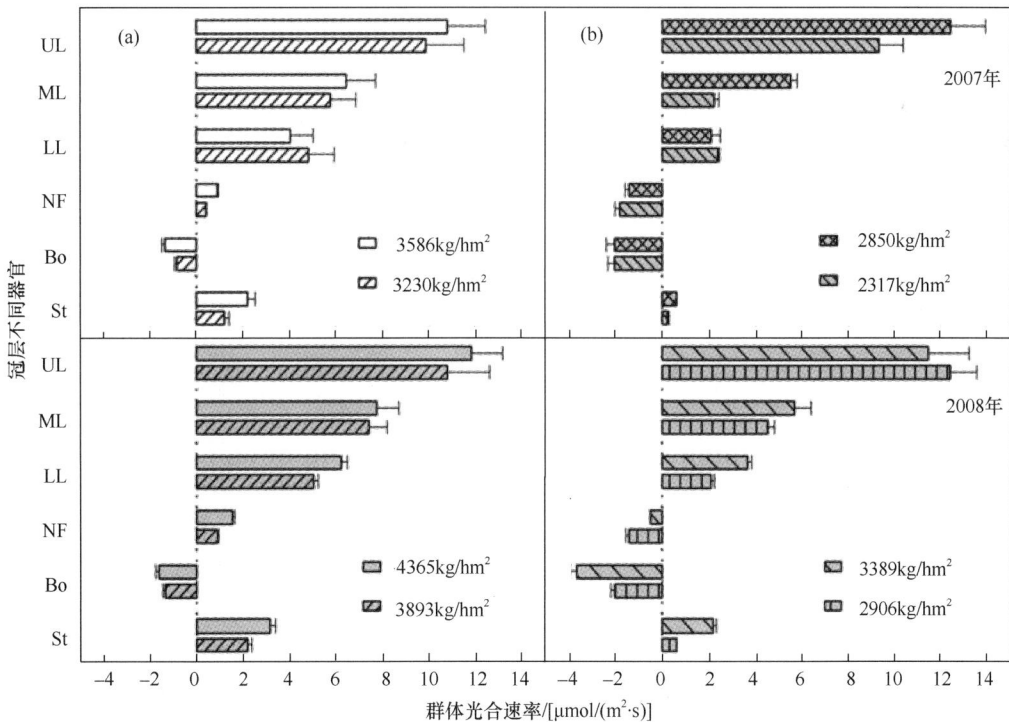

图 4.23　不同产量水平下棉花盛铃后期冠层不同部位的光合能力（杜明伟等，2009b）
（a）杂交棉品种；（b）常规棉品种。UL. 上层叶；ML. 中层叶；LL. 下层叶；NF. 非叶器官；Bo. 铃；St. 茎

（2）栽培措施对冠层结构的调节作用。在作物生产中，通过各项栽培技术措施的实施，优化冠层结构，增加冠层对光能的有效截获，提高群体光合性能，对提高作物产量

具有重要的实践意义。

种植密度是影响冠层结构和功能的重要栽培措施之一。研究表明,随着种植密度的增加,群体叶面积、地上部光合积累、冠层光截获量均呈现出增高的趋势,但光向冠层内部的透过能力迅速减弱,高密度下棉花植株生长较为旺盛,平均叶簇倾角变大,株型变紧凑,但群体散射辐射与直射辐射透过系数小,导致冠层内光照恶化,植株中下部叶片光照不足,呼吸消耗作用上升,植株光合性能降低,光合产物流向棉铃库的量明显不足,最终导致产量降低(张旺锋等,2004)。因此,高密度下合理调节光合源为获得高产的重要途径。

棉花化学调控可以成功塑造理想的株型和优良群体结构,是实现棉花高产、优质的重要保证(何钟佩,1996)。在棉花高产栽培中,化学调控技术的协调应用已成为调节群体发展的最重要手段。相同密度下增加化学调控量,盛铃后期的叶面积指数、叶倾角和群体光合速率显著降低,群体散射辐射透过系数较高;虽然群体总干物质累积量降低,但分配到生殖器官的比例增加。

在棉花高产栽培中,除了合理密植、化学调控外,合理水肥运筹、打顶整枝等其他调控技术也是培育最佳冠层结构、改善棉花盛花期以后群体的通风透光条件、提高群体光合速率、延长光合作用时间的重要措施(张旺锋等,2002)。

第三节　新疆棉花高产生理学基础

20 世纪 80 年代初期,随着棉花地膜栽培新技术的引进、研究、推广,新疆棉花科技工作者开始重视棉花高产生理机理的研究。90 年代以后,棉花科技工作者结合新疆植棉区生态条件、品种特征、栽培管理水平,从棉花光合生理、水分生理、营养生理、干物质生产与分配等方面进行了系统研究。这些研究成果不仅对指导新疆棉花高产高效栽培具有重要意义,而且丰富了我国棉花高产栽培理论,同时也为其他棉区的棉花生产管理提供有用的生理参数及指标。

一、高产棉花光合生理

组成作物产量的干物质 90%～95% 来源于光合作用,光合作用是作物产量形成的基础。光合产物的形成、运输、分配和积累不仅影响棉花产量,也影响棉纤维的品质。因此,了解棉花的光合生理特征及其规律对实现棉花高产具有重要意义。

(一)棉花光合性能

棉花一生中所积累的总干物质量,取决于单位面积上棉株群体光合生产能力的大小。光合生产能力主要取决于光合面积、光合效率、光合时间、光合产物消耗和光合产物的运输和分配五个方面,即光合系统的生产性能,简称光合性能。

1. 光合面积

棉花光合面积指棉株所有的绿色面积,包括能进行光合作用的叶片面积和非叶绿色器官的光合面积。

（1）叶片面积。棉花的叶片面积占全株具有绿色组织光合面积的 80%左右，是光合面积的主体。在群体条件下由于叶片相互遮阴，尤其是叶面积过大或排列不当时，群体的透光性能降低，这反过来又影响叶片的光合能力，导致光合产量下降。在群体条件下，单位土地面积上的群体叶面积的变化用叶面积指数（LAI）来衡量；产量水平不同，棉花 LAI 动态变化不同。实现棉花高产应有一个适宜的叶面积指数。近年来研究表明，北疆棉区皮棉产量 3500kg/hm^2 以上的超高产棉田 LAI 在盛铃期高达 4.9～5.2，初絮期仍维持在 3.3 左右，较 3200kg/hm^2 左右的棉田高 4.1%，较 2250kg/hm^2 的棉田高 92.8%（杜明伟等，2009a）。南疆棉区皮棉产量达到 4500kg/hm^2 以上的棉田盛铃期 LAI 峰值为 4.4，此后缓慢下降，到吐絮期 LAI 保持在 3.1 左右（郑巨云等，2013）。因此，棉花 LAI 高且持续期长，叶片后期衰老缓慢，是实现超高产的关键。

（2）非叶绿色器官的光合面积。棉花的非叶绿色器官（如棉铃和茎）也具有光合活性，能够进行光合物质生产，对最终产量具有一定的贡献。研究表明，棉花进入盛铃后期，常规棉花品种棉铃表现为较高的呼吸作用，净光合速率表现为负值，但杂交棉的茎和铃光合速率占总光合的 3.6%～5.4%（杜明伟，2009b）。对不同基因型棉花品种非叶器官光合面积的测定表明（图 4.24），盛铃后期杂交棉新陆早 43 号和石杂 2 号的非叶绿色器官表面积占整株棉花光合面积的比例分别为 38.1%和 38.8%（Hu et al.，2012）。

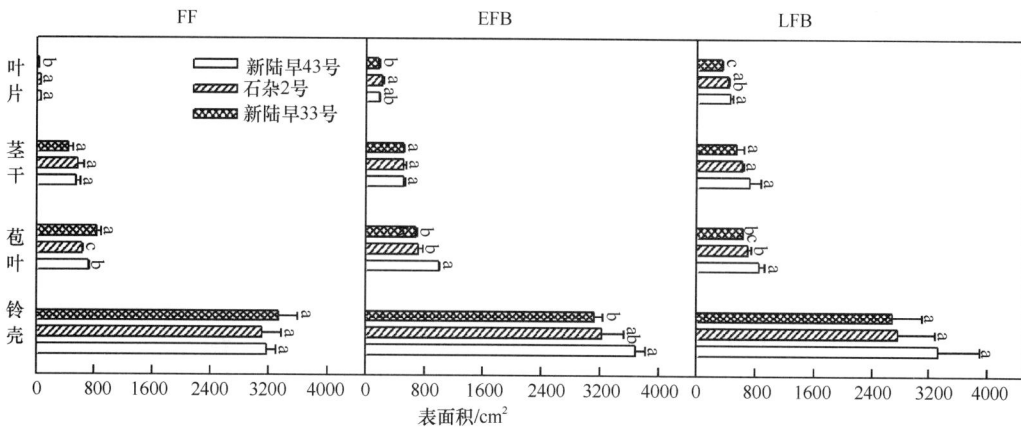

图 4.24　不同生育时期棉花杂交棉（品种）各绿色器官表面积的变化

FF. 盛花期；EFB. 盛铃初期；LFB. 盛铃后期

2. 光合速率

（1）叶片光合速率日变化。光合速率通常用单位叶面积在单位时间内同化 CO_2 的数量来表示，叶片光合速率的变化特性一般表现为日变化和季节性变化。棉花叶片光合速率的日变化有两种类型，即早晨低，中午高，下午又逐渐降低的"单峰"曲线型和中午出现"午休"的"双峰"曲线型。田立文等（1997）在南疆对高产棉花蕾期和花铃期的叶片光合速率日变化测定表明，叶片光合速率日变化为单峰曲线，一般上午光合速率高于下午。李少昆等（2000）测定表明，在北疆，产量水平为 1155kg/hm^2 的普通棉田花铃期棉叶光合日变化呈双峰曲线，上午 12：40 和下午 17：30 左右各有一个高峰，第一峰值为 18.81μmol/（m^2·s），比第二峰值高 19.5%。16：50 左右出现低谷，其值较第一峰值低 29.5%，午休持续近 4h，严重程度为 9.3%。产量水平为 2000～2250kg/hm² 的高产棉田第二峰不明显，上午 10：40~13：40 达最高值，净光合作用从清晨 7：30 左右开始，至约 21：00 结束，历时约 13.5h，早晚比普通棉田延长净光合 20min 左右。这表明，高产棉田棉叶的光补偿点比普通棉田低。夜间，高产棉田叶片呼吸速率最大值为 2.73μmol/（m²·s），平均为 1.89μmol/（m²·s），分别比普通棉田叶片低 22.0% 和 17.6%。叶片呼吸速率最大值出现在傍晚 21：20 左右。高产棉田叶片日均光合速率为 17.53μmol/（m²·s），日光合量为 0.9mol/（m²·d），分别高出普通棉田的 49.8% 和 46.1%。夜间呼吸消耗量为 0.06mol/（m²·d），略低于普通棉[0.07mol/（m²·d）]。高产棉 ΣPn–ΣR 值为 0.78mol/（m²·d），比普通棉高 48.4%。北疆高产棉花夜间呼吸消耗占白天总光合的 8.4%，低于普通棉的 15.5%。

对每公顷产皮棉 3000kg/hm² 以上的超高产棉田叶片光合速率的测定表明（图 4.25），在 3210kg/hm² 和 2550kg/hm² 两种产量水平棉田中，棉花叶片 Pn 随时间的推移呈单峰型曲线，盛花期 Pn 在 14：00 左右达峰值，16：00 出现轻微午休现象，而盛铃期和初絮期，Pn 的峰值推后至 16：00 左右，未出现明显午休现象；但 3210kg/hm² 的高产田 Pn 在 10：00～12：00 略高于 2550kg/hm² 产量水平的棉田，16：00 以后 Pn 下降幅度低于 2550kg/hm² 棉田（罗宏海等，2007）。光合速率中午降低是由多种原因造成的，有试验表明与叶片中间产物积累过多有关，另有试验表明也与中午太阳辐射过强、温度过高、叶片强烈失水、气孔关闭有关（潘学标等，1988；郑有飞，1991；李少昆等，1997）；还有试验表明是由于酶活性和气孔阻力的变化造成的。郭连旺等（1994）认为，光合作用的光抑制和光呼吸的增强是棉花叶片光合效率中午降低的两个基本原因。据报道，光合午休可使某些作物的光合同化量损失 30%～50%，严重时可达 70% 以上，是作物产量提高的一大障碍；克服叶片光合"午休"，堵塞碳同化损失的"漏洞"将成为作物高产高效的重要途径之一（邹琦和王学臣，1996）。

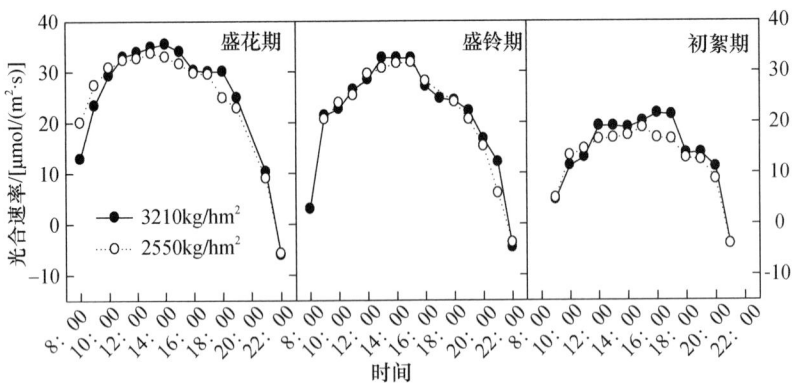

图 4.25 不同产量水平棉田叶片光合速率的日变化

（2）棉花叶片光合速率的季节变化。棉花不同生育时期，叶片光合速率不同，呈现出季节性变化的特点。研究表明，从蕾期到吐絮期，光合速率的变化表现为盛蕾期较高，初花期有所下降，盛花期再次升高且达最大值，盛铃期仍保持较高的水平，吐絮后下降至低值（张旺锋等，1997）。有关棉花叶片最大光合速率值出现时期，不同学者的研究有所不同，大多数研究认为叶片光合速率最大值出现在盛蕾期至开花期（李蒙春等，1997；余渝等，2001b；赵成义等，2009），从盛铃期至吐絮期棉叶光合速率降低；棉叶光合速率生育期间发生变化的原因可能与生长中心的转变和棉铃库对光合产物的需要量有关（张旺锋等，1997）。

叶片具有较高的光合速率是获得高产的重要原因，尤其是棉花生育后期叶片光合速率的高低对产量形成的影响较大。研究表明，高产田进入初絮期，Pn 保持较高值，且高值持续期长，为棉铃生殖器官的生长提供充足的原料，在保证单株结铃数基础上，提高铃重是其实现 3000kg/hm² 高产的主要光合生产特征（罗宏海等，2007）。杜明伟等（2009a）研究表明，不同产量水平条件下棉花在盛蕾期至盛花期均具有较高的 Pn，其值基本保持在 32.2～36.5μmol/（m²·s）；至初絮期，3500kg/hm² 以上的超高产棉田 Pn 仍维持在 22.2μmol/（m²·s）左右，较 3200kg/hm² 左右的棉田高 27.5%，较 2250kg/hm² 的棉田高 66.5%（图 4.26）。由此可见，超高产棉田棉花生育后期叶片的光合优势明显。

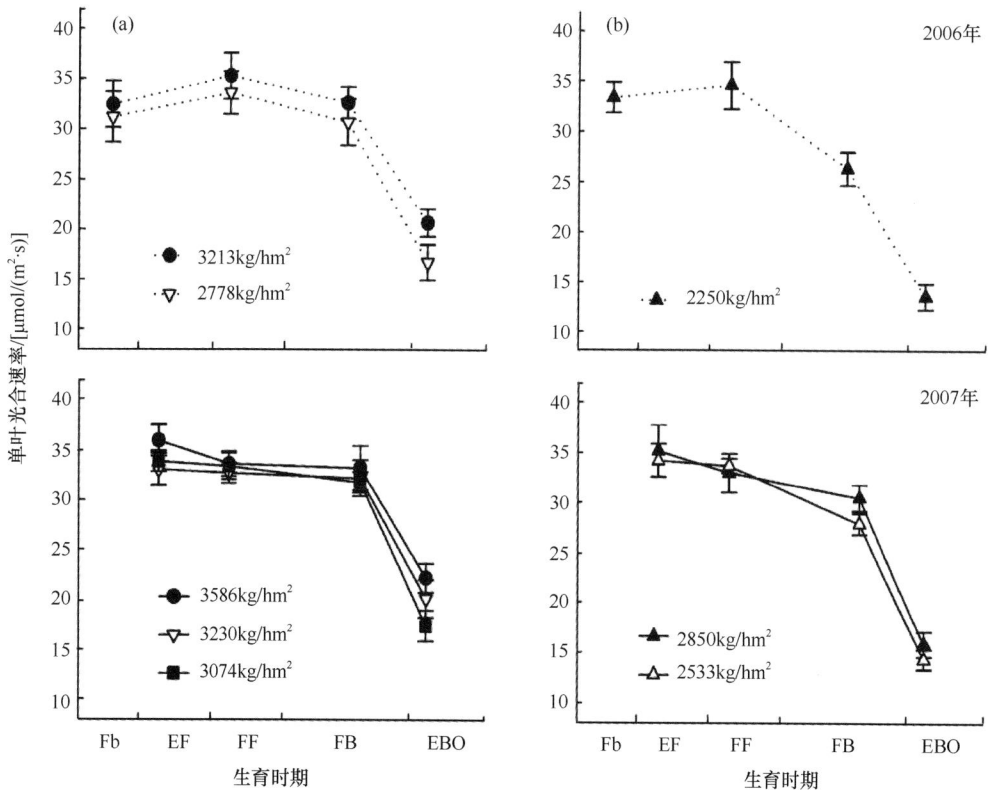

图 4.26 不同产量水平下棉花单叶光合速率（Pn）的生育期变化

Fb. 盛蕾期；EF. 初花期；FF. 盛花期；FB. 盛铃期；EBO. 初絮期；（a）杂交棉品种；（b）常规棉品种

（3）叶片光合色素的变化。光合色素中叶绿素是最重要的一类色素，在光合作用中对光能的吸收、传递和转化起着极为重要的作用。影响棉花叶片叶绿素含量的因素有很多，内在因素主要是品种的遗传特性（张巨松和杜永猛，2002），外在因素包括气候条件，以及种植密度、灌水及施肥等栽培措施（艾克拜尔等，2000；孔宪辉等，2008；刘瑜等，2013）。

叶绿素 SPAD 值的大小可以反映出叶绿素含量的高低（邬飞波等，2004）。在盛蕾期至盛铃期，随生育进程推移叶绿素 SPAD 值逐渐增大，随后开始降低（图4.27）；不同产量水平棉花叶绿素 SPAD 值无明显差异，至初絮期产量水平较高的棉田显著高于产量较低的棉田；3500kg/hm² 以上的超高产棉花叶绿素 SPAD 值在盛铃期维持在 65.4～66.5，初絮期仍在 64.8 以上，较 3200kg/hm² 左右的棉田高 4.9%，较 2250kg/hm² 的棉田高 22.7%。叶绿素 SPAD 值受品种特性影响较大，盛铃期至初絮期，杂交棉显著高于常规棉品种，杂交棉品种标杂 A1 超高产条件下叶绿素降解较为缓慢（杜明伟等，2009a）。

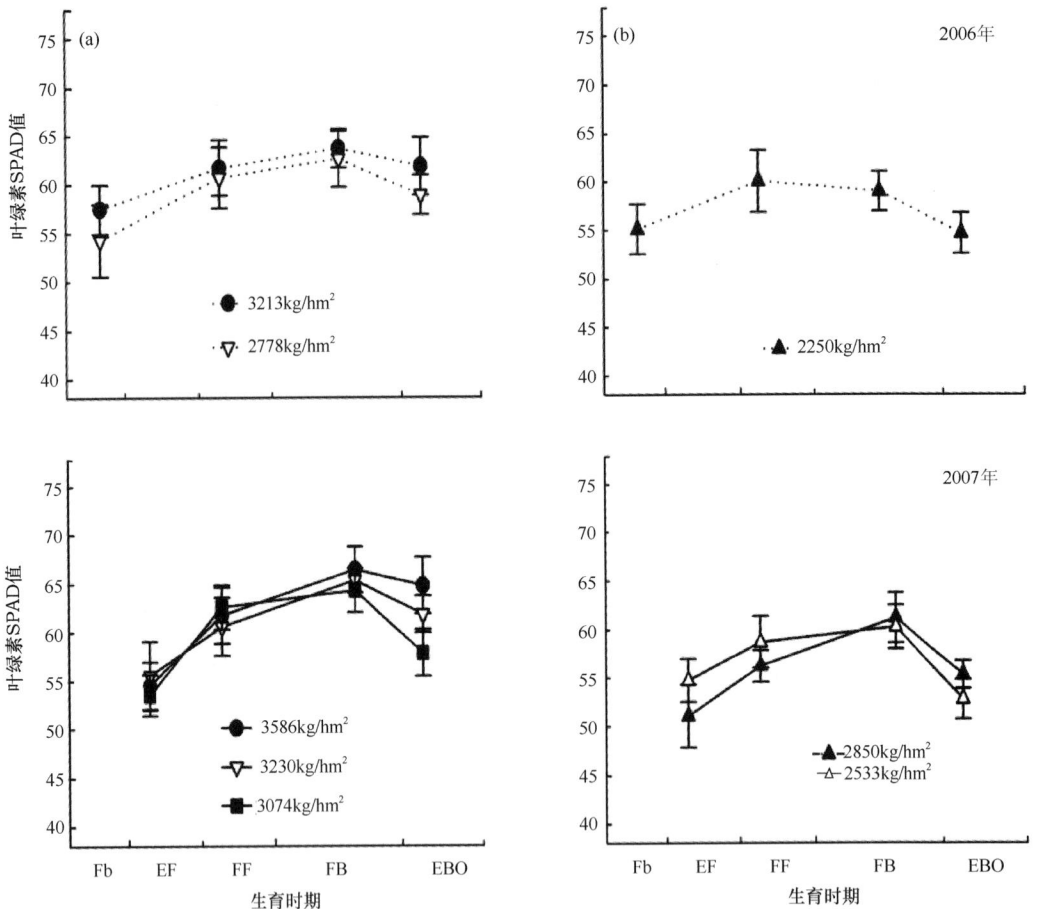

图 4.27　不同产量水平下棉花叶绿素 SPAD 值的生育期变化

Fb. 盛蕾期；EF. 初花期；FF. 盛花期；FB. 盛铃期；EBO. 初絮期。（a）杂交棉品种；（b）常规棉品种

3. 光合时间

棉花有效光合时间一般取决于品种生育期的长短、光照时数、太阳辐射强度及光合器官有效功能期长短等。一般生育期较长的品种，叶片光合功能期长，其产量较生育期短的品种高。同一叶片日龄不同，光合速率不同。张小彩和陈布圣（1986）的研究表明，棉叶展平后第 11～13 天时光合速率最高，12d 后开始直线下降，40d 日龄的光合速率为最大值的 58%，70d 日龄的老叶，其光合速率仅为最大值的 20%。Kriey 于 1990 年的研

究认为，单个叶片在充分展开后的 15～20d 光合速率开始下降，在棉铃发育的后半期，冠层光合能力迅速降低。对北疆高产棉花光合作用的昼夜变化分析表明，盛铃后期棉叶的光合作用从清晨 7：30 开始，至 21：00 结束，历时 13.5h，高产棉花不仅叶片日光合时间长、光合效率高，而且夜间呼吸消耗量低，在生育中后期测定均未出现单叶光饱和现象，这些均有利于干物质的积累，是棉花高产的基础（李少昆等，2000）。因此，在棉花产量形成期间，采取适当措施，如创造适宜的外界环境条件，尽可能维持叶片的光合功能，可促进结铃数和铃重的增加，提高产量。

4. 光合产物的消耗

棉花植株在生命活动中需要不断地进行呼吸作用以提供维持棉株生命活动所需要的能量及生长所需要的中间产物，呼吸作用消耗光合产物的 30% 左右或更多，呼吸作用对棉花的生长发育、产量形成有着重要的生理意义。潘学标等（1990）研究认为，棉花产量在一定程度上受到暗呼吸速率的控制，降低暗呼吸消耗更易获得高产。因此，呼吸速率是评价高光合生产力的重要指标。

李少昆等（1998b）对新疆高产棉花叶片呼吸作用的研究表明（图 4.28），叶片呼吸作用日变化呈双峰型，于中午 13：30 左右出现明显午休现象，午休前后的两峰值相差不大。净光合速率（Pn）日变化趋势与呼吸速率（R）相仿，但午休后出现的第二峰值明显比上午的峰值低（11.9%）。分析表明，R 同 Pn 呈极显著正相关关系，相关系数 r= 0.943。由总光合 Pm（Pm= R+ Pn，这里未包括光呼吸）日变化曲线可见，Pm 与 Pn 日变化趋势基本相同，由此可以判定北疆棉花光合午休及下午光合明显低于上午的现象不是由 R 过高造成的。

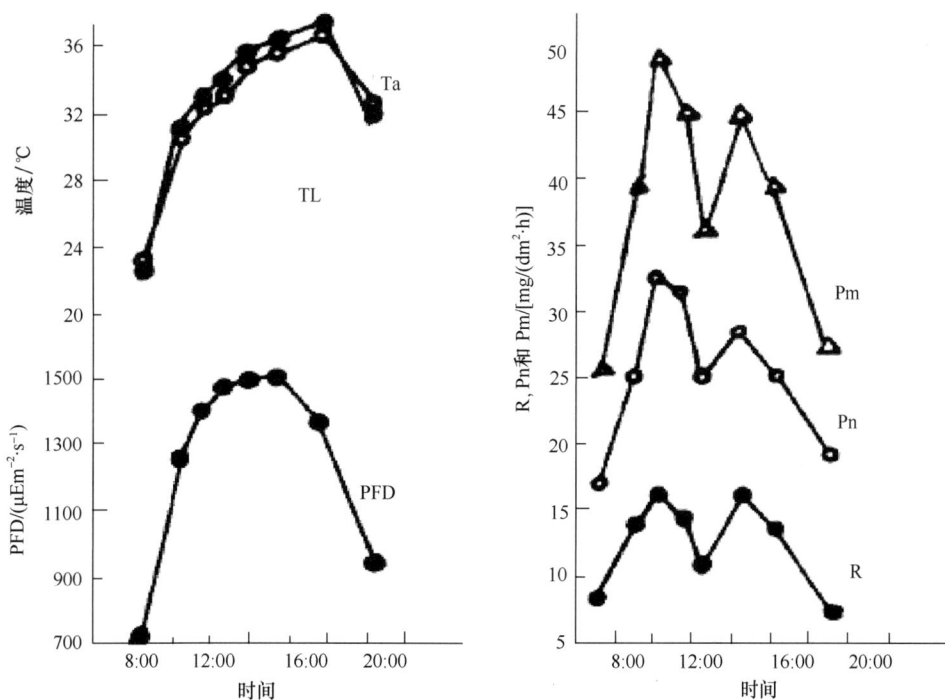

图 4.28　棉花花铃期棉叶呼吸速率（R）、净光合速率（Pn）、总光合速率（Pm）和气温（Ta）、叶温（T_L）及光合有效辐射（PFD）的日变化呼吸速率（R）占总光合（Pm）的比值

不同产量水平条件下，白天高产棉田暗呼吸速率与普通棉田相差不大，但夜晚呼吸消耗明显低于普通棉田，其中夜晚最大 R 和平均 R 分别低 22.%和 17.0%。由于普通棉田棉叶光补偿点高于高产棉田，夜晚净呼吸时间一般比高产田多 20～30min，因此夜晚高产田的总呼吸消耗量（ΣR）比普通田低 26.2%。高产棉田的平均光合速率（Pn）和日光合总量（ΣPn）均明显高于普通棉田，扣除夜晚呼吸消耗后的日净光合量（ΣPn–ΣR），比普通棉田高出 58.4%。高产棉田夜晚呼吸占白天净光合量的比例（ΣR/ΣPn）仅为 8.39%，而普通棉田达 15.47%。通过分析花铃期和吐絮期的观测资料，棉叶呼吸速率（R）与温度（T_L）呈显著的直线相关，即棉叶 R 随温度的升高而增加。因此，高产棉田夜晚呼吸速率低，有利于光合产物的积累，可能是其获取高产的重要生理原因之一。

高产棉田棉株主茎自上而下各叶位棉叶呼吸速率（R）的变化表现为，随生育时期推延，主茎叶片着生数减少，棉叶 R 均呈降低趋势；随叶位下降，R 在盛花期和花铃后期也呈下降趋势，但在吐絮期各叶位间变化不明显。呼吸占总光合的百分率则随叶位的降低而上升。主茎上部叶位叶片 Pn 值高于 R，而下部叶位则相反，在盛花期、花铃后期、吐絮期棉叶 R 分别从主茎倒六、倒四和倒二叶起大于 Pn。始絮期各节位果枝叶呼吸速率明显大于主茎叶，且随果节由内向外增加，R 呈增大的趋势，但初展的第 4 果节叶片又有所降低。光合速率（Pn）的变化与 R 相仿。

不同棉花品种呼吸速率的变化不同，新陆早 7 号和新陆早 4 号在白天温度较高的情况下叶片 R 之间的差异未达显著水平，而在温度较低的夜晚，新陆早 7 号的 R 显著高于新陆早 4 号。棉田生态环境因子影响叶片的呼吸作用，测定表明，土壤缺水对棉叶呼吸和光合均产生显著的影响，棉叶叶温也有增高的趋势；歉水处理的棉田棉叶 R 在花铃期和始絮期分别比丰水处理的降低 14.0%和 16.0%，在始絮期歉水处理的呼吸占总光合的比值明显高于丰水处理。呼吸消耗比例的增加，将造成棉株营养物质消耗，加速代谢失调，这是歉水棉田经常出现早衰的重要原因之一。

5. 光合产物的运输和分配

棉花叶片所制造的光合产物向外运输分配因生育时期及叶位有所不同。主茎叶不同生育阶段光合产物运输的基本规律是，苗期主要向上运向主茎顶端，向下运向根部；蕾期主要运向主茎和果枝前端的幼嫩组织；初花期基本与蕾期同一趋势，主要是运向果枝、主茎顶端的幼嫩组织，不过向蕾铃运输的量较蕾期有所增多；花铃期运向生殖器官的光合产物逐渐增多，而运向生长前端的明显减少。主茎叶不同叶位所表现出的基本规律是，一般上部主茎叶的光合产物向上运输，供应主茎顶端和上部果枝前端，以及生殖器官所需要的有机营养；下部主茎叶的光合产物主要向下运行，供应根系和下部果枝前端，以及生殖器官所需要的有机营养；中部主茎叶的光合产物除供应同位果枝所需的有机营养外，可以向上或向下运输。

光合产物的运转与分配因生态区、施肥和灌水的不同而存在差异。李少昆等（2000）的研究表明，北疆单产皮棉 2000kg/hm^2 高产棉花成熟时光合产物分配比例大致为，叶片 9%～14%，茎 16%～19%，根 6%～8%，生殖器官 62%～66%，非绿叶系统干重/绿叶系统干重（C/F）6.5～9.1；而四川棉区高产棉生殖器官占总生物产量的 55.9%～59.0%，C/F 为 5.2～6.5（李大跃和江先炎，1991），这表明北疆高产棉花干物质向生殖器官分配的比例高。不同施肥量条件下，不施或少施氮肥，光合物质优先分配到生殖器官，分配率较高；施氮肥过多则分配率低（张旺锋等，2002）。不同滴灌量条件下，限量滴灌棉花干物质在生殖器官的分配率较高（张旺锋等，2002）。

（二）影响光合速率的因素

1. 棉花光合速率种间及品种间差异

棉属不同种间叶片光合速率为 15.15～32.20μmol/（m²·s），陆地棉栽培种的光合速率为 20.83～28.41μmol/（m²·s），野生棉种最高为 32.20μmol/（m²·s）。4 个栽培棉种开花期功能叶的光合速率表现为二倍体亚洲棉的净光合速率最高，平均为 12.94μmol/（m²·s）；海岛棉、草棉和陆地棉则较低，分别为 11.36μmol/（m²·s）、10.98μmol/（m²·s）和 10.92μmol/（m²·s）。同一棉种不同叶形棉花品种光合速率有明显差异。鸡脚叶形棉花光合速率分别比中间叶形和正常叶形品种高 21.8%～24.0% 和 16.8%～22.0%。

棉花不同基因型品种间光合速率存在明显差异。张旺锋等（1997）对新疆主要棉花品种新陆早 4 号与新陆早 7 号的测定表明，在高光强下，新陆早 7 号的最大光合速率达 17.18μmol/（m²·s），比新陆早 4 号高 38.12%，两者差异达极显著水平；但在弱光情况下，新陆早 4 号的光合速率较新陆早 7 号高。朱绍琳（1994）测定了国外 5 个棉花育种系统另加国内一组，共 24 个陆地棉栽培品种，分析不同系统（组）及品种之间光合速率的差异，结果表明，不同系统（组）之间，平均单叶光合速率差异较小，但同一系统（组）内不同品种之间，单叶光合速率的差异达极显著水平。许多研究表明，光合速率和比叶重呈显著的正相关，认为比叶重有可能作为确定棉叶光合强度的一个指标。张亚黎等（2010）对海岛棉和陆地棉的测定表明，两个栽培种的气孔导度与光合速率呈极显著相关（R^2=0.95），气孔导度较低是导致海岛棉叶片的光合速率低于陆地棉的重要原因；同时研究表明，虽然海岛棉和陆地棉具有相似的光合潜力，但栅栏组织较薄，限制了海岛棉叶片光合潜力的发挥。

棉花光合速率具有杂种优势。Bhatt 和 Rao（1981）研究了种内杂种和种间杂种及其亲本的生长和光合速率，结果表明种内杂种叶片光合速率大大高于亲本（超亲平均值 63%）；种间杂种果枝叶的光合速率远远高于它们的亲本。

2. 环境条件对光合作用的影响

（1）光照强度。光照强度在光补偿点和光饱和点之间时，棉叶光合速率随光强增加而呈曲线形增长。一般情况下，棉叶的光补偿点为 1000～1200lx，光饱和点为 7 万～8 万 lx，但棉花的光补偿点和光饱和点并非静止不变。对新陆早 10 号的研究表明，遮阴不但降低了棉花的光饱和点而且降低了光补偿点，同时还影响了棉花光合机构的活性。李少昆等（1998a）对株型差异较大的新陆早 4 号和新陆早 7 号的光合速率测定表明，在较高光辐射条件下，株型紧凑的新陆早 7 号具有高的光合速率，在较低光辐射时，株型松散的新陆早 4 号有较高的光合速率。

（2）温度。Ludwing 等于 1965 年的早期研究表明，在 20～40℃，随温度降低，棉叶光合强度升高，光补偿点降低，光合作用的最适温度为 25℃左右。但后来的研究认为，棉叶光合作用的最适温度为 32～35℃（Perry，1983）。在低温条件下，光合强度不高的主要原因是许多参与光合作用过程的酶促反应受阻。超过最适温度后光合速率下降的原因，一方面是高温下光合机构受到损伤，另一方面是呼吸增强。Seemann 等于 1985 年的研究指出，高温下棉叶中叶绿素荧光效应显著增强，光合能力下降，证明光合速率降低不是由于气孔关闭，而是由于叶绿素受损。同时，高温通过影响光呼吸和暗呼吸的增加，导致光合速率的下降。当温度高于 40℃，光合速率主要受 Rubisco 活性状态的限制。棉花的生长与夜间的温度也有一定的关系。研究表明，保持白天最高温度 34℃不变，降低夜间的温度从 25℃到 10℃，导致棉花的光合物质生产降低，但并不改变棉花的光合放氧能力和光合机构活性。

（3）二氧化碳浓度。一般情况下，棉叶的 CO_2 补偿点在 50～100ppm（1ppm=$1×10^{-6}$），不同类型棉花品种光合作用的 CO_2 补偿点不同，同一品种不同生育时期 CO_2 补偿点可能有变化（潘学标等，1989）。温度对棉花 CO_2 补偿点的影响程度，在 25～37℃随温度升高而直线增加，其增加率为每提高 1℃大约增加 0.3ppm（Perry，1983）。Mauney（1978）发现，把空气中的 CO_2 浓度由 330ppm 增加到 630ppm，棉花皮棉产量增加近 2 倍。对棉花的研究表明，当空气中的 CO_2 浓度为 550ppm 时，棉花光合面积前期快速增加，最终总生物量增加了 36%。

（4）水分。水分亏缺可以显著降低光合作用。据 Perry 等（1983）报道，在中午棉花叶片水势由–1.4MPa 下降到–1.9MPa 至轻度水分亏缺时，棉叶的总光合速率和净光合速率基本保持不变；叶片水势进一步下降时，棉叶的总光合速率和净光合速率呈直线下降，水势每下降–0.1MPa 时，光合速率下降 0.03μmol/（$m^2·s$）。新疆荒漠绿洲棉田中，水分是影响其生长发育的最重要因素。马富裕等（1997）的研究指出，土壤干旱明显影响了棉花叶片的光合作用，光合速率的午休现象明显，光合速率降低幅度较大。张旺锋等（2003）的研究表明，限量滴灌（棉田土壤水分亏缺）时，叶片光合速率在一天内的变化表现为上午 9：00～11：00 比适量滴灌棉花叶片光合速率低，中午 12：00～14：00 出现严重的光合午休现象，下午光合速率恢复。孔宪辉等（2008）的研究表明，田间持水量过高或过低，棉花叶片叶绿素含量均下降，各生育期叶片光合速率均低于对照处理。

（5）矿物质营养。植物的矿质营养是指植物对矿质元素的吸收、运输和同化的过程。在棉花生长发育过程中，除碳、氢、氧必需元素外，对其光合生理功能影响最为重要的必需元素还有氮、磷、钾。研究表明，适量追施氮肥在一定程度上可以提高植株生育后期叶片叶绿素含量和硝酸还原酶（NR）活性，改善叶片的光合性能，提高植株中下部叶片的光合速率。增加或减少氮素的投入均会导致光合速率的降低（勾玲等，2004；杨荣和苏永中，2011；罗宏海等，2013a）。磷是光合作用过程中光合磷酸化不可缺少的元素，影响着植物多种关键酶的功能，包括能量转化、光合作用、糖分和淀粉的分解、养分在植体内的运输及性状代谢遗传。对棉花而言，缺磷时表现出叶子变黄、生长缓慢、产量下降、成熟期推迟等症状（姚银坤等，2008）。钾在植物生长过程中起着促进光合作用和光合产物的运输、促进蛋白质合成及增强植物的抗逆性等作用。研究表明，与不施钾肥相比，施用钾肥可以提高棉花叶片的光合速率（李宗泰等，2012）；棉花缺钾时，叶片气孔导度降低、叶绿素含量减少、叶绿体超微结构受损、光合产物运转不畅、RuBP 羧化酶活性降低，从而导致叶片光合速率下降（董合忠等，2005）。

（三）棉花群体光合特性

　　作物生产是田间条件下的群体生产，作物产量与群体光合速率的关系较单叶光合速率更为紧密；群体光合速率能准确地描述每单位土地面积上的光合能力，而且综合了基因型效应、叶片形态、冠层结构等。随着作物产量的不断提高，以及群体光合作用测定仪器的改进，在大田条件下，作物群体光合特性的研究越来越受到人们的重视。因此，探讨新疆高产棉花群体光合特性具有重要意义。

1. 棉花群体光合速率与产量的关系

　　群体光合速率与作物产量关系密切。张旺锋等（1999）对新疆高产棉田棉花群体光合作用特性进行了大量研究，初步认为在盛花期、盛铃期、吐絮期，群体光合速率与生物学产量呈显著正相关，但群体光合速率与生殖器官的干物质累积在盛花期相关性不显著，说明盛铃期以后的群体光合同化量决定着棉花产量的高低。在生产上要实现棉花高产及超高产，生育前期促使棉花群体光合速率稳定上升，至盛铃期达到高峰值，吐絮期使群体光合速率保持较高水平。在新疆棉区，相应的时间为7月下旬至9月上旬，通过合理的田间管理，能提高群体光合速率，提高产量。

2. 棉花群体光合作用的季节变化

　　田间条件下棉花具有较高的群体光合速率，是获得高产的一个重要原因。高产棉田与中低产棉田的群体光合速率（图 4.29），苗期两者相差不大，随着棉株的生长发育，群体光合速率的差异逐渐加大，在棉花产量形成的盛花结铃期和吐絮期达最大。单产 2250kg/hm^2 的高产棉田棉花群体光合速率在蕾期、初花期略低于 2000kg/hm^2 的棉田；在盛铃期以后，2250kg/hm^2 以上的高产棉田有较高的群体光合速率。因此，在棉花生育后期的产量形成过程中，有较高的群体光合能力，对提高经济产量有重要意义。

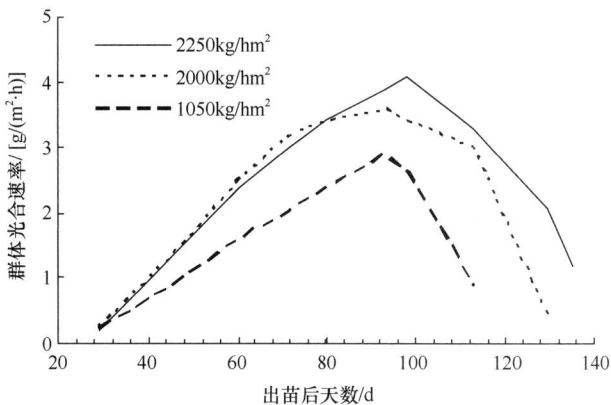

图 4.29　棉花不同生育时期群体光合速率的变化

　　杜明伟等（2009a）研究表明（图 4.30），在盛花期，2500～3200kg/hm^2 的棉田群体光合速率为 18.5～26.4μmol/（m^2·s），而 3500kg/hm^2 以上的超高产棉田群体光合速率已达 38.6μmol/（m^2·s）；棉株进入盛铃前期，不同产量水平棉田群体光合速率均达最高值，

3500kg/hm² 以上的超高产田为 43.4μmol/（m²·s），较 2500～3200kg/hm² 的棉田高 23.6%～35.4%，较 2250kg/hm² 的棉田高 69.8%；至初絮期，3500kg/hm² 以上的超高产田仍能保持在 16.3μmol/（m²·s）左右，而其他产量水平棉田均已降至 12.0μmol/（m²·s）以下。这表明，超高产棉田不仅群体光合速率峰值较高，而且高值持续时间长，这与棉株生育后期仍维持较高的叶面积指数和单叶光合速率较高有关。

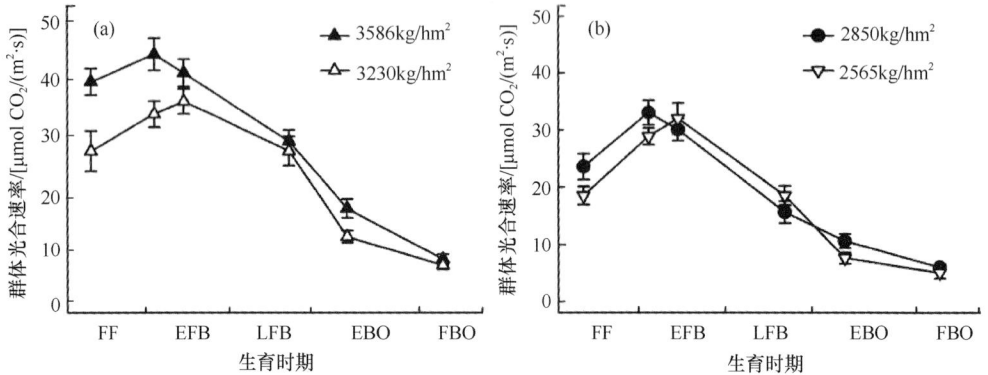

图 4.30 不同产量水平下棉花群体光合速率的生育期变化

FF. 盛花期；EFB. 盛铃前期；LFB. 盛铃后期；EBO. 初絮期；FBO. 盛絮期。（a）杂交棉品种；（b）常规棉品种

3. 棉花群体光合速率的日变化

张旺锋等（1998）的研究表明，不同生育时期新疆高产棉田群体光合速率日变化如图 4.31 所示。不同生育时期群体光合速率的日变化不同：盛蕾期，群体光合速率在上午 11：00 左右达最大值，12：00～15：00 变化不大，曲线的峰值较平坦；盛铃期在中午 14：00～15：00 达到最大值，曲线有一明显的峰值。这说明在生育前期，棉株小，叶片相互遮阴轻，因而一天内有较多的时间处于光饱和点以上，而在生育后期，当光强达最大值时，群体光合速率达最高值，未发现有光饱和现象。同时两个时期的测定均未发现棉花群体光合有"午休现象"。从盛铃期的光合速率日变化还可以看出，两品种不同产量条件下，上午群体光合速率差异不大，但产量较高的棉田其群体光合速率的峰值较高，而且峰值过后每一时刻都处于较高水平。

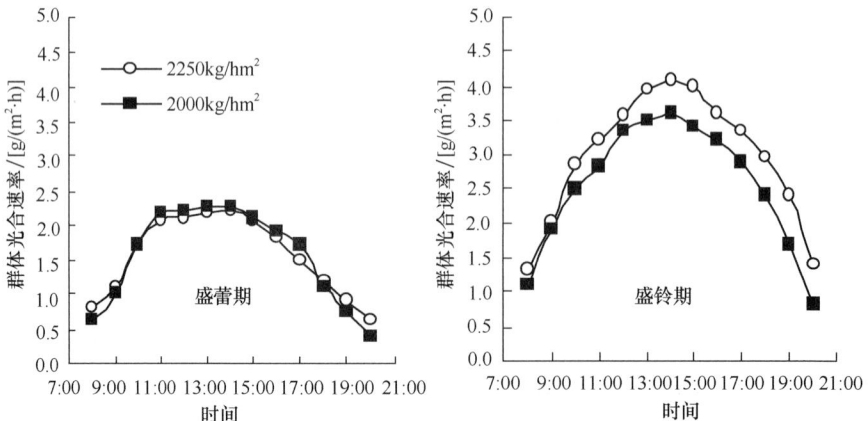

图 4.31 不同生育时期棉花群体光合速率的日变化

4. 棉花群体呼吸速率的变化及与光合作用的关系

对不同产量水平棉花群体呼吸速率（CR）的测定表明，在整个生育期内，群体呼吸速率的变化呈一单峰型曲线（图 4.32），随棉株的生长发育，群体呼吸速率不断增强，在盛花期和盛铃期达最大值，而后急剧下降。峰值的高低及到达峰值的早晚与品种、群体大小、棉株长势、产量水平有关（张旺锋等，1999）。

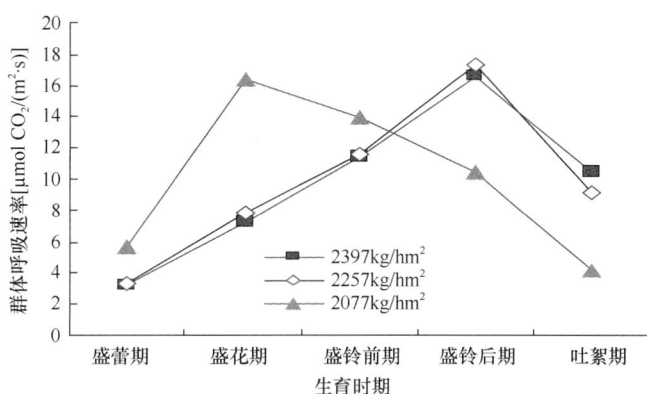

图 4.32 棉花不同生育时期群体呼吸速率的变化

棉花群体呼吸与光合的关系可用呼吸占总光合的比值（R/P）表示。研究表明，棉花群体呼吸占总光合的比例因不同生育时期及不同长势而异。高产棉田 R/P 最高的时期为吐絮期，这可能与后期棉铃的生长及植株衰老有关。前期长势较旺的棉田，盛花期也是其呼吸比例的一个高峰期，呼吸消耗占总光合的 48.9%。分析其原因，旺长棉田在盛花期主要是叶片的旺盛生长、分枝的伸长所致，因此旺长棉田群体呼吸速率的高峰期早（表 4.84）。

表 4.84 不同产量条件各生育时期呼吸与总光合的比率

条田代号	品种	棉田长势	呼吸与总光合的比率/%				
			盛蕾期	盛花期	盛铃期 1（7 月 25 日）	盛铃期 2（8 月 13 日）	吐絮期
A	新陆早 7 号	早衰型	23.0	37.3	36.1	33.5	
B	新陆早 7 号	早衰型		42.1	35.5	30.5	
C	新陆早 7 号	正常型	37.1	47.4	25.0	32.4	59.1
D	新陆早 6 号	正常型	23.5		26.4	41.4	
E	新陆早 6 号	正常型	25.6	29.5	34.2	47.6	54.8
F	新陆早 6 号	偏旺型		48.9	40.2	37.9	62.9

皮棉 3500kg/hm² 以上的超高产棉田初花期至盛铃后期 CR 高于 3200kg/hm² 左右的棉田（图 4.33），但两种产量水平间群体呼吸速率占群体总光合的比例（CR/TCAP）无明显差异；至初絮期，两种产量水平下的 CR 无明显差异，但 3500kg/hm² 以上的超高产田 CR/TCAP 显著低于 3200kg/hm² 左右的棉田。2850kg/hm² 的棉田在初花期至盛铃后期 CR 和 CR/TCAP 均显著低于 2565kg/hm² 的棉田（杜明伟等，2009a）。

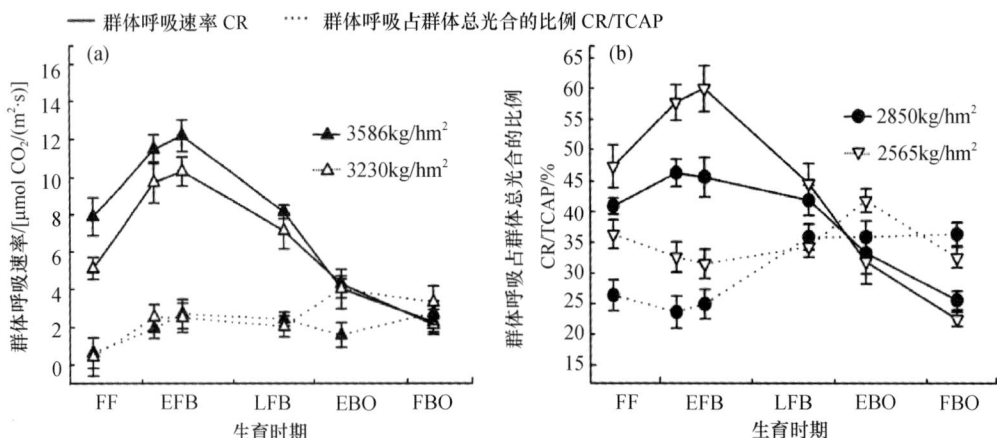

图 4.33　不同产量水平下棉花群体呼吸速率和群体呼吸速率占群体总光合比例的生育期变化

FF. 盛花期；EFB. 盛铃前期；LFB. 盛铃后期；EBO. 初絮期；FBO. 盛絮期。(a) 杂交棉品种；(b) 常规棉品种

（四）"向光要棉" 挖掘棉花产量潜力

随着新疆棉花生产的快速发展，目前高产田已达到世界最高单产水平，如何进一步提高棉花单产的难度越来越大。进一步提高新疆棉花单产的出路在哪里？从作物光合性能理论可以看出，一切增产措施归根结底主要是通过改善光合性能而起作用。根据近年来众多学者对新疆棉区的生态条件、棉花生产发展的历史、现状和现有生产技术进行分析，结合作物经济产量形成由光合性能五个方面共同决定的理论，提出改善棉花光合性能 "向光要棉" 是进一步挖掘新疆棉花产量潜力的技术思路。因此，改善光合性能是今后新疆棉花高光效栽培和育种的主要任务。

1. 光合面积的拓展和光合时间的延长

光合面积是棉花群体进行光合生产的基础。分析新疆棉花超高产的光合面积可以看出，提高棉花的光合面积还有潜力可挖，主要包括选育高光效株型的品种、田间条件下塑造高光效群体两个方面。除了继续增加棉花花铃期的最大叶面积指数、增强棉花高能同步期的物质累积外，如何加快生育前期叶面积指数的扩展速度，同时减缓生育后期叶面积指数的衰减速度也是改善棉花光合面积急需考虑的问题。另外，优化光合面积在叶片和非叶器官间的分布也是改善光合面积需要关注的问题之一。光合面积的拓展和光合时间的延长是相辅相成的关系，只有在一定光合面积的基础上延长光合时间才有意义，同时拓展光合面积在一定程度上相当于延长了光合时间。

2. 光合能力的改善和呼吸消耗的降低

光合能力的改善可以分为两个层次，一个是提高单叶水平的光合速率，另一个是在群体条件下提高单位面积的群体光合速率。单叶光合速率的提高更多地依赖于高光效的育种工作，通过培育高光合速率的品种，改善光合能力；而群体光合速率的提高更多地依靠各项栽培技术的不断优化，通过综合因素，提高群体光合速率。目前新疆超高产棉花的实践表明，主要是通过各项措施的优化，使群体光合速率提高，干物质累积增加，进而提高了籽棉产量。呼吸消耗的降低与光合能力的改善存在同样的优化途径，尤其是棉田群体内部的优化可能是降低呼吸消耗的重要途径。

3. 经济系数的改善

新疆棉花的经济系数已经高于黄河流域、长江流域棉区,然而总结近年来新疆棉花超高产实践,从超高产棉田棉花经济系数可以看出,棉花超高产的实现主要依赖于生物量的提高,而经济系数却无太大提高,有时还存在下降的趋势。这为新疆棉花产量的进一步提高提供了非常重要的途径。提高棉花经济系数,一方面需要选育光合产物转移速度快、效率高的棉花品种,另一方面需要相应栽培技术的配合,达到通过改善经济系数来提高产量的目的。

因此,在近期提高棉花产量,挖掘棉花产量潜力,主要从以下三个方面入手:①选用产量优势突出、光能利用率高的大铃棉花品种;②采用有利于建立高光效群体的种植密度和种植方式;③采用群体与个体优势同步发挥的技术路线,通过综合调控技术,即根据不同阶段的生长发育特点,进行动态跟踪诊断,科学量化调控,优化群体和个体的生育进程,实现植株个体发育健壮、群体发展稳健、单株成铃率显著提高的高产理想株型,提高光能利用率,显著提高棉花产量水平。

二、高产棉花水分生理

新疆棉花灌溉的主要方式是膜下滴灌,即集滴灌与覆膜栽培技术的优点于一体,新疆已成为当前世界上最大的农田节水灌溉生产区域。膜下滴灌技术在新疆棉花生产水平的提高过程中起到了巨大的推动作用,在全国得到大面积推广应用。

(一)滴灌高产棉花需水规律

与常规沟灌相比,膜下滴灌棉田水分生产率高出 63.7%。一方面,由于棉花产量的提高,膜下滴灌产量比常规沟灌提高了 14.9%;另一方面,与常规沟灌相比,膜下滴灌棉田基本不存在渗漏,大大节约了灌溉用水量,作物总耗水量降低 29.8%(李玉义等,2008)(表 4.85)。

表 4.85　不同灌溉方式下棉花累计耗水量、产量及水分生产率比较

项目	灌溉量 /mm	总耗水量 /mm	籽棉产量 /(kg/hm²)	水分生产率 /[kg/(hm²/mm)]	灌溉水生产效率 /[kg/(hm²/mm)]
常规沟灌	600	627.04	4335	6.91	7.23
膜下滴灌	390	440.49	4980	11.31	12.77

膜下滴灌棉花各时期灌溉量与蒸散量关系表明,低水处理棉花在开花以前灌溉量大于蒸散量,其他生育期蒸散量均大于灌溉量,但在开花以前总蒸散量小于灌溉量,这说明在花期前即使低水处理也不会对棉花的生长发育造成影响;中水处理花铃前期总蒸散量小于总灌溉量,高水处理到吐絮期以前总蒸散量始终小于总灌溉量;不同灌溉量条件下,棉花对土壤贮备水的消耗时期不同,低水出现在花铃前期,中水在花铃后期,高水在吐絮期。由此可知,棉花的水分敏感时期是蕾期以后;可以调节的时期是在开花以前

（郭金强等，2005）。

在现行灌溉制度下，不同生育时期的蒸散量变化主要受净辐射和叶面积指数控制而表现出明显差异（表 4.86）。播种至出苗期与苗期的平均日蒸散量相近，这两个阶段的蒸散量主要受净辐射控制。蕾期，棉花生长旺盛，蒸散量随叶面积指数增加而迅速上升。花铃期，叶面积指数仍在增加，蒸散量维持在高值；吐絮期由于植株生理机能衰退，蒸散量减小。蕾期和花铃期的平均日蒸散量明显大于其他生育期，是棉花耗水高峰期（刘净贤等，2012）。

表 4.86　膜下滴灌棉花各生育期耗水量　　　　（单位：mm）

播种—出苗	苗期	蕾期	花铃期	吐絮期	耗水量	试验点	种植模式	数据来源
—	36.60	141.00	320.90	97.70	596.20	石河子	1膜2管4行	陈多方等（2001）
—	49.98	89.25	114.24	125.68	345.00～380.00	石河子	1膜2管4行	蔡焕杰等（2002）
5.8	37.27	113.33	237.45	40.00	434.08	石河子	1膜2管4行	郭金强等（2005）
11.4	21.90	100.40	220.00	84.60	438.00	石河子	1膜1管4行	李战超（2013）
18.5	60.80	132.30	267.30	35.40	514.30	石河子	1膜1管4行	刘净贤等（2012）
—	82.12	83.11	313.57	25.65	504.45	石河子	1膜1管4行	申孝军等（2013）

（二）水分对棉花光合生理的影响

植物受到干旱胁迫时能做出多种抗逆性反应，包括气孔调节、pH调节、渗透调节、脱水保护及活性氧清除等。植物在经受干旱胁迫时，通过细胞对干旱信号的感知和转导、调节基因表达、产生新蛋白质，从而引起大量的生理和代谢上的变化。

1. 光合作用

光合作用是干物质生产的主要途径，与生长关系密切。干旱胁迫容易引起光能过剩，过剩的光能会对光合器官产生潜在的危害。依赖于叶黄素循环的热耗散是光保护的主要途径，同时酶促及非酶促系统也是防止光合器官破坏的重要途径。

对新疆膜下滴灌棉花节水高产机理的研究表明（图4.34），限量滴灌（为新疆目前大田膜下滴灌暂定 375m³/hm² 滴水定额的 2/3）条件下棉田土壤水分亏缺，群体光合速率和叶面积指数降低，群体呼吸速率及群体呼吸速率占群体总光合速率的比例在盛花期上升，进入盛铃期以后又迅速下降，叶片平均叶簇倾斜角度增大，散射辐射透过系数和直射辐射透过系数增加，对光能的截获率降低。过量滴灌促进棉花生长势强特性的发挥，造成棉株营养体过旺，群体叶源量较高，但生育后期群体呼吸速率上升快，光合物质累积量虽较高，分配到生殖器官中的同化物较少，产量下降。适量滴灌（以 0～70cm 耕层日耗水量降到每天 2mm 为开始供水的下限，每次滴水量约 375m³/hm²）条件下棉株长势稳健，叶片生理机能优化，群体光合速率增强，叶面积指数上升快，且后期能保持较高的叶面积指数水平，具较低的散射辐射透过系数和直射辐射透过系数，群体对光的截获率高，产量较高（张旺锋等，2002）。

控制作物供水，使作物在某个生育期或某段时期内承受一定程度的水分亏缺，在保证较高产量的同时，提高作物的水分利用效率，是近年来作物节水生理研究的重点问题之一。大量研究表明，棉花开花前及花铃前期适当的水分亏缺，对产量影响较小，且在

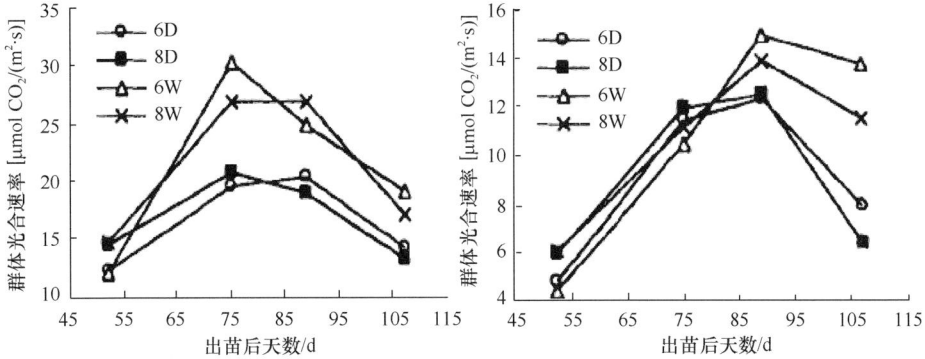

图 4.34　不同滴灌量对棉花群体光合速率和呼吸速率的影响

6D. 新陆早 6 号限量滴灌；8D. 新陆早 8 号限量滴灌；6W. 新陆早 6 号适量滴灌；8W. 新陆早 8 号适量滴灌

一定程度上能提高棉花的抗旱性。开花至吐絮是棉花生殖生长的关键时期，群体光合能力对最终产量起着关键性作用。花铃期不同时段水分亏缺对新陆早 6 号群体光合速率及水分利用效率的研究表明，花铃期中期（开花后 10~40d）水分亏缺对棉花群体光合影响最大，导致群体光合速率最大值比适水下降 42.2%，最大值出现日期提前 7d。花铃前期（开花以后前 10d）亏缺，群体光合速率在冠层上部和中部的分配比例分别为 62.9% 和 37.1%，与适水接近，此期水分亏缺对群体光合速率在冠层中的分配影响不大；花铃中期亏缺，群体光合速率在冠层上部和中部的分配比例分别为 79.2% 和 20.8%，分配明显上移。花铃后期（开花 40d 以后）亏缺时，则分别为 68% 和 32%，上移幅度低于中期（马富裕等，2002）。由此可见，花铃中、后期水分亏缺促使群体光合速率在棉花冠层上部的分配量增加（图 4.35）。

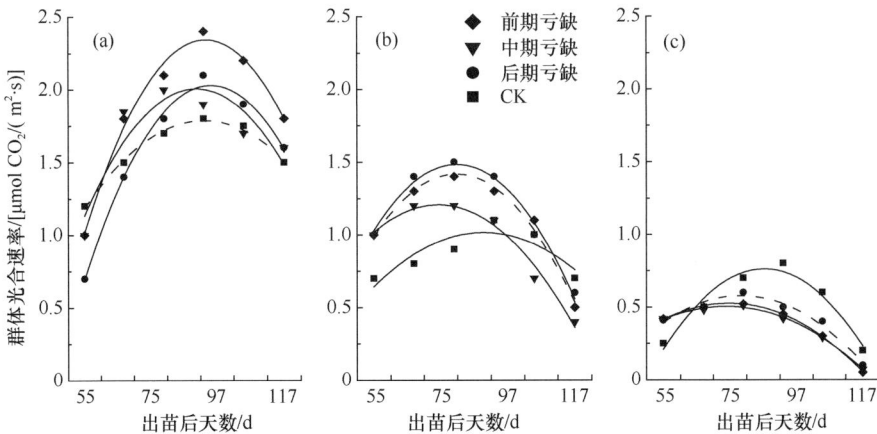

图 4.35　棉花花铃期水分亏缺冠层不同部位群体光合速率动态图

（a）上部；（b）中部；（c）下部

　　冠层中部是承载棉铃的主要部位，其光合速率的高低对产量形成至关重要。在适水情况下，从开花到吐絮，冠层中部群体光合速率的变化较平坦，起伏较小。花铃前期水分亏缺使冠层中部群体光合速率在始花期显著低于其他处理，出现日期比对照推后 2.4d。中期亏缺使冠层中部群体光合速率在整个花铃期一直处于较低的水平，出现日期比对照提前 8d，峰值降低 13.3%。花铃后期水分亏缺对冠层中部群体光合速率的影响在吐絮前期才表现出来（图 4.36），花铃后期水分亏缺前，与适水条件下变化趋势近似（马富裕等，2002）。

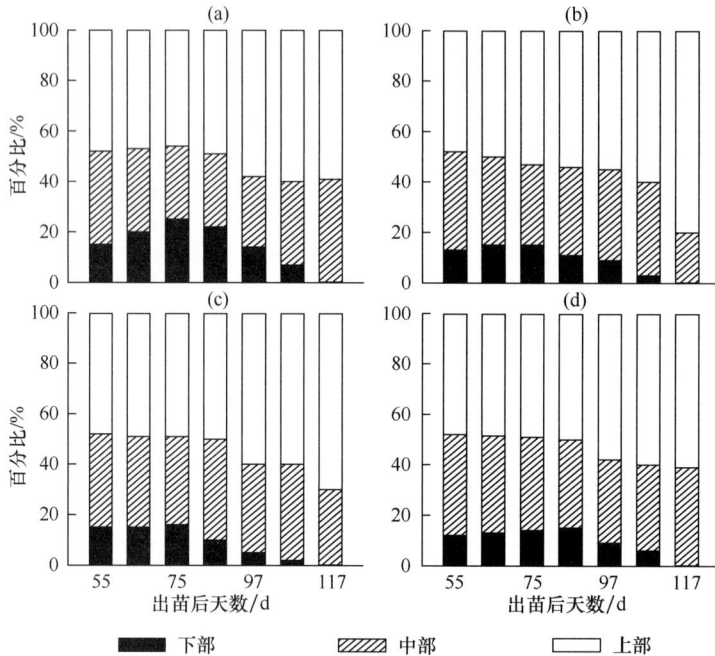

图 4.36　棉花花铃期不同时段水分亏缺条件下群体光合速率在冠层的分配率
（a）前期亏缺；（b）中期亏缺；（c）后期亏缺；（d）CK

2. 渗透调节

在干旱胁迫条件下，植物维持细胞渗透平衡的一个策略是主动积累一些小分子有机化合物和蛋白质类保护剂。这些代谢物包括甘油、山梨醇、甘露醇等多元醇，蔗糖和海藻糖等低分子糖类，脯氨酸、甘氨酸、甜菜碱等氨基酸及其衍生物。植物在正常条件下，游离脯氨酸的含量很低，但遇到干旱逆境时，游离脯氨酸便会大量积累，其增加原因是：①在水分胁迫条件下激活脯氨酸合成谷氨酸（Glu）途径；②脯氨酸的氧化降解受到抑制，使脯氨酸的合成速度远远大于降解速度；③以脯氨酸为底物的蛋白质合成受阻。基于以上原因，脯氨酸在植物受到水分胁迫时，其含量可能比原始含量增加几十倍到几百倍。因此，通过分析水分亏缺下棉花各绿色器官的脯氨酸变化，可明确棉花不同绿色器官维持水分状况的机制，从而探讨棉花各绿色器官的抗旱能力差异。研究表明（图 4.37），无论开花 5d 后还是开花后 20d，水分亏缺均增加了新陆早 13 号棉花各绿色器官中的脯氨酸含量。开花后 5d，水分亏缺下主茎秆脯氨酸含量的积累速率最快。开花后 20d，水分亏缺下主茎秆和铃壳的脯氨酸含量比正常灌水下分别增加了 131% 和 141%，其积累速率均大于叶片 42.0%。然而，对于具有高脯氨酸的苞叶而言，水分亏缺下，苞叶的脯氨酸含量几乎不变（Hu et al.，2014）。

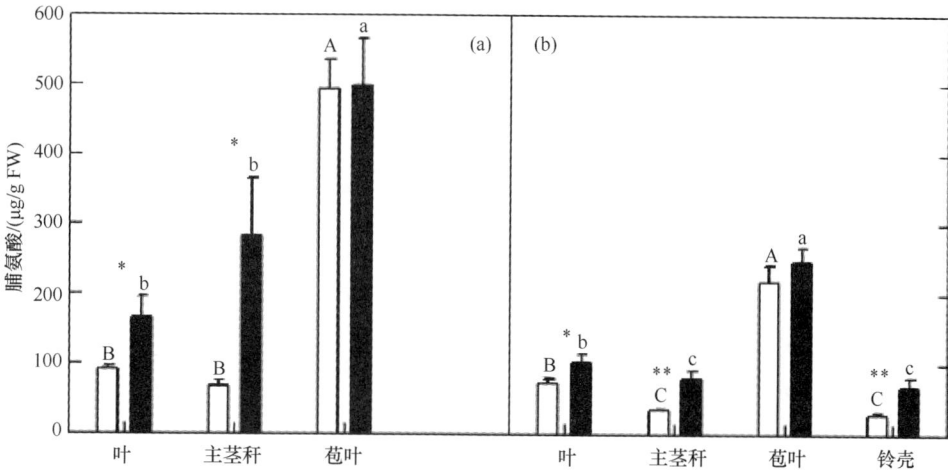

图 4.37　水分亏缺（正常灌水的 20%）处理下棉花叶片、主茎秆、苞叶和铃壳单位鲜重的脯氨酸含量
正常灌溉（白色柱状，与一般生产中高产田灌水管理一致）和水分亏缺（黑色柱状）；*和**，不同小写字母和大写字母
分别表示 $P<0.05$ 和 $P<0.01$ 差异显著水平

3. 活性氧清除

干旱胁迫引起植物抗氧化酶系统的变化和紊乱。干旱条件下，植物体内的氧自由基增多。大量研究表明，植物体内过剩自由基的毒害之一是引发膜脂质过氧化作用，造成膜系统的损伤，植物的防御系统被破坏，导致有害过氧化物如丙二醛（MDA）含量大量积累，严重时会导致植物细胞的死亡。研究表明（图 4.38），水分亏缺使新陆早 13 号棉花各绿色器官的 MDA 含量和相对电导率均增加。开花 5d 后，水分亏缺下主茎秆 MDA 含量的增加速率最大，而铃壳 MDA 含量的增加速率最小。水分亏缺下，主茎叶片、主茎秆、苞叶和铃壳的相对电导率变化趋势与 MDA 含量一致。超氧化物歧化酶（SOD）是去除氧自由基的第一步，将 O_2^{-} 分解成 H_2O_2。开花后 5d，水分胁迫显著增强主茎秆的 SOD 活性，至开花后 20d，其 SOD 活性减弱；主茎叶和铃壳的 SOD 活性显著下降。开花后 5d，水分亏缺降低了棉花各绿色器官的 APX 活性，而开花后 20d，水分亏缺降低了叶片的 APX 活性，但增强了主茎秆和铃壳的抗坏血酸过氧化物酶（APX）活性（Hu et al.，2014）。

4. 植物激素

在干旱胁迫下，植物通过内源激素的变化，如降低吲哚乙酸（indoleacetic acid，IAA）和细胞分裂素（cytokinin，CTK）浓度，并提高脱落酸（abscisic acid，ABA）浓度来调节某些生理过程，以达到适应干旱环境的效果。研究表明，在不同生育阶段，随土壤含水率的降低，新陆早 13 号棉花根系及叶片脱落酸（ABA）含量显著增加，玉米素（ZR）含量减少，叶片气孔导度（Gs）和光合速率（Pn）显著降低，以初花—盛花期土壤相对含水率为 40%～45% 处理降幅较大。土壤干旱处理结束后复水，根系及叶片 ABA 含量并未随土壤水分条件的改善而降低，根系 ZR 含量在复水后 1～3d 均可恢复或超过对照，与叶片 Gs 呈正相关，其中以盛蕾—初花期土壤相对含水率为 50%～55% 处理棉株叶片 ZR 含量和 Gs 恢复速度快、强度大。说明干旱后复水，根系较高的 ZR 含量是导致其叶片 Gs 和 Pn 较高的主要原因（罗宏海等，2013c）。

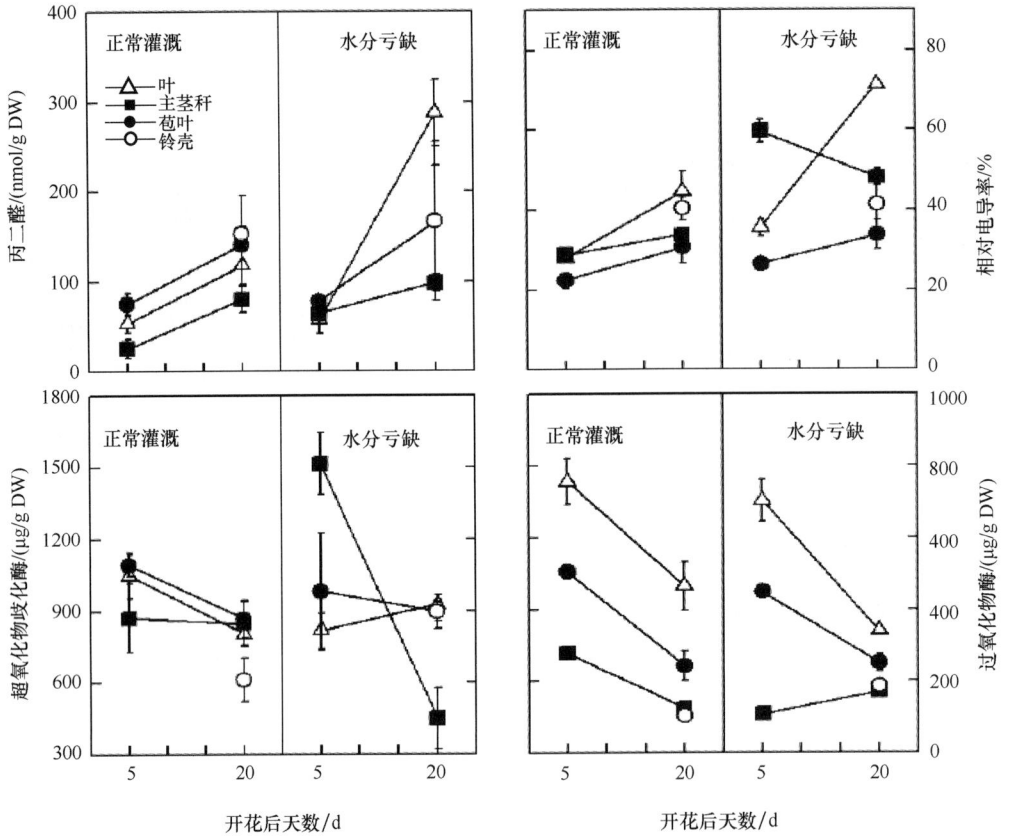

图 4.38　正常灌溉（与一般生产中高产田灌水管理一致）和水分亏缺（正常灌水的 20%）处理下棉花各绿色器官丙二醛（MDA）、相对电导率（Lon Leakage）、超氧化物歧化酶（SOD）和抗坏血酸过氧化物酶（APX）活性（开花后 5d 和 20d）

（三）水分对棉花养分吸收的影响

水分和肥料是影响作物生长发育的主要限制因子，又是可人为调控的技术措施。在农田系统中，作物生长期间的水与肥存在着耦合效应。有关水氮耦合对新陆早 13 号（策勒）干物质积累、氮素吸收及产量、水氮利用效率影响的研究表明，水分不足是引起棉花早衰的主要原因，而氮素不足或过量容易造成棉花产量下降，不利于高产。当增加水分或氮素供应时，花铃期根冠生物量和氮素吸收增加；增加灌水量，吐絮期地上部干物质和氮素积累量增加，根干物质积累量在低氮或高氮下增加，中氮降低；产量和氮素利用效率增加，水分利用效率下降。水分胁迫条件下增加氮素的供应，吐絮期地上部干物质量、氮素积累量、产量差异不大，根干物质积累量以 N276 处理最高，氮素利用率下降，水分利用率增加。水分充分条件下增加氮素的供应，吐絮期根干物质量下降，地上部干物质量、氮素积累、产量和水氮利用效率以 N276 处理最高。水分不足限制了干物质在花铃期至吐絮期的积累（表 4.87），引起产量下降（谢志良和田长彦，2011）。

表 4.87 不同水氮处理对氮素积累的影响

处理		花铃期	吐絮期	变化值
氮/（kg/hm²）	水分/mm			
N138（低氮）	W300	111.59e	134.06e	22.47c
	W600	171.35c	238.37c	67.02b
N276（中氮）	W300	155.81de	167.86d	12.05c
	W600	204.45b	347.65a	143.20a
N414（高氮）	W300	176.31cd	186.12d	9.81c
	W600	306.30a	320.71b	14.41c

注：同列数据后不同字母表示差异达 5%显著水平；W300 和 W600 分别为全生育期灌溉水量 300mm 和 600mm

　　合理的灌溉制度和施肥技术是保证膜下滴灌棉花取得高效高产的关键。灌溉和施肥技术优化后可提高棉花产量，这与棉花冠层结构优化的结果直接相关。有关水肥调控策略对库尔勒地区膜下滴灌棉花冠层结构和产量影响的研究表明，常规灌溉（4800m³/hm²）条件下，常规施肥策略（各生育期追肥比例为 6.3%、8%、8%、9.7%、15%、6.7%）可使新陆中 21 号棉花叶面积指数显著增大，平均叶倾角也增大，显著降低散射辐射透过系数和直射辐射透过系数，使消光系数降低，从而显著提高籽棉产量，同时使 0～100cm 土层土壤硝态氮含量显著增加。常规施肥条件下，优化灌溉策略（4200m³/hm²）获得最大的棉花群体叶面积，棉花散射辐射透过系数、直射辐射透过系数处于较低水平，使其籽棉产量显著提高，同时对降低 60～100cm 土层土壤硝态氮累积量及土壤硝态氮向下层淋溶的影响较为明显。优化灌溉（4200m³/hm²）条件下，优化施肥策略（各生育期追肥比例为 8%、10%、22%、25%、15%）使棉花获得最适的叶面积指数和平均叶倾角，棉花散射辐射透过系数、直射辐射透过系数和消光系数均处于最低水平，使其获得相对最高的籽棉产量（5527.76kg/hm²），同时优化施肥策略能够更有效地降低 0～100cm 土层土壤硝态氮累积量（姚青青等，2013）。

　　膜下滴灌植棉技术通过精确控制根区水肥供应而限制根系在土壤中的生长范围，根系对水肥的吸收和利用能力大幅提高；但生育后期出现大面积"红叶早衰"现象，造成叶片生理性早衰严重，光合功能急剧下降，产量和品质下降。分析认为除气候因素外，水肥管理措施不当可能是导致棉花生育中、后期植株衰老加快的主要原因。罗宏海等研究表明，播前灌溉条件下，适当减少盛花前水氮供应、增加生育中后期水氮的分配比例，可显著提高杂交棉花（新陆早 43 号）的深层根系生长、增强根系活力、延缓植株衰老进程、提高光合产物向生殖器官分配的比例、增加铃重，是提高膜下滴灌棉花产量和水分利用效率的有效水氮运筹方式（罗宏海等，2013a）。水氮互作条件下水因素间、氮素因素间和水氮互作因素间，杂交棉花（新陆早 43 号）的籽棉产量均存在极显著差异。籽棉产量的最大值产生在 N300 水平下，最高产量为 5d 30mm 水分处理（图 4.39），其值为 7242.63kg/hm²，其次为 3d 18mm 水分处理，二者之间无显著差异，因此在施氮水平为 300kg/hm² 时，3d 18mm 和 5d 30mm 水分处理下的杂交棉花可获得高产（孙绘健等，2010）。

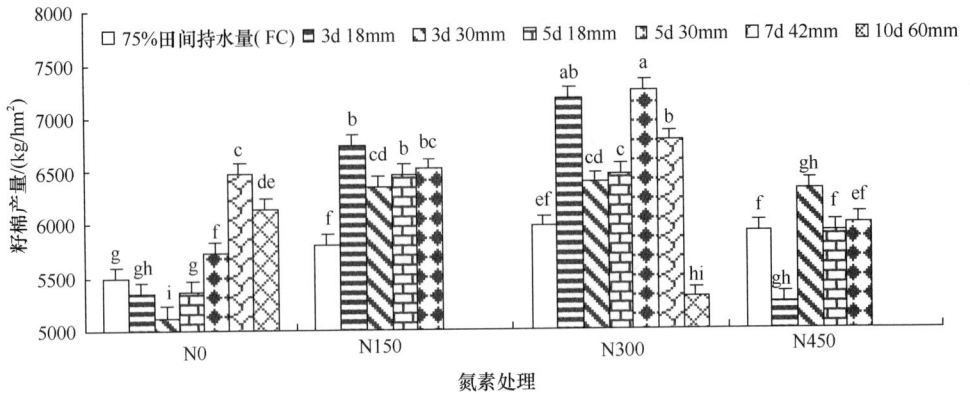

图 4.39　花铃期水氮互作下新陆早 43 号籽棉产量的比较

N0 为 0kg N/hm^2；N150 为 150kg N/hm^2；N300 为 300kg N/hm^2；N400 为 400kg N/hm^2；不同字母表示 $P<0.05$ 差异显著水平；下同

灌溉水分利用效率（IWUE）表示农田灌溉单位体积水量所能收获的农产品的质量，灌水量一定时，产量越高，IWUE 越高。水氮互作对各处理杂交棉籽棉产量水平上的灌溉水分利用效率（IWUE）存在显著差异。从总体上看，除 3d 30mm 处理外，各水分处理随施氮量的提高 IWUE 随之提高（图 4.40）。研究发现，5d 18mm-N450 处理 IWUE 最高，达到了 15.2kg/(hm^2·mm)，但 5d 18mm 处理在 4 个氮素条件下差异不显著，说明适当干旱可以提高 IWUE，施氮对提高 IWUE 无明显影响；75FC、3d 18mm 和 5d 30mm 水分处理适量施氮可以提高灌溉水分利用效率。3d 30mm 施氮量越高，IWUE 越低（孙绘健等，2010）。

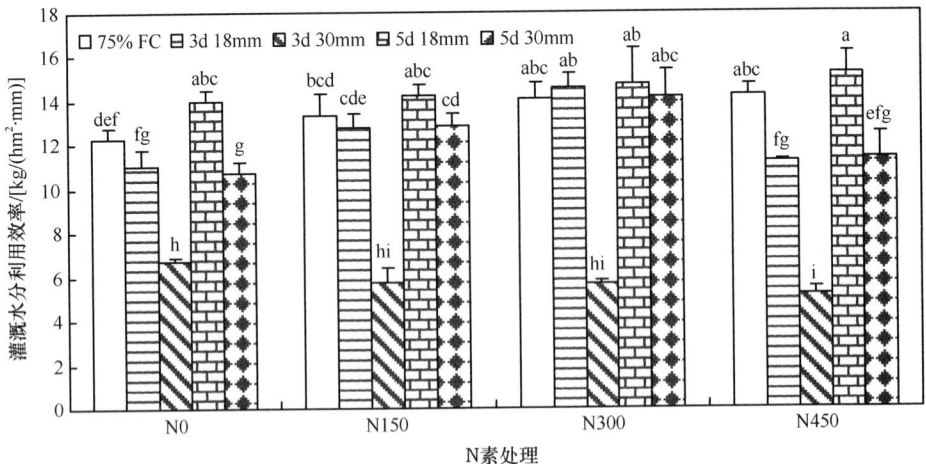

图 4.40　水氮互作对杂交棉花灌溉水分利用效率影响的比较

农学氮素利用效率（NUE）可反映施氮的增产情况。在一定条件下，NUE 是单峰曲线变化，表明并不是施氮量越高，NUE 越大。就水氮互作综合效应来看（表 4.88），5d 30mm-N150、5d 30mm-N300、3d 18mm-N300 和 3d 18mm-N150 处理 NUE 均大于对照 75% FC 水分处理，是较好的水氮处理组合（孙绘健等，2010）。

表 4.88　不同水氮（追施 N）处理杂交棉花农学氮素利用效率的比较

处理		籽棉产量/ （kg/hm²）	N 素用量/ （kg/hm²）	不施氮籽棉产量/ （kg/hm²）	N 素利用效率 NUE/（kg/kg）
N0	55% FC	3860	0	—	—
	65% FC	4549	0	—	—
	75% FC	5035	0	—	—
	3d 18mm	5318	0	—	—
	3d 30mm	4911	0	—	—
	5d 18mm	4997	0	—	—
	5d 30mm	5618	0	—	—
N150	75% FC	5488	150	5035	3.02
	3d 18mm	6151	150	5318	5.56
	3d 30mm	4206	150	4911	−4.70
	5d 18mm	5071	150	4997	0.49
	5d 30mm	6755	150	5618	7.58
N300	75% FC	5786	300	5035	2.50
	3d 18mm	7018	300	5318	5.67
	3d 30mm	4130	300	4911	−2.60
	5d 18mm	5245	300	4997	0.83
	5d 30mm	7426	300	5618	6.03
N450	75% FC	5862	450	5035	1.84
	3d 18mm	5404	450	5318	0.19
	3d 30mm	3791	450	4911	−2.49
	5d 18mm	5427	450	4997	0.95
	5d 30mm	5964	450	5618	0.77

注：NUE=（施氮区作物籽粒产量−不施氮区作物籽粒产量）/施氮区的施氮量（范仲学等，2001）

（四）水分对棉花干物质积累与分配的影响

植物的生长受水分限制，在干旱条件下，植物在细胞、器官、个体和群体等各个水平上都会出现相应的变化。表皮在干旱环境下对植物的生存具有重要作用，干旱环境下植物细胞表皮膜的渗透性比中生植物的低 1～2 个数量级，植物的气孔关闭，通过表皮膜进行水分散失（Goodwin and Jenks，2005）。在器官和个体水平上，水分胁迫可显著降低膜下滴灌棉花的株高、比叶面积及最大叶面积，同时也减少叶面积的生长率、叶片数量及生物产量。研究表明，限量（T4、T5）滴灌条件下棉田土壤水分亏缺，叶面积指数降低，对光能的截获率降低。

过量（T1）滴灌促进杂交棉生长势强的特性的发挥，造成棉株营养体过旺，群体叶源量较高，光合物质累积量虽较高，但分配到生殖器官中的同化物较少，产量下降。适量（T2、T3）滴灌棉株长势稳健，LAI 上升快，且后期能保持较高的 LAI 水平，杂交棉兆丰 1 号群体对光的截获率高，产量较高（韩秀锋等，2011）。

在正常灌溉（与一般生产中高产田灌水管理一致）情况下，7 月 30 日至 8 月 22 日新陆早 13 号铃干重增加了 217%。因此，棉花产量形成主要是在这个时期完成的。7 月

30 日至 8 月 22 日正常灌溉和水分亏缺（正常灌水的 20%）处理下整株棉花的生物量积累量分别为 45.29～47.5g 和 4.55～13.84g（表 4.89）。水分胁迫降低了叶片光合作用对棉株产量形成的贡献率，相反，非叶绿色器官光合作用对棉株产量形成的贡献率有所增加（Hu et al., 2014）。

表 4.89　不同水分处理下棉花各绿色器官的干物质积累量（从 7 月 30 日至 8 月 22 日）

项目	7 月 30 日		8 月 22 日	
	正常灌溉	水分亏缺	正常灌溉	水分亏缺
叶片	33.60g	9.98g	32.20g	2.97g
	74.20%	72.10%	67.80%	65.30%
茎秆	6.39g	1.70g	6.06g	0.65g
	14.10%	12.30%	12.80%	14.30%
苞叶	3.18g	0.97g	4.22g	0.39g
	7.00%	7.00%	8.90%	8.50%
铃壳	2.12g	1.19g	5.00g	0.54g
	4.70%	8.60%	10.50%	11.90%
合计	45.29g	13.84g	47.48g	4.55g

水分条件还影响生物量的分配，水分胁迫下生物量向根部的相对分配增加，功能根的数量和长度增加（杨传杰等，2012）。与常规灌溉和冬灌+滴灌相比，干播湿出棉花根量较少但须根量较大，根冠比较小，根系入土浅，生长发育提前，花铃期铃重、根系载铃量提高，表现较大的增产优势（危常州等，2002）。孙红春等以新棉 33B 为试验材料，在防雨棚中设置严重干旱、中度干旱和正常供水 3 个处理（土壤水分分别为田间持水量的 35%～45%、45%～65%、65%～85%），利用 $^{14}CO_2$ 同位素示踪技术研究了水分胁迫对棉花不同层次主茎叶光合同化物运转分配的影响。结果表明：干旱胁迫使叶片光合产物合成受阻，降低了叶片 ^{14}C 的同化量。并且随着干旱程度的增强，源叶中光合产物输出率也相应提高。不同生育时期干旱胁迫对源叶光合产物的分配影响不同。严重干旱在蕾期促进光合产物分配到根部和主茎生长点，花铃期及吐絮期促进光合产物分配到邻近的棉铃；中度干旱在蕾期促进光合产物向根部和主茎生长点分配，而盛花期则促进光合产物向下部器官的分配，吐絮期大部分光合产物分配到了邻近棉铃（孙红春等，2011）。因此，在水分比较适宜的条件下，膜下滴灌棉花根、冠趋向于协同生长，但在水分过多或过少的条件下，根、冠趋向于一定的竞争关系。

作物产量形成既取决于源的光合物质生产能力，又取决于库的容纳能力，较大的库容量可促进光合生产与物质运转。在新疆气候生态条件下，张宏芝等以 3 种叶形（新陆早 13 号为中叶形品种、新陆早 10 号为小叶形品种、标杂 A1 为鸡脚叶形品种）棉花品种为材料，设置高水、中水和低水（控制 0～60cm 土壤相对含水量的下限为田间持水量的 85%～90% 为高水处理、70%～75% 为中水处理、55%～60% 为低水处理，滴水上限均为田间持水量）3 个水分处理，采用人工减源疏库的方法，研究不同土壤水分条件下库源比变化对棉花产量形成的影响。结果表明，中叶形品种新陆早 13 号在中水（控制 0～60cm 土壤相对含水量的下限为田间持水量的 70%～75%）条件下，源叶轻度胁迫显著增强剩余叶片的光合能力，但光合物质累积量及向生殖器官的分配率和单株结铃数、铃重均未发生明显变化，籽棉产量与对照无明显差异；鸡脚叶形品种标杂 A1 在高水（控制 0～60cm 土壤相对含水量的下限为田间持水量的 85%～90%）条件下，库容轻度胁迫后叶片光合速率和光合物质累积量与对照无明显差异，但光合产物向蕾铃的分配加快，铃重增大，籽棉产量有所增加；小叶形品种新陆早 10 号减源或疏库后籽棉产量均显著低于对照。因此，依据不同类型棉花源库关系对土壤水分的响应不同，通过棉田水分管理对源库进行调节，建立合理的库源比，可进一步提高水分利用效率和棉花产量（张宏芝等，2013）。

铃重是棉花产量构成的重要因子，花铃期干旱[土壤相对含水量由（75±5）%自然减少直至吐絮]对美棉 33B（江苏）棉铃对位叶糖代谢及铃重影响的结果表明，花铃期干旱条件下，棉铃对位叶净光合速率降低，且不同果枝部位降低幅度与铃重的结果一致，中部降幅＞上部＞下部；棉铃对位叶可溶性糖含量下部和上部果枝增加而中部降低；棉铃对位叶蔗糖含量增加而淀粉含量下降，表明干旱促进叶片光合产物向蔗糖转化。同时，花铃期干旱条件下，棉铃对位叶蔗糖磷酸合酶和蔗糖合成酶活性降低，且对中部和上部的影响大于下部，降低可供外运的蔗糖水平。因此，棉铃对位叶蔗糖合成减少和外运受抑制是花铃期干旱条件下铃重降低的蔗糖代谢基础（表 4.90）（杨长琴等，2014）。

表 4.90　棉花花铃期干旱对铃重的影响

年份	处理	铃重/g		
		下部	中部	上部
2007	对照	5.05a	5.54a	4.96a
	干旱	4.78b	5.02b	4.54b
2009	对照	5.10a	5.88a	5.25a
	干旱	4.77b	5.10b	4.75b

注：同列不同字母表示在 0.05 水平上差异显著

三、高产棉花营养生理

植物具有通过光合作用同化 CO_2，以及通过根系吸收水分和无机营养元素最终形成生物有机体的能力。调控无机营养元素的供给是作物生产管理的重要组成部分。通过施肥补充土壤有效营养元素，满足植物的营养需求是作物获得高产的重要保障。同时，施肥时间也必须与作物的养分需求相吻合（Stewart et al.，2003）。了解棉花生长和养分吸收的基本规律是制定施肥方案的前提和依据，尤其是在养分缺乏的农田（Gerik et al.，1998）。棉花具有无限生长的习性和蕾铃脱落的特性，营养生长和生殖生长并进重叠期长，对营养元素需要的数量、比例和时期有其自身特有的规律。另外，土壤养分供应的速度与强度与棉花需求也不会完全相适应。因此，必须通过施肥，使棉花主要生育阶段所需的营养物质在种类、数量、时间、供给速度和强度等方面协调一致，才能保证棉花的正常生长发育，获得高产（喻永熹和刘宗衡，1990）。

（一）棉花必需营养元素与吸收分配

1. 必需营养元素

植物体的主要成分是水，约占 70%，其次是有机物质，约占 25%，矿物质为 5%。其中，矿物质是植物细胞生长、有机物质构成和新陈代谢所必需的。迄今，棉花植物体内已检测出的矿质元素共有 40 多种。1939 年 Arnon 和 Stout 提出了高等植物必需营养元素的 3 条标准，确定了 16 种高等植物的必需营养元素：碳（C）、氢（H）、氧（O）、氮（N）、磷（P）、钾（K）、钙（Ca）、镁（Mg）、硫（S）、铁（Fe）、锰（Mn）、锌（Zn）、铜（Cu）、钼（Mo）、硼（B）、氯（Cl）。除这 16 种必需营养元素外，还有一类营养元素，它们对某些植物的生长发育具有良好的作用，或为某些植物在特定条件下所必需的，人们称为有益元素，主要包括硅（Si）、钠（Na）、钴（Co）、硒（Se）、镍（Ni）、铝（Al）等。

Joham（1986）把棉花的必需营养元素分为两大组。第一组是 P、K、Ca、Mg、B 和 Zn；如果缺乏第一组元素将引起结实指数和经济系数的降低，表明每一组元素对现蕾、开花和结铃产生直接影响，对生殖生长的影响比对营养生长大些。第二组是 N、S、Mo 和 Mn，缺乏第二组元素对结实性或经济系数无影响或影响很小，表明供给充足与否，对营养生长和生殖生长的影响相等，经济系数保持不变。P、Mn、B、Zn 或 Mg 具有促进早熟的作用。在田间试验条件下，P 和 Zn 促进棉花早熟明显。当 N 和 K 与 P、Zn、B 保持平衡时，也可以促进早熟。

从新疆高产棉田土壤养分元素含量来看，第一组元素中 Ca、Mg 含量较为丰富，B 为中等水平，P 为中等偏低水平，K、Zn 为低水平；第二组元素中 S 较为丰富，Mn 为中等水平，N 为中等偏低水平。总体上，大量元素 N、P、K 仍是新疆高产棉田的肥料三要素，尤其是 K 素的供应已显得越发重要。微量元素以 Zn 的缺乏程度最高，且直接影响生殖生长，也应予以重视（表 4.91）。

表 4.91　新疆高产棉田土壤养分现状（皮棉 2700～3000kg/hm²）（杨涛等，2012；李海峰，2012）

养分指标	平均值	最大值	最小值	标准偏差	变异系数
速效磷/（mg/kg）	17.1	38.6	0.66	10.3	60.3%
速效钾/（mg/kg）	127	357	54	49.6	39.0%
交换性钙/（mg/kg）	13841	15374	3671	1454	10.5%
交换性镁/（mg/kg）	699	1423	521	193	27.7%
有效硼/（mg/kg）	1.32	4.29	0.10	0.75	56.8%
有效锌/（mg/kg）	0.54	1.55	0.02	0.35	64.8%
全氮/（g/kg）	0.52	1.03	0.2	0.18	34.5%
碱解氮/（mg/kg）	52.9	189	15.4	25.9	49.0%
有效硫/（mg/kg）	289	382	143	54.9	19.0%
有效锰/（mg/kg）	17.58	18.71	16.45	1.13	—
有效铜/（mg/kg）	1.37	1.72	0.87	0.25	18.3%
有效铁/（mg/kg）	4.18	8.87	0.68	1.79	42.8%

2. 养分吸收与分配

棉花产量和养分吸收状况取决于土壤肥力和作物生长环境。作物养分吸收通常采用养分收获指数来表示，即百公斤经济产量的养分吸收（携带）量。棉花生长和干物质积累符合典型的"S"型曲线，最大生长速率出现在开花期以后。棉花养分吸收和干物质积累的趋势相同。大部分养分的吸收高峰出现在初花期至盛花期。棉花养分吸收曲线和干物质积累曲线的对比研究表明，大部分养分的吸收高峰都比干物质积累提前。因此，棉花生长中期（生长高峰期以前）充足的养分供应有利于促进光合作用，提高棉花干物质积累量。棉花开花后，养分在植物体内开始重新分配，逐渐从茎、叶向生殖器官转运（Stewart et al.，2010）。

棉花苗期植株吸收的氮素主要集中在叶片，达 54%～55%；蕾期植株吸收的氮素仍然大量积累在营养器官；花期叶片氮素比例有所下降，而植株茎秆、蕾、花中氮素比例逐渐增大，蕾、花氮素占 25%～30%；结铃期棉叶、茎秆中氮素比例下降迅速，棉铃氮素占 60%～62%；吐絮期生殖器官的氮素比例迅速上升。可见，棉株对氮素的积累分配，前期主要集中在营养器官，随着生育时间的延长，棉花茎、叶片和叶柄这些营养器官中吸氮量占总吸氮量的比例逐渐下降，而蕾、铃生殖器官的吸氮量所占比例逐渐上升。

磷素在棉花苗期主要集中于茎、叶中，其中叶片占地上部磷总积累量的 62%～71%。蕾期是生殖器官发育的开始，并且蕾中的磷素分配量随施肥量的增加而增加。花期到盛铃期是棉花产量形成的主要阶段，生殖器官中的磷素分配量不断增加而营养器官中的磷素分配量呈下降的趋势；这一阶段棉花吸收磷的量占生育期总吸收量的 50% 以上。进入吐絮期以后，磷素主要集中在棉籽中。

棉花苗期钾素在茎秆中所占比例达 65%～69%；蕾期叶、茎中钾所占比例有所下降，但茎中钾比例仍可达 40%～42%；花铃期茎中钾所占比例与蕾期差异不大。高产棉田中，棉株钾量在铃期以前主要分配在茎、叶，铃期以后主要分配在铃壳（祝珍珍等，2011）。

（二）棉花营养特性

1. 氮素营养特性

（1）氮与棉花生长。氮素对棉花的生长发育具有决定性作用，棉花的叶面积指数随施氮量增加变化趋势为单峰曲线，表现为从盛蕾期后（追肥）棉花叶面积指数随施氮量的增加而增大，盛铃末期后叶面积指数开始下降。也有研究（赵双印，2009）认为，中氮水平比低氮或高氮更能促进棉花倒四叶的生长，主茎叶片数和果枝数也较多。充足的氮供应有利于棉花前期生物量累积，提高产量；但过量的氮肥使棉株生物量快速增长期起始时间延迟，不利于生物量的积累。因此，棉花生物量不会随氮素的增加而持续增加。适量的氮肥供应有利于根系的伸长和细根的形成，过量的氮肥供应虽然使根系表面积增加，但根长、根干重降低。提高氮素水平，根系在深层的分布比例明显增加：表土层根长、根表面积明显下降，亚表土层根长、根表面积增加。说明高氮有利于粗根的形成，不利于根系的伸长。

（2）氮与棉花生理特性。氮素是叶片中叶绿素的组成部分，适当施用氮肥可以增加叶绿素含量，促进光合作用及光合产物的转运。叶绿素含量与氮肥施用量之间呈线性加平台关系，即在一定范围内叶绿素含量随施氮量增加而增加，但过量施氮叶绿素含量不再增加。叶片中可溶性糖含量和淀粉的积累也随着施氮量的增加而降低。施入氮肥可以增加叶片过氧化物酶（POD）和超氧化物歧化酶（SOD）活性。氮素营养缺乏会引起叶片可溶性蛋白质含量大幅度下降，丙二醛（MDA）含量升高，加速植株的衰老进程，尤其以上部果枝叶片最为敏感，随施氮量的增加丙二醛含量降低。施用氮肥可提高叶片硝酸还原酶（NRA）活性，但过多的氮肥则使后期叶片的 NRA 降低。适宜的氮水平可提高棉纤维发育关键酶（蔗糖合成酶和β-1,3-葡聚糖酶）活性，促进棉纤维的发育；而氮素不足或过高，蔗糖合成酶活性均显著降低。

（3）氮与产量及其构成因子。氮素营养不足，棉株发育不良，干物质积累少，铃壳、铃柄及铃中籽棉发育所需的营养供应不足，单铃成熟的种子数减少，单籽及其纤维重下降，导致铃重降低。增施氮肥有利于促进棉铃种子和纤维发育，单铃种子数增多，单籽重和单籽纤维重提高，单铃重增加。但过量施氮条件下棉株营养生长与生殖生长的关系均不协调，棉铃中碳水化合物含量较低，致使铃重降低。氮素对棉花有效铃数和蕾铃脱落率具有显著影响。研究表明有效铃数与施氮量间呈显著正相关，现蕾总数与施氮量之间并没有相关关系，蕾铃脱落率与施氮量呈显著负相关。施用氮肥并不能增加现蕾的数量，而是通过减少蕾铃的脱落增加有效铃数，从而提高产量。衣分是由棉花品种本身的遗传特性决定的，属于高遗传性状，受环境因素的影响相对较小。衣分对氮素水平不敏感，不同氮肥用量对其影响不显著。

（4）氮与纤维品质。随着施氮量的增加，棉花纤维长度、整齐度和比强度均表现为先增加后降低的趋势，即氮素不足和过量都会导致纤维长度和整齐度下降。然而，也有一些研究认为氮素对棉花纤维长度和比强度的影响不明显。施氮量与马克隆值呈负相关，即随施氮量的增加马克隆值有降低的趋势。不施氮肥的情况下，马克隆值最高。

2. 磷素营养特性

磷和氮一样是植物有机体的组成成分，磷在植物生长发育和许多代谢活动中起重要作用。例如，磷脂、磷酸和核蛋白的合成；能量供给和氧化还原电子及氢供体等物质，如 ATP、FMN、NADH 和 HADPH 都含有磷酸，磷在碳水化合物合成和运输等代谢中起促进作用。

（1）磷与棉花生长。缺磷，根、茎干重，根长度均下降，尤其是叶面积下降最多。土壤中有效磷含量丰富，能促进根系发育，如磷素营养不足，会抑制主根和侧根的生长。幼苗期温度较低，土壤中的有效磷含量也降低，同时根系对磷的吸收能力较弱，此时容易造成棉花缺磷。

（2）磷素与棉铃发育。适量的磷素营养水平是棉铃发育的重要条件，棉花在开花后的 60d 中都需要相当数量的磷，尤其是在棉铃发育过程中摄取磷的能力较强，需要磷的数量较多。在生长后期，磷加速氮由营养器官向生殖器官的转运，适量的磷肥和氮肥配合能使棉株早现蕾、早开花，加速棉铃成熟。

（3）磷素与纤维品质。磷素对棉纤维比强度和长度均有显著影响。见花后 30d 内，磷对纤维比强度和断裂长度起决定性作用。此时供磷不足，光合产物减少，引起纤维伸长变短，断裂长度下降。因此，开花后施磷对棉花品质和产量均有积极作用。同时，适当施磷促进棉花早熟，提高霜前花率，可间接提高纤维品质。氮、磷配合施用也可促进棉纤维积累，增加种子含油量。

3. 钾素营养特性

钾是植物体内最易移动的营养元素，在植物体内的存在形态单一。在植物生长过程中，包括合成酶、氧化酶和转移酶三大类，约 60 多种酶，都需要 K$^+$ 作为活化剂。K$^+$ 在渗透调节、阴离子基团的电中和及细胞膜极化的控制方面起着重要作用。

（1）钾与棉花生长。钾是保持叶绿体正常结构所必需的元素，并能促进叶绿体的合成。钾对光合作用的影响与钾对气孔行为的影响有关。钾能促进气孔的开放和增加气孔口径，降低 CO_2 扩散的气孔阻力和叶肉阻力。因此，钾素营养与棉花叶片生长及光合作用有密切的关系。

土壤速效钾的高低与棉花早衰程度密切相关。供钾不足使棉花生育后期功能叶过氧化物酶活性和丙二醛含量增高，可溶性蛋白质、叶绿素含量和根系活力降低，光合速率下降，加速衰老，导致棉花前期的开花率提高和其生殖生长提早终止，早熟品种后期生殖生长过早停止。供钾不足还可以导致叶片中碳水化合物积累量提高，而转运出用于生殖器官发育并形成产量的碳水化合物必然减少，即导致棉花早衰。适量施钾可显著提高苗期棉花功能叶的生理活性，延缓叶片衰老，促进营养器官，尤其是生殖器官的生长发育。

（2）钾与棉花产量。施钾可以提高棉花产量。在氮、磷肥一定的条件下，钾肥用量增加，皮棉产量增加，当增至一定程度后，皮棉产量又开始下降，符合抛物线模式。施钾可增加单株成铃数、果枝数、果节数、铃重，降低脱落率。

（3）钾与纤维品质。棉铃钾素含量随纤维发育进程的推进大幅度增加，成熟纤维所含的矿质元素中以钾素含量最高。钾素能改善棉花的纤维品质，增加纤维的伸长度、整齐度，提高纤维的成熟度，增加纤维比强度和马克隆值。施用钾肥对棉纤维伸长率和马克隆值影响最大，对纤维长度和比强度影响次之，对纤维的整齐度影响不大。

4. 微量元素营养特性

棉花必需的微量元素有锌、硼、锰、铁、钼和氯。目前，我国棉花生产施用量最多、施用面积最大的微量元素肥料是硼，其次是锌、再次是锰。

（1）硼（B）。一般认为硼素营养与植物细胞壁结构、糖分运输、细胞分裂、激素调控，以及开花和结果均有密切关系。硼可促进生殖器官的正常发育，缺硼后花药退化，花粉败育，子房不能受精而大量脱落。

棉花是一种需硼较高、耐硼最强的作物，正常结铃的棉花全株含硼量 20～30mg/kg。各器官的含量以根（8.60mg/kg）、茎枝（9.10mg/kg）和叶柄（11.02mg/kg）最低；蕾（27.82mg/kg）和叶片（28.90mg/kg）中等；以花器（49.45mg/kg）最高。生殖器官中硼的含量毛籽 14.4～39.2mg/kg，纤维达 27.6mg/kg。施硼肥对棉花产量构成的 3 种因素（铃数、铃重、衣分）都起作用，在增产作用中，增铃数占 59.0%，增铃重占 29.5%，增衣分占 11.5%。

（2）锌（Zn）。锌促进 CO_2 固定和生长素合成，有利于棉株细胞的生长，能促使棉花提早现蕾、开花和吐絮，提高霜前花率，并增加棉花单铃重和单株成铃数。棉花是对锌中度敏感和耐锌较强的作物。正常棉株含锌量为 20～150mg/kg。Constable 在 1988 年研究中指出生殖器官中被带走的锌：纤维约为 7.0mg/kg，毛籽为 30.5～72.0mg/kg，种壳为 6.0mg/kg，种仁为 25.0～30.0mg/kg。

锌在植株体内的分配在现蕾前以叶片含量最高，其次是根，以茎最低，结铃期的含量顺序是蕾＞根＞叶＞铃＞茎。锌在棉株各器官的积累量，以生殖器官最高，营养器官最低。成熟棉株中锌在不同器官的分配比例为叶 23%，茎 18%，铃壳 4%，种子 48%。棉花对锌的吸收高峰出现在开花期间的 2 周左右，吸收量占总量的 25%～45%。最大吸收速率出现在盛花期，达到 1.9～4.1g Zn/（hm²·d）。

（3）锰（Mn）。锰可提高叶绿素含量，促进光合作用，有利于种子发芽和幼苗早期生长，加速花粉萌发和花粉管伸长，提高成铃率。棉花的需锰量较高，对供锰不足表现中度敏感。

一般认为棉花含锰量的评价标准为：<20mg/kg 为缺乏，20～50mg/kg 为适量，>500mg/kg 为过量。营养器官分布是叶片>根>茎，生殖器官分布是铃壳>种子>纤维。成熟棉株中锰在不同器官的分配比例为叶 56%，茎 20%，铃壳 18%，种子 6%。与锌相似，棉花对锰的吸收高峰出现在开花期间的 2 周左右，吸收量占总量的 35%～47%。最大吸收速率出现在初花期，达到 8.2～14.4g Mn/（hm²·d）。

（三）高产棉花养分需求规律

1. 养分吸收量

不同产量水平下（皮棉 1800～3000kg/hm²），南、北疆每生产 100kg 皮棉地上部分的养分吸收量见表 4.92。100kg 皮棉 N 吸收量为 10.2～14.5kg，P_2O_5 吸收量为 2.7～5.3kg，K_2O 吸收量为 8.7～16.4kg。不同区域和不同产量水平的棉花养分吸收量差异较大。新疆棉花每生产 100kg 皮棉的平均养分吸收量为 N 12.7kg，P_2O_5 4.0kg，K_2O 14.0kg。氮、磷、钾的吸收比例（N：P_2O_5：K_2O）平均为 1：0.31：1.10。

表 4.92　不同棉区、不同产量水平的棉花养分吸收量

产量水平/ (kg/hm²)	100kg 皮棉的养分吸收量/kg			数据来源
	N	P_2O_5	K_2O	
北疆				
1800	13.8	4.0	14.5	张旺锋等（1998a）
2250	13.6	4.0	14.3	李蒙春（1999）
2518	12.7	4.1	14.9	池静波等（2009）
2662	12.3	4.2	14.7	刘涛等（2010）
南疆				
2250	11.7	3.1	14.8	伍维模等（2002）
2404	10.8	3.8	8.7	白灯莎·买买提艾力等（2002）
2540	14.5	5.3	11.9	白灯莎·买买提艾力等（2002）
2632	13.3	5.1	12.3	白灯莎·买买提艾力等（2002）
2700	10.2	2.7	16.3	李鹏程等（2010）
3000	12.9	3.9	15.6	王克如等（2001）
3000	14.3	3.5	16.4	柳维扬等（2009）
平均	12.7	4.0	14.0	

2. 养分吸收特性

不同产量水平下，棉花各生育期养分吸收积累的总趋势基本一致（表 4.93），即棉

花在花铃期对氮、磷、钾养分的吸收量最大，其次是蕾期和吐絮期，苗期最少。

表 4.93　不同产量水平棉花各生育期氮、磷、钾养分吸收占总量的百分数

（李鹏程等，2010；池静波等，2009；柳维扬等，2009）（%）

生育期	皮棉 2500kg/hm²			皮棉 2700kg/hm²			皮棉 3000kg/hm²		
	N	P_2O_5	K_2O	N	P_2O_5	K_2O	N	P_2O_5	K_2O
苗期	7.53	5.86	6.25	10.92	6.80	9.28	3.60	3.08	3.99
蕾期	29.72	21.93	24.92	32.98	26.00	28.86	29.58	24.48	25.40
花铃期	46.45	45.71	51.62	44.27	46.64	44.42	49.37	45.33	46.58
吐絮期	16.30	26.50	17.21	11.83	20.55	17.44	17.45	27.11	24.03
合计	100	100	100	100	100	100	100	100	100

苗期棉花生长量较小，养分需要量也不大，氮、磷、钾养分吸收量占总量的比例为：N 占 3.60%～10.92%，P_2O_5 占 3.08%～6.80%，K_2O 占 3.99%～9.28%。蕾期棉花以营养生长为中心，逐渐转入营养生长与生殖生长并进的阶段，棉株生长发育加快，对氮、磷、钾养分的吸收迅速增加，这一时期 N 的吸收比例增加到 29.58%～32.98%，P_2O_5 为 21.93%～26.00%，K_2O 为 24.92%～28.86%。在此阶段，棉花的养分吸收以氮素为主，其次钾、磷的需求也明显增加。

花铃期棉花由营养生长与生殖生长并进逐渐转入以生殖生长为主的阶段，是棉花吸收养分最多的时期。其中，N 吸收量占总量的 44.27%～49.37%，P_2O_5 占 45.33%～46.64%，K_2O 占 44.42%～51.62%。总体上，棉花对氮素的吸收比例有所下降，而钾、磷的吸收相对增加，此阶段是棉花吸钾量最大的时期。

吐絮期棉花对养分的需求开始减少，棉株以铃的生长发育为主，吸收的养分除了满足营养器官根、茎、叶的正常生长代谢外，氮、磷、钾养分主要向棉铃转运，以促进棉籽和纤维的发育。N 素吸收占总量的百分数为 11.83%～17.45%，P_2O_5 为 20.55%～27.11%，K_2O 为 17.21%～24.03%。在这一阶段，棉株对氮素的需求明显减少，钾素吸收也有所减弱，但对磷素仍保持较高的需求。

从棉花不同生长阶段对氮、磷、钾养分吸收比例来看（表 4.94），苗期和蕾期的 N：P_2O_5：K_2O 的吸收比例相似，为 1：（0.20～0.29）：（0.97～1.27），平均为 1：0.23：1.04。花铃期磷、钾养分吸收比例有所增加，N：P_2O_5：K_2O 的吸收比例平均为 1：0.30：1.19。吐絮期磷、钾养分吸收比例迅速上升，N：P_2O_5：K_2O 平均为 1：0.48：1.53。不同产量水平下棉花全生育期氮、磷、钾养分的吸收比例（N：P_2O_5：K_2O）平均为 1：0.30：1.17。

表 4.94　不同产量水平棉花各生育期氮、磷、钾养分吸收比例

（李鹏程等，2010；池静波等，2009；柳维扬等，2009）

生育期	皮棉 2500kg/hm² N：P_2O_5：K_2O	皮棉 2700kg/hm² N：P_2O_5：K_2O	皮棉 3000kg/hm² N：P_2O_5：K_2O
苗期	1：0.25：0.97	1：0.21：1.01	1：0.21：1.27
蕾期	1：0.24：0.98	1：0.29：1.04	1：0.20：0.99
花铃期	1：0.32：1.30	1：0.36：1.20	1：0.23：1.08
吐絮期	1：0.53：1.24	1：0.53：1.76	1：0.38：1.58
平均	1：0.32：1.17	1：0.34：1.19	1：0.25：1.15

四、高产棉花干物质积累与分配基本规律

棉花产量形成过程实质上就是干物质积累与分配的过程，干物质积累是产量形成的物质基础，棉花生长发育过程中干物质积累与分配的基本规律，是棉花高产优质栽培管理的基本理论依据。

（一）棉花干物质积累和分配基本规律

1. 棉花干物质积累基本规律

张旺锋和李蒙春（1997）在北疆石河子的研究表明，皮棉 1800kg/hm² 条件下，不同密度（低密度 12 万株/hm²、中密度 18 万株/hm²、高密度 24 万株/hm²）棉花各生育时期干物质积累均呈现苗期缓慢，蕾期后逐渐加快，开花到结铃盛期达到高峰，以后又渐趋平稳。其中苗期地上部总干物质积累量占全生育期地上部总积累量的 1.4%～2.2%，蕾期占 14.1%～19.4%，开花到结铃盛期占 58.7%～60.4%，结铃盛期到吐絮期占 19.5%～24.1%。不同种植密度条件下，单位面积干物质积累量表现为随种植密度的增加而增加，但不同密度之间的这种差异不大（图 4.41）。这表明，栽培措施对干物质积累的动态过程影响不大，但对不同阶段干物质累积量有影响。

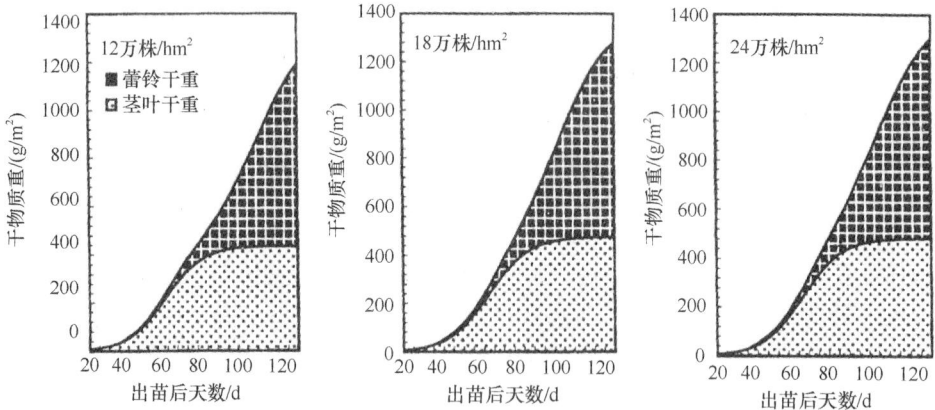

图 4.41　不同密度对棉花干物质积累的影响

2. 棉花干物质分配的基本规律

作物营养器官和生殖器官干物质的累积主要是由营养生长和生殖生长两个基本过程实现的，棉花营养生长和生殖生长的协调性是产量高低的标志。产量水平不同，营养器官与生殖器官的合理比例关系亦不同。据张旺锋和李蒙春（1997）对皮棉产量 1800kg/hm² 的棉花研究表明，干物质分配动态表现为，开花期蕾铃干重占地上部干重的 7%～9%，现蕾到开花期所积累的干重只有 7%～9%分配给蕾铃；结铃盛期，蕾铃干重占地上部干重的 47%～50%，这一阶段棉株所积累的干物质有 60%～65%分配给蕾铃；吐絮期蕾铃干重占地上部干重的 60%～65%，这一时期积累的干物质 90%以上分配给蕾铃。经收获期测定，营养器官与生殖器官的干物质比例为 1∶1.6，经济系数为 0.48。

棉花营养器官与生殖器官之间的比例关系和干物质的分配量主要受水肥条件的影响。水肥不足可促使干物质分配给蕾铃的比率高，其结果是迫使棉株早衰；反之，水肥过多，则蕾铃所占比率增长慢，往往导致棉株徒长。

3. 高产棉花干物质积累和分配特征

新疆棉区光热资源丰富，有利于棉花的生长和光合物质累积，棉花单位面积光合物质生产量大，光合产物经济系数高。据张旺锋等（1998b）的研究表明，北疆每公顷产皮棉 2250kg（实收株数为 12.12 万～15.73 万株/hm^2）以上的棉株干物质积累与分配的基本情况是，群体干物质积累前期增长少，但增长倍数高。出苗期，干物质重仅22.9kg/hm^2；从出苗到现蕾的 34d 内，干物质重增长 429.9kg/hm^2，日均增长 12.64kg/hm^2；随着棉株根系增长，叶面积扩大，干物质积累逐渐加快，从现蕾期到盛蕾期的 18d 内，干物质积累量为 1275.8kg/hm^2，日均增长 70.88kg/hm^2；盛蕾期至开花期的 10d 内，日均增长 112.83kg/hm^2，开花后，干物质积累进一步加快，从开花期至盛花结铃期20d 内日均增长 130.76kg/hm^2；盛花期至盛铃前期（7 月上旬至 7 月下旬）是干物质积累的高峰期，在 17d 时间内，积累 2977.8kg/hm^2，日均增长 175.16kg/hm^2；盛铃后期（7 月上旬至 8 月上旬）的 14d 内，积累 2208.2kg/hm^2，日均增长 157.73kg/hm^2，干物质积累仍较高；从盛铃后期至盛絮期 24d 内日均增长 83.32kg/hm^2（表 4.95）。

表 4.95　北疆高产棉花各生育时期干物质积累与分配（张旺锋等，1998c）（单位：kg/hm^2）

生育期	根	茎枝	叶	蕾	铃	铃壳	籽棉	总干重
出苗期	—	—	—	—	—	—	—	22.9
现蕾期	71.2	119.6	262.0	0.0	0.0	—	—	452.8
盛蕾期	394.3	641.1	585.1	108.1	0.0	—	—	1 728.6
开花期	572.4	1 039.1	890.4	292.6	62.3	—	—	2 856.9
盛花期	707.2	1 637.0	1 472.0	165.4	1 363.6	—	—	5 472.1
盛铃前期	769.6	1 880.0	2 226.0	38.2	3 536.2	—	—	8 449.9
盛铃后期	852.2	1 975.0	2 112.0	0.0	5 718.9	—	—	10 658.1
盛絮期	862.3	1 984.3	1 590.0	0.0	—	2 196.7	6 059.8	12 657.7

注：品种为新陆早 6 号

王克如等（2002）对南疆每公顷产皮棉 3000kg 棉花的总干物质积累的研究表明，实现每公顷产皮棉 3000kg 的总干物质积累 19 480kg/hm^2，干物质积累速率最大值（v_{max}）出现在盛铃初期（8 月 1 日左右），为 315.2kg/（hm^2·d），籽棉收获指数 36.7%，皮棉收获指数 15.6%。

随棉花品种的更替，产量水平的提高，棉花干物质累积特征发生变化。杜明伟等（2009a）对不同产量水平棉田棉花光合物质积累与分配的测定表明（表 4.96），皮棉3500kg/hm^2 的超高产棉花总光合物质积累的直线增长期始于出苗后 80d（7 月 15 日）左右，止于 129d（9 月 2 日）左右，持续时间 49d，最大增长速率出现于出苗后 105d（8月 9 日）左右，干物质积累最大增长速率（v_{max}）为 393.5kg/（hm^2·d），比皮棉 2250～3200kg/hm^2 的棉田高 26.4%～63.2%，物质积累活跃期（P）为 112d，总光合物质积累量达 26 315.4kg/hm^2，比 2250～3200kg/hm^2 高 25.5%～117.3%。营养器官积累直线增长期开始较早，为出苗后 51d（7 月 7 日）左右，持续时间 38d，比皮棉 2250～3200kg/hm² 多 15～19d，虽然营养器官 v_{max} 仅为 177.1kg/（hm²·d），但物质累积活跃期较长，比皮棉 2250～3200kg/m² 多 42～57d，因此，营养器官总积累量达到了 10 056.3kg/hm²。

表 4.96　不同产量水平下棉花光合物质积累与分配特征（2006～2007 年）

项目	产量水平/(kg/hm²)	拟合方程	R	总积累量TPA/（kg/hm²）	T_1/d	T_2/d	T_3/d	v_{max}/[kg/（hm²·d）]	T_0/d	P/d
总光合物质	3 500	$y=29\ 475.1/（1+272.5e^{-0.053\ 4x}）$	0.995 1**	26 315.4	80	129	49	393.5	105	112
	3 200	$y=22\ 759.7/（1+151.1e^{-0.054\ 7x}）$	0.990 2**	20 974.5	68	116	48	311.2	92	109
	2 800	$y=16\ 661.9/（1+130.5e^{-0.057\ 9x}）$	0.979 5**	17 793.7	61	107	45	241.2	84	104
	2 250	$y=11\ 485.4/（1+3\ 725.8e^{-0.106\ 0x}）$	0.997 6**	12 112.5	65	90	25	304.4	78	57
营养器官	3 500	$y=10\ 166.3/（1+131.1e^{-0.069\ 7x}）$	0.998 3**	10 056.3	51	89	38	177.1	70	86
	3 200	$y=7\ 306.5/（1+12\ 169.1e^{-0.137\ 4x}）$	0.998 9**	7 551.0	59	78	19	251.0	68	44
	2 800	$y=6\ 383.9/（1+520\ 705.0e^{-0.204\ 1x}）$	0.980 3**	7 068.4	58	71	13	325.7	64	29
	2 250	$y=6\ 181.6/（1+40\ 681.6e^{-0.151\ 1x}）$	0.998 2**	5 784.0	62	79	17	233.5	70	40
生殖器官	3 500	$y=18\ 875.5/（1+8\ 784.5e^{-0.082\ 9x}）$	0.997 8**	16 259.1	94	125	32	391.2	110	72
	3 200	$y=13\ 577.4/（1+21\ 556.8e^{-0.097\ 1x}）$	0.996 7**	13 423.5	89	116	27	329.6	103	62
	2 800	$y=11\ 495.7/（1+5\ 794.6e^{-0.088\ 2x}）$	0.998 3**	10 725.3	83	113	30	253.5	98	68
	2 250	$y=5\ 973.9/（1+2\ 585.3e^{-0.093\ 3x}）$	0.995 2**	6 328.5	70	98	28	139.3	84	64

**表示在 0.01 水平上检验达显著水平。T_1、T_2 是光合物质积累增长直线期起止时间（出苗后天数），T_3 是持续天数，T_0 是最大增长速率（v_{max}）出现的时间，P 是物质积累活跃期（大约完成总积累量的 90%）

棉花的生殖器官是接受和贮存光合产物的库，实现棉花高产不仅干物质积累多，而且在光温资源丰富的高能同步时期，更多的光合产物向棉铃库输运和贮积，且速度快、时间长。对高产棉花干物质分配的测定结果表明（表 4.97），2025～2250kg/hm² 产量的棉花蕾期营养器官（茎、叶）干物质积累速率上升较快，至开花盛期达高峰，茎枝峰值分别为 0.42～0.76g/d，以后逐渐下降。生殖器官干物质积累速率开花后迅速上升，盛花期达高峰，峰值分别为 0.67～0.89g/d，随后逐渐下降。盛花后单产 2250kg/hm² 的棉花生殖器官干物质积累峰值最高，每天积累的干物质分别比单产 1800kg/hm² 和 2025kg/hm² 的增加 56.95%～95.87%。

高产棉花地上部分干物质分配给各器官的比例：开花前分配给叶最多，为 54.95%～68.42%，以后逐渐下降；盛花期茎枝最多，占 30.1%～38%；现蕾期积累的干物质，只有 1.52%～1.88%分配给蕾铃；到吐絮期 64.83%～68.25%分配给花铃。

杜明伟等（2009a）对棉花 3500kg/hm² 超高产田的研究表明，生殖器官物质积累直线增长期始于出苗后 94d（7 月 29 日）左右，止于 125d（8 月 30 日）左右，持续期较长（32d），有利于棉铃的生长发育，v_{max} 可达 391.2kg/(hm²·d)，生殖器官总积累量达 16 259.1kg/hm²。但 3500kg/hm² 的超高产棉田经济系数并不高，为 30.8%，比 2250～3200kg/hm² 低 3.8～13.7 个百分点。

表 4.97　高产棉花各器官干物质分配及积累速率

器官	生育时期	1800kg/hm²			2025kg/hm²			2250kg/hm²		
		干物质/(g/株)	占地上部干物质/%	积累速率/(g/d)	干物质/(g/株)	占地上部干物质/%	积累速率/(g/d)	干物质/(g/株)	占地上部干物质/%	积累速率/(g/d)
叶	现蕾期	5.04	63.10	—	4.33	54.95	—	6.81	68.42	—
	开花期	17.07	56.62	0.38	10.11	47.46	0.18	11.38	47.30	0.16
	盛花期	14.37	38.90	−0.34	14.97	38.15	0.61	13.44	31.90	0.26
	盛铃期	18.12	29.37	0.19	17.00	27.26	0.10	16.30	27.48	0.14
	吐絮期	10.72	15.35	−0.24	11.12	14.43	−0.19	8.88	11.19	0.24
茎枝	现蕾期	2.80	35.04	—	3.43	43.53	—	2.67	29.80	—
	开花期	9.20	30.51	0.20	7.56	35.60	0.13	9.30	38.15	0.21
	盛花期	14.04	38.00	0.61	13.63	34.73	0.76	12.67	30.10	0.42
	盛铃期	21.61	35.02	0.38	19.79	31.74	0.31	17.56	29.60	0.24
	吐絮期	13.89	19.82	−0.25	15.65	20.31	0.13	16.32	20.56	−0.04
蕾铃	现蕾期	0.15	1.88	—	0.12	1.52	—	0.16	1.79	—
	开花期	3.88	12.87	0.12	3.56	16.76	0.11	3.38	14.05	0.10
	盛花期	8.57	23.20	0.59	10.64	27.12	0.89	16.70	39.78	0.67
	盛铃期	21.97	35.61	0.67	25.57	41.00	0.75	25.46	42.92	0.44
	吐絮期	45.43	4.83	0.76	50.28	65.26	0.80	54.17	68.25	0.93

总之，棉花各生育阶段干物质积累的数量都直接影响到营养生长、生殖生长和群体的发展动态。棉花在开花前，以营养生长为主，群体干物质积累过多过少均不利于高产；进入开花期后的一段时期，棉花的生长仍处于营养生长和生殖生长并茂的重叠时期，既要防止生长不足，又要防止生长过旺。开花后旺长型棉花干物质积累最高，但主要积累于营养器官，生殖器官积累量较少；弱苗型干物质积累较少，营养器官和生殖器官的干物质积累量都较少，最终产量也较低；而生长健壮的棉苗，群体干物质积累量适中，生殖器官的干物质积累最高，产量也最高。

（二）生物学产量与经济产量、经济系数的关系

棉花生物学产量和经济系数是评价棉花长势、长相优劣的综合指标。在不断增加干物质积累量（生物学产量）的基础上，提高经济系数，即提高生物产量转化率是高产棉花产量形成的重要特征，也是棉花高产的重要途径。不同生态区或不同棉花品种之间，乃至同一生态区同一品种在不同的栽培条件下，生物学产量和经济系数都会发生很大的变化，从而引起经济产量的变化。

生物学产量是指棉花一生中吸收、合成的物质，除去呼吸消耗后所剩余的干物质总量，包括尚存和已落的根、茎枝、叶、蕾铃、花，以及整枝打下的赘芽、顶尖、群尖、老叶等干物质的总和。

经济产量一般是指单位面积的籽棉产量，有些情况下也特指单位面积的皮棉产量。在棉花总的干物质中，来自光合作用的占 90%～95%。因此，从根本上说，生物学产量的高低，取决于棉株光合产物的多少。但生物学产量只是高产的基础，能否取得高产还

取决于经济系数的高低，即经济产量（籽棉）占生物学产量的比数。

生物产量与经济产量、经济系数的关系可用公式表示：经济产量=生物学产量×经济系数。该公式表明，生物学产量是经济产量的基础，生物学产量与经济产量的关系为正相关关系；经济系数与经济产量的关系也是正相关关系。因此要有高的经济产量，应有高的生物学产量和高的经济系数。然而，在实际棉花生产中，三者之间的关系会因棉花品种及生态地区的不同而表现不同的关系模式，比经济产量公式中各因素的相关关系复杂很多。如表 4.98 所示，新疆北疆棉花经济产量及经济系数明显比长江流域高，但生物学产量之间差异不明显，说明新疆棉区的产量之所以比内地棉区高，在很大程度上是由于经济系数高。

表 4.98　新疆棉区与长江流域棉花不同产量水平下的生物学产量及经济系数

项目	皮棉产量/ （kg/hm²）	生物学产量/ （kg/hm²）	籽棉产量/ （kg/hm²）	经济系数	文献来源
新疆棉区	1 650	8 810	7 300	0.50	陈冰等（1998）
	1 800	10 714	5 143	0.48	张旺锋等（1998c）
	2 580	13 030	6 000	0.46	周抑强等（1997）
	3 000	18 750	7 300	0.39	王克如等（2001）
	2 000	12 540	5 556	0.44	李少昆等（1998b）
	2 300	12 657	6 059	0.48	李蒙春等（1999）
	3 500	26 345	8 150	0.31	杜明伟等（2009b）
	4 500	29 600	10 558	0.36	郑巨云等（2013）
长江流域棉区	1 299	10 661	3 123	0.293	
	1 605	11 953	3 859	0.323	
	1 854	12 666	4 460	0.352	陈德华等（2000）
	1 793	12 336	4 311	0.349	
	1 444	10 021	3 474	0.347	

注：长江流域品种为泗棉 3 号

由表 4.98 还可以看出，新疆棉区在 4500kg/hm²、3500kg/hm²、3000kg/hm²、2580kg/hm²、1800kg/hm² 皮棉产量水平下，棉花生物学产量分别为 29 600kg/hm²、26 345kg/hm²、18 750kg/hm²、13 030kg/hm²、10 714kg/hm²，经济系数分别为 0.36、0.31、0.39、0.46 和 0.48。反映出新疆棉区棉花生物学产量和经济系数关系的复杂性，经济系数有随皮棉产量和生物学产量的降低而升高的趋势。这是因为高产棉花营养生长稳健，干物质积累多，但由于新疆棉区棉花普遍打顶较早，限制了单株铃数（与库容不够协调）增加，而导致经济系数较小；中高产棉花营养生长干物质积累与库容较为协调，经济系数较高。因此，在新疆特定生态条件下，研究高产棉田较多的干物质积累与最适宜的库容（单株铃数和总铃数）相协调，是解决经济系数较低问题的重要课题。

第四节　新疆棉花栽培理论技术体系

作物栽培是通过人为调控技术使作物的生理活动和器官建成与生态环境达到最佳协调统一状态，从而充分挖掘生态资源和作物的生产潜能，实现作物优质、高产的科学。

新疆棉花栽培理论研究经历了由实用性单项研究到系统的多学科综合研究的过程，并逐渐形成"新疆棉花高产栽培理论体系"。

一、棉花栽培的理论基础

作物栽培理论是制定各项栽培技术的依据。作物栽培理论主要是由生态学、生理学和生物学等多个学科共同组成的相对独立而又相互联系的体系。

生物学、生态学和生理学在棉花栽培中的相互关系如图 4.42 所示。在作物栽培过程中，生态环境（如温度、光照、土壤的水分、养分等）首先影响作物的生理活动，如光合作用、养分吸收与转化等；作物的这些生理活动又影响作物的生长发育和产量形成，进而影响作物的经济性状（产量和品质）。即生态因子是启动器（能源输入），生理活动是转换器（能量转换），生物实体是接收器（能量存储）。但是，在这个过程中，生物体的发展也反过来影响其生理活动，进而影响农田的生态环境。例如，旺长的作物群体，其生长空间郁闭，通风透光变差，可能影响作物冠层内的透光率、CO_2 浓度及其时空分布，进而影响作物的光合、呼吸及干物质的积累与分配，导致品质与产量下降。

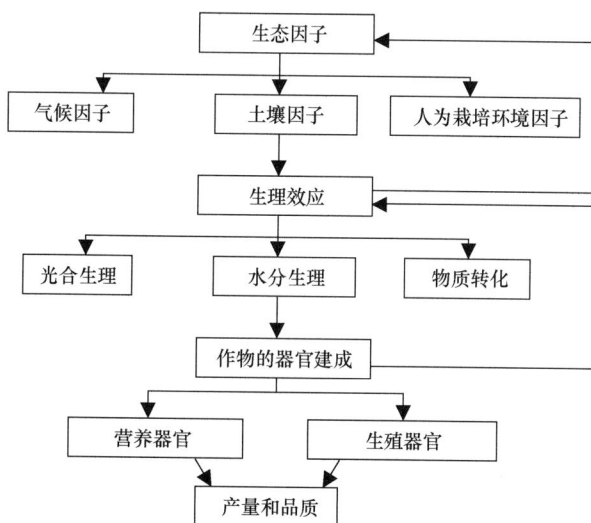

图 4.42　生物学、生态学和生理学相互关系

二、新疆棉花高产栽培理论概要

20 世纪 80 年代以来，新疆棉花科技工作者先后分别在生态学、生理学、生物学领域做了大量的关于棉花栽培理论的研究工作，如新疆棉花生长发育规律、高产光合生理和沙漠增温效应等研究（详见本章第一、二、三节）。后来又做了大量跨学科的综合研究工作，随着上述单学科研究的不断深入和多学科综合研究的不断扩展，新疆棉花高产栽培理论取得了许多创新成果。这些成果为新疆棉花高产栽培理论打下了坚实的基础。

（一）"矮、密、早"栽培技术模式理论依据

"矮、密、早"栽培技术是以新疆生态条件为依据，研究与之相适应的生物学特点，

进而提出的具体的生产技术模式。

1. "矮、密、早"技术的生态学依据

（1）气候因素。棉花是喜温好光作物，对温度和光照有较高的要求。新疆棉区 6～8 月日照长，光照强度大，光能资源丰富，在较大的叶面积系数条件下，棉田群体下部仍可获得棉叶光补偿点以上的光照。这为新疆棉区通过增加种植密度来挖掘光能利用潜力提供了可能。同时，新疆棉区夏季干旱、少雨，部分病虫害发生较轻，蔓延较慢，这也在一定程度上为密植棉田解除了后顾之忧。

但新疆棉区春季升温慢而不稳，秋季降温快、无霜期短，热量相对不足，限制了棉花单株产量和中上部棉铃纤维品质的提高。只有通过增加种植密度，才能保证在单株结铃较少的情况下单位面积的总铃数，进而确保高产和优质。

同时，新疆棉区灾害性天气多：春季霜冻、风灾，夏季雹灾、高温，秋季降雨、降温、早霜等，常常给棉花生产带来不利影响。密植棉田的抗灾能力较强，灾后群体的补偿能力也强，有利于减轻灾害的影响，实现稳产。

（2）土壤因素。土壤是作物生长的基础。棉花的生长发育需要从土壤中获取各种大量元素和微量元素。因此，棉花对土壤肥力的要求较高。新疆棉区的土壤肥力较低，棉花的个体发育差，提高单株产量的空间小；同时，多数棉田土壤都有不同程度的盐碱危害，抓全苗的难度较大。所以，从土壤条件来看，增加密度有利于提高群体的增产潜力和抗风险能力，实现棉花的高产、稳产。

2. "矮、密、早"技术的生物学依据

（1）密度对现蕾、开花的影响。陈冠文等的定株观察结果表明：各果枝第一果节的现蕾期和开花期都有随密度增加而提早的趋势（表 4.99）（田笑明等，2000）。

表 4.99　不同密度处理现蕾期、开花期比较

密度/ （万/hm²）	第2果枝		第6果枝		第10果枝	
	现蕾期（月-日）	开花期（月-日）	现蕾期（月-日）	开花期（月-日）	现蕾期（月-日）	开花期（月-日）
12.0	5-29	6-23	6-9	7-7	6-23	7-20
16.5	5-27	6-24	6-3	7-2	6-18	7-14
21.0	5-25	6-21	6-3	7-1	6-17	7-15

现蕾、开花速度反映棉株体内营养分配方向。纵向现蕾、开花速度快，则内围成铃多；横向现蕾、开花速度快，则外围成铃多。陈冠文等 1997 年的定株观察结果表明：随密度增加，纵向现蕾、开花速度加快；横向现蕾、开花速度减慢（表 4.100）。也就是说，随着密度的增加，内围成铃增多，外围成铃减少（田笑明等，2000）。

表 4.100　3 种密度的现蕾、开花速度比较

项目	现蕾			开花		
密度/（万/hm²）	12.0	16.5	21.0	12.0	16.5	21.0
纵向速度/（d/蕾）	2.95	3.01	2.66	3.10	2.98	2.77
横向速度/（d/蕾）	7.32	7.18	7.16	7.42	7.89	8.59

（2）密度对棉铃空间分布的影响。对第一师 5 团、8 团不同密度棉田单株棉铃空间分布的调查结果（表 4.101）表明，高密度棉田内围铃和中下部铃明显多于常规密度棉田。这与表 4.99 的结果是一致的。这是高密度棉田早熟、优质的生物学原因。

表 4.101　不同密度棉田棉铃的空间分布

品种	单位	收获株数/（万/亩）	单株铃数/个	内围铃/%	铃的空间分布/%		
					上部	中部	下部
中棉所 35	8 团	1.401	6.5	96.4	10.7	39.3	50.0
		1.183	8.0	85.0	20.0	37.5	42.5
中棉所 24	5 团	1.593	4.9	95.7	17.4	30.4	52.2
		0.975	7.2	86.2	13.8	41.4	44.8

3.“矮、密、早”技术的内涵

20 世纪 80 年代初，新疆广大棉花科技工作者根据上述气候、土壤特点，通过科学试验结合棉农长期的生产实践，提出了一条通过增加收获株数，依靠群体夺高产的“矮、密、早”栽培技术路线及栽培模式。与此同时，研究了密植条件下棉花的生长发育和群体发展规律及相应的株型特征和配套技术，提出了“密是核心，矮是前提，早是首要”的技术内涵。

（1）密是核心。“密”是指合理密植，只有合理密植才能以最大效率利用光、热、水、土资源，保证棉花个体的正常发育和群体的良好发展。新疆棉区无霜期短、热量资源相对不足，棉株上部铃和外围铃的铃小、品质差、风险大，棉花产量主要来自数量有限的中下部内围铃。因此，只有通过增加株数，充分利用有限的热量资源来提高单位面积总铃数，才能实现早熟、优质、高产。“密”是“矮”的依据，是“早”的前提。没有 “密”就不可能实现“早”的目的，也没有实现“矮”的必要。因此，密是技术路线的核心。

（2）矮是前提。在高密度栽培条件下，改善棉田群体内的通风透光环境，是提高光合生产力、增加群体的干物质积累和减轻棉田病虫害的重要环节。而调控株高和株型则是调控群体大小及其空间分布、改善棉田群体内的通风透光条件的基础。“矮、密、早、膜”技术路线，就是要在合理密植的条件下，控制棉花的株高和株型，使之形成高光效的群体结构。因此，“矮”是落实本技术路线的前提和量化指标。

（3）早是首要。在新疆棉区无霜期短的气候条件下，早熟是棉花优质、高产的首要条件。“矮、密、早、膜”栽培技术路线就是通过增大群体，配合早播、早管、促早发等措施，加快棉花的生长发育，促进中、下部内围铃早现蕾、早开花、早吐絮，从而实现早熟、优质、高产。

（二）地膜覆盖植棉增产机理

1. 地膜棉田生态系统与物质、能量交换方式

陈冠文等（1998a）在对覆膜棉田生态系统研究后，提出了地膜棉田生态系统的四层次结构。即地膜棉田的生态系统由土体层、膜下层、植被层和近地大气层 4 个子系统组成。它比露地棉田增加了膜下层子系统，使地膜棉田的物质、能量交换和传递方式，

由露地棉田的直链式（土体层⇐====⇒植被层⇐====⇒近地大气层）变成双环式（土体层⇐====⇒膜下层⇐====⇒植被层⇐====⇒近地大气层），从而为地膜棉田的五大生态效应和三大生物效应提供了理论依据（详述见本章第二节）。

2. 地膜覆盖植棉增产机理

1）地膜覆盖的生态效应

覆膜栽培技术引进后，开展了地膜植棉增产"增温、保墒、增光、抑盐、灭草"五大生态效应研究。

（1）增温效应。新疆农技推广总站 1982～1984 年在新疆莎车、墨玉、库车等棉区测定 4 月中旬到 5 月下旬 5cm 处地温，地膜棉田比露地棉田高 2.50～3.29℃。综合各地的研究和实践结果，地膜覆盖日增地温在 1.0～5.0℃。南疆 4 月 20 日至 6 月 10 日覆膜棉田的 5cm 地积温比露地增加 198.4℃，如果加上提早 10d 播种，从 4 月 1 日到 6 月 10 日 71d 日增加地积温为 238.4℃。北疆 91d 覆盖期增加地积温为 324℃。之后的研究还表明，随着覆膜宽度或覆膜层数的增加，增温效应随之增加。

（2）保墒效应。1984 年库车测定 0～10cm、10～20cm 土层含水率，地膜棉田比露地棉田分别高 2.4% 和 1.1%，田间日蒸发量少 3mm。第二师农科所于 1995 年 4 月 28 日至 6 月 6 日测定宽膜棉田 0～25cm 土壤含水量为 30.8%，比窄膜棉田高 1.6%。第七师 128 团出苗期测定结果显示，宽膜棉田 0～20cm 土壤含水量比窄膜棉田高 3.2%。覆盖面越大，保墒效果越好（陈冠文和尤满仓，1998）。

（3）增光效应。陈冠文和余渝（2002）测定发现，覆膜棉田苗期地面高度在 0～120cm，有效辐射量比露地棉田平均增加 50.8μmol/(m^2·s)，增加 29.6%。

（4）抑盐效应。研究表明，从播种到现蕾，地膜覆盖棉田的土壤总盐和 Cl^- 分别增加 21.2% 和 55.6%；而露地棉田则分别增加了 64.6% 和 121.4%。地膜覆盖棉田 HCO_3^- 减少了 4.2%，露地棉田增加了 75.0%（田笑明等，2000）。

（5）灭草效应。第七师林祥军调查发现，宽膜的灭草效果比窄膜高 35.0%。

2）地膜覆盖的生物效应

地膜覆盖植棉的五大生态效应直接改变了棉花原有的生育进程和产量形成规律，主要表现为"早熟、增铃、优质"三大生物效应。

（1）早熟效应。新疆农技推广总站（1981～1982 年）对南疆 5 个试验点的调查结果发现，地膜棉膜宽度的增加，对棉花生育进程的影响随之增大。50～60cm 窄膜覆盖棉田比露地棉田出苗提前 5d，现蕾提前 5d，开花提前 3d。130～140cm 的宽膜棉田比露地棉田出苗提前 8d，现蕾提前 10d，开花提前 6d。

（2）增铃效应。新疆农技推广总站（1981～1982 年）的多点调查结果：海岛棉覆膜棉花比露地棉花的单株结铃数，南疆增加 3.5 个，北疆增加 5.9 个；陆地棉覆膜棉花比露地棉花的单株结铃数，南疆增加 1.8 个，北疆增加 2.5 个。据贾玉诊等（1983～1984 年）在不同程度盐碱地的 7 处试验，轻度盐碱土棉花的单株成铃覆膜比未覆膜多 4.72 个；中度盐碱土棉花覆膜比不覆膜多 2.81 个。

（3）优质效应。第一师 6 团（1983 年）试验发现，地膜棉的霜前花比例为 89%，比露地棉高 13%。石河子八一棉纺厂测定发现，覆盖棉花的纤维强力比露地棉花提高

11.3%～27.2%，断裂长度增加 4.0%～18.7%，绒长增加 1.9%～4.9%，但细度（m/g）减少 5.7%～7.1%（陈冠文等，1998a）。

3. 地膜植棉增产机理的应用

（1）增加覆膜宽度——形成了宽膜、超宽膜覆盖技术。1990 年，第七师 128 团针对本团夏季高温、干旱、缺水的情况，为了进一步发挥地膜覆盖的生态效应，开始了扩大覆膜宽度（膜宽由原来的 40～60cm，扩大到 120～140cm）的试验，并取得了成功。同时，喀什地区也从甘肃敦煌引进了宽膜植棉技术。以后，宽膜植棉技术迅速在南、北疆推广应用（中国农业科学院棉花研究所，2013）。

20 世纪末，第一师 16 团开始试验和示范膜宽 210cm、1 膜种 6 行棉花的超宽膜植棉方式，进一步提高了地膜植棉的生态效应和增产效果。2005 年前后，超宽膜进一步与膜下滴灌结合，形成 1 膜 2 管 6 行的高效低成本种植方式，覆膜栽培的生态效应得到了进一步发挥。

（2）增加覆膜层数——形成了双膜覆盖技术。为了充分挖掘地膜覆盖的生态效应，新疆棉花科技工作者在不断增加覆膜宽度的同时，也进行了改变覆膜空间结构的研究。21 世纪初，29 团针对本团土壤盐碱大、播种后遇雨易形成碱壳、抓全苗难的问题，试验和推广了"双膜覆盖技术"，即在第一层膜的种孔行上再覆一层窄膜。这项技术不仅进一步发挥了地膜覆盖的生态效应，还有效地解决了盐碱地和黏土棉田雨害缺苗问题（中国农业科学院棉花研究所，2013）。

（3）提出膜调技术。陈冠文等（1998b）根据地膜棉田生态系统理论，提出了膜调技术：通过覆盖地膜，发挥地膜覆盖的生态效应，促壮苗早发；针对旺苗棉田，通过揭去地膜或切破地膜，打破地膜棉田的生态系统，减弱或消除地膜覆盖的生态效应，控旺苗，促蕾、花发育。

（三）棉花综合调控技术

以叶龄（打顶后按生育期）为调控时间序列，以器官同伸关系为依据，以生物调控和塑膜调控为基础，以水肥调控为主体技术，巧妙配合，分段实施化学调控、耕作调控和人工整形等其他调控技术，共同构成科学、精确而有效的调控技术体系。这一体系在大面积棉花超高产的示范、推广中得到了很好的验证，在 2005～2007 年的示范、推广期间，超高产棉田的重演性达到 87.5%（陈冠文等，2009）。

1. 棉花调控的生物学基础

（1）细胞的生长与分化。棉株的生长发育是棉株体内细胞分裂、分化及其体积和重量增加的结果。棉花的细胞不仅具有很强的生长能力，使其组织和器官不断增长；而且有很强的分化潜能，在适宜的环境条件下可以不断分化出各种器官；棉花还具有较强的再生能力，在逆境下可以长出新的器官。

棉花细胞的生长、分化和再生特性受环境条件（如温、光条件）和棉株体内营养物质、水分、激素等制约。因此，生产者可以通过各种技术措施来促进或抑制棉花体内细胞的生长、分化和再生功能，进而调控棉花个体的生长发育和群体发展。例如，苗、蕾期喷施缩节胺抑制棉株体内生长素的合成，使棉株体内细胞体积扩大速度放慢，从而实现调控株型的目标；若棉花中、后期水肥过多，会导致棉株体内合成大量的有机态氮，刺激各种芽再生，进而出现旺长和赘芽丛生现象。

（2）棉花品种基因的调节功能。棉花的生长发育、长势长相和株型特征，在很大程度上取决于棉花品种的基因型。利用棉花品种自身的基因表达功能，可以对棉花个体和群体进行有效调控。

（3）棉花自身的调节能力。棉花在长期的系统发育过程中，为了适应各种环境条件，形成了很强的自动调节能力。例如，生育进程随生长环境和栽培条件的不同而变化；根系的趋水性和趋肥性；株高与株型根据土壤条件或栽培措施不同而自动调节；成铃的自动调节和补偿能力；最大限度地利用光能、群体的自动调节等。

（4）棉花器官的同伸关系。棉株器官间的同伸关系是棉花在长期系统发育过程中所形成的（详见本章第二节）。同伸的器官群对外界环境的反映具有同一性。因此，在某个时段进行调控时，受调控的不只是某一个器官，而是一个同伸的器官群。

2. 棉花调控的生理学基础

（1）库、源、流的关系。作物的源、库、流三者相互联系，相互促进，相互制约。只要三者之一发生变化，其他两个因素也会相应发生变化。例如，通过调节叶面积大小来提高群体的光合生产能力（源），增加蕾、花、铃的数量和质量（库），进而提高棉花产量。

（2）激素与生长发育的关系。在作物的代谢过程中，激素可以促进或抑制作物的生长发育。因此，通过调节作物体内的激素水平，可以有效地调控作物的生长发育。在棉花生产中常用的缩节胺、乙烯利等，就是通过调节棉株体内的激素水平来抑制棉株生长和促进棉铃吐絮的。

同时，激素的合成、活化与降解也受温度、光周期、水分和养分供给等环境因子的影响。因此，可以通过调节棉花生长的环境因素来调节棉花体内的激素水平。

3. 影响棉株个体发育和群体发展的因素

影响棉株个体发育和群体发展的因素包括内因和外因。内因指棉株自身的因素，如棉株体内的有机营养和无机营养、水分和激素等。其中激素除直接影响细胞的分化和生长外，还影响棉株体内营养和水分的分配方向。外因指影响棉花个体和群体的土壤、气候和人为因素。作物生长发育与影响因子的关系见图 4.43。

影响棉花个体和群体的人为因素很多，从它们对棉花的影响方式看，大体可分为 3 种：直接影响，间接影响，直接影响+间接影响。

（1）直接影响棉株生长发育和群体发展的因素是品种。它通过基因直接控制棉株的生育进程、株型等。

（2）间接影响个体生长和群体发展的因素。①耕作。即通过中耕，先机械断根，松土跑墒，控地下根系生长，后通过提高地温，促根系生长，进而促进地上部分生长。②施肥。通过增加土壤矿质营养和调节植株体内激素的平衡关系，间接影响棉株生长。③覆膜和揭膜。通过影响土壤温度、水分和田间小气候间接影响植株生长。其中，覆膜的作用是促；

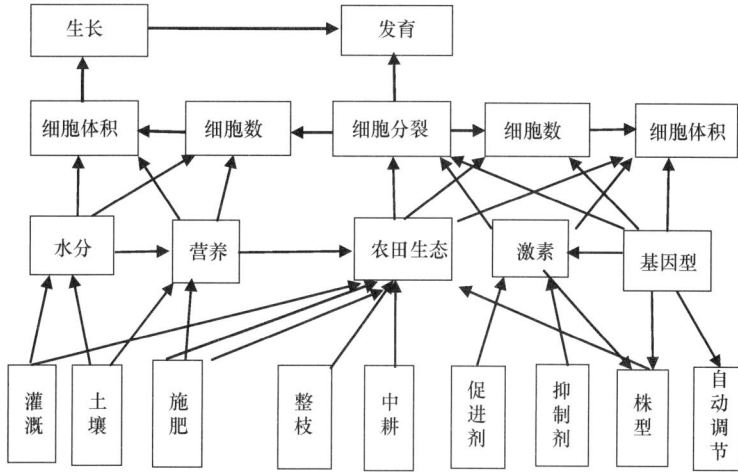

图 4.43 作物生长发育与影响因子关系

揭膜的主要作用是控,也有促根系向下生长的作用。④灌水。通过增加土壤水分和影响田间小气候间接影响棉株生长。⑤化学调控。通过影响棉株体内的激素水平或营养水平及其分配,间接影响棉株生长。

（3）对棉株生长发育和群体发展既有直接影响,又有间接影响的因素。①密度。密度不同的棉田,由于单株营养面积、通风透光条件等不同,棉株的个体生长发育有一定的差异,群体发展的速度和动态也不同。②种植方式。当群体足够大时,不同种植方式直接影响或通过影响农田小气候间接影响棉株生长和群体发展。③整枝。通过人为整去无效叶枝、空枝和多余果枝,直接控制棉株的营养生长,促进生殖生长,同时也通过影响棉株体内激素水平和田间小气候,间接影响棉株生长（陈冠文等,1998b）。

4. 调控技术的分类

（1）生物调控。它是利用棉株自身的特性和群体的自动调节能力对群体进行调控。包括:①品种。即利用品种的株型、果枝类型、叶片大小等特性调控棉田群体。②密度。通过单位面积上种植的株数调节群体,如"肥田宜稀,瘦田宜密"。③种植方式。即利用作物群体的自动调节能力,通过不同的种植方式来调节群体内个体间矛盾激化的时段和激烈程度。

（2）肥水调控。①施肥。通过调整施肥种类、数量、时期和方法来调控棉田的群体。②灌水。通过灌水时间、数量和次数影响棉田群体。

（3）化学调控。通过使用不同的化学物质来调控群体,如用缩节胺调控棉株生长;用生长素促群体发展。

（4）物理调控。主要通过覆膜和揭膜,影响土壤和近地大气层的温度、水分、光照等物理因素来调控群体。

（5）耕作调控。通过机械中耕的断根、散墒、增温效应对群体起先控后促作用。

（6）人工整枝调控。打顶心和群心控群体;去叶枝对群体则是先控后促。

5. 各类调控技术的作用特点

（1）调控技术的特征。各类调控技术的基本特征主要表现为以下几个方面：①调控速度，指调控技术实施至群体发生反应的间隔时间；②调控强度，指调控技术对群体的影响力的大小；③调控时效，指调控效应维持的时间；④调控时段，指实施调控的适宜生育期；⑤调控方向，指促（正方向）或控（反方向）；⑥调控途径，指调控技术对群体调控所经历的过程。现根据资料将棉田调控技术的有关特征列入表 4.102（陈冠文，1998b）。

表 4.102　各类调控技术的特征

调控技术	调控对象	调控时段	调控方向	调控的主要途径	调控速度	调控强度	调控时效
生物　品种		播前	促或控	→棉株	慢	弱	出苗—采收
生物　密度		播前	促或控	→棉株	慢	弱	出苗—采收
生物　种植方式		播前	促控兼备	→棉株	慢	弱	出苗—采收
肥水　施肥	弱、壮苗	苗期—打顶	以促为主	→土壤→棉株	5～10d	中→强	约20d
肥水　灌水	各种苗情	现蕾—铃期	促或控	→土壤→棉株	5～10d	中→强	约20d
化学　化学调控	旺、壮苗	苗期—打顶	控	→棉株	3～5d	强	约10d
化学　叶面肥	弱、壮苗	苗期—铃期	促	→棉株	3～5d	中	约10d
化学　催熟剂	旺、晚苗	吐絮期	促	→棉株	3～5d	强	约10d
物理　覆膜		播前	促	→土壤→棉株	10～20d	中	出苗—初花
物理　揭膜	旺、壮苗	头水前	以控为主	→土壤→棉株	3～5d	中→强	到灌水后10～20d
物理　耕作	弱、壮、旺苗	苗、蕾期	促或控	→土壤→棉株	3～5d	中	5～10d
人工整枝　去叶枝	旺、壮苗	蕾期	促或控	→棉株	立即	弱→中	5～10d
人工整枝　打顶心	各种苗情	盛花后	控	→棉株	立即	中	5～10d
人工整枝　打群心	旺苗	打顶后	控	→棉株	立即	中	10～20d

（2）调控技术的效应期。在棉花上实施的各种调控技术所产生的调控效果一般都要在若干天之后才表现出来，这两者间隔的时间为调控技术的效应期。它是确定调控技术实施叶龄的依据之一。

肥水效应叶龄为 $n+0.5\sim n+3.0$，最大肥水效应叶龄为 $n+1.5\sim n+2.0$。根据叶片发生规律计算，其肥水效应期为 2～12d，最大肥水效应期大体为 5～8d。

化调效应比肥水效应发生快，其最大效应期在化调实施后的 1～3d。它比最大肥水效应期早 4～5d。

新疆实施"棉花大面积超高产综合栽培技术研究与示范"项目，在进行棉花栽培应用基础——生态学、生理学和生物学研究的同时，开展了 3 个学科的交叉研究，使 3 个学科逐渐融合为一个综合理论体系及相关技术。这些研究在提高棉花超高产的重演性和超高产棉花栽培技术的大面积推广中发挥了重要作用。

三、新疆现代植棉高产栽培理论技术体系

20 世纪 90 年代中期以后，经过广大科技工作者积极引进、试验和大胆创新，新疆以"精准农业"为主要内容的现代农业技术与棉花优质高产栽培理论紧密结合，推动了

现代植棉技术取得长足发展，进而逐渐形成了"新疆现代植棉优质高产栽培理论技术体系"（图4.44）。

```
                        ┌──────────────┐
                        │ 棉花栽培理论基础 │
                        └──────┬───────┘
          ┌────────────────────┼────────────────────┐
    ┌──────────┐        ┌──────────┐          ┌──────────┐
    │ 棉花生态学 │        │ 棉花生物学 │          │ 棉花生理学 │
    └────┬─────┘        └────┬─────┘          └────┬─────┘
```

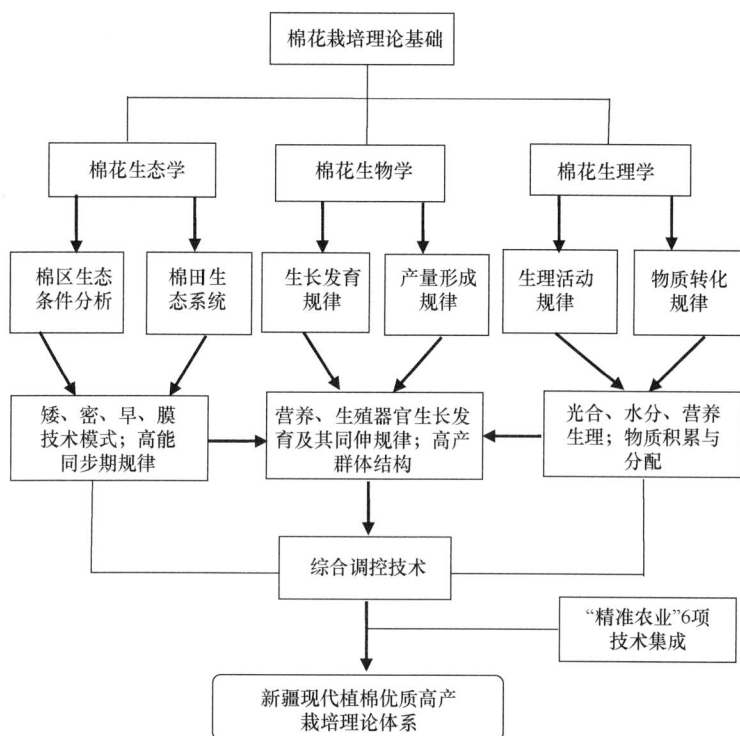

图 4.44　新疆棉花优质高产栽培理论技术体系

（一）膜下滴灌技术

科技工作者巧妙地将滴灌技术与新疆的地膜植棉技术结合，形成了具有新疆特色的"膜下滴灌技术"，并系统地研究了在膜下滴灌条件下的土壤水分分布、水盐动态等生态学规律；同时开展了膜下滴灌对棉花的生长发育和光合生理等的影响，为膜下滴灌技术的大面积推广提供了理论依据。

（二）精准施肥技术

10多年来，科技工作者根据新疆棉田土壤养分分布规律和利用现状，提出了新疆棉区的"测土配方平衡施肥"方案；同时，研究和提出了与滴灌技术相结合的水肥一体化技术，有效地提高了棉田施肥的精准度，并系统地研究了在膜下滴灌条件下，N、P、K肥的吸收、利用特点。

（三）机械采棉技术

20世纪90年代中期，科技工作者经过试验、研究，巧妙地将机械采棉技术与新疆棉区特有的"矮、密、早、膜"结合，形成了具有新疆特色的"66cm+10cm"的带状种植模式，并系统地研究了在这种种植模式下高产棉花的生育规律、群体空间分布特征及配套的高产栽培技术（见第九章）。

（四）精准农业 6 项技术集成

21 世纪初，兵团提出了 6 项"精准农业技术"，它是以信息技术应用为特征、滴灌水肥耦合为核心、集农业工程技术和生物技术为一体的精准选种、精准播种、精准灌溉、精准施肥、精准监测、精准收获等现代农业技术（图 1.3）。在精准播种、机械采棉、膜下滴灌和精准施肥取得突破之后，以信息化应用为特征的棉花田间精准监测技术经过十几年的应用基础研究，在棉田土壤水分（墒情）监测和诊断、土壤养分监测和诊断、病虫害遥感监测、棉花生长信息及遥感监测等方面的研究都达到了较高的水平，主要监测技术开始大面积示范应用（见第八章）。

科技工作者在进行"精准农业技术"研究的同时，十分重视与传统农业技术的组装配套：单项技术对接→多项技术组装→技术系统优化集成有机结合，形成了"新疆现代植棉优质高产栽培理论与技术体系"。

（撰稿：陈冠文 张旺锋 吕 新 吕双庆 罗宏海 张亚黎 马富裕 侯振安 樊 华；审稿：陈冠文 田笑明）

参 考 文 献

艾克拜尔，伊垃洪，周抑强，等. 2000. 土壤水分对不同品种棉花叶绿素含量及光合速率的影响. 中国棉花, 27(2): 21-22.

白灯莎·买买提艾力，冯固，黄全生，等. 2002. 南疆高产棉花营养特征及施肥方式的研究. 中国棉花, 29(11): 11-13.

陈冠文. 2001. 新疆棉花两促栽培的理论依据与主要技术. 中国棉花, 4: 9-10.

陈冠文，陈谦，宋继辉，等. 2009. 新疆棉花超高产苗情诊断与调控技术. 乌鲁木齐：新疆科技卫生出版社: 26-32.

陈冠文，尤满仓. 1998. 宽膜植棉增产原理与配套技术. 乌鲁木齐：新疆科技卫生出版社: 15-27.

陈冠文，余渝. 1999. 棉叶光补偿点与棉田最大叶面积系数的初步研究. 新疆农业大学学报, (1): 9-14.

陈冠文，余渝. 2001. 棉铃发育温光效应的初步研究. 棉花学报, 13(1): 63-64.

陈冠文，余渝. 2002. 棉田群体内生态因子时空分布的研究. 棉花学报, 3: 151-153.

陈冠文，余渝. 2004. 棉花生育中心的有序抑制与有序转移规律初探. 新疆农业大学学报, (s1): 56-59.

陈冠文，余渝，王波，等. 1998a. 地膜覆盖棉田生态系统的结构及其特征. 新疆农业科学, 4: 189-193.

陈冠文，余渝，王波，等. 1998b. 棉田群体综合调控技术体系初探. 中国农学通报, 6: 26-28.

陈冠文，余渝，朱彪，等. 2003. 新疆陆地棉棉铃发育特点研究. 新疆农业大学学报, 4: 1-5.

陈冠文，朱彪，余渝，等. 2004. 新疆陆地棉现蕾开花及成铃特点的研究. 新疆农垦科学, 3: 10-13.

陈冠文，张旺锋，郑德明，等. 2007. 棉花超高产理论与苗情诊断指标的初步研究. 新疆农垦科技, 3: 18-20.

陈多方，许鸿，徐腊梅，等. 2001. 北疆棉区棉花膜下滴灌蒸散规律研究. 新疆气象, 24(2): 16-17.

陈奇恩. 1997. 棉花生育规律与优质高产高效栽培. 北京：中国农业出版社: 37-39.

陈求柱，杨国正，张献龙，等. 2012. 棉花氮素营养特性研究进展. 中国农学通报, 28(18): 15-19.

陈源，王永慧，肖健，等. 2010. 高品质陆地棉棉铃发育特点. 作物学报, 36(8): 1371-1376.

陈玉娟，李新裕. 2001. 缩节胺对棉花主茎节间抑制作用的研究. 新疆农业科学, 38(2): 89-90.

陈冰，周抑强，张巨松，等. 1998. 新疆次宜棉区棉花养分吸收动态. 新疆农业大学学报, (2): 55-58.

陈德华，何钟佩，徐立华，等. 2000. 高产棉花叶片内源激素与氮磷钾吸收积累的关系及其对棉铃增重机理的研究. 作物学报, (6): 24-30.

蔡焕杰, 邵光成, 张振华. 2011. 荒漠气候区膜下滴灌棉花需水量和灌溉制度的试验研究. 水利学报, 11(11): 119-123.

池静波, 黄子蔚, 黄玉萍, 等. 2009. 滴灌条件下不同产量水平棉花各生育期需肥规律的研究. 新疆农业科学, 48(2): 111-115.

崔静, 王振伟, 王海江, 等. 2013. 膜下滴灌棉田土壤水盐动态变化. 干旱地区农业研究, 31(4): 50-53.

董合忠, 唐薇, 李振怀, 等. 2005. 棉花缺钾引起的形态和生理异常. 西北植物学报, 25(3): 615-624.

董合干, 刘彤, 李勇冠, 等. 2013. 新疆棉田地膜残留对棉花产量及土壤理化性质的影响. 农业工程学报, 29(8): 91-99.

杜明伟, 冯国艺, 姚炎帝, 等. 2009a. 杂交棉标杂 A1 和石杂 2 号超高产冠层特性及其与群体光合生产的关系. 作物学报, 35(6): 1068-1077.

杜明伟, 罗宏海, 张亚黎, 等. 2009b. 新疆超高产杂交棉的光合生产特征研究. 中国农业科学, 42(6): 1952-1962.

冯国艺, 罗宏海, 姚炎帝, 等. 2012. 新疆超高产棉花叶、铃空间分布及与群体光合生产的关系. 中国农业科学, 45(13): 2607-2617.

范仲学, 王璞, 梁振兴. 2001. 谷类作物的氮肥利用效率及其提高途径研究进展. 山东农业科学, (4): 47-50.

过兴先, 王天让, 蒋一华, 等. 1959. 光线强度对于棉株现蕾开花及脱落的影响. 农业学报, 10(4): 269-282.

勾玲, 闫洁, 韩春丽, 等. 2004. 氮肥对新疆棉花产量形成期叶片光合特性的调节效应. 植物营养与肥料学报, 10(5): 488-493.

郭连旺, 许大全, 沈允钢, 等. 1994. 田间棉花叶片光合效率中午降低的原因. 植物生理学报, 20(4): 360-366.

郭金强, 危常州, 侯振安, 等. 2005. 北疆棉花膜下滴灌耗水规律的研究. 新疆农业科学, 42(4): 205-209.

韩秀锋, 王冀川, 高山. 2011. 膜下滴灌对新疆杂交棉群体光合性能、冠层结构和产量的影响. 中国农业大学学报, 16(3): 28-35.

何钟佩. 1996. 作物激素生理及化学控制. 北京: 中国农业大学出版社.

胡晓棠, 李明思, 马富裕, 等. 2002. 膜下滴灌棉花的土壤干旱诊断指标与灌水决策. 农业工程学报, 18(1): 67-70.

孔宪辉, 韩焕勇, 宁新柱, 等. 2008. 不同水分处理对棉花叶片叶绿素含量、光合速率及产量的影响研究. 现代农业科技, (5): 131-132.

康巍, 姜智, 李飞. 2007. 奎屯垦区 4 月地膜增温效应分析. 沙漠与绿洲气象, (5): 55-57.

李鹏程, 董合林, 刘爱忠, 等. 2010. 南疆高产棉花干物质积累及氮磷钾养分吸收规律研究. 中国棉花学会年会论文汇编: 292-295.

李大跃, 江先炎. 1991. 杂种棉光合物质生产及其源库关系的研究. 棉花学报, 3(2): 27-34.

李蒙春. 1999. 新疆棉花高产生理机理研究. 新疆农业大学学报, 22(1): 1-8.

李蒙春, 张旺锋, 马富裕, 等. 1997. 影响棉花花铃期光合速率的因素与产量的关系. 新疆农业大学学报, (20): 104-106.

李蒙春, 张旺锋, 马富裕, 等. 1999. 新疆棉花超高产光合生理基础研究. 新疆农业大学学报, 22(4): 276-282.

李明思, 刘洪光, 郑旭荣. 2012. 长期膜下滴灌农田土壤盐分时空变化. 农业工程学报, 28(11): 82-87.

李明, 李文雄. 2004. 肥料和密度对寒地高产玉米源库性状及产量的调节作用. 中国农业科学, 37(8): 1130-1137.

李少昆, 李蒙春, 马富裕, 等. 1997. 北疆棉花超高产生理基础的初步研究. 新疆农垦科技, 3: 6-8.

李少昆, 马富裕, 李蒙春, 等. 1998a. 新陆早 4 号与新陆早 7 号光合特性的比较研究. 新疆农业科学, 3: 113-116.

李少昆, 张旺锋, 马富裕, 等. 1998b. 北疆高产棉田棉叶呼吸作用及其与光合作用关系的研究. 棉花学报, 10(5): 249-254.

李少昆, 马富裕, 李蒙春, 等. 2000. 北疆超高产棉花(皮棉 2000kg·hm^{-2})生理特性研究. 作物学报, 26(4): 508-512.

李少昆, 王崇桃. 2000. 北疆高产棉花根系构型与动态建成的研究. 棉花学报, 12(2): 67-72.

李雪源, 郑巨云, 王俊铎, 等. 2009. 中国棉业科技进步 30 年——新疆篇. 中国棉花, 36(增刊): 24-29.

李新裕, 陈玉娟. 2000. 不同株行距配置棉铃的发育特点和产量构成因素研究. 新疆农业科学, 5: 193.

李玉义, 逢焕成, 张海林, 等. 2008. 新疆石河子垦区棉田水分生产率变化动态及其潜力. 资源科学, 30(1): 72-77.

李志博, 韩强, 火照兰, 等. 2009. 低温弱光对棉花幼苗生长及某些光合特性的影响. 中国棉花, 4: 13-15.

李宗泰, 陈二影, 张美玲, 等. 2012. 施钾方式对棉花叶片抗氧化酶活性、产量及钾肥利用效率的影响. 作物学报, 38(3): 487-494.

李战超. 2013. 干旱区膜下滴灌棉田蒸散量研究. 乌鲁木齐: 新疆师范大学硕士学位论文.

李海峰, 曾凡江, 桂东伟, 等. 2012. 不同利用强度下绿洲农田土壤微量元素有效含量特征. 生态学报, 32(6): 143-150.

赖先齐. 2002. 新疆绿洲农业学. 新疆: 新疆科技卫生出版社: 10-17.

赖先齐, 张凤华, 李鲁华, 等. 2003. 新疆石河子地区沙漠增温效应对绿洲农业影响的研究. 干旱区资源与环境, 17(6): 119-123.

刘洪亮, 褚贵新, 赵风梅, 等. 2010. 北疆棉区长期膜下滴灌棉田土壤盐分时空变化与次生盐渍化趋势分析. 中国土壤与肥料, (4): 12-17.

刘净贤, 周石硚, 晋绿生, 等. 2012. 新疆北部膜下滴灌棉田的蒸散特征. 干旱区研究, 29(2): 360-368.

刘建国, 吕新, 王登伟, 等. 2005. 膜下滴灌对棉田生态环境及作物生长的影响. 中国农学通报, 21(3): 333-335.

刘建国, 卞新民, 李彦斌, 等. 2008. 长期连作和秸秆还田对棉田土壤生物活性的影响. 应用生态学报, 19(5): 1027-1032.

刘建国, 张伟, 李彦斌, 等. 2009. 新疆绿洲棉花长期连作对土壤理化性状与土壤酶活性的影响. 中国农业科学, 42(2): 725-733.

刘军, 唐志敏, 刘建国, 等. 2012. 长期连作及秸秆还田对棉田土壤微生物量及种群结构的影响. 生态环境学报, 21(8): 1418-1422.

刘军, 景峰, 李同花, 等. 2015. 秸秆还田对长期连作棉田土壤腐殖质组分含量的影响. 中国农业科学, 48(2): 293-302.

刘双俊, 汤建国. 2007. 气象条件对棉花蕾铃脱落影响的探讨. 江西棉花, 2(5): 26-27.

刘梅先, 杨劲松, 李晓明, 等. 2011. 膜下滴灌条件下滴水量和滴水频率对棉田土壤水分分布及水分利用效率的影响. 应用生态学报, 22(12): 3203-3210.

刘瑜, 尹飞虎, 曾胜和, 等. 2013. 大气 CO_2 浓度升高对棉花叶绿素和光合指标的影响. 新疆农业科学, 50(11): 1991-1999.

刘涛, 魏亦农, 雷雨, 等. 2010. 氮素水平对杂交棉氮素吸收、生物量积累及产量的影响. 棉花学报, 22(6): 64-69.

雷清泉, 刘松涛, 张传伟, 等. 2005. 杂交棉棉铃发育特点的研究. 中国棉花, 6: 21-22.

柳维扬, 郑德明, 姜益娟, 等. 2009. 南疆滴灌高产杂交棉花干物质和氮磷钾积累模拟分析. 新疆农业科学, 46(3): 597-600.

罗宏海. 2005. 新疆高产棉花冠层结构特征及调控研究. 石河子: 石河子大学硕士学位论文.

罗宏海, 张亚黎, 张旺锋, 等. 2007. 北疆杂交棉标杂 A1 超高产光合特征研究. 新疆农垦科技, (4): 7-9.

罗宏海, 李俊华, 勾玲, 等. 2008. 膜下滴灌对不同土壤水分棉花花铃期光合生产、分配及籽棉产量的调节. 中国农业科学, 41(7): 1955-1962.

罗宏海, 赵瑞海, 韩春丽, 等. 2011. 缩节胺(DPC)对不同密度下棉花冠层结构特征与产量性状的影响. 棉花学报, 23(4): 334-340.

罗宏海, 张宏芝, 陶先萍, 等. 2013a. 水氮运筹对膜下滴灌棉花光合特性及产量形成的影响. 应用生态学报, 24(2): 407-415.

罗宏海, 张宏芝, 陶先萍, 等. 2013b. 膜下滴灌条件下水氮供应对棉花根系及叶片衰老特性的调节. 中国农业科学, 46(10): 2142-2150.

罗宏海, 韩焕勇, 张亚黎, 等. 2013c. 干旱和复水对膜下滴灌棉花根系及叶片内源激素含量的影响. 应用生态学报, 24(4): 1009-1016.

吕新, 白萍, 王克如. 2001. 不同棉花品种群体冠层构成分析. 中国棉花, 28(4): 14-15.

马富裕, 李蒙春, 张秀英, 等. 1997. 控制供水对棉花叶片的光合生理特性和水分利用率的影响. 棉花学报, 9(6): 308-313.

马富裕, 严以绥. 2002. 棉花膜下滴灌技术理论与实践. 乌鲁木齐: 新疆大学出版社: 50-54.

马富裕, 李蒙春, 杨建荣, 等. 2002. 花铃期不同时段水分亏缺对棉花群体光合速率及水分利用效率影响的研究. 中国农业科学, 35(12): 1467-1472.

马富裕, 曹卫星, 李少昆, 等. 2004. 棉铃发育和纤维品质与光照强度关系的定量分析. 中国棉花学会: 中国棉花学会年年会论文汇编: 205-211.

马合木江・艾合买提, 虎胆・吐马尔白, 阿里甫江・阿不里米提, 等. 2015. 冻融条件下不同年限滴灌棉田土壤水盐运移研究. 灌溉排水学报, 34(6): 8-11.

马溶慧, 许乃银, 张传喜, 等. 2008. 氮素调控棉花纤维蔗糖代谢及纤维比强度的生理机制. 新疆农垦科技, (3): 19-21.

慕彩芸, 马富裕, 郑旭荣, 等. 2007. 覆膜滴灌棉田蒸散量的模拟研究. 农业工程学报, 23(6): 49-54.

宁松瑞, 左强, 石建初, 等. 2013. 新疆典型膜下滴灌棉花种植模式的用水效率与效益. 农业工程学报, 29(22): 90-99.

普宗朝, 宋水华, 王生虎, 等. 1999. 宽窄膜覆盖栽培长绒棉增温保墒效应及其对产量的影响. 中国农业气象, 20(3): 38-42.

潘学标, 邓绍华, 蒋国柱. 1988. 不同叶位棉叶气体交换特性的研究. 植物生理学通讯, (1): 24-27.

潘学标, 刘明孝, 蒋国柱. 1989. 气象环境和遗传型对棉花光合作用及干物质生产影响的研究. 棉花学报, 1(1): 48-57.

潘学标, 刘明孝, 蒋国柱. 1990. 棉花光合作用的气象环境与遗传型控制. 作物学报, 16(4): 317-323.

乔木, 田长彦, 王新平. 2008. 新疆灌区土壤盐渍化及改良治理模式. 乌鲁木齐: 新疆科学技术出版社.

申孝军, 红梅, 孙景生, 等. 2010. 调亏灌溉对膜下滴灌棉花生长、产量及水分利用效率的影响. 灌溉排水学报, 29(1): 40-43.

申孝军, 张寄阳, 孙景生, 等. 2013. 基于恒水位蒸发皿蒸发量的膜下滴灌棉花灌溉指标. 应用生态学报, (11): 137-145.

申双和, 李秉柏, 吴洪颜. 1999. 棉花冠层微气象特征研究. 气象科学, 19(1): 50-56.

孙海燕. 2008. 膜下滴灌土壤水盐运移特征与数值模拟. 西安: 西安理工大学博士学位论文.

孙红春, 任新茂, 李存东, 等. 2011. 水分胁迫对棉花不同部位主茎叶 ^{14}C 同化、分配的影响. 棉花学报, 23(3): 247-252.

孙绘健, 马富裕, 刘浩, 等. 2010. 花铃期水氮互作对膜下滴灌杂交棉花产量与水分利用效率影响的研究. 干旱地区农业研究, 28(3): 19-26.

宋家祥. 1984. 论高产棉花的同步栽培Ⅰ. 棉花高能期与高能季节同步的增产效应. 江苏农学院学报, 5(4): 19-22.

唐钱虎, 张新宇, 李艳军, 等. 2009. 两种不同熟性陆地棉品种在北疆棉铃发育比较研究. 新疆农业科学, 46(4): 715-718.

汤明尧, 王骞. 2014. 新疆棉区耕地土壤养分现状分析. 新疆农业科技, (5): 43-45.

田立文, 娄春恒, 文如镜, 等. 1997. 新疆高产棉田光合特性研究. 西北农业学报, 6(3): 41-43.

田笑明, 陈冠文, 李国英. 2000. 宽膜植棉早熟高产理论与实践. 北京: 中国农业出版社: 44-45.

田长彦, 冯固. 2008. 新疆棉花养分资源综合管理. 北京: 科学出版社.

塔依尔, 胡晓琴, 吕新, 等. 2006. 膜下滴灌条件下棉花花铃期冠层内的温光特征分析. 石河子大学学报, 24(6): 671-674.

万燕, 冯艳波, 丁时永, 等. 2009. 温光气象因子影响棉铃产量和纤维品质性状的相关效应研究. 棉花学报, 21(2): 100-106.

王振华, 杨培岭, 郑旭荣, 等. 2014. 新疆现行灌溉制度下膜下滴灌棉田土壤盐分动态. 农业机械学报, 45(8): 154-164.

王庆材, 孙学振, 宋宪亮, 等. 2006. 不同棉铃发育时期遮荫对棉纤维品质性状的影响. 作物学报, 32(5): 671-675.

王克如, 李少昆, 顿建忠, 等. 2001. 新疆公顷产皮棉 3000kg 的棉花养分吸收特性. 石河子大学学报(自然科学版), 5(4): 271-273.

王克如, 李少昆, 宋光杰, 等. 2002. 新疆棉花高产栽培生理指标研究. 中国农业科学, 35(6): 638-644.

王序俭, 曹肆林, 王敏营, 等. 2013. 农田地膜残留现状、危害及防治措施研究. 中国环境科学学会学术年会论文集: 5023-5028.

王延琴, 崔秀稳, 潘学标. 1999. 不同密度群体对棉花光能利用率和生长发育影响的研究. 耕作与栽培, 4: 14-36.

王冀川. 2000. 库车干旱灌区农作物生产潜力分析及开发利用. 干旱地区农业研究, 12(18): 104-109.

王坚, 肖明. 1991. 地膜覆盖栽培土壤环境. 中国土壤学会第七次全国会员代表大会论文摘要集.

邬飞波, 许馥华, 金珠群. 2004. 利用叶绿素计对短季棉氮素营养诊断的初步研究. 作物学报, 25(4): 483-488.

伍维模, 郑德明, 董合林, 等. 2002. 南疆棉花干物质和氮磷钾养分积累的模拟分析. 西北农业学报, 11(1): 92-96.

文启凯. 1993. 新疆作物覆膜土壤生态与栽培. 乌鲁木齐: 新疆科技卫生出版社: 60-62, 201, 230-231.

危常州, 马富裕, 雷咏雯, 等. 2002. 棉花膜下滴灌根系发育规律的研究. 棉花学报, (4): 17-22.

谢志良, 田长彦. 2011. 膜下滴灌水氮耦合对棉花干物质积累和氮素吸收及水氮利用效率的影响. 植物营养与肥料学报, 17(1): 160-165.

西北农学院. 1979. 温度与棉花生长发育的关系. 中国棉花学会: 中国棉花学会成立大会暨学术报告会论文选编: 165-168.

徐文修, 牛新湘, 边秀举. 2007. 新疆棉花光温生产潜力估算与分析. 棉花学报, 19(6): 41-46.

新疆农技推广总站. 1983. 新疆地膜植棉试验示范简结. 新疆农业科技, (1): 10-18.

新疆维吾尔自治区农业厅, 新疆维吾尔自治区土壤普查办公室. 1996. 新疆土壤. 北京: 科学出版社.

新疆生产建设兵团土壤普查办公室. 1993. 新疆生产建设兵团垦区土壤. 乌鲁木齐: 新疆科技卫生出版社.

余渝, 陈冠文, 林海, 等. 2001a. 北疆田叶面积系数变化动态研究. 棉花学报, 5(13): 42-45.

俞渝, 陈冠文, 田笑明, 等. 2001b. 新疆棉花叶光合速率的变化特点研究. 新疆农业大学学报, 24(1): 16-20.

喻永熹, 刘宗衡. 1990. 棉花施肥. 北京: 农业出版社: 1-2.

杨荣, 苏永中. 2011. 水氮供应对棉花花铃期净光合速率及产量的调控效应. 植物营养与肥料学报, 17(2): 404-410.

杨传杰, 罗毅, 孙林, 等. 2012. 水分胁迫对覆膜滴灌棉花根系活力和叶片生理的影响. 干旱区研究, 29(5): 802-810.

杨长琴, 刘瑞显, 杨富强, 等. 2014. 花铃期干旱对不同部位棉铃对位叶糖代谢及铃重的影响. 棉花学报, 26(5): 452-458.

杨涛, 陈宝燕, 马兴旺, 等. 2012. 南疆高产棉田土壤养分现状调查. 中国农学通报, (36): 219-225.

姚青青, 杨涛, 马兴旺, 等. 2013. 水肥调控策略对膜下滴灌棉花冠层结构和产量的影响. 中国农业科学, 25(1): 73-80.

姚银坤, 张炎, 胡伟, 等. 2008. 施磷对长绒棉干物质积累、分配比例和产量的影响. 中国土壤与肥料, 5: 36-40.

姚源松. 2004. 新疆棉花高产优质高效理论与实践. 乌鲁木齐: 新疆科学技术出版社: 318-323.

闫映宇, 赵成义, 盛钰, 等. 2009. 膜下滴灌对棉花根系、地上部分生物量及产量的影响. 应用生态学报, 20(4): 970-976.

战吉守, 昔卫东, 关王秀, 等. 2005. 弱光下生长的葡萄叶片蒸腾速率和气孔结构的变化. 植物生态学报, 29(1): 26-31.

张宏芝, 罗宏海, 张亚黎, 等. 2013. 不同土壤水分条件下棉花库源比变化对产量形成的调节效应. 棉花学报, 25(2): 169-177.

张建华, 余行杰, 李迎春. 1997. 温度对棉花产量结构及发育速度的可能影响. 应用气象学报, 8(3): 379-384.

张旺锋, 李蒙春. 1997. 北疆高产棉花干物质积累与分配规律的研究. 新疆农垦科技, 6: 1-2.

张旺锋, 李蒙春, 阎洁, 等. 1997. 新陆早 4 号与 822(品系)光合特性的比较. 新疆农业大学学报, (20): 102-103.

张旺锋, 李蒙春, 勾铃, 等. 1998a. 北疆高产棉花养分吸收特性的研究. 棉花学报, 10(2): 88-95.

张旺锋, 李蒙春, 张煜星, 等. 1998b. 北疆高产棉花(2250kg 皮棉/hm^2)栽培生理模式探讨. 石河子大学学报(自然科学版), 增刊: 58-64.

张旺锋, 李振河, 李蒙春, 等. 1998c. 北疆高产棉花(2250kg/hm^2)群体光合、呼吸特性及其与产量关系的研究. 石河子大学学报(自然科学版), 增刊: 71-76.

张旺锋, 勾铃, 李蒙春, 等. 1999. 北疆高产棉田群体光合速率及与产量关系的研究. 棉花学报, 11(4): 185-190.

张旺锋, 勾玲, 王振林, 等. 2003a. 氮肥对新疆高产棉花群体光合性能和产量形成的影响. 作物学报, 28(6): 789-796.

张旺锋, 任丽彤, 王振林, 等. 2003b. 膜下滴灌对新疆高产棉花光合特性日变化的影响. 中国农业科学, 36(2): 159-163.

张旺锋, 王振林, 余松烈, 等. 2002. 膜下滴灌对新疆高产棉花群体光合作用冠层结构和产量形成的影响. 中国农业科学, 35(6): 632-637.

张旺锋, 王振林, 余松烈, 等. 2004. 种植密度对新疆高产棉花群体光合作用、冠层结构及产量形成的影响. 植物生态学报, 28(2): 164-171.

张贵永, 闫跃, 张利华, 等. 2010. 棉铃发育与气象因子关系的研究. 江西农业学报, 22(7): 146-148.

张巨松, 杜永猛. 2002. 棉花叶片叶绿素含量消长动态的分析. 新疆农业科学, 25(3): 7-9.

张小彩, 陈布圣. 1986. 棉花光合性能的变化规律. 中国棉花, 13(3): 21-23.

张鑫, 蔡焕杰. 2002. 膜下滴灌的生态环境效应研究. 灌溉排水, 21(2): 1-4.

张亚黎, 罗毅, 姚贺盛, 等. 2010. 田间条件下海岛棉和陆地棉花铃期叶片光保护的机制. 植物生态学报, 34(10): 1204-1212.

张治. 2014. 绿洲膜下滴灌农田水盐运移及动态关系研究. 北京: 清华大学博士学位论文.

张治, 田富强, 钟瑞森, 等. 2011. 新疆膜下滴灌棉田生育期地温变化规律. 农业工程学报, 27(1): 44-51.

张炎, 史军辉, 罗广华, 等. 2006. 新疆农田土壤养分与化肥施用现状及评价. 新疆农业科学, 43(5): 375-379.

张炎, 王讲利, 付明鑫, 等. 2005. 新疆棉田土壤养分评价指标的建立. 石河子大学学报(自然科学版), 23(增刊): 40-43.

张伟, 吕新, 李鲁华, 等. 2008. 新疆棉田膜下滴灌盐分运移规律. 农业工程学报, 24(8): 15-19.

张凤荣. 2011. 土地保护学. 北京: 中国农业出版社.

周和平, 王少丽, 吴旭春. 2014. 膜下滴灌微区环境对土壤水盐运移的影响. 水科学进展, 25(6):

816-824.

周抑强, 陈冰, 张巨松, 等. 1997. 系 5 超高产下的群体发育及养分吸收动态研究. 新疆农业大学学报, (4): 27-30.

郑维, 林修碧. 1992. 新疆棉花生产与气象. 乌鲁木齐: 新疆科技卫生出版社: 24-29, 40-45, 70-76.

郑巨云, 王俊铎, 艾先涛, 等. 2013. 新疆 4500kg/hm^2 超高产棉田光合特性与冠层研究. 新疆农业科学, 50(5): 794-802.

郑有飞. 1991. 棉花的光能利用. 中国棉花, (3): 21-22.

郑重, 赖先齐, 邓湘娣, 等. 2000. 新疆棉区秸秆还田技术和养分需要量的初步估算. 棉花学报, 12(5): 264-266.

宰松梅, 仵峰, 范永申, 等. 2011. 不同滴灌形式对棉田土壤理化性状的影响. 农业工程学报, 27(12): 94-97.

中国农业科学院棉花研究所. 1983. 中国棉花栽培学. 上海: 上海科学技术出版社: 75-77, 139-140.

中国农业科学院棉花研究所. 2013. 中国棉花栽培学. 上海: 上海科学技术出版社: 635, 777.

朱德明, 李绍和, 盛明东. 2002. 超宽膜植棉效果探讨. 中国棉花, 29(12): 16-17.

朱和明, 卞秀兰, 张秀英, 等. 1990. 地膜棉花生态条件的研究. 石河子农学院学报, (1): 9-19.

朱建军, 张旺锋, 勾玲, 等. 2004. 北疆高产棉田棉铃干物质积累规律研究. 中国棉花, 31(7): 10-12.

朱绍琳. 1994. 棉花高产育种的探讨. 中国棉花, 21(4): 11-13.

朱延姝, 高绍森, 冯辉. 2005. 弱光对不同基因型番茄品系苗期功能叶片光合速率和叶绿素含量的影响. 辽宁农业科学, (1): 17-18.

赵成义, 方怡向, 盛钰, 等. 2009. 新疆棉花叶片光合与蒸腾特性对膜下滴灌的响应. 灌溉排水学报, 28(6): 55-58.

赵中华, 刘德章, 郭美丽. 1997. 棉花群体冠层结构与干物质生产及产量的关系. 棉花学报, 9(2): 90-94.

赵振勇, 乔木, 吴世新, 等. 2010. 新疆耕地资源安全问题及保护策略. 干旱区地理, 33(6): 1019-1024.

赵双印. 2009. 施氮对棉花养分吸收规律及产量品质影响的研究. 乌鲁木齐: 新疆农业大学硕士学位论文.

祝珍珍, 陈亮, 杨国正, 等. 2011. 国内棉花干物质及养分的积累与分配研究进展. 江西棉花, 33(3): 7-9.

邹琦, 王学臣. 1996. 作物高产高效生理学研究进展. 北京: 科学出版社.

左旭, 毕于运, 王红彦, 等. 2015. 中国棉秆资源量估算及其自然适宜性评价. 中国人口资源与环境, 25(6): 159-166.

Bar-Yosef B, Sheikolslami M R. 1976. Distribution of Water and ions in soils irrigated and fertilized from a trickle source. Soil Sci Am J, 40: 575-582.

Beadle C L. 1997. Dynamics of leaf and canopy development. Aciar Monograph Series: 169-212.

Bhatt J G, Rao M R K. 1981. Heterosis in grow than photosynthetic rate in hybrids of cotton. Euphytica, 30: 129-133.

Chen W, Hou Z, Wu L, et al. 2010. Evaluating salinity distribution in soil irrigated with saline water in arid regions of northwest China. Agricultural Water Management, 97: 2001-2008.

Danierhan S, Shalamu A, Tumaerbai H, et al. 2013. Effects of emitter discharge rates on soil salinity distribution and cotton(*Gossypium hirsutum* L.)yield under drip irrigation with plastic mulch in an arid region of Northwest China. Journal of Arid Land, 5(1): 51-59.

Gerik T J, Oosterhuis D M, Tolbert H A. 1998. Managing cotton nitrogen supply. Advance in Agronomy, 64: 115-147.

Good N E, Bell D H. 1980. Photosynthesis, plant productivity, and crop yield. *In*: Carlson P S(ed). The Biology of Crop Productivity. New York: Academic Press: 3.

Goodwin S M, Jenks M A. 2005. Plant cuticle function as a barrier to water loss. *In*: Jenks M A, Hasegawa P M eds. Plant Abiotic Stress. Oxford: Blackwell Publishing, Inc: 14-32.

Hu Y Y, Zhang Y L, Luo H H, et al. 2012. Important photosynthetic contribution from the non-foliar green organs in cotton at the late growth stage. Planta, 235: 325-336.

Hu Y Y, Zhang Y L, Yi X P, et al. 2014. The relative contribution of non-foliar organ to yield and related physiological characteristic under water deficit in cotton. Journal of Integrative Agriculture, 5: 1009-1016.

Joham H E. 1986. Effects of nutrient elements on fruiting efficiency. *In*: Manuy J R, Stewart J M(ed.). Cotton Physiology. Memphis, TN: The Cotton Foundation: 79-90.

Kerby T A, Buxton D R, Matsuda K. 1980. Carbon source-sink relationship within narrow-row cotton canopies. Crop Science, 20: 208-212.

Long S P, Zhu X G, Naidu S L, et al. 2006. Can improvement in photosynthesis increase crop yields? Plant Cell Environment, 29: 315-330.

Ludwig L J, Saeki T, Evans L T. 1965. Photosynthesis in artificial communities of cotton plants in relation to leaf area. I. Experiments with progressive defoliation of mature plants. Aust J Biol Science, 18: 1103-1118.

Mauney J R. 1978. Relationship of photosynthetic rate to growth and fruiting of cotton soybean sorghum and sunflower. Crop Sciene, 18: 259-263.

Modarres A M. 1996. Plant population density effects on maize in bred limes grow in short-season environments. Crop Science, 36: 104-107.

Mullins G L, Burmester C H. 2010. Relation of growth and development to mineral nutrition. *In*: Stewart J M, et al. (eds). Physiology of cotton. Springer Science + Business Media BV: 97-105.

Perry S W. 1983. Photosynthetic rates control in cotton: photorespiration. Plant Physiol, 73(2): 662-665.

Reta-Sanchez D G, Fowler J L. 2002. Canopy light environment and yield of narrow-row cotton as affected by canopy architecture. Agronomy Journal, 94: 1317-1323.

Stewart D W, Costa C, Dwyer L M, et al. 2003. Canopy structure, light interception, and photosynthesis in maize. Published in Agron J, 95: 1465-1474.

Wells R L. 1986. Canopy photosynthesis and its relationship of leaf area productivity in near-isogenic cotton lines differing in leaf morphology. Plant Physiology, 82: 635-640.

Zhou S, Wang J, Liu J, et al. 2012. Evapotranspiration of a drip-irrigated, film-mulched cotton field in northern Xinjiang, China. Hydrological Processes, 26(8): 1169.

第五章　新疆棉花高产栽培技术

栽培技术进步是新疆棉花生产快速发展的主要因素之一。新中国成立后，新疆棉花栽培技术经历了由传统农业向现代农业转变的科技进步历程。20 世纪 80 年代以来，新疆棉花科技工作者进行了内容广泛的棉花栽培理论研究，形成了适应干旱区绿洲灌溉农业特点、以棉花"矮、密、早、膜"栽培模式为平台，以膜下滴灌水肥一体化技术为核心的高产栽培技术体系，有效地指导了新疆棉花高产生产实践。

第一节　棉花"矮、密、早、膜"栽培模式

一、新疆棉花栽培技术发展历程

新疆地处干旱荒漠地带，具有适于植棉的自然环境和气候条件，以及独特的内陆干旱绿洲灌溉农业特点。但无霜期短、春季气温上升不稳定、秋季气温下降快、生长季节高能同步期短等不利条件，对棉花产量和品质产生较大影响。新疆广大棉花科技工作者和棉农在长期的生产实践中，积极探索如何充分利用 6~8 月丰富的光、热优势，总结创造出一套适合新疆气候条件且可扬长避短的"矮、密、早、膜"栽培模式，使新疆植棉业得到持续、快速、稳定发展。回顾新疆棉花生产技术的发展历程，主要经历了 4 个阶段。

1. 露地植棉阶段

20 世纪六七十年代，新疆植棉面积长期徘徊在 13.3 万~18.0 万 hm^2，由于土地不平整，加上采用大水漫灌或沟灌，化肥用量很少，主栽品种都是引进苏联的生育期偏长类型，种植密度与内地其他棉区相差不大，一般在 6.0 万~7.5 万株/hm^2，霜后花多，单产皮棉平均在 450~600kg/hm^2，棉花生产水平很低，棉花生产始终没有大的突破（邓福军，2010）。

2. "矮、密、早、膜"技术形成阶段

20 世纪 80 年代初，地处高纬度的北疆玛纳斯河流域和奎屯河流域的国营农场针对棉区 6~8 月光热资源丰富、无霜期短的特点，通过生产实践，提出了"密、早、矮"棉花丰产栽培的思路。新疆科技工作者结合气候学和区划研究得出以下重要观点。

（1）干旱生态环境，适宜棉株矮化。干旱区的气候特点是降水少，空气干燥，光照充足，光能资源丰富，但春季开春晚，气温回升慢而且不稳定，延缓了棉花前期的生长发育，后期气温下降快，影响了棉花后期的成熟吐絮；无霜期短，而且年际变化大，热量资源的稳定性差，对棉花实现早熟优质极为不利。因此，围绕早熟优质目标，通过增加株数，充分利用有限的热量资源来提高单位面积总铃数，控制棉花的株高和株型，使

之形成高光效的群体结构，才能实现早熟、优质、高产。

（2）光热水同步，利于棉田密植。新疆棉区蕾铃期基本是在 6、7、8 三个月内完成，此时太阳辐射量最多，占全年的 1/3 以上，气温也最高，平均在 25～28℃，雪水融化补给河流，水源稳定，因此新疆棉区光、热、水高峰同步出现，为合理密植奠定了基础。

"密"主要依靠缩小行距增加亩株数的办法，当时种植密度增加到 12.0 万～13.5 万株/hm²；"早"主要是指早中耕、早除草、早定苗、早追肥等具体措施；"矮"主要是指适当晚浇头水、早打顶及喷施矮壮素等措施。20 世纪 80 年代中期，随着地膜覆盖栽培技术在新疆的迅速推广，"矮、密、早、膜"栽培技术体系初步形成。地膜栽培促进了棉花早熟高产，种植密度增加到 15 万株/hm² 左右，密度增加后植株的高度必须降低，化学调节剂缩节胺的广泛应用解决了棉花植株的矮化问题。在密植条件下，正确使用化学调控技术是棉花高产的关键技术之一。棉花密度增加，大幅度提高了单位面积总株数，从而增加了单位面积上的总铃数，棉花单产逐年提高，至 90 年代初，全疆棉花生产水平发展到 900～1200kg/hm² 的中产水平。

3. 宽膜高密度高产栽培阶段

20 世纪 90 年代初，兵团第七师 128 团开始试验宽膜 2 膜 10 行植棉技术，当年单产 1716kg/hm²，比 4 膜 8 行增产 29.34%。1993 年，第一师 16 团开始超宽膜植棉栽培试验，应用宽膜的收获密度达到了 16.5 万～19.5 万株/hm²。此时，第八师和第一师相继试验"早、轻、勤"全程化学调控技术。在推行"密、矮、早、膜"栽培技术路线的基础上，选择以适宜密植的品种和配套播种机械为前提，以宽膜覆盖、高密度种植及其合理的株行距配置为核心，以促早发早熟为目标的全程化学调控为技术保障，充分利用夏季光、热、水同步的自然资源优势，塑造"矮个体、匀群体"的高质量群体结构。90 年代后期，随着宽膜植棉的不断发展，进一步将种植密度增加到 22.5 万～27 万株/hm²。1999 年全疆高密度矮化宽膜覆盖植棉面积 55.9 万 hm²，占棉花种植面积的 56%，当年平均皮棉单产达到 1359.6kg/hm²。因此，合理密植是新疆棉花增产的关键环节和基本技术途径，是提高棉花群体光能利用率的重要栽培措施（毛树春，2007）。

4. 膜下滴灌水肥一体化栽培阶段

20 世纪 90 年代中后期，兵团第八师在 121 团进行棉花膜下滴灌技术试验获得成功，随后进行了 3 年系统深入的技术转化研究，使膜下滴灌技术应用日趋成熟，为全面推广打下了基础。进入 21 世纪，膜下滴灌技术在全疆加快推广应用，以膜下滴灌为代表的棉花水肥一体化栽培技术，逐渐取代大水漫灌、沟灌等传统灌溉方式，使新疆棉花生产实现飞跃发展，全疆棉花生产水平再上新台阶，皮棉单产达到 1650～2100kg/hm²（胡兆璋，2009）。

二、"矮、密、早、膜"栽培技术概要

(一) 品种选择原则

1. 早熟性原则

要求品种生育期在南疆为 135～145d，北疆和河西走廊为 120～125d。植株较矮、

株型紧凑，适宜密植，以保障霜前花率达到 85% 以上。

2. 优质性原则

要求棉花纤维比强度达到 30.0cN/tex，纤维长度 30mm 以上，马克隆值 3.7～4.2，长、细、强指标协调。

3. 丰产性原则

丰产性是选择品种的重要目标，也是决定一个品种能否大面积、长时间种植的关键要素。

4. 抗病性原则

大部分植棉县（团场）棉田黄萎病呈逐年加重的趋势，因此，生产用品种应具有抗或耐黄萎病的特性。

5. 一致性原则

合理布局和使用新品种，最大限度地克服品种"多、乱、杂"。目前最有效的方法是以县或团场为单元进行品种一主一副搭配，即在一个县或一个团场只安排一个主栽品种和一个搭配品种。

（二）种子处理和播种

1. 棉花种子处理

在机械选种的基础上，视棉种质量进行人工粒选，剔除发育不健全的种子。播前用福多甲或卫福种衣剂包衣，处理后的种子充分晾干待播。

2. 播种

3 月底或 4 月上旬 5cm 地温连续 3d 超过 12℃ 以上时即可播种，适宜播期一般为 4 月上、中旬。精量点播的播种量 2kg 左右，播种质量要求：铺膜平展、压膜严实、采光面大、下籽均匀、播行笔直、接行准确、一穴一粒、播深适宜、到头到边，空穴、错位率控制在 2%～3%。播种深度控制在 1.5～2.0cm。

机采棉田的配置方式：采用超宽膜（膜宽 2.05m），一机 2 膜 12 行或 3 膜 18 行，一膜 6 行；滴灌毛管配置，视情况采用一膜 2 管或 3 管。

（三）播后棉花田间管理

高密度高产栽培首先要求实现苗全、苗匀、苗壮。细致的早期管理是保证全苗、匀苗，促壮苗早发的重要前提。播后遇雨或滴水出苗的棉田，视墒情尽快破除种子行的板结。播前灌的棉田，播后即进行一次中耕，提温保墒，深度为 12.0～15.0cm。

1. 苗期管理

（1）早放苗。播后遇雨或滴水出苗，造成膜上封土板结，应及时破除板结，并视出苗情况及早采取助苗出土措施，这既有利于棉苗的生长发育，又能防止烫苗或形成高脚苗。

（2）早定苗。定苗在子叶展平即开始，真叶两片时必须结束。一般棉田留苗 22.5 万～25.5 万株/hm²，剔除弱苗，留壮苗，原则上一穴一苗。精量播种棉田不需定苗，半精量播种棉田视情况早定苗。

（3）早中耕松土。苗期一般中耕 1 或 2 次，中耕深度 14.0～16.0cm，护苗带 8.0～10.0cm，中耕时做到不拉钩、不埋苗、不铲苗，达到行间平、松、碎的要求。

（4）早化调。坚持促控结合，因苗调控和"早、轻、勤"的原则。苗期化调 2 次：现行后进行第一次化调，缩节胺用量为 15.0～22.5g/hm²；2～3 叶期第二次化调，缩节胺用量为 22.5～30.0g/hm²。缺硼、锌等微量元素的棉田，可酌情向叶面喷施硼肥或锌肥。

（5）早综合植保。加强虫情调查，发现虫情及时在棉田四周喷洒保护带；棉蓟马重的棉田在化调时带内吸性杀虫剂防治；及时摆放频振式杀虫灯、糖浆瓶、性诱剂诱杀地老虎成虫及越冬代棉铃虫成虫。对蚜虫和红蜘蛛采取"查、插、抹、摘、涂、喷"的防治方法，将其控制在中心株和点片阶段。

（6）酌情补锌肥。缺锌的棉田，可酌情向叶面喷施锌肥。

2. 蕾期管理

（1）化学调控。根据棉花长势合理调控，6～7 叶期进行第三次化调，缩节胺用量为 45.0～60.0g/hm²，缺硼棉田加硼肥 750.0g/hm²，磷酸二氢钾 1500.0g/hm²，加水 375.0～450.0kg，叶面喷洒，促蕾稳长。

（2）适时滴水。一般 6 月 10 日前后滴头水，蕾期滴水一次。依据铺管方式不同，每次滴水量作适当调整。2 膜 12 行和 3 膜 18 行，毛管一管 3 行，滴水量 600m³/hm² 左右；毛管一管 2 行，滴水量 375m³/hm² 左右。滴水时随水施肥，尿素 75kg/hm²，磷酸二氢钾 22.5kg/hm²。滴水和施肥量可根据苗情作适当调整。

（3）适时整枝。棉花长势偏旺的棉田，及时做好整枝工作，以提高养分利用率。

（4）病虫害综合防治。做好大棚和露地蔬菜上蚜虫的防治，防止向棉田迁飞；抓好棉田红蜘蛛和蚜虫的调查和点片挑治工作，防治红蜘蛛可选专用杀螨剂，坚决在头水前将红蜘蛛的发生控制在点片；做好频振式杀虫灯的诱杀棉铃虫工作；同时结合病情普查，将枯萎病、黄萎病病株拔除并带出棉田彻底销毁。

3. 花铃期管理

花铃期是产量和品质形成的关键时期，合理灌水、科学施肥、以水调肥、促控结合、抓好管理才能实现高产优质的目标。

（1）合理滴水施肥。花铃期滴水 6～8 次。毛管一管 3 行棉田，每次滴水量 525.0～675.0m³/hm²，滴水间隔 10d 左右；毛管一管 2 行棉田，每次滴水量 375.0～450.0m³/hm²，滴水间隔 8d 左右。7 月高温时段，视墒情滴水间隔可适当缩短。整个花铃期施纯氮 270.0kg/hm²，磷酸二氢钾 150.0kg/hm² 左右，每次随水滴施，8 月下旬或 9 月上旬追肥、滴水结束。

（2）化学调控。花铃期一般需化调 2 次，即打顶前后各一次，打顶前 75g/hm² 左右，打顶后 5～7d，当顶部果枝伸展到 3～5cm 时，缩节胺用量为 120.0g/hm² 左右。

（3）及时打顶。打顶不宜偏晚，坚持"枝到不等时、时到不等枝"的原则。果枝 8

或 9 个时打顶；7 月 5～10 日，果枝个数有可能不到 8 个，也必须安排打顶。打顶时要求把群尖一并打掉。结合水肥及化学调控，将株高控制在 65～75cm。

（4）适时整枝。对于长势偏旺的棉田，切实做好人工整枝工作。在 8 月 10 日前以花为限，清除棉株顶部多余部分，以减少无效消耗，促进营养物质向库器官转移。

（5）防早衰和贪青晚熟。早衰迹象：7 月中旬未封小行，叶面暗绿无光泽，叶片较正常偏小，红茎比大于 70% 的棉田有早衰发生的可能性。

防止措施：满足供水，在灌水的同时增施氮肥。叶面喷施以氮肥为主，同时增加微肥。喷施植物生长调节剂。

贪青晚熟迹象：7 月中旬已封大行，红茎比小于 60%，叶片较正常偏大，7 月底田间透光点少于 3 个/m^2。

防止措施：早停水停肥，促使棉铃早吐絮。

（6）病虫害综合防治。花铃期棉田主要害虫有棉铃虫、红蜘蛛和棉蚜。棉铃虫的防治采取杀虫灯、性诱剂、杨枝把、玉米诱集带等方法诱杀，同时也可用生物药剂 Bt-苏云金杆菌防治。棉花红蜘蛛的防治采用专用杀螨剂，如三氯杀螨醇等，坚决将其控制在点片发生阶段；棉蚜的防治采用滴心、涂茎等隐蔽施药方法。这一时期在虫害防治上，严禁在棉田大面积使用广谱性杀虫剂，以保护和利用天敌，从而达到"以益控害"的目的。病害主要是黄萎病，发现病株，坚决拔除，并带出棉田处理。

4. 吐絮期管理

（1）化学脱叶催熟。喷施棉花化学脱叶剂时应满足以下两种情况：棉花喷施脱叶催熟剂后应有 7～10d 晴好天气，且气温稳定在 18～20℃；吐絮率达到 30%～40%。北疆以 8 月底至 9 月上旬为宜；脱叶剂以脱吐隆加乙烯利喷施效果较好。为了提高药液的附着性，可加入适量伴宝。

（2）清除杂草。机采棉田及时清除田间杂草，改善棉田通风透光条件，一方面促进棉铃正常吐絮，另一方面机采作业时可减少杂质含量。

（3）滴灌设施回收。不莟灌的棉田，应及时将滴灌干管、支管拆卸入库，回收毛管。

第二节　棉花播种技术

一、播前准备

棉花在播种前应做好土地、肥料、种子、农具等一切准备工作，以保证棉花能适时播种，实现一播全苗。

（一）土地准备

土地是棉花生长的物质基础和必要条件，只有准备充分，才能确保棉花播种质量。土地准备工作包括贮水灌溉、净地、秋施肥、秋耕、开春播前整地、除草剂土壤封闭、种子准备、农机具准备及物资准备等。

1. 贮水灌溉

贮水灌溉是西北内陆棉区灌溉农业的一项特有技术。其目的，一是在土壤中贮存水分，以保证下一年播种时土壤有足够的水分供种子发芽和棉苗生长，二是通过灌水将作物生育期内积累到地表的盐分淋溶到土壤深层或通过排水系统排走，为种子发芽和棉苗生长创造适宜的土壤环境。贮水灌溉包括冬前灌溉和春季灌溉两种。

1）冬前灌溉

冬前贮水灌溉包括茬灌和秋冬灌两种方式。

（1）茬灌。新疆棉花种植多连茬，由于收获期晚，与土壤封冻的间隔期很短，没有足够的时间来犁地、平地、筑埂、灌水。因此，多采用带茬灌溉。棉田茬灌多数在棉花采摘两遍后进行。沟灌和畦灌方式棉田每公顷灌量 1050～1350m³；滴灌方式棉田每公顷灌量 450～600m³ 即可。灌水质量上要保证灌水均匀、渗透一致，便于犁地机车进地作业。若有积水，要人工排水，并人工挖成鱼鳞坑散墒，使全田墒情一致，利于机车作业。

（2）秋冬灌。秋冬灌一般指作物收获耕翻后的灌水，时间在秋末冬初，灌水方法有多种，现常用的有平地大水漫灌、沟灌和打埂作畦灌等。一般每公顷灌量 1500～1800m³，灌水深度 20～30cm，保持水层时间，视土壤盐碱量而定，一般 3～5d，灌水后的土壤含盐量应低于 0.3% 以下。

秋冬季灌水的目的和作用是蓄足底墒，减少来年春灌的压力，还可有效减轻田间病虫害。据调查，在田间越冬的棉铃虫，经过秋翻冬灌处理，田间越冬基数可以减少 90% 以上；冬灌地春季整地土壤细而面，无小土块。因此，大力提倡秋冬灌。

2）春季灌溉

春季灌溉一般适用于春季缺墒地块、盐碱重的地块和地下水位高的下潮地。灌水时间一般在春季完全解冻时，尽可能早开始。灌水方法有多种，现常用的有打埂作畦灌、干播湿出滴灌、播前滴水春灌等。

（1）打埂作畦灌。春季返盐重或墒不足的棉田，应于播种前 15～20d 筑埂，灌水压盐补墒。灌水质量要求同冬前贮水灌溉，一般每公顷灌水量 1500～1800m³。地下水位高的下潮地，要严格控制灌量，否则会延误播期。

（2）干播湿出滴灌。未冬灌但已整地至待播状态的棉田，播种后应及时安装、调试滴管系统，当地温上升到适宜棉花出苗的温度时，对棉田进行膜下滴灌，一般每公顷灌水量 150m³。该技术出苗快、整齐、均匀，省水省工。

（3）播前滴水春灌。春天极其缺水、风大、干旱的地区，在前茬作物收获后应及时进行秸秆还田、残膜回收、施足底肥、耙翻耙磨平整，第二年开春后，先铺滴灌带和地膜，每公顷滴水量 1350m³ 左右（滴水两次，每次每公顷滴水量控制在 525～675m³），待膜内 5cm 平均地温达 14℃ 以上，气温相对稳定时，在膜上机械点播。该技术可起到省水、省工、防风、保全苗的作用。

2. 净地

所谓净地即净化耕地，使地表面比较清洁干净，能给后期机车进行作业带来方便，提高作业质量，同时还能使作物生长正常。具体内容主要包括回收残膜及滴灌带、作物秸秆粉碎、地表清理等。

（1）回收残膜及滴灌带。塑料薄膜覆盖对新疆作物产量提高发挥了很大作用，但残膜污染问题也日益突出，严重影响产量。因此，残膜回收问题迫在眉睫。热量较丰富的南疆棉区推行头水前揭膜（即 6 月上、中旬回收地膜），回收净度一般可达 90%以上。具体做法：可先用中耕机上的异型铲将压入土中的膜边铲动，然后由机械或人工回收。在热量欠缺和使用膜下滴灌的棉区，多在秋后棉花收完后，立即用秸秆粉碎机进行秸秆粉碎还田，然后用轻型圆盘耙顺播种方向轻耙一遍，平整地时用残膜回收机二次回收，播种前组织人工 3 次回收，直到地表无废膜为止。

滴灌带的回收一般在秋季回收地膜之前进行，采用机械、人工相结合的方式回收，该项工作必须做到彻底、干净、全部回收。

（2）棉秆粉碎。棉花收获完毕后，棉秆如不需要留作他用，可直接用秸秆粉碎机将其粉碎，抛撒在田间。粉碎棉秆要求 100%的茎秆全部打碎还田，留茬高度要控制在 15cm 之内。粉碎机械无法进地作业的较小地块，必须通过人工方法割运，以达到净地的目的。

3. 秋施肥

秋施肥也称施基肥、深施肥或全层施肥，可在秋季犁地前进行。肥料种类除厩肥、粪尿肥人工撒施外，还可将油饼肥（粉碎过筛）、100%的磷肥、20%～30%的氮肥、50%的钾肥，在犁地前，用机力或人工均匀撒施于地表，然后及时犁地。也可在犁架上安装施肥装置，边施肥边犁地。

基肥深施可以提高土壤持续、稳定的供肥能力，提高肥效。据试验，基肥深施比等量氮肥生育期追施的肥料利用率提高 10%左右。

4. 土壤翻耕

土壤翻耕又称犁地，是土地耕作的基本作业。主要是翻转疏松耕层，并利用晒垡、冻融，改善耕层的物理、化学、微生物状况，还起到翻埋肥料与残茬、减轻返盐、消灭杂草与病虫害等作用。

（1）翻耕要求。翻耕最好在前茬作物收获后立即进行，以保证翻耕质量。一般适耕期的土壤特征是地表发白，干湿相间呈斑状，脚踢地面土地易碎，抓一把土，用手握紧，能压成团而不出水，伸平手，将土团抛到地上，土团散碎，较适宜翻耕。翻耕要求犁地深度≥25cm，不重垡，不漏耕，犁地到边到角，无明显的墒沟、垄背。

土地平整度差、棉花黄萎病较为严重的地块，也可通过大马力深翻、深水灌溉压碱等措施进行中低产田改建，遏制棉花黄萎病的蔓延。超深翻使用大马力拖拉机，配套单体深翻犁作业，深翻深度可达 50～70cm，4～5 年进行一次。

（2）翻耕原则。翻耕深度是翻耕质量的重要指标。适宜的翻耕深度，必须根据以下原则确定。

第一，因地制宜。一般肥地、旱地、较黏重及地表土盐分多的土壤，可耕得深些；水浇地、水稻田、沙土地及新土含盐多的土壤，可耕得浅些。上黏下沙的土层不能过分深翻，避免漏水漏肥；而上沙下黏的土则可适当加深，使沙黏混合，利于改良土质。

第二，因翻耕时间制宜。秋耕、冬耕和伏耕晒垡，耕地需深。春耕和播前耕地需浅。但在干旱少雨与风沙地区，秋冬耕过深，容易跑墒或遭风蚀危害，应以浅耕为宜。

5. 整地

整地的目的是为播种和种子萌发创造良好的土壤条件。一般分为冬前整地和开春整地。冬前整地是在前茬作物收获后及时进行秸秆还田、残膜回收、施足底肥、耙翻耙磨平整，处于待播状态，秋冬灌棉田，春季土壤解冻后，播种前适墒整地。整地分为平地和耙整地两道工序完成。

（1）平地。当地表发白并出现 1～2cm 宽的裂缝时，进机车平地。若地形复杂，高低差异大，要选用刨式平地器进行平地；若地形较平坦，高低差异小，可选用框式平地器平地，要求横平或斜平，不能直平。

整个地块干湿一致时，最好全田一次性平完；全田干湿不一致时，最好干一片平一片，当全田平完后，再开始整地。

（2）整地。整地包括耙地、耱地和镇压 3 道工序。一般是先耙耱（耙的后边带耱子），后耙压（耙的后边带环形镇压器）。整地时先对角耙，后直耙。要求整地后疏松层不要过厚，为 5.0～6.0cm，以利于棉花幼苗扎根。农具一般选用轻圆盘耙，该耙在前端有深浅调节齿，齿数越多，耙地越深。一般在对角耙时，调到第三齿，在最后直耙时调到第二齿较适宜。地形比较平坦的，可选用联合整地机进行复式作业，一次整成，减少机械对土壤的多次碾压。整地标准要达到"齐、平、松、碎、净、墒"六字标准。

齐：整地到头、到边、到角，每个地方都要整齐。

平：地平如板，要求在一播幅（4～5m）内高低差小于 2cm。

松：土壤疏松，松土层 5.0～6.0cm。

碎：土块细碎，不得有大土块，要求 $1m^2$ 内直径 2cm 以上的土块不得多于 3 个。

净：地表干净，无残枝、根茎、废膜。要求地表无 10cm 以上的硬物，每平方米内的废膜总面积小于 $100cm^2$。

墒：墒情是影响种子出苗的基本条件之一。墒过足，则气少，不利于出苗，又容易发生立枯病；墒不足，种子吸收不到足够的水分，也无法出苗。要求土壤墒情达到"手握成团，落地即散"的标准。随手抓一把土，用手能握成团，若握不成团则表示偏干；握成团后将手伸平，土团自然落地即散，不散则偏湿。

6. 土壤封闭

土壤封闭即通过喷化学除草剂进行播前土壤封闭。这种方法简便易行，除草效果好，对棉花比较安全。目前常用的除草剂品种如下。

（1）48%氟乐灵乳油。每公顷用量为 1200～1800mL，沙壤土取下限，黏土取上限。喷药作业尽量在夜间进行。要求喷施均匀，不重不漏，喷后立即混土或喷药与混土复式作业。混土深度不宜超过 8cm。防治对象一般为稗草、马齿苋等一年生禾本科和小粒种子的阔叶杂草。

施用氟乐灵时应注意：①严格控制用药量。剂量过大可造成苗期急性药害；②宜与其他除草剂交替使用，多年连续使用，可引起棉株慢性中毒；③氟乐灵见光易分解失效，宜在夜间作业，且喷洒后应立即混土；④喷洒后不宜再进行平地作业。

（2）90%禾耐斯（乙草胺）乳油。每公顷用量为 1200～1500mL；国产 50%乙草胺乳油，每公顷用量为 1950～2700mL。在表层土壤墒足的情况下，不必耙地混土；在表层土壤干旱的情况下，应进行浅耙混土作业。防治对象为一年生禾本科杂草及部分双子叶杂草。在土壤透水性较差且土壤墒足时，应减少用量。

（3）33%菜草通（二甲戊乐灵）乳油。每公顷用量为 2250～2550mL；通过杂草幼芽、幼根和茎吸收药剂，抑制分生组织细胞分裂，使杂草幼苗死亡。具有活性高、杀草谱广、持效期长、对作物安全等特点。可根据当地杂草情况适当增减剂量。防治对象一般为禾本科杂草及一些阔叶杂草。

（二）种子准备

播前准备工作除了土地准备以外，重点是种子准备工作。

（1）种子质量。购进包装完好的种子时，应注意种子袋标签上的种子质量检验结果。若购进的是散装种子或没有标签的袋装种子时，应请种子质量检验单位抽样检验。检验结果达到国家颁布标准的种子，方可使用。棉种质量标准见表 5.1。

表 5.1 棉种光籽质量标准

项目	纯度/%		净度/%	发芽率/% （精量播种）	水分/%	残酸率/%	破籽率/%	残绒指数
	原种	良种						
指标	≥99.0	≥95.0	≥99.0	≥92.0	≤12.0	≤0.15	≤7.0	≤27.0

（2）人工粒选。人工粒选是提高出苗率的有效措施之一。精量点播棉田的种子应在棉花轧花、脱绒后进行人工粒选。

（3）晒种。晒种可打破种子休眠，提高发芽势和出苗率。晒种是指在播种前的晴天摊晒棉种，连续 3～5d。

（4）包衣或拌种。为防治棉花苗期病虫害，需要对种子进行药剂处理。目前较多种子企业生产的成品种子已进行包衣处理，但也有很多种子未进行包衣处理。对未包衣处理的种子，最常用的处理方法是对种子进行包衣。条件不足、无法包衣的地区仍按常规方法进行拌药处理。目前，棉花上使用的包衣剂主要有两种，一种是福多甲包衣剂，另一种是卫福包衣剂。

福多甲包衣剂，内含福美霜、多菌灵、甲基立枯灵 3 种杀菌剂，属棉花专用型包衣剂。以药种比为 1：50 的比例进行包衣。可在包衣机里进行包衣，也可在搅拌机（工程建筑上使用的搅拌机）里进行包衣，边包边装袋，包衣质量也较好。

卫福包衣剂，为广谱性包衣剂，可对多种作物种子进行包衣，药种比为 1：200，药效期较短。包衣方法同福多甲包衣。

可采用杀菌剂、杀虫剂混合拌种。一般多菌灵用种子重量的 5‰，或敌克松用种子重量的 4‰，或敌唑酮用种子重量的 4‰进行拌种。杀菌剂要提前 15d 拌入，杀虫剂随拌随播。

（三）农机具及物资准备

1. 农机具准备

播种前要对拖拉机、播种机、打药机、中耕机、采棉机等农机具关键部位进行维护保养、技术调试、故障检修等工作，确保春耕机具运行状态良好，提高播种质量和农机作业质量。

2. 物资准备

棉花在播种前，除做好土地、种子和农机具准备外，还应做好肥料、农药、地膜、滴灌设备等农用物资的准备工作，只有准备充分，才能不误农时，且保证适期早播。

二、播种技术

（一）确定播种期

适期播种可使棉株生长稳健，现蕾开花提早，延长结铃时间，有利于早熟增产。但是播种过早、地温低，容易造成烂种、缺苗；播种过晚则生育期推迟，会造成晚熟减产。地膜覆盖具有明显的增温效应，地膜棉的播种期以裸地 5cm 地温连续 3d 稳定通过 12℃时为温度指标。掌握霜前播种、霜后出苗或霜后放苗的原则，还要考虑覆盖方式和方法。如果是先覆膜后播种，播种不必过早，以防早出苗受冻害；如果是平覆沟种或超宽膜覆盖法，可适当提早播种。民间常以柳树发芽、杏树开花、榆叶梅开花等作为棉花适播标志。

（二）播种模式

1. 铺膜播种方式

新疆棉区棉花播种方式主要以地膜覆盖播种方式为主。常采用的铺膜播种方式有膜下播种和膜上播种两种。

（1）膜下播种。膜下播种是先播种后覆膜。常采用膜下条播和膜下点播两种方式。膜下播种方式覆膜质量高，增温保墒效果好，出苗整齐。但需要及时放苗，不然会发生烫苗。

（2）膜上播种。膜上播种也称膜上点播，先覆膜，然后用鸭嘴器在膜上打孔播种。这种作业方式的优点是不需破膜放苗，节省劳力，幼苗出土可进行抗寒锻炼，抗霜冻能力较强，棉苗分布均匀，生长整齐。但在出苗前保温性较差，遇雨水穴口土壤易板结，出苗困难，需人工辅助出苗。一般出苗比膜下播种晚 1～2d。适宜雨水少、气温回升快的地区和春灌的沙壤土棉田采用。

20 世纪 90 年代后期，为了进一步提高播种质量，减少用种量和间、定苗用工，推广了精量和半精量种。半精量播种要求每穴 2 粒种子的穴数占 70%以上，空穴率低于 3%，田间出苗率在 92%以上。精量播种要求每穴一粒种子的穴数占 95%以上，空穴率低于 3%，出苗率达 95%以上。

（3）双膜覆盖播种。双膜覆盖播种适用于春季倒春寒和大风天气过程频繁的棉区。该技术兼顾膜上穴播和膜下穴播的优势。下层膜采用膜上精量点播，上层膜采用小膜带覆盖种穴。这样既可避免雨后土壤板结，又可增温、保墒，实现一播全苗，出苗早，壮苗早发。为防止烂种、烂芽和高温灼伤棉苗，出苗率达 30% 时，要提前揭去上层膜。揭膜以早晨 11:00 以前和下午 4:00 以后为宜，揭膜后要及时封好护脖土。

2. 株行距配置

新疆棉区膜下滴灌棉花株行距配置多采用宽窄行种植方式，这种方式大体有 3 种配置类型。

（1）小三膜 12 行（含加宽膜二膜 12 行）。采用地膜幅宽为 115cm，行距配置方式多为 20cm+40cm+20cm，膜上宽行距 40.0cm，窄行距 20.0cm，膜与膜之间间距 55.0～60.0cm，平均行距 35.0cm。每幅膜上播 4 行，株距 9.5cm，理论株数在 30.0 万株/hm² 左右。滴灌管设置于窄行中间膜下，称 1 管 2 行模式（图 5.1）。壤土和轻黏土的滴灌棉田和高密度栽培棉田，为节约滴灌带的投入量，也有采用 1 管 4 行模式（图 5.2）。

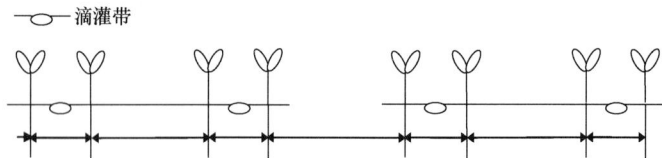

图 5.1　小三膜 12 行行距示意图（1 管 2 行）

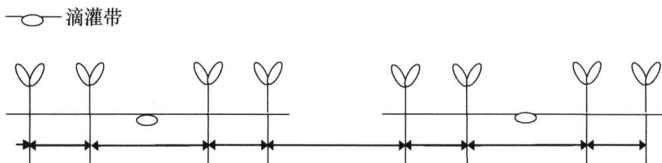

图 5.2　小三膜 12 行行距示意图（1 管 4 行）

（2）大三膜 12 行（含超宽膜二膜 12 行）。所用地膜幅度为 145cm，采用的行距配置方式多为 28cm+50cm+28cm，膜上宽行距 50.0cm，窄行距 28.0cm，膜与膜之间距离 55.0～60.0cm，平均行距 42.3cm。大三膜每幅膜上播 4 行，超宽膜每幅膜上播 6 行，株距 9.5cm，理论株数在 25.0 万株/hm² 左右。这种配置方式多在有效积温 3800℃ 以上，无霜期 170d 以上，土壤较肥沃的棉区采用。大三膜和超宽膜的残膜有利于回收。一般滴灌管设置于窄行中间膜下，称 1 管 2 行模式（图 5.3）；壤土和轻黏土的滴灌棉田和高密度栽培棉田，为节约滴灌带的投入量，也有采用 1 管 4 行模式（图 5.4）。

图 5.3　大三膜 12 行行距示意图（1 管 2 行）

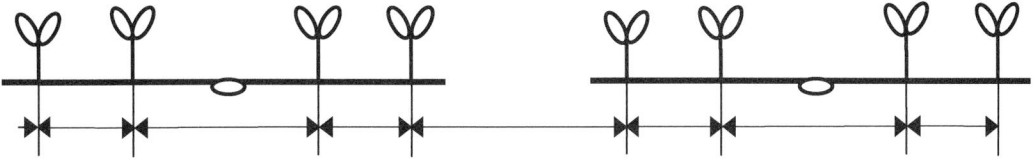

图 5.4　大三膜 12 行行距示意图（1 管 4 行）

（3）机采棉配置方式Ⅰ。覆盖的地膜宽度 205cm，宽行距 66.0cm，窄行距 10.0cm，平均行距 38.0cm。每幅膜上播 6 行（3 小行、2 大行），滴灌管设置于宽行中间膜下，生产中根据实际情况，滴灌管设置向边行偏 5.0cm（图 5.5）。部分地块为节约用水，采用 12cm+64cm+12cm+64cm+12cm 模式，并将滴灌管设置于窄行之间，1 管 2 行模式见图 5.6。

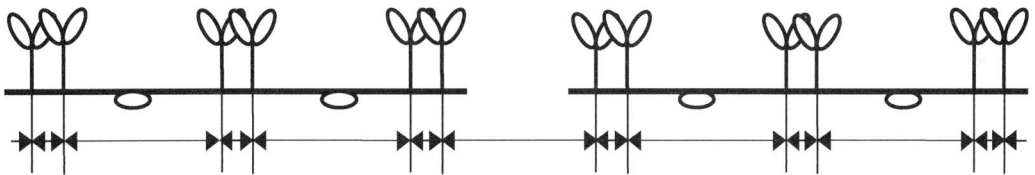

图 5.5　机采棉模式Ⅰ行距示意图（1 管 3 行）

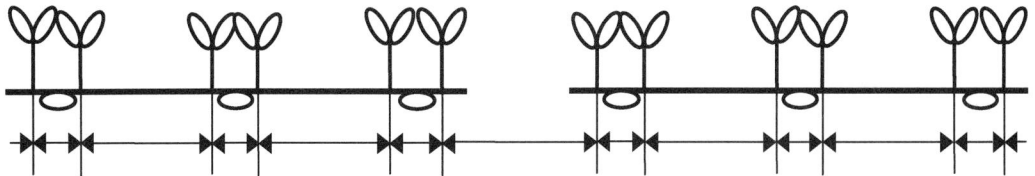

图 5.6　机采棉模式Ⅰ行距示意图（1 管 2 行）

（4）机采棉配置方式Ⅱ。这种方式适用于种植杂交棉的棉田，它覆盖 205.0cm 宽膜，采用 76.0cm 等行距，株距 9.0～9.5cm，理论株数约 13.5 万株/hm^2。每幅膜上播 3 行。滴灌管设置于 3 行棉苗中间膜下（图 5.7），生产中根据实际情况，滴灌管设置各向边行偏 5.0cm（2 管 3 行）。部分地块为节约用水，将滴灌管设置于每行棉苗边 5cm 处（3 管 3 行）（图 5.8）。这种方式适宜于光热资源较好的棉区，种植产量性状优势强的杂交棉。

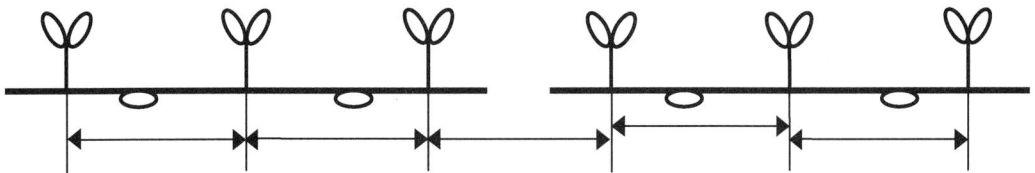

图 5.7　机采棉模式Ⅱ行距示意图（2 管 3 行）

（5）机采棉配置方式Ⅲ。超窄行机采棉模式配置方式用 205.0cm 宽地膜，采用 72.0cm+4.0cm 宽窄行距（窄行 4.0cm、宽行 72.0cm）。每幅膜上播 6 行，窄行采用"三角"型带状播种方式。滴灌管设置于宽行中间膜下，生产中根据实际情况，滴灌管设置向边行偏 5.0cm（图 5.9）。

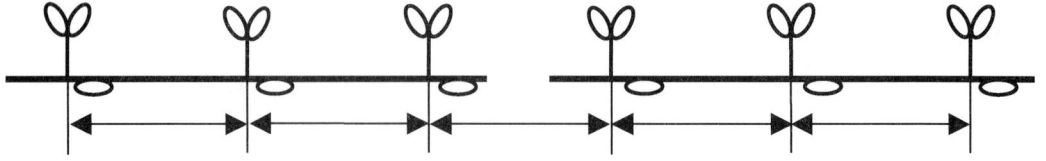

图 5.8　机采棉模式 II 行距示意图（3 管 3 行）

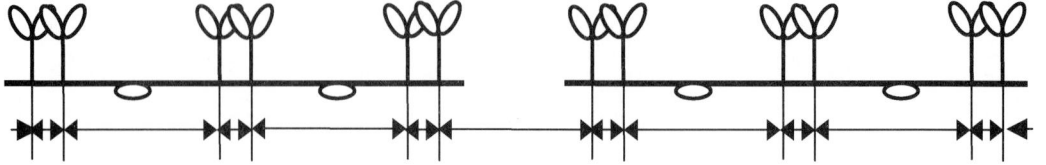

图 5.9　机采棉模式 III 行距示意图

（三）播种质量

新疆地膜植棉播种质量的优劣直接影响到出苗率的高低，铺膜质量高低与出苗关系密切，铺膜及时，则质量好，可以充分发挥地膜的增温保墒效应，实现一播全苗、出苗整齐均匀。

1. 适时铺膜播种

地膜可提高地温，因膜宽度不同增温效果也不同，一般可增温 2～4℃，所以，播种时间比露地播种要提前 5～7d。

2. 铺膜要求

地膜平展与地面紧贴，松紧度适中，过紧易拉破，过松会受风上下摆动，增温保墒差。

3. 铺管要求

铺管与铺膜同时进行，滴管在铺设过程中应注意，有滴头的一面朝上，不要拖拽滴灌管，防止被尖利石块划破。最好开 3～5cm 浅沟浅埋滴灌管。

4. 膜面干净、平展、采光面大

膜边垂直埋入土中，每边入土小于 7.5cm；机车作业速度应保持 5～6km/h，以保持膜面干净，提高采光效果。

5. 膜孔与下种口不错位、不错行

应控制机车作业速度，保持膜孔与下种口对应，保证种子行与覆土行不错行。

6. 膜边压实，膜行要直

苗行距膜边 10.0cm，膜边压土严密，膜上点播，孔穴覆土厚度 1.5～2.0cm，孔穴漏覆率小于 5%。

7. 防止大风揭膜

铺膜播种时，视当地具体情况在宽膜中间放置土堆，土量要适中，分布要均匀，防止大风揭膜。播种过后视天气情况滴水出苗，使地表与膜紧密结合，也具有很好的防风效果。

三、播后出苗前管理

（一）补种

播种时因条田不正规，播种机无法播到边，或因机械故障等造成漏播，或因播后土壤缺墒、播后遇雨烂种死苗、病虫危害等造成缺苗断垄。要及时调查、及时发现、及时补救，以确保实现全苗。

1. 播后补种

对未播到头、到边的地方，能用小型播种机补种的用小型播种机补种，不能用小型播种机补种的，则需用人工推简易播种器及时补种。

对因播种机出现堵塞故障而造成漏播的地段，当时应做好标记，播种机过后立即补种，注意种行连接，不得错行，以免中耕时伤苗。

对于膜上点播后遇雨，种孔土板结，或因土壤缺墒，播后浇水造成种孔土板结，则人工用钉齿滚破除板结，助苗出土。

出苗后，因烂种死苗、病虫危害造成缺苗断垄的，对棉田内的出苗情况进行详细调查，做出标记，统计缺苗面积，尽快用简易播种器人工进行补种。

2. 扫净膜面

因播种时速度过快造成膜面覆土过多的棉田，播后及时人工清除膜面上碎土，以增加透明度，提高增温效果。

3. 滴灌系统接装

滴灌棉田播后要立即组织人工接装毛管与支管。要求一块条田在播种后48h内接装完毕，如果发现局部地方有缺墒干旱，可立即滴水补墒，保证实现一播全苗。

接装时，先按滴灌设施在田间出水桩位置与播种行垂直铺设支管，将支管通过阀门接入地面出水桩，并固定好。支管铺设好后，将支管处膜下滴灌软管（滴灌带）剪断，用专用打孔器在支管上垂直打孔，将三通压入支管，并剪开滴灌带两端分别接入三通。支管及条田地两头滴灌带装好堵头，进行滴灌系统试水调试。

4. 播后滴水

铺设、接装滴灌系统调试完毕后，待地温上升到适宜棉花出苗的温度时，对棉田进行膜下滴灌，灌水量一般为 $75\sim150m^3/hm^2$。

（二）防风措施

新疆春季大风天气频发，为防风揭膜，除前面已提到的（膜边垂直埋入土中、膜上压土打埂、膜边人工用脚踏实等）几项防风措施外，还可采用以下几种防风措施。

1. 浇水压膜

春季大风多的棉区沟灌棉田，为防风揭膜，在播种的同时修毛渠，全田播完，毛渠也修好了，播种机出地，水进地；用小水顺沟浇灌，使土表与地膜紧密结合。但注意：用水要小，且水不能漫上地膜。

2. 砂袋压膜

采用塑料包装袋（装 2.0～3.0kg 土）装沙土，每隔 10～15m 压一袋，防风效果也较好。当棉苗长大后，将沙土倒掉，塑料袋回收后下年仍可使用。

3. 草把防风

利用棉秆、芦苇等长杂草，扎成直径 10～15cm 粗的草把，用木桩固定在两膜间行内，不但防风效果好，而且向阳面棉苗生长较快，现蕾、开花可提前 2～3d。

第三节　棉花膜下滴灌技术

一、棉花膜下滴灌技术发展简介

当前，农业大规模使用的灌溉技术包括地面灌溉、喷灌、微灌（包括微喷和滴灌等）等 3 种类型。广泛应用的农业现代化灌溉技术主要为喷灌与微灌技术两种类型。喷灌技术发生于 20 世纪初期，到 20 世纪中期得到快速发展，成熟的产品类型主要包括固定或半固定式喷灌系统和行走式喷灌系统两大类，尤其是大型行走式喷灌机的研制成功，在欧美等发达国家的大田作物生产上得到大规模应用。

滴灌技术最早于 1860 年兴起于德国，是与管道排水结合的地下滴灌，所用管材是带明接头的短瓦管，瓦管行距 5.0m，埋在约 0.8m 的地下，管上覆盖 0.3～0.5m 厚的过滤层，这种灌溉方法使作物产量成倍增长。1920 年德国又创制了管道出流灌溉法，1923 年苏联与法国研究了孔管系统的灌溉方法，1934 年美国研究用帆布渗水灌溉。第二次世界大战以后，随着塑料工业的发展，创造出廉价、可弯曲、便于打孔、易于连接的塑料管。50 年代末期，以色列研制长流道滴头成功，使滴灌系统在技术成熟性上有了显著突破。到 60 年代末期，滴灌系统已经发展成为一种新型成熟的灌溉技术，随后被迅速地应用于现代设施农业生产过程。

我国引进滴灌技术是在 20 世纪 70 年代中期，新疆是我国最早引进滴灌技术的省区之一。1980～1987 年新疆生产建设兵团第八师在 121 团、143 团农场开展滴灌试验，由于管件不配套，除管网漏水、滴头堵塞等现象较为严重外，系统建设造价过高、资金短缺致使试验中断，但为以后继续进行试验研究提供了有益的启示。

1996 年第八师水利局等单位在充分调查研究的基础上，在 121 团 1.67hm^2 弃耕次生盐渍化土地上开展棉花膜下滴灌技术试验，当年单产皮棉达到 1335kg/hm²，一举获得成功（顾烈烽，2003）。1998～2000 年，在兵团科技局、水利局、农业局等部门组织下，石河子大学、新疆农垦科学院、第八师水利局、第一师沙井子试验站等单位分工协作，对棉花膜下滴灌技术进行了系统而深入的研究，产生了一系列研究成果，国产化滴灌产品成本大幅度下降，为其进入大田作物大规模应用铺平了道路。

滴水灌溉是一种局部灌溉现代节水技术。它是利用低压管道系统使水成点滴、缓慢、均匀、定量地浸润根系最发达的区域，使作物主要根系活动区的土壤始终保持最优含水状态，有节约用水量、促进作物生长和提高产量的作用。棉花膜下滴灌技术是把滴灌技术和覆膜种植技术进行有机结合形成的一种新型田间灌溉方法。在覆膜播种的同时，将滴灌带置于距播种行较近、便于供水的位置，在土壤不足时，灌溉系统通过可控管道向滴灌带加压供水，水流逐级进入由干管—支管—毛管（铺设在地膜下方的灌溉带）等不同级别管道组成的管网系统后，水流连同营养液通过毛管（滴灌带）上的灌水器均匀、定时、定量浸润作物主要根系集中区，供根系吸收利用。棉花膜下滴灌技术应用已遍布新疆各植棉区，截至 2012 年的统计资料显示，棉花膜下滴灌推广面积已经达到 172.80 万 hm²，占新疆节水灌溉总面积253.93 万 hm²的68.1%（新疆维吾尔自治区统计局，2013），预计到 2020 年，全疆滴灌作物面积将达到 400 万 hm²。

二、滴灌棉田土壤水分特征参数

滴灌水分进入土壤的移动过程可分为 3 个阶段。第一阶段为等速移动阶段，水平和垂直两个方向水分运移速度基本相同；第二阶段为不等速阶段，此时水分垂直方向扩散速度大于水平方向的运移速度；第三阶段为水分的垂直扩散阶段，此时水平方向的水分运动速度近似等于零（岳海英，2010）。在滴灌过程中，水分运动形成近似于旋转抛物体状的湿润体，其特征参数为滴灌系统的设计依据，对作物灌溉管理具有指导意义。

1. 土壤湿润体形状

地表滴灌的土壤湿润体形状与大小受到土壤质地、土壤容重、滴头流量和入渗时间的影响，一般并非为理想的半球体，呈半椭圆形、半椭球体、抛物线形及半圆形等形状（李晓斌和孙海燕，2008；陈渠昌等，1999；朱德兰等，2000；王成志等，2006）。张振华等（2004）在研究滴头流量对湿润体形状的影响中发现，滴头流量在 1L/h 的情况下，由于地表的积水面积较小，水分在水平方向和垂直方向上的入渗速率接近，土壤湿润体的形状接近于半球体；当滴头流量增大为 4L/h 时，由于供水强度较大，地表积水区域增加，致使水平方向上水分扩散速率加快，土壤湿润体的形状为半个椭球体。随着入渗时间的延长，垂向的重力作用变大，垂向的水分入渗速率相对增加，土壤湿润体的形状开始向半球体发展。因此土壤湿润体的体积 $V_{(t)}$ 可以用椭球体体积公式计算：

$$V_{(t)} = 2\pi R^2_{(t)} H_{(t)} / 3 \qquad (5\text{-}1)$$

式中，$V_{(t)}$ 为土壤湿润体的体积；$R_{(t)}$ 为滴灌入渗的地表水平湿润距离；$H_{(t)}$ 为垂向入渗深度。

在灌水量确定的条件下，滴头流量对湿润体体积影响很小，滴灌土壤湿润体积 $V_{(t)}$ 和供水量 $W_{(t)}$ 之间存在显著的线性关系。

$$V_{(t)} = 3.064W_{(t)} \qquad (5\text{-}2)$$

2. 土壤湿润比

土壤湿润比是指被湿润土体与计划湿润层总体积的比值。在滴灌工程规划设计时，用湿润地面以下 20～30cm 处的平均湿润面积与作物种植面积的百分比近似表示。作物种植面积为滴灌系统控制的面积，地面以下 20～30cm 处的平均湿润面积为滴灌所能湿润到的实际湿润面积，也是滴灌系统实际灌水的面积（雷廷武，1994）。

湿润比受滴头流量的影响比较大，滴头流量越大，则 x/y 的湿润比越大，但随着 t 的增大，x/y 的湿润比逐渐减小。通过对膜下滴灌高产田的研究表明，其湿润比为 80% 左右较适宜新疆地区棉花的种植体系，有利于高产稳产。

3. 滴头流量

随着滴头流量的增大，滴灌土壤湿润体形状由窄深形变为浅宽形椭球体，滴灌管下方地表土壤趋于饱和，土壤水分侧向运移速度加快，湿润区宽度变大，土壤含水率水平分布均匀性逐步提高；从根长密度的空间分布来看，在同等供水量情况下，窄深型湿润体有利于近行棉花（距滴带最近行位的棉花）根系向纵深发展，形成发达的根系，但不利于远行棉花（离滴灌距离较远行位的棉花）根系发育，即近行棉株的根长密度显著大于远行；浅宽型湿润体导致棉花形成均匀的浅层分布根型，大大降低了远行与近行根长密度分布的差异性。远近行棉花株高特征比较结果有相同的趋势；比较根系衰老趋势发现，浅宽型湿润体棉花的根系衰老速率、叶面积下降速率都显著快于窄深型湿润体（王允喜等，2011；孙浩等，2009）。在没有深层水分贮备的情况下，浅层（0～40cm 土层）土壤水分供应对棉花根系生长具有明显的影响，水分亏缺能明显抑制棉花根系生物量，而深层充足的水分供应有利于根系的纵向生长，减轻水分亏缺对棉花根系带来的不利影响（罗宏海等，2011）。因此，从生产实践来看，适宜的滴头流量结合冬前灌溉，能大幅度提高膜下滴灌棉花高产的稳定性。

4. 时空分布特征

研究棉花膜下滴灌条件下土壤含水率的空间变异规律发现，灌水后各土层的含水率等值线图的趋势相对于灌水前较平缓，说明土壤水分分布因为灌溉而趋于均匀化。在垂直毛管方向，土壤含水率值的大小和监测点与滴灌带距离成反比例关系。在土壤纵向剖面上，0～20cm 层土壤水分的空间变异性最大，其他土层的变异性较小。20～40cm 和 40～60cm 层棉田土壤含水率的空间变异强度属弱变异，60～80cm 和 80～100cm 层的空间变异强度属中等变异。在水平方向上，即沿滴灌带铺设方向上，土壤水分的变异为弱变异（申祥民等，2010）。

李彦等（2005）的研究发现，膜下滴灌棉花的根域层深度为 60cm，浅于地面灌的 80cm。各层耗水占根域总耗水的比率趋势为：滴灌耗水量集中于 0～40cm，其中，滴灌 0～20cm 比率为 50.5%；地面灌耗水量集中于 0～60cm，地面灌 20～60cm 比率为 58.0%。

根域的最底层即滴灌 40～60cm 和地面灌 60～80cm 的比率分别为 18.0% 和 10.3%。由于滴灌根域层较地面灌浅，因此抗水分胁迫的能力较地面灌低，所以，在膜下滴灌棉花的田间水分管理过程中，要求对土壤水分状态精确监测，灌溉的时效性准确、灌量适宜。

三、棉花膜下滴灌灌溉制度

水分是棉花生长发育的基本生态条件之一。棉苗在水分充足时生长很快，反之生长缓慢。充足的水分能使棉株细胞维持一定的紧张度，致使棉花保持其固有的姿态，使棉株叶片挺拔、气孔张开，便于充分接受光照和进行气体交换，利于光合作用和各种生理活动的进行；若水分不足，叶片萎蔫，气孔关闭，光合作用的各种生理活动便不能正常进行。

（一）灌水频次与灌溉定额对水分生产率的影响

杨九刚等（2011）在南疆气候条件下研究表明，膜下滴灌棉花的高灌水频次（16 次）与小灌溉定额（4500m³/hm²、3750m³/hm²）、低灌水频次（8 次）与大灌溉定额（6000m³/hm²、5250m³/hm²）的组合水分生产率较高。

吴艳琴等（2011）的研究结果表明，滴灌带下方 0～60cm 根区灌前 75% 的田间持水量为临界含水量，以临界含水量制定灌溉管理策略有利于棉花的高产稳产。研究发现，随着该深度土层土壤含水量临界值的下降，棉花水分生产率有明显提高趋势，但籽棉产量下降加剧。维持棉花膜下滴灌高产稳产较适宜的土壤临界含水量，在产量形成的关键时期花铃期每次灌水量应为 40mm，灌溉周期为 6.5～7d。棉花膜下滴灌的灌溉制度应不同于常规沟灌或淹灌条件下的灌溉制度。应该综合气候条件、棉花品种、管理水平等多项因素，制定有利于发挥管理者潜力水平的灌溉制度。

（二）膜下滴灌棉花田间耗水率

通常情况下，棉田水分消耗主要包括棉田蒸发、植株蒸腾、径流损失、深层渗漏等四个方面。在膜下滴灌条件下，灌溉系统得到很好控制时，一般不会有径流损失和深层渗漏。膜下滴灌棉田的薄膜覆盖度达到 90% 以上，水分通过田间蒸发途径的损失量也很小。因此，蒸腾作用是膜下滴灌棉田水分消耗的主要途径。膜下滴灌棉田的耗水率与当地气候条件和土壤水分状况有关，在设计灌溉系统时，应按设计水文年份选取棉花田间耗水率，有条件的地方可根据田间实验结果确定。表 5.2 是棉花膜下滴灌各生育期各生育阶段的田间需水量及耗水率。数据表明，棉花膜下滴灌蕾期以前、吐絮期以后的田间耗水量较低，耗水高峰期是花铃期（李明思和贾宏伟，2000；岳晶晶等，2011），因

表 5.2　膜下滴灌棉花田间耗水率和需水量

项目	苗期	蕾期	花铃期	吐絮期	全生育期
田间阶段需水量/mm	45.0～60.0	53.0～75.0	305.0～400.0	25.0～50.0	431.0～650.0
田间耗水率/（mm/d）	1.3	2.0	5.5	2.3	2.9

注：表中数据主要是依据李明思（1998～2000 年）、吴艳琴（2010～2011 年）研究成果汇总的结果

此，膜下滴灌棉田水分管理的关键时期是花铃期，此期适宜的水分管理是保证棉花产量形成的基础。

（三）毛管布置对水肥利用率的影响

毛管是滴灌系统向棉田供水的最末级管道系统，其布置状态对棉田的供水质量起着至关重要的作用。关于毛管铺设模式对棉花产量、水分生产率及肥料利用率等方面的影响前人做了大量研究工作。李培岭等（2009）研究了不同毛管布置模式下，施肥量和灌水量对棉花产量、氮素利用效率（NUE）、水分利用效率（WUE）及其耦合效应的影响。研究表明，棉花产量的水氮耦合效应在"1 管 4 行"模式下，灌水量>施氮量；在"2 管 4 行"和"2 管 6 行"模式下，施氮量>灌水量。对于棉花氮素的水氮耦合效应（NUE）、灌水量与施氮量对棉花 NUE 的影响，3 种模式均为施氮量>灌水量。棉花水分的水氮耦合效应（WUE）、灌水量和施氮量对棉花 WUE 的影响是"1 管 4 行"与"2 管 4 行"灌水量>施氮量，"2 管 6 行"为施氮量>灌水量。在灌水量 65.1～284.9mm 时，3 种滴灌模式棉花水分利用效率与灌水量均呈负相关。因此，"2 管 4 行"棉花滴灌模式最能够促进水氮耦合效应的发挥，是有利于滴灌棉花生长的田间水氮管理模式。

在杂交棉稀植条件下，一般会采用 76cm 等行距配置方式实施"1 管 1 行"的毛管配置模式。在该模式条件下，每条滴灌带只负责一行棉花生长的供水需要，能最大限度地保证棉田供水的均匀性，同时，也便于小水量、高频率自动化控制灌溉措施的落实。

（四）膜下滴灌棉花的灌溉制度

灌溉制度是指在一定的气候、土壤等自然条件下和一定的农业技术措施下，为使作物获得高额而稳定的产量所制定的一整套田间灌水的制度。它包括作物播种前及全生育期内的灌水次数、灌水日期和灌水定额及灌溉定额等。制定灌溉制度常用的方法有：总结群众丰产灌水经验；根据灌溉试验资料制定灌溉制度；按"灌溉模式"确定最优灌溉制度；按水量平衡原理分析制定灌溉制度。

1. 制定膜下滴灌棉花灌溉制度的方法

经过近 20 年的探索与实践，对棉花膜下滴灌的肥水一体化管理有了较好的经验总结。但由于棉花膜下滴灌技术推广应用时间短，目前为止未形成统一的灌溉模式。因此，采用不受地区局限、具有良好理论基础的水量平衡原理确定棉花灌溉制度，并用试验资料加以修订的方法。时间范围为作物由播种到收获的全生育期，空间界限为土壤计划湿润层以上。

滴灌灌水土壤深度浅，加上地膜覆盖，使土壤水分在温差作用下上移，造成地表下土壤水分大，而土壤深部含水量少，棉花的主要侧根大都贴近地面生长，根系分布较浅。试验表明，膜下滴灌棉花的根系主要吸水深度为 40～60cm。在膜下滴灌棉花推广初期，对土壤的计划湿润深度分别为：幼苗期 20～30cm；现蕾期 40cm；开花结铃期 60cm；吐絮期 40～60cm（马富裕和严以绥，2002）。经过多年的高产实践及相关理论研究证明，这种计划湿润层不利于膜下滴灌棉花的高产实现，应在冬前储备灌溉的基础上，将计划湿润层深度统一确定在 60cm。

根据上述时空界限，在全生育期任何一个时段（Δt）内，土壤计划湿润层的储水量变化可用下列水量平衡方程式表示。

$$W_t - W_0 = W_T + P_0 + K + M + E \tag{5-3}$$

式中，W_0、W_t 分别为时段初和一时段末（t）的土壤计划湿润层的储水量；W_T 为由于计划湿润层的增加而增加的水量，因滴灌灌水浅，根系吸水层也浅，因此 W_T 可忽略不计；P_0 为保存在土壤计划湿润层内的有效降雨量；K 为时段 Δt 内的地下水补给量，即 $K = k\Delta t$，k 为 Δt 时段内平均每昼夜地下水补给量；M 为时段 Δt 内的灌溉水量；E 为时段 Δt 内的作物田间需水量，可用 $E = e\Delta t$ 求得，e 为 Δt 时段内平均每昼夜作物田间需水量或称耗水率。以上各值均用 m^3/hm^2 或 mm 计。

为了满足作物正常生长的需要，任一时段内土壤计划湿润层的储水量必须经常保持在一定的适宜范围内，即通常要求不少于作物允许的最小储水量（W_{min}）和不大于作物允许的最大储水量（W_{max}）。在自然情况下，由于各时段内田间需水量是一个时段内连续消耗量，而降雨则是间断的补给，因此，当在某些时段内降雨很少或没有降雨时，往往使土壤计划湿润层内的储水量很快降低到或接近于作物允许的最小储水量，此时即需要灌溉，以补充土层中消耗掉的水量。

如果某时段内没有降雨，当土壤储水量降低到作物允许的最小储水量时，此时段的水量平衡方程式显然可写为

$$W_{min} = W_0 - E + K = W_0 - \Delta t(e - K) \tag{5-4}$$

式中，W_{min} 为土壤计划湿润层内允许的最小储水量，其他符号代表的意义同公式（5-3）。

时段初土壤储水量已知，则由上式可推算出至开始灌水时的时间间距为

$$\Delta t = \frac{W_0 - W_{min}}{e - K} \tag{5-5}$$

而这一时段需要的灌水定额为

$$\begin{aligned} m &= W_{max} - W_{min} \\ &= 0.1HP(\beta_{max} - \beta_{min})/\eta \end{aligned}$$

$$\text{或 } m = 0.1rHP(\beta'_{max} - \beta'_{min})/\eta \tag{5-6}$$

式中，m 为灌水定额（mm）；P 为滴灌设计土壤湿润比（%）；H 为该时段内土壤计划湿润层的深度（m）；β_{max}、β_{min} 分别为该时段内允许的土壤最大含水率和最小含水率（以占土壤孔隙体积的百分比计）；η 为滴灌水分利用系数；r 为计划湿润层内土壤的干容重（g/cm^3）；β'_{max}、β'_{min} 同 β_{max}、β_{min}，但以占干土重的百分比计。

滴灌灌水周期 T 的计算方式为

$$T = (m/e)\eta \tag{5-7}$$

式中，T 为设计灌水周期（d）；m 为 T 时段内灌水定额；e 为 T 时段时平均每昼夜作物的田间需水量。

由此即可确定作物全生育期内的灌溉制度，但在进行水量平衡计算之前，必须首先确定方程中的各项数据，这是拟定灌溉制度正确与否的关键。

在滴灌作物的水分管理中，在水量平衡方程式中，需要关注的控制指标是田间土壤

最小含水率，也就是临界含水率。根据多年的研究与实践表明，较为适宜的数值应该是：苗期 55% $\beta_田$（田间土壤最小含水率），蕾期 60% $\beta_田$，花铃期 70% $\beta_田$，吐絮期 55% $\beta_田$。

2. 新疆灌溉分区棉花基本灌溉定额指标

针对新疆典型的沙漠绿洲灌溉农业特点，以农业灌溉耗水为主线，综合考虑新疆各地棉花品种、水文气象、土壤质地、灌溉模式、栽培方式、用水现状等影响因素，将全疆农业灌溉分区按两个层面（5 个一级分区，16 个二级分区）编制棉花农业灌溉用水定额（表 5.3）。

表 5.3　新疆灌溉分区棉花基本灌溉定额指标　　　　（单位：mm）

一级分区	二级分区	水分利用系数	常规灌溉		不同灌溉模式田间定额			灌溉用水定额上、下限	
			斗渠口	田间	膜上灌	喷灌	滴灌	上限系数	下限系数
I	I-2	0.758	660	503	428	375	353	0.10	0.08
II	II-3	0.710	773	548	465	413	383	0.10	0.08
II	II-4	0.708	713	503	428	375	353	0.10	0.08
II	II-5	0.673	825	555	473	420	390	0.10	0.08
III	III-7	0.738	743	548	465	413	383	0.10	0.08
IV	IV-9	0.741	1193	885	758	668	623	0.10	0.08
IV	IV-10	0.740	870	645	548	488	450	0.10	0.08
IV	IV-11	0.688	893	615	525	465	435	0.10	0.08
V	V-12	0.682	855	585	503	443	413	0.10	0.08
V	V-13	0.650	923	600	510	450	420	0.10	0.08
V	V-14	0.661	870	578	495	435	405	0.10	0.08
V	V-15	0.664	900	600	510	450	420	0.10	0.08
V	V-16	0.678	705	480	413	360	338	0.10	0.08

分区说明如下。

I. 北疆塔塔城额敏盆地区；
I-2. 中低山区（托里县、托里庙尔沟）；
II. 北疆河谷区；
II-3. 伊犁河谷平原区（伊宁市、霍城县、察布查尔锡伯自治县、巩留县）；
II-4. 西缘河谷中低山区（新源县、昭苏县、特克斯县、尼勒克县、温泉县）；
II-5. 阿勒泰河谷平原区（布尔津县、福海县、和布克赛尔蒙古自治县）；
III. 北疆准噶尔盆地区；
III-7. 盆地南、西缘区（沙湾县、玛纳斯县、克拉玛依市、呼图壁县、昌吉市、米泉区、阜康市、吉木萨尔县、奇台县、乌鲁木齐市）；
IV. 东疆吐哈盆地区；
IV-9. 盆地高温区（吐鲁番市、托克逊县）；
IV-10. 盆地东缘区（鄯善县、哈密市）；
IV-11. 盆地低山区（伊吾县）；
V. 南疆塔里木盆地区；
V-12. 盆地西缘区（叶城县、莎车县、泽普县、英吉沙县、麦盖提县、巴楚县、喀什市、疏附县、疏勒县、岳普湖县、伽师县、阿克苏市、温宿县、阿瓦提县、柯坪县、库车县、沙雅县、新和县、阿图什县、阿克陶县）；
V-13. 北缘平原区（轮台县、库尔勒市、尉犁县、博湖县）；
V-14. 北缘冲击扇区（和硕县、和静县、焉耆县）；
V-15. 南缘平原区（和田市、墨玉县、皮山县、洛浦县、策勒县、于田县、民丰县、且末县、若羌县）；
V-16. 周边山间河谷及盆地（塔什库尔干县、乌什县、拜城县、阿合奇县、乌恰县）；
I-1、II-6、III-8. 本区域内无棉花种植；
水分利用系数：斗渠出口至田间的水分利用系数

注：数据来源于《新疆维吾尔自治区农业灌溉用水定额指标（试行）》新水水管[2012]4 号

3. 新疆膜下滴灌棉花灌溉制度的参考方案

通过多年的科学研究与生产调查分析，针对南、北疆棉区不同气候、土壤和品种熟性的特点，分别制定了南、北疆棉花膜下滴灌冬灌棉田和未冬灌棉田灌溉制度的参考方案，供读者在制定灌溉制度时参考（表 5.4，表 5.5）。

表 5.4　棉花膜下滴灌灌溉制度（冬前未灌溉的干播湿出棉田）

北疆

项目	苗期	蕾期	花铃期								
灌次	1	2	3	4	5	6	7	8	9	10	11
周期/d		45	15	7	6	6	6	6	7	8	9
灌水定额/mm	45	60	36	36	36	36	36	36	36	36	36
灌溉定额/mm											429

南疆

项目	苗期	蕾期	花铃期									
灌次	1	2	3	4	5	6	7	8	9	10	11	12
周期/d		45	15	7	6	6	6	6	7	8	9	11
灌水定额/mm	45	60	38	38	38	38	38	38	38	38	38	38
灌溉定额/mm												485

表 5.5　棉花膜下滴灌灌溉制度（冬前灌溉棉田）

北疆

项目	苗期	蕾期	花铃期								
灌次	1		2	3	4	5	6	7	8	9	10
周期/d		55~60	15	7	6	6	6	6	7	8	9	10
灌水定额/mm	15		45	36	36	36	36	36	36	36	30
灌溉定额/mm											342

南疆

项目	苗期	蕾期	花铃期								
灌次	1		2	3	4	5	6	7	8	9	10	11
周期/d		55~60	15	6	6	6	6	7	8	9	11	11
灌水定额/mm	15		45	38	38	38	38	38	38	38	38	30
灌溉定额/mm												394

注：冬前灌溉 150~225mm

（五）膜下滴灌棉田水分利用效率及提高途径

1. 膜下滴灌对棉花生长发育的影响

棉花膜下滴灌属"浅灌、勤灌"的灌溉技术，苗期、蕾期灌溉较少或不灌溉，花铃期灌水密集，这两个生育阶段的灌水定额为 25~60mm，蕾期灌水周期为 9~10d，花铃期灌水周期为 6~8d，盛铃期以后灌水周期为 9~11d，全生育期灌溉定额冬前未灌溉的"干播湿出"棉田为 400~485mm，灌水次数 9~12 次；已冬前灌溉的棉田，灌溉定额为 380~440mm，灌水次数 10~12 次。

在棉花膜下滴灌的水分管理中，应充分考虑到棉花苗蕾期、始花期、盛花—盛铃期不同时段对水分利用量的不同，采取不同的水分管理方法。

（1）苗期水分供应的主要作用在于"长根"。苗期是棉花根系生长的主要时期，较高的地温与适宜的土壤含水量有利于强大根系的形成。出苗前后，土壤含水量较高、地温较低时，不利于棉花根系的生长发育，容易导致烂种、烂芽、烂根等病害的发生；如果苗期、蕾期土壤水分过少，则不能满足该时段内棉花对水分的需求，棉花会过早地进入水分胁迫阶段；但苗、蕾期土壤水分偏多时，容易导致棉花旺长，加剧花蕾脱落。因此，保水性能较好的未冬灌棉田在干播湿出条件下，滴出苗水时，一次性较大的灌量可使耕层得到充分的水分供应，确保整个苗期、蕾期棉花根系生长对水分的需要，有利于形成较强大的根系，增强棉花的抗逆、抗倒伏能力，确保棉花的高产与稳产。

基于上述原理，干播湿出棉田出苗灌溉水量以 45～60mm 为宜。目的在于保证棉花出苗后 50～60d，基本不对农田灌溉。在这期间适宜于根系生长的土壤湿度随生育进程后移而渐次下移，最深处可达到 100cm 以下。到开花前，土壤含水量可能降低到相对田间持水量的 65% 左右开始棉花生长发育期间的第一次灌溉。此时，棉花应有的圆锥形根体已经基本建成，同时，棉花已经受到一定程度的水分胁迫。

（2）始花期充分灌溉有利于建成强壮的根系。在棉花开花前或始花期，用较大的水量（45～60mm），使棉花主体根系（95%以上）所在土层土壤含水量恢复到 75%田间持水量以上，使整个根系的生长从灌溉前部分根系处于水分胁迫的状态恢复到适水健康状态。北疆棉区 6 月中、下旬，南疆棉区 6 月下旬，7 月上旬，棉花正处于营养生长和生殖生长两旺阶段，地下根系结构还未达到最大分布，地上冠层也还没有达到高产要求的最大覆盖程度。本次大灌量的水分供应可以"鼓励"棉花根系继续生长和保持地上部分营养生长的优势性，防止棉花群体过早地从以营养生长为中心过渡到以生殖生长为中心的阶段。

（3）盛花—盛铃期高频率灌溉确保高产群体的建立与持续生产。当棉花进入盛花期以后，水分管理应采用小灌量、短周期的灌溉方法，使灌溉的湿润层深度稳定在 60cm 左右，在保证棉花主体根系持续得到水分充分供应的同时，有部分根系分布于湿润锋之外，形成类似于分区灌溉的水分供应的时空分布特征（梁宗锁等，1997）。该方法有利于根源信号传递和气孔最优调节、提高作物水分利用效率（杜太生等，2007）。大量的高产田调查结果表明，高频率、小灌量容易实现高产。因此，在棉花生长中，从生长发育阶段的第二次灌溉起，灌量为每次 30～40mm，灌溉周期 6～8d，后期可适当延长灌溉周期。进入 9 月以后，还应进行适当的灌溉，确保棉花根系有较好的活力以吸收适当的水分和养分，对增加冠层上部铃重、提高纤维品质有积极作用。

2. 滴灌频率对水分利用效率的影响

研究表明，膜下滴灌棉花总耗水量与降水和滴水量密切相关，而与滴水频率无关；滴水频率对新陆早 13 号棉花水分利用效率无显著影响，但水分利用效率随滴水量的增大而显著降低。少量滴灌（300mm）虽然可以获得较高的水分利用效率，但减产严重，过量滴灌（450mm）无显著增产效应，水分浪费严重。滴水量越大，耗水量越大，而不同滴水频率处理耗水量基本相同；另外，相同处理在不同年份内总耗水量基本相等（刘梅先等，2011）（表 5.6）。

表 5.6 不同滴灌方式下棉花产量及水分利用效率（WUE）

年度	处理	降雨量/mm	滴水量/mm	产量/（mg/hm²）	耗水量/mm	WUE/[×10⁻³mg/（hm²·mm）]
2009	LM	131	375	6.90a	640.5a	10.8a
	MM	131	375	7.51b	658.0a	11.4ab
	HM	131	375	7.72bc	621.1a	12.4b
	MS	131	300	6.73ad	541.7b	12.4b
	MG	131	450	7.56bc	695.6c	10.9a
2010	LM	127	375	7.21A	654.0A	11.0AB
	MM	127	375	7.10A	635.8A	11.2AB
	HM	127	373	6.81AB	652.8A	10.4A
	MS	127	300	6.48B	576.7B	11.2B
	MG	127	450	6.99AB	738.3C	9.5C

注：滴水频率设高频（3d 1 次，H）、中频（7d 1 次，M）和低频（10d 1 次，L）3 个频次，滴水量均为 375mm；滴水量设少量（300mm，S）、中量（375mm，M）和过量（450mm，G）（刘梅先等，2011）

3. 膜下滴灌棉田亏缺灌溉技术

在作物非水分敏感期进行适度水分亏缺，将有限水分选择在对产量影响较大的生育时期灌溉，可以在产量和生物量等方面接近或超出一直充分供水的水平，达到高产与节水的双重目标。水分亏缺强度对作物生长补偿的阈值效应存在超补偿、近等量补偿、适当恢复及无恢复 4 种状态。当水分亏缺强度超出近等量补偿的阈值后，补偿作用很小甚至没有。

以石河子种植的新陆早 9 号为例，在苗期（100m³/hm²）和花铃后期（218m³/hm²）重度亏水、蕾期（210m³/hm²）轻度亏水、花铃前期（435m³/hm²）充分供水条件下，可促使膜下滴灌棉花根系深扎，协调地上与地下部分的关系，同时避免棉花贪青晚熟，调控光合产物的时空分布，有利于最终经济产量的增加，从而提高水分利用效率（申孝军等，2010）。对膜下滴灌棉花（新陆早 6 号）花铃期前期（开花后的前 10d）、中期（开花后 10～40d）、后期（开花 40d 以后）3 个时段水分亏缺（土壤 0～60cm 含水量临界值为 40%～50%田间相对持水量）的水分利用效率研究表明（表 5.7），花铃期中期水分亏缺对棉花水分利用效率影响最大，比对照下降 27%（马富裕和严以绥，2002）。选取对水分反应敏感性不同的新陆早 10 号和新陆早 13 号为材料开展的研究表明，棉花花铃期滴水下限为土壤 0～60cm 土层相对田间持水量在 70%～85%有利于实现棉花高产，田间持水量在 55%～70%，棉株能通过适应性调节，有利于提高水分利用效率（罗宏海等，2010）。

表 5.7 花铃期不同阶段水分亏缺处理对棉花产量及其构成因子的影响

处理	前期亏缺	中期亏缺	后期亏缺	CK
株数/（×10³ 株/hm²）	165	165	165	165
单株结铃/个	4.9	3.7	5.3	5.4
铃重/（g/个）	5.0	4.7	5.3	5.3
皮棉产量/（kg/hm²）	1617	1148	1854	1889
水分利用效率/（kg/m³）	0.34	0.24	0.39	0.33

注：资料来源于《棉花膜下滴灌技术理论与实践》（马富裕等，2002）

在水资源十分缺乏的地区，膜下滴灌棉花灌水可采取"亏两头、保中间"的水分供应策略。"亏两头"即尽量将干旱时段调整至棉花花铃期的两头（开花前或者开花后的前 10d 和开花 40d 以后），"保中间"是指尽量保证棉花开花后 10~40d 有充足的水分供应。利用花铃前期水分亏缺能降低株高的作用，加大种植密度，弥补水分亏缺对棉花单株生产力降低的损失。将水分亏缺推移至花铃后期，不仅对产量影响小，且能提高水分利用效率。合理搭配品种，调整局部地区棉花开花期，避免对水分需求过于集中，确保一定面积范围内棉花产量保持较高的稳定性。

4. 建立土壤墒情预报网络

农田灌溉水分利用效率是高效农业发展的核心，也是未来保持农业可持续发展的关键所在。因此，因地制宜，综合考虑不同地区、不同土壤因子、不同作物因子在内的可能影响作物水分利用的因素，通过建立土壤墒情监测与预报网络，进一步提高新疆滴灌棉田水分利用效率，是实现新疆棉花节水增产高效的关键。建设墒情自动监测系统与大数据分析平台，是未来膜下滴灌棉花生产走向信息化、自动化的必然趋势。

（六）棉花滴灌存在的问题及其改进对策

1. 滴灌系统规范化管理机制落实不到位

新疆干旱区推广滴灌技术已经有近 20 年的历史，对提高本地区棉花生产水平、稳定增加棉花单产和总产起到了十分重要的作用。但在目前棉花生产规模化程度低的制约下，一家一户的独立灌溉、施肥操作，导致不能对滴灌棉田按照规范化的轮灌制度实行灌溉，灌溉系统处于严重的压力不平衡状态，很容易造成滴灌带爆管等事故发生。为了避免爆管，便过多地开启支管出水阀门，使灌溉系统处于低压运行状态，系统的首末端存在着灌溉不均匀现象，严重地降低了灌溉效率。

对策：加强对农工（民）的专业培训，加快实行棉花生产合作化经营管理，扩大生产经营规模。根据棉花管理上的特殊性，实行"统一品种、统一施肥、统一灌溉、统一喷药、统一化调"的"五统一"管理模式。在"五统一"管理体系中，水肥的统一管理是"灵魂"，使灌溉管理执行秩序始终处于优化运行状态。

2. 滴灌水质过滤不能达到标准要求

随着滴灌面积的不断扩大，地表水将成为作物滴灌的主要水源。由于浮游生物、明渠输水过程中的二次污染等因素，水中杂质含量较高。当前使用沉淀加过滤处理技术，很难达到灌溉系统的水质标准，灌溉中部分或完全堵塞滴灌带滴水器，造成局部干旱，给棉农造成经济损失。

对策：针对不同的水源条件，设计具有较强水质过滤处理能力的沉淀过滤系统，同时，装备备用过滤系统，一旦过滤系统发生故障，可立刻启用备用系统，确保整个过滤系统不会因为故障维护而使整个灌溉停止作业。

3. 随意调整滴灌带的滴头流量

滴灌系统所使用的滴灌带，其滴头流量规格都是经过严格计算后确定的，设计规格条件，正常的灌溉秩序安排，有利于系统的安全高效运行与均匀灌溉。一旦滴灌带的滴头流量作较大幅度的调整，整个滴灌系统的轮灌秩序就会发生相应改变，且缺乏专业知识的农工（民）很难做出精确调整。在生产中，农工（民）喜欢选购滴头流量较大的滴灌带，认为"滴头流量越大，灌溉速度越快"，在"灌水过程中不会吃亏"。这种选用滴灌带滴头流量比设计流量更大的滴灌带的行为导致滴灌系统处于低压运行的状态，造成灌溉不均匀、灌溉效率下降。

对策：要求同一灌溉系统必须使用同一规格质量达标的滴灌带，不能随意调整其规格。在当前水质过滤处理能力有限的条件下，对滴灌棉花来说，1.8～2.1L/h 的滴头流量已经完全可以满足正常灌溉的需要。对于水质过滤处理能力较好的系统，如果使用过滤器过滤目数达到 120 目以上的自清洗网式过滤器或叠片式过滤器的系统，可以使用 1.0L/h 左右滴头流量的滴灌带，这样有利于降低系统建设与运行投入。

4. "花花田"种植现象严重

经常发现同一灌溉系统会种植两种或两种以上作物，俗称"花花田"。不同作物对水分的需求及其对应的灌溉时间不一致，无法在同一时段进行合理的灌溉。种植"花花田"给输配水管理带来困难，也给田间灌溉管理带来不便，极大地影响灌溉效率的发挥与水分生产率的提高。

对策：同一个灌溉系统尽可能实施统一化种植安排，种植同一个作物、同一个品种。

四、棉花膜下滴灌系统设计要点

棉花膜下滴灌系统在灌溉运行过程中，需要有足够的压力水分才能被均匀地分配到每个灌水器（滴头）上。不合理的设计或不合理的管理都会导致系统非正常运行，不能充分发挥灌溉系统应有的作用，降低水分利用效率，影响棉花生长，最终导致产量降低。

（一）滴灌系统的布置

1. 控制面积的确定

系统设计时应该首先进行水量平衡计算，以确定合理的控制面积。水源为机井时，应根据机井在枯水期（每年 7 月）的最小出流量以确定灌溉系统最大可能的控制面积。水源为河、塘、水渠时，应同时考虑水源水量和经济两方面的因素来确定最佳控制面积。目前渠水滴灌工程一个首部控制的灌溉面积一般为 50～120hm²。根据多年来的设计经验，较为经济高效的控制面积为 66.7hm²，最好不要超过 100hm²。

（1）在水源供水流量稳定且无调蓄能力时，可用下式确定滴灌控制的设计面积：

$$A = \frac{\eta Q t}{10 I_a} \tag{5-8}$$

式中，A 为可灌面积（hm²）；Q 为可供流量（m³/h）；I_a 为设计供水强度（mm/d）；t 为水源每日供水时数（h/d）；η 为灌溉水利用系数。

$$I_a = E_a - P_0 \tag{5-9}$$

式中，E_a 为设计耗水强度（mm/d）；P_0 为有效降雨量（mm/d）。

（2）在水源有调蓄能力且调蓄容积已定时，可按下式确定滴灌面积：

$$A = \frac{\eta KV}{10\sum_i I_i T_i} \quad (5\text{-}10)$$

式中，K 为塘坝复蓄系数，$K=1.0\sim1.4$；η 为蓄水利用系数，$\eta=0.6\sim0.7$；V 为蓄水工程容积（m³）；I_i 为灌溉季节各月的毛供水强度（mm/d）；T_i 为灌溉季节各月的供水天数（d）。

2. 总体布置

规划阶段工程布置主要是确定灌区具体位置、面积、范围及分区界限；确定水源位置，对沉淀池、泵站、首部等工程进行总体布局；合理布置主干管线。当前在新疆地区普遍使用的滴灌系统管道一般分为三级或四级，即干管、支管、毛管或主干管、分干管、支管、毛管。分干管布置在条田中央，支管垂直于种植方向，与分干管呈鱼骨式布置，毛管垂直于支管与棉花种植方向一致。干管埋入地下 80cm 以下。

3. 管网的布置

棉花膜下滴灌管网布置应遵循的原则如下。

（1）符合滴灌工程总体设计要求。井灌区的管网以单井控制灌溉面积作为一个完整系统。渠灌区应根据作物布局、地形条件、地块形状等分区布置，尽量将压力接近的地块分在同一个系统。

（2）出地管、给水栓位置。给水栓的位置应当考虑到耕作方便和灌水均匀。给水栓纵向的间距一般在 80～120m，横向间距一般取 150～300m（自动化控制条件下取 100～200m），在当前水质过滤质量较低、滴头流量较大（1.8～3.2L/h）的情况下，横向间距适当降低（如 100～120m）有利于提高灌溉均匀度。

管网系统其他方面的设计应该按照通常使用的规划设计标准执行，确保系统的稳定性与使用的高效性。

（二）系统设计参数的确定

1. 基本参数

（1）灌水利用效率及保证率。灌水利用效率不低于 90%；灌溉保证率不低于 85%。

（2）日工作时间。设计系统的日工作时间不低于 22h。

（3）滴头设计工作水头。应选取滴头的额定工作水头。灌水器的工作水头越高，灌水的均匀性越高，但系统的运行费用越大。灌水器的设计工作水头应根据地形和所选用的灌水器的水力性能决定。单翼迷宫式滴灌带的工作压力最好在 0.05～0.1MPa。

（4）湿润比。滴灌设计土壤湿润比（P）是指被湿润土体体积与计划土壤湿润层总土体体积的比值。湿润比的大小取决于作物、滴头流量、灌水量、滴头间距和毛管间距、土壤理化特性及地面坡度等因素。在工程规划设计时，湿润比常以地面以下 20～30cm 处的平均湿润面积与作物种植面积的百分比近似表示。

$$P = \frac{0.785 D_\omega^2}{S_e \times S_l} \times 100\% \quad (5\text{-}11)$$

式中，P 为地表以下 30cm 处湿润面积占作物种植面积的比（%）；D_ω 为土壤水分扩散直径或湿润带宽度（m）；S_l 为毛管间距（m）；S_e 为滴头间距（m）。

例如，在棉花 76cm 等行距种植情况下，若在某灌水量情况下，D_ω 值为 0.5m，S_l 为 0.76m，S_e 为 0.3m，则此时的湿润比 P 为 86%，接近棉花滴灌条件下对湿润比的设计要求，此时灌溉量是比较合理的。在实际生产中，部分生产者经常以较大的灌量进行滴灌，直到相邻两个滴灌带的湿润带在土壤表面处交接在一起，才认为灌溉充足。实质上，此时基本达到了充分灌溉的程度，可能已经造成了水分的深层渗漏。

2. 轮灌组的划分

轮灌组的数目应根据水源流量和各级管道的经济管径、输水能力和作物的需水要求确定，同时使水源的水量与计划灌溉的面积相协调，一般可由下式计算：

$$N \leqslant CT/t \tag{5-12}$$

式中，N 为轮灌组数目，以个表示；C 为系统一天的运行小时数，一般取 18～22h；T 为灌水时间间隔（周期）（d）；t 为一次灌水延续时间（h）。

实践证明，轮灌组过多，会造成运行管理不便和各农户用水矛盾。按上式计算的 N 值为最多轮灌组数。设计时应根据具体情况确定合理的轮灌组数目。划分轮灌组时，应使每个轮灌组的面积和流量尽量接近以使系统工作稳定、水泵高效率运行、减少能耗的状态。在实际操作过程中，为了减少阀门开关的田间操作次数，部分农户会成倍地超量开启阀门，使灌溉系统各节点压力失衡，导致棉田灌溉的均匀性大幅度下降。

（三）滴灌系统运行管理

1. 管网的运行管理

系统每次工作前要先冲洗管网系统，在运行过程中，要检查系统水质情况，视水质情况决定管网系统的冲洗频率和冲洗时间。要定期对管网进行巡视，检查管网运行情况，如有漏水要立即处理。灌水时每次开启一个轮灌组，当一个轮灌结束后，先开启下一个轮灌组，再关闭上一个轮灌组，严禁先关后开。系统运行时，必须严格控制压力表读数，应将系统控制在设计压力下运行，以保证系统能安全有效的运行。

首部枢纽的运行管理。水泵应严格按照操作手册的规定进行操作与维护。每次工作前要对过滤器进行清洗。在运行过程中若过滤器进出水口压力差超过正常压差的 25%～30%（网式自动反冲洗过滤器的进出口压差超过 0.03MPa 时），就应该启动清洗程序。施肥时，压差式施肥罐注入的固体颗粒肥料不得超过施肥罐容积的 2/3，每次施肥完毕后，要对过滤器进行冲洗。

过滤系统对灌溉系统来说，其重要性相当于肾对人体健康的重要性，不良的过滤器使用方法将导致不合质量的水进入灌溉系统，最终有可能引发灌水器堵塞，造成不可挽回的经济损失。因此，要严格按照设备规定的技术标准，对过滤器进行经常性维护，以确保过滤器始终处于良好的状态，对灌溉用水进行不间断过滤处理。

2. 滴灌系统堵塞原因

滴灌系统能够以十分精确的方式按照设计指标以一定频率直接将水分、养分输送到作物的根区，能够大幅度提高灌溉均匀度和水分利用效率、降低深层渗漏和地表径流损失，明显控制杂草、降低细菌真菌及其引发的病害和其他害虫的发生程度。但在实际应用过程中，灌水器（滴头）堵塞是导致田间生长不均匀的重要诱因之一，最终会影响作物产量。

引发灌水器堵塞的主要因素是较差的水质，包括物理、化学、生物等的单项因素或多项因素综合作用的结果（表 5.8，表 5.9）。

表 5.8 随水施肥过程中水质特性与危害程度的关系

问题类型		危害等级		
		低	中	高
物理	固体浮物/ppm	<50	50～100	>100
化学	pH	<7.0	7.0～8.0	>8.0
	含盐量/ppm	<500	500～2000	>2000
	碳酸盐含量/ppm	<100	100	>100
	锰盐含量/ppm	<0.1	0.1～1.5	>1.5
	总离子浓度/ppm	<0.2	0.2～1.5	>1.5
	硫化氢浓度/ppm	<0.2	0.2～2.0	>2.0
生物	每升水菌落单位	<697	697～3489	>3489

注：检测铁、锰离子时，取样后应立即放入 pH 为 3.5 的水溶液中

资料来源：Bucks and Nakayama，1979；

表 5.9 在常温环境下 pH 6～7 时主要阴离子、阳离子养分在水中的溶解度

项目	碳酸根离子（CO_3^{2-}）	氯离子（Cl^-）	氢氧根离子（OH^-）	硝酸根离子（NO_3^-）	氧离子（O^{2-}）	磷酸根离子（PO_4^{3-}）	硫酸根离子（SO_4^{2-}）
氨（NH_4^+）	I	S	S	S	—	S	S
钙（Ca^{2+}）	I	S	sS	S	sS	I	sS
铜（Ⅱ）（Cu^{2+}）	I	S	I	S	I	I	S
铁（Ⅱ）（Fe^{2+}）	I	S	I	S	I	I	S
铁（Ⅲ）（Fe^{3+}）	—	S	I	S	I	I	sS
镁（Mg^{2+}）	I	S	I	S	I	I	S
锰（Mn^{2+}）	I	S	I	S	I	I	S
钾（K^+）	S	S	S	S	S	S	S
锌（Zn^{2+}）	I	S	I	S	I	I	S

注：当两种元素混合时，标注"S"者表示混合物能完全溶于水；当标注为"sS"或"I"时，表示有沉淀生成，该沉淀物微溶于水或不溶于水，可导致滴灌带或灌水器的堵塞；"—"表示无数据

（1）水质。地表水中藻类及细菌是地表水中引发堵塞的主要物质来源。藻类细胞和有机物质残屑非常小，会穿过过滤网进入灌溉管网形成聚集物造成灌水器（滴头）的堵塞。藻类分解后的残屑在灌溉管网中长期积累，为泥沙中细菌的生长提供养分，会加剧细菌等生物的繁衍。地表水还含有大量的苔藓、鱼类、蛇、昆虫、植物种子和其他有机残屑，对这些物质必须进行适当的过滤处理，避免灌溉系统堵塞问题的发生。地下水通常含有的杂质种类较为单一，除了固体沙粒较易过滤外，溶解在水中的矿质元素是可能形成沉淀物从而发生堵塞的主要问题，但对大田作物使用的一次性滴灌带来说，沉淀造成灌水器堵塞的可能性很低。

（2）物理性堵塞。水中含有过多的固体悬浮物，如泥沙、黏土颗粒等，可引发灌水器堵塞。当灌溉水中固体悬浮物的含量超过 $50×10^{-6}$（50ppm）时，就有可能引发堵塞，含量超过 $100×10^{-6}$（100ppm）时，就可能引发严重堵塞。

（3）化学性物质。化学原因引发的堵塞主要由较高的 pH 及较高的阳离子与阴离子浓度引发。当水源的 pH 高于 5.3（Obreza et al.，2011）并且水中有较高的含氧量时，二价铁离子容易被氧化为三价铁离子。有研究表明，在 pH6.0 情况下，水中 50%二价铁离子被氧化为三价铁离子只需要 20min（Morgan and Lahov，2007）。这种转化不仅降低了铁离子的生物学吸收性，也容易引发灌水器的堵塞。用微量元素如 Ca、Mg 等含量较高的"硬水"灌溉，由于其易于形成碳酸盐、磷酸盐的沉淀物从而引发化学性堵塞。

（4）生物性堵塞。微灌系统为细菌生长提供了良好的环境，导致黏液积累，这种黏液可以将水中的砂粒黏合在一起形成大型聚合物堵塞滴头。一些细菌还可引起锰、硫、铁等化合物的沉淀，导致滴头堵塞。另外，藻类还可从水源移动到灌溉系统中，为大的聚合体的形成创造条件。使用铁、硫元素含量较高的水源时，较易引发堵塞问题。

当水中细菌群体数量超过每升水 687 菌落形成单位（colony-forming unit，CFU）时就可以引起生物堵塞，当每升水超过 3400CFU 时，将会引起严重堵塞问题。

（5）随水施肥引起堵塞。随水施肥就是通过施肥装置在灌溉进行中将植物所需要的养分随水输送到作物根区的过程。肥料的类型对滴头堵塞起主要作用，不同肥料对堵塞的影响具有明显的统计学差异（Bozkurt and Ozekici，2006）。随水施肥是一个灌溉与施肥的综合过程，堵塞发生的原因可以追溯到水分供应与肥料施用两个过程。因此，在新疆碱性土壤条件下，滴灌肥料最好为高浓度的酸性液体肥，且在进入管道系统之前进行良好的过滤处理。

3. 避免或减轻堵塞的措施与方法

（1）过滤。良好的水质是避免堵塞的关键。如果水中有不明显的杂质或藻类，在水分进入施肥系统之前，使用适宜的过滤器清除植物碎屑、泥沙颗粒及藻类以提高灌溉用水质量。

可供微灌使用的水质过滤设备类型很多。选择过滤方法需要考虑的重要因素是灌水器设计大小及水源质量。过滤器选择可根据灌水器厂家提供的参数确定，在缺少参数的情况下，过滤后允许水中含有颗粒直径大小应不大于灌水器流道直径的 1/10。

适宜于灌溉用水过滤的装备有网式过滤器、叠片式过滤器、介质（砂石）过滤器、离心过滤器等几种典型类型（表 5.10）。

（2）酸化灌溉水。当灌溉用水的 pH 在 7 以上，就应该进行酸化处理，除了降低堵塞的可能性外，还能提高肥效。"硬水"浓度可用每升毫克当量（mEq/L）来表示。如果水中的主要矿质元素为 Ca^{2+}、Mg^{2+}，为了较好地估测中和使用酸的数量，计算灌溉用水"硬度"毫克当量浓度（mEq/L）= Ca^{2+} 浓度（ppm）× 0.05+ Mg^{2+} 浓度（ppm）× 0.083。

可以使用中和灌溉用水的酸类物质主要有硫酸（H_2SO_4）、次氯酸（HClO）、磷酸（H_3PO_4）等。使用酸性肥料也可将水进行酸化处理。例如，脲硫酸氮素肥料可以起到提

表 5.10　几种典型过滤器关键参数的对比

序号	过滤器名称	应用条件	工作原理	设计水损/m
1	离心过滤器	用于含沙水流的初级过滤。可分离水中比重大于水的沙子和石子	清除重于水的固体颗粒	5
2	砂石过滤器	用于灌溉用的地表水源（水库、塘坝、沟渠、河湖及其他开放水源）的初级过滤	可分离水中的水藻、漂浮物、有机杂质	8
3	筛网过滤器	用于水质较好或当水质较差时与其他形式的过滤器组合使用，常作为末级过滤设备。滤芯常有组网、楔网、叠片等类型	水由进水口进入壳内，经过网芯表面，将大于网芯孔径的物质截留在表面，净水则通过网芯流入出水口	3
4	自清洗网式过滤器	是筛网过滤器的一种，在其允许的水质范围内可实现自动反冲洗		3
5	叠片式过滤器	水分过滤效果最好的处理技术。但杂质含量过高的水源处理能力受到限制	滤芯由一组双面带不同方向沟槽的塑料盘片相叠加构成。这些沟槽导致水的素流，最终促使水中的杂质被拦截在各个交叉点上	5

供酸、肥料和降低 pH 的作用。注意，脲硫酸氮肥与其他肥料不能混合施用，否则会导致沉淀物生成。由于柠檬酸和磷酸在水中会形成缓冲系统，在同等水质条件下，酸化同样的水量，柠檬酸或磷酸的用量会高于次氯酸或硫酸的用量。因此，从经济的角度看，使用脲硫酸氮肥、次氯酸更为有效。值得注意的是，在把磷酸注入灌溉系统过程中，可能会引发钙的沉淀，当其浓度超过 50ppm 时，就不能再注入磷酸了。结有钙或铁质水垢供多年使用的滴头等可用 0.5%～1.0% 的柠檬酸溶液浸泡 24～48h 以除去水垢。酸性溶液可对灌溉硬件系统造成损害，因此，在此类灌溉系统中应使用抗腐蚀的连接件或配件。

阻止水中藻类生长的有效办法是向水中注入一定剂量的液态或气态的氯，也可加入次氯酸钠（NaClO）溶液。氯在 5ppm 浓度条件下就可杀死水中的细菌。为了保证杀菌效果的持续有效性，应该保证在滴灌带末端持续保持 0.5～1.0ppm 的氯浓度较为适宜。

第四节　精准施肥技术

科学施肥就是要用尽可能低的肥料投入获得最大的产出，并能维持和提高土壤肥力，保护土壤资源不受破坏，同时不断提高农产品的产量和品质。为了获得棉花优质高产，新疆棉区科学施肥应遵循：有机肥与化肥相结合，大量元素与微量元素相结合，基肥与追肥相结合，以产定肥和因地施肥相结合的原则。在施肥技术上还应因地制宜地增氮、调磷、补钾，有针对性地施用微量元素肥料。

精准养分管理是提高肥料利用效率、增加作物产量、降低富营养化等环境风险的有效措施之一。精准养分管理主要包含两方面的内容，一是从时间的角度，合理肥料施用使养分供应和作物的养分需求规律相一致，做到肥料投入和作物需求相协调；二是从空间的角度，根据农田每个操作单元的养分丰缺状况，适量投入肥料，做到肥料变量投入和农田肥力高低相协调。作为"信息集约"的技术，可以提高作物产量、改善环境、减少劳动力、节约成本、增加单位农田的收益（Stafford，2000；Zhang et al.，2002；Jochinke et al.，2007；Robertson，2012）。

一、新疆棉花施肥存在的问题

近年来，随着新疆农业生产逐步向集约化、规模化、自动化方向发展，新疆现代农业发展步伐随之加快，科学施肥技术正在逐步完善，但现阶段新疆棉花生产中施肥还存在一些问题，具体表现在以下几方面。

（一）有机肥施用不足

调查显示南疆棉农较为重视有机肥的施用，相对来说北疆棉农较少施用有机肥（陈署晃等，2008）。有资料表明，新疆生产建设兵团主要耕地土壤有机质平均含量较第二次土壤普查降低了 0.73g/kg，降低幅度为 5.25%（吴志勇，2012）。有机肥中除含有氮、磷、钾和各种中微量元素外，还含有大量的有益微生物和有机胶体，具有培肥改土等作用，有利于提高化肥利用率。英国洛桑实验站百年以上的试验结果证实，长期单施化肥的土壤含氮量几乎保持不变（黄鸿翔等，2006）。在施用化肥的同时配施有机肥料，可以扩大土壤有机氮库，显著提高耕层土壤的持续供氮能力（白由路和杨俐苹，2006）。

（二）营养不平衡

营养不平衡是目前新疆棉花生产上的突出问题。施用氮、磷肥一直被作为提高棉花产量的关键措施而得到重视，却忽视了钾肥投入，造成营养元素失衡。调查结果表明，农户施用氮、磷、钾比例严重失调，棉花总体氮、磷、钾施肥比例（$N : P_2O_5 : K_2O$）为 $1 : (0.14 \sim 2.9) : (0 \sim 0.28)$，而新疆高产棉花氮、磷、钾的吸收比例（$N : P_2O_5 : K_2O$）平均为 $1 : 0.31 : 1.10$。随着棉花产量水平的提高，土壤钾素呈掠夺性吸收状态；而氮、磷肥的过量施用会造成土壤和地下水污染，对生态环境造成负面影响。与第二次土壤普查相比，新疆生产建设兵团主要耕地土壤速效钾降低 101mg/kg，降幅为 31.66%；土壤碱解氮提高 9.37mg/kg，增幅为 17.35%；土壤有效磷提高 13.78mg/kg，增幅为 172.25%（吴志勇，2012）。国内外学者研究表明，土壤缺钾是限制棉花产量和品质的重要原因，施用钾肥可以提高棉花产量（Pettigrew，2008）。

（三）土壤肥力下降

土壤基础肥力是棉花高产稳产的重要保证。不合理的施肥导致棉田养分不平衡，土壤板结、次生盐渍化等加重。土壤肥力下降，导致棉花产量和品质下降，农田生态平衡遭到破坏，从而使本来就脆弱的生态环境的承载能力日益下降，对棉花生产的可持续发展具有潜在危险。

（四）肥料利用率不高

膜下滴灌是当前新疆棉花生产中普遍采用的节水灌溉技术。在滴灌条件下，可以根据棉花的需肥特点，将肥料溶于灌溉水中，定时定量将肥料准确和均匀地滴施在棉花根系周围，使土壤保持适宜的水分和养分浓度，提高肥料利用效率。有研究表明，滴灌施肥，氮肥利用率可达 70%～80%、磷肥利用率达 50%、钾肥利用率达 80%。我国氮肥当季利用率为 30%～50%，磷肥利用率为 10%～25%，钾肥利用率约为 50%。而新疆膜下滴灌棉田氮肥当季利用率为 40%～60%，磷肥当季利用率为 18%～30%（赵玲等，2004；刘洪亮等，2004）。新疆膜下滴灌棉田肥料利用率不高的原因主要是对肥料利用率的相关技术研究不够，特别是对肥料流失的控制和棉花营养吸收障碍等问题没有从根本上得以解决。

二、滴灌水肥一体化主要技术

滴灌水肥一体化技术是将作物所需的肥料溶解于灌溉水中，通过管道系统及安装在末级管道上的灌水器，将肥水以小流量、均匀、准确地补充给作物根部附近土壤，使作物根系活动区的土壤经常保持适宜的水分和营养。滴灌施肥能有效方便地调节施用肥料的种类、比例、数量及时期，具有节水、省肥、便于自动化管理等优点，广泛应用到果树、花卉、蔬菜、设施栽培和大田作物上。早在 20 世纪 60 年代初，以色列就开始普及水肥一体化灌溉施肥技术，全国 $4.3 \times 10^5 hm^2$ 耕地中大约有 $2 \times 10^5 hm^2$ 应用了加压滴灌系统（杨晓宏和严程明，2014）。我国自 1974 年引进滴灌技术，经过几起几落，发展速度与规模都十分有限。1996 年，新疆生产建设兵团引进滴灌技术，与大面积推广的薄膜覆盖技术相结合形成膜下滴灌技术，展开试验示范，获得成功（马富裕等，2005）。新疆生产建设兵团采用滴灌施肥技术的面积迅速扩大，已由 2000 年的 1.6 万 hm^2 迅速增加到 2012 年的 66.7 万 hm^2 以上，增长了 40 倍以上，新疆全区滴灌施肥面积已突破 200 万 hm^2，占总耕地量的 50%（梁静，2015）。

滴灌水肥一体化技术是在应用滴灌技术的基础上，将滴灌专用肥（水溶性肥料）、滴灌施肥装置、测土配方施肥及水肥耦合等技术有机地结合在一起而形成的一项综合施肥技术。

（一）滴灌专用肥

滴灌专用肥是一种水溶性肥料。它是水肥一体化技术的载体，是实现水肥一体化和节水农业的关键。水溶性肥料是一种可以完全溶解于水的多元复合肥料，能够迅速溶解于水中，更容易被作物吸收利用。它不仅可以含有作物所需的氮、磷、钾等全部营养元素，还可以含有腐殖酸、氨基酸、海藻酸、植物生长调节剂等。水溶性肥料主要包括滴灌肥、冲施肥、叶面肥，滴灌肥与冲施肥相比，水不溶性杂质含量更低。国家新的肥料标准已将滴灌肥、叶面肥、冲施肥等都归入水溶肥体系，制订了统一标准。

水溶性肥料可按剂型、肥料组分、肥料作用功能进行分类。按剂型可分为固体型和液体型。固体型水溶性肥料包括粉剂和颗粒，液体型包括清液型和悬浮型。固体型水溶肥较液体型养分含量高，运输、储存方便。液体型水溶肥配方容易调整，施用方便，与农药混配性好。美国有液体肥料工厂近 3000 家，液体肥料占总肥料量的 38%。以色列液体肥料工厂，生产超过 400 个配方，满足全国各种作物不同生长阶段的需要。水溶性肥料按肥料作用可分为营养型和功能型。营养型水溶性肥料包括大量元素、中量元素和微量元素类，主要含有多种矿质营养元素，可以有针对性地补充作物各个生长阶段所需的营养物质，避免作物出现缺素症状。功能型水溶性肥料是营养元素和生物活性物质、农药等一些有益物质混配而成，满足作物的特需性，可以刺激作物生长，改良作物品质，防治病虫害等。功能型水溶性肥料由于工艺相对复杂，成本相对较高，在经济作物上使用较多。目前，我国腐殖酸类、氨基酸类水溶性肥料的研究生产应用已很广泛（刘鹏等，2013）。

2000 年，新疆生产建设兵团首先在膜下滴灌棉田使用滴灌专用肥料，随着滴灌面积的不断扩大和应用作物的增多，滴灌专用肥品种越来越多。按照肥料形态分为固体滴灌专用肥和液体滴灌专用肥。目前固体滴灌专用肥应用较为普遍。由于肥料厂家较多，各生产厂家肥料配方亦有不同，固体滴灌专用肥的氮、磷、钾总养分含量多在 40%～60%；液体滴灌专用肥含氮、磷、钾、微量元素，以及促根剂、促溶剂等成分，有效养分含量为 25%～30%。

质优价廉、适合大田应用的滴灌专用肥，是实施滴灌随水施肥的根本保证。根据新疆大田生产的要求，滴灌专用肥必须具有以下特点（关新元等，2002）：①新疆土壤多呈碱性，这就要求滴灌专用肥首先应为酸性肥料，其 pH 应小于 6.0，减少水及土壤中碱性物质对肥效的影响。②滴灌专用肥应具有与各种中性、酸性农药，植物生长调节剂混用等性质。③滴灌专用肥必须水溶性好（≥99.5%），含杂质及有害离子（如钙、镁等）少，各营养元素间无拮抗现象，防止滴头堵塞造成农田肥水不匀及肥效降低。④滴灌专用肥养分配比可根据作物营养诊断和测土结果进行灵活调整，并可根据需要添加中量、微量元素，为作物供给全价营养。

（二）滴灌施肥装置

滴灌施肥的效率取决于施肥装置的容量、用水稀释肥料的稀释度、稀释度的精确程度、装置的可移动性，以及设备的成本及其控制面积等。常见的将肥料加入滴灌系统的方法可分为两种。一种为肥料罐法，根据进出肥料罐两端水流压力差的不同，通过水流将肥料带入灌溉系统中。具有代表性的就是井水滴灌条件下使用的压差式施肥罐。压差式施肥罐是肥料罐（由金属制成，有保护涂层）与滴灌管道并联连接，使进水管口和出水管口之间产生压差，通过压力差将灌溉水从进水管压入肥料罐，再从出水管将经过稀释的营养液注入灌溉水中。另一种是采用肥料泵的方法，将肥料注入灌溉系统，这一方法可定量地控制加入肥料的数量。根据肥料泵工作原理的不同，可将该法进一步分为：借助水流产生的负压将肥料加入灌水系统的流量计法，以色列生产的 Netafim、美国生产的 Dama 泵；借助电能或水流等将肥料加入灌溉系统的肥料泵法，代表性的有以色列生产的 TMB、Amiad 及法国生产的 Dosatron 泵。前一类泵价格相对便宜，但有水头的损失，且加入肥料的速率相对较低；后一类泵克服了前一种泵的缺点，但成本相对较高。

1. 压差式施肥装置

该施肥装置制作工艺简单，生产成本较低，操作简易，固体或液体肥料均适宜，是新疆膜下滴灌棉田应用最为普遍的一种施肥装置。施用的肥料必须在施肥罐中充分溶解后再随水滴施。随水施肥时应先滴清水 0.5～1.0h，然后滴入充分溶解的肥料，并在停水前 0.5～1.0h 停止施肥，以减少土壤对肥料的固定。但是，压差式施肥装置不易控制加入肥料的浓度，无法对肥料从加入量上和时间上实现精量控制，施肥过程中人为因素较多，并且常会导致肥料的浪费与滴灌设备的损耗。

2. 气泵式施肥装置

该施肥装置是通过调节外接气泵的压力将密封施肥罐中的肥料溶液压入灌溉水中，从而实现均匀施肥的一种滴灌施肥方式。该滴灌施肥装置由于其气泵质量问题和粗糙的操作环境，很容易使装置在工作中出现故障，导致整套装置的整体寿命下降，从而增加了农业生产中在施肥环节上的成本，所以未被广泛推广。

3. 吸入式滴灌施肥装置

该装置仅限于在河水滴灌条件下使用，制作工艺简单，生产成本较低。虽然这套设备可以通过人工搅拌使肥料施入的均匀程度大大提高，并且可以提供水泵抽水时的衔接水，但是在施肥过程中肥料中的杂质也给滴灌首部过滤设备造成了一定程度的影响，增加了滴灌设备过滤环节的成本。

目前使用压差式肥料罐进行肥料混合施用，存在灌溉施肥的养分分布不均匀问题；提高滴灌施肥效率，探寻滴灌施肥新方法已成为人们关注的问题。在国外一些农业现代化程度较高、滴灌施肥技术非常成熟的国家，肥料注入灌溉系统的装置已由最初的简易设备，发展到由计算机控制的可随时监测和调整肥料加入种类、数量的自动化系统。随着新疆棉花滴灌水肥一体化技术的不断发展，滴灌施肥装置也将通过自动化与智能化来逐步实现"均匀施肥"、"少量多次施肥"、"变量控制施肥"和"精量化施肥"，有效地减少当前滴灌施肥中人为操作的粗糙性、差异性和随意性，进一步发挥节水滴灌技术在节约农业资源、提高作物产量上的优势（陈剑等，2010）。

（三）测土配方施肥技术

棉花膜下滴灌施肥应遵循测土配方施肥的原则，实现棉田养分动态平衡，最大限度地满足棉花全生育期对养分的需求。同时，充分发挥水肥一体化的优势，以水促肥，以肥调水，提高水肥利用效率和作物增产潜力。自新疆在棉花生产中率先大面积推广应用滴灌技术以来，针对不同气候、土壤条件下的棉花滴灌施肥技术开展了大量的研究和实践，包括适宜的肥料种类、比例、浓度、施用时期及频率、水肥耦合、滴灌施肥与传统施肥技术结合等。

棉花测土配方施肥是根据棉花生育特性、需肥规律、土壤养分状况及棉花产量目标，确定适宜的施肥种类、时间和用量。由于棉花测土配方施肥具有很强的针对性，不同气候、土壤、品种及田间管理措施下，棉花膜下滴灌施肥技术方案差异较大。此处仅以农业部 2015 年春季发布的西北棉区科学施肥技术指导意见作为参考（中华人民共和国农业部种植业管理司等，2015）。

1. 施肥原则

（1）依据土壤肥力状况和肥效反应，适当调整氮肥用量、增加生育中期施用比例，合理施用磷、钾肥。

（2）充分利用有机肥资源，增施有机肥，重视棉秆还田。

（3）施肥与高产优质栽培技术相结合，尤其要重视水肥一体化调控。

2. 施肥建议

（1）膜下滴灌棉田。皮棉在 $1800\sim2250kg/hm^2$ 的条件下，施用棉籽饼 $750\sim1127.5kg/hm^2$，氮肥（N）$300\sim330kg/hm^2$，磷肥（P_2O_5）$120\sim150kg/hm^2$，钾肥（K_2O）$75\sim90kg/hm^2$；皮棉在 $2250\sim2700kg/hm^2$ 的条件下，施用棉籽饼 $1125\sim1500kg/hm^2$，氮

肥（N）330～360kg/hm²，磷肥（P₂O₅）150～180kg/hm²，钾肥（K₂O）90～120kg/hm²。对于缺乏硼、锌的棉田，补施水溶性好的硼肥15～30kg/hm²，硫酸锌22.5～30kg/hm²。硼肥适宜叶面喷施，锌肥可以作基肥施用。

氮肥基肥占总量25%左右，追肥占75%左右（现蕾期15%，开花期20%，花铃期30%，棉铃膨大期10%），磷肥、钾肥基肥占50%左右，其他作为追肥。全生育期追肥次数8次左右，前期氮多磷少，中后期磷多氮少，结合滴灌系统实行灌溉施肥。提倡选用全水溶性肥料作追肥，选用磷酸一铵等作追肥需配合1.5倍以上尿素追肥。

（2）常规灌溉（淹灌或沟灌）棉田。皮棉在1350～1650kg/hm²的条件下，施用棉籽饼750kg或优质有机肥15～22.5t/hm²，氮肥（N）270～300kg/hm²，磷肥（P₂O₅）105～120kg/hm²，钾肥（K₂O）30～45kg/hm²；皮棉在1650～1950kg/hm²的条件下，施用棉籽饼1125～1500kg/hm²或优质有机肥22.5～30t/hm²，氮肥（N）300～345kg/hm²，磷肥（P₂O₅）120～150kg/hm²，钾肥（K₂O）45～90kg/hm²。对于缺乏硼、锌的棉田，注意补施硼、锌肥。

地面灌棉田45%～50%的氮肥用作基施，50%～55%作追肥施用。30%的氮肥用在初花期，20%～25%的氮肥用在盛花期。50%～60%的磷、钾肥用作基施，40%～50%用作追肥。

（四）水肥一体化技术应用

水肥一体化技术在我国又称为微灌施肥技术，是借助压力系统（或地形自然落差）将微灌和施肥结合，利用微灌系统中的水为载体，在灌溉的同时进行施肥，实现水肥一体化利用和管理，并根据不同作物的需肥特点、土壤环境和养分含量状况，作物不同生育期需水、需肥规律情况进行需求设计，使水和肥料在土壤中以优化的组合状态供应给作物吸收利用。

1. 水肥一体化技术的优点

（1）节水。传统的灌溉一般采取畦灌和大水漫灌，水量常在运输途中或非根系区内浪费。而水肥一体化技术使水肥相融合，通过可控管道滴状浸润作物根系，减少水分的下渗和蒸发，提高水分利用率，通常可节水30%～40%。

（2）提高肥料利用率。水肥一体化技术采取定时、定量、定向的施肥方式，在减少肥料挥发、流失及土壤对养分的固定时，实现了集中施肥和平衡施肥，在同等条件下，一般可节约肥料30%～50%。

（3）改善土壤微环境。水肥一体化技术使土壤容重降低，孔隙度增加，增强土壤微生物的活性，减少养分淋失，从而降低了土壤次生盐渍化发生和地下水资源污染，耕地综合生产能力大大提高。

2. 水肥一体化应用对棉花生长和产量的影响

（1）对土壤含水量的影响。研究发现，水肥一体化技术的应用可以提高不同土层的土壤含水量。滴灌棉田灌水前的土壤含水量，各土层差异显著（$P<0.05$）。上层0～40cm土壤含水量较大，一般为0～20cm土壤含水量最大，随着土层深度的增加含水量明显下

降，尤其是 60～100cm 土壤含水量很低。进入灌水期后各土层含水量有所增加，随着土层深度的增加含水量有下降的趋势，但下降幅度不大，表层 0～20cm 含水量较低，明显低于下层土壤含水量，这主要是由于滴灌水分主要受重力势的影响向下移动，而进入灌水期后，气温较高使地表蒸发加剧。

（2）对棉花干物质量的影响。对棉花 6 个生育期干物质量进行方差分析，灌水量之间差异极显著（$F=18.57^{**}$），而施氮量之间的差异不大（$F<1$），说明灌水量对棉花干物质的积累影响很大，而施氮量影响不大，在棉花生长过程中灌水的作用要明显大于施氮处理。随生育期延长，棉花干物质量增加，在蕾期（播种后 81d）以前各处理差异并不大，以后 W2、W3 各处理生长速度明显加快，而 W1 的生长速度要平缓一些，而这种趋势一直保持到吐絮收获，吐絮期（播种后 163d）W2、W3 的单株平均干物质量分别为 132.91g 和 127.48g，显著高于 W1 的 106.86g（$P<0.05$）（W1、W2、W3 为不同灌水处理）。其中，W1=3500m^3/hm^2、W2=6500m^3/hm^2、W3=8000m^3/hm^2）。比较施氮量 N1、N2、N3 的平均干物质量分别为 117.8g、122.59g 和 126.87g，差异不显著（$P>0.05$）（N1、N2、N3 为不同施氮处理）。其中，N1=0kg/hm^2、N2=300kg/hm^2、N3=450kg/hm^2）。

（3）对棉花养分吸收的影响。研究发现，水肥一起施用过程中，灌水量对棉花养分的吸收影响显著（$P<0.05$），而施氮量对棉花养分的吸收影响表现不同。随灌水量的增加，植株养分含量相应增加，中灌水量处理和高灌水量处理的养分（氮、磷、钾）含量明显高于低灌水量，表明低灌水量对养分吸收限制极为明显，低灌水量植株养分含量甚至低于不施氮处理，而中水、高水处理养分相差并不大，说明过多的水分供应并不能促进棉花吸收更多的养分。

（4）对棉花产量的影响。水肥一体化技术在一定程度上提高了棉花产量。其中，灌水量、施氮量之间存在极显著差异，并且两因素有显著的交互作用。随灌水量增加，籽棉产量有增加的趋势，一般表现为中水处理>高水处理>低水处理，施氮量处理间也有相似的变化规律。

三、精准施肥技术应用

（一）精准施肥技术体系

把微机推荐施肥系统和地理信息系统与专用肥生产结合起来，把专家的经验数据化、模拟化、定量化，综合运用现代科学技术和科技成果，变被动为主动，形成一套较完整的精准施肥技术，是现阶段比较科学的、行之有效的施肥方法。总体结构框图见图 5.10。

（二）精准施肥关键技术及工作流程

膜下滴灌棉田精准施肥关键技术包括：棉田肥力信息精准管理技术、精准施肥决策技术、滴灌施肥精准控制技术等。

1. 棉田肥力信息精准管理技术

（1）基于 GIS 的土壤肥力综合评价技术流程。以 1∶10 000 条田分布图为基础，以

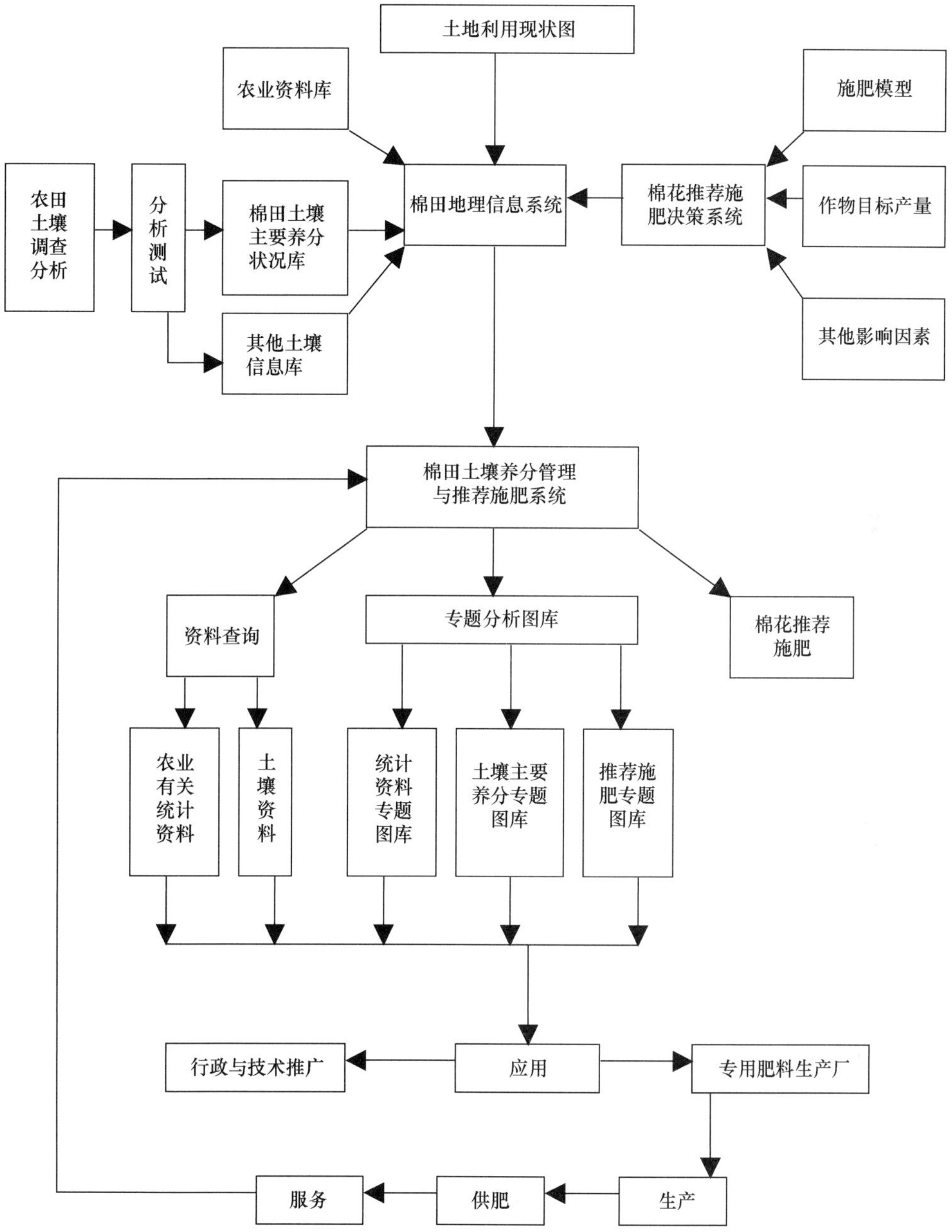

图 5.10 棉花精准施肥技术体系总体结构框图

条田为评价单位,建立土壤养分数据库,再以《全国耕地地力调查与质量评价技术规程》、《农业部测土配方施肥技术规范》作为评价依据。采用德尔菲法与层次分析法相结合的方法确定各评价指标权重,并按定量数据和定性数据的不同结合德尔菲法与隶属函数法确定相应的隶属度。最后通过加权求和法确定耕地的综合地指数,为耕地分等定级。进而制成综合肥力等级分布专题图,结合施肥推荐系统构成基于GIS 的土壤肥力信息管理与施肥推荐决策支持系统,其评价系统的建立流程如图 5.11所示。

```
                    ┌──────────────────────────────────┐
                    │      条田土壤肥力资料采集、收集、查询      │
                    └──────────────────────────────────┘
          ┌────────────────┬────────────────────┬────────────────────┐
          ▼                ▼                    ▼
  ┌──────────────┐  ┌──────────────┐    ┌──────────────────┐
  │  GIS 图件预处理  │  │  GIS 土壤养分监测分析 │    │  社会、经济统计及调查资料  │
  └──────────────┘  └──────────────┘    └──────────────────┘
      ┌──────┬──────────┐                         │
      ▼               ▼                          │
  ┌──────────┐  ┌──────────────┐                 │
  │ GIS 地形图 │  │  GIS 基础专题图  │                 │
  └──────────┘  └──────────────┘                 │
      ▼               ▼                          ▼
  ┌──────────┐  ┌──────────┐           ┌──────────────┐
  │ 地形图整编  │  │  图斑编码  │◀─────────▶│   属性值编码    │
  └──────────┘  └──────────┘           └──────────────┘
          │         ▼                          ▼
      ┌──────────────┐              ┌──────────────┐
      │   空间数据库    │◀────────────▶│   属性数据库    │
      └──────────────┘              └──────────────┘
     ┌───────────┬──────────────┬───────────────┐
     ▼           ▼              ▼
  ┌────────┐  ┌────────┐   ┌──────────────────┐
  │ 空间分析 │  │ 系统管理 │   │  评价模型及模型库建立  │
  └────────┘  └────────┘   └──────────────────┘
     ▼           ▼              ▼
┌──────────────┐ ┌──────────────┐ ┌──────────────────┐
│ 信息查询与土壤肥力 │ │ 土壤肥力综合评 │ │ 动态变化、趋势预测   │
│ 状况、施肥方案   │ │ 价报表输出    │ │ 及相关专题图生成     │
└──────────────┘ └──────────────┘ └──────────────────┘
          └───────────┬───────────┘
                      ▼
          ┌──────────────────────────┐
          │   生产布局决策和确定施肥方案    │
          └──────────────────────────┘
```

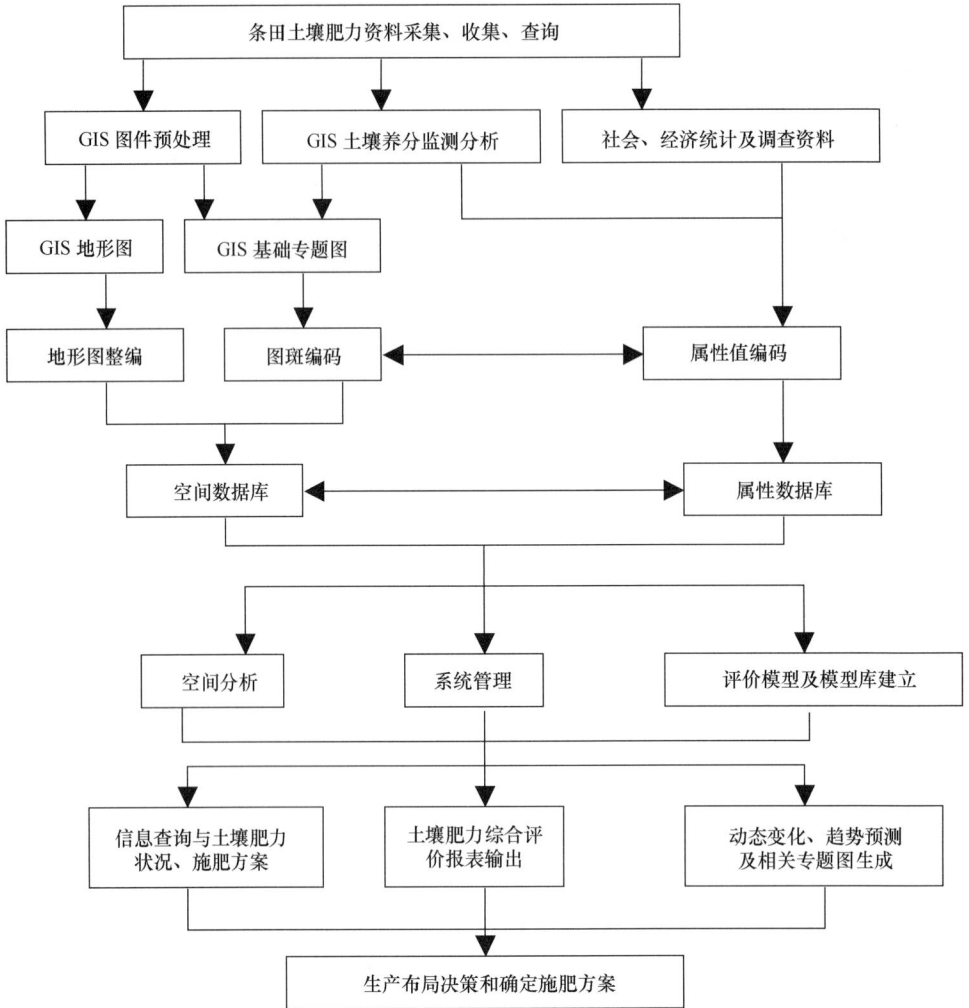

图 5.11　基于 GIS 的土壤肥力综合评价技术流程图（吕新等，2002）

（2）土壤养分（分布）图与推荐施肥分区图编制。土壤养分分布图是将同一地区中不同土壤养分含量进行分级，并将不同土壤养分含量分级指标用不同种颜色加入标注，代表该养分含量的等级，从而直观地体现土壤各养分丰缺程度的一种图形表达。

根据不同土壤类型养分含量的高低，结合近几年田间肥料试验结果得出的施肥模型和最佳施肥量及配比，确定出不同片区的施肥方案，在土壤养分图的基础上，使用 GIS 软件绘制出推荐施肥分区图，供推荐施肥参考应用。土壤养分图与推荐施肥分区图编制流程如图 5.12 所示。

2. 精准施肥决策技术

（1）基于 GIS 的施肥智能决策系统。决策分析系统是精确施肥的核心，直接影响精确施肥的技术实践成果。决策分析系统包括地理信息系统（GIS）和模型专家系统两部分。GIS 用于描述农田空间属性的差异性；作物生长模型和作物营养专家系统用于描述作物的生长过程及养分需求。只有 GIS 和模型专家系统紧密结合，才能制定出切实可行的决策方案（图 5.13）。

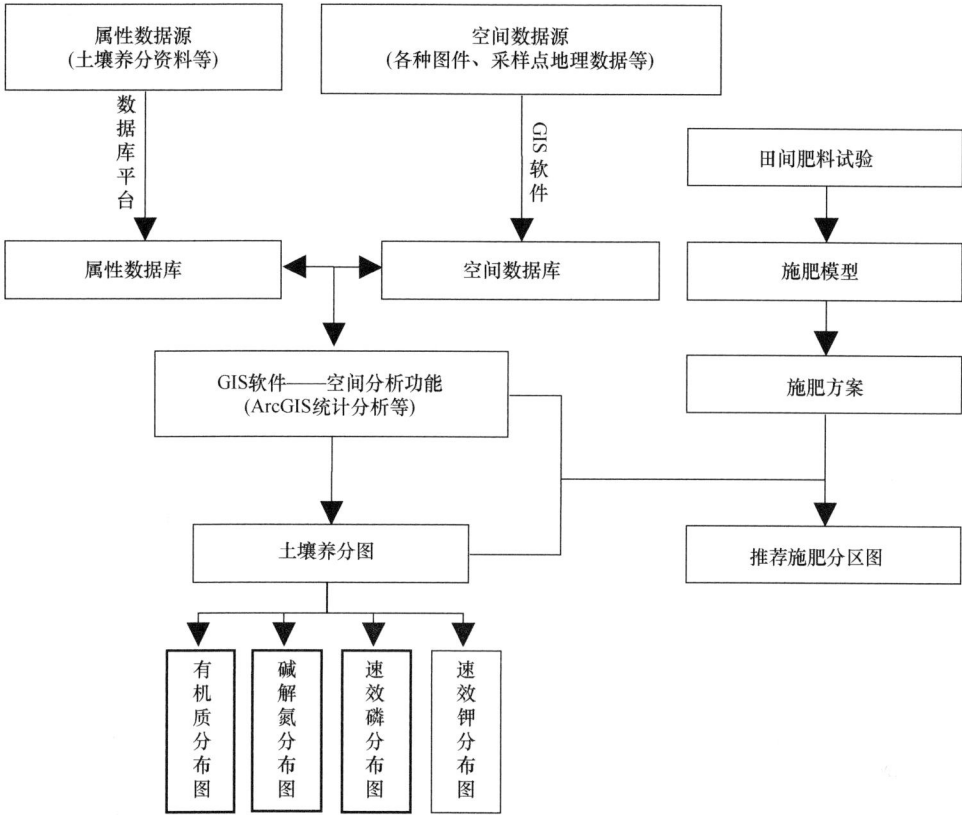

图 5.12　土壤养分图与推荐施肥分区图编制流程示意图（张泽等，2010）

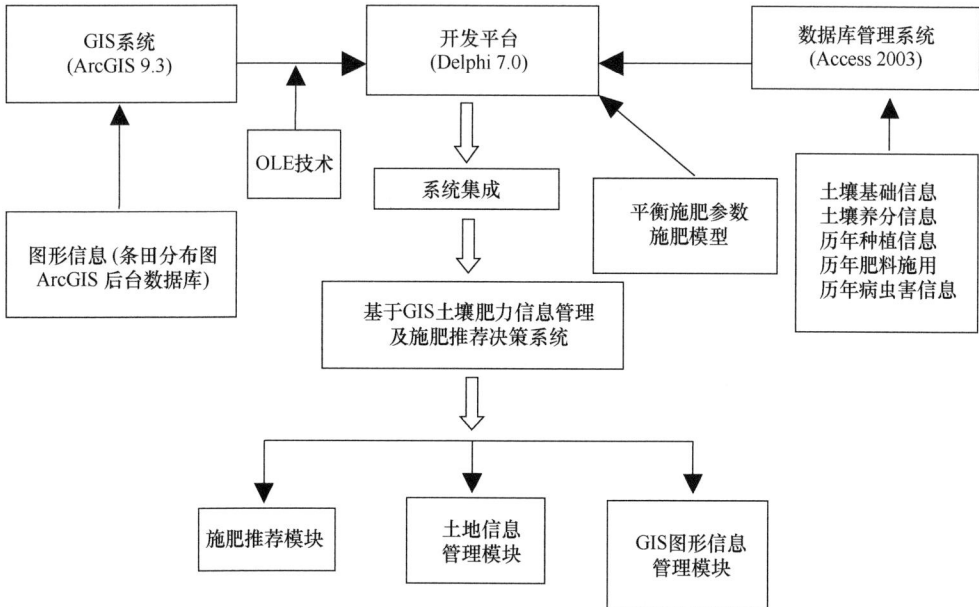

图 5.13　基于 GIS 的施肥智能决策系统流程图（王海江和吕新，2008）

（2）基于 Internet 网络与 WebGIS 的棉田土壤肥力信息管理及施肥决策系统。系统基于中间件和数据库技术，构建棉田土壤肥力信息和网络信息管理服务应用系统，加强标准和技术平台建设，实现农业信息网络系统、网站和土壤肥力信息资源集成；集成基于 Web 的数据库管理、农田土壤肥力信息管理、在线施肥咨询与决策多项功能。

系统采用浏览器/服务器（Browser/Server）网络计算模型。浏览器/服务器模型对客户端进行了简化，在客户端只需要装上操作系统、网络协议及浏览器，而在服务器端则集中了所有的应用逻辑，开发、维护等几乎所有的工作也都集中在服务器上。通过应用 Web 技术，用户就可以以 Web 浏览器的方式访问数据资源，为用户提供了方便，使得界面同一操作简便。与其他网络计算模型相比，浏览器/服务器模型具有较强的对异构系统及异构数据库的支持能力及其系统扩展能力的优势。采用客户浏览器、WWW 服务器、数据库服务器三层体系，数据库服务器采用 SQL server 2000 通过 JDBC-ODBC 桥访问，建立基于中间件的土壤肥力的信息管理服务系统网络。

（3）膜下滴灌棉田水肥耦合效应及水肥管理辅助决策支持系统。系统从信息管理、施肥决策、灌溉决策、水肥一体化管理 4 个主要功能模块着手进行设计，对平衡施肥、滴灌灌溉制度、水肥一体化管理技术进行深入分析研究，确立了如下的水肥管理辅助决策体系，见图 5.14。

3. 滴灌施肥精准控制技术

根据膜下滴灌棉田水肥管理的要求，在建立施肥模型和施肥方案的基础上，研发适用于大田棉花膜下滴灌的比例混合变量施肥装置，该装置可通过计算机程序控制（CPC）、单板机时序控制（PLC）和遥控控制（RC）等 3 种方法，实现变量控制施肥，控制部分可在 24V 的电压下工作，施肥器通过水流驱动无需动力，实现提高肥料利用率 10%以上。技术原理如下。

（1）本施肥系统为比例混合变量控制施肥装置，包括变量控制部分和施肥部分，其中控制部分又分为施肥决策和遥感控制部分。

（2）通过棉花生长资料、土壤养分资料及肥料养分资料等的数据，以肥料效应函数法和养分平衡法为基础，利用计算机编程，构建施肥模型，制定棉花施肥决策方案，然后再通过 3 种控制方式，即可编程控制器、计算机控制和遥控控制，对变量施肥装置进行控制，进行变量施肥。其控制过程见图 5.15。

（3）本施肥系统适合于大田棉花膜下滴灌系统灌溉施肥应用，可控制面积 1.3～66.7hm^2，既可在滴灌系统首部也可在单个轮灌区内使用，控制器和电磁阀的工作电压仅需 24V。系统可利用有线或无线控制系统对电磁阀进行时间控制，并能与计算机滴灌自动化控制系统相配套，实现有线、无线或一体化的水肥统一调控。

（4）比例混合施肥装置不需外接动力，仅靠水流力量即可实现施肥工作，施肥泵实行旁路连接，对滴灌系统的运行压力较小，可实现节能降耗，极大地降低滴灌系统的运行成本。

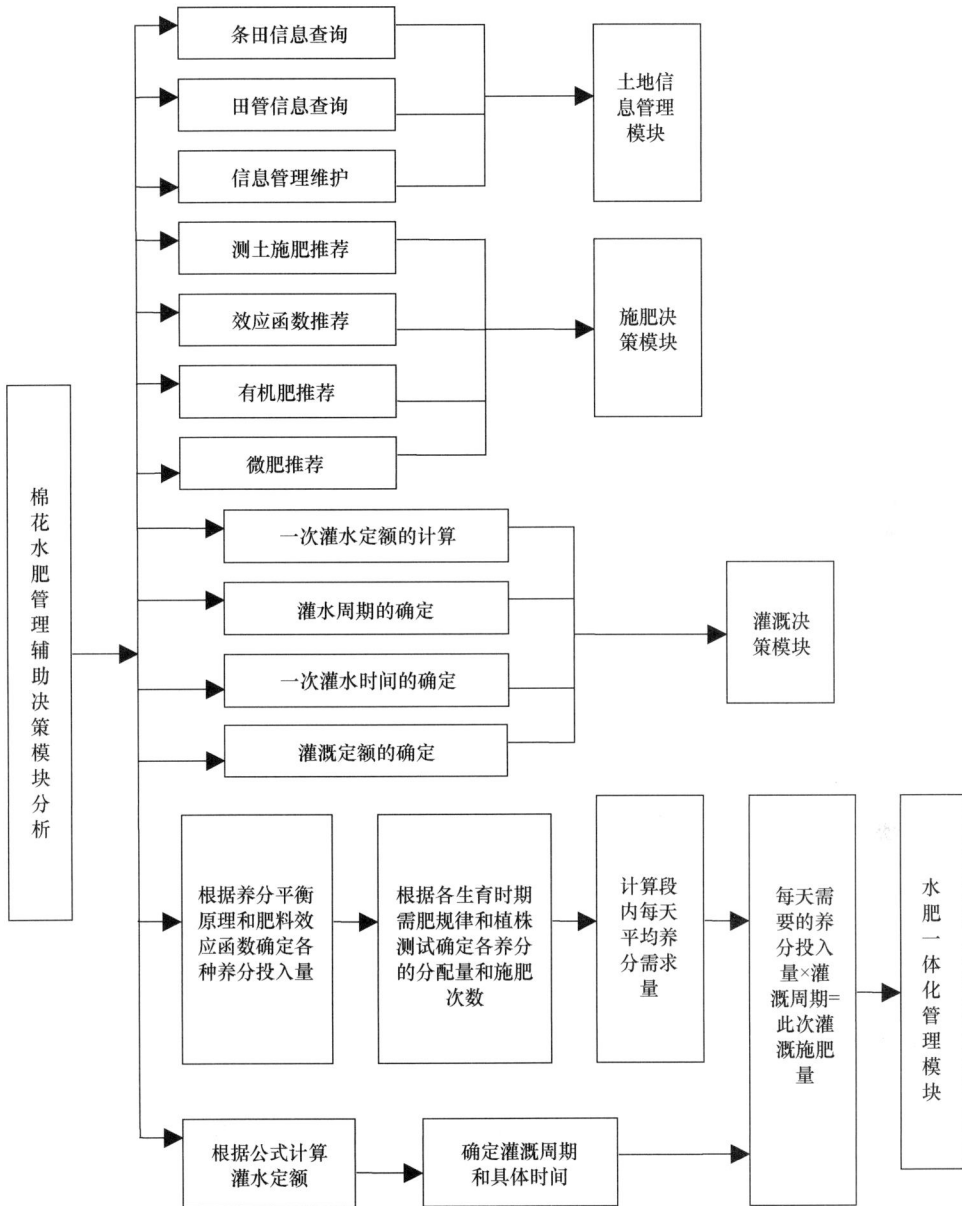

图 5.14 膜下滴灌棉田水肥耦合效应及水肥管理辅助决策支持系统（林光勇和吕新，2008）

（三）精准施肥技术应用实例（以第五师 81 团为例）

新疆生产建设兵团第五师 81 团地处博尔塔拉蒙古自治州境内，位于准噶尔盆地西缘，地理坐标：东经 82°38′30″~82°24′49″，北纬 44°42′17″~44°48′52″，现有土地面积 18.8 万亩，可垦面积 12 万亩，耕地 9.8 万亩，地势西北高东南低，坡降 2.5‰~4.5‰，团境内属大陆性中温带干旱气候区，日照充足，热量条件较好，蒸发量大，降水量小，无霜期 160~180d，宜于灌溉农业生产。气候适宜棉花生长，棉质洁白、绒长有弹性，该区植棉水平较高，连续多次创北疆地区棉花大面积高产纪录。按照《全国第二次土壤普查技术规程》方法进行样品采集、分析测试和基础数据调查。

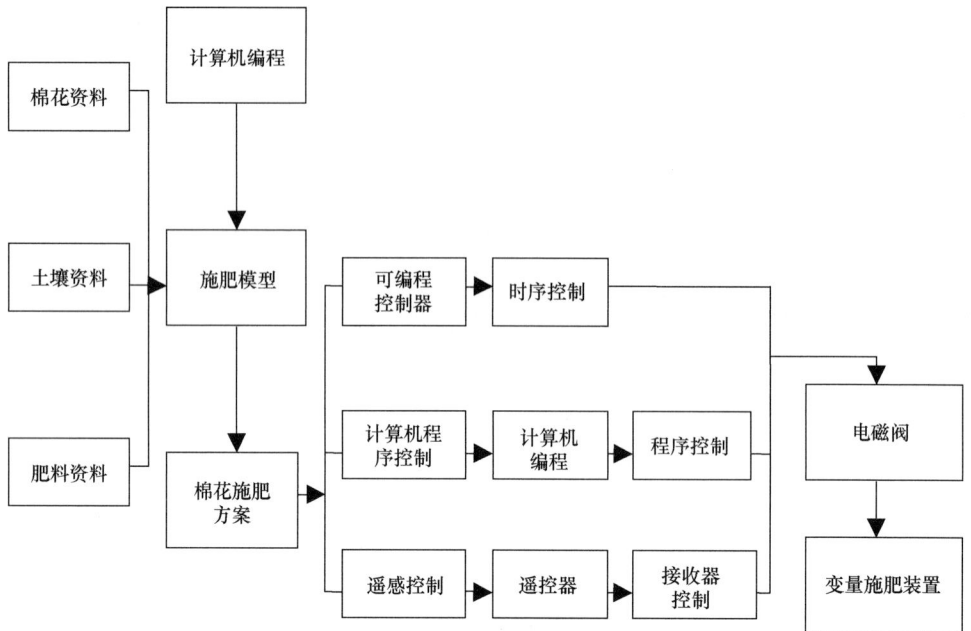

图 5.15 变量施肥系统的工作及控制过程

1. 样品采集与测定

样品采集以秋季采样为主，夏季采样为辅。在室内布点的基础上，实地选择有代表性的一个地块，用 GPS 定位仪定位，采集 15 个点混合，四分法留取 1kg，并根据调查表内容进行分析。土壤样品分析测定有机质、碱解氮、速效磷、速效钾、有效锌、有效铁、有效锰、有效铜、全盐量、pH 等。

在整个项目区基础数据资料的基础上进一步调查了耕地面积、土地利用现状、退耕还林情况、测土数据、历年气候状况、土壤质地及项目区产量等内容。观测记录播种期、出苗期、基本苗数、现蕾期、开花期、吐絮期，按生育期定株测定棉花株高、叶片数、蕾数、花数、果枝数、铃数。

为了使分析结果更符合客观实际，必须剔除明显歪曲试验结果的测定数据。对获得的数据特异值进行剔除，应用的是三倍标准差法，根据正态分布密度函数，设测定值为 X_i，可表示为 $X_i+3S \geqslant \mu \geqslant X_i-3S$。若 X_i 在 $X_i \pm 3S$ 范围内，此数据可用；若在 $X_i \pm 3S$ 范围外，此数据不可用，须舍弃（亦称莱特准则）。该判断的置信度在 99.7% 以上。

2. 基础数据库建设

（1）属性数据库。以条田号编号为关键字段，将收集整理的第二次土壤普查历史数据和近年来各种土壤监测、肥效试验等数据，以及测土配方施肥野外调查、农户调查、土壤样品测试和田间试验示范数据，输入 Access 数据库，并采用二次录入相互对照的方法，以保证数据录入准确无误，完成了耕地资源属性数据库的设计和建立。

（2）空间数据库。①图件资料的收集整理。图件资料指印刷的各类地图、专题图、卫星照片，以及数字化矢量图和栅格图。所有图件比例尺为 1：50 000。此次耕地地力评价项目收集的图件资料为土地利用现状图、行政区划图等图件。②图件数字化。收集整理土壤图、土地利用现状图、行政区划图等图件（比例尺均为 1∶50 000），将需要数字化的纸质地图扫描成影像图层，先将栅格图像进行坐标配准，然后以条田为单位利用 GIS 软件（ArcGIS 9.3）和采用屏幕数字化技术，将影像图层转化为 GIS 数据图层，输入 GIS 条田相应的信息完成空间属性数据库的建立。

3. 基于 GIS 的耕地地力评价

（1）评价单元的确定。以 81 团数字化的土地利用现状图和行政区划图叠加得到图斑为评价单元，评价单元数为 729 个。通过以上两种图叠加形成的评价单元，行政隶属和空间界限关系明确，面积准确，土种类型、土地利用方式较一致，评价结果可以用于农业布局规划等农业决策，又可为测土配方施肥和精准农业奠定基础。

（2）评价指标的确定。参考农业部"全国耕地地力调查与质量评价"指标体系，结合 81 团耕地资源特点，根据可获取性、差异性、重要性、稳定性、定性和定量指标相结合的原则，建立耕地地力评价指标体系，共 5 个准则层，16 个指标层（图 5.16）。

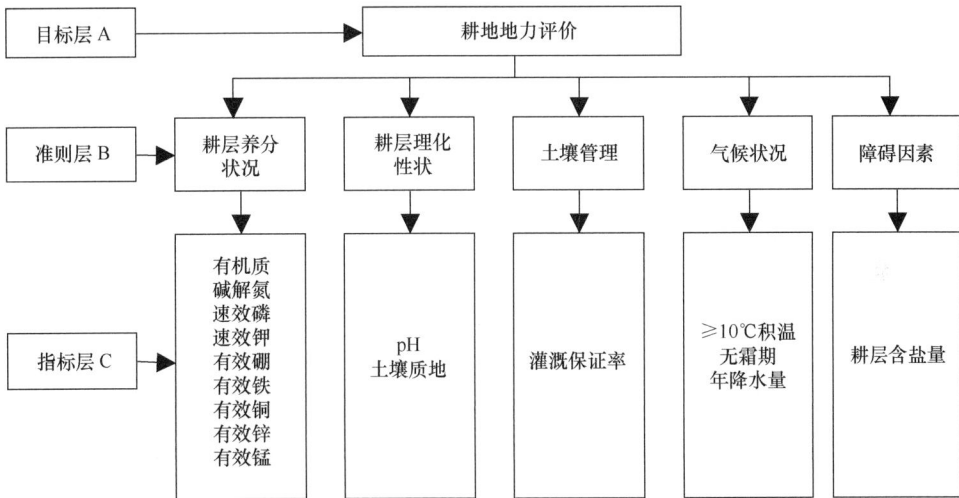

图 5.16　耕地地力评价指标体系

4. 确定耕地地力等级

（1）确定指标权重。采用层次分析法与德尔菲法得到各指标的权重。根据第五师耕地土壤的实际情况，听取有关专家和有实践经验的技术人员的意见，分别比较了各因素的相对重要性，利用模糊评判法确定各因素的权重，指标层 C 中每个指标的权重参数乘以准则层 B 对耕地地力的权重系数为组合权重（表 5.11）。

（2）确定单因素评价指标值的隶属度。建立各种评价指标的隶属度函数，计算其隶属度值，以此表示各肥力指标的状态值。各因子隶属度取值见表 5.12～表 5.15。

（3）耕地地力等级划分。根据《全国耕地类型区、耕地地力等级划分》（NY/T 309—1996），选用等间距法，应用累加模型计算耕地生产性能综合指数（IFI），将 81 团耕地地力分为 6 个等级，同时应用地理信息系统 ArcGIS 9.3 软件生成了耕地地力等级图，成果更为直观、更便于管理和应用（图 5.17）。

表 5.11 第五师耕地地力评价因子及权重（张泽等，2012）

评价指标	土壤养分 (0.3819)	土壤理化 (0.1732)	土壤管理 (0.1681)	气候条件 (0.1432)	障碍因素 (0.1336)	组合权重
有机质	0.1495					0.0571
碱解氮	0.2124					0.0811
速效磷	0.0984					0.0376
速效钾	0.1057					0.0404
有效铜	0.0783					0.0299
有效铁	0.0915					0.0349
有效锌	0.0932					0.0356
有效锰	0.0817					0.0312
有效硼	0.0893					0.0341
pH		0.4132				0.0716
土壤质地		0.5868				0.1016
灌溉保证率			1			0.1681
积温				0.4241		0.0607
无霜期				0.3754		0.0538
年降水量				0.2005		0.0287
土壤含盐量					1	0.1336

注：括号中数据表示准则层权重系数

表 5.12 S 型隶属度函数曲线转折点的取值（张泽等，2012）

转折点	有机质 /%	碱解氮/ (mg/kg)	速效磷/ (mg/kg)	速效钾/ (mg/kg)	含盐量/ %	有效铜/ (mg/kg)	有效铁/ (mg/kg)	有效锌/ (mg/kg)	有效锰/ (mg/kg)
X_1	0.5	30	5	50	0.3	0.5	2.5	0.5	1
X_2	2.5	150	25	200	2	5	5	5	30

表 5.13 积温隶属度取值（张泽等，2012）

积温	≤2000℃	2000～2200℃	2200～2400℃	>2400℃
隶属度	0.21	0.45	0.65	0.85

表 5.14 灌溉保证率隶属度取值（张泽等，2012）

充分满足	基本满足	一般满足	不能满足
1	0.8	0.7	0.4

表 5.15 土壤质地隶属度取值（张泽等，2012）

土壤质地	壤土	黏土	砂壤土	沙土
隶属度	0.9	0.7	0.5	0.3

5. 配方施肥专家咨询系统应用

系统根据获取的地块信息和肥料参数、肥料价格等作物需肥规律来确定棉花施肥量，向棉花技术人员提供合理的施肥方案。软件包括棉花施肥推荐、土地信息管理和 GIS 管理方式 3 个模块。系统功能结构见图 5.18。

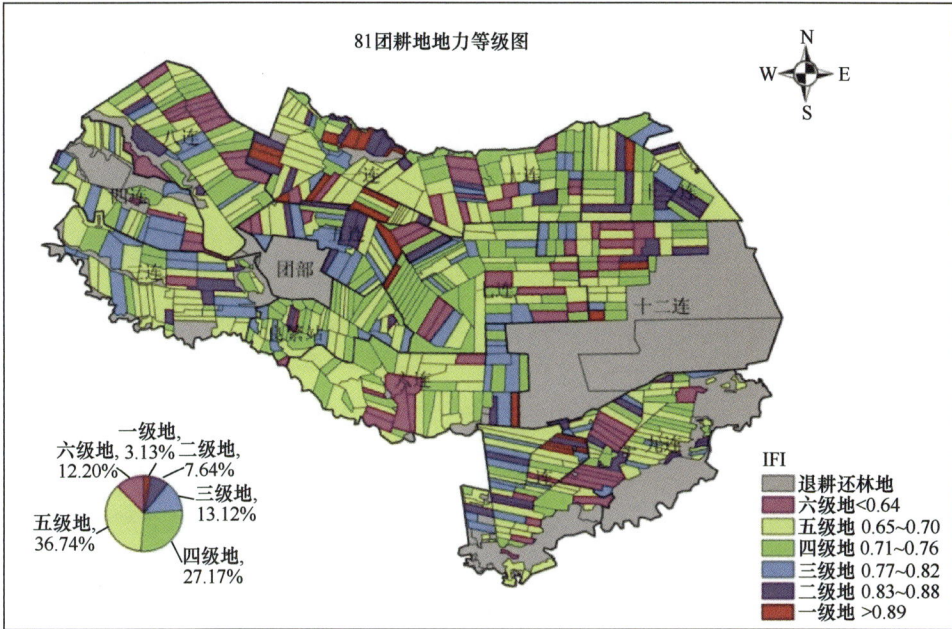

图 5.17　耕地地力等级图（张泽等，2012）

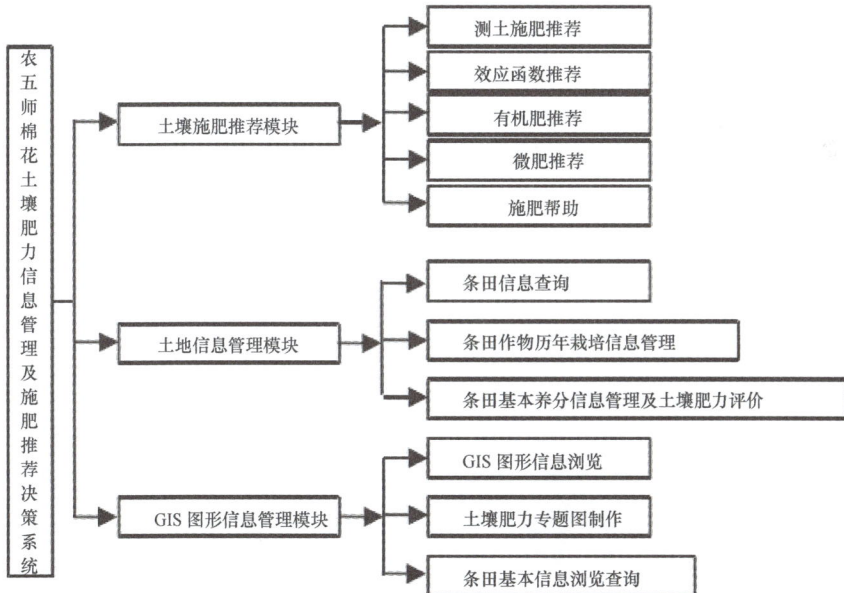

图 5.18　配方施肥专家系统功能结构图（王海江等，2010）

（1）土壤施肥推荐模块。该模块包括测土施肥推荐、效应函数推荐、有机肥推荐、微肥推荐向导，用户可以根据向导提示，依据当地实际情况进行土壤养分数据的输入、条田施肥量填写、肥料种类选择及配方施肥卡的打印等操作，作物施肥推荐结果见图 5.19。

（2）土地信息管理模块。该模块具有进行条田基本养分的浏览、查询、插入、删除、修改等功能。用户可以查询历年种植作物品种、产量、病虫害发生情况、肥料使用量，从总体上对条田产量与土壤肥力、施肥量及其自然条件之间的互作关系和趋势进行了解，也是作为施肥决策的基础。实现结果见图 5.20。

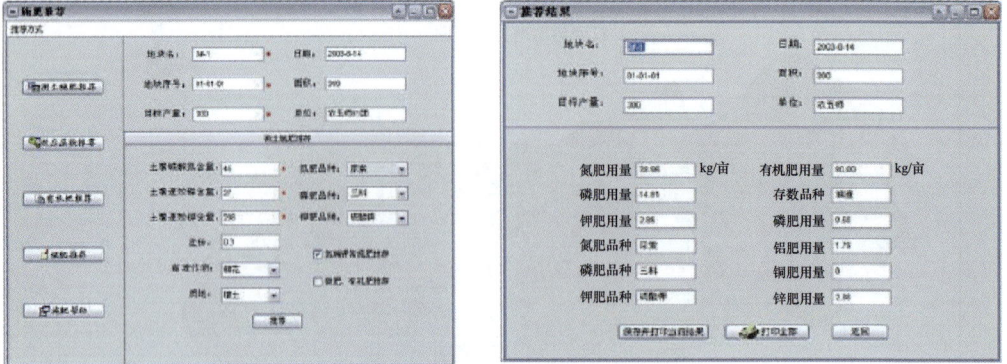

图 5.19　土壤施肥推荐模块结构图（吕新等，2002）

图 5.20　系统土地信息管理模块示意图（吕新等，2002）

（3）GIS 图形信息管理模块。该模块包括条田属性的地理信息浏览查询、土壤养分专题图浏览，针对地图具有恢复、放大、缩小、漫游的功能，用户可以点击任意条田浏览条田土壤养分状况、作物产量、推荐施肥量等信息，同时可根据实际需要对土壤各养分含量做出专题图。实现结果见图 5.21。

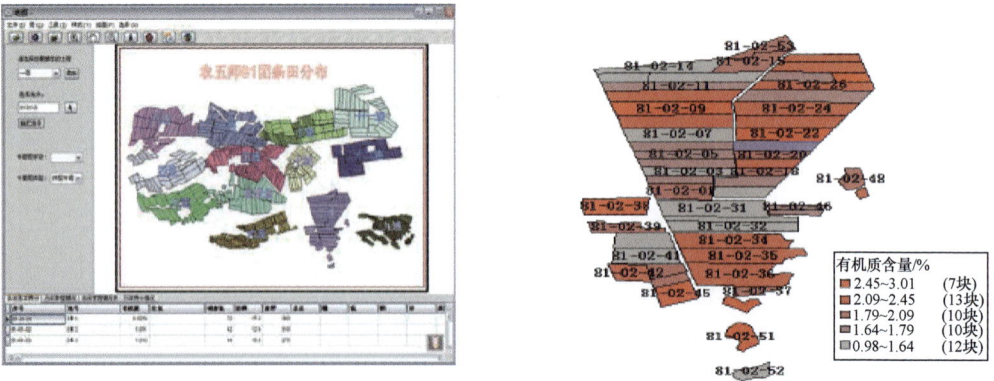

图 5.21　GIS 图形信息管理及有机质专题图（吕新等，2002）

6. 基于 GIS 的棉田养分分区管理施肥技术应用

（1）土壤养分数据获取。以秋季采样为主。土壤样品采集采用 GPS 定位技术，进行不规则取样,样点定在有代表性的条田的中心附近,以每个采样点的采样中心为圆心、4.5m 为半径取 0~20cm 耕作层土壤样品 10 个,充分混合,用四分法留取 1kg 土样。土壤采样点位图如图 5.22 所示,所有采集的样品带回,在实验室弃去杂物后自然风干,磨碎后分别过 20 目和 100 目筛。

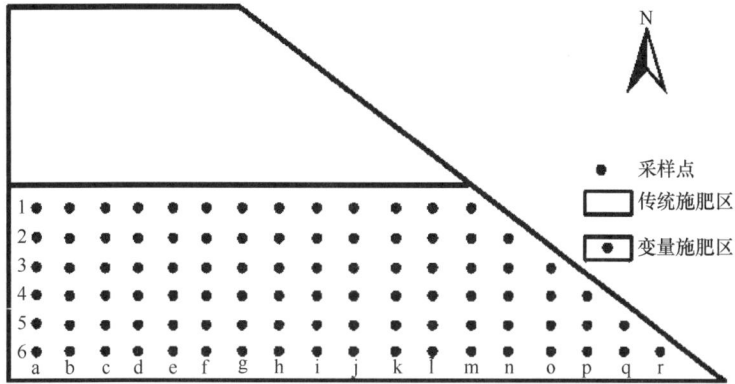

图 5.22　81 团土壤采样点位图(吕宁,2010)

根据上述取样原则,在 81 团 1 连 7 井 1 号条田,采样面积 10hm²,研究区划分为传统施肥区和变量施肥区,传统施肥区按当季常规氮肥施用量(75kg/hm²)进行基肥施用,变量施肥区依据推荐施肥量进行基肥施用。

(2)管理分区方法。通过对研究区氮素数据与其他土壤属性数据进行相关分析,筛选出与氮素相关性较强的数据指标作为氮素养分分区的评价指标,采用模糊 c-均值聚类法(FCM)进行管理分区。主要考虑了以下 3 种情况:①以土壤养分(有机质、碱解氮、速效磷、总盐)结合遥感光谱指数为数据源(NDVI、RVI),应用 FCM 划分管理分区。②以土壤养分数据为数据源(有机质、碱解氮、速效磷、总盐),应用 FCM 划分管理分区。③以遥感数据(NDVI)为数据源划分管理分区。模糊 c-均值聚类法在 Matlab 7.0 中实现,适宜分区数的确定采用 McBratney 和 Moore 提出的 c-φ 多次组合最优取值法,即对于一个相对于 φ 的派生函数 $-[(\delta J/\delta\varphi)\,c\times0.5]$($J$ 为数据个数,c 为类别数,φ 为模糊加权指数),使其峰值最小的 c 值为最优选择,在选定 c 值的前提下,峰值最大处的模糊加权指数 φ 值为最优选择。分区统计分析由 SPSS 17.0 完成,分区结果可视化表达在 ArcGIS 中实现。据此,将 81 团耕地区划分为 3 个养分管理分区。土壤属性数据集经模糊 c-均值聚类算法生成的聚类中心(表 5.16),在各分区的隶属关系相对比较明晰。根据最大隶属度取每个样本数据最大隶属度所在分区作为各样本分类依据,经插值得到精确管理分区图(图 5.23),更直观可视化表达分区效果。

表 5.16　研究区土壤养分模糊类别中心(吕宁,2010)

类别	有机质	碱解氮	速效磷	总盐
分区 C1	−0.118 66	−0.175 36	−0.228 45	−0.661 44
分区 C2	−0.370 17	−0.437 06	−0.403 19	0.667 092
分区 C3	0.585 989	0.800 411	0.789 681	−0.059 42

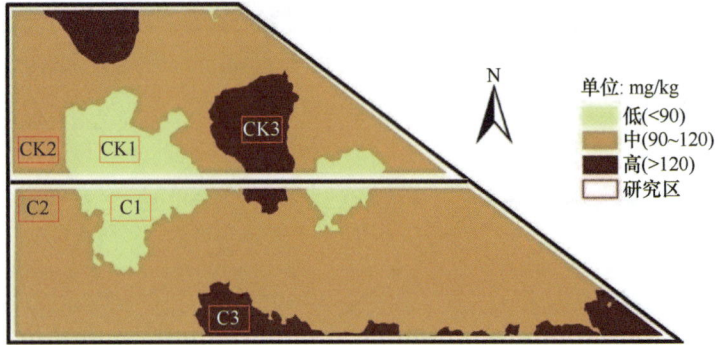

图 5.23　基于 GIS 的棉田养分精确管理分区图（吕宁，2010）

（3）施肥处方的生成。土壤的最佳供氮量指标可以为滴灌棉田氮肥施用总量和基肥施用量的确定提供一定的参考。采用此方法操作时，只需先测定滴灌棉田播前的土壤碱解氮含量，氮肥的施用总量为土壤碱解氮含量与土壤最佳供氮量的差值，再按照适当的基肥施用比例，就可以确定基肥的施用量。

通过拟合低、中、高氮区的土壤最佳供氮量与籽棉产量的关系发现，0～20cm 土层的土壤碱解氮可以代表最好的土壤供氮水平，因此，选择滴灌棉田播前 0～20cm 不同土壤碱解氮测定值，进而确定氮肥施用总量和基肥推荐施用量（表 5.17）。

表 5.17　基于 0～20cm 土壤碱解氮的滴灌棉田氮肥总量及基肥推荐用量

序号	氮素分区	土壤碱解氮测试含量/（kg/hm²）	土壤最佳供氮量/（kg/hm²）	氮肥施用总量/（kg/hm²）	基肥推荐施用量/（kg/hm²）		
					20%	30%	40%
1	低氮区	0	374.9	374.9	74.98	112.47	149.96
		25	374.9	349.9	69.98	104.97	139.96
		50	374.9	324.9	64.98	97.47	129.96
		75	374.9	299.9	59.98	89.97	119.96
		100	374.9	274.9	54.98	82.47	109.96
		125	374.9	249.9	49.98	74.97	99.96
		150	374.9	224.9	44.98	67.47	89.96
2	中氮区	175	417.0	242.0	48.40	72.60	96.80
		200	417.0	217.0	43.40	65.10	86.80
		225	417.0	192.0	38.40	57.60	76.80
		250	417.0	167.0	33.40	50.10	66.80
		275	417.0	142.0	28.40	42.60	56.80
		300	417.0	117.0	23.40	35.10	46.80
		325	417.0	92.0	18.40	27.60	36.80
3	高氮区	350	477.6	127.6	25.52	38.28	51.04
		375	477.6	102.6	20.52	30.78	41.04
		400	477.6	77.6	15.52	23.28	31.04
		425	477.6	52.6	10.52	15.78	21.04
		450	477.6	27.6	5.52	8.28	11.04
		475	477.6	2.6	0.52	0.78	1.04
		500	477.6	—	—	—	—

注："—"表示无测定值

将施肥推荐量导入 ArcGIS 10.1 属性数据库，采用上文中建立的最优空间插值方法（Krigmg 插值），对未测数据点的施肥推荐量进行插值绘图，获得氮素推荐量在滴灌棉田间的空间变化图，插值后的空间变化图即形成变量施肥处方图，见图 5.24。

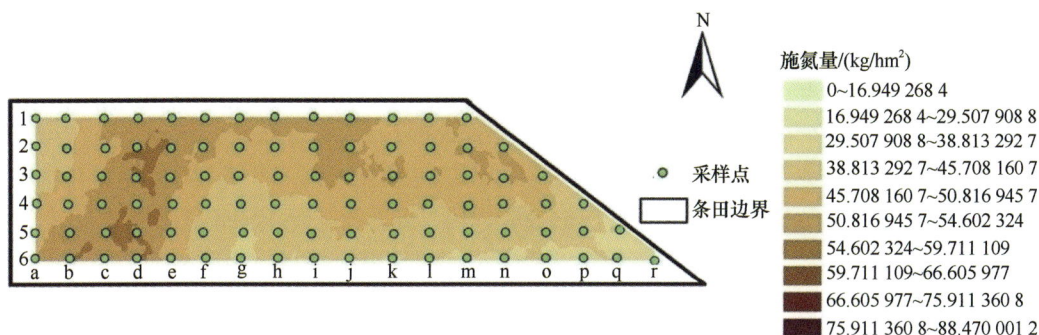

图 5.24　分区施肥处方图（张泽，2015）

（4）精准施肥效果。

施肥量对比。本次采用精准推荐施肥进行施肥指导作业，投施肥料为尿素，基肥推荐量平均为 46.86kg/hm²，通过变量施肥机进行，实际施肥量为 48.49kg/hm²，相对于传统均匀施肥作业 75kg/hm²，每公顷地约减少氮肥投入 35.35%，极大地节约了肥料的投入量而降低生产成本，同时也减少了化肥的施用，在保护耕地质量方面产生了积极效应，由此可知，变量施肥具有较好的经济和生态效益。

（5）棉花产量对比。从产量构成因素上看，变量施肥与传统施肥在每公顷棉花株数相同的前提下，变量施肥管理模式下的各个分区中的单株结铃数和单铃重均比常规大田管理施肥高，单株铃数最大提高幅度为 14.1%，单铃重最大提高幅度为 16.1%。变量施肥各区较传统施肥各区的产量差异性显著，其中高肥力区产量增幅最小。由表 5.18 可知，变量施肥的 C1 区、C2 区和 C3 区的籽棉产量均高于传统施肥的 CK1 区、CK2 区和 CK3 区，且差异均达到显著水平，其中，C1 比 CK1、C2 比 CK2、C3 比 CK3 分别增产 16.80%、17.30% 和 14.71%。由此说明，施肥分区管理施入氮肥可显著提高单株铃数、单铃重和籽棉产量。

表 5.18　分区管理与常规管理对棉花产量及产量构成因素的影响

处理	株数/（×10⁴ 株/hm²）	单株铃数/个	单铃重/（g/铃）	产量/（kg/hm²）	增幅/%
C1	23.2	3.41a	6.34a	5015.70a	16.80
CK1	23.2	3.39a	5.46b	4294.18b	
C2	23.2	4.12a	5.91a	5649.01a	17.30
CK2	23.2	3.61b	5.75a	4815.74b	
C3	23.2	3.67a	6.01a	5117.15a	14.71
CK3	23.2	3.35b	5.74a	4461.13b	

注：不同小写字母表示差异达 5%显著水平

（四）精准施肥应注意的几个问题

1. GPS 定位要准确

GPS 定位的准确与否，影响点位在地图上的精确度。运用 GPS 时，首先要对采样技术员进行细致的培训，采样定位时，要校正仪器，新购置的 GPS 最好设置成"北京54"格式，便于数据录入，GPS 只定位 S 型中间点位置，不是各点平均。

2. 基础调查要细致

基础数据调查是保证测土配方施肥数据正确和评价耕地地力的重要依据。采样前要做好"测土配方施肥采样地块基本情况调查表"和"农户施肥情况调查表"的准备工作，详细了解各类表格的填写要求，确保填写内容准确、规范。采样时由采样人手工填写完备，为数据库建设提供第一手资料。

3. 选点要有代表性

土壤采样点的选择是关系到整个测土配方施肥工作能否顺利进行的基础，如选点不准，没有代表性，即使化验精度高，对指导测土配方施肥的作用也不大，更无法进行耕地地力评价。因此，采样前首先要根据当地土壤类型、肥力和产量水平等因素确定采样单元，并标注到土地利用现状图上，每个采样单元 $6.7\sim10.0hm^2$，采样时要根据图上的位置到实地查找，通过当地群众的情况介绍，在采样单元的相对中心位置，选择能够代表本采样单元肥力和产量水平的 $0.1\sim1.0hm^2$ 的一个地块作为采样点。

4. 样品采集要标准

样品采集是土壤测试的一个重要环节，是如实反映土壤养分状况的先决条件，如样品采集不标准，土壤养分缺乏真实性，将会影响耕地地力评价的准确性。在采样时要掌握好以下几点：一是要有足够的分样点，一般每个采样点要有 15～20 个分样点，分样点越少，代表性就越差。二是分样点要在整个地块中均匀分布，分样点越集中，采样点的代表性就越小。三是不要在田埂、沟渠边、林带内、粪堆旁取土。四是采样深度要一致，根据取土钻的刻度严格掌握，不要忽深忽浅。五是取样的上、下层比例要相同，切忌贪图省力用铁锹采取，必须用特制的不锈钢取土钻，并保证取土钻垂直入土。六是不得使用其他金属取土器取土或用金属物品剔土，以免影响微量元素测定的准确性。

5. 土样处理要严格

规范处理土样是保证土壤养分准确度的重要措施，也是确保耕地地力评价数据准确的重要因素。处理土样应注意以下几点：一是土样要及时捏碎风干，以防霉变造成养分变化。二是土样不得日晒，必须自然风干，以防养分损失。三是土样风干过程中防止酸、碱及灰尘的污染。四是要全部拣出土壤以外的植物根系、砖瓦、石块等所有物品，以防杂物对养分的影响。五是土样要全部磨碎过筛，不能将不易磨碎的筛子上面的土样扔掉，要逐次磨碎逐次过筛，直至所有土样全部过筛。六是过筛后的土样要充分混匀。一般初过筛的土壤结构差且养分含量较低，后过筛的土壤结构好且养分含量也较高。

6. 样品化验要精确

样品化验对测土配方施肥和耕地地力评价影响最大，化验结果不准确，直接影响施肥配方及今后的耕地地力评价。样品化验过程中首先要对仪器、药品进行严格的检查维修和校验，对药品标签不清楚和过期的药品要及时进行清理。在化验过程中，要严格按照土壤分析技术规范操作，确保化验结果准确无误。

7. 试验实施要规范

测土配方施肥的参数全部来源于田间试验，田间试验的精度直接影响到配方参数的高低，直接影响耕地地力的评价。因此，田间试验要严格操作技术规程，确保各项参数准确。一是要选择土壤类型、肥力水平、作物长势一致、地势平坦的地块作为试验田，以减少试验误差。二是试验户主要有一定的文化水平，能够按照试验方案要求操作。三是试验田要有良好的水浇条件和排水条件，做到旱能浇涝能排，保证试验不受外界环境条件的干扰。四是试验田四周要设置保护行，各小区之间要加埂拍实，并在埂上覆膜，严防小区之间串灌，以免影响试验结果。五是试验各小区内除施肥品种、数量不同外，其他浇水、防病、治虫等管理措施要完全一致。六是在考种过程中要多点采样，最大限度地降低人为因素的误差。七是对试验各小区要采取单收单打，掌握实际产量，保证试验结果的准确性。八是试验报告要严格按照 3414 试验分析软件的结果进行细致分析，最终形成完整的试验报告，确保基础资料的正确。

8. 数据库建立要完备

测土配方施肥数据库的建立与耕地地力评价密切相关。一定要充分保证数据录入的质量和全面，以保证耕地地力评价所需的必要资料。只有测土配方施肥数据库全面、完整，做出的耕地地力评价才能符合当地的实际。

第五节　棉花化学调控技术

一、化学调控技术特征与功能

棉花化学调控技术是新疆棉花"矮、密、早、膜"优质高产栽培的关键技术之一。该技术是应用植物生长调节剂，通过影响棉株内源激素系统，改变植株体内激素的平衡关系，实现对棉株生长发育的调控。

（一）化学调控技术主要特征

棉花化学调控方向可有促有控，生长素、催熟剂和脱叶剂主要表现促进作用，植物生长延缓剂主要是控制作用；化学调控剂用量小，作用发挥快，强度适中，效果好；化学调控剂可在全生育期通过叶片等器官表面吸收，调节棉株体内的激素水平及其相互间的平衡关系，进而影响棉花生长速度、发育进程及器官的发生与脱落；调控元素包括使用时期、种类和剂量，可根据棉花生长发育状况调整，使用种类决定着调控方向（促或控），使用剂量决定着调控强度，使用时期决定着调控的部位和器官。

（二）各种调节剂功能

目前在棉花生产中使用的植物生长调节物质主要有：植物生长促进剂（赤霉素）、植物生长延缓剂（矮壮素、缩节胺等）、催熟剂（乙烯利）和脱叶剂（脱吐隆、噻苯隆）等。

1. 植物生长促进剂

凡是促进细胞分裂、分化和体积增大的物质都属于植物生长促进剂，其主要作用是促进营养器官的生长和生殖器官的发育，加快棉株生长速度，减少蕾铃脱落等。一般生产上使用生长促进剂较少，但在苗期田间出现僵苗时，施用赤霉素有明显促进僵苗生长的效果。

2. 植物生长延缓剂

植物生长延缓剂是指抑制植物亚顶端分生组织区域的分裂和扩大，但对顶端分生组织不产生作用的物质。其主要生理作用是抑制植物体内赤霉素的生物合成，拮抗赤霉素的生理作用，延缓植物的伸长生长，使植物节间缩短，植株矮化，但对叶片数目、节间多少和顶端优势影响较小。目前应用最广泛的植物生长延缓剂有矮壮素、缩节胺等。缩节胺具有降低株高，提高叶绿素含量，促进根系生长和蕾、花的发育，提高产量和品质等多种效果；其用量范围变幅较大，使用的时段长，方法灵活，且效果较好。

江苏农学院（现扬州大学）的研究资料表明，缩节胺调控后，^{14}C 光合产物向本果枝运送较多，而向主茎顶端输送较少；向对位铃输送较多，向本果枝顶端输送较少。缩节胺处理还能促进根系对 N、P 养分的吸收。

缩节胺用量范围变幅较大，使用的时段长，方法灵活，且效果好而快，是目前应用最广泛的化学调控药剂。

3. 生长催熟剂（乙烯利）

棉铃在开裂和明显脱水之前，其释放的乙烯量显著提高。在生产上，喷施乙烯利，棉株吸收后释放出乙烯，使棉铃内乙烯含量增高，生长素的合成被破坏，使棉叶内的光合产物在短时期内输出，从而促使棉铃成熟。因此，乙烯利俗称催熟剂，主要在棉花吐絮期施用，以促进棉株体内乙烯的释放，加快棉铃开裂，增加霜前花的比例。

4. 脱叶剂

化学脱叶一般是通过化合物的抗生长素性能促进乙烯发生而达到目的。刺激乙烯发生的化合物往往同时具有催熟和脱叶的功能，只是这两种功能一般并不等同。脱叶剂主要用于棉花后期群体过大、贪青晚熟的棉田或准备实施机械采收的棉田。通过喷施脱叶剂，使部分或全部叶片脱落，以改善棉田通风透光条件，促早熟或有利于机械采收。

二、植物生长调节剂使用技术

新疆棉花"矮、密、早、膜"大面积高产栽培实践表明，适当增加密度是棉花高产的重要途径。而在密植条件下，正确使用化学调控技术降低株高则是棉花高产的关键技术。

植物生长调节主要是通过调节植物体内激素的平衡关系，促进或抑制细胞的生长，或调节植物体内有机营养的分配方向，进而促进或抑制植物体的生长发育和群体的发展。目前常用的生长调节剂有生长促进剂如赤霉素和生长抑制剂如矮壮素、缩节胺等两大类植物激素及其人工合成产品。新疆棉区缩节胺的使用最为广泛，因此重点介绍生长抑制剂缩节胺的使用技术。

（一）生长抑制剂——缩节胺使用技术

1. 缩节胺使用原则

（1）早、轻、勤原则。

早调。新疆种植的棉花品种多属早熟、特早熟品种，一般在 2.5～3.0 叶开始花芽分化。早化调有利于促进果枝分化，降低始果节位，促进根系生长。目前生产上多在子叶期或 2 叶期进行第一次化调，旺、壮苗棉田可在现蕾前后进行第二次化调。

轻调。苗、蕾期棉株日生长量较小，化调用量宜轻；施用肥水后，化调用量可适当加大。但弱苗、蕾期使用缩节胺过量，往往造成棉株矮化，果枝台数明显减少，造成减产。

勤控。为了能恰到好处地塑造理想株型，根据覆膜棉田早苗早发、群体发展快的特点，应遵循"少食多餐"的"轻调、勤调"原则，使棉株始终按人们的调控目标生长。一般壮苗棉田头水前可化调 2 或 3 次。

（2）分段化调，定向诱导原则。

缩节胺化学调控第 3～4 天后棉株生长开始减缓，以后维持一定的缓慢递减阶段是 8～10d，然后又开始缓慢回升，药效期维持 20d 左右。缩节胺用量越大，显效期提前，药效期延长，对棉株的控制作用越明显，主茎日增长量越小。

在不同的生育阶段，化调的目标是不同的。

苗期：早调、轻调为主，促进棉花根系生长和果枝分化，实现壮苗早发。

蕾期：调控前轻后重，防止棉株旺长，保持棉花稳健生长，搭好丰产架子，协调棉株营养生长与生殖生长的关系。

盛花期：控制棉株中后期徒长，建立合理的群体结构，提高群体光能利用率；促进养分较多地输入棉铃，提高成铃强度，增强内围优质铃，减少蕾铃脱落。

（3）化学调控与肥水调控结合原则。化学调控与肥水调控相结合，更有利于对棉株的调控。一般在灌水前 2～3d 化调，以控制棉株在水肥促进下的旺长。盛蕾期—花铃期长势过旺的棉田，以水肥调控为主，配合化调，即适当推迟灌水期，减少氮肥用量，同时结合水前化调，以提高调控效果。弱苗棉田可采取早灌水、重施肥促长后，再轻化调或不化调。

（4）因地、因苗，分类调控原则。缩节胺化调要根据棉花品种特性、土壤肥力、气候情况、棉株发育进程和长势等灵活掌握，不能一刀切。

一般生育期较短的早熟品种对缩节胺敏感，用量宜轻；中晚熟品种和生长势强的品种缩节胺用量相应加重。肥力较高、棉株长势偏旺的棉田,缩节胺用量相应增加;土壤瘠薄和沙性大的棉田,棉株长势差,化调次数要少,用量宜轻。

长势均匀的棉田宜采用机力化调;点片旺长的要进行人工点片补调。做到控旺不控弱,控高不控低,因地因苗,分类调控,以促进棉花均衡生长。

2. 缩节胺化学调控对棉花生长发育的影响

（1）缩节胺化学调控对棉花生育期的影响。缩节胺化学调控能有效地缩短棉花铃期促早熟,控制主茎株高和果节长度。研究结果表明,缩节胺剂量越大,生育期缩短越多。打顶前化学调控量适中,棉花生长稳健,群体没有旺长趋势,棉花生育期差异不大;打顶后的化学调控时间和剂量不合适,易造成棉花群体旺长,棉花生育期相差较大。对棉花系列化学调控后第八叶位第一果节开花期、吐絮期调查结果表明:缩节胺化学调控各处理对蕾期影响不大,但对铃期有明显的影响;90g/hm^2、150g/hm^2、225g/hm^2 处理铃期分别为 60.8d、57.5d、56.4d,即用量越大铃期越短(表 5.19)。

表 5.19 不同化学调控剂量棉花生育期比较

处理	现蕾期（月/d）	开花期（月/d）	蕾期/d	吐絮期（月/d）	铃期/d
90g/hm^2	5/27.8	6/22.6	25.8	8/22.4	60.8
150g/hm^2	5/28.6	6/23.9	25.3	8/20.4	57.5
225g/hm^2	5/29.2	6/24.3	26.1	8/19.7	56.4

注：1997 年生育期为第八叶位第一果节 10 株的平均值

（2）缩节胺化学调控对棉株主茎日增长量的影响。对化学调控后不同处理主茎日增长量调查结果表明:缩节胺化学调控第 3～4 天后棉株生长开始减缓,以后维持一定的缓慢递减阶段,抑制作用最明显的是第 6 天,其次是 8～10d,然后又开始缓慢回升,药效期维持 20d 左右,而未进行化学调控的棉株主茎日增长量基本维持在一个稳定的生长水平。缩节胺用量越大,显效期提前,药效期延长,对棉株的控制作用越明显,主茎日增长量越小(图 5.25)。

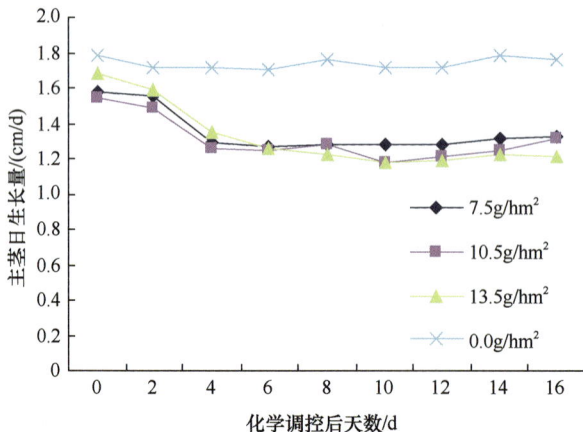

图 5.25 缩节胺化学调控后主茎日生长量变化图

（3）缩节胺化学调控对棉花的作用部位。缩节胺化学调控对棉株节间长度的影响调查结果表明：棉株处于第 10～11 叶龄化学调控，主茎第 9 节间受影响最大；棉株处于第 14 叶龄化学调控，第 13 节间影响最大，第 11 节位果枝第一果节受影响最明显。由此可以推断：n 叶期化学调控，第 $n-2$～$n-1$ 叶位主茎节间和第 $n-4$～$n-3$ 叶位果枝第一果节受影响最明显，即在某叶化学调控对其下部第 1～2 节主茎节间作用最明显，对其下部第 3～4 节果枝第一果节节间作用最明显。

（4）缩节胺化学调控对棉叶光合作用的影响。余渝等于 1999 年 6 月 18 日用 CID-301PS 光合测定仪测定 6 月 6 日不同化学调控处理棉花倒 4 叶净光合速率（Pn）和蒸腾速率（E），结果表明：化学调控处理棉株光合速率和蒸腾速率比不喷的棉株都高（表 5.20）。

表 5.20　光合（Pn）与蒸腾速率（E）表

处理	90g/hm^2	135g/hm^2	180g/hm^2	225g/hm^2	270g/hm^2	CK
Pn/[μmol/（m^2·s）]	18.86	17.88	12.78	12.47	12.02	10.29
E/[μmol/（m^2·s）]	5.74	5.03	5.08	5.29	5.77	4.81

注：化学调控时间分别为 6 月 6 日（蕾期）、6 月 24 日（头水前）、7 月 14 日（二水前）、7 月 28 日（打顶后）

3. 缩节胺的使用技术和方法

（1）苗期化调技术。膜下滴灌棉田，棉花出苗早，苗期生长速度快，长势较强，苗期的化调也要相应提早。在土壤水分充足的条件下，一般于子叶期进行第一次化调，缩节胺用量为 15.0～45.0g/hm^2；3～4 叶期根据苗情进行第二次化调，缩节胺用量为 7.5～15.0g/hm^2。弱苗可以不化调。

（2）蕾期化调技术。棉花现蕾后，生长逐渐加快，节间开始拉长。可在 7 叶期用缩节胺 15.0～30.0g/hm^2 轻调，一般不超过 45.0g/hm^2。棉株进入盛蕾期时，根系增强，生长速度明显加快，营养生长与生殖生长并进。为了促进营养生长与生殖生长协调发展，防止棉花旺长，必须及时进行调控，缩节胺 22.5～45.0g/hm^2；若需灌水，可在灌水前 2～3d 化调，缩节胺用量根据苗情确定。

（3）花铃期化调技术。棉花进入花铃期后，若水肥充足，温度较高，棉花生长势较强，必须及时调控，以防止营养生长过旺。一般在二水前后，缩节胺用量 30.0～60.0g/hm^2。

棉花打顶后，主茎停止生长，顶部果枝开始伸长。打顶后 5～7d，顶部果枝长 3～5cm 时化调，一般缩节胺用量 105.0～135.0g/hm^2，多结盖顶桃，也可分两次化调：第一次化调于打顶后 5～7d，缩节胺用量 75.0～105.0g/hm^2；再隔 10～15d 进行第二次化调，缩节胺用量 90.0～120.0g/hm^2。

为了保证化调效果，化调的方法和设施要根据化调的部位作相应调整。苗期对行喷叶；现蕾到盛花期，采取上部喷雾和侧面吊臂喷雾结合，以提高对下部叶枝和果枝的控制效果，更好地塑造理想株型。打顶后化调以喷施上部果枝为主。

（二）植物生长促进剂使用技术

用于棉花调控的生长促进剂主要有萘乙酸、吲哚乙酸和赤霉素等。这些生长促进剂的功能，主要是促进细胞伸长或体积增大。因此，它们常用于促进僵苗生长或解除除草剂、抑制剂等所造成的药害。其使用技术如下。

1. 施用时期

当棉田苗期出现僵苗，且这种僵苗并非因缺肥、水淹、根病等原因所致时。

棉苗因施用除草剂或抑制剂过量而造成主茎生长缓慢或畸形时。

灾害性天气发生后的促进生长，轻霜冻、风灾、冰雹造成棉苗生长缓慢时。

棉花生育后期出现早衰症状时。

2. 施用量

（1）赤霉素。叶面喷施浓度为 20.0mg/L；用水量 300～450kg/hm²。

（2）萘乙酸、吲哚乙酸。叶面喷施浓度为 5.0～20.0mg/L；用水量 300～450kg/hm²。

三、棉花化学控顶技术

棉花化学控顶技术是利用植物生长调节物质强制延缓或抑制棉花顶尖生长，控制其无限生长习性，从而达到类似人工打顶调节营养生长与生殖生长的目的。化学控顶的研究应用起源于美国，最早是在烟草植物上应用抑芽剂开始的，我国是从 20 世纪 80 年代在烟草上开始应用，抑芽剂在棉花上的应用开始于 2009 年，2010 年开始引进新疆，2011～2012 年在全疆开展小区试验与示范，此项技术通过几年的试验示范和总结也逐渐趋于成熟，并取得了较好的效果。棉花化学控顶剂可以通过机械在大田喷施，可降低劳动强度，提高棉花打顶效率，节约植棉成本。

（一）化学控顶剂的种类

自 2010 年以来，新疆化学控顶剂试验示范较多，有浙江禾田化工的氟节胺控顶剂、新疆金棉化学控顶剂、土优塔棉花控顶剂、北京西域金杉牌棉花控顶剂、北京神农源生物科技发展有限公司的棉花控顶剂、棉花智控专家等 10 余个产品。除新疆金棉化学控顶剂和北京神农源生物科技发展有限公司的棉花控顶剂外，大多数药剂产品中都以氟节胺为主要化学成分。2013～2014 年在新疆试验示范和应用面积较多的为含氟节胺的产品。

（二）化学控顶剂使用技术和方法（以氟节胺为例）

2013～2014 年在新疆试验示范和应用面积较多的为含氟节胺的棉花化学控顶剂，现就以含氟节胺的棉花化学控顶剂介绍其使用技术和方法。

1. 喷药时间

第一次施药时间：根据棉花长势，当棉株高度在 55cm 左右、果枝达到 5 个时，6 月 15 日左右（高度、台数和时间其中一个达到要求即可施药）开始喷（Ⅰ型）药，可起到塑形整枝的效果。第二次喷药时间：株高在 75～80cm、果枝个数在 8 个左右，正常情况在 7 月 5～10 日开始喷施（Ⅱ型）药，可以起到化学封顶的作用。

2. 用药剂量

第一次施药，采用顶喷（机械喷施），用药量 1500g/hm²，每公顷用水量 450kg。第二次采用顶喷（机械喷施），用量 2250g/hm²，每公顷用水量 600kg。

3. 棉花化学控顶整枝剂应与常规缩节胺化学调控技术配套施用

棉花化学控顶整枝剂只抑制棉株顶端优势，起到替代人工打顶的作用。而缩节胺主要抑制细胞拉长，起控制节间长短和株高的作用，所以棉花化学控顶整枝剂和缩节胺不能互相替代。但可与缩节胺常规化学调控剂混合使用，提高棉株顶部结铃率，提高稳产性。

4. 棉田后期合理管控水肥，避免棉花贪青晚熟

第二次喷施氟节胺后，必须控水 5d 以上方可进行灌水，灌水水量要适量，不宜大水大肥，做到不旱不灌，避免棉花贪青晚熟。

四、催熟剂与脱叶剂使用技术

棉铃在开裂和明显脱水之前，其释放的乙烯量显著提高。从开裂至完全吐絮期间不同阶段，乙烯释放量不同；铃壳轻微开裂时乙烯释放量开始增加，出现明显裂缝时，乙烯释放量达到高峰，之后迅速下降，大裂吐絮时降到最低水平。

化学脱叶一般是通过施用具有抗生长素性能的化合物，促进棉株体内乙烯发生，叶柄基部产生离层而达到使棉叶自行脱落的目的。

（一）催熟剂和脱叶剂的分类

化学催熟剂和脱叶剂从作用机制上可分为两类。第一类为触杀型的化合物，如脱叶膦、噻节因、唑草酮、草甘膦、百草枯、敌草隆、氯酸镁等，它们通过不同的机制杀伤或杀死植物的绿色组织，同时刺激乙烯的产生，从而起到催熟和脱叶的作用。第二类化合物促进内源乙烯的生成，从而诱导棉铃开裂和叶柄离层的形成，如乙烯利、噻苯隆等。一般情况下，乙烯利的催熟效果优于脱叶效果，而噻苯隆的脱叶效果优于催熟效果。第二类化合物的作用比第一类缓慢得多，应用时间比第一类早。

（二）催熟剂使用技术

生长偏旺或晚播晚发的棉田，常由于吐絮晚而影响棉花的产量和品质，同时还影响冬耕整地工作。为了解决这些问题，生产上常采用一些催熟技术。目前最常用的催熟剂是乙烯利，在棉花生长后期使用乙烯利，有促进有机物质向棉纤维和种子运转、使棉纤维和种子量增加、铃期缩短、提早吐絮的作用。棉田后期施用乙烯利得当，不仅可使在霜前或拔棉柴前不能正常成熟的晚秋桃提早成熟，增加霜前采棉量，还能促使棉花吐絮集中，提高棉花的光泽度和纤维品质，增加棉农的经济收入。但如果使用不当，也会得不偿失，造成减产。

由于施用乙烯利对棉花种子的发育和成熟有一定影响，因此种子田不宜使用乙烯利。现将乙烯利的使用技术简介如下。

1. 地块的选择

要选择发育晚，秋桃比例大，贪青晚熟的棉田；或秋桃多，吐絮迟，等待秋种拔棉

秆的地块；不催熟影响下茬适期种植的棉田。但对早衰棉田或吐絮比较集中的棉田，可不用乙烯利催熟。

2. 药效与药性

市场上的乙烯利主要有水剂和油剂两种，无论哪一种，用前都要检查是否失效。乙烯利呈酸性，遇碱性物质会迅速分解失效。因此，乙烯利要随配随用，不宜久存，严禁与碱性农药混配，也不能用碱性较强的水稀释。

3. 施药量

在适宜的喷药时间内，有效成分为 40%的乙烯利，一般用量为 1500～2250g/hm²，加清水 750～900kg/hm²，均匀喷洒即可。如果喷药时气温较高，棉株长势较弱，可适当减少用药量；如果喷药时间晚，气温低，棉株长势较强，则可以适当加大用药量。

4. 用药时间

向棉花喷洒乙烯利，既要考虑棉铃的发育情况，又要考虑当时当地的气温变化。如果喷药过早，由于气温偏高，会使叶片过早衰老脱落，棉铃干枯造成减产，而达不到催熟、增加霜前花的目的。最适宜的喷药时间，一般应在当地枯霜期之前 20～30d，且连续几天内日最高气温达到 20℃以上时，及时喷洒效果最好。一般在 9 月下旬至 10月上旬。

5. 施药要求

由于乙烯利喷在植株叶片上，被叶片吸收后向棉铃的运输极少，因此要求喷洒均匀，尽可能喷在棉铃上。为了实现喷洒均匀，应使用雾点小的机动喷雾器或超低量喷雾器。在喷洒乙烯利的同时，应将棉株上部新长出的嫩枝全部剪掉，以改善棉田通风条件，集中养分，使其他棉铃早成熟，早吐絮。

6. 注意事项

喷药后 6h 内遇雨，需重喷。注意安全，乙烯利虽是低毒，但具有强酸性，用时应注意防止药液接触皮肤、衣服等，喷药后要及时用肥皂水洗净手、脸、皮肤、衣物，刷洗喷雾器的金属部件，以防腐蚀受损。

（三）脱叶剂使用技术

为了减少机械采收棉花的含杂量，提高机采棉的纤维品质，机械采收前必须对棉株进行化学脱叶。脱叶催熟技术对提高机采棉的采摘质量影响很大，是实现一次性采摘和减少籽棉含杂率、提高作业效率的重要措施。脱叶催熟效果越好，采净率越高；反之脱叶催熟效果越差，采净率越低，还会造成棉花叶素对棉花的污染，影响棉花品级。

新疆兵团最早试验用的脱叶剂为德国进口的"脱落宝"（drop）。目前，国内研制开发的脱叶剂有四川国光农化股份有限公司的"真功夫"和"脱必施"；新疆华新生化有限公司的"脱叶宝"；江苏瑞丰农药厂（现瑞邦农药厂）生产的 50%"噻苯隆"等。部分产品的脱叶效果可与脱落宝媲美，而价格比脱落宝低，因此推广很快。脱叶剂的施药技术如下。

1. 施用时间

（1）确定施用时间。脱叶催熟效果与喷施脱叶剂的时间、外界气温、脱叶剂的用量有直接关系。脱叶剂喷施时间过早会影响棉花品质与产量，过晚又会影响脱叶效果。确定最佳喷施时间：一是棉田吐絮率达到40%以上；二是上部棉铃铃期达到35d以上；三是日平均气温连续7～10d在18℃以上。

（2）适宜施用时间。北疆以8月底至9月上旬为宜；南疆棉区以9月中旬（秋季气温下降慢的年份，可延迟到9月下旬）为宜。

2. 脱叶剂的品种与用量

（1）脱落宝、脱吐隆及其配组。据试验，南疆棉区脱落宝、脱吐隆用量为300～600g/hm²，随着用量增加，药效提高。若以脱落宝与乙烯利配合，则既可提高药效，又可降低成本。目前在南疆普遍使用的配方是300～450g/hm²脱落宝、脱吐隆加1050g/hm²乙烯利；北疆则宜用450～600g/hm²脱落宝、脱吐隆加1050g/hm²乙烯利。

（2）国产脱叶剂的用量。国内研制和开发的"真功夫"、"脱必施"，"脱叶宝"、50%"噻苯隆"等脱叶剂用量及脱叶催熟效果见表5.21。

表5.21　几种国产脱叶剂用量及脱叶催熟效果

产品名称	脱叶宝	真功夫	脱必施	50%噻苯隆
用量/（g/hm²）	固50+液150	40	200	50
脱叶率/%	77.4	79.8	70.4	78.0
吐絮率/%	64.1	58.8	63.8	58.4

3. 使用脱叶剂注意事项

（1）根据气象预报确定施药期。机采棉田脱叶剂的药效与施药后的日平均温度和气温变化动态密切相关。因此，当地的中、短期气象预报可以作为确定施药期的重要依据。施药不宜过早，过早会对棉铃发育产生不利影响。一般来讲，在棉田吐絮率达到40%的前提下，当气温将会稳定在18℃以上时，或低温期后气温将持续回升时，是最佳施药期。切忌在将有寒流入侵前的高温期施药。

（2）根据施药期确定施药量。通常所说的施药量指标，是在适宜的施药期条件下提出的。但是，由于棉田的吐絮情况不同及药械的限制，施药期有先有后。一般来讲，早施药的，药后气温较高，药量可取低限；晚施药的，药后气温较低，药量可酌情增加。

（3）根据群体大小确定施药次数。脱叶剂在棉株体内的传导作用很小，通常只对附着农药的叶片起作用。采用地面机械施药或飞机航喷时，药液多是由上向下喷洒的。当棉田群体过大或倒伏时，上层叶片附着农药较多，下层叶片附着农药较少，脱叶率较低。因此，群体大的棉田宜采用分次施药：第一次施药期可比正常施药期提前5～7d，药量为正常药量的50%～70%；10d以后（多数叶片已脱落时）进行第二次施药，药量不低于正常药量的70%。

（4）药械选择。为了使药液能均匀地喷洒在全部叶片上，最好选用袖筒式喷雾器或类似的具有鼓风功能的喷雾器。

4. 无人机航空喷雾技术

为了能在最佳施药期内大面积施药，以充分发挥药效，降低用药量，提高脱叶效果，近几年已开始应用无人机航空喷雾技术。航空喷雾技术具有施药期集中、施药效率高、药液空间分布均匀等优越性，是一项很有推广价值的新技术。从新疆兵团近几年的试验、示范情况看，由于生产条件和生态条件与国外有所不同，航空喷雾也存在一些尚待解决的问题。

一是新疆采用"矮、密、早、膜"栽培技术路线，棉田群体大，行间郁蔽，下层叶片不易附着农药。

二是新疆农田四周一般都有防护林带或高压线，限制了飞机的飞行高度。尤其是条田两端，飞机的飞行高度较高，则施药效果较差。

无人机航空低量喷雾试验表明（杨帅，2014），WSZ-2410 型无人机（M-24 旋翼机）在 1m、2m、3m 3 个飞行高度下施药，雾滴沉积基本呈正态分布。飞行高度在 1～3m，喷幅随着飞行高度的增大而增加，相应的在喷幅范围内雾滴沉积密度随着飞行高度的增大而降低，且喷雾均匀度也受到一定影响。从喷幅内各样点雾滴沉积密度比较可知，飞行高度在 1～2m 时，雾滴沉积密度变异系数由 75.24% 降为 65.72%，即飞行高度在 1～2m 时，随着飞行高度的增大，喷雾更为均一；而飞行高度增大至 3m 时，变异系数升高为 78.26%，喷雾均匀性又呈现降低趋势。因此，新疆棉区用无人飞机喷施脱叶剂时，应作如下改进：群体大的棉田，航空喷施时，每公顷用水量应达到 75.0～105.0kg；适当加入表面活性剂，以提高药液的附着性；飞行高度尽量控制在 3m 以内，以加快雾滴的沉降速度，减少漂移损失；条田两端采用地面机械补喷。尽量选择在无风或微风天气施药。

第六节 其他调控技术

一、膜调技术

膜调是通过覆膜、揭膜或切膜，改变土壤温度和墒情，对棉苗起促或控的作用。

1. 揭膜技术的应用

对于旺苗棉田，通过揭膜和调节揭膜与灌水的间隔天数，可以起到一定的控制作用。揭膜调控的原则是：沟灌棉田的壮苗，于初花期（灌头水时）前 5～7d 揭膜；旺苗适当提前揭膜或与壮苗同时揭膜，但推迟灌头水。揭膜至灌水间隔天数 8～12d（间隔天数还可根据调控效果适当缩短或延长）。

2. 切膜调控技术的应用

如果在苗、蕾期出现旺苗，可以通过切膜中耕来调控。其具体做法是：在中耕器的部位改装一个圆片，将覆膜大行上的膜，由中间切破，部分打破地膜棉田的生态系统，起到一定的散墒、降温作用，从而达到控制旺苗的目的。若切膜控苗的力度不够，也可于切膜后揭去大行的膜，然后中耕降温、散墒，其调控的强度更大。

切膜、揭膜时应注意两个问题：一是沙壤土和弱苗棉田不宜采用此项技术；二是此项技术只宜在 5 月下旬至 6 月上旬实施，不宜过早。

二、生物调控技术

生物调控技术主要包括品种的熟性、株型、叶形和种植的密度、株行距等。其中品种的株型、叶形和密度主要影响棉田群体的大小。株行距主要影响棉田群体的时空分布。品种熟性则影响个体的生育进程和群体的发展速度。

1. 利用品种调控

品种的调控技术就是利用不同品种的特征、特性来调控棉花的生育进程和群体发展，使之尽可能与季节高能期同步，从而提高光能利用率，实现早熟、优质、高产的目标。

利用品种遗传基因所控制的生长发育特性（如早发、后期不早衰等）对品种的生育进程、熟期等进行调控是群体调控的内容之一。例如，在无霜期短的棉区，种植早发、早熟品种，以提早进入"高能同步期"，实现早熟、高产；在无霜期较长的棉区，种植生育期较长的中熟、高产品种，适当延长"高能同步期"以增加产量。

生育期较长、果枝长、株型松散、叶片宽大的品种，个体截获光能多，但群体光照条件易恶化，宜稀植；生育期短、植株矮小、株型紧凑的品种，个体截获光能少，但群体漏光多，光能利用率低，宜密植。

2. 利用株型特征调控

株型对群体结构影响主要表现在三个方面：一是主茎高度及其节间长度；二是果枝的着生角度及果枝长度；三是果枝叶片的着生角度，它们均会影响到群体光照强度的分布。因此，利用不同株型的品种，与密度、株行距等技术配合，可以建立不同的高光效群体结构来实现优质、高产。例如，利用紧凑型品种通过密植增加群体；利用早发型品种来加快生育前期群体的发展速度，提高群体光合生产力；植株高大、株型松散、果枝长、叶片宽大而平展的品种，密度要小一些；反之则适宜加大密度。2006 年兵团第五师 89 团及兵团第八师 149 团利用株型较松散的杂交棉品种标杂 A1 与较低密度配合，获得 3000kg/hm^2 以上的产量，就是一个典型范例。

3. 利用株行距配置调控

棉花株行距配置方式即棉株在田间的分布方式。在种植密度较大时，采用合理配置方式，使棉株得到合理分布，可以在一定程度上改善田间群体的通风透光条件，有利于棉株的生长。

棉株的自动调节能力是利用种植方式对棉田群体进行调控的依据。棉花种植方式常用的有两种：等行距和宽窄行。等行距种植方式，前期个体发育好，这种方式单行封行时间较宽窄行方式的小行晚，但一次性封行后，群体自动调节的空间小。这种方式用于土壤肥力较高的棉田，有利于促进个体生长，群体光能利用较好。宽窄行种植方式是两次封行，窄行封行早，但宽行封行晚，棉田总体封行时间较等行距方式晚，群体自动调节的空间较大。

调整株行距配置是调控棉田个体与群体的重要手段，也是与植棉新技术协调配合比较灵活的技术之一。随着新疆棉田管理机械化水平的迅速提高和膜下滴灌等新技术的推广应用，棉田的株行配置方式发生较大的变化。目前生产中的株行距配置正在出现多样性特征：与传统沟灌配套的宽窄行配置方式；与膜下滴灌配套的大小行配置方式；与机采棉配套的带状种植方式等。

三、整型调控技术

整型技术主要包括去叶枝、打顶、打群心、抹赘芽、打老叶、打无效花蕾等。水肥运筹和化学调控是高产棉田塑造理想株型和建立合理的群体结构的关键措施，而科学的整型技术则是塑造理想株型和建立合理的群体结构必不可少的配套技术。它具有调节棉株体内营养物质的运输分配方向，减少养分的无谓消耗；改善田间小气候和棉田的通风透光状况，提高光能利用率；防止徒长，减少蕾铃脱落和烂铃，增加前期结铃，促进早熟，提高产量等功能。

1. 打顶心

打顶心又称打顶尖，是新疆棉花栽培中一项非常重要的技术措施。打顶通过消除顶端优势，调节棉株的光合产物在各器官内的分布，从而增加下部结实器官中养分的分配比例，加强同化产物向根系中的运输，增强根系活力和吸收养分的能力，进而提高成铃率，加快棉铃的发育。打顶心也是控制棉株纵向生长和棉株高度，塑造理想株型，建立合理群体结构的重要手段。

（1）打顶心的时间。新疆棉区由于棉花生长后期气温下降快，需靠增加密度、减少单株果枝数争取早熟高产，坚持"枝到不等时、时到不等枝"的打顶原则。一般棉田在6月底开始打顶，7月15日前打顶结束。高密度栽培棉田，打顶时间适当提前。收获株数为24.0万株/hm^2的超高产棉田，北疆一般在7月5日前打顶结束；南疆在7月10日打顶结束。

（2）打顶心的方法。打顶前期，摘"一叶一心"，即摘去顶尖和一片刚展开的小叶；打顶后期，可打二叶一心。打顶的顺序应采取"旺苗早打、弱苗晚打、壮苗适时打"的原则。为了减少棉田虫源，打顶时带花袋，把打下的顶心带出田外深埋。

杂交棉由于生育期偏长，应适时偏早打顶。超高产棉田，保苗株数在15.0万～18.0万株/hm^2时，单株保留7或8个果枝，成铃135万～150万个/hm^2，应坚持枝到不等时的原则。7月1日前后结束打顶。7月中旬打群尖、剪除包括叶枝在内的无效花蕾。

2. 去叶枝

当第一个果枝出现后，将第一果枝以下叶枝及时抹去，但仍保留果枝以下主茎叶片，给根系提供有机养料，称为去叶枝或抹油条。

通过去叶枝，可以减少棉株养分的无效消耗，调整棉株体内有机营养的运输方向，保证果枝的分化和生长。

一般株型松散的中晚熟品种，叶枝产生快且生长势较果枝强，中后期往往造成田间荫蔽；由于叶枝上着生的花蕾，成铃少而小，成熟晚，因此应把这项措施作为控制旺长、夺取高产的手段。对于弱苗和缺苗处的棉株可以不去叶枝，等其伸长后再打边心。对于高密度的膜下滴灌棉田，由于棉田水肥利用率高，棉田易郁蔽，影响通风透光，因此要及时抓好去叶枝工作。去叶枝一般在现蕾初期进行。

叶枝打顶心。杂交棉种植密度低，生长势强，叶枝多且长势旺。为了充分利用叶枝成铃功能而又不影响群体内的通风透光良好，近年来在杂交棉的高产田盛蕾期，当叶枝现蕾后及时摘去生长势强的 2 或 3 台叶枝的顶心。

3. 打群尖

打边心是摘去果枝的顶尖，又称打群尖。通过摘去棉株果枝的顶尖，抑制果枝生长，控制棉株的横向生长，改善群体通风透光条件，保证蕾、铃正常发育，增加铃重，促进早熟。

生产上对肥水充足、长势较旺、密度较大的棉田，在田管中、后期，自下而上分次打群尖，并结合结铃情况，下部留 2 或 3 个果节，中、上部留 1 或 2 个果节。一般南疆在 8 月 1 日前，北疆在 7 月 25 日前，以花为界剪去果枝的顶尖。

4. 抹赘芽

打顶后，由主茎顶端或果枝叶腋里生出的芽都是赘芽。施用水肥过多、打顶过早的棉田，常有大量赘芽发生，既消耗棉株养分又影响群体通风透光，应及时去掉。对于贪青晚熟的棉田，8 月上旬进行一次化调，用缩节胺 $120\sim150\text{g/hm}^2$ 喷雾，以控制赘芽的生长。

5. 打老叶和剪空枝

初花至盛花期，如肥水碰头，棉株有徒长趋势时，可打去中下部主茎叶片和空枝，以改善棉株中下部透光条件，减少蕾铃脱落和烂铃。

第七节　棉花苗情诊断技术

棉花栽培是一个复杂的系统工程。它主要包括 3 个子系统：棉田子系统（含棉株个体）、环境系子统（含气候、土壤及棉花以外的生物种群）和人管理子系统。其中，人的功能是通过管理协调好环境子系统与棉田子系统的关系，使之交互作用和输出功能最大化，从而实现高产、优质、高效的目标。人要协调好环境子系统与棉田子系统的关系，就要"因地制宜"、"因苗制宜"地进行管理。在棉花生产中，没有任何两块棉田的土壤条件和棉花的长势长相是完全相同的；也没有任何两年的气候条件是完全相同的。看苗管理就成为棉花栽培管理的关键措施，而看苗管理的前提又是苗情诊断。因此，建立一套简便易行的苗情诊断指标体系具有重要意义。

一、苗情诊断内容及其指标体系

陈冠文等（2009a）通过多年的研究和生产实践，认为苗情诊断主要包括形态诊断、生理诊断和生态诊断。

形态指标是苗情诊断体系中最直观、操作简便、不需要复杂的仪器设备，且具有一定的预测功能的指标。它包括株高指标、株型特征指标、叶片诊断指标、蕾上叶数、花上叶数指标、个体长相指标和群体量化指标等。

生理指标多是微观的量化指标。它可以比形态指标更准确地反映棉株的生长发育状况。目前可用于诊断棉花苗情的生理指标主要包括叶片水分指标、叶片营养指标、叶片光合指标、棉株干物质累积与分配等指标。

生态指标是以棉花生长发育的环境因素为测定对象所建立的指标，多是宏观的量化指标。它主要包括棉田群体内的光照、CO_2浓度，棉田土壤的水分和养分等指标。

苗情诊断指标体系将上述三个方面的指标，以生育进程的时间序列为体系的纵轴，作为构成体系的骨干；同时从横向上将同一叶龄或同一生育阶段的若干诊断指标组装成该时段的诊断指标组合，使指标体系既具有整体性和系统性，又具有针对性和灵活性（图 5.26）。

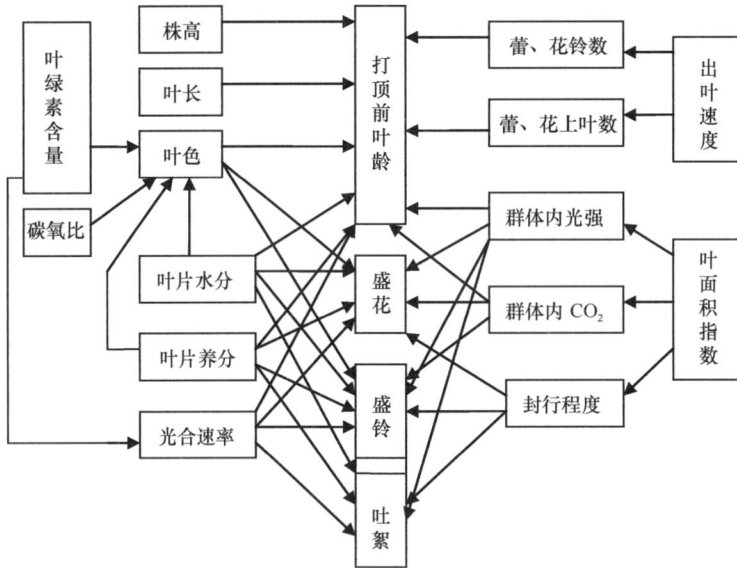

图 5.26 棉花苗情诊断指标体系结构示意图

二、棉花各生育期的苗情诊断技术

（一）苗期苗情诊断

1. 出苗期

棉花出苗前后，种子和幼芽尚在土壤中。这个时期主要是诊断烂种和烂芽的情况。

（1）诊断。烂种，种壳变软，种仁也变软呈棕色糊状；烂芽，根尖或芽尖变褐色，失去生活力。

（2）烂种、烂芽的原因。①播种后土壤温度低，湿度大；②除草剂使用方法不当，如土壤水分偏大或滴水出苗棉田使用禾耐斯（乙草胺）或施用除草剂后耙地过深（种子播在药层内）；③棉田土壤湿度大，且播种过深。

2. 子叶期——一叶期诊断

苗期管理的主要目标是一播全苗（出苗率要求达到 90%以上），出苗整齐（无明显的大小苗），壮苗早发。

1）壮苗长相

（1）子叶期长相：子叶肥厚平展，叶面中心稍突起，叶缘微下垂；叶色浅绿；子叶节短（约 5.0cm）、粗，生长有力；地下根系健壮，白根多，扎得深，分布均匀。

（2）子叶期长势：子叶节长 5.0cm 左右，子叶宽 4.0cm 左右，子叶节的红茎比 0.6 左右。

（3）一叶期长势：子叶节长 5.5cm 左右，子叶宽 4.0~4.5cm，子叶节的红茎比 0.6 左右。

2）非正常苗诊断

（1）胚轴肥胖型：胚轴肥胖苗是指棉花出苗或半出苗的下胚轴或胚根肥胖，根茎卷曲的苗，又称肿茎苗。

发生的原因：一是播种过深或土面压有硬块，胚轴伸展顶土困难；二是种子播在土壤中的残膜上，根系下扎困难；三是播种过深，土壤水分过多，氧气不足，根芽肥胖且呈黄褐色；四是出苗时土温低，土壤水分过多，胚轴生长缓慢，顶土时间长；五为硫酸脱绒种子，残酸未清除干净，导致了酸中毒；六为除草剂药害。

（2）高脚苗：高脚苗是指棉苗出土后，子叶节生长过长，茎秆细弱，子叶瘦小。一般子叶节在 7.0cm 以上为高脚苗。

形成高脚苗的原因：一是播种量过大，出苗后间苗、定苗不及时，形成苗挤苗，造成棉苗纵向生长过快；二是地膜棉田的错位苗未及时放出。

（3）戴帽苗（亦称"戴钢盔苗"）。带着种壳出土的，子叶受种壳束缚不能平展的棉苗，称为戴帽苗。有的棉苗的种壳在出土一段时间后脱落，但子叶边缘受损，焦枯破碎，棉苗不能正常生长。

发生戴帽苗的主要原因：一是土壤过于疏松，土壤内水分含量较少，种壳干燥变硬，子叶不能突破种皮；二是播种过浅，土壤和棉籽顶土的摩擦力较小，因而种壳不能脱落，被带出土面。

（4）弱苗。子叶节短小或细长而弯曲，子叶薄而瘦小，子叶节的红茎比大于 0.7 或小于 0.5。

3）除草剂药害

除草剂药害是造成弱苗或畸形苗的原因。常见的除草剂药害有氟乐灵药害、禾耐斯药害、菜草通药害等。

（1）氟乐灵药害。氟乐灵施用量超过正常量一倍以上时，棉苗出土后先出现急性药害症状：子叶肥大，真叶迟迟不伸出。当氟乐灵的药效减弱后，受抑制的主茎快速伸长，形成基部节间特长的高脚苗，以后棉株正常生长。它与一般高脚苗不同的是：一般高脚苗是下胚轴和上胚轴同时伸长；而氟乐灵过量的药害主要是上胚轴伸长，形成"长脖子苗"。受害较重的棉株，浅土层内或近地面的主茎出现肿大结节现象。这些结节组织疏松，易断，植株较弱小。花铃期遇到高温天气，常发生萎蔫、死亡（图 5.27）。

图 5.27　氟乐灵药害

（2）禾耐斯药害。幼芽期表现下胚轴肿大、短而弯曲，不易出土。已出土的棉苗发生药害后，表现为根短，主茎伸长慢。严重时，子叶青枯，幼茎软而弯曲，最后死亡（图 5.28）。

图 5.28　禾耐斯药害

（3）菜草通药害。子叶边缘先褪绿、变黄，再变褐色，上卷，全叶逐渐干枯，后发展至茎上部干枯，但茎下部和根正常，无明显受害症状。受害棉苗在田间呈非连续的条状分布，有的是 1 或 2 株，有的是连续数株（图 5.29）；死苗不是同时发生，而是陆续发生，长达 10d 左右。

图 5.29　菜草通药害

3. 二叶期苗情诊断

1）壮苗诊断

（1）长相：二叶平，两片真叶的叶面与子叶的叶面大体处在同一平面上，叶片肥大，中心稍凸起，边缘稍下翻（图 5.30）。

图 5.30　二叶期壮苗

（2）株高：二叶期的相对株高为 4%～5%；绝对株高可根据打顶后计划保留的最终株高计算。表 5.22 是新疆兵团棉花超高产项目组经过几年的研究，提出的新疆高产棉花的苗期株高指标，可供参考。

表 5.22　苗期相对株高指标 （%）

叶龄	1	2	3	4	5	6	7	8
15 叶	2.0	3.5	5.5	8.2	11.6	15.9	21.3	27.6
13 叶	2.7	4.7	7.4	11.1	15.7	21.5	28.7	37.2
17 叶	1.7	3.3	4.6	6.3	9.0	12.3	16.5	21.3

注：表中数值为最终株高的百分数值。普通棉的最终株高一般为 60.0～70.0cm，杂交棉的最终株高一般为 70.0～85.0cm。表中第 1 列表示打顶时保留的主茎叶数

（3）红茎比：0.2～0.3。

（4）叶面积指数：0.08～0.10。

2）非正常苗诊断

（1）二叶期弱苗。棉苗叶片小、叶色浅，茎秆细长，红茎比大于 0.5，根系入土浅。这主要是由于播种量过大或缺肥、缺水。

（2）二叶期旺苗。棉苗较高，叶片肥大，叶色浓绿，茎秆细长，红茎比小。这主要是由于肥水过多、光照不足（图 5.31）。

图 5.31　二叶期旺（左）、壮（中）、弱苗（右）

4. 五叶期苗情诊断

1）壮苗长相——四叶横

棉苗 4 片大叶的叶面大体处在同一平面上。从上向下看，第 3、第 4 片叶的叶尖间距大于第 1、第 2 片叶的叶尖间距；从全株侧面看，棉株的宽度大于棉株高度，形成一个"矮胖"的长相（图 5.32）。此外，出叶快，叶色油绿，顶芽凹陷，茎粗，红茎比 0.3～0.4。

图 5.32　四叶期壮苗

2）非正常苗诊断

（1）弱苗。棉株瘦高，茎秆细，红茎比大于 0.7，叶片小，叶肉薄，第 3、第 4 叶全缘无裂片，顶 4 叶的叶序呈 2、3、1、4 排列，第 1、第 2 真叶叶柄与主茎夹角较大。形成弱苗的主要原因是棉花出苗后养分不足，土壤板结，根系生长差。

（2）旺苗。棉株高大，但株高与株宽差距不大；茎秆粗，节间长，红茎比小于 0.3；叶片肥大下垂，叶色深绿油亮；顶芽肥嫩，下陷较深（图 5.33）。形成旺苗的主要原因是阴雨天过多，光照不足；土壤施肥过多，肥水碰头。

（3）高脚苗。子叶节与第一节间伸长过长，茎秆细弱，红茎比少。形成高脚苗的主要原因是间苗、定苗时，棉苗争光纵向生长过快。

（4）缺锌苗。棉株矮小，节间短；叶片小，多叶缘上卷成瓢形；叶面的叶肉组织出现黄色或血青色条纹（图 5.34）。

图 5.33　幼苗期旺苗（左）与壮苗（右）

图 5.34　缺锌苗

（5）渍害弱苗。棉苗根系生长瘦弱，茎秆较细，叶小而薄，叶色淡，叶片由下而上逐渐变黄（图 5.35）。主要原因是棉田灌水过量而又未及时排水，导致土壤中氧气不足，根系生长发育受阻，使棉苗生长缓慢。

图 5.35　苗期渍害弱苗

5. 缩节胺药害诊断

缩节胺过量或喷洒不均匀，导致棉苗受害。较轻微的药害表现为叶片正面出现不规则的浅黄色条纹。随着药害程度的增加，浅黄色条纹增多，叶形皱缩不平，略显畸形（图5.36）。药害严重时，可出现明显的畸形叶，主茎节间短，植株矮缩，顶心下陷。

图 5.36　缩节胺药害

6. 苗情诊断指标组合

苗期诊断指标组合以相对株高指标为主，参考个体长相、红茎比指标；在一时无法确诊时，用叶片水分和养分指标作为确认的依据。

（1）主要指标。相对株高（表5.22）。

（2）参考指标。①个体长相：二叶平，四叶横，六叶亭。②叶色：由浅渐深。③红茎比：0.2～0.4。

（3）确认指标。①叶片含水量（表5.23）。②叶片大量元素养分指标（表5.24）。③土壤锌元素指标，石灰性土和盐碱土用DTPA（二乙烯三胺五乙酸）浸提，其分级指标见表5.25。

表 5.23　苗期各位叶（倒四叶时）的含水量指标

生育期	1	3	5	7
指标/%	78～80	76～78	75～77	78～81

表 5.24　苗期叶片大量元素养分指标　　　　　　　　（单位：mg/kg）

N		P_2O_5		K_2O	
范围	平均	范围	平均	范围	平均
4.7～5.0	4.8	1.1～1.5	1.3	3.7～4.3	4.0

表 5.25　DTPA 浸提土壤有效锌分级指标

土壤有效锌/ppm	<0.5	0.5～1.0	1.0～2.0	2.4～4.0	>4.0
分级	很低	低	中等	丰富	很丰富

（二）蕾期棉株诊断

根据棉花蕾期的生育特点，确定诊断技术组合为：以株高和蕾上叶数为主要指标，以红茎比、叶面积指数、土壤水分和土壤养分指标为参考指标，以叶片水分、养分为确认指标。

1. 壮株

1）主要指标

（1）形态指标：六叶亭，即 7～8 叶龄时，棉株呈"亭"字形，上下窄，中间宽；茎秆粗壮，叶片密，主茎节间短；叶色亮绿，新叶盖顶，生长点下凹，顶 4 叶序为（4、3）、2、1（括号表示叶位差很小，几乎在同一叶位），即第 4 与第 3 二叶位的叶位差要小于 0.5cm，顶心舒展；现蕾速度快，蕾壮、柄短苞叶紧；果枝与主茎所成角度较大。

（2）相对株高指标见表 5.26。

表 5.26　蕾期相对株高指标　　　　　　　　　　　　　　　　　　　　　（%）

叶龄	9	10	11	12	13	14
15 叶	34.9	43.2	52.5	62.8	74.1	86.4
13 叶	47.1	58.3	70.9	84.8	100	—
17 叶	27.0	33.4	40.6	48.6	57.3	66.8

注：表中数值为最终株高的百分数值。普通棉的最终株高一般为 60.0～70.0cm，杂交棉的最终株高一般为 70.0～85.0cm。表中第 1 列表示打顶时保留的主茎叶数

（3）蕾上叶数指标。蕾上叶数指棉株最上面一个蕾之上的主茎展平叶数。当主茎叶片的展平期早于同叶位蕾的现蕾期时，蕾上叶数指标为正值；当主茎叶片的展平期晚于同叶位蕾的现蕾期时，蕾上叶数指标为负值。蕾上叶数指标见表 5.27。

表 5.27　蕾上叶数指标

现蕾叶位	6	7	8	9	10	11	12
蕾上叶数	2.0	1.3	0.6	0.0	−0.6	−1.3	−2.0

2）参考指标

（1）红茎比指标：0.5～0.6。

（2）叶面积指数指标：普通棉 0.7～1.2，杂交棉 0.4～0.9。

（3）光合速率：普通棉 31.6～32.6μmol/(m²·s)，杂交棉 31.5～33.2μmol/(m²·s)。

（4）土壤水分指标：16%～21%。

（5）土壤养分指标：碱解氮≥66.0mg/kg，速效磷≥28.0mg/kg。

3）确认指标

（1）叶片水分指标：77%～79%。

（2）叶片养分指标见表 5.28。

表 5.28　叶片养分指标　　　　　　　　　　　　　　　　　　　（单位：mg/kg）

养分	N		P_2O_5		K_2O	
	范围	平均	范围	平均	范围	平均
现蕾期	4.41～4.61	4.43	0.75～0.87	0.82	4.32～4.50	4.40
盛蕾期	3.57～4.08	3.65	0.86～0.90	0.88	4.01～4.78	4.44

2. 非正常棉株诊断

（1）弱株。现蕾期，植株瘦高或比较矮小，株高日增量不足 1.0cm；茎秆细弱，红茎比例过大；叶片呈黄绿色；果枝出生慢，蕾小，脱落较多；顶四叶位的排列顺序为 3、4、2、1 或者 2、1、3、4。盛蕾期棉株瘦小，顶心上窜为弱苗。

（2）受旱株。上部叶色灰暗，下部叶色淡黄；中午叶片萎蔫；顶心深陷呈疙瘩，大蕾围顶心；顶心不随太阳转（图 5.37）。

图 5.37　受旱株顶心深陷

（3）旺株。现蕾期，棉株高大，松散，主茎节间长，一般在 5.0cm 以上；株高在现蕾至盛蕾期，日增量超过 1.5cm，盛蕾至开花期，株高日增量超过 3.0cm；红茎比小；叶片肥大，叶色浓绿；现蕾速度慢，蕾小，下部 1 或 2 个果枝，往往只长 1 个小蕾，且易脱落。顶心下陷，顶四叶位的排序为 4、3、2、1。第 4 叶明显高于第 3 叶。盛蕾期，小行封行。

（4）缺硼株。

形态诊断。潜在性缺硼的典型症状是叶柄出现蓝色环带（图 5.38）。当缺硼进一步加重时，则会出现下列症状：蕾小且易脱落，苞叶张开；下部叶片大而肥厚，且脆，色

图 5.38　缺硼叶柄

泽暗绿无光泽，叶脉突出；顶部新叶变小，边缘与主脉失绿，叶片上卷呈杯状；侧根少，总根量小，根色变褐；花小，花冠短，花药空瘪。开花后几天内即自行脱落；铃的发育缓慢，顶部较尖呈钩状，易脱落；顶端生长慢，腋芽多而发达，常形成多头株。果枝短而果节多。

硼素营养诊断。据华中农学院（现华中农业大学）研究，土壤速效硼含量 0.2ppm 是土壤缺硼的临界指标。但土壤质地不同，其有效态硼的临界指标也不一样（表 5.29）。一般土壤水溶性硼 1.0mg/kg 以上时，硼素营养良好。

表 5.29　不同质地土壤有效态硼分级指标　　　　　（单位：mg/kg）

土壤有效态硼				营养水平
沙质土	轻壤土	壤土	黏土	
>0.30	>0.50	>0.60	>0.80	供给充足
0.15~0.30	0.25~0.50	0.30~0.60	0.40~0.80	供给适度
<0.15	<0.25	<0.30	<0.40	供给不足

（三）花铃期棉株诊断

根据花铃期的个体与群体的生育特点，确定诊断技术组合为：以群体长相和花上叶数为主要指标，以红茎比、叶面积指数、光合速率、土壤水分和土壤养分指标为参考指标，以叶片水分、养分为确认指标。

1. 壮株

（1）诊断指标。①群体长相指标。初花期：棉叶叶色转淡；大行似封非封。盛花期：大行下封上不封，中间一条缝；地面可见零星光斑，光斑面积不小于 5%；叶色转淡。盛铃期：北疆 7 月 25~28 日，南疆 8 月 1 日前后"红花上顶"。②个体长相指标：顶心舒展，未展叶呈马耳朵状；倒五叶节柄比约 0.5cm。③花上叶数指标：花上叶数指棉株最上面一朵花之上的主茎展平叶数（表 5.30）。

表 5.30　花上叶数指标

开花叶位	6	7	8	9
花上叶数	8.0	7.5	7.0	6.5

（2）参考指标。①红茎比指标：0.6~0.8。②叶面积系数指标（表 5.31）。③光合速率指标。光合速率指标由于测定方法的不同而分为单叶光合速率指标和群体光合速率指标。高产棉田棉花的光合速率指标见表 5.32。④土壤水分指标见表 5.33。⑤土壤速效养分指标见表 5.34。

（3）确认指标。①叶片水分指标：76%~78%。②叶片养分指标见表 5.35。

表 5.31　高产棉田的叶面积系数

生育期	初花期	盛花期	盛铃期	初絮期	盛絮期
常规棉	2.4~3.1	3.6~4.1	3.9~4.4	2.5~2.8	0.4~0.5
杂交棉	2.7~3.2	3.5~4.4	4.8~5.1	2.5~3.5	0.4~0.6

表 5.32　单叶和群体的光合速率　　　　　[单位：μmol/(m²·s)]

项目		生育时期				
		盛蕾期	初花期	盛花期	盛铃期	吐絮期
常规棉	单叶	31.6～32.6	32.2～33.7	34.9～35.8	31.7～33.1	22.6～24.0
	群体		24.1～29.5	30.3～34.1	34.7～38.1	12.3～16.1
杂交棉	单叶	31.5～33.2	35.5～36.7	32.5～34.4	31.4～32.6	21.1～25.5
	群体		26.3～34.3	33.6～37.8	35.4～44.2	11.4～16.6

表 5.33　高产棉田土壤水分指标　　　　　　　　（%）

生育期	初花期	盛花期	盛铃期	吐絮期
指标均值	17.8	20.2	19.5	16.9
指标范围	17.0～18.6	18.1～22.8	17.9～21.3	15.1～19.7

表 5.34　高产棉田各生育期土壤速效养分指标　　（单位：mg/kg）

生育期	开花期	盛花期	盛铃期	吐絮期
碱解氮	63.9	66.0	64.2	62.2
速效磷	28.2	22.5	21.1	22.1
速效钾	212.6	210.5	207.5	230.8

表 5.35　高产棉田棉花叶片养分　　（单位：mg/kg）

养分	开花期	盛花期	盛铃期	吐絮期
N	3.71	3.96	3.31	2.44
	3.62～4.21	3.60～4.32	3.06～3.49	2.41～2.56
P_2O_5	0.74	0.57	0.58	0.49
	0.71～0.78	0.51～0.59	0.54～0.59	0.46～0.56
K_2O	4.49	4.39	4.47	4.23
	4.46～4.52	4.19～4.66	4.43～4.54	4.05～4.67

2. 非正常棉株诊断

（1）弱株少铃型。植株矮小瘦弱，果枝细短，果节少；花蕾少而小；叶片发黄；初花期红茎比 0.8 以上，盛花期红茎到顶；大行不封，漏光带明显。盛铃期叶色淡绿，上部蕾小，盖顶桃少；叶斑病或红叶病较重。发生弱苗的主要原因是：①棉田土壤贫瘠；②土壤盐分含量高；③土壤水分不足；④施肥量严重不足。

（2）旺株迟铃型。8 月初棉株顶部不见花，植株高大、松散，枝叶繁茂；茎秆上下一般粗，中部节间长于 6.0cm，红茎比小于 0.6；叶片肥厚，叶色鲜绿发亮，背着太阳看，棉田叶片反光；花蕾小，脱落多；赘芽丛生，顶芽嫩绿；田间荫蔽，通风透光不良；花上叶数多于 9 片；根系分布于土壤表层（图 5.39）。形成旺株迟结的根本原因是：①蕾肥或花铃肥使用过多；②花铃肥施用偏早；③蕾期或花铃期灌水过量。

（3）受旱早衰型。7 月 25 日前红花盖顶，顶部果枝生长缓慢；8 月红茎比率＞95%；棉叶叶色灰绿，无生气，上午叶片披而不挺，甚至萎蔫，严重时下部主茎叶变黄，干枯脱落；棉株中上部干铃明显增多；未展叶的叶尖弯曲，顶心呈疙瘩状；大蕾包围顶心，且顶心不随太阳转；倒一叶明显小于倒二叶或倒一叶已大而无新叶展平；花上叶数少于7片叶（图5.40）。

图5.39　旺株迟铃型棉苗

图5.40　花铃期受旱

（4）红叶早衰型。秋季连续降雨常造成大面积红叶早衰。其发生时间一般在秋季连续降雨、急剧降温之后数日。发生地域只限于降雨区。

形态特征：在连续降雨之后2～3d，棉株上部叶片变灰绿色或出现水渍状斑块；4d左右，叶片正面出现不规则的片状浅红色斑块（但叶片背面仍为绿色）；以后红色斑块逐渐扩大，红色加深；十多天后，叶背边缘也开始出现红色；最后变褐、干枯、脱落。受灾重的棉田，远看呈黑褐色。与此同时，上部的蕾开始脱落，幼铃变褐色，后亦脱落。大铃的铃壳变红。在低洼地段还会造成根系组织坏死、易断，叶片青枯。

（四）吐絮期棉株诊断

进入吐絮期，棉花的营养生长和生殖生长都已减弱，根系已停止生长，吸收能力逐渐减弱。此期田间管理的主攻目标是早熟，不贪青，不早衰。

1. 壮株诊断

（1）形态指标。绿叶托白絮，即随吐絮铃位的上升，叶片逐渐落黄或脱落，但"落叶位，不过絮"（落叶的叶位，不超过吐絮的叶位）。

（2）叶片含水率指标。棉株主茎倒四叶时不同叶位叶片含水率是反映棉株体内水分丰缺的重要指标，也是决定灌溉与否的基本依据。其指标见表 5.36。

表 5.36　高产棉田棉花各叶位主茎叶含水率指标　　　　　　　　　　（%）

主茎叶位	1	3	5	7	9	11	13	盛花	盛铃
指标	78～80	76～78	75～77	77～81	77～78	78～79	78～80	77～79	75～78

注：打顶前，测定处于倒四叶时各叶位叶片；打顶后，测定上部叶片

（3）叶片氮素营养指标。叶片含氮量是直接反映棉株氮素营养水平的重要指标，是指导施肥的主要依据之一。高产棉田棉花主茎叶片含 N 量指标见表 5.37。

表 5.37　高产棉田棉花叶片含 N 量　　　　　　　　　　　　　　（%）

生育时期	苗期	蕾期	初花期	盛花期	盛铃期	吐絮期
叶片含氮量	4.34	4.10	4.02	3.72	3.08	2.56

注：打顶前，测定各位叶处于倒四叶时的叶片；打顶后，测定上部叶片

（4）叶绿素含量指标。叶绿素含量是反映叶片光合生理功能的一项重要指标，而且其含量的多少与叶色深浅有很好的相关性（表 5.38）。

表 5.38　高产棉田叶绿素含量指标

生育时期	初花期	盛花期	盛铃期	初絮期
叶绿素 SPAD 值	45.7～47.8	56.2～59.7	59.3～62.4	54.3～57.2

注：采用 SPAD-502 型叶绿素计测定值

（5）土壤含水量指标。高产棉田的土壤水分应达到"两高两低，两宽两窄"：三叶期、盛花期耕层土壤水分含量较高；始花期、吐絮期土壤含水量较低；盛蕾期、盛铃期土壤含水量范围较大；三叶期、始花期土壤水分范围比较窄（表 5.39）。

表 5.39　超高产棉田 0～20.0cm 土层土壤水分指标　　　　　　　　　（%）

生育期	三叶期	现蕾期	盛蕾期	始花期	盛花期	盛铃期	吐絮期
指标均值	19.7	18.6	18.8	17.8	20.2	19.5	16.9
指标范围	19.1～20.2	17.0～20.8	16.1～20.4	17.0～18.6	18.1～22.8	17.9～21.3	15.1～19.7

2. 非正常棉株诊断

（1）早衰型。正常年份，8 月下旬大量吐絮；叶片褪色早，叶黄、薄，落叶的叶位高于吐絮叶位 1 叶以上；上部棉铃小，不充实，脱落严重或不能正常吐絮。

盐碱危害型早衰表现为秋季连续降雨后，盐碱重的地段（土壤多为黑褐色）棉株根内组织坏死（呈红褐色），失去吸收水、肥的功能，而导致叶片急性萎蔫、枯死，最后脱落成光秆。棉田内，棉株成片死亡。

吐絮期缺水受旱早衰表现为棉田一片黑褐色，吐絮铃少，干铃和僵铃多。

脱肥早衰又可分为两种：缺钾。后期表现为红叶茎枯病，叶面突起，叶缘焦枯下卷或脱落；铃小，不能正常吐絮。缺镁：棉株中上部叶片呈黄白色，中部叶片的叶面有多

少不等的血红色斑块，但叶脉呈绿色。上部结铃少，缺镁棉株在棉田呈星状分布。

（2）贪青迟熟型。正常年份，9 月初未吐絮或吐絮不畅；植株高大，红茎比小；叶色深绿；铃小，铃壳厚，铃期长；有的棉田出现"二次营养生长"（棉株上部出现新枝或赘芽）；田间郁蔽，下部有烂铃（图 5.41）。发生贪青迟熟苗的主要原因是后期灌水过量或后期氮肥比例偏大。

图 5.41　"二次生长"棉株

第八节　棉花高产创建与配套技术

一、高产创建发展与问题

20 世纪 80 年代末新疆启动了棉花高产创建活动，激发了广大科技人员和棉农科学植棉的积极性，全疆各植棉区探索、总结棉花高产的经验、方法和技术，提出了培肥地力、合理密植、选用高产品种等高产经验。在此基础上，开始初步研究光、热、水、土、肥对棉花高产的影响，提出了"矮、密、早、膜"栽培模式，总结出了实现高产的主要因素：①选好土地，培肥地力，增加投放是创高产的物质基础；②选用丰产性能好的大龄型陆地棉品种，是棉花创高产的关键；③推行地膜植棉，实现一播全苗，是创高产的中心环节；④合理密植，充分发挥群体的增产潜力，是创高产的主要途径；⑤实行模式栽培，坚持科学管理，是棉花高产的根本保证。南疆和北疆棉区出现了一批每公顷产皮棉 2250kg 的高产田块。

从"八五"、"九五"开始，在政策支持及国家棉花科技攻关项目带动下，棉花高产创建的组织性、科学性、目标性更强，实现了棉花科技工作者与棉农结合，理论与实践结合，试验与示范结合，探索出了适宜新疆棉花高产优质高效的技术途径，完善了以"矮、密、早、膜"为核心的栽培技术体系，集合了全程化学调控技术、宽膜棉植技术、膜下滴灌水肥耦合技术、高密度技术、机采棉带状种植技术、精量播种技术等植棉新技术。这些新技术通过集成组装，在棉花生产中大面积推广应用，进一步提高了新疆棉花单产。此外，棉花产量性状改良进一步优化，衣分明显提高，蕾铃脱落率降低，引进培育了一批新疆特点的早熟、大铃、株型紧凑（零式、I-II 型果枝）的高产新品种（以军棉 1 号、新陆早 1 号、新陆早 4 号、新陆早 5 号、新陆早 8 号、新陆早 13 号、中棉所 36 号、中棉所 35 号、中棉所 49 号、中棉所 43 号、岱 80、新海 14 号、新海 21 号、新海 22 号为代表的 40 余个高产棉花品种）。优良品种配套高产栽培技术体系，使得高产、超高产棉田不断涌现。

在不同时期，高产创建解决的主要问题不同，主要归纳为：一是 20 世纪八九十年代主要是克服热量不足、无霜期短，解决群体优势不足的问题；二是 21 世纪以来主要解决高密度下的个体优势不足问题；三是解决始终存在的资源利用率低、经济系数低的问题；四是解决高产棉田系统性研究少、重演性差、理论指导薄弱的问题。

二、棉花高产创建的依据

作物产量潜力是指通过各种措施，克服某一个或几个限制因子或所有限制因子后，改进代谢机制而可能获得的最大产量，即作物产量潜力极限。多数作物产量潜力极限为现实产量的 2~3 倍。

（一）提高光能利用率潜力大

新疆平均单产 $2000kg/hm^2$ 的棉花光能利用率测算结果表明，棉花有效辐射的利用率为 1.45%，全年光能利用率为 0.93%，还不到 1%。目前新疆生产现实生产力水平平均为产皮棉 $1800kg/hm^2$ 左右。李军和谢国辉（2000）计算了塔里木河、叶尔羌河、和田河等流域，以及东疆棉区和准噶尔棉区等 6 个主要棉区的光温生产潜力，棉花平均单产为 $473.50~753.19kg/hm^2$ 的光能利用率为 0.11%~0.15%，单产为 $944.5~1231.11kg/hm^2$ 的光能利用率为 0.21%~0.27%；若光能利用率分别以 1%、2%计算，几个棉区棉花单产水平可分别达到 $2102~4074kg/hm^2$ 和 $4205~8148kg/hm^2$。由此可知，目前新疆棉花光能利用率还很不足，新疆的光照条件丰富，不断涌现的高产典型证明，棉花单产还有巨大的增产潜力可以挖掘，通过提高光能利用率来提高新疆棉花产量水平是完全可能的。

（二）生态资源利用潜力大

棉花是喜光好温作物。新疆棉区的光照资源丰富，热量资源也能满足早熟、早中熟棉花生长发育的要求。邱建军等（1998）、徐文修等（2007）、吕新（1999）先后对新疆棉的光温生产潜力进行了测算。测算结果表明，北疆各地最高光温皮棉生产力在 $4905~6048kg/hm^2$，平均光温皮棉生产力在 $2721~5419.5kg/hm^2$。以 1998 年北疆各地棉花实际产量与测算的最高光温生产力相比，北疆棉花的增产潜力尚有很大的提升空间；与棉花生长期 183d 测算的光温生产力相比，增产潜力也有 1.40~4.26 倍的空间。从新疆曾出现的高产纪录来看，策勒县试验田 $4002kg/hm^2$ 产量记录发挥了其 79.5%的光温生产潜力，轮台试验田 $4050kg/hm^2$ 产量记录也发挥了其光温生产潜力的 78.5%。这说明只要采用科学的耕作栽培技术、优良的棉花品种，发挥 70%的光温生产潜力，即实现皮棉 $3491.5kg/hm^2$ 产量水平是完全可行的（徐文修等，2007）。

从经济系数看，目前棉花的经济系数平均在 0.3～0.4，棉花产量的经济系数远没有达到最佳，说明进一步提高经济系数是今后棉花品种改良和高产栽培的方向。

从水利用率看，水资源利用率也较低，灌区灌溉水利用率仅为 0.468（2009 年），每立方米水可生产出 1.07kg 籽棉、0.43kg 左右皮棉，水产比还有很大的提升空间。灌溉水利用系数提高到 0.53～0.57，也有很大空间。

从土壤肥力看，新疆大部分棉田土壤有机质含量较低，据第三次土壤普查，北疆为 1.29%～1.35%，南疆仅为 0.85%～0.89%，属中低水平。土壤速效钾、速效磷的含量也较第二次土壤普查有不同程度下降。通过高产田创建，重点推广有机培肥、测土配方施肥、水肥一体化、秸秆还田、土壤深翻（松）、轮作倒茬等提高地力的主导技术，可以为棉花增产提供良好的土壤环境条件，不断挖掘棉花产量潜力是完全可行的。

（三）优良新品种为高产创建提供核心竞争力

优良品种是实现棉花超高产生产目标的核心竞争力，实践证明新疆棉花育种科技工作者具有很强的创新能力。目前，分布在南、北疆各育种团队正在采用常规育种技术与转基因技术、分子标记辅助选择技术相结合的选育方法，以高光合性能和高水肥利用率为主要目标，加强优良遗传组分拓展，使高配合力、理想株型与抗枯萎病、耐黄萎病、早熟、优质和高产性状聚合，为高产创建培育一批增产 10%以上的综合性状优异的棉花新品种。

（四）栽培技术进步为高产创建提供技术支持

通过栽培技术提高棉花产量最具现实意义。棉花栽培技术的进步对棉花生产的促进作用重大，一般认为栽培技术在棉花增产中占 35%以上的份额，栽培技术进步与创新可为高产创建提供技术的大力支持。当前，新疆现代植棉技术体系正在完善组装，即单项技术配套→多项技术之间的连接、组装→技术体系的优化集成，开发了平衡施肥专家决策系统和棉花滴灌专用肥和混合肥系列；棉田灌溉自动化与智能化技术及相关设备的研制与生产；棉花生长监测技术的研究工作取得重大进展，初步建立了棉田冠层信息的预报模型和估产模型，部分团场已建立了用于对棉田进行直接观察和宏观决策的视屏系统；制订了多项现代农业的技术指标与技术规程。这些现代植棉新技术体系的完善、推广与应用，将为高产创建继续提供技术支持。

三、高产棉田基本特征

转变资源消耗方式是高产创建的关键。棉花产量的提高与光、热、水、肥、气等资源消耗方式转变和利用率的提高密不可分。新疆棉花产量提高的关键限制因子是水资源的严重不足、热量资源的有限、光能利用率不高。高产创建应用高能富照同步理论采用大铃棉、宽膜植棉、壮株塑型、滴灌水肥一体化等技术，极大地提高了光、热、水、肥、气等资源的利用，初步实现了棉花生产由高消耗低产出的资源消耗方式向低消耗高产出的资源消耗方式转变。

与一般棉田相比，高产棉田在生态学、生理学和生物学方面都有一些明显的特征。

这些特征既是鉴定棉花高产与否的重要依据，也是制定棉花高产技术路线和技术方案的重要依据。对单产皮棉超 3000kg/hm² 的高产棉田相关资料进行综合分析，总结出高产棉田的基本特征如下。

（一）土壤特征

棉花产量的高低与土壤养分密切相关。土壤基础养分含量状况是获得棉花高产的重要前提。通过分析，皮棉产量达到 2700kg/hm² 的肥力指标为：有机质≥1.1%，碱解氮≥70mg/kg，速效磷≥20mg/kg，速效钾≥180mg/kg。土壤总盐量≤0.05%（表 5.40，表 5.41）。

表 5.40　高产棉田土壤基础养分指标（0～20cm）（买买提·莫明等，2012）

项目	有机质/%	碱解氮/（mg/kg）	速效磷/（mg/kg）	速效钾/（mg/kg）	总盐/%
养分范围	1.02～1.32	41.0～87.3	14.8～38.0	145～330	0.05～0.444
平均	1.268	67.1	26.9	215.7	0.276

表 5.41　部分高产棉田的土壤肥力情况

高产棉田所在单位	有机质/（g/kg）	碱解氮/（mg/kg）	有效磷/（mg/kg）	速效钾/（mg/kg）
第一师 16 团	12.5	55.0	36.0	198.0
第二师 30 团	10.0	70.0	150.0	180.0
第二师 33 团	12.0	55.0	30.0	180.0
第三师 45 团	9.3	79.49	16.44	220.49
第三师 50 团	10.2	49.0	19.0	
平均	10.8	61.7	50.3	194.6

（二）品种特征

品种是获得高产的主要条件之一。高产棉田所选用品种的共同特点是稳产性好，铃大（单铃重 5.5～7g），能充分利用当地光热资源等。例如，1990 年第三师 45 团高产棉田，选用了稳产性好、铃重 7g 的大铃品种军棉 1 号；2009 年第一师 16 团高产棉田，选用了成铃前移、与新疆棉区高能同步期长的新陆中 42 号（表 5.42）。

表 5.42　创造高产的棉花品种经济性状

品种	密度/（万株/hm²）	果枝数/个	单株铃数/个	单铃重/g	衣分率/%	皮棉产量/（kg/hm²）
军棉 1 号	13.5～15.0	10～11	6～7	6.96	37.1	2370.0
大铃棉	13.5～15.0	10～11	6～7	6.65	38.0	2374.5
108 夫	13.5～15.0	10～11	6～7	6.41	37.8	2343.0
标杂 A1	195.0	9～10	8.5	5.50	42.0	2700.0
新陆早 7 号	27.1	9～10	6.8	5.64	42.6	4002.0
新陆中 42 号	24.0	11～12	7.3	6.50	42.5	5138.25
冀 668	24.15	8.8	7.3	5.10	40.0	3495.0

（三）生育进程特性

合理的生育进程是高产棉田的基本特征。在保障 4 月苗、5 月蕾（5 月 20～27 日现蕾）、6月花（6月20～26日始花）、9月絮（8月29日至9月6日见絮）的基础上，发育进程早而稳是高产棉田的显著特征。单产籽棉12 090～12 574.65kg/hm² 的高产棉田，现蕾期为5月22日，较一般棉田早5～6d，开花期为6月20日，较一般棉田早6～8d，吐絮期为8月底9月初，较一般棉田早10d左右。高产棉田发育进程还表现为前期稳而不僵，中期快而不旺，后期老而不衰的长势长相。北疆早熟棉区实现产皮棉2500kg/hm²的生育期要求是120～125d。南疆棉区实现产皮棉3000kg/hm²的生育期要求是125～135d。有研究表明（王俊铎等，2012），高产棉花品种发育进程比普通品种早现蕾3～5d，早开花5～7d，早吐絮7～9d。

（四）产量结构特征

多数研究表明，要实现每公顷产2500kg以上的产量水平，收获株数需达15.5万～21.7万株/hm²，植株高度65～75cm，果枝9～11个，单株铃数6.5～9.2个，以7或8个的比例较大，铃重5.5～6.7g，以5.5g左右比例最大，亩铃数一般在10.0万个以上，以11.0万～12.0万个的比例最大。陈冠文等（2006）、朱玉国等（2008）在对单产皮棉3000kg/hm²的高产棉田进行广泛调查后指出，南、北疆垦区超高产常规棉田产量结构具有"两高两中"的特征：即每公顷收获株数在24万～27万株的高密度，40%左右的高衣分，单株≥8个结铃数，≥5.0g的铃重（表5.43）。

表5.43　棉花高产、超高产田产量指标（朱玉国等，2008）

棉田类型	棉花类型	收获株数/（株/hm²）	单株结铃/（个/株）	单铃重/g	衣分/%	理论单产/（t/hm²）	实收单产/（t/hm²）
高产田	常规棉	(20～26)×10⁴	5.5～8.2	≥5	≥40	2.2～4.2	1.5～3.0
	长绒棉	(22～26)×10⁴	5.5～10	3.0左右	33左右	1.1～2.6	0.85～1.95
超高产田	常规棉	(25～27)×10⁴	≥8.2	≥5	≥40	4.1～5.3	≥3.0
	长绒棉	(25～27)×10⁴	≥10	3.0左右	33左右	≥2.7	≥1.95

高产棉田的产量结构根据密度不同又可分为3类（表5.44）。每公顷15.0万株左右的中密度棉田，实现超高产主要依靠较高的单株成铃数和高衣分；超高密度（>28.5万株/hm²）棉田主要依靠特高的收获株数；高密度棉田，产量构成因素处于两者之间。

表5.44　3种密度高产棉田的产量结构（陈冠文等，2006）

类型	收获株数/（株/hm²）	铃数/（万个/hm²）	株铃数/个	单铃重/g	衣分/%	产量/（kg/hm²）
中密度	16.7×10⁴	156.015	9.32	5.00	46.0	3262.5
高密度	24.0×10⁴	184.845	7.81	5.32	43.0	3741.0
超高密度	29.0×10⁴	173.100	5.97	5.00	38.0	3124.5

（五）棉铃时空分布特征

陈冠文等（2006）的研究表明：高产棉田棉铃空间分布具有下列基本特征：①中下部果枝除内围铃外，还有一定比例的外围铃；②棉株以中下部棉铃为主，同时有一定比例的上部铃。这些特征表明：中下部内围铃是超高产棉田棉铃的主体，而中下部外围铃和上部内围铃是实现超高产的潜力所在（表5.45）。

表 5.45　2005 年超高产棉田的棉铃空间分布资料

品种	产量/ (kg/亩)	株铃数 /个	棉铃纵向分布/%			棉铃横向分布/%		
			下部	中部	上部	果节 1	果节 2	其他
K8	222.7	6.5	10.1	50.5	39.4	72.5	26.6	0.9
冀 668	203.0	6.4	27.5	48.0	24.5	93.3	6.7	
K12	235.6	7.0	21.3	55.1	23.6	64.0	27.0	9.0
99B	201.5	6.7	29.7	49.3	21.0	86.3	8.9	4.8
中 35	207.3	7.5	43.0	39.1	17.9	99.3	0.7	
98-6	225.2	5.9	35.9	46.7	17.4	70.6	27.2	2.2
早 13	207.9	6.0	35.3	51.5	13.2	70.6	26.5	2.9
平均	214.7	6.6	29.0	48.6	22.4	79.5	17.7	3.9

梁亚军等对单产籽棉 12 090～12 574.65kg/hm^2 的高产棉田成铃特点研究表明：①有效成铃时间总体表现延长，具体表现为前伸后不延，适时断花。成铃时间较一般棉田提早 6～10d。②成铃过程有两个高峰期：在 7 月上中旬出现第一个高峰期，7 月下旬出现第二个高峰期，较一般棉田多一个高峰期。

（六）株型特征

陈冠文等（2006）对单产皮棉 3000kg/hm^2 棉田的株型资料分析表明，高产棉田的株型以塔形和筒形为主。高产棉田果枝的适宜长度：塔形为 16～25cm，筒形为 11～20cm。高产棉田株型的纵向分布特征为：下部主茎节间短，随节间位的上升，主茎节间逐渐变长，上部 3 个节间又逐渐变短。这种特征有利于拉开中上部叶层间距，改善棉田群体的通风透光条件。主茎节间适宜长度为 5～8cm，李雪源等于 2009～2012 年对单产籽棉 12 090～12 574.65kg/hm^2 棉田的株型分析表明，主茎节间长度与产量相关，提出主茎节间长度应符合"节节高"的特征：第 4 节果枝以下对应的主茎节间长度 4～5cm，第 4～7 节果枝间的主茎节间长度 5～6cm，第 7 节果枝以上的主茎节间长度 6～7cm。

（七）冠层光合生理特征

叶面积指数是棉花高产群体结构的重要指标。研究表明，每公顷产皮棉 2250kg 的品种，叶面积指数在整个生育期的变化呈单峰曲线：出苗期至现蕾期叶面积指数增长缓慢，开花后逐渐加快，盛铃期达到高峰，此后开始逐渐下降。高产品种各时期叶面积指数指标：开花、盛花、盛铃、盛絮期分别为 1.30、2.98、4.25、1.90，最高叶面积指数为 4.50。

吕新等（2001）对单产皮棉 1800～2250kg/hm^2 的高产棉田冠层结构指标研究表明：①高产棉田冠层散射光透过系数（透过率）变化规律是盛铃期膜上中行为 0.12～0.18，膜上窄行为 0.1～0.15，膜间宽行为 0.12～0.20。②各生育期直射光的透过系数为蕾期 0.45～0.65，盛花期 0.35～0.45，盛铃期 0.20～0.30，吐絮期 0.25～0.35。③各时期较合理的消光系数为盛花期 0.85～0.90，盛铃期 0.70～0.80，吐絮期 0.80～0.95。

郑巨云等（2013）认为，高产的形成有赖于高光效群体的构建，高光效群体的形成能更有效地利用光、温、水、气、肥等条件，保证高产稳产，并通过单产籽棉 12 090～

12 574.65kg/hm² 的高产实践，提出了"基于光特征的高产塑型技术"，通过对根茎叶、蕾花铃、枝节尖的合理塑造，优化了棉花群体、个体结构，提高光能利用率。

（八）栽培技术特征

超高产是在选用高产优良品种的前提下，采用成熟的高产配套栽培技术，通过高密度栽培和膜下滴灌模式所进行的各种栽培技术措施的综合体现。

1. 共性特征

（1）大群体。发挥群体增产优势，新疆高产及超高产棉田创建都是靠大群体实现的，新疆采用的种植模式是高密度及超高密度种植模式，密度一般为（66+10）cm×（9.5～9.8）cm；提高棉花群体质量的关键在于合理的种植密度和株行距的配置，采用 1 膜 8 行模式，通过扩大行距推迟封行期，提高结铃率，减少下部烂铃，提高棉花品质。采用宽窄行带状配置，理论密度在 225 000 株/hm² 以上，收获株数在 21.4 万～25.5 万株/hm²，较一般生产田多 2.7 万～4.5 万株/hm²。在合适的密度和恰当的田间管理下，大群体是高产形成的主要因素。

（2）选用优良品种，发挥品种的增产潜力。选用大铃、高成铃率、高衣分的优良品种是实现高产的基础。从大面积高产生产情况分析，单铃重 5.5～6.0g、衣分＞40.0%、成铃率＞35%的品种是高产形成的重要因素。因此，超高产栽培要选用具有高产潜力的品种。

（3）全程化学调控促早发是超高产田的共性途径。超高产田要合理使用缩节胺，掌握"前轻、早勤、后重"的原则，防止棉花营养生长过快，促进生殖生长。

（4）生态条件组合适宜。光、热、水、土资源条件最佳组合，是新疆实现高产及超高产棉花重要的资源环境条件。

2. 滴灌水肥一体化技术应用

棉花实施滴灌，充分体现了对田间灌溉实现可控性的特点，表现出明显的优势：一是滴灌为棉花生长发育提供了比较好的土壤环境，土壤基本没有旱涝不均的现象，土壤水分含量适宜，棉花生长稳健，整体长势均匀，蕾铃脱落减少，结铃率提高；二是滴灌棉田较常规灌溉能较好地控制杂草的扩散，大大降低杂草危害，有效减轻了田间病虫草害；三是灌溉的同时进行施肥，棉花不同生育期需水、需肥规律结合土壤环境和养分含量状况，使水和肥料在土壤中以优化的组合状态供应给作物吸收利用，实现水肥一体化利用和管理。在高产创建中，皮棉产量在 3000kg/hm² 以上的棉田中有 88.89%应用了滴灌水肥一体化技术；皮棉产量在 2700～3000kg/hm² 的棉田中有 78.6%实施了滴灌水肥一体化技术；皮棉产量在 2250～2700kg/hm² 的棉田中有 80%实施了滴灌水肥一体化技术（买买提·莫明等，2012）。

四、棉花高产典型及主要经验

新疆棉花生产具有明显的资源优势、产量优势、效益优势。2014 年新疆 242 万 hm²棉花，平均皮棉单产 1862.55kg/hm²，比全国棉花单产高 27.6%。其中，新疆生产建设兵团 70 万 hm² 棉花，皮棉单产 2335.35kg/hm²，比全国棉花单产高 60%。高产创建形成了一批有应用价值的新经验、新技术，对这些新经验、新技术的总结、示范、推广，可以提高棉花科技工作者和生产者进一步挖掘棉花增产潜力的信心。

（一）建设兵团第三师 45 团高产典型

1. 基本情况

1990 年，新疆生产建设兵团第三师 45 团 15 连 1.4hm² 棉田，经中国棉花学会组织专家测产，创造了皮棉 2970kg/hm² 的高产纪录。

45 团位于南疆塔克拉玛干沙漠西缘，北纬 39°08′，东经 77°57′，年≥10℃的积温 4000～4300℃，无霜期 200～213d，年降雨量平均为 46mm，年蒸发量 2525mm，年日照时数在 2768h 以上，日照率平均为 64%，属干旱灌溉植棉区。

棉田土壤为轻壤土，土壤有机质含量在 0.83%～1.1%，碱解氮为 3.8～60.8mg/kg，速效磷为 8.60～15.8mg/kg，速效钾为 91～129mg/kg。属于有机质中等、全氮中等偏下、缺磷而钾比较丰富的棉田。

2. 主要技术

棉花种植采用 1.2m 宽的地膜覆盖，行距配置为 30cm+60cm+70cm 的宽窄行，平均行距 46.7cm，理论株数在 13.5 万～15.0 万株/hm²。

（1）选用大铃品种。军棉 1 号，平均铃重 7.41g，衣分 37.1%。

（2）提高密度。发挥群体优势，亩收获株数 9404 株。

（3）采用地膜覆盖，实现一播全苗。

（4）科学施肥。根据土壤类型、养分状况及棉花生长发育规律，采取了培肥地力及有机无机肥相结合的原则，适当增加了肥料投入。基肥以有机肥、磷肥为主，基肥施入总氮肥量的 40%左右，其余作追肥在花铃期重施。棉田施用基肥为油渣 1500kg/hm²、尿素 300kg/hm²，磷酸二铵 300kg/hm²，硫酸钾 75kg/hm²，均在秋耕春翻时深施入土壤。生育期灌水 4 次，追肥一次，在灌头水前，用机械结合开沟施入尿素 300kg/hm²。

（5）化学调控。亩喷缩节胺 1～3 次，缩节胺亩总用量 5～9g。关键在初花浇头水前使用，经过化学调控的棉花株型紧凑，生长稳健，叶量不大，且全田透光性较好，株高 70cm 上下，平均果枝 10 或 11 个。

（二）和田策勒县"双株双层"高产典型

1. 基本情况

1998～2000 年，中国科学院新疆生态与地理研究所在策勒县沙漠研究站，采用"双株双层"方法创造棉花皮棉单产 3750kg/hm²（250kg/亩）的高产纪录。

策勒县地处南疆塔克拉玛干沙漠南缘，昆仑山北麓。降水量多年平均为 34.0mm，蒸发量 2570mm，干燥度 20.8，年均温度 11.9℃，≥15℃积温 3677.5℃，≥10℃积温 4340.0℃，无霜期 196d。年均日照时数 2697.5h，年太阳总辐射能 604.6kJ/cm²。

2. 关键技术

（1）品种。3 年分别为新陆早 7 号、秦远 4 号、冀棉492。

（2）播种。4月上旬播种。株行配置为30cm+50cm宽窄行配置，株距12cm，每穴2株，密度为27.74万株/hm^2。

（3）施肥。每公顷施农家肥30～45t，磷酸二铵300kg，尿素150kg，硫酸钾45kg。6月初每公顷追施尿素150kg；始花期每公顷追施尿素450kg；盛花期追施复合肥每公顷900kg，追施氮磷比例为1：0.3。

（4）灌水。棉花全生育期共灌溉7次，每公顷灌溉量为6300～7500m^3。

（5）化学调控。在棉花全生育期，适时适量化学调控3次，分别在苗前期、初花期和7月10日前；每公顷用缩节胺分别为7.5～12.0g、30.0～45.0g和60.0～75.0g。

（6）整枝。在棉株第一果枝出现后，严格打营养枝；中后期，及时进行抹赘芽、打边心、剪空枝和打去下部老叶。

（7）植保。采用林丹拌种，每100kg棉种拌林丹1.5kg。齐苗后，喷施一遍杀灭菊酯，6月10日和7月5日分别喷洒赛丹457g/hm^{2}和750g/hm^2。全生育期除草6或7次。

3. "双层双株" 栽培技术特点

（1）双株留苗。定苗时每穴留2株，形成"双株"结构。

（2）二次打顶。采取二次打顶技术，当棉株平均高度达到50cm，果枝5或6个时第一次打顶，形成下层株；当棉株平均高度达到70cm，果枝9或10个时第二次打顶，形成上层株，从而构成"双层"结构。

4. 产量结构

单产皮棉3843kg/hm^{2}的产量结构：每公顷收获株数27万株，单株平均结铃5.5个，铃重5.90g，衣分43.6%，每公顷总铃数149.55万个，矮棉株结铃4.5个左右，高棉株结铃8个左右（表5.46）。

表5.46　不同棉花品种的经济性状

品种	密度/ （万株/hm^2）	单株铃数 /个	单铃重 /g	衣分率 /%	皮棉产量/ （kg/hm^2）
新陆早7号	27.1	6.84	5.64	42.6	4002
秦远4号	21.9	9.72	5.90	43.6	3843
冀棉492	26.5	6.64	5.90	43.6	3846

（三）建设兵团第二师33团高产典型

1. 基本情况

2004年33团9连25-7号块条田，面积为7.67hm^2，经农业部专家组测产，皮棉单产为3537kg/hm^2（实收单产3738kg/hm^2）。

高产田为壤土，土壤有机质含量0.95%～1.20%，速效氮63～65mg/hm^2，速效磷（P$_2$O$_5$）34～39mg/hm^2，速效钾（K$_2$O）150～200mg/hm^2，总盐含量<0.3%，地下水位2m左右。前茬为棉花，冬前粉碎棉秆后，施基肥深翻、平地、打埂、冬灌，翌春复水，适墒耙（耱）整地成待播状态。播前喷化学除草剂实施土壤封闭。

2. 关键技术

（1）品种。种植品种冀棉668。

（2）播种。播种期为4月7~8日。采用66cm+10cm的机采棉带状配置，株距9.5cm，每公顷理论株数27万株以上。

（3）灌水。采取少量多次膜下滴灌。滴头水一般在6月初；棉花盛蕾期，每公顷每次滴水120~180m³，每水间隔4~5d；盛蕾至初花期，每公顷每次滴水180~225m³，每水间隔3~4d；初花后至盛花期，每公顷每次滴水270~300m³，每水间隔3~4d；花铃期至盛铃期，每公顷每次滴水375~450m³，每水间隔3~4d；盛铃期至吐絮前（8月6~25日），每公顷每次滴水180~200m³，每水间隔4~5d；8月下旬至9月上旬，每公顷每次滴水100~150m³，每水间隔5~7d；停水时间一般为9月上旬，沙性地延迟到9月15日。全生育期滴水20~25次，多者达28~30次。

（4）施肥。33团高产田在肥水投入及运筹上有四大特点。一是转变肥水投入观念。高密度根量多，营养体大，必须加大肥水投入才能满足棉株生长发育的需要。该棉田除施有机肥外，每公顷化肥总投入量为1950.6kg，较一般高产田多750~1050kg，每公顷生育期滴水量为7350m³，较一般高产田每公顷多1800~3750m³。二是坚持基肥、滴肥和叶面肥三结合，以生育期滴肥为主。该高产田施基肥量为420kg/hm²，占各自化肥总量的21.54%；生育期滴施化肥量为1515kg/hm²（滴施27次），占自化肥总量的77.67%；喷施叶面肥每公顷用量为15.6kg/hm²，喷6次，占各自化肥总量的0.79%。三是坚持施用复合（混）肥或专用肥。氮、磷、钾比例为1∶0.48∶0.56，尤其注重在铃期增施钾肥，以增铃重、防早衰。四是生育期水、肥采用"少吃多餐"。除头水外，基本上实行"一水一肥"，原则上实行蕾期（6月）轻施，花铃期（7月）重施，盛铃期（8月）补施（表5.47）。

表5.47　超高产田施肥情况

肥料品种	棉饼	基施专用肥	硫酸锌	硼肥	尿素	滴灌专用肥	磷酸二氢钾	合计
基肥量/（kg/hm²）	1200	375	30	15	600	675	225	3120
追肥量/（kg/hm²）	—	—	—	15	—	—	—	15
叶面肥/（kg/hm²）	—	—	—	—	7.8	—	7.8	15.6
合计	1200	375	30	30	607.8	675	232.8	3150.6

注：基肥中的专用肥含N 22%，P_2O_5 15%，K_2O 6%~7%。滴灌专用肥含N 13.8%，P_2O_5 8%，K_2O 22%

（5）化学调控。生育期喷施缩节胺4~7次，亩用总量7.7~15.8g，喷施时间主要在苗、蕾期和打顶后7~10d。

（6）打顶。时间为7月1~5日。

（7）病虫害防治。坚持以预防为主、综合防治的方针，实行预测预报与田间调查监控相结合。

3. 塑造理想株型，提高成铃率

棉花出苗后至吐絮前，根据苗情通过综合调控使棉株始终按高产棉花的株型生长发育，最终达到如下指标：株高68.0cm（自然高度72cm左右）；1~5节间长度平均为2.70cm，

6～14 节间长度平均为 5.86cm。主茎各节间长度自下而上逐渐递增，分布均匀，始果枝节位平均为 5.5cm，单株平均果枝 8.8 个，果节 17.28 个，结铃 7.23 个。果枝结铃率为81.3%，较一般高产田提高 15%～20%，果节成铃率为 41.8%，较一般高产田提高 6%～10%；实现了"四均匀"，即棉株大小均匀，节间伸长均匀，果枝生长均匀，结铃分布均匀。

4. 产量结构

该高产田的收获株数 24.2 万株/hm²，单株成铃 7.25 个，铃重 5.06g，衣分 40%，总铃数 175 万个/hm²，实收皮棉 3738kg/hm²。

（四）建设兵团第八师 149 团高产典型

1. 基本情况

2006 年，在北疆早熟棉区石河子莫索湾垦区，兵团第八师 149 团 19 连职工李森合种植 1.33hm² 标杂 A1 杂交棉花新品种，经兵团农业局、新疆农垦科学院、石河子大学专家测产，皮棉单产达 4191.0kg/hm²，破新疆棉花高产纪录。2008 年，他又种植石杂 2号杂交棉新品种，以单产皮棉 4378.5kg/hm² 刷新北疆高产纪录。连续两年创棉花高产纪录，证明了北疆早熟棉区也具有超高产的生产能力。

2. 关键技术

选用品种为杂交棉标杂 A1 和石杂 2 号。生育期 135d。发育进程为：4 月 6～10 日播种，4 月 25～30 日出苗，6 月 5～11 日现蕾，6 月 30 日～7 月 5 日开花，7 月 5～11日结铃，9 月 5～10 日吐絮。

采用节水滴灌高密度植棉结合膜上精量播种、测土配方施肥等技术，每公顷施油渣1500kg，增加土壤肥力；肥水运筹做到前期促壮苗，中期保稳长，后期防早衰，重施花铃肥，为多结伏桃服务，补施壮桃肥，为桃大、质优、防早衰服务。做到"苗期不追慢长，蕾期控肥稳长，花铃期吃饱健长"，促根早发壮苗，全程稳长不早衰。

3. 产量结构

棉田每公顷收获株数 184.6 万株，每公顷总铃数为 178.5 万个，吐絮期铃重 6.75g，衣分为 42.8%。

（五）建设兵团第一师 16 团高产典型

1. 基本情况

2009 年，新疆农业科学院经济作物研究所陆地棉育种科研团队与第一师 16 团合作，在 5 连创造籽棉 12 090kg/hm² 的全国超高产纪录。2012 年，该棉花科研创新团队在 16 团 7 连 841（副）条田继续开展高产创建工作，创建面积 3.3hm²。经农业部专家组随机测产鉴定，每公顷收获密度 21.67 万株，平均单株成铃 10.1 个，每公顷总铃数 220.9 万个，单铃重 5.69g，单产籽棉 12 574.65kg/hm²，刷新了全国超高产纪录。

2. 生育进程及其相关指标

（1）生育进程。高产棉田生育进程目标：总体实现 4 月苗、5 月蕾、6 月花、8 月初花上梢、9 月见絮的发育目标。从播种到出苗期需要 15～20d，出苗至现蕾需要 30d 左右，现蕾到开花需 35d 左右，花铃期需要 80d（表 5.48）。

表 5.48 高产田生育进程表

生育期	播种期	出苗期	现蕾期	开花期	打顶时间	吐絮期
时间	4 月 8 日	4 月 22 日	5 月 24 日	6 月 22 日	7 月 5 日	9 月 5 日

（2）营养生长动态指标。高产棉田营养生长动态指标如表 5.49 所示，出苗—现蕾时期株高为 9.8cm，叶龄为 4.2 片，出叶速度为 0.2 片/d，主茎日增长量 0.3cm/d。现蕾—开花时期株高为 47.5cm，是苗期的 4.8 倍，叶龄为 10.4 片，是苗期的 2.5 倍，出叶速度为 0.35 片/d，较苗期增长 75%，主茎日增长量 1.3cm/d，是苗期的 4.3 倍。开花—打顶时期株高为 60.5cm，叶龄为 13.5 片，出叶速度为 0.1 片/d，主茎日增长量 1.20cm/d，株高、叶龄分别比蕾期增加 27.4%、30%，出叶速度、主茎日增量分别比蕾期降低 71%、8%（表 5.49）。

表 5.49 营养生长动态指标表

生育时期	播种—出苗	出苗—现蕾				现蕾—开花				开花—打顶			
项目	出苗率/%	株高/cm	叶龄/片	出叶速度/（片/d）	主茎日增长量/（cm/d）	株高/cm	叶龄/片	出叶速度/（片/d）	主茎日增长量/（cm/d）	株高/cm	叶龄/片	出叶速度/（片/d）	主茎日增长量/（cm/d）
指标	>85	9.8	4.2	0.2	0.3	47.5	10.4	0.35	1.3	60.5	13.5	0.1	1.2

（3）生殖生长动态指标。高产棉田生殖生长动态指标如表 5.50 所示，单株总蕾量 36.0 个，日均现蕾量 0.38 个，蕾期—花期现蕾数 3.2～19.8 个，果枝数 2.0～9.5 个，果节 1.9～20.4 个。花铃期成铃数 2.0～10.6 个。

表 5.50 生殖生长动态指标

项目	蕾发育动态/个				果枝发育动态/个				果节发育动态/个				成铃数/个			
	单株总蕾量/个	日均现蕾量/个	6 月 9 日	6 月 24 日	7 月 9 日	6 月 4 日	6 月 20 日	6 月 29 日	7 月 9 日	6 月 20 日	7 月 15 日	7 月 30 日	8 月 15 日	7 月 10 日	7 月 30 日	8 月 15 日	8 月 23 日
指标	36.0	0.38	3.2	12.6	19.8	2.0	5.8	8.2	9.5	1.9	7.8	11.5	20.4	2.0	8.4	14.3	10.6

3. 主要技术

（1）种植品种。新陆中 42 号优系，铃重 5.6～6.0g，衣分 42.5%。纤维绒长 30.5mm，比强度 31.5cN/tex，整齐度 87.8%，伸长率 5.4%，马克隆值 4.6。抗枯萎病，耐黄萎病。苗期早发，成铃快，吐絮集中，早熟不早衰。

（2）土壤基肥。每公顷施 180m^3 有机基肥，加尿素 300kg/hm^2、磷酸二铵 450kg/hm^2、硫酸钾 150kg/hm^2。

（3）播种期。适期早播，播种期为 4 月 8 日。

（4）株行距配置及密度。株行配置：采用机采棉 1 膜 6 行配置，行距 66cm+10cm+66cm+10cm+66cm+10cm，株距 9.8cm。种植密度：26.7 万株/hm²，收获株数 24 万株/hm²。

（5）灌溉定额及方法。采取少量多次膜下滴灌。每公顷灌水量：7150m³。每公顷追肥总量：225kg 滴灌专用肥、375kg 尿素、480kg 复合肥、75kg 磷酸二氢钾、硼肥 50kg（表 5.51）。

表 5.51 高产田的肥水管理

灌水次数		1	2	3	4	5	6	7	8	9	10
滴灌时间（月-日）		春灌	6-7	6-24	7-2	7-11	7-18	8-2	8-14	8-23	9-2
灌水量/m³		2700	450	450	450	450	600	500	450	450	600
肥料/（kg/hm²）	硼肥	—	—	—	—	50	—	—	—	—	—
	尿素	—	—	—	150	150	—	75	—	—	—
	复合肥	—	—	150	—	50	180	100	—	—	—
	专用肥	—	75	—	—	—	—	—	150	—	—
	KH₂PO₄	—	—	—	—	—	—	37.5	37.5	—	—

注：每公顷基肥品种与用量为尿素 300kg、复合肥磷酸二铵约 375kg、硫酸钾 150kg

（6）采取全程动态量化调控。从播种到收获，将整个生育期分为 6 个阶段：播种至出苗，出苗—现蕾，现蕾—开花，开花—花铃，铃期，吐絮—收获，采取全程化学调控。根据不同阶段的主要生长发育特点，采用定期、定点、定株挂牌全程跟踪主要性状动态、蕾铃脱落和生理指标，进行动态诊断，科学量化调控。苗期到初花期每 5～10d 喷缩节胺，用量为 15g/hm²，打顶后，喷缩节胺进行盖顶，用量为 60g/hm²（表 5.52）。

表 5.52 高产田全程化学调控

时间	5 月 9 日	5 月 17 日	5 月 22 日	6 月 9 日	6 月 14 日	7 月 12 日
缩节胺用量/（g/hm²）	15	15	15	15	15	60

4. 生殖前移技术

选用自育高产优质抗病早发品种，依照棉田的诊断指标结合管理目标，制订措施对棉田生长发育进行促或控，使品种的生殖发育提前，与高能富照期同步，早现蕾、早开花、早结铃，实现 4 月苗、5 月蕾、6 月花、8 月底 9 月初见絮。

5. "四矮技术"

初始果枝矮（15～18cm）、果枝节间矮（5～7cm）、倒三果枝高度矮（10～15cm）、植株高度矮（70～75cm）。

6. "三辫子技术"

倒三节果枝"甩辫子"，打顶后，通过水肥调控、化学调控，促使倒三节果枝拉伸出来，其长度能够分别达到 15cm、20cm、15cm，顶高果枝节间（倒一至倒三）10cm；群体结构合理，通风、透光。

在第一师 16 团棉花高产创建中，李雪源团队提出并实践了"三增一快、两优一降"

（增果枝、增果节、增有效蕾有效叶，生长发育快，优化群体和个体，降蕾铃脱落）、扩窄行、壮株塑型强光补气、基于光特征的塑型技术；总结了选用大铃品种的经验；提出了由过去以热资源特征为主的技术体系，向以光资源特征为主的，光、温特征相结合的技术体系转变。充分发挥了与产量相关的各种资源优势，实现超高产创建目标。

在高产创建中，注重组建产、学、研协同创新的研究团队，建立以试验区棉花种植者、生产管理者和科技工作者"三结合"的高产创建合作关系，在棉花生长期采取"全程动态量化调控"管理方法，依据不同生育期的生长发育指标，有针对性地采取量化调控措施。使"技术到位"贯穿于棉花的整个生长期。

技术集成是高产创建的基本方法。在充分发挥主体技术作用的基础上，将常规技术集成配套，并在高产创建中应用，取得了很好的效果。集成配套的技术包括：优良品种（常规大铃品种、杂交种）、地膜植棉、宽膜植棉、高密度、精量播种、全程化学调控、测土配方施肥、膜下滴灌、病虫草害综合防治、机采棉配置等对提高产量具有显著作用的实用技术。兵团一些高产棉田还集成了精准种子、精准播种、精准灌溉、精准施肥、精准收获和作物生长动态监测6项精准技术，实现了由单项技术无序混用向多项技术优化集成的跨越。

在新疆植棉技术中，现代农业技术已经取代或正在取代多数传统技术：种子精选和包衣取代了农药拌种，膜上精量点播正在取代膜下点播，膜下滴灌取代了沟灌，平衡施肥与水肥耦合施肥技术采取了机械沟施肥技术；以生物防治为主的病虫害综合防治取代了单纯的化学防治；适宜机械采收的带状种植方式正在取代宽窄行方式，机械采收技术正在取代人工摘棉，全程机械化和信息化植棉装备与技术正在示范推广应用，标志着新疆传统植棉正在大步迈向现代植棉。

（撰稿：陈冠文 邓福军 余 渝 林 海 马富裕 郑 重 樊 华 吕 新 侯振安 张 泽 李新伟 韩焕勇；审稿：陈冠文 田笑明）

参 考 文 献

白由路, 杨俐苹. 2006. 我国农业中的测土配方施肥. 土壤肥料, (2): 4-8.

蔡焕杰, 邵光成, 张振华. 2002. 棉花膜下滴灌毛管布置方式的试验研究. 农业工程学报, (01): 11, 45-48.

曹阳, 严玉萍, 冯振秀, 等. 2012. 棉花机械采收脱叶剂应用试验及提高脱叶效果途径分析. 作物杂志, 4: 144-147.

陈布圣. 1994. 棉花栽培生理. 北京: 中国农业出版社.

陈冠文. 2012. 新疆棉田缩节胺的应用技术与药害防治. 新疆农垦科技, (7): 42-43.

陈冠文, 陈岜, 李莉, 等. 2004. 新疆棉花红叶早衰的特征及其生态生理原因初探. 中国棉花学会论文集.

陈冠文, 邓福军, 余渝. 2009a. 新疆棉花苗情诊断图谱(续). 乌鲁木齐: 新疆科学技术出版社.

陈冠文, 陈谦, 宋继辉, 等. 2009b. 超高产棉花苗情诊断与调控技术. 乌鲁木齐: 新疆科学技术出版社.

陈冠文, 邓福军, 余渝. 2003. 新疆棉花苗情诊断图谱. 乌鲁木齐: 新疆科技卫生出版社.

陈冠文, 杜之虎, 吕建国. 2005. 雹灾棉田的补救措施. 新疆农垦科技, (5): 17-18.

陈冠文, 王登伟, 余渝, 等. 1997. 北疆宽膜棉生育特点与配套技术. 中国棉花, 24(11): 17-20.

陈冠文, 尤满仓. 1998. 宽膜植棉增产原理与配套技术. 乌鲁木齐: 新疆科技卫生出版社.

陈冠文, 余渝, 王波, 等. 1998. 棉田群体综合调控技术体系初探. 中国农学通报, 14(6): 26-28.

陈冠文, 余渝, 王波, 等. 1999. 棉田群体综合调控决策与实施. 新疆农垦科技, (2): 3-5.

陈冠文, 张旺峰, 郑德明, 等. 2006. 棉花超高产理论与苗情诊断指标的初步研究. 新疆农垦科技, (3): 8-13.

陈剑, 吕新, 吴志勇, 等. 2010. 膜下滴灌施肥装置应用与探索. 新疆农业科学, 47(2): 106-109.

陈奇恩, 田明军, 吴云康. 1997. 棉花生育规律与优质高产高效栽培. 北京: 中国农业出版社.

陈渠昌, 吴忠渤, 佘国英, 等. 1999. 滴灌条件下沙地土壤水分分布与运移规律. 灌溉排水, (01): 29-32, 39.

陈署晃, 张炎, 刘俊, 等. 2008. 新疆棉花施肥现状、问题与对策. 新疆农业科学, 45(1): 153-156.

邓福军, 陈冠文, 余渝, 等. 2010. 兵团棉业科技进步 30 年. 新疆农垦科技, 6: 3-7.

邓福军, 林海, 陈冠文, 等. 2007. 农艺工——棉花种植(上、中、下). 北京: 劳动社会保障出版社.

杜太生, 康绍忠, 张建华, 等. 2007. 不同局部根区供水对棉花生长与水分利用过程的调控效应. 中国农业科学, 40(11): 153-156.

冯忠新, 余渝, 邓福军, 等. 2002. 新疆棉区棉花密度的初步研究. 新疆农业科学, 39(4): 210-213.

付小勤, 原保忠, 刘燕, 等. 2013. 钾肥施用量和施用方式对棉花生长及产量和品质的影响. 农学学报, 3(2): 6-11.

顾烈烽. 2003. 新疆生产建设兵团棉花膜下滴灌技术的形成与发展. 节水灌溉, (01): 27-29.

关平. 2010. 棉花播种技术. 现代农业科技, (9): 78.

关新元, 尹飞虎, 陈云. 2002. 滴灌随水施肥技术综述. 新疆农垦科技, (3): 41-42.

何磊, 周亚立, 刘向新, 等. 2013. 浅谈新疆兵团棉花打顶技术. 新疆农机化, (2): 34-35.

何钟佩. 1997. 作物激素生理与化学控制. 北京: 中国农业大学出版社.

侯景儒. 1997. 实用地质统计学. 北京: 地质出版社: 31-720.

胡克林, 李保国, 林启美. 1999. 农田土壤养分的空间变异性特征. 农业工程学报, 15(3): 33-38.

胡克林, 余艳, 张凤荣, 等. 2006. 北京郊区土壤有机质含量的时空变异及其影响因素. 中国农业科学, 39(4): 764-771.

胡兆璋. 2009. 改革开放 30 年: 兵团农业、农牧团场的三次改革过程及五次科技飞跃. 新疆农垦经济, 2: 6-12.

黄德明. 1990. 土壤测试推荐施肥技术中几个问题的探讨. 土壤肥料, (2): 11-13.

黄鸿翔, 李书田, 李向林, 等. 2006. 我国有机肥的现状与发展前景分析. 土壤肥料, (1): 4-9.

黄骏麒. 1998. 中国棉作学. 北京: 中国农业科技出版社.

黄绍文, 金继运. 2002. 土壤特性空间变异研究进展. 土壤肥料, (1): 8-14.

黄绍文, 金继运, 杨俐苹, 等. 2002. 乡(镇)级区域土壤养分空间变异与分区管理技术研究. 资源科学, 24(2): 76-82.

黄绍文, 金继运, 杨俐苹, 等. 2003. 县级区域粮田土壤养分空间变异与分区管理技术研究. 土壤学报, 40(1): 79-80.

黄智刚, 李保国, 胡克林. 2006. 丘陵红壤蔗区土壤有机质的时空变异特征. 农业工程学报, 22(11): 58-63.

江苏农学院. 1992. 植物生理学. 北京: 农业出版社.

蒋平安, 盛建东, 李宁, 等. 2003. 新疆测土配方施肥技术研究及应用现状. 新疆农业大学学报, 26(1): 13-16.

赖先齐. 2005. 中国绿洲农业学. 北京: 中国农业出版社.

雷斌, 张云生, 李忠华, 等. 2011. 棉花脱叶剂的田间效果筛选. 新疆农业科学, 48(12): 2321-2324.

雷廷武. 1994. 滴灌湿润比的解析设计. 水利学报, (01): 1-9, 37.

雷咏雯, 危常州, 李俊华, 等. 2004. 不同尺度下土壤养分空间变异特征的研究. 土壤, 36(4): 376-381.

李富先, 吕新, 王海江, 等. 2008. 棉花膜下滴灌比例混合变量施肥系统的研发. 农业工程学报, (5):

115-118.

李景慧, 韩焕勇, 陈兵, 等. 2012. 新陆早 42 号高产栽培技术规程. 新疆农垦科技, 12: 3-4.

李军, 谢国辉. 2000. 新疆主要棉区光合有效辐射、光温生产潜力的估算、分析. 新疆气象, (6): 22-24.

李莉, 黄子蔚, 陈冠文, 等. 2006. 棉花打顶对激素的影响与养分吸收变化. 干旱区研究, 23(4): 604-608.

李明思, 贾宏伟. 2000. 棉花膜下滴灌湿润峰的试验研究. 石河子大学学报, 19(4): 61-64.

李培岭, 张富仓, 贾运岗. 2009. 不同滴灌毛管布置模式棉花水氮耦合效应. 中国农业科学, (5): 1672-1681.

李晓斌, 孙海燕. 2008. 不同土壤质地的滴灌点源入渗规律研究. 科学技术与工程, (15): 4292-4295.

李新裕, 陈玉娟, 闫志顺. 2000. 棉花脱叶技术研究. 中国棉花, 27(7): 14-16.

李彦, 门旗, 冯广平, 等. 2005. 膜下滴灌"湿润体土壤水库"耗水模型研究. 灌溉排水学报, (03): 71-73.

李艳, 史舟, 吴次芳, 等. 2007. 基于模糊聚类分析的田间精确管理分区研究. 中国农业科学, 40(1): 114-122.

梁静. 2015. 新疆水肥一体化技术应用现状与发展对策. 新疆农垦科技, (1): 46-48.

梁宗锁, 康绍忠, 胡炜, 等. 1997. 控制性分根交替灌水的节水效应. 农业工程学报, (4): 63-68.

林光勇, 吕新. 2008. 棉花生产水肥管理及辅助决策体系研究. 新疆农业科学, 45(2): 199-203.

刘宏斌, 李志宏, 张云贵, 等. 2004. 北京市农田土壤硝态氮的分布与累积特征. 中国农业科学, 37(5): 692-698.

刘洪亮, 曾胜河, 施敏, 等. 2004. 棉花膜下滴灌施肥技术的研究. 土壤肥料, (2): 30-31.

刘梅先, 杨劲松, 李晓明, 等. 2011. 膜下滴灌条件下滴水量和滴水频率对棉田土壤水分分布及水分利用效率的影响. 应用生态学报, 22(12): 3203-3210.

刘鹏, 张振都, 童旭宏, 等. 2013. 水溶性肥料的发展研究进展. 现代农业科技, (13): 245-246.

刘远景. 2000. 棉花打顶时间的技术研究. 新疆农业科技, (4): 7-8.

卢守文, 葛军, 艾斯卡尔, 等. 2003. 新疆棉花密度和产量水平对纤维品质的影响. 中国棉花, 30(9): 16-17.

吕宁. 2010. 基于 GIS、RS 的滴灌棉田土壤养分空间变异及精确管理分区研究. 石河子: 石河子大学硕士学位论文.

吕新. 1999. 新疆风险棉区棉花生产潜力估算及种植对策. 石河子大学学报, 17(s1): 101-104.

吕新, 白萍, 王克如. 2001. 不同棉花品种群体冠层构成分析. 中国棉花, (4): 14-15.

吕新, 魏亦农, 李少昆. 2002. 基于 GIS 的土壤肥力信息管理及棉花施肥推荐支持决策系统研究. 中国农业科学, 35(7): 883-887.

罗宏海, 朱建军, 张旺锋. 2011. 滴灌棉田根区水分对棉花干物质生产及水分利用效率的影响. 新疆农业科学, 48(4): 622-628.

马鄂超, 尹飞虎, 王伟峰, 等. 2004. 滴灌水肥耦合技术研究与应用. 兵团精准农业技术研讨会论文汇编: 193-200.

马富裕, 程海涛, 李少昆, 等. 2004. 高产棉花打顶调控的群体适宜性研究. 中国农业科学, 37(12): 1843-1848.

马富裕, 严以绥. 2002. 棉花膜下滴灌技术理论与实践. 乌鲁木齐: 新疆大学出版社.

马富裕, 杨建荣, 郑重, 等. 2005. 北疆高产棉花密度与打顶时序调控的生态位适宜度研究. 生态学杂志, 24(2): 136-140.

买买提·莫明, 李雪源, 艾先涛, 等. 2012. 新疆超高产棉田的特征分析. 棉花科学, (5): 33-37.

毛树春. 2007. 我国棉花耕作栽培技术研究和应用. 棉花学报, 19(5): 369-377.

邱建军, 宇振荣, 肖荧南, 等. 1998. 新疆棉花单产潜力预测研究. 干旱地区农业研究, (3): 92-94.

山东农学院. 1980. 作物栽培学. 北京: 农业出版社.

申祥民, 雷晓云, 陈大春, 等. 2010. 不同布点方式的膜下滴灌棉田土壤水分的空间变异研究. 新疆农业大学学报, (04): 363-368.

申孝军, 孙景生, 李明思, 等. 2011. 不同灌溉方式对覆膜棉田土壤温度的影响. 节水灌溉, (11): 19-24.

孙浩, 李明思, 丁浩, 等. 2009. 滴头流量对棉花根系分布影响的试验. 农业工程学报, 25(11): 13-18.

檀满枝, 陈杰, 郑海龙. 2006. 模糊 c-均值聚类法在土壤重金属污染空间预测中的应用. 环境科学学报, 26(12): 2086-2092.

陶丽佳, 王凤新, 顾小小. 2012. 膜下滴灌对土壤 CO_2 与 CH_4 浓度的影响. 中国生态农业学报, (03): 330-336.

陶丽佳, 王凤新, 顾小小. 2013. 覆膜滴灌对温室气体产生及排放的影响研究进展. 中国农学通报, (03): 17-23.

田晓莉, 李召虎, 段留生, 等. 2006. 棉花化学催熟与脱叶技术. 中国棉花, 33(1): 4-6.

田笑明, 陈冠文, 李国英. 2000. 宽膜植棉早熟高产理论与实践. 北京: 中国农业出版社: 42.

王成志, 杨培岭, 任树梅, 等. 2006. 保水剂对滴灌土壤湿润体影响的室内实验研究. 农业工程学报, (12): 1-7.

王峰, 孙景生, 刘祖贵, 等. 2014. 灌溉制度对机采棉生长、产量及品质的影响. 棉花学报, 26(1): 41-48.

王刚, 刘辉, 樊庆鲁, 等. 2012. 新疆兵团机采棉应用状况分析. 新疆农垦科技, (7): 40-42.

王海江, 崔静, 陈彦, 等. 2010. 基于模糊聚类的棉田土壤养分管理分区研究. 棉花学报, 22(4): 339-346.

王海江, 吕新. 2006. 基于 GIS 技术的新疆棉花施肥专家系统. 农业工程学报, 22(10): 167-170.

王海江, 吕新. 2008. 基于 GIS 技术的新疆棉花施肥专家系统. 新疆农业科学, 45(S2): 51-56.

王俊铎, 郑巨云, 艾先涛, 等. 2012. 新疆超高产棉花(皮棉 $3750kg \cdot hm^{-2}$)营养生长发育动态指标研究. 中国棉花, (3): 18-21.

王荣栋, 尹经章. 1997. 作物栽培学. 乌鲁木齐: 新疆科技卫生出版社.

王允喜, 李明思, 蓝明菊. 2011. 膜下滴灌土壤湿润区对田间棉花根系分布及植株生长的影响. 农业工程学报, 27(8): 31-38.

王珍军, 孔祥华. 2012. 2010 年棉花生产的影响因素分析. 现代农业科技, 4: 134-135.

王振南, 邓福军, 陈冠文, 等. 1996. 宽膜植棉技术体系的增产机理与实施技术. 新疆农垦科技, 6: 1-3.

吴艳琴, 樊华, 孙绘健, 等. 2011. 膜下滴灌杂交棉水分利用效率及增产因素分析. 石河子大学学报(自然科学版), (5): 529-535.

吴志勇. 2012. 新疆生产建设兵团耕地土壤养分现状及演变规律. 新疆农业大学学报, 35(1): 60-64.

夏永强. 2008. 棉花高产栽培密度的探讨. 新疆农业科学, 45(S1): 70-71.

谢迪佳, 范韬, 铁木尔·吐尔逊, 等. 1998. 不同覆膜方式植棉效果比较. 新疆农业科学, (2): 55-58.

新疆维吾尔自治区统计局. 2013. 新疆统计年鉴. 北京: 中国统计出版社: 375-377.

徐文修, 牛新湘, 边秀举. 2007. 新疆棉花光温生产潜力估算与分析. 棉花学报, 19(6): 41-46.

徐向红, 刘月娥. 2004. 脱叶剂对棉叶中植物生长调节剂含量的影响及脱叶机理初步研究. 种子, (4): 16-18.

闫向辉, 刘向新. 2004. 棉花化学脱叶催熟技术. 新疆农机化, (4): 48.

杨九刚, 何继武, 马英杰, 等. 2011. 灌水频率和灌溉定额对膜下滴灌棉花生长及产量的影响. 节水灌溉, (3): 29-32, 38.

杨仁碧. 2008. 超高产棉花的产量结构及栽培技术初报. 新疆农业科学, 45(s1): 49-53.

杨帅. 2014. 无人机低空喷雾雾滴在作物冠层的沉积分布规律及防治效果研究. 北京: 中国农业科学院硕士学位论文.

杨晓宏, 严程明. 2014. 发展滴灌施肥技术促进水肥一体化. 中国农资, (13): 23.

杨雄, 宋立文, 甄国林, 等. 2007. 棉花双膜覆盖播种技术. 新疆农机化, (1): 34-35.

姚源松. 2004. 新疆棉花高产优质高效理论与实践. 乌鲁木齐: 新疆科学技术出版社.

余渝, 陈冠文, 郭秀梅, 等. 2000. 宽膜棉田缩节胺化控效果的初步探讨. 新疆农业大学学报, 23(增): 43-45.

余渝, 冯忠新, 黄庆辉, 等. 2003. 调控技术对新疆棉花形态诊断指标影响研究. 新疆农业大学学报, 26(1): 15-19.

岳海英. 2010. 滴灌条件下土壤水分运移规律试验研究. 杨凌: 西北农林科技大学硕士学位论文.

岳晶晶, 孙景生, 徐建新, 等. 2011. 膜下滴灌棉花耗水规律研究. 人民黄河, (3): 75-77.

张福锁, 陈新平, 马文奇. 2003. 现代农业时代谈化肥. 磷肥与复肥, (1): 1-3.

张旺锋, 王振林, 余松烈, 等. 2004. 种植密度对新疆高产棉花群体光合作用、冠层结构及产量形成的影响. 植物生态学报, 28(2): 164-171.

张小均, 欧阳本廉, 欧阳春燕, 等. 2004. 浅议新疆棉花品质及其提高. 新疆农业大学学报, 27(增刊): 9-11.

张泽, 王桂花, 吕宁, 等. 2012. 基于 GIS 的耕地地力评价研究——以农五师 89 团为例. 新疆农业科学, 49(5): 831-836.

张泽. 2015. 基于 GIS 的土壤氮素分区管理与施肥模型建立研究. 石河子: 石河子大学博士学位论文.

张振华, 蔡焕杰, 杨润亚. 2004. 地表滴灌土壤湿润体特征值的经验解. 土壤学报, (06): 870-875.

赵玲, 侯振安, 危常州, 等. 2004. 膜下滴灌棉花氮磷肥料施用效果研究. 土壤通报, (3): 68-71.

赵志鸿, 张保华, 毛淑珍. 2004. 棉花精量播种及其配套栽培技术. 兵团精准农业技术研讨会论文汇编: 173-176.

郑巨云, 王俊铎, 艾先涛, 等. 2013. 新疆 4500kg/hm^{-2} 超高产棉田光合特性与冠层研究. 新疆农业科学, 50(5): 16-24.

郑丕尧. 1992. 作物生理学导论. 北京: 中国农业大学出版社.

中国农业科学院棉花研究所. 1983. 中国棉花栽培学. 上海: 上海科学技术出版社.

中国农业科学院棉花研究所. 1999. 棉花优质高产的理论与技术. 北京: 中国农业出版社.

中国农业科学院棉花研究所. 2013. 中国棉花栽培学. 上海: 上海科学技术出版社.

中华人民共和国农业部, 中华人民共和国年鉴编辑委员会. 2013. 中国农业年鉴 2012. 北京: 中国农业出版社.

中华人民共和国农业部种植业管理司. 2015. 2015 年春季主要作物科学施肥技术指导意见. 全国农技推广网[2015-03-10].

朱德兰, 李昭军, 王健, 等. 2000. 滴灌条件下土壤水分分布特性研究. 水土保持研究, (01): 81-84.

朱玉国, 张巨松, 张书新. 2008. 棉花高产、超高产技术进展研究. Journal of Agricultural Science and Technology, 2(12): 56-59.

Bar-Yosef B, Kafkafi U. 1972. Rates of growth and nutrient uptake of irrigated corn as affected by N and P fertilization. Soil Sci Soc Am J, 36: 931-936.

Bar-Yosef B, Sheikolslami M R. l976. Distribution of water and ions in soils irrigated and fertilized from a trickle source. Soil Sci Soc Am J, 40: 575-582.

Bozkurt S, Ozekici B. 2006. Effects of fertigation managements on clogging of in-line emitters. Journal of Applied Science, 6(15): 3026-3034.

Bragato G. 2004. Fuzzy continuous classification and spatial interpola-tion in conventional soil survey for soil mapping of the lower Pi-ave plain. Geoderma, 118: 1-16.

Bucks D A, Nakayama F S, Gilber R G. 1979. Trickle irrigation water quality and preventive maintenance. Agricultural Water Management, 2(2): 149-162.

Huck M G, Hillel D. 1983. A model of root growth and water uptake accounting for photosynthesis, respiration, transpiration and soil hydraulics. *In*: Hillel D. Advances in Irrigation, Vol. 2. New York: Academic Press: 273-333.

Jochinke D C, Noonon B J, Wachsmann N G, et al. 2007. The adoption of precision agriculture in an Australian broadacre cropping system—Challenges and opportunities. Field Crops Research, 104(1): 68-76.

McBratney A B, Moore A W. 1985. Application of fuzzy sets to climatic classification. Agric For Meteorol, 35: 165-185.

Morgan B, Lahov O. 2007. The effect of pH on the kinetics of spontaneous Fe(II) oxidation by O_2 in aqueous solution-basic principles and a simple heuristic description. Chemosphere, 68(11): 2080-2084.

Obreza T, Hanlon E, Zekri M. 2011. Dealing with Iron and Other Micro-Irrigation Plugging Problems. SL 265. Gainesville: University of Florida Institute of Food and Agricultural Sciences. http: //edis. ifas. ufl.

edu/ss487[2015-8-20].

Pettigrew W T. 2008, Potassium influences on yield and quality production for maize, wheat, soybean and cotton. Physiologia Plantarum, 133(4): 670-681.

Robertson M J, Llewellyn R S, Mandel R, et al. 2012. Adoption of variable rate fertiliser application in the Australian grains industry: status, issues and prospects. Precision Agriculture, (13): 181-199.

Stafford J V. 2000. Implementing precision agriculture in the 21st Century. J agric Engag Res, 76: 267-275.

The international commission on irrigation drainage. 2012. Annual report 2011-2012. New Delhi, India.

Zhang N, Wang M, Wang N. 2002. Precision agriculture-a worldwide overview. Computers and Electronics in Agriculture, 36: 113-132.

第六章　新疆棉花病虫草害及其防控

随着新疆植棉面积的扩大，作物结构、耕作制度和品种的更换，棉田生态条件发生了相应的变化，导致棉田病虫种类和为害程度也发生了明显改变。20世纪棉花病害以棉花立枯病和黄萎病为主，虫害以棉蚜和棉铃虫为主，目前病虫草害种类明显增加，如病害有烂铃病，虫害有双斑长跗萤叶甲、烟粉虱、绿盲蝽等在棉田造成大面积危害。老的病虫害发生程度也日趋严重，如棉花黄萎病近几年面积急剧增加，致病性增加，部分地区后期发病率达100%；棉铃虫在南、北疆发生程度和频率也大大增加，北疆棉叶螨由土耳其斯坦叶螨为优势种变为土耳其斯坦叶螨与截形叶螨混合发生，盲蝽原为次要害虫，近几年除了优势种牧草盲蝽在棉田种群数量增多，危害加重外，绿盲蝽也开始在棉田造成严重危害，入侵害虫烟粉虱已在全疆普遍发生，尤其在吐鲁番和南疆地区给棉花的产量和品质造成一定影响。对棉花产生严重威胁的重要入侵害虫扶桑绵粉蚧（*Phenacoccus solenopsis*）已入侵新疆（目前还未在新疆棉田发生），棉田杂草尤其是龙葵亦日趋严重，发生面积增加，防治困难。这些病虫草害严重制约新疆棉花生产。

第一节　新疆棉区主要病害与防控

一、棉花枯萎病

（一）发生与危害

棉花枯萎病是新疆棉区最为重要的病害之一，当发病环境条件适宜时可导致棉花大幅度减产和品质下降。吴征彬等（2004）报道棉株枯萎病每提高1个发病级别，其单株结铃约减少1.24个，单铃重约下降0.29g，单株皮棉产量的减产率为18.36%，单株籽棉产量减产率为17.93%，衣分约下降0.82%。在棉花纤维品质指标中，2.5%跨长相对约减少0.42mm；比强度约下降0.68cN/tex；马克隆值约下降0.17。

自1891年美国亚拉巴马州第一次报道棉花枯萎病以后，该病迅速蔓延至整个美国棉区，并在世界各主要产棉国相继发生（何旭平等，1999）。棉花枯萎病于20世纪30年代初期传入我国，以后随着棉花种子的繁殖、调运和推广，病区逐年扩大（沈其益，1992）。该病在新疆发生时间较晚，陈其煐（1958，1959）最早报道该病在喀什地区莎车县部分棉田零星发生，危害率仅为0.1%～0.2%。1979年前棉花枯萎病基本被控制在5或6个植棉县（团场）的少数棉田内，并且发病面积逐年减少（缪卫国和田逢秀，1999）。1980年以后，随着棉花种植面积在新疆迅速增加，棉花枯萎病在全疆各地迅速蔓延。1983年在全区10个州、40个县进行棉花枯萎病普查，该病发病面积为4000hm²；1985年枯萎病在兵团第一师3团造成了上千亩棉花大面积死苗绝产（马存和简桂良，1997）。1987年前北疆没有枯萎病发生的报道，但随着种子的调运，该病在北疆快速传播。1991年新疆维吾尔自治区植保站组织各地进行发病面积普查，棉花枯萎病已在新疆 7 个地（州）的 25 个植棉县 129 个乡镇和新疆生产建设兵团 4 个农业师的 20 多个团场发生，发病面积达 7280hm²，其中重病田 1304.5hm²，翻种 55.3hm²。1995 年枯萎病在南疆和北疆 7 个地（州）、31 个县（市）、129 个乡（镇、场）发生面积达到 47 333.3hm²。1995 年以后，棉花枯萎病在新疆棉区普遍发生，发生面积占种植面积的 20%～30%，发病严重的田块，发病率达到 50% 以上，在长绒棉种植区常造成大面积绝产（易海燕，2008）。

（二）症状与病原

1. 症状

棉花枯萎病从幼苗出土即可发病，严重时造成大片死苗，到现蕾期达到高峰，在整个生长期均可引起植株死亡，新疆棉区在棉花的一个生长期有两个明显的发病高峰。棉花发病后主要表现为植株萎蔫枯死、维管束变深褐色。地上叶片皱缩、失水，因发病期、品种及气候条件的影响，地上部症状又可分为黄色网纹型、黄化型、紫红型、凋萎型、矮缩型和顶枯型 6 种类型（姚源松，2004），同一病株可能表现出一种类型，也可能表现出几种症状类型。

2. 病原

棉花枯萎病菌（*Fusarium oxysporum* f. *vasinfectum*）为尖孢镰刀菌萎蔫专化型，属半知菌类瘤座菌目镰孢（镰刀菌）属真菌。病菌在人工培养基和自然条件下都可产生小型分生孢子、大型分生孢子和厚垣孢子 3 种类型。病菌生长的温度为 10～35℃，适温 25～30℃，大部分菌株在 25℃ 左右生长最快，35℃ 以上生长受抑制。但也有少数菌株较耐高温，能在 37℃ 高温下正常生长。新疆吐鲁番地区的个别菌株甚至在 40℃ 仍能缓慢生长，这可能与其适应性有关。病菌可在 pH2.5～9.0 条件下生长，最适 pH3.5～5.3，也有人认为 pH4～7.5 最适。

病菌寄主范围较广，除为害棉花、甘薯、蕹菜和决明外，还能侵染小麦、大麦、玉米、大豆、烟草等其他作物，但不显症；除此之外，该菌可侵染红枣，导致红枣枯萎病的发生（向征等，2014）。

棉花枯萎病菌导致棉花致萎的原因，国外有两种解释：一是毒素毒害，即认为该菌可产生致萎毒素——镰孢菌酸（fusaric acid，FA），它是一种非特异性毒素；二是导管堵塞。该菌存在明显的生理专化型分化。1960 年，Armstrong 最先以亚洲棉、海岛棉、陆地棉、烟草、大豆等为鉴别寄主，根据种内致病力分化特性，将棉花枯萎病菌划分为 6 个生理小种，而不同小种地理分布十分明显。其中 1 号和 2 号生理小种主要分布在美国，3 号生理小种主要分布在埃及、苏丹、以色列和苏联，4 号生理小种主要分布在印度，5 号生理小种主要分布在苏丹，6 号生理小种主要分布在巴西和巴拉圭。为了确定我国棉花枯萎病菌生理小种在国际上的分类地位，陈其煐等（1985）采用国际统一的鉴别寄主将我国的棉花枯萎病菌确定为 3 号、7 号和 8 号小种，其中除分布于新疆局部地区的 3 号小种与国外报道相同外，7 号、8 号小种为我国首次报道，其中 7 号小种是我国的优势小种，分布广、致病力强。新疆棉花枯萎病菌优势小种以 7 号为主，3 号和 8 号小种未采集到。在 7 号生理小种中，存在致病力由弱至强的分化，其中强致病型主要分布于南、北疆棉区，弱致病型主要分布在东疆棉区。东疆棉区的病菌致病力较弱，但较耐高温（李国英等，1998；缪卫国等，2000；王雪薇等，2001；张莉等，2005）。

（三）发生规律

新疆因气候条件、种植模式等与长江流域棉区和黄河流域棉区有较大差异，故发生规律也有其独特性。

1. 病害循环

大量的研究和生产实践证实，棉花枯萎病菌可在土壤、种子、粪肥、田间病残体、棉籽饼等处越冬，在田间通过播种带菌种子、施用带菌棉籽壳或带菌粪肥、耕作、灌水、地下害虫及病残体随风吹散等方式进行传播，使病区逐渐扩大和病情逐渐加重，特别是在新疆实行秸秆还田的棉田，即使停种棉花 5～7 年，有时发病仍相当严重。种子带菌是远距离传播的主要途径，通过调运带菌棉种，将病害传到无病区；近距离传播主要是与农事操作相关。新疆棉田秸秆还田解决了土壤有机质大量下降的问题，但病田秸秆经机械粉碎后撒到田间，加快了病害的扩散和传播。已有研究表明，土壤中的棉花枯萎病菌从棉株根部侵入棉株体内，然后经由茎秆—果枝—铃柄—铃托—胎座的途径从维管束系统侵入，导致棉籽带菌，带菌棉籽主要集中在棉株中、下部的果枝和靠近茎秆的第 1～3 果节的棉铃内（周华众等，1997），棉花种子带菌率为 1.3%～6.7%，而种子外部携带病菌的平均孢子负荷量可达 0.8×10^7 个/g。

2. 气候条件

新疆棉花枯萎病的发生受温度、降雨等气象因素影响较为明显，据 2003～2006 年连续 4 年调查，新疆棉花枯萎病有两个发病高峰。因新疆为地膜覆盖植棉，所以发病时间比内地明显提前，当连续 5d 平均温度达 14℃左右时，5 月初棉田第一片真叶期开始出现病苗；进入 5 月中旬，连续 5d 平均温度达 20℃左右时，进入迅速发病期，并很快出现第一个发病高峰；进入 6 月中下旬至 7 月上旬，连续 5d 平均温度达 24℃以上时，则进入病情减轻或高温隐症期；7 月下旬或 8 月上旬随着气温的下降，病情又开始加重，并进入第二个发病高峰期。降雨量和降雨次数与枯萎病的发生也有一定的关系，在 6 月 15 日以前累计降雨量越大的年份枯萎病发生也越严重（易海燕，2008）（图 6.1）。

3. 地势与土质

地势高、排水方便、不易积水的地块发病相对较轻；地势低洼、土壤黏重、偏碱、容易积水或地下水位高的地块发病相对较重。砂壤土保水保肥能力弱，棉株抗性差，发病相对较重；壤土、红壤土则相反，发病相对较轻。

4. 栽培措施

棉花枯萎病菌可以厚垣孢子在土壤及病残体中存活 5～6 年，因此在病田进行多年连作及秸秆还田时，会使病菌在土壤中积累越来越多，导致病害发生日趋严重。铺膜后由于具有增温保温、提墒保墒的作用，有利于枯萎病的发生。一般宽膜病情重于窄膜，窄膜重于不铺膜。在宽膜栽培中，中间行的发病率又明显高于边行（李国英，2000）。

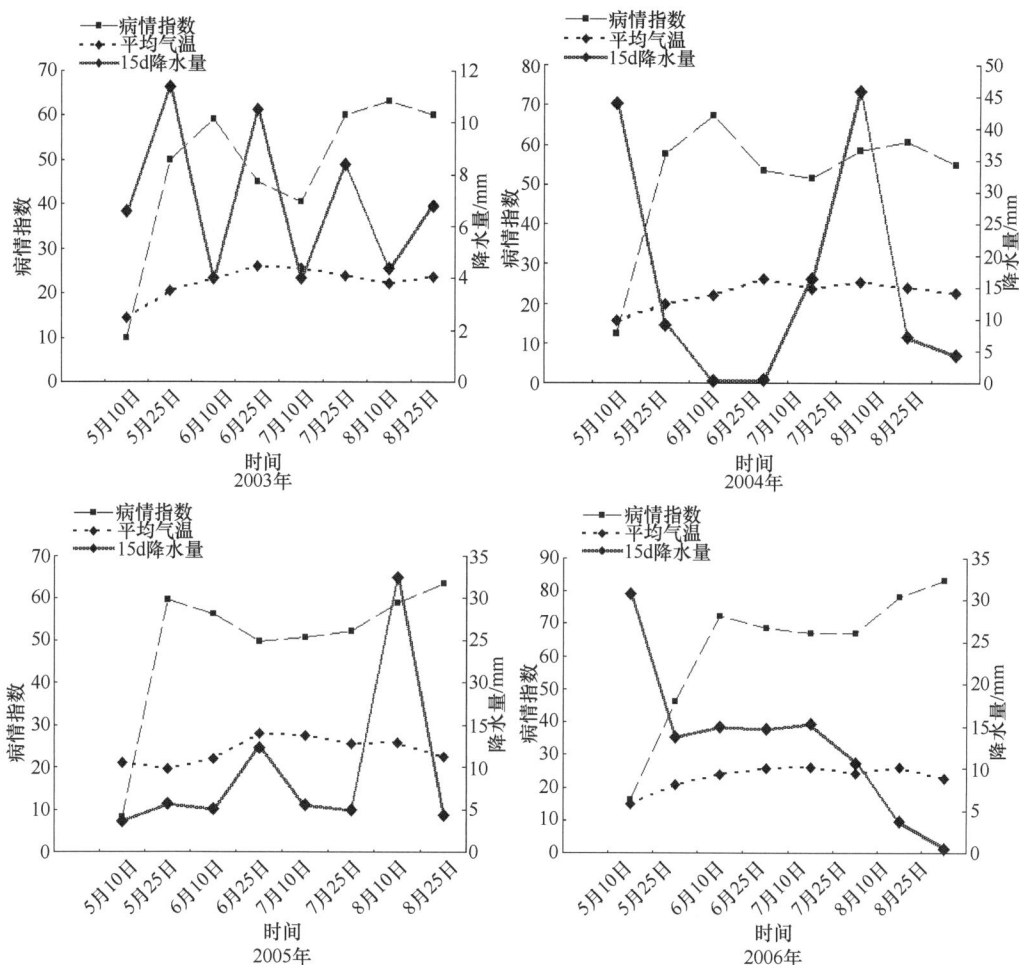

图 6.1　棉花枯萎病发生与降水量、温度的关系

新植棉田或轮作棉田较连作棉田发病轻。合理施肥的棉田较偏施肥的棉田发病轻。

5. 品种抗病性

海岛棉、陆地棉和亚洲棉这 3 个主要栽培棉种对棉花枯萎病的抗性表现存在明显差异，其中海岛棉抗病性最弱，亚洲棉抗病性最强，而陆地棉的不同品种间抗、感枯萎病的表现悬殊。新疆是我国唯一的海岛棉产区，由于缺乏抗枯萎病的品种，枯萎病在老海岛棉产区造成的危害日趋严重。在 20 世纪 90 年代中期以前，自育的棉花主栽品种抗病性都不强，新疆自育的棉花主栽品种军棉 1 号、新陆早 1 号、新陆早 4 号、新陆早 6 号、新陆早 7 号和新陆早 8 号，除了新陆早 7 号抗枯萎病外，其余品种均不抗病，导致棉花枯萎病的发生和危害日趋严重。90 年代后期，研究人员培育了大批的抗病品种并进行了推广，使棉花枯萎病得到了有效抑制。

6. 土壤带菌量

土壤含菌量与棉花枯萎病的发生关系密切。一般来说，土壤菌量大，发病重，病害流行快，菌量小，发病轻，病害流行慢。每亩接种大豆沙菌体，设 50kg、100kg、150kg、

200kg、250kg、300kg、350kg、400kg、450kg 和 500kg 等 10 个接菌量，加上空白对照共 11 个处理，2 次重复，10 个接菌量在枯萎病发生高峰期调查，发病率依次为 45.0%、41.7%、48.1%、33.2%、36.3%、62.5%、50.0%、42.0%、40.9% 和 40.9%，发病指数依次为 26.7、24.2、27.4、19.0、22.1、37.5、27.5、23.8、20.4 和 21.7。每亩接 300kg 的菌量发病率和发病指数较高，这一结果与国外报道及中国农业科学院棉花研究所（中棉所）的试验结果一致（吉贞芳，1998）。

7. 施肥和灌水

在棉花枯萎病的发生发展过程中，土壤养分和水分因可影响棉花生长从而影响枯萎病的发生。在各种养分中，钾可以增加作物茎秆的抗倒伏能力，加厚作物的角质层，增强其抗霉菌和其他侵染的能力；还可使植物细胞膨压增加，有助于减轻病害的发生。施钾后棉花枯萎病发病率为 13.76%，病情指数为 3.61，比对照分别降低 8.51% 和 4.39%（郭承君等，1997）。氮肥和磷肥的施用量对棉花产量及其相关性状有着重要的影响，在氮素含量多而磷素含量低的棉田，应重施磷肥，适当施用氮肥，以协调棉株生长对氮、磷的需要，提高产量。不同灌溉量对枯萎病发生有较大影响，棉田灌溉次数越多，棉田日辐射量越小，棉花枯萎病发生越重。但就灌水方式而言，即采用滴灌或常规沟灌，对枯萎病的发生影响不大，特别是对前期基本没有多大影响，这是因为 6 月 20 日前棉花基本处于蹲苗期，棉田不进行灌水，而棉花枯萎病主要发生在棉花生长中前期，现蕾后棉株对枯萎病的抗性增强，同时从 6 月中下旬后又多进入高温隐症期，故不同灌水方式对棉花枯萎病影响不大（刘政，2006）。

（四）综合防治措施

对新疆棉花枯萎病的防治，应当贯彻"预防为主、综合防治"的植保方针，并根据实际情况，采取"做好种子处理、播种无病种子和种植抗病品种及病田进行轮作为主"的防治措施。

1. 组织病害普查

确切划分疫区和无病保护区。在每年的 6 月上中旬和 8 月中旬左右进行枯萎病普查，依据普查结果，划分无病区（田）、轻病区（田）和重病区（田），病区划分结果为无病留种田和品种合理布局提供指导。病区划分标准为无病区（田）：无病株。零星病区（田）：发病率为 0.5% 以下。轻病区（田）：发病率在 0.5%～2%，没有发病中心。中度病区（田）：发病率在 2.1%～5%，有较明显的发病中心。重病区（田）：发病率在 5% 以上，有明显的发病中心，全田较普遍发病。在无病田中严禁种植带病种子、施入带菌棉籽壳、未腐熟的粪肥等，保护无病田不受枯萎病菌感染。

2. 重病田轮作倒茬，减轻病害的发生

新疆宜植棉区和次宜棉区许多县乡和团场由于棉田占种植业面积的比重高达 60%～70%，在个别地区甚至高达 90% 以上，轮作倒茬困难，尤其是病田秸秆还田后，棉田枯萎病菌越积越多，致使棉田枯萎病发生越来越严重。据试验，土表至 7cm 深的病秆内的病菌，其存活期可达 18 个月；20cm 深土层病菌经 19 个月，存活率才略有降低。这些

带菌组织即使腐烂分解，病菌在土壤中也能腐生存活 6～7 年。因此在重病田用小麦、玉米、高粱、向日葵等作物与棉花轮作，可有效减轻棉花枯萎病的发生，但采取秸秆还田的重病田，则应增加轮作年限，轮作 5 年以上可减少病原菌的基数。在南疆种植水稻的地区，重病田采取水旱轮作，可有效减轻枯萎病的发生。

3. 播种无病种子，保护无病区

各种子繁育单位应建立无病留种田，在无病留种田中也要注意病株的普查，每年 6 月上旬及 8 月中旬左右进行普查，田间发现病株后及时拔除并带出田外深埋，在无病留种田中收获的棉种，应采取单收、单晒、单扎和单独加工，避免与别的棉籽混合。对外引或外面购买的种子，则应加强种子的消毒处理。在种子硫酸脱绒后，用 2000 倍抗菌剂"402"药液，加温至 55～60℃，浸种 30min；或用含有效浓度 0.3%的多菌灵胶悬液，在常温下浸种 14h，可消除种子内外的枯萎病菌，将种子晾干后播种。

4. 在病田种植抗（耐）病品种，压缩重病区

种植抗（耐）病品种是防治棉花枯萎病最为经济和有效的措施，"九五"末期到"十二五"以来，新疆引进了一批高产和抗病的棉花品种，同时新疆审定的棉花品种大多数对枯萎病表现出了较高的抗性，审定的品种中，高抗和抗病品种有 21 个，占总品种数的比例达到 84%（郭景红等，2011），这也是近几年新疆枯萎病危害较轻的一个重要原因。

5. 加强栽培管理，提高植株的抗病能力

加强大田管理等农业防治措施，创造不利于病菌侵入危害而有利于棉株健壮生长的条件，可增强棉株对枯萎病的抵抗能力。在水分控制方面，土壤水分过高或过低，对棉株的生长都不利，因此要注意苗期中耕培土和棉田排灌工作。在肥料施用方面，增施腐熟农家肥及磷、钾肥，避免偏施氮肥，培肥地力，增强植株抗病性。在耕作过程中，机耕作业从一块地完成向另一块地转移时，应注意将机具上携带的泥土清除干净，避免将带病土壤传播至无病田。在田间管理过程中，应根据天气情况，适期播种，定苗时及时拔除病苗，在苗期发病高峰期及时深中耕和追肥，以提高植株抗病能力，减轻枯萎病的发生。

6. 化学及生物防治

近年来人们筛选了大量的化学药剂用于减轻棉花枯萎病的危害，其中 2.5%适乐时 1500 倍液、农用氨水、99 植保 500 倍液等灌根对棉花枯萎病病区有较好的防治效果。此外，病田施入生物有机肥可有效改善棉田土壤微生物种群，减轻棉花枯萎病的危害；在棉田施入木霉菌及滴灌枯草芽孢杆菌发酵液等均可有效减轻棉花枯萎病的发生，并表现出明显增产的效果。

二、棉花黄萎病

（一）发生与危害

棉花黄萎病（*Verticillium wilt*）目前已成为影响新疆棉区棉花生产稳定和棉花生产

可持续发展的最重要的病害（刘海洋等，2011）。棉花被黄萎病菌感染后，单株结铃率、籽棉和皮棉产量均显著下降，同时棉种健籽率及发芽率也受到影响，且发病级数越高，所受影响越大（周玉等，2008）。调查数据表明，黄萎病发病级数为Ⅰ、Ⅱ、Ⅲ和Ⅳ时，单株结铃数分别较健康植株减少 15.79%、23.16%、33.68% 和 67.37%；单铃籽棉重分别减轻 7.77%、9.51%、27.96% 和 47.18%。籽棉产量依次较健株减少 22.33%、30.47%、52.22% 和 82.77%；皮棉依次减产 18.94%、27.90%、50.13% 和 81.77%（曹阳等，2005）。

黄萎病最早在喀什的疏勒、疏附及莎车县零星发生，发病率不足 1%（陈其煐，1958，1959）。黄萎病在北疆蔓延迅速，1982 年乌苏县进行棉花黄萎病调查，发病面积 720hm²，占调查面积的 77.4%，全县平均发病率为 7.69%；1985 年、1986 年在黄萎病发生高峰期对石河子垦区 134 团、143 团、145 团、148 团和 149 团进行调查时发现，一些重病田的发病率已达 80% 以上（田逢秀等，1987）；1997 年沙湾县植棉 2.13×10⁴hm²，80% 以上棉田发生黄萎病（缪卫国和田逢秀，1999）。20 世纪 90 年代后期，棉花黄萎病在全疆各地快速传播，在新疆各主要棉花种植区均普遍发生，新疆棉区的 70%～80% 棉田已出现黄萎病（简桂良等，2003），在阿克苏地区及新疆兵团第一师的一些棉田，严重地块的棉花黄萎病发病率甚至高达 100%。尽管当时棉花黄萎病在全疆已普遍发生，但在黄萎病发病高峰期，棉花黄萎病造成的危害程度较轻，对棉花产量的影响较少，这在一定程度上导致一些决策部门忽视了黄萎病对棉花生产造成的潜在危害。

近几年棉花黄萎病分布更为广泛且危害更为严重，刘海洋等（2015）在全疆调查了 213 个点，有棉花黄萎病发生的点为 124 个，占调查点的 58.2%，其中病情指数 0.1～5.0 的调查点 64 个，占 30.0%；病情指数 5.1～10.0 的调查点 25 个，占 11.7%；病情指数 10.0～20.0 的调查点 20 个，占 9.4%；病情指数在 20.0 以上的调查点 15 个，占 7.0%，病情指数 10.0 以上的重病棉田占调查棉田比例的16.4%，棉花黄萎病的有效防治需要引起足够的重视。尤其是目前棉花黄萎病落叶型菌系已在新疆广泛分布，且所占比例越来越大，其可造成棉花幼嫩叶片及蕾铃脱落，严重时使整个植株枯死，给棉花生产带来毁灭性的损失，因此棉花黄萎病已成为新疆棉花生产过程中最为严重的病害（韩宏伟等，2011，2012；刘海洋等，2015）。

（二）症状与病原

1. 症状

棉花黄萎病表现主要有黄萎型和落叶型 2 类症状，其中以黄萎型为主。病株通常在现蕾期开始发病，以后逐步加重，在花铃期达到发病高峰。发病时叶片最先表现症状，病株自下而上扩展，发病初期中下部叶片边缘或主脉之间呈现淡黄色不规则斑块，随后从病斑边缘至中心的颜色逐渐加深，而靠近主脉处仍然保持绿色，呈现"褐色掌状斑驳"或俗称"西瓜皮状斑驳"，随后病斑逐渐扩大，并变成褐色、焦枯，发病叶片向上不断发展，病叶一般不脱落，严重发病株到后期叶片由下向上逐渐脱落，仅顶端残留少量小叶，茎基部或腋芽处有时长出细小新枝，棉铃变小，脱铃率高，导致产量降低。在发病高峰期，即开花结铃期，有时在灌水或者遇低温及中量以上降雨阴天时，病株叶脉间产生水渍状褪绿斑块，形成局部枯斑或掌状斑驳，严重时变成黄褐色或青枯，出现急性失水萎蔫型症状，植株枯死，但植株上枯死叶、蕾多悬挂并不很快脱落。随着黄萎病菌落叶型菌系传入新疆，主要症状特点是顶叶向下卷曲褪绿，叶片突然萎垂，呈水渍状，随即脱落成光秆，表现出急性萎蔫落叶症状。被感染植株还会出现幼嫩叶片、花蕾及幼铃全部脱落，仅剩下个别老叶片及成铃，7～10d 便成光秆，植株最后完全枯死的症状，对产量影响很大，但是落叶型仅在该地局部地区零星出现（王志斌和廖舜乾，2006）。然而不论哪种症状类型，发病植株的根、茎均会变成褐色，但较枯萎病变色浅（图 6.2，图 6.3）。

图 6.2　棉花田间黄萎病发病症状（刘政提供）　图 6.3　棉花茎秆（左为健康；右为黄萎病）（刘政提供）

　　由此可见，枯萎病和黄萎病的主要区别是：枯萎病发病早，出苗后即可发生，现蕾前后达到发病高峰，黄萎病发病较晚，一般在现蕾后才开始发生，花铃期达到高峰；枯萎病症状可由下向上发展，也可沿顶端向下发展形成"顶枯症"，黄萎病的症状则一般由下而上逐渐向上发展，不形成顶枯症；枯萎病常引起植株明显矮化、枯死，黄萎病除现蕾前后早期病株可导致严重矮化和早期死亡外，一般不引起严重矮化和死亡；枯萎病叶脉可变黄，呈黄色网纹症，黄萎病没有叶脉变黄的症状；枯萎病维管束变色较深，黄萎病维管束变色较浅，但一般不能由维管束变色深浅来判断是黄萎病或枯萎病。维管束变色是鉴定田间棉株是否发生枯萎病、黄萎病的最可靠方法，也是区分枯萎病、黄萎病与红（黄）叶茎枯病等生理病害的重要标志，所以对其怀疑时，可剖开茎秆或掰下空枝（或叶柄）检查维管束是否变色。另外，在枯萎病、黄萎病混生田还可经常看到黄萎病和枯萎病发生在同一棉株上，称为同株混生型病株。以枯萎病为主的混生型病株，主茎及果枝节间缩短，株型常丛生矮化，病株大部分叶片皱缩变小，叶色变深或呈现黄色网纹的典型枯萎症状，但在病株中下部叶片叶脉间呈现黄色掌状斑驳或掌状枯斑的典型黄萎病症状。以黄萎病为主的混生型病株，大部分叶片呈现块状斑驳或掌状枯斑的典型黄萎病症状，但顶端叶片皱缩、叶色加深，有时个别叶片也呈现黄色网纹的典型枯萎症状（沈其益，1992；尹玉琦等，1994）。

2. 病原

　　世界上引起棉花黄萎病的病菌有 2 个种，即大丽轮枝菌（*Verticillium dahliae*）和黑白轮枝菌（*Verticillium atbo-atrum*），它们都属于半知菌亚门轮枝菌属真菌（沈其益，1992）。两种菌的主要区别是：大丽轮枝菌形成各种形状的黑色微菌核，而黑白轮枝菌产生黑色休眠菌丝。大丽轮枝菌在 30℃能生长，黑白轮枝菌则不能生长。大丽轮枝菌分生孢子梗基部透明，黑白轮枝菌分生孢子梗基部暗色，这一特点在寄主组织上明显，而人工培养时容易消失。大丽轮枝菌的分生孢子较小，而黑白轮枝菌较大，特别是先长出的第一个分生孢子较大，有时带一个隔膜。较长时间培养后大丽轮枝菌菌落正反两面均呈黑色，而黑白轮枝菌的菌落正面为鼠灰色，背面几乎为黑色。大丽轮枝菌生长最适 pH5.3～7.2，而黑白轮枝菌 pH8.0～8.6。大丽轮枝菌在 pH3.6 时生长明显好于黑白轮枝菌（沈其益，1992；张绪振等，1981）。

我国棉花黄萎病菌属大丽轮枝菌（王清和等，1980，1982；陆家云等，1983；姚耀文等，1982；邓先明等，1984；陈旭升等，1997）。大丽轮枝菌在 10～30℃均可生长，生长的最适温度为 20～25℃，33℃时绝大多数菌株不生长，但有些菌株耐高温的能力较强，在 33℃仍能缓慢生长。由于微菌核具有厚壁，其内又含有大量脂肪，故对不良环境的抵抗力较强，能耐 80℃高温和-30℃低温，一旦定殖下来，很难根除。微菌核萌发适温为 25～30℃，在磷酸缓冲液中微菌核萌发的 pH 为 4.2～9.2，在察氏培养基上培养 18h 后，微菌核的萌发率接近 90%。土壤含水量为 20%，有利于微菌核形成；40%以上则不利于其形成（沈其益，1992）。该菌寄主范围十分广泛，有侵染 200 多种双子叶植物的能力，番茄、马铃薯、黄瓜、棉花、烟草、辣椒和茄子都对其敏感，而水稻、小麦、玉米等禾本科作物不受感染（赵凤轩和戴小枫，2009）。该菌与引起植物枯萎病的尖孢镰刀菌（*Fusarium oxysporum*）相比，它的寄主专化性不明显，但存在着生理上的分化（喻宁莉等，2000）。

新疆地域辽阔，种子来源多样，因此新疆棉区棉花黄萎病菌的生理分化更加复杂。2000 年前，采用鉴别寄主法和营养亲和群法研究新疆棉花黄萎病菌的致病性分化，发现新疆棉区黄萎病菌存在明显的致病性分化，根据寄主反应可将菌株分为强、中、弱 3 种致病类型，但未发现落叶型菌系（李国英等，2000；王雪薇等，2000）。田逢秀等（1987）曾在石河子垦区采集到了可导致棉花枯死的强致病菌株，仅进行了形态学观察，尚不能确定是否是落叶型菌系。段维军（2004）、张莉（2005）等分别采用致病性测定法、营养亲和群法和 PCR 特异性引物扩增法对从新疆棉区采集的 35 个棉花黄萎病菌代表菌株进行致病性分化鉴定，发现来自于石河子、博乐和喀什的 3 个菌株属于落叶型菌系，占总菌株数的 8.57%。近几年落叶型菌系在新疆的扩散蔓延速度非常快，截至 2008 年的研究表明，落叶型菌系在南疆棉区所占菌株比例为 33.3%（韩宏伟等，2012），北疆棉区所占菌株比例为 39.0%（韩宏伟等，2011），而到 2013 年时，在全疆分离到棉花黄萎病菌的区域中，60%的菌株经检测为落叶型菌系（刘海洋等，2015），同时强致病力非落叶型菌株所占比例也明显上升。落叶型菌系的快速传播和强致病力的非落叶型菌株比例的上升，是导致新疆棉区黄萎病危害明显加重和重病田急剧增加的重要原因。

（三）发生规律

因栽培模式和气候条件差异，新疆棉花黄萎病的发生规律与内地棉区有较大差异。

1. 黄萎病菌与发病的关系

棉花黄萎病菌主要以菌丝、孢子，以及微菌核在土壤、棉籽内外、田间植株残体、带菌棉籽壳和棉籽饼中越冬而引起侵染，带病种子是远距离传病和病区迅速扩大的重要途径。在逆境条件下，微菌核是黄萎病菌的主要存在方式，这种休眠结构可在无寄主的土壤中存活 8～10 年。土壤温度超过 30℃，土壤含水量超过 25%，pH 低于 5.5 或高于 8.5 及土壤中有机质含量越高，对微菌核存活率会造成较大影响，但条件适宜时，微菌核甚至可以存活超过 10 年或更长时间，且可反复萌发。棉花长期连作并进行秸秆还田，可使土壤中微菌核的数量不断增加，致使黄萎病发生更加严重，发病严重的田块微菌核数量可达 2400 个/g。微菌核受寄主根系分泌物刺激后开始萌发，其中感病棉花品种的根系分泌物可刺激微菌核的萌发，而抗性品种根系分泌物对病菌有一定抑制作用（郑倩等，2012），微菌核萌发后可从根尖伸长区侵入寄主体内，然后转入皮层及维管束组织，造成系统感染，病菌侵入越早，后期发病越严重（赵凤轩和戴小枫，2009）。此外，土壤中黄萎病菌孢子数量越多，病菌致病力越强，导致黄萎病发生也就越严重（张丽萍等，2014）。

2. 黄萎病菌与气候因素的关系

棉花黄萎病的发生与气候条件密切相关，该病发生的适宜温度为 25～28℃，25℃ 以下和 30℃ 以上发病缓慢，35℃ 以上时出现隐症现象。6 月下旬后若遇频繁降雨天气，且温度适宜，则当年黄萎病发生严重，反之则发生较轻（马江锋等，2007）。2003～2005年经 3 年调查和研究表明，新疆棉花黄萎病在整个棉花生育期只有一次发病高峰，这与我国内地许多棉区报道的棉花黄萎病在整个生育期有两次高峰有明显不同。其主要是由新疆独特的气候条件所决定的。和内地一样，新疆棉花黄萎病的发生与平均气温、相对湿度、降雨量等气象因子密切相关，在降雨量大、雨日多、气候温和的条件下，有利于棉花黄萎病的发生。在新疆，适宜的湿度（49%以上）和温度（23～26℃）是棉花黄萎病发病的主要条件。5 月温度较高，黄萎病则发生较早，否则较迟（张丽萍等，2014）；近几年作为新疆棉花主产区的阿克苏地区，秋季降雨量明显增加，个别年份甚至增加 1倍以上，这也是导致阿克苏地区棉花黄萎病严重的原因之一（刘海洋等，2015）。

3. 黄萎病菌与棉花品种的关系

品种抗病性对棉花黄萎病的发生有很大影响，新疆种植的长绒棉（海岛棉）品种对黄萎病表现出高抗或者抗病，尽管发病率较高，但发病程度轻，造成的损失较小。而陆地棉品种抗性种质资源较少，仅有不足 9%的品种表现出抗病及耐病，超过 91%的品种则表现为感病或者高度感病。目前在新疆种植面积较大的品种（系）中，中棉 49 号、2905 对棉花黄萎病表现耐病，而新陆中 28 号、新陆中 37 号、豫杂 37 号等品种则表现感病，种植在重病田中发病严重（刘海洋等，2015）。

4. 黄萎病菌与耕作栽培的关系

种植粗放、管理不良或地势低洼、排水不良、地下水位高的棉田发病重。酸性土壤或有机质含量低、缺磷钾的棉田发病重。随着氮肥施用量的增加，黄萎病发生加重，增施磷肥则有助于减轻黄萎病的发生。采用膜下滴灌后，由于棉花根际长期处于湿润状态，有利于黄萎病的发生（张丽萍等，2006）。多年连作并且秸秆还田的地块，土壤中微菌核数量不断增加，有利于病害的发生，而采用深翻或者水旱轮作措施后，可有效减少土壤中微菌核的数量，减轻病害的发生（王兰等，2011）（表6.1）。

表6.1 不同灌水方式对棉花黄萎病发生的影响

年份	灌水方式	6月20日		7月20日		8月20日		剖秆	
		发病率/%	病情指数	发病率/%	病情指数	发病率/%	病情指数	发病率/%	病情指数
2004	滴灌	2.7	0.9	15.8	7.0	81.1	59.4	95.2	77.1
	沟灌	1.7	0.6	14.5	4.5	60.5	27.0	82.0	49.4
2005	滴灌	3.4	1.3	14.6	5.4	53.4	42.3	81.4	62.1
	沟灌	1.7	0.6	13.2	4.1	51.3	29.3	72.4	49.6

（四）综合防治措施

黄萎病是土壤传播的维管束病害，针对棉花黄萎病菌在土壤中常年存在而又难以消灭的特征，结合棉花不同时期，采取"积极预防、种植抗性品种和加强栽培管理"为主的综合防治措施。由于棉花黄萎病与枯萎病的传播途径和传播方式基本相同，因此其防治方法与棉花枯萎病基本相同，需要特别强调以下几点。

第一，加强植物检疫，保护无病区，禁止从病区调种，特别应严禁将落叶型黄萎菌株随调种传入。

第二，棉花黄萎病菌的致病性分化比枯萎病更加复杂，且落叶型菌株对棉花造成的损失也更大，因此各植棉区应加大菌株致病性鉴定的分析和种子的灭菌处理，防止落叶型菌系进一步传播。

第三，新疆种植的长绒棉品种均较抗黄萎病，而陆地棉品种抗性资源少，仅有少量耐病品种，因此在长绒棉和陆地棉混种区可考虑将长绒棉与陆地棉品种合理布局，减轻黄萎病的发生；在不能种植长绒棉，而棉田黄萎病发病程度有较大差异的地区，可结合棉花黄萎病普查结果，选择耐病及丰产品种进行合理搭配，以达到减轻病害和增产增效的目标。

第四，黄萎病菌主要以微菌核在土壤中长期存在，其存活时间长，短期轮作防病效果不明显，因此重病田需要与禾本科作物长期进行轮作，有条件的地区可以采取土壤深翻或者水旱轮作等方式减轻黄萎病的危害。

第五，目前一些生物有机肥及生防菌均具有减轻黄萎病发生的作用，在重病田可考虑采用增施生物有机肥或者生防菌剂的方法减轻黄萎病的危害，此外可结合新疆棉田滴灌的优势，将生物有机肥及生防菌剂随水滴施至棉花根际，均可有效防止棉花黄萎病的发生。

三、棉苗烂根病

（一）发生与危害

新疆作为我国最适宜棉区和最大的商品棉生产基地，在宜棉区棉花面积占耕地面积的比例高达70%～80%，轮作倒茬困难，连作现象十分严重（罗燕娜等，2011）。加上新疆特殊的地理位置，春季气候多变，常遇倒春寒天气，因此棉苗烂根病在新疆各个棉区发生均十分普遍，平均发病率为 10%～20%，严重发生地块发病率可达 80% 以上，每年都会造成大量烂种、烂芽和死苗，据统计，因年度而异每年补种、毁种和重播面积占棉花总播的 3%～10%，对棉花的高产和稳产造成严重影响（龚双军等，2004）。

（二）症状与病原

1. 症状

棉花播种至出苗后 40d 内易发生，其后随棉花茎部木栓化和气温升高后很少发病。造成新疆苗期烂根病的病害主要有 3 种，即棉苗立枯病、棉苗红腐病和棉花黑色根腐病。这 3 种病害均可以造成棉花烂种、烂芽和死苗。

（1）立枯病。棉花播种后至出苗前被病菌感染，内部变褐腐烂，即烂种。幼苗出土后，被病菌感染的幼苗，在根部和近地面茎基部出现黄褐色病斑或黄褐色长条形病斑，以后逐渐扩大呈黑褐色，并包围整个根茎部位，病部常缢缩成蜂腰状，使病苗很快萎蔫枯死，即烂根（图 6.4，图 6.5）。

图 6.4　棉花立枯病苗（刘政提供）　　图 6.5　棉花立枯病根（刘政提供）

（2）红腐病。棉苗红腐病一般在子叶出土前危害最重，主要危害根茎过渡区和子叶与真叶。胚根受害后呈棕褐色，逐渐腐烂造成烂芽；根部受害时根尖和侧根颜色变黄，严重时全根呈褐色腐烂，病斑一般不凹陷，其土面以下受害的嫩茎常略肥肿，后呈黑褐色干腐，群众称大脚苗。也可产生褐色纵向的条纹状病斑。子叶感病，多在叶缘产生半圆形或不规则形褐斑。温度高时在种子和幼苗的病部可见到粉红色或粉白色的霉层。

（3）根腐病。棉花黑色根腐病在整个棉花生长期均可发生，棉苗出土前可造成烂籽、烂芽；出土后受感染，病苗根部呈深褐色至黑色，严重感染时病部皮层组织呈水渍状，病苗叶片失去光泽呈黄褐色，严重者干枯死亡，一般叶片并不脱落。成株期发病，叶色变淡，萎蔫下垂，但不脱落，根茎部增粗，植株萎蔫，在病茎和病根的纵切面上具有明显的褐色或紫褐色的病变组织，严重者可扩展到病部以上 10～12cm。除上述 3 种病害外，棉花枯萎病有时也会造成棉苗死亡。

2. 病原

造成棉苗烂根病的病原菌种类很复杂，其中主要以立枯丝核菌（*Rhizoctonia solani*）和镰刀菌为主，分别占菌株总数的 42.0% 和 42.9%，其次为链格孢菌和根霉菌，黑色根腐病菌、腐霉菌和毛霉菌出现频率较低（李国英，2000）。在立枯丝核菌中，AG-4 融合群为优势融合群，占丝核菌总数的 84% 以上，为优势融合群，且致病力最强；此外还有 AG-1、AG-2 和 AG-5 融合群，致病力相对较弱，立枯丝核菌主要导致棉苗立枯病。在镰刀菌中，主要有禾谷镰孢菌（*F. graminearum*）、茄病镰孢菌（*F. solani*）、半裸镰孢菌（*F. semitectum*）、锐顶镰孢菌（*F. acuminatum*）、串珠镰刀菌（*F. moniliforme*）、木贼镰刀菌（*F. equiseti*）等不同种，主要导致棉花红腐病。黑色根腐病菌、腐霉菌等出现频率低，主要导致棉花黑色根腐病（李国英，2000；邓振山等，2006；玉山江·买买提等，2007）。在新疆主要是立枯丝核菌引起的立枯病。

（三）发生规律

棉苗烂根病的发生主要与以下条件密切相关。

1. 病害循环

棉花苗期病害的初次侵染来源主要是土壤、病株残体和种子。根据初侵染来源，棉花苗期病害可分为两种类型：一类以土壤为主，另一类以种子为主。立枯病菌能在土壤及病残体上存活 2～3 年。棉籽上红腐病菌的带菌率可高达 30%，种子内部带菌率可达 1.6%。

2. 气象因素

棉花苗期各种病害的出现率，与棉苗时期气象因素，尤其是气温、湿度和 5cm 低温有密切关系。在新疆，棉花播种至出土后一个月至一个半月，若出现低温多雨特别是遇寒流天气，常会导致棉苗烂根病大发生。萌动的种子遇 0℃低温持续 20h，即使不被病菌侵染，也会造成大量烂籽、烂芽。

3. 品种抗性和种子质量

棉花品种（系）不同，对棉苗病害的抗病性表现出差异水平，如中棉所 35、新陆早 12 号、新陆早 13 号、新陆早 33 号等品种对立枯丝核菌抗性较强，而新陆早 10 号、夏 9、105-1 这几个品种（系）抗性较差（龚双军等，2004；姜腾飞等，2012）。棉种纯度高、健籽率高、籽粒饱满的种子，生活力强，播种后出苗快、齐、壮，不易遭受病原菌侵染，因而发病轻。反之，则发病较重。采用种衣剂包衣的种子抗病性较拌药种子强，拌药种子的抗性又较不用药剂处理的种子强。

4. 土壤质地和地势状况

土壤质地与发病的关系密切，全疆各地均以砂土地发病较壤土重，黏土发病最轻，这与内地土壤质地黏重发病重的特点恰好相反。此外地势不平整，降雨后低洼处积水，则易诱发烂根病的发生。

5. 播期和播种质量

晚播比早播病害轻，棉花播种过早，地温较低，出苗缓慢，受病菌侵染的时间长，容易造成烂种、烂芽和烂根。但由于新疆无霜期较内地短，依据气象预报适期早播对提高棉花产量具有一定作用。播种时播种深度也会影响烂根病的发生，播种过深，会延迟棉种出土，造成死苗或弱苗，抗病能力下降。

6. 前茬和间套作

棉花前茬和间套作的作物种类不同，苗期病害的发生程度也不同。多年连作易导致病原菌在田间不断积累，会加重病害的发生。目前南疆一些地区采用棉田套种小茴香或者果棉间作等模式，在一定程度上影响田间小气候，会加重苗期病害的发生。

7. 耕作栽培与田间管理

目前新疆棉花种植均采用膜下滴灌技术，在北疆一些无秋耕冬灌的地区还采用滴水出苗的栽培模式，因此棉田覆盖地膜对棉苗烂根病发生的影响关键在于气候条件和田间湿度。在气候适宜时，覆膜可起到增温保墒作用，促进棉苗生长，但若棉花出苗后遇倒春寒，出苗过早又有利于病害的发生。此外，田间管理粗放、不适时中耕、除草剂使用不当、施肥不当等都可引起棉花苗期病害的严重发生。

（四）综合防治措施

对棉苗烂根病的防治，要以预防为主，采用农业防治、化学防治与生物防治相结合，抓好土壤、种子、肥料、药剂、管理等各个环节，改善苗期生长发育条件，促使棉花全苗，提高棉苗素质。

1. 做好播前准备工作

采用合理的轮作制度，将棉花与禾本科作物和豆科作物进行轮作，可减少田间菌量，减轻病害的发生；在土地准备时，土地要进行深耕细耙，使土地平整，土壤细碎，上虚下实，且播种时墒情适宜；注重平衡施肥，做到氮、磷、钾三元素配施，同时化肥与有机肥配施，以改善土壤质量，增强土壤肥力，促进棉花全苗壮苗；准备种子时，对种子进行严格筛选，去除杂质、破籽、瘪籽、黄籽，保证棉花种子的健籽率。在阳光充足的情况下，晒籽2~3d，打破种子休眠，增强种子活力。

2. 棉种包衣

选用正规商家生产经营的包衣种子，包衣种子的种衣剂可以起到杀菌作用，同时出苗率也可以得到保证。

3. 适期播种提高播种质量

新疆棉区春季气温低、地温回升慢，有时常有倒春寒和霜冻出现，过早播种容易引起烂种死苗，早而不全；过晚播种又全而不早，不能发挥地膜栽培的增产作用，所以适期播种非常重要。一般当平均气温稳定在10℃以上，5cm地温稳定在12℃以上，播后一周没有降雨时，方可播种。播种时深度要均匀一致，一般播种深度为2~3cm。

4. 加强田间管理

出苗后和雨后要及时进行中耕，田间如有积水要及时开沟排渍，雨后注意中耕破除板结，使土壤通气良好，提高地温，可减轻发病。烂根病发生较重的条田应增加中耕次数。

5. 农业措施、生物防治与药剂防治结合

目前一些生防菌剂拌种具有良好的促苗早发的作用，可结合种衣剂包衣将生防菌剂包裹在棉种上，此外木霉菌制剂可显著降低棉苗立枯病的发病率，减轻病害的严重程度，可考虑施用。各种防治措施要因地因病制宜，根据当地主要病害的种类和发生程度决定使用药剂的种类及用量。

四、棉铃病害

（一）发生与危害

新疆因气候干燥，棉铃病害并不是新疆棉区的主要病害，在一些种植密度大、生长旺盛的棉田发生较为严重。在过去主要是细菌性角斑病导致棉铃病害，随着硫酸脱绒等种子加工处理技术的推广应用，细菌性角斑病已很难被发现，灰霉病和软腐病发生较多，一般田间发生不到 1%，仅为零星发生，生长茂密、田间湿度大的田块可达 5%左右。2006～2007 年在石河子、奎屯等地种植的新陆早 13 号、新陆早 24 号、新陆早 28 号和新陆早 31 号上发现了一种细菌性烂铃病害，在这几个品种上危害较为严重，发病率达10%～20%，对棉花品质和产量造成了较大影响。

（二）症状与病原

1. 症状

疫病主要为害棉株下部的大铃。发病时多先从棉铃基部、棉缝和铃尖侵入，产生暗绿色水渍状小斑，不断扩散，使全铃变青褐色至黄褐色，3～5d 整个铃面呈青绿色或黑褐色，一般不发生软腐，潮湿时在铃面生出一层稀薄的白色至黄白色霉层，即病菌的孢子囊和孢囊梗。棉铃被炭疽病菌侵染后，在铃面初生暗红色小点，以后逐渐扩大并凹陷，呈边缘暗红色的黑褐色斑。潮湿时，病斑上生橘红色或红褐色黏质物（病菌的分生孢子盘）。严重时，可扩展到铃面一半处，甚至全铃腐烂，使纤维形成黑色僵瓣。红腐病主要从铃尖、铃面裂缝或青铃基部易积水处侵入，发病后初成墨绿色、水渍状小斑，迅速扩大后可波及全铃，使全铃变黑腐烂，潮湿时在铃面和纤维上产生白色至粉红色的霉层（大量分生孢子聚积而成），重病铃不能开裂，形成僵瓣。红粉病在不同大小铃上都可发生，病菌多从铃面裂缝处侵入，发病后先在病部产生深绿色斑点，7～8d 后产生粉红色霉层，后随病部不断扩展，可使铃面局部或全部布满粉红色厚而紧密的霉层。高湿时腐烂，铃内纤维上也产生许多淡红色粉状物，病铃不能开裂，常干枯后脱落。曲霉病和灰霉病主要危害受虫蛀后的棉铃，在棉铃裂缝处或虫孔处产生黄褐色或灰褐色粉状物，棉铃不能正常开裂。细菌性烂铃发病初期症状不明显，发病后期铃壳变软，剖开棉铃，内部部分或全部种子和棉纤维变褐，种子不能成熟呈干瘪状（刘雅琴，2008）。

2. 病原

棉铃疫病病原为苎麻疫霉（*Phytophthora boehmeriae*），属藻界卵菌门疫霉属卵菌。

孢囊梗无色，孢子囊初无色，成熟后无色或淡黄色。红腐病病菌主要为串珠镰孢菌（*F. moniliforme*）和禾谷镰孢菌（*F. graminearum*），属无性菌类镰孢菌属。串珠镰孢可产生大小两种类型的分生孢子，此菌的寄主范围较广，除棉花外，还危害水稻、麦类、玉米、高粱等作物。红粉病病原为粉红聚端孢（*Cephalothecium roseum*），属无性菌类聚端孢属。有资料报道，粉红单端孢（*Trichothecium roseum*）也可为害棉铃，引起红粉病。曲霉病和灰霉病主要由曲霉属和根霉属真菌引起。而细菌性烂铃主要由成团泛生菌（*Pantoea agglomerans*）引起（刘雅琴，2008）。

（三）发生规律

棉铃病害的发生与气候条件、虫害严重程度、铃期及栽培技术等因素密切相关，尤以气候条件影响最大。

1. 病菌传播侵染途径

因铃病种类不同，其传播侵染途径主要有两个：一是种子传播，带菌种子播种后先侵染棉苗，经多次再侵染直到铃期又侵染棉铃；二是土壤传播，土壤中的病菌通过降雨、管理等传播到棉株基部的棉铃上。棉铃病部产生的孢子又借风雨、昆虫、管理等传播到好铃上进行再侵染，导致铃病蔓延（郭欣华和丁述举，2006）。

2. 气候因素

影响铃病发生的因素很多，通风透光不良、空气湿度过大是发病的最主要原因。据调查在通风透光不良、空气相对湿度在85%以上时，铃病会严重发生，而在通风透光良好、相对湿度在80%以下时，铃病则很少发生。而导致通风透光不良、空气湿度过大的原因又是棉田群体过大和铃期阴雨天气多（郭欣华和丁述举，2006）。8月、9月如温度偏低，日照少，雨量大，雨日多，则有利于棉铃病害发生，通常平均气温25～30℃，易造成棉铃病流行。

3. 虫害诱发

虫害严重的棉田，因造成大量伤口，棉铃病害较重。特别是棉铃虫、双斑萤叶甲、棉蚜、盲蝽等害虫为害棉铃造成大量伤口，有助于病原菌侵入，能诱发多种棉铃病害的发生。

4. 栽培管理

过量施用氮肥或氮肥施用过迟，导致中后期棉花徒长，棉田荫蔽，通风透光不良，田间湿度增高，有利于多种棉铃病害的发生。氮、磷、钾肥配合适当的棉田，棉株生长健壮，发病率较低。适时整枝打顶，既可促使上部结铃，防止旺长，又可加强通风透光，从而减轻铃病的发生。另外，地下水位较高、排水不良的棉田发病较重，多年连作也有利于棉铃病害的发生。

（四）综合防治措施

棉铃病害种类较多，在新疆不同棉区病原物种类和为害程度又有较大差别，因此防治棉铃病还是应在明确病害种类的前提下,采取以农业防治为基础的综合防治措施。

1. 农业防治

(1)搞好种子处理和轮作换茬。因铃病主要是通过种子和土壤传播,所以播前晒种、药剂浸种等可杀灭种子所带病菌。轮作换茬则可减少土壤带菌,对预防铃病具有一定的作用。

(2)适当稀植、建立合理群体结构。因铃病主要发生在群体过大、通风透光不良的地块,所以采用适当增大行距、宽窄行种植、适当降低种植密度等措施,可为建立合理群体结构、解决通风透光问题奠定基础。

(3)合理施肥、加强水分管理。通风透光不良、田间湿度过大是铃病严重发生的重要原因。氮肥过多会使枝叶徒长,影响通风透光,且组织幼嫩、推迟成熟,有利于病害蔓延。要注意增施有机肥、磷肥、钾肥,追施氮肥要适时适量,花铃肥、盖顶肥用量不要过大,施用时间不要太晚。棉田灌水以沟灌为宜,且忌大水漫灌,若灌溉后遇雨,大雨后要及时排水,以免棉田积水,诱发病害。秋季停水时间不宜太晚,一般棉田8月底即可停水,高产棉田可视情况持续到9月20日左右。

(4)适时摘早蕾与合理整枝。因烂铃主要发生在基部1~3节果枝上,适时摘掉基部1~3节果枝上的大蕾,不仅可明显减少烂铃,而且有助于增结伏桃和早秋桃,特别是地膜棉、育苗移栽棉等早发棉田,实践证明适时摘早蕾(大蕾)是减少烂桃、实现棉花优质高产的有效措施。适时合理整枝也是改善田间通风透光条件的重要措施,一般棉田采用去叶枝、打顶心,并适当抹赘芽的整枝措施即可,但对于高产田,特别是群体较大、田间荫蔽的棉田还应做好打老叶、剪空枝、剪空梢、去无效花蕾等整枝工作。此外,做好棉田中后期的中耕除草及后期的推株并垄工作,也是减少烂铃的有效措施(郭欣华和丁述举,2006)。

2. 及时防虫

对棉田棉铃虫、双斑萤叶甲、棉蚜及盲蝽等害虫采取及时的防治措施,减少其对棉铃的危害。

3. 应用植物生长调节剂

棉花蕾期到盛花期酌情使用矮壮素、缩节胺等植物生长调节剂,可有效控制棉花徒长,既可减少整枝用工,又有助于建立合理的群体结构。后期应用乙烯利可加快棉铃发育、提早成熟,既可缩短烂铃时间,也有利于棉田通风透光(可控制新叶增生和促使老叶脱落),特别是群体较大、贪青晚熟的棉田效果明显。应用乙烯利的时间不要太晚,使用后气温应有一定天数高于20℃(低于20℃时乙烯利不能释放出乙烯,失去催熟效果)(郭欣华和丁述举,2006)。

4. 药剂防治

棉田铃病零星发生时,可通过调节农田小气候进行预防,若发生严重时,在发生初期,应及时防治。可根据具体病害种类,选用0.5%的波尔多液、70%代森锰锌可湿性粉剂、50%多菌灵可湿性粉剂800倍液、64%杀毒矾可湿性粉剂500倍液、40%乙膦铝可湿性粉剂 600 倍液、25%瑞毒霉可湿性粉剂 600 倍液、25%甲霜灵可湿性粉剂 500 倍液等药剂进行防治。

5. 抢摘烂铃

铃病流行季节，棉铃一旦发病几天就可腐烂，为减轻损失和防止铃病蔓延，可在发病季节遇到连阴天时抢摘烂铃。一是将铃期已达 40d 以上（铃壳已退黄）、有烂铃迹象的棉铃摘下，在 1%的乙烯利水溶液中稍浸后捞出晾晒、剥花，可得到较好的籽棉，减少损失；二是将已染病且有烂铃危险的幼铃及早摘下，带出田外深埋，防止铃病蔓延（郭欣华和丁述举，2006）。

6. 选育抗病品种

当前生产中尚无良好的抗病品种。但据报道，早熟品种如中棉所 36 和中棉所 37 的烂铃率较高，一般具有窄卷苞叶、小苞叶或无苞叶、无蜜腺（没有花外蜜腺）及早熟性好的品种，铃病发生较轻。

第二节　新疆棉区主要虫害与防控

由于新疆棉区棉花面积扩大，耕作制度、栽培模式、管理技术的变化，特别是地膜棉的推广、药剂拌种、种衣剂的使用和滴灌技术应用，棉田主要害虫种群及消长也相应改变。1950～1960 年主要害虫以黄地老虎、牧草盲蝽象、烟蓟马、苜蓿蚜为主；1970～1980 年以棉铃虫、烟蓟马、棉长管蚜、棉红蜘蛛为主；从 20 世纪 90 年代开始至今以棉铃虫、棉蚜、棉叶螨为主（李进步等，2005）。

一、棉铃虫

（一）棉铃虫分布及为害

棉铃虫（*Helicoverpa armigera*）是世界性棉花害虫，危害 100 多种农业种植作物，分布于北纬 50°至南纬 50°的欧洲、亚洲、非洲、大洋洲及太平洋西南部岛屿（郭予元，1998）。在我国，除西藏为西藏棉铃虫（*H. tibetensis*）外，各省（区、市）均有棉铃虫发生，以黄河流域、长江流域两大棉区发生最重。1992 年两河流域因棉铃虫危害棉花减产达 50%以上，全国棉花总产减少 1/3，直接经济损失在 100 亿元以上（郭予元，1995）。

20 世纪 70 年代以前在新疆曾发生过严重的棉铃虫危害，80 年代发生较轻。90 年代以来，棉铃虫在新疆发生呈上升发展趋势，为害日趋严重（李进步等，2005）。根据兵团第三师调查（20 世纪 90 年代），垦区棉田内每平方米平均越冬蛹量是 1992～1993 年冀、鲁、豫棉区大发生年越冬蛹量的 11.6 倍。王少山等（2000a）对兵团第八师 148 团 23 个农业连队 30 个自然块的春麦田扫网调查结果表明：春麦田百网一代棉铃虫幼虫平均为 34.7 头，是 1992 年河南新乡棉铃虫特大发生年（麦田百网一代 19.3 头）的 1.8 倍。2004 年、2007 年棉铃虫则在北疆大暴发，造成部分棉田绝收。由此可见，如果不注意棉铃虫的综合治理，新疆棉铃虫发生的危害造成的损失将超过内地棉铃虫大发生年份。

棉铃虫对棉花的为害主要表现在以下几个方面：主要蛀食蕾、花、铃，其次食害嫩叶；取食嫩叶时吃成洞孔或缺刻；花蕾蛀食后苞叶变黄，不久干枯脱落；正在开花时，食害柱头和花药，不能受粉结铃；青铃被害后蛀成孔洞，常诱发病菌侵害，造成污染烂铃；每头幼虫一生可食害蕾、花、铃10个左右，多者达18个。棉铃虫除为害棉花外，还为害小麦、玉米、高粱、大豆、豌豆、苜蓿、芝麻、番茄、辣椒、向日葵等作物。

（二）棉铃虫形态特征及其近缘种的区别

新疆棉铃虫及其近缘种成虫检索表（李号宾等，2002）

1 后翅有黑褐色中带 ·· 2
1 后翅无黑褐色中带 ·· 4
2（1）前翅红棕色。雄蛾腹部赭褐色；雌蛾腹部黑色，各节末端褐黄色。雄蛾前翅前缘拱曲，中室及其前方各有一长椭圆形半透明膜；雌蛾前翅环纹和肾纹隐约可见带有黑色 ··· 焰实夜蛾
前翅灰褐色微带墨绿色 ··· 3
3（2）前翅环纹由中央一棕色点与外围三棕色点组成，肾纹棕黑，中央有一新月纹及一圆点，外围有几个黑点；腹部淡褐色，各节背面有微褐横条 ·· 苜蓿夜蛾
前翅环纹黑色，肾纹墨绿色有粗黑边；腹部黑色杂墨绿色，腹面微白 ·· 花实夜蛾
4（1）前翅肾纹与前缘间有棕褐色斑相连，臀角有一明显黑斑 ··· 大棉铃虫
前翅肾纹与前缘间无棕褐色斑相连，臀角无黑斑 ·· 5
5（4）前翅中横线向翅后缘直伸，末端达环纹外下方；外横线较直，末端仅达翅后缘肾纹下方。后翅外缘黑褐色宽带的内侧有一条明显的细线；黑褐色宽带中有二灰白斑相连，灰白斑直达外缘与缘毛相连 ························· 烟夜蛾
前翅中横线由肾纹下斜伸至翅后缘，末端达环纹的正下方；外横线很斜，末端达翅后缘肾纹中部正下方。后翅外缘黑褐色宽带的内侧无细线；黑褐色宽带中有二灰白斑相连，灰白斑与缘毛间仍有褐色隔开 ························· 棉铃虫

　　棉铃虫原属于实夜蛾属（*Heliothis*）。1965年Hardwick根据外生殖器将实夜蛾属中的一些种划入他所建立的新属*Helicoverpa*。根据文献资料，新疆*Heliothis*和*Helicoverpa*共有6种：棉铃虫（*Helicoverpa armigera*）、烟夜蛾（*Helicoverpa assulta*）、大棉铃虫（*Heliothis peltigera*）、花实夜蛾（*Heliothis ononis*）、苜蓿夜蛾（*Heliothis dipsacea*）、焰实夜蛾（*Heliothis fervens*）。棉铃虫及其近缘种幼虫形态均很相似，而体色一般变异较大，正确区分幼虫通常比较困难（李号宾等，2002）。在田间正确地识别棉铃虫及其各个虫态是指导棉铃虫防治的基础（王登元等，1997）。

　　李号宾等（2002）在南疆棉区莎车县和北疆棉区玛纳斯县对棉铃虫及其近缘种的相对数量进行了调查。1998年6～8月检查了莎车县棉田杨枝把中的910头棉铃虫及其近缘种成虫，只发现2个种，即棉铃虫和苜蓿夜蛾，其中棉铃虫907头，占99.67%，苜蓿夜蛾3头，占0.33%。1998年5～9月采集幼虫，小麦110头，棉花870头，玉米560头，番茄、辣椒各120头，茄子55头，苘麻70头，曼陀罗、苜蓿、苦马豆、绿豆、菜豆、野苋菜各20头，均饲养至成虫，根据幼虫和成虫特征，全部为棉铃虫。1999年6～9月检查了莎车县棉田杨枝把上1670头棉铃虫和棉田佳多频振式杀虫灯上的764头棉铃虫及其近缘种成虫，其中仅有1头苜蓿夜蛾，其余均为棉铃虫。1999年在莎车县挖蛹调查，3月从玉米茬地挖到61头，6月从小麦茬地挖到132头，10月从玉米地挖到44头，在棉花、番茄、辣椒、菜豆地各挖到20头棉铃虫及其近缘种的蛹，室内羽化后鉴定，全部为棉铃虫。1998年8月在玛纳斯县，从向日葵、玉米、苘麻、番茄、棉花上共采集饲养棉铃虫及其近缘种幼虫200头，其中化蛹并羽化成虫190头。对成虫进行了鉴定，发现其中2头为大棉铃虫，占1.05%，其余为棉铃虫，占98.95%。综合以上调查可以看

出，目前在新疆棉区为害棉花蕾铃的棉铃虫及其近缘种中，绝大多数仍为棉铃虫，防治应以棉铃虫为主。

棉铃虫形态特征

（1）成虫。体长 15～20mm，翅展 27～38mm。雌蛾前翅赤褐色或黄褐色，雄蛾多为灰绿色或青灰色；内横线不明显，中横线很斜、末端达翅后缘，位于环状纹的正下方；亚外缘线波形幅度较小，与外横线之间呈褐色宽带，带内有清晰的白点 8 个；外缘有 7 个红褐色小点排列于翅脉间；肾状纹和环状纹暗褐色，雄蛾的较明显。后翅灰白色，翅脉褐色，中室末端有 1 褐色斜纹，外缘有 1 条茶褐色宽带纹，带纹中有 2 个牙形白斑。雄蛾腹末抱握器毛丛呈一字形。

（2）卵。近半球形，高 0.52mm，宽 0.46mm，顶部稍隆起。初产卵黄白色，慢慢变为红褐色。

（3）幼虫。初龄幼虫为青灰色，头为黑色，前胸背板为红褐色。老熟幼虫体长 42～46mm，各体节有毛片 12 个，体色变化大，有绿色、黄绿色、黄褐色、红褐色等，前胸气门前两根刚毛的连线通过气门或与气门下缘相切，气门线为白色。

（4）蛹。纺锤形，体长 17～20mm，赤褐色，第 5～7 腹节前缘密布比体色略深的刻点。尾端有臀棘 2 枚。初蛹为灰褐色、绿褐色，复眼淡红色。近羽化时，呈深褐色，有光泽，眼褐红色（图 6.6）。

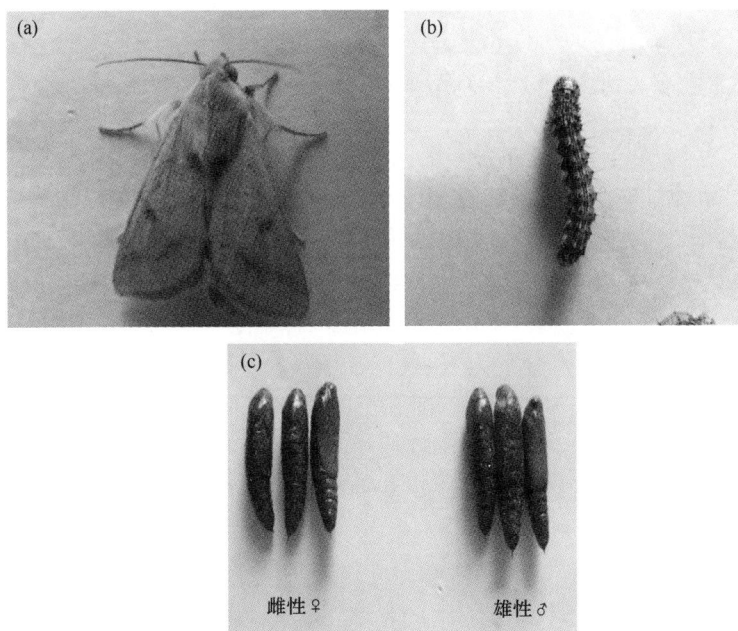

图 6.6　棉铃虫的成虫（a）幼虫（b）和蛹（c）（李长青提供）

（三）棉铃虫发生与环境条件的关系

1. 有效积温与发生代数的关系

苗伟等（2006a）以棉铃虫的物候学发育起点温度和发育上限温度为基准，利用 sine

函数方法和日期预测法估算出新疆棉铃虫的发生代数。研究表明：正常年份棉铃虫在东疆的鄯善地区为不完整的 5 代，南疆地区为不完整的 4 代（轮台多于 4 代），北疆地区也为不完整的 4 代（博乐为 3 代），均包括越冬的一代，分别以末代的蛹越冬，来年春天羽化。

2. 作物种类和布局变化对棉铃虫发生的影响

新疆进行产业结构调整，除主要粮棉作物外，蔬菜、油料、中药材、果树等多种经济作物的面积显著扩大，使棉铃虫得以在不同作物间辗转取食为害，活动的时间和空间大大扩展。另外，由于营养水平和次生代谢物质种类、含量的差异，取食不同寄主植物的棉铃虫发育进度不一致，田间种群世代参差不齐、交叉重叠、为害历期延长、抗药性上升快、残虫量高。

3. 栽培管理水平提高及栽培制度改变的影响

小麦是棉区一代棉铃虫的主要寄主之一，种植小麦的水肥条件显著改善，新的品种产量高、成熟期延长，使一代幼虫有充裕的时间完成发育。麦田化蛹率普遍提高，加之小麦收割后带茬复播，为二代大发生积累了足够的虫量基数。屈荷丽等（2009）研究了膜下滴灌与沟灌对棉铃虫发育的影响，结果表明：与沟灌相比，滴灌棉花上的落卵量是沟灌棉花的 3.76 倍，棉铃虫卵的孵化率比沟灌高 43.25%，幼虫存活率较高，蕾铃受害率比沟灌高 35.30%。分析认为，滴灌棉田由于灌水间隔短，在相同的化学调控水平下，棉花易旺长，棉铃虫的产卵与棉花长势关系密切。滴灌使田间落卵量增加，卵孵化率提高，而滴灌后棉叶蛋白质含量稳定且增加，使害虫食料质量增加，幼虫存活率上升。

4. 不同棉花品种对棉铃虫发生的影响

棉花不同品种对棉铃虫的抗虫性表现有显著差异。从内地引入的品种普遍表现出感虫。由此可见，从内地引入品种的种植面积不断扩大，也可能是新疆一些棉区棉铃虫逐渐加重的原因之一。张爱平和张建华（2007）采用网室人工接卵、接成虫，室内单头饲养的方法，研究了新疆北部棉区多个主栽棉花品种（系）和从内地引进的一些棉花品种（系）与棉铃虫发生的关系，分别为 K4（18-3）号、中棉所 42、辽 18、297-5、新陆早 10 号、新陆早 12 号、新陆早 13 号、新陆早 19 号、新陆早 21 号、新陆早 23 号、新陆早 24 号。结果表明：各品种（系）间棉铃虫的发生情况表现出一定的差异，棉铃虫对中棉所 42 等表现出较高的选择适应性，其种群在各发育阶段有较强的生存力；对新陆早 10 号等表现出较高的自然耐害性。

5. 天敌因素对棉铃虫发生的影响

棉铃虫天敌种类有 150 种以上，主要种类 20 余种，据阿拉尔调查，褐赤眼卵蜂寄生率高达 58.3%～70%，可自然地有效控制棉铃虫的为害（黄大卫和刘芳政，1964）。王登元等（1999）通过对第二代棉铃虫自然种群生命表的种群控制指数（IPC）研究，定量分析了各种天敌类群对第二代棉铃虫种群的控制作用。结果表明：天敌对第二代棉铃虫种群的控制作用是相当明显的。在排除捕食性天敌作用的情况下，种群趋势指数（I）将比原来提高 16.55 倍；排除寄生性天敌作用的情况下，种群趋势指数（I）将比原来提高 1.33 倍；排除病原生物作用的情况下，种群趋势指数将比原来提高 1.37 倍；在排除所有这些生物因子对种群作用的情况下，种群趋势指数将比原来提高 30.14 倍。以上结果说明自然界天敌对棉铃虫种群的控制作用是相当强的。在这几类天敌中捕食性天敌的单独控制作用最明显，而寄生性天敌和病原生物单独对第二代棉铃虫种群的控制作用不太明显，但这几类因子协同作用对棉铃虫种群的控制作用是很显著的。因此，对棉铃虫种群实施综合治理，在棉田生态系统中保护和利用好自然天敌种群来控制棉铃虫种群的数量是至关重要的一个环节。

（四）棉铃虫综合治理措施

1. 作物布局对棉铃虫控制

　　合理作物布局，对控制或减少棉田棉铃虫的发生有一定的作用。王利国等（2000）调查了和田地区冬麦套玉米地、正播玉米地、麦地 3 种类型周围的棉田中二代棉铃虫卵、幼虫数量的变化，不同种植结构周围的棉田卵和幼虫数量明显比成片棉田少，6 月 17 日调查卵量平均少 75%，幼虫少 81%。另外，草蛉和瓢虫比对照区多。李号宾等（2005b）调查了南疆粮棉混作区有 3 种粮食生产模式，即吨粮田（冬小麦套作夏玉米）、二熟制（麦收后复播夏玉米）、多熟制（冬小麦套作春玉米，小麦收获后种植夏玉米等短季作物）对棉田第二代棉铃虫数量的影响，结果发现多熟制中春套玉米对棉铃虫产卵有很强的吸引作用，可以使棉田第二代棉铃虫卵量减少 55.7%，幼虫数量减少 57.1%，对防治棉田第二代棉铃虫有明显的作用。吕昭智等（2012）利用频振式杀虫灯诱集技术，从 2007～2009 年在新疆北部棉区 16 或 17 个农场近 240km^2 作物范围内，监测和评估棉田周边作物景观对棉铃虫种群的影响。结果表明：农业景观多样化显著地影响棉铃虫种群数量，复杂作物系统中（棉花比例＜50%作物面积）棉铃虫成虫数量明显大于简单作物系统（棉花比例≥50%作物面积）；棉铃虫种群数量与景观多样性指数（Simpson reciprocal index）呈正相关；同时棉铃虫成虫与加工番茄、玉米和小麦的比例呈正相关，但与棉花比例呈负相关。

2. 抗虫棉及棉铃虫抗性

　　中国自 1997 年开始商业化种植转 Bt 基因抗虫棉，因其显著的控害效果，到 2000 年，在中国黄河和长江流域棉区已经基本替代了传统的非转基因棉。新疆棉区棉铃虫的种群数量从 20 世纪 90 年代起开始逐渐上升，每隔 3～5 年暴发 1 次，成为危害棉花的主要害虫。为了可持续地控制棉铃虫危害，近 10 年来，转基因 Bt 棉（CryI Ac）已在新疆种植。

　　张娟等（2013）于 1999～2010 年使用诱虫灯监测了 Bt 棉大面积种植区域（麦盖提）和非 Bt 棉大面积种植区域（阿瓦提）棉铃虫的种群动态。结果表明：新疆南部地区 20 世纪 90 年代末发生棉铃虫危害较重，2000～2004 年种群数量保持较高水平；自 2005 年 Bt 棉大面积推广以后，Bt 棉区棉铃虫的种群数量显著下降，棉铃虫种群数量随 Bt 棉种植比例的上升而下降；随着 Bt 棉大面积推广年数的增加，Bt 棉区棉铃虫各代种群数量均逐渐下降，第二代种群数量和高峰期蛾量下降速率均较越冬代和第一代快，且第二代棉铃虫种群相对丰富度也逐渐下降。因此，新疆地区 Bt 棉的大面积种植能较好地控制棉铃虫的种群数量，而且对第二代棉铃虫种群的控制效果最好。汪飞等（2002）通过室内饲养与田间观察，系统研究了 Bt 棉对棉铃虫生物学习性的影响，结果表明：棉铃虫大龄幼虫取食 Bt 棉后，化蛹率下降 33.3%～51.7%，羽化率降低 26.3%～57.8%，蛹重减少 6.5%～11.4%，对蛹期的影响较小。5 龄幼虫取食 Bt 棉后单蛾产卵量下降 43.4%～67.8%，卵孵化率下降 77.1%～84.5%。对用常规棉饲养出的刚羽化的蛾子用 Bt 棉和常规棉的花蕊饲喂，取食 Bt 棉花粉的成虫的产卵量、卵孵化率较取食常规棉花粉的分别下降 49.2%和 64.4%。在 Bt 棉上棉铃虫幼虫取食次数明显减少，吐丝下垂次数是常规棉上幼虫的 3.4 倍。Bt 棉上棉铃虫幼虫分布在后期与常规棉有差异，在花上的幼虫显著多于常规棉。棉铃虫中等程度时，Bt 棉对产卵有明显的排趋性，暴发时无排趋性。

抗虫棉不同生育期、不同部位其抗性是有差异的。刘小侠等（2002）在新疆喀什叶城县研究了转 Bt 基因棉 MD-80 不同发育阶段对棉铃虫的抗性表达结果表明：①转 Bt 基因棉棉叶对棉铃虫初孵幼虫有 2 个抗性高峰即 5 月中下旬和 7 月底，抗虫性分别为 94.5%和 83.3%，8 月抗性最低（22.7%），而河南的研究表明 8 月正是第 2 个抗性高峰，抗虫效果高达 93.8%；②7 月上旬棉株不同器官抗棉铃虫的强弱依次为：棉苞叶（96.7%）、棉蕾（74.2%）、花瓣（60%）、棉叶（50.2%）、棉铃（30%）、花蕊（26.8%）；③转 Bt 基因棉对不同龄期棉铃虫抗性随着龄期的增大而降低。丁瑞丰等（2012）采用酶联免疫吸附试验（ELISA）检测和室内生物测定方法，测定 6 个转 Bt 基因棉花品种（系）（转 Bt+CpTI 双价基因棉花中棉所 41 和 SGK321，转 Bt 基因棉花中棉所 43、K9030、236、T3；常规对照品种为中棉所 49 和石远 321）不同生育期叶片中的 Bt 毒蛋白含量及其对各世代棉铃虫的抗性水平。转 Bt 基因棉花叶片中的 Bt 毒蛋白含量总体上随着棉花生育期的推进而逐渐下降，6 个品种（系）叶片的 Bt 毒蛋白含量子叶期最高，达 1210.03～1733.15ng/g，与子叶期相比，三叶期、七叶期、盛蕾期、花铃期、吐絮期 Bt 毒蛋白含量减少 2.5%～96.0%。6 个品种（系）对第 4 代棉铃虫幼虫抗虫性较低，毒杀效果仅为 19.0%～41.3%。幼虫的校正死亡率逐代下降，各棉花品种对第 4 代幼虫的校正死亡率仅为 12.0%～36.2%。

Bt 棉的商业化种植对棉铃虫的防治发挥了重要作用，但随着转 Bt 基因抗虫棉种植面积的增加和种植年限的延长，其风险性和存在的问题将逐渐显现出来。棉铃虫的抗性问题也越来越多地受到各国研究者的关注。在美国和澳大利亚棉花种植区，研究人员利用不同的监测技术对棉红铃虫（*Pectinophora gossypiella*）、澳大利亚棉铃虫（*Helicoverpa punctigera*）、美国棉铃虫（*H. zea*）和棉铃虫的抗性频率进行了监测，发现这些害虫对 Bt 棉的抗性处于较低水平，仅在美国卡罗来纳州发现 1 个分别对 Cryl Ac 和 Cry2 Aa 有抗性的美国棉铃虫个体。

我国许多学者（何丹军等，2001；Li et al.，2004；张洋等，2010；常菊花等，2010；Liu et al.，2008）对河南、河北和山东等地区的棉铃虫种群进行了长期抗性监测，均发现棉铃虫种群尚未对 Cryl Ac 毒素产生明显抗性，抗性基因频率仍处于正常水平。但同时也发现棉铃虫对 Cryl Ac 毒素的耐受性逐渐升高（王冬梅等，2012）。

有关新疆棉区的棉铃虫种群对 Bt 棉的抗性频率的研究报道还较少。Li 等（2010）在 2005 年、2006 年未发现莎车和库尔勒有抗性个体，而在 2009 年发现 1 个抗性个体；王冬梅等在 2010 年和 2011 年分别采集石河子和喀什地区莎车的棉铃虫单雌系，以 Cryl

Ac 毒蛋白作为人工饲料，用单雌系 F_1/F_2 代法进行棉铃虫种群抗性个体检测。2010 年筛选了 123 个石河子的棉铃虫单雌系，2011 年筛选了 152 个莎车的棉铃虫单雌系。两地的棉铃虫种群均没有筛选到相对平均发育级别 ≥ 0.8 的抗 Bt 棉个体，估算出石河子和莎车的棉铃虫种群的抗性频率低于 10^{-3}。莎车 F_2 单雌系与其对应的 F_1 单雌系相对平均发育级别有明显差异。研究表明，新疆石河子地区田间棉铃虫种群仍保持敏感状态，喀什地区田间棉铃虫种群对 Bt 棉的耐受性增高。

建立庇护所、提供敏感种群是美国、澳大利亚等地在转 Bt 基因抗虫棉种植过程中采取的主要抗性防治措施；而国内转 Bt 基因抗虫棉在田间多与其他作物套种，没有建立专门的庇护所（谭声江等，2001）。吴莉莉等（2011）对转基因棉田棉铃虫庇护所的植物进行选择。在新疆生产建设兵团第一师 6 团 6 连通过采取随机区组排列方式在转基因抗虫棉田种植庇护所植物，种植植物为：鹰嘴豆、木豆、玉米、胡麻、高粱、棉花 6 种植物，并进行定期、定点、定株调查，比较分析不同植物种类棉铃虫卵和幼虫的数量差异。结果表明：鹰嘴豆作为庇护所植物最好，其次是木豆、玉米；胡麻、高粱效果较差。鹰嘴豆的引诱效果与其他 5 种植物有极显著差异。几种诱集植物能够蓄养大量的草蛉、瓢虫、蜘蛛等天敌昆虫。因此鹰嘴豆、木豆、玉米可作为转基因棉田棉铃虫庇护所植物，以提供棉铃虫的敏感种群，通过敏感种群与抗性种群随机交配稀释抗性基因，从而防止和延缓棉铃虫对 Bt 棉产生抗性。

3. 棉铃虫诱集技术

利用棉铃虫趋性，进行各种诱集技术的应用在棉铃虫监测和防治中发挥了重要的作用。宣维健等（2005）对水盆与饮水瓶诱捕器诱捕棉铃虫的效果进行了研究。在北疆棉区棉铃虫 2 代成虫期田间试验表明：水盆诱捕器每个每晚平均诱捕头数是饮水瓶的 6.3 倍（瓶竖放）和 18.4 倍（瓶斜放），比较单个诱捕器一晚最大诱蛾数，水盆是饮水瓶的 8.0 倍（瓶竖放）和 24.0 倍（瓶斜放）。比较逐日平均诱蛾数，水盆是饮水瓶的 9.44 倍。综合考虑经济成本，在此条件下用饮水瓶制作棉铃虫诱捕器是不可取的。

杨枝把诱蛾数量多，预报效果好（李益洪，1966；朱宝涛，1978），在新疆棉铃虫监测和防治中被广泛应用。但每天清晨杨枝把诱蛾收集到的蛾量低于棉铃虫蛾上把数量的 40%，大部分蛾子在枝把停留一段时间后又飞离（陆永跃等，1988）。并且每天清晨收集蛾子也费工费时。王利国等（2003）用 2 种有机酸（草酸和乙酸）和 4 种杀虫剂（75%拉维因可湿性粉剂、35%赛丹乳油、2.5%功夫乳油和 2.5%保得乳油）处理杨枝把，研究棉田诱杀棉铃虫效果。试验结果表明：有机酸处理后的杨枝把诱集数量明显比对照多，其中前 3d 平均诱集数量比对照多 43.9%，6d 后总计多 26.8%。喷洒杀虫剂的杨枝把诱蛾效果差异较大，拉维因和赛丹的诱蛾量与清水对照差异不明显，但死亡率显著提高。保得和功夫处理杨枝把的诱虫效果较低。

杨枝把制作常需砍伐农田防护林（小叶杨、新疆杨、钻天杨或欧美杨），大面积采用杨枝把诱蛾需要砍伐大量的杨树枝，给当地脆弱的自然环境带来了压力。原国辉等（1999）对杨枝把诱虫机理进行了研究，认为杨树通过枝条和树叶挥发出的化学物质起到引诱棉铃虫的作用。张爱平等（2007）通过田间调查发现小叶杨制作的杨枝把诱集棉铃虫的效果比较好，并用小叶杨的叶片（二氯甲烷）粗提物对棉铃虫的行为反应进行了研究。结果表明：小叶杨叶片粗提物不仅对棉铃虫处女雌蛾有引诱作用，对交配雌蛾和雄蛾也有一定的引诱作用；小叶杨粗提物对棉铃虫的诱集能力随着羽化后天数的增加而逐渐减弱；萎蔫时间不同的叶片粗提物诱集棉铃虫的能力也不同。陈秀琳等（2010）用触角电位仪测试了棉铃虫成虫对 8 种小叶杨萎蔫叶片挥发物及挥发物混配后的触角电位反应。实验结果表明：未交配雄蛾对丁香酚、叶绿醇、3-甲基苯甲醛的触角电位反应值较高；处女蛾对环庚酮、2-羟基苯甲醛、3-甲基苯甲醛的触角电位反应值也较大，交配后的雌、雄蛾对苯乙醇的触角电位反应值最高。但成虫都对 3-甲基苯甲醛有较强烈的反应（EAG 值都较大），将对各自有较大触角电位反应值的 3 种化合物两两进行混配，成虫对混合物的触角电位反应值总体上有增大的趋势，部分有减小的趋势，但减小的电位值较小。

马吉宏等（2010）对我国监测和防治棉田棉铃虫两种最普遍的灯光和杨枝把诱集棉铃虫成虫方法进行了比较研究。结果表明：比较平均单诱集源 5~8 月诱蛾总数，两种方法诱蛾数量呈正线性相关；在长时间跨度和大景观尺度上两种方法诱蛾效果均较稳定，均能较准确反映棉铃虫发生动态；但灯光诱蛾效率显著高于杨枝把，平均诱蛾数量为杨枝把的 8.6 倍。综合考虑实际使用及经济成本。使用灯光诱集棉铃虫进行预测预报和防治更为标准和有效。陈红等（2001）在南疆库尔勒垦区进行了高压汞灯、频振式杀虫灯、黑光灯、杨枝把、玉米诱集带、性诱剂等防治棉铃虫效能试验研究与大田应用，结果表明：诱蛾量（日）由大到小的排列顺序为性诱剂（6 枚/亩）>高压汞灯（盏）>频振式杀虫灯（盏）>杨枝把（8 把/亩）>黑光灯（盏）；卵虫数量比对照减少率由大到小的排列顺序为高压汞灯>玉米诱集带>频振式杀虫灯>杨枝把>黑光灯>性诱剂。刘瑞红等（2014）报道：通过 3 种诱集法比较，越冬代性诱剂监测，1 代成虫用性诱剂监测，用杨枝把防治；2 代成虫用杨枝把监测，杨枝把和灯光诱集防治效果更好。

4. 棉铃虫抗药性监测

自 20 世纪 90 年代中期以来棉铃虫在新疆南、北疆棉区严重发生，给新疆棉花生产造成了一定的损失。生产上滥用农药现象严重，造成防治效果不稳定，棉铃虫抗药性增强。武万锋等（2010）利用高效氯氰菊酯、丙溴磷、甲氨基阿维菌素苯甲酸盐和硫丹 4 种代表性杀虫剂对石河子地区的桃花镇、石河子大学农田试验场、泉水地镇 3 个试验点的棉铃虫种群采用联合国粮食及农业组织（FAO）推荐的微量点滴法进行了抗性测定，试验结果表明：石河子地区 3 个试验点的棉铃虫种群均对高效氯氰菊酯产生了低抗性水平（抗性倍数分别为 7.47 倍、5.38 倍和 7.88 倍），对丙溴磷、甲氨基阿维菌素苯甲酸盐和硫丹 3 种药剂没有产生明显抗性。汪小东等（2012）测定石河子地区棉铃虫体内羧酸酯酶、磷酸酯酶、谷胱甘肽-S-转移酶及多功能氧化酶（MFOS）4 类主要解毒代谢酶的含量及活性，结果表明：石河子地区棉铃虫体内 MFOS 的酶原蛋白含量及比活力均高于敏感品系棉铃虫且差异显著，MFOS 活性的增加是石河子地区棉铃虫抗药性增强的重要因素之一。

5. 棉铃虫生物防治

为了保证棉花生产的顺利进行，实现高产、优质、高效的目标，新疆农业科研单位通过研究攻关，提出了以"保益灭害、增益控害"为核心的棉花病虫害综合防治技术体系，并进行了大面积示范推广，取得了很好的效果（马祁等，2000；李国英和贺福德，2001）。为了协调化学防治棉铃虫和保护自然天敌的矛盾，新疆不仅制订了棉铃虫防治指标（李号宾等，1997；白山·哈基塔衣等，2004），进行了带状施药防治棉铃虫（宋庆平和陈红，2001）和对天敌影响（陈红和宋庆平，2002）的研究，也在引进和生产微生物农药、赤眼蜂等方面做了大量的研究工作。何海等（2012，2013）发现新疆一枝蒿醇提物对棉铃虫具有极好的毒杀、驱避、生长抑制等作用，并从新疆一枝蒿中分别获得了黄酮提取物和萜类提取物，使用提取物对 3 龄棉铃虫进行了生物测定，发现两种提取物的毒杀效果较好，并进一步研究其对棉铃虫的毒杀机理。李号宾等（2005a）研究了生物杀虫剂 48%催杀胶悬剂在南疆棉田防治棉铃虫的效果和使用方法。结果表明：药液25mL/亩常规喷雾方法极显著优于 667mL/亩超低容量喷雾方法；12mL/亩 48%催杀胶悬剂常规喷雾和9mL/亩 48%催杀胶悬剂常规喷雾有极显著的防治效果，喷药后 1d、3d 和7d 的防治效果分别为 76.82%和 79.83%、61.9%和 65.08%、84%和 88%，二者之间无差异，均明显优于 6mL/亩 48%催杀胶悬剂常规喷雾。鉴于其对自然天敌比较安全，研究人员认为可以将该生物农药纳入新疆棉花综合治理（IPM）中。

马德英等（2000）致力于本地棉铃虫寄生蜂种的采集、筛选和繁殖，获得 5 个品系蜂种。经试验证明，本地赤眼蜂优势蜂种为暗黑赤眼蜂（*Trichogramma pintoi*）和广赤眼蜂（*T. evanescens*），并对暗黑赤眼蜂和以乌兹别克斯坦品系为引进蜂种进行了防治棉铃虫的研究，结果表明：暗黑赤眼蜂品系对棉铃虫的控制作用显著高于乌兹别克斯坦品系。因而在新疆利用赤眼蜂防治棉铃虫，充分开发利用本地赤眼蜂优势蜂种资源是防治成功的关键。许建军等（2004）用新疆农科院植保所生产的松毛虫赤眼蜂、螟黄赤眼蜂Ⅰ及Ⅱ 3 种蜂种进行了防治棉铃虫田间释放技术研究与应用，研究表明：螟黄赤眼蜂对新疆南部棉区棉铃虫的控制作用优于松毛虫赤眼蜂；田间放蜂量 $6\times10^4\sim8\times10^4$ 头/亩，放蜂点为 3～6 个/亩，螟黄赤眼蜂最高寄生率达 51.49%，累计寄生率为 18.67%～44.02%，平均寄生率为 30.36%，棉铃虫虫口减退率为 25.3%～64.2%，蕾铃被害减退率为 46.8%～76.8%，赤眼蜂对新疆棉田棉铃虫具有明显的控制作用；同时，持续放蜂田天敌数量明显高于化防田，表明持续放蜂生态效应显著。

二、棉蚜

（一）棉蚜分布及为害

新疆为害棉花的蚜虫主要有：棉蚜 *Aphis gossypii*、棉黑蚜 *A. atrata*、棉长管蚜 *Acyrthosiphon gossypii*、拐枣蚜 *Xerophilaphis plothikovi*、桃蚜 *Myzus persicae*、菜豆根蚜 *Smynthurodes betae*。其中棉蚜发生最普遍、严重。

棉蚜分布于全世界，其生态幅度广泛，在古北、东洋、大洋洲、非洲、新北和新热带六大区系中均有分布，能够在多种多样的环境条件下生活。已知寄主有 74 科 285 种植物，我国记载有 113 种（郭予元等，1991），其中棉花和瓜类受害最重。

棉蚜是新疆棉区主要害虫之一，棉蚜的发生和危害严重制约着棉花产业经济的发展。自 20 世纪 80 年代中后期，新疆北疆棉区发现棉蚜危害，棉蚜的发生与危害经历了从无到有，然后逐步加剧的一个演变过程（郭文超等，1998；姚源松，2004）。据历史资料统计，奎屯垦区自 1991 年，每隔 3 年大发生一次。棉蚜给当地棉花生产造成了较大损失（冯志超等，2005）。李国英等（2006）报道自 20 世纪 90 年代至今，棉蚜每年都有不同程度的发生，其中严重发生 3 次（1994 年、2001 年和 2003 年），中度发生 1 次（2004 年），近年来其发生量呈明显上升趋势。2003 年新疆生产建设兵团针对北疆棉区棉蚜发生组织专家进行过专题调研，2003 年棉蚜发生早（5 月下旬在棉田发生，比 2002 年早 1 个月），发生普遍，危害重。兵团第五师棉蚜发生普遍及严重程度是历年之最，全师棉蚜发生面积 100%。根据 81 团调查，棉蚜发生时间长，发生量大。6 月 25 日至 7 月 25 日百株蚜量均在 1000 头以上，其中 7 月 15 日百株蚜量高达 124 006 头（贺福德和王少山，2004）。近几年由于气候变化，新疆北疆 5～6 月雨水多、温度偏低，使棉蚜发生更加严重。

棉蚜以成虫、若虫群集于棉叶背面和嫩叶上刺吸汁液，由于被害部位组织受到破坏，棉叶正、反面生长不平衡，叶片向背面卷曲，植株矮缩呈拳头状（图 6.7）。同样根系发育不良，棉苗发育迟缓，主茎节数、果枝数、叶数、蕾铃数减少，蕾铃大量脱落，生育期推迟，造成减产和品质下降。另外，棉蚜在吸食过程中同时排出大量蜜露，附在茎叶表面，不仅影响光合作用和导致病害的发生，而且在吐絮期污染棉纤维，使棉纤维含糖量过高，严重影响皮棉的品质，给棉纺织造成很大的困难。棉蚜还可传播 60 多种作物病毒，如甜瓜病毒病，造成更大的为害和损失（贺福德等，2001）。

图 6.7　棉蚜（a）与棉长管蚜（b）危害棉花（王少山提供）

（二）棉蚜形态特征

干母：体长 1.6mm，茶褐色，触角 5 节，无翅。

无翅胎生雌蚜：体长 1.5～1.9mm，体色有黄、青、深绿、暗绿等色，触角长约为体长 1/2，触角第 3 节无感觉圈，第 5 节有 1 个，第 6 节膨大部有 3 或 4 个。复眼暗红色。腹管较短，黑青色。尾片青色，两侧各具刚毛 3 根，体表被白蜡粉。

有翅胎生雌蚜：大小与无翅胎生雌蚜相近，体黄色、浅绿至深绿色。触角较体短，头胸部黑色，两对翅透明，中脉三叉。

卵：长 0.5mm，椭圆形，初产时橙黄色，后变漆黑色，有光泽。

无翅若蚜：共 4 龄，夏季黄色至黄绿色，春秋季蓝灰色，复眼红色。

有翅若蚜：也是 4 龄。夏季黄色，秋季灰黄色，2 龄后出现翅芽。腹部 1、6 节的中侧和 2、3、4 节两侧各具 1 个白圆斑。

新疆棉田常见蚜虫种类形态特征比较见表 6.2。

表 6.2　棉田常见 6 种蚜虫的形态比较（贺福德等，2001）

特征	棉蚜 *Aphis gossypii*	棉黑蚜 *Aphis atrata*	棉长管蚜 *Acyrthosiphon gossypii*	拐枣蚜 *Xerophilaphis plothikovi*	桃蚜 *Myzus persicae*	菜豆根蚜 *Smynthurodes betae*
体色	淡黄至淡绿、深绿、黑绿色、黄色	黑褐色至黑色，有光泽，略被蜡粉	草绿色，有时淡红褐色，被蜡粉	深绿色，被有明显蜡粉	淡绿、黄绿色，有时淡赤褐色，有光泽	乳白至淡黄色，略被白粉
触角长度	为体长的 3/5～3/4	为体长的 3/5～3/4	为体长的 1.1 倍	短于体长的 1/2	为体长的 4/5	短于体长的 1/3
触角第 6 节鞭部比基部	长	长	长	短	长	短
额瘤	中额隆起，额瘤不显	中额瘤微隆，额瘤稍隆外倾	中额瘤不显，额瘤显著外倾，呈 "U" 形	额瘤不显	中额微隆，额瘤显著，内缘圆内倾	额瘤不显，呈平顶状
腹管	黑色，长筒形，为体长的 1/5	黑色，为体长的 1/5	绿色或淡红褐色，为体长的 1/3～1/2	很短，长宽约相等	淡绿、黄绿、淡赤褐色，为体长的 1/5	无
尾片	圆锥形；近中部收缩，有毛 4～7 根	圆锥形，中部常收缩	圆锥形，为腹管长的 1/3		圆锥形，有曲毛 6 根	尾片小，半圆形
胸部及腹部瘤突	前胸、腹部第 1 及第 7 节有缘瘤	具缘瘤。腹部网状纹不明显，第 7～8 节背面具横纹	胸背有微细横纹，腹 1～6 节背面有微刻点，第 7～8 节背面有细横纹及刻点		腹背具弓形纹，腹背有横皱，腹第 7～8 节有微刺组成的网状纹	腹第 8 节横带褐色。节间斑淡色。复眼由 3 个小眼组成
前翅中脉	3 支	3 支	3 支	3 支	3 支	1 支

（三）棉蚜生活史

不同温区，棉蚜世代数不同。苗伟等（2006b）以每年的 1 月 1 日起为日度计算起始日，以棉蚜的物候学发育起点温度和发育上限温度为基准，利用单 sine 函数方法和日期预测法估算新疆棉蚜的发生代数。结果表明：棉蚜在新疆可以发育完成 25～35 代，地区之间的温度差异决定了棉蚜在新疆不同地区发育代数不同。

棉蚜在新疆存在 3 种生活周期型：①异寄主全周期型，以石榴和黄金树等为越冬寄主，棉花为侨居寄主；②同寄主全周期型，初步观察棉蚜在黄金树上能完成生活周期；③不全周期型有两种情况，一是瓜蚜型夏季在田间瓜类作物上营孤雌生殖生活，秋季进入温室和大棚的黄瓜等寄主上继续营孤雌生殖生活；二是夏季在棉花上营孤雌生殖生活，秋季进入温室和大棚的扶桑等寄主上继续营孤雌生殖生活（孟玲和李保平，2001）。

棉蚜种群发生过程可以划分为以下几个时期（贺福德等，2001）。

侵入前期：播种至出苗破膜前，此时棉田无棉蚜的寄主，而大棚及露地的黄瓜、葫芦瓜和室外菊花、石榴等则成为棉蚜的寄主，在其上繁殖 1～3 代，棉花出苗后陆续向棉田迁飞，是侵入棉田的早期蚜源。

侵入、定居期：侵入期从 5 月 1 日前后至 5 月底不一，这与蚜源基地棉蚜产生有翅蚜的时期和数量有关，其又受温度、降雨因素的制约。5 月中旬至 6 月中旬，棉蚜种群数量快速增长，单株蚜量达千头，个别棉田有蚜率达 70% 以上。此时中心株多少及蚜量大小与当年棉田蚜害程度有关，是不容忽视的重要时期。

种群数量高峰期：于6月中旬开始迅猛增长，由于温度适宜，此时天敌数量不大，6月20日至7月初达到最高峰，6月中旬至7月初气温多在23～26℃，平均气温25.3℃时，若蚜平均历期仅5.1d。棉蚜具有极强的繁殖力，这是造成其猖獗发生的内在因素。

种群波动期：7月中旬至8月中旬由于高温（29℃以上）天气多、降雨及天敌大量迁入棉田，其峰值都低于第一次高峰值，棉蚜种群数量在较低水平波动，常发年份不至于导致棉花产量减产。

迁回期：8月下旬棉花吐絮，使棉蚜的营养条件恶化，气温逐渐降低，日照缩短，棉蚜陆续产生，有翅蚜迁出棉田，向第一寄主迁飞。8月下旬至9月上旬气温高、棉花旺发时还会发生一次秋蚜高峰，对棉花产量及质量造成一定损失，并增大了越冬基数。

（四）棉蚜发生与环境的关系

1. 温度

温度影响棉蚜的繁殖力、生长发育速率、寿命、存活率、死亡率等。苗伟等（2006b）在相对湿度为（50±10）%，光周期L∶D=14∶10的人工气候室内，研究不同温度（26℃、28℃、30℃、32℃、34℃和36℃）棉蚜的发育速率、死亡率和繁殖力。结果表明：随温度升高，棉蚜的死亡率增加，繁殖率降低，寿命缩短；若蚜期从26℃的5.9d下降到34℃的4.4d，36℃时4d后若蚜的死亡率达99%，不能完成发育。在26℃、28℃、30℃、32℃和34℃时，若蚜的死亡率分别为17.5%、25.0%、25.5%、22.6%和22.0%。在28℃时，棉蚜特定年龄繁殖率和净生殖率均达到最大，分别为14.0%与53.0%。通过模型拟合计算得出：棉蚜发育的最适温度为29.0℃，致死温度为35.5℃。棉蚜繁殖的最适温度为28.8℃；当温度上升到34.9℃时棉蚜不能继续繁殖。伏蚜在28～30℃繁殖能力强，对棉花危害最大。马吉宏等（2012）通过室内变温条件对棉蚜存活影响的研究和田间种群数量及关键气象要素调查，探讨波动性高温与棉蚜繁盛期种群崩溃的关系。结果表明：高温（30℃、34℃、38℃和42℃）、每日高温持续时数（2h和6h）、高温持续天数（1～5d）及其交互作用，对棉蚜死亡率影响均达到极显著水平；高温强度大于30℃时，相同处理时间条件下棉蚜死亡率随高温强度增大而上升；相同高温条件下，高温持续时间越长，死亡率越高；每天高温持续时间为2h时，低于38℃高温对棉蚜存活无显著影响；当年田间棉蚜种群崩溃日期与田间高温出现时间吻合（7月31日至8月4日），田间高温期间昼夜波动性高温模式与室内实验表明，导致棉蚜死亡率上升的变温胁迫处理模式一致，为24℃18h/34℃6h持续4d和24℃18h/38℃6h持续3d。结果初步明确了波动性高温在棉蚜种群崩溃过程中起到了重要作用，这在一定程度上解释了蚜虫种群崩溃多发生于高温时节的现象。

2. 湿度与降雨

棉蚜对湿度适应的范围较广，伏蚜适宜的相对湿度为40%～60%，高湿度使伏蚜易流行蚜霉病。在新疆，降雨是抑制棉蚜种群数量的重要因素。尤其7～8月10mm/d降雨对棉蚜种群数量抑制显著（贺福德等，2001）。

3. 天敌因素

捕食或寄生棉蚜的天敌种类很多，是抑制棉蚜种群数量的稳定因子。蓝江林、贺福德和王少山（2004）的研究表明，棉蚜茧蜂（*Lysiphlebia japonica*）喜好寄生棉蚜2、3龄若蚜，寄生率分别为78.8%和87.2%。诸多学者研究了棉田优势天敌瓢虫对棉蚜的捕食功能反应（姚举等，2005；冯宏祖等，2007；王伟等，2008）。王少山等（2000b）调查了棉田棉蚜主要天敌（瓢虫、草蛉、食虫蝽和蜘蛛类）种群对棉蚜种群的控制作用。结果表明：棉蚜天敌在不进行化学防治的棉田内，能建立稳定的自然种群，对棉田前期发生早、数量多的棉蚜不能有效控制，对棉田内发生晚的棉蚜能有效控制；在化学防治棉田内，由于用药频繁，几乎无天敌，因此无控制作用。刘彩玲等（2001）调查了新疆吐鲁番地区棉花苗期至吐絮期施药棉田和不施药棉田中棉蚜及其主要天敌发生动态，结合投影寻踪回归分析结果评价棉田中自然天敌对棉蚜的控制作用。结果表明，不施药棉田中草蛉和瓢虫对棉蚜有着良好的自然控制能力；施药棉田中常用的化学杀虫剂虽能短期控制棉蚜种群数量，但同时也严重杀伤了其天敌，不能达到长期控制棉蚜害虫的目的。王林霞等（2004）对棉田棉蚜种群与瓢虫种群进行了相关分析。结果表明，瓢虫是棉田棉蚜的主要天敌，对棉蚜起控制作用，它与棉蚜种群数量呈显著的跟随关系，发生期比棉蚜滞后1周左右。

4. 食物因素

棉田氮肥的增加，提高了棉叶内氮素营养，棉蚜种群数量明显增加。孟玲等（1999）对新疆栽培的10个棉花品种上棉蚜种群数量变动的分析表明，品种间抗蚜程度存在极显著差异。其中中棉所23、新陆中3号、军棉1号和大铃棉等品种上蚜虫数量显著多于其余品种。中植372叶片多毛，棉酚含量高，表现为抗蚜；品种间棉酚含量与感蚜程度呈显著负相关；可溶性蛋白含量与感蚜程度呈显著正相关；单宁、可溶性糖含量与抗蚜程度无明显相关性；供试品种的表皮厚度均较薄，不足以影响蚜虫的取食。芦屹等（2009）对新疆棉区主栽的9个棉花品种进行了叶片形态特性、生化物质含量测定，结果表明，品种间抗蚜程度存在显著差异，新海21号抗蚜性最强，中棉所35和81-3感蚜。品种叶片的蜡质含量越高，对棉蚜的抗性越强，绒毛密度大，影响棉蚜的取食；游离棉酚和可溶性糖含量与抗蚜程度呈显著正相关；单宁含量与蚜害指数呈显著正相关；氨基酸中的谷氨酸含量越高，抗蚜性越强。逐步回归和相关分析发现，氮含量和氨基酸总量与抗蚜程度无明显相关性。品种的抗蚜性是多种特性综合作用的结果。对于转基因抗虫棉对棉蚜的影响，不同学者研究结果不一致。丁莉等（2004）的研究表明，抗性棉上棉蚜的内禀增长力和种群趋势指数均明显小于常规棉（对照），对棉蚜的控制作用明显。但李海强等（2011）的研究表明转Bt基因抗棉铃虫棉对棉蚜发育速度、成蚜寿命、4龄若蚜体重、成蚜繁殖力无明显影响。取食转Bt基因棉花对棉蚜个体生长发育没有负面影响，转Bt基因棉花对棉蚜生长发育和繁殖是安全的。

（五）棉蚜综合治理

1. 栽培措施对棉蚜的控制作用

新疆棉花栽培技术不断更新，矮化、密植、滴灌、地膜、水肥一体化等技术的推广，使棉田小气候发生着变化，棉蚜等害虫发生始期、种群数量等也发生了变化。刘冰等（2008）对滴灌与沟灌两种不同灌水方式下棉蚜发生动态进行了系统调查，并研究了滴灌条件下不同灌水量及同一灌水量不同灌水时期棉蚜的发生规律。结果表明：膜下滴灌条件下棉花蕾期棉蚜发生数量较常规灌水方式轻，花铃期以后差异不显著；滴灌条件下不同水量间棉蚜发生数量有差异，低水量有助于棉蚜发生，高水量不利于棉蚜发生；常规灌溉量条件下花蕾期提前灌水和推后灌水对棉蚜发生的影响不大。贺欢等（2011）通过田间调查，比较露地、窄膜、宽膜、全膜和秸秆覆盖下主要棉田害虫和天敌种群动态。结果表明，不同覆盖方式对棉蚜种群动态影响很大，除窄膜和宽膜覆盖之间差异不显著外，其他覆盖差异均达到极显著水平，7月16日全膜和秸秆覆盖达到峰值，比露地、窄膜和宽膜覆盖早5d；高峰时全膜覆盖棉蚜数量分别是露地、窄膜、宽膜和秸秆覆盖的2.56倍、1.78倍、2.16倍和5.93倍。不同覆盖下主要天敌种类基本一致，但种群变化并没有明显的规律。

2. 棉蚜的生态调控

农田生态系统中不同植物生境条件下天敌种类及种群动态，对农田害虫的生态治理和持续控制具有十分重要的意义。冯宏祖等（2008）选择不同类型的棉田［类型Ⅰ（棉-麦相邻）、类型Ⅱ（棉-林带相邻）、类型Ⅲ（棉-荒滩相邻）、类型Ⅳ（棉-棉相邻）］，系统调查棉田中棉蚜及其周围生境中天敌的种群动态。结果表明，新疆南部棉区非棉田生境中的天敌种类多、数量大、发生期早。在同一地区、同一年份不同类型的棉田棉蚜发生的总趋势大致相同，但其进入棉田的时期、发生量有较大差异。主要天敌瓢虫、草蛉、食蚜蝇进入棉田时间最早的是类型Ⅰ，最晚的是类型Ⅳ。食虫蝽类最早进入的是类型Ⅱ，类型Ⅳ最晚。调查期内各类天敌的总数，瓢虫数量最多的是类型Ⅰ，最少的是类型Ⅳ；草蛉、食蚜蝇、食虫蝽和蜘蛛总量最多的是类型Ⅱ，最少的是类型Ⅳ。由此可见，非棉田生境是影响棉田天敌的主要因素之一。张润志等（1999）研究了利用棉田边缘苜蓿带控制棉蚜的生物学机理，结果表明：棉蚜进入棉田的始期，苜蓿带中已经繁育了大量棉蚜天敌的食物昆虫，总量达到棉田的6.94倍，其中最重要的是苜蓿彩斑蚜，其发生比棉蚜早10~15d。棉蚜进入棉田后的数量激增阶段，苜蓿带中已经自然繁育了大量棉蚜的天敌，此时苜蓿带中棉蚜的主要天敌类群（瓢虫类、草蛉类和食蚜蝇类）总数量达到棉田的13.65倍，其中最重要的是瓢虫类。在棉蚜数量激增的初期，收割苜蓿迫使天敌进入棉田，对棉蚜有很好的控制效果。

3. 棉蚜的化学防治

姚永生等（2008）在室内分别测定了阿克泰、赛丹和功夫3种杀虫剂对棉蚜、十一星瓢虫和多异瓢虫的毒力；比较了药剂在两种瓢虫和棉蚜间的选择毒力比（STR），以及两种药剂之间的选择性差异。结果表明：阿克泰对棉蚜的毒力较高，半致死浓度（LC_{50}）为6.54mg/L，阿克泰在十一星瓢虫和棉蚜之间、多异瓢虫和棉蚜之间的选择毒力比值分别是154.28和105.98，表现出显著的毒力选择性。而功夫STR值较小（4.39~4.69），表明其对两种瓢虫有较低的选择性。由此证明，阿克泰不仅对棉蚜毒力高，对两种天敌瓢虫杀伤力较小，具有较高的安全性。赵冰梅等（2013）测定了50%氟啶虫胺腈WG（水分散粒剂）对棉花蚜虫的田间防治效果，结果表明：在药后7d，用15mg/hm²、25mg/hm²、35g/hm²处理的防效分别为97.91%、98.63%、98.95%。药后14d，用25mg/hm²、35g/hm²处理的防效仍维持在84%以上。该药剂的速效性和持效性也优于对照药剂45%马拉硫磷

EC（乳粒剂）、20%啶虫脒 WP 和 48%毒死蜱 EC+10%吡虫啉 WP（可湿性粉剂）处理。

4. 棉蚜抗药性测定

为了解北疆不同地区棉蚜种群对不同类型杀虫剂的敏感度水平，科学指导北疆地区棉蚜的化学防治，张学涛等（2012）利用 FAO 推荐的叶片浸渍法测定北疆地区 4 个棉蚜田间种群对 4 类杀虫剂的敏感性。结果表明，新农大种群对杀虫剂的敏感水平最高，不同类型杀虫剂的毒力大小顺序为：新烟碱类>有机磷类>抗生素类>拟除虫菊酯类。安宁渠种群较石河子种群更为敏感。石河子垦区内的两个不同种群对菊酯类处于相对敏感状态；对有机磷类产生了明显抗药性，147 团种群对辛硫磷的相对抗性倍数为 951.8倍，新湖农场种群更是达到了 1236.9 倍；147 团种群和新湖种群对啶虫脒亦产生了明显的抗药性，相对抗性倍数分别为 134.4 倍和 270.0 倍，但对吡虫啉的敏感度较高。石河子垦区应限制使用新烟碱类的啶虫脒和有机磷类杀虫剂，以减缓棉蚜抗性的发展。郭天凤等（2012）也利用叶片浸渍法对新疆主要植棉区的棉蚜种群进行了吡虫啉和啶虫脒 2种药剂的抗性评价，结果表明，整个新疆植棉区棉蚜对吡虫啉的敏感性好于啶虫脒，部分地区棉蚜对啶虫脒已经产生了低水平的抗性。

5. 植物杀虫活性成分对棉蚜的作用

新疆地区植物资源丰富，植物区系独特。王春娟等（2005）研究了新疆 15 种植物的乙醇提取物对棉蚜的生物活性。结果表明：苦豆子、骆驼蓬、刺山柑、天仙子的乙醇提取物有较强的生物活性，24h 的校正死亡率分别为 89.66%、86.21%、85.06%和 83.91%；通过毒力回归分析得其 LC_{50} 值分别为：716.20mg/L、98.88mg/L、47.86mg/L 和 76.71mg/L。高有华等（2011）测定两种植物源农药 0.6%苦内酯水剂和 1.5%除虫菊素水乳剂对棉蚜的防治效果。室内测定 0.6%苦内酯水剂和 1.5%除虫菊素水乳剂对棉蚜在处理 24h的 LC_{50} 值分别为 430.064mg/L 和 473.1395mg/L；半致死量（LD_{50}）值分别为 0.0001μg/g和 0.0003μg/g。田间药效试验表明 1.5%除虫菊素水乳剂持效性较好，施药 7d 后的防效为 80.13%，0.6%苦内酯水剂的持效期较短，施药 7d 后的防效为 43.72%。羌松等（2008）用甲醇冷浸法提取新疆 20 种野生植物提取物，在室内分别测定其对棉蚜 24h 的触杀和内吸生物活性，结果表明：0903T2 等 18 种植物的甲醇提取物对棉蚜的触杀活性都比较高，24h 校正死亡率均在 90%以上；而内吸活性均较差，最高校正死亡率仅达 65.9%。0903T2 提取物对天敌安全性测定表明，在 40g/L 高浓度下对两种棉田优势天敌七星瓢虫和多异瓢虫的校正死亡率分别达 12.47%和 23.08%，显示出较高的安全性。何海等（2011）采用 97%乙醇对新疆一枝蒿（*Artemisia rupestris*）和黄花蒿（*A. annua*）进行了总提，所得粗提物对棉蚜进行了生物活性测定。新疆一枝蒿与黄花蒿粗提物对棉蚜半致死浓度（LC_{50}）分别为 0.956g/100mL 与 2.0474g/100mL。新疆一枝蒿粗提物对棉蚜的毒杀作用较好，并高于黄花蒿粗提物。

三、棉叶螨

（一）种类、分布与为害

棉叶螨（cotton red spider mite）又称棉红蜘蛛，在新疆危害棉花的叶螨主要有土耳其斯坦叶螨（*Tetranychus turkestani*）、敦煌叶螨（*T. dunhuangensis*），截形叶螨（*T. truncatus*）、朱砂叶螨（*T. cinnabarinus*）和二斑叶螨（*T. urticae*），均属蛛形纲、蜱螨亚纲、真螨总目、绒螨目、叶螨科（鲁素玲，1990；洪晓月，2012）。

土耳其斯坦叶螨国内仅新疆发生，为新疆北疆棉区优势种，敦煌叶螨为新疆南疆棉区优势种，近年来，截形叶螨在新疆南、北疆棉区数量和发生面积大大增加，已成为棉田常见种类（杨帅等，2012）。

棉叶螨寄主植物非常广泛，共 43 科 146 种，除危害棉花外，还有玉米、高粱、豆类、瓜类、蔬菜、树木及杂草等。棉花从幼苗到蕾铃期都能受到叶螨的为害，其成螨、若螨、幼螨均取食棉花叶片。叶螨常群集在棉花叶背，也可在棉花的嫩枝、嫩茎、花萼、果柄及幼嫩的蕾铃部位为害。以口针刺入绿色组织，吸取汁液和叶绿体，据测定，在 1min 内可吸干 20~25 个植物细胞。受害部症状因棉花品种、螨的密集程度及为害时间而有不同。朱砂叶螨、二斑叶螨、土耳其斯坦叶螨和敦煌叶螨危害棉花初期，叶正面呈现黄白色斑点，当螨量密集时，很快呈现出橘黄色斑，严重时呈现紫红色斑块。被害处的叶背面有丝网和土粒黏结，呈现土黄色斑块。为害严重时，叶片扭曲变形，甚至枯萎脱落，棉株枯死。为害嫩茎、苞叶或蕾铃时，便会形成锈色斑。中后期发生时，叶片变红，干枯脱落，状如火烧，能引起中下部叶片、花蕾和幼铃脱落，造成棉花大幅度减产甚至绝收。长绒棉被害叶片并不出现紫红色斑块，而是出现褪绿或变枯黄。截形叶螨危害后只产生黄白斑点，不产生红叶。叶螨多时，叶背有细丝网，网下群聚螨体。截形叶螨危害在棉叶正面出现症状较晚，其发生为害更加隐蔽，为害严重时，棉苗瘦弱，生长停滞，常导致受害叶大量焦枯脱落，应引起足够重视（中国农科院植物保护所，1996；鲁素玲，1990）。

棉叶螨以刺吸口器在棉叶背面为害，以汁液作为营养源，吸取汁液量每小时可达自身体重的 20%~30%。棉株受害后，轻者叶片表皮被破坏，海绵组织表现疏松，中度受害棉叶，其海绵组织细胞变形，排列混乱，重者叶片上下表皮、栅栏组织、海绵组织极为混乱难分，表皮外出现硬结层，叶片各组织完全丧失正常功能，使棉花产生一系列的生理变化，叶绿素和水分减少，光合作用受到抑制。受害叶还表现出细胞膜透性增大，过氧化物酶同工酶和酯酶同工酶谱都发生变化，氨基酸含量与蛋白质含量减少，使代谢和生理机能失调，最终导致出现各种症状：即棉叶褪绿、黄萎、红叶，严重者造成落叶、落蕾、落花、落铃，使植株生长势减退，造成减产（鲁素玲，1990；杨德松等，2005；陈鹏程等，2007）（图6.8）。

图6.8　土耳其斯坦叶螨棉叶危害状（张建萍提供）

（二）形态特征

1. 土耳其斯坦叶螨

雌螨：体长 0.48～0.58mm，宽 0.36mm，椭圆形，体呈黄绿、黄褐、浅黄或墨绿色（越冬雌螨为橘红色），体两侧有不规则的黑斑 [图 6.9（a）]；须肢端感器柱形，其长 2 倍于宽，背感器短于端感器，梭形；气门沟末呈 U 形弯曲；各足爪间突呈 3 对刺状毛，足 I 跗节 2 对双毛远离。

雄螨：体长 0.38mm，浅黄色，菱形；阳茎柄部弯向背面，形成一大端锤，近侧突起圆钝，远侧突起尖利，其背缘近端侧的 1/3 处有一角度。

卵：圆形，初产时透明如珍珠，近孵化时为淡黄色。直径为 0.12～0.14mm。

幼螨：3 对足，体近圆形，长为 0.16～0.22mm。

若螨：体椭圆形，长 0.30～0.50mm。有足 4 对，体浅黄色或灰白色，行动迅速。与雌成螨所不同的是少基节毛 2 对，生殖毛 1 对，同时无生殖皱襞。

图 6.9　土耳其斯坦叶螨雌螨（a）和截形叶螨（b）成螨（张建萍提供）

2. 截形叶螨

成螨雌螨体长 0.55mm，宽 0.3mm。体椭圆形，深红色，足及颚体白色，体侧具黑斑 [图 6.9（b）]。须肢端感器柱形，长约为宽的 2 倍，背感器约与端感器等长。气门沟末端呈 U 形弯曲。各足爪间突裂开为 3 对针状毛，无背刺毛。雄体长 0.35mm，体宽 0.2mm；阳茎柄部宽大，末端向背面弯曲形成一微小端锤，背缘平截状，末端 1/3 处具一凹陷，端锤内角钝圆，外角尖削。卵初产时为无色透明，渐变为淡黄至深黄色，微见红色（王慧芙，1981）。

（三）发生规律和生活习性

土耳其斯坦叶螨在新疆北疆 1 年发生 9～11 代，以橘红色的受精雌成螨越冬。越冬螨体两侧黑斑消失。越冬寄主和场所：一是杂草根基处，以双子叶植物为最多，如旋花草、苜蓿、苋菜、三叶草、艾蒿、荠菜、苦荬菜、蒲公英、独行菜等；二是田内外、地头、林带的枯枝落叶层下。来年当气温升高到 8℃时，越冬螨就开始出蛰活动，从物候关系看，只要越冬寄主一露出嫩芽，越冬螨就开始取食，取食后的越冬雌螨体色由橘红色重新变为橘黄或黄褐色，黑斑也显现出来。当气温升高到 12℃以上时，就开始产卵，最早于 3 月底至 4 月初可在杂草上见到第一代的卵，当棉苗出土后土耳其斯坦叶螨便从不同的越冬场所陆续向棉田迁移取食为害。土耳其斯坦叶螨在新疆北疆棉区于 5 月上、中旬开始点片出现，但此时气温较低，繁殖速度慢，棉苗受害较轻。5 月下旬、6 月初，此时若雨量少，气温很快上升，棉叶螨会很快繁殖，集中为害，棉叶上很快出现红斑。6 月下旬、7 月初出现第一个高峰期，7 月的中、下旬出现第二个高峰期，如得不到有效的控制，于 8 月出现第三个高峰，而且一次比一次的螨量多、为害重，到 8 月下旬受害严重的棉田便呈现一片红叶，给棉花生产造成严重损失（张建萍等，2008）。

棉叶螨经过卵、幼螨、若螨和成螨，若螨又分为第一若螨和第二若螨。每龄期蜕皮之前有一不食不动的静伏期。雄螨只有第一若螨期，静伏期后直接蜕皮羽化为雄成螨；从第二若螨期蜕皮后，即羽化为雌成螨。棉叶螨主要进行两性生殖，也可进行孤雌生殖。未受精卵发育成雄螨，在雌螨后期若螨静伏期有早羽化的雄成螨守候在旁，待雌螨羽化后争相与之交配。不经交配的雌成螨所繁殖的全为雄性。土耳其斯坦叶螨在田间的雌雄比例生长季节为 8：1 或 10：1，而深秋时为（4～5）：1。干旱时，雄螨也较多。但一般情况下，雌螨比例远大于雄螨，1 头雄螨可与几头雌螨交配。多数雌螨一生只交配一次，而少数的可交配 2 或 3 次。1 头雌成螨日产卵量 3～24 粒，平均 6～8 粒，一生可产 100 粒左右，多产于叶螨取食活动叶背丝网下叶脉两侧和萼凹处。通常卵的孵化率达 95%以上。

棉叶螨靠自身爬行扩散较慢，只在小范围内或待棉田植株封垄后，特别是当食料不足时进行扩散，据 1996 年 7 月测定，土耳其斯坦叶螨在光滑的棉叶上每分钟平均爬行4.7～5.3cm；在叶柄上为 3.9～5.5cm。可见在株间虽可扩散但速度较慢。大面积的扩散，如田块与田块之间的扩散主要借助外力，如随风飘荡。当食料恶化时，螨体大量聚集在一起，有成百个个体用丝网串黏在一块形成球状，然后随丝下垂，当微风吹过时，借风飘到新的棉株上。另外，还可借流水传播，当灌水时，螨体、卵较轻，可漂浮在水面上，附着在落叶或小草上漂流传播。同时还可借助人们在田间作业，农机具作业，虫、鸟的携带等传播，因为在螨足的跗节前端有发达的爪和爪间突及其黏毛，使叶螨能牢固地黏附在其他物体上，随之传播，据资料记载有 19 种昆虫可携带传播棉叶螨（王旭疆等，1990）。

（四）棉叶螨的发生与环境的关系

1. 温湿度与棉叶螨发育的关系

温湿度影响棉叶螨的螨态历期。夏型世代的发育主要受温度影响，在一定温度范围内两者几乎呈直线关系。温度与雌成螨的产卵前期，寿命和螨态历期呈负相关，但与日产卵率呈正相关。世代历期的长短与温度关系较大。截形叶螨在 15℃、20℃、25℃、30℃和 35℃条件下，雌螨的卵期平均分别为 13.65d、6.45d、3.56d、2.97d 和 2.29d，未成熟螨期平均分别为 15.15d、7.77d、4.33d、3.38d 和 2.76d，全世代分别为 32.13d、15.82d、9.02d、7.26d 和 5.64d。在 24℃、27℃、30℃、33℃和 35℃恒温下，雌螨平均寿命分别为 23.80d、19.35d、16.78d、14.30d 和 12.46d。土耳其斯坦叶螨全世代发育起点温度和有效积温分别为雌螨 10.7473℃和 164.01 日度，雄螨为 11.5603℃和 113.29 日度。在 15℃、20℃、25℃、30℃的恒温条件下，雌螨一代平均历期分别为 35.15d、19.05d、11.04d 和 8.68d，可见温度升高其发育历期缩短。在 15℃时，产卵历期 16.4d，在 25℃时，产卵历期 13.8d，30℃时为 8.8d，33℃时，仅 6.4d。单雌产卵量在 25℃时为 97.1 粒，产卵量最高，死亡率最低，平均日产卵量 7～9.1 粒。一头雌螨平均可产 90～140 粒。卵的发育起点温度为 8.4～9.4℃；幼螨为 9.1～11.4℃；前若螨为 13.0～11.9℃，后若螨为 12.5℃。

温度还影响棉叶螨的生存和发生期。新疆棉区早春平均气温达 6～8℃时，土耳其斯坦叶螨便开始在萌发早的杂草上活动产卵。土耳其斯坦叶螨在 19～31℃世代存活率达 79.8%～100%，产雌率达 83.3%～85.3%。20℃±1℃、25℃±1℃、30℃±1℃、34℃±1℃时净增殖率（R_0）分别为 44.5793、57.0307、52.6785、57.6588；种群增长指数分别为 27.03、44.50、43.13、26.59。种群倍增时间随着温度的上升而缩短，20℃±1℃为 4.89d，34℃±1℃时仅为 2.36d。截形叶螨在恒温条件下的研究结果表明，30℃是种群繁殖增长的最适温度，雌螨总产卵量（F）、净增殖率（R_0）、内禀增长率（r_m）及周限增长率（λ）在 24～30℃均随温度升高而升高，但在 30～35℃均随温度升高而降低（张艳璇等，2006）。

高温也可影响叶螨的生长发育和繁殖。土耳其斯坦叶螨和截形叶螨的卵和幼螨在 38～46℃处理 2～6h，其存活率随着温度和处理时间的增加而降低，后续发育历期随着温度和处理时间的增加而延长。两种叶螨的雌成螨在 38～46℃处理 2～6h 后其存活率、产卵前期、产卵期和产卵量均不受影响，但所产卵的孵化率明显降低，其中土耳其斯坦叶螨在 46℃处理 6h 的孵化率下降了 15.5%，截形叶螨在 46℃处理 6h 的孵化率下降了 18.0%（杨帅等，2012）。

湿度亦可影响各螨态的发育。在高湿（85%±5%RH）情况下有延长发育历期和缩短成螨寿命的效应。温湿度联合作用如高温（29℃ 16h，35℃ 8h）、中温（25℃ 16h、29℃ 16h）、低温（25℃ 24h）和高湿（80%±5%RH）、低湿（60%±5%RH）两两组合，组建朱砂叶螨生命表的结果表明，在高温低湿、中温低湿、低温低湿、高温高湿和中温高湿情况下，其净生殖率（R_0）和自然内禀增长率（r_m）分别为 20.8574 和 0.2381、25.2900 和 0.1849、8.7164 和 0.0819、2.0371 和 0.0444、4.0690 和 0.0751，其种群加倍所需时间分别为 3.26d、15.79d、4.27d、9.60d 和 8.73d。说明在高温低湿情况下，净生殖率和自然内禀增长率均最高，种群增殖快，翻倍期短，对种群的迅速建立最为有利。在自然条件下，高温低湿环境很大程度上有助于朱砂叶螨急剧增殖，而在高湿情况下，种群数量则很快消退（中国农科院植物保护所，1995）。

在相对湿度 40%～65%条件下对土耳其斯坦叶螨的生长发育最为有利。新疆北疆 6 月、7 月、8 月 3 个月的平均气温分别是 24.8℃、25.4℃、23.9℃左右，平均湿度分别是 40%、52.3%、54.1%左右，正好有利于棉叶螨的生长繁殖。当湿度超过 80%时，对其繁殖不利。因此在棉田中改变田间小气候，降低温度或提高相对湿度，可抑制棉叶螨的发生。

2. 雨和风对棉叶螨种群动态的影响

降雨量、降雨强度、雨滴大小及降雨时风力的强弱对棉叶螨的数量变动都有很大影响。新疆棉区，若 6～8 月平均降雨量在 100mm 以下，土耳其斯坦叶螨会大发生，若 3

个月平均降雨量在 200mm 以上发生就轻，在 100～150mm 会中等发生。降雨量和降雨强度对棉叶螨田间数量消长有两种作用，一是雨量的多少能影响田间的相对湿度，从而影响棉叶螨的生长发育和繁殖，二是暴雨能直接冲刷其各个虫态，特别是发生暴雨能把叶螨冲刷到地面，被泥浆黏结而死，还将泥浆溅到叶背，把栖息在叶背的叶螨黏死。同时雨水多会引起霉菌发生，抑制叶螨的繁殖。

风对棉叶螨的分散传播有很大作用。除卵以外，各发育阶段的棉红蜘蛛都会随空气流动而分散传播，螨的移动距离可达近 200m，高度可达 3000m。当植物营养恶化和种群密度大时，会吐丝拉网借以分散传播。这种分散在很大程度上受湿度影响，严重受害棉叶相对湿度降低，再加以营养质量低下，就促进了叶螨的分散。

3. 棉叶螨为害与寄主植物的关系

（1）寄主植物种类。棉叶螨属杂食性害虫，寄主极为广泛，但对寄主有明显的选择性。不同的寄主及其生长状态对棉叶螨的发育和繁殖有很大的影响。土耳其斯坦叶螨和截形叶螨在棉花、玉米、黄豆、茄子 4 种寄主植物上的田间种群消长动态各有差异。两叶螨在茄子上的种群数量均为最大，土耳其斯坦叶螨在玉米上最低，而截形叶螨在棉花上最低；土耳其斯坦叶螨在茄子、黄豆和棉花上的种群数量均高于截形叶螨（郭艳兰等，2012）。

（2）棉花品种。棉花品种不同，棉叶螨的发生数量也有相当的差别。棉花体内的某些次生化学物质，如单宁、类萜烯化合物和生物碱等的代谢物质能降低叶螨对植物的为害，形成寄主植物对害螨的抗性。这些物质在植物体内并不呈均匀分布，含量依寄主的器官、年龄、组织形成和外部状况而有差别。

土耳其斯坦叶螨在新海 21 号、新陆早 26 号 2 个棉花品种上密度水平较低，在标杂 A1、297-5、81-3、新陆早 12 号上叶螨密度没有显著差异。在新海 21 号、新陆早 12 号、新陆早 26 号品种上各虫态发育历期较长，各虫态存活率较低，每雌产卵量较少，种群趋势指数较低；而在标杂 A1、297-5、81-3 品种上的发育历期较短，各虫态存活率较高，每雌产卵量较多，种群趋势指数也较高（袁辉霞等，2012）。单双价转基因棉对叶螨的生长发育历期及生殖参数并没有明显影响；且取食常规棉的叶螨种群净生殖率、内禀增长率、平均世代周期、种群加倍时间、周限增长率、存活曲线也与单双价棉无显著差异，这说明转基因棉对棉叶螨的生长发育、繁殖及种群增长并无显著影响（李广云等，2013）。

（3）棉花形态学抗螨性。有的研究者发现棉花腺体毛的密度与叶螨的成活率呈负相关。由于腺毛能分泌一种抗性物质，叶螨的跗节黏附其上不能活动，而死于腺毛丛中，或因棉叶腺毛长而多，叶螨的口针难以插进叶片，因而抗性强。但腺毛密度相同的品种其抗性也不尽一致，电子显微镜扫描证实其与腺毛长短和形状不同有关。毛的长度是有无抗性的关键，有高密度的毛而没有适宜的长度，抗螨性是无效的。抗性还与叶片和叶表蜡质层厚度有关。叶螨的口针长度约为 139.4μm，当棉叶片的下表皮加海绵组织的厚度为 167.1～174.9μm 时，棉花品种受害轻，相反，在 129.6～131.2μm 时，受害就重。土耳其斯坦叶螨对棉花不同品种的选择性与棉花叶片蜡质含量、游离棉酚含量、黄酮含量、叶绿素含量呈显著负相关，与单宁含量呈正相关，与绒毛密度、可溶性糖含量无显著相关性。即棉花叶片内蜡质含量、游离棉酚含量、黄酮含量、叶绿素含量越高，土耳其斯坦叶螨对其选择性越弱；单宁含量越高，土耳其斯坦叶螨对其选择性越强（袁辉霞等，2009）。

4. 栽培技术对棉叶螨发生的影响

不同的土壤耕作、轮作、邻作、连作年限对叶螨种群数量均有显著影响。通过秋耕、冬灌，可破坏棉花害螨的越冬场所，消灭部分越冬害螨，减少越冬基数。连作年限越长，棉叶螨的发生越重。前茬为小麦、玉米等单子叶植物的棉田，棉叶螨发生晚而轻；凡是前作为油葵、豆类等双子叶植物的棉田，棉叶螨发生早而重。棉花邻作小麦比邻作苜蓿的棉田叶螨发生轻。

（1）不同耕作方式与棉叶螨危害的关系。对前茬作物不同的棉田、连作年限不同的棉田和毗邻作物不同的棉田内棉叶螨发生的差异进行了系统调查。连作有利于棉叶螨的发生，棉叶螨发生早，危害重，连作 2 年的棉田红叶率在 49%，连作 3 年红叶率高达89%。连作发生重的原因是当棉花收获后，棉叶螨仍然栖息在棉田内外的土缝、杂草、枯枝落叶下越冬，第二年就近在棉田内危害，因此连作时间越长，红叶率越高，受害越重（鲁素玲等，2000）。

（2）灌水对棉叶螨种群数量的影响。灌溉方式和灌水量对棉叶螨种群数量均有一定影响。例如，沟灌棉田有利于土耳其斯坦叶螨的发生，滴灌棉田不利于土耳其斯坦叶螨的发生；滴灌条件下，水量过高或过低的棉田均有利于该螨的发生，叶螨发生盛期早于常规水量棉田，数量也高于常规棉田叶螨数。不同灌水时期对叶螨的发生影响不大（党益春等，2008）。

（3）施肥与棉叶螨种群动态的关系。棉花施肥量对叶螨的繁殖也有很大影响。氮肥对不同叶螨影响有差异，对朱砂叶螨，棉花氮肥施用量增加，叶螨繁殖力亦随之增强，发育时间有随棉叶含氮率逐步提高而缩短，棉叶螨产卵量有随棉叶含氮率逐渐增高而相应延长和增加的趋势。例如，棉叶高含氮率（3.38%）的朱砂叶螨存活最高，其 50%死亡时间为 10.2d，而低含氮率（2.96%）50%死亡时间为 6.6d。田间不同施氮肥水平试验亦表明，每亩施尿素分别为 68.8kg、24.8kg 和 8kg 的螨株率依次为 56.496%、48.4%和25.7%。氮肥含量较低则利于土耳其斯坦叶螨的发生。当氮肥量超过正常水平时，随着施肥量的增高，螨量呈下降趋势，氮肥水平较高不利于该害螨发生，这说明增施氮肥不利于土耳其斯坦叶螨的发生（党益春等，2007）。

磷肥对叶螨的营养作用仅次于氮肥，棉叶螨体内含磷量的 50%被每日产卵所利用，所以叶螨繁殖力随磷肥含量的增加而增加。钾对棉花和棉叶螨都是不可少的重要元素。棉花含钾量多少在一定范围内与螨的繁殖力呈正相关，所以合理施肥对叶螨的产卵数及发育都有很大影响。

（4）棉田杂草与棉叶螨发生的关系。杂草是棉叶螨的滋生地，又是其越冬和过渡寄主，杂草丛生为棉叶螨的发生提供了良好的环境条件，从调查结果看，杂草多的棉田棉叶螨发生早，危害时间长，杂草较多的棉田 6 月初棉叶螨始发生，6 月 24 日中度发生，7 月中旬红叶率已达 76%；相邻一块杂草极少的棉田棉叶螨于 7 月上旬点片发生，7 月底红叶率为 42%。

（5）棉叶螨发生与棉田环境的关系。凡靠近沟渠、道路、井台、坟地、菜田、玉米、高粱、豆类、桑树、刺槐等棉田，由于寄主杂草多、虫源多及寄主间转移为害等，棉红螨往往发生早，为害重。

5. 农药的影响

（1）拟除虫菊酯类杀虫剂的刺激作用。一些拟除虫菊酯类杀虫剂对叶螨的繁殖和发育起到促进作用，加快了其在田间的分散和猖獗。据河南农业科学院资料，室内用溴氰菊酯处理朱砂叶螨3代后，其净生殖率和内禀增长率各为23.91和0.22，明显高于对照的19.12和0.18。田间试验表明，第三次施用溴氰菊酯后的第10天，螨量为对照区的8.71倍。叶螨因杀虫剂刺激出现的分散作用，一方面可以减少天敌的威胁，使环境更适于其繁殖；另一方面菊酯类农药对叶螨有忌避性效果，其扩散到未受害和未附着农药的植株上的比例增大，繁殖力增强（中国农科院植物保护所，1996）。

（2）农药亚致死作用的影响。农药除了对叶螨具有致死作用外，农药亚致死剂量对叶螨生长发育即繁殖也有一定影响。如阿维菌素、哒螨灵和螺螨酯 LC_{20}、LC_{10} 剂量处理土耳其斯坦叶螨成螨后，可使成螨的产卵量、平均寿命和卵孵化率显著降低，卵期、幼螨期、若螨期和产卵前期明显延长，而成螨期和雌螨寿命又明显低于对照；对次代种群的影响表现在净生殖率（R_0）、周限增长率（λ）降低，生存率和平均每雌日产卵率明显降低，内禀增长率（r_m）由 0.37 降低至 0.17~0.29，平均世代历期（T）除阿维菌素 LC_{20} 处理时长于对照外，其他处理均低于对照，种群倍增时间（D_t）延长。3 种药剂亚致死剂量处理卵后，内禀增长率（r_m）由 0.32 降低至 0.11~0.22，净生殖率（R_0）降低，平均世代历期（T）和周限增长率（λ）降低，而种群加倍时间（D_t）增长；除螺螨酯亚致死量对若螨期没有影响外，其他处理幼螨期、若螨期和产卵前期明显长于对照，成螨期和雌螨寿命显著低于对照；生存率和平均每雌日产卵率明显降低。因此，在亚致死剂量下，阿维菌素、哒螨灵和螺螨酯能够降低土耳其斯坦叶螨种群的发育速率，这对土耳其斯坦叶螨的综合防治策略的制定有积极意义（谷清义，2010，2011）。

（3）棉叶螨的抗药性问题。抗药性是害螨再猖獗的另一重要原因。叶螨大发生季节，选用有效农药可将虫口密度降低。但长期使用同种农药，使其产生了抗药性，防治效果显著降低，如徐遥等（2004）研究发现棉叶螨对有机磷类杀虫剂已产生低至中等水平的抗药性，对杀螨剂仍处于敏感阶段。

6. 天敌的控制作用

棉叶螨天敌种类。棉田捕食棉叶螨的天敌种类很多，统计有 2 纲 8 目 19 科 59 种，主要有：横纹蓟马（*Aeolothrips fasciatus*）、塔六点蓟马（*Scolothrips takahashii*）、深点食螨瓢虫（*Stethorus punctillum*）、肩毛小花蝽（*Orius niger*）、叶色草蛉（*Chrysopa phyllochroma*）、丽草蛉（*C. formosa*）、普通草蛉（*C. carnea*）、中华草蛉（*C. sinica*）、食螨瘿蚊（*Acaroletes* sp.）、日本赤螨（*Erythraeus nipponicus*）、园果大赤螨（*Anystis baccarnm*）、三突花蛛（*Ebrechtella tricuspidata*）、草间小黑蛛（*Erigonidium graminicolum*）、黑微蛛（*Erigone atra*）等（张建萍等，2000）。

新疆棉田中出现早、数量多、捕食明显的种类有捕食性蓟马、食螨瓢虫、花蝽、草蛉、食螨瘿蚊、蜘蛛和多种捕食螨。6~7 月上旬天敌数量单株平均 0.8 头，叶螨数量少，用药也少,此时天敌对叶螨有明显的控制作用;7月上旬以后天敌数量增大,平均每株1.8头,但叶螨的数量也增多,对天敌仍有一定的控制能力。8月叶螨量剧增,而天敌数量却下降,单株平均1.2头,9月仅0.2头,这主要是由于大量使用杀虫剂,对天敌有很大的杀伤作用,特别是花蝽、食螨蓟马、草蛉等数量减少更为明显。据调查,不同种类的天敌在棉田中的数量是不相同的,其中小花蝽占天敌总数量的32%,草蛉占20.9%,深点食螨瓢虫占19.7%,食螨瘿蚊占15.1%,其余的共占13.1%(鲁素玲等,2001)。

不同学者对引进捕食螨如胡瓜新小绥螨、加州新小绥螨,对捕食土耳其斯坦叶螨和截形叶螨的功能进行了研究,为新疆害螨在生物防治方面提供了新的天敌资源(张艳璇等,2006;汪小东等,2014;王银方等,2014)。

7. 不同叶螨间种间竞争

土耳其斯坦叶螨为新疆北疆棉区优势种,近几年在某些年份和某些地区截形叶螨暴发成灾。分析掌握主要叶螨之间的种间竞争,可为棉田叶螨的管理提供很好的依据。在25℃±0.5℃的条件下,土耳其斯坦叶螨和截形叶螨在棉花寄主植物上,截形叶螨的生殖能力和种群增长指数低于土耳其斯坦叶螨,但截形叶螨存活时间长于土耳其斯坦叶螨,其一旦进入棉田,则造成更大危害(Guo et al.,2013)。

（五）综合防治技术

棉花害螨的防治应以压低虫源基数和控制在点片发生阶段为重点,协调运用农业防治、生物防治和化学防治等方法,控株、控点相结合,力争把棉花害螨控制在6月底以前,保证棉花不受危害。

1. 农业防治

（1）越冬防治。越冬前应及时清除棉田杂草,在危害重的棉田喷药,降低越冬虫量。在秋播时翻耕整地,通过深翻将越冬叶螨翻压到17～20cm的深土下。在棉苗出土前,及时铲除田间或田外杂草,也可大大降低虫源基数。

（2）点片防治。坚持"查、抹、摘、打、追"等措施。"查"是查虫情,逐垄检查被害棉株,并抽查其他寄主上的虫源;"抹"是发现棉叶上有少数棉叶螨时用手抹掉;"摘"是在查虫情时,随身携带1个塑料袋,发现棉叶螨多的棉叶,摘下放入塑料袋内带出田外;"打"是除摘、抹被害株外,插上标志喷药,发现一株喷一圈,发现一窝打周围;"追"就是跟踪追击找虫源,同时追肥壮苗,造成不利于棉叶螨的繁殖条件。

（3）生长调节剂。棉花蕾期受朱砂叶螨为害后,适量施用DPC(缩节胺)可提高受害植株的耐害补偿能力,减少产量损失。其耐害补偿效应主要表现在棉株生长速率加快,缓解受害棉株株高、果枝数、结铃数受到的不良影响。其耐害补偿效应强弱取决于棉株长势水平和施用DPC的剂量。

2. 生物防治

首先要注意保护利用自然天敌。努力创造有利于自然天敌安全生存的环境条件,尽可能选择对天敌毒性小的杀螨剂,必须使用对天敌杀伤力大的药剂时,应采用拌种、涂茎或带状间隔喷雾等对天敌安全的施药方法,引进或利用本地捕食螨进行防治(鲁素玲等，2001；于江南等，2008；杨帅等，2013a）。

3. 化学防治

当大面积发生时常用的喷雾药剂有 73%克螨特 EC、20%哒螨酮 EC、10%浏阳霉素 EC、2%阿维菌素 EC 等药剂（于江南等，2002；杨帅等，2012）。

四、双斑长跗萤叶甲

（一）分布为害

双斑长跗萤叶甲（*Monolepta hieroglyphica*）又名双斑萤叶甲，属鞘翅目 Coleoptera 叶甲科 Chrysomelidae，是一种在我国分布很广的多食性害虫。据文献报道，国外分布于俄罗斯（西伯利亚）、朝鲜、日本、印度、越南、菲律宾、印度尼西亚、新加坡等；国内分布于黑龙江、吉林、辽宁、内蒙古、河北、山西、浙江、湖北、湖南、四川、贵州等。近年来成为新疆棉区的一种新发生的害虫，在博乐、奎屯、石河子、昌吉、五家渠、呼图壁、玛纳斯、哈密等地蔓延，目前已广泛分布于新疆北疆棉田。主要危害棉花，其次还危害玉米、谷子、高粱、豆类、甘蔗、十字花科蔬菜、马铃薯、胡萝卜、茼蒿、麻芋（半夏）、向日葵、辣椒、榆树、刺儿菜、田旋花、苘麻、枸杞、葡萄等植物（陈静等，2006，2007a；田永浩等，2007）。这几年在新疆北疆玉米上危害加重。

双斑长跗萤叶甲主要以成虫危害棉花上部叶片，初危害时或数量少时，仅取食上表皮及叶肉，形成凹陷，几天后凹陷由绿色变成黄褐色，形成花叶。危害时间较长或数量较大时，叶片形成缺刻，受害处变成黄褐色，最后形成枯斑，危害严重时形成网状叶脉，影响叶片的光合作用，导致营养恶化、叶色发黄，被害部位焦枯，使生长发育受阻，易形成弱苗，从而影响棉花的正常生长。幼虫为害棉花，在地下食根或蛀茎、蛀根（陈静等，2006，2007a）（图 6.10）。

图 6.10 双斑长跗萤叶甲成虫（a）及危害（b）（王少山提供）

（二）形态特征

成虫：体长 3.6～4.8mm、宽 2～2.52mm；卵形，棕黄色，具有光泽；触角 11 节丝状，端部色黑，长为体长的 2/3；每个鞘翅基半部有一个接近圆形的淡色斑，四周黑色，淡色斑后外侧多不完全封闭，它的后面黑色带纹向后突伸成角状，有些个体黑带纹不清或消失；两翅后端合为圆形；后足胫节端部位有一根长刺（图 6.11）。

　　卵：呈椭圆形，长 0.6mm，棕黄色，表面具有网状纹。

　　幼虫：体长 5～6.2mm，白色或黄白色，体表有瘤和刚毛，前胸背板颜色较深。

　　蛹：长 2.8～3.2mm，宽 2mm，白色，表面有刚毛。

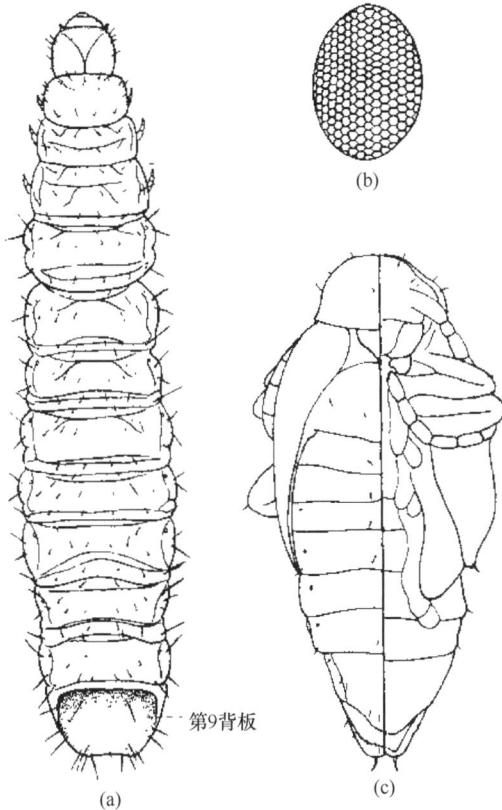

图 6.11　双斑长跗萤叶甲

（a）幼虫；（b）卵；（c）蛹（仿虞佩玉，1996 年）

（三）发生规律

　　双斑长跗萤叶甲在北疆一年发生一代，以卵在棉田越冬为主，主要在距地表 5cm 以内的土里，其次在棉花地边树木下、旁边的玉米地和油菜地进行越冬。早春卵孵化后，在 2～5cm 土壤中活动，取食棉花、玉米等作物及杂草根部，5 月中下旬始见成虫。初羽化的成虫喜在地边、渠旁杂草上活动，后转移到棉田为害，危害盛期在 6 月中下旬。成虫从棉花现蕾至吐絮期间都有发生，为害期长达 90d 以上。6 月底至 7 月初达到发生高峰期并开始交配，7 月中旬开始产卵，成虫数量虽然有所递减，但棉田分布为害仍然较广，8～9 月上旬田间虫口为害下降，9 月中下旬棉田虫口基本消失，并陆续进入越冬场所（陈静等，2006，2007a）。

　　成虫有群集性，日光强烈时常隐蔽在下部叶背或花中。在植物上，自上而下地取食，主要危害棉花上部叶片；成虫在田间分布不均匀。成虫飞翔力弱，一般只能飞 2～5m，早晚气温较低时或风雨天喜躲藏在植物根部或枯叶下。取食和交尾活动都集中在有阳光的白天。交配产卵期为6月中旬至7月中旬左右，一次几粒到几十粒，持续大约一个月。黏土地发生重，沙土地无；弱苗重，开荒地多，玉米地边多，黏土地多，渠道杂草多的地方发生重，早晚多，中午少（田永浩等，2007）。

（四）防治方法

防治策略：以农业防治为基础，轮作倒茬，作物合理布局，结合人工田间管理措施，加大田间地头除草力度，消灭过渡寄主，加强水肥运筹，改善营养条件以增强棉株抗逆性，重点保护天敌，辅以化学防治为补充的综合防治策略（田永浩等，2007）。

1. 农业防治

清除杂草，减少过渡寄主。由于其早春在地边杂草上危害一段时间，春季就要及时清除地边杂草，特别是对于黏土地及往年发生重的条田必须清除地边杂草，减少双斑长跗萤叶甲的早期寄主，减少其数量，减轻其在棉田中的危害。

秋季灌溉。双斑长跗萤叶甲主要以卵在棉田越冬，9月下旬至10月中旬进行灌溉，既增加了湿度，又降低了温度，改变了双斑长跗萤叶甲卵的生存环境，可以起到降低越冬卵数量的作用。

冬季深翻。棉花收割后，封冻前一个月，浅耕或耙土地，可以破坏双斑长跗萤叶甲卵生存的越冬环境，减少次年虫口密度。

合理轮作。在单子叶植物小麦等地（玉米除外）调查时很难见到双斑长跗萤叶甲成虫，因此在重发生地合理轮作有利于降低双斑长跗萤叶甲成虫数量。

加强田间管理，增强棉花的抗虫能力。双斑长跗萤叶甲在弱苗地发生重，在发生重的棉田适当早进头水，可影响其地下虫态，有效压低田间发生量。同时及时加强肥水的管理，促健苗、壮苗，减少双斑萤叶甲的发生条件，并同时增强棉花的抗虫能力，减少其受害。

2. 物理防治

诱集作物。在棉田周围种植一些双斑长跗萤叶甲喜食的花生、车轴草、丝瓜等作为诱集带，集中诱杀双斑长跗萤叶甲成虫。这样既可以保护棉花，又减少了喷施化学农药的频率。

网捕法。对点片发生的地块施行人工网捕，既降低了虫口数量，又减少了蚜虫大发生的可能。

3. 生物防治

双斑长跗萤叶甲的天敌主要有蝎敌（*Arma custos*）、蜘蛛、草蛉、螳螂等。保护天敌、自然控制是防治双斑长跗萤叶甲不可忽视的有效措施（陈静等，2007b）。

4. 化学防治

3%甲维盐和25%阿克泰对双斑长跗萤叶甲成虫具有很高的毒力，同时对天敌毒性相对小。在双斑长跗萤叶甲发生危害较重时，进行点片化学防治，尽量降低用药次数。

适当减少用药次数，不仅能够保护天敌，同时能够缓解与防治棉蚜的矛盾，降低棉蚜暴发成灾的概率及双斑长跗萤叶甲的抗药性，防止因过度用药引起棉花早衰等问题（李广伟等，2007）。

五、蓟马类

（一）种类、分布、寄主与为害

新疆危害棉花的蓟马主要有两种，烟蓟马（棉蓟马）（*Thrips tabaci*）和花蓟马（台湾蓟马）（*Frankliniella intonsa*）。烟蓟马为世界性害虫，据 Morison 于 1957 年记载，仅在英国的寄主可多达 357 种。国内各省也均有分布，尤以北方发生普遍而严重。其寄主范围很广，我国记载的也有 70 多种，主要以棉花、烟草、葱、蒜、洋葱、韭菜、瓜类、马铃薯等受害最重。花蓟马主要分布于长江流域各省，除为害棉苗外，在棉花的花内最多。棉田还常见两种天敌蓟马：横纹蓟马和塔六点蓟马。蓟马是以锉吸式口器为害植株，先磨破植物组织，然后吸取汁液。为害棉花的症状有以下 4 种，对棉花产量和品质影响最大：①为害棉花生长点，使棉苗仅剩两片肥大的子叶，成为无头的"公棉花"；②棉苗从真叶开始到 1～2 片真叶期，生长点被害，叶腋处发出 2～4 个枝条，形成"多头棉"；③嫩叶受害后，叶片随着生长出现破孔或破烂状，俗称"烂叶"，破烂的叶片有时叶柄延伸很长；④子叶和长成真叶被害后，叶背出现银白色斑点、斑块，银斑在真叶的叶脉附近更为明显，叶正面出现黄褐色斑点、斑块。

（二）生活史及习性

烟蓟马在新疆一年发生 6～10 代。以成虫、若虫和蛹在各种植物如棉花、大葱、洋葱、绿兰、多种杂草的枯枝落叶或土壤中越冬，南疆在 3 月中下旬、北疆在 4 月上旬开始复苏。先多在冬麦、苜蓿、大葱、菠菜或其他杂草上活动为害，待棉苗出土后，再由邻体和杂草上大量迁飞至棉田。棉苗初期，烟蓟马的数量并不多，但仍可造成棉株无头或多头；5 月中下旬至 6 月上旬数量逐渐增多，至 6 月下旬达到高峰，造成棉株大量破叶和银斑，但对棉株的影响较小。7 月上旬以后，虫口可迅速下降至很少，为害减轻，而且部分开始由棉田迁入其他越冬寄主上活动。

烟蓟马成虫活跃善飞，可借风力迁移很远。但怕阳光直射，白天多在叶背或叶鞘内潜藏为害。晚上或阴天才到叶正面活动。常营孤雌生殖，不交配就能产卵。雌虫卵量 20～100 粒，多数产于棉叶表皮下、叶脉内。

高温、高湿对其发生不利，暴雨可降低其种群数量，凡邻近菜地、苜蓿地，四周杂草多，晚播的棉田发生危害重。

耐低温性强，-4℃ 96h 不影响发育。

（三）综合防治技术

1. 农业措施

上茬收获后及时清理田间及四周杂草，集中烧毁或沤肥；施用腐熟有机肥、增施磷钾肥、适时追肥，提高棉株抗虫能力；合理密植，剪除空枝、顶心、边心、嫩芽，增加田间通风透光度；及时整枝，7月20日前打去顶尖，密度大的棉田立秋后可以适当打边心、剪空枝、打去下部老叶，减轻郁蔽，改善田间通风透光条件。

2. 药剂防治

生物防治与化学防治相结合。在棉花苗期和蕾期可选用 1%阿维菌素 1000 倍液加10%吡虫啉可湿性粉剂 2000 倍液均匀喷雾，或 50%辛硫磷、20%抗蚜威兑水 1500 倍液常规喷雾防治。棉花开花期每朵花中虫量达几十头时就必须进行防治，否则会引起蕾铃大量脱落，对产量造成较大影响，可选择对天敌比较安全的农药，如 35%赛丹 500 倍液、10%吡虫啉可湿性粉剂 2000 倍液、48%乐斯本乳油 1000～1500 倍液进行防治。

六、棉盲蝽

(一) 种类、分布、寄主与为害

我国为害棉花的盲蝽类，据记载有 28 种，其中最重要的有 5 种。以绿盲蝽（*Apolygus lucorum*）分布最广，北起黑龙江，南到广东、广西，西至甘肃，东达沿海各省；中黑盲蝽（*Adelphocoris suturalis*）主害区为黄河和长江流域棉区；苜蓿盲蝽（*A. lineolatus*）和三点盲蝽（*A. taeniphorus*）属偏北种类，主害区为黄河流域和辽河流域棉区，牧草盲蝽（*L. pratenszs*）主要在西北内陆棉区为害。新疆棉田主要是牧草盲蝽，偶尔可见苜蓿盲蝽。棉田除了上述两种盲蝽外，还有两种捕食性盲蝽：黑食蚜盲蝽（*Deraeocoris punctulatus*）、异须盲蝽（*Campylomma diversicornis*）。2014 年在新疆玛纳斯棉田的一块土地上发现大量绿盲蝽危害棉花，危害率达 100%，这给新疆棉田带来新的威胁（陆宴辉等，2014）。

棉盲蝽寄主植物种类很多，除棉花外还包括 28 科 97 种。其寄主又分为越冬寄主和侨居寄主。牧草盲蝽的越冬寄主主要是苜蓿、地肤、蒿类等；而苜蓿盲蝽主要是紫花苜蓿、苕子、猪殃殃等。侨居寄主主要包括：棉花、小麦、玉米、高粱、谷子、豆类、苜蓿、柽麻、紫穗槐、向日葵、苘麻、胡萝卜等。

棉盲蝽的为害状如下。

（1）幼蕾受害。幼蕾开始出现时，受盲蝽刺吸式口器刺伤后，先变为黄褐色，后变为黑色，2～3d 后，干枯僵硬，形成"荞麦粒"而脱落。这是最主要的一种为害方式。

（2）大蕾受害。先是刺伤处出现褐色小点，后呈现黑斑，花瓣不能正常开放，棉蕾脱落。

（3）幼铃受害后，轻者出现褐色水浸斑，重者满布黑斑，僵化脱落，大铃受害呈现凹凸畸形。

（4）果枝生长点受害。①生长点干枯，使果枝或果节无法长出；②子叶期危害形成"公棉花"；③1～3 片真叶期危害形成"多头棉"。

（5）顶部嫩叶危害形成"破叶疯"，初呈现小黑点，随着叶片长大，小孔变大洞，造成不规则的烂叶（图 6.12）。

(二) 形态特征

1. 牧草盲蝽

成虫长 5.5～6mm，触角比身体短，体色呈黄绿色。前胸背板有橘皮状刻点，侧缘

图 6.12　盲蝽危害棉铃（a）及棉叶（b）症状（张建萍提供）

黑色，后缘有 2 黑纹，中部有 4 条纵纹，小盾片黄色，中央黑褐色下陷，呈一心脏形纹。卵长约 1.1mm，卵盖边缘有 1 向内弯曲的柄状物，卵盖中央稍下陷。初孵若虫黄绿色，5 龄若虫绿色，在前胸背板中央两侧，小盾片中央两侧及第 3、第 4 腹节间各有 1 个圆形黑斑（图 6.13）。

图 6.13　牧草盲蝽成虫（王少山提供）

2. 苜蓿盲蝽

　　成虫体长 7.5mm，触角比身体长，体色黄褐色，前胸背板后缘有 2 黑色圆点，小盾片中央有 π 形黑纹。卵长约 1.3mm，卵盖平坦，黄褐色，边上有 1 个指状突起。若虫初孵时全体绿色，5 龄时体黄绿色，眼紫色，翅芽超过腹部第 3 节，腺囊口为八字形（图 6.14）。

3. 绿盲蝽

　　成虫体长 5mm 左右，黄绿色至绿色，较扁平。复眼红褐色，触角淡褐色。前胸淡黄绿色，背板多细微黑色点刻。前翅绿色，膜质部淡褐色。足橘黄色，腿节较粗。足各节生小刺及细毛（图 6.15）。

图 6.14 苜蓿盲蝽成虫（陆宴辉提供）

图 6.15 绿盲蝽成虫（张建萍提供）

（三）生活史及习性

　　牧草盲蝽以成虫在各种杂草、树木的枯枝落叶和冬麦田越冬，一年发生 3～4 代。春季成虫在十字花科蔬菜白菜、油菜、萝卜、甘蓝等，菠菜、甜菜种株和苜蓿上产卵繁殖，5 月中下旬孵化为若虫。6 月上中旬羽化为成虫。孵化和羽化时间随地区和植物而有所变化。随着各种蔬菜如甜菜种株和油菜、小麦的成熟，苜蓿第一次收割，棉花开始现蕾和棉田第一次灌水，南疆从 6 月下旬开始，北疆从 6 月底 7 月初开始，成虫飞到棉田为害。在棉田繁殖一代，8 月中旬后逐渐退出棉田。秋季 1 代主要在各种藜科杂草，如滨藜、苋菜、地肤（禾本科碱草）等和艾蒿上产卵繁殖，最后羽化出成虫越冬。

　　牧草盲蝽喜食花蕾，成虫常随各种植物现蕾、开花而迁移。在夜间活动，对黑光有强的趋性，喜栖息在叶背及植株中下部为害。雌虫卵量在40粒左右。

该虫的发生为害与灌水关系极大。凡灌水早、大水漫灌的棉田，数量多，为害重。同时还与棉株生长发育好坏有关，凡氮肥多、生长旺盛、早发和现蕾早的棉田发生为害重；植株稀少、低矮、受旱、现蕾晚的发生轻。另外，凡靠近甜菜、菠菜、十字花科蔬菜留种地、苜蓿田，以及藜科杂草多的荒地、棉田盲蝽发生重。

（四）综合防治技术

盲蝽成虫有较强的飞行扩散能力，若虫活动灵活、隐蔽性强、不易发现，其为害初期症状不明显、易于忽视，常常错过防治适期，导致其种群的暴发成灾（陆宴辉等，2010）。

1. 农业防治

一是毁减越冬场所。新疆棉区的牧草盲蝽以成虫在滨藜等杂草及树木的落叶下蛰伏越冬。在开始结冰后，清除这些杂草和枯枝烂叶使其失去越冬场所而冻死。

二是清除早春寄主。盲蝽的早春寄主植物主要包括果树、作物、杂草等。对于果树与作物，可以采取栽培管理来消灭虫源。早春杂草寄主上的盲蝽虫源可以通过喷施除草剂或人工除草来控制。

三是避免多寄主混作。根据盲蝽寄主植物多的特点，在作物布局上要合理安排，正确布局。尽可能使棉花、果树等同种作物集中连片种植，要避免棉花与苜蓿、向日葵、枣树等，或者果树与蔬菜、牧草等地毗邻或间作，以减少盲蝽在不同寄主间交叉为害。

四是加强棉花生长管理。棉花需及时打顶，促使棉蕾老化，减少为害；清除无效边心、赘芽和花蕾，减少虫卵。在花蕾期，根据长势可喷施1或2次缩节胺，能缩短果枝，抑制赘芽，减少无效花蕾，从而减轻盲蝽的发生为害。

2. 诱集防治

绿盲蝽成虫偏好绿豆，于棉花播种时在棉田一侧种植早播绿豆诱集带，优先种植在田埂侧，可以隔断绿盲蝽从田埂向棉田的扩散，减少棉田入侵虫量。结合诱集带上每周一次的化学防治，能有效降低棉田的发生为害，还有利于棉田生态环境的优化、改善。另外，向日葵、蓖麻等也能作为棉花盲蝽的诱集植物。

3. 生物防治

已报道的棉花盲蝽捕食性天敌有10余种、寄生蜂3种，在田间有一定的控制效果。建议使用对天敌较安全的选择性农药防治盲蝽，减少对天敌昆虫的负面影响。并可以通过改进施药方法，如滴心、涂茎等有针对性的局部施药，减少地毯式的药剂喷雾，将有助于天敌种群的增殖。

4. 物理防治

频振式杀虫灯对棉花盲蝽成虫有较好的诱杀作用，可用于其测报防治。

5. 化学防治

生产上采用的防治指标为2代（苗、蕾期）盲蝽百株虫量5头，或棉株新被害株率达 2%～3%；3 代（蕾、花期）盲蝽百株虫量 10 头，或被害株率 5%～8%；4 代（花、铃期）盲蝽百株虫量 20 头。当前，盲蝽对化学农药的抗药性水平还很低，因此化学防治的关键在于掌握确切的防治时间。棉花盲蝽化学防治的适期为 2～3 龄若虫高峰期。在棉花苗期、现蕾初期，选用 40%氧化乐果乳油等内吸性较强的药剂 200 倍液滴心，或按 1：（3～4）的比例与机油混匀后涂茎。这种方法对早期盲蝽有很好的控制作用，是一种比较理想的预防措施。但虫量超过防治指标时，每亩用 5%丁烯氟虫腈乳油 30～50mL、10%联苯菊酯 30～40mL、35%硫丹乳油 60～80mL、40%灭多威可溶性粉剂 35～50g、45%马拉硫磷乳油 70～80mL、40%毒死蜱乳油 60～80mL 兑水 50～60kg 喷雾。

七、烟粉虱

（一）种类、分布、寄主与为害

烟粉虱（*Bemisia tabaci*）属同翅目、粉虱科、小粉虱属，广泛分布于世界各地。自 20 世纪 90 年代以来，烟粉虱相继在我国广东、福建、北京、河北、天津、山西等地发生，成为我国蔬菜、花卉等作物上的主要害虫。1998 年，在乌鲁木齐市的一品红花卉上发现烟粉虱，随后在石河子、哈密、库尔勒、克拉玛依等棉区采到此虫。1999 年在吐鲁番长绒棉研究所棉花试验田发现，由于烟粉虱的为害，棉花布满蜜露，纤维受到严重污染，煤污病也十分严重。烟粉虱危害正逐渐由设施农业向大田农业发展，尤其是对新疆的棉花种植业存在极大的潜在威胁。

其寄生范围很广，国外报道可为害 72 科 420 种植物，是棉花、烟草、番茄、番薯、木薯、十字花科、葫芦科、豆科、茄科、锦葵科等的重要害虫。在新疆危害棉花、番茄、黄瓜、茄子、甜瓜、葡萄、一品红、倒挂金钟、羽衣甘蓝、桑叶牡丹、冬珊瑚、酒瓶兰、蜀葵、苘草、苘麻等。在相同环境条件下，烟粉虱对不同寄主植物的危害程度明显不同。在菊科、十字花科、葫芦科、豆科等植物上危害比较严重，其次为番茄、辣椒、棉花、瓜类及田旋花。烟粉虱天敌种类较多，目前已发现捕食性天敌（瓢虫、捕食蝽、草蛉、捕食螨等）114 种、寄生性天敌（恩蚜小蜂、丽蚜小蜂等）45 种，要注意保护利用。

烟粉虱成虫、若虫都能为害，若虫为害较严重。烟粉虱对不同植物表现出不同的危害症状，在棉花上危害时，以成虫或若虫聚集在棉叶背面，刺吸棉株汁液，使得叶片正面呈红褐色斑点，严重时造成黄斑，植株成片枯黄、早衰，蕾铃脱落，分泌的蜜露使得棉纤维品质和产量大大下降。虫口密度大时，棉叶正面出现成片黄斑，严重时引起蕾铃大量脱落；同时，成虫或若虫还分泌大量蜜露，使棉花叶、铃污染变黑，纤维品质下降。2007 年 8 月 10 日在哈密火箭农场 1 连调查发现，平均每叶达 20～30 头，每株上百头。

（二）形态特征

成虫：体淡黄白色，长约 1mm，全体及翅有细微的白色蜡质粉状物。复眼肾形，单眼两个，靠近复眼。触角发达，7 节。喙从头部下方后面伸出。跗节 2 节，约等长，端部具 2 爪，并有爪间鬃。翅 2 对，前翅脉 1 条不分叉，静止时左右翅合拢呈屋脊形。

卵：长 0.2mm 左右，弯月形，以短柄黏附并竖立在棉叶背面，初产时黄白色，近孵化时变黑色。大多散产于叶片背面。

若虫：长椭圆形，淡黄至灰黄色。共 3 龄，1 龄若虫末端有 2 对明显的刚毛，以前方的 1 对较长，腹面有 3 对足，有触角，能爬行迁移。第 1 次脱皮后（2 龄），触角及足退化，固定在植株叶片背面取食。末龄脱皮后形成蛹，脱下的皮硬化成蛹壳，是识别粉虱种类的重要特征。

蛹壳：长约0.8mm左右，长椭圆形，有时边缘凹入，呈不对称状，淡黄色。管状孔三角形，长大于宽。舌状器匙状，伸长于盖瓣之外。蛹壳背面是否具刚毛，与寄主的形态结构有关，在有毛的叶片上，蛹体背面具刚毛，在光滑无毛的叶片上，蛹体背面不具长刚毛。近羽化时可见到 2 个红色的复眼。

（三）发生规律及主要习性

棉田在 6 月底始见烟粉虱成虫，7 月初随着外界温度的升高，设施蔬菜的收获相继结束，烟粉虱主要在棚室附近葫芦、南瓜、金瓜、杂草上取食危害，并不断向棉田扩散，虫口数量平稳上升，但在 8 月上旬以前发生量较小，一般不造成危害或危害较轻。8 月初以后，烟粉虱大量迁入棉田，8 月上中旬以后开始造成危害，棉田烟粉虱种群数量最大时是在 8 月下旬至 9 月上旬，此时正值棉花开花盛期和棉铃膨大期，对棉花造成的损失极大。烟粉虱在棉田的危害一直持续到 9 月底 10 月初，随着棉叶老化干枯而逐渐结束。以卵、若虫、成虫在保护地内越冬。

棉田烟粉虱成虫主要集中在棉株上部叶片，成虫数量最大，其次为棉株中部，下部数量最少；若虫则是棉株中部最多，其次为上部，下部数量最少。说明成虫更喜欢在幼嫩叶片上产卵。成虫喜群集，不善飞翔，喜欢无风温暖天气，对黄色有强烈的趋性。气温低于 12℃停止发育，14.5℃开始产卵，气温 21～33℃时，随气温升高，产卵量增加，高于 40℃成虫死亡。相对湿度低于 60%成虫停止产卵或死去。

（四）综合防治技术

烟粉虱食性杂，寄主范围广，繁殖力强，世代多且重叠，蔓延快；有寄主转移现象，抗逆力强，对常规化学农药易产生抗性，棉田周围有温室大棚设施，特别是它喜食混栽或连作作物，为其周年发生为害提供了极好的生态条件。诸多因素的综合给防治工作带来很大的难度。要想有效控制烟粉虱的危害，必须实行以农业防治为基础、生物防治为主的可持续控制策略。根据烟粉虱发生危害的特点，应用各种经济、安全、有效的技术措施加以综合治理。

1. 农业防治

在棉田周围培育无虫苗，防止害虫随蔬菜苗传播；对培育的或引进的菜苗要严格检查，防止有虫苗进入生产地。幼苗上有虫时应在移栽前清理干净，做到用作定植的菜苗无虫。严格控制虫源。

清洁田园，消灭或减少虫源，及时清除棉田内外杂草，不在棉田附近种植棉粉虱喜食的西葫芦、冬瓜、南瓜等蔬菜；及时整枝，摘除棉花底部无效叶，并将布满害虫的废枝叶带出田外深埋或烧毁，这些都可以减少棉田虫口数量。

2. 物理防治（诱杀）

烟粉虱对黄色具有强烈趋性，可利用黄板诱杀。具体做法是，用黄色材料制成适当大小的黄色板插于田边，稍高于棉花，板上涂抹机油，一般 7～10d 涂 1 次，可大大减少棉田虫口密度。

3. 生物防治

烟粉虱的天敌资源非常丰富，烟粉虱寄生性天敌主要是恩蚜小蜂属和浆角蚜小蜂属；捕食性天敌主要是瓢虫、草蛉、花蝽和一些捕食螨等。有 7 种虫生真菌，主要是蜡蚧轮枝菌、粉虱座壳孢、玫烟色拟青霉、白僵菌等。用丽蚜小蜂防治烟粉虱，当每株棉有粉虱 1 头时，每株放蜂 3～5 头，10d 放 1 次，连续放蜂 3 或 4 次，可基本控制其为害。

4. 化学防治

应用合适的杀虫剂对烟粉虱均有较好防效，但不合理使用，特别在设施栽培下滥用同一类型的农药，很容易使烟粉虱产生抗药性而降低或丧失控害效果（国内外都有烟粉虱对有机磷、拟除虫菊酯类等产生抗性的报道），并带来产品农药残留超标等不良后果。因此，应选择不同类型药剂轮换交替使用，提高防治效果，但必须严格控制使用次数，一般一种药剂只用 1 次。烟粉虱发生隐蔽，繁殖蔓延快，初发虫口少时难以被发现而虫口多时防治难度大，这是防治上的一个难点，可采用适宜的施药方法和保证施药质量加以克服。

具体方法：在烟粉虱发生较轻时，及时喷药。一定要喷在植株叶片背面，动作尽量轻、快，避免成虫受到惊动飞移。可轮换使用的药剂有：1.8%阿维菌素类杀虫剂 2000～3000 倍液、植物源杀虫剂 6%绿浪（烟百素）乳油 1000 倍液、25%昆虫几丁质酶抑制剂，扑虱灵可湿性粉剂 1000～1500 倍液、10%吡虫啉可湿性粉剂 2000 倍液、2.5%天王星乳油 1000 倍液、20%灭扫利乳油 2000 倍液，成虫消失后 10d 内再追杀 1 次，以消灭新孵化若虫。

第三节　新疆棉田主要草害与防控

棉田恶性杂草是妨碍棉花增产的重要因子之一。20 世纪 60 年代前主要靠人工、机械除草。70 年代初引进了氟乐灵等化学除草剂，改变了棉田杂草防除以人工为主的局面。进入 21 世纪，随着膜下滴灌技术的推广和作物布局的改变，新疆棉田杂草群落发生的特点也出现较大变化，亟待加强杂草防除技术的指导。

一、新疆棉区杂草发生特点

新疆棉区以灌淤土、棕漠土、旱盐土为主的独特的土壤条件和气候条件，造成了棉田杂草群落主要由耐旱、耐盐的杂草如田旋花、灰绿藜、反枝苋、野西瓜苗、芦苇、马唐、扁蓄、苍耳、扁秆藨草等组成。长期单一施用某种除草剂防除棉田杂草时，容易引起棉田杂草群落的变化，如常用氟乐灵、二甲戊灵后，棉田禾本科杂草发生逐年减少，而阔叶杂草（如龙葵、苘麻）的发生量逐年增多。另外，土壤含盐量的不同也能引起棉田杂草变化，当土壤含盐量达 0.3%以上时，藜科的藜、碱蓬等为优势种；当土壤含盐量为 0.1%左右时，藜科杂草比例下降，狗尾草、芦苇比例上升；当土壤含盐量为 0.04%～0.05%时，棉田中则以禾本科稗草为优势种。

新疆棉区杂草的发生与内地相比有其自身特点。由于实施膜下滴灌，墒情足，地温高，为棉花创造了良好的出苗条件，同时也增加了杂草与棉花竞争的机会。一年生阔叶杂草与禾本科杂草伴随棉种一起发芽出土，15d 左右即形成第一次出土高峰，出草早而集中。第一次出草高峰之后，由于土表干燥，地膜覆盖，同时中耕作业对杂草出土生长造成一定的抑制和控制；6 月下旬第一次灌水后，土壤墒情较足，到 7 月中旬至 8 月上旬形成第二次出草高峰，这些杂草生长较快，尤其是一些封行迟、密度稀的棉田，杂草在立秋后短时间内很快开花结籽，进入第二年杂草的种子库。

可以将新疆棉田杂草群落划分为 3 种类型：一是水旱轮作的棉田以稗草+扁秆藨草+芦苇为主的组合；二是旱旱轮作的棉田以龙葵+稗草+藜为主的组合；三是连作时间比较长的棉田以田旋花+龙葵+藜为主的组合。

二、新疆棉田主要杂草

由于气候、轮作制度、栽培措施等因素的影响，棉田杂草发生种类也不一致。棉花苗蕾期（棉花出苗后的 0～45d），产生危害的杂草主要是早春杂草，这些杂草的显著特点是出苗早并且很集中，与棉苗争夺空间和水肥，严重限制了棉苗的生长。其中包括禾本科的马唐、稗草、芦苇、狗尾草；菊科的刺儿菜、苣荬菜、苦苣菜、蒲公英；十字花科的荠菜、独行菜；茄科的龙葵、曼陀罗；莎草科的扁秆藨草，该草是多年生杂草，有两种繁殖方式，即营养体球茎和种子繁殖，所以很难防除。在花铃期危害最重的杂草是旋花科的田旋花，该草再生能力极强，缠绕在棉株上，严重时可使棉株缠连郁闭，影响棉花产量和品质，并且给棉花采摘带来困难，已成为新疆棉田的主要恶性杂草。另外，锦葵科的苘麻等杂草虽然在田间数量少，但个体长势强，植株高大，其种群在田间有上升的趋势，也是棉田中不可忽视的杂草。

上述杂草中，禾本科杂草占 15%以上，阔叶杂草占 80%左右，莎草科杂草占 2.4%。一年生杂草占 55%，多年生杂草占 45%。相对多度达 40 以上的杂草有稗草、扁秆藨草、田旋花、灰绿藜，开荒地棉田芦苇的相对多度达 20 以上，为棉田主要杂草；刺儿菜、苣荬菜、苦苣菜、狗尾草、马唐、虎尾草、画眉草、凹头苋、扁蓄、马齿苋、苘麻、龙葵、曼陀罗、小藜、苦豆子的相对多度达 2 以上，为常见杂草（表 6.3）。

新疆棉田常见杂草生物学性状描述

（1）稗草（*Echinochloa crusgalli*）又名稗子，一年生草本。秆直立，基部倾斜或膝曲，光滑无毛。叶鞘松弛，下部长于节间，上部短于节间；无叶舌；叶片无毛。圆锥花序，主茎角棱、粗糙。该草是棉田中的主要杂草，通过土壤封闭可以较好地控制该草的发生（图 6.16）。

表 6.3 新疆棉田主要杂草种类（冯宏祖等，2008）

科名	杂草名称
禾本科 Gramineae	稗草 *Echinochloa crusgalli*
	芦苇 *Phragmites communis*
	狗尾草 *Setaria viridis*
	马唐 *Digitaria sanguinalis*
	画眉草 *Eragrostis pislosa*
	虎尾草 *Chloris virgata*
	狗牙根 *Cynodon dactylon*
莎草科 Cyperaceae	扁秆藨草 *Scirpus planiculumis*
旋花科 Convolvulaceae	田旋花 *Convolvulus arvensis*
苋科 Amaranthaceae	凹头苋 *Amaranthus lividus*
	反枝苋 *A. retroflexcus*
车前科 Plantaginaceae	车前草 *Plantago asiatica*
蓼科 Polygonaceae	扁蓄 *Polygonum aviculare*
马齿苋科 Portulaceae	马齿苋 *Portulaca oleracea*
锦葵科 Malvaceae	苘麻 *Abutilon theophrasti*
	野西瓜苗 *Hibiscus trionum*
茄科 Solanaceae	龙葵 *Solanum nigrum*
菊科 Compositae	曼陀罗 *Datura stramonium*
	刺儿菜 *Cephalanoplos segetum*
	苣荬菜 *Sonchus brachyotus*
	苦苣菜 *S. oleraceus*
	蒲公英 *Taraxacum bicorne*
	花花柴 *Karelinia caspica*
	苍耳 *Xanthium sibiricum*
	黄花蒿 *Artemisia annua*
	蒙山莴苣 *Lactuca tatarica*
十字花科 Cruciferae	独行菜 *Lepidium latifolium*
	荠菜 *Capsella bursa-pastoris*
	播娘蒿 *Descurainia sophia*
藜科 Chenopodiaceae	灰绿藜 *Chenopodium glaucum*
	西伯利亚滨藜 *Atriplex sibirica*
	地肤 *Kochia scoparia*
	碱蓬 *Suaeda glauca*
	小藜 *C. serotinum*
木贼科 Equisetaceae	节节草 *Equisetum ramosissimum*
唇形科 Labiatae	野薄荷 *Mentha haplocalyx*
豆科 Leguminosae	骆驼刺 *Alhagi pseudalhagi*
	苦豆子 *Sophora alopecuroides*
	苦马豆 *Sphaerophysa salsula*
	天蓝苜蓿 *Medicago lupulina*
	甘草 *Glycyrrhiza uralensis*
蒺藜科 Zygophyllaceae	粗茎驼蹄瓣 *Zygophyllum loczyi*

图 6.16　稗草（a）和野西瓜苗（b）（杨德松提供）

（2）野西瓜苗（*Hibiscus trionum*），一年生草本，叶边缘为波状齿，先端尖锐，基部楔形，叶柄长 2cm，全体被有疏密不等的细软毛。茎梢柔软，直立或稍卧生（图 6.16）。

（3）田旋花（*Convolvulus arvensis*），多年生草质藤本，近无毛。根状茎横向生长。茎平卧或缠绕在棉花植株上，有棱。叶柄 1～2cm；叶片戟形或箭形，长 2.5～6cm，宽 1～3.5cm，全缘或 3 裂，先端近圆或微尖，有小突尖头；中裂片卵状椭圆形、狭三角形、披针状椭圆形或线性；侧裂片开展或呈耳形（图 6.17）。

图 6.17　田旋花（a）和马齿苋（b）（杨德松提供）

（4）马齿苋（*Portulaca oleracea*），一年生草本，全株无毛。茎平卧或斜倚，伏地铺散，多分枝。蒴果卵球形，长约 5mm，盖裂。种子细小，多数偏斜球形，黑褐色，有光泽，直径不及 1mm，具小疣状凸起（图 6.17）。

（5）反枝苋（*A. retroflexcus*），一年生草本，株高 20～80cm，有时达 1m 以上；茎直立，较粗壮。圆锥花序顶生及腋生，直立，直径 2～4cm（图 6.18）。

（6）苘麻（*Abutilon theophrasti*），一年生亚灌木状草本，植株高 1～2m，茎枝有柔毛。蒴果半球形。种子肾形，褐色，种子表面有星状柔毛。该杂草个体较大，是棉铃虫、蚜虫的寄主（图 6.18）。

（7）扁秆藨草（*Scirpus planiculumis*），多年生草本，株高 60～100cm。具匍匐根茎和球茎，种子和球茎繁殖，秆较细，三棱形，基部膨大。叶基生或秆生；叶片线形，扁

图 6.18 反枝苋（a）和苘麻（b）（杨德松提供）

平，宽 2~5mm，基部具长叶鞘，是棉田中最难防治的杂草之一。

（8）龙葵（*Solanum nigrum*）又名黑豆子，一年生草本，株高 30~60cm，茎直立，上部多分枝，稀被白色柔毛。花冠白色，辐射状。果实为浆果，球形，直径约 8mm，成熟时为黑色。种子多数，种子呈卵形，较扁。花果期 9~10 月，该杂草已经上升为新疆棉田的主要杂草，严重污染棉花，并且很难防除。

（9）马唐（*Digitaria sanguinalis*），秆直立，下部倾斜，膝曲上升，株高 10~80cm，直径 2~3mm。叶鞘短于节间，叶舌长 1~3mm；叶片线状披针形，长 5~15cm，宽 4~12mm，基部圆形，边缘厚而粗糙，具柔毛或无毛。总状花序，长 5~18cm。

（10）灰绿藜（*Chenopodium glaucum*），一年生草本，株高 10~45cm。茎通常由基部分枝，斜向上或平卧，茎的主干部分有沟槽与条纹。叶片较厚，肉质，椭圆状卵形至卵状披针形，长 2~4cm，宽 5~20mm，种子涡轮状。

（11）苍耳（*Xanthium sibiricum*）又名虱马头、苍耳子、老苍子、野茄子等，一年生草本，高 20~90cm。根是纺锤状，分枝或不分枝。茎直立不分枝或少有分枝。瘦果，含 1 粒种子，呈倒卵形。

三、棉田杂草综合防治措施

从现有技术水平、棉田种植历史及杂草危害特点，以防除棉田杂草、控制危害为总目标出发，在防除杂草对象上，应一次性防除单、双子叶两类杂草。在防除时期上，应以控制早期杂草为主，强调"防早、防小"。棉田杂草防除同样需要贯彻植保方针："预防为主，综合防治"。

1. 农业防治措施

从源头上进行切断，对农家肥进行腐熟，消灭杂草种子。通过改善棉田环境，创造有利于作物生长发育而不利于杂草休眠、繁殖、蔓延的条件。不同的作物有着自己的伴生杂草或寄生杂草，这些杂草的生长规律和作物生长规律极为相近。采取科学的轮作倒茬制度，改变其生态环境，有利于控制杂草为害，避免各种作物伴生杂草的蔓延，可明显减轻杂草的为害。在进行作物倒茬的同时，自然更换除草剂，从而避免长期单一施用同类除草剂。例如，通过麦、棉轮作可以有效减少龙葵的发生。在水旱地区，实施稻棉交替，杂草发生量可减少50%。因此，轮作倒茬是消灭棉田杂草的有效方式。所以，土壤耕作，能不同程度地消灭杂草幼芽与植株并切断多年生杂草的营养繁殖器官。通过深翻，将前一年散落于土表的杂草种子翻埋于土壤深层，使其当年不能萌发出苗，同时又可防除苣荬菜、刺儿菜、田旋花、芦苇、扁秆蔍草等多年生杂草。

2. 人工防除措施

棉田四周杂草是田间杂草的主要来源之一。它们通过风力、流水、人畜活动带入田间，或通过地下根茎向田间扩散，故必须认真清除四周的杂草，特别是杂草种子未成熟之前应采取措施予以清除，防止其扩散。结合田间作业如放苗、定苗等拔除膜上和行间杂草，并及时用土封孔，严禁用锄头或坎土曼乱挖而破坏膜面。在棉花收获期，虽然使用了脱叶剂和乙烯利等药剂，但是龙葵、田旋花等杂草依然绿绿地长在地里，实施机械采收是为了防止污染籽棉，同时也是为了更好地降低翌年的杂草种子量，只能通过人工拔除的方法。

3. 物理防除措施

物理防除又称机械防除，苗期中耕灭草。棉花苗期中耕具有疏松土壤、增温保墒、促进棉苗生长发育的效果，同时可以有效地消灭大量杂草，适期中耕时杂草越小越好，中耕次数一般2或3次为宜。一般在棉花头水后宜墒期及时中耕，不仅可疏松土壤，还可保墒灭草。在棉花生产中，这项灭草措施深受棉农所接受，也是控制棉田杂草第二出草高峰行之有效的措施。

4. 化学防治措施

化学除草是经济、高效、省时、省工的一项极为有效的除草措施。新疆棉田的杂草防除主要依赖于前期的化学防除。①播前土壤封闭。在覆膜前用33%二甲戊灵180~220mL/亩、48%氟乐灵150~200mL/亩或90%乙草胺120~150mL/亩兑水40kg喷雾，也可选用丁草胺、敌草胺、都尔、除草通等药剂。由于部分除草剂对光比较敏感，见光易分解，喷后4h之内要及时混土，耙地不能太深，太深会破坏药剂层，使除草效果差。为了兼顾防除阔叶杂草，同时还可混配果尔、伏草隆、扑草净、恶草灵等药剂，部分地区覆盖黑色地膜不仅能达到保温效果，同时也提高了除草的效果。②棉花苗蕾期化除。播种时没有及时用药防除或除草效果不好的情况下，棉花出苗至现蕾前期，棉田大部分害草已出苗生长，进入幼苗期，在防除上要进行茎叶处理，一般采用精稳杀得、高效盖草能、精禾草克、拿捕净等防除禾本科草；当棉苗生长高于30cm时，用草甘膦、百草枯等灭生性除草剂进行低位定向喷雾。③棉花的中后期，要及早采用茎叶处理剂消灭害草。选用的药剂主要以灭生性的草甘膦、百草枯进行行间低空定向喷雾。

（撰稿：赵思峰　张建萍　王少山　杨德松；审稿：张建萍）

参 考 文 献

白山·哈基塔衣, 郭文超, 李号宾, 等. 2004. 新疆南部高密度棉田二代棉铃虫种群自然消亡因子及其危害损失分析. 新疆农业科学, 41(2): 89-92.

曹阳, 严玉萍, 王清和, 等. 2005. 黄萎病不同危害程度对棉花影响效应调查分析. China Cotton, (9): 8-9.

常菊花, 高聪芬, 陈进, 等. 2010. 田间多次交配棉铃虫种群对Bt棉的抗性监测. 江苏农业科学, (1): 136-138.

陈红, 宋庆平. 2002. 带状施药防治棉铃虫及其对天敌影响初报. 植物保护, 2(1): 26-27.

陈红, 宋庆平, 宁新柱, 等. 2001. 防治棉铃虫诱杀技术在南疆的试验与评价. 新疆农垦科技, (1): 31-32.

陈静, 张建萍, 张建华. 2006. 双斑长跗萤叶甲在棉田的危害和发生动态研究. 生物多样性保护与外来物种入侵: 224-227.

陈静, 张建萍, 张建华. 2007a. 双斑长跗萤叶甲的嗜食性研究. 昆虫知识, 44(3): 357-360.

陈静, 张建萍, 张建华. 2007b. 蠋敌对双斑长跗萤叶甲成虫捕食功能研究. 昆虫天敌, 29(4): 149-153.

陈鹏程, 张建华, 李眉眉, 等. 2007. 土耳其斯坦叶螨为害棉叶的生理变化及光谱特征分析. 昆虫知识, 01: 61-65.

陈其煐, 籍秀琴, 孙文姬. 1985. 我国棉枯萎镰刀菌生理小种研究. 中国农业科学, 18(6): 1-6.

陈其煐. 1958. 新疆喀什植病调查初步报告——南疆植病调查报告之三. 西北农业科学, 5: 310-315.

陈其煐. 1959. 莎车植病调查初报——南疆植病调查报告之四. 新疆农业科学, 8: 310-313.

陈秀琳, 张建华, 屈荷丽. 2010. 棉铃虫对小叶杨菱蒿叶片挥发物成分的触角电位(EAG)反应. 新疆师范大学学报(自然科学版), 29(2): 79-83.

陈旭升, 陈永萱, 黄骏麒. 1997. 棉花黄萎病菌鉴定技术进展. 棉花学报, 02: 9-12.

党益春, 张建萍, 谭永飞, 等. 2008. 不同灌溉条件下棉叶螨的种群动态. 生态学杂志, (9): 1516-1519.

党益春, 张建萍, 袁惠霞. 2007. 棉叶螨大发生的原因及防治对策. 干旱地区农业研究, 25(05): 239-242.

邓先明, 贺忠秀, 肖建国. 1984. 棉花黄萎病发生、消长和温湿度关系的初步研究. 西南农学院学报, 02: 33-40.

邓振山, 张宝成, 孙志宏, 等. 2006. 新疆北疆棉田立枯丝核菌不同菌丝融合群致病力的研究. 植物保护, 32(4): 36-39.

丁莉, 于江南, 王登元, 等. 2004. 转双价基因抗虫棉对棉蚜的控制作用. 新疆农业科学, 41(5): 316-318.

丁瑞丰, 李号宾, 刘建, 等. 2012. 新疆南部棉区转 Bt 基因棉花对棉铃虫抗性的季节性变化规律. 植物保护学报, 39(3): 193-199.

段维军, 李国英, 张莉, 等. 2004. 新疆棉花黄萎病菌致病性分化监测研究. 新疆农业科学, 41(5): 324-328.

冯宏祖, 王兰. 2008. 新疆南部棉区棉田杂草调查. 安徽农业科学, 36(7): 2819-2820, 2986.

冯宏祖, 王兰, 董红强, 等. 2007. 十一星瓢虫种群动态及其对棉蚜的捕食功能. 中国生物防治, 23(3): 209-213.

冯宏祖, 王兰, 罗燕. 2008. 非棉田生境对棉蚜及其天敌的影响. 中国农学通报, 24(3): 308-312.

冯志超, 王永安, 程国荣. 2005. 新疆北部棉区棉蚜大发生原因及综合防治. 新疆农业科学, 42(4): 265-268.

高有华, 于江南, 王华. 2011. 有机农药对棉蚜的毒力测定及田间药效试验. 新疆农业科学, 48(2): 344-347.

龚双军, 李国英, 蔺国仓. 2004. 不同品种棉花对立枯丝核菌抗性的测定. 石河子大学学报(自然科学版), 22(S): 55-56.

谷清义, 陈文博, 王利军, 等. 2010. 螺螨酯对土耳其斯坦叶螨实验种群的亚致死效应. 石河子大学学报(自然科学版), 28(06): 685-689.

谷清义, 陈文博, 王利军, 等. 2011. 阿维菌素和哒螨灵亚致死剂量对土耳其斯坦叶螨实验种群生命表的影响. 昆虫学报, 53(8): 876-883.

郭承君, 李文江, 于茂森, 等. 1997. 棉花施钾肥高产高效. 北京农业, (3): 21.

郭景红, 赵海, 李玉国, 等. 2011. 新疆审定棉花品种枯黄萎病抗性分析. 中国种业, (3): 35-36.

郭天凤, 马野萍, 丁荣荣, 等. 2012. 新疆主要植棉区棉蚜对吡虫啉和啶虫脒的抗性评价. 中国棉花, 39(12): 4-5.

郭文超, 刘永江, 徐建辉, 等. 1998. 新疆北部棉花主要病虫害发生趋势及防治策略. 新疆农业科学, (1): 20-22.

郭欣华, 丁述举. 2006. 棉铃病害的发生与综合防治. 江西棉花, 04: 33-34.

郭艳兰, 焦旭东, 杨帅, 等. 2013. 土耳其斯坦叶螨和截形叶螨在不同寄主植物上的种群动态及寄主选择性. 环境昆虫学报, 35(2): 134-141.

郭予元. 1995. 棉铃虫综合防治. 北京: 金盾出版社.

郭予元. 1998. 棉铃虫的研究. 北京: 中国农业出版社: 1-2.

郭予元, 戴小岚, 王武刚, 等. 1991. 棉花虫害防治新技术. 北京: 金盾出版社: 9-18.

韩宏伟, 刘培源, 高峰, 等. 2011. 新疆北部棉区黄萎病菌种群致病性分化及变异. 植物保护学报, 38(2): 121-126.

韩宏伟, 任毓忠, 刘培源, 等. 2012. 新疆南部棉区黄萎病菌种群致病性分化及变异. 棉花学报, 24(2): 147-152.

何丹军, 沈晋良, 周威军, 等. 2001. 应用单雌系 F_2 代法监测棉铃虫对转 Bt 基因棉抗性等位基因的频率. 棉花学报, 13(2): 105-108.

何海, 黄丽, 张学涛, 等. 2011. 新疆一枝蒿与黄花蒿粗提物抗棉铃虫与棉蚜的特性研究. 新疆农业科学, 48(5): 889-895.

何海, 刘宁, 朱燕, 等. 2013. 新疆一支蒿提取物诱导棉铃虫解毒酶 P450CYP6B6 的表达规律. 新疆农业科学, 49(12): 2254-2262.

何海, 朱燕, 刘宁, 等. 2012. 棉铃虫中肠谷胱甘肽 S-转移酶(GST)对新疆一支蒿黄酮提取物和萜类提取物的响应. 新疆农业科学, 49(12): 2254-2262.

何旭平, 潘光照, 张敏健, 等. 1999. 国外棉花枯萎病研究进展. 中国棉花, 05: 4-5.

贺福德, 陈谦, 孔军. 2001. 新疆棉花害虫及天敌. 乌鲁木齐: 新疆大学出版社: 1-10.

贺福德, 王少山. 2004. 2003 年北疆棉区棉蚜发生及防治专题调研报告. 兵团精准农业技术研讨会论文汇编: 289-292.

贺欢, 田长彦, 王林霞. 2011. 不同覆盖对棉田棉蚜和棉叶螨及其天敌种群动态的影响. 中国沙漠, 31(1): 180-184.

洪晓月. 2012. 农业螨类学. 北京: 中国农业出版社.

黄大卫, 刘芳政. 1964. 塔里木河上游地区棉铃虫研究. 农业科学研究报告选辑(第一集): 171-184.

吉贞芳, 樊宝华, 李建勋, 等. 1998. 抗枯萎病菌鉴定土壤接菌物质和接菌量的选择. 中国棉花, 11: 34.

简桂良, 邹亚飞, 马存. 2003. 棉花黄萎病连年流行的原因及对策. 中国棉花, 30(3): 13-14.

姜腾飞, 张文蔚, 齐放军, 等. 2012. 不同棉花品种(系)对几种主要苗病抗性比较. 中国棉花, (5): 18-20.

蓝江林, 贺福德. 2004. 棉蚜茧蜂[*Lysiphlebia japonica*(Ashmead)]对棉蚜不同虫态寄生选择的研究. 植物保护, 30(6): 37-39.

李广伟, 张建萍, 陈静. 2007. 几种杀虫剂对双斑长跗萤叶甲的毒力测定及在田间的药效试验. 农药, 46(7): 486-488.

李广云, 李海强, 郭艳兰, 等. 2013. 转基因棉对土耳其斯坦叶螨生命参数的影响. 应用昆虫学报, 50(2): 376-381.

李国英. 2000. 新疆棉花主要病害发生趋势及对策. 新疆农垦科技, (4): 23-25.

李国英, 丁胜利. 2000. 新疆棉苗烂根病病原种群的鉴定. 新疆农业科学, 37(S1): 9.

李国英, 贺福德. 2001. 新疆棉花主要病虫害的生态控制及应注意解决的几个问题//中国植物保护学会. 面向 21 世纪的植物保护发展战略. 北京: 中国科学技术出版社: 195-200.

李国英, 王佩玲, 刘政, 等. 2006. 近年来新疆棉区病虫发生的特点及其原因分析. 兵团精准农业技术研讨会论文汇编: 39-43.

李国英, 张莉, 孙文姬, 等. 1998. 新疆棉花枯萎病菌生理小种的初步研究. 石河子大学学报(自然科学版), 2(4): 321-326.

李海强, 王冬梅, 徐遥, 等. 2011. 转 Bt 基因抗虫棉对棉蚜个体生长发育和繁殖能力的影响. 新疆农业科学, 48(2): 287-290.

李号宾, 阿克旦, 姚举, 等. 2002. 新疆棉区棉铃虫及其近缘种调查. 新疆农业科学, 39(6): 346-347.

李号宾, 马祁, 王锁牢, 等. 1997. 新疆第二代棉铃虫的为害和防治指标研究. 棉花学报, 9(4): 193-196.

李号宾, 姚举, 郭文超, 等. 2005a. 48%催杀胶悬剂喷雾防治棉铃虫试验. 新疆农业科学, 42(6): 395-398.

李号宾, 姚举, 周勤, 等. 2005b. 南疆不同粮食生产模式对棉田第二代棉铃虫数量的影响. 新疆农业科学, 42(2): 114-116.

李进步, 吕昭智, 王登元, 等. 2005. 新疆棉区主要害虫的演替及其机理分析. 生态学杂志, 24(3): 261-264.

李益洪. 1966. 杨枝把诱蛾对棉铃虫预报和防治效果的初探. 昆虫知识, 10(2): 67-69.

刘冰, 王佩玲, 芦屹. 2008. 不同灌水条件下棉蚜发生的规律. 石河子大学学报(自然科学版), 26(3): 38-40, 296-298.

刘彩玲, 张大羽, 苏岁全, 等. 2001. 新疆吐鲁番棉区自然天敌对棉蚜的控制作用研究. 华东师范大学学报(自然科学版), (2): 84-89.

刘海洋, 努尔孜亚, 毕海燕, 等. 2012. 新疆棉花黄萎病抗性鉴定与评价. 新疆农业科学, 49(5): 873-878.

刘海洋, 王伟, 张仁福, 等. 2015. 新疆主要棉区棉花黄萎病发生概况. 植物保护, 41(3): 138-142.

刘瑞红, 喻峰华, 张建萍. 2014. 石河子地区棉铃虫发生规律及药剂防治技术. 中国农学通报, 30(7): 303-307.

刘小侠, 汪飞, 徐静, 等. 2002. 南疆棉区转 Bt 基因棉对棉铃虫抗性表达及对节肢动物的影响. 中国农业大学学报, 7(5): 70-74.

刘雅琴. 2008. 新疆细菌性棉花烂铃病病原鉴定及发病规律的研究. 石河子: 石河子大学硕士学位论文.

刘政. 2006. 新疆棉花枯萎病发病规律及定向筛选提高品种抗病性研究. 石河子: 石河子大学硕士学位论文.

芦屹, 王佩玲, 刘冰, 等. 2009. 新疆棉花主栽品种的抗蚜性及其机制研究. 棉花学报, 21(1): 57-63.

鲁素玲. 1990. 土耳其斯坦叶螨研究初报. 新疆农业科学, 03: 118-119.

鲁素玲, 刘小宁, 张建萍. 2001. 3 种天敌对土耳其斯坦叶螨的捕食功能反应的初步研究. 石河子大学学报(自然科学版), 03: 194-196.

鲁素玲, 王宏跃, 张建萍, 等. 2000. 不同生态因子对土耳其斯坦叶螨发生数量的影响. 走向 21 世纪昆虫学: 1162-1164.

陆家云, 佘长夫, 鞠理红, 等. 1983. 江苏省棉花黄萎病菌(Verticillium dahliae)致病力的分化. 南京农业大学学报, 01: 36-43.

陆宴辉, 吴孔明, 姜玉英, 等. 2010. 棉花盲蝽的发生趋势与防控对策. 植物保护, 36(2): 150-154.

陆宴辉, 张建萍, 王佩玲, 等. 2014. 新疆地区首次发现绿盲蝽严重为害农作物. 植物保护, 40(06): 189-192.

陆永跃, 尹楚道, 陶庆会, 等. 1988. 杨树枝把对棉铃虫成虫行为的影响与控制. 中国棉花, 25(10): 18-19.

吕昭智, 潘卫林, 张鑫, 等. 2012. 新疆北部棉区作物景观多样性对棉铃虫种群的影响. 生态学报, 32(24): 7925-7931.

罗燕娜, 杜娟, 李俊华, 等. 2011. 滴灌条件下枯草芽孢杆菌 S37 和 S44 对棉花黄萎病的防治效果. 植物保护, 37(2): 174-176.

马存, 简桂良. 1997. 新疆棉花枯、黄萎病为害及防治. 中国棉花, 24(5): 2-4.

马德英, 郭慧琳, 刘芳政, 等. 2000. 暗黑赤眼蜂防治新疆棉铃虫试验初报. 中国生物防治, 16(3): 143.

马吉宏, 吕昭智, 高桂珍, 等. 2012. 波动性高温模式对夏季棉蚜繁盛期种群崩溃的影响. 干旱区研究, 29(2): 369-374.

马吉宏, 吕昭智, 荆晓乐, 等. 2010. 灯光和杨树枝把诱集棉铃虫成虫效果的比较. 新疆农业科学, 47(10): 2023-2026.

马江锋, 张丽萍, 易海燕, 等. 2007. 地膜棉田黄萎病发生与气象因子关系的初步研究. 石河子大学学报(自然科学版), 25(5): 541-544.

马祁, 李号宾, 汪飞, 等. 2000. 新疆棉花害虫综合防治技术体系研究. 新疆农业科学, (1): 1-5.

孟凡成, 刘政, 赵建军. 2013. 沃达药肥制剂对棉花黄萎病菌的室内抑菌效果测定. 新疆农垦科技, 01: 37-38.

孟玲, 李保平. 2001. 新疆棉蚜生物型的研究. 棉花学报, 13(1): 30-35.

孟玲, 李保平, 王文全, 等. 1999. 疆棉花栽培品种对棉蚜抗性及其机制的研究. 中国棉花, 26(2): 8-10.

苗伟, 郭忠勇, 吕昭智, 等. 2006. 基于正弦函数拟合估算新疆棉铃虫及棉蚜的发生代数. 新疆农业科学, 43(3): 186-188.

苗伟, 吕昭智, 于江南, 等. 2008. 温度对棉蚜发育与繁殖力的影响. 新疆农业科学, 45(S2): 107-112.

缪卫国, 田逢秀. 1999. 新疆棉花枯、黄萎病发生趋势及研究现状. 新疆农业科学, 3: 107-109.

缪卫国, 张升, 史大刚, 等. 2000. 新疆棉花枯萎病菌优势生理小种及其致病型研究. 植物病理学报, 30(2): 140-147.

羌松, 袁文金, 马德英, 等. 2008. 新疆植物提取物对棉蚜的活性及天敌安全性测定. 新疆农业科学, 45(2): 287-291.

屈荷丽, 张建华, 娄书楠. 2009. 不同灌溉方式对棉铃虫的影响. 中国棉花, (7): 16-17.

沈其益. 1992. 著名植保专家沈其益教授给本刊的一封来信. 中国科技信息, 05: 50.

宋庆平, 陈红. 2001. 带状施药防治棉铃虫试验研究初报. 新疆农业科学, (2): 82-83.

谭声江, 陈晓峰, 李典谟, 等. 2001. 其他寄主作物能成为Bt感性棉铃虫的庇护所吗?科学通报, 46(13): 1101-1103.

田逢秀, 史大刚, 宋天凤. 1987. 新疆棉花黄萎病的强致病类型——枯死型菌系. 新疆农业科学, (2): 24-25.

田永浩, 张建萍, 陈静. 2007. 新疆棉花新害虫双斑长跗萤叶甲的发生特点及防治策略. 安徽农学通报, 13(10): 120-121.

汪飞, 宋荣, 刘雪峰, 等. 2002. 新疆棉区Bt棉对棉铃虫生物学习性的影响. 新疆农业科学, 39(1): 34-37.

汪小东, 刘峰, 张建华, 等. 2014. 加州新小绥螨对土耳其斯坦叶螨的捕食作用. 植物保护学报, 41(1): 21-26.

汪小东, 武万锋, 张建华, 等. 2012. 石河子地区棉田棉铃虫种群体内相关酶活及含量的测定. 新疆农业科学, 49(12): 2239-2244.

王春娟, 谢慧琴, 王肖娟. 2005. 新疆15种植物粗提物对棉蚜的杀虫活性筛选. 石河子大学学报(自然科学版), 23(5): 595-596.

王登元, 郭慧琳, 羌松, 等. 1999. 天敌对棉铃虫种群控制作用的研究. 新疆农业大学学报, 22(4): 289-293.

王登元, 于江南, 羌松, 等. 1997. 棉铃虫种类的鉴别. 新疆农业大学学报, 20(4): 73-76.

王冬梅, 李海强, 丁瑞丰, 等. 2012. 新疆地区棉铃虫自然种群对Bt棉的抗性频率监测. 植物保护学报, 39(6): 518-522.

王慧芙. 1981. 中国经济昆虫志(第二十三卷, 叶螨总科). 北京: 科学出版社.

王兰, 冯宏祖, 龚明福, 等. 2011. 覆膜滴灌棉田不同耕作措施对棉花黄萎病的影响. 农业工程学报, 27(5): 31-36.

王利国, 孟昭金, 李号宾, 等. 2000. 作物布局对棉田棉铃虫和天敌数量变化的影响研究. 新疆农业科学, (S): 35-36.

王利国, 孟昭金, 李玲. 2003. 用有机酸及杀虫剂处理的杨枝把诱集棉铃虫. 中国生物防治, 19(1): 31-33.

王林霞, 田长彦, 马英杰, 等. 2004. 棉田棉蚜种群动态及瓢虫对棉蚜种群数量的影响. 干旱区研究, 21(4): 421-424.

王清和, 吴洵耻, 潘大陆, 等. 1982. 山东省棉花黄萎病菌生理型鉴定(二)生理型的划分. 植物病理学报, 01: 21-24.

王清和, 吴洵耻, 吴传德, 等. 1980. 山东省棉花黄萎病菌生理型鉴定(一)——鉴定技术试验. 山东农业科学, 01: 23-26.

王少山, 王建彬, 段志勇, 等. 2000a. 一四八团棉铃虫发生概况及防治. 中国棉花, (6): 34.

王少山, 王佩玲, 张东海, 等. 2009. 从"木桶效应"谈棉花植保工作的重要性. 新疆农垦科技, 03: 5-6.

王少山, 杨明超, 阎新军, 等. 2000b. 南疆地区棉蚜天敌种群动态和控制蚜害的研究. 中国棉花, 27(9): 18-19.

王伟, 姚举, 李号宾. 2008. 棉田三种瓢虫对棉蚜的捕食功能反应. 中国生物防治, 24(增刊): 15-20.

王旭疆, 袁丽萍, 王永卫, 等. 1999. 土耳其斯坦叶螨的生物学特性及其综合防治. 蛛形学报, 01: 16-19.

王雪薇, 侯峰, 孙文姬, 等. 2001. 新疆棉花枯萎病菌群体结构的研究. 植物病理学报, 31(2): 102-109.

王雪薇, 喻宁莉. 2000. 新疆棉花黄萎病菌营养体亲和群的研究. 植物病理学报, 30(2): 192.

王银方, 吐尔逊, 何江, 等. 2014. 智利小植绥螨以土耳其斯坦叶螨为食的试验种群生命表. 中国生物防治学报, 03: 329-333.

王志斌, 廖舜乾. 2006. 新疆棉花枯萎病和黄萎病的发生特点和综合防治. 植物医生, 01: 7-8.

吴孔明. 2007. 我国 Bt 棉花商业化的环境影响与风险管理策略. 农业生物技术学报, 15(1): 1-4.

吴莉莉, 王登元, 吕昭智, 等. 2011. 转基因抗虫棉田棉铃虫庇护所的建立和评价. 新疆农业科学, 48(2): 334-339.

吴征彬, 杨业华, 刘小丰, 等. 2004. 枯萎病对棉花产量和纤维品质的影响. 棉花学报, 16(4): 236-239.

武万锋, 张建华, 赵伊英, 等. 2010. 石河子地区棉田棉铃虫抗药性监测. 中国农学通报, 26(9): 323-325.

向征, 钟聪慧, 黄家风, 等. 2014. 新疆枣树实生苗枯萎病病原鉴定. 植物保护学报, 02: 253-254.

徐遥, 杨秀荣, 芮昌辉, 等. 2004. 新疆棉花主要害虫对几种杀虫剂的抗药性测定. 西北农业学报, 15(2): 79-83.

许建军, 郭文超, 姚举, 等. 2004. 新疆棉区利用赤眼蜂防治棉铃虫田间释放技术研究与应用. 新疆农业科学, 41(5): 378-380.

宣维健, 吕昭智, 施建国, 等. 2005. 水盆与饮水瓶诱捕器诱捕棉铃虫雄蛾效果的比较. 昆虫知识, 42(6): 711-714.

杨德松, 贺福德, 张利, 等. 2005. 土耳其斯坦叶螨危害对棉花叶片叶绿素、可溶性蛋白质、可溶性糖影响的研究. 新疆农业科学, 02: 107-110.

杨帅, 郭艳兰, 焦旭东, 等. 2012. 土耳其斯坦叶螨和截形叶螨药剂敏感性比较. 西北农业学报, (12): 188-191.

杨帅, 贺亚峰, 何欢, 等. 2013b. 深点食螨瓢虫对土耳其斯坦叶螨和截形叶螨捕食作用的比较. 石河子大学学报(自然科学版), 31(01): 10-13.

杨帅, 赵冰梅, 李广云, 等. 2013a. 短时高温暴露对土耳其斯坦叶螨和截形叶螨的影响. 昆虫学报, 56(3): 276-285.

姚举, 姬华, 王东, 等. 2005. 棉田优势天敌多异瓢虫成虫对棉蚜捕食功能的研究. 新疆农业科学, 42(4): 262-264.

姚耀文, 傅翠真, 王文录, 等. 1982. 棉花黄萎病菌生理型鉴定的初步研究. 植物保护学报, 03: 145-148.

姚永生, 赵芳, 冯宏祖, 等. 2008. 阿克泰等杀虫剂对棉蚜和瓢虫的毒力测定. 江西棉花, 30(3): 16-20.

姚源松. 2004. 新疆棉花高产优质高效理论与实践. 新疆: 新疆科技卫生出版社: 163-164.

易海燕. 2008. 地膜覆盖棉田枯萎病发生与气象因子的关系及品种抗病机理研究. 石河子: 石河子大学硕士学位论文.

于江南, 王登元, 曲丽红, 等. 2002. 自然因素对土耳其斯坦叶螨发生的影响和防治对策. 新疆农业大学学报, 03: 64-67.

于江南, 王登元, 仙米西卡麦尔·吾拉木. 2008. 不同生物杀螨剂对土耳其斯坦叶螨防效及毒力. 农药, 08: 607-608, 619.

玉山江·买买提, 郭庆元, 迪娜热·普拉提. 2007. 新疆南疆棉花立枯病菌(Rhizoctonia solahi Kuhn)菌丝融合群及其营养体亲和群研究. 新疆农业大学学报, 30(3): 10-13.

喻宁莉, 陶小谷, 王雪薇, 等. 2000. 新疆棉花黄萎病菌营养体亲和性的量化评估及其营养体亲和群体研究. 新疆农业大学学报, 23(1): 7-11.

原国辉, 郑启伟, 马继盛, 等. 1999. 杨树枝把诱虫谱及诱虫机理的初步研究. 河南农业大学学报, 33(2): 147-150.

袁辉霞, 李庆, 杨帅, 等. 2012. 不同棉花品种对土耳其斯坦叶螨的种群动态和种群参数的影响. 应用昆虫学报, (4): 923-931.

袁辉霞, 张建萍, 李庆. 2009. 土耳其斯坦叶螨对棉花不同品种(系)的寄主选择性及机理初步研究. 新疆农业科学, 46(6): 116-120.

袁辉霞, 张建萍, 杨孝辉, 等. 2008. 土耳其斯坦叶螨和截形叶螨生殖力比较. 蛛形学报, 01: 35-38.

张爱平, 张建华. 2007. 棉铃虫对小叶杨粗提物的行为反应. 新疆农业科学, 44(2): 183-186.

张爱平, 张建华, 马兰. 2007. 不同棉花品种对棉铃虫发育的影响. 新疆农业科学, 44(3): 303-306.

张建萍, 鲁素玲, 刘宁. 2000. 新疆(北疆)棉叶螨天敌种群动态及控制效应. 2000年中国昆虫学会学术年会论文集: 1177-1178.

张娟, 马吉宏, 芦屹, 等. 2013. 新疆南部转基因棉区棉铃虫种群长期动态研究. 干旱区研究, 30(3): 520-526.

张莉, 吴彩兰, 李国英, 等. 2005. 新疆棉花枯萎病菌群体变异监测研究. 西北农林科技大学学报(自然科学版), 33(2): 95-98.

张丽萍, 李国英, 刘政. 2006. 不同灌水方式对棉花黄萎病发病的影响. 石河子大学学报(自然科学版), 24(2): 190-191.

张丽萍, 宋玉萍, 岳永亮, 等. 2014. 棉花黄萎病发生时间动态及与菌量和菌系致病性的关系. 新疆农业科学, 51(8): 1468-1473.

张润志, 梁宏斌, 田长彦, 等. 1999. 利用棉田边缘苜蓿带控制棉蚜的生物学机理. 科学通报, 44(20): 2175-2178.

张绪振, 张树琴, 陈吉棣, 等. 1981. 我国棉花黄萎病菌"种"的鉴定. 植物病理学报, 03: 15-20, 67-68.

张学涛, 柳建伟, 李芬, 等. 2012. 北疆地区棉蚜对不同杀虫剂敏感度水平测定. 植物保护, 38(2): 163-166.

张艳璇, 季洁, 王福堂, 等. 2006. 土耳其斯坦叶螨的生殖潜能. 植物保护学报, 04: 379-383.

张洋, 张帅, 崔金杰. 2010. 黄河流域田间棉铃虫对转Bt基因棉抗性监测. 棉花学报, 22(4): 297-303.

赵冰梅, 马江锋, 何卫疆, 等. 2013. 50%氟啶虫胺腈WG对棉蚜的田间防治效果. 中国植保导刊, 33(6): 56-58.

赵凤轩, 戴小枫. 2009. 棉花黄萎病菌的侵染过程. 基因组学与应用生物学, 28(4): 786-792.

郑倩, 李俊华, 危常州, 等. 2012. 不同抗性棉花品种根系分泌物及酚酸类物质对黄萎病菌的影响. 棉花学报, 24(4): 363-369.

中国农科院植物保护所. 1996. 中国农作物病虫害(第二版)下册. 北京: 中国农业出版社.

周华众, 李祥, 刘慧. 1997. 棉花枯萎病菌侵染棉籽途径的研究——从花器系统侵染棉籽的途径. 华中农业大学学报, 16(4): 338-342.

周玉, 赵鸣, 马惠, 等. 2008. 不同级别黄萎病对棉花主要产量性状的影响. 山东农业科学, (9): 81-83.

朱宝涛. 1978. 关于杨枝把诱捕棉铃虫的一些情况. 昆虫知识, 15(3): 78.

Guo Y L, Jiao X D, Xu J J, et al. 2013. Growth and reproduction of *Tetranychus turkestani* (Ugarov et Nikolskii) and *Tetranychus truncates* (Ehara) (Acari: Tetranychidae) on cotton and corn. Systematic &

Applied Acarology, 18(1): 89-98.

Li G P, Feng H Q, Gao Y L, et al. 2010. Frequency of Bt resistance alleles in *Helicoverpa armigera* in the Xinjiang cotton-planting region of China. Environmental Entomology, 39(5): 1698-1704.

Li G P, Wu K M, Gould F, et al. 2004. Frequency of Bt resistance genes in Helicoverpa armigera populations from the Yellow River cotton-farming region of China. Entomologia Experimentalis et Applicata, 112(2): 135-143.

Liu F Y, Xu Z P, Chant J H, et al. 2008. Resistance allele frequency to Bt cotton in field populations of *Helicoverpa armigera* (LepidopLera: NocLuidae) in China. Journal of Economic Entomology, 101(3): 933-943.

第七章　新疆棉花自然灾害及其防控

新疆植棉地域广阔，生态多样，春季温度回升慢，秋季温度下降快，棉花生长期间常有低温冷害、霜冻、冰雹、干旱、风沙和盐碱等自然灾害制约。因此，必须认真研究各种气象灾害的特点和规律，实施防灾减灾的对策措施，尽力降低棉花生产的气象灾害损失。

提高灾害的预报服务水平、重视防护林的建设保护、加强农田水利基本建设、大力推广地膜植棉、培育抗性强的高产优质品种等都是基本的防灾减灾对策措施，对防御各种气象灾害都能产生积极作用。本章着重介绍冷害、霜冻、冰雹、干旱、盐害、风沙和雨灾害的防御与救治。

第一节　冷害灾害及其防控

一、冷害定义及其分类

（一）冷害的概念

冷害是指在作物生长季出现 0～10℃或 15℃低温对植物体造成生理损伤，而导致减产的灾害称为低温冷害。它与冻害、霜冻造成作物受害的生理机制完全不同。冷害使作物生理活动受到阻碍，严重时某些组织遭到破坏。但由于冷害是在气温 0℃以上，有时甚至是在接近 20℃的条件下发生的，作物受害后，外观无明显变化，故有"哑巴灾"之称。

（二）冷害的分类

从季节上冷害分为：夏季低温冷害；春夏季低温冷害；秋季低温冷害。

按发生时的天气特点，可分为 3 种类型。

（1）湿冷型：低温伴随阴雨，日照少，相对湿度大而气温日较差小。

（2）干冷型：冷空气入侵后，天气晴朗，相对湿度小而气温日较差大。

（3）霜冷型：前期低温与来得特早的秋霜冻相结合所致。

按对作物为害的特点，则可分为如下 3 种类型。

（1）延迟型：农作物在营养生长期间，有时也包括生殖生长期，遭遇较长时间的低温危害，使生育期延迟，植株生长发育速度缓慢，在生长季节内不能正常成熟，导致减产。

（2）障碍型：作物在生殖生长关键期，主要是花铃期遭遇短时间低温，生殖器官的生理机能被破坏，造成早衰减产。

（3）混合型：由上述两类冷害相结合而成，比单一型为害更严重。

二、棉花冷害发生规律和危害

5~8月是新疆棉花生长的关键时期,当北疆棉区6月的平均气温距平≤−0.5℃,南疆棉区5月、6月气温持续偏低且月气温距平≤−0.5℃,可使棉花生育推迟,产量下降。当6~8月中至少有两个月的月气温为负距平0.4℃时,可能出现一般气候减产年;而当6~8月各月的温度距平均为负值,且其平均气温距平≤−0.5℃时,就有可能出现严重的气候减产年。例如,1996年南疆夏季持续低温造成棉花单产减产7%左右,其中喀什棉区棉花开花期比常年晚5d以上,阿克苏棉区和巴州棉区晚3d以上,出现一般气候减产年;2001年北疆大部分棉区7月底出现的障碍型低温冷害致使北疆沿天山一带大部分棉区棉花单产减产达30%~50%。

冷害本质上是低温对植物体造成的生理伤害。棉花是起源于热带的喜温植物,其生长发育的最低温度在10℃以上,但不同生育阶段对温度的要求不同,当大气温度低于某一生育阶段的最低温度时就可能形成冷害。

1. 低温破坏了棉花对温度的依存关系

棉花在长期的系统发育过程中,形成了对特定温度的依存关系。即不同的生育阶段要求特定的与之相适应的温度;当温度得不到满足时,它的生长发育就会受到一定的影响,甚至造成细胞、组织或器官的伤害。一般来讲,当环境温度大于10℃以上而低于某一生育阶段要求的温度下限时(表7.1),低温仅影响棉花的生长发育进程;但当温度低于10℃以下时,就会在不同程度上破坏棉花的细胞、组织或器官,甚至造成棉苗死亡。

表 7.1　棉花生物学三基点温度（郑维和林修碧,1992）　　　（单位:℃）

三基点	发芽	出苗	现蕾	开花	吐絮
最低	10~12	15	19	15	16
适宜	25~30	18~22	24~25	24~25	25~30
最高	36	37	38.5	35	—

注:"—"表示无数据

2. 冷害对棉花生理功能的影响

(1)对棉株根系吸收功能的影响。0~10℃的低温能影响棉株根的活动和生长,根系生长缓慢,首先是根毛透性改变,限制了对水分与养料的吸收,造成植株叶片枯萎。随着低温胁迫的加强,根系吸收硝态氮、磷酸和钾的量明显减少。随着低温时间的延长,还会造成棉株体内物质向外渗漏,产生吸收和运转的紊乱。

(2)对棉株光合作用的影响。低温胁迫对棉花植株光合色素含量、叶绿体亚显微结构、光合能量代谢及光合系统Ⅱ(PSⅡ)活性等一系列重要的生理、生化过程都会产生明显影响。据研究,在低温胁迫下,棉叶细胞叶绿体变成圆形或方形,而且叶绿体内外膜严重变形受损,使叶绿体功能紊乱。

(3)对棉株呼吸作用的影响。棉株刚受到冷害时,呼吸速率会比正常时高,以抵抗寒冷。但随着冷害时间的延长,呼吸速率会迅速降低。低温冷害还会破坏线粒体结构和氧化磷酸化解偶联,无氧呼吸比重增大。如果冷害时间略长,可使组织中毒。

3. 冷害对棉株体内细胞和组织的影响

冷害可使植株细胞内的水分形成冰晶，伤害细胞的结构，特别是使细胞质膜和细胞器膜系统遭到破坏，导致细胞内代谢紊乱。细胞结构和组织被破坏后，常在植物体的形态上出现伤痕。

三、棉花冷害诊断与防控

（一）冷害诊断

1. 花芽分化期冷害症状

在花芽分化期遇到日平均温度在19℃以下的低温时，会在果枝始节以上再出现叶枝。

2. 夏、秋季延迟型冷害

没有明显的冷害症状，但棉株的生育进程明显延迟，棉铃发育减慢，单铃重降低。

（二）冷害防控

1. 秋耕冬灌

秋耕深度 25～30cm，将表层病菌和病残体翻入土壤深层使其腐烂分解，以减少表层土壤的病原。冬灌不仅可为病残体的腐烂分解提供适宜的水分，还可为次年的整地、播种和种子发芽、出苗提供适宜的水分，提高出苗率。

2. 选用早熟耐低温品种

经生产实践表明，南疆棉区的新陆中28号、新陆中37号、中棉所35和北疆棉区的新陆早24号、新陆早26号、新陆早45号是防控冷害较好的备选品种。

3. 种子包衣

精选种子，要求饱满、发芽率高、发芽势强。用杀菌剂、抗寒剂拌种或用含有杀菌剂的种衣剂包衣，常用的种衣剂有福多甲，拌种剂有多菌灵、拌种双等。

4. 科学确定播种期

当膜下5cm地温连续3d在12℃以上时再播种，使种子到下胚轴生长时期发芽，避开低温天气。

5. 采用双膜覆盖技术

在春季低温多雨的棉区采用双膜覆盖技术。

6. 补种或重播

已受害的棉田，根据受害程度及时重播（烂种、死苗面积＞40%）或人工（机械）补种。重播棉苗易旺长，应增加化调次数，防止棉苗旺长。

7. 注意中长期天气预报

根据夏、秋季中长期天气预报，在可能出现延迟型冷害的年份，应适当控制水肥，加强整枝工作，改善田间通风透光条件，以加快棉株的生殖生长。

第二节　霜冻灾害及其防控

一、霜冻的定义及其分类

霜冻是一种较为常见的农业气象灾害，发生在秋、春季，多为寒潮南下，短时间内气温急剧下降至 0℃ 以下，引起植株体温降低到 0℃ 以下而受害。当温度低于地面和物体表面上有水汽凝结成白色结晶的是白霜；当空气过于干燥，虽气温降至 0℃ 或 0℃ 以下却不能凝结成霜的受害天气称为"黑霜"。对农作物都产生冻害，称霜冻。

霜冻与气象学中的霜在概念上是不一样的，前者与作物受害联系在一起，后者仅仅是一种天气现象（白霜）。发生霜冻时如空气中水汽含量少，就可能不会出现白霜。出现白霜时，有的作物也不会发生霜冻。

霜冻按发生的季节可分为秋霜冻和春霜冻，即秋季的第一次霜冻和春季的最后一次霜冻，气象上又称为初霜冻和终霜冻。按形成的原因又可以分为以下 3 种。

1. 平流霜冻

多是由于北方冷空气侵入而引起的，常见于早春和晚秋。其主要特点是：风力较大，乱流交换强，气温和地温的温差较小，只有最低气温反应明显，因此小气候差异反映微弱；但在一天中任何时间内都可以出现，影响范围广，持续时间也较长，往往可造成区域性灾害。由于通常平流霜冻发生时风力强劲，故又称为"风霜"。

2. 辐射霜冻

主要由于下垫面辐射降温，主要是夜间辐射冷却，地表或植物表面降温而引起的。因此这种霜冻大多发生在晴朗无风或微风的夜间至清晨，又被称为"静霜"或"晴霜"。这种霜冻发生时，天气晴朗，风力较小形成强降温，气温与地温的温差较大，不仅气地温差明显，最低地面温度也反应明显。但持续时间较短，通常是 2～4h，因此，在同样的条件下，低洼地带的冻害更为严重。

3. 平流辐射霜冻

由于平流降温和辐射冷却这两种气象条件共同作用下降温而发生的霜冻，又称为"混合霜冻"。这种霜冻首先是由于强冷空气入侵，伴随风雨，使气温急降，风停后晴朗的夜间又有强烈的辐射冷却，使地面大量散热而形成了霜冻，又称为综合性霜冻。这种霜冻出现时，常会造成作物的整株死亡或颗粒不收，常出现于塔城盆地，是对农作物危害最严重的霜冻类型。

二、霜冻指标及其发生特点

（一）霜冻的指标

新疆气候干燥，霜和霜冻经常不在一起发生，棉花使用最低气温≤0℃为重霜冻，1.0～2.0℃为轻霜冻。但据多年观察显示轻霜冻指标对于作物轻霜冻一般不会漏报，但准确率低，空报多。重霜冻指标对作物重霜冻不会轻报，但漏报多。

霜冻形成的天气学原因有两个：一是平流降温，二是辐射降温。对于平流降温，最低空气温度反应明显；对于辐射降温，地面最低温度反应明显。因此，各种霜冻指标或用空气最低温度或用地面最低温度。但强调平流降温而忽视辐射降温，或强调辐射降温而轻视平流降温的霜冻指标都有片面性。只有充分肯定平流和辐射两个方面的作用，采用气温和地面两个最低温度，才能很好地反映出霜冻形成的天气条件。

霜冻之所以能引起作物受害或死亡，是因为低温能引起植物细胞间隙中的水分首先结冰，这些冰晶又从四周的细胞中吸收水分，冰晶越结越大，使细胞遭受机械压力而受损伤；在温度较低或低温持续时间长的情况下，细胞丧失的水分多，原生质凝固，细胞便不能维持正常的生活以致死亡。从外表看，植株受害部分发硬，气温回升后，便从这些植株受害的叶片或果实中流出水来，实质是组成细胞原生质或细胞液的那些水分，析出到细胞间隙中成自由水。

作物受冻后，如果能慢慢解冻，植株则受害轻；如果受冻后即受到阳光照射，温度很快上升，则会加重受害程度。这是由于细胞间隙中的冰晶融化后，水分来不及为细胞所吸收而恢复原来的状态，水分很快蒸发，致使作物枯萎死亡，因此可以看到同一次霜冻，东坡和南坡作物受害较重，就是这些方向最先见到太阳的缘故。

作物受害的轻重，在很大程度上还取决于霜冻持续时间。即使温度不太低的霜冻，只要持续时间很长，危害同样是严重的。

作物耐寒力的强弱，主要取决于细胞中含糖量的多少，因为糖的浓度大，冰点低，不容易冻结，所以细胞中糖分含量越多，植株越不容易遭受霜冻危害。中国气象局2006年发布了棉花霜冻害温度指标（表7.2）。

表7.2　棉花霜冻害温度指标（日最低气温）　　　（单位：℃）

项目	轻霜冻			中霜冻			重霜冻		
	苗期	开花期	成熟期	苗期	开花期	成熟期	苗期	开花期	成熟期
棉花	1.0～2.0	0.0～1.0	-1.0～0.0	0.0～1.0	-1.0～0.0	-1.0～-2.0	-1.0～0.0	-1.0～-2.0	-2.0～-3.0

（二）霜冻发生的时空分布

由于新疆地域辽阔，地形地貌复杂，气候类型多样，各地初、终霜冻日及无霜冻期相差悬殊，加之春秋两季冷空气活动频繁，气温变化不稳，初霜冻往往过早来临，终霜冻结束较晚，无霜冻期的稳定性较差。

1. 终霜冻的时空分布

新疆终霜冻日的空间分布总体呈现"南疆早，北疆晚；平原和盆地早，山区晚"的分布格局（图 7.1）。塔里木盆地中、西部，以及吐鲁番盆地终霜冻日出现最早，在 3 月中、下旬；塔里木盆地东部、哈密盆地大部，以及北疆沿天山一带、伊犁河谷在 4 月上、中旬；北疆北部平原地带和南疆中、低山带为 4 月下旬至 5 月上旬；阿勒泰山、天山和昆仑山 1500～4500m 的中、高山带在 5 月中旬至 7 月上旬；各山体海拔 4000～5000m 及以上的高寒地带终年有霜冻。

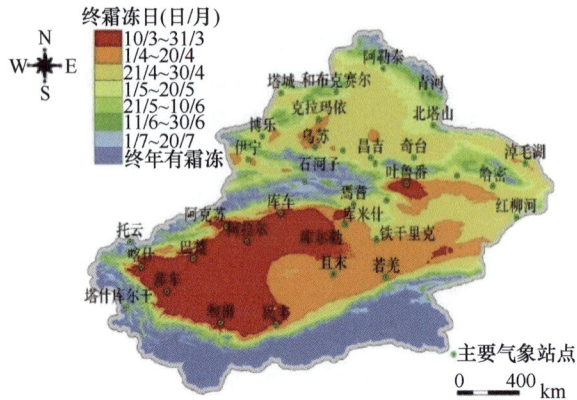

图 7.1　终霜冻日的空间分布特征 （张山清，2011）

2. 初霜冻的时空分布

新疆初霜冻日的空间分布特征与终霜冻日大体相反，呈现"北疆早，南疆晚；山区早，平原和盆地晚"的分布格局（图 7.2）。吐鲁番盆地及塔里木盆地中、西部初霜冻日出现较迟，在 10 月下旬至 11 月上旬；塔里木盆地东部、哈密盆地大部及北疆沿天山一带、伊犁河谷在 10 月上、中旬；北疆北部为 9 月下旬至 10 月上旬；阿勒泰、天山及昆仑山 1500～4500m 及的中、高山带初霜冻日出现较早，在 7 月下旬至 9 月中旬；海拔 1000～5000m 及以上的高寒地带终年有霜冻。

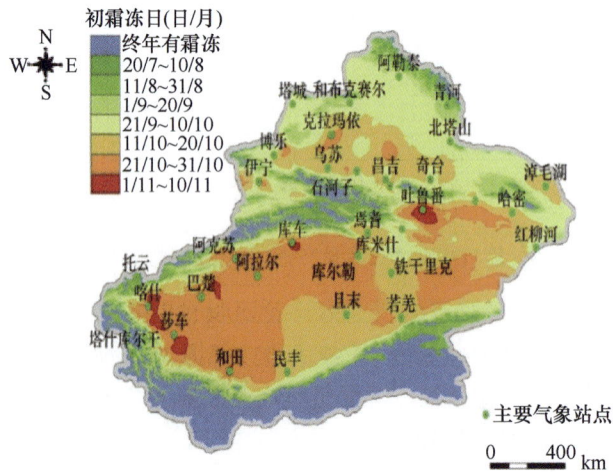

图 7.2　初霜冻日的空间分布特征（张山清，2011）

新疆霜冻的分布规律是：北疆重于南疆，南疆东部重于西部；最低温度与最低气温相差较大，且越往南差值越大；霜冻的年际变化大。

三、霜冻危害及防救

（一）霜冻危害

1. 终霜的危害

对棉苗生长影响较大的终霜冻是 4 月中下旬出现的低温强度较大的霜冻，对棉花早播、早发、全苗、壮苗影响较大，严重时是毁灭性的灾害。

（1）重霜冻可造成大面积棉苗冻伤、死亡。

（2）轻-中等霜冻的危害：子叶期幼苗叶面上出现乳白色（后逐渐变褐色）斑块（图 7.3）。真叶分化期遇到 0℃左右的霜冻，叶面皱缩不平（图 7.4）；有的叶片背面出现较均匀的针孔，孔呈漏斗形，但不穿透叶面。

图 7.3 子叶期冷害子叶症状（陈冠文，2009a）

图 7.4 真叶冷害症状（陈冠文，2009a）

2. 初霜的危害

9 月下旬的初霜，常常造成棉株上部叶片青枯、脱落，直接影响棉铃的发育，进而影响棉铃吐絮，降低单铃重和纤维品质。

（二）霜冻的防救

1. 终霜的防救

（1）选用早熟耐低温品种。

（2）种子包衣。精选种子，要求饱满、发芽率高、发芽势强。用杀菌剂、抗寒剂拌种或用含有杀菌剂的种衣剂包衣，常用的种衣剂有福多甲，拌种剂有多菌灵、拌种双等。

（3）采用双膜覆盖技术。在春季低温多雨的棉区采用双膜覆盖技术具有很好的防冷冻害的效果。

（4）科学确定播种期。根据中长期天气预报，一是选在冷尾暖头，并尽可能在终霜前7d内播种，使种子发芽到下胚轴生长时期，避开低温天气。

针对不同的气候年型分析不同年份实际棉花的开播期。在北疆棉区前暖后冷年型的情况下，棉花适宜播种期定在4月9~14日是比较安全的。此时温度较低，棉花需要10~15d才能出苗。温度上升到14℃以上时只需要7~12d出苗，即使4月下旬有霜冻出现，影响的面积也不是很大。可以做到大部分在霜前播种、霜后出苗，同时也能实现早播、早发、早熟、优质高产高效的目的。4月上旬前期播种，其风险性较大，不宜过早播种。

（5）及时放苗炼苗。棉苗的抗冻能力与棉苗的适应锻炼有关。出土顶膜未放的棉苗抗冻能力最低，若当天晚上出现-0.5℃的低温持续2h，可致幼苗死亡；放苗后经过1d以上的自然环境适应锻炼的棉花幼苗可忍耐-3.9℃的低温2h，死亡率只有1%~2%。因此，霜冻来临前一天，及时组织人工放出子叶已顶在膜下的棉苗并用土封孔。

（6）点火熏烟。在春季天气骤冷时，要注意天气预报，做好防冷害准备，在棉田四周堆放干草树枝，在夜间气温降到0℃前一两个小时点火熏烟，直到第2天地温上升时为止。

（7）补种或重播。已受害的棉田，根据受害程度及时重播（烂种、死苗面积＞40%）或人工（机械）补种。重播棉苗易旺长，应增加化调次数，防止棉苗旺长。补种棉田应加强田间管理，充分发挥单株生产潜力；合理多留双株，多留1或2个果枝，促使棉花单株结铃数和铃重都有所增加，减轻产量损失。

2. 初霜的防救

（1）根据当地气候条件，选择熟期适宜的品种。

（2）根据中长期天气预报，9月气温偏低的年份，铃期要适当控制灌水量，控氮补钾，防贪青晚熟。

（3）中后期旺长的棉田，要及时打群尖、去空枝，改善田间的通风透光条件。

第三节　冰雹灾害及其防控

一、冰雹形成的主要条件和发生特点

冰雹是在对流云中形成的，当水汽随气流上升遇冷会凝结成小水滴，若随着高度增加温度继续降低，达到0℃以下时，水滴就凝结成冰粒，在它上升运动过程中，会吸附其周围小冰粒或水滴而长大，直到其质量无法为上升气流所承载时即往下降，当其降落至较高温度区时，其表面会融解成水，同时亦会吸附周围的小水滴，此时若又遇到强大上升气流再被抬升，其表面则又凝结成冰，如此反覆进行如滚雪球般，其体积越来越大，直到它的重量大于气流升力与空气浮力之和，即往下降落，若到达地面时未融解成水仍呈固态冰粒者称为冰雹，如融解成水就是人们平常所见的雨。新疆地形复杂，植被覆盖度低。在阳光照射下容易形成较强的热对流。某些有利的环流形势在地形影响下，可以产生强烈发展的中小尺度天气系统，造成局地性冰雹灾害。

新疆冰雹多发季节是 5～8 月，多发地区是新疆西部山区及天山山区中段。主要有以下 4 个特点：①局地性强。每次冰雹的影响范围一般宽约几十米到数千米，长约数百米到十多千米。②历时短。一次降雹时间一般只有 2～10min，少数在 30min 以上。③受地形影响显著。地形越复杂，冰雹越易发生。④年际变化大。在同一地区，有的年份连续发生多次，有的年份发生次数很少，甚至不发生。

二、冰雹危害

雹灾有明显的地域性和突发性。新疆棉区棉花生长发育的各个时期都可能发生雹灾，且发生的频率较高，经常给棉花生产造成巨大损失。

1. 苗期雹灾

发生在棉花苗期阶段的雹灾，称为苗期雹灾。苗期雹灾后叶片撕裂破碎，子叶节有黄褐色伤斑或折断，生长点被打伤或被打断。陈冠文等（2003，2009a）根据叶片和主茎（含子叶节）受伤程度将苗期雹灾分为 4 级：1 级，叶片基本完好，主茎受伤很轻；2 级，叶片部分破碎或脱落，主茎（含子叶节）上有明显的伤点；3 级，子叶基本脱落，真叶叶尖或叶缘萎缩，主茎（含子叶节）上伤点较深，表皮有轻度皱缩；4 级，子叶节折断或多处受伤，伤口处干皱凹陷，真叶青枯。不同苗情恢复生长的效果不同：1 级棉苗受伤轻，恢复生长快，减产少。2 级棉苗与重播苗产量相当，但霜前花比例较重播苗高（图 7.5）。

图 7.5　苗期雹灾棉苗（陈冠文，2009a）

2. 蕾期雹灾

蕾期雹灾是指发生在棉花蕾期阶段的雹灾。蕾期雹灾后叶片撕裂破碎，叶、蕾脱落，形成"光秆"，茎枝折断严重的断头率达 80%～100%。蕾期雹灾可分为 2 级：1 级，部分主茎被打断，叶片被打破，但果枝和蕾保留较多且较完好的棉田。2 级，大部分棉株被打成"光秆"，形成绝产或严重减产（图 7.6）。

图 7.6 蕾期雹灾棉苗（陈冠文，2009a）

3. 花铃期雹灾

花铃期雹灾是指发生在 6 月底至 8 月中旬的雹灾。按受害程度它可以分为 3 个类型（图 7.7）。

图 7.7 花铃期雹灾棉田（陈冠文，2009a）

（1）光秆绝收型。棉花植株主茎及果枝全部被打断，仅剩少量花蕾，产量损失在 90% 以上的棉田。

（2）严重损伤型。棉花植株主茎断头率在 30%～50%，果枝、蕾铃损失为 50% 以下，大多数叶片被打破，少量脱落，产量损失在 30%～40% 的棉田。

（3）较轻损伤型。棉花植株主茎断头率 10% 以下，少数果枝被打断，叶片被打破，蕾、铃保留较多，铃面有一定数量的伤点或伤斑，个别铃被打裂的棉田。

三、冰雹灾害的防救

利用多普勒雷达技术监测强对流云天气的形成发展路径，加强雹灾的预测预报工作，提高人工防雹的准确性和有效性。通过区域人工联防作业等措施，防止雹害的发生，尽可能避免或减少棉花气象灾害造成的损失。一旦棉田遭受冰雹灾害，根据灾情及时救治。

（一）苗期冰雹灾害的救治措施

1. 抢时重播或补种

棉花苗期雹灾危害达到 3～4 级的棉苗比例大于 80% 的棉田，要及时排水散墒，改善土壤通气状况，提高地温，抢时重播。

雹灾危害达到 3～4 级的棉苗比例达到 50%～80%，要及时逐行错行补种。

雹灾危害达到 3～4 级的棉苗比例达到 30%～50%，要及时隔行补种。

雹灾危害达到 3～4 级的棉苗比例小于 30%，要及时零星补种。

2. 水、肥管理

棉花在受灾后比正常棉田管理难度大，既要加强肥水管理，同时又要注意大水大肥导致棉花出现旺长。一般在棉花受灾后喷施叶面肥+尿素（100g/亩）1～3 次，让棉株尽快恢复生长，多发新枝嫩叶，增强光合作用。棉株现蕾后要注意"稳氮控水"，增加钾肥投入，适当推迟灌头水，灌水量以正常棉田的 50%～60% 为宜。受雹灾的旺、壮苗棉田，应推迟到见花前后再酌情浇头水，防止营养生长过旺，枝、叶丛生，现蕾推迟，以促进营养生长向生殖生长转化。

3. 及时整枝

受雹灾棉花大多数形成多头棉，恢复生长后枝、叶生长速度快而茂密，若不及时整枝，养分供应分散，造成无谓消耗，还影响棉田的通风透光，结的铃少、铃小。根据雹灾后保留的果枝数及时整枝，在棉花现蕾后要及时进行整枝，有主茎的保留主茎，无主茎的视侧枝蕾花数保留 2 或 3 个侧枝，其余的去除，剪去空枝，抹除赘芽。当果枝达到 6～8 台时，及时打顶，并整去伸向大行中间的群尖，以保证大行通风透光。

4. 加强化学调控

这是雹灾后棉花管理的关键。棉花恢复生长后第一次叶面喷施缩节胺亩用 0.3～0.5g，7～10d 后，第二次亩用缩节胺 0.8～1.2g，可有效控制赘芽的发生和侧枝的伸长，促进棉株早现蕾、多现蕾、现大蕾。6～7 叶期，亩用缩节胺 1.5～2.0g。打顶后 5～7d，亩用缩节胺 7～10g，再隔 5～7d 进行第二次化调，用缩节胺 6～8g。

5. 及时防治病虫害

受灾后的棉田棉花枝、叶幼嫩，较易发生病虫害。因此，要加强棉蚜和棉铃虫等害虫的监测和调查工作，切不可掉以轻心。在防治上仍然坚持以生物防治、农业防治和物理防治为主，以化学防治为辅的原则，有效保护和利用好天敌，把棉铃虫为害控制到最低程度。

（二）蕾期雹灾救治措施

1. 一级受灾棉田

（1）及时排水，中耕散墒，促根系生长。

（2）适当早灌头水、早追肥。断头株新发枝条现蕾后，施用叶面肥（尿素 200g/亩+磷酸二氢钾 150g/亩），加快花蕾的发育。

（3）因地、因苗"早、勤、偏重化调"。受灾后恢复生长的棉花，结铃晚、铃期短，晚桃偏多的棉田，吐絮期可用 40%乙烯利叶面喷施催熟。

（4）及时整枝。断头株根据新枝发生情况，主茎仅断头的，以保留现有果枝为主，充分利用其第二果节成铃来弥补果枝个数的不足；主茎折断位较低的，每株留 2 或 3 条新发枝（雹灾发生早的保留 2 条，雹灾发生晚的保留 3 条）。留枝原则：去上留下，去小留大，去新留老。整枝时间：从新枝条 3 叶期开始。

（5）适时打顶、去群尖。新枝条开花 3 或 4 朵时开始打顶，根据苗情适时打群尖。

（6）加强病虫害的综合防治。

2. 二级受灾棉田

南疆棉区可重播特早熟棉花品种。其他棉区改播其他作物，如复播玉米、饲料玉米、早熟油葵和黄豆等。

（三）花铃期雹灾救治措施

光秆绝收型棉田，根据热量资源情况改播其他作物，如复播早熟饲料玉米、油葵（翻压绿肥）和大豆等。

严重损伤型和较轻损伤型棉田，雹灾后及时排水、中耕，及时喷施广谱型杀菌剂（如多菌灵等）和叶面肥，保铃护叶。追施适量的氮肥和磷、钾肥，防止受伤叶片脱水干枯，以加快棉株恢复生长。加强病虫害预防，保证现有蕾、铃正常发育。加强整枝和水控，防治"二次生长"，秋季停水应早于正常棉田。晚发晚熟棉田，合理施用催熟剂；机采棉田的化学脱叶时间应安排在正常棉田之后。

（四）人工防雹预防灾害措施

人工防雹的原理，目前有两种：一是引晶"争食"过冷水以达到消雹的作用；二是提前降水抑制冰雹长大以达到消雹的作用。现在比较常用的作业设计是竞争胚概念，即人工增加形成冰雹的胚胎，以期在云中有更多的雹胚增长，瓜分云内的过冷水，增加雹粒的数目，减少雹块的质量及落地时的动能，以减轻冰雹灾害。

目前在防雹作业中广泛使用碘化银催化剂。将催化剂引入雹云的方法有：地面燃烧炉、地面发射炮弹、火箭弹和从飞机上发射火箭及投掷碘化银焰弹。催化方法如下。

（1）用火箭燃烧含碘化银的焰剂释放碘化银冰核或用高炮发射含碘化银的炮弹，向自然雹胚增长区播撒人工冰核，以期在雹胚增长区内有更多的雹胚粒子生成，达到有效竞争过冷水的目的。

（2）用飞机在冰雹云的新生单体的底部播撒人工冰核，以期使雹胚增长区的雹胚数目增加。

（3）用飞机在冰雹云的新生单体的顶部投掷碘化银焰弹或冷却剂，增加雹胚生长区内的雹胚数目，以达到有效竞争过冷水的目的。

（4）在防雹区内布置一定密度的地面碘化银冰核发生器，增加防雹区内低层大气中的冰核浓度，借以增加云中雹胚的生成数目，从而达到有效竞争过冷水、减少雹灾的目的。目前我国只使用（1）、（4）两种催化方法。

找出棉区冰雹云发生规律，研究制订相应的防灾减灾措施，提高人工防雹作业效果，是减缓冰雹对农业生产造成危害的有效途径。作业时，先火箭，后高炮，形成射程远近、射高长短搭配，催化、爆炸交叉影响的作业形式。对发展中的中强单体冰雹云，以火箭作业为主，高炮作业为辅；对发展中的传播冰雹云和点源冰雹云及复合多单体冰雹云，火箭、高炮要根据情况配合作业；对发展较强的云体采用火箭作业或火箭和高炮联合作业；对较弱的云体采用高炮作业，防止冰雹云合并加强造成对下游的威胁；对已发展成熟的冰雹云，采用高炮进行区域联防作业，利用地理优势，人为改变冰雹的自然落区，缩小降雹面积，减少受灾程度（表 7.3）。

表 7.3　天山北坡人工防雹体系中一个作业点的经验作业弹量

冰雹云类型	跃增阶段		孕育阶段		作业总量	
	炮弹/发	火箭弹/枚	炮弹/发	火箭弹/枚	炮弹/发	火箭弹/枚
对称雹云	<50	1~2	<50	1~2	>100	<4
超级雹云	50~100	2~3	>50	3~4	>150	>6
点源雹云	<50	1~2	50~100	2~3	>150	<4
传播雹云	<50	1~2	50~100	2~3	>150	<4
复合雹云	<50	1~2	50~100	2~3	>150	<4

注：资料由陈冠文于 2012 年提供

第四节　干旱灾害及其防控

一、干旱的定义及其分类

干旱是指降水异常偏少，造成空气过分干燥，土壤水分严重亏缺，地表径流和地下水量大幅度减少的现象。干旱使供水水源匮乏，除危害作物生长、造成作物减产外，还危害居民生活，影响工业生产及其他社会经济活动。

从气候学角度看，衡量一个地区是否属于干旱气候，常用蒸发势与降水量的比值即干燥指数来表示。蒸发势与降水量相等时，干燥指数等于 1，表示干湿适中，当蒸发势小于降水量时，干燥指数小于 2，表示过分潮湿、雨水过多；当蒸发势大于降水量时，干燥指数大于 1，则表示干旱、雨水不足，特别是当干燥指数大于 4 时，就表示极端干旱。

新疆绿洲农业区属干旱地区，大气降水占新疆年平均降水的 20%，无法满足动植物需要，只有靠冰雪融水和地下水。从影响范围和程度看，干旱是新疆大陆性气候条件下经常发生的自然灾害。

世界气象组织将干旱分为以下 6 种类型。

（1）气象干旱。根据不足降水量，以特定历时降水的绝对值表示。

（2）气候干旱。根据不足降水量，不是以特定数量，用与平均值或正常值的比率表示。

（3）大气干旱。不仅涉及降水量，而且涉及温度、湿度、风速、气压等气候因素。

（4）农业干旱。主要涉及土壤含水量和植物生态，或是某种特定作物的形态。

（5）水文干旱。主要考虑河道流量的减少，湖泊或水库库容的减少和地下水位的下降。

（6）用水管理干旱。其特性是由于用水管理的实际操作或设施的破坏引起的缺水。

干旱还可以分为连续性干旱、季节性干旱和突发性干旱三类。连续不断的干旱使地面成为沙漠，在这种地方，不存在明显的降水季节。在半干旱或半湿润气候区，具有一短促的、降雨状况多变的湿季，其他季节则为干季。

二、新疆干旱成因与特点

（一）干旱成因

1. 地理位置离海洋较远

欧亚大陆的中心在新疆的乌鲁木齐，东距太平洋约 4400km，西距大西洋约 4300km，南离印度洋 3400km，北离北冰洋 3400km。由于新疆的水汽输送路径较远，大量水汽难以到达新疆，这是新疆干旱的最主要原因。

2. 三面环山的地形，特别是南面的青藏高原阻挡了南来的水汽

根据对"96·7"新疆特大暴雨的大气三维气流结构分析，暴雨前和暴雨中有大范围的西南气流和偏南气流的存在，表明偏南气流是新疆大降水水汽的重要输送通道。

3. 青藏高原的加热作用

4～8 月由于青藏高原的加热作用，高原上空以上升运动为主，由于局部环流的补偿作用，在 40°～50°N 为较强的下沉区，下沉运动减弱了大气系统的上升运动强度，造成降水量减少，而这个区域正好是新疆的塔里木盆地和准噶尔盆地。

（二）干旱特点

1. 干旱频繁，旱情严重

干旱是新疆的经常性自然灾害，1950～2000 年新疆有记载的干旱灾害共有 47 次，平均每 1.06 年发生 1 次。在发生的 47 次干旱灾害中，特大旱灾、重大旱灾、中度旱灾及轻度旱灾分别有 9 次、10 次、14 次、14 次，分布占干旱灾害发生年总数的 19.2%、21.2%、29.8%、29.8%。

2. 灾害范围广，受灾面积大

干旱影响范围广是新疆干旱灾害的又一特征，往往一出现干旱就是几个县、几个地州甚至全疆干旱，如 1989 年出现了全疆性干旱，涉及北疆、东疆、南疆 44 个县。

3. 干旱灾害损失大

干旱灾害持续时间长、成灾面积大，因此对社会经济造成的损失和影响比其他灾害更加严重。新疆 1980～2009 年的干旱每年导致农业作物受灾面积都在 13.33 万 hm^2 以上，粮食减产量在 12 万 t 以上，经济作物损失在 1 亿元以上。

新疆干旱分春旱和夏旱。春旱主要指 3 月、4 月正值棉花播种季节，春季用水十分紧张，特别是南疆更为突出，故有"春水贵如油"之说。由于供水不足，棉花不能正常进行春灌，影响棉花及时播种，有时强行播种，结果棉苗不整齐，大小苗现象严重，而且缺苗断垄现象较严重，从而严重影响产量。夏旱是指棉花进入生殖生长阶段，需要浇水时，因河流、水库供水不足而使棉田受旱的现象。

三、棉花干旱的危害和防御

干旱胁迫下棉花地上部营养体变小、营养吸收前中期比例大、发育提早。干旱胁迫使绿叶面积、叶日积量减少，光合速率降低，导致光合物质生产能力下降，进而影响产量形成。盛蕾期、初花期是棉株营养生长的旺盛时期，缺水对棉株营养生长影响最大，受旱减产的主要原因是单株成铃数减少，盛铃期、始絮期干旱胁迫则加速棉叶衰老，叶片功能期缩短，从而减少了光合产物供应，受旱减产主要是铃重下降较多所致。

防御干旱灾害的根本措施是加强农田水利基本建设，坚持施用有机肥，提高土壤蓄水、保水能力。旱灾频发的棉区，选用抗旱性强的品种。

对于春旱，其预防方法主要是：为了缓解春天用水压力，南疆棉区普遍采用秋灌的办法，以减轻春灌用水紧张的矛盾，第二年早春及时整地铺膜保墒，当温度升到播种要求时再播种。北疆的机采棉区，机采后棉田可以及时翻耕、整地、保墒。

夏旱的预防目前较好的办法是使用抗旱剂，如用旱地龙等，也可叶面喷施抗旱剂，减少棉株的蒸腾量，促进棉花根系发育，以减轻棉花的受旱程度和旱情对产量的影响。

未冬、春灌的滴灌棉田，春播后及时安装滴灌管道，尽早滴出苗水。常规畦灌棉田，灌水后要及时浅中耕保墒，防止棉花受旱。

第五节　新疆土壤盐渍化灾害及其防控

一、盐土分类和危害机理

（一）盐土的分类

新疆是我国最干旱的地区之一，干燥炎热，土壤中的淋溶作用极其微弱，地面蒸发作用十分强烈，大量地下水和土壤中的盐分随着土壤毛细管不断上升至地表而积聚，造成新疆土壤的积盐过程十分强烈。新疆盐土按成土母质和土壤盐化过程分为 6 类，见表 7.4。

表 7.4　新疆盐土的分类及分布（姚源松，2004）

土壤类型	分布	盐分组成
盐化灌淤土	冲积扇下部扇缘带，南疆、北疆主要地州的部分县市	硫酸盐型和氯化物型
盐化潮土	南疆喀什、阿克苏、巴州，北疆昌吉、博州面积较大	镁质盐化、苏打盐化、硫酸盐化和氯化物盐化
盐化灌耕林灌草甸土	塔里木河、叶尔羌河、克孜河、玛纳斯河沿岸	硫酸盐化、氯化物盐化、苏打盐化
盐化灌耕草甸土	遍及全疆各地，主要分布在盆地扇缘地带，干三角洲和冲积平原下游	硫酸盐化、氯化物盐化、苏打盐化
盐化灌耕棕漠土	主要分布在吐鲁番、阿克苏、克州、喀什、和田等地州	硫酸盐型和氯化物型
盐化灌耕灰漠土	北疆天山北坡棉区均有分布	硫酸盐化、氯化物盐化、苏打盐化

新疆盐渍化土壤面积大、种类多、分布广，南疆地区尤为突出。南疆四地州盐渍化面积达到 61.48 万 hm^2，占耕地面积的 43%。其中轻度 45.18 万 hm^2、中度 12.53 万 hm^2、重度 3.77 万 hm^2。土壤盐渍化地区主要分布在洪积、冲积扇缘、大河三角洲中下部、干三角洲低部、河流低阶地及滨湖平原等处。由于地下水位相对较高（多在 1～2.5m），排水不畅导致盐分表聚，作物不能正常吸收水分和养分，也导致土壤理化性质恶化，严重危害农业生产。目前，新疆棉区土壤盐渍化面积约占总耕地面积的 33%，其中重盐渍化土壤占 8%以上。

（二）危害机理

1. 离子胁迫

过量的 Na^+、Cl^- 和 Ca^{2+} 渗入植物细胞内，会破坏其离子平衡并瓦解膜电势，使细胞原生质凝集，还会破坏叶绿素和蛋白质合成，加快蛋白质水解，使植物体内积累大量氮代谢中间产物氨和某些游离氨基酸，这些累积的氨基酸在细胞中转化为丁二胺、戊二胺及游离胺，对植物细胞造成一定的伤害。

2. 渗透胁迫

渗透胁迫是盐毒害作用最先产生的方式，最直接的表现就是土壤溶液的渗透压增大，导致细胞失水，同时大量离子进入细胞，造成细胞内离子不平衡。Na^+ 的胁迫会破坏渗透平衡，从而损坏膜结构，阻止细胞分裂和增殖，阻碍生长。

3. 氧化胁迫

高浓度的盐分影响植物的新陈代谢，使其生长减慢，丧失大量胞内能量，并通过损害位于不同亚细胞结构的电子传递链而导致活性氧物质（reactive oxygen species，ROS）的产生，使蛋白质、膜脂和其他细胞组分受到损伤，产生了次生的氧化胁迫，即形成氧损伤。

4. 呼吸受阻

高浓度的 Na^+ 胁迫经常使植物产生次级伤害，不仅抑制细胞呼吸，还能导致细胞生理性缺水。土壤 Na^+ 过多造成土壤水势降低，使植物吸收水分困难，呼吸受阻，并且容易造成生理缺水干旱，使植物遭受伤害（图7.8）。

5. 营养亏缺

盐胁迫造成植物营养亏缺，主要是 Na^+ 与各种营养元素相互竞争，从而阻止植物对一些矿质元素的吸收，导致代谢毒害。最常见的就是 NaCl 引起的 K^+ 缺乏。细胞质中高浓度的 Na^+ 或高 Na^+/K^+，将干扰细胞中多种酶促反应。细胞中有 50 种以上的酶是由 K^+ 激活，这一作用是 Na^+ 无法替代的。另外的研究还发现，蛋白质合成需要高浓度的 K^+，因为在蛋白质合成的起始阶段即 tRNA 结合到核糖体上这一过程和核糖体的其他功能方面都需要 K^+ 的参与。细胞质中 Na^+ 浓度升高无疑会与 K^+ 竞争，从而影响蛋白质的合成。

图 7.8　盐害死苗（陈冠文，2009a）

6. 光合作用下降

　　盐胁迫下植物的光合作用明显受到抑制，生长减慢，原因是气孔关闭导致了二氧化碳供应不足。盐胁迫不仅造成叶绿体中类囊体成分与超微结构发生变化，而且影响光能吸收和转换，同时也影响电子传递与碳同化，从而导致植物光合作用下降。

二、盐渍土发生特点

　　新疆地处欧亚大陆中心，四周为高山环绕的封闭式盆地。由于特定的气候，成土母质、地形、水文和水文地质、植被等自然条件和人为活动的影响，新疆盐化土种类多、分布广、含盐量高。根据土壤普查，新疆共有盐渍土约 1100 余万 hm^2，包括盐渍土耕地 126.7 万 hm^2。在盐渍土中，中度盐渍化土壤 410 万 hm^2，重度盐渍化土壤 727 万 hm^2。其中碱土 133 万 hm^2，盐渍化一直是限制新疆发展农业生产的主要因素之一。从南疆、北疆棉区来看，南疆棉区盐渍化面积比较大，北疆面积较小，重盐渍化土壤南疆比重大，北疆比重较小。从东西向来看，东疆吐鲁番棉区盐渍化土壤比重大，而西部比重较小。盐渍土的形成是母质、气候、地形地貌、生物等因素综合作用的结果。

　　新疆地域辽阔，各地气温、降水差异显著，地形地貌复杂多变，成土母质及生物种类各地也都有着明显的不同。因此，导致盐渍土形成的因素组合具有明显的区域分异性，这也正是新疆盐渍土区域分布差异的生态基础。多年来对盐渍化土壤的改良，采用了明排、暗管排、竖井排、种稻洗盐等农业措施，取得了良好的成效。

（一）气象因素与盐渍土的形成和分布

　　气象因素，尤其降水是决定盐渍土形成的主要因素。新疆气候干旱，降水稀少，地表蒸发强烈，导致土壤深层盐分在土层上部积累，形成盐土。由于各地降水差异明显，气温变化剧烈，反映到盐渍土的形成与分布上，各地积盐程度极不一致，盐渍土面积也存在明显的空间分异性。南疆气候干燥，降水稀少，蒸发强烈，属暖温带荒漠，土壤积盐快，强度大，分布广，并以典型盐土分布最广；北疆气温较低，降水稍多，属于温带半荒漠及荒漠，土壤积盐的速度、强度和广度都远不如南疆，尤其是阿尔泰山南麓，由于降水丰沛，土壤积盐较轻，而且仅小面积零星分布于泉水、湖泊、沼泽周围，以及个别小河流沿岸及干三角洲的下部。

（二）地形地貌与盐渍土的形成和分布

地形地貌通过对降水的再分配而对土壤积盐的速度和强度发生深刻的影响。沙漠、戈壁、绿洲、山地是新疆最主要的地貌类型。尽管盐渍土广泛分布于各种地貌类型，但由于不同地貌部位地下水分布的差异，不同地貌类型和地貌部位土壤积盐程度、分布广度有着明显的区别。

南疆盐渍土面积明显多于北疆，而且，盐渍土分布明显地和天山、昆仑山、阿尔泰山相联系，集中分布于沙漠边缘，紧邻现代绿洲和古老绿洲或分布于绿洲内部，在北疆集中分布于准噶尔盆地南缘的天山北部和准噶尔盆地北缘的阿尔泰山南麓；在南疆则集中分布于塔里木盆地北缘的天山南麓和塔里木盆地南缘的昆仑山北麓；吐鲁番、哈密、罗布泊也有成片分布。从分布的地貌类型看，盐渍土最集中分布于山前洪积、冲积扇，其次是大河三角洲。前者盐渍土面积约占其荒地土壤面积的55%，后者约占其土地类型的50%。

（三）灌溉对土壤次生盐渍化的影响

耕地土壤由于人为地因素造成积盐，使非盐碱土变成盐碱土，或轻盐碱化土变成强盐碱化土和盐土的过程，称为土壤次生盐渍化。

新疆属于温带大陆性气候，全疆许多地区都分布着含有大量盐类的成土母质，这些都为易溶性盐分在土壤中大量聚集创造了极为有利的条件。土壤中的盐分一般是随着水分的运动而迁移，不合理的灌溉方式和灌溉制度，很容易产生土壤次生盐渍化现象。

土壤次生盐碱化的形成原因如下。

（1）地下水位升高。由于灌溉和排水工程不完善，灌水方法不得当，如过量灌溉产生大量田间渗漏、平原水库和灌溉渠系渗漏、排水系统不健全等引起地下水位迅速上升。当地下水埋深小于临界深度时，土壤次生盐渍化开始蔓延。

（2）农艺技术措施不当。耕作粗放、耕翻时漏耕、夏收后未及时伏耕、秋收后未及时秋耕、灌后未及时中耕、洗盐后未及时翻耕种植，都会加剧耕层土壤水分蒸发，造成表土积盐；播种质量差、保苗措施不利，会造成出苗不全，长势差，使地面的覆盖度降低，加剧表土水分蒸发；耕层以下土壤有板结层阻碍灌溉水下移，盐分集聚分布不均，会随着水分蒸发，形成面积不等的片状盐斑，俗称"癞痢头"。

（3）重灌轻排，地下水矿化度升高。在推广膜下滴灌技术下，许多棉区填平了原有的明排水沟，只灌不排在新疆植棉不可持续。孙珍珍等（2015）研究了南疆滴灌棉田明沟排水和不排水的地下水埋深和矿化度。灌前平均地下水位埋深为2.6m，平均地下水矿化度明沟排水为13.81mS/cm，不排水情况下为15.53mS/cm；灌后明沟排水情况下，地下水埋深上升至0.85m，矿化度减少到7.52mS/cm，不排水情况下，地下水位上升至0.51m，地下水矿化度增至32.86mS/cm。可见，不排水情况下导致灌后地下水矿化度增高2倍以上。导致这种现象的原因是，土壤上层盐分会随着水分的运动到达地下水，在明沟排水下，排水沟把低于排水沟深度的水排出，盐分也跟着排出，使地下水矿化度下降；不排水则导致土壤上层盐分只能被压到地下水中，使矿化度增高。若蒸发强烈，很容易导致土壤次生盐渍化的发生。因此，在实行膜下滴灌技术的同时，随着节水灌溉年限的增长，土壤盐分逐年累积，必须通过有效的排水才能解决土壤盐渍化问题。通过春灌或冬灌洗盐并通过排水沟将水排出，可以有效降低土壤含盐量。刘洪亮等（2010）在北疆棉区的研究也指出，采取膜下滴灌技术仍然需要加强排水系统建设，控制灌区地下水位，能够有效阻止盐分表聚，避免土壤次生盐渍化的发生。

三、棉花盐害防御和治理

综合新疆多年来改良利用盐渍化土壤的经验，可概括为排（排水及种稻洗盐）、灌（合理灌溉及渠道防渗）、平（平整土地）、肥（施有机肥和实行秸秆还田）、林（营造林带）、草（种植苜蓿和绿肥）六字方针。这六个方面是互相促进、互相制约、缺一不可的。但在不同地区，不同时期其侧重点应有所区别（姚源松，2004）。

根据新疆多年来改良利用盐渍化土壤的经验和"盐随水来、盐随水去"的规律，盐渍化土壤的改良措施为：一是对流域进行全面规划，上下游兼顾，综合治理；二是建设完善的棉田排灌系统，使盐渍化地区特别是重盐渍化地区有灌有排，灌排结合，提高秋灌和春灌的压盐质量，加速土壤脱盐；三是做好农田基本建设，使条田、林带、渠系、道路配套。特别要做好条田土地平整工作，保证灌水均匀，提高水的利用率；四是采用生物措施，种树种草，充分发挥生物排碱作用；五是采用农业措施，增施有机肥，实行秸秆还田和种植苜蓿绿肥，培肥土壤，改善土壤理化性状，巩固土壤脱盐效果；六是实行合理的粮、棉、草轮作制度，有条件的地区可实行水旱轮作。

在新疆大规模节水灌溉技术推广和应用的同时，在部分地下水埋深较浅的地区土壤盐渍化、次生盐渍化也加重了，造成部分棉田土壤含盐量升高，棉花出苗困难，生长受到抑制，严重影响了棉花的生长与发育，明显降低了棉花产量。结合滴灌技术的棉花种植，主要应该在以下方面做好防治措施。

1. 土地整理

对盐碱较重的棉田轮作小黑麦，小黑麦具有很强的耐盐碱性，且生物量较大，对盐碱地的改良效果好、见效快，一般来年就可种植棉花。秋季拾花后及时犁地、平整土地，冬灌要做到均匀一致，以达到较好的洗盐效果。对于盐碱较重的农田，应先深松 50～55cm，然后犁地灌水，亩灌量达到 180m^3 以上，积水时间超过 24h，洗盐效果显著；对于重盐碱地，灌后应保持水层在 20cm，2～3d 以上，才能达到泡盐和洗盐的目的。春季天气干旱多风，土壤水分蒸发量大，盐随水来，随着土壤水分蒸发，盐分在土壤表层聚结成层，使种子不能正常吸水，影响生长发育。为了避免和减少表面盐结层的形成，一方面要早耕地保墒，另一方面在播种时适当调整刮土器，将表层盐结层刮除 1～2cm，以降低种子周围的含盐量。

2. 农艺措施

适期播种是盐碱地一播全苗的关键，根据多年的生产实践，盐碱地应保证棉花播后

7d 左右出苗，种子在土壤里停留时间短，发芽出土快，受盐碱危害小。对盐碱地来说，选择最佳播期、推广干播湿出技术，是实现一播全苗的关键。棉花发芽出土时，耐盐碱能力最差，对膜上点播棉田，若洞穴封不严，膜内水分易于蒸发，使穴孔处形成盐积层，则影响出苗。因此，播种后要及时封洞。盐碱地棉苗生长发育迟缓，棉苗单株生产力较低，因此，要加大种植密度，以群体优势创高产，盐碱地的合理密度应综合考虑土壤盐分含量、水分条件和其他管理措施。

3. 水肥调控

滴灌可有效起到洗盐抑盐作用。在滴水的作用下，以滴头为中心形成根区盐分淡化区域，在水平和垂直方向上，由于水分不断扩散和下渗，从而使土壤表层的湿度经常保持在较高水平，含盐量较低。利用滴灌技术可控性强的特点，可采用少量多次滴灌方式，加压滴灌全生育期滴水 10 或 11 次，无压滴灌全生育期滴水 5 或 6 次，使土壤始终保持最优含水状态，既保证棉苗的正常发育，又防止深层盐分随水上移，优化棉花根系环境。盐碱地土壤养分含量低，土壤理化性质差，每亩增施 2t 左右有机肥可缓冲盐碱危害，改善土壤结构，提高土壤保水保肥能力。由于盐碱地 pH 偏高，磷、锌等元素利用率低，盐碱地植棉应注意增施磷、锌等肥料。另外，增施土壤改良剂、酸性液体肥等，对于改善盐碱地土壤理化性质、促进棉花发育、提高棉花产量效果显著。

第六节　风沙灾害及其防御救治

一、风沙灾害的发生

风沙灾害是我国西北干旱地区的一大特色，它是大风过程与地表物质及热力状况相互作用的结果。风沙灾害通常包括气象观测中的浮尘、扬沙和沙尘暴 3 种天气现象。对于能见度极差的沙尘暴，当地人习惯称为黑风。

风沙灾害的主要区域是：南疆塔里木盆地西南部和阿尔金山北麓，年平均风沙日数多在 50～100d 甚至以上；塔里木盆地东北部，风力强劲，沙源丰富，就地起沙现象较严重；吐鲁番、哈密盆地各绿洲，风沙日数达 10～60d，损伤作物，沙埋农田、渠道；北疆准噶尔盆地南部风沙亦较频繁。

（一）沙尘暴

沙尘暴是指强风将地面上大量的沙尘吹起，使空气混浊，水平能见度在 1km 以内。扬沙能见度在 1～10km，两者不同之处是能见度差别。

新疆沙尘暴较多，强度很大，一般产生在风口地区，危害很大。1986 年 5 月 18～20 日乌拉尔东侧低压槽切断东南移，一低压由中亚移入南疆，形成南疆著名的黑风暴，给南疆喀什、和田、哈密等地造成严重的灾害。大风波及面积东西长约1500km，南北宽700～800km，平均风力 7～8 级，为多年罕见。

沙尘暴日数年分布具有北疆少南疆多，山区少于盆地，西部少于东部的分布规律。北疆一般 5～8d，天山南麓一带约 15d，昆仑山北麓一带约 20d，伊犁河谷比较湿润，还不足 2d。沙尘暴最多的地方是柯坪，年平均 38.3d，最多年份 53d，这不仅是新疆沙尘暴最多的地方，也是全国沙尘暴最多的地方。其次是民丰为 35.4d，最多年份 58d；和田 32.9d，最多年份 54d；叶城 24.7d，最多年份 44d；且末 34.5d，最多年份 53d。

沙尘暴北疆集中在暖季（3～10 月），但有的地方集中在春季，如黑山头、庙尔沟等地，沙尘暴一般一年四季都能出现。个别地方如布尔律、和布克赛尔蒙古自治县 1～12 月均有沙尘暴出现，不过冬季偏少，春季偏多。而南疆地区就普遍了，特别是塔里木盆地西部和南部地区，绝大部分全年各月均有出现。沙尘暴以春季最多，可占全年的 50% 左右，尤其是 4～6 月最多，为全年的 70% 左右，其次是 7 月、8 月，冬季较少。

（二）扬沙

扬沙地理分布和沙尘暴一致，也就是说，沙尘暴多的地方扬沙多，沙尘暴少的地方扬沙日数也少，北疆一般不足 5d，南疆除偏东地区外，一般 10d 左右。在南疆西部约 20d 左右。而昆仑山南部偏多，一般都在 50d 以上。

新疆扬沙最多的地方是塔里木盆地东部民丰、罗布泊洼地铁干里克，一般年平均可达 73d 以上。最多年份各为 108d 和 95d，这两个地方不仅是新疆扬沙日最多的地方，也是我国之冠。其次是塔里木河上游阿拉尔，年平均可达 62.7d，最多年份为 75d。和田达 53.1d，最多年份 81d，在南疆南部和东部，是新疆扬沙最多的地方。

扬沙日数年季分布也和沙尘暴一致，一般以春、夏季最多，南疆春、夏、秋季最多，在南疆南部和东部地区，则一年四季都有出现，同时也有的地方各月均有出现。例如，阿拉尔 6 月为最多月，平均 13.5d，最多可达 18d；6 月几乎每两天就有 1d 扬沙天气，其次为 5 月，平均可达 10.7d，5 月几乎每 3d 出现一次扬沙。

（三）浮尘

浮尘是新疆灾害性天气之一。一般说尘土细沙均匀地浮游在空中，能见度在 10km 以内者为浮尘。浮尘多是远处沙尘随着大风飘来，但也有就地扬沙引起尘埃浮于空中。新疆两种浮尘会同时出现，前者大风浮尘居前，且强度大，而后者出现较迟，强度较小。

浮尘出现时，天空中黄沙波涛，腾空而来，日月无光，天昏地暗，是南疆的灾害天气。浮尘出现，不仅使直接辐射大量减少，对农作物有着很大的危害，特别是春季棉花苗期、玉米真叶期，在作物幼芽上，覆盖厚厚的一层尘土，影响植物的呼吸作用；同时，也影响植物的光合作用，是农业生产中有害的天气现象。

新疆浮尘日数一般具有北疆少南疆多，西部少东部多，山区少平原多，湿润区少于干燥区的分布规律。北疆一般 1～10d，伊犁地区还不足 3d，南疆可达 100d 以上，是北疆的几十倍甚至百倍以上。浮尘高值区自西向东延伸，像一条长舌状，可达 115°E，浮尘日数可达 20d 以上。然而它的最大值在昆仑山北麓，于田、和田、民丰一带，一般可达 180～200d，其次是西部，为 150～180d，天山南麓 100d，东北部为 50～80d。

浮尘日数最多季节和沙尘暴、扬沙相同，都以干燥的春季或春夏之间为最多。和田、民丰、且末一带，3～8 月平均浮尘都在 20d 以上，其中且末、民丰 4～5 月，和田 4～7 月可达 24d 以上，是新疆浮尘最多的月份，也是全国浮尘最多的月份。在和田一带，一般全年各月均有浮尘出现，而冬季出现次数较少。和田年平均可达 202.4d，最多年份达

260d，即 2/3 的时间有浮尘覆盖和笼罩。且末 193.7d，最多 228d；若羌 115.2d，最多 150d；莎车 115.0d，最多 140d；喀什 107d，最多 150d。由此可知，浮尘是南疆重要的天气现象。

二、风沙危害

新疆棉区被大面积的沙漠包围，每年 4~5 月常出现风沙天气，风力可达 8~10 级，持续时间一般为半天到两天，大风常裹着细沙将棉叶打得千疮百孔，将茎秆打得伤痕累累或将生长点打断，将棉田地膜和滴管带吹起，风灾是新疆棉区的重要气象灾害之一。风灾主要发生在春季和夏季。春季风害属于低温风沙害类型，对棉花生产威胁很大。夏秋季的风害属于高温干旱的干热风类型，它可使植株体内的水分快速蒸发，导致棉花枯死。

（一）春季风沙害

1. 对棉苗的影响

根据陈冠文、刘奇峰对库尔勒棉区 1995 年 5 月 17 日风灾的系统调查结果：受灾较轻的棉株，生长会受到一定的抑制。一般在受灾后 3d 左右开始恢复生长，7d 左右恢复正常生长。但随着受灾程度的加重，恢复越慢，恢复的质量也越差。受灾较重的棉株，灾后 1 周内部分棉株可能出现恢复生长的迹象，但 1 周后仍会陆续死亡（表 7.5）。

表 7.5　风害后 3d 和 15d 调查结果（风害时间：5 月 17 日）

风害级别	0	1	2	3	4
风害后 3d	生长正常	开始恢复生长	部分生长点开始恢复生长	无恢复表现	无恢复表现
风害后 15d	生长正常，新生叶 3.4 片	生长正常，新生叶 2.3 片	死亡 1 株，新生叶 3.5 片	全部死亡	全部死亡

2. 对棉花生育期的影响

调查结果（表 7.6）表明，棉花遭受风害后，现蕾期、开花期比正常年份晚 5~6d，受害程度越重，现蕾、开花期越晚。而补种的棉花生育期更晚。

表 7.6　各级风害棉株的现蕾、开花期（月-日）

风害级别	0	1	2	补种	正常年份
现蕾期	6-4	6-7	6-9	6-24	5-29
开花期	7-4	7-9	7-13	7-27	6-28

3. 对棉花产量和纤维品质的影响

风害对棉花产量和纤维品质有明显的影响，从表 7.7 可以看出，随风害程度的加重，对棉花产量和纤维品质的影响越大（0 级棉株因靠近林带，生长较差，因此反而不如 1 级棉株）。

（二）夏秋季的干热风害

"干热风"亦称"干旱风"。由于干热风气温高、湿度小，棉株的蒸腾急速增大，体内水分快速散失，导致棉花枯死，对棉花生产影响很大。

表 7.7　风害对棉铃性状和纤维品质的影响

风害级别	单株铃数/个	单铃重/g	衣分/%	单株皮棉/g	籽棉绒长/mm	比强度/（cN/tex）	马克隆值	霜前花率/%
0	5.4	4.9	34.5	9.13	31.2	21.7	4.4	92.6
1	5.7	5.4	34.8	10.71	29.7	22.0	4.3	89.5
2	5.0	5.3	32.9	8.72	31.6	19.1	4.4	86.0
补种	3.9	4.5	31.2	5.48	29.4	19.8	4.1	66.7

　　棉花虽然是喜温作物，但当气温高于 35℃ 以上时，棉花生长也受到抑制，甚至带来危害，使棉叶凋萎、花粉干缩和蕾铃脱落。高温还会导致棉叶螨的危害。

三、风沙防御与救灾

　　风沙防御的治本办法是建立系统治理体系。新疆维吾尔自治区环境保护厅（2012）推广兵团第八师 150 团四级防风固沙生态保护体系的经验。第一级是荒漠防风固沙林，在团场外围沙漠建立了 3～5km 宽的荒漠植被封育保护区，固定沙源，阻止流沙移动，从源头上减少沙尘暴发生；第二级是大型防风固沙基干林，由全长 12km 的沙漠边缘林、38km 的大渠林和 35km 干道林组成，降低风速、减少风的含沙量，调节局部环境气候；第三级是农田防护林，由遍布农田四周的渠道林、道路林组成，进一步降低风速、减少风沙，有效保护农作物；第四级是人居营区庄园林，主要通过绿色小康连队建设，在单位驻地周围和内部道路、小型广场等区域，营造道路林、风景林和绿化带，改善居民生活环境。荒漠防风固沙林四级生态防护体系，从根本上阻止了流沙的移动，实现了"标本兼治"的目标。

（一）春季风沙害救灾措施

1. 灾后及时调查灾情，针对灾情制订救灾措施

　　（1）苗期受灾的棉田。死苗率＞50%，且能在现蕾期之前完成重播的棉田或地段，应考虑用超宽膜重播原品种或改播早熟品种；棉苗死亡 20%～50% 的棉田，进行机械隔行补种；棉苗死亡 10%～20% 的棉田，进行人工零星补种；地膜被严重吹破的可揭膜重播，不严重的可人工补膜播种。播后立即灌"跑马"水或喷灌，以压沙、补墒。

　　（2）蕾期及其以后受灾棉田。死苗率在 50% 以上的棉田，应考虑改播其他生育期较短的作物；死苗率在 20%～50% 的棉田或地段，应加强水肥管理和整枝工作，促进灾后新生枝早现蕾，早开花。死苗率＜20% 的棉田，及时加强管理，提高单株产量。

2. 中耕增温促早发

　　遭受风灾的棉田，地温低，所以风停后，应及时中耕，以提高地温。黏土地应中耕两次，中耕深度 14～16cm。

3. 加强水肥管理

　　（1）灌水。早灌头水，促棉苗早发，尽快搭起丰产架子。灌水的原则是适量、多次，即适当减少灌水量，增加灌水次数。到 8 月上旬，适当控水，从而加快棉株生殖生长，

增加铃重。

（2）施肥。受灾棉田由于前期生长量不够，要以促为主。前期施肥要以氮肥为主；后期以多元复混肥或磷、钾肥为主。施肥方法应采取少量多次。同时叶面追肥 3 或 4 次：4～5 叶期，亩用赤霉素 20mg/kg 浓度的溶液 40kg 加磷酸二氢钾 100g 喷施；现蕾期，亩用尿素 150g 加 100g 磷酸二铵喷施；盛花期，亩用 100g 尿素加 150g 磷酸二氢钾喷施。有脱肥趋势的棉田，要结合灌水及时补施尿素 5kg/亩，防止出现早衰。

4. 合理化学调控

在合理的肥水运筹情况下，及时进行化控十分重要，受灾棉花在头水后 5～7d 进行一次化控，用量视棉苗的长势而定，一般亩用缩节胺 0.5～1g，第二水前用缩节胺 1.5～2g，打顶 7d 后亩用缩节胺 6～8g，分两次控，切忌有"一水、二水前后不化控让其多长"的想法。

5. 及时整枝、打顶、打群尖

受灾棉田打顶工作与正常棉田的打顶同步进行，不能人为推迟打顶时间，发育快的棉田还可提早一点，坚持时到不等枝，只有 5 或 6 节果枝，也要坚持及时打顶，一般在 7 月 5～10 日打顶要全部结束。打顶工作结束后，应及时对油条枝进行打群尖，避免无效花蕾的滋生，促进棉花早开花结铃。

6. 综合植保

受灾棉花枝叶偏嫩，易发生虫害。所以要及时进行虫情的调查，特别要加强二代棉铃虫的防治。8 月下旬至 9 月上旬棉铃虫的防治工作，要以诱集带诱杀成虫为中心。对棉铃虫超标的棉田，可用对天敌杀伤性小的赛丹 120g/亩喷雾，以有效地保护天敌，控制棉蚜的危害。

（二）夏秋季的干热风害防御措施

1. 建设农田防护林网，改善农区生态环境

严格按照新疆维吾尔自治区农田林网化体系标准进行建设，即南疆、东疆农田林网化程度达到 95%以上，农田防护林占地比例达到 10%以上；北疆农田林网化程度达到 85%以上，农田防护林占地比例达到 8%以上；新开垦农田林网化程度达到 100%，农田防护林占地比例达到 12%以上。

2. 施肥

高温期间肥料按少量多施的原则进行，一般每次追尿素 45～75kg/hm^2，肥料过多易加剧高温和干热风的危害。

3. 灌水降温

干热风来临前，适时灌水改善田间小气候。降低棉田群体内的温度。也可采用喷灌或喷雾器，将水直接喷洒在棉花茎、叶部位。通过降温增湿来维持植株体内水分的平衡。在高温期间，可因地制宜地采用灌跑马水的方法。可将干热风对棉花所造成的危害降低

到最低程度。

4. 化学防御措施

试验证明，花铃期叶面喷施 0.2%～0.4%的磷酸二氢钾 2250～3000kg/hm² 水溶液，隔 7d 喷施 1 次。连续喷施 2 或 3 次，可提高棉花对干热风的防御能力。

5. 防治棉花虫害

棉叶螨大发生的棉田可选用阿维菌素、尼素朗（噻螨酮）、螨危、螨克等进行防治。

第七节　雨害灾害及其防御救治

一、雨害发生特点与危害

新疆棉区属于干旱、半干旱地区，虽然降雨稀少，但春季降雨后，由于新疆土壤含盐量较高，降雨常造成返盐，影响出苗和棉苗的生长；秋季降雨伴随降温，常造成大面积红叶早衰。

（一）春季雨害特点与危害

棉花播种后至苗期遇到降雨，常给出苗和棉苗生长造成一定的影响。出苗前降雨，播种孔上形成盐壳或形成圆柱形土疙瘩，阻止棉苗出土；子叶—二叶期降雨，也会在棉苗的幼茎周围形成包围幼茎的盐壳或土疙瘩，导致棉苗出现盐害或形成"掐脖子"苗，使棉苗生长受阻或死亡。

（二）秋季雨害

陈冠文等的研究表明，新疆棉区秋季连续降雨之后，常在降雨区内出现大面积红叶早衰。其主要特征是，连续降雨 2～3d 后，棉株上部叶片变灰绿色或出现水渍状斑块；4d 左右，叶片正面出现不规则的片状浅红色斑块（但叶片背面仍为绿色）；以后红色斑块逐渐扩大，红色加深；10d 后，叶背边缘也开始出现红色；最后变褐、干枯、脱落。受灾重的棉田，远看呈黑褐色。与此同时，上部的蕾开始脱落，幼铃变褐色，后亦脱落。大铃的铃壳变红。在低洼地段还会造成根系组织坏死，叶片青枯（图 7.9）。

图 7.9　雨灾后红叶早衰（陈冠文，2009b）

二、雨害的防御和救治

（一）春季雨害防御和救治

1. 推广双膜覆盖技术

双膜覆盖技术不仅增温效果好，而且揭膜前有良好的防雨效果，可防止播种孔穴还盐。

2. 控制覆土厚度

播种时，膜上覆土厚度要求控制在 0.5～1.0cm。

3. 中耕除草

出苗期，雨后及时破碱壳或"瓶塞"。破碱壳的工具可以自己制作，或推自行车碾压。苗期，雨后及时中耕松土，破除板结，清除杂草。

4. 及时分类追肥

未现蕾的棉田以氮肥为主，促棉苗快速转化升级；缺硼棉田，及时喷施硼肥（如 0.2% 速乐硼 2 或 3 次）；进入盛蕾期的棉田，以氮肥为主，配合适量的磷、钾肥。

5. 防虫害

雨后用 2% 甲氨基阿维菌素苯甲酸盐或 5% 氟虫腈悬浮剂防治盲蝽象。

（二）秋季雨害防御和救治

1. 平整土地

修好排灌系统，做到久雨能排，久旱可灌，保持土壤中适宜的含水量，以保证棉花根系正常生长，在暴雨或连续阴雨时，要及时排水防涝。

2. 深中耕，高培土

促进棉花多发根，向下扎根，提高棉株根系的吸收能力。同时还可加快雨后排水，防止积水。

3. 初花期重施花铃肥，保证后期不脱肥

合理施氮肥，增施磷、钾肥，使植株生长健壮并防止疯长。

4. 根外追肥

连续降雨后，及时进行根外追肥，促进棉花生理功能的恢复。

5. 中耕，整枝，散墒

群体较小的棉田，雨后及时中耕、散墒；群体较大的棉田，雨后及时整枝，加快田间水分蒸发。

（撰稿人：吕　新　陈冠文　王海江　李新伟；审稿：吕　新）

参 考 文 献

阿布力孜, 开赛尔, 阿吉古丽, 等. 2009. 干热风对棉花生长发育的危害及对策建议. 农业科技通讯, (10): 70-71.

白云岗, 木沙·如孜, 雷晓云, 等. 2012. 新疆干旱灾害的特征及其影响因素分析. 人民黄河, 34(7): 61-63.

曹丽青, 葛朝霞, 薛梅, 等. 2009. 1951~2006 年新疆地区气候变化特征及其与水资源的关系. 河海大学学报(自然科学版), 37(3): 281-283.

曹占洲, 毛炜峄, 李迎春, 等. 2011. 近49年新疆棉区≥10℃终日和初霜期的变化及对棉花生长的影响. 中国农学通报, 27(8): 355-361.

陈超, 潘学标, 李慧阳, 等. 2009. 基于 COSIM 模型的新疆棉花延迟型冷害指标分析. 棉花学报, 21(3): 201-205.

陈冠文. 2005. 雹灾棉田的补救措施. 新疆农垦科技, (5): 17-18.

陈冠文, 陈谦, 宋继辉, 等. 2009b. 超高产棉花苗情诊断与调控技术. 乌鲁木齐: 新疆科学技术出版社.

陈冠文, 邓福军, 余渝. 2003. 新疆棉花苗情诊断图谱. 乌鲁木齐: 新疆科技卫生出版社.

陈冠文, 邓福军, 余渝. 2009a. 新疆棉花苗情诊断图谱(续). 乌鲁木齐: 新疆科技卫生出版社: 20-32.

陈冠文, 李莉, 祁亚琴, 等. 2007. 北疆棉花红叶早衰特征及其原因探讨. 新疆农垦科技, (6): 8-10.

陈冠文, 刘奇峰. 1997. 风害对棉株的影响与救灾对策. 中国棉花, (1): 28.

陈冠文, 张文东. 2000. 陆地棉果枝分化异常的原因探索. 中国棉花, (9): 44.

陈建新, 马玲霞. 2012. 塔城盆地霜冻灾害分析及防御. 科技创新导报, (27): 156-157.

陈颖, 张俊岚. 2007. 近45年阿克苏地区干湿程度演变分析. 干旱区研究, 24(5): 686-690.

傅玮东. 2001. 终霜和春季低温冷害对新疆棉花播种期的影响. 干旱区资源与环境, 15(2): 38-43.

傅玮东, 李新建, 黄慰军, 等. 2007. 新疆棉花播种-开花期低温冷害的初步判断. 中国农业气象, 28(3): 344-346.

龚新梅. 2007. 新疆土地荒漠化时空变化特征及驱动因子分析. 乌鲁木齐: 新疆大学博士学位论文.

贺晋云, 张明军, 王鹏, 等. 2011. 新疆气候变化研究进展. 干旱区研究, 28(3): 499-508.

胡汝骥, 樊自立, 王亚俊, 等. 2001. 近 50a 新疆气候变化对环境影响评估. 干旱区地理, 24(2): 97-103.

胡汝骥, 姜逢清, 王亚俊. 2002. 新疆气候由暖干向暖湿转变的信号及其影响. 干旱区地理, 25(3): 194-200.

胡汝骥, 姜逢清, 王亚俊, 等. 2003. 新疆雪冰水资源的环境评估. 干旱区研究, 20(3): 187-191.

胡云喜. 2010. 浅析塔里木灌区雹灾对棉花生产的影响及预防补救对策. 中国棉花, (4): 25-26.

李富强, 胡宗清. 2004. 棉花风沙霜冻灾害后的管理措施. 中国棉花, (3): 35-36.

李国英, 段继军, 孔军, 等. 2002. 2001 年北疆棉区低温冷害的发生特点及几点建议. 新疆农业大学学报, 25(3): 24-28.

李江风. 1991. 新疆气候. 北京: 气象出版社: 180-218.

李茂春, 胡云喜. 2007. 棉花播种出苗期风灾类型及抗灾措施. 新疆棉花, (8): 29-30.

李新建, 毛炜峄, 谭艳梅. 2005. 新疆棉花延迟型冷害的热量指数评估及意义. 中国农业科学, 38(10): 1989-1995.

李新建, 毛炜峄, 杨举芳, 等. 2005. 以热量指数表示北疆棉区棉花延迟型冷害指标的研究. 棉花学报, 17(2): 88-93.

李彦斌, 程相儒, 李党轩, 等. 2012. 北疆垦区棉花低温冷害初步研究. 农业灾害研究, 2(5): 11-13.

林成谷. 1983. 土壤学(北方本). 北京: 农业出版社: 273-276.

蔺娟, 地里拜尔苏力坦, 艾尼瓦尔·买买提, 等. 2007. 新疆盐渍化区土壤养分的空间结构和分布特征. 干旱区资源与环境, 21(11): 113-117.

刘洪亮, 褚贵新, 赵风梅, 等. 2010. 北疆棉区长期膜下滴灌棉田土壤盐分时空变化与次生盐渍化趋势分析. 中国土壤与肥料, (4): 12-17.

刘洛春. 2008. 灾害性天气对棉花的影响及预防. 农村科技, (4): 47.

马文月. 2004. 植物冷害和抗冷性的研究进展. 安徽农业科学, 32(5): 1003-1006.

毛秀红, 刘翠兰, 燕丽萍, 等. 2010. 植物盐害机理及其应对盐胁迫的策略. 山东林业科技, 40(4): 128-130.

梅拥军, 曹新川, 龚平, 等. 2000. 陆地棉子叶受冷害不同程度与真叶出现的关系研究. 塔里木农垦大学学报, (12): 1-4.

潘学标, 李玉娥, 王延琴. 2000. 气象变异对新疆棉花产量影响的空间分析. 中国棉花, 27(2): 10-12.

苏宏超, 魏文寿, 韩萍, 等. 2003. 新疆近 50a 来的气温和蒸发变化. 冰川冻土, 25(2): 174-178.

孙新建. 2002. 早春风灾、旱灾对棉花的危害及救灾技术措施. 新疆农业科技, (3): 17.

孙珍珍, 岳春芳, 侍克斌. 2015. 新疆节水灌区农田排水措施分析. 节水灌溉, (5): 20-25.

王洪彬. 2012. 棉花雹灾后性状调查与处理效益对比. 新疆农垦科技, (4): 15-16.

王思林. 1992. 低温冷害对棉花种子影响的初步研究. 新疆农垦科技, (6): 35-36.

王兆斌. 2007. 风灾棉田超常规管理技术. 新疆农业科学, 44(S2): 58-59.

魏光辉, 杨鹏年. 2015. 干旱区不同灌溉方式下棉田土壤水盐调控研究. 节水灌溉, (6): 26-30.

郗金标, 张福锁, 毛达如, 等. 2005. 新疆盐渍土分布与盐生植物资源. 土壤通报, 36(3): 299-303.

新疆维吾尔自治区环境保护厅. 2012. 沙海半岛田园风光好——新疆兵团农八师 150 团构筑四级防风固沙生态保护体系. http://www.xjepb.gov.cn[2015-9-20].

徐邦发, 杨培言, 徐雅丽, 等. 2000. 南疆高产棉花灌溉生理指标研究. 中国棉花, 27(3): 14-15.

徐德源. 1981. 新疆农业气候. 乌鲁木齐: 新疆人民出版社: 100-142.

徐宇, 程小林. 2002. 棉花风沙灾害后的管理措施. 新疆农业科学, (4): 60-61.

杨莲梅. 2003. 新疆极端降水的气候变化. 地理学报, 58(4): 577-583.

杨勇, 普宗朝, 黄杰, 等. 2010. 新疆博州 1961-2009 年霜冻的特征及变化分析. 沙漠与绿洲气象, 04(4): 26-30.

姚源松. 2004. 新疆棉花高产优质高效理论与实践. 乌鲁木齐: 新疆科技卫生出版社: 113-139.

袁玉江, 何清, 穆桂金, 等. 2003. 天山山区近 40a 夏季降水变化及与南北疆的比较. 冰川冻土, 25(3): 331-335.

袁玉江, 何清, 魏文寿, 等. 2003. 天山山区与南、北疆近 40a 来的年温度变化特征比较研究. 中国沙漠, 23(5): 521-526.

袁玉江, 谢国辉, 魏文寿, 等. 2005. 天山山区与南北疆夏季温度变化对比分析. 气象科技, 33(2): 152-155.

张山清, 普宗朝, 耿芙蓉, 等. 2001. 近 45 年吐鲁番地区气候变化趋势. 新疆气象, 24(3): 23-25.

赵兵科, 蔡承侠, 杨莲梅, 等. 2006. 新疆夏季变湿的大气环流异常特征. 冰川冻土, 28(3): 434-442.

赵卫东. 2013. 新疆阿拉尔垦区棉花气象灾害的防御及抗灾减灾措施. 农业灾害研究, 3(1): 49-51.

郑维, 林修碧. 1992. 新疆棉花生产与气象. 乌鲁木齐: 新疆科技卫生出版社: 24-29, 40-45, 70-76.

中国农业科学院棉花研究所. 1982. 中国棉花栽培学. 上海: 上海科学技术出版社: 170-176.

中国农业科学院棉花研究所. 2013. 中国棉花栽培学. 上海: 上海科学技术出版社: 777.

中国农业信息编辑部. 2011. 加强雨后棉花分类管理. 中国农业信息, (8): 48.

第八章 新疆棉花田间精准监测技术

新疆现代植棉是以棉花膜下滴灌高密度高产栽培技术为平台、以信息技术应用为特征、滴灌水肥耦合为核心、集农业工程技术（精准选种、精准播种、精准灌溉、精准施肥、精准监测、精准收获等 6 项精准农业技术）为一体的棉花生产主体技术，正在新疆主要棉区得到广泛推广应用，有力地推进了新疆棉花生产力迈上新台阶。棉花田间精准监测是以信息技术应用为主要特征，是精准农业技术高效应用的"经脉"。经过十几年的应用基础研究，在棉田土壤水分（墒情）监测和诊断、土壤养分监测和诊断、病虫害遥感监测、棉花生长信息及遥感监测等方面研究达到了一定水平，主要监测技术已开始大面积示范应用。

第一节 滴灌棉田土壤水分监测和诊断技术

土壤水分（墒情）的状况不仅是最重要和最常用的土壤信息，也是反映农田旱情最直接的重要指标。进行棉区土壤水分监测是实现科学用水、墒情预报和灌溉自动化的基础，而快速、准确地测定农田土壤水分对于探明作物生长发育期内土壤水分盈亏，以便做出灌溉、施肥决策或排水措施等具有重要意义。目前，常用的土壤水分监测方法主要有烘干法、时域反射法（time domain reflectometry，TDR）、频域反射法（frequency domain reflectometry，FDR）、张力计法、中子法、遥感法等，各种监测方法在实际应用中都存在一定的优缺点（王振龙和高建峰，2006）。

一、新疆棉区土壤水分监测技术发展状况

新疆棉区土壤水分（墒情）监测技术从 20 世纪 50 年代开始一直进行大量的探索研究和应用研究，最常用的土壤墒情测定方法就是烘干法，因该方法操作简单、直接明了，在土壤墒情测报领域直至今天仍在广泛应用。但该方法对土壤结构的破坏性较大，且很难实现定点土壤墒情的连续观测。

由于影响土壤墒情的因素太多，且相互之间关系较为复杂，在相当长的一段时间内新疆棉区除了烘干法外没有制订出比较完善、切合实际生产的土壤墒情测报方法。为了弥补烘干法的不足，20 世纪 70 年代后期，新疆棉区引入了电阻法来测定土壤含水率，电容法与电阻法均是属于该时期的墒情测报方法，都在一定范围内得到了应用。由于硬件设备的制造工艺和受当时的经济水平所限，存在着很多的局限性，但为后来的墒情测报系统的建立奠定了基础，此后人们便在此基础上开展土壤墒情测报系统的研究工作。

发展到今天，随着研究方法的不断改进，信息化水平和硬件制造水平的不断提高，土壤墒情监测开始利用土壤水分传感器采集数据，有效测量土壤含水量参数，经过无线

传输，根据此参数，进行需水灌溉的自动测报。信息技术在农业中的广泛应用，使人们意识到传统的"看天"、"看地"、"看苗"这种经验的水分管理方法很难满足作物对水分精准管理的需要，利用信息技术手段，掌握土壤墒情的动态变化规律可以对作物水分精准管理起到积极的指导作用。

二、膜下滴灌棉田土壤墒情监测点布局

要实现真正的精准灌溉，监测土壤水分的动态变化是根本，实时墒情信息的获取是基础。目前墒情信息的获取大都采用传感器实现，那么传感器的埋设位置就是获取墒情信息的关键。如何使传感器获取的墒情信息具有典型性和代表性，研究膜下滴灌棉花不同土壤质地条件下，滴灌带不同配置方式下土壤水分的时空变化特征，对于合理布置土壤墒情监测点，获取真实的农田土壤水分信息具有重要的科学意义。

（一）不同土壤质地滴灌棉田土壤墒情监测点布局

崔静等（2010）在北疆149团示范点，在花铃期灌水周期，对2管6行（具体配置见图8.1）条件下的黏土和沙土的土壤含水量进行了测定研究。

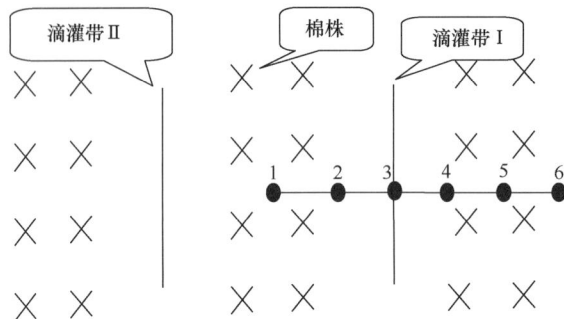

图 8.1　2 管 6 行取样点示意图（崔静等，2010）
水平方向取样点之间均相距 20cm，1~6 点分别表示以滴管带为中心距离滴灌带–40cm、–20cm、0cm、20cm、40cm、60cm

采用传感器进行墒情监测的最佳位点，一般选择随时间变异较大，而在同一时间段空间上变异较小的样点，因为随时间变异较大的样点表明该样点比较敏感，易于被传感器监测，而同一时间空间上变异较小的样点表明该点波动较小，较为稳定。随着时间推移，等值线图变化越大其变异越大，而同一时间段上等值线越密集空间变异越大，反之亦然。通过分析比较得出不同土壤土质滴灌棉田水平方向土壤墒情的最佳监测位点：水平方向除去滴管带正下方位点，黏质土壤为距离滴灌带–40~20cm 处；砂质土壤为–20~20cm。垂直方向土壤墒情的最佳监测样点均为 0~40cm。

（二）滴灌带不同配置棉田土壤墒情监测点布局

崔静等（2010）在北疆示范点，在花铃期灌水周期，对2管6行和2管4行两种滴灌带配置下的土壤含水量进行了测定研究。

不同深层土壤在两种配置下土壤含水量最高的都为 60cm 土层，最低的为 20cm 土层；20cm 土层在灌后 48h、灌后 120h、灌后 192h 配置间土壤含水量差异都不显著；40cm

土层在灌后 48h、灌后 192h 配置间差异不显著，在灌后 120h 配置间差异显著；60cm 土层仅在灌后 120h 配置间差异显著，灌后 48h、灌后 192h 差异都不显著。水平方向灌后 48h 两种配置间水分含量差异不显著，灌后 120h、灌后 192h，2 点和 5 点位置差异显著；同深度两种配置间土壤水分含量在 20cm 无显著性差异，在 40cm、60cm 深层水分含量差异达显著水平。因此对于棉田土壤水分含量客观正确的测定，需要综合考虑配置、测定时间、取样点位置和深度因素，实验中测定土壤水分含量时间在灌后 120h 和灌后 192h，土层深度为 40cm、60cm 能够反映出配置间土壤水分含量差异。

（三）膜下滴灌棉田土壤墒情诊断

土壤指标、植物指标和气象指标均可作为诊断作物受旱的指标。其中土壤指标是最为传统的指标，尽管它是一种间接诊断作物水分亏缺的指标，但可直接用于指导灌溉。膜下滴灌技术是解决土壤干旱十分有效的一种灌溉手段，很适合采用土壤指标来诊断作物干旱。胡晓棠等（2002）在膜下滴灌棉花干旱诊断研究中指出，在土壤含水率的一定变化范围内（即适宜土壤含水率范围），作物可正常生长。但作物不同生育阶段要求有不同的土壤临界含水率，其适宜土壤含水率范围也不同。当土壤含水率超过作物蒸发开始受影响时的土壤临界含水率时，对作物充足供水，作物达到最大蒸发量。而当土壤含水率小于作物蒸发开始受影响时的土壤临界含水率时，作物蒸发量将小于最大蒸发量，逐渐表现出土壤干旱。表 8.1 表示膜下滴灌棉花不同生育阶段的适宜土壤含水率。灌溉决策中，田间干旱诊断的目的是保持土壤水分始终在作物适宜含水率范围，避免其降到干旱成灾的含水率水平。因此，可通过田间测定的土壤含水率与作物适宜的土壤含水率对比来诊断作物不同生育阶段的土壤干旱情况。

表 8.1　棉花适宜土壤含水率（占田间持水量百分比）（胡晓棠等，2002）

生育阶段	播种	苗期	蕾期	花铃期	吐絮期
适宜土壤水分/%	70～80	55～70	60～70	70～80	55～70
造成干旱指标/%	—	50～55	55	55	50

另外，土壤适宜含水率指标和作物缺水指标 CWSI 都可用来对作物的土壤干旱进行诊断，两者之间存在着一定的对应关系。表 8.2 中显示 CWSI 与适宜土壤水分的关系是一单调降曲线。当土壤含水率大于田间持水率的 60% 时，随着土壤含水率的增大 CWSI 平缓下降。当土壤含水率小于田间持水率的 60% 时，随着土壤含水率的减小 CWSI 增加较快。相对于田间持水率 60% 的土壤含水率对应的 CWSI 为 0.4～0.5，而且这一指标界限对棉花生长发育起着关键作用。在关键生育期，当 CWSI 大于 0.4 时，棉花就可能受旱。

表 8.2　膜下滴灌棉花适宜土壤水分与 CWSI 的对应关系（胡晓棠等，2002）

生育阶段	苗期	蕾期	花铃期
适宜土壤水分（占田间持水量百分比）/%	55～70	60～70	70～80
Et_a/Et_p	0.4	0.6～0.7	0.7～0.8
CWSI	0.6	0.3～0.4	0.2～0.3

注：Et_a. 田间实际蒸发量；Et_p. 作物最大蒸发量

三、棉区土壤墒情预报与水分综合管理系统构建

（一）系统构建背景与意义

近年来，新疆棉区（含新疆兵团）已应用了大量国内外不同水平的农田墒情监测与灌溉自动控制系统，为促进新疆棉区灌溉水平的提高起到了一定的积极作用。但这些系统由于投入成本过高、技术后期支持服务缺乏保证、决策支持系统不完整等问题，制约了灌溉自动化、信息化技术的进一步发展。随着棉田灌溉自动化实施规模的不断扩大和为了适应现代信息农业的客观需要，现有的管理模式需要作进一步改进和提升。在农田环境信息采集方面，需要针对不同经济水平用户，开发适宜于使用水分速测仪、无线传感器、田间气象站和经验判断等多种模式的数据采集方式的支持平台；在灌溉自动化管理方面，根据不同用户的需要，采用面向各种对象的管理平台进行智能化管理；在灌溉决策支持方面，需要建立不同权限的管理用户进行在线实时管理。

随着计算机技术、微电子技术、通信技术、网络技术的不断发展，棉田水分网络化管理将进入一个崭新的阶段。基于农田灌溉自动化、信息化、智能化的现代农业管理体系，是一个与远程监测系统、管理决策支持系统或专家系统与自动控制系统进行有机集成的体系。网络化远程现场监测与智能决策管理可实现远程数据采集、数据存储、软件更新、故障排除等功能，可以将触角伸入现场的各个节点，在异地也可充分掌握现场信息，及时了解现场情况，可以满足不同级别用户在线知识浏览、实时数据获知和自动化管理，必将成为灌溉信息化管理的发展趋势，无疑会推动新疆农田灌溉自动化技术水平的提高，进而拓宽其应用领域和适用范围。

（二）膜下滴灌棉田墒情监测系统的构建

农田墒情监测与水分管理系统以信息技术为支撑，以公共气象信息平台数据和农田基础信息为基础，以归纳形成的数学模型和知识模型为依据，为各种不同角色和不同权限的用户提供快速和全面的农田作物水分信息，为农田水分科学管理决策和灌溉的自动化执行提供技术保证。

1. 棉田墒情远程监测设备系统

准确及时的数据采集与传输是实现决策与控制的基本环节和根本保障。在水分管理体系中，原有的水分监测采用有线传输方式，制约了监测的面积，在此基础上拓宽功能后的无线数据采集监测系统以 GPRS 网络作为数据传输的技术支持，该系统的准确运作为实现大面积的农田水分监测与决策，以及自动控制提供了迅速准确的信息保障。

为保证远程墒情采集器（图 8.2）有持续而稳定的电压，采用太阳能板充电，稳压器稳压，以保证墒情数据的准确可靠。远程墒情采集器读取土壤水分传感器 [TDR（时域反射）或 FDR（频域反射）]采集来的模拟信号，将模拟信号转换为数字信号，并记录序号、设备编号、采集时间、传感器数值等信息，自动储存在采集器的存储单元中。通过 GPRS 网络和 Internet 网络与服务器建立链接，将数据传输到采集器上指定 IP 的服务器，服务器将上报数据存储在指定数据库中。用户也可通过服务器发送指令给远程墒

情采集器，读取某时段的历史数据和实时数据（图 8.3）。

图 8.2 远程墒情采集器

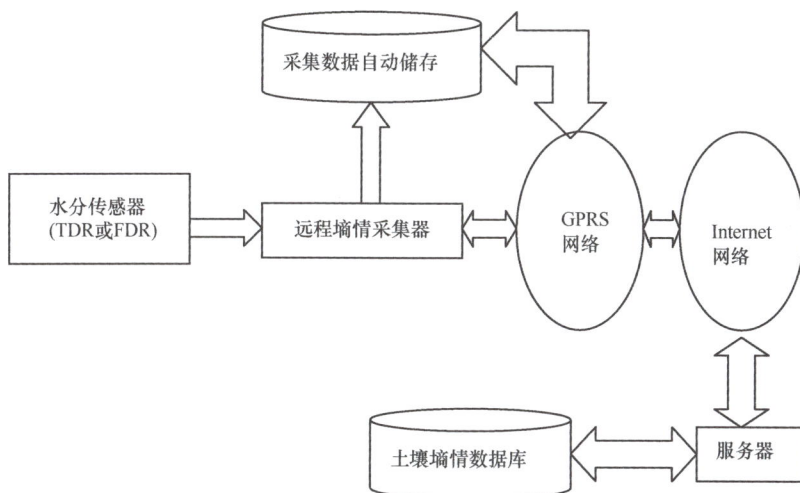

图 8.3 农田墒情远程监测设备系统原理图

2. 棉田墒情远程监测信息管理系统

该系统由两部分组成：棉田墒情远程监测信息管理系统主程序和数据守护程序。主程序主要作用为信息管理，并通过决策模型可手动做出灌溉决策，信息管理主要包括各种基础数据，由守护程序读取的气象数据、墒情数据等信息的管理；而数据守护程序的作用是读取气象数据、墒情数据，并综合各种基础数据自动做出灌溉决策（图 8.4）。

（三）棉花膜下滴灌水分综合管理系统的构建

1. 系统概述

本系统以 Windows 2003 为软件开发系统，Web 服务器采用小型的轻量级开源服务器 Tomcat 5.5，开发语言采用 Java，数据库以 MSSql server 数据库软件为主，MySql 开源数据库软件为辅助开发，功能模块与数据存储层的连接采用数据库连接池技术，IDE（集成开发环境）采用 Eclipse，页面采用 JSP、HTML，以 AJAX 技术为支持。

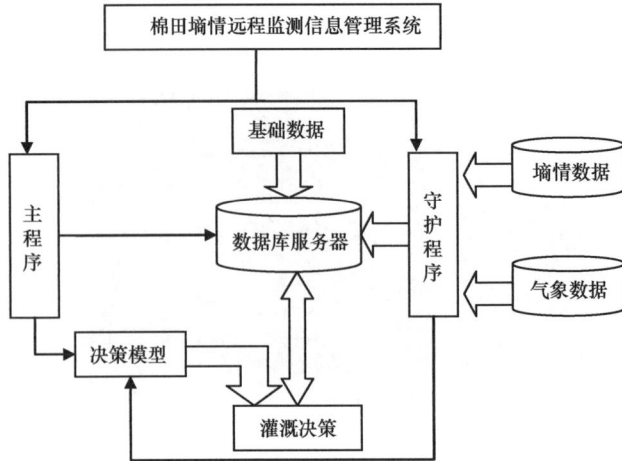

图 8.4　棉田墒情远程监测信息管理系统原理图

2. 系统结构设计

（1）数据库。系统数据库由单位信息、气象数据、土壤基本参数、作物参数、地块信息、所在地块信息和传感器采集点信息等组成。

（2）模型库。模型库是决策支持系统（DSS）中最复杂和难以实现的部分，也是DSS 系统的核心部件。模型库中模型输出的结果可直接或辅助用户决策及估计决策可能的实施后果。模型库主要以类的形式存在，通过面向对象的思想，将模型中的变量和方法封装在具体的类库中，这样的组建方式更容易重用和扩展。模型库主要有实际水汽压优化模型、参考作物蒸散量的类库（其中包含公共气象服务信息转换模型、Penman-Monteith 方程）、实际蒸散量类库（其中包括叶面积指数模型）、传感器数据转换类库（农田单点墒情预测模型），其具体模块组成见图 8.5。

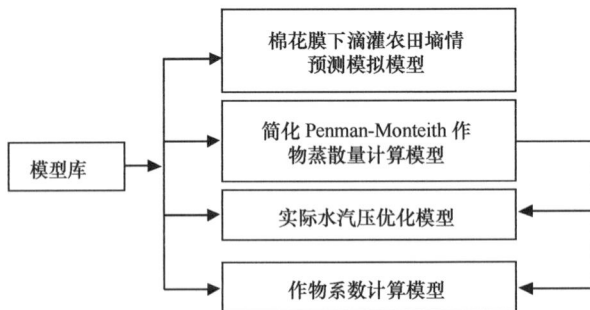

图 8.5　模型库组成

（3）用户接口。人机接口又称用户界面、对话系统，它是该系统不可缺少的重要组成部分，是连接人与系统的中间纽带。本系统的人机接口运用对话框、图表等形式与用户交互，界面直观友好，操作简单，用户根据屏幕提示点击鼠标或敲击键盘即可完成系统界面的参数输入、模型运行结果与决策信息的生成等各种操作。

3. 系统功能模块设计

系统以新疆维吾尔自治区气象区公共平台共享数据、田间实时观测数据和田间基本参数为基础，以棉花膜下滴灌农田间点墒情预测模拟模型、简化 Penman-Monteith 作物潜在蒸散量计算模型和作物系数计算模型为依据，计算每天的作物实际蒸散量和实时的农田墒情状况，以 75%的相对田间持水量为临界值，确定当前农田是否需要灌溉，若农田实时墒情低于临界值，则通过远程阀门控制接口控制农田灌溉。系统主要包括几个子模块：新疆维吾尔自治区公共气象服务信息导入模块；作物实际蒸散量计算模块；气象预报信息导入模块。

（1）气象服务信息导入模块。新疆维吾尔自治区气象资料导入模块采用 Eclipse 开源插件 Quartz 于每日凌晨从新疆维吾尔自治区公共气象信息平台自动导入单位所在地的自动气象站数据，数据格式依照 Penman-Monteith 方程所需参数格式。程序运行界面见图 8.6。

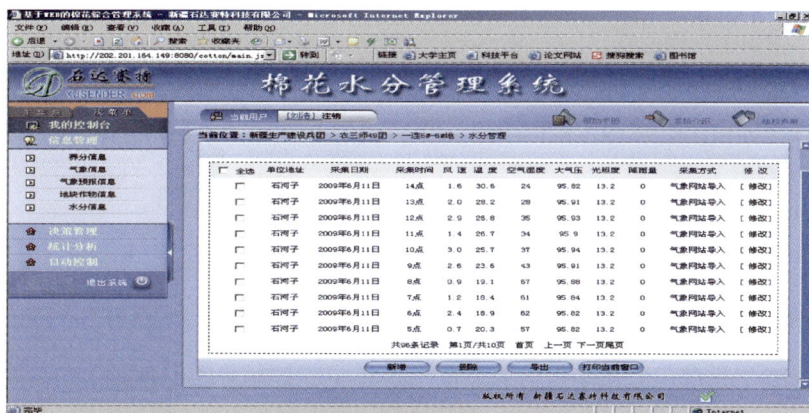

图 8.6　气象数据导入界面

（2）作物潜在蒸散量计算模块。简化 Penman-monteith 作物潜在蒸散量计算模块从数据库中调出最新的传感器返回数据，通过农田单点墒情监测模型将其转换为大田墒情值，程序运行界面见图 8.7。

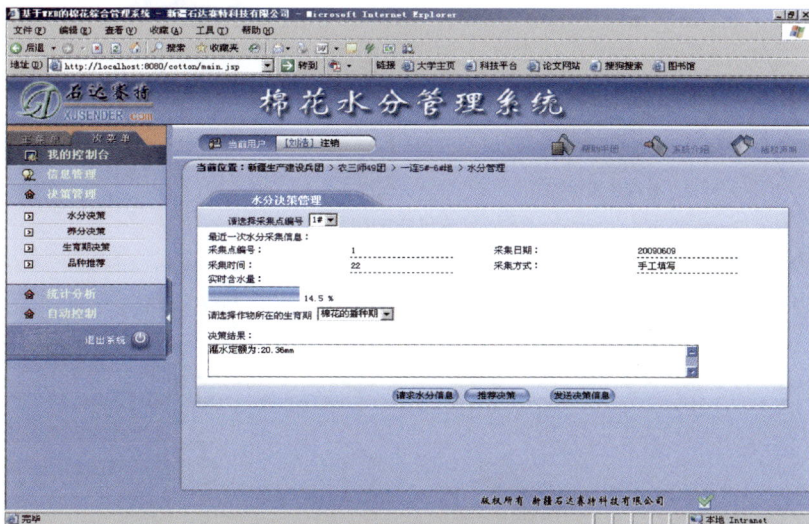

图 8.7　作物实际蒸散量计算模块

（3）气象预报信息导入模块。新疆维吾尔自治区气象资料导入模块采用 Eclipse 开源插件 Quartz 于每日凌晨从新疆维吾尔自治区预报信息网站自动导入单位所在地的自动气象站数据，数据格式依照 Penman-Monteith 方程所需参数格式，程序运行界面见图8.8。

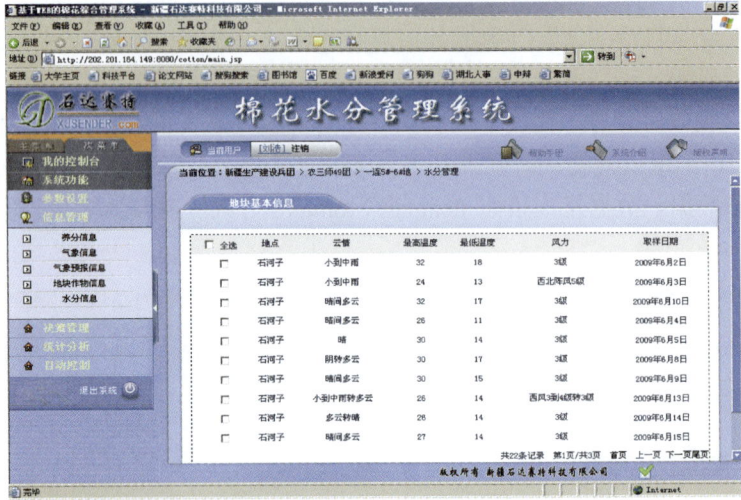

图 8.8　气象预报信息数据界面

4. 农田墒情智能化网络管理平台的构建

在完善和优化棉田土壤墒情信息监测与灌溉自动控制系统的同时，下一步将着力在网络化远传智能传感器、智能决策支持系统、农田灌溉信息数据仓库和网络化管理平台构建等方面进行研究，建立基于农田水分管理决策支持系统的灌溉管理网络化信息平台，使新疆各级职能部门能够利用 Internet 网络快速、准确、全面地获知农田作物水分信息，为其决策提供依据。农田墒情远程监测系统结构见图8.9。

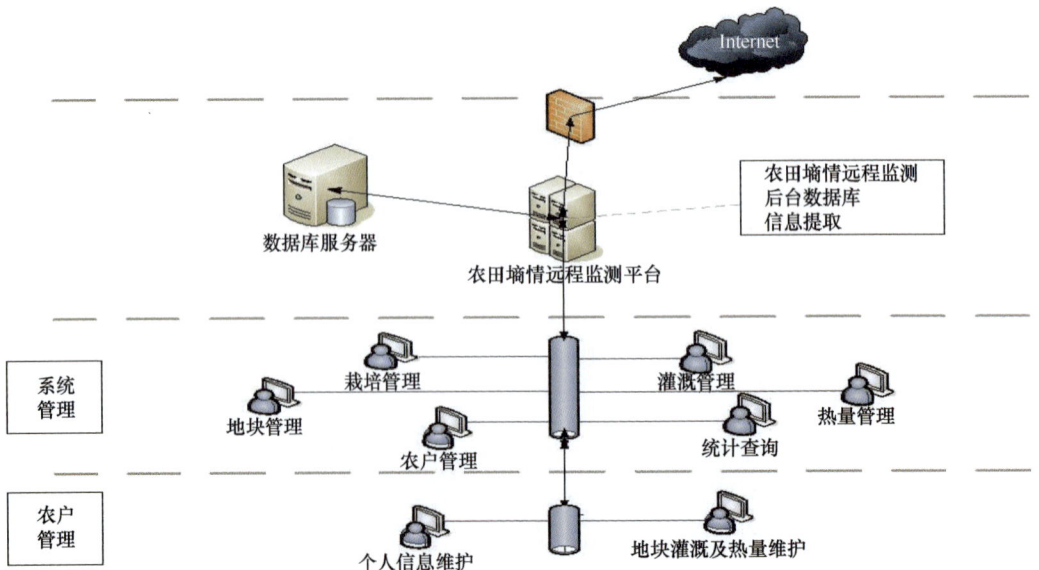

图 8.9　农田墒情远程监测系统结构图

服务器端的任务是通过 Web 方式将数据发布在网页上以向用户提供依据,兼具发布、查询、分析、统计的功能,管理用户可以通过浏览器完成数据浏览、参数设置,进行各种数据管理工作及信息统计;农户可以对个人的地块进行管理,并能够了解个人的决策信息,系统结构见图 8.10。服务器端分为两个部分:管理程序和守护程序。管理程序是系统的核心部分,主要完成系统初始化管理、计算模型管理、基础数据管理、决策数据管理等功能;守护程序是服务器开机后自动运行的程序,主要负责远程数据获取、数据完整性管理和辅助决策。

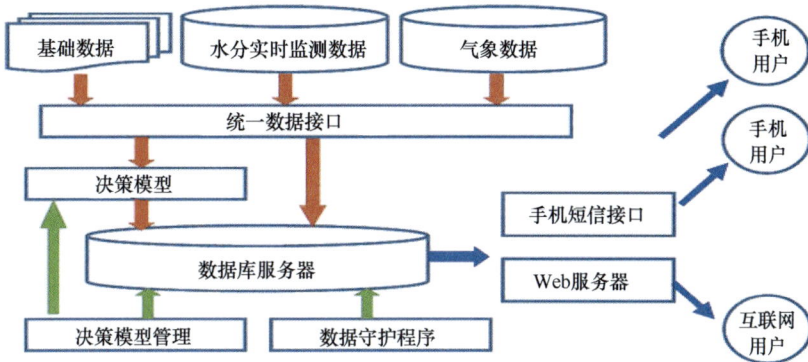

图 8.10 服务器端系统结构图

客户端采用基于 Web 的 B/S 体系结构,利用.net 平台实现三层结构体系并利用已有的墒情数据采集系统,基于 Web 方式构建,使用 ASP.net 的 Web 开发技术,基于 B/S 的浏览方式,实现墒情数据维护、分析与决策、气象信息查询与发布、权限控制等功能,表现方式灵活生动。用户可以简单方便地利用 IE 浏览器进行信息的查看和更新。农田墒情远程监测平台见图 8.11。

5. 农田墒情智能化网络管理平台的应用

基于GPRS的农田水分网络化远程监测管理信息服务平台,主要对农田土壤含水量、田间小气候等农田信息实施远程自动监测,对土壤水分(墒情)进行评估,并结合作物生长发育阶段、气象预报等信息进行决策支持,提供网络化墒情动态评估信息和灌溉管理解决方案。平台支持远程坐诊专家与前端技术人员的信息互动、视频信息发布等服务模式,为作物生产全程的信息化、智能化、精准化服务提供支持。目前,已建设基于农田水分网络化管理系统示范基地面积 3 万多亩。该系统的墒情预测精度在时效上达到了24h 以内,每天发布信息 2 次(中午 12:00 和晚上 8:00),农田水分管理系统的决策精度,其误差不高于 15%(图 8.12)。

四、系统应用评价

该系统在新疆兵团第六师 105 团 2 连和 4 连进行了示范,系统示范主要目的是能够根据覆膜滴灌棉田的墒情自动化监测与智能决策结果,在棉花生长期根据决策结果合理分配灌水量,从而提高水分利用效率和精准灌溉水平,提高棉花产量和品质。该系统在示范中与自动化控制技术相结合，实现了节水灌溉的水分实时采集、远程无线传输、灌溉智能决策和自动化控制的功能目标。

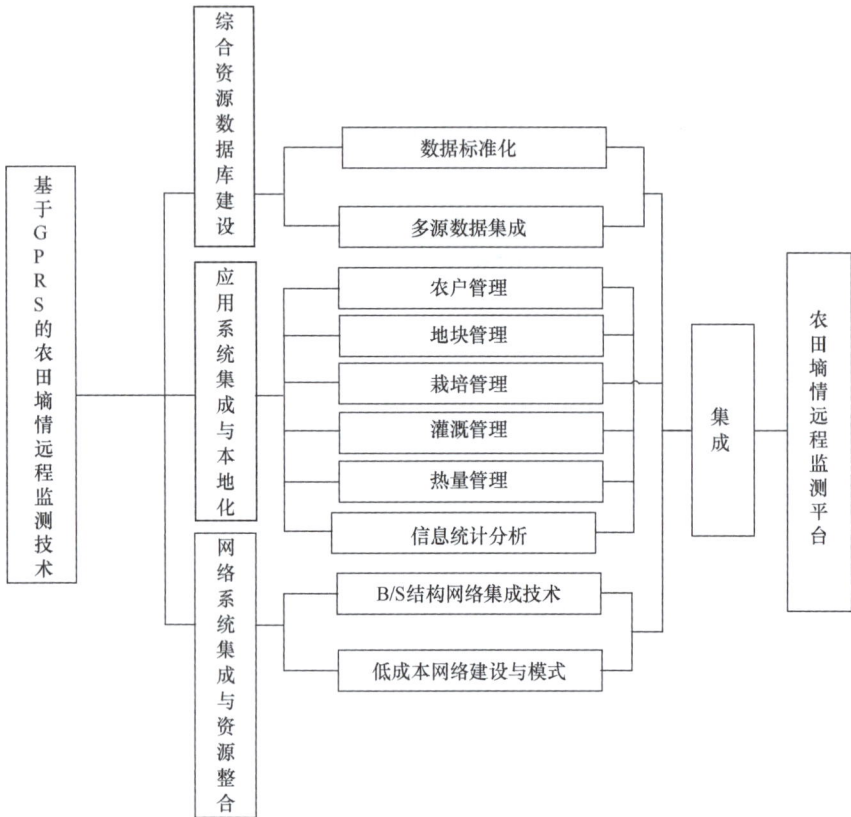

图 8.11　农田墒情远程监测平台

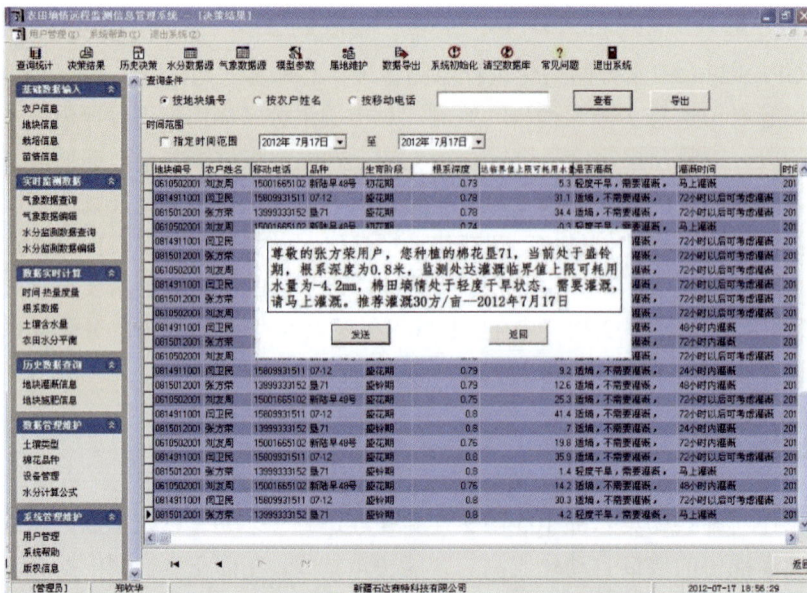

图 8.12　农田墒情智能化网络管理平台决策结果应用界面

为了验证该系统墒情监测与决策预报的可行性与可信度，在系统运行期间进行了 3 个测点共计 72 次测试，时间从 2012 年 7 月 6 日开始到 7 月 26 日结束。测试方案为：在集中监控中心，计算机软件每隔 24h 接收、记录试验棉田某测点的土壤湿度值，连续监测棉田土壤湿度变化情况，由计算机水分决策支持系统给出每测点湿度值的灌溉预报，其结果与生产单位技术人员经验或栽培专家凭经验判断的结果相比较，以此衡量该系统墒情监测与灌溉预测的准确性。测试结果见表 8.3，从表中可以看出，系统决策结果随实时含水量的变化而发生变动，而且预报结果与灌水日期基本一致或在实际灌水日期前后浮动，预报结果较为准确。

表 8.3 灌溉决策与专家诊断部分结果比较测试表

记录日期（年-月-日）	地块	灌溉决策结果	专家诊断意见
2012-7-7	2#	达到灌溉临界值上限可耗水量为 4.1mm；适墒，不需要灌溉；24h 内需要灌溉	棉株长势正常，无缺水症状，预计灌水日期 7 月 9 日
2012-7-7	3#	达到灌溉临界值上限可耗水量为-5.6mm；轻度干旱，需要灌溉；请马上灌溉	棉株叶片呈浅绿色，表现为轻微缺水症状
2012-7-8	1#	达到灌溉临界值上限可耗水量为 10.9mm；适墒，不需要灌溉；48h 内需要灌溉	棉株长势正常，无缺水症状，预计灌水日期 7 月 10 日
2012-7-8	2#	达到灌溉临界值上限可耗水量为 36.8mm；适墒，不需要灌溉；72h 后考虑灌溉	棉株长势正常，无缺水症状
2012-7-8	3#	达到灌溉临界值上限可耗水量为-11.2mm；重度干旱；请立即灌溉	棉株叶片呈灰白色，表现为缺水症状加重
2012-7-9	1#	达到灌溉临界值上限可耗水量为 5.4mm；适墒，不需要灌溉；24h 内需要灌溉	棉株长势正常，无缺水症状，预计灌水日期 7 月 10 日
2012-7-9	2#	达到灌溉临界值上限可耗水量为 31.2mm；适墒，不需要灌溉；72h 后考虑灌溉	棉株长势正常，无缺水症状
2012-7-9	3#	达到灌溉临界值上限可耗水量为 34.7mm；适墒，不需要灌溉；72h 后考虑灌溉	棉株长势正常，无缺水症状
2012-7-10	1#	达到灌溉临界值上限可耗水量为-0.2mm；轻度干旱，需要灌溉；请马上灌溉	棉株叶片呈浅绿色，表现为轻微缺水症状
2012-7-10	2#	达到灌溉临界值上限可耗水量为 25.6mm；适墒，不需要灌溉；72h 后考虑灌溉	棉株长势正常，无缺水症状
2012-7-10	3#	达到灌溉临界值上限可耗水量为 29.1mm；适墒，不需要灌溉；72h 后考虑灌溉	棉株长势正常，无缺水症状
2012-7-11	1#	达到灌溉临界值上限可耗水量为-5.9mm；轻度干旱，需要灌溉；请马上灌溉	棉株叶片呈浅绿色，表现为轻微缺水症状
2012-7-11	2#	达到灌溉临界值上限可耗水量为 20mm；适墒，不需要灌溉；72h 后考虑灌溉	棉株长势正常，无缺水症状
2012-7-11	3#	达到灌溉临界值上限可耗水量为 23.5mm；适墒，不需要灌溉；72h 后考虑灌溉	棉株长势正常，无缺水症状
2012-7-12	1#	达到灌溉临界值上限可耗水量为 35.6mm；适墒，不需要灌溉；72h 后考虑灌溉	棉株长势正常，无缺水症状
2012-7-12	2#	达到灌溉临界值上限可耗水量为 14.3mm；适墒，不需要灌溉；72h 后考虑灌溉	棉株长势正常，无缺水症状
2012-7-12	3#	达到灌溉临界值上限可耗水量为 17.8mm；适墒，不需要灌溉；72h 后考虑灌溉	棉株长势正常，无缺水症状

五、新疆棉区土壤水分监测技术发展趋势

随着现代信息技术、通信技术及计算机技术的突飞猛进，土壤水分监测技术也有了

快速的发展。目前，新疆棉区已全面实施了棉花膜下滴灌技术，强调"少量多次"的灌溉制度，且随着自动化灌溉技术特别是高频灌溉技术的大力推进，对土壤墒情监测技术提出了新要求，主要表现在以下几个方面。

第一，借助现代新技术的不断发展，进行新型传感技术的开发。现代各学科新技术的不断发展，特别是大规模集成技术、微波技术、辐射技术、光谱技术等的发展，为土壤水分快速测定的研究提供了许多新途径，随着这些技术的不断完善和成本的逐渐降低，也为新型传感技术的开发奠定了坚实的基础，提供了发展的契机。

第二，土壤水分快速监测标定方法的研究。由于土壤特性的复杂性和空间变异性，测量结果受土壤质地、测量环境等多种因素的影响，造成了同种测量方法对不同土壤的不一致性。因此，寻找一种可靠有效的标定方法是迫切需要的，这对土壤水分快速测量方法的理论研究和实际应用都具有极其重要的意义。

第三，自动化高频灌溉技术的发展对土壤水分时空尺度上连续定量化监测提出了新要求。由于影响土壤水分动态变化的因素很多，并且各个因素之间，以及与棉花产量的关系为高维、非线性的，特别是高频灌溉制度下土壤水分动态变化更为复杂、对棉花产量的调控效应更为明显，因此，在进行滴灌棉田土壤水分监测技术应用研究中，需要综合运用数值分析法、地质统计学方法、神经网络技术（artificial neural network，ANN）及无线传感器网络技术（wireless sensor network，WSN）等对土壤水分状况进行实时监测与时空变异特征分析，对滴灌条件下土壤水分时空变异的空间复杂性与发生反复性进行研究。随着地理信息系统和 Matlab、分形理论、模拟退火算法等数学方法的引进，土壤水分时空变异及其监测技术的研究将更加深入。

第二节　滴灌棉田养分监测诊断技术

在精准农业中，养分管理是农业生产的重要环节之一。作物体内的营养状况是土壤养分供应、作物对养分需求和作物吸收养分能力的综合反映。通过对作物体内营养状况的诊断，确定植株体内养分的丰缺状况，并以此作为作物追肥决策的依据，是实现平衡施肥的前提。传统的养分测定一般采用的是化学测定的方法，该方法相对准确，但是费时费力，不能实时反映土壤养分状况。遥感技术具有实时、快速获取信息的能力，为高效快速地监测土壤养分提供了新的技术手段。因此，研究和应用棉田养分监测技术，准确、迅速、便捷地确定植株体内的养分状况，对作物养分需求实施精准管理具有重要意义。

一、棉花营养诊断技术发展与现状

作物营养诊断经历了几个阶段：传统的植株、土壤方法（Leigh and Johnson，1985；Papastylianou and Puckridge，1983）；肥料窗口法（贾良良等，2001）；叶色卡片法（张金恒等，2003）；多光谱反射数据和激光法（Jagdish et al.，1998）；高光谱遥感诊断法。传统的测试手段因为费时费力且时效性差，不利于推广应用。快捷、实时、准确的作物氮素营养监测与诊断是作物施肥科学管理的必要手段。

近年来，基于光谱遥感的养分监测技术得到了广泛的关注。光谱营养诊断技术正由定性或半定量向精确定量方向发展，由手工测试向智能化测试方向发展。目前，针对作物光谱氮素诊断的无损测试技术已成为国内外研究的热点。基于光谱遥感营养诊断的主要方法有：便携式叶绿素仪法、被动遥感光谱法和主动遥感光谱仪法等。

1. 便携式叶绿素仪在作物营养诊断中的应用

便携式叶绿素仪是 20 世纪 80 年代原产于日本的氮素营养诊断仪器，先后推出 SPAD-501 和 SPAD-502 两种型号。SPAD-502 是一种手持式叶绿素仪，可以用来估计作物氮素营养状态和进行氮肥推荐。SPAD 值是一个无量纲的比值，SPAD 值只能相对地反映作物叶片叶绿素的含量，而不是真实值。这种仪器以叶绿素对红光和近红外光的不同吸收特性为原理，可快速、无损地测定植物叶片的叶绿素相对含量，通过叶绿素含量与叶片全氮量的关系来反映作物的氮素营养状况，进而确定作物是否缺氮（潘薇薇等，2009）。叶绿素计读数 SPAD 值间接反映作物叶片的叶绿素含量及植株全氮含量，可以进一步指导追施氮肥。但因测定结果受品种、耕作、环境等因素的影响很大，要精确估测氮素营养水平，还需建立校正曲线或改进计算方法。所以在使用 SPAD 中要通过多点（至少 30 点）的随机测试才能降低测定的变异，选择合适的时间、叶位、叶片测试部位，结合其他光谱诊断技术来提高诊断的准确性。

2. 被动遥感光谱法

遥感是指应用探测仪器，不与探测目标接触，从远处把目标的电磁波特性记录下来，通过分析，揭示出物体的特征性质及其变化的综合性探测技术。近年来，遥感测试技术在作物氮素诊断方面发挥了非常重要的作用。它主要通过寻找氮素的敏感波段及其反射率在不同氮素水平下的表现，运用数理统计方法寻求含氮量与光谱反射率或其演生的关系，从而建立模型来估算作物的氮素含量；或通过某些特定光谱检测作物冠层的光反射和光吸收性质来检测作物营养状况。

便携式高光谱仪诊断法是一种简便快速、非损伤性的测定叶绿素的方法，它是通过测定绿色植物叶片的反射率、透射率和吸收率来测定叶绿素含量的（薛利红，2006）。用于野外的便携式高光谱仪具有更多的波段数和更高的光谱分辨率。目前此类仪器较多，如 ASD 便携式野外光谱辐射仪、硅列阵便携式光谱仪等。可以根据便携式高光谱仪监测作物的氮素状况，快速精确地获取作物生长状态及环境胁迫的各种信息，从而相应调整投入物资的施入量，达到减少浪费、增加产量、保护农业资源和环境的目的。便携式高光谱仪大都体积小巧，操作方便，光谱分辨率高，但因其依赖于外界光源，设备精密昂贵，数据处理需要专业人士才能提取，限制了它的大范围推广应用。因此寻找便于操作和及时、便捷获得光谱参数的适用于大田作物诊断的仪器将会发挥更好的作用。

3. 主动遥感光谱法

GreenSeeker 光谱仪是 20 世纪 90 年代中后期美国 Oklahoma（俄克拉荷马州）州立大学开发的目前国际上最先进的一种地面主动遥感高光谱仪器，在依据作物的生长状况指导施肥方面进行了研究，并在多个国家进行了示范和推广使用。GreenSeeker 以其前端的传感头中高强度的发光二极管发射的红光、绿光和近红外光作为自身光源，这些光经作物反射后再被遥感头前部的光敏二极管所接收和测量，并通过一个电子滤波器，消除所有的背景光。所采集的信息经过滤后传递给 GreenSeeker 所携带的掌上电脑（个人数字助理），通过专用的软件计算出 NDVI 值（植被指数）及红外、近红外波段值等并予以储存。由此即可根据其所采集的 NDVI 及 NIR/R 数据来分析作物的氮素状况，指导施肥。

GreenSeeker 法既克服了传统方法时效性差，对作物产生伤害，叶绿素计法必须接触测定和大范围测量工作量较大的缺点，也摆脱了被动高光谱遥感对外界光源的需求。而利用卫星遥感等被动遥感技术进行氮素亏缺的光谱分析经常受到大气状况及分辨率等的影响，很难满足精准施肥管理的需要。且 GreenSeeker 光谱仪能提供高解析度、低大气干扰的 NDVI 数据，获取数据快捷（每秒即可读取 10 次 NDVI 数值），数据量大，能够将所获取的植被信息直接转换成 NDVI 数值予以存取，可以实现对作物长势的实时监测和作物氮素亏缺的实时诊断。

二、基于 GreenSeeker 的棉花养分监测与营养诊断技术

1. 棉花群体指标的监测

1）监测指标的选取

叶绿素密度（chlorophyll density，CH.D）是进行作物农情监测、生产管理和产量估计的重要指标，表征单位土地面积上的叶绿素含量，叶片氮素积累量（leaf nitrogen accumulation，LNA）是叶片氮含量与干物质重信息的综合，LAI 同时也是作物群体结构的重要量化指标。前人研究中使用 GreenSeeker 对作物叶绿素含量、叶片氮含量定量分析研究较多，而对冠层群体信息 CH.D 和 LNA 的定量分析较少，如何快速、方便、准确地获取棉花冠层信息，是规模化生产条件下棉田精准管理的研究重点。

2）监测方法

以棉花新陆早 48 号为研究对象。采用手持便携式主动遥感光谱仪 GreenSeeker 获取 NDVI 值。该仪器为主动遥感，其中红光波段为（671±6）nm，近红外光波段（780±6）nm，光谱宽幅为 0.6m。光谱信号通过系统自带的软件处理，可以直接得到 NDVI 数据。测量时将光谱探照头平行于棉花植被冠层，行进速度 1.25m/s、高度 0.5m、长度 10m，操作状态保持一致，每小区选取长势均匀的 3 个点，设 3 次重复。测试中在 GreenSeeker 的掌上电脑进行编号并及时将数据传到计算机。从现蕾期开始，在棉花灌水或施肥前测定（每隔 10d 左右），到收获期结束测定，测定时间为上午 10：00～12：00，无风晴朗的天气。对所获得的数据进行差异显著性分析后，取平均值作为该区的光谱测量值。

2011 年取样时间分别在蕾期（6 月 19 日，7 月 1 日）、花期（7 月 11 日，7 月 25 日）、铃期（8 月 6 日，8 月 18 日）和吐絮期（8 月 26 日、9 月 10 日）；2012 年取样时间分别在蕾期（6 月 25 日、7 月 3 日）、花期（7 月 13 日，7 月 24 日）、铃期（8 月 4 日，8 月 16 日）和吐絮期（8 月 28 日、9 月 8 日）。2011～2012 年在石河子国家农业科技园区选取 15 个具有代表性的点监测，分别在盛蕾期（2011 年 6 月 20 日、2012 年 7 月 22 日）、盛花期（2011 年 7 月 19 日、2012 年 7 月 23 日）、盛铃期（2011 年 8 月 9 日、2012 年 8 月 13 日）、初絮期（2011 年 8 月 31 日、2012 年 9 月 1 日）进行。

使用 GreenSeeker 获取棉花（盛蕾期、盛花期、盛铃期和初絮期）冠层 NDVI 值，同时获取棉花叶片叶绿素、叶面积指数和叶片全氮数据，结合种植模式计算棉花群体指标，即叶绿素密度、叶面积指数和叶片氮素积累量。农学参数获取方法如下。

（1）叶面积测量。取样时间与测定光谱时间一致，每次各小区取长势均匀的 3 株具有代表性的棉花植株样品，用保鲜膜包裹带回实验室待测。采用 LI-3100C 数字叶面积仪测定棉花的叶面积 LA，然后计算叶面积指数（leaf area index，LAI）。计算公式为

$$\text{LAI}=单株叶面积（m^2/株）×单位面积株数（株）/单位土地面积（m^2）\quad(8\text{-}1)$$

（2）地上部生物量累积。取样时间与测定光谱时间一致，在测定 LA 之后，将分离的茎、叶、蕾、花、铃和絮等分开包裹，置于 105℃烘箱中杀青 30min，以 75℃恒温烘干至恒重，称干重并记录。然后计算单位土地面积的地上部生物量累积量。其计算公式如下：

$$\text{AGBA}（g/m^2）=单株干物质重（g/plant）×单位面积株数（plant）/单位土地面积（m^2）(8\text{-}2)$$

（3）叶片氮累积量。在测定过 AGBA 之后粉碎或研磨，利用凯氏定氮法，获取植株各器官的 N 含量，通过分器官测定全氮含量，每个样品重复 3 次测定，计算出叶片含氮量，最后计算叶片氮累积量。其计算公式如下：

$$棉株叶片氮含量（N，g/kg）=（V_1-V_0）×c×0.014×100/(10×m)\quad(8\text{-}3)$$

式中，V_1 为样品消耗硫酸标准溶液的体积；V_0 为试剂空白消耗硫酸标准溶液的体积；c 为硫酸标准溶液的质量浓度；0.014 为 $1c$ 硫酸标准溶液 1mL 相当于氮克数；m 为样品的质量。

$$叶片氮积累量（LNA，g/m^2）=叶片的全氮含量×单位土地面积上的叶干重\quad(8\text{-}4)$$

3）监测模型的建立

通过相关性分析，棉花冠层 NDVI 与 CH.D、LNA、LAI 在整个生育期都表现出极显著正相关性，在盛花期和盛铃期三者与 NDVI 显著相关且相关系数高于其他时期，其中 LAI 与 NDVI 的相关系数大于同时期 CH.D、LNA 两个参数与 NDVI 的相关系数（表 8.4）。

表 8.4　冠层 NDVI 与农学参数相关性系数（李新伟，2013）

项目	年份	归一化植被指数（NDVI）			
		盛蕾期	盛花期	盛铃期	吐絮期
叶绿素密度（CH.D）/（g/m²）	2012	0.4940	0.9010**	0.7966*	0.7749**
	2013	0.8538**	0.9250**	0.9079**	0.7422*
	2012~2013	0.5349*	0.9027**	0.8875**	0.7458**
叶片氮累积量（LNA）/（g/m²）	2012	0.6871*	0.7970**	0.5531*	0.5478*
	2013	0.7306*	0.9507**	0.8806**	0.8271**
	2012~2013	0.7513*	0.9038**	0.8528**	0.6465**
叶面积指数（LAI）	2012	0.5782*	0.8001*	0.8736**	0.8462**
	2013	0.7860**	0.9196**	0.9537**	0.8580**
	2012~2013	0.7911**	0.8819**	0.9267**	0.8218**

*和**分别表示在 0.05 和 0.01 水平的显著性

依据棉花冠层 NDVI 与 CH.D、LNA、LAI 的相关性分析，利用两年的同时期数据建立了盛蕾期、盛花期、盛铃期和盛絮期之间的线性回归模型（表 8.5），从而实现棉

冠层养分的快速获取。

表 8.5　基于棉花冠层 NDVI 的群体养分指标估测模型（李新伟，2013）

项目	盛蕾期	盛花期	盛铃期	吐絮期
叶绿素密度	$y = 1.415x - 0.468$	$y = 3.563x - 1.971$	$y = 12.418x - 8.441$	$y = 2.588x - 1.248$
叶片氮累积量	$y = 28.514x - 14.162$	$y = 54.752x - 37.718$	$y = 41.660x - 29.960$	$y = 24.506x - 13.595$
叶面积指数	$y = 6.011x - 2.905$	$y = 14.333x - 9.691$	$y = 16.282x - 10.876$	$y = 9.308x - 5.339$

2. 棉花氮素营养诊断技术应用—— 基于 GreenSeeker 的棉花快速营养诊断技术

1）氮素营养诊断指标的优选

以棉花新陆早 48 号为研究对象，选择了与棉花氮素营养相关的 3 个养分指标，分别为叶片氮素积累量（LNA）、叶片全氮含量和植株氮素积累量。通过棉花各生育时期 NDVI 与各指标的回归关系，依据决定系数及 F 值选择棉花氮素营养诊断最佳指标。从表 8.6 中可以看出，NDVI 与 LNA 在盛蕾期回归模型拟合最好，R^2 值均高于其他两个指标，在花期 NDVI 与 LNA 的 R^2 及 F 值高于叶片全氮含量，在盛铃期 NDVI 与 LNA 的决定系数小于 NDVI 与叶片全氮，但 NDVI 与 LNA 的 F 值明显大，因此在棉花 4 个生育期均选择 LNA 作为氮素营养诊断指标。

表 8.6　NDVI 与氮素营养诊断指标的回归模型（李新伟，2013）

生育期	参数	模型方程式	决定系数 R^2	F
盛蕾期	叶片氮素积累量/（g/m²）	$y = 28.514x - 14.162$	0.5645	123.452*
	叶片全氮含量/%	$y = 22.157x - 12.354$	0.3154	1077.574*
	植株氮素积累量/（g/m²）	$y = 60.275x - 9.254$	0.5387	34.251
花期	叶片氮素积累量/（g/m²）	$y = 54.752x - 37.718$	0.8169	104.254*
	叶片全氮含量/%	$y = -5.958x - 0.457$	0.6784	76.254
	植株氮素积累量/（g/m²）	$y = 70.790x - 11.320$	0.8214	98.74*
盛铃期	叶片氮素积累量/（g/m²）	$y = 41.660x - 29.960$	0.7273	198.365*
	叶片全氮含量/%	$y = 1.322x + 2.136$	0.7545	102.354*
	植株氮素积累量/（g/m²）	$y = 85.170x - 18.476$	0.6967	98.326*
初絮期	叶片氮素积累量/（g/m²）	$y = 24.506x - 13.595$	0.4180	65.324
	叶片全氮含量/%	$y = 0.981x + 1.124$	0.4245	21.359
	植株氮素积累量/（g/m²）	$y = 71.234x - 20.513$	0.3749	32.157

注：y 代表预测目标量，x 代表 NDVI，$n = 45$

2）棉花冠层 NDVI 值与施氮量的关系

在棉花盛蕾期、花期、盛铃期和初絮期，随着氮肥施用量的增加，棉花 NDVI 值均呈现线性增加的趋势（图 8.13）。其中花期的决定系数最高（$R^2 = 0.9147$），在盛铃期和初絮期相关系数较低，可能是因为随着累积施氮量的增加，营养生长过剩导致 NDVI 出现饱和现象。在各个时期不施肥处理的 NDVI 稳定性较差，且在盛蕾期和初絮期表现更明显，这是前期地力条件差、长势不均和后期氮肥胁迫不同程度的落叶所致。本试验中 NDVI 值与测定前的施氮量较累积施氮量相关性为好，因此采用各生育期 NDVI 值与前一次的施氮量进行推荐施肥，这与潘薇薇等（2009）的研究结果一致。

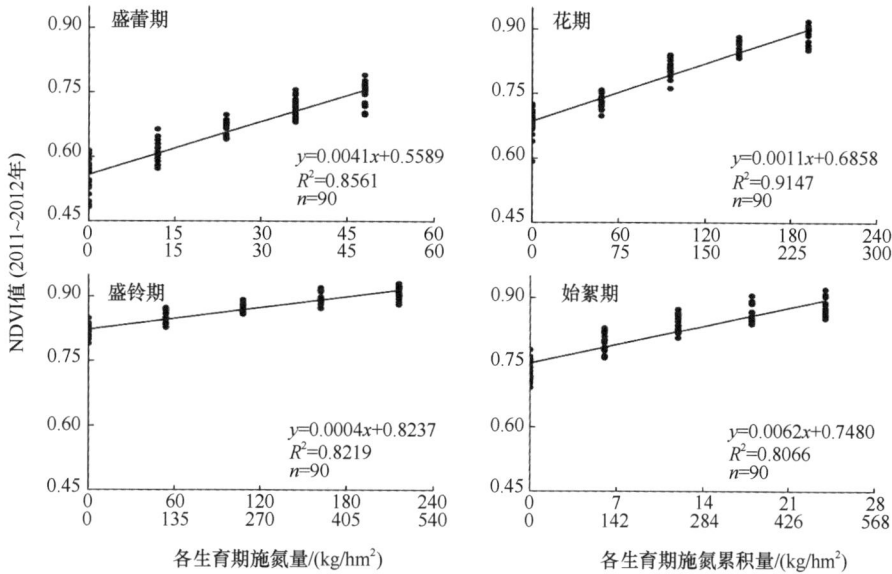

图 8.13　棉花各生育期 NDVI 值与施氮量的关系（李新伟，2013）

3）棉花冠层 NDVI 值与产量的关系

棉花盛蕾期、花期、盛铃期和初絮期 NDVI 值和产量之间表现为二次曲线的函数关系（图 8.14）。棉花 NDVI 值与产量之间的回归关系，为氮素定量化诊断追肥提供了依据。以达到最高产量对应的 NDVI 值作为最适值，根据各生育期 NDVI 值与产量的回归方程，可得到棉花盛蕾期、花期、盛铃期和初絮期的最适 NDVI 值分别为 0.7041、0.8555、0.9206、0.8377。

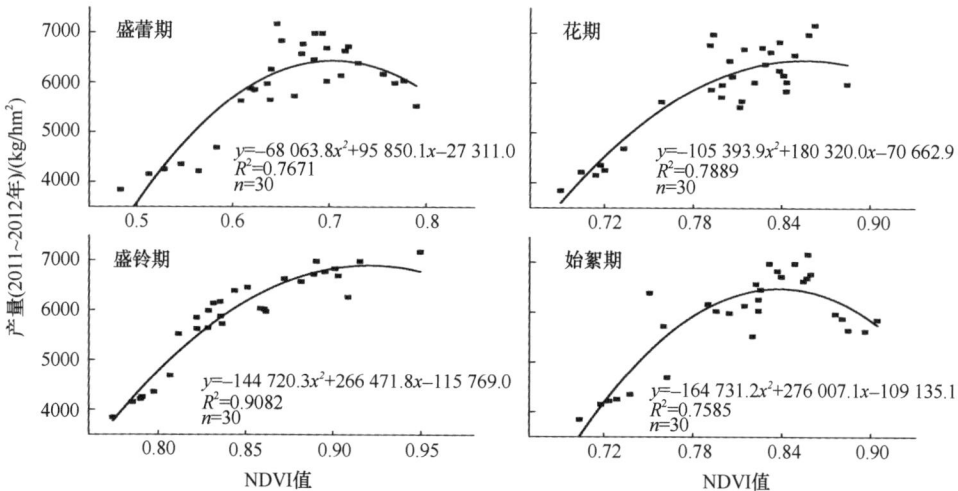

图 8.14　棉花各生育期 NDVI 值与产量的关系（李新伟，2013）

4）氮肥用量与产量的关系

在棉花不同施氮处理下，棉花籽棉产量以 N2（240kg/hm²）处理最高，其次为 N3（360kg/hm²）处理；当施肥量再增加时，产量有下降的趋势（图 8.15）。用一元二次方程对棉花的氮肥效应进行拟合，得到施肥量与棉花产量的回归方程如下：

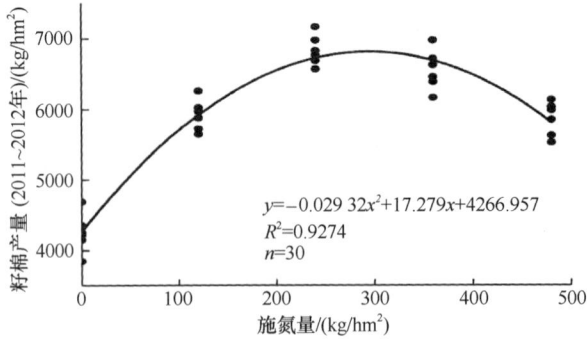

图 8.15　棉花总施氮量与产量的关系（李新伟，2013）

$$y = -0.029x^2 + 17.279x + 4266.957 \qquad (8\text{-}5)$$

式中，y 为棉花籽棉产量；x 为施纯氮量，单位均为 kg/hm²。

对上式求偏导，得到最高籽棉产量为 6812.7kg/hm²，对应的施氮量为 294.7kg/hm²。此施肥量为全生育期总施氮量，可以作为追肥总量的参考。

5）棉花营养诊断 NDVI 临界值的确定

当边际产量等于尿素与棉花的价格比时，边际利润等于零，单位面积的施肥利润最大，此时的施肥量为经济最佳施肥量（按尿素 1.8 元/kg，籽棉 8.5 元/kg）。对上式求导，得到经济最佳施肥量为 216.5kg/hm²，其对应的最佳籽棉产量为 6669.8kg/hm²。

棉花 NDVI 值与产量之间的回归关系，为氮素定量化诊断追肥提供了依据，以达到经济最佳产量对应的 NDVI 值作为临界值（表 8.7）。当测定值低于临界值时，需要补充氮肥，即通过追肥的方式提供氮肥，否则表明该时期不用施肥。

表 8.7　棉花各生育时期的临界 NDVI 值（李新伟，2013）

生育期	最高产量/（kg/hm²）	经济最佳产量/（kg/hm²）	NDVI 最适值	NDVI 临界值
盛蕾期	6683.7	6669.8	0.704	0.695
花期	6736.9	6669.8	0.855	0.833
盛铃期	6893.9	6669.8	0.921	0.881
初絮期	6829.3	6669.8	0.838	0.809

6）棉花氮素营养诊断管理系统的建立（安卓版）

Android（安卓）系统的开源性、开放性使得 Android 成为当今智能手机市场占有量最大的软件平台，在 Android 平台上开发为农业生产决策者提供施肥管理的第三方软件，使精准农业施肥管理搭载上应用便利的平台。依据 GreenSeeker 快速、便捷、准确地获取 NDVI 值，结合棉花氮素营养诊断模型，以目前被人们广泛使用的 Android 智能手机为载体，建立棉花养分管理系统，能够实现棉花田间管理的灵活性、便捷性和人性化决策。

（1）安卓系统开发环境。硬件开发环境：CPU 为 I5-3230，主频 2.0GHz，工作功率 80W，内存 2G，硬盘 500GB，光驱 SLIM DVD-RW。

软件开发环境：开发工具为 Eclipse。Eclipse 是一个开放源代码的、基于 Java 的可扩展开发平台。就其本身而言，它只是一个框架和一组服务，用于通过插件组件构建开发环境。Eclipse 附带了一个标准的插件集，包括 Java 开发工具（Java Development Kit，JDK）。下载插件 Android Develop Tool Kit，并安装相应的 Android SDK 开发包即可。

开发语言（Java）：Java 是一种可以撰写跨平台应用软件的面向对象的程序设计语言，是由 Sun Microsystems 公司于 1995 年 5 月推出的 Java 程序设计语言和 Java 平台（即 JavaEE、JavaME、JavaSE）的总称。Java 自面世后就非常流行，发展迅速。Java 技术具有卓越的通用性、高效性、平台移植性和安全性，广泛应用于个人计算机、数据中心、游戏控制台、超级计算机、移动电话和互联网，同时拥有全球最大的开发者专业社群。在全球云计算和移动互联网的产业环境下，Java 更具备了显著优势和广阔前景。

系统运行环境：系统版本 1.0；Android 3.0 及以上智能触屏手机，智能手机配置为处理器双核 1.0Hz、运行内存 512MB、机身内存 128MB。

（2）用户登录界面。用户登录界面是系统使用的最基础的操作，用户登录时必须正确输入其用户名和密码方可进入，目的是为了保障进入系统的安全性，本研究系统登录主界面见图 8.16，目前由于系统只是单机版的，没有研究网络版的手机决策平台，不能实现添加、删除用户，用户注册等。用户登录成功以后，就会进入系统的主界面，便可进行棉花冠层养分监测和信息查询等操作（图 8.17）。

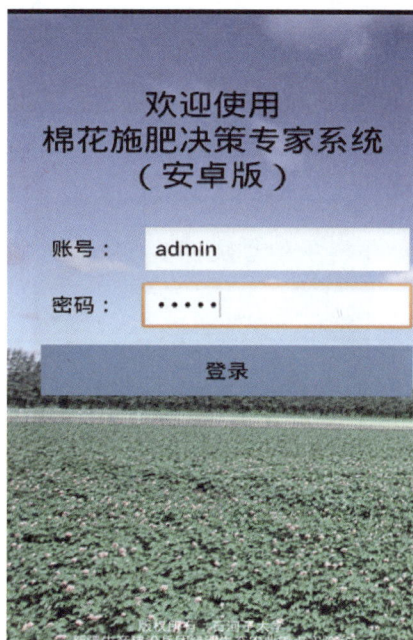

图 8.16　系统用户登录界面　　　　　　图 8.17　系统主界面

（3）棉花冠层养分估测功能。触屏点击主界面"棉花冠层养分估测"按钮即可进入此功能界面，按"返回"键可返回到主界面（图 8.18）。GreenSeeker 在对目标棉花

区域行进扫描之后，直接从掌上电脑读取 NDVI 值，在该功能界面输入目标地块的名称、生育时期选择、NDVI 值之后按"确定"按钮即可显示估测的叶面积指数、叶绿素密度及叶片氮素积累量的数据，见图 8.19。点击"GPS"进行经纬度定位，前提是手机支持 GPS 定位功能，打开此功能，需在野外或空旷的地方进行，见图 8.20。如果信息录入错误可按"清除"重新录入信息，决策结果可按"保存"命名后实现决策信息的保存（保存位置在"历史决策信息"里可查到），见图 8.21。点击"发送"，系统会将决策信息编辑成短信息文本，利用手机发送短信的功能发给生产管理者，见图 8.22。

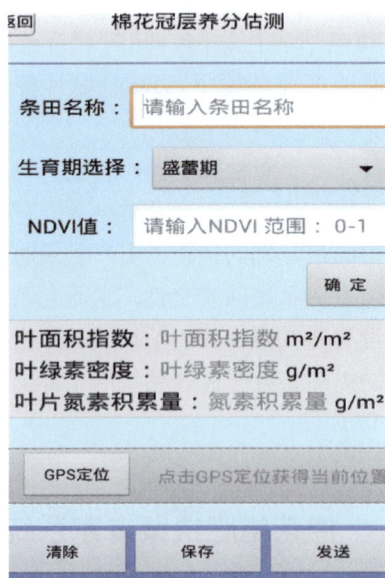

图 8.18 养分估测界面

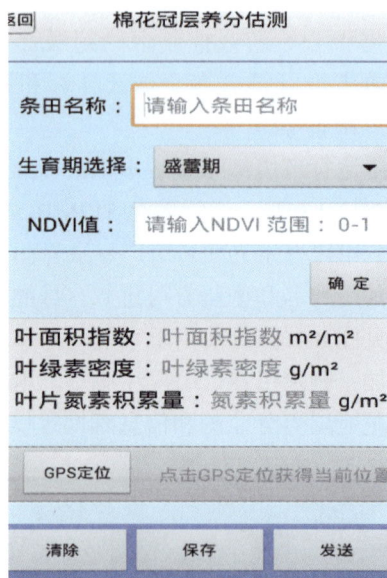

图 8.19 养分估测过程

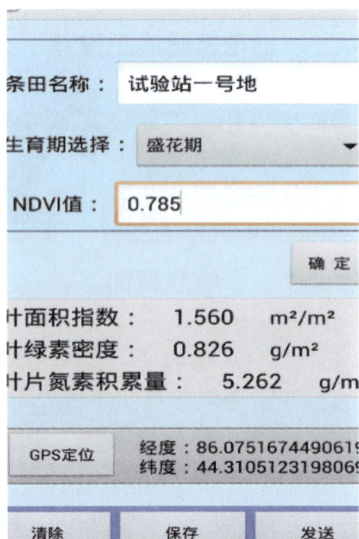

图 8.20 GPS 定位功能

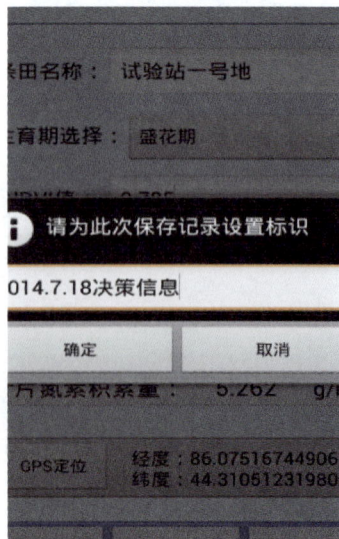

图 8.21 信息保存

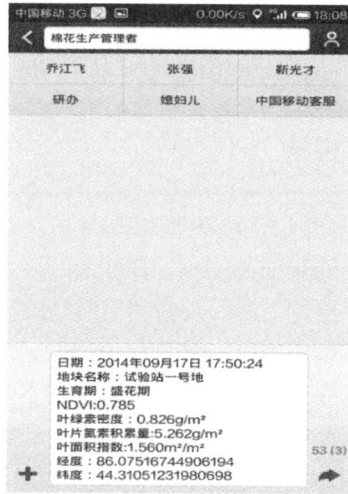

图 8.22　信息发送

三、棉花养分快速监测应用效果及评价

为进一步探明关键生育时期的棉花冠层群体参数的估测模型的准确性及适应性，采用 2013 年同时期独立试验资料对预测模型进行验证（$n=15$），选取精度（R^2）作为主要依据并结合均方根差（RMSE）和相对误差（RE）对模型进行评价（表 8.8）。

表 8.8　棉花各生育时期 NDVI 预测模型检验分析

项目	生育期	决定系数（R^2）	均方根差/（kg/hm^2）	相对误差/%
叶面积指数（LAI）	盛蕾期	0.8250	0.1921	7.25
	花期	0.9086	0.1403	4.14
	盛铃期	0.9457	0.1345	3.68
	初絮期	0.7576	0.4087	14.41
叶片氮素积累量（LNA）/（g/m^2）	盛蕾期	0.6073	2.0494	20.23
	花期	0.8430	0.5887	4.54
	盛铃期	0.8369	1.2508	15.34
	初絮期	0.5136	1.3406	18.57
叶绿素密度（CH.D）/（g/m^2）	盛蕾期	0.4839	0.4309	36.72
	花期	0.5707	0.4540	26.25
	盛铃期	0.7663	0.4143	18.87
	初絮期	0.4996	1.5500	66.00

在不同监测指标中，CH.D 在盛铃期预测效果最好（$R^2=0.7663$，RMSE 为 0.4143，RE 为 18.87%），LNA 在花期预测效果最好（$R^2=0.8430$，RMSE 为 0.5887，RE 为 4.54%），LAI 在盛铃期预测效果最好（$R^2=0.9457$，RMSE 为 0.1345，RE 为 3.68%）。总体上 4 个关键生育时期的 LAI 的 R^2 均高于 CH.D、LNA 各时期的，RMSE、RE 均低于 CH.D、LNA 各时期的，CH.D 在 3 个参数中验证效果最差。LAI 的预测效果在花期、盛铃期最好，在初絮期最差；LNA 的预测效果在花期、盛铃期最好，在盛蕾期最差；CH.D 的预测效果在盛铃期最好，在初絮期最差。

第三节　新疆棉区病虫害监测技术

一、棉区病虫害监测发展与现状

遥感技术应用于病虫害监测可追溯到20世纪20年代末30年代初。1929年 Taubenhause 等利用航空相片首次开展植物病害遥感识别，Bawden 等（1933）利用远红外航空图像对马铃薯和烟草病毒病进行了监测。随后人们利用航空遥感进一步对作物病虫害进行了更为详尽的研究。我国开展病虫害的航空监测起步较晚，刘良云等（2004）利用航空多时相高光谱图像对冬小麦条锈病进行了监测，成功地将不同时相感病的冬小麦从正常的冬小麦中区分出来，并对病情严重度进行了划分。继航空遥感监测病虫害之后，人们开始探索病虫害发生的光谱机理，更多近地遥感的研究被用于作物病虫害的监测。例如，Malthus 和 Maderia（1993）用地物光谱仪研究大豆和蚕豆斑点葡萄孢子感染后的反射光谱，发现其一阶反射率高，可用来监测病虫害的感染发生情况。刘兴库和李兆华（1993）对心叶烟（*Nicotiana glulinosa*）接种马铃薯奥古巴花叶病毒进行研究，发现在接种早期，接种叶片在可见光与对照组中无明显区别，但是在近红外差别明显。

新疆棉区棉花病虫害的监测长期以来一直采用地面监测方法，即人工调查、田间取样，综合其他信息进行预测预报，包括采用人工普查、使用引诱物、诱捕器和基于气象因子、作物生长模型等建立病虫害预测预报模型等监测方法。这些传统的方法耗时、费力，而且时效性差，在一定程度上影响了病虫害的预测与防治。"十五"以来，国家大力倡导应用现代科技进行作物病虫害的监测，包括遥感技术、人工智能专家决策系统、地理信息系统和全球定位系统等。新疆棉区开始探索病虫害的遥感监测。

新疆棉区应用遥感技术监测作物的病虫害途径有两条，即直接监测和间接监测。应用遥感手段研究病虫和寄主的行为活动如迁飞、扩散、蔓延等，监测寄主植物的变化，属于直接方法。通过对主要环境因子如寄主植物分布、降雨和大气温度等的遥感监测，对影响病虫害发生生境的自然特征进行分析，在遥感图像上预判，从而判断病虫害发生的可能性，属于间接方法。无论是直接还是间接监测，都可通过地面获得的遥感数据结合高空和卫星影像监测棉花病虫害，这也是遥感监测棉花病虫害的主要依据。经过多年的探索和实践，应用遥感技术监测棉花病虫害已经在新疆棉区得到了较大的发展。

二、棉区病虫害监测方法及应用

（一）棉区病虫害监测技术路线

根据新疆棉区病虫害发生情况，在病虫害发生时期采用直接和间接监测的方法对病虫害进行监测。基于棉花主要病虫害遥感数据、主要栽培生理参数数据、产量损失数据建立棉田遥感综合信息管理数据库；基于各种识别波段和识别模型建立棉花生育期主要病虫害遥感模型专题数据库，结合 GIS 的棉田综合信息管理系统、GPS 的棉田综合信息定位系统和棉花生长管理系统，建立棉花全生育期主要病虫害遥感监测与预警专家系统及棉花全生育期主要病虫害遥感监测技术平台，并实施发布监测结果，将其在大田中进行验证和示范，同时进行病害评价。具体实施方法是分别以垦区（师）、团场、连队、田块、农户为单元尺度，针对棉花主要病虫害遥感监测中存在的不足，结合地面观测，以团场农业数据库为基础，将农业专题数据、气象数据与以遥感数据为主的空间数据融合，采用数据挖掘、模型链接和光谱分析等现代科技手段，对棉花主要病虫害监测，并对已有棉花主要病虫害遥感监测模型进行改进，建立适于新疆地理气候特征的棉花主要病虫害遥感监测模型；以遥感数据为驱动，利用改进的作物生长模型和多种植被指数，把作物生长特征、病虫害特征扩展到时、空、光谱三维尺度，开展多平台遥感研究，实现特定区域棉花主要病虫害危害信息的定量化表达；构建适合新疆区域实际的不同层面的棉花主要病虫害遥感信息获取关键技术体系。集成多项成熟技术，开发并形成实用化与本地化的基于"星-地"遥感信息技术的棉花生育期主要病虫害信息获取与应用服务系统，并在研究区进行试验与应用。技术路线见图 8.23。

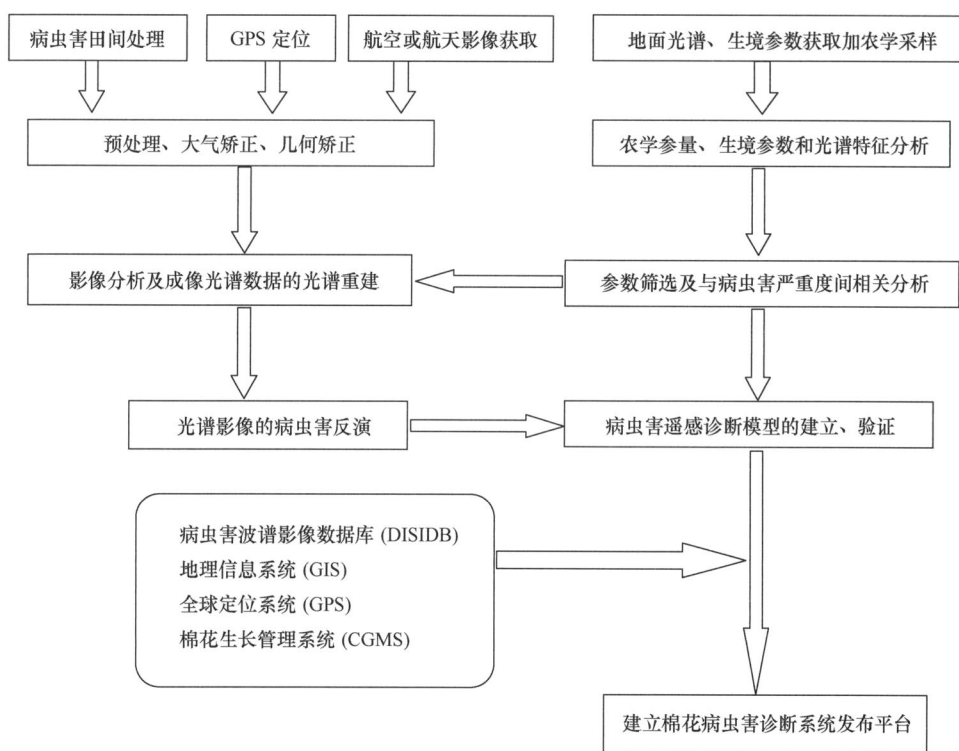

图 8.23　病虫害监测的技术流程

（二）新疆棉区病虫害监测方法及应用

棉区病虫害监测方法很多，在新疆棉区主要开展了以下几种监测方法并进行了应用。

1. 利用高光谱遥感监测新疆棉区病虫害

高光谱遥感是高光谱分辨率遥感的简称。它是在电磁波谱的可见光、近红外、中红外和热红外波段范围内，获取许多非常窄的光谱连续的影像数据的技术。其成像光谱仪可以收集到上百个非常窄的光谱波段信息。在利用高光谱遥感监测新疆棉区病虫害方面，学者开展了大量的研究，监测的病虫害种类包括黄萎病、枯萎病、棉叶螨和蚜虫等，研究主要集中在近地高光谱对病虫害定性定量的识别方面，也有部分开展相应遥感监测机理的研究。

（1）棉花黄萎病的高光谱监测。陈兵等（2007）经过大量的研究，发现棉花黄萎病的单叶和冠层光谱反射率特征明显（图 8.24）。与健康叶片相比，黄萎病害叶片光谱反射率在可见光（400～700nm）和近红外区（700～1300nm），随病害程度加重呈现上升趋势，在可见光的蓝紫光至红光范围内（520～680nm）尤为明显；黄萎病害冠层光谱反射率在可见光红光（620～700nm）波段也表现出随病害加重而上升的现象，但近红外波段（700～1300nm）光谱反射率则表现出与病害单叶相反的趋势，尤其在 780～1300nm 最为明显。当病害严重度达到 b2（25%）时，病株叶片、冠层光谱反射率均发生显著变化，并可作为病害识别的临界，以此对其进行早期诊断。

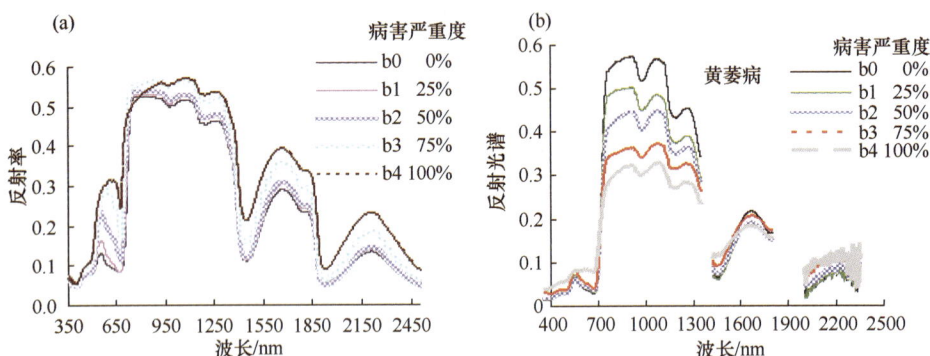

图 8.24　不同严重度黄萎病棉叶（a）和冠层（b）的反射光谱曲线（陈兵等，2007）

通过对棉花光谱反射率与黄萎病病情严重度的相关分析发现：434～724nm 和 909～1600nm 为棉花黄萎病病叶光谱敏感波段，1001～1110nm 和 1205～1320nm 为棉花黄萎病冠层光谱敏感波段，698nm 和 806nm 分别为棉花黄萎病病叶和冠层光谱特征波段。陈兵和王克如等（2007～2010 年）利用敏感波段构建了光谱指数估测棉花黄萎病的病情严重度。其中黄萎病棉叶病情严重度的估算模型 $SL = -5.8834 \times (R_{700nm}/R_{825nm})^2 + 13.181 \times (R_{700nm}/R_{825nm}) - 2.6925$，$SL = -8.0208 \times [(R_{698nm} - R_{825nm})/(R_{698nm} + R_{825nm})] + 5.0668$，$SL = -411.65 \times (FD_{723nm}) + 4.4511$，$SL = -0.0003 \times (SDr^2) - 0.0113 \times (SDr) + 4.2173$ 的精度最高，可作为黄萎病棉叶病情严重度的最佳光谱估算模型。而黄萎病冠层病情严重度的估算模型 $SL = -10.521 \times (R_{806nm} - R_{1455nm}) + 5.702$，$SL = -415.01 \times (FD_{731nm} - FD_{1317nm}) + 5.3994$，$SL = 0.3153 \times (Lwidth) - 7.6584$ 的精度最高，可作为黄萎病棉花冠层病情严重度的最佳光谱估算模型（R 代表反射率，FD 代表一阶微分，SDr 代表红边斜率，Lwidth 代表红边宽度，SL 代表严重度）。

（2）棉花叶螨的高光谱遥感监测。陈鹏程等（2007）认为土耳其斯坦叶螨为害棉叶后，造成棉花叶片的叶绿素含量下降，类胡萝卜素含量上升。同时，叶螨的刺吸、取食破坏了棉叶下表皮组织，使叶片细胞结构发生变化。在可见光区的 400～527nm 和 575～716nm 波段，单叶的光谱反射率随着螨害的加重逐渐增加，而棉花冠层光谱反射率在整个可见光区无明显的规律性变化；在近红外区棉花单叶和冠层光谱反射率都随着螨害的加重逐渐减小；在中红外区的部分波段单叶光谱反射率随着螨害的加重逐渐增加，而冠层光谱反射率随着螨害的加重逐渐减小（图 8.25）。棉花受叶螨为害后单叶光谱的红边发生明显的蓝移现象，红边振幅、红边振幅与最小振幅的比值，以及红边峰值面积随着螨害加重逐渐减小，且变化非常明显。另外，红边振幅、最小振幅、红边振幅与最小振幅比值，以及红边峰值面积与螨害指数的相关性很好，选择螨害指数与光谱数据进行相关分析达到极显著水平的 634nm、694nm 与 767nm 波段，可以设计差值、比值与归一化组合，与螨害指数建立单变量回归模型；利用相关系数最大又不存在相关性的 694nm 和 767nm 波段的光谱反射率值可建立多波段诊断模型。

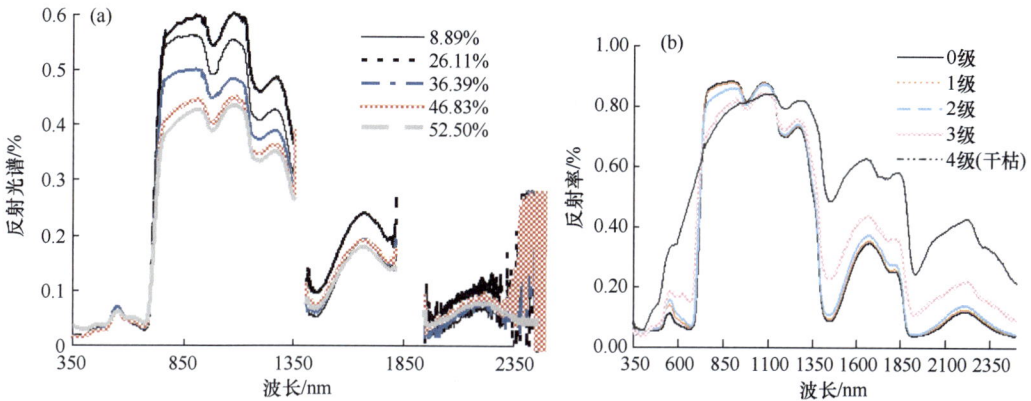

图 8.25　不同螨害级数棉叶（a）和冠层（b）的光谱曲线（陈鹏程等，2007）

（3）棉花蚜虫的高光谱遥感监测。陈兵等（2010）对棉花蚜虫进行了监测，分析不同时期不同品种不同严重度蚜害棉叶，与正常叶片相比，随蚜害严重度增加，可见光波段到近红外波段，蚜害棉叶反射率值均呈现先升后降的趋势，即正常叶片（Y0）光谱反射率居中，轻度叶片（Y1）反射率最高，极严重叶片（Y4）反射率最低，在 550nm 绿峰波段和 660nm 红谷波段附近尤为明显。因此，可通过不同时期不同严重度蚜害棉叶的光谱反射率特征差异对其监测（图 8.26）。

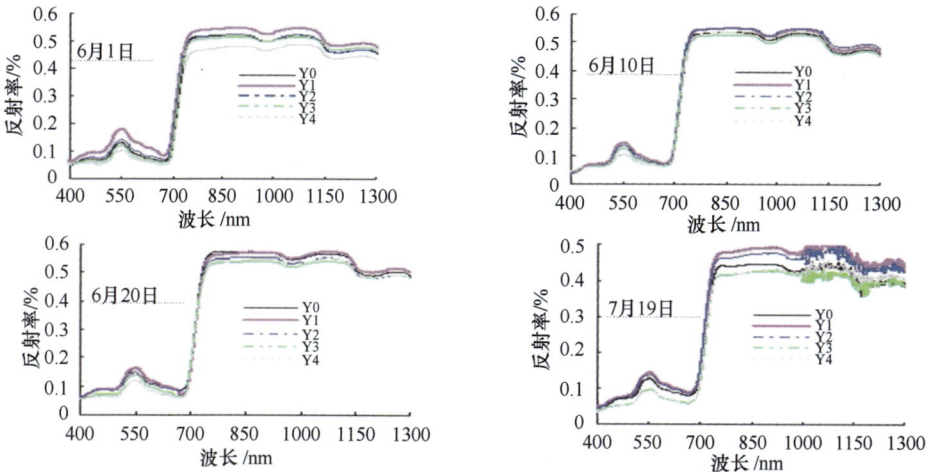

图 8.26　不同时期不同严重度蚜害棉叶的光谱反射率特征差异图（陈兵等，2010）

根据受害棉叶与反射率的关系，确定了 424～746nm、1513～1612nm 可作为蚜害棉叶的敏感波段区域，434～727nm 可作为蚜害棉叶的敏感波段，648nm 波段光谱可作为蚜害棉叶的最佳波段。由于不同波段反射率对蚜害不同严重度响应不同，故可有针对性地选择响应较高的波段组合（1179–648）nm/（1179+648）nm 建立蚜害棉叶光谱估测模型 $y = 215.49x^2 - 285.43x + 95.306$，用来估测蚜害棉叶的不同严重度。

2. 利用卫星遥感监测新疆棉区病虫害

卫星遥感是以人造卫星为平台，利用可见光、红外、微波等探测仪器，通过摄影或扫描、信息感应、传输和处理，识别地面物质的性质和运动状态的现代化技术。在利用卫星遥感监测新疆棉区病虫害方面，学者开展了一些研究，监测的病虫害种类主要包括黄萎病、棉叶螨等。

（1）棉田黄萎病的卫星遥感监测。陈兵等（2008）以 147 团为例，对棉花生长的关键生育期健康与病害棉田的专题制仪图（thematic mapper，TM）影像进行了分析（图 8.27）。通过多时相卫星影像目视解译很容易将黄萎病棉田识别出来。利用试验区 TM 影像最佳时相对 2008 年黄萎病疑似病田进行分类（图 8.28），实现了棉田黄萎病不同严重度的实时监测，证明了最佳时相和多波段波谱信息进行棉花种植区黄萎病疑似病田分类是可靠的。

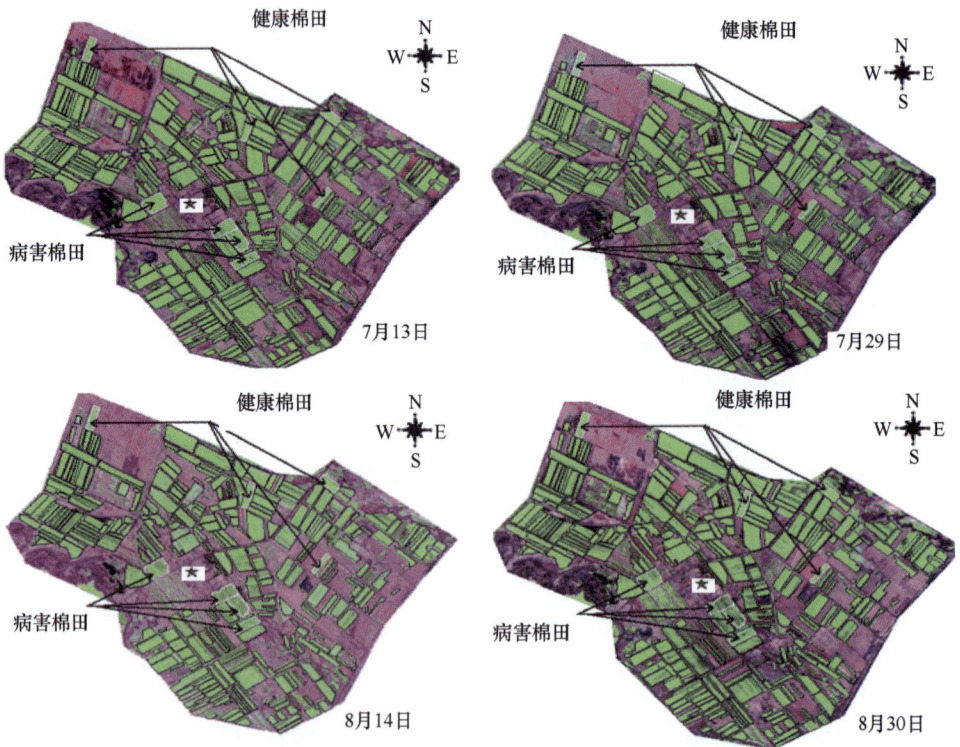

图 8.27　基于卫星最佳时相黄萎病疑似棉田诊断结果（陈兵等，2010）

竞霞等（2009）以 147 团为试验区对棉花黄萎病发生的水热条件、时相信息与其他胁迫差异进行分析，找出遥感监测棉花黄萎病适宜的生境条件及时相信息，根据野外调查资料和地表温湿度的反演结果，利用多时相 TM 影像提取了棉花黄萎病害区域。

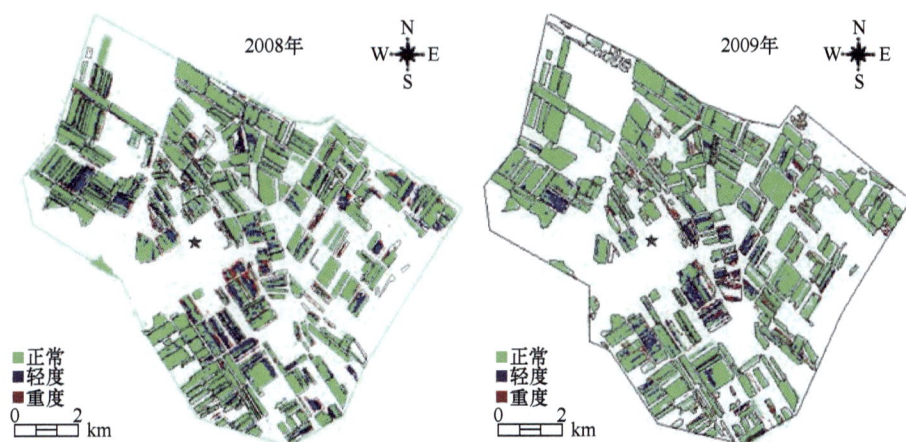

图 8.28　棉花黄萎病害多时相 TM 影像提取图（陈兵等，2010）

（2）棉田棉叶螨的卫星遥感监测。王克如（2009）的研究表明棉叶螨的发生不同于病害，受害棉花的典型特征表现为叶片褪绿并进一步变红，在光谱上有明显表现。同时，叶螨发生后，条件适宜时会迅速蔓延连片。根据棉叶螨发生特点，可建立基于多光谱的棉花盛花期棉叶螨危害遥感监测模型（$NDVI_{待识别区} < NDVI_{平均值} \times 85\%$或 $NDVI_{待识别区} > NDVI_{平均值} \times 65\%$或 $NDVI_{该区域上一期} \approx NDVI_{上一期平均}$）。利用上述模型可对棉田螨害进行识别（图 8.29）。

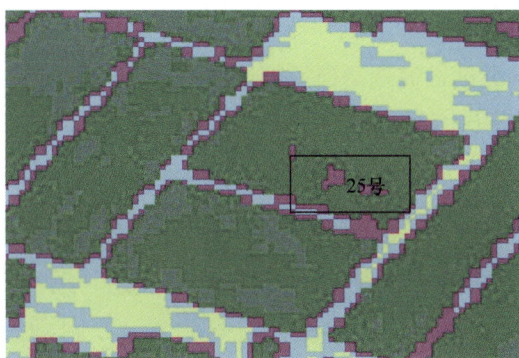

图 8.29　NDVI 监测棉叶螨害区（148 团 25 号地）（兵团棉花长势遥感监测通报第 32、33 期，2008 年）

通过多时相棉田螨害发生的典型特征和扩展规律也可对棉田螨害发生情况进行监测。图 8.30 为利用 2008 年 7 月 13 日的 TM 图像对 148 团棉田进行的病虫害监测结果，判定在 25 号地中小块区域为疑似有螨害发生区域，进入 7 月下旬后，原棉叶螨发生的田块在没有得到有效防治时，范围进一步扩大（图 8.31），证实了监测的正确性。

（3）棉田病虫害与干旱、盐害胁迫的卫星遥感监测。陈兵等（2008）的研究表明，利用多时相棉田卫星影响还可以对不同病虫害胁迫进行监测，如图 8.32 所示，每块标记地号的 148 团棉田内被圈起的区域被认为是有问题的区域，从 2008 年 7 月 13 日和 8 月 14 日 TM 影像颜色差异来看，有问题的区域影像颜色变浅，变黑，而且变化程度不一。就棉田内有问题区域形状而言，有的呈现规则的矩形，有的呈不规则的多边形，有的区域较大，有的区域较小，且不同时相有不同的变化特征。若仅对单一时相进行分析很难

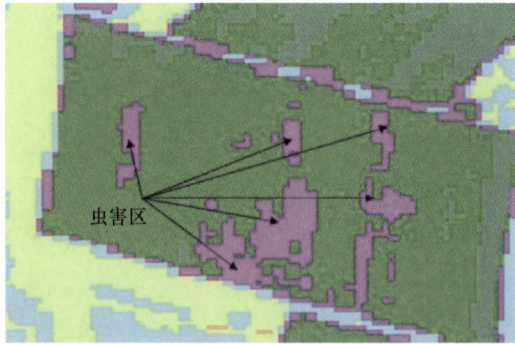

图 8.30 2008 年 7 月 13 日 TM 数据螨害监测（兵团棉花长势遥感监测通报第 32、33 期，2008 年）

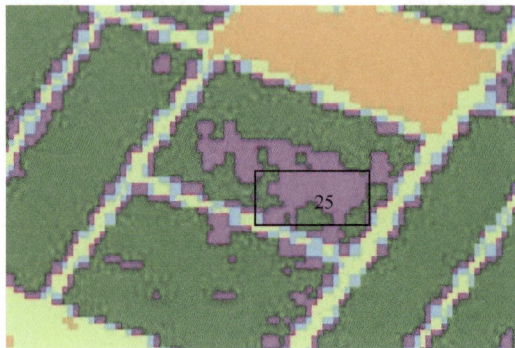

图 8.31 2008 年 7 月 29 日 TM 数据螨害监测（兵团棉花长势遥感监测通报第 32、33 期，2008 年）

进一步判断棉田内有问题区域究竟是何原因造成的。但通过多时相影像分析结合棉田内各种可能的胁迫类型的特征和专业人员的知识及实地调查验证很容易将棉花黄萎病和螨害、干旱和盐碱胁迫区分开来。

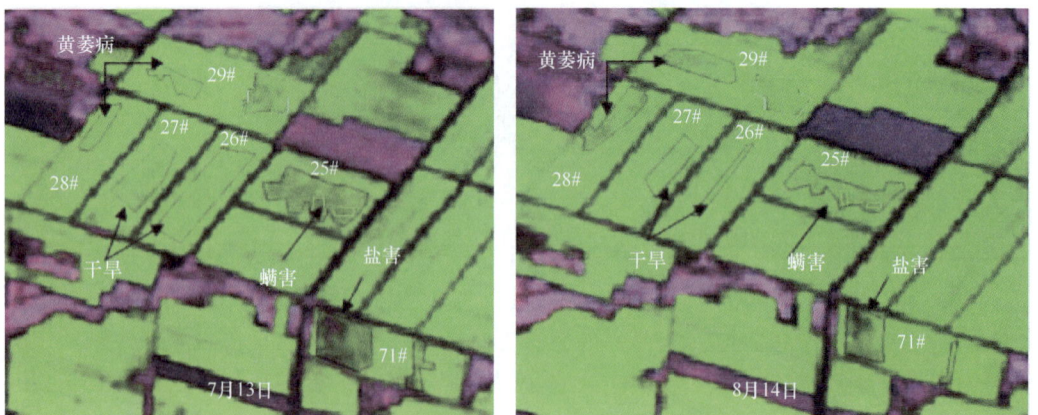

图 8.32 148 团 2008 年各种胁迫棉田的多时相卫星监测图（波段：743nm）（陈兵等，2008）

3. 利用机器视觉技术监测新疆棉区病虫害

机器视觉技术是一门涉及人工智能、神经生物学、心理物理学、计算机科学、图像处理、模式识别等诸多领域的交叉学科。机器视觉主要用计算机来模拟人的视觉功能，从客观事物的图像中提取信息，进行处理并加以理解，最终用于实际检测、测量和控制。机器视觉技术最大的特点是速度快、信息量大、功能多。基于图像识别的机器视觉技术在新疆作物病虫害监测方面的研究起步相对较晚，小麦和玉米病虫害的研究较多，棉花病虫的研究较少。

王克如等（2005）认为病虫为害叶片程度不同，绿度不同，绿度可作为判别作物病害程度的指标。据此利用图像处理量化棉花叶片绿度研究中随机选出的在绿度上有差异的图片，对棉花黄萎病不同病级叶片（图 8.33）和棉花受棉叶螨不同为害程度的叶片（图 8.34）进行了识别。

图 8.33　棉花黄萎病不同病级叶片

图 8.34　棉花受棉叶螨不同为害程度的叶片

4. 利用 3S 技术监测新疆棉区病虫害

3S 技术是遥感技术（remote sensing，RS）、地理信息系统（geography information system，GIS）和全球定位系统（global positioning system，GPS）的统称，是空间技术、传感器技术、卫星定位与导航技术和计算机技术、通信技术相结合，多学科高度集成的对空间信息进行采集、处理、管理、分析、表达、传播和应用的现代信息技术。利用 3S 技术，开展新疆棉区病虫害监测工作在近年来得到了长足的发展。借助于 RS 的动态监测、GPS 的精确定位、GIS 的详细信息，可以有效地对新建棉花病虫害等灾害严重度进行监测，为病虫害的预警及应急措施及时提供准确的决策信息。相关学者已经通过 GPS 的精确定位和 GIS 的分析处理，结合 RS 的动态监测描绘出了棉花病虫害的发生图、分布图及可能蔓延区图等，并已经精确到了田块单元。

利用 3S 技术，陈兵等（2012）以 147 团常年暴发黄萎病的棉田为例，基于 ENVI 遥感影像处理软件，截取样本棉田，并由 GPS 定位的条田边界制作结合 GIS 信息生成的新疆棉区条田级棉田病害专题图（图 8.35）。通过经纬度网格（网格面积为 100m×160m）和条田边界距离网格（网格面积为 100m×100m）能够准确定位病害棉田内健康与病害区域位置、大小和严重度情况。其他黄萎病疑似棉田亦可通过相同的分析方法确定不同的防治措施。

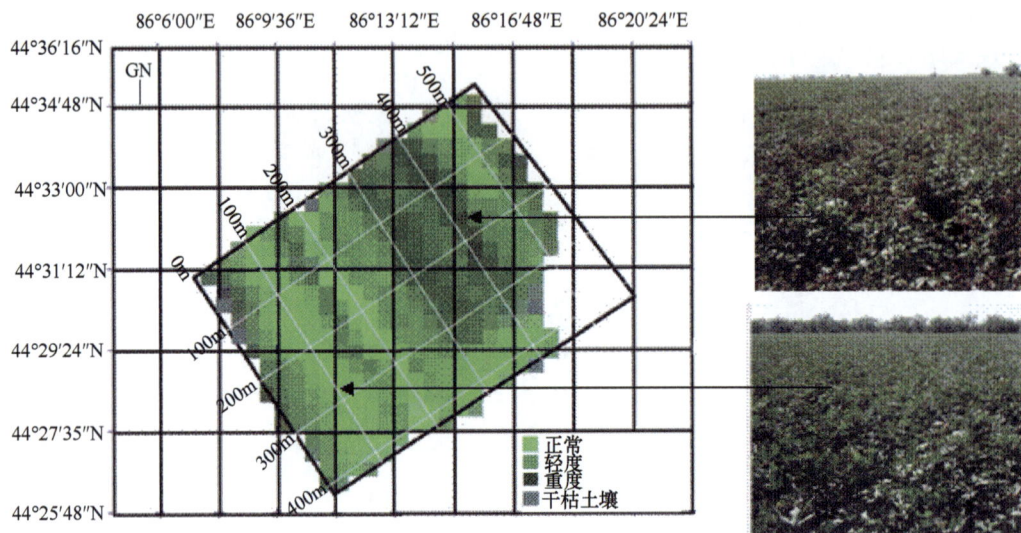

图 8.35 2008 年 147 团 19 连 136#地棉田黄萎病状况推荐图及实地拍摄图像（陈兵等，2012）

5. 利用专家系统监测新疆棉区病虫害

专家系统是一个具有大量的专门知识与经验的程序系统，它应用人工智能技术和计算机技术，根据某领域一个或多个专家提供的知识和经验，进行推理和判断，模拟人类专家的决策过程，以便解决那些需要人类专家处理的复杂问题，简而言之，专家系统是一种模拟人类专家解决领域问题的计算机程序系统。新疆棉花病虫害管理专家系统开始于 1997 年，有学者依据新疆棉花生育进程和棉区病虫害发生规律，在收集棉花病虫害诊治知识和专家经验的基础上，利用 KA3 专家系统开发工具，建立了基于规则的棉花病虫害管理专家系统雏形。2003 年，有学者结合新疆实际，对棉花的主要病、虫、草害及防治技术等相关信息进行系统、科学的整理和有序化存储，开发研制出图文并茂的"新疆棉花植保数据库"。

蒋平安等（1997）依据新疆棉花生育进程和棉区病虫害发生规律，在收集棉花病虫害诊治知识和专家经验的基础上，利用 KA3 专家系统开发工具，建立了基于规则的棉花病虫害管理专家系统雏形。该系统包括咨询和诊断防治两大功能模块。该系统知识库知识表达及实现主要采用了不确定性知识表示、框架和规则 3 种方式。

姚志伟等（2003）结合新疆实际，开发研制出图文并茂的"新疆棉花植保数据库"。数据库包括：棉花虫害、病害、杂草、害虫天敌、药害、生理病害及棉花常用农药 7 个子库。较为完善的新疆棉区病虫害专家系统是在国家科技支撑计划《农情信息获取关键技术集成与服务系统开发》支持下建立的棉花病虫害遥感监测与预警系统，系统可实现在作物生长期内，以师、团场为单位，每旬提交作物（棉花等）病虫害分布图及发生发展趋势报告。

戴建国和赖军臣（2015）基于多年的实践研究开发了新疆地区的作物病虫害诊断系统，该系统有网络版和手机版。网络版主要包括新疆兵团大田种植的玉米、棉花、小麦、番茄等主要大宗作物病虫草害的发生症状、病理分析、诊断防治方法等功能模块，采用文字、图像、视频等信息表现形式，方便广大农户、基层农业部门、乡镇农技服务人员参考、学习和查询使用，目前数据库系统基本建成，已经试运行。为解决当前植保专家系统使用门槛高及携带不便的问题，在 Android 系统的智能手机上研制了基于图像规则的棉花病虫害诊断系统。采用二叉树检索规则构建二叉诊断决策知识树，利用面向对象技术将诊断决策树中的知识节点及其相对应的田间典型图像进行封装，形成图像化知识表达形式；系统提供指认式和推理式 2 种诊断方式，基于田间病虫害事实图像进行人机交互，实现了推理过程的可视化。系统具有便携、实用、图文并茂、人机交互友好及不受网络环境限制等特点，能够实现"田间地头"式的专家服务，智能手机通过"91 助手"软件或"安卓市场"软件可下载"棉花病虫害诊断系统"。经应用测试，事实库中包含的病虫害诊断正确率在 95%以上。手机版的棉花病虫害诊断专家系统主界面见图 8.36。

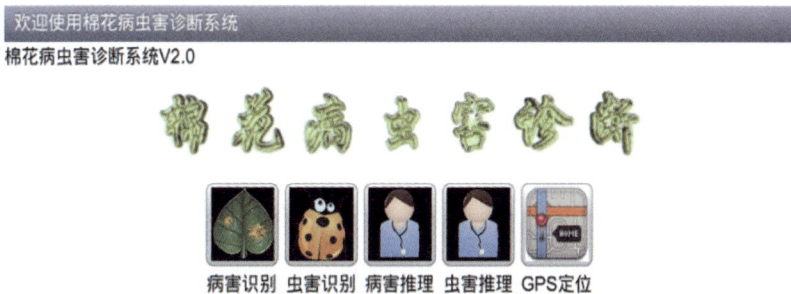

图 8.36　手机棉花病虫害诊断专家系统主界面（戴建国和赖军臣，2015）

6. 利用可视化技术监测新疆棉区病虫害

病虫害可视化预测预报就是把病虫害发生和预测，以及防治关键技术制作成电视节目，应用电视这一最广泛的传播媒体向广大职工进行发送，使广大职工能及时、准确、直观地接受病虫害发生和防治的信息，指导职工进行大面积的病虫害防治工作。其主要目的是：推行绿色植保，及时发送预测和防治信息，通过预防为主的手段，把病虫害控制在发生前和发生初期，减少化学农药使用，保护生态环境，做到减轻病虫危害损失，增加产量，从而提高职工收入。我国自 20 世纪 50 年代开展农作物病虫害预测预报工作以来，直到 21 世纪初，农作物病虫害预报一直沿用"病虫情报"的方式进行发布。

为了适应当时农业的发展需要，从 1999 年开始，第五师成立了第一个师垦区中心测报站（81 团），陆续又成立了 84 团、83 团垦区中心测报站，3 个中心测报站为全师各种农作物病虫害的发生与防治起到了病虫害监测与预测的作用；师垦区中心测报站对减轻每年第五师农作物病虫危害损失发挥了重要作用。2006 年第五师自开展可视化病虫害预测预报技术以来，主要是针对棉花病虫害的预报与防治；为了发展可视化病虫害预测预报技术，不仅要从基本的制作技术改进，还要从单一的作物向多种作物发展，2007年第五师推广站与 84 团植保站合作，制作农作物病虫害可视化 3 期节目；即分别对小麦锈病、玉米红蜘蛛、秋季病虫害发生趋势等的可视化病虫害电视节目。这些节目的播出受到了西线团场（87 团、88 团）广大职工的好评。可视化病虫害预测预报技术推广开展以来，棉花皮棉单产由 140.3kg/亩增加到 176.6kg/亩。防治成本较对照平均下降7.28 元/亩，较对照增加皮棉 4kg/亩。

各种病虫害监测技术的推广与应用不仅提高了职工技术水平和道德素质，而且减轻了剧毒、高毒农药的使用，确保人民生命和生态环境安全。对周围环境有着防风固沙、改良土壤、净化空气的作用，这几年周围环境中的麻雀等鸟类逐渐增多。

现代技术在新疆棉区病虫害的监测中虽然取得了一些成绩，但多停留在理论研究上，目前的研究成果只是在一定区域内示范，真正达到成熟应用还需要科技人员的不断努力。另外，遥感专家与植保专家的合作还不够紧密，病虫害波谱数据库、数据采集规范还不够完善，实践应用的技术支持尚须加强，这些都增加了作物病虫害的遥感监测难度。因此，建立高精度的病虫害光谱定量反演机理模型，加强多源信息的综合利用是今后发展的方向。

第四节　新疆棉区棉花生长信息及产量遥感监测技术

一、新疆棉区棉花生长信息及产量遥感监测技术现状

从"六五"计划开始连续 6 个五年计划遥感技术都被列入了国家重点科技攻关项目，使遥感技术形成了边研究、边应用，在攻关中发展的特色。新疆相关技术专家直到"十五"期间，才开始参与和遥感相关的国家级科技攻关项目研究，包括"863"课题"数字农业信息采集技术研究与产品开发"、"我国典型地物波谱标准数据库"等项目。同时设立了省级遥感项目，如新疆兵团博士基金"新疆棉花生长、营养特征信息的遥感监测与应用"等项目，这些项目对培养新疆本地遥感技术专家起到了重要作用。"十一五"期间，新疆遥感技术专家开始向集成应用研究扩展，参与了国家级遥感课题的研究，如国家科技支撑计划"多平台作物信息快速获取关键技术与产品研发"、"生产过程信息化关键技术与产品研发"、"区域空间信息综合应用关键技术在新疆兵团的示范"，国家自然科学基金项目"基于遥感的棉花长势监测模型及其栽培应用"等。

农业部农业资源监测总站从 2000 年起开始了全国棉花遥感监测的预测预报工作，杨邦杰等（2003）利用 CBERS-1 开展了新疆棉花种植面积遥感监测运行系统的科学研究，填补了新疆农作物遥感监测应用的空白，推动了我国棉花遥感监测科研工作的进展。在新疆棉花监测的抽样设计中，焦险峰等（2002）采用标准地形图作为分层抽样的抽样单元方法，在黄淮海、长江中下游棉区采用以县为单元的分层抽样的方法，抽样样本用遥感调查的方法获得，以满足生产应用的全国作物面积遥感监测抽样运行方法。"十二五"期间，新疆兵团有一批与遥感技术集成应用相关的国家项目，包括国家支撑计划"新疆自然资源精细遥感技术集成应用"、国家自然基金"棉花黄萎病的高光谱识别及其遥感监测机理研究"等，遥感技术集成应用方面的研究得到了不断发展。近年来，以新疆生

产建设兵团部分团场为研究对象，利用 TM、CBERS、IKONOS、北京一号小卫星和环境减灾小卫星（HJ）开展棉花识别、面积提取、长势监测、产量估测等的研究不断深入，为棉花的遥感监测奠定了基础。

为更好地使遥感监测技术在新疆棉区走向应用，由中国农科院作物科学研究所联合中国科学院遥感应用研究所、石河子大学、新疆农垦科学院等国内优势力量，在国家"863"、科技支撑计划、自然科学基金、兵团博士资金等项目的资助下，通过近 20 年努力，目前该项技术已趋于成熟并应用。棉花精准监测作为精准农业实施的关键环节，在棉花生产的关键时期，开展棉花长势、旱情、灾害、种植结构变化等方面的监测，2006年 5 月第一期遥感监测结果在兵团科技信息网（http：//kjj.xjbt.gov.cn）科技服务栏目以"兵团棉花长势遥感监测通报"形式发布，至今已发布近 50 期，为推进兵团棉花精准监测的发展起到了重要的推动作用。通过项目实施，填补了遥感技术在新疆棉花中应用研究的空白，本地专家已经有能力独立开展遥感研究。

二、新疆棉区棉花生长信息遥感监测

（一）新疆三大棉区棉花识别

参考农作物遥感监测与估产信息源分区指标，对新疆棉区的作物物候历中棉花与其他农作物生长期差异性进行分析，确定新疆三大棉区的棉花遥感识别最佳时相期：南疆棉区 6 月中旬前后是一个较为容易识别棉花的时相期，9 月上、中旬期间是一个最佳识别棉花的时相期；北疆棉区各种农作物的生长期差异性与南疆有类似的情况，6 月中、下旬期间是一个较为容易识别棉花的时相期，9 月中旬左右是一个最佳识别棉花的时相期。东疆棉区吐鲁番地区 6 月上、中旬期间是一个较为容易识别棉花的时相期，8 月下旬左右是一个最佳识别棉花的时相期。哈密地区在 6 月中、下旬期间是一个较为容易识别棉花的时相期，9 月中旬左右是一个最佳识别棉花的时相期。

曹卫彬等（2004a）根据遥感区划的原则、依据，结合新疆三大棉区的实际情况，以新疆棉花遥感监测棉花识别区划的各地市县及兵团师局的棉花播种面积比例数据为分区指标，制定出了新疆棉花遥感监测识别区划界限。根据棉花播种面积占农作物总播面积的比例，可将新疆三大棉区划分为 6 种棉花遥感识别区（图 8.37）。

在明确了新疆棉区棉花遥感识别区后可进行新疆棉花的准确识别。识别方法有多种，一种是根据不同作物的光谱影像特征，可进行棉花的识别。另一种是根据不同作物物候有明显差异，在不同作物的生长状况差异最大时可进行有效的棉花识别与分类。

曹卫彬等（2004a）研究表明，棉花、玉米和番茄在不同时期光谱特征差异很大，可根据两者的光谱差异进行作物类型识别（图 8.38）。为便于比较，使农作物地面光谱测量数据与遥感图像光谱波段数据具有可比性，将作物光谱测量数据按 TM 遥感图像的光谱波段进行处理，实现了棉花的区域识别（图 8.39）。

王克如等（2007）以 148 团为例，根据新疆棉区种植的主要作物物候差异结合遥感影像植被指数 NDVI 特征建立了不同作物识别模型。棉花与加工番茄播种日期、生长过程有许多相似之处，早期识别有困难。但在生长后期，加工番茄多在 8 月上旬采摘，然后开始衰老，而棉花仍处在旺盛生长阶段，根据这一特点可识别这两类作物。青贮玉米

7 月下旬收获，可将其与其他作物区分。9 月下旬初霜葡萄受霜冻影响较小，棉花受霜冻后生长开始衰退，可以与葡萄区别。

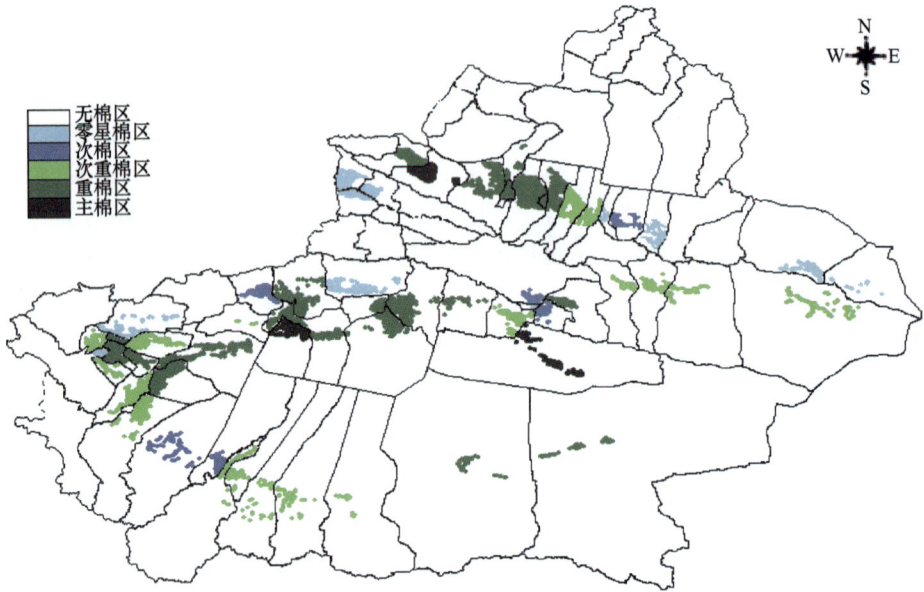

图 8.37　新疆棉花遥感识别最佳时相区划简图（曹卫彬等，2004a）

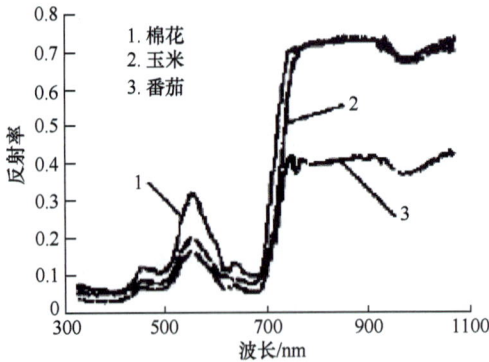

图 8.38　农作物地面测量光谱曲线图

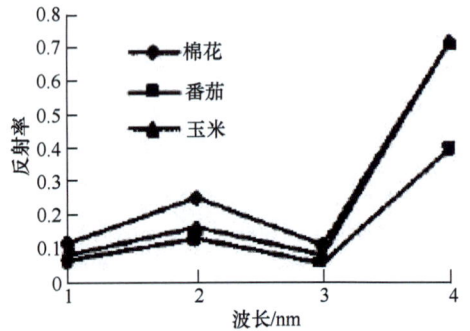

图 8.39　遥感图 1~4 波段处理后的结果曲线

棉花识别模型：NDVI 4 月＜NDVI 5 月＜NDVI 6 月＜NDVI 7 月≈NDVI 8 月上旬＞NDVI 9 月上旬。

加工番茄识别模型：NDVI 4 月＜NDVI 5 月＜NDVI 6 月＜NDVI 7 月＞NDVI 8 月上旬。

青贮玉米识别模型：NDVI 4 月＜NDVI 5 月＜NDVI 6 月＜NDVI 7 月≈NDVI 8 月上旬＞NDVI 8 月下旬或 NDVI 8 月下旬＜0.2。

葡萄识别模型：NDVI 4 月＜NDVI 5 月＜NDVI 6 月＜NDVI 7 月≈NDVI 8 月上旬≈NDVI 9 月下旬＞NDVI 9 月下旬。

根据以上模型对 148 团进行了作物分类和棉花识别，经实地验证，对棉花、小麦分类的准确率达 100%，对玉米分类的准确率为 96%，对葡萄分类的准确率为 94%（图 8.40）。

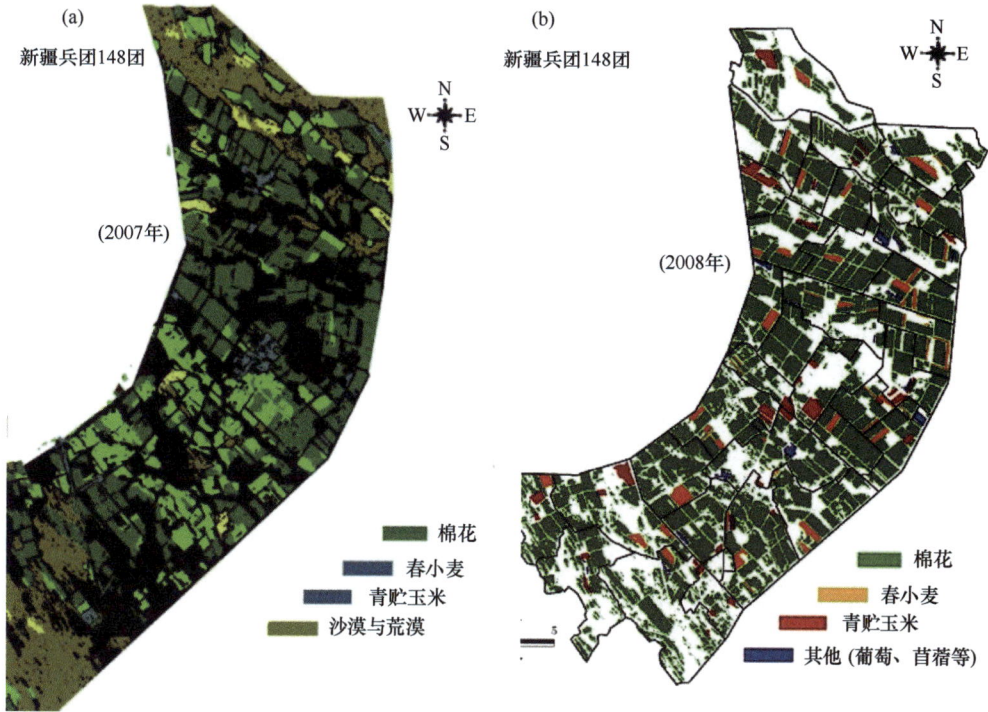

图 8.40　基于似然概率方法的 2007 年（a）和 2008 年（b）
148 团地物 TM 卫星分类图（王克如等，2007）

（二）新疆棉区面积提取方法

利用卫星影像处理软件面积提取功能很容易提取已识别的棉田面积，这是常用的面积提取方法之一。快速大区域提取棉田面积，需借助 GPS、GIS 和遥感软件分类功能来实现。2001 年国家批准了国防科学技术工业委员会中巴地球资源一号卫星应用示范项目，杨邦杰等（2003）通过该项目实现了新疆棉花种植面积的遥感监测，并为应用中巴资源一号卫星 CCD 数据监测我国其他大宗农作物的种植面积提供示范，为后续卫星在农业领域的大规模应用打下基础。

韩兰英等（2008）用 SPOT 影像经过主成分预处理按遥感影像解译的流程，对新疆阿克苏和喀什 2 个样区 22 个样方的棉花种植面积进行提取，SPOT 的 B3、B4、B2 波段组合识别要优于 B3、B2 和 B4 等组合，经 GPS 数据纠正的 SPOT 影像提高了棉花种植面积的估算精度，用非监督与监督分类中的最小距离法、最大似然法和马氏距离法进行分类。分析结果为最小距离法最接近实测值，其次为最大似然法，非监督分类法相关性最差（图 8.41）。用最小距离法对新疆泽普县棉区棉花面积进行估算，空间上的分布规律与泽普县棉花的实际分布相差 $1.29 \times 10^3 \text{hm}^2$，分类精度达 90.3%（图 8.42），可应用于新疆阿克苏和喀什棉区棉花面积的估算。

王琼等（2012）以 130 团为例，选取不同生育期内 2011 年 6 月 25 日和 2011 年 9 月 20 日 BJ 卫星影像，根据棉花与研究区其他作物物候和光谱差异性、农作物生长规律，对影像进行训练分类，对预处理后的影像进行归一化植被指数 NDVI 计算，并制作 NDVI 图，以实地采样点的 NDVI 值作为确定密度分割的阈值进行密度分割，可以对作物种类进行分类和面积提取。进一步运用监督分类算法、密度分割和逻辑运算辅助于人机交互的目视解译，得到了130团棉花种植面积。其中不同监督分类算法中神经网络分类法和最大似然法分类效果最佳，最终提取的棉花面积总体精度为94%，符合农场生产要求。

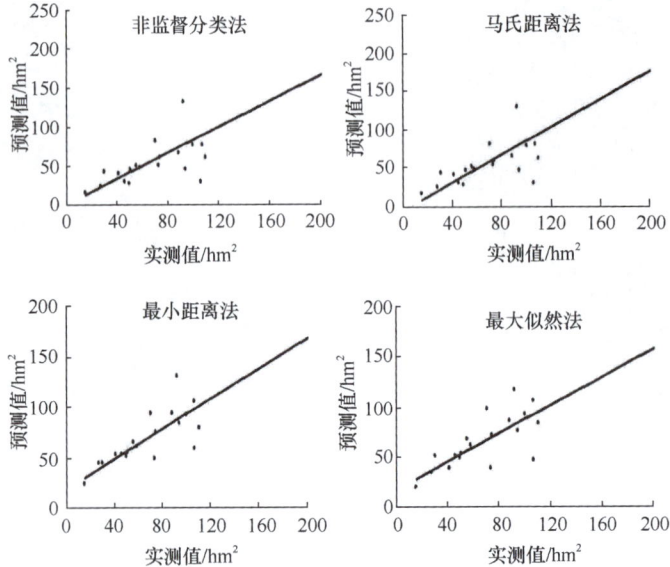

图 8.41　4 种方法预测值与实测值相关分析（韩兰英等，2008）

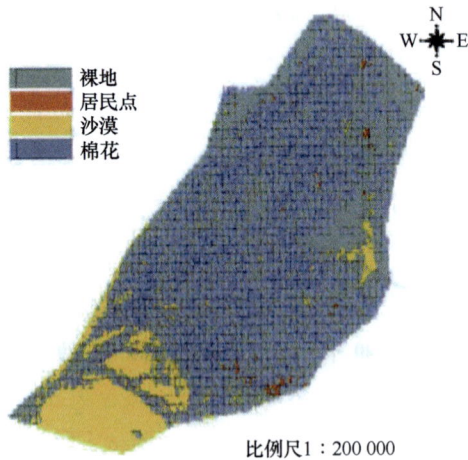

图 8.42　新疆泽普县棉花 SPOT 影像分类图（韩兰英等，2008）

（三）新疆棉区棉花种植密度监测

柏军华等（2009）的研究表明，基于 LANDSAT-5 像元尺度，新疆棉区出苗时间、大小苗对棉田生长密度的监测影响较大，以中期播种数据为例所建立的分播期估算模型能显著提高监测准确性（图 8.43）。检验结果表明，新疆建设兵团第八师 148 团 6 月 9 日和 6 月 26 日每公顷棉田生长密度的估算误差分别为 $2.05×10^4$ 株/hm^2 和 $2.07×10^4$ 株/hm^2，而采用不分播期估算方式时，两个时相模型的绝对估算误差分别为 $2.80×10^4$ 株/hm^2 和

$2.53×10^4$ 株/hm^2。兼顾模型监测的准确性和时相因素，棉花现蕾到开花期是棉田生长密度监测的最佳时段。

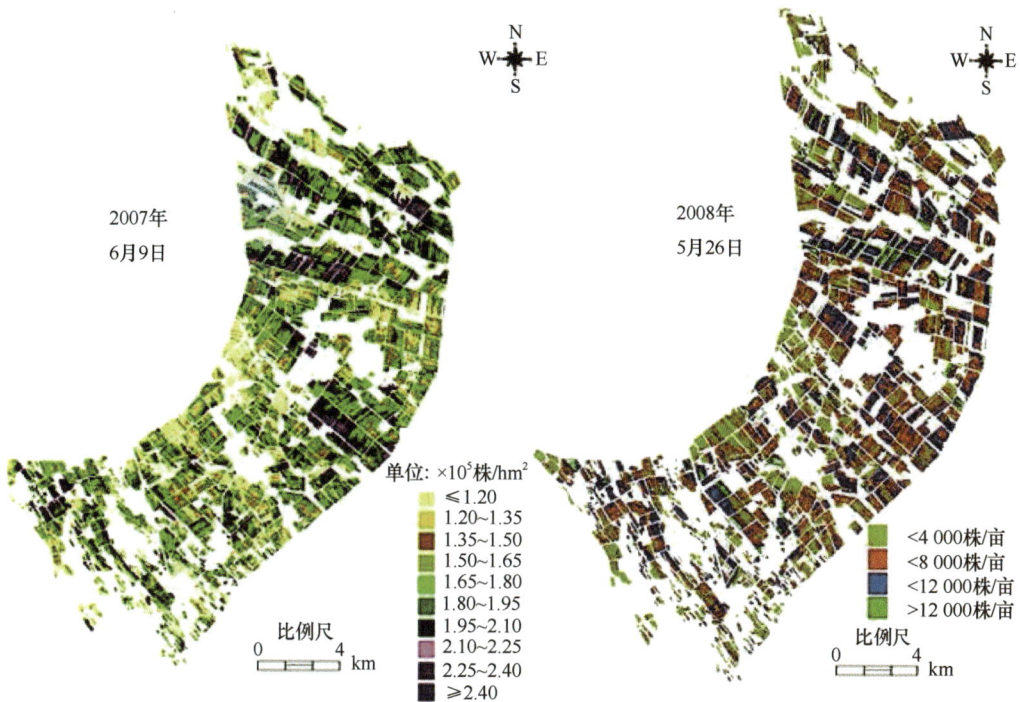

图 8.43 基于 LANDSAT-5 像元级的 148 团棉田留苗密度反演（柏军华等，2009）

柏军华等（2009）以 148 团为例，使用优选出的 6 月 9 日 I 式估算方法进行示例监测，该团棉田生长密度空间分布相关性强，变化连续性强，不同尺度都具有较强的群聚性。2008 年 5 月 26 日，棉田覆盖程度较低，加强型植被指数（EVI）不能对棉田生长密度信息进行有效提取，通过差异性加强型植被指数（DEVI），在一定程度上去除土壤等背景对棉田生长密度监测的影响，提高了像元间信息的可比性，使 LANDSAT-5 遥感影像对棉田生长密度的监测时间提前。监测时间从 6 月 9 日提前到 5 月 26 日，区域监测结果可以较好地表明不同棉田生长密度的分配比例和空间分布特征。

（四）新疆棉区棉花苗情监测

棉花苗情监测主要依据棉花不同形态下的空间信息建立光谱指数实现监测。一般从两个方面进行，一是棉花生长的实时监测，主要是通过年际遥感影像所反映的棉花生长状况信息的对比，同时综合物候、农业气象等辅助数据来制作棉花长势分级图，达到获取棉花生长状况空间分布变化的目的。棉花生长的实时监测可在棉花生长期采用 NDVI 对比的方法进行，有两种方式，一种是直接对卫星影像当期图像进行 NDVI 分级，进行两期 NDVI 图像比较，计算 NDVI 差值图，通过该期 NDVI 图像与去年同期 NDVI 图像比较，对差值图像赋值，并分等级，制作长势分级专题图。另一种是依据 NDVI 值对棉花长势进行分级，制成长势分级图，并与耕地数字地图叠加，可得到监测区域内不同长势类型的棉田图。根据田块内每个像元 NDVI 值的比较，可对单个像元棉花长势进行分级，根据其长势差异，制订并实施像元尺度上的栽培管理措施。二是棉花生长趋势和生长过程及状态分析，主要以时序遥感影像生成棉花生长过程曲线，通过比较当年与典型年曲线间的相似差异，对当年棉花长势进行评价，还可从其生长发育的整个过程进行趋势对比与分析。

柏军华等（2008）根据棉花蕾期 NDVI 值把北疆棉区 148 团 1.33 万 hm² 棉花长势分为优、良、中、差 4 类，分别对应生产中的一类、二类、三类和四类苗，并对不同长势类型进行了面积统计，长势优类占 17.6%，长势良类占 34.3%，长势中类占 38.7%，长势差类占 9.4%。与该农场 5 月末田间调查统计结果一类苗占 19%，二类苗占 38%，三类苗占 36%，四类苗占 7%基本一致（图 8.44）。

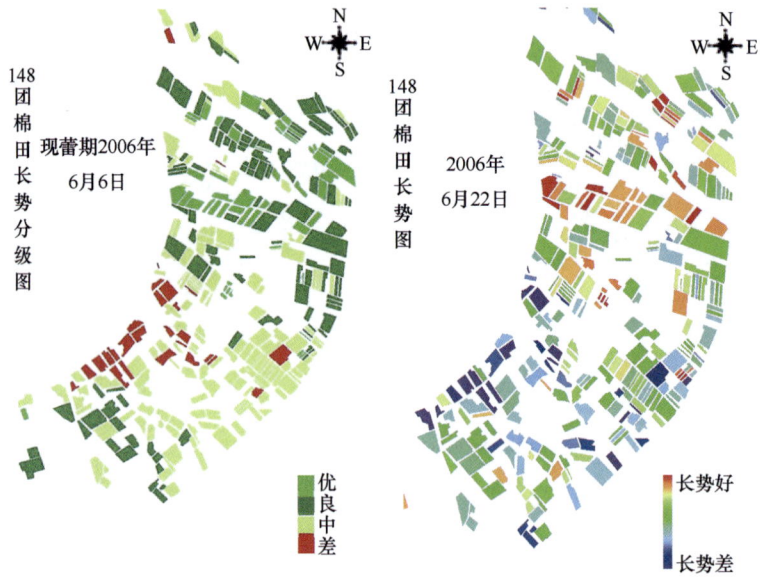

图 8.44　2006 年 148 团棉花长势分级（柏军华等，2008）

进一步从图 8.44 中抽取出部分田块进行田块尺度长势分级，从图 8.45 中可清晰看出所选区域内每块棉田棉花长势均存在不同程度差异，通过提供准确的空间位置信息和长势量化差异信息，制订针对性很强的栽培措施，以缩小像元尺度间长势差异，实现对田块级棉花长势的监测。

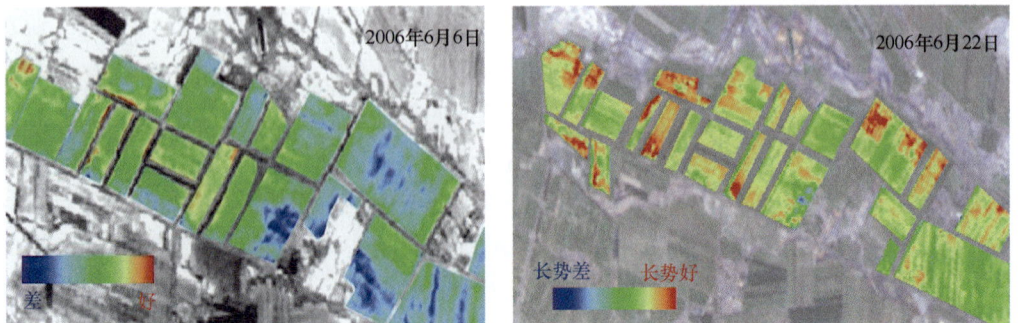

图 8.45　基于田块尺度的棉花长势分级图（柏军华等，2008）

（五）新疆棉区棉花栽培生理参数监测

利用近地光谱特征参数和卫星影像指数反演棉花的生物量、棉株水分、棉叶叶绿素浓度、冠层叶片全氮含量、LAI、冠层覆盖度和光合有效辐射等栽培生理参数，也可实现棉花生理参数的监测。王登伟等（2003）基于 750nm 反射率，NDVI 和红边、蓝边、黄边分别建立了棉花叶绿素含量、LAI 和冠层叶片全氮含量等的遥感估测统计模型。

柏军华等（2006）研究发现，LAI 随着生育期不断增加，可见光波段反射率出现饱和现象，为了提高估算精度，运用归一化差值植被指数 NDVI（600、800）、NDVI（550、800）建立回归模型，相对误差分别为 21.7% 与 21.0%，RMSE 分别为 0.416 与 0.419。不同长势类型棉田 NDVI 时间序列曲线的拟合方程见表 8.9。拟合方程的决定系数均达极显著水平，表明所建方程对棉田 NDVI 预测的可靠性较高，可利用其进行棉田长势类型的诊断。基于此，利用 IKNOIS 对 148 团 4 连管理单元棉田叶面积指数进行了反演与分级（图 8.46）。

表 8.9 不同长势类型棉田 NDVI 时间序列曲线拟合方程（柏军华等，2006）

长势类型	NDVI 拟合方程	R^2
高产型	$Y=-1.778\ 22+0.069\ 13x-0.000\ 06x^2$	0.9677^{**}
低产型	$Y=-1.808\ 49+0.058\ 64x-0.000\ 04x^2$	0.9454^{**}
晚发型	$Y=-1.753\ 91+0.056\ 30x-0.000\ 04x^2$	0.9769^{**}
早衰型	$Y=-1.048\ 38+0.039\ 01x-0.000\ 02x^2$	0.9728^{**}
贪青晚熟型	$Y=-2.155\ 35+0.080\ 33x-0.000\ 68x^2$	0.9843^{**}

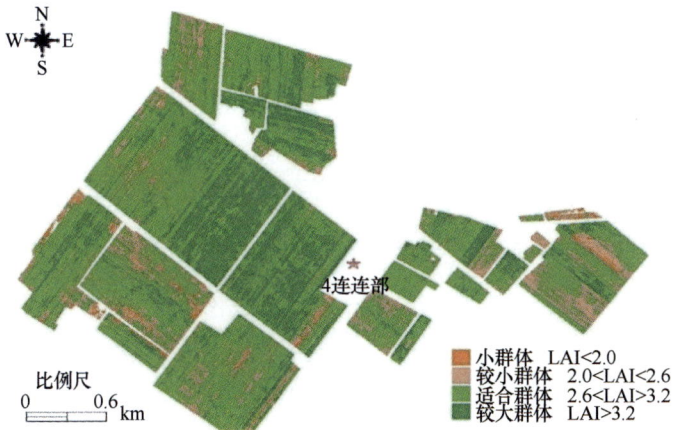

图 8.46 148 团 4 连管理单元棉田 IKNOIS 的 LAI 反演（柏军华等，2006）

刘爱霞等（2003）以 CBERS-1 卫星图像为信息源，在新疆石河子地区通过 3 种不同分类方法对比，得出 Fuzzy-ARTMAP 的分类结果精度最高。在 GIS 的支持下，根据 Fuzzy-ARTMAP 的分类结果提取了棉田信息。利用 2001 年和 2002 年不同时相 MODIS 影像计算得到归一化植被指数 NDVI 和 NDVI 差值图像，将 NDVI 差值图像与棉田信息叠加后并分级，得到了年际和年内棉花长势的动态分布图和相同时相棉花长势的区域差异图。

（六）新疆棉区棉花旱情监测

全疆尺度上的监测由于空间范围比较大，考虑到经济及数据的易获取性等因素，可选择使用 MODIS 数据，获取新疆兵团各棉花主产区在每个无云天气的长势分布图。再与 TM 影像融合，构建 TVDI 指标，建立水分监测模型，对新疆棉区棉花旱情监测。此外，基于 RS 与 GIS 的干旱区棉花信息提取及长势监测在新疆棉区也得到了应用。

李静（2006）利用 MODIS 数据与 TM 影像融合，构建 TVDI 指标，建立水分监测模型对 148 团 2006 年作物水分状况进行监测与分级，结果见图 8.47。

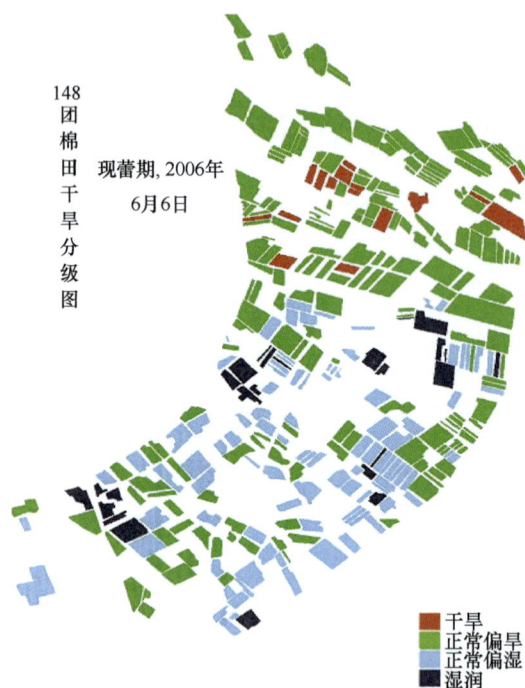

图 8.47　2006 年 6 月 6 日棉田旱情分级图（李静，2006）

（七）新疆棉区棉花产量监测

目前，美国、日本、欧洲地区及我国都纷纷发展了利用卫星资料和地面实况资料，根据各种模型预估作物产量的技术。在大尺度产量监测上，有气象单产模型、农学单产模型、遥感单产模型及作物生长模拟模型，采用高分辨率的遥感信息源和 GIS 技术，抽样计算作物面积变化，将气象数据与农学模型相结合，建立作物单产模型，综合得到总产的变化，这种方法经济、灵活。美国于 20 世纪 70 年代开始的以估算全世界主要农作物产量、进行作物长势监测、调查全球性农业资源为宗旨的"大面积作物估产实验"（LACIE），对几个地区的小麦、棉花、大豆、玉米等作物估产的精度都到了 90% 以上。我国 20 世纪 90 年代对北方麦区冬小麦进行估产也达到了 95% 的准确率，但在棉花估产上，由于估产中的不确定因素、病虫害等灾害影响对棉花估产增加了难度，以及遥感图像中混合像元的识别困难，增加了对棉花进行个别估产的难度。对新疆棉区的相关研究指出，利用单一光谱特征参量可对新疆棉区棉花产量进行估算。利用棉花多时相光谱特征参数亦可建立新疆棉花多个生育期估产模型，提高产量估算的精度。通过不同生育期的农学参数与植被指数组合与产量作多元复合回归分析，是进一步提高棉花估产精度的有效方法。利用中巴资源二号卫星、ASTER、环境小卫星等不同分辨率的卫星能对新疆棉区棉花产量进行很好的监测，监测结果精度都到了80%以上，已经得到了广泛区域应用。

刘娇娣（2007）、刘娇娣等（2011）用各生育期NDVI植被指数与实际棉花产量进行回归分析，以获取棉花单产的遥感估算模型。南疆长绒棉的遥感估产最佳时相为盛花期，最佳单时相遥感估产以盛花期的指数函数方程拟合度最好。杂交棉最佳单时相估产模型为始花期的直线方程，其次是盛花期、吐絮期的三次多项式方程。中棉所35最佳单时相估产模型为盛花期的三次多项式方程。134-1、18-3品种单时相遥感估产的最佳估产模型为盛铃期的指数函数；297-5品种单时相遥感估产的最佳估产模型为结铃期的指数函数。

侯新杰等（2008）利用光谱特征参量VARI700也较好地估算了棉花产量，模型为：$y = -1.334x^2 + 19.649x + 1.8355$（$R^2$=0.9564）。此外，他认为由于棉花产量构成因子中的单位面积总铃数、单铃重与光谱指数有较好的相关性，也可以用光谱特征参数估算棉花产量构成因素。

白丽（2006）通过不同生育期的农学参数与植被指数组合与产量作多元复合回归分析，进一步提高了棉花估产精度。利用此方法筛选出棉花叶面积指数（LAI）、单株鲜生物量（WM）和鲜叶叶绿素含量（Chl）为复合光谱估产模型的主要农学参数，可构建复合光谱估产模型。结果表明所有光谱变量-农学参数与产量的复合回归方程均是4个时期组合的相关性最好，模型的精度均高于单时相光谱估产模型和多时相光谱估产模型的精度。柏军华等（2006）课题组根据作物产量=NPP×α的关系构建了棉花产量的估测模型。利用地面实测棉花产量与对应点的初级净生产力（NPP）进行相关分析，发现二者极显著相关（图8.48），表明利用NPP估测棉花产量是可行的。

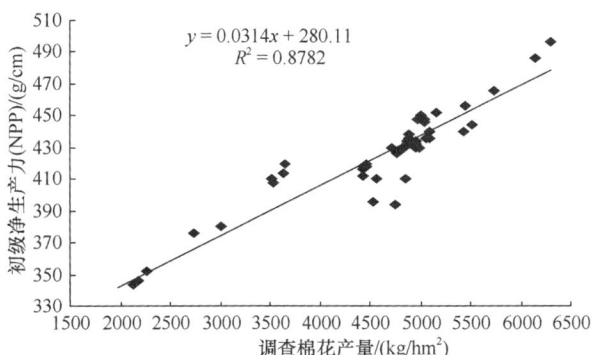

图8.48　棉花实际调查产量和初级净生产力的关系（柏军华等，2006）

利用卫星遥感监测新疆棉区棉花产量。李红（2009）利用中巴资源二号卫星（CBERS-2）数据，结合棉花生长模拟模型GOSSYM，对新疆石河子地区的棉花产量进行了监测，通过GOSSYM模型的验证，对棉花生育期的预测误差在1～3d，对产量预测误差在10%范围内。为构建新疆北部地区棉花产量遥感监测工作体系打下坚实的基础。通过对非样本点同品种棉花产量进行的模型验证，表明NDVI和PVI与产量的预测模型拟合R^2和检验R^2都在0.8以上，达到了极显著水平，说明基于NDVI和PVI的棉花产量预测模型可以满足区域产量宏观监测需要，是简单有效、切实可行的方法。

通过上述模型，利用环境小卫星计算了2010年第八师示范区棉花产量并制作成产量图（图 8.49）。利用实测产量与估测产量进行比较结果表明（图 8.50），估测产量的绝对误差平均为 182.94kg/hm²，其平均相对误差为 4.00%。结果证明，利用遥感技术和研究人员提出的棉花产量估测模型进行产量估测能够满足农场要求。

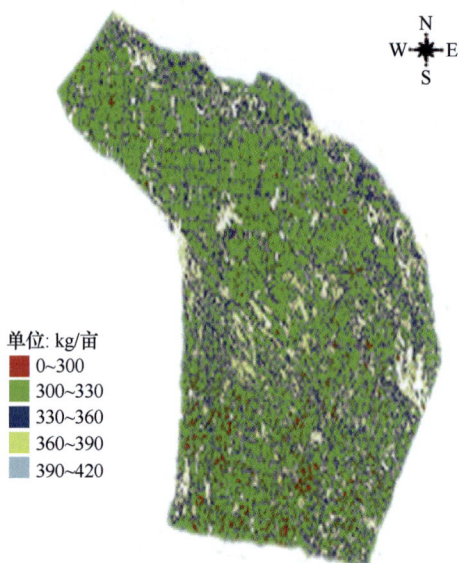

图 8.49　第八师棉花产量分布图

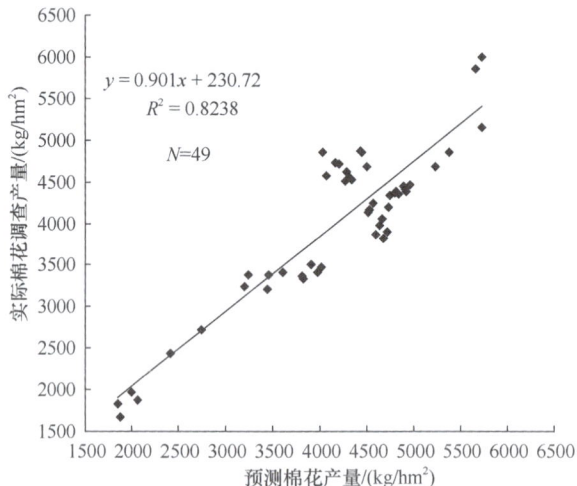

图 8.50　棉花实际调查产量和预测棉花产量关系

为了将棉花产量监测结果更好地服务于农业，刘开源等（2007）以兵团第一师 16 团 2001～2005 年 6 年的 ASTER 遥感数据为对象，用遥感软件校正和重采样处理后将其进行监督分类，提取棉花种植区域并计算种植面积。从经验、农学、光学 3 个不同角度对棉花产量估测模型进行研究，提出了估产系统的设计方案，并运用计算机网络技术在 Net 平台上开发基于 WebGIS 的棉花遥感估产系统，从功能需求分析、技术平台、功能模块组成和数据库结构等方面阐述了适用于县（团）级、跨平台的农业地理信息系统的设计与开发，同时完成了估产系统与农业地理信息系统的整合。

　　棉花产量监测是个系统工程，需要各个部门通力合作，通过近 20 年的努力虽然在新疆棉区取得了一些突破性的进展，但由于新疆棉区各个亚区地块大小存在较大差异，加上气象灾害频繁，产量监测精度和应用面积受到限制，不同区域监测面积和精度存在差异，而实现全区的覆盖监测需要大量的人力实地验证和经费支持，才能真正准确、实时、大面积、快速监测棉花产量，达到生产中的要求并普及使用。

　　新疆棉区的棉花生长信息监测取得了很多成果，尤其在理论方面取得了新的突破，例如，在新疆三大棉区棉花识别区划方面对全疆进行了很好的划分，在棉区范围内对作物进行了识别，并进行了广泛的全面的应用。但在棉花种植密度监测、苗情监测、旱情监测方面仅在县（团场）域范围示范，棉花栽培生理参数监测方面仅做了小区和大田的试验和示范。因此，要真正实现全疆范围内详细的棉花生长信息监测并进行广泛的应用还须不断地开展相关研究和应用。

（撰稿人：吕　新　崔　静　郑　重　陈　兵　李新伟；审稿：吕　新）

参 考 文 献

白丽. 2006. 基于冠层光谱的棉花单产估算模型的研究. 石河子: 石河子大学硕士学位论文.

柏军华. 2009. 棉田管理信息的遥感提取研究. 北京: 中国农业科学院博士学位论文.

柏军华, 李少昆, 王克如, 等. 2006. 棉花产量遥感预测的 L-Y 模型构建. 作物学报, 32(6): 840-844.

柏军华, 李少昆, 王克如, 等. 2007. 基于近地高光谱棉花生物量遥感估算模型. 作物学报, 33(2): 141-146.

柏军华, 李少昆, 李静, 等. 2008. 基于多时相棉花长势遥感的棉田质量诊断. 中国农业科学, 41(4): 72-80.

柏军华, 李少昆, 吴洪永, 等. 2009. 基于 LANDSAT-5 像元尺度的棉田生长密度遥感监测初步研究. 中国农业科学, 42(4): 76-85.

兵团棉花长势遥感监测通报. 2008a. 利用卫星遥感监测棉花病虫害的发生(一). 第 32 期. http://www.kjj.xjbt.gov.cn[2015-10-11].

兵团棉花长势遥感监测通报. 2008b. 利用卫星遥感监测棉花病虫害的发生(二). 第 33 期. http://www.kjj.xjbt.gov.cn[2015-10-11].

陈巧, 陈永富. 2004. 单时相 NOAA/AVHRR 资料监测大范围土壤含水量的研究. 林业科学研究, (4): 427-433.

陈兵. 2010. 基于多平台棉花黄萎病的遥感监测研究. 石河子: 石河子大学博士学位论文.

陈兵, 李少昆, 王克如, 等. 2007. 棉花黄萎病病叶光谱特征与病情严重度的估测. 中国农业科学, 40(12): 2709-2715.

陈兵, 王克如, 李少昆, 等. 2010. 蚜虫胁迫下棉叶光谱特征及其遥感估测. 光谱学与光谱分析, 30(11): 3093-3097.

陈兵, 王克如, 李少昆, 等. 2012. 棉花黄萎病疑似病田的卫星遥感监测——以 TM 卫星影像为例. 作物学报, 38(1): 129-139.

陈兵, 王克如, 李少昆, 等. 2008. 棉花黄萎病冠层光谱特征及其严重度反演. 北京: 第二届国际计算机及计算技术在农业中的应用研讨会暨第二届中国农村信息化发展论坛论文集: 37-43.

陈鹏程, 张建华, 李眉眉, 等. 2007. 土耳其斯坦叶螨为害棉叶的生理变化及光谱特征分析. 昆虫知识, 44(1): 61-65.

曹卫彬. 2004. 新疆棉花遥感监测运行系统关键技术研究. 北京: 中国农业大学博士学位论文.

曹卫彬, 杨邦杰, 宋金鹏, 等. 2004a. TM 影像中基于光谱特征的棉花识别模型. 农业工程学报, 20(4): 112-116.

曹卫彬, 刘姣娣, 马蓉. 2008. 新疆棉花遥感监测识别区域的划分. 农业工程学报, 24(4): 172-176.

曹卫彬, 杨邦杰, 宋金鹏. 2004b. 基于 Landsa tTM 图像棉花面积提取中线状地物的扣除方法研究. 农业工程学报, 20(2): 164-167.

曹雁平, 唐爱民, 曹必成. 1992. 棉花红铃虫管理专家系统及其实现. 江苏农学院学报, 13(4): 33-38.

崔静, 王宏伟, 王怀旭, 等. 2010. 不同配置滴灌棉田土壤水分变化研究. 安徽农业科学, (33): 189-191.

邓英春, 许永辉. 2007. 土壤水分测量方法研究综述. 水文, (4): 20-24.

戴建国, 赖军臣. 2015. 基于图像规则与 Android 手机的棉花病虫害诊断系统. 农业机械学报, 41(1): 41-50.

高照阳, 张红梅, 常明勋, 等. 2004. 国内外土壤水分监测技术. 节水灌溉, (2): 28-29.

高国治, 张斌, 张桃林, 等. 1998. 时域反射法(TDR)测定红壤含水量的精度. 土壤, (1): 48-50.

高文, 陈熙霖. 1999. 计算机视觉. 北京: 清华大学出版社.

郭卫华, 李波, 张新时, 等. 2003. FDR 系统在土壤水分连续动态监测中的应用. 干旱区研究, (4): 247-251.

龚元石, 曹巧红, 黄满湘. 1999. 土壤容重和温度对时域反射仪测定土壤水分的影响. 土壤学报, (2): 145-153.

龚元石, 李子忠. 1997. TDR 探针两种埋设方式下土壤水分的测定及其比较. 农业工程学报, (2): 248-250.

韩兰英, 陈全功, 韩涛, 等. 2008. 基于 3S 技术的棉花面积估测方法研究. 干旱区研究, 25(2): 207-211.

何国金, 胡德永, 金小华, 等. 2002. 北京麦芽虫害的光谱测量与分析. 遥感技术与应用, 17(3): 119-124.

何金军. 2008. 黄土丘陵区土壤水分时空变化特征对采煤沉陷的响应. 呼和浩特: 内蒙古农业大学硕士学位论文.

侯新杰, 蒋桂英, 白丽, 等. 2008. 高光谱遥感特征参数与棉花产量及其构成因子的关系研究. 遥感信息, (2): 10-16.

胡永光, 李萍萍, 吴才聪, 等. 2009. 基于漫反射光谱的茶园土壤硝态氮检测. 农业工程学报, 25(22): 240-244.

胡晓棠, 李明思, 马富裕. 2002. 膜下滴灌棉花的土壤干旱诊断指标与灌水决策. 农业工程学报, 18(1): 67-70.

姜小三, 倪绍祥, 潘剑君, 等. 1996. 温度条件对 TDR 测定土壤水分的影响. 江苏农业科学, (4): 102-104.

蒋平安, 玉山江, 马德英. 1997. 新疆棉花病虫害管理专家系统. 新疆农业大学学报, 20(4): 77-81.

蒋桂英. 2006. 新疆棉花主要栽培生理指标的高光谱定量提取与应用研究. 长沙: 湖南农业大学博士学位论文.

竞霞, 王纪华, 宋晓宇, 等. 2010. 棉花黄萎病病情严重度的连续统去除估测法. 农业工程学报, 26(1): 193-198.

竞霞. 2009. 基于多源多时相数据棉花黄萎病遥感监测研究. 北京: 北京师范大学博士学位论文.

冀高. 2007. 基于数字图像处理的棉花群体特征提取. 北京: 北京邮电大学硕士学位论文.

焦险峰, 杨邦杰, 裴志远. 2002. 全国棉花种植面积遥感监测抽样方法设计. 农业工程学报, 18(4): 169-162.

贾良良, 陈新平, 张福锁. 2001. 作物氮营养诊断的无损测试技术. 世界农业, (6): 36-37.

梅安新, 彭望, 秦其明, 等. 2001. 遥感导论. 北京: 高等教育出版社: 240-245.

马履一. 1997. 国内外土壤水分研究现状与进展. 世界林业研究, (5): 27-33.

刘炳忠, 张鑫. 2008. 国内外土壤墒情监测技术及应用. 山东水利, (12): 13-15.

刘伟东. 2002. 高光谱遥感土壤信息提取与挖掘研究. 北京: 中国科学院研究生院(遥感应用研究所)博士学位论文.

刘良云, 宋晓宇, 李存军, 等. 2009. 冬小麦病害与产量损失的多时相遥感监测. 农业工程学报, 25(1): 137-143.

刘良云, 黄木易, 黄文江, 等. 2004. 利用多时相的高光谱航空图像监测冬小麦条锈病. 遥感学报, 8(3): 275-281.

刘兴库, 李兆华. 1993. 多光谱诊断植物病害的初步研究. 东北林业大学学报, 21(2): 106-110.

刘姣娣, 曹卫彬, 刘学. 2005. 3S 技术在新疆棉花遥感监测中的应用. 新疆农机化, (6): 15-16.

刘姣娣. 2007. 新疆棉花遥感估产单产模型研究. 石河子: 石河子大学硕士学位论文.

刘姣娣, 曹卫彬, 李华, 等. 2011. 基于植被指数的新疆棉花遥感估产模型研究. 石河子大学学报, 29(2): 27-31.

刘开源. 2007. 基于 WebGIS 的棉花遥感估产系统的设计与实现. 乌鲁木齐: 新疆农业大学硕士学位论文.

刘开源, 蒋平安, 盛建东. 2007. 基于 WebGIS 的农一师十六团农业基础地理信息系统构建研究. 新疆农业科学, (4): 128-131.

刘爱霞, 王长耀, 刘正军, 等. 2003. 基于 RS 与 GIS 的干旱区棉花信息提取及长势监测. 地理与地理信息科学, 19(4): 101-104.

李国英. 2000. 新疆棉花主要病害发生趋势及对策. 植物保护, (4): 23-25.

李丽华. 2010. 北疆地区干旱监测分析研究. 乌鲁木齐: 新疆大学硕士学位论文.

李静. 2006. 新疆棉花长势和旱情定量遥感监测模型与方法研究. 北京: 中国科学院遥感所博士学位论文.

李红. 2007. 基于 CBERS-2 卫星图像的石河子地区棉花产量遥感监测研究. 石河子科技, (6): 28-30.

李红. 2009. 基于卫星遥感的棉花产量预测模型研究. 乌鲁木齐: 新疆农业大学硕士学位论文.

李新伟. 2013. 基于 GreenSeeker 的棉花氮素营养诊断及 Android 施肥决策系统研究. 石河子: 石河子大学博士学位论文.

赖军臣, 李少昆, 明博, 等. 2009. 作物病害机器视觉诊断研究进展. 中国农业科学, 42(4): 94-100.

廖楚江, 王长耀, 李红, 等. 2006. 基于地质统计学影像纹理的石河子地区化控期棉花长势监测. 农业工程学报, 22(8): 135-139.

吕庆喆. 2001a. 农作物遥感估产方法介绍(上). 中国统计, (5): 56-57.

吕庆喆. 2001b. 农作物遥感估产方法介绍(下). 中国统计, (6): 55-56.

卢艳丽, 白由路, 王磊, 等. 2010. 黑土壤中全氮含量的高光谱预测分析. 农业工程学报, 26(1): 256-261.

陆国权, 盛家廉. 1990. 近红外反射光谱法(NIRS)在甘薯品质育种上的应用. 中国农业科学, (1): 76-81.

潘文超, 李少昆, 王克如, 等. 2010. 基于棉花冠层光谱的土壤氮素监测研究. 棉花学报, 22(1): 70-76.

浦瑞良, 宫鹏. 2000. 高光谱遥感及其应用. 北京: 高等教育出版社: 1-10.

潘薇薇, 危常州, 丁琼, 等. 2009. 膜下滴灌棉花氮素推荐施肥模型的研究. 植物营养与肥料学报, 15(1): 208-214.

孙建英, 李民赞, 郑立华, 等. 2006. 基于近红外光谱的北方潮土土壤参数实时分析. 光谱学与光谱分析, 26(3): 426-429.

宋庆平, 陈谦, 陈红, 等. 2002. 新疆棉田病虫害防治策略与技术的展望. 中国棉花, 29(12): 7-9.

沈晋, 王文焰, 沈冰. 1991. 动力水文实验研究. 西安: 陕西科学技术出版社: 89-135.

魏娜. 2009. 土壤含水量高光谱遥感监测方法研究. 北京: 中国农业科学院硕士学位论文.

吴文义, 尉永平. 2001. 瓶筒法快速测定土壤含水量. 山西水利科技, (4): 20-22.

吴涛, 张荣标, 冯友兵. 2007. 土壤水分含量测定方法研究. 农机化研究, (12): 213-217.

王振龙, 高建峰. 2006. 实用土壤墒情监测预报技术. 北京: 水利水电出版社.

王建斌. 2010. 美国森林病虫害监测方法研究. 安徽农业科学, 38(15): 7962-7964.

王克如. 2005. 基于图像识别的作物病虫草害诊断研究. 北京: 中国农业科学院博士学位论文.

王克如. 2009. 基于卫星遥感的棉花长势监测与应用. 北京: 中国农业科学院博士后学位论文.

王克如, 李少昆, 刘强, 等. 2007. 基于 TM 卫星的棉花长势遥感监测研究. 北京: 第一届国际计算机及计算技术在农业中的应用研讨会暨第一届中国农村信息化发展论坛论文集: 45-51.

王克如, 李少昆, 王崇桃, 等. 2006. 用机器视觉技术获取棉花叶片叶绿素浓度. 作物学报, 32(1): 34-40.

王登伟, 李少昆, 田庆玖, 等. 2003. 棉花主要栽培生理参数的高光谱估测研究. 中国农业科学, 36(7): 770-774.

王璐, 蔺启忠, 贾东, 等. 2007. 多光谱数据定量反演土壤营养元素含量可行性分析. 环境科学, 28(8): 1822-1828.

王琼, 王克如, 李少昆, 等. 2012. HJ 卫星数据在棉花种植面积提取中的应用研究. 棉花学报, 24(6): 503-510.

汪善勤, 舒宁, 张海涛. 2008. 土壤全氮田间 Vis/NIR 光谱测定方法研究. 光谱学与光谱分析, 28(4): 808-812.

赵燕东, 王一鸣. 2002. 基于驻波率原理的土壤水分传感器的测量敏感度分析. 农业工程学报, (2): 5-8.

赵良斌, 曹卫彬, 唐春华, 等. 2008. 新疆棉花遥感识别最佳时相的选择. 新疆农业科学, 45(4): 618-622.

薛利红, 卢萍, 杨林章, 等. 2006. 利用水稻冠层光谱特征诊断土壤氮素营养状况. 植物生态学报, 30(4): 675-681.

余杨, 王穗, 余艳玲. 2004. 土壤表层水分含量测定方法. 云南农业大学学报, (2): 82-84.

郁进元, 何岩, 赵忠福, 等. 2007. 农田土壤水分各种测量方法的比较与分析. 浙江水利科技, (6): 1-2.

姚志伟, 朱江, 张继珍. 2003. 新疆棉花植保数据库的开发研究. 农业图书情报学刊, 3: 9-33.

阎雨, 陈圣波, 田静, 等. 2004. 卫星遥感估产技术的发展与展望. 吉林农业大学学报, 26(2): 187-196.

杨邦杰, 裴志远, 焦险峰, 等. 2003. 基于 CBERS-1 卫星图像的新疆棉花遥感监测技术体系. 农业工程学报, 19(6): 146-149.

章树安, 章雨乾. 2013. 土壤水分监测技术方法应用比较研究. 水文, (2): 25-28.

张军红, 吴波. 2012. 干旱、半干旱地区土壤水分研究进展. 中国水土保持, (2): 40-43.

张雪莲, 李晓娜, 武菊英, 等. 2010. 不同类型土壤总氮的近红外光谱技术测定研究. 光谱学与光谱分析, 30(4): 906-910.

张左生. 1995. 油作物病虫鼠害预测预报. 上海: 上海科技出版社.

张小平, 曹卫彬, 刘姣娣. 2011. 基于遥感影像的棉花种植面积提取方法研究. 安徽农业科学, 39(7): 4226-4228, 4297.

张金恒, 王珂, 王人潮. 2003. 叶绿素计 SPAD-502 在水稻氮素营养诊断中的应用. 西北农林科技大学学报, 31(2): 181-184.

Bawden F C. 1933. Infra-red photography and plant virus diseases. Nature: 132-168.

Bowers S A, Hanks R J. 1965. Reflection of radiant energy from soils. Soil Science, 100(2): 130-138.

Chen B, Li S K, Wang K R, et al. 2008. Spectrum characteristics of cotton canopy infected with verticillium wilt and applications. Agriculture Science in China, 7(5): 561-569.

Chen B, Li S K, Wang K R, et al. 2012. Evaluating the severity level of cotton verticillium using spectral signature analysis. International Journal of Remote Sensing, 33(9): 2706-2724.

Demetrialdes-Shan T H, Steven M D, Clark J A. 1990. High resolution derivative spectra in remote sensing. Remote Sens Environ, 33: 55-64.

Diker K, Bausch W C. 2003. Radiometric field measurements of maize for estimating soil and plant nitrogen. Biosystems Engineering, 86(4): 411-420.

Gaskin G J, Miller J D. 1996. Measurement of soil water content using a simplified impedance measuring technique. Journal of Agricultural Engineering Research, (63): 153-160.

Idos S B, Pinter P J, Jackson Jr R D, et al. 1980. Estimation of grain yields remote senescence rate. Remote Sens Environ, 9: 87-91.

Ladha J K, Tirol-Padre A, Punzalan G C, et al. 1998. Nondestructive estimation of shoot nitrogen in different rice genotypes. Agron J: 90-33.

Leigh R A, Johnson A B. 1985. Nitrogen concentration in field grown spring barely: an experiment of the usefulness of expecting concentration on the basis of tissue water. J Agric Sci Comb, 105: 397-406.

Leon C T, Shaw D R, Cox M S, et al. 2003. Utility of re-mote sensing in predicting crop and soil characteristics. Precision Agriculture, (4): 359-384.

Luo J H, Huang W J, Wang J H, et al. 2009. The crop disease and pest warning and prediction system. Computer and Computing, Springer Boston, 294: 937-945.

Malthus T J, Maderia A C. 1993. High resolution spectroradiometry: spectral reflectance of field bean leaves infected by *Botrytis fabae*. Remote Sensing of Environ, 45: 107-116.

Moron A, Cozzolino D. 2002. Application of near infrared re-flectance spectroscopy for the analysis of organic C, total N and pH in soils of Uruguay. Journal of Near Infrared Spectroscopy, 10(3): 215-221.

Muhammad H H. 2005. Hyperspectral crop reflectance data for characteristic and estimating fungal disease severity in wheat. Biosyst Eng, 91: 9-20.

Papastylianou I, Puckridge D W. 1983. Stem nitrate nitrogen and yield of wheat in a permanent rotation experiment. Crop and Pasture Science, 34(6): 599-606.

Pinter P J. 1983. Infrared thermometry: a remote sensing technique for predicting yield in waater stressed cotton J2. Agricultural Water Management, 6: 385-395.

Sasao A, Shibusawa S, Sakai K, et al. 2000. Soil parameters estimation with NIR spectroscopy. Journal of the Japa-nese Society of Agricultural Machinery, 62(3): 111-120.

Silleos N, Perakis K, Petanis G. 2002. Assessment of crop damage using space remote sensing and gis. International Journal of Remote Sensing, 23(3): 417-427.

Taubenhaus J J, Ezekiel W N, Neblette C B. 1929. Airplane photography in the study of cotton root rot. Phytopathology, 19: 1025-1029.

Watson K, Pohn H A. 1974. Thermal Inertia mapping from satellites discrimination of geologic units in Oman. Res Geol Surv, 2(2): 147-158.

第九章　新疆棉花全程机械化装备及技术

新疆是我国最大的优质棉生产基地，棉花全程机械化的实施关系到棉花产业现代化的发展。棉花生产全程机械化环节依次包括：土地准备、精量播种、水肥滴灌、中耕植保、棉花打顶、脱叶催熟、机械采收、籽棉转运、清理加工等环节。配套的农业机械有：耕翻整地机、秸秆还田机、残膜回收机、铺膜铺管精量播种机、滴灌系统、中耕机、打顶机、高地隙喷雾机、采棉机、田间籽棉运转车、打模设备、开模设备、清理加工设备等。各个环节之间是既独立又相关的串联关系，任何一个环节的农机配备不合理，都会导致全程机械化生产过程受阻。新疆多年棉花机械化实践证明：棉花全程机械化可提高棉田精准管理水平，满足适时精耕细作要求，大幅度提高劳动生产率，增加规模效益，达到增产、增收的目的。

第一节　播前土地整理机械与技术

一、棉秆粉碎还田机械

新疆棉区有丰富的棉花秸秆资源，棉秆粉碎还田具有增加土壤有机质、培肥地力、改善土壤结构、提高地温、增强蓄水保质能力、实现节本增效等特点。新疆棉秆粉碎还田主要采用"水平刀式"和"横轴式"两种类型。

1."水平刀式"棉秆粉碎还田机

（1）主要机构组成（图9.1）。主要由悬挂装置、齿箱总成、传动机构、壳体、刀轴

图 9.1　"水平刀式"棉秆粉碎还田机

总成限深辊等主要机构组成。具有以下特点：①设计了立式刀轴结构，立式刀轴上安置
4组刀盘，每个刀盘上水平固定2把刀片，结构简单、负荷小，生产效率高。②设计了
离合器装置，可以预防土堆、石块对刀片的伤害。③降装置为滑板式结构，由垫板、滑
板体和连接支腿组成。采用此结构仿形可靠、耐用。主机运动平稳，不需进行班次维护
保养。还可通过调整支腿上不同的孔位，达到调整割茬的目的。④整机结构简单，维修
方便，功率消耗小，使用时间长。

（2）技术参数及性能指标见表9.1。

表9.1　"水平刀式"棉秆粉碎还田机技术参数

序号	项目	棉秆
1	外形尺寸/mm	2490（长）×2200（宽）×1000（高）
2	整机质量/kg	600
3	配套拖拉机功率/kW	55～70
4	工作幅宽/mm	2200
5	运输方式	三点悬挂式
6	切碎长度/cm	≤12.0
7	切碎长度合格率/%	≥80.0
8	留茬高度/cm	≤8.0
9	可靠性/%	≥90.0
10	作业行走速度/（km/h）	10～15

2. "横轴式"棉秆粉碎还田机

（1）主要机构组成（图9.2）。由轮式拖拉机驱动，三点悬挂牵引，主要由变速箱、
齿箱总成、传动机构、刀轴总成和机架等组成。主要有以下特点：①壳体型腔采用前小
后大，粉碎腔室宽大，有利于秸秆抛送动刀与定刀转动，刀轴运转直径合理，提高动刀
线速度，减少动力消耗。②动刀在刀轴采用双螺旋排列。螺旋排列形成的气流可使秸秆
按照一定方向有序流动；动刀采用三把刀，两把弯刀，一把直刀，对于硬质棉秆粉碎效

图9.2　"横轴式"棉秆粉碎还田机

果更好。③刀轴轴承进行全密封装置，并用双列调心滚子轴承，使轴承润滑效果更好，提高轴承使用寿命。

（2）技术参数及性能指标见表 9.2。

表 9.2 "横轴式"棉秆粉碎还田机技术参数

序号	项目	棉秆
1	外形尺寸/mm	2470（长）×1400（宽）×1150（高）
2	整机质量/kg	900
3	配套拖拉功率/kW	75～110
4	工作幅宽/mm	2300
5	运输方式	三点悬挂式
6	切碎长度/cm	≤12
7	切碎长度合格率/%	≥90.0
8	留茬高度/cm	≤8.0
9	可靠性/%	≥90.0
10	作业行走速度/（km/h）	6～8

二、土壤耕翻机械

（一）土地耕翻的目的及技术要求

棉秆粉碎还田作业完成后要进行土壤耕翻，目的是疏松土壤，恢复土壤的团粒结构，以便积蓄水分和养分，改善土壤的理化性质，覆盖杂草、肥料，防止病虫害，为作物生长发育创造良好的条件。

耕翻作业的作用有以下几个方面：第一，耕整地可以改善土壤结构。通过耕整地使作物根层的土壤适度松碎，并形成良好的团粒结构，以便吸收和保持适量的水分和空气，使土壤中的水、肥、气、热相互协调，有利于种子发芽和根系生长，并可将肥料、农药等混合在土壤内以增加其效用。第二，耕地可将过于疏松的土壤压实到疏密适度，以保持土壤水分并有利于作物根系发育。第三，通过耕整地也可进行改良土壤，将质地不同的土壤彼此易位。例如，将含盐碱较重的上层移到下层，或使上、中、下三层相互之间易位以改良土质。第四，耕整地可消灭杂草和害虫。将作物的根茬、秸秆、杂草等翻入土层下，消灭寄生在土壤和残茬中的病虫。

对土地耕翻质量的农业技术要求如下。第一，耕地作业应在适宜的农时期限内及适宜的墒度期进行，并且要结合深施底肥进行。耕地分秋耕和春耕，有条件的地区秋耕最好。第二，耕翻土地应达到规定的深度，均匀一致，沟底平整。第三，垡片翻转良好，地表的残株、杂草、肥料及其他地表物要覆盖严密。第四，耕后地表平整，松碎均匀，不重不漏，地头整齐，到头到边，无回垡和立垡现象发生。第五，严格实行耕作制度，开垄、闭垄作业方法应交替进行，不得多年重复一种耕作方向。

（二）耕翻犁的类型及基本结构

就目前所使用的耕地机械，由于其作业的工作原理不同主要分为三大类：铧式犁、圆盘犁和凿形犁。其中，铧式犁应用历史最长，技术最为成熟，作业范围最广，并根据农业生产的不同要求、自然条件变化、动力配备情况等，铧式犁在形式上又派生出一些具有现代特征的新型犁：双向犁、栅条犁、调幅犁、滚子犁、高速犁等（图9.3）。

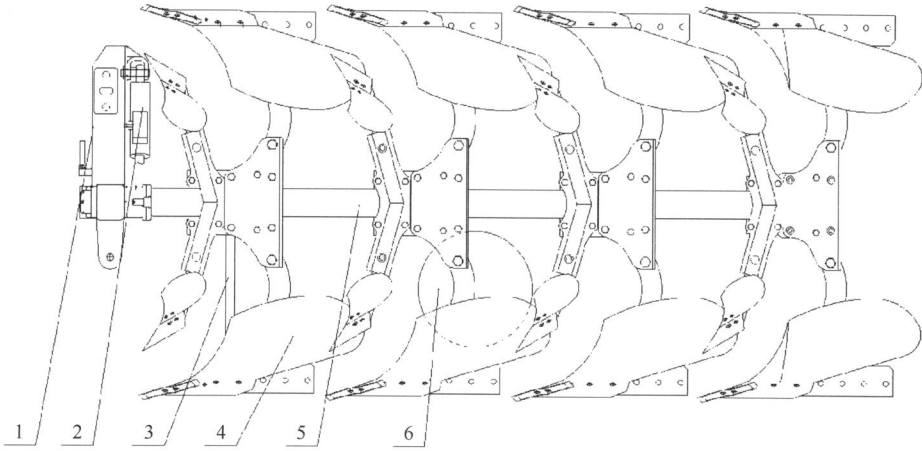

图9.3 铧式犁的基本结构

1. 牵引悬挂装置；2. 液压翻转机构；3. 支撑架；4. 主犁体；5. 犁架；6. 耕深调节装置

1. 主犁体的结构及用途（图9.4）

犁铧——切开土垡、引导土垡上升至犁壁。

犁壁——破碎和翻扣土垡。

犁侧板——平衡侧向力。

犁柱——联结犁架与犁体曲面。

犁托——联结犁体曲面与犁柱。

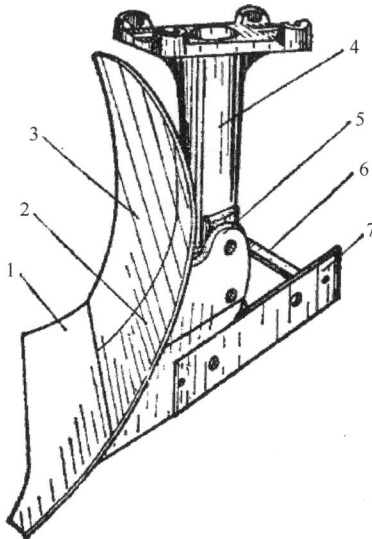

图9.4 主犁体的结构

1. 犁铧；2. 前犁壁；3. 后犁壁；4. 犁柱；5. 犁托；6. 犁壁支杆；7. 犁侧板

2. 犁体曲面类型（图9.5）

犁铧与犁壁共同组成了犁体曲面，由于曲面的参数不同、性能不同，曲面可分为：翻土型、碎土型和通用型。

翻土型——犁铧起土角较小，犁胸部平缓，易于引导土垡上升，但翼部扭曲较为明显，目的在于将上升至曲面顶部的土垡实现翻扣。这种形式的曲面，土垡的运动轨迹为一条螺旋线，故又称螺旋犁。主要用于开荒、深翻、消灭杂草和病虫害。

碎土型——犁胸部较陡，翼部几乎为直立状，土垡沿曲面上升过程中表现为上压下挤，从而使土垡破碎。一般用于土壤状况较好、杂草较少且以松土为主的耕地作业，故又称熟地型犁。

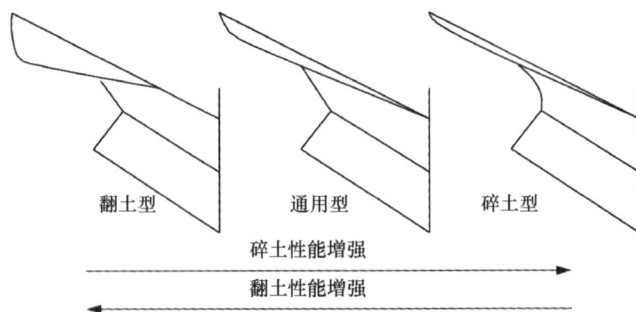

图9.5　犁体曲面的基本类型

通用型——形状和性能基本界于翻土型和碎土型之间，故又称半螺旋形，目前包括山东在内的华东、华中地区应用较多。

犁铧的作用是入土和切开土垡并使其上移至犁壁。铧尖部分首先入土，铧刃部分切开沟底，因此工作时承受阻力较大。常用的犁铧，按其结构形式可分为梯形铧、凿形铧和三角形铧。梯形铧的结构简单，便于采用周期轧制的型钢制造。凿形铧在机力犁上使用最多。犁铧的凿尖向沟底以下伸出10～15cm，向未耕地伸出约5mm，入土性能较梯形铧为好，保持耕深稳定性的能力较梯形铧强。有些凿形铧，在铧尖部分带有侧舷，以提高犁铧的强度，宜于在干硬土壤中工作。由于犁铧总是在紧实的土壤中工作，作用在犁铧上的工作阻力约占总阻力的一半，因此铧刃和犁铧在工作时极易磨损。磨钝后犁铧的工作阻力及拖拉机的油耗量显著增加，且入土性能恶化，耕深不稳定。因此耕地时应保持犁铧刃口的锋利，磨钝后应及时修复或更换。

犁壁的作用是破碎和翻转土垡。犁铧和犁壁组成犁体曲面，犁体曲面的左边刃称为犁胫，它从垂直方向切土，切出沟墙。曲面的中部为犁胸，主要起碎土作用。后部为犁翼，主要起翻土作用。组合式犁壁的优点是当靠近胫刃部位的犁壁磨损后可以局部更换，能节省材料、降低使用成本。

（三）主要作业机械

1. 液压垂直翻转犁

液压垂直翻转犁（图9.6，图9.7）是目前耕地作业中广为采用的耕地作业机具，它是在液压控制下，能在耕作的往返行程中进行梭形双向作业，交替变换犁的翻垡方向，使土垡向地块的同一侧翻转，减少了空行率，耕后地表平整，无沟无垄，地头空行少，在坡地上同向翻垡，可逐年降低耕地坡度。垂直翻转犁技术参数见表9.3。

图 9.6　垂直翻转四铧犁

图 9.7　垂直翻转五铧犁

表 9.3　垂直翻转犁技术参数

型号规格	参数名称						
	外形尺寸 （长×宽×高）/cm	整机重 /kg	单铧幅宽 /cm	耕深范围 /cm	犁体斜向 间距/cm	犁架高 度/cm	配套 动力/hp
1SF-435A	265×180×140	820	35	22～30	70	65	80～100
1SF-435B	300×150×140	810	35	22～30	70	65	80～100
1SF-440（调幅犁）	350×210×150	1060	40～45	24～32	90～96	70	120～140
1SFT-435（调幅犁）	380×170×165	1100	30～40	24～32	85	75	120～130
1SFT-445（调幅犁）	535×200×165	1350	40～45	24～32	90	75	180～200

2. 翻转双向超深耕犁

新疆长期单一的种植模式，致使土壤地力下降、板结加剧、土壤病菌感染、枯萎病面积逐年扩大，直接影响作物的产量和质量。特别是滴灌田块更存在土地板结的问题。推广超深耕深翻耕作技术，可改善土壤结构、减少病虫害、促进作物可持续增产丰收。该技术主要利用大功率拖拉机配套超深耕机具对土壤进行深翻作业，耕翻深度达 50～60cm，有效消灭杂草、减少病虫害。该项作业可以 4～5 年进行一次（图 9.8）。

图 9.8　1LHFC-240 型翻转双向超深耕犁

（1）产品特点。为了保证超深耕犁在各种土壤条件下具有良好的入土性能，在犁体设计时，采用了机械式入土角调整机构，使犁体倾角可以在 0°～5°调整，以确保犁体在不同土壤条件下具有良好的入土性能。为减小耕作阻力，超深耕犁整体设计采用层耕的结构形式，用双层犁耕地时，下层土壤翻到地面和将上层土壤放置到沟底是由特殊犁体来完成的。为了将下层土壤翻到上面，下层的犁体采用升土型扭柱工作曲面。上层的犁体采用半螺旋形的工作曲面，而且上层犁体耕幅较下层犁体略小。为了使上层犁体更强有力地将垡片侧推入沟底，上层犁体位于铧刃处形成线与沟墙间的夹角为 40°，犁壁较普通螺旋犁壁短。

（2）主要技术指标。作业速度≥5km/h，纯小时生产率≥0.2hm^2/h，耕深 50～70cm，耕深稳定性变异系数≤10%，耕宽稳定性变异系数≤10%，碎土率≥65%，植被覆盖率地表以下≥85%，植被覆盖率 8cm 深度以下≥60%，入土行程≤6m。

3. 浅翻深松耕作机械

浅翻深松耕作是采用深松铲与浅翻犁铧部件组合作业，在不破坏土壤原来层次的前提下，浅翻犁铧对土壤浅层原茬耕翻，深松铲对土壤进行深松，以打破犁底层，使下层土壤疏松，有利于积蓄雨水和作物根系的下扎。

（1）主要特点。机械浅翻深松耕作技术可加深耕层，能创造出符合种子发芽和作物苗期生长所需要的苗床条件，为农作物正常生长创造良好的土壤条件。该项技术可使深松深度达 30～40cm，比传统的铧式犁耕翻技术加深耕层 10cm。棉花根系深扎能充分吸收土壤中的水分和养分，促进作物茎叶生长。

机械浅翻深松耕作技术能建立上虚下实的耕层构造，明显地改善土壤的蓄水能力。在降雨季节，上部虚土层能迅速接纳雨水，并通过深松层下渗到 30cm 以下的土壤中储存起来，形成土壤水库，有效地防止了水土流失。由于浅翻深松耕法不用铧式犁耕翻，不把下层土壤翻上来，有利于保墒和防风蚀。

（2）1LF-535 翻转式双向浅翻深松犁（图 9.9）。该产品适用于长期在同一耕层耕作的原茬地上进行犁底层土壤的松动和熟土层的翻动作业。一次作业犁铧在正常耕深范围内翻土的同时深松铲将下面的土层松动，能够打破犁底层、加深耕作层、熟化土壤。同时又保证表层熟土和底层生土不混拌。形成上虚下实、虚实相间的耕层结构，利于土壤蓄水保墒。

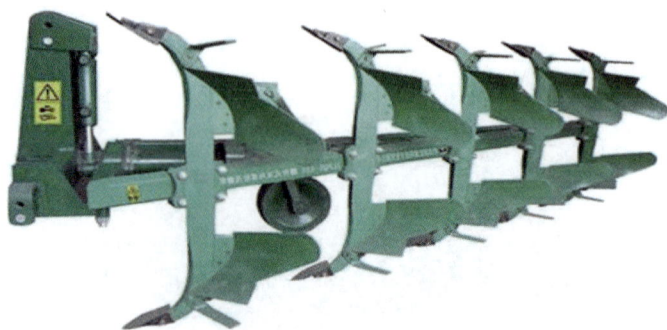

图 9.9　1LF-535 翻转式双向浅翻深松犁

（3）主要技术指标。作业速度 5～8km/h，纯小时生产率 0.6～1hm²/h，犁耕深度 20～25cm，深松深度 30～40cm，耕深稳定性变异系数 ≤10%，耕宽稳定性变异系数 ≤10%，碎土率 ≥65%，植被覆盖率地表以下 ≥80%，植被覆盖率 8cm 深度以下 ≥60%，入土行程 ≤4m。

三、整地机械

（一）整地的目的及要求

耕地后土垡间有很大空隙，土块较大，地面不平，必须进行整地作业，作用是松碎土壤、平整地表，达到表层松软、下层紧密、混合化肥和除草剂的目的。

整地的目的是创造良好的土壤耕层构造和表面状态，形成更有利于作物生长的发芽种床和苗床，为播种和作物生长、田间管理提供良好条件。在旱作农区，要求播种部位的土壤比较紧实，以利提墒，促进种子发芽。而覆盖种子的土层则要松软细碎，透水透气，以利于发芽、出苗，称为"硬床软被"。

对土地平整质量的要求：归纳为"墒、平、齐、松、碎、净"六字标准。

墒：土壤有充足的底墒，适宜的表墒，地表干土层厚度不超过 2cm。干播湿出，滴水出苗的田块整地后应放墒，要求种子播在干土层内，播后迅速做好滴水准备工作，播后至滴水过程时间应在 3d 之内，不能拖得太长，以提高种子的发芽势。

平：地表平整，无高包或洼坑，能达到墒度均匀。滴灌由于滴头能够在较大的工作压力范围内工作，且滴头的出流均匀，因此对地形适应能力较强，大面积不平不影响滴灌作业，但为了播种质量，小面积需要平整。

齐：作业到头到边，边成线，角成方。

松：表层疏松无板结，上虚下实。

碎：表土细碎，无土块（黏土地无大土块）。

净：田间清洁，无草根、残茬、残膜、杂物。

（二）主要作业机械

整地机械的种类很多，根据不同作业的需要有以下几种类型：钉齿耙、圆盘耙、碎土器、镇压器等。按工作部件驱动方式可分为牵引耙和驱动型耙。牵引耙由拖拉机牵引进行作业，驱动型耙利用拖拉机的动力输出轴驱动工作部件进行工作。与牵引式相比驱动型耙具有碎土能力强、作业深度大、地表平整及对土壤条件适应能力强的特点，并能充分利用拖拉机功率，减少机组下地作业次数和降低油料消耗，但也具有结构较复杂、生产率较低、作业成本高等问题。

1. 圆盘耙

主要用于犁耕种后的碎土和平地，也用于收获后的浅耕灭茬作业。它的主要特点是：被动旋转，断草能力较强，具有一定的切土、碎土和翻土功能，功率消耗少，作业效率高。

圆盘耙按耙组的排列可分为单列耙和双列耙；按配置型式可分为对置式和偏置式，

对置式耙组对称地配置在拖拉机中心线后两侧，牵引平稳，调节方便，可左右转弯，但耙后地表不够平整，易漏耙；偏置式耙组则配置在拖拉机后右侧，作业质量好，耙后地表平整，但只能单向转弯。圆盘耙按用途可分为轻型、中型、重型，耙片直径分别为460mm、560mm、660mm。重型耙适用于开荒地和黏重土壤的耕后耙地；轻型耙适用于壤土的耙地或灭茬。

圆盘耙与拖拉机的挂结方式有牵引式、悬挂式和半悬挂式 3 种。重型耙多采用牵引式或半悬挂式，中、轻型耙则 3 种挂结方式都可采用。

圆盘耙耙片的形状有两种，缺口球面圆盘形（图 9.10）和球面圆盘形（图 9.11）。前者入土能力强，特别适合黏重、草多的地块作业；后者碎土效果好。

图 9.10　缺口球面圆盘形

图 9.11　球面圆盘形

常用圆盘耙如图 9.12 所示，一般都由耙组、耙架、牵引或悬挂装置、偏角调整装置和运输轮等部分组成。调整圆盘耙偏角的大小可改变耙地的深浅，偏角愈大，耙地深度愈大；反之，耙深愈浅。机组作业时可根据不同土质调节工作角度。有些耙架上还设有配重箱，以便在必要时加载配重，以保持耙的作业深度。轻型耙工作深度一般为 8~12cm，重型耙工作深度一般为 12~15cm。

2. 钉齿耙

主要用于耕后播前松碎土壤，也可用于雨后破土、耙除杂草、覆盖种子等。其结构由钉齿、耙架和牵引器等部分构成，耙架一般为"Z"形以便合理配置钉齿。为适应地形，单个耙架的工作幅宽不宜过大，常用多组耙联结作业。耙组作业时牵引线与水平线应成 10°~15°夹角，以保证耙组前、后部入土一致（图 9.13）。

图 9.12　圆盘耙

图 9.13　钉齿耙

3. 镇压器

主要用于压碎土块，压实耕作层，以利于蓄水保墒，在干旱多风地区镇压器还能防止土壤的风蚀。常用的有锯齿形镇压器和环形镇压器等。

（1）锯齿形镇压器。先碎土，后压土，碎土能力强，工作后地表平整，有利于宽幅播种机作业（图9.14）。

（2）环形镇压器。由一组轮缘呈凸齿状的铸铁网轮组成，其特点是压透力大，对黏土有破碎作用；可使表层土壤疏松，常用于破碎黏重土壤（图9.15）。

图9.14　锯齿形镇压器

图9.15　环形镇压器

4. 常用整地机械

常用整地机械见图9.16～图9.19。

图9.16　碎土整地机

图9.17　联合整地机

图9.18　旋耕整地机

图9.19　激光平地机

（三）1LZ 系列联合整地机

产品结构和技术参数

该产品突破了国内外整地机械的设计模式，将圆盘耙、平土框、钉齿耙优化组合，一次即可完成松土、碎土、平整和镇压四道工序，作业质量好、效率高，相当于常规耙地机具 3 或 4 遍的作业效果，广泛应用于棉田整地作业。

联合整地机一般由机架、牵引架、圆盘耙组、平地齿板、碎土辊、调平机构、行走机构等部件组成。部件横向采用对称式布置在机架上，纵向则按松土、平地、碎土、镇压的作业顺序排列。机组作业时，前面的圆盘耙组进行松、碎土作业；随后齿板平整地表，同时进一步压碎土块，疏松土壤；最后，两列交叉配置的碎土辊对土块再一次进行破碎并压实，同时被抛起的小土块和细土粒落在地表，从而隔断地下水蒸发，形成上虚下实的理想种床。联合整地机具有缩短作业时间、降低生产成本、减少机组对环境的破坏（如土壤压实、废气排放等）等优越性（图 9.20，图 9.21，表 9.4）。

图 9.20　5.6m 联合整地机　　　　　图 9.21　7.2m 联合整地机

表 **9.4**　联合整地机技术参数

参数名称	型号规格			
	1LZ-3.6	1LZ-4.5	1LZ-5.6	1LZ-7.2
外形尺寸（长×宽×高）/mm	7250×3689×1330	7250×4740×1330	7400×5650×1330	7330×7510×1470
整机重/kg	2100	2500	3200	4900
工作幅宽/mm	3600	4500	5600	7200
工作深度/cm	10	10	10	10
耙片直径/mm	460	460	460	460
间耙片距/mm	170	170	170	170
耙组偏角/（°）	0～13	0～13	0～13	0～13
配套动力/hp	75	75	100	160
运输间隙/mm	≥300	≥300	≥300	≥300
作业速度/（km/h）	7～9	7～9	7～9	7～9

（四）动力驱动耙

1. 产品特点

该类机具属于驱动型复式整地机械，由拖拉机动力输出轴驱动工作部件旋转耙刀，一面作水平旋转运动一面前进，适用砂土、黏土和胶土在内的多种土壤条件；由于每两个相邻耙刀的作业区域有一定的重叠量（20～30mm），不会漏耙，不会出现大块土块未被切碎的现象；作业时耙刀垂直于地面作水平旋转，不会把底层湿土翻到表层，耕层不乱，有利于保墒；旋转耙刀的线速度达到6m/s，碎土效果好（碎土率可达85%以上）；一次可以完成碎土、平整、镇压等作业，优于传统整地机具2或3遍的作业效果。一般要求作业深度3～18cm，作业速度：黏土类为2～6km/h（耙深3～15cm），沙土类为2～10km/h（耙深3～18cm），碎土率≥85%，配套动力通常为≥80kW（图9.22）。

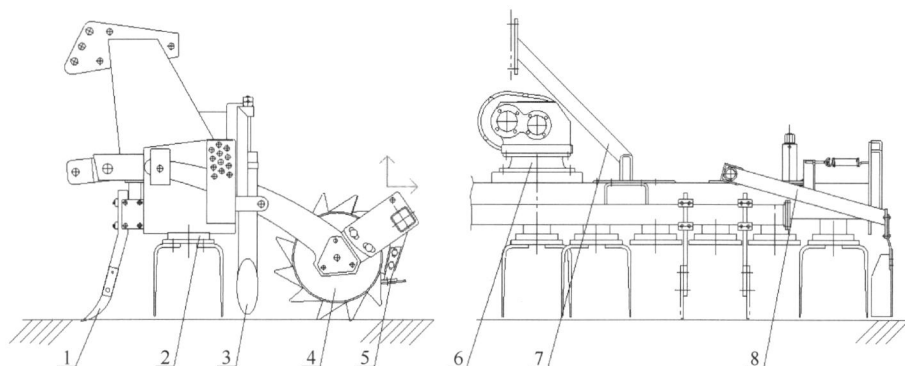

图 9.22　驱动耙结构示意图

1. 松辄齿；2. 传动箱总成；3. 平土杠；4. 镇压轮总成；5. 清土铲；
6. 变速箱总成；7. 上悬架；8. 护土板

2. 主要工作部件

（1）触发式安全离合器。为保护机具防止意外过载损坏，在传动箱前加设安全离合器。该结构确保机具在意外超载时，能迅速切断动力输入，避免过载损坏零部件，当过载消失后，可以自动啮合传递动力，无需修复。该结构轻巧简单，是大型农机具使用时防过载的新型理想装置（图9.23）。

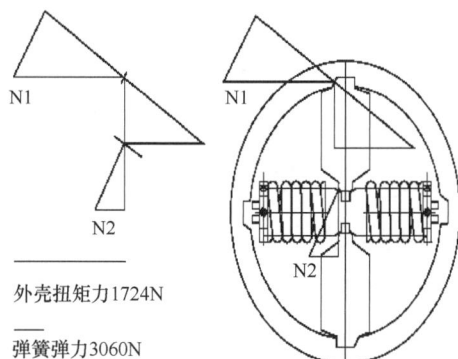

图 9.23　触发式安全离合器

（2）耙刀快换机构。安装或更换耙刀时操作简单，并且耙刀的固定安全可靠（图9.24）。
（3）碎土机构。转子箱体由10组立式转子耙刀及箱体组成，10组立式转子横向排成一排，由拖拉机的动力输出轴经过变速箱驱动，每组立式转子带有两个耙刀呈"门"

形的立式转子，相邻两个转子由位于中空的盒式转子箱的圆柱齿轮直接啮合驱动。每两个相邻耙刀的作业区域有一定的重叠量，不会漏耙。

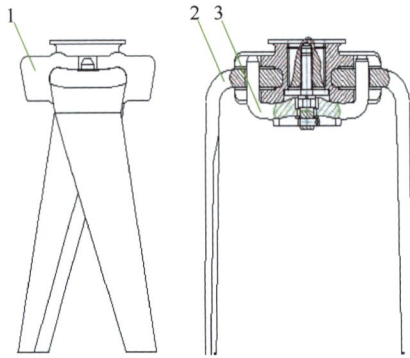

图 9.24　耙刀快换机构
1. 耙刀座；2. 耙刀；3. U 形卡

（4）变速箱。机具转子耙刀由拖拉机动力输出轴经变速箱驱动，因此变速箱必须具备换向、多级变速的功能。

（5）镇压辊。镇压辊是对土地进行镇压并有二次压碎和限制整地深度的作用。镇压辊上按一定的螺旋角焊有切土齿，使切土齿连续均匀入土，滚动作业，无冲击阻力，可以保证所需功率最小，起到镇压、二次压碎、限制整地深度的作用。

3. 1BD 系列驱动耙

1BD 系列动力驱动耙可在犁后和已耕作的土地上工作，一次作业完成打碎土块、平整地表、镇压土壤等多项作业，特别是能解决春冬灌地黏性土壤偏干的地块，解决用常规机械难以整地的问题，满足春播农艺要求。相比联合整地机，驱动耙碎土效果更好，但耙后地表土层松软，需要沉淀 2～3d 后才能进行播种（图 9.25）。1BD 系列动力驱动耙技术参数见表 9.5。

图 9.25　1BD 系列动力驱动耙

（五）整地作业方法

整地作业一般有顺耙、横耙、对角斜耙 3 种基本方法。顺耙时耙地方向与耕地方向平行，工作阻力小，但碎土作用差，适宜于土质疏松的地块；横耙时耙地方向与耕地方向垂直，平地和碎土作用均强，但机组振动较大；与耕地方向成一定角度的耙地方法称为对角斜耙法，平地及碎土作用都较强。

表9.5　1BD系列动力驱动耙技术参数

参数名称	1BD-300	1BD-400
外形尺寸（长×宽×高）/mm	1522×3370×1200	1522×4330×1200
最大耙深/cm	25	25
作业深度控制	镇压轮连接杠杆	镇压轮连接杠杆
作业深度调整范围/cm	3～25	3～25
耙刀数量	12×2	16×2
粉碎刀盘/组	2	2
耙刀转速/（r/min）	动力输入540时236、386	动力输入1000时438
刀盘转速/（r/min）	动力输入1000时716	更换调速后790、875
最小要求动力/kW	75	88
最大允许动力/kW	110	120
拖拉机动力输出轴	$\Phi35mm$，$Z=6$	$\Phi35mm$，$Z=6$
动力输出轴额定转速/（r/min）	动力输出1000时540	动力输出1000时540
挂接类型	2类三点悬挂	2类三点悬挂
作业速度/（km/h）	3～8	3～8

机组作业路线应根据地块大小和形状等情况合理选择。地块小且土质疏松时，可采用绕行法（图9.26），先由地边开始逐步向内绕行，最后在地块四角转弯处进行补耙。如地块狭长，可采用梭形法（图9.27），地头作有环结或无环结回转。此法在操作上比较简单，但地头要留得较大。在地块较大或土质较黏重的地块作业时，采用对角线交叉法比较有利（图9.28），此法相当于两次斜耙，碎土和平土作用较好。

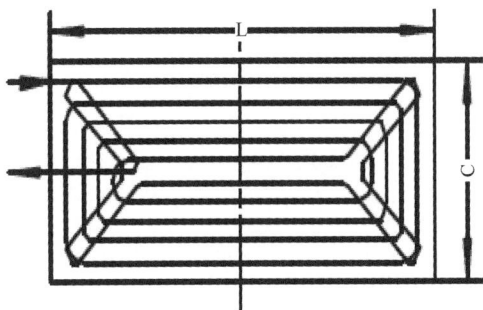

图9.26　绕行法

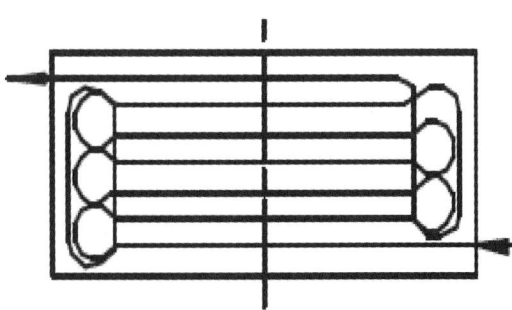

图9.27　梭形法

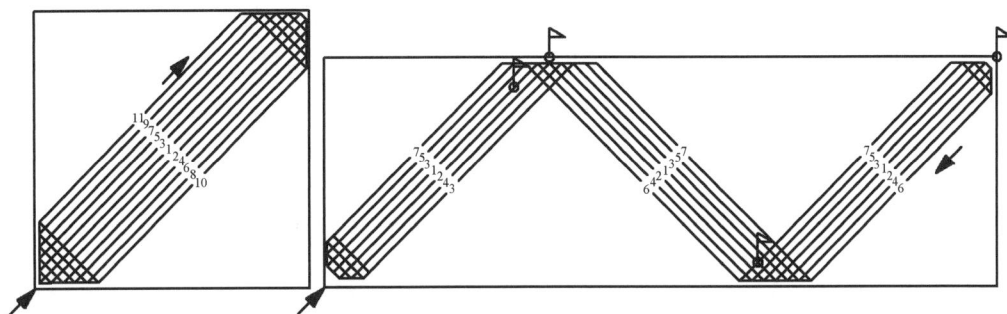

图9.28　对角线耙法

四、深松机械

深松整地是一种新的土壤耕作方法。在旱作地区，它具有耕深改土、提高地力和增加产量的效果。深松一般是指深度在 18cm 以上的松土作业。它能破坏坚硬的犁底层，加深耕作层，改善耕层结构；提高土壤蓄水保墒、抗旱耐涝能力。深松使土壤空隙增多，三相（固、气、液）比例得到适当的调整，有增温放寒和减缓水土流失与风蚀的作用。适合于干旱、半干旱和丘陵地区耕作。对于耕层瘠薄不宜深翻的土壤，如盐碱土、白浆土、黄土等，深松作业能保持上下土层不乱，与施肥相结合，已成为改良土壤的主要措施。不仅作物收割后可以进行全面深松，而且在播种之前或播种的同时及作物生长期间，也可以进行种床深松和行间深松。这样既扩大耕作时间，又便于联合作业，提高利用率。

（一）深松机的结构和类型

按所完成作业项目的不同，深松机可以分为深松犁和深松联合作业机。两者的共同特点是结构简单，工作可靠性高，操作容易，工效高。

深松犁的特点。目前生产中使用的深松犁都是悬挂式的，主要用于土壤深松耕作、打破犁底层（通常每 4 年进行 1 次）、改良土壤和更新草原。深松由于不翻土、保持上下土层不乱、对地表覆盖破坏最小，故能减少土壤水分的散失，利于保墒和防止风蚀及水蚀。深松犁适于高速作业，牵引阻力比铧式犁小，能量消耗仅为铧式犁的 60%，可以减少能源消耗。

深松犁（图 9.29）的工作部件一般为凿形深松铲，直接装在机架的横梁上。犁上备有安全销，耕作中遇到树根或石块等大障碍时，能保护深松铲不受损坏。限深轮装于机架两侧，用以调整和控制松土深度。机架除 T 形结构外，还有桁架结构。其深松铲前后交错排成两列，通过性好。不易堵塞，深松后地表也较平整。深松犁多与大功率拖拉机配套，最大松土深度可达 500mm 以上。

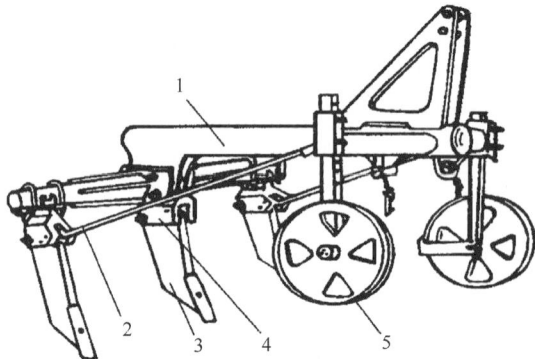

图 9.29　深松犁
1. 机架；2. 拉筋；3. 深松铲；4. 安全销；5. 限深轮

（二）深松联合作业机

该机由深松机和旋耕机组成，两个独立机具联合成深松旋耕联合作业机，而且深松深度和整地深度可独立调整，机组结构紧凑、深松后地表起伏不明显、土壤蓬松（图9.30）。

图9.30　深松联合作业机

主要技术参数。作业幅宽：230cm。深松行数：5行。刀片数量：64把。耕深：深松≥25cm，旋耕≥8cm。配套功率：≥70kW。作业速度：2～5km/h。作业效率：0.4～0.8hm²/h。

五、残膜回收机械

（一）残膜回收的目的及要求

地膜覆盖植棉技术具有节水抗旱、增温保墒的作用，还可以抑制杂草，可使棉花总产量大幅度提高，具有节本增效的良好效果。但农用薄膜都是聚乙烯烃类化合物，自然条件下极难降解，如不进行清理回收，将会影响作物的生长发育与作物产量的提高，同时还会影响机具在田间的作业质量。从推广铺膜种植到现在，我国耕地中的残膜累计量已超过上百万吨。据新疆生产建设兵团组织相关单位测定，南疆、北疆兵团植棉农场每公顷棉田残膜少则123.2kg，多则414.8～655kg，已构成了严重的白色污染。据调查，残膜主要残留在0～20cm的棉田土层，约占总残留量的71.1%，大量的残膜破坏了农田的生态环境，形成阻隔层，影响播种质量，种子播在残膜上会因吸收不到养分和水分而不能发芽，或发芽后因扎不下根而枯死，从而降低产量。残膜问题现已危害到棉花的可持续发展和农民的增收。

（二）残膜回收机械

目前回收残膜的机具按照农艺要求和残膜回收时间分为：春播前残膜回收机械、苗期揭膜回收机械、秋后残膜回收机械等类型。

1. 春播前残膜回收

春播前由于大片残膜已被收回、土壤疏松等特点，残膜回收作业主要针对耕作层

20cm 以内的小块残膜，其在捡拾过程中具有一定的难度。目前使用的机型主要有 2 种：一是采用传统的搂耙式密排弹齿残膜回收机将田间的残膜搂成堆后清理出地。密排弹齿式残膜回收机的结构简单，是由二排或三排高弹力搂齿密排组成，一般由小四轮悬挂牵引，在整地后播种前回收地表残膜，其工作原理主要是采用双排或三排弹力搂齿将地表上的残膜搂出。二是采用扎膜辊式残膜回收机回收田间残膜，该机结构比密排弹齿式回收机复杂，是由一排排高度 10cm 的尖锐齿钉、密排长度 200cm 的齿钉排组成的辊筒构成，一般连接在整地机的后部或平土框的后部，播种前清理地表残膜，其工作原理主要是采用尖锐齿钉扎入土中，穿透残膜于齿钉上，可以清除 5cm 左右深度的不易清理的小片残膜。

2. 苗期残膜回收

苗期揭膜是在作物浇头水前地膜老化较轻、便于揭收的有利时机进行。此时，由于地膜使用时间短，破损不严重，地膜比较完整，老化较轻，膜上的土又很少，有利于收膜，残膜收起后，同时进行中耕作业。代表机型有：新疆研制的 MSM-3 型苗期残膜回收机、新疆兵团农机推广站和 134 团研制的 CSM-130B 型齿链式悬挂收膜机等。但是植棉农户在棉花灌头水前和整个生育期不愿揭膜，理由是地膜可以起到保水、保肥和压草的功能；在推广应用膜下滴灌技术后，更是不允许揭膜。机采棉技术也不提倡在棉花收获前揭膜，而且要求将地面没有压好的地膜用土压实，因为采棉机采收棉花时易将棉田的残膜收入棉箱，与棉花混杂在一起，严重降低了棉花等级。因此，苗期残膜回收机无市场前景，虽有研发，但无人完善与使用。

3. 秋后残膜回收

残膜回收作业主要以收获后残膜回收为主，其回收对象主要是当年膜，由于薄膜老化、作物秸秆的影响，残地膜回收难度大，一般要与秸秆还田机配合作业。目前已见于文献的有新疆、甘肃、陕西、山西、内蒙古，以及中国农业大学和东北农业大学等有关单位研制的收获后残膜回收机。其收膜工艺都是膜边松土，起膜铲将地表残膜推起，挑膜齿挑起残膜，最后脱（卸）膜机构将被挑起的残膜卸下并送入集膜部件。其中挑膜、脱膜和集膜部件是影响收膜效果的核心机构。目前国内秋后残膜回收机按其核心部件收膜机构的工作原理分有以下几种。

（1）伸缩杆齿式捡拾滚筒，残膜收净率高，但该机构的结构复杂，造价偏高（图 9.31）。

（2）弹齿式拾膜部件，由地轮带动收膜弹齿工作，结构简单，残膜收净率高。机构中需要一个控制收膜弹齿工作位置的曲线轨迹滑道，便于脱膜，因而给制造带来一定的困难，同时，该种收膜部件也无法实现残膜与杂草的分离。

（3）铲式起茬收膜部件，它在起茬的同时将残膜一起铲起，经输送带送入鼠笼式旋转滚筒进行土茬分离。其结构简单，工作可靠，收净率高，但对土壤的性能有一定的要求，且收起的残膜与作物的根茬混合在一起，会给残膜的再生利用带来困难。

（4）轮齿式收膜部件，该种收膜机采用苗期收膜机的收膜部件，靠收膜轮与地面的摩擦力转动收膜，结构简单。收起的残膜比较干净，便于残膜的再生利用，特别适宜捡拾玉米、高粱等有硬根茬地的秋后残膜回收。对于厚度在 0.008mm 以上的标准地膜，该机是一种比较理想的残膜回收机。

图 9.31 杆齿式耧膜机作业及效果

（5）齿链式收膜部件，其结构简单、紧凑，加工制造方便，既可用于苗期收膜，也可用于秋后收膜。该结构的最大特点是由于其整个结构可以纵向设置，可以前置，有利于整地复式作业（图 9.32）。

图 9.32 齿链式耧膜机作业及效果

第二节 精准播种机械与技术

现在应用滴灌技术的作物精量播种机械都实现了苗床平整、滴灌带铺设、精量播种、种孔覆土镇压等多项工序的联合作业，有的播种机械还增加了施肥、铺膜等功能。通过精量播种复式作业，减少了作业层次，节省了生产成本，降低了劳动强度，增加了农民的效益。精量播种的优点如下。

省种。棉花用传统的穴播机播种，每穴粒数一般在 2～5 粒，1 亩用种 4～6kg，精量播种每穴 1 粒，仅需 1.8～2.0kg，省种 2～4kg。

省定（间）苗劳动力。采用精量播种机播种棉花，可节约定（间）苗人工 1.0 个/（d·亩）。

省种子田。节省大田用种子，相应地减少了种子田的种植面积。

苗全、苗壮。植株群体均匀合理，光合作用好，叶面肥大，根系发达，保证了苗全和苗壮。

增加产量。在整个生长期中，每棵植株都有最佳的营养面积和空间，能够充分进行光合作用。据测定，棉花可增产 3%～6%。

一、精量铺管铺膜播种机械

精量铺管铺膜播种把机械化地膜覆盖栽培技术、精量播种技术和膜下滴灌技术进行科学的集成组装和优化，按照地膜覆盖栽培、膜下滴灌和精量播种的技术要求，将地膜、滴灌管和种子一次性地置入土壤中，一次作业同时完成铺膜、铺管、精量播种等任务，从而实现了地膜覆盖、灌水、施肥、播种的机械化、精确化和标准化。它是干旱半干旱地区最大限度地提高土地、水肥、种子的利用率，增加产量、节约成本的一项高新技术，具有显著的经济效益和生态效益。

（一）2BMJ 系列气吸式精量铺膜播种机

1. 产品主要特点

气吸式铺管铺膜精量播种机是近年来为适应膜下滴灌、精准施肥、精量播种发展起来的新机具。针对不同的生产和市场需求，按配套动力的大小，相继开发出了 1 膜 2 行、1 膜 4 行、3 膜 6 行、4 膜 8 行、3 膜 12 行、2 膜 12 行、3 膜 18 行、5 膜 20 行等全套机具。近年来，随着我国西部干旱地区精准农业的发展需求，精播的作物种类也从棉花发展到玉米、甜菜、瓜类、番茄等，相应的气吸式铺管铺膜精量播种机也同时开发成功，形成了气吸式铺管铺膜精量播种机系列产品。系列机具的大规模推广应用将地膜覆盖栽培水平提高到新的高度（图 9.33，图 9.34）。

图 9.33　3 膜 12 行气吸式精量铺膜播种机　　　图 9.34　2 膜 16 行气吸式精量铺膜播种机

气吸式铺管铺膜精量播种机在棉花上应用最广泛，播种行距可调整，最小行距可调到 9cm，适应棉花机械采收 66cm＋10cm 带状种植模式。系列机具均为悬挂式，在适播期内，可进行棉花、甜菜、玉米等作物的铺管铺膜精密播种联合作业，一次完成畦面整型、开膜沟、铺管、铺膜、膜边覆土、打孔精密播种、种孔盖土、种行镇压等作业。按用户要求可配置 5～16 穴等不同规格的穴播器。当配置的穴播器为 16 穴时，理论株距达到 9cm；配置的穴播器为 15 穴时，理论株距达 9.6cm；配置的穴播器为 6 穴时，理论株距达 23cm。该机可进行单粒精播、双粒精播、1：2：1 粒精播。当进行单粒精播时，

穴粒数合格率≥90%，空穴率≤3%。影响播种深度最关键的因素是穴播器鸭嘴高度，不同播深要求的作物应选择不同鸭嘴高度的穴播器。播种深度的调控也可通过调节种孔盖土厚度来实现。

2. 主要工作部件

（1）气吸式排种器。气吸滚筒式精量穴播器（图9.35）主要由铸造挡盘、压盘、腰带总成、挡种盘、中空穴播器轴、气吸式取种盘、刷种器、分种盘、断气装置、刮种器、穴播器壳体、吸气口、进种口等部件组成。铸造挡盘是气吸滚筒式精量穴播器主要零部件的支撑，构造功能带有气室，中空穴播器轴通过轴承支撑安装在铸造挡盘上，与铸造挡盘同轴。中空穴播器轴上在固定的角度装有断气板，断气板主要用于安装断气块，断气块浮动安装在断气板上，弹簧加压。气吸式取种盘内孔与接盘相连接，接盘通过轴承安装在中空穴播器轴上，取种盘外侧平面通过分种盘压紧安装在铸造挡盘气室位置，背面正对气室，与穴播器气室之间由O型胶圈密封。挡种盘装在分种盘与铸造挡盘间。气吸式取种盘上铆有6根搅拌齿。锯齿形状刷种器、刮种器、进种口等部件均安装在穴播器壳体上。穴播器壳体通过平键与中空穴播器轴相连接，穴播器壳体上带有视窗口和清种口。吸气口通过弯头安装在中空穴播器轴上，与中空穴播器轴、穴播器气室、取种盘共同组合成为气吸滚筒式精量穴播器气路系统。腰带总成由进种道组合、腰带、固定鸭嘴、活动鸭嘴、鸭嘴开启弹簧等组成。腰带总成定位安装在铸造挡盘上，压盘通过联结螺栓将铸造挡盘、腰带总成可靠联结，组成气吸式精量穴播器。

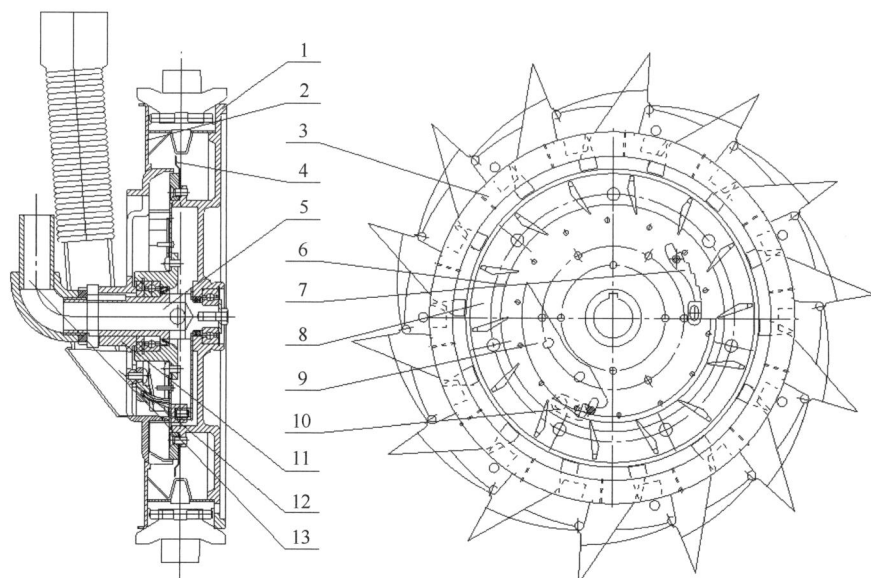

图 9.35　气吸滚筒式精量穴播器结构示意图

1. 铸造挡盘；2. 压盘；3. 腰带总成；4. 挡种盘；5. 中空穴播器轴；6. 气吸式取种盘；7. 刷种器；
8. 分种盘；9. 刮种器；10. 断气装置；11. 穴播器壳体；12. 进种口；13. 吸气口

（2）排种工作过程。中空穴播器轴刚性连接在穴播器牵引臂上，工作中随牵引臂上、下浮动，精量穴播器铸造挡盘组件连同腰带总成件围绕中空穴播器轴转动，穴播器壳体固定在穴播器轴上。吸气口在风机作用下,通过中空穴播器轴使滚筒穴播器气室形成负压。取种盘随精量穴播器同步转动,从种子层通过,取种盘上的搅拌齿疏松种层,吸种孔在气室形成的负压作用下吸附种子。随着精量穴播器同步转动过程向上移动,当吸种孔吸附种子到达刷种器位置时,带锯齿形状的刷种器碰撞吸种孔吸附的种子,锯齿形工作面与吸孔上的种子忽近忽远,若即若离,产生一定频率和振幅的振动,使吸种孔上的多粒种子的平衡状态遭到破坏,其中吸附不牢的种子落回种层,余下的一粒种子则被更稳定的吸附。每个吸种孔吸附的一粒种子,随精量穴播器同步转动过程继续移动。当吸种孔吸附的种子到达投种位置时,断气块平面在弹簧作用力作用下紧贴取种盘,切断种孔的负压气源而使种孔断气,安装在穴播器壳体上的刮种器辅助将种子刮离吸种孔,投入分种盘中,刮种器上的毛刷自动清理种孔。进入分种盘的种子继续移动,当种子到达二次投种位置时,种子在重力作用下投入进种道。进入种道的种子随精量穴播器的转动进入鸭嘴端部,当鸭嘴运动到穴播器入土最深位置时,活动嘴在精量穴播器重力作用下打开,动、定鸭嘴组成的成穴器切割土壤形成种穴,种子落入穴中,完成工作全过程。

(3)铺膜机构。由开沟圆盘、膜卷架、导膜杆、展膜辊、压膜轮、膜边覆土圆盘等部件组成。开沟圆盘刚性固定在单组框架上。单组框架在平行四杆机构仿形作用下,保持单组框架对地面高度的一致性,镇压辊保持对畦面进行良好镇压,使开沟圆盘开出的膜沟深浅稳定。展膜轮、压膜轮、膜边覆土圆盘工作中均可单体随地仿形。工作原理:将地膜卷安装在地膜支架上,地膜通过导膜杆、展膜辊等部件拉向后方。工作时,随着机组的行走,开沟圆盘在待铺膜畦面上开出两道压膜沟,地膜从膜卷上拉出,经过导膜杆,由在地面滚动的展膜辊平铺在经镇压辊整形后的畦面上,然后由压膜轮将膜边压入开沟圆盘开出的膜沟内,靠压膜轮的圆弧面在膜沟内滚动,对地膜产生一个横向拉伸力,使地膜紧紧贴于地表,紧接着由覆土圆盘取土压牢膜边。铺膜机构结构示意图见图9.36。

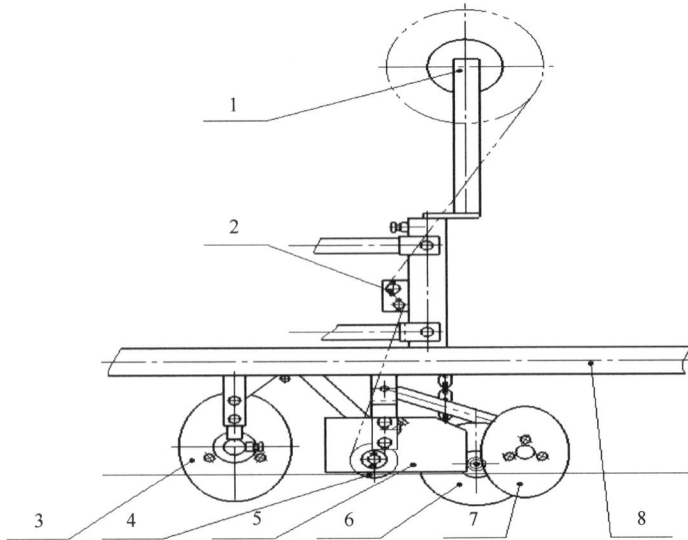

图9.36 铺膜机构结构示意图

1. 膜卷架;2. 导膜杆;3. 开沟圆盘;4. 展膜辊;5. 挡土板;6. 压膜轮;
7. 膜边覆土圆盘;8. 框架焊合

（4）膜上覆土装置。膜上覆土装置由膜上覆土圆盘、种孔覆土滚筒、覆土滚筒框架、击打器、框架牵引臂、种行镇压轮等部件组成。膜上覆土圆盘通过肖轴安装在单组框架圆盘座上，与圆盘座绞结，弹簧加压。覆土滚筒刚性安装在覆土滚筒框架上，工作时由框架牵引臂牵引。覆土滚筒可随地仿形，驱动爪运行在膜沟内，带动覆土滚筒转动，同时驱动爪是覆土滚筒质量的主要支撑，托起覆土滚筒稍微离开膜面或明显减轻覆土滚筒体对膜面的压力，减少地膜与种孔错位。覆土滚筒击打器周期性击打滚筒，减轻土壤粘连在滚筒内臂和导土叶片上。种行镇压轮与滚筒框架活动铰链绞结，单体仿形，依靠自重对种行进行镇压。膜上覆土装置结构示意图见图9.37。

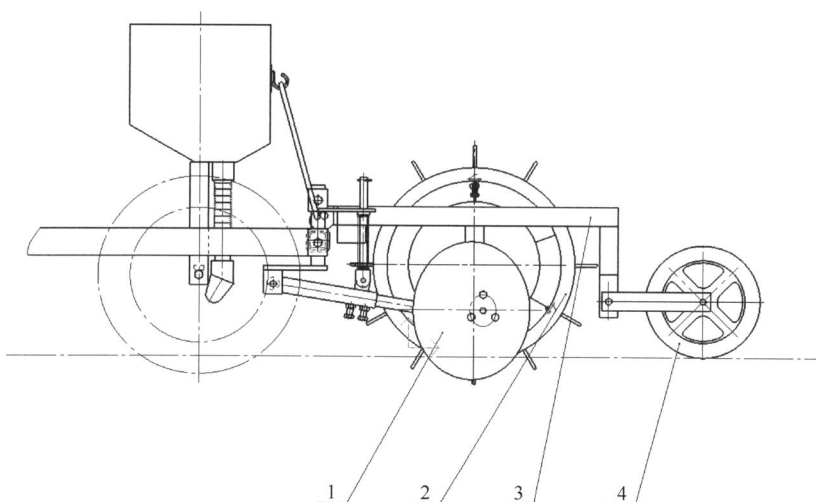

图9.37　膜上覆土装置结构示意图
1. 膜上覆土圆盘；2. 覆土滚筒；3. 覆土滚筒框架；4. 种行镇压轮

（5）滴灌带铺设机构及技术要求。滴灌带铺设机构由滴灌带卷支撑装置、引导环、开沟浅埋铺设装置等组成。工作中滴灌带在拖拉机牵引力作用下不断从滴灌带管卷拉出，通过限位环，经过导向轮及引导轮铺设到开沟浅埋装置开出的小沟中，并在滴灌带上覆盖1~2cm厚的土层，完成滴灌带铺设全过程。

滴灌带卷支撑及铺设引导环。滴灌带卷支撑架固定在主梁架上，是滴灌管卷的支撑架。由U型卡子、支撑架、滴灌管卷支撑轴、支撑套、滴灌管卷挡盘、引导环等组成，结构示意图见图9.38。

滴灌管开沟浅埋铺设装置。滑刀式开沟铺管装置组合主要由开沟器固定架、滑刀式开沟器组合、滴灌带引导环等组成。该装置具有通过性能强、工作中不堵塞、滴灌带铺设深浅一致、准确、不划伤滴灌带等特点。结构示意图见图9.39。

3. 提高铺滴灌管作业质量的关键因素

（1）滴灌管卷转动灵活性对铺管质量的影响。管卷支撑架强度、管卷蕊轴内孔与支撑套间隙、管卷挡盘对滴灌带卷的有效限位决定管卷转动的灵活性。管卷转动不灵活，将增加滴灌带铺设中的拉伸率。拉伸率过大，将使滴灌带产生变形、强度降低，滴灌带产生破损的概率增加，直接影响使用效果。滴灌管铺设中的拉伸率一般不超过1%。

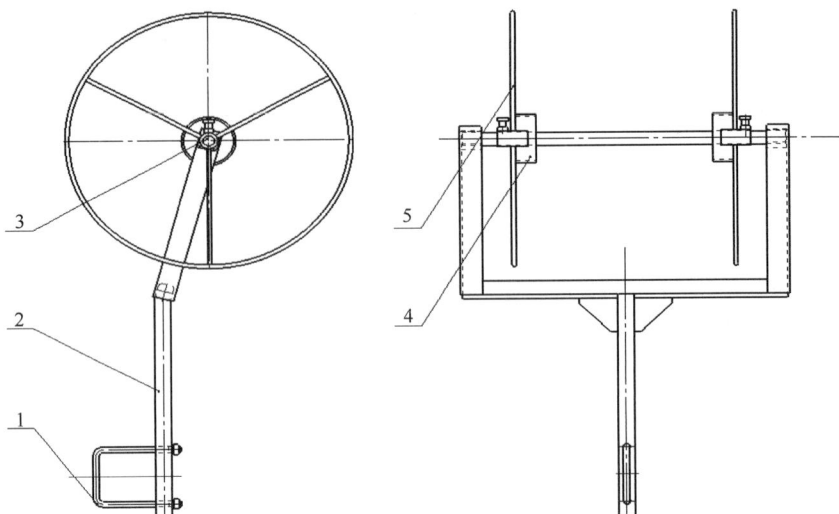

图 9.38　滴灌带卷支撑装置结构示意图
1.U 型卡子；2. 支撑架；3. 固定架管支撑；4. 支撑套；5. 管卷挡盘

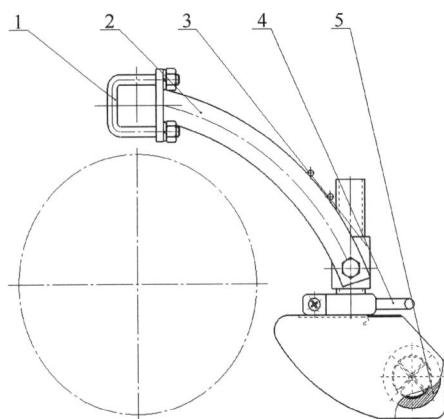

图 9.39　开沟浅埋铺设装置结构示意图
1. 固定卡子；2. 开沟器固定架；3. 开沟器组合；4. 引导环；5. 引导轮

（2）引导环与滴灌管铺设质量的关系。引导环光滑、无毛刺，不划伤滴灌管，材质硬度应高于滴灌管。使用中对引导环的技术要求：滴灌管铺设过程中顺利拉出，沿引导环光滑表面导向开沟浅埋铺设装置。引导环不易过宽，两端应呈圆弧形，在滴灌管从管卷拉出过程中不翻面。

（3）对开沟浅埋铺设装置的技术要求。①安装于开沟器内的铺管轮转动灵活，光滑、无毛刺，即便在拉伸率大的状态下也不易划伤滴灌管。②开沟器两边侧板能有效护住铺管轮不接触到土壤，保持铺管轮转动的灵活性，铺管轮内孔应耐磨，铺管轮轴应光滑。③开沟器宽度要窄，安装后刚性要好，受外力作用后不变形，开沟器过去后土壤能自动向沟内回流，保持畦面平整，不影响铺膜质量。

（4）滴灌带铺设质量要求。①滴灌管（膜）纵向拉伸率≤1%。②滴灌管（膜）与种行行距一致性变异系数≤8.0%。③滴灌管（膜）铺设应无破损、打折或打结扭曲。

4. 提高铺膜作业质量的因素

（1）地膜宽度与畦面宽之间的关系。畦面宽度是根据地膜宽度来确定的，合适的畦面宽度是铺好膜的关键，一般畦面宽度 $L=B-15cm$（B 为膜的宽度）（图9.40）。

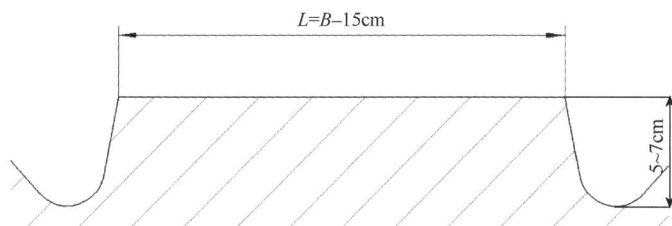

图 9.40　地膜宽度与畦面宽之间的关系示意图
L. 畦面宽；B. 膜宽

（2）开沟圆盘调整对铺膜质量提高的影响。开沟圆盘调整分为角度调整和高度调整，开沟质量对铺膜质量的影响较大。提高铺膜质量的基本条件是膜沟明显。一般膜沟深度应达 5～7cm，膜沟的宽度应达 6～8cm。开沟圆盘的角度应调整到 20°～25°。也可将开沟圆盘的角度设计为固定值，一般为 23°，工作中只作高低位置调整，不作角度调整。

（3）主要工作部件与提高铺膜质量的关系。主要工作部件与提高铺膜质量密切相关，各部件安装位置和达到的作业性能均对铺膜质量有重大影响。概括来讲，膜卷支撑装置应转动灵活，无卡滞，地膜能顺利拉出。顺膜杆光洁无毛刺，展膜辊、压膜轮转动灵活，无卡滞。一般设计中压膜轮中心应与膜边覆土圆盘中心靠近，拉开 6～9cm 的距离。压膜轮在前，膜边覆土圆盘靠后，让压膜轮起到挡土板作用的同时，又能使膜边覆土厚度不受影响。

（4）提高铺膜作业质量的要点。①膜沟明显，这是铺好膜的最关键问题之一。如果膜沟开不出来或开出来后又让展膜辊回填了，那么铺膜质量就上不去，膜沟深度一般应达 5～7cm。②地膜纵向拉伸适中。拉伸太大，种孔易错位。拉伸太小易造成地膜铺得松，鸭嘴打不透地膜的比例增多。同时浪费地膜，成本增加。③压膜轮应随地仿形，转动灵活，无卡滞；压膜轮应具有一定的质量，一般应达 3.6～4kg，压膜轮圆弧面应调整到紧贴内侧沟边的位置。④覆土轮应随地仿形，转动灵活，无卡滞；整体式覆土轮的两端带有驱动爪，覆土轮轮体工作中应稍离开膜面，防止轮体辗压膜面而造成种孔错位。

（二）双膜覆盖精量播种机

2006 年以前新疆棉花铺膜播种采用的大多是膜上点播，也有少部分是膜下点播。这两种播种方式各有自己的优缺点。膜上点播的优点是可以免去放苗、封土两大作业工序，可大幅度减少田管劳力，节约大量的生产成本费用。主要缺点：一是防冻害能力差；二是出苗前如遇降雨，一方面使种穴内形成高湿低温，极易造成烂种、烂芽，另一方面是表面土壤板结，影响出苗。膜下点播播种方式具有保墒、增温的好处，不怕天灾。但要进行放苗、封土、定苗等工作，劳动消耗大。

1. 双膜覆盖播种机的主要特点

双膜覆盖精量播种机就是一次完成畦面整形、铺滴灌管、开膜沟、铺设宽膜、宽膜膜边覆土、膜上打孔、精量播种、种孔覆土、铺设窄膜、窄膜膜边覆土等多项工序的联合作业播种机具（图 9.41，图 9.42）。

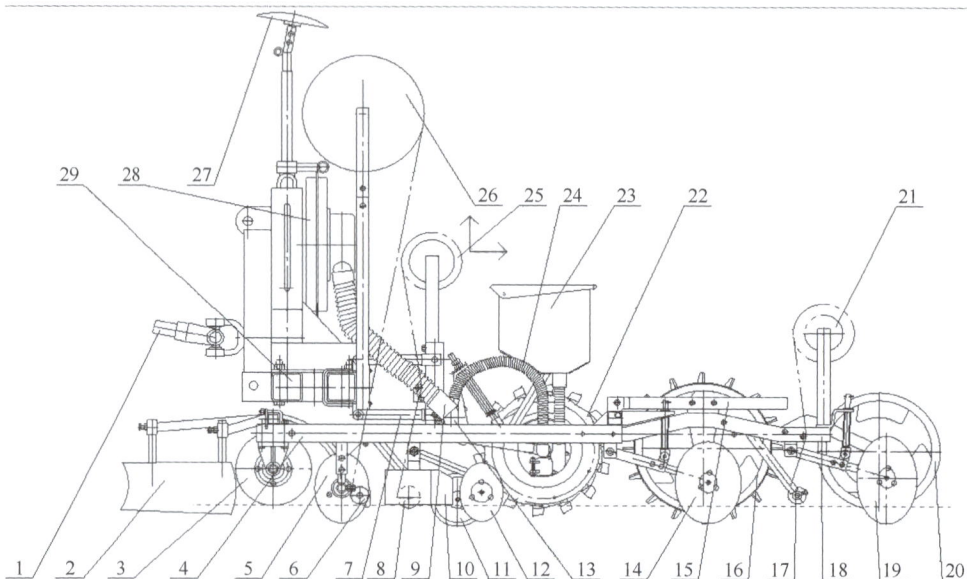

图 9.41 双膜覆盖精量播种机结构示意图

1. 传动轴；2. 整形器；3. 镇压辊；4. 铺膜框架 1；5. 开沟圆盘；6. 铺管机构；7. 四杆机构；8. 展膜辊 1；9. 吸气管 1；10. 挡土板；11. 压膜轮；12. 覆土圆盘 1；13. 点种器牵引梁；14. 覆土圆盘 2；15. 覆土滚筒 1 框架；16. 覆土滚筒 1；17. 展膜辊 2；18. 铺膜框架 2；19. 覆土圆盘 3；20. 覆土滚筒 2；21. 窄膜支架；22. 点种器；23. 种箱；24. 气吸管 2；25. 宽膜支架；26. 滴灌支管；27. 划行器；28. 风机；29. 大梁总成

图 9.42 双膜覆盖精量播种机

双膜覆盖精量播种栽培模式，是在膜上点播后的种行上再覆盖一层地膜。这样当播后碰上雨天时，由于雨水淋不到种行上，不会造成土壤板结，同时增温保墒效果更好。出苗后将上层地膜揭除，即完成放苗作业，方便快捷，省时省力。由于双膜覆盖能使苗床内形成一个小温室，明显提高了棉花出苗期对不良气候环境（低温、霜冻、降雨）的抵御能力，一般较常规膜上穴播出苗早 2～3d，提高了出苗率，缩短了出苗时间。同时双膜覆盖还能抑制膜下水分通过种孔蒸发而引起的种孔附近盐碱上升，充分发挥增温、保墒、防碱壳、防病虫害的作用。因此，双膜覆盖精量播种栽培模式既克服了膜上穴播和膜下穴播的缺点，又保持了膜上穴播和膜下穴播的优点，是一种先进的播种栽培技术。

2. 工作原理

（1）第一层地膜（宽膜）覆盖过程。首先由开沟圆盘在种床的两侧开出膜沟，地膜通过展膜辊展开，并通过膜边两侧的压膜轮进一步使地膜拉紧、展平。随后由膜边覆土圆盘在地膜两侧覆盖碎土，完成整个铺膜过程。

（2）播种过程。由拖拉机动力输出轴通过万向节及皮带轮带动风机转动，产生一定的真空度，通过气吸道传递到气吸室。排种盘上的吸种孔产生吸力，存种室内部分种子被吸附在吸种孔上。种子随排种盘旋转至刷种板部位，由刷籽板刮去多余的种子。在气吸盘背面断气、正面刮种双重作用下，种子落入取种勺，经过鸭嘴的开启将种子播入地中。

（3）种孔覆土。通过膜上覆土圆盘取土并送入种孔覆土滚筒，通过覆土滚筒的间隙土落到种孔表面。窄膜覆土装置结构如图 9.43 所示。

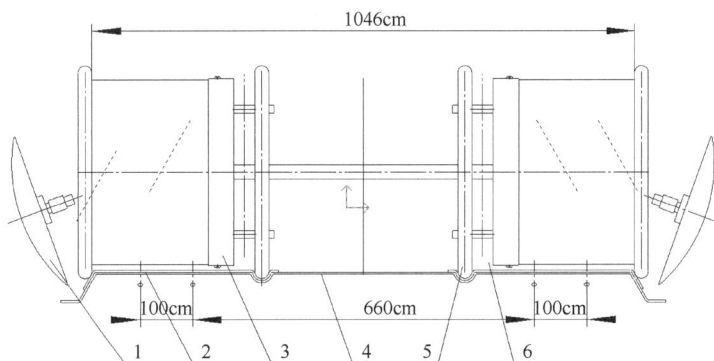

图 9.43　窄膜覆土装置示意图

1. 覆土圆盘；2. 窄膜（上层）；3. 土带调整圈；4. 宽膜（下层）；5. 压膜圈；6.漏土带

（4）第二层地膜（窄膜）覆盖过程。地膜通过展膜辊展开，并通过窄膜覆土滚筒两侧自带压槽装置进一步使地膜拉紧、展平。随后由窄膜膜边覆土圆盘取土，在地膜两侧覆盖碎土，完成整个工作过程。

3. 双膜覆盖土精量播种机作业中的注意点

（1）对整地作业质量要求较高。要求整地前后都要进行机械和人工辅助清田作业，整地后要达到地表平整，表层土壤松碎，上虚下实，地表无杂草残膜，无大土块。

（2）播种机工作时一级覆土量要控制稳定。随着土壤质地、墒情的变化，覆土量时大时小，要随时调控。覆土量过大会直接影响出苗率。

（3）出苗期如遇到高温天气，应及时打开上层地膜。否则膜内高温高湿易造成表层土壤湿度过大，引起苗期立枯病的发生。

（4）部件多、铺膜覆土的工序多。安装地膜卷、滴灌带和作业调整时要严格精细。播种机日作业量较常规播种机少。

（三）2BMZJ-12 超窄行精量铺膜播种机

自新疆推行棉花机械化采收以来，广大农业科技工作者进行了多次探索和大量试验，根据进口采棉机采收行距的配置要求，综合考虑了脱叶、采净率及高产等因素，采取了 66cm+10cm 的种植行距，为新疆兵团大面积推广棉花机械化采收技术奠定了基础。针对机采棉种植模式中脱叶催熟剂不易均匀喷施在两窄行间的中下部叶片上，导致脱叶效果差，以及两窄行间距较大，影响采棉机对棉花植株下部的采净率等问题，研究开发了 2BMZJ-12 新型超窄行精量铺膜播种机（图 9.44）。该播种机与目前大面积推广的各类播种机的不同之处在于：最小行距可调至 4cm，2 株行距成三角形配置，可增大棉花生长空间，播种后相当于棉花单行种植，该模式更利于棉花的生长发育和脱叶。

图 9.44　2BMZJ-12 超窄行精量铺膜播种机

1. 产品的主要特点

株行距配置，宽行 72cm，窄行 4cm，三角留苗带状播模式。超窄行精量穴播器及其构成的播种机一次作业完成 9 道作业程序，解决了行距超窄配置播种技术难题，提高了机采棉花的采净率。

以 2 膜 12 行，膜宽 200cm 或 205cm 为例，单幅膜内边行到边行距离由 86cm（66cm+10cm）降为 80cm（72cm + 4cm），宽行由 66cm 增加至 72cm，通风透光性更好（图 9.45）。

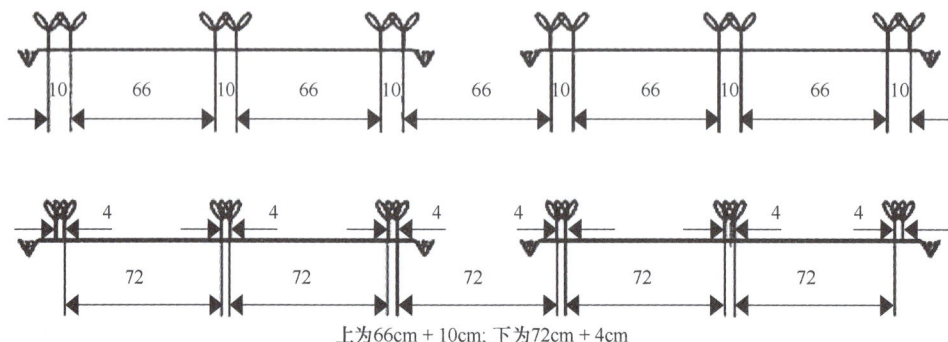

上为66cm + 10cm; 下为72cm + 4cm

图 9.45　两种机采棉种植模式效果对比（以 2 膜 12 行为例）

穴播器采用 11 穴或 12 穴，当采用 11 穴时，直线株距约为 13cm，斜向较近的两株棉花距离为 7.6cm，每亩理论株数 13 502；当采用 12 穴时，直线株距约为 12cm，斜向较近的两株棉花距离为 7.2cm，每亩理论株数 14 627。棉株空间分布合理，有利于个体更好地发育（图 9.46）。

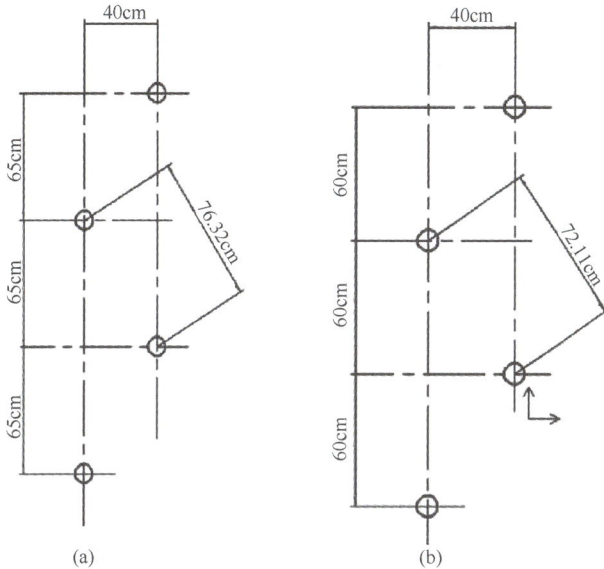

图 9.46　双苗带、三角均株距效果

(a) 11 穴；(b) 12 穴

2. 新型穴播器的特殊结构（图 9.47）

窄行行距缩小到 4cm（相当于单行播种），作业时相邻两穴播器同步运转，两株穴距成三角形配置。覆土滚筒行距设计成 66cm+10cm 与 72cm+4cm 行距可调，这样既满足了超窄行距播种要求，又可以实现常规机采棉的 66cm+10cm 行距要求。当行距调至 10cm 时，鸭嘴活动压板间隔达 7cm，不会损伤滴灌带，出现特殊情况需重播时，行距调整到 13cm，播行偏 5cm 对滴灌带也无损伤。超窄行穴播器在功能和结构上均优于常规穴播器。

图 9.47　偏置式点种鸭嘴穴播器

3. 技术性能参数（表9.6）

表9.6　2BMZJ-2/12超窄行精量铺膜播种机技术参数

项目	设计和标准值
作业膜幅数/幅	2
播种行数/行	12
作业幅宽/mm	4560
配套动力/kW	≥41.03
适应的单幅膜宽/mm	2050
采光面宽度/mm	1650～1710
行距/mm	720+40
膜下播深/mm	26～42，可调
穴粒数/（粒/穴）	2±1
膜边覆土宽度/mm	≥35
膜边覆土厚度/mm	≥25
机具挂结型式	三点悬挂

二、自动导航播种技术

自动导航驾驶技术是计算机技术、电子技术、通信技术、GPS信息控制技术等多种学科在农业播种机械上的综合应用。自动导航播种驾驶系统是按照棉花播种机械精确对行作业的标准进行应用研究与产业化，已在新疆兵团棉花播种中广泛应用，提高了棉花精量播种田间作业的质量水平，减轻了农机人员的劳动强度，提高了农业生产经济效益。

（一）农业机械自动播种导航系统组成和工作原理

自动导航系统的组成主要有定位传感器、方向传感器、转角传感器、导航控制器、液压电磁阀组合和显示屏等。其技术特点是：根据机组作业幅宽，在没有作业导航图的情况下自动生成导航线，根据定位传感器和方向传感器信息对农机田间直线行走作业，进行精确引导控制，使机组作业不重不漏，并具有作业面积计算统计等功能。

导航控制器为自动驾驶系统的核心。首先在导航显示屏上设定车辆行走线，设置导航模式（直线或者曲线）。通过接收基站差分数据，实时向控制器发送精确的定位信息，定位传感器和方向传感器的导航信息，轮角传感器实时向控制器发送车轮的转向角信息，导航控制器根据卫星定位的坐标及车轮的转动情况，实时向液压控制阀发送指令，控制液压电磁阀组合改变电控转向油路的流量和流向，通过控制液压系统油量的流量和流向，精确控制转向轮偏角，实现厘米级的卫星定位，以保证农机按照设定的路线行驶。

（二）全球定位系统

在导航定位方法中最常见的设备是全球定位系统（GPS），同时有很多方法用于改进标准全球定位系统（SPS）数据的精度。目前GPS在精准农业中精确灌溉、施肥和农业智能机器人，以及农用车辆的自动导航定位等方面有广泛的应用。主要可分为DGPS（差分GPS定位技术）和RTK-GPS（实时动态GPS定位技术），其中DGPS能达到亚米级的精度而RTK-GPS达到厘米级的精度。由于GPS接收机存在标准位置偏差，GPS导航应用中常采用卡尔曼滤波器（Kalman Filter）降低误差，以及把各种信号整合成单一的位置、速度、航向信号。

（1）标准定位系统（GPS）。用户只要持有 GPS 接收器，即可得到标准定位信息。这种服务价格低廉，但定位精度低，水平面有 100m 的误差。这种精度对于导航应用来说是远远不够的。

（2）差分定位系统（DGPS）。差分定位系统用来消除选择有效设置和其他不确定因素。一个放在已知位置的接收器，将通过接收的卫星信号得到的位置信息与它的真实位置进行比较，得出差分纠正数据。基站将这些数据发送到附近未知位置的接收器，得出修正的位置信息。差分定位可以通过地面基站覆盖十多公里范围，或通过结合通信卫星先进的多个基站覆盖 1000km 以上的范围。差分定位系统的准确度一般是水平面几米误差，并且离基站越近精度越高。

（3）静态差分系统。静态差分系统通过在同一位置综合长时间测试定位数据得到位置信息的修正。这同差分定位系统的技术原理相同。装备 DGPS 接收器使用此方法可以达到厘米级精度。这种接收器使用了一种测量并比较卫星信号相位移位的技术。

（4）载波相位差分系统。载波相位差分系统在 10~20km 可以达到厘米级精度。澳大利亚测量与大地信息研究组使用了比静态差分系统更先进的相位测量技术，以更快地得到位置信息，这种技术称为快速静态技术或伪动态技术等。

（三）实现自动导航播种的目的

田间作业均依靠驾驶人员的技术水平保证作业质量，但技术水平高的农机工极少，故造成播行不直，接行误差大。农业机械向智能化方向发展成为研究的热点，而自动导航技术是实现农业机械装备自动化、信息化、智能化的关键技术之一。农业车辆自动导航的实现将使驾驶员从繁重的工作中解放出来，减少疲劳，提高生产效率和操纵安全性；农业车辆的自动导航还可以改善作业者的安全状况，减少农作物生产投入成本，避免作业过程中产生衔接行的"重漏"，减少作业能耗、降低成本，增加经济效益。农田作业机械自动导航是现代化智能农业机械的一个重要组成部分，许多发达国家已经对农田作业机械智能导航控制技术及相关产品展开了研究，并投入农业生产，生产效益得到显著提高（图 9.48）。

图 9.48　新疆自动导航播种作业

（四）自动导航的优点

（1）提高土地利用率。农机使用自动驾驶系统进行播种作业时，结合线之间的偏差和千米直线度偏差可以被控制在较小的范围内，减少农作物生产投入成本，并且可以提高农艺作业质量，避免作业过程产生 "重漏"现场，降低生产成本，提高土地利用率，增加经济效益。

（2）提高机车时间利用率和作业质量。该系统提高了机车的操作性能，延长了作业时间，可以实现夜间播种作业，大大提高了机车的出勤率和时间利用率。同时这套系统可以减轻驾驶操作人员的劳动强度，在作业过程中，驾驶操作人员不需要驾驶方向盘，可以用更多的时间观察农具的工作状况，有利于提高田间作业质量。

（3）有较强的地形适应性。该系统可以用于平地或坡地，控制器的地形补偿技术不断修正和补偿农机具的俯仰、翻滚姿态，达到精确导航驾驶的目的。

（4）合理调配机车。通过 GPS 卫星定位，可以实时掌握机车的田间作业情况，包括机车的作业地号、作业速度等信息，并将实时作业情况通过信息中心的大屏幕显示出来，使农机管理人员随时根据机车田间作业情况，科学合理地对全场机车作业进行统一指挥和调度。

（五）自动导航的应用

随着农业现代化深入推进，新疆兵团农业机械化田间作业逐步向精细型发展，"北斗"卫星导航自动驾驶技术也随之得到了试验示范推广应用。2014～2015 年新疆兵团各团场充分利用国家农机购置补贴强农惠农政策，购置安装卫星导航自动驾驶装备，并用于棉花精量播种作业上，以提高作业效率和作业质量、节约土地资源为目标，达到节本增效的目的。两年共安装试验卫星导航自动驾驶装备 2194 台，应用在棉花精量播种作业的面积为 21.53 万 hm^2（表 9.7）。

表 9.7　卫星导航自动驾驶技术示范情况

项目	第一师	第二师	第三师	第四师	第五师	第六师	第七师	第八师	第九师	第十师	第十三师
机具数量/台	182	404	30	123	299	59	509	344	131	64	49
播种面积/（万 hm^2）	1.33	4.82	0.25	0.96	2.81	0.46	5.02	1.76	2.8	0.75	0.57

第三节　中耕施肥机械与技术

作物田间管理机械化的任务，就是通过机械作业及时地为作物生长创造良好的环境条件，以保证高产、稳产。中耕追肥机械作业的目的在于清除杂草、疏松表土、切断土壤毛细管、保墒和培土等，以利于作物的生长发育。除草可减少土壤中养分和水分的无谓消耗，改善通风透光条件，减少病虫害；松土可促进土壤内空气流通，加速肥料分解，提高地温，减少水分蒸发，促进作物根系发育，防止倒伏。棉田受雨灾或雹灾后，及时中耕可起到快速散墒、提高地温的作用。

一、中耕作业技术要求

（1）根据田间杂草及土壤墒度适时进行，第一次中耕作业一般在棉苗显行后进行，覆膜植棉时，可提前于显行前进行，促进膜下土壤气体交换和幼苗根系发育。

（2）中耕深度一般为 10～18cm，耕后地表应松碎、平整，不允许有拖堆、拉沟现象。

（3）护苗带宽度为 8～12cm，在不伤苗的前提下应尽量缩小护苗带。

（4）不埋苗、不压苗、不铲苗，伤苗率小于 1%，地头转弯处伤苗率不超过 10%。

（5）不错行、不漏耕，起落一致，地头地边要耕到。

（6）滴灌田间由于进行随水施肥，可以省去追肥作业这道程序。

二、3ZF 系列中耕施肥机

3ZF 系列中耕施肥机是与 40kW 以上轮式拖拉机配套的中耕施肥作业机具。该机由机架、地轮、中耕单组、肥箱、中间传动等部件组成。通过更换不同的工作部件，能完成中耕（除草、破板结、深松）、追肥、培土（开沟起垄）等作业。基本作业行数 12 行，行距可在 30～70cm 调节（图 9.49）。

图 9.49　中耕施肥机

该机型的主要特点如下。

（1）机架设计成组合式，通用性好，适应性强，结构简单，强度大，使用当中挂结速度快。

（2）平行四连杆机构非常坚固，在使用过程中不变行。其新型的结构配置了尼龙耐磨套，磨损后可以更换新套，保证使用不松旷，满足作业性能要求。

（3）设计了新型组合施肥开沟器，能将肥料施加到要求的工作土层。

（4）增强了齿栓及固定装置结构的强度。

（5）肥箱设计成大容积式，排肥采用大外槽轮，保证大的施肥量，停机肥料不自流，肥量调节方便。

三、中耕施肥机主要部件和安装

根据农业技术需要，中耕机上可以安装多种工作部件，分别满足作物苗期生长的不同要求。工作部件主要有除草铲、松土铲、培土铲等。

1. 主要部件

（1）除草铲。分单翼铲和双翼铲两种。单翼铲由倾斜铲刀和垂直护板部分组成。铲刀刃口与前进方向成30°角，铲刀平面与地面的倾角为15°左右，用来切除杂草和松碎表土。垂直护板起保护幼苗不被土壤覆盖的作用。单翼铲有左翼铲和右翼铲两种，分别置于幼苗的两侧。除草铲的作业深度一般为4～6cm（图9.50）。

（2）松土铲（图 9.51）。松土铲用于中耕作物的行间深层松土，有时也用于全面松

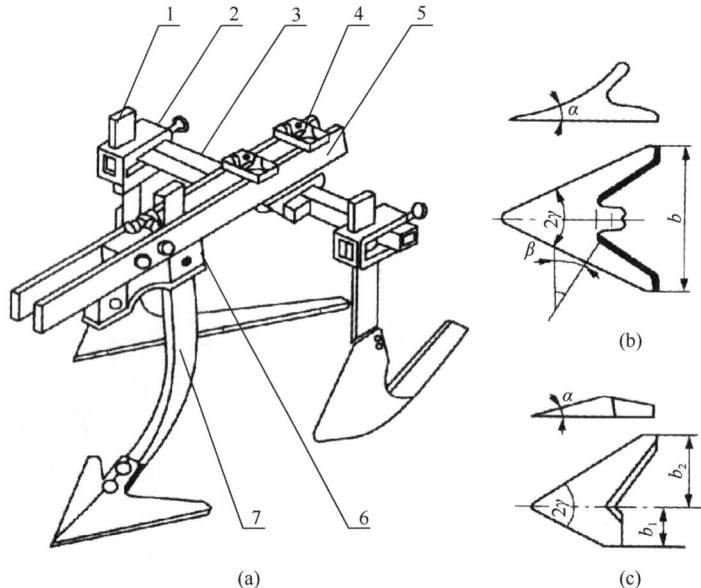

图 9.50 锄铲式除草铲

（a）单翼铲和双翼铲的安装；（b）通用铲；（c）垄作非对称双翼
1. 单翼铲；2. 横臂固定卡；3. 横臂；4.U形固定卡；5. 纵梁；6. 纵梁固定卡；7.双翼铲

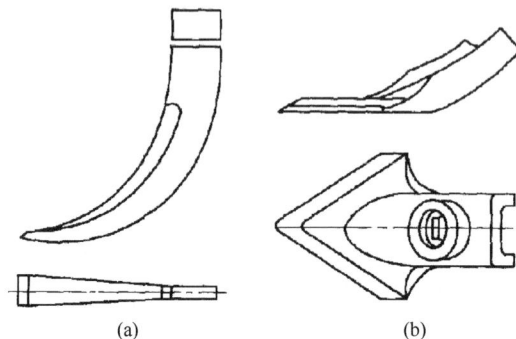

图 9.51 松土铲

（a）凿形铲；（b）箭形铲

土。它有破碎土壤板结层、消灭杂草、提高地温和蓄水保墒的作用。松土铲由铲头和铲柄两部分组成，一般工作深度 12～25cm。铲头是入土工作部分，它的种类很多，常用的松土铲有箭形、尖头形、凿形松土铲和趟地铧子等。箭形松土铲碎土性能好，不窜垄条，土壤疏松范围大，常用于浅层松土，耕深一般为 8～10cm。凿形松土铲的入土能力比较强，深浅土层不易混，但碎土能力较差，多用于深层松土，耕深一般为 12～25cm。尖头形松土铲的两头开刃，与铲柄用螺栓连接，磨损后易于更换，可以调头使用。

（3）培土器（图 9.52）。培土器通常也称为培土铲，用于向植株根部培土、起垡，也用于灌溉开排水沟。培土器的种类较多，如曲面可调式培土器、旋转式培土器、锄铲式培土器和铧式培土器等。目前广泛使用的是铧式培土器，主要由三角铧、分土铧、培土板、调节杆和铲柱等组成。此种培土器的分土板与培土板铰接，其开度可以调节，以适应大小不同的垄型。分土板有平面和曲面两种结构。曲面分土板成垄性能好，不容易黏土，工作阻力小；平面分土板碎土性能好，三角铧与分土板交界处容易黏土，工作阻力比较大，但制造容易。三角铧的工作面一般为圆柱面，每种机器上一般配有 3 或 4 种规格的三角铧，可根据需要更换。三角铧常用 QT40-10 或 HT15-33 材料铸造而成。

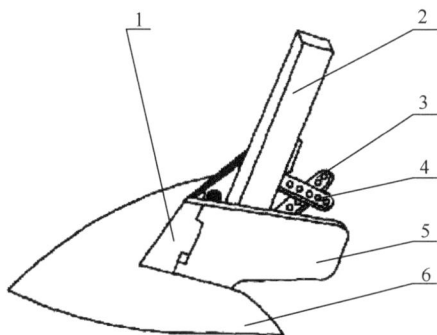

图 9.52 铧式培土器
1. 分土铧；2. 铲柱；3. 调节杆；4. 螺栓；5. 培土板；6. 三角铧

（4）仿形机构。旱作中耕机根据作物的行距大小和中耕要求，一般将几种工作部件配置成单体，每一单体在作物的行间作业。各个中耕单体通过一个能随地面起伏而上下运动的仿形机构与机架横梁连接，以保证工作深度的一致性。现有中耕机上应用的仿形机构主要有单杆单点铰链仿形机构、平行四杆仿形机构和多杆双自由度仿形机构等类型。

平行四杆仿形机构的结构如图 9.53 所示。它是用一个平行四杆机构将中耕单体与机架铰接，当仿形轮随地面起伏而升降时，平行四杆机构带动工作部件随之起伏，同时保证工作部件的入土角始终不变，在地表起伏不大的田地作业时，工作深度的稳定性较好。其缺点是：当土壤坚硬时，耕深容易变浅；当仿形轮遇到局部地表起伏时，容易引起耕深不稳。

（5）中耕单体。中耕单体由工作铲和仿行机构等组成，通过仿形机构与机架相连接。由于每个中耕单体安装单独的仿行机构，故对地表不平的仿行性能很好。中耕单体可以根据作物的行距大小进行调节。

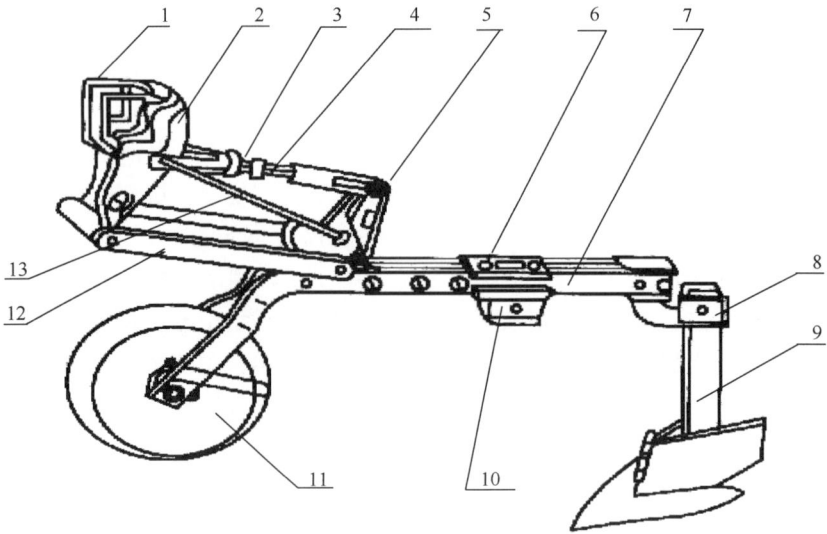

图 9.53 平行四杆仿形机构

1. 主梁卡丝；2. 调节支臂；3. 锁紧螺母；4. 调节丝杠；5. 调节支架；6. 卡套；7. 纵梁；8. 工作部件固定卡铁；9. 工作部件；10. 犁柱下卡套；11. 仿形轮；12. 连动板；13. 调节控制杆

2. 各种中耕状态的安装

中耕状态的安装是在通用部件安装的基础上，根据农艺要求进行的调整安装。

（1）松土、锄草状态的安装。其安装方式是将松土杆齿及人字铲分别装入工作单组上的长柄齿栓及单联齿栓安装孔中，根据农艺需要调整好它们的左右、前后、深浅位置，然后用顶丝紧固，即完成松土、锄草状态安装。

（2）培土、开沟状态的安装。如图 9.54 所示，培土、开沟状态的安装是在通用部件安装的基础上，根据不同作物、不同的农艺要求，调整好各工作单组的间距，然后在单联齿栓中装入培土器。

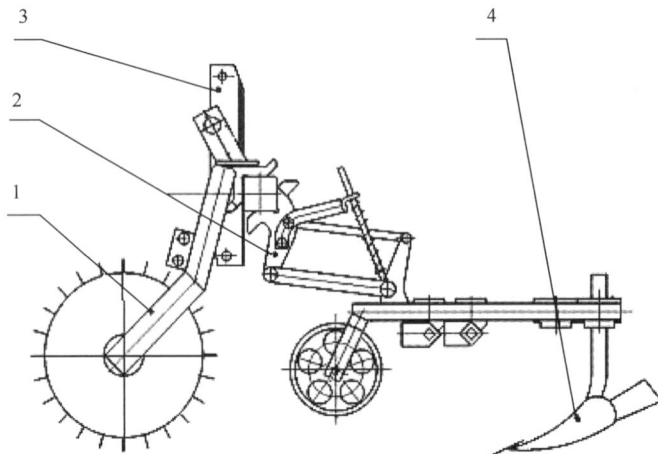

图 9.54 培土、开沟状态

1. 地轮；2. 工作单组；3. 机架；4. 培土器

3. 3ZF-540 型悬挂式中耕施肥机主要技术参数（表 9.8）

表 9.8　3ZF-540 型悬挂式中耕施肥机主要技术参数

项目	技术规格			
	中耕状态	中耕施肥状态	施肥培土状态	培土状态
外形尺寸（长×宽×高）/mm	1058×5600×1300	1058×5600×1300	1058×5600×1300	1058×5600×1300
结构重量/kg	约 860	约 940	约 940	约 880
行距/mm	300～700	300～700	300～700	300～700
最大工作幅宽/mm	5400	5400	5400	5400
工作深度/mm	30～180	中耕 30～180，施肥＞130	施肥＞130，垄高＞200	垄高＞200
运输间隙/mm	＞400	＞400	＞400	＞400
作业速度/（km/h）	3～6	3～6	3～6	3～6
生产率/（hm²/h）	1.20～2.46	1.20～2.46	1.20～2.46	1.20～2.46
配套动力/kW	＞40	＞40	＞40	＞40

第四节　植保机械与技术

随着农用化学药剂的发展，喷施化学制剂的机械已日益普遍。这类机械的用途包括：喷洒杀菌剂或杀虫剂防治植物病虫害；喷洒除草剂，消除莠草；喷洒药剂对土壤消毒、灭菌；喷施化学调控药剂促进（抑制）作物生长或成熟抗倒伏；喷施脱叶剂以利于提高采棉机机采效率和质量。目前，国内外植物保护机械化总的趋势是向着高效、经济、安全方向发展。在提高劳动生产率方面，如加大喷雾机的工作幅宽、提高作业速度、发展一机多用、联合作业机组，同时还广泛采用液压操纵、电子自动控制，以降低操作者劳动强度；在提高经济性方面，提倡科学施药，适时适量地将农药均匀地喷洒在作物上，并以最少的药量达到最好的防治效果。要求施药精确，机具上广泛采用施药量自动控制和随动控制装置，使用药液回收装置及间断喷雾装置，同时还积极进行静电喷雾应用技术的研究等。

一、植保机械和农业技术要求

植保机械的农业技术要求：一是应能满足农业、园艺、林业等不同种类、不同生态及不同自然条件下植物病、虫、草害的防治要求。二是应能将液体、粉剂、颗粒等各种剂型的化学农药均匀地分布在施用对象所要求的部位上。三是对所使用的化学农药应有较高的附着率，以及减少漂移损失。四是机具应有较高的生产效率和较好的使用经济性和安全性。

二、喷雾机的类型

喷雾是化学防治法中的一个重要方面，它受气候的影响较小，药剂沉积量高，药液能较好地覆盖在植株上，药效较持久，具有较好地防治效果和经济效果。喷粉比常量喷雾法功效高，作业不受水源限制，对作物较安全，然而由于喷粉比喷雾飘移危害大得多，严重污染环境，同时附着性能差，因此国内外已趋向于用以喷雾法为主的喷药方法。

根据施药液量的多少，可将喷雾机械分为高容量喷雾机、中容量喷雾机、低容量喷雾机及超低容量喷雾机等多种机型。

1. 高容量喷雾

又称常量喷雾，是常用的一种低农药浓度的施药机械。用水量大，雾滴直径较粗，受风的影响较小，喷雾量大能充分地湿润叶子，经常是湿透叶面并流失，污染土壤和水源。对操作人员较安全。

2. 低容量喷雾

特点是所喷洒的农药浓度为常量喷雾的许多倍，雾滴直径也较小，增加了药剂在植株上的附着能力，减少了流失。既具有较好的防治效果，又提高了工效。应大力推广应用逐步取代大容量喷雾。

3. 中容量喷雾

施液量和雾滴直径都介于上面两种方法之间，叶面上雾滴也较密集，但不致产生流失现象，可保证完全覆盖，可与低量喷雾配合作用。

4. 超低容量喷雾

超低容量喷雾是近年来防治病虫害的一种新技术。它是将少量的药液（原液或加少量的水）分散成大小均匀的细小雾滴（$10\sim90\mu m$），借助风力（自然风或风机风）吹送、飘移、穿透、沉降到植株上，获得最佳覆盖密度，以达到防治的目的。由于雾滴细小，飘移是一个严重问题，它的应用限于基本上无毒的药剂或大面积作业，这时飘移不会造成危害。超低容量喷雾在应用中操作人员应特别注意安全。

三、喷雾机械主要工作部件

喷雾机的功能是使药液雾化成细小的雾滴，并使之喷洒在农作物的茎叶上。田间作业时对喷雾机的要求是：雾滴大小适宜、分布均匀，能达到被喷目标需要药物的部位、雾滴浓度一致，机器部件不宜被药物腐蚀，有良好的人身安全防护装置。喷雾机一般由药液箱、搅拌器、空气室、药液泵、喷头、安全阀、流量控制阀和各种管路等组成。其中药液泵、空气室、喷嘴和安全阀等是喷雾机的主要工作部件。

（一）液泵

液泵是喷雾机的主要工作部件，药液泵的作用是给药液加压，以保证喷头有满足性能要求的、稳定的药液工作压力。药液泵的性能参数主要有压力和流量等，植保机械常用的液泵有活塞泵、柱塞泵、隔膜泵、滚子泵和离心泵等。选择液泵的依据是所需液体的总流量（包括喷头和液力搅拌）、压力和药液的种类，药液种类尤其影响泵的结构材料的选用。

1. 柱塞泵

柱塞泵是喷雾机中使用较多的一种，有单缸、双缸、三缸等形式。柱塞泵具有较高的喷雾压力，要求活塞与缸筒之间密封可靠，并且需要高效率的阀门来控制液体的流动。利用旁通阀（安全调节阀）来调节压力，并在液体切断时保护机器免受破坏。适合于高压作业，并可设计成泵送磨蚀性物质而不至于过快磨损。容积效率高（大于 90%），转速达 700～800r/min。

2. 隔膜泵

利用膜片往复运动达到吸液和排液作用。这种泵和药液接触的部件比柱塞泵要少（运动件只有膜片和进水阀组、出水阀组），延长了机具的寿命。在机动喷雾机上获得广泛应用。隔膜围绕着一个旋转的凸轮呈星形排列。当凸轮转动一圈时，凸轮就驱动每一个隔膜依次作一个短行程的运动，从而产生一个较平稳的液流。隔膜泵由泵体、偏心轮、连杆、活塞、隔膜和进水阀、出水阀组成。

空气室的作用是缓解药液泵工作中造成的压力脉动，保证喷头在稳定的压力下工作。空气室相当于一个积蓄能量的元件，当高压管路中的压力升高时，空气被压缩，体积减小，积蓄能量；当高压管路中的压力下降时，被压缩的空气体积膨胀，释放能量，进而保证了药液的压力基本稳定。

3. 滚子泵

滚子泵由泵体、转子、滚子等组成。在偏心泵体内，装有径向开槽的转子，每个槽内有一个滚子能径向移进移出。当转子高速旋转时，滚子在离心力的作用下，紧贴在泵体内壁上，形成密封的工作室。该室容积大小随转子转角不同而变化，当工作室容积由小变大时，药液被吸入，当工作室容积由大变小时，就将药液压出。

4. 离心泵

离心泵结构简单，容易制造。它的排量大，压力低，用于工作压力要求不高的场合，如喷灌机和喷施液肥等具有大喷量喷头的植保机具上，这种泵一般只在大型植保机具中作液力搅拌或向药液箱灌水用。

（二）喷头

喷头的作用是保证药液以一定的雾滴尺寸、流量和射程喷向指定位置。在相同的喷药量条件下，药液雾滴越小，雾滴的数目也就越多，并且比较均匀，防治效果越好。喷头的种类很多，常见的喷头主要有液体压力式、气体压力式和离心式等。

1. 液体压力式喷头

液体压力式喷头在生产上应用很广，常见的主要有涡流式喷头、扇形喷头和撞击式喷头等。

（1）涡流式喷头。喷头体加工成带锥体芯的内腔和与内腔相切的液体通道，喷孔片的中心有一个小孔，内腔与喷孔片之间构成锥体芯涡流室。高压液流从喷杆进入液体通道，由于斜道的截面积逐渐减小，流动速度逐渐增大，高速液流沿着斜道按切线方向进入涡流室，绕着锥体作高速螺旋运动，在接近喷孔时，由于回转半径减小，圆周运动的速度加大，最后从喷孔喷出。

（2）扇形喷头。扇形喷头有缝隙式喷头和反射式喷头等形式。高压药液经过喷孔喷出后，形成扁平的扇形雾，其喷射分布面积为一个矩形。当压力药液进入喷嘴后，受到内部半月牙形槽底部的导向作用，药液被分成两股相互对流的药液。当两股药液在喷孔处汇合时，相互撞击而破碎，最后形成雾滴喷出。之后又与半月牙形槽的两侧壁撞击，进一步细碎，形成更小的雾滴从喷孔喷出，喷出的雾滴又与空气撞击进一步细碎，到达植物表面。

2. 气体压力式喷头

气体压力式喷头利用比较小的压力将药液导入高速气流场，在高速气流的冲击下，被雾化成直径很小的雾滴，气体压力式喷头可以获得比液体压力式喷头更小的雾滴，借助风力把雾滴吹动到比较远的作物上。气体压力式喷头的种类比较多，常见的有扭转叶片式、网栅式、转轮式等。

3. 离心式喷头

离心式喷头是将药液输送到高速旋转的雾化元件上，在离心力的作用下，将药液从雾化元件的外边缘抛射出去，雾化成细小的雾滴，一般雾滴直径为 $15\sim75\mu m$，故也称为超低量喷头。

（三）风机

风机是风送式喷雾机、喷粉机、喷粒机的主要工作部件，它的性能直接影响到喷洒质量。风机的主要作用是输送雾滴，加强雾滴向植株丛中的穿透性，雾滴在气流输送下加速飞向目标，从而减少雾滴的飘移和蒸发，协助液体形成雾滴，风机的气流吹动植物的叶子，有利于雾滴沉降在叶子背面。植保机械常用制造精度较高的多叶离心式风机，叶片通常为 $4\sim8$ 个。风机材料多采用铸造铝合金、镀锌薄钢板或塑料等轻质材料制造。

（四）其他部件

1. 安全阀

安全阀也称为调压阀，它的作用是限制高压管路中的最高压力，确保管路等部件不因压力过高而损坏。

2. 搅拌器

搅拌器有机械式、液力式和气力式 3 种。目前大多采用液力搅拌。液力搅拌可在喷管上开些小孔，药液从小孔中流出，在药箱内形成循环，这种形式液流速度小。喷射式液流速度较高，但耗能量大，一些大型机具上可安装多个喷射头。

3. 滤网

为了防止喷头在喷雾时被堵塞，对喷雾液进行过滤是必要的。在药液箱加液口设置一个可拆卸的 $12\sim16mm$ 孔径的粗滤网，在药液箱和泵之间设置一个 16 目的大表面积过滤器，在泵和喷头的管道内安装一个 20mm 孔径的较小尺寸的过滤器。

四、主要产品

（一）风送式喷雾机

高架风送式喷雾机是装有横喷杆并带有送风袖筒的一种液力喷雾机，可广泛用于棉花、大豆、小麦和玉米等农作物的播前、苗前土壤处理，作物生长前期灭草及病虫害防治。可进行诸如棉花、玉米等作物生长中后期病虫害防治及喷施催熟剂、脱叶剂等植保作业。该类机具的特点是生产率高，喷洒质量好，是一种理想的大田作物用大型植保机具（图 9.55，表 9.9）。

图 9.55　风送式喷雾机工作图

表 9.9　3W 系列风送式喷雾机技术参数

序号	技术参数	悬挂式	牵引式
1	作业幅宽/cm	1650	1650
2	药箱容积/L	800（前药箱）+600（后药箱）	2000
3	喷头离地高度/cm	65～120	65～120
4	工作压力/MPa	0.3～0.4	0.3～0.4
5	设计动力传动轴转速/(r/min)	540	540
6	挂接机构	悬挂式	牵引式
7	液泵型式	活塞式隔膜泵	活塞式隔膜泵
8	液泵额定流量/L	120	120
9	液泵工作压力/MPa	3.0	3.0
10	展臂型式	三段折叠式	三段折叠式
11	作业速度/(km/h)	3～5	3～5

（二）吊杆式喷雾机

1. 产品结构特点

①该机采用吊杆式喷头，吊杆在不同高度装有三层喷头，能使棉株在上、中、下 3 个层面全方位受药，提高作业质量；②加装了支撑轮进行辅助支撑，拖拉机在工作及道

路行驶时由支撑轮辅助支撑行进,减少了长时间提升对其悬挂系统的损害;③采用了全液压折叠、提升系统,降低了人工劳动强度,提高了工作效率;④采用了特殊的四连杆自平衡机构,有效保证了机具在地表不平的田块工作时,两展臂与地面高度距离一致,提高施药效果;⑤外加汽油机对药罐进行加水,一方面减少采用隔膜泵加水水中杂质对泵体造成损伤,另一方面缩短加水时间,整机药罐加水 4min 完成;⑥该产品适应作物全程作业:包括喷施除草剂、杀虫剂、化调、脱叶剂及催熟剂等作业(图 9.56)。

图 9.56　吊杆式喷雾机喷施棉花脱叶剂

2. 主要技术参数(表 9.10)

表 9.10　吊杆式喷雾机技术参数

项目	技术参数
配套动力/hp	≥55
挂接方式	三点后悬挂
作业速度/(km/h)	3～5
喷幅/m	12
药箱容积/L	前 600,后 800
药泵型式	四缸隔膜泵
喷头数量(9 个窄膜)	顶喷 18 只,吊喷 19×4 只
喷头数量(5 个宽膜)	顶喷 15 只,吊喷 16×4 只

(三)约翰迪尔 4630 型喷雾机(表 9.11,图 9.57)

表 9.11　4630 型喷雾机技术参数

项目	技术参数
配套动力/hp	≥165
作业方式	自走式
气缸数	6
药箱容积/L	2274
离地间隙/m	0.4～2.5
农作物间隙/m	窄 1.12,宽 1.27
喷杆尺寸/m	18～24

图 9.57　约翰迪尔 4630 型喷雾机

五、航空喷药技术

航空植保机械的发展已有几十年的历史。新疆通用航空有限责任公司是兵团国资公司的全资子公司，组建于 1983 年。截至 2010 年年底，新疆通航拥有运型系列飞机 33架，有 71 个农用机场跑道，其中兵团范围内有 60 条跑道，自治区范围内有 11 条跑道，起飞、降落占用的机场面积小，对机场条件要求比较低。农业服务包括：飞机播种、病虫害防治、化除化控、喷洒（撒）化肥、护林防火、卫生防疫；作业范围遍布疆外 27个省区和新疆各地、州、市，以及兵团 100 多个农牧团场，通航的农业飞行占总飞行量的 70%。Y-5B 型、Y-11 型、Y-12 型飞机是多用途的小型机，设备比较齐全，低空飞行性能好，在机身中部安装喷雾或喷粉装置，可以距离作物顶端 5～20m，速度 160km/h进行多种作业（图 9.58）。

图 9.58　新疆通航小型飞机在棉田喷施农药

发展安全、节约、高效的精准农业是农业现代化的重要标志，无人机在精准农业发展中具有非常重要的应用价值，因此也成为当前我国现代化农业发展中的迫切需求。无人机是一种有动力、可控制、能携带多种任务设备、执行多种任务，并能重复使用的无人驾驶航空器。近几年无人机在新疆农田应用中逐渐开始出现，主要集中在农田信息遥感、灾害预警、施肥喷药等领域。

无人机植保作业相对于传统的人工喷药作业和机械装备喷药有很多优点：作业高度低，飘移少，可空中悬停，无需专用起降机场，旋翼产生的向下气流有助于增加雾流对作物的穿透性,防治效果好,远距离遥控操作,喷洒作业人员避免了暴露于农药的危险,提高了喷洒作业安全性等。无人机喷洒技术采用喷雾喷洒方式至少可以节约50%的农药使用量,节约90%的用水量,这在很大程度上降低了施药成本。

新疆棉花植保无人机主要采用单旋翼和多旋翼两种结构,但由于无人机存在载荷小、续航时间短、单次作业面积少且大多采用锂电作为动力电源,外场作业需要配置发电充电设备,及时为电池充电。所以,目前无人机主要用于棉田信息遥感、小面积突发性飞行害虫暴发和流行病害的预防等方面。对于大面积棉田病虫害暴发,喷施化学药液防治仍需要人工操作植保机械装备进行作业(图9.59,表9.12)。

图 9.59　无人机在石河子总场棉田喷农药作业

表 9.12　HY-B-15L 植保无人机主要技术参数

项目	技术参数
机型	单旋翼电动植保无人机
外形尺寸(长×宽×高)/mm	1 950×450×690
主旋翼直径/mm	2 200
尾旋翼直径/mm	360
工作总长/mm	2 500
空机重量(不含电池、负载)/kg	9.8
最大起飞重量/kg	30
农药容器容量/L	16
锂聚合物动力电池	10 000mAh, 44.4V
作业速度/(m/s)	3~8(风速2~3级)
续航时间/min	33
连续喷雾时间/min	10~15
喷杆长度/mm	1770
相对飞行高度(距农作物顶端)/m	1~3
喷头数量/个	5
喷洒流量/(mL/min)	1 000~1 500
有效喷幅/m	4~7
飞行方式	手动/增稳

第五节　棉花机械收获及其配套技术

我国对棉花收获机械化技术一直比较重视，起步也较早。20 世纪 50 年代末和 60 年代初，农业部引进了 50 余台苏联生产的垂直摘锭式自走采棉机，在江苏、河南、河北、辽宁、新疆生产建设兵团等地进行棉田收获机械化试验。在此期间我国的技术人员还研制了气吸和气吸振动式采棉机，并在新疆仿制建立了机采籽棉清理加工试验车间，经部分批量试验表明：经过机器采收的籽棉，清理加工后皮棉质量仅有少许下降，对纺纱无明显影响。后因"文化大革命"的干扰，此项工作被搁浅。

1989～1993 年，新疆生产建设兵团组织新疆农垦科学院、新疆农业科学院等单位在第八师 148 团二队对引进的苏联全套棉花田间生产机械化设备进行综合试验，该套设备中包括 CMX-2.8 垂直摘锭采棉机、棉桃收获机、净棉机、喷雾机等 10 台机械，是我国首次从农业机械工程的角度全面认识和实践棉花生产机械化，通过近 3 年的试验，消化吸收了棉桃收获机、净棉机等机具，并结合兵团实际探索了人工快采棉采收方法和清理加工工艺及设备配套方案，在南、北疆部分植棉农场进行了试验。通过该项目的实践，兵团各级领导及广大技术人员认识到：棉花收获机械化是一项系统工程，仅从机械入手，难以甚至不可能实现棉花收获机械化，必须走综合技术配套的道路才能逐步实现棉花收获机械化。

为此，新疆生产建设兵团于 1996 年 5 月投资 3000 万元，立项实施"兵团机采棉引进试验示范"项目，项目实施期为 1996～2000 年，从系统工程的角度出发，确定项目实施方案：从适合机采的棉花品种选育到机采棉棉花种植模式、田间管理、化学脱叶催熟、采棉机国产化设计、新型采棉机引进试验、机采棉清理加工工艺、配套设备、皮棉质量标准等环节全面开展试验研究，系统研究棉花收获机械化问题。

"兵团机采棉引进试验示范"项目的实施，吸引了国内外许多知名棉机企业积极参与项目，为项目的实施提供了先进的技术装备，极大地推动了我国棉花收获机械化设备的国产化进程。

据统计，至 2014 年年底，新疆拥有水平摘锭式采棉机 2200 余台，其中，新疆兵团有采棉机 1920 余台，新疆地方有采棉机近 300 台；机采棉清理加工生产线 360 余条，其中，新疆兵团有机采棉清理加工生产线 306 条，新疆地方有机采棉清理加工生产线 50 余条；机械采收棉花面积约 67 万 hm^2，其中，新疆兵团机采面积 47 万 hm^2，新疆地方机采面积近 20 万 hm^2。

一、滚筒式水平摘锭采棉机结构

滚筒式水平摘锭采棉机的采摘部件（工作单体）主要由水平摘锭滚筒、采摘室、脱棉器、淋洗器、集棉室、扶导器及传动系等构成，如图 9.60 所示。每组工作单体 2 个滚筒，前后相对排列；其摘锭是成组安装在摘锭座管体上，摘锭座管体总成在滚筒圆周均匀配置，一般每个滚筒上配置 12 个摘锭座管总成，在每个摘锭座管上端装有带滚轮的曲拐。采棉滚筒作旋转运动时，每个摘锭座管与滚筒"公转"，同时每组摘锭又"自转"。

工作时，由于摘锭座管上的曲拐滚轮嵌入滚筒上方的导向槽，因此在滚筒旋转时，拐轴滚轮按其轨道曲线运动，而摘锭座管总成完成旋转、摆动，使成组摘锭均在棉行成直角的状态进出采摘室，并以适当的角度通过脱棉器和淋洗器。在采摘室内，摘锭上下、左右间距一般为38mm，呈正方形排列，以包围棉铃，由栅板与挤压板形成采摘室。脱棉器的工作面带有凸起的橡胶圆盘，并与摘锭高速反向旋转。淋洗器是长方形工程塑料软垫板，可滴水淋洗摘锭。采棉机的采棉工作单体设在驾驶室前方，棉箱及发动机在其后部，通常情况下采棉机采用后轮导向且大部分为自走型。

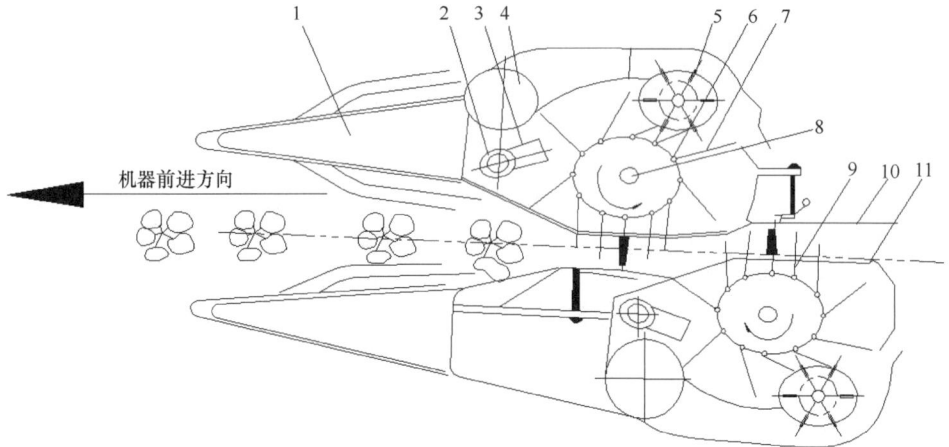

图 9.60　滚筒式水平摘锭采棉部件示意图
1. 棉株扶导器；2. 湿润器供水管；3. 湿润器垫板；4. 气流输棉管；5. 脱棉器；6. 导向槽；7. 摘锭；
8. 采棉滚筒；9. 曲柄滚轮；10. 压紧板；11. 栅板

　　滚筒式水平摘锭采棉机由于采摘滚筒结构的因素，对棉花种植行距有限制性要求，否则采棉机将无法收获。约翰迪尔公司和美国凯斯公司的水平摘锭采棉机适宜的种植行距是等行距种植 30in（76.2cm）、32 in（81.28cm）、34 in（86.36cm）、36 in（91.44cm）、38 in（96.52cm）和 40 in（101.6cm）等 6 种行距；贵州平水机械有限责任公司（贵航平水公司）的水平摘锭采棉机适宜的是 76cm 等行距种植。

　　目前，新疆推广使用的滚筒式水平摘锭采棉机的主要机型是约翰迪尔、凯斯和贵航平水等几种水平摘锭采棉机。

二、约翰迪尔、凯斯和贵航平水水平摘锭采棉机

（一）约翰迪尔采棉机械

1. 9970 型自走式（4～5 行）摘棉机（图 9.61）

　　该型采棉机采用了 PRO-XL 摘锭，PRO-12 采摘头。其主要构成和功能如下。

　　（1）发动机。约翰迪尔 6 缸、排气量 6.8L POWERTECH™发动机，符合 TIERII 排放标准，涡轮增压，四阀，高压共轨燃油喷射系统，中冷式，250hp（184kW），空气清洁器，发动机电子控制，120AMP 发电机，120gal（454.2L）容量柴油箱。

　　（2）传动系统。3-速静液压传动，一挡齿轮采摘速度 0～5.8km/h，二挡齿轮复采

图 9.61　约翰迪尔 9970 型自走式摘棉机

速度 0~6.9km/h，三挡齿轮运输速度 0~24.9km/h，倒挡速度 0~12.2km/h，最终传动，液压制动/机械驻车制动。

（3）轮胎。导向轮 9.00 24 8PR I1。可以选装动力导向轮。驱动轮- 520/85D38 R1。

（4）驾驶室。电动/液压主阀，Sound-Gard 驾驶室，驾驶室加压器、加热器和空气调节器，雨刷，带豪华悬浮和安全带的个人座椅，双数字显示电子转速表和小时表，带速度和功能控制手柄的控制台。

（5）液压。闭心式液压系统，动力转向，采棉头高度自动控制，ORS 液压连接件，通用液压油箱，高效液压油过滤器。

（6）采棉头。PRO-12 型采摘滚筒，每个采棉头有 2 个采摘滚筒，每个采摘滚筒装有 12 根摘锭座管，每根摘锭座管装有 18 根摘锭。无污染脱棉盘，方便保养的旋出式湿润器柱，带大水清洗系统的精确湿润控制，采棉头整体润滑系统，采棉头和棉花输送监测系统。

（7）其他。275gal（1041L）容量的清洗液水箱，67gal（254L）容量的润滑脂箱，棉花喂入口，宽度可调的转向轴，采棉头安全插销，遥控操作的润滑和保养系统，润滑脂输送系统，驾驶员在位系统，后视镜，田间照明灯，倒车警报，中国产灭火器。

（8）棉箱。2-位伸缩式棉箱，1173ft^3（立方英尺）容量相当于 33.2m^3，大扭力压实器，输送卸棉系统。

2. 9996（9976、9986）型自走式（6 行）摘棉机（图 9.62）

该型摘棉机也采用了 PRO-XL 摘锭，PRO-12 采摘头；还可以配置 PRO-16 采摘头。约翰迪尔 9996 型自走式摘棉机主要构成和功能如下。

（1）发动机。约翰迪尔 6 缸、排气量 8.1L POWERTECH™发动机，符合 TierII 排放标准，涡轮增压，四阀，高压共轨燃油喷射系统，风-风中冷式；3-速电子发动机油门控制带电子过热保护；350hp（257kW）带电子控制动力暴发；吸入式空气清洁器；200AMP 发电机；200gal（757L）容量柴油箱；冷天电启动辅助装置；双电瓶（925 CCA）；带安全滤芯的干式空气滤清器；燃油过滤器；水分离器燃油过滤器；最终燃油过滤器；发动机电子保护；自调节式发动机辅助装置驱动。

图 9.62　约翰迪尔 9996 型自走式摘棉机

（2）传动系统。3-速静液压变速箱，一挡采摘速度 0～6.4km/h，二挡复采速度 0～7.9km/h，三挡运输速度 0～27.4km/h；静液压驱动；带驻车制动的多盘式、湿式制动器。

（3）轮胎。导向轮- 14.9x 24 12 PR。可以选装动力导向轮。驱动轮- 双轮 20.8x 4214 PR。

（4）驾驶室。用于采棉头升降和棉箱操作的电动液压控制阀，棉花输送鼓风机和采棉头启动电动控制，Comfortable 型驾驶室，带空气过滤器的驾驶室加压器，暖风和空气调节器，风挡雨刷，舒适座椅带空气悬浮和安全带，培训座椅，双数字显示电子转速表和小时表，带 CommandTouch 控制手柄的控制台，采棉头遥控控制，角柱式监视器显示发动机温度，燃油表和发电机表。

（5）液压。闭心式液压系统，动力转向，ORS 液压连接件，通用液压油箱，高效液压油过滤器。

（6）采棉头。PRO-12 型采棉头，PRO-X 型摘锭，无污染脱棉盘，方便保养的旋出式湿润器柱，带大水清洗系统的精确湿润控制，采棉头整体润滑系统，电子采棉头和棉花输送监测系统，内侧采棉头高度探测，电子采棉头高度控制和探测装置。可以选装 PRO-16 型和 PRO-12VRS 型采棉头。

（7）其他。345gal（1306L）容量的清洗液水箱，带远程快速加注；80gal（303L）容量的采棉头润滑脂箱；宽度可调的转向轴；采棉头安全插销；遥控操作的润滑和保养系统；驾驶员在位系统；后视镜；间照明灯；自清洁式旋转冷风过滤器；方便保养的热交换器；高效棉花输送鼓风机；高效风力分配系统；倒车报警；灭火器。

（8）棉箱。处于工作位置时 1400ft^3（39.6m^3）容量，3 个搅龙式大扭距压实器，双输送卸棉系统，PRO-Lift 棉箱，自动压实器搅龙和棉箱满箱监测，带自行升降输棉管的棉箱顶部延伸。

3. 7660 型自走式（6 行）棉箱摘棉机

该型摘棉机是 9996 型采棉机的更新产品（图 9.63）。约翰迪尔 7660 型自走式采棉机的构成及特点如下。

图 9.63　约翰迪尔 7660 型棉箱式采棉机

（1）发动机。7660 型采棉机配备约翰迪尔 PowerTech™ Plus 额定功率为 373hp、电子控制的柴油发动机，发动机六缸、单缸四阀、排气量 9L、风-风中冷式、高压共轨燃油供给系统（HPCR）、可变几何截面涡轮增压器（VGT）、尾气再循环系统（EGR），并符合 Tier III（第三阶段）排放标准。柴油箱容积 1136L，确保机器能够在田间有更多的采摘作业时间。配备具有油水分离功能的三级柴油过滤器。

7660 型采棉机配备的发动机，比 9996 型采棉机发动机的额定功率大 7%。当棉箱搅龙开始压实棉花时，发动机能够提供 9%的额外增加功率。在不降低采摘效率的前提下，7660 型采棉机适应在高产和泥泞的田间条件下进行采摘作业。

（2）变速箱。7660 型采棉机配备了约翰迪尔 ProDrive™全自动换挡四速变速箱（AST），允许驾驶员在行进间仅需按动按钮，就可平稳地变速。在四轮驱动模式下，一挡采摘速度为 6.8km/h，与采摘头滚筒转速同步，二挡复采速度可以达 8.1km/h。田间转移时的行驶速度可达 14.5km/h，道路行驶速度可达 27.4km/h。

（3）底盘和轮胎。7660 型采棉机采用了与 7760 型采棉机相同的高地隙底盘，驾驶员容易接近底盘下的发动机舱进行日常保养和维修。

不使用刹车的情况下，7660 型采棉机的转弯半径仅为 3.96m，比 9996 型采棉机 5.49m 的转弯半径减少近 30%。使用刹车的情况下，转弯半径仅为 2.14m。

520/85R42 R1 双前驱动轮为标准配置（选装 520/85R42 R1 轮胎）。使用 480/80R30 单后驱动轮（选装 480/80R30），承重能力和浮动性较好，与 9996 型采棉机相比，后轮胎压强减轻 35%。在泥泞的田间条件下，牵引和控制能力进一步得到改善。

（4）驾驶室。7660 型采棉机有 ClimaTrak™自动温度控制、自动加压的豪华驾驶室。宽敞的驾驶室、倾斜式的玻璃保证驾驶员有很好的视野，观察每个采摘头的工作状况。ComfortCommand™具有空气悬浮功能和带安全带的座椅，并具有驾驶员在位系统。有培训（副驾驶）座椅。带 CommandTouch™控制手柄的控制台安装有 CommandCenter™

显示器，驾驶员通过触摸式屏幕操作搅龙压实棉花的时间、查看机器行驶速度和对行行走的状态，以及各种报警信号和故障诊断信号。多功能的角柱式监视器显示发动机温度、燃油表、发电机表和风机转速等信号。

（5）电气系统。一个 200A 的交流发电机，3 个 12V（950cca）的 StongBox™电瓶。

（6）液体箱容积。柴油箱容积为 1136L、润滑脂箱为 303L、清洗液箱为 1363L，可以保证机器连续在田间作业 12h。

（7）采摘头。7660 型摘棉机配备了约翰迪尔 PRO-16 或 PRO-12 VRS 采摘头（选装）。PRO-16 采摘头的前滚筒有 16 根座管，后滚筒有 12 根座管，每根座管 20 排摘锭。PRO-12 VRS 前后滚筒各有 12 根座管，每根座管 18 排摘锭。

每个采摘头中的两个采摘滚筒呈"一"字形前后排列，外形窄，使驾驶员在采摘头之间有足够的空间进行检修、清洁保养工作。借助于约翰迪尔曲柄和滚轮系统，在采摘头横梁上，一个人仅需要拉出定位销，就可以用手柄将每个采摘头移动到需要的位置，田间清理采摘头和维修保养方便。采摘头的采摘行距配置适应性更广，能够采摘种植行距为 76cm、81cm、91cm、97cm 和 102cm 的棉花。PRO-12VRS 采摘头能够采摘种植行距为 38cm、（97+38）cm、（102+38）cm 宽窄行种植的棉花。采摘头电子高度探测器为标准配置。

7660 型摘棉机采摘头的动力传动由过去的机械式传动改为现在的液压式传动。2 个液压马达分别给左、右各 3 个采摘头传输动力。减少了传动系统零配件数量，降低了传动产生的噪声，采摘头的采净率和采摘效率均得到了提高。

采摘头安装了 Row-Trak 对行行走导向探测器，与后轴上的感应器和液压转向阀组合在一起，实现自动对行行走。

（8）约翰迪尔精准农业管理系统（AMS）。7660 型摘棉机选装了约翰迪尔绿色之星（GreenStar™）的 StarFire™3000（或者 StarFire iTC）信号接收器、绿色之星 2630（或 2600）显示屏和装有 APEX 农场管理软件的数据卡后，通过安装在输棉管上的籽棉流量感应器，就可以实时测定棉花的籽棉产量，显示和记录已经采摘的面积、收获日期、工作小时数、平均棉花单产量等参数，有利于对棉花生产进行精准化的管理。

（9）双风机。7660 型摘棉机配备了输送籽棉的双风机，符合对棉花高效率采摘的要求，适合相对潮湿的棉田条件下的棉花采摘。铝制的风机罩减轻了整车重量。双风机配置的 7660 型采棉机，减少了籽棉阻塞采摘头的次数，在不平坦的棉田，特别是在早晚有露水的棉田中，都能够使机器保持理想的采摘速度。双风机在发动机舱内增加的气流，使机器内部更干净。

（10）棉箱。棉箱容积为 39.2m³，带 3 个压实搅龙。棉箱内有"装满"监视器，在驾驶室有视觉和听觉信号报警。当棉箱装满时，压实搅龙自动启动 20s，对籽棉进行压实。棉箱和输棉管的升起或降落全部由液压控制，棉箱的升起或降落可以由一个人操作并在 1min 内完成。棉箱配置两级卸棉输送器，卸棉速度较快。

4. 7760 型自走式打包摘棉机

7760 型自走式摘棉机是由约翰迪尔公司于 2007 年推出的自走式打包采棉机，主要由一台摘棉机和一台机载的圆形棉花打包机组成（图 9.64）。可实现田间采棉和机载打包一次完成，该机具有以下结构和特点。

图 9.64　约翰迪尔 7760 型自走式打包摘棉机（6 行）

（1）发动机。约翰迪尔 7760 型自走式打包摘棉机配备了约翰迪尔 PowerTech™ PSX、排气量 13.5L、涡轮增压和空空中冷、额定功率为 367.5kW（500hp）的柴油发动机，并且有 6 个汽缸，此发动机符合 Tier Ⅲ排放标准。

（2）变速箱。7760 型自走式打包摘棉机配备了约翰迪尔 ProDrive™自动换挡的变速箱，驾驶员在行进时按电钮就可以实现平稳变速。一挡采摘速度可达 6.8km/h，道路运输速度可达 27.4km/h。地面行驶、机载打包机和采摘头传动都是由静液压泵驱动。适应各种条件下棉田的采摘作业，可在泥泞和有积水的棉田中进行采摘作业。

（3）双棉风机。采用双棉风机。铸铝风扇罩减少了机器的整体重量。这些双风扇计数在最苛刻的收获条件下提供最大的生产力。双风机在发动机舱内增加的气流，使机器内部更干净。

（4）液体箱容积。7760 型自走式打包摘棉机柴油箱容积 1136L，摘锭清洗液箱容积 1363L，采摘头润滑脂箱容积 303L。并且加油平台宽大，可确保操作人员添加燃油和进出驾驶室的安全。每天加注一次液体可以在田间连续采棉作业 12h 以上。

（5）采摘头。7760 型自走式打包摘棉机配置 PRO-16 采摘头或选装 PRO-12 VRS 采摘头。PRO-16 采摘头的前滚筒有 16 根座管，后滚筒有 12 根座管，每根座管 20 排摘锭。PRO-12 VRS 前后滚筒各有 12 根座管，每根座管 18 排摘锭。行距适应性强，采净率高，棉花气流输送效率高，采摘头质量轻，零件通用性强（均为右手件），田间清理和维护保养方便。

（6）驾驶室。配置有 ClimaTrak™自动温度控制、自动加压的豪华舒适驾驶室。ComfortCommand™具有空气悬浮功能和带安全带的座椅，并具有驾驶员在位系统。有培训（副驾驶）座椅。带 CommandTouch™控制手柄的控制台安装有 CommandCenter™显示器，驾驶员通过触摸式屏幕操作搅龙压实棉花的时间、查看机器行驶速度和对行行走的状态，以及各种报警信号和故障诊断信号。

（7）棉箱。7760 型自走式打包摘棉机棉箱容积为 9.1m³。在田间作业，当棉箱存满棉花时，积存的棉花会被自动送到机载的圆形打包机中，进行压实成形和用保护膜打包，然后棉包被弹出打包仓，放置在机器后面的一个可回收的平台上，等采棉机到地边上再把棉包卸载到地面上或拖车上。

（8）空气输送管道。7760 型自走式打包摘棉机的空气输送管道采用质量轻、耐久的复合材料制成，减轻了机器自重，为棉花从采摘到收集提供了一条防腐且平滑的通道。

（9）配置设备。7760 型自走式打包摘棉机需要配备一个拖拉机前置式的 CM1100 棉包叉车，负责将打好的圆形棉包分段运输和将棉包装上拖车，以及一台牵引拖车的拖拉机。减少了过去传统的 6 行摘棉机采棉时所需要的运棉车及牵引运棉车的拖拉机、棉花打包机及牵引打包的拖拉机。田间连续采摘作业，提高了采摘效率。

（10）棉包。约翰迪尔 7760 型自走式打包摘棉机的机载圆形打包机将圆形棉包包裹 3 层，棉包最大直径 2.29m（直径可调范围 0.91～2.29m），最大宽度 2.43m，每包籽棉重量 4500～5000lb（磅）（2039～2265kg）。圆形棉包改善了雨天的防水性能，棉包内部湿度和密度均匀，较好地保护了棉花纤维和棉花种子。减少了过去其他形状棉包由于刮风、易破损而造成的棉花损失。运输方便，也极大地方便了轧花厂卸载和储存。

（11）轮胎。双前驱动轮标准配置 480/80R38 型号轮胎（选装 23.1 R34 R1 轮胎）。后轮配置 480/80R38 R2 型号轮胎（选装 580/80R34 R1W），为了提高 7760 型自走式打包摘棉机在泥泞地的采摘适应性，可选 R2 前排双轮胎和 R1W 后轮转向轮胎。

（12）电气系统。一个 200A 的交流发电机，3 个 12V（950cca）的 StongBox™电瓶。

（13）照明系统。7760 型自走式打包摘棉机广阔的照明系统，提高了夜视能力。

5. 7260 型牵引式采棉机

约翰迪尔 7260 型牵引式摘棉机是为小户经营的棉农和家庭农场设计的一种小型棉花采摘机械。这种拖拉机牵引的采棉机是由一个牵引式的底盘和约翰迪尔 PRO-12™采摘头组成的（图 9.65）。7260 型牵引式采棉机具有以下结构和特点。

图 9.65　约翰迪尔 7260 型牵引式采棉机（2 行）

（1）对牵引拖拉机的要求。该机要求牵引拖拉机的发动机额定功率最小为 80hp、Ⅱ型后悬挂连接、后动力输出轴转速 540r/min 和一组液压后输出阀。最高采摘行走速度可达 5.8km/h。

（2）底盘。在牵引拖拉机和采棉机之间，实现了可转向的连接。该装置允许驾驶员在拖拉机驾驶室进行道路运输状态（正牵引模式）和田间采摘作业（右置侧牵引模式）两种模式下的牵引状态转换操作。此外，该装置还可以减小转弯半径。

在道路行走时，使用道路运输牵引模式。这种牵引模式也被用来在棉田首次采摘开路时使用。

当棉田采摘通路被打开后，将牵引方式转换成田间采摘作业模式，使两个采摘头始终在拖拉机的右侧工作。

7260 型摘棉机与牵引拖拉机之间的悬挂连接和分离非常方便快捷。从牵引拖拉机上分离采棉机时，驾驶员先放下停车支架，卸掉动力输出轴，从液压输出阀上拔出液压管，从拖拉机后部断开电线插头和断开拖拉机牵引杆，3 个人在 1min 之内就可以完成悬挂连接或分离。

（3）采摘头。配备了 2 个约翰迪尔 PRO-12™ 采摘头。每个采摘头有 2 个采摘滚筒，2 个采摘滚筒前后"一"字形排列，前后滚筒各有 12 根座管，每根座管 18 排摘锭。每个采摘头有 432 根摘锭，整机共有 864 根摘锭。

采用与约翰迪尔自走式采棉机相同的采摘原理，保持了同样的高采净率。同时，采摘头上的零配件与约翰迪尔自走式采棉机完全相同，可以互换使用。

借助于约翰迪尔曲柄和滚轮装置，可以在瞬间手动调整采摘行距，保持了采摘头维修保养方便的特点。适应的棉花采摘行距有 6 种，分别为 70cm、76cm、80cm、90cm、96cm 和 100cm。

（4）润滑系统。采摘头上的齿轮箱全部使用液压系统的液压油来润滑。每个齿轮箱上都有一个液压油面检查孔，随时可以检查液压油是否短缺。

采摘头摘锭润滑时，驾驶员操作采棉机侧面的一个控制手柄，接合线控润滑系统，将采摘头从采摘状态转换到润滑状态。通过操作采摘头线控润滑系统控制采摘头的旋转，就可以安全高效地检查采摘头。

（5）湿润系统。配备了 200L 的清洗液箱，允许采棉机连续采摘作业 8h。湿润系统由拖拉机后动力输出轴提供动力。

机载的湿润系统能够提供与约翰迪尔自走式采棉机一样的摘锭清洗功能。

（6）输送系统。7260 型采棉机使用了在约翰迪尔自走式采棉机上验证多年的 JET-AIR-TROL 棉花输送系统，确保进入棉箱的籽棉干净。

棉花输送系统由一个风机和两个输棉管组成，每个采摘头都有一个单独通向棉箱的输棉管。即使在最小动力输出时，棉花输送系统也能够保证籽棉输送效率。此外，棉花输送系统使采摘头被阻塞的可能性降为最低。棉花输送系统由牵引拖拉机的后动力输出轴提供动力。

（7）棉箱。棉箱容积为 13m^3，最大籽棉装载量约 1000kg。棉箱的升起和下降是通过在拖拉机驾驶室内操作液压输出阀手柄完成的。

棉箱系统包含一个手动接合的棉箱油缸锁。当棉箱在升起并锁定的情况下，这个装置可以保证安全地完成各项维修保养工作。

棉箱后部有一个梯子，棉箱上有安全扶手，为清理棉箱顶部提供了便利。

（8）控制系统。仅需要使用牵引拖拉机的一个液压输出阀手柄、一个拖拉机后动力输出轴手柄、一个多功能的操作手柄和一根连接电缆，即可完成对采棉机的控制操作。多功能操作手柄具有以下功能：①控制棉箱升降、转向和采摘头的线控润滑；②控制采摘头的升降和地面高度感应；③控制采摘头的大水冲洗系统；④提供与约翰迪尔自走式采棉机相同的声音报警和摘棉头监控功能。

（9）其他。闭心式压力补偿液压系统，液压油箱容积 32.4L；轮胎规格为 320/85R28；整机的外形尺寸为长 6.49m、宽 3.5m、高 3.5m，最小地隙 0.27m；整机重量（棉箱、液体箱空时）4500kg。

（二）凯斯采棉机械

1. 凯斯 Cotton Express 620 自走式采棉机

凯斯 Cotton Express 620 采棉机主要有以下特点（图 9.66）。

图 9.66　凯斯 Cotton Express 620 采棉机

（1）发动机。凯斯 6TAA8304 燃油电控，高压共轨，340hp（253.5kW），8.3L 排量，6 缸，涡轮增压，空空中冷，发电机 185A，电瓶 2-950CCA 12V，进气 3 道空滤，保证进气质量。

（2）采棉头。前后两个滚筒从棉花的两侧进行采摘，这样就保证了更好的采摘效率。尤其是针对新疆每大行的棉花都是由两个单行组成的，从两侧对棉花进行采摘可以更好地保证采净率。

采头滚筒之间的行间距有 3 种可以选择的尺寸（762mm、812mm 或 864mm），完全可以满足新疆地区（68+8）mm、（66+10）mm 两种种植模式，每个滚筒有 12 根座管，每根座管有 18 根摘锭，每根摘锭齿有 3 行，每行 14 个齿，前 3 个沟齿 30° 切角，有利于棉花脱落，后 11 个沟齿为 45° 切角，有利于摘棉。对于每根摘锭 90μm 的镀铬层，使得每根摘锭表面更硬，更耐磨损，延长使用寿命。

（3）采棉头保养。用一个线控开关，仅一个人就能通过液压动力实现采头滚筒的旋转，采棉头的分开与合拢等保养工作，节省了保养所需的时间。

（4）高度控制。自动感应高度仿形，左右侧采头分别独立高度控制仿形。采棉头提升：左右侧采头可单独控制升降。

（5）采棉头滚筒监视器。前后各采棉头分别具备两套报警系统，可以很好地监视棉流堵塞情况。采用机械、液压的方法对地面的高度进行自动仿形，6组采棉头中1、3、4、6号采棉头装有仿形装置。

（6）液压。静液压无级变速系统。两个串联的静液压泵共同作用，一挡正采速度0～6.3km/h，二挡复采速度0～7.7km/h，三挡公路运输速度0～24.1km/h，刹车双踏板，驻车机械结合，电控。同时带四驱马达，能适应各种状况的棉田。正采的时候采棉头的速度与地面速度是完全同步的。

（7）润滑系统。标准配置的林肯自动采头及机架润滑系统，采摘过程中，电控的定时器自动对整个采棉机车身的70多个润滑点进行润滑，这样使得所有的润滑点润滑更到位，节省了保养车的时间，减轻了保养人员的劳动强度。

（8）湿润系统。湿润电子水压可调节，水压数字显示具备大小水冲洗功能，分体可独立更换湿润盘，湿润刷柱为可旋出式；湿润刷新型黑色工程塑料，抗冲击能力强。

（9）输送系统。凯斯采棉机采用2个离心风机对籽棉进行输送，前后独立的风道使得输棉更通畅，不易堵塞。可适应每天不同时段棉花含水率不同而导致的作物状况的差异。

（10）驾驶室。驾驶室条件比同类产品高出一个技术档次，人性化的设计及设备更有利于减少驾驶人员的工作强度，提高作业效率。多功能操作手柄可进行液力速度控制，可控制机器的前进、后退方向，可控制采头的升降、开关并可锁定采棉头在自动高度位置，棉箱升降，棉门开启、关闭，卸棉。

右侧控制台可实现以下功能：手油门，3挡变速，采棉头动力结合离合器手柄手刹车。风机结合开关、摘锭润湿开关、水压调整开关、手制动结合分离开关、液压锁定开关、润湿自动/手动结合开关、左右采棉头独立升降开关、驾驶员在位保养开关。

驾驶台配置有各种监控系统，如低电压、低油压、冷却液温度、冷却液液位、液压油液位、液压油温度、空调系统，以及驾驶员在位系统结合报警系统。发动机计时表读数、风扇计时表读数、发动机转速、风机转速报警。压力可调式润湿系统。棉花监视系统可同时对采棉机前后滚筒和出棉口的堵塞进行显示及声响报警。润滑监视系统，条形图像量化显示采棉头润滑自动诊断系统。

（11）棉箱。棉箱装满时可以装4762kg、39.6m³的棉花；籽棉搅龙输送压实，结合电子感应按压式压实系统，棉箱满时，驾驶员坐在驾驶室就可以获得棉箱装满的信息。垂直升降，卸棉过程中整机稳定性好，卸棉更安全，卸载高度最高可以达3.65m。卸棉量可任意控制，如果棉车已装满，可以放下棉箱，再卸到下一棉车里。

（12）油箱。757L的外置式油箱。1381L的清洗液水箱和303L的摘锭座管润滑脂箱，一天之中中间仅需添加一次燃料、一次清洗液及一次摘锭座管润滑脂就可进行14h的采摘。

（13）轮胎。特别设计的双驱动轮500/95-32 R1.5提高了轮胎的浮动性，使得对地面的压实程度极大减轻，对于双轮，每个轮胎对地面的压力为28psi[①]（1.9bar），这样，无论是对于湿地面还是干地面，凯斯的采棉机都具有很好的适应性。

---

① 1psi=0.155cm⁻²

（14）其他。倒车警报系统及火警卸棉系统，实现了一键即可完成卸棉所需的所有步骤。

2. 凯斯 Module Express 635 自走打包式采棉机

凯斯 Module Express 635 自走打包式采棉机主要有以下特点（图 9.67）。

图 9.67　凯斯 Module Express 635 采棉机

（1）发动机。采用 FPT 发动机，9L 的排量，可以提供 365hp 的强劲动力。给采棉及打模的各个环节提供了更加强大的动力。

（2）采棉头。前后两个滚筒从棉花的两侧进行采摘，这样就保证了更好的采摘效率。尤其是针对新疆每大行的棉花都是由两个单行组成的，从两侧对棉花进行采摘可以更好地保证采净率。采棉头滚筒之间的行间距有 3 种可以选择的尺寸（762mm、812mm 和864mm），完全可以满足新疆地区（68+8）mm 与（66+10）mm 的种植模式，每个滚筒有 12 根座管，每根座管有 18 根摘锭，每根摘锭齿有 3 行，每行 14 个齿，前 3 个沟齿30°切角，有利于棉花脱落，后 11 个沟齿为 45°切角，有利于摘棉。对于每根摘锭 90μm 的镀铬层，使得每根摘锭表面更硬，更耐磨损，具更长的使用寿命。

（3）采棉头保养。用一个线控开关，仅一个人就能通过液压动力实现采头滚筒的旋转、采棉头的分开与合拢等保养工作，节省了保养所需的时间。

（4）高度控制。自动感应高度仿形，左右侧采棉头分别独立高度控制仿形。左右侧采棉头可单独控制升降。

（5）采棉头滚筒监视器。前后各采棉头分别具备两套报警系统，可以很好地监视棉流堵塞情况。采用电子电位计的方法对地面的高度进行仿形，仅靠一个传感器就实现了对采棉头高度的自动控制。而且对采棉头高度的校正仅在驾驶室通过 Pro 600 系统就可以完成，整机的智能化自动化程度较高。

（6）液压。静液压无级变速系统。两个串联的静液压泵共同作用，一挡正采速度 0～6.3km/h，二挡复采速度 0～7.7km/h，三挡公路运输速度 0～24.1km/h，刹车双踏板，驻车机械结合，电控。同时带四驱马达，更能适应各种状况的棉田。正采时采棉头的速度与地面速度完全同步。

（7）润滑系统。标准配置的林肯自动采头及机架润滑系统，采摘过程中，电控的定时器自动对整个采棉机车身的 70 多个润滑点进行润滑，这样使得所有的润滑点润滑更到位，节省了保养车的时间，减轻了保养人员的劳动强度。

（8）湿润系统。湿润电子水压可调节，水压数字显示具备大小水冲洗功能，分体可独立更换湿润盘，湿润刷柱为可旋出式；湿润刷新型黑色工程塑料，抗冲击能力强。

（9）棉花输送系统。凯斯采棉机采用 2 个离心风机对籽棉进行输送，前后独立的风道使得输棉更通畅，不易堵塞。可适应每天不同时段棉花含水率不同而导致的作物状况的差异。在不结冰的情况下，凯斯采棉机可以工作 24h。

（10）驾驶室。冷暖空调，电子加热。多功能操作手柄可进行液力速度控制，可控制机器的前进、后退方向，可控制采头的升降、开关并可锁定采头在自动高度位置，棉箱升降，棉门开启关闭，卸棉。

右侧控制台可实现以下功能，手油门，3 挡变速，采棉头动力结合离合器手柄手刹车。风机结合开关，摘锭润湿开关，水压调整开关，手制动结合分离开关，液压锁定开关，润湿自动、手动结合开关，左右采头独立升降开关，驾驶员在位保养开关。

驾驶台配置有各种监控系统，低电压、低油压、冷却液温度、冷却液液位、液压油液位、液压油温度、空调系统，以及驾驶员在位系统结合报警系统。发动机计时表读数、风扇计时表读数、发动机转速、风机转速报警。

压力可调式润湿系统。棉花监视系统可同时对采棉机前后滚筒和出棉口的堵塞进行显示及声响报警。润滑监视系统，条形图像量化显示，采摘头润滑自动诊断系统。

Pro 600 系统能够实时监测机器的工作状态及观察棉垛的装满百分比采摘面积计算。

17.78cm 的 LCD 显示屏及装在棉仓和机器后面的摄像头相连接，这样在采摘的过程中，驾驶员能够随时观测棉仓里的棉花情况，卸棉倒车的时候可以很方便地看到机器后面的情景。

（11）棉箱。Module Express 635 型采棉机仅靠 1 个人，1 台机器就能直接将棉花打成层层压实的棉垛。棉箱内的搅龙压实器系统更加智能化，用自动模式就可以打出一个形状规则的棉垛。每个棉垛的尺寸为 2m×2m×5m，两个棉模放到一起正好是棉花加工厂可以加工的标准棉模的尺寸。

（12）油箱容量。757L 的外置式油箱。1381L 的清洗液水箱和 303L 的摘锭座管润滑脂箱，1d 仅需添加一次燃料、一次清洗液及一次摘锭座管润滑脂就可进行 14h 的采摘。

（13）轮胎。凯斯 Module Express 635 采棉机除了高浮动性的驱动轮，动力转向轮的轮胎 23.5/55-26 具有较大的接触地的面积，这样对地面的压实程度小了，同时更能适应条件较差的地况。

（14）其他。倒车警报系统及火警卸棉系统，实现了一键即可完成卸棉所需的所有步骤。

（三）贵航平水采棉机械

中国贵航集团平水公司与中国农业机械化科学研究院共同开发设计、研制了"4MZ-5 五行自走式采棉机"，2004 年 2 月 17 日获得农业部机械试验鉴定总站签发的"符合要求"的检验报告；2004 年 2 月 28 日获得国家农机具质量监督检验中心发的

"有效度为 92.6%（技术要求为≥90%）"的可靠性试验报告；2004 年 3 月 10 日获得中国机械工业联合会签发的"同意鉴定、可批量生产"的科学技术成果鉴定证书；2007 年 5 月 9 日获得农业部农业机械试验鉴定总站签发的"合格"推广鉴定检验报告，可进行生产性推广。前后共申请了 6 项专利，覆盖面较广，在国内具有自主知识产权（图 9.68）。

图 9.68　平水 4MZ-5 自走式采棉机

1. 主要技术参数

国产采棉机主要技术参数为：德国道依茨 1015 发动机技术（国内生产），6 缸涡轮增压、水冷、214kW 功率，最高转速为 2300r/min，工作转速为 2200r/min。作业效率：0.67～1.0hm^2/h，两个采头滚筒之间的行间距 760mm，每天能采摘 10～13hm^2 棉田。吐棉采净率≥94%；籽棉含杂率≤10%；机械撞落棉损失率≤10%；机械可靠性≥90%。采摘速度：一挡 0～5.93km/h；二挡 0～7.63km/h；三挡（运输速度）0～25.5km/h。棉箱总容积 32.8m^3，总重量 14.5t。

2. 结构特点

该设备主要由机械、液压、电器、水、风等部分组成，采棉头是其核心部件。设备复杂，是目前国际、国内较为先进的机电一体化产品。机械方面：采用了技术成熟、性能稳定、结构合理的德国 CLASS 公司生产的变速箱；技术精湛、动力强劲、符合欧洲 II 类标准环保且更为节油的德国道依茨公司的技术（国内生产）发动机。液压方面：液压泵、液压马达采用了美国 Eton（伊顿公司）的产品；液压连接件采用了美国 park（派克公司）的产品，保证了设备运行的安全性与可靠性。电器方面：显示系统采用了单片机微处理器、采棉头控制系统采用了印刷电路板集成、报警系统采用了冷光源等先进技术，使设备运行更加稳定可靠，大幅度提高了系统的使用寿命。风机叶片采用了高强度铝合金材料，航空技术的设计、加工与测试手段使系统风力更为强劲。经过多年的研究与探索对采棉头核心部件进行了一系列优化设计与技术创新，与以色列的技术合作使采棉头核心技术得到进一步提升。

三、采棉机田间火灾预警技术

大型采棉机在收获棉花的过程中，摘锭旋转、伸缩等动作，与棉秆摩擦可能会产生火星，沾到籽棉上，被气流自集棉室经输棉管道输送至棉箱，或者由于烟头、其他火源，棉箱里棉花阴燃。由于棉花着火前期，着火点被包裹在棉箱深处，被棉花覆盖，没有烟雾和明火出现，温度变化也不明显，驾驶员不能发现。一旦有烟雾或火苗出现，火势将迅速蔓延而无法扑灭，导致整个采棉机着火，造成极大的经济损失。

针对这种现象，中国农业机械化科学研究院提出一种采棉机作业过程中棉花阴燃的检测方法，并开发了在线检测与预警装置，实现对棉花阴燃现象之初进行声光报警，提醒驾驶员处理，避免火灾的发生，对采棉机收获作业过程中棉花火灾早期预警与防范具有极其重要的意义。

（一）采棉机田间火灾的预警机理

棉花由棉花纤维和包裹在棉花纤维里面的棉籽组成。棉花纤维的主要成分为 C、H、O，棉籽的主要成分是蛋白质和脂肪酸，主要成分除 C、H、O 外，还有 N 元素。

在棉花阴燃早期，主要是纤维素阴燃，释放 CO_2 气体，由于着火点被包裹在棉花里面，不能充分燃烧，会有 CO 气体产生。棉籽在接触到火时，燃烧不充分的条件下，会释放出 NO 气体。为排除 CO 气体检测的误报率，本设计采用 CO 和 NO 浓度相结合的检测方法。

（二）检测传感器阵列布局

整套预警系统包括 CO 传感器、NO 传感器各 4 个，安装在棉箱 4 个侧面中间偏上的位置，探头方向面向棉箱内部。

传感器采用积层结构，包含敏感层和加热层，在加热层和基板之间有耐热玻璃层用于绝热，敏感层放置在加热层上面的绝缘体上。为了降低感染气体的影响，传感器内侧和外侧填充了活性炭。所设计的一氧化碳和一氧化氮传感模块具有低功耗、低成本、高稳定性、长寿命及受温湿度影响小等特点，对一氧化碳和一氧化氮气体具有很高的灵敏性和选择性，适合采棉机现场使用。根据被测对象一氧化碳和一氧化氮气体具有不同传感特征，首先将它们通过传感器转换成为电信号，经过 A/D 转换将现场参数变为可由微处理器处理的数字量。数字化后的电信号经过预处理，以滤除数据采集过程中现场环境下的干扰和噪声，经处理后的目标信号作特征提取，根据所提取的特征信号进行数据融合，最终输出结果。传感器实物如图 9.69 和图 9.70 所示。

（三）数据采集系统

棉箱顶部安装数据采集器，采集器连接无线发射模块。采集器采集各传感器数据，通过无线发射模块将各传感器数据发送到接收机。接收机安装在采棉机驾驶室，与机载电子计算机连接。传感器不断地检测采棉机棉箱周围 CO、NO 浓度信息，并传送到机载电子计算机，由机载电子计算机进行分析，当 CO、NO 浓度超过预先设定的报警线时，机载电子计算机自动发出报警信号，提醒驾驶员处理。图 9.71 是火灾预警控制器。火灾检测传感器布局与数据采集系统结构如图 9.72 所示。

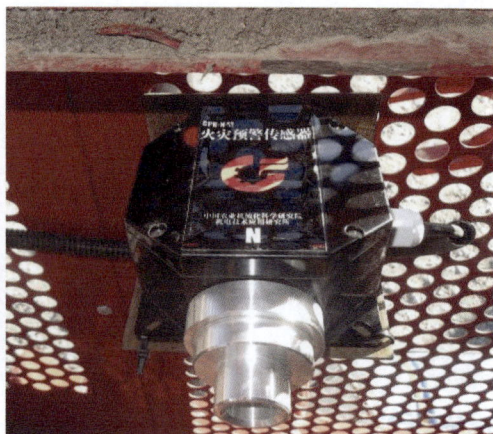

图 9.69　棉箱火灾 CO 气体传感器（苑严伟提供）　图 9.70　棉箱火灾 NO 气体传感器（苑严伟提供）

图 9.71　棉仓火灾预警控制器（苑严伟提供）

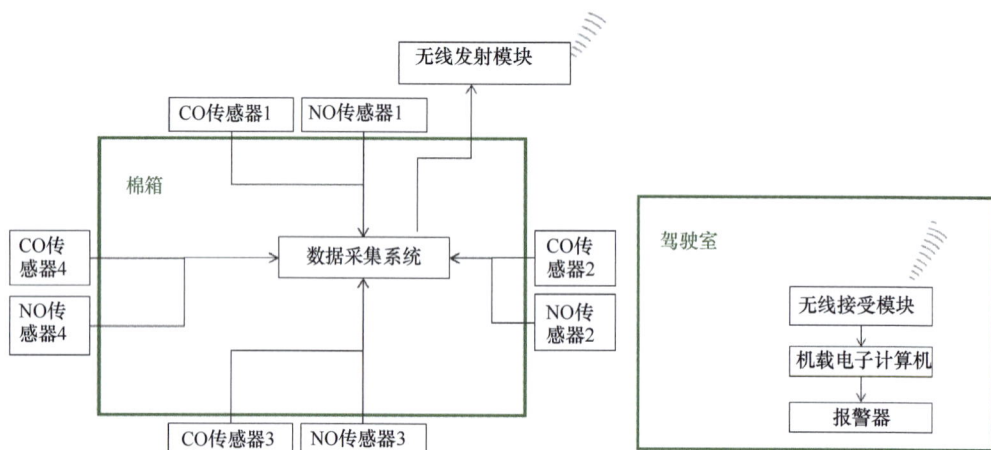

图 9.72　采棉机田间火灾检测传感器布局与数据采集系统结构图

（四）采棉机田间火灾预警系统应用

2013～2015 年，在新疆兵团第八师 148 团开展了棉仓火情监测及预警农田现场试验。将整套火情预警系统安装在 CASE620 型采棉机上，实时监控采棉过程中 CO 及 NO

气体浓度的变化。该系统抗干扰能力强，在整个采收试验中，只有极个别时间传感器出现 0～3ppm 的干扰跳动，其余时间均处于 0，这就有效避免了采棉机采收作业中出现火情误报带来的不良影响。作业过程中，棉絮及灰尘很大，气体传感器因采用特殊进气设计，几乎没有受到粉尘污染，保持良好工作状态。传感器在采棉机棉仓内安装的现场见图 9.73。

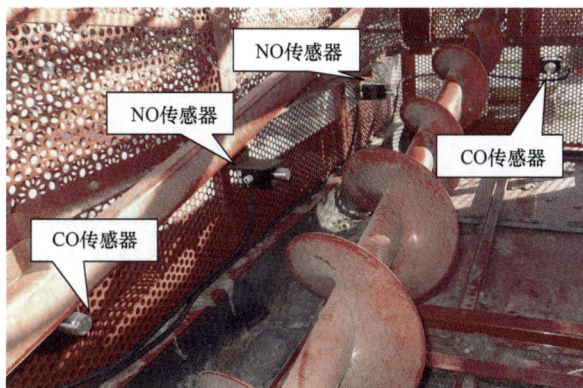

图 9.73　棉仓火灾预警传感器安装图（苑严伟提供）

第六节　机采棉花打模、运输装备及技术

采用棉模方法贮运是美国 20 世纪 70 年代开始发展起来的。纵观业已实现棉花收获机械化的国家，棉花田间机械化收获后到加工厂之间的工艺主要包括：采棉机卸棉、打模机打模、棉模运输至加工厂、开模机开模等 4 道工序。与该工艺配套的设备主要有籽棉田间打模机、棉模专用运输车或专用运输拖车、开模设备等。其主要工艺过程为：棉模压实机由拖拉机牵引至棉田地头，接受采棉机或棉田中转车卸棉。棉模车上的液压踩实机压实籽棉，压实完毕后，打开挡板，无底的棉模压实机在拖拉机的牵引下，与棉模分离，棉模贮存在棉田地头。棉模长 7.3～9.5m、宽 3m、高 2.44m、重 8～10t，贮存时籽棉水分不超过 12%，用防雨布遮盖好，贮存期 5～10d。一个大的轧花厂可以保存 1200 个棉模，需要复轧时，用棉模运输车运至加工厂指定位置，开模设备将棉模匀速拆解、输送至加工车间。整个过程实现了自动化，效率高，并可避免人工装卸时多次翻腾、践踏籽棉，减少了异形纤维，保护了籽棉品质。不需要大型的贮棉场或籽棉库房，解决了采收、贮存、加工进度之间的矛盾。

棉模贮运技术可大幅度提高采棉机和轧花机的生产效率，并且可保证在籽棉品质较高的时期实施机械采收、贮存，避免了风雨对成熟籽棉的损害。棉模贮运技术可使轧花场延长轧期，从而降低了每包皮棉的生产成本，而不是靠增加设备的能力或台数来提高轧花机的生产效率。

一、棉模贮运技术的应用条件

因为棉模装备较为庞大、昂贵，所以适合中等规模的植棉农场、轧花场采用。为保证投资的合理，单个棉模机至少要达到能处理 800 个皮棉包的应用规模（最好是 1200 包），一台 4 行采棉机（最好 6 行）应配备一个棉模机，对于统收棉机（6 行或 8 行）也应配备一个棉模机，棉花产量特别高或特别低可酌情改变配备比例。

同样，棉模运输装备也较为庞大、昂贵，单台棉模运输车的运输量至少应达到 5000 包皮棉的应用规模，在一个轧花场所服务的区域内，5 个棉模（每个棉模压制 100 个棉垛合计可处理 6000 包皮棉）和一个棉模运输车可代替 50 台（单台载量 10 包皮棉）籽棉拖车，只有达到这样的应用水平，购置棉模贮运装备才有经济效益。

图 9.74　山东天鹅 6MDZ10 打模机

二、棉模籽棉要求

为避免对棉花品质的损伤和降低棉花的价值，棉模设备必须仔细管理。在收获时，如果籽棉的水分较低且被仔细地贮存，那么损失将可降低到最小。棉花过度疯长和后期复生（脱叶后）可使机械采收时，籽棉中绿叶类杂质含量过高。因此，好的脱叶措施对于籽棉贮存是十分必要的。籽棉水分过高可导致棉模发热并可能产生点污棉，而绿叶类杂质含量过高可使籽棉水分增加，籽棉水分保持在 12% 以下贮存则不会导致皮棉和种子退化。采收的籽棉被制成棉模，如果管理得当，其品质只是被维持而不会变得更好。

在收获时，应经常检查籽棉的水分。如果没有专门的仪器，可采用一个简便的方法：用牙轻轻地咬棉籽，如果口感干脆，那么籽棉水分较合适，可安全地贮存。早晚检查籽棉水分很重要，因为此时籽棉的含水率一般比中午高。收获时，水分测定仪应该定期进行校核，按照操作手册的要求使用以保证数据准确。使用时首先应选取有代表的机采棉棉样，在确保仪器清洁、内部干燥的情况下使用。手持棉样（最好戴橡胶手套）使其紧密地充满测室，然后加载。为保证数据准确，一个棉样可测定 2 或 3 次取平均值。

三、打模籽棉田间运输

采棉机不应该因等待卸棉而长时间停止工作，或者行进 180m 以上的路程卸棉，否则采棉机的生产效率将会大大降低。当棉模打模机装满要移动到一新的卸花地点时，籽棉田间运输车可提高采棉机的工作效率。籽棉田间运输车到达卸花地点后，采棉机可以将籽棉卸在地头两端，由田间运输车将籽棉运送到打模机工作的地点。棉模要建在避免采棉机急转弯或过多空行程的地方，这样可提高采棉机的效率。

新疆兵团目前使用的田间运模车主要是国产自主研发和制造的，还有一些籽棉抓斗，结构简单、成本低廉、使用方便，在实际作业过程中都起到了很好的效果。田间打模、建模只是一个过渡过程，随着新型打模采棉机的出现，田间运模车将有可能会逐渐退出棉花全程机械化的工艺过程（图9.75）。

图 9.75　山东天鹅 7CBXM10 运模车

四、卸花地点选择和准备

在雨量较多的植棉地区，水分高引起的籽棉损害一直是一个问题。如果管理较好，棉垛可安全地存放数周。卸棉地点排水不畅、缺乏覆盖布、压制的棉垛顶部凹凸不平都会导致损失。选择卸花地点时可参考以下因素：①靠近田间道路或畅通的地方；②地表无砾石、植物秸秆、杂草等；③在潮湿的天气情况下，车辆可靠近；④远离重载运输道路、火源和易遭破坏的地方；⑤上空无各类输电线、电缆线等通电通信设备。

在棉模停置的地方，排水的好坏十分重要。如果棉模位于水中或潮湿的地面上则会引起籽棉霉烂。在雨量较多的植棉地区，棉垛停放应南北朝向，这样在雨后比东西朝向的棉垛可更快地散失水分。

五、棉模压制

压制的棉模要保证籽棉分布均匀，有较强的紧实度，外形要呈面包形，不易散落。因此，在棉模压制过程中要注意：采棉机卸棉时，应保证将收获的籽棉一次卸完。第一次和第二次卸棉时，要分别卸在棉模的两端，第三次将收获的籽棉卸在棉模中部。然后由专门操作人员升起压实器来回压实籽棉，直到三次卸的籽棉全部被压实一遍再进行卸棉。棉模压实得越紧，防雨效果越好，并且在贮存、装载、运输过程中籽棉损失也越少。棉模的顶部应呈面包状，覆盖上雨布后防雨效果较好，如果顶部较平或者局部塌陷，则雨天易积水，影响放置时间。

个别采棉机装有籽棉计量系统，使用这一系统可以保证卸棉时沿棉模长度均匀分布籽棉，并且卸棉过程较快，还可避免卸棉时籽棉从棉模中溢出，特别在整个棉模压制快完成的时候，方便操作人员升起压实器，均匀压实籽棉。

六、棉模雨布选择

当棉模被压制完成后，需要用高质量的防雨布覆盖籽棉垛。通常应选择标有制造厂、电话号码、制造日期及性能详细说明的正规厂家的产品。

产品性能指标应包括以下项目：抗拉强度、抗裂强度、斯潘塞强度（抗穿刺）、水静压值、水蒸气传导速率、抗磨损强度、表面抗黏附力、抗紫外线强度和冷脆温度等。另外对线数、用纱支数、厚度、抗氧化值也应明显标示。

许多项目可用来比较覆盖布的不同。例如，双面涂层的比单面涂层要好，抗紫外强度高的可长时间地暴露在阳光下。棉垛覆盖布应允许水蒸气逸出，这样可尽量减少在棉垛中形成冷凝水。合成纤维制成的覆盖布覆盖棉垛可形成冷凝水，必须予以注意。如果使用这类覆盖布，其设计应允许在正常风力情况下，棉垛上部和覆盖布下部的水汽可逸出。

七、棉模系绳选择

为避免棉垛松塌，且保证覆盖布与棉垛成一整体，必须使用系绳固定棉垛。在选用棉模系绳时，要考虑到系绳的材质，在保证满足承受最大断裂载荷的基础上，还要考虑系绳的使用舒适程度、抗腐蚀老化能力、循环利用性能及使用经济性等指标。特别要注意的是，应避免因系绳产生杂质而引入籽棉异形纤维，影响棉花品质。棉搓绳（最低断裂载荷 200lb[①]）是首选，除了拥有较强的断裂载荷之外，还具有较好的循环利用能力，最重要的是，由于采用棉纤维材质，在施用过程中不会引入异形纤维。目前使用较经济的 1/4in[②]粗或 3/8in 粗的尼龙编织绳。但也存在一些问题，由于尼龙丝材料的固有特性，尼龙编织绳的抗腐蚀能力较差，循环利用能力稍弱，且容易引入异形纤维。因此，在使用尼龙编织绳时要注意：尼龙编织绳绝对不允许混入籽棉中，特别是在轧花场棉垛喂入装置运行时更要杜绝。

八、棉模监管

在棉模压制成形后的 5～7d，应每天检查棉垛内部的温度，如果温度上升很快，或持续上升 8.3～11.1℃，应尽快将棉垛复轧。检测表明：棉垛内部温度的上升可导致皮棉变黄和产生轻度点污棉。测试内部温度已达 43.3℃时，应立刻将该棉垛复轧。所有的棉垛在雨后和最初的 5～7d 后一周检测两次内部温度。

在后期气温较低时，由于收获的籽棉水分较高，打成棉模会导致其内部温度以较低的速率在数周内持续上升。不管何时，只要温度的上升量超过了 11.1℃，棉垛应立刻复轧。正常收获期收获籽棉时，由于籽棉水分处于安全贮存范围，打成的棉模内部温度升高不会超过 8.33℃，而且会逐步降低。

---

① 1lb(磅)=0.453 592kg
② 1in(英寸)=2.54cm

九、棉模记录

每个棉模应该有一个记录，主要内容应包括采收日期、天气情况、大致包数、温度记载等项目。这些记录可作为棉花损失时向保险公司索赔的依据，在棉垛压制成形后当日，应将有关必要的数据报送轧花场，所有的记录应尽可能长期保留，用记号笔书写的卡片装入塑料袋内并系放在棉垛上，也可用喷写笔喷涂上棉垛编号、棉农等信息，使用的喷写笔必须是专用的，要求既不容易消失，也不会对籽棉的品质造成污染。

第七节　机采棉花清理加工工艺

机采籽棉的含杂特性决定了机采棉清理加工工艺及设备配套是以籽棉的清理和烘干为主。新疆机采棉加工厂建设具有以下特点：机采棉加工厂建设技术起点高，引进和运用了国内外多项新工艺、新技术、新装备。工艺中共设置了七级籽棉清理工序，两级籽棉烘干工序，三级皮棉清理工序。烘干的目的在于降低叶片类杂质的含水率，减少杂质与棉纤维之间的附着力以利于清除杂质。皮棉清理的作用是进一步提高皮棉的轧工质量。皮棉加湿的目的是提高打包机的工作效率、减少崩包，而且可以保持纤维品质，增加棉包商业重量。

七级籽棉清理所配套的设备依据其工作原理的不同可分为气流式重杂清理机、刺钉滚筒式籽棉清理机和锯齿式籽棉清理机，以及组合式籽棉清理机 4 种机型，皮棉清理机可分为气流式和锯齿式两种机型。

目前新疆机采棉清理加工设备主要采用山东天鹅棉业机械股份有限公司和邯郸金狮棉机有限公司在引进美国机采棉清理加工技术装备的基础上，分别研制开发的各具特色的机采棉清理加工工艺和设备。在设备选型上，山东天鹅棉麻机械公司以美国大陆鹰公司为技术依托，籽棉清理烘干系统中，采用了两级塔式烘干设备，增设了一级提净式籽棉清理机（可旁通），籽棉的二级清理工艺中采用了冲击式籽棉清理机；邯郸金狮棉机有限公司则在美国拉姆斯公司设备的基础上，针对机采棉的特点，按照先清重、后清轻、再清细小杂质的顺序，开发了机采棉清理加工成套设备。

一、山东天鹅棉机清理加工工艺

山东天鹅棉业机械股份有限公司位于山东省济南市，是以生产棉花加工成套设备为主业的中美合资合作公司。2005 年，与美国大陆鹰公司成功合资合作，生产、经营逐步与国际接轨。主要产品有：6MWD10 固定式自动喂花系统、MSZB10 移动式自动喂花系统、MJP-1 皮棉加湿系统、MDY-400A1 静音节能液压棉花打包机、多功能排僵式籽棉清理机、籽棉异形纤维（残膜）清理机、MYP-II 型高效齿形滚刀皮辊轧花机、MY-126 种子专用锯齿轧花机、MY-109 生态锯齿轧花机、MDY-400B 型系列成套打包装置、锯齿轧花成套设备系列、棉籽剥绒成套设备、皮辊轧花成套设备、机采棉加工成套设备系列、锯齿轧花机系列等设备。

山东棉业机械股份有限公司开发的机采棉清理加工工艺可分为三大系统：籽棉烘

干、清理系统，轧花、皮棉清理系统，集棉、打包系统，成套设备每小时生产 7～10t。

配套设备为（按工艺流程顺序）：棉模开松机或货场籽棉堆→通大气阀→重杂分离器→三辊分离器→贮棉箱→烘干塔→倾斜式籽棉清理机→闭风阀→提净式籽棉清理机→闭风阀→烘干塔→倾斜式籽棉清理机→闭风阀→冲击式籽棉清理机→配棉搅龙→锯齿轧花机→气流式皮棉清理机→锯齿式皮棉清理机→集棉机→打包机。在工艺中，设计了人工常规采棉、人工快采棉清理加工工艺，通过调整管路阀板的位置，可实现不同的清理加工工艺流程。

机采棉清理加工工艺过程（图 9.76）如下：采棉机采收的籽棉经由运棉拖车运至加工厂，或者在田间被打成棉模，由棉模车将棉模运送到棉花加工厂，卸在自动喂棉机上。自动喂棉机将棉模开松，经吸棉管进入籽棉输送系统（籽棉输送系统也可以直接从货场棉垛吸棉）。在籽棉输送系统中设有重杂物清理机，首先将大颗粒重杂及僵瓣清除；然后通过外三辊将气料分离，并使籽棉蓬松，清理籽棉中的杂质后，再把籽棉卸入喂料控制箱。喂料控制箱将定量的籽棉喂入一级籽棉烘干塔进行烘干，烘干后的籽棉进入一级倾斜六辊籽棉清理机，清除籽棉中的棉叶、尘杂等，清杂后的籽棉经卸料器喂入提净式籽棉清理机清除籽棉中的棉铃、棉壳、僵瓣棉和其他重杂物等，再将籽棉送入二级籽棉烘干塔进行烘干。二次烘干后的籽棉被吸入籽棉卸料器，进入二级倾斜式六辊籽棉清理机，对籽棉中的细小杂质进一步清理，然后将籽棉喂入回收式籽棉清理机。回收式籽棉清理机再次对籽棉中的细小杂质进行彻底清除。经过清理的籽棉被配棉搅龙分配到各个轧花机，经由轧花机顶部的提净式喂花机进一步清理，再送入轧花机进行轧花。加工出的皮棉送入气流式皮棉清理机，清除不孕籽、破籽、棉叶等较大杂质。然后，送入两级锯齿式皮棉清理机再次清除皮棉中的各类杂质。轧花机和皮棉清理机排出的不孕籽棉被不孕籽回收系统吸入不孕籽提净机，对有效的纤维进行回收。清理后的皮棉被送入总集棉机实现气棉分离，并将皮棉压成棉胎送入皮棉滑道。皮棉加湿系统将皮棉滑道中的皮棉回潮到规定值，最后进入打包机打包。成型的棉包被运包车运至自动计量及输包系统进行称重计量并输送出车间，打包机自动取样机构自动取样，信息采集打印条形码，记录棉包信息，从而完成整个加工过程。

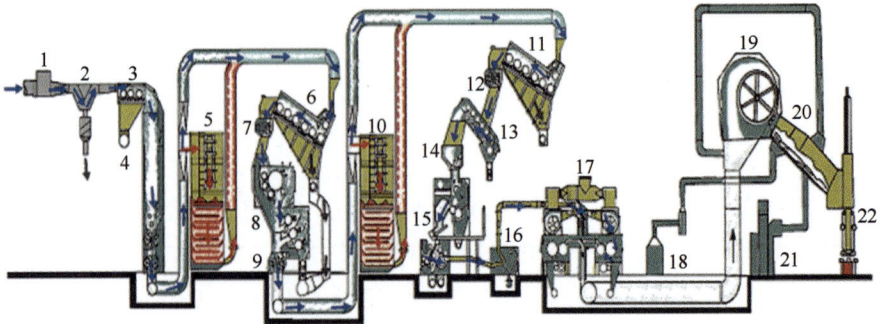

图 9.76　山东棉麻机械股份有限公司机采棉清理加工工艺流程

1. 通大气阀；2. 重杂沉积器；3. 外三辊；4. 喂入控制箱；5. 烘干塔；6. 倾斜六辊籽棉清理机；7. 闭风器；8. 提净式籽棉清理机；9. 闭风器；10. 烘干塔；11. 倾斜六辊籽棉清理机；12. 闭风器；13. 回收六辊籽棉清理机；14. 配棉搅龙；15. 锯齿轧花机；16. 气流式皮棉清理机；17. 锯齿式皮棉清理机；18. 皮棉滑道加热装置；19. 集棉机；20. 皮棉滑道；21. 皮棉加湿装置；22. 打包机

二、河北邯郸金狮棉机清理加工工艺

自 1999 年以来，邯郸金狮棉机有限公司在国内外机采棉清理加工工艺及设备基础上，推出了机采棉清理加工成套设备。该成套设备针对新疆机采棉含杂高、含杂种类多、含水高的特点，按照先清重、后清轻、再清细小杂质的顺序，设定了五级籽棉清理、三级皮棉清理、二级烘干的加工工艺，以确保清理加工后皮棉的品级和含杂，并在工艺路线上设置了旁通管路，使设备既适合机采棉又适合人工快采及手摘棉的清理加工。

该机采棉清理加工工艺改进了倾斜式籽棉清理机的结构，减少了沉积箱和阻风阀，增加了卸料器。遵循了先清除重杂，再清除细小杂质的原则，在清除重杂物之前，尽量减轻对籽棉的打击力度和次数，使重杂在不被破坏原有形态时得到清除，提高设备清除重杂的效率，为皮棉的加工质量提供保障。

成套设备为自动棉膜开松机或货场→重杂物清理机→籽棉卸料器→自动喂料控制器→一级烘干塔→籽棉卸料器→籽棉清铃机→回收式籽棉清理机→二级烘干塔→籽棉卸料器→倾斜式籽棉清理机→回收式籽棉清理机→配棉搅龙→轧花机→气流式皮棉清理机→锯齿式皮棉清理机（两级）→集棉机→皮棉加湿器→打包机。

机采棉清理加工工艺过程（图 9.77）如下：采棉机采收的籽棉经由运棉拖车运至加工厂，或者在田间被打成棉模，由棉模车将棉模运送到棉花加工厂，卸在自动喂棉机上。自动喂棉机将棉模开松，并喂入籽棉输送系统（籽棉输送系统也可以直接从货场棉垛吸棉）。在籽棉输送系统中设有重杂物清理机，首先将大颗粒杂质及僵瓣清除，然后通过籽棉卸料器将气料分离，把籽棉卸入喂料控制器。喂料控制器将一定量的籽棉喂入一级籽棉烘干系统进行烘干。烘干后的籽棉通过籽棉卸料器喂入清铃机清除籽棉中的棉铃、棉壳、僵瓣棉和其他重杂物等。清除后的籽棉靠重力进入回收式籽棉清理机，以清除籽棉中棉叶、不孕籽和尘杂等细小杂质。之后籽棉被送入二级籽棉烘干系统进行烘干。二次烘干后的籽棉被吸入籽棉卸料器，然后进入倾斜式籽棉清理机，倾斜式籽棉清理机对籽棉中的细小杂质进一步清理，将籽棉喂入回收式籽棉清理机。回收式籽棉清理机再次对籽棉中的细小杂质进行彻底清除。清理干净的籽棉被配棉搅龙分配到各个轧花

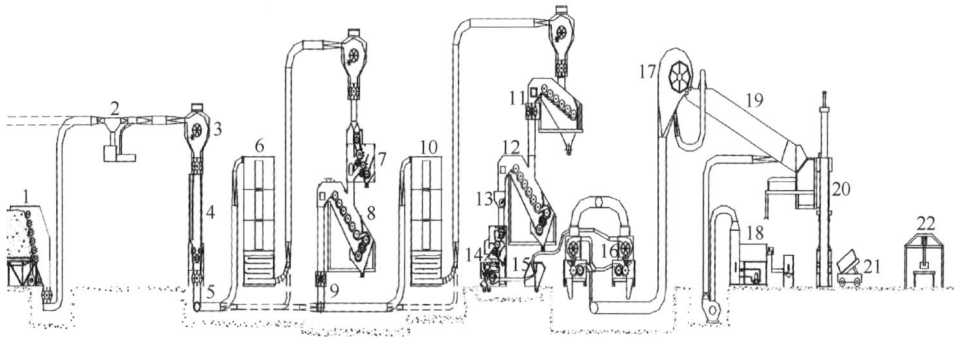

图 9.77　机采棉清理加工工艺流程图

1. 棉模开松机；2. 重杂分离器；3. 卸料器；4. 喂料控制器；5. 闭风器；6. 一级烘干塔；7. 清铃机；8. 回收式籽棉清理机；9. 闭风器；10. 二级烘干塔；11. 倾斜式六辊籽棉清理机；12. 回收式籽棉清理机；13. 配棉搅龙；14. 轧花机；15. 气流式皮棉清理机；16. 锯齿式皮棉清理机；17. 集棉机；18. 皮棉加湿器；19. 皮棉滑道；20. 打包机；21. 运包小车；22. 自动计量输包系统

机进行轧花。加工出的皮棉被送入气流式皮棉清理机，清除不孕籽、破籽、棉叶等较大杂质。然后，送入两级锯齿式皮棉清理机再次清除皮棉中的各类杂质。轧花机和皮棉清理机排出的不孕籽棉被不孕籽回收系统吸入，不孕籽提净机对有效的纤维进行回收。清理后的皮棉被送入总集棉机实现气棉分离，并将皮棉压成棉胎送入皮棉溜槽。皮棉加湿系统将皮棉溜槽中的皮棉回潮到规定值。最后进入打包机打包。成型的棉包被运包车运至自动计量及输包系统进行称重计量并输送出车间，打包机自动取样机构自动取样，信息采集打印条形码，记录棉包信息，从而完成整个加工过程。

三、MMIS-I 型棉包条形码信息管理系统

（一）系统概述

MMIS-I 型棉包条形码信息管理系统是国家棉花质量检验体制改革工作协调指导小组办公室立项、由中棉工业有限责任公司北京中棉机械成套设备有限公司开发研制的产品，是目前唯一的棉花质量检验棉包条形码信息管理系统配套产品。该产品将棉花加工、检验、流通作为一个整体，从信息流、物流、资金流全面考虑，成功地将加工厂、检验机构、棉麻公司通过网络和软件连接在一起。该系统实现了现场实时采集数据、现场实时打印条码，从检验机构下载大容量棉花纤维测试仪（HVI）检验数据、打印公检证书，字迹清晰、数据准确、公正性好。条码信息系统提供采集棉包的初始信息，每个棉包都有全国唯一的身份标识——32 位条码，与检验中心检验数据准确对接，完成轧花厂和棉麻公司内部管理、销售结算等功能，在质量检验、内部管理和棉包物流过程中通过条码记载的信息对棉包实现全面管理。具有对加工厂进行工资结算、成本分析、查询统计、报表生成、码单打印、智能组批、自动销售、客户管理等功能，提高了企业的工作效率和管理水平，降低了人力成本，减少了手工操作造成的错误。"条码信息管理系统"为我国棉花检验从抽样检验到逐包检验、从感官检验到仪器化检验的飞跃提供了重要技术基础。

（二）系统功能

系统实现的功能主要有：①自动采集包号、包重、回潮率等原始信息，自动打印条码，信息来源准确、快速，不受人为因素干扰；②自动形成报表、码单，自动计算工资、销售量、交易金额等，对销售状况进行记录；③对加工、销售状况进行查询、统计，随时监控加工、销售情况；④棉包检验数据远程下载，快速传递信息，打印公证检验证书；⑤根据检验结果挑包组批，根据每包回潮率、含杂率计算公定重量。

（三）系统组成及工作流程

系统组成原理图如图 9.78 所示。系统的整个工作过程是：打包机在打包的同时，在线回潮测定装置测出棉包回潮率，并将该数据发送给在线回潮测定装置的接收机；取样装置（取样刀）在棉包上取两个棉样，棉包经传送装置推放至电子秤上后，电子秤上棉包的重量数据连同先前测量好的回潮率数据一并传送给 IC 卡数据采集器，数据采集器将该数据保存在 IC 卡和数据采集器中，同时发送打印命令给条码打印机打印该棉包的条码。打印的 32 位条码记载有该棉包的加工信息，同时也是该棉包的唯一"身份证"。

两个较大的条码标签固定在棉包上,随棉包通行,两个较小的条码标签放在两个棉样中。当天加工结束后,一方面,把 IC 卡中的棉包加工信息通过读卡器读入计算机的数据库中;另一方面,把带有条码标签的棉样送承检机构,通过 HVI 设备检验后,检验结果保存在承检机构服务器的数据库中。加工企业通过调制解调器拨号到承检机构服务器,将检验数据下载到企业端计算机数据库中,根据条码这一唯一的"身份证"将检验数据和加工数据对应在一起,这样,用户可以方便地对棉包进行组批、销售、查询等操作,实现对本企业生产、检验数据适时、全面的管理。

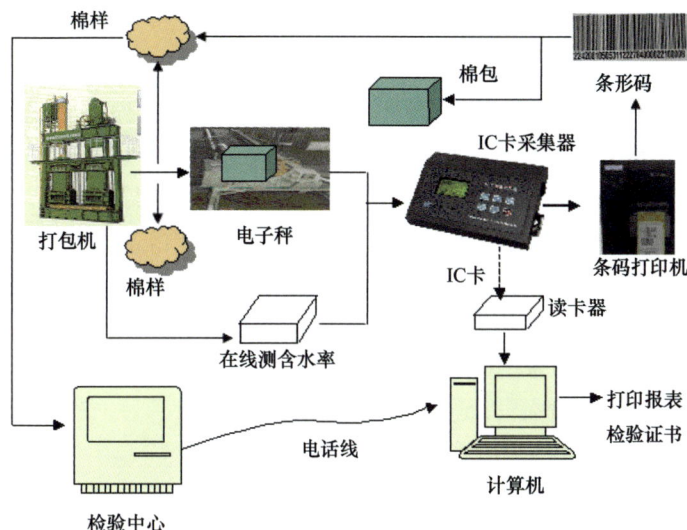

图 9.78　系统组成原理图

四、机采棉清理加工管理主要经验

随着机采棉种植和加工技术的不断进步,机采棉已经成为棉花产业发展的必然趋势,机采棉加工质量的高低关系着机采棉的推广进度,加快实现机采棉加工全程机械化、自动化。对棉花加工企业而言,还需要不断探索总结管理经验,才能加工出优质的皮棉产品,为企业创造出更好的经济效益和社会效益。

(一) 采棉机及清理加工环节对机采棉品级的影响

1. 籽棉收贮堆垛对棉花质量的影响

采收回潮率高的机采棉,不利于籽棉堆储,造成清杂效果差、加工质量下降。为此在机采棉采收时一定要避开相对湿度较高的早、晚,做到晨露干后采棉机进地,太阳西落后收车,这时采收的籽棉水分小,一般回潮率都为 8%～12%。机采棉的堆储过程应严格做到以下几点:①根据检验结果,将进厂的籽棉按照杂质、水分、等级的不同分别堆垛、分别轧花,严防混等、混级、混垛,保证堆储上垛籽棉的一致性、均匀性;②将回潮率低于 8.5%的籽棉进行集中堆储,可以延长堆储时间安全储存;③回潮率超过 9%的籽棉堆垛储存困难,一般堆垛 5～7d 再轧,可使垛内籽棉干湿平衡;④待轧堆储的籽棉实行先储存的籽棉先轧,不可即卸即轧,因为籽棉干湿不匀,一致性差会造成加工后的皮棉质量差；⑤堆储的籽棉及时遮盖篷布，以防雨水进入出现霉变。

2. 烘干对机采棉品级的影响

机采籽棉回潮率一般为 12%～18%，而轧花设备正常运行并能轧出高品质的皮棉回潮率应为 6%～8.5%。当回潮率高时，一是纤维与杂质缠绕不易清理，棉花含杂量高；二是纤维与工作箱的摩擦系数增大，容易产生索丝和棉结。因此，在机采籽棉烘干的过程中，必须按照事先分好的垛位档案的各项指标进行烘干且必须掌握好烘干的温度和速度，回潮率高的籽棉要进行二次烘干，最终使籽棉的回潮率为 6.5%～8.5%。

3. 清理对机采棉品级的影响

由于机采籽棉的含杂率较高，一般为 8%～15%，将机采棉加工成含杂率不超过 2%的皮棉，清杂的工作非常重要。为此，籽棉需经过多级清理，皮棉需经过三级清理，而这些清理设备工作效率的高低、性能的好坏，将直接影响皮棉的质量。例如，机采籽棉含杂率为 13.5%，要使皮棉含杂率控制在 1.0%～1.2%，则相配套的清杂设备的各工序要求为：一道倾斜式籽棉清理机出口含杂率为 9.0%～9.5%，提净式籽棉清理机出口含杂率为 7.0%～7.5%，二道倾斜式籽棉清理机出口含杂率为 6.0%～6.2%，回收式籽棉清理机出口含杂率为 5.0%～5.3%，轧花机清花部出口含杂率在 4.5%以下，一道皮棉清理机清理后含杂率为 1.6%～2.0%，二道皮棉清理机清理后含杂率为 1.2%～1.4%，三道皮棉清理机清理后含杂率为 1.0%～1.2%。

4. 轧花对机采棉品级的影响

轧花机要做到"三光"和"两畅"，即锯片光、肋条光、工作箱光滑和排籽畅通、排风畅通，还要做到因花配车，减少堵塞、减少索丝，同时操作人员应控制好烘干后籽棉的回潮率，清理杂质和籽棉卷的松紧程度，及时了解轧出皮棉的各项指标。总体来说，轧花技术人员素质水平高、加工设备工艺合理、制度完善、管理到位是提高机采棉加工质量的保障。

（二）提高机采棉加工质量的主要经验

（1）加强员工培训和建章立制是基本。加强加工厂工作人员的培训，提高质量意识和责任意识，建立各环节质量管理标准和考核制度。通过加工产量、质量的对比奖优罚劣，可以进一步提高生产质量、加工进度和设备的有效运转率，达到经济效益的最大化。

（2）过程检验是提高加工质量的核心。严把机采棉收购质量检验关，按棉花收购加工检验管理办法收购机采棉。在机采棉的加工过程中将加工皮棉的在线回潮率、含杂率、不孕籽的含棉率等信息的数据及时反馈到车间，通过对烘干塔温度、车速的调整和设备排杂部位的清理和调整，确保加工过程中的设备及参数调整到最优，保证加工质量。

（3）机器设备的及时调整是棉花加工质量的保障。棉花加工设备经过一段时间的使用，由于堵车、磨损造成各排杂间隙不准确，需要调整才能保证排杂效果，经常调整的部位主要有籽棉清理机、轧花机和皮棉清理机。

（4）生产参数的及时调整与质量原因分析是提高加工质量的关键。严控烘干、杂质清理、轧花各环节的技术环节，根据加工质量情况，针对清排比率、车速来决定是否调节各部件的间距，密切观察质量动态。加工期间，车间棉检员要将跟班检验结果与试轧结果进行比较，如果质量相差很大，要组织技术人员查找原因，找到症结，及时解决。

第八节　棉花收获机械化技术经济分析

棉花生产中棉花收获是劳动强度最大、耗费人力最多、投入成本最高的环节，已经成为影响新疆棉花生产成本居高不下的瓶颈。据国家棉花产业技术体系产业经济研究室《2014 年全国棉花生产成本收益分析报告》，2014 年西北内陆棉区示范县种植棉花总成本 34 695 元/hm²，同比下降 4.4%，其中物质费用 9885 元/hm²，同比下降 8.1%，土地成本 5541 元/hm²，同比下降 54.3%，劳动力成本 19 269 元/hm²，同比上涨 28.2%，其中收获环节的人工费用占了绝对比重。随着人工费用的迅速增长，植棉成本迅速增加，植棉利润空间被大幅压缩，植棉效益下降，劳动力短缺与棉花生产用工量大、劳动强度高的矛盾日益突显。而新疆生产建设兵团大力推广机械化采收技术降低棉花采收成本，缓解了上述矛盾。

在南疆、北疆各选取一个棉花收获机械化比较完善的农场为例，对棉花机械化采收进行技术经济分析。①北疆某团场棉花生产成本总计 27 951 元/hm²，其中物化成本：机力费 3498.6 元/hm²（包括耕整地、播种、植保、施肥、打模拉模等），农资费用 10 702.65 元/hm²（包括种子、化肥、地膜、滴灌带等），机械收获 5550 元/hm²（含机采籽棉加工费 0.5 元/kg）；劳动力成本 2220 元/hm²；土地承包管理费及农业保险等 5979.75 元/hm²；棉花产值 47 250 元/hm²，经济效益 19 299 元/hm²。②南疆某团场棉花生产成本总计 29 157.9 元/hm²，其中物化成本：机力费 3150 元/hm²（包括耕整地、播种、植保、施肥），农资费用 10 596.9 元/hm²（包括种子、化肥、地膜、滴灌带等），机械收获 5451 元/hm²（含机采籽棉加工费）；劳动力成本 1050 元/hm²；土地承包管理费及农业保险等 8910 元/hm²；棉花产值 48 300 元/hm²，经济效益 19 142 元/hm²。

谭宝莲和亚力坤·吐尔洪（2015）对新疆兵团北疆棉区在棉花品质、构成成本、经济效益等方面进行了机采棉与手摘棉详细对比。

1）机采棉成本构成

（1）采棉机采收作业成本：按照籽棉 0.8 元/kg 收费，籽棉产量 5250kg/hm²，4200.0 元/hm²。

（2）脱叶成本：脱叶剂 0.60kg/hm²×500.0 元/kg ＋乙烯利 1.50kg/hm²×20.0 元/kg+喷施作业 225.0 元/hm²＝555.0 元/hm²。

（3）辅助人工费：清理地头地边影响机采作业障碍、配置防火设备及相关人员的费用 450.0 元/hm²。

（4）脱叶减产损失费：按照不到 10%比例计算，籽棉产量按照 5250kg/hm² 计算，减产 450kg/hm²，按照 2012 年、2013 年、2014 年 3 年的平均价格 8.0 元/kg 计算，合计减收为 3600.0 元/hm²。

（5）皮棉等级和绒长降低的损失：机采棉加工增加 3 次籽棉清理和 1 次皮棉清理，与手摘棉相比，平均降低 2 个等级，销售价格降低 1050 元/hm²。

（6）机采棉产量损失费：手摘棉平均单产 5518kg/hm²，机采棉平均单产

4874.4kg/hm^2，比手摘棉平均单产下降 11.66%。而手摘棉在采摘、摊晒、装运过程中的实际损失也在 8%左右。抵消后实际产量损失为 3.67%，折合为 202.5kg/hm^2，按籽棉 8.0 元/kg 折算，产量损失费为 1620 元/hm^2。

（7）机采棉运费、卸车费：合计 630 元/hm^2。

（8）清地费：机采棉第一次采收不干净，第二次采收成本 1200 元/hm^2。

以上 8 项合计为 13 305.0 元/hm^2。折合到籽棉为 2.53 元/kg。

2）手摘棉成本构成

（1）平均手采费：按照 2012 年、2013 年、2014 年 3 年平均籽棉 2.20 元/kg 计算，合计费用为 11 550 元/hm^2。

（2）接劳力工费：单程车票按照 500 元/人，且赴内地接采摘工费用按照每人 150 元计算，合计 650 元，每个拾花工平均拾花 3500kg 计算，折合费用为 975 元/hm^2。

（3）拾花工餐费：按每公顷来算为 1170 元/hm^2 籽棉。

（4）辅助工作费：一个采摘周期内，扛袋、摊晒、棉花装袋、装卸车、做饭送水等辅助工作需要 2 个人工，按一个承包定额 3.4hm^2，亩产 350kg，一个拾花周期按 70d 算为 2100 元/hm^2。

（5）其他费用：每个拾花工在拾花期间所用水、电、暖、住房维修、管理、拾花工炊、床、被、褥等折旧费（采摘期为 70d）费用折合为 45 元/hm^2。

以上 5 项合计为 15 840 元/hm^2。折合到籽棉为 3.02 元/kg。

由上述分析可知，每千克机采棉比手摘棉平均节约成本 0.49 元，机采棉平均产量 5250kg/hm^2，节约成本 2572.5 元/hm^2。机采棉相对于手摘棉在综合成本上明显偏低，其较低的成本赋予了兵团棉花与国际棉花市场竞争的优势。采用机械化收获技术后，植棉团场能得到固定资产和稳定的生产能力，农机职工工作量增多，收益增加，减轻承包棉田职工劳动强度，采摘费用减少 70%以上。

2001～2008 年，兵团机械采收节约的支出成本平均年增加 3083.94 万元，平均年增幅为 96.0%；机采棉节约的支出成本增幅较大，主要表现为机采棉的规模效益，采收面积越大，规模效益越显著；其次是机采棉技术的不断完善及配套设备的国产化进程不断加快，使各环节的成本逐步降低；最后是人工拾花费用逐年上升。2001 年人工拾花费用为 0.55 元/kg，2008 年上升到 1.20 元/kg 左右，2013 年为 3 元/kg。而机采棉的采收费用基本保持不变，2001 年为 115 元，2013 年提高到 145 元，上升幅度不大。综合机采棉施用脱叶催熟剂费用、清理加工增加费用、销售环节中降级降价等因素，每千克籽棉比人工采摘节约 0.46～0.52 元。从 2001～2011 年的 11 年间，全兵团累计机械采收面积 88.61 万 hm^2，增收节支累计实现经济效益 45.12 亿元。

（撰稿：周亚立 温浩军 刘向新；审稿：田笑明）

参 考 文 献

陈学庚, 胡斌. 2010. 旱田地膜覆盖精量播种机械的研究与设计. 乌鲁木齐: 新疆科学技术出版社.

方俊, 袁宏永. 2012. 气体传感器及其在火灾探测中的应用. 火灾科学, 11(3): 180-185.

郭键, 王汝琳, 李明. 2004. 火灾探测技术的现状及发展方向. 辽宁工程技术大学学报, 23(2): 209.

何俊池, 张婷婷, 裴文龙. 2011. 传感器在火灾监测方面的应用. 科技致富向导, (20): 42.

黄湘莹, 张认成. 2006. CO 气体传感器在火灾探测中的应用. 仪表技术与传感器, 6: 6-8.

李宝筵. 2003. 农业机械学. 北京: 中国农业出版社.

毛树春, 冯璐, 芦建华. 2015. 2014 年全国棉花产值、成本和收益监测报告. 中国棉麻产业经济研究, (2): 17-19.

唐军, 陈学庚. 2009. 农机新技术新机具. 乌鲁木齐: 新疆科学技术出版社.

谭宝莲, 亚力坤·吐尔洪. 2015. 新疆机采棉与手摘棉的成本质量对比研究. 棉纺织技术, 43(3): 73-76.

王永和. 2015a. 约翰迪尔摘棉机防火注意事项及预防措施. 新疆农机化, (1): 34-35.

王永和. 2015b. 摘棉机防火注意事项及预防措施. 农业机械, (6): 46-47.

吴晓方, 张志刚. 2011. 基于多传感器数据融合的火灾报警系统设计. 齐齐哈尔大学学报(自然科学版), 27(5): 11-13.

吴松明. 2015. 一二五团提升机采棉品级的技术途径. 中国棉花加工, (2): 4-6.

熊祚福, 张保前. 2013. 关于提高机采棉加工质量的探索. 中国棉花加工, (6): 10-14.

夏恩亮, 刘申友, 程旭东, 等. 2013. 棉花阴燃和明火燃烧特性的对比研究. 火灾科学, 22(2): 70-76.

佚名. 2010. 凯斯采棉机防火指南. 农业机械, (10): 128.

张伟, 胡军, 车刚. 2010. 田间作业与初加工机械. 北京: 中国农业出版社.

张立杰, 王志坚, 彭利. 2013. 基于统计分析的机采棉与手采棉品质比较. 中国农机化学报, 34(6): 89-94.

赵海军, 史建新. 2004. 残膜回收工艺探讨. 中国农机化, (6): 68-71.

赵锐. 2013. 新疆高度关注进口采棉机安全事故频发问题. 中国农机监理, (11): 14.

周亚立, 刘向新, 闫向辉. 2012. 棉花收获机械化. 乌鲁木齐: 新疆科学技术出版社.

附录 新疆棉花种植技术规程

一、细绒棉高产优质高效栽培技术规程

（新疆维吾尔自治区地方标准 DB65/T 2267—2005）

本标准依据 GB/T 1.1—2000《标准化工作导则 第 1 部分：标准的结构和编写规则》编写。

本标准由新疆农业科学院提出。

本标准归口单位：新疆维吾尔自治区农业厅。

本标准起草单位：新疆农垦科学院、新疆农业科学院经济作物研究所。

本标准起草人：陈冠文、陈岩、李雪源、吐尔逊江、艾先涛、莫明、孙国清、王俊铎。

1. 范围

本标准规定了高产优质高效细绒棉栽培的主要技术指标、土地选择、播前准备、播种、播后管理、苗期管理、蕾期管理和花铃期管理。

本标准适用于高产优质高效细绒棉的栽培。

2. 主要技术指标

2.1 产量结构

每公顷皮棉产量 2250kg 的产量结构为：收获株数 2144 万/hm^2，单株成铃 5 或 6 个，单铃重 5.0～5.5g，衣分 40%～42%。霜前花率≥85%。

2.2 生育进程

播种期：4 月 5 日至 4 月 15 日。

出苗期：4 月 20 日至 4 月 30 日。

现蕾期：5 月 25 日至 6 月 5 日。

开花期：6 月下旬至 7 月初。

吐絮期：8 月下旬至 9 月上旬。

2.3 物资投入

2.3.1 肥料投入

投肥总量：标肥 1950～2250kg/hm^2，N、P、K 比例为 N：P$_2$O$_5$：K$_2$O=1：（0.4～

0.5）∶（0.1～0.2）。

微量元素：重点补锌。

有机肥：优质厩肥 15t/hm² 以上或油渣 1.5t/hm²。

2.3.2　水资源投入

灌溉总量 6600～8000m³/hm²，其中：生育期灌水量 4500～5000m³/hm²，贮水压盐用水量 2100～3000m³/hm²。

3. 土地选择

棉田要求土地平整（坡度<0.3%），土壤肥力中等以上，总盐含量<0.5%，排灌渠系配套。

4. 播前准备

4.1　贮水灌溉

冬前贮水灌溉的时间在 10 月中至 11 月初。

灌溉方式：畦灌。

技术要求：不串灌、不跑水。灌水深度 20cm 左右（每公顷用水 2100～3000m³，压盐深度≥80cm。盐碱大的棉田，保持水层 2～4d，并在水层稳定后及时削埂入水洗盐。稻茬田可不进行冬灌。油葵茬则进行秋翻冬灌，小麦茬进行秋耕晒垡后冬灌贮水。盐碱轻的重茬棉田，可带茬灌水。

春季灌水。没有进行冬灌的农田，或虽进行冬耕，但春季缺墒的棉田或盐碱较重的其他农田，均应进行春灌。

春季 2～3 月在地表解冻后，及时进行平地、筑埂、灌水。技术要求同上。春灌每公顷用水量 1200～1500m³。

4.2　土地准备与冬前深施肥

冬前深施肥。冬耕前，先施基肥。施肥方法：人工撒施或机力条施。基肥品种和数量：全部有机肥和 50%～70% 的氮肥、80%～100% 的磷肥和全部钾肥。

冬耕。冬耕的时间是冬灌后，封冻前。耕地深度≥25cm，要求适墒犁地，不重不漏，到边到角，地面无残茬。盐碱较轻的农田可于冬前进行平、耙作业。

播前整地。冬季已进行整地的农田，播前适墒耙地至待播状况；春耕的棉田应在重粗切地之后，及时平地至待播状况。

播前整地的质量要求：齐、平、松、碎、净、墒。

拾净残膜、残茬。在每次作业后，捡拾残茬、残膜一次。

化学除草。土地粗平切耙之前的平地后，及时用除草剂进行土壤封闭，然后切耙至待播状态。

除草剂使用技术：①48% 的氟乐灵 1500～1800g/hm²，于夜间喷施后及时耙地混土，混土深度 3～5cm；②90% 的禾耐斯 900～1050g/hm²，或72% 的都尔乳油 1950～2250g/hm²，施后浅耙混土，耙地深度 5～6cm；在土壤墒足的情况下，禾耐斯喷后可以不混土。

种子处理。经过硫酸脱绒的种子，播种之前要进行种子处理。处理的方法：一种是药剂处理。用种子量的 0.3%～0.5% 的多菌灵或 0.3% 的敌克松拌种。第二种是用种衣剂包衣。使用种衣剂应注意：①土壤 pH 应＜8.5；②种子残酸率应＜0.15%，破损率＜5%，发芽率＞85%。

5. 播种

5.1 确定播种期

当 5cm 地温（或覆膜条件下）连续 3d 稳定通过 12℃，且离终霜期天数 10d 时，即可播种。正常年份的适宜播期在 4 月上中旬，最佳播期 4 月 5～15 日。

株行距配置：沟灌棉田的株行距配置可选下列一种方式。

60cm+30cm 宽窄行，株距 8～9cm，亩穴数 16 462～18 519 穴。

58cm+28cm 宽窄行，株距 8～9cm，亩穴数 17 227～19 381 穴。20cm+50cm+20cm+60cm，株距 10cm，亩穴数 17 787 穴。

5.2 播种方式及播量

播种方式为膜上点播，半精量播种。每公顷播量为 4540kg，每穴 1 或 2 粒率≥90%，空穴率≤3%。常规播种棉田，每公顷播种量 60～90kg。

5.3 播种质量要求

播种深度 2.5～3.0cm，覆土宽度 5～7cm 并镇压严实，覆土厚度 0.5～1.0cm，每穴下籽 1 或 2 粒，空穴率≤3%。边行外侧保持≥5cm 的采光带。要求播行要直，接幅要准，播种到边到头。

6. 播后管理

6.1 加压膜埂

播种后，及时在膜面上横向加压膜埂，一般约 10m 加一条。与此同时，对未压好的膜头、膜边及膜上孔洞，及时加土压实。

补种：播种后及时对漏播地段和条田四边无法机播的地段，进行人工补种。

6.2 种植玉米诱集带

播种后人工及时在棉田四周种植 2 或 3 行玉米。玉米品种应选用抽雄期与第一代棉铃虫羽化期相同的品种。

6.3 中耕

对土地板结和地下水位较高的棉田，播后及时中耕，中耕深度 12～15cm，中耕宽度以保证苗行有 8～10cm 保护带为准。中耕器后带碎土器。要求中耕后土块细碎，地面平整。

7. 苗期管理

7.1 放苗封孔

棉苗出土 30%～50%，子叶转绿时，对部分压在膜下的棉苗，要及时放苗，并加土封孔。

7.2 及时定苗

棉苗出齐后，于子叶期开始定苗，一片真叶时定苗结束。定苗要求去弱留壮，去病留健，每穴一苗，忌留双株（断行两端第一穴或断行小行对侧，可留双株）。

7.3 人工除草

在定苗的同时，人工拔除穴内及行间杂草。

中耕松土、除草。现行后可及时中耕，同时铲除大行杂草，中耕质量要求同 5.3。

化学调控。于 1～3 片真叶时，每公顷用缩节胺 4.5～7.5g 叶面喷施：6～8 日叶期的壮苗田和旺苗田，每公顷用缩节胺 7.5～12.0g 叶面喷施。

7.4 喷施叶面肥

弱苗棉田，可于苗期喷施叶面肥 1 或 2 次。叶面肥的品种和数量为尿素 $2.25kg/hm^2$，加磷酸二氢钾 $1.5kg/hm^2$。缺锌棉田每公顷用 0.1%～0.3%硫酸锌溶液喷施，连施两次，两次间隔 10d。僵苗棉田，可叶面喷施 20mg/kg 赤霉素溶液，用量为 $225～300kg/hm^2$。

7.5 防治病虫害

当棉田有 5%～10%的棉叶背面出现银白色斑点或无头株率达 3%～5%时，用 40%乐果乳剂或氧化乐果乳剂 1500～2000 倍液喷雾，防治棉蓟马。当回边地角发现出蚜虫或棉叶螨危害时，及时用 5～10 倍的氧化乐果乳油涂茎（涂于主茎红绿交界处一侧），涂茎长度 3～5cm，或用 200 倍的氧化乐果、久效磷等滴心。低温多雨年份，雨后及时中耕，预防和减少立枯病的发生。

8. 蕾期管理

8.1 中耕除草

壤土和黏土棉田，蕾期中耕 1 或 2 次，中耕深度 16～18cm。同时结合人工拔除株间杂草。沙壤土棉田可中耕 1 次或不中耕。

8.2 化学调控

盛蕾期的旺苗棉田，每公顷用缩节胺 22.5g；初花期灌头水的壮、旺苗棉田，头水前每公顷用缩节胺 22.5～45.0g。

8.3 喷施叶面肥

弱苗棉田，每公顷用尿素 3.0kg 加磷酸二氢钾 2.25kg，叶面喷施 1 或 2 次。缺微量元素的棉田，酌情加入相应的微肥。

8.4 揭膜

蕾期旺长的宽膜棉田，可于现蕾—盛蕾期，揭去大行膜并中耕。其他棉田头水前彻底揭膜。揭膜至灌水间隔天数：旺苗 8～12d，壮苗 5～7d，弱苗不超过 4d。

8.5 开沟追肥

揭膜后灌水前及时开沟，沟深 18～20cm，沟宽 38～44cm。要求不伤苗，不压苗，沟底平直，坡面平整。

在开沟的同时，根据苗情每公顷追施尿素 5～10kg（旺苗可不施肥）和剩下的磷、钾肥。

灌水。沙壤棉田和弱苗棉田可于盛蕾—初花前灌水。灌水深度达到沟深的 2/3。每公顷灌水量 1200m³ 左右。质量要求：小水慢灌，不漫垄，不漏灌，不积水。

8.6 防治病虫害

棉叶螨。以防治中心株及点片挑治为主。在挑治时，要注意交替使用久效磷、氧化乐果和克螨特等农药。

棉黑蚜和棉长管蚜。一般年份可以不防治，以害引益，以害养益。特别严重的年份，可用洗尿合剂（洗衣粉：尿素：水=1：1：100）叶面喷施。

棉铃虫。①成虫羽化期，在棉田四周摆放杨枝把诱杀。每亩 2 把。每天傍晚给干杨树枝把洒水。杨枝把每 10d 更换一次。②采用频振式杀虫灯等灯光诱杀。于棉田外架设频振式杀虫灯、高压灯诱杀棉铃虫成虫。③化学防治：当棉铃虫达到当地的防治指标后，可选用生物农药（如 Bt 制剂）或对天敌杀伤力小的农药（如赛丹、拉维因等）交替使用。Bt 制剂的用量：900～1200g/hm²。使用时应注意不能与酸性和碱性农药混用；不宜在阳光直射下喷施。35%的赛丹，每公顷用水量为 450kg，喷施浓度为 500～800 倍。75%的拉维因粉剂，每公顷用量为 300g。

9. 花铃期管理

9.1 灌水

花铃期灌水 2 或 3 次。两次间隔 12～18d。壮苗棉于初花期灌头水，旺苗田可适当推迟。最后一水于 8 月 20 日前后进行。第一水的每公顷灌水量 1050～1200m³，其他各水为 900～1050m³。

9.2 施肥

壮苗田，初花期结合灌水每公顷施尿素 90～120kg 和剩下的全部磷、钾肥。盛花期结合灌水施尿素 120～180kg/hm²。沙壤土及脱肥棉田于 7 月下旬结合灌水每公顷施尿素 45～75kg/hm²。

花铃期还可根据苗情喷洒叶面肥：3kg/hm² 尿素+2.25kg/hm² 磷酸二氢钾。

9.3　化学调控

壮苗棉田，于头水前每公顷喷施缩节胺 30～45g；于二水前每公顷喷施缩节胺 45～60g；打顶后，当顶端果枝伸长 5～10cm 时，每公顷喷施缩节胺 90～120g。

9.4　打顶

高密度棉田（21 万～25.5 万株/hm²）于 7 月 5～15 日打顶；一般棉田于 7 月 10～20 日打顶。打顶的质量要求：打顶前期仅打顶心，打顶后期打一叶一心。打顶时要求带花袋，将打下的顶心带到田外深埋。

9.5　整枝

旺、壮苗棉田的整枝时间可于 7 月 20 日以后进行。整枝时，下部果枝可保留 2 个果节，上部果枝保留 1 个果节，已经结铃的叶枝，可剪去结铃果节以上的叶枝，同时抹去棉株顶部赘芽。

二、细绒棉滴灌种植技术规程

（新疆维吾尔自治区地方标准 DB65/T 2263—2005）

本标准依据 GB/T 1.1—2000《标准化工作导则 第 1 部分：标准的结构和编写规则》编写。

本标准由新疆农业科学院提出。

本标准归口单位：新疆维吾尔自治区农业厅。

本标准起草单位：新疆农垦科学院、新疆农业科学院经济作物研究所。

本标准起草人：陈冠文、周建伟、李雪源、陈岊、艾先涛、秦文斌、孙国清。

1. 范围

本标准规定了新疆棉区膜下滴灌棉田的主要技术指标、土地选择、播前准备、播种、播后苗前管理、灌溉、施肥、化学调控、打顶、整枝、病虫害防治和收获。

本标准适用于新疆棉区膜下滴灌的棉田。

2. 主要技术指标

2.1　产量结构

每公顷皮棉产量 2250kg 的产量结构为：收获株数 1.4 万～1.7 万/hm²，单株成铃 5.0～5.5 个，单铃重 4.5～6.0g，衣分 38%～42%。霜前花率≥85%。

2.2　生育进程

播种期：4 月 5 日至 4 月 20 日。

出苗期：4月20日至4月30日。

现蕾期：5月25日至6月5日。

开花期：6月下旬至7月初。

吐絮期：8月下旬至9月上旬。

2.3　物资投入

2.3.1　肥料投入

（1）投肥总量：标肥130～150kg/hm²，N、P、K比例为N：P_2O_5：K_2O=1：（0.4～0.5）：0.2。微量元素：重点补锌和硼。

（2）有机肥：优质厩肥15t/hm²以上或油渣1.5t/hm²。

2.3.2　水资源投入

灌溉总量4200～6500m³/hm²，其中：生育期灌水量3000～3500m³/hm²，贮水压盐用水量1200～3000m³/hm²。

3.　土地选择

棉田要求土地平整（坡度<0.3%），土壤肥力中等以上，总盐含量<0.5%。

4.　播前准备

4.1　土地准备

4.1.1　贮水灌溉

（1）冬前贮水灌溉的时间，重茬棉田在10月上中旬。带茬秋灌，每公顷用水量1200～1500m³；其他茬口的棉田，秋耕后筑埂平洼灌水。灌水深度10～20cm（每公顷用水量1500～2100m³）。

（2）春季灌水。没有进行冬灌的棉田，或虽进行冬耕，但春季缺墒的棉田或盐碱较重的农田，均应进行春灌。春灌每公顷用水量1200～1500m³。

春季2～3月在地表解冻后，及时进行平地、筑埂、灌水。技术要求同上。

（3）部分计划滴灌的棉田，也可不进行冬、春灌。

4.1.2　整地

（1）冬耕。冬耕的时间是封冻前。耕地深度≥25cm，要求适墒犁地，不重不漏，到边到角，地面无残茬。冬耕后，及时进行平、耙作业至待播状态越冬。

（2）播前整地：春季土壤表层化冻后，及时进行耙地保墒至待播状况。播前整地的质量要求：齐、平、松、碎、净、墒。

（3）拾净残膜、残茬：在每次作业后，捡拾残茬、残膜一次。

（4）化学除草：土地粗平后，及时用除草剂进行土壤封闭，然后切耙至待播状态。除草剂使用技术：①48%的氟乐灵1500～1800g/hm²，于夜间喷施后及时耙地混土，混土深度 3～5cm；②90%的禾耐斯 900～1050g/hm²，或 72%的都尔乳油 1950～2250g/hm²，施后浅耙混土，耙地深度 5～6cm；在土壤墒足的情况下，禾耐斯喷后可以不混土。

4.2　种子处理

经过硫酸脱绒的种子，播种之前要进行种子处理。处理的方法：一种是药剂处理。用种子量的 0.3%～0.5%的多菌灵或 0.3%的敌克松拌种。第二种是用种衣剂包衣。使用种衣剂应注意：①土壤 pH 应<8.5；②种子残酸率应<0.15%，破损率<5%，发芽率>85%。

5. 播种

5.1　确定播种期

当 5cm 地温（或覆膜条件下）连续 3d 稳定通过 12℃，且离终霜期天数≤10d 时，即可播种。正常年份的适宜播期在 4 月上中旬，最佳播期 4 月 5～20 日。

5.2　株行距配置

5.2.1　"一管四"方式

株行距配置：20cm+40cm+60cm，株距 10～11cm，膜宽 110cm，滴管带铺设在膜下宽行中心。一台播种机一次铺 3 条膜，播 12 行。铺管、铺膜、播种、覆土一次完成。

5.2.2　"一管二"方式

株行距配置：30cm+60cm+30cm+60cm 的宽窄行，或 28cm+50cm+25cm+60cm 的宽窄行，株距根据单位面积保苗株数确定。滴管带铺设在膜下窄行中心，膜宽 145cm 左右，一膜播 4 行棉花，铺 2 条滴灌带。

5.3　播种质量要求

播种深度 2.5～3.0cm，覆土宽度 5～7cm 并镇压严实，覆土厚度 0.5～1.0cm，每穴下籽 1 或 2 粒，空穴率≤3%。边行外侧保持≥5cm 的采光带。要求播种要直，接幅要准，播种到边到头。此外还要求滴管带铺设位置准确，松紧适宜，迷宫式滴管带要求流道向下。

6. 播后苗前管理

6.1　加压膜埂

播种后，及时在膜面上横向加压膜埂，一般约 10m 加一条。与此同时，对未压好的膜头、膜边及膜上孔洞，及时加土压实。

6.2　补种

播种后及时对漏播地段和条田四边无法机播的地段进行人工补种。

6.3　种植玉米诱集带

播种后及时在棉田四周人工种植 2 或 3 行玉米。玉米品种应选用抽雄期与第一代棉铃虫羽化期相同的品种。

6.4　干播湿出棉田的播后管理

播种后及时安装支管，接通毛管。

当膜下 5cm 地温连续 3d 达到 12℃以上，且离终霜期天数≤7d 时，可及时滴出苗水。每公顷滴水量："一管二"方式为 150～225m³，"一管四"方式为 450m³。

7. 灌溉

7.1　非干播湿出棉田

于灌水前一周安装好支管，接通毛管。

7.2　灌溉制度

全生育期灌溉定额为 3000～3500m³/hm²，灌水次数为 9～12 次。灌溉制度见附表 2.1。

附表 2.1　膜下滴灌的灌溉制度表

生育阶段	苗期	蕾期	花铃期	吐絮期
灌水定额/（m³/hm²）	210	300	390	240
灌水周期/d	13.0	9.4	7.2	23.0
灌水次数/次	1	2～3	6～7	1

8. 施肥

8.1　施肥方法

生育期追肥，均采用随水滴施。肥料品种除基肥外，均采用滴灌专用肥（后期亦可用尿素）。

8.2　冬季施基肥的数量

按氮肥总量的 20%～40%，磷肥总量的 80%～100%，钾肥的 100%，于冬前结合耕地施入。

8.3　苗期

随水滴施滴灌专用肥 22～30kg/hm²。施用方法：滴水进行 1h 后开始将肥料均匀放入施肥罐中，逐渐随水施肥，滴水结束前 1h 停止施肥。

弱苗棉田，可于苗期喷施叶面肥 1 或 2 次。叶面肥的品种和数量为尿素 2.25kg/hm²，加磷酸二氢钾 1.5kg/hm²。缺锌棉田每公顷用 0.1%～0.3%硫酸锌溶液喷施，连施 2 次，2 次间隔 10d。僵苗棉田，可叶面喷施 20mg/kg 赤霉素溶液，溶液用量 225～300kg/hm³。

8.4　蕾期

每次滴施滴灌专用肥 35～40kg/hm²。弱苗棉田，每公顷用尿素 3.0kg 加磷酸二氢钾

2.25kg，叶面喷施 1 或 2 次。缺微量元素的棉田，酌情加入相应的微肥。

8.5　花铃期

每次随水滴施滴灌专用肥 35～45kg/hm^2。还可根据苗情喷洒叶面肥：3kg/hm^2 尿素+2.25kg/hm^2 磷酸二氢钾。

8.6　吐絮期

每次随水滴施滴灌专用肥 22～25kg/hm^2。

9. 化学调控

9.1　苗期

棉株 1～3 片真叶时，每公顷用缩节胺 4.5～7.5g 叶面喷施，4～6 叶期的壮苗田和旺苗田，每公顷用缩节胺 7.5～12.0g 叶面喷施。

9.2　蕾期

盛蕾期的旺苗棉田，每公顷用缩节胺 22.5g；初花期灌头水的壮、旺苗棉田，头水前每公顷用缩节胺 22.5～45.0g。

9.3　花铃期

壮、旺苗棉田，于头水前每公顷喷施缩节胺 30～45g，于二水前每公顷喷施缩节胺 45～60g。打顶后，当顶端果枝伸长 5～10cm 时，每公顷喷施缩节胺 90～120g。

9.4　化学脱叶催熟

贪青晚熟棉田，于 9 月上中旬每公顷用 150～225g 脱落宝+1050mL 乙烯利喷洒，或 9 月中下旬单用乙烯利 2250mL/hm^2 喷洒。

10. 打顶、整枝

10.1　打顶

北疆高密度棉田（21 万～25.5 万株/hm^2）于 7 月 1～10 日打顶，一般棉田于 7 月 5～15 日打顶；南疆高密度棉田于 7 月 5～15 日打顶，一般棉田于 7 月 10～20 日打顶。打顶的质量要求：打顶前期仅打顶心，打顶后期打一叶一心。打顶时要求带花袋，将打下的顶心带到田外深埋。

10.2　整枝

旺、壮苗棉田的整枝时间可于 7 月 20 日以后进行。整枝时，下部果枝可保留 2 个果节，上部果枝保留 1 个果节，已经结铃的叶枝，可剪去结铃果节以上的叶枝，同时抹去棉株顶部赘芽。

11．病虫害防治

11.1　苗、蕾期

当棉田有 5%～10% 的棉叶背面出现银白色斑点或无头株率达 3%～5% 时，用 40% 的乐果乳剂或氧化乐果乳剂 1500～2000 倍液喷雾，防治棉蓟马。

当田边地角发现棉叶螨危害时，及时用 5～10 倍的氧化乐果乳油涂茎（涂于主茎红绿交界处一侧），涂茎长度 3～5cm，或用 200 倍的氧化乐果、久效磷等滴心。

棉黑蚜和棉长管蚜。一般年份可以不防治，以害引益，以害养益。特别严重的年份，可用洗尿合剂（洗衣粉∶尿素∶水=1∶1∶100）叶面喷施。

棉铃虫。成虫羽化期，在棉田四周摆放杨树枝把诱杀。每亩 2 把。每天傍晚给干杨树枝把洒水。杨树枝把每 10d 更换一次。

采用频振式杀虫灯等灯光诱杀。于棉田外架设频振式杀虫灯、高压灯诱杀棉铃虫成虫。

化学防治：当棉铃虫达到当地的防治指标后，可选用生物农药（如 Bt 制剂）或对天敌杀伤力小的农药（如赛丹、拉维因等）交替使用。Bt 制剂的用量：900～1200g/hm^2。使用时应注意不能与酸性或碱性农药混用；不宜在阳光直射下喷施。35% 的赛丹，每公顷用水量为 450～600kg，喷施浓度为 500～800 倍。75% 的拉维因粉剂的每公顷用量为 300g。

11.2　花铃期

棉叶螨。大发生的棉田，可用烟草石灰水（烟草∶石灰∶水=1∶1∶100）或对天敌较安全的 20% 三氯杀螨醇或 5% 尼索朗等喷施，浓度为 1∶（1000～1500）倍。

棉铃虫。花铃期人工挖蛹和捕捉幼虫或喷洒 Bt 制剂及赛丹等对天敌较安全的农药。

12．收获

正常吐絮棉田，于 8 月下旬或 9 月上旬开始采收。采收时要求霜前花和霜后花、虫花、落地花、脏花、僵瓣花分收，不采生花。

种子田要单收、单运、单堆、单轧、单贮藏。

残膜和滴灌带的回收。膜下滴灌棉田的揭膜期推迟到停水后、收花前进行。要求残膜回收率达 90% 以上。同时收净滴灌带。

三、机采细绒棉种植作业技术规程

（新疆维吾尔自治区地方标准 DB65/T 2266—2005）

本标准依据 GB/T 1.1—2000《标准化工作导则 第 1 部分：标准的结构和编写规则》编写。

本标准由新疆农业科学院提出。

本标准归口单位：新疆维吾尔自治区农业厅。

本标准起草单位：新疆生产建设兵团农业局。

本标准起草人：田笑明、杜之虎、李生军、胡建国、张伍平、李雪源。

1. 范围

本标准规定了机采细绒棉种植的术语和定义、播前准备、播种、生育期管理、化学脱叶技术和收获准备。

本标准适用于集约化植棉水平高、适宜于发展机采棉的地区。

2. 术语与定义

（1）生育期：棉花从出苗到吐絮所需的天数，称为生育期。

（2）现蕾：当棉株第一果枝上出现荞麦粒大小（长、宽约 3mm）的三角形花蕾时称为现蕾。

（3）吐絮：在适宜的条件下，铃壳脱水失去膨压而收缩，沿裂缝线开裂，露出籽棉，称为吐絮。

（4）"衣指"或"衣分"：棉籽上纤维的多少，常用"衣指"或"衣分"来表示。衣指即 100 粒籽棉的纤维重（g）；衣分是指皮棉重占籽棉重的百分数。

（5）苗期：苗期是指棉花从出苗到现蕾。

（6）蕾期：蕾期是指从现蕾到开花期间。

（7）花铃期：花铃期是指从开花至吐絮这一段时间。

（8）吐絮期：吐絮期是指开始吐絮到枯霜来临、生育结束的一段较长的时间。

（9）强力：指纤维的绝对强力，即一根纤维或一束纤维拉断时所承受的力。根据国际通用标准，正常范围为 26.5～28.4GPT（cN/tex）。

3. 播前准备

3.1　品种选择

机采棉品种在具备早熟、优质、丰产、抗病的基础上，同时具备始果枝节位不低于 15cm、株型紧凑、植株弹性好、抗倒伏、吐絮集中、成熟一致、对脱叶剂敏感的特点。

在机采棉种植面积大的棉区，可搭配不同熟期的机采棉品种，以提高采棉机的利用率。

3.2　土地准备

为提高采棉机作业效率，应尽量选择集中连片种植，排灌方便，便于机械收获的土地。

整地质量要求。整地质量必须达到"齐、平、松、碎、墒、净"六字标准，突出一个"平"字，狠抓一个"碎"字，保证一个"净"字，掌握一个"墒"字。

化学除草。在整地后、播种前进行化学封闭除草处理。选用效果好、无公害除草剂，达到均匀一致,不重不漏,及时耙地处理。一般每亩喷施都尔 12～150g 或禾耐斯 65～71mL。

4. 播种

4.1 株行距配置

采用地膜覆盖栽培。株行距采用(66+10)cm 或(68+8)cm 的宽窄行带状种植,行间播种孔之间呈三角带状分布,株距 9.5～11.5cm,亩理论株数 1.60 万～1.85 万株。

4.2 适期早播,一播全苗

严格种子质量。种子质量是精量播种技术实施的关键,因此棉种在机械清选的基础上,必须进行人工逐粒精选工作,做到种子纯度 96% 以上,净度 95% 以上,发芽率 85% 以上,含水率低于 12%。经药剂包衣处理后,残酸含量小于 0.15%,破碎率小于 3%。

适期早播。当地膜内 5cm 地温稳定通过 12℃时开始播种,最适播期 4 月上中旬。

严格播种质量。大力推广精量、半精量播种技术。播前地头打好起落线,留一播幅,要求播种机升降一致,机车能上路的条田不留横头。播种质量要求达到"开沟展膜同一线,压膜严实膜面展,打孔彻底不错位,下种均匀无空穴,覆土均匀一条线"。

5. 生育期管理

5.1 生育进程

播种期:4 月初至 4 月 20 日。

出苗期:4 月 15 日至 4 月底。

现蕾:5 月 20 日至 6 月初。

开花期:6 月底至 7 月初。

吐絮期:8 月底至 9 月 10 日。

力争实现四月苗、五月蕾、六月花、七月铃、八月絮的生育进程。

5.2 长势长相

苗期:壮苗早发,生长稳健、敦实,生育期 30d 左右,主茎日生长量 0.5～0.7cm,主茎高度 15cm 左右,节间长不超过 3cm,主茎叶片数 5 片。

蕾期:生长稳健,根系发达,早蕾不落,第一果枝现蕾节位 5 或 6 节,5 月底现蕾,6 月见花,生育天数 25d 左右,主茎日生长量 0.8～1cm,主茎高 45cm 左右,叶片数 12～13 叶。

花铃期:初花期稳长,盛花结铃期生长势强,后期不早衰,吐絮不贪青,生育期 70d 左右,初花到打顶主茎日生长量 1.3～1.5cm,打顶后保证株高 65～75cm,果枝个数 8～10 个,主茎叶片数 13～15 叶。

5.3 科学施肥,提高化肥利用率

狠抓改土培肥,坚持全层施肥。亩施油渣 100kg 或亩施有机肥 1000kg 以上。为了促进棉苗早发,防止中期旺长、后期早衰,全面进行化肥全层施肥技术,重视油渣及秸

秆还田，以棉养棉，同时根据宽膜棉生育特点重视花铃肥和根外叶面追肥。积极推广微机决策平衡施肥技术，提高肥料利用率及田间分布均匀性。

5.3.1　全期施肥总量

尿素 35～40kg/亩，三料磷肥 15～20kg/亩，钾肥 5kg/亩，油渣 100kg/亩。采用滴灌方式的棉田尿素 25～30kg/亩。

5.3.2　施肥方法及施肥量

基肥：结合秋耕春翻，亩施油渣 100kg、尿素 25～28kg，磷、钾肥全部耕施同步深翻 25cm，翻垡一致，扣垡严实，提高肥料利用率。

花铃肥：在头水、二水前视苗情开沟，亩施尿素 10～12kg，沟深 8～10cm。膜下滴灌棉田视苗情长势每次滴灌施尿素 3～5kg，追施 3 次。

叶面追肥：根据棉花各生育期特点，用尿素 1～1.5kg 结合各类叶面肥、生长调节剂、微肥分苗期、蕾期、花铃期 3 次进行，膜下滴灌棉田结合化调喷施 2 或 3 次。

5.4　合理灌溉，经济用水

扎实做好放水前的准备。揭净地膜后，随即开沟，开好引渠、横沟及附沟，揭膜、开沟、打埂、放水做到四及时。

抓好灌水质量，适时灌好头水是棉花生产的关键。坚持看天、看地、看苗、看品种，保证棉株发育不受旱，坚持细流沟灌，头水要小，水量要足，严禁大水漫灌、淹灌、串灌。头水时间一般在 6 月中下旬，头水后 10～15d 及时灌二水，要求头水后渠道内保持一定的水量，及时补水，以免部分地块上水不匀，棉田受旱。全生育期灌水 3 或 4 次，停水时间一般在 8 月 25 日前后。

采用滴灌方式的棉田视苗情长势灵活掌握时间、水量与次数，既要保证棉株不受旱，又要防止旺长、疯长，增加化调难度。停水时间一般在 9 月初。全生育期滴灌 9～12 次，每次平均 40m^3 左右，亩总滴水量 300～450m^3。

5.5　综合调控技术

在高密度栽培条件下，坚持科学运筹肥水，合理化学调控，以水调苗，促控结合，通过定向优化栽培调节最佳结铃期，塑造理想丰产株型及群体结构。

5.5.1　化学调控

棉花全程化学调控的时间、次数、用量应根据环境、气候、土壤、水肥管理、棉株长势和长相灵活运用，在"早、轻、勤"的原则下，因苗施调，分类指导，一般全期进行 3～5 次。机采棉第一果枝距地表在 15cm 以上，棉株高度 70cm，因此，机采棉田第一次化调时间应推后。

苗期：3～5 叶期，以促为主，促进棉株稳长早现蕾，亩施缩节胺 0.3～0.5g。此期间主茎日生长量在 0.5～0.7cm。

现蕾期：5～8 叶期，施缩节胺 0.5～0.8g，此期间主茎日生长量在 0.8～1cm。

头水前：8～10 叶期，亩施缩节胺 0.8～1.5g，长势较好的棉田于头水前 3～5d 化调。

此期间主茎日生长量控制在 1～1.2cm。

二水前：10～12 叶期，亩施缩节胺 3～3.5g，对点片旺长棉株要及时补控，保证棉株稳健生长，减少蕾铃脱落和空枝，提高成铃率。此期间主茎日生长量为 1.5～1.8cm。

打顶后：亩施缩节胺 4～6g，于打顶后顶部果枝伸长 10cm 时进行化调，保证顶部果枝正常生长。

5.5.2 适时打顶整枝

（1）打顶：及时打顶可抑制棉株向上伸长，调节养分集中供应棉铃，有利于伏前桃、伏桃的充分发育成熟及纤维品质的提高，打顶一般在 7 月 10～15 日结束。

（2）整枝：7 月底至 8 月初开始剪除棉株无效花蕾和空果枝，保证每台果枝控制两个有效节位，减少营养消耗，保证田间通风透光条件，增加铃重，提高产量，促进早熟。

5.6 棉花病虫害的综合防治

加强测报网络建设，做好预测预报，把握防治的关键时期，提高防治效果；协调害虫、天敌、化防及栽培技术四者之间的关系，保护天敌，维护生态平衡；掌握关键技术，以农业措施和栽培措施为基础，破除老旧田埂，种植诱集作物，坚持秋耕冬灌，推广生物及物理防治技术，谨慎使用化学农药，最大限度地保护自然天敌。

枯萎病、黄萎病棉田棉秆及油渣不可还田，重病棉田应选择抗病品种，精选种子，做好种子加工，进行土壤处理。大田发现病株应拔除带出田外烧毁，点片发生时可进行药剂处理。

6. 化学脱叶技术

药剂选择：脱落宝、乙烯利、哈维达（HARVADE）等。

喷施技术：亩施药量，南疆亩施脱落宝 30g 加乙烯利 100g。北疆亩施脱落宝 40g 加乙烯利 70g。哈维达（HARVADE）进行大田示范，亩施 80mL。

施药时间：在采收前 18～25d 进行，当 7～10d 平均气温稳定在 18～20℃时的前 1～3d 喷施（气温最好是 20℃），不宜在气温迅速下降的高温时施药。施药时田间吐絮率在 30%～40%，上部棉桃铃期 40d。南疆一般在 9 月 10～18 日，北疆一般在 8 月 27 日至 9 月 5 日。

施药器械：以高架喷雾机施药最好，不能漏喷，对后期旺长的棉田可以喷雾两次，漏喷时应及时补喷。

7. 收获准备

7.1 揭膜清田

沟灌棉田头水前 3～5d 集中劳力揭膜，拾尽残膜，并于采收前再次进行人工复捡，防止采收环节地膜污染。

滴灌棉田机采前必须揭膜，收净残膜，收净滴灌管。

采收前人工破埂、拔除杂草，清除影响采棉机工作的障碍物，人工采摘地头、渠埂棉花，有利于减少机械采摘损失率，降低损耗。

7.2　收获要求

在棉株脱叶率达 92%以上，吐絮率达 96%以上时进行机械采收，采收过程中严把采收关，确保平均损失率小于 4%，采净率大于 95%。

采收过程进行全程监控，杜绝残膜、异形纤维等混入，含杂率在 10%以下，采净率达标。不符合要求的，应找出原因立即更正。

四、中长细绒棉种植技术规程

（新疆维吾尔自治区地方标准 DB65/T 2264—2005）

本标准依据 GB/T 1.1—2000《标准化工作导则 第 1 部分：标准的结构和编写规则》编写。

本标准由新疆农业科学院提出。

本标准归口单位：新疆维吾尔自治区农业厅。

本标准起草单位：新疆农业科学院经济作物研究所。

本标准起草人：李雪源、秦文斌、莫明、孙国清、艾先涛、吐尔逊江、王俊铎。

1. 范围

本标准规定了中长细绒棉纤维品质、种子质量和种植技术。

本标准适用于中长细绒棉种植技术要求。

2. 品质指标

纤维长度 31.0～33.9mm，断裂比强度≥34cN/tex，长度整齐度指数≥83%，马克隆值 3.7～4.2。

3. 种子质量

种子质量与国家棉花种子质量标准相同（附表 4.1）。

附表 4.1　种子质量

名称	级别	纯度不低于/%	净度不低于/%	发芽率不低于/%	水分不高于/%
棉花毛籽	原种	99.0	97.0	70	12.0
	良种	95.0	97.0	70	12.0
棉花光籽	原种	99.0	99.0	80	12.0
	良种	95.0	99.0	80	12.0

4. 种植技术

种植技术规程以保证获得中长绒棉品质和高产高效为中心，根据新疆生态特点，制定了中长绒棉适宜生态区、品种选择、土地准备、栽培技术、病虫害防治、收获等方面的技术要求。强调中长绒棉栽培管理应突出早字，争取多结优质铃，做到优质铃发育与最佳光热时空分布同步，选用早熟品种，采取促早熟栽培，选择优势生态条件区域种植。并注意盐碱、棉蚜虫、化学调节剂、采摘等因素影响中长绒棉品质。

4.1 种植区域选择

中长绒棉对热量、光照条件要求较高，应选择在生态条件较好的优质棉区种植。较适宜种植中长绒棉区的生态条件应具备：>10℃有效积温 4000℃、>15℃有效积温 3500℃、7 月月平均温度>25℃，且>25℃持续天数保证在 45d 以上，无霜期北疆 180d、南疆 200d。

4.2 品种选择

选用纤维品质达到中长绒棉标准（见中长绒棉品质）且品质指标匹配合理的早熟、抗（耐）枯萎病、黄萎病品种。枯萎病病情指数<10、黄萎病病情指数<30、生育期北疆 125d、南疆 135d，霜前花率年均 85%以上，冷态年型 75%以上。

4.3 播前准备

4.3.1 选地

选择地势平坦、灌溉方便、肥力中等以上的土壤。有机质 12g/kg 以上，碱解氮 60mg/kg 以上，速效氮 15mg/kg 以上，速效钾 160mg/kg 以上，总盐 0.2%以下的秋耕冬灌地，棉花重茬不宜超过 3 年，切忌盐碱地种植中长绒棉。

4.3.2 整地

深耕 25cm，灌足播前水，适时整地，把握好宜耕期，切忌过干过湿；达到"地平、地碎、墒足、碱轻、边齐、草膜净、上虚下实"7 项指标，整地结合清渠，做好人工铲埂除蛹防治棉铃虫工作。

4.3.3 播前

可根据土壤病虫害，采用敌克松、多菌灵等药剂拌种，防治苗期病虫害。

4.4 播种

播期膜下 5cm 地温稳定通过 10~12℃时为适播期。南疆适播期在 4 月 10~20 日，北疆适播期在 4 月 15~25 日。

播种方式为覆膜播种。

播种密度。中长绒棉不适宜超高密度，以常规"矮、密、早"栽培密度为主，18 万株/hm²，再根据不同品种特性调整最佳种植密度。

4.5 生育进程

南疆出苗期：4月15～30日。现蕾期：5月25日至6月5日。开花期：6月25日至7月5日。

北疆出苗期：4月20～30日。现蕾期：5月30日至6月10日。开花期：6月20日至7月5日。

4.6 施肥技术

4.6.1 氮、磷、钾配合

应综合各地试验资料，重视平衡施肥，氮、磷、钾配合施用。要做好测土配方施肥，确定正确的氮、磷、钾比例和施肥数量。

4.6.2 基肥施用

重施基肥，有机肥施用，羊粪22.5～45.0t/hm² 或优质厩肥30.0～45.0t/hm²，全层施入。无机化肥，尿素 300～375kg/hm²，磷酸二胺或三料磷肥 300～375kg/hm²，硫酸钾 90kg/hm²。

4.6.3 追施花铃肥

追肥应坚持"苗肥不施或轻施、蕾肥稳施、花铃肥重施、后期补施"的原则，追肥要以氮肥为主，磷肥少量，坚持蕾肥花用，宜于头水前施尿素150～225kg/hm²、三料磷肥 45～75kg/hm² 或磷酸二胺 225～300kg/hm²。

4.7 灌水原则

根据苗情、土壤墒情、棉花生长发育时期及生长状况、天气等综合因素确定灌水量和时间。

4.7.1 生育期内灌水次数方案

在棉花各生育期内灌水次数：南疆4或5次，北疆3或4次，东疆5～7次。各生育期需水特点是苗期少，蕾期渐增，花铃期最多，吐絮期又减少。

灌水方案详见附表4.2。

附表 4.2 灌水方案

亚区	灌水次数			合计
	蕾期	花铃期	吐絮期	
南疆	1	3	0	4
	0	3	1	4
	1	3	1	5
北疆	1	2	0	3
	1	2	1	4
	1	3	0	4
东疆	1	3	1	5
	1	4	2	7

4.7.2 灌水时间和灌水量

关键是要确定第一次灌水时间，因各地条件的不同，正常情况下应以"看苗、看地、看天气"而定。一般生育期内需水量，南疆 4800～8100m³/hm²，北疆 3600～6300m³/hm²，东疆 5700～6300m³/hm²。

棉田冬灌水：灌水时间：一般从封冻前 10～15d 开始。灌水量：1200m³/hm² 为宜。

棉田春灌水：灌水时间：播前 10～15d 进行。灌水量：900～1200m³/hm² 为宜。

第一次灌水：灌水时间根据棉田土壤持水量，棉田持水量在 65%情况下，以初花期灌头水，棉田持水量低于 65%，棉花表现干旱特征时要提前灌水。一般 6 月下旬至 7 月初，灌水量 600～900m³/hm²。做到灌水均匀，不淹苗，不旱苗，不大水漫灌，不浇"跑马水"。

第二、第三次灌水：灌水时间与头水时间间隔不超过 20d，一般为 15d。灌水量：1200m³/hm² 为宜。

停水：停水时间一般南疆为 8 月中下旬，北疆为 8 月上中旬，灌水量 600m³/hm² 左右。晚熟晚发棉田应适当早停水，防止贪青晚熟。沙性棉田和早衰棉田应晚停水或补浇第五水。

4.8 病虫害综合防治

病虫害防治应遵循"以防为主、综合防治"的植保方针，要在较大范围内充分发挥自然控制因素的作用，采取最优化的措施，将有害病虫的种群、数量控制在经济允许损失之下。在新疆突出加强对棉蚜虫生物防治，防止棉蚜虫蜜露污染造成纤维含糖量高，影响中长绒棉纺织价值。

主要有以下几种：种植抗（耐）病品种。保护利用天敌。农业防治：清洁田园、铲除杂草、秋耕冬灌灭虫、合理布局、轮作倒茬、适时定苗、中耕除草、整枝打顶。诱杀防治。化学防治。

4.9 综合调控技术

综合调控包括化学调控（DPC、矮壮素、整枝灵等）、农业技术调控、土壤机械调控等，调控的目的是协调棉花营养生长、生殖生长。其中缩节胺（DPC）调控已成为新疆棉花生产的常用技术，调控效果显著。缩节胺调控实行全程调控、少量多次、由少到多的原则。一般总调控量 150～225g/hm²，分苗期、蕾期、盛蕾期、花铃期、打顶后试用。根据不同品种对缩节胺的敏感度不同，调控量、部位、次数、时间不同。施用 DPC 的次数和时间，还应结合气候、水情、品种、棉株各生育阶段长势等灵活掌握，防止过量造成药害。

4.10 其他田间管理

4.10.1 苗期管理

早放苗封土。早中耕除草。早定苗。早防治病虫害。

4.10.2 蕾期管理

此期田间管理要围绕早现蕾、多现蕾，建立棉花高产群体中心，迅速转化偏弱型、旺长型棉株。对旺长型棉以控为主，控中有促，对偏弱型棉以促为主。要合理运筹水肥、去叶枝、中耕除草、综合防治病虫害、灌头水前揭膜等。所要达到的长势长相指标：株型紧凑，茎秆粗壮节密，叶片大小适中，蕾大，蕾多，开花早，开花时 11～12 叶龄，株高 35～40cm，主茎日增长量 1.0～1.5cm，倒四叶宽 10～12cm，单株果枝 7 或 8 个。

4.10.3　花铃期管理

此期栽培管理围绕以多座优质铃、多座伏前桃、伏桃为目标：株型紧凑，茎秆下粗上细，果枝微上举且短，叶片大小适中，叶色均匀一致，生长整齐，铃多而大。长势长相指标是：盛花前后 13～15 叶龄，株高 50～60cm，主茎日增长量 0.8～1.0cm，倒四叶打顶前 9～10cm，单株果枝 8～10 个。

4.10.4　吐絮期管理

此期栽培管理目标：促进早熟，防止早衰或贪青晚熟，及时收花，提高棉纤维品质，达到"绿叶托白絮、小叶大桃"的要求。长势长相指标：8 月下旬至 9 月上旬吐絮，株高 65cm 左右，单株果枝 10～13 个。

4.11　打顶

打顶时间要依据棉花品种特性、产量目标结构、棉花长势及当年气候来确定，应掌握"时到不等枝、枝到看长相"的原则。一般打顶适宜期，南疆为 7 月 15～25 日，北疆为 7 月 10～15 日。

4.12　中长绒棉种植注意的问题

中长绒棉属于精纺高品质棉花，对品质品级要求严格，在播种、布局和收获时防止混杂。
（1）采取一地一种、单收单轧，保证纤维的一致性。
（2）严禁使用乙烯利等催熟剂，防止影响纤维成熟度。
（3）严禁用塑料编织袋、毛毡等物品收花晒花，防止动植物毛发混入棉花，采用棉布袋收花，杜绝三丝污染。

五、采棉机作业质量

（中华人民共和国农业行业标准 NY/T 1133—2006）

本标准由中华人民共和国农业部提出。
本标准由全国农业机械标准技术委员会农业机械化分技术委员会归口。
本标准起草单位：农业部棉花机械质量监督检验测试中心。
本标准主要起草人：裴新民、王冰、忽晓葵、迪丽娜、王勇、刘朝宁。

1. 范围

本标准规定了采棉机作业的质量指标及其检测方法和检验规则。
本标准适用于采棉机作业质量的评定。

2. 规范性引用文件

下列文件中的条款通过本标准的引用而成为本标准的条款。凡是注日期的引用文件，其随后所有的修改单（不包括勘误的内容）或修订版均不适用于本标准，然而，鼓励根据本标准达成协议的各方研究是否可使用这些文件的最新版本。凡是不注日期的引用文件，其最新版本适用于本标准。

GB/T 6102.1—2006　原棉回潮率试验方法。

3. 术语和定义

下列术语和定义适用于本标准。

（1）采净率（rate of the picked cotton）：采收的籽棉量占应收获的籽棉量的比率。

（2）棉株（cotton stem）：种植在地表的棉花整体植株。

（3）开裂棉铃（opened cotton boll）：棉铃开度大于一半的棉铃。

（4）棉铃吐絮率（rate of the opened cotton boll）：开裂棉铃占总棉铃数的百分比。

（5）脱叶率（rate of the fallen leaves）：棉株上脱落棉叶数量占脱叶催熟前棉叶数量的百分比。

（6）自然落棉（naturally fallen cotton）：采收前自然脱落在地表的籽棉。

（7）挂枝棉（hanging cotton）：采收后脱开棉铃且挂在棉株上的籽棉。

（8）漏采棉（leaked cotton）：采收后仍遗留在棉株上铃桃内未被采收的籽棉。

（9）撞落棉（the bump off cotton）：采收时由于机具碰撞而脱落在地的籽棉。

（10）污染棉（polluted cotton）：由于机械采棉造成的油、棉秆汁、棉叶汁和杂草汁污染的籽棉。

（11）含杂率（percentage of impurities）：籽棉中所含杂质质量的百分比。杂质包括大杂、粗杂、细杂、特杂。

（12）特杂（danger foreign matters）：籽棉中混入的丝、麻、毛发、塑料绳、布块、残膜等异形纤维或色纤维。

4. 作业质量指标

（1）本标准规定的作业质量指标值是按下列一般作业条件确定的。籽棉含水率≤10%，棉铃吐絮率≥85%，脱叶率≥80%，结铃高度15～90cm，棉花种植行距适宜采棉机采收，棉花种植行距一致性偏差≤50mm，在地里拾净残膜。

（2）在规定的作业条件下，采棉机的作业质量应符合附表5.1的规定。

附表 5.1　采棉机作业质量指标

序号	项目	指标值
1	采净率/%	≥90
2	撞落棉损失率/%	≤7
3	含杂率/%	≤12
4	污染率/%	≤1
5	采收后棉花含水率/%	≤12
6	含特杂率/%	≤0.3

（3）作业条件不符合（1）的一般情况时，作业服务和被服务双方可在附表 5.1 的基础上另行商定。

5. 检测方法

5.1 取样

随机选一块地。沿地块长宽方向对边的中点线连十字线，把地块划成 4 块，随机选对角的 2 块作为检测样本。

5.2 检测点位置

沿检测样本（地块）的对角线，从地角算起以 1/4、3/4 点处为测点，确定 4 个检测点的位置，以及两个检测样本的交点。

5.3 采净率、撞落棉损失率

采收前在检测样本（地块）内邻近测点的区域内选取 5 个检测点，每点不少于 2m²，测定该区域内所有的棉株数及各开裂棉铃数，手工采摘开裂棉铃并称量，计算出开裂棉铃单铃重。求 5 个检测点的平均值，得出检测地平均开裂棉铃的单铃重。

沿前进的行程划出一定的长度，使检测面积大于 5m²。在采收前测定该区域的棉株数（W_d）及开裂棉铃总数（n），计算出开裂棉铃的籽棉总质量（$W_d \times n$）。清理自然落棉及地上枯叶。

采收后收集撞落棉、挂枝棉及漏采棉，分别称量。按公式（5-1）、公式（5-2）分别计算：

$$S_z = \frac{W_z}{W} \times 100 \qquad (5\text{-}1)$$

式中，

S_z——撞落棉损失率（%）；

W_z——撞落在地的籽棉质量（g）；

W——开裂棉铃的籽棉总质量（g）。

$$J = \frac{W - W_z - W_l - W_g}{W} \times 100 \qquad (5\text{-}2)$$

式中，

J——采净率（%）；

W_l——遗留在铃壳内未被采收的开裂籽棉质量（g）；

W_g——挂在棉株上的籽棉质量（g）。

5.4 含特杂率

在采棉机正常作业的情况下，在棉箱的不同部位随机抽取 5 份籽棉样品，每份不少于 2000g，集中并充分混合，从中取出样品 5 份，每份 1000g。用手拣出特杂称量。按公式（5-3）计算：

$$T = \frac{W_{tz}}{W_y} \times 100 \qquad (5\text{-}3)$$

式中,

T ——含特杂率(%);

W_{tz} ——样品中特杂质量(g);

W_y ——样品总质量(g)。

5.5 含杂率

在 5.4 中用手拣出碎叶、茎秆、铃壳、杂草、草籽等大杂。用试轧机分离出皮棉,同时收集试轧机的粗杂。再在皮棉中抽取 50g 的小样通过棉花杂质分析机分离出杂质及棉花,共分析两次,同时收集两次的细杂,以 50g 小样中的细杂推算皮棉中的细杂。所有杂质的总和为样品中的杂质含量。

按公式(5-4)计算:

$$Z = \frac{W_{dz} + W_{cz} + W_{xz} + W_{tz}}{W_y} \times 100 \qquad (5\text{-}4)$$

式中,

Z ——含杂率(%);

W_{dz} ——样品中用手拣出碎叶、茎秆、铃壳、杂草、草籽等杂质量(g);

W_{cz} ——样品通过试轧机的杂质量(g);

W_{xz} ——样品中皮棉所含杂质量(g);

W_y ——样品质量(g)。

5.6 污染率

将 5.5 清出的样品中区分开污染与无污染籽棉,分别称量,按公式(5-5)计算。

$$R = \frac{W_d}{W_d + W_u} \times 100 \qquad (5\text{-}5)$$

式中,

R ——污染率(%);

W_d ——无污染籽棉质量(g);

W_u ——带有污染籽棉质量(g)。

5.7 采收后棉花含水率

用 5.5 的棉样按 GB/T 6102.1—2006 测定采收后含水率。

6. 检验规则

(1)被检测的项目凡不符合本标准第 4 章要求的均为不合格。

(2)按其对作业质量的影响程度将不合格分为 A、B 二类,不合格分类见附表 5.2。

(3)A 类项中有一项不合格或 B 类项中有两项不合格,则判定该地采棉作业质量不合格。

附表5.2　不合格分类

不合格分类	项目	项目名称
A	1	采净率
	2	含杂率
B	1	撞落棉损失率
	2	含特杂率
	3	污染率
	4	采收后棉花含水率

六、长绒棉栽培技术规程

（新疆维吾尔自治区地方标准 DB65/T 2265—2005）

本标准依据 GB/T 1.1—2000《标准化工作导则 第 1 部分：标准的结构和编写规则》编写。

本标准由新疆农业科学院提出。

本标准归口单位：新疆维吾尔自治区农业厅。

本标准起草单位：新疆兵团农一师农科所、新疆农业科学院经济作物研究所。

本标准起草人：邰红忠、李雪源、吐尔逊江、莫明、孙国清、艾先涛、秦文斌、王俊铎。

1. 范围

本标准规定了长绒棉栽培的术语和定义、种植环境、主要指标、品种、栽培技术、病虫害的综合防治和采收。

本标准适用于地膜覆盖、节水灌溉等技术条件下的长绒棉栽培。

2. 规范性引用文件

下列文件中的条款通过本标准的引用而成为本标准的条款。凡是注日期的引用文件，其随后所有的修改单（不包括勘误的内容）或修订版均不适用于本标准，然而，鼓励根据本标准达成协议的各方研究是否可使用这些文件的最新版本。凡是不注日期的引用文件，其最新版本适用于本标准。

GB/T 8321.2—2000　农药合理使用（二）

GB/T 8321.3—2000　农药合理使用（三）

GB/T 8321.6—2000　农药合理使用（六）

GB/T 15799—1995　棉蚜测报调查规范

GB/T 15800—2009　棉铃虫测报调查规范

GB/T 15802—2011　棉花叶螨测报调查规范

NY 400—2000　　　硫酸脱绒与包衣棉花种子

NY 480—2002　　　棉花　长绒棉

NY/T 503—2002　　中耕作物单粒（精密）播种机作业质量

3. 术语和定义

下列术语和定义适用于本标准。

3.1　基肥

犁地时翻入土壤耕层的底肥。

3.2　包衣种子

采用 NY 400—2000 中 3.6 包衣种子的定义。

3.3　保苗率

实际苗株数占理论株数的百分数。

3.4　霜前花

枯霜前及枯霜后 5～7d 吐絮的棉花。

3.5　霜前花率

霜前花产量占总产量的百分数。

4. 种植环境

4.1　气候条件

4.1.1　温度

年≥10℃活动积温≥4100℃；最热 7 月的平均温度≥25℃；6、7、8 三个月≥15℃活动积温≥2200℃。

4.1.2　日照

年日照时数≥2800h。

4.1.3　无霜期

无霜期≥190d。

4.1.4　降水

降水稀少，属灌溉农业。

4.2　土壤条件

土壤质地以轻沙壤土、壤土、轻黏土为宜。

5. 主要指标

5.1　产量指标

亩皮棉单产 90～120kg。

5.2　产量结构

一般棉区（南疆棉区）：采用 10cm+50cm（55cm）或 28cm+50cm（55cm）宽窄行配置，株距 10.5～12.5cm，理论密度 1.4 万～1.8 万株/亩，保苗率 85%，霜前花率 85%～90%。根据土质类型，肥力高略稀，肥力低略密。

5.3　生育进程

一般棉区：播种期 4 月 1～20 日，最佳播期 4 月 5～15 日；出苗期 4 月 10～25 日；现蕾期 5 月 15～25 日；开花期 6 月 15～25 日；吐絮期 8 月 25 日至 9 月 10 日。全生育期 145～150d。

6. 品种

选用经过审定，适应当地自然条件、生产条件，具有优质、抗病、丰产等较好综合性状的早熟、早中熟海岛棉品种。

7. 栽培技术措施

7.1　播前准备

7.1.1　棉田选择

选择无枯萎病、黄萎病或轻病田，肥力中等，地势平坦，灌、排渠畅通，地下水位较低。有机质≥0.8%，速效氮≥40mg/kg，速效磷≥10mg/kg，速效钾≥120mg/kg。

7.1.2　秋耕

秋季深翻 22～25cm 后冬灌，实行秸秆还田的田块，秸秆要粉碎，然后耕翻冬灌，未秋翻的地块应冬灌治碱，蓄墒。南疆盐渍化地需筑埂冬灌压盐，灌水深 22cm，洗盐压碱深度＞80cm，耕层总含盐量＜0.3%。次年春耕保墒播种。

7.1.3　播前灌水

未冬灌地播前进行春灌治碱，灌水量 200m³/亩左右。冬灌地墒情差的要适时、适量补灌。

7.1.4　整地

适时适墒犁地、整地。根据停水时间和土壤质地，合理安排整地顺序。犁深 22～25cm，犁后地表平整，不重不漏，施肥均匀，接垡准确，扣垡严实，秸秆覆盖严密。确保整地后达到"齐、平、松、碎、墒、净"六字标准。按 NY/T 503－2002 中 4.1 规定方法执行。

7.1.5 播前土壤处理

用 48%氟乐灵乳油 100～120g/亩，在最后一耙前喷施地表，并进行土壤封闭，施药与混土间隔不超过 6h。

7.1.6 残膜、残茬清除

犁前、耙前和播种前进行田间残膜、残茬的捡拾。

7.2 播种

7.2.1 种子质量

选用经过良种繁育的原种第一代至第三代的 2 级以上的种子，种子质量按 NY 400—2000 中 4.2、4.3 规定执行。

7.2.2 播种方式

地膜覆盖栽培，采用机械铺膜播种。滴灌棉田铺设滴灌带，一般采用宽膜、窄膜。

7.2.3 播期要求

当膜内 5cm 地温连续 3d 稳定通过 14℃时，开始播种。一般棉区适宜播期为 4 月 1～20 日，最佳播期为 4 月 5～15 日。

7.2.4 播种量

播种量为 3.5～4.5kg/亩。2 或 3 粒/穴，空穴率＜3%。

7.2.5 播种深度

播深 2～3cm。

7.2.6 铺膜播种质量

铺膜平展，压膜严实，不错位、不移位，行距一致，接行准确，播量准确，下籽均匀，播深适宜，覆土良好。

7.3 播后管理

7.3.1 查苗补种

及时查苗、补种，放苗出膜，同时用土封严膜口。

7.3.2 定苗

齐苗后开始定苗，一叶一心结束，留大去小、留壮去弱、留健去病、不留双株。定苗的同时培好土。

7.3.3　破板结

播后遇雨，适墒破除播种行盖土的板结。

7.3.4　除草

播后较板结地可进行一次中耕，苗期结合定苗拔除杂草。

7.3.5　施肥

全生育期施油渣 80～100kg/亩，总施肥量施尿素 30～35kg/亩或 35～40kg/亩，三料磷肥 15～20kg/亩，缺钾地块补钾 5kg/亩。

7.3.5.1　常规棉田施肥

黏土地所施肥料全部深施作基肥；中壤地油渣、磷肥和钾肥全部，氮肥 40%～50% 深施作基肥；氮肥 50%～60% 头水前条深施作追肥。沙性土油渣、磷肥和钾肥全部，氮肥 30% 深施作基肥；氮肥 40% 和 30% 分别依次于头水和二水前深施作追肥。

黏性土、中壤土施总氮量的 70%、总磷量 100%、油渣 100% 基施；沙性土施入全期总氮量的 60%，总磷量的 100%，油渣的 100%。对某些缺钾棉田，适当补施钾肥 2～5kg。追肥分两次施入，第一次初花期施总肥量的 20%，在第一水前结合开沟施于棉株两侧 10～15cm，深 10～12cm，第二次将剩余肥料于盛花期在二水与三水间随水施入。沙性地少量多次。

7.3.5.2　滴灌棉田施肥

磷肥 90% 以上和氮肥 30%～40% 作基肥。追肥则将剩余肥料随水施入，磷以 KH_2PO_4 为主，总用量 1～2kg 分次滴入，尿素每次 3～5kg。

7.3.6　灌水

一般采用沟灌和滴灌。灌水应根据气候、土壤墒情和棉花长势长相灵活掌握，以水量均匀、少量多次、浸润灌溉、点片旱点片灌、不旱不涝、保持田间湿润为宜。

7.3.6.1　沟灌

南疆生育期灌水 3～5 次，总灌水量 300～400m³/亩。

第一水灌量灌至沟深的 2/3 为宜，对土壤肥力高、植株生长旺的棉田头水适当推迟；肥力差、苗长势弱的棉田可适当提前灌水。一般见花灌头水，不旱不灌，保证棉花稳健生长。

花铃期是需水高峰期，二水与一水间隔 10d 以内，灌量可适当加大；二水、三水间隔 15d 左右；8 月底 9 月上旬停水，依棉田墒度和气候适时掌握停水时间和灌量，避免棉田后期受旱、早衰和棉田过湿、贪青晚熟。

7.3.6.2　滴灌（膜下滴灌）

根据棉田土壤质地、气候条件灵活掌握，全期滴灌 8～12 次，灌量掌握"前少、中多、后少"，灌量 250～300m³/亩。间隔 5～8d，每次灌量在 20m³/亩左右，7～8 月高温灌量增加到 30m³/亩左右。停水时间为 8 月下旬至 9 月上旬。

7.3.7　揭膜

沟灌棉田第一水前揭膜，揭膜至灌水间隔天数一般不应超过 7d。

滴灌棉田第一次 5 月揭边膜,第二次 8 月揭膜。

7.3.8 打顶

坚持"时到不等枝、枝到不等时"的原则,因地制宜。7 月初开始打顶,7 月 20 日结束,株高控制在 90~120cm,摘除顶部一叶一心,保留果枝个数 15~17 个,并将顶心带出田外。

7.3.9 化学调控

长绒棉生长应保持一定的长势和株高,但不宜过高,一般以不超过 120cm 为宜,化调因种植品种的不同而宜,根据品种的特征、特性,依棉田长势,适时、适量化调,同时结合灌水、施肥,进行水肥调控。

7.3.10 膜、管回收

秋收冬灌前回收地膜、毛管。

8. 病虫害的综合防治

坚持"预防为主、综合防治"的植保方针,加强病虫害的预测预报,树立"经济生态、环境保护"的观点,坚持以农业防治为基础,生防为主,化防为辅,达到经济、安全、有效地控制病虫害的目的。

主要虫害有棉铃虫、棉蚜、棉叶螨。主要病害有枯萎病、黄萎病,以枯萎病为主。药剂类型选用按 GB/T 8321.6—2000、GB/T 8321.2—2000、GB/T 8321.3—2000 中规定的方法执行。

8.1 病害防治

采取以"加强检疫、播种无病种子、种植抗病品种和轮作"为主的综合防治措施。

8.1.1 保护无病区和轻病区

加强种子调运和棉种产地检疫,规范引种,严禁将疫区的种子、种壳、枝叶及其产品,以及冷榨棉饼带入无病区。

8.1.2 重病田防治

实行轮作制度,特别是水旱轮作。选用优良抗病的品种。

8.2 主要棉田虫害的综合防治

8.2.1 棉铃虫的防治

棉铃虫的测报按 GB/T 15800—2009 中规定的方法执行。

防治方法:选种抗棉铃虫的品种,采取秋耕冬灌或带茬冬灌春翻的措施。早春铲埂除蛹,降低虫越冬基数;种玉米诱集带,减少田间落卵量;采用杨树枝把、性诱剂、频振式杀虫灯诱杀成虫,以杨树枝把为主;利用天敌,如赤眼蜂、草蛉、胡蜂等,控制棉铃虫卵及初龄幼虫数量。严格掌握化学防治指标,以百株卵量达 20~30 粒或有虫株率

5%～8%进行化防，化学防治药剂选用高效、经济、低毒、对天敌安全的农药。

8.2.2　棉蚜的防治

棉蚜的测报按 GB/T 15799—1995 中规定的方法执行。

防治方法：实行麦棉邻作或棉田四周种苜蓿、油菜等诱集作物；春季集中对室内花卉、温室大棚等处越冬棉蚜进行大范围统防统治，降低越冬基数；种子药剂拌种、包衣处理；人工助迁天敌。田间点片发生时，要突出"早"字，做到早查、早治，查找中心蚜株，做好标记，采取"涂、打、拔"等措施；益害比以 1∶500 作为量化指标，把害虫控制在点片初发阶段。

8.2.3　棉叶螨的防治

棉叶螨的测报按 GB/T 15802—2011 中规定的方法执行。

防治方法：种子处理，药量为种子量的 0.8%～1%；做好虫情调查，查找中心株，点片施药，扩大面积防治，坚持治早、治小、治了；选用对天敌较安全的农药进行喷雾防治；利用天敌如捕食螨、蜘蛛等控害。

9. 采收

按 NY 480—2002 中 4.1.3 规定的方法执行。

七、棉花主要病虫害综合防治技术规程

（新疆维吾尔自治区地方标准 DB65/T 2271—2005）

本标准依据 GB/T 1.1—2000《标准化工作导则 第 1 部分：标准的结构和编写规则》编写。
本标准由新疆农业科学院提出。
本标准归口单位：新疆维吾尔自治区农业厅。
本标准起草单位：新疆农业科学院植物保护研究所、新疆农业厅植保站。
本标准起草人：郭文超、赵洪山、秦晓辉、马德成。

1. 范围

本标准规定了棉花主要病虫害防治对象、综合防治策略和指导思想、综合防治技术和防治调查方法。

本标准适用于特早熟、早熟和早中熟棉区棉花主要病虫害的综合防治。

2. 棉花主要病虫害防治对象

根据新疆棉花病虫害发生危害情况，新疆棉区主要害虫有棉蚜、棉铃虫、棉叶螨、棉蓟马、棉花黄萎病、棉花枯萎病和棉花立枯病等，新疆各生态棉区主要病害虫发生和危害程度有所不同。

3. 棉花主要病虫害综合防治策略和指导思想

棉花病虫害危害是新疆棉花生产的主要制约因素，因此，有效控制棉花主要病虫害危害是棉花生产的关键技术之一。棉花病虫害在防治上应遵循"预防为主、综合防治"的方针，即从各棉区农田生态系统的整体出发，发挥以作物为主体的自然控害能力（棉花的抗病、虫性；耐病、虫性和超补偿性），通过改善作物布局、增加作物种类的多样性、实施秋耕冬灌等措施，创造有利于天敌增殖、转移的环境，而恶化棉花害虫和病原微生物栖息、繁殖的环境条件，抑制其发生和危害。以准确、及时的虫情测报为前提，科学使用农药，维护棉田生态系统的良性循环，以达到控害、增收和保护环境等持续防治的目的。

4. 棉花主要病虫害及其综合防治技术

4.1 棉花主要虫害及其综合防治技术

4.1.1 棉花蚜虫

蚜虫俗称蜜虫、腻虫。新疆棉田有棉蚜（*Aphis gossypii*）、棉黑蚜（*Aphis atrata*）、棉长管蚜（*Acyrthosiphom gossypii*）、拐枣蚜（*Xerophilaphis plothikovi*）和桃蚜（*Myzus persicae*），属同翅目蚜科（Aphididae）。其中，棉蚜、棉黑蚜和棉长管蚜较为普遍，以棉蚜危害最重。

4.1.1.1 棉蚜形态识别

棉蚜在环境条件不同的情况下发生多型现象，棉蚜在棉花上主要蚜型有干母、干雌、无翅孤雌胎生蚜、有翅孤雌胎生蚜和性蚜等，在棉花上危害主要有无翅孤雌胎生蚜和有翅孤雌胎生蚜。棉蚜体长 1.5～1.9mm，卵圆形。体色夏季黄绿色或黄色，甚至黄白色，春秋季蓝黑色、深绿色。被薄蜡粉。触角 6 节，短于体长。第 6 节鞭部约为基部的 2 倍，第 1 节、第 2 节、第 6 节，第 5 节端部 1/3 灰黑至黑色，腹管深绿色、草绿或黄色。显微镜可见触角第 3 节一列感觉孔 5～8 个。前翅中脉 3 支。

4.1.1.2 危害症状

棉蚜常集中在棉花的叶背面和嫩头、嫩茎上危害，吸取棉花汁液，造成棉花叶片卷缩，棉苗发育迟缓，根系发育不良，现蕾减少，且造成蕾铃脱落。同时，棉蚜危害时排出大量蜜露，不仅影响棉花光合作用，而且导致病菌滋生，棉花吐絮期还导致棉纤维污染，引起棉纤维含糖过高，影响棉花品质。

4.1.1.3 综合防治技术

（1）生态防治：合理调整作物布局，增加棉田生态环境的物种多样性。采取棉花和小麦等农作物插花种植，在田边种植苜蓿、油菜等天敌招引作物，创造有利于天敌栖息和繁殖的场所，增加天敌数量，提高天敌控害的作用。

（2）棉蚜越冬虫源防治：早春集中对室内花卉和温室蔬菜如黄瓜、芹菜等的越冬蚜虫进行大范围统一防治，消灭越冬蚜源。温室大棚采取敌敌畏毒土熏蒸或喷施高效、低毒化学农药，如喷施 2.5%敌杀死 1500 倍液等。室内花卉埋施 15%铁灭克颗粒剂，20cm 口径花盆用 0.5～1.0g，或 3%呋喃丹（5～10g）。冬、春各防一次。室外石榴、花椒、黄金树、梓树等主要寄主植物喷施 40%氧化乐果或 50%久效磷乳油 1000～1500 倍喷雾即可。

（3）农药涂茎：5～6 月上旬加强虫情调查，发现棉蚜或红蜘蛛中心株，要立即用药剂涂茎，或防治中心株及周围棉株上的棉蚜或红蜘蛛，严禁大面积喷药。具体操作为使用 40%久效磷，视棉花植株的大小按 1 份药配 5 份水（棉花现蕾前）至 3 份水（棉花进入花铃期），制成药液，使用涂茎器涂于棉花茎秆红绿交接处 3～5cm，棉花植株较大时涂的长度稍长（不超过 15cm），切忌环涂。

（4）农药沟施：在北疆特早熟和早熟棉区城镇周围蚜源中心地带有条件使用此防治技术。在 6 月中下旬结合棉田第一次灌水，沟施农药最好为 15%铁灭克颗粒剂，1hm^2 用 5.25kg，或 3%呋喃丹颗粒剂，1hm^2 用 37.5～45.0kg。在施药时应做到药量要足，灌水要透，下药要匀，施药位置要准（距离棉花根部 10cm，深 10～15cm），对于土壤较为黏重的地块要适量加大，方可取得较好的效果。另外要注意安全，收获期与施药期间隔 90d 以上。

（5）农药熏蒸：7 月下旬棉花封垄后，棉田棉蚜严重发生时，可采用 80%敌敌畏毒土熏蒸的方法有效控制棉花生育后期棉蚜为害，具体做法是每亩使用敌敌畏乳油 200～300g 与 30kg 细砂或 20kg 锯末拌匀，在傍晚隔行撒施即可。

（6）保护、利用天敌：在棉蚜防治中，利用农药的生态选择性，即通过内吸性农药的涂茎、沟施和敌敌畏毒土熏蒸，可最大限度地保护和利用棉田自然天敌的控害作用。

4.1.2　棉铃虫（*Heliothis armigera*）

属鳞翅目（Lepidoptera）夜蛾科（Noctuidae）害虫。

4.1.2.1　形态识别

（1）成虫。为中等大小，体长 16～17mm，两翅展开为 27～38mm。复眼绿色。雌蛾红褐色。雄蛾灰绿色。前翅有黑色的环状纹和肾状纹。后翅灰白色，沿外缘有黑色带状，宽带中央有 2 个相连的白斑。

（2）卵。馒头形，直径 0.45mm，高 0.5～0.55mm，上有纵横脊纹。卵初产为乳白色，后变黄白色，将孵化时出现紫色圈。

（3）幼虫。共 6 个龄期。1～6 龄幼虫体长分别为 2～3mm、4～6mm、9～13mm、15～24mm、33～36mm、34～40mm。幼虫体色变化很大，可分为 4 个类型，即淡红、黄白、淡绿、深绿。气门线多数为白色。3 龄前体上黑色毛瘤明显，4 龄后不甚明显。

（4）蛹。纺锤形，暗褐色，长 17～20mm。腹部末端有 1 对臀刺。

4.1.2.2　危害症状

棉铃虫危害棉花，主要以幼虫危害棉蕾、花和棉铃。同时，也食害棉花的嫩叶。嫩叶被食后出现空洞和缺刻。幼虫危害蕾和花后，引起花蕾干枯、脱落。棉铃受害常留下一个空洞，铃内棉絮被污染，易诱致病菌侵染而成为烂铃。

4.1.2.3　综合防治技术

（1）实行秋耕冬灌，压低越冬虫口基数。

（2）种植玉米诱杀带：在棉田两边种植早熟玉米品种，保证玉米抽雄期与棉田二代棉铃虫产卵期吻合，在二代棉铃虫幼虫孵化高峰期，适时喷药杀灭，减少棉田落卵量。

（3）根据田间棉铃虫预测预报情况，在主要危害一二代棉铃虫发蛾高峰期前 5～7d，每亩棉田均匀插放杨枝把 6～8 把。每天清晨应及时收杨枝把杀蛾。杨枝把每 4～7d 更换 1 次。杨枝把制作方法：选用 2 年生、叶片较多的枝条，剪成 40～50cm 长，用绳扎成 15～20cm 的把子，插在木棍上立于棉田，杨枝把应高于棉株 10～20cm。

（4）频振式杀虫灯诱杀。在条件许可的情况下，在棉田半径为 110～120m，每 60 亩左右安置一台频振式杀虫灯，根据预测预报在棉铃虫各代发蛾初期开灯灭蛾。

（5）生态防治：利用田边、地头、林带种植一些招引天敌的作物，如苜蓿、红花、油菜等，改善农田单一的种植结构，可有效增加农田自然天敌的蓄积量，实现增益控害、保益灭害的目的。

（6）生物防治：在棉田早期害虫防治中，尽量避免全田喷施化学农药，保护和充分利用棉田自然天敌。在一二代棉铃虫产卵盛期，每亩释放赤眼蜂 8 万～10 万头，放蜂 5 次，放蜂间隔期 3～5d，有效防治二代棉铃虫的发生。

（7）药剂防治：根据当地植保部门的虫情监测结果，棉铃虫达到防治指标时，一般在北疆特早熟棉区二代棉铃虫百株卵量达 50 粒，在南疆早中熟棉区，如喀什地区高密度棉田棉铃虫百株卵量达 104 粒，初孵幼虫数量超过 54 头，即可进行药剂防治，并要求在 3 龄幼虫前完成。宜选用生物农药（如 Bt 和 NPV 制剂等）和对天敌杀伤作用小的化学农药（如赛丹等）。在卵孵化始盛期喷施 Bt 制剂亩用量为 60～80g，棉铃虫 NPV 制剂[PIB（病毒单位）含量 10 亿/g]亩用量 400～600 倍液，喷雾量 30kg/亩，使用两次，间隔期 7～10d。使用时应注意避免与酸、碱性农药混用，以及在强光下喷雾使用；35%赛丹 500～800 倍液，亩喷雾量 30kg。另外，还可使用拟除虫菊酯农药等，如 2.5%敌杀死和功夫 1000～1500 倍药液。

4.1.3 棉叶螨

俗称红蜘蛛，属蛛形纲螨目叶螨科。新疆危害棉花的叶螨主要有土耳其斯坦叶螨（*T. etranychus turkestani*）、截形叶螨（*T. truncatus*）、朱砂叶螨（*T. cinnabarinus*）、冰草叶螨（*T. agropyronus*）和敦煌叶螨（*T. dunhuangensis*）。

4.1.3.1 形态识别

（1）成螨。棉叶螨身体很小，体长 0.4～0.5mm，雄螨个体还要小一些，叶螨身体不分节，划分为颚部和躯体两部分。4 对足。各种螨的区别主要依据雄螨的生殖器。土耳其斯坦叶螨和敦煌叶螨生长季节体呈黄绿色、绿色、墨绿色，越冬前后呈深红色、红褐色。截形叶螨和朱砂叶螨全年则是锈红色或红褐色。冰草叶螨黄绿色，常吐丝结网。

（2）卵。卵圆球形，直径 0.1mm，初产时无色透明，渐变为淡黄色或深红色。

（3）幼螨。幼螨圆形，体长不足 0.2mm，初孵时无色透明，取食后逐渐变为黄白色，眼为红色，足 3 对。

（4）若螨。体长 0.2～0.3mm，足 4 对。

4.1.3.2 危害症状

棉叶螨主要危害棉花叶片，严重时也危害棉花蕾铃、苞叶和嫩茎，以针状口器刺入叶肉取食，被害处常出现黄白色小斑点，不久叶片正面出现红色斑点。叶片受害后水分过度蒸发、光合作用降低，随螨量增加受害部分扩大，叶片整个变红，叶柄低垂，叶片微卷叶表丝网密布直至叶片干枯脱落。叶螨危害从下向上逐步蔓延直至叶片全部脱落。遇高温干旱年份发生较重，虫情发生和蔓延十分迅速，有"火龙"之称。

4.1.3.3　综合防治技术

（1）秋耕冬灌，消灭越冬虫源：棉田及棉叶螨其他主要寄主田，如玉米田在10月中下旬深翻20～30cm，并进行冬灌，可消灭大部分越冬虫源，并可兼治棉铃虫、黄地老虎越冬虫源。

（2）保护、利用天敌：在棉田早期害虫防治中，尽量避免全田喷施化学农药，注意保护棉田自然天敌，充分利用其控制叶螨危害。

（3）喷药防治田边地头杂草上的虫源，在北疆特早熟和早熟棉区于6月上旬前在棉田四周及田埂喷施杀虫剂，消灭杂草上的害螨，封锁田边地埂的害螨使其不扩散到棉田。

4.1.3.4　药剂防治

根据田间害螨的预测预报及时进行防治，在北疆特早熟和早熟棉区一般7月中旬前后棉田棉叶螨点片发生时，进行点片药剂喷雾防治，控制害虫进一步蔓延和危害，喷雾时应使用专用杀螨剂。7月下旬至8月上旬，如遇持续高温天气棉叶螨有严重的发生趋势时，当棉叶螨危害造成红叶株率达10%以上，应果断用药，全面统一喷雾防治，棉叶螨发生严重的地块应选用专用杀螨剂，60%尼索朗、15%哒螨灵1000～1500倍液、螨即死3000倍液、克螨特2000倍液，每亩喷雾量40kg即可，喷药时应注意棉叶正、背面均要喷到，方可取得较好的效果。避免用广谱性杀虫剂，以免大量杀伤天敌。

4.1.4　烟蓟马（*Trips tabaci*）

又称为棉蓟马，属缨翅目蓟马科。

4.1.4.1　形态识别

（1）成虫。成虫身体很小，体长1.1mm，淡黄色至淡褐色。头部褐色，复眼紫红色；触角7节，基部色淡，向端部逐渐变为灰褐色。前翅淡黄色，翅上仅有前后两条翅脉，翅缘有许多长的缨毛。

（2）卵。卵肾形，长0.2mm。

（3）若虫。近似成虫，无翅1龄若虫体长约0.4mm，白色透明。2龄若虫体长约0.9mm，淡黄色。3龄若虫为前蛹，4龄若虫为伪蛹，与2龄若虫相似，但有翅芽，触角背在头的上方。

4.1.4.2　危害症状

烟蓟马以锉吸式口器在棉花苗期危害棉花子叶、真叶和生长点，危害子叶和真叶常造成背面银白色斑点，叶正面出现黄褐色斑点，严重时造成"烂叶"，叶片同时变厚、变脆。危害生长点造成"公棉花"或"多头棉"。

4.1.4.3　综合防治技术

（1）药剂拌种：药剂拌种是防治棉蓟马的关键措施。目前主要采用85%乙酰甲胺磷原粉1.2kg拌棉花种子100kg，拌时可先加微量的水稀释，将稀释的药液直接拌在棉种上；或用45%乙酰甲胺磷乳油进行拌种：每百公斤棉花种子用药1.5～2.0kg，直接拌种后，即可使用。

（2）药剂喷雾：在烟蓟马发生较重的棉区，对于未经拌种处理的棉田，可在棉花出苗后立即进行喷雾防治，使用40%氧化乐果或50%久效磷乳油1000～1500倍喷雾即可，在新疆各棉区一般应在5月上旬完成烟蓟马的防治工作，5月中旬后棉田天敌数量上升，严禁全田喷雾防治。

4.2 棉花主要病害及其综合防治技术

4.2.1 病原

4.2.1.1 棉花黄萎病（cotton verticillium wilt）

棉花黄萎病是由真菌中的半知菌亚门丛梗孢目淡色孢科轮枝菌属的大丽轮枝菌引起的，拉丁学名为 *Verticillium dahliae*。黑白轮枝菌 *Verticillium albo-atrum* 在温室条件下（20～24℃）也会造成棉花严重萎蔫。

4.2.1.2 棉花枯萎病（cotton fusarium wilt）

棉花枯萎病是由真菌中的半知菌亚门丛梗孢目瘤座孢科镰刀菌属尖镰孢菌蚀脉专化型引起，拉丁学名为 *Fusarium oxysporum* f. sp. *vasinfectum*。

4.2.1.3 棉花立枯病（damping-off）

棉花立枯病又称烂根病，主要由真菌中半知菌亚门丝核菌属茄丝核菌引起，拉丁学名为 *Rhizoctonia solani*（病原物有性态为瓜亡革菌 *Thanatephorus cucumeris*，担子菌亚门亡革菌属；无性态为立枯丝核菌 *Rhizoctonia solani*），同时 *Pythium* spp.和 *Fusarium* spp.等也都与 *Rhizoctonia solani* 混合侵染危害棉花。

4.2.2 危害症状

4.2.2.1 棉花黄萎病

一般现蕾后才大量发生，常见症状均从下部叶片向上部发展。发病初期，叶缘与叶脉间出现褪绿状的斑块，叶片挺而不萎，斑块逐渐扩大后，叶肉变厚发脆，叶片出现掌状斑纹，似"西瓜皮状"，随后病斑组织呈褐色焦枯状，陆地棉往往呈黄褐色焦枯状，而海岛棉为深褐色焦枯状。黄萎病病叶一般早期不脱落，重病株到后期叶片由下而上逐渐脱落，蕾铃稀少。有时在茎基部或叶片脱落的叶腋处长出细小的新枝。在北疆，条件适宜时，在棉株顶部叶片上先出现不规则的失绿斑驳叶片，很快变黄褐色或青枯，病株主茎或侧枝顶端变褐枯死，但叶片或蕾一般悬挂而不脱落，部分病株也有叶片脱落呈光秆状。

落叶型病株最早被发现于我国江苏，目前除江苏外河南、河北等地也有报道。该类型病株往往发生于盛夏久旱后突遇暴雨或经大水漫灌后，叶片突然萎蔫，呈水渍状，随即脱落呈光秆。叶、蕾及小铃在1～2d可同时全部脱落，植株成光秆后枯死。

棉花黄萎病病株的茎秆及叶柄维管束均呈淡褐色，在潮湿条件下，病叶斑纹上会长出白色霉层，即病菌的菌丝体及分生孢子，但在新疆田间很少见。棉花黄萎病病株经室内分离培养，会产生菌丝和微菌核，便于确诊。

4.2.2.2 棉花枯萎病

两片子叶时便可表现症状，到现蕾期达到发病高峰，幼苗期发病往往造成大量死苗。

夏季高温后，病害发生趋势逐渐下降，秋季多雨，气温下降，病害发生趋势可再度发展。棉株被枯萎病菌侵染后，可引起叶片变色、皱缩、萎蔫、加厚变脆等症状，直至干枯脱落，植株矮化，节间缩短，甚至枯死。有的病株呈半边枯死，半边存活。棉花枯萎病症状主要分为5个类型。

a）黄色网纹型：病株子叶或真叶的叶脉及细脉褪绿变黄，最初呈黄色网纹状，随后变为褐色网纹，叶肉仍保持绿色。叶片主脉多从边缘开始变黄，之后叶片局部或全部形成黄色网纹，至萎蔫脱落。海岛棉枯萎病症状除上述外，被危害病株蕾、铃的苞叶也呈黄色网纹状，之后干枯脱落。

b）黄化型：病株子叶或真叶多从叶尖或叶缘开始，局部或全部褪绿变黄，网纹不明显，随后变褐枯死脱落。

c）紫红型：病株子叶或真叶局部变紫红色，之后萎蔫枯死。

d）（急性）青枯型：叶片不变色而萎蔫下垂，全株青枯干死，或半边萎垂干枯。

e）矮缩型：多见于棉株5片真叶以后，植株明显矮化，病株节间缩短，叶色浓绿或叶片局部黄化或呈网纹状，一般不枯死。

棉花枯萎病危害症状因环境条件变化较大，一般情况下田间多以黄化或黄色网纹型为主；气温转低时常会出现紫红型；气候突变，如雨后迅速转暖，田间多见青枯型，但实际上，棉花枯萎病田间症状往往是几种症状同时表现于同一病株上，只是多寡不一。未死的棉花枯萎病病株有时会长出细小的新枝和新叶。棉花枯萎病均造成棉花茎秆、叶柄的维管束呈黑褐色，经室内保湿或分离培养，会产生菌丝和分生孢子，便于确诊。

4.2.2.3 棉花立枯病

棉花立枯病属于棉花苗期病害，随着棉花生长，成株期棉花对该病的抗性也增强。低温高湿利于棉花立枯病的发生与危害，播种后的棉籽受到病菌侵染，使棉籽呈黄褐色腐烂状，棉籽不发芽，或即使发芽也不能出土，胚根顶部往往先呈黄褐色腐烂状。棉苗出土后7~15d处于最感病时期，易遭受病原菌的危害，症状表现为幼苗根部和幼茎基部初现黄褐色斑点，后呈长条状或略带纺锤形病斑，多呈现黄褐色凹陷，严重时病斑扩大至幼茎基部四周，缢缩引起倒伏枯死，拔起病苗，茎基部以下的皮层均遗留土壤中，仅存坚韧的鼠尾状木质部。在病苗、死苗的茎基部及周围、土面常见到白色稀疏菌丝体。立枯病有时也会造成棉花叶部产生棕色的小圆形病斑及铃腐。

4.2.3 棉花病害综合防治技术

4.2.3.1 棉花黄萎病、枯萎病综合防治技术

棉花黄萎病、枯萎病传播途径广，病菌存活时间长，在新疆的发生现状是发生情况复杂、危害重、蔓延快、老病区黄萎病和枯萎病混生，单一病区也有向混生发展的趋势。因此，在防治上应当统筹兼顾，坚持"预防为主、综合防治"的植保工作方针，在防治策略上应当认真执行"保护无病区、控制轻病区、消灭零星病区、改造重病区"。

（1）加强植物检疫、保护无病区。严格执行植物检疫制度，在普查的基础上，划定重病区、轻病区、零星病区、无病区。严禁病区种子、带菌棉籽饼和棉籽壳等调入无病区。

（2）选用无病种子、建立无病留种基地。加强产地检验，选用无病区种子，在各地

区（兵团）棉花生产基地建立无病种子供应基地，并做好提纯复壮，增强种子质量和抗病性。

（3）种植抗病品种、改造重病田。推广种植抗病品种是防治棉花黄萎病和枯萎病危害、改造重病区的一种经济有效的防治措施，在种植抗病品种时，一方面应当注意做好提纯复壮工作，确保种子纯度，配套品种栽培管理体系，避免单纯依赖品种自身抗病性，另一方面应当在县团以上棉花生产基地建立抗性品种培育和筛选基地，根据市场及品种抗病性表现，确立后续抗性品种，避免因品种抗性退化造成损失。

（4）实行轮作倒茬。在重病田采用水稻、小麦、玉米、高粱、苜蓿等作物与棉花轮作，轮作年限最少应为 3～5 年，可减轻棉花黄萎病、枯萎病的危害，有条件的地方，最好采用稻棉轮作，可有效防治两病的发生危害。

（5）种子处理。棉籽应当采用硫酸脱绒处理。处理后的棉籽可采用 2000 倍的抗菌剂 402 药液，加至 55～60℃，浸种 0.5h，或用含有效浓度 0.3%的多菌灵胶悬剂药液，在常温下浸种 14h，晾干播种。

（6）建立适宜的耕作制度、加强栽培管理。

a）健全排灌系统、改变棉田生态条件。严禁大水漫灌，避免积水，有条件的地区建议采用滴灌技术，可减轻两病的危害。

b）深翻改土、平整土地。深翻可以将遗留在田间的枯枝、落叶、烂铃及含病菌的表层土等翻埋到土壤深层，减少耕作层土壤病原菌的数量，在一定程度上减轻病害的发生。平整土地、精耕细作可促进棉苗生长，增强棉花抗病性。

c）促壮苗早发、加强栽培管理。应当根据棉花生长发育的需水、肥的规律，及时供给，注重氮、磷、钾的合适比例，施氮过多易加重病害的发生。

适时播种，及时定苗，拔除病苗、弱苗，及时深中耕、勤中耕均有利于减轻病害的发生。

（7）土壤处理、消灭零星病点。对零星病田或零星病株，在拔除并清洁出田园销毁后，应当对病株处土壤进行消毒，目前常用消毒剂包括以下几种。

a）氯化苦：以病株为中心，每平方米打孔 25 个，孔深 20cm，孔距 20cm，每孔注药液 4～5mL，盖土封闭并泼水，10～15d 后翻动土壤，使药液挥发。

b）棉隆：将病株周围土壤翻松（深 30～40cm），每平方米施原药 70g，施药后每平方米浇水 20kg，然后用细土覆盖即可，次年种植棉花。

c）农用氨水：用含氮 16%的农用氨水稀释成 10 倍液，每平方米病土灌施 45kg（对黄萎病田可适当增加药量），处理两周后散开土壤，即可消除药害。

d）二二乳剂（DD 乳剂）：枯萎病点，每平方米病土灌施 200 倍液 45kg；黄萎病点则灌施 160 倍液 45kg。

（8）清洁棉田、杜绝病菌传播。要重视棉田清洁工作，杜绝病菌的不断传播，结合病害调查和农事操作，清洁间苗、定苗后的病苗、弱苗及病枝落叶和烂铃，携出田外集中烧毁或挖坑深埋。

4.2.3.2 棉花立枯病综合防治技术

新疆地处北温带大陆性干旱气候区，气候变化较大，倒春寒时有发生，是引起棉花烂根、烂种的重要气候因素之一，因此选择适宜的播期、采用药剂防治和加强栽培管理等综合措施是有效防治该病的重要手段。

（1）选用优质良种、适期播种。高质量棉种是培育壮苗的基础。根据农业气候条件，选择适期播种，提高播种质量，有利于促使棉苗迅速出土，生长健壮，增强抗病能力。

（2）轮作倒茬。粮棉轮作能有效减轻病害发生，有条件的地区，最好采用与水稻轮作 2～3 年，能明显减轻病害的发生。

（3）秋耕冬灌。棉田深翻，有利于减少土壤耕作层病原菌数量。疏松土层，冬灌棉田，可防止春灌造成土壤过湿，能使春季播种时地温迅速回升，利于出苗，增强棉苗抗病性。

（4）种子处理。棉种需经硫酸脱绒，并存放于通风、干燥、阴凉的地方，以防发芽、滋生霉菌等，贮藏种子的含水量不得超过 11%。播前 15～30d 晒种 30～60h，促进种子后熟，增强种子抗逆能力。用药剂处理棉种可以减轻土壤病原菌的侵染危害，选择好的种子处理药剂，可有效防治棉花烂根、烂种病的发生。药剂处理棉种通常分为一般药剂拌种和种衣剂拌种，处理药剂多以敌克松、多菌灵等为主要成分，无论采用哪种化学药剂，都应当选择质优并取得"三证"的正规厂家或公司的产品。

种衣剂与棉种之比通常为 1∶（25～60），依据种衣剂说明书拌种，10～20min 后即可在棉种表面成膜，晾干后待播。

（5）加强苗期管理。棉苗出土后，及时间苗、定苗及中耕松土，去除弱苗、病苗，促进棉苗健壮生长，增强棉苗抗病能力。

八、棉花品种抗性鉴定方法

（新疆维吾尔自治区地方标准 DB65/T 2272—2005）

本标准依据 GB/T 1.1—2000《标准化工作导则 第 1 部分：标准的结构和编写规则》编写。

本标准由新疆农业科学院提出。

本标准归口单位：新疆维吾尔自治区农业厅。

本标准起草单位：新疆农业厅植保站、新疆农业科学院植物保护研究所。

本标准起草人：赵洪山、秦晓辉、马德成、郭文超。

1. 内容

本标准规定了棉花品种（系）抗棉花黄萎病[病原菌大丽轮枝菌（*Verticillium dahliae*）]鉴定方法和抗性评定标准及棉花品种抗棉花枯萎病 [病原菌尖孢镰刀菌萎蔫专化型（*Fusarium oxysporum* f. sp. *vasinfectum*）]鉴定方法和抗性评定标准，以及影响棉花主要害虫防治的调查方法。

2. 范围

本标准适用于棉花育种、棉花生产单位和植物检疫部门对常规育种棉花、杂交棉花和转基因棉花抗棉黄萎病性、枯萎病性鉴定及抗性评定，以及对棉花主要害虫进行防治调查。

3. 棉花抗黄萎病性鉴定方法

3.1 术语和定义

（1）发病率：种植于含黄萎病原菌病圃中的棉花发病棉株占调查总棉株数的百分率。

（2）病情指数：各级病株数与病级的乘积之和除以被调查总株数与最高病级（4）的乘积，再乘以 100 所得数。

3.2 病原菌的培养

3.2.1 培养病原菌的基本设备

恒温箱、超净工作台、高压灭菌锅、冰箱、可控温的温室（使温度保持在 20～28℃）、铝锅、电炉、培养皿、试管、剪子、镊子、罐头瓶、酒精灯等。

3.2.2 棉花黄萎病病原菌培养

菌种培养物采用棉籽或麦粒，先将棉籽或麦粒用水煮涨为止，沥干水分后，装入罐头瓶，湿热灭菌 2h，自然冷却后，在超净工作台上将已培养好的黄萎病菌平板或斜面接入，随后置于 25℃恒温箱培养 10～15d。

3.3 棉花黄萎病病圃的建立

3.3.1 病圃的要求

人工黄萎病病圃必须建立在隔离条件较好的无病田，既有利于黄萎病发生又不受棉花其他有害生物的侵扰，发病均匀；要求正常年份，感病对照的病情指数达 40.0～60.0，受气候条件和影响较小；所接菌系必须具有代表性，一般以新疆分布广、黄斑型优势菌群致病力较强的菌系为宜。

3.3.2 适宜的鉴定地点和生育期

棉花黄萎病的抗性鉴定采用田间人工病圃成株期鉴定方法。适宜棉区为夏季 7、8 月平均气温不能长期超过 28℃（时间少于 20d），以北纬 38℃以上地区为宜。

3.3.3 病圃的条件

按每亩 30～50kg 的接菌量，将培养好的菌种均匀地施入田间，再翻耕 2 或 3 遍，使病菌与土壤混均匀。以感病品种在病圃各小区发病均匀，病情指数达 50 左右即可。病圃建立后，可根据当年的发病情况将当年的病棉秆压碎进行回接。

3.4　棉花品种（系）抗黄萎病性鉴定

3.4.1　标准对照

鉴定中选用一个感病对照，要求高度感病且稳定性好，可用新陆早 1 号或新陆早 6 号或本地区的常规感病品种，选择标准为在正常年份病情指数 50.0 以上。

3.4.2　鉴定材料的种植方法

鉴定材料种植在人工病圃中，3 次重复，每重复 2 行，小区株数尽量多些（不少于 100 株）。按棉花正常的播种时间和田间管理方式进行种植，保持田间的适当湿度，以利于黄萎病的发生。

3.4.3　棉花的管理

播种后，进行精心管理，苗期应注意防治立枯病、红蜘蛛、棉蚜、地下害虫等病虫害。应注意保持田间的湿度。其他管理同大田。

3.4.4　发病调查

在棉花进入 6 月中旬后，棉花黄萎病陆续开始发生，在花铃期达到发病高峰，从 6 月中旬开始，即应密切注意各品种的黄萎病发生情况，感病对照的病情指数（简称病指）达 40.0 以上，即应开始全面调查，调查采用 5 级分级法，当感病对照的病指达 50 左右时，即可全面调查各品种的发病率，求出病情指数，进行校正后，评判各品种的抗病水平。

3.4.5　调查分级标准

田间棉花黄萎病的主要症状为叶枯型和黄斑型。叶片出现掌状条斑，叶肉枯黄，仅叶脉保持绿色，出现西瓜皮状斑驳，仅叶脉保持绿色，有时也出现叶枯型，以致使叶片枯萎，棉株死亡。各病级分级标准如下。

0 级：棉株健康，无病叶，生长正常。

1 级：病株叶片 25% 以下发病，变黄萎蔫。

2 级：病株叶片 25%～50% 发病，变黄萎蔫。

3 级：病株叶片 50% 以上发病，有少数叶片凋落。

4 级：病株叶片全枯或脱落，或棉株枯死。

3.4.6　调查结果的统计

根据调查的结果计算各品种的发病率和病情指数，见公式（8-1）和公式（8-2）。

$$发病率(\%)=\frac{发病株数}{调查总株数}\times100 \qquad (8\text{-}1)$$

$$病情指数=\frac{\sum(各病级病株数\times相应病数)}{调查总株数\times最高病级值(4)}\times100 \qquad (8\text{-}2)$$

3.5　鉴定结果的校正

由于鉴定的外界条件，包括地区间不可能完全一致，即使同一地区年度间、批次间鉴定结果也可能存在差异。为此，必须对鉴定结果进行校正，即采用相对病情指数（简称相对病指）进行校正。方法为：鉴定中必须设感病对照，在感病对照病指达 50.0 左右时进行发病调查，由于感病对照病指不可能刚好为 50.0，为此，采用校正系数 K 来进行校正，K 值的求法为

$$校正系数K=\frac{感病对照标准病指(50.0)}{本次鉴定感病对照病指} \tag{8-3}$$

用 K 值与本次鉴定中被鉴定品种的病指相乘，求得被鉴定品种的相对病情指数（IR）

$$相对病情指数（IR）=被鉴定品种病指×校正系数 K 值 \tag{8-4}$$

以 K 值在 0.75～1.25（相当于病指 66.67～40.00）的鉴定结果准确可靠。同一供试品种最好连续鉴定 2 年，以确保准确。

3.6　鉴定结果的评价

根据被鉴定品种的相对病情指数的大小评定品种的抗性级别，各级别评定标准见附表 8.1。

附表 8.1　棉花品种抗黄萎病性评定标准 1

序号	抗病类型	英文缩写	病指标准	相对病指标准
1	免疫	I	0	0
2	高抗	HR	0～10.0	0～10.0
3	抗病	R	10.1～20.0	10.1～20.0
4	耐病	T	20.1～35.0	20.1～35.0
5	感病	S	>35.0	>35.0

3.7　鉴定结果调查表

鉴定结果见附表 8.2。

附表 8.2　鉴定结果调查表 1

鉴定地点：_____　鉴定时间：____年____月____日　　$K=$

品种名称	总株数	0级病株数	I级病株数	II级病株数	III级病株数	IV级病株数	发病率/%	病指	相对病指

4. 棉花抗枯萎病性鉴定方法

4.1　术语和定义

（1）发病率：种植于含枯萎病病原菌菌土培养钵或病圃中的发病棉株占总棉株数的

百分率。

（2）病情指数：各级病株数与病级数的乘积之和除以被调查总棉株数与最高病级（4）的乘积，再乘以 100 所得数。

4.2 病原菌的培养

4.2.1 器具与材料

培养箱、超净工作台、高压灭菌锅、冰箱、可控温的温室或人工气候箱（使温度保持在 20～28℃）、塑料盆、铝锅、电炉、培养皿、试管、剪子、镊子、罐头瓶、酒精灯等。

4.2.2 枯萎病病原菌培养

菌种培养物采用麦粒或麦粒沙培养（麦沙比为 3∶1），先将麦粒用水浸泡 12h 以上，再用水煮涨为止，沥干水分后拌入细沙，装入罐头瓶，湿热灭菌 2h，冷却后在超净工作台将已培养好的枯萎病菌平板或斜面菌种接入，随后置于 25℃恒温箱培养 7～10d。

4.2.3 室内盆栽鉴定法

将用细筛子筛过的无病土，经 160℃干热灭菌成无菌土，然后与土重的 2%～3%的棉花枯萎病菌混匀，装入直径为 30cm 的塑料盆中，待用。

盆栽鉴定材料种植方法。鉴定材料种植于温室，采用盆栽土壤接菌的方法。3 次重复，每次重复一盆，每个鉴定材料 3 盆，播种前先浇自来水，使盆中的土壤吸足水分，随后将硫酸脱绒和经杀菌剂处理过的被鉴定材料种子催芽后播入盆中，每盆播 50～60 粒，最后再浇入适量自来水。出苗至鉴定调查阶段保证保苗数在 20 株以上。

4.2.4 室外病圃鉴定法

4.2.4.1 病圃的要求

人工黄萎病病圃必须建立在适宜地区，即有利于枯萎病发生的地区，发病均匀，要求正常年份感病对照的病指达 40.0～60.0，受气候条件的影响较小。

4.2.4.2 病圃的建立

病圃要建在远离交通要道、远离大田棉花隔离条件较好的无病田，面积为 1～1.5 亩；四周建砖围墙。病圃内的工具和水禁止带出和流出。

4.2.4.3 病圃鉴定材料种植方法

鉴定的材料种植在人工病圃中，3 次重复，每次重复 2 行，小区株数尽量多些（不少于 100 株）。按棉花正常的播种时间和田间管理方式进行种植，保持田间的适当湿度，以利于枯萎病的发病。

4.2.4.4 病圃接菌浓度

按每亩 30～50kg 的接菌量，将培养好的菌种均匀地施入田间，翻耕 2 或 3 遍，使病菌与土壤混均匀。以感病品种在病圃各小区发病均匀，病情指数达到 50 左右即可。病圃投入使用后，可根据当年发病情况将当年的病棉秆压碎进行田间回接。

4.2.4.5 鉴定所用枯萎病菌生理小种

在我国由于棉花枯萎病菌 7 号生理小种分布最广，为此宜选用 7 号生理小种。

4.2.4.6 标准对照

鉴定中选用一个感病对照，感病对照可选用军棉 1 号或新陆早 1 号或本地区的常感病品种。选用标准为正常年份病指 50.0 以上。

4.2.4.7 调查记载方法

（1）棉花的管理。采用盆栽鉴定法鉴定时，要将塑料盆置于温室中保持温度在 23～28℃，切勿超过 30℃，进行精心管理。只要盆中土壤不会太干，一般不要再浇水。棉花出土后，注意保持盆中的干湿度，土壤湿度保持在 60%～80% 为宜。采用室外病圃鉴定时，播种后，苗期应注意防治立枯病，棉蚜、红蜘蛛等病虫害。应注意田间湿度。其他管理同大田。

（2）发病调查。在棉苗第一片真叶长出后，棉花枯萎病陆续开始发生，在播种一个月以后，当感病对照病情指数达 50 以上时，采用 5 级分级法调查，即可全面调查各品种的发病率，求出病情指数，进行校正后评判各品种的抗病水平。

（3）调查分级标准。棉花枯萎病的症状为青枯型、黄色网纹型、黄化型、皱缩型和紫红型 5 种类型，叶片变软、萎蔫、凋枯，叶脉变黄，致使叶片枯萎，棉株死亡。各病级分级标准如下。

0 级：外表无病状。

1 级：病株叶片 25% 以下显病状，株型正常。

2 级：叶片 25%～50% 显病状，株型微显矮化。

3 级：叶片 50% 以上显病状，株型矮化。

4 级：病株凋萎死亡。

（4）调查结果的统计。根据调查的结果计算各品种的发病率和病情指数（简称病指）。

$$发病率(\%)=\frac{发病株数}{调查总株数}×100 \tag{8-5}$$

$$病情指数=\frac{\sum(各病级株数×相应病级)}{调查总株数×最高病级值(4)} \tag{8-6}$$

4.2.5 鉴定结果的校正

由于鉴定的外界条件，包括地区间不可能完全一致，即使同一地区年度间、批次间鉴定结果可能存在差异。为此必须对鉴定结果进行校正。即采用相对病情指数进行校正。方法为：鉴定中必须设感病对照，在感病对照病指达 50.0 以上时进行发病调查，由于感病对照病指不可能刚好为 50.0，为此，采用校正系数 K 来进行校正，K 值的求法为

$$校正系数K=\frac{感病对照标准病指(50.0)}{本次鉴定感病对照病指} \tag{8-7}$$

用 K 值与本次鉴定中被鉴定品种的病指相乘，求得被鉴定品种的相对病情指数（IR）

$$相对病情指数（IR）=被鉴定品种病指×校正系数 K 值$$

以 K 值在 0.75～1.25（相当于病指 66.67～40.00）的鉴定结果准确可靠。

4.2.6 鉴定结果的评价

根据被鉴定品种的相对病情指数的大小评定品种抗性级别，各级别评定标准见附表 8.3。

附表 8.3 棉花品种抗枯萎病性评定标准 2

序号	抗病类型	英文缩写	病指标准	相对病指标准
1	免疫	I	0	0
2	高抗	HR	0～5.0	0～5.0
3	抗病	R	5.1～10.0	5.1～10.0
4	耐病	T	10.1～20.0	10.1～20.0
5	感病	S	>20.0	>20.0

4.2.7 鉴定结果调查表

鉴定结果见附表 8.4。

附表 8.4 鉴定结果调查表 2

鉴定地点：_____鉴定时间：_____年_____月_____日　　　$K=$

品种名称	总株数	0 级病株数	I 级病株数	II 级病株数	III 级病株数	IV 级病株数	发病率/%	病指	相对病指

5. 棉花主要害虫防治调查方法

5.1 棉蚜药剂防治调查方法

5.1.1 调查方法

各药剂处理小区或大田施药区随机抽样调查标记 100 株棉花叶片上活蚜虫数，在棉花蕾铃期以后，调查标记不少于 10 株，调查总蚜量不少于 1000 头。

5.1.2 调查时间和次数

药剂喷雾、涂茎、沟施和熏蒸处理：一般药剂喷雾调查 3 次，其他药剂防治 3 或 4 次调查，可根据需要延长调查期。

基数调查：在处理前 24h 进行。在处理后 1d、3d、7d、14d 进行调查。

种子和土壤处理：第一次调查在处理区一发现有蚜虫即进行。随后的调查根据未处理区情况，间隔 1～2 个星期进行一次。

5.1.3 药效计算方法

按下列公式计算：

$$虫口减退率（\%）=\frac{施药前虫数-施药后虫数}{施药前虫数}\times100 \qquad (8\text{-}8)$$

$$防治效果（\%）=\frac{PT-CK}{100-CK}\times100 \qquad (8\text{-}9)$$

式中，

PT——药剂处理区虫口减退率；

CK——空白对照虫口减退率。

5.2 棉铃虫药剂防治调查方法

5.2.1 调查方法

各药剂处理小区或大田施药区中间数行随机取样挂牌固定 5 点，每点固定 5 株有棉铃虫卵和幼虫的棉株，共 25 株，药前 24h 调查记载幼虫和卵数，药后记录幼虫数。从空白对照区棉株上采卵至少 50 粒带回在室温下保湿培养，统计孵化率。施药后最后一次调查时，需统计蕾铃被害率。

5.2.2 调查时间和次数

基数调查：施药前调查固定株上的幼虫数和卵量。

药后 1d、3d、7d 调查，最后一次同时调查蕾铃被害率。

5.2.3 药效计算方法

药效按下列公式计算：

$$卵孵化率（\%）=\frac{已孵化卵数}{总卵数}\times100 \qquad (8\text{-}10)$$

$$虫口减退率（\%）=\frac{施药前虫数-施药后虫数}{施药前虫数}\times100 \qquad (8\text{-}11)$$

$$蕾铃被害率（\%）=\frac{累计蕾铃被害数}{调查蕾铃总数}\times100 \qquad (8\text{-}12)$$

$$第1天虫口减退率（\%）=\frac{（施药前幼虫数+药前卵数\times药后第1天孵化率）-药后幼虫数}{施药前幼虫数+药前卵数\times药后第1天孵化率}\times100$$

$$(8\text{-}13)$$

$$第3天虫口减退率（\%）=\frac{（施药前幼虫数+药前卵数\times药后第3天孵化率）-药后幼虫数}{施药前幼虫数+药前卵数\times药后第3天孵化率}\times100$$

$$(8\text{-}14)$$

$$第7天虫口减退率（\%）=\frac{（施药前幼虫数+药前卵数\times药后第7天孵化率）-药后幼虫数}{施药前幼虫数+药前卵数\times药后第7天孵化率}\times100$$

$$(8\text{-}15)$$

$$防治效果（\%）=\frac{PT-CK}{100-CK}\times100 \tag{8-16}$$

$$或防治效果（\%）=\frac{PT1-CK1}{100-CK1}\times100 \tag{8-17}$$

式中，

PT——药剂处理区虫口减退率；

CK——空白对照虫口减退率。

PT1——药剂处理区蕾铃被害率；

CK1——空白对照区蕾铃被害率。

5.3 棉叶螨药剂防治调查方法

5.3.1 调查方法

药剂处理每小区或大田施药区固定棉株 50 株，每株棉花固定上、中、下各 3 片叶，统计活螨数。

5.3.2 调查时间和次数

基数调查：喷药前 24h 调查，药后 1d、3d、7d、14d、21d 进行调查。

5.3.3 药效计算方法

药效按下列公式计算：

$$活螨减退率（\%）=\frac{施药前螨数-施药后螨数}{施药前螨数}\times100 \tag{8-18}$$

$$防治效果（\%）=\frac{PT-CK}{100-CK}\times100 \tag{8-19}$$

$$或防治效果（\%）=\left(1-\frac{CK_0\times PT_1}{CK_1\times PT_0}\right)\times100 \tag{8-20}$$

式中，

CK——对照区；

CK_0——空白对照区施药前活螨数；

CK_1——空白对照区施药后活螨数；

PT——施药区；

PT_0——药剂处理区施药前活螨数；

PT_1——药剂处理区施药后活螨数。

5.4 烟蓟马药剂防治调查方法

5.4.1 调查方法

药剂处理每小区或大田施药区固定棉株 200 株，调查记载烟蓟马数量。

5.4.2 调查时间和次数

参照 5.1.2。

5.4.3 药效计算方法

$$虫口减退率(\%) = \frac{施药前虫数 - 施药后虫数}{施药前虫数} \times 100 \qquad (8\text{-}21)$$

$$棉株多头率\ (\%) = \frac{多头棉株数}{调查棉株总数} \times 100 \qquad (8\text{-}22)$$

$$防治效果\ (\%) = \frac{PT - CK}{100 - CK} \times 100 \qquad (8\text{-}23)$$

$$或防治效果\ (\%) = \left(1 - \frac{CK_0 \times PT_1}{CK_1 \times PT_0}\right) \times 100 \qquad (8\text{-}24)$$

$$或防治效果\ (\%) = \frac{PT_2 - CK_2}{100 - CK_2} \times 100 \qquad (8\text{-}25)$$

式中，

CK——空白对照区施药后的活螨减退率；

CK_0——空白对照区施药前活螨数；

CK_1——空白对照区施药后活螨数；

CK_2——空白对照区施药后棉株多头率；

PT——药剂处理区施药后活螨减退率；

PT_0——药剂处理区施药前活螨数；

PT_1——药剂处理区施药后活螨数；

PT_2——药剂处理区施药后棉株多头率。